简明建筑设备安装技术手册

曹文斌 编著

中国建筑工业出版社

图书在版编目（CIP）数据

简明建筑设备安装技术手册/曹文斌编著．—北京：
中国建筑工业出版社，2004
ISBN 7-112-06387-6

Ⅰ.简… Ⅱ.曹… Ⅲ.房屋建筑设备—设备安装
—技术手册 Ⅳ.TU8-62

中国版本图书馆 CIP 数据核字（2004）第 019645 号

从事建筑设备安装施工的工程技术人员，在工作中常常碰到需要解决一些实际问题时，却找不着资料或资料不全的情况，本书有效地解决了这一难题。

本书分为六大部分内容，包括给水排水、消防、电气、通风空调、锅炉、钢结构。作者在从事建筑安装工作的多年实践中，注意收集各种技术资料，不断总结在安装施工中的经验和教训；并根据新颁布的《建筑工程施工质量验收统一标准》以及配套的各专业工程施工质量验收规范的要求及规定，结合建筑安装工程的实际需要，编写了这本突出安装施工特点的手册。

本书可作为一本日常工具书，供从事建筑设备安装的工程技术人员及质量检查人员参考使用。

* * *

责任编辑：刘 江 封 毅
责任设计：彭路路
责任校对：王金珠

简明建筑设备安装技术手册
曹文斌 编著

*

中国建筑工业出版社出版、发行（北京西郊百万庄）
新 华 书 店 经 销
有色曙光印刷厂印刷

*

开本：787×1092 毫米 1/16 印张：46 字数：1147 千字
2004 年 6 月第一版 2004 年 6 月第一次印刷
印数：1—3,000 册 定价：63.00 元
ISBN 7-112-06387-6
TU・5639 (12401)
版权所有 翻印必究
如有印装质量问题，可寄本社退换
（邮政编码 100037）

本社网址：http://www.china-abp.com.cn
网上书店：http://www.china-building.com.cn

前　言

　　从事建筑设备安装施工的工程技术人员，经常在碰到实际问题需要寻找解决方法时面临这样的处境：一是无从下手、不知所措；二是想查找某些资料，一时却难以找到；三是查阅了一些资料，却不能完全解决问题。拥有一本突出安装施工特点的工具书十分必要。

　　笔者在从事建筑安装工作的多年实践中，注意收集各种技术资料，不断总结在安装施工中的经验和教训；并根据新颁布的 GB 50300—2001《建筑工程施工质量验收统一标准》以及配套的各专业工程施工质量验收规范的要求及规定，结合建筑安装工程的实际需要及近年来颁布和修订的新标准、采用的新材料、新工艺，编写了《简明建筑设备安装技术手册》。

　　在手册的编写过程中，参考或引用了大量的技术资料，已尽可能详细地列在了主要参考资料中，在此对这些技术资料的作者表示诚挚的感谢！因手册内容广泛，难免会遗漏个别参考或引用的技术资料，在此深表歉意！

　　本手册作为一本工具书，供从事建筑设备安装的工程技术人员及质量检查人员参考使用。由于编者水平有限，书中缺点和错误在所难免，敬请批评指正。

编　者

目 录

1 给 水 排 水

1.1 管材的基本知识 ……………… 1
1.1.1 公称直径标准 ……………… 1
1.1.2 公称压力、试验压力和最大工作压力标准 ……………… 1

1.2 硬聚氯乙烯管道 ……………… 2
1.2.1 给水及排水硬聚氯乙烯管道 …… 2
1.2.2 建筑给水硬聚氯乙烯管道施工 … 7
1.2.3 室外硬聚氯乙烯给水管道施工 … 14
1.2.4 建筑排水硬聚氯乙烯管道施工 … 22

1.3 建筑给水铝塑复合管 ……………… 31
1.3.1 简介 ……………… 31
1.3.2 术语 ……………… 32
1.3.3 材料 ……………… 32
1.3.4 管道布置敷设及防冻、隔热和保温 ……………… 34
1.3.5 施工 ……………… 35
1.3.6 管道检验及验收 ……………… 39

1.4 聚丙烯（PP）管 ……………… 40
1.4.1 简介 ……………… 40
1.4.2 PP 管的连接与敷设 ……………… 41

1.5 建筑给水钢塑复合管 ……………… 45
1.5.1 总则 ……………… 45
1.5.2 术语 ……………… 46
1.5.3 管材选择 ……………… 46
1.5.4 防冻保温 ……………… 47
1.5.5 管道安装 ……………… 47
1.5.6 检验与验收 ……………… 51

1.6 薄壁不锈钢管 ……………… 51
1.6.1 流体输送用不锈钢管 ……………… 51
1.6.2 不锈钢卫生管道 ……………… 54
1.6.3 300 系列薄壁不锈钢管施工 …… 55

1.7 薄壁铜管 ……………… 58
1.7.1 简介 ……………… 58
1.7.2 薄壁铜管的施工安装 ……………… 60
1.7.3 薄壁铜管的钎焊 ……………… 62
1.7.4 发泡塑覆保温铜管 ……………… 66

1.8 铸铁管 ……………… 66
1.8.1 给水铸铁管和排水铸铁管 …… 66
1.8.2 室外铸铁管及球墨铸铁管安装 … 78
1.8.3 柔性接口铸铁管的施工 ……… 83

1.9 钢管 ……………… 85
1.9.1 简介 ……………… 85
1.9.2 低压流体输送焊接钢管 ……… 85
1.9.3 无缝钢管 ……………… 87
1.9.4 电焊钢管 ……………… 88
1.9.5 螺旋缝钢管 ……………… 90
1.9.6 钢管件 ……………… 91

1.10 阀门 ……………… 92
1.10.1 阀门的选用 ……………… 92
1.10.2 阀门安装的一般规定 ……… 94
1.10.3 常用阀门的安装 ……………… 96

1.11 给水排水及采暖工程施工 …… 105
1.11.1 基本规定 ……………… 105
1.11.2 室内给水管道安装 ……… 108
1.11.3 室内排水管道安装 ……… 112
1.11.4 室内热水供应系统安装 …… 116
1.11.5 卫生器具安装 ……………… 117
1.11.6 室内采暖系统安装 ……… 121
1.11.7 室外给水管网安装 ……… 125
1.11.8 室外排水管网安装 ……… 130
1.11.9 室外供热管道安装 ……… 131
1.11.10 建筑中水系统及游泳池水系统安装 ……………… 133
1.11.11 供热锅炉及辅助设备安装 … 135
1.11.12 分部（子分部）工程质量验收 ……………… 143

1.12 高层民用建筑及宾馆酒店的给排水系统 ……………… 144

1.12.1 给水系统 …………………… 144
1.12.2 加压装置和流量调节装置 …… 148
1.12.3 热水供应系统 ………………… 154
1.12.4 室内排水系统 ………………… 159
1.12.5 卫生洁具安装 ………………… 168
1.12.6 管道、设备和容器的防腐及保温 …………………………… 176

2 消 防

2.1 有关消防的基本知识 …………… 179
2.1.1 基本概念 ……………………… 179
2.1.2 灭火的方法 …………………… 180
2.1.3 灭火剂 ………………………… 180
2.1.4 灭火器 ………………………… 184
2.1.5 灭火器的配置 ………………… 187
2.1.6 灭火器的选择 ………………… 187

2.2 防火门、防火墙及建筑材料防火 ……………………………… 190
2.2.1 防火门 ………………………… 190
2.2.2 防火墙 ………………………… 192
2.2.3 防火隔离幕 …………………… 194

2.3 钢结构防火涂料 ………………… 194
2.3.1 简介 …………………………… 194
2.3.2 钢结构防火涂料的定义与分类 …… 195
2.3.3 使用防火涂料保护钢结构的依据与优点 ……………………… 195
2.3.4 钢结构防火涂料的选用 ……… 196
2.3.5 使用中应注意的问题 ………… 196
2.3.6 钢结构防火涂料的施工要求 … 197

2.4 消火栓系统 ……………………… 198
2.4.1 室外（露天设置）消火栓系统 …… 198
2.4.2 室内消火栓系统 ……………… 201

2.5 自动喷水灭火系统 ……………… 208
2.5.1 概述 …………………………… 208
2.5.2 自动喷水灭火系统的专用产品 …… 210
2.5.3 管道设置及供水系统 ………… 216
2.5.4 几个灭火系统简介 …………… 219
2.5.5 自动喷水灭火系统安装 ……… 224

2.6 二氧化碳灭火系统 ……………… 235
2.6.1 概述 …………………………… 235
2.6.2 灭火方法的选择 ……………… 236
2.6.3 系统的结构形式、控制程序及安全要求 …………………………… 237
2.6.4 气体灭火系统安装 …………… 238
2.6.5 气体灭火系统设计与施工中存在的问题 …………………………… 243

2.7 泡沫灭火系统 …………………… 244
2.7.1 泡沫灭火剂的分类 …………… 244
2.7.2 低倍数泡沫灭火系统 ………… 245
2.7.3 高倍数泡沫灭火系统 ………… 249
2.7.4 泡沫灭火系统安装 …………… 251

2.8 火灾自动报警系统 ……………… 255
2.8.1 火灾报警系统的形式与组成 … 256
2.8.2 火灾探测器的选择 …………… 258
2.8.3 消防广播通信系统 …………… 262
2.8.4 消防控制室和消防联动控制 … 264
2.8.5 系统供电 ……………………… 267
2.8.6 火灾自动报警系统施工 ……… 268

2.9 高层建筑的消防供电 …………… 274
2.9.1 变配电系统及柴油发电机 …… 275
2.9.2 电气设备及线路的选择 ……… 276
2.9.3 电动机运行时的防火保护 …… 277
2.9.4 电气照明的防火措施 ………… 278

2.10 系统综合性能试验及消防验收 …… 278
2.10.1 消防检查系统的分类 ………… 278
2.10.2 各系统的检查项目 …………… 279
2.10.3 消火栓系统的检查及验收 …… 282
2.10.4 自动喷水灭火系统综合性能调试及验收 ………………………… 283
2.10.5 气体灭火系统的调试及验收 … 286
2.10.6 泡沫灭火系统的调试及验收 … 289
2.10.7 火灾自动报警系统的调试及验收 …………………………… 291

2.11 有关消防的若干问题 …………… 294
2.11.1 高层建筑消防给水 …………… 294
2.11.2 消防定压给水装置 …………… 295
2.11.3 自动喷水灭火系统的压力平衡 …………………………… 295
2.11.4 高层建筑室内消防系统增压方式 …………………………… 296
2.11.5 火灾事故照明和疏散指示标志灯 …………………………… 296
2.11.6 高层建筑避难空间 …………… 297

3 电 气

3.1 电气基本知识 …… 299
- 3.1.1 建筑电气工程术语 …… 299
- 3.1.2 电气基础知识 …… 300

3.2 建筑电气工程施工的基本规定 …… 303
- 3.2.1 一般规定 …… 303
- 3.2.2 主要设备、材料、成品和半成品进场验收 …… 304
- 3.2.3 工序交接确认 …… 306

3.3 线管及导线敷设 …… 310
- 3.3.1 线管配线 …… 310
- 3.3.2 PVC 塑料线管敷设 …… 317
- 3.3.3 槽板配线 …… 320
- 3.3.4 钢索配线 …… 320
- 3.3.5 施工中应注意的问题 …… 321

3.4 灯具及开关、插座安装 …… 323
- 3.4.1 灯具安装 …… 323
- 3.4.2 开关、插座、风扇安装 …… 329

3.5 成套配电柜、控制柜（屏、台）和动力、照明配电箱（盘）安装 …… 331
- 3.5.1 施工安装 …… 331
- 3.5.2 施工质量验收检验项目 …… 334

3.6 低压电器施工 …… 337
- 3.6.1 一般规定 …… 337
- 3.6.2 低压断路器 …… 338
- 3.6.3 低压隔离开关、刀开关、转换开关及熔断器组合电器 …… 339
- 3.6.4 住宅电器、漏电保护器及消防电器设备 …… 340
- 3.6.5 低压接触器及电动机启动器 …… 340
- 3.6.6 控制器、继电器及行程开关 …… 341
- 3.6.7 电阻器及变阻器 …… 342
- 3.6.8 电磁铁 …… 343
- 3.6.9 熔断器 …… 343
- 3.6.10 低压电气动力设备试验和试运行 …… 343

3.7 母线装置施工 …… 344
- 3.7.1 一般规定 …… 344
- 3.7.2 硬母线加工 …… 345
- 3.7.3 硬母线安装 …… 347
- 3.7.4 硬母线焊接 …… 349
- 3.7.5 软母线架设 …… 350
- 3.7.6 绝缘子与穿墙套管 …… 352

3.8 电缆线路施工 …… 353
- 3.8.1 运输与保管 …… 353
- 3.8.2 电缆管的加工及敷设 …… 353
- 3.8.3 电缆支架的配制与安装 …… 354
- 3.8.4 电缆敷设的一般规定 …… 356
- 3.8.5 生产厂房内及隧道、沟道内电缆的敷设 …… 359
- 3.8.6 管道内电缆的敷设 …… 359
- 3.8.7 直埋电缆的敷设 …… 360
- 3.8.8 水底电缆的敷设 …… 361
- 3.8.9 桥梁上电缆的敷设 …… 362
- 3.8.10 电缆终端和接头制作的一般规定 …… 362
- 3.8.11 电缆终端和接头的制作要求 …… 363
- 3.8.12 电缆的防火与阻燃 …… 365

3.9 电动机安装 …… 366
- 3.9.1 电动机的保管、搬运及检查 …… 366
- 3.9.2 电动机的安装 …… 367
- 3.9.3 电动机的试运行 …… 368
- 3.9.4 电动机施工质量验收检验项目 …… 369

3.10 电力变压器及油浸电抗器安装 …… 370
- 3.10.1 一般规定 …… 370
- 3.10.2 安装前的检查与保管 …… 370
- 3.10.3 排氮 …… 371
- 3.10.4 器身检查 …… 372
- 3.10.5 干燥 …… 374
- 3.10.6 本体及附件安装 …… 375
- 3.10.7 注油 …… 377
- 3.10.8 热油循环、补油和静置 …… 378
- 3.10.9 整体密封检查 …… 378
- 3.10.10 工程交接验收 …… 378
- 3.10.11 箱式变电所安装 …… 379

3.11 电气装置接地施工 …… 380
- 3.11.1 简介 …… 380
- 3.11.2 接地装置选择 …… 382
- 3.11.3 接地装置施工 …… 383
- 3.11.4 接地装置敷设施工质量验收检验项目 …… 384
- 3.11.5 工程交接验收 …… 385

3.12 防雷装置敷设 ………………… 385
3.12.1 防雷装置的构成 …………… 385
3.12.2 防雷装置安装施工质量验收检验项目 …………………………… 388
3.12.3 防雷击装置安全技术检测 …… 389

3.13 高层民用建筑及宾馆酒店的电气系统 ……………………………… 392
3.13.1 供配电系统 ………………… 392
3.13.2 柴油发电机组应急电源 …… 392
3.13.3 设备选择 …………………… 394
3.13.4 低压配电系统 ……………… 395
3.13.5 防雷保护系统 ……………… 399
3.13.6 高层建筑电气施工中应注意的问题 …………………………… 401
3.13.7 封闭、插接式母线安装 …… 403
3.13.8 电缆敷设施工 ……………… 405

3.14 建筑电气分部工程验收 ………… 408
3.14.1 工程划分规定 ……………… 408
3.14.2 检验批的划分 ……………… 408
3.14.3 质控资料检查 ……………… 409
3.14.4 质量记录检查 ……………… 409
3.14.5 实物质量抽查规定 ………… 409
3.14.6 技术资料的检查 …………… 409
3.14.7 变配电室通电后抽测项目 … 409
3.14.8 检验方法 …………………… 410
3.14.9 验收要求 …………………… 410

4 通风空调

4.1 通风空调的基本知识 …………… 411
4.1.1 概述 ………………………… 411
4.1.2 风管中的流速、阻力及空调房间的气流组织 ……………………… 414
4.1.3 测量温度和湿度的仪表 …… 414
4.1.4 国产空调设备的质量现状 … 415

4.2 高层民用建筑的新风系统及客房排气的热回收装置 ………………… 416
4.2.1 高层民用建筑的新风系统 … 416
4.2.2 客房排气的热回收装置 …… 418

4.3 高层建筑防排烟 ………………… 420
4.3.1 防排烟方式 ………………… 420
4.3.2 应注意的问题 ……………… 422
4.3.3 防排烟设备的选型及控制 … 423

4.4 保温 ……………………………… 424
4.4.1 概述 ………………………… 424
4.4.2 保温材料 …………………… 424
4.4.3 保温施工 …………………… 428
4.4.4 保温工程的验收 …………… 430
4.4.5 SCF-1 新型保温外护层材料 … 432

4.5 噪声控制及空调制冷设备隔振的标准化 …………………………… 433
4.5.1 噪声产生的原因及控制方法 … 433
4.5.2 消声器 ……………………… 434
4.5.3 空调制冷设备隔振的标准化 … 436

4.6 高层民用建筑及宾馆酒店的舒适性空调 ……………………………… 438
4.6.1 空调系统概况 ……………… 438
4.6.2 风机盘管机组 ……………… 440
4.6.3 空调供水系统及方式 ……… 441
4.6.4 冷却塔 ……………………… 443
4.6.5 设备配管 …………………… 444
4.6.6 空调设备及冷热源设备的设置 … 445
4.6.7 通风和空调工程施工中应注意的问题 …………………………… 446
4.6.8 单机试运转 ………………… 454
4.6.9 空调系统管道的冲洗 ……… 459
4.6.10 风管系统漏风量的测试 …… 460
4.6.11 空调系统联动试运转 ……… 461

4.7 通风与空调工程制作施工 ……… 464
4.7.1 风管制作 …………………… 464
4.7.2 风管部件与消声器制作 …… 474

4.8 通风与空调工程安装施工 ……… 478
4.8.1 风管系统安装 ……………… 478
4.8.2 通风与空调设备安装 ……… 482
4.8.3 空调制冷系统安装 ………… 488
4.8.4 空调水系统管道与设备安装 … 492
4.8.5 防腐与绝热 ………………… 498

4.9 系统调试、综合效能测定及竣工验收 ……………………………… 501
4.9.1 系统调试 …………………… 501
4.9.2 综合效能的测定与调整 …… 504
4.9.3 竣工验收 …………………… 506

4.10 几种空调新技术 ………………… 508
4.10.1 VAV 空调技术 ……………… 508

4.10.2 冰蓄冷技术 …… 510
4.10.3 置换通风技术 …… 511
4.10.4 辐射板空调技术 …… 512
4.10.5 低温送风技术 …… 513

5 锅　炉

5.1 锅炉简介
5.1.1 概述 …… 515
5.1.2 锅炉的形式及部件 …… 519

5.2 锅炉的基础知识
5.2.1 金属学的基本知识 …… 522
5.2.2 锅炉受压元件的主要焊接方法 …… 524
5.2.3 焊接缺陷 …… 529
5.2.4 焊接检验质量管理及焊接工艺评定 …… 533
5.2.5 锅炉用水及水质指标 …… 535
5.2.6 锅炉运行管理及常见事故预防 …… 540

5.3 工业锅炉检验
5.3.1 锅炉检验的重要性 …… 546
5.3.2 锅炉产品安全质量的监督检验 …… 547
5.3.3 工业锅炉安装质量的监督检查 …… 552
5.3.4 在用锅炉定期检验 …… 564
5.3.5 锅炉修理改造质量检验 …… 571

5.4 工业锅炉安装施工
5.4.1 总则 …… 572
5.4.2 基础检查和画线 …… 572
5.4.3 钢架 …… 573
5.4.4 锅筒、集箱和受热面管 …… 574
5.4.5 水压试验 …… 579
5.4.6 仪表、阀门和吹灰器 …… 580
5.4.7 燃烧设备 …… 584
5.4.8 锅炉砌筑和绝热层 …… 587
5.4.9 烘炉、煮炉、严密性试验及试运行 …… 589
5.4.10 工程验收 …… 591
5.4.11 锅炉安装施工的质量管理体系 …… 591

5.5 卧式快装锅炉的安装施工
5.5.1 简介 …… 593
5.5.2 安装前的准备工作 …… 594
5.5.3 卧式快装锅炉的安装 …… 594
5.5.4 锅炉房管道安装 …… 599
5.5.5 锅炉及锅炉房汽水管道的水压试验 …… 601
5.5.6 烘炉、煮炉、严密性试验及试运行 …… 601

5.6 进口锅炉
5.6.1 有关进口锅炉的规定 …… 601
5.6.2 关于进口内燃燃油锅炉的规定 …… 603
5.6.3 进口燃油（气）锅炉与我国锅炉规程、标准的差异 …… 604
5.6.4 进口燃油（气）锅炉存在的常见问题 …… 607

5.7 燃油、燃气锅炉的安装施工
5.7.1 燃油、燃气锅炉简介 …… 608
5.7.2 燃油、燃气锅炉的安装施工 …… 612

6 钢　结　构

6.1 钢结构的基本知识
6.1.1 五大元素对钢性能的影响及钢的分类 …… 619
6.1.2 钢结构用钢 …… 620

6.2 钢结构焊接
6.2.1 基本规定 …… 625
6.2.2 材料 …… 627
6.2.3 焊接节点构造 …… 628
6.2.4 焊接工艺 …… 636
6.2.5 焊接质量检查 …… 644

6.3 钢结构制作、构件组装及预拼装
6.3.1 原材料 …… 648
6.3.2 钢结构制作 …… 651
6.3.3 钢构件组装及预拼装 …… 660

6.4 焊接H型钢自动生产线
6.4.1 主要设备及工艺过程 …… 664
6.4.2 配置实例 …… 665

6.5 箱形柱制作
6.5.1 制作工艺 …… 670
6.5.2 焊接 …… 671
6.5.3 工程实例 …… 671

6.6 钢结构安装
6.6.1 钢结构安装的前期工作 …… 675

6.6.2　钢结构安装与调整 ………… 678
　　6.6.3　钢结构安装现场施焊 ……… 681
　　6.6.4　钢结构安装工程的质量验收 … 682
6.7　钢结构高强度螺栓连接 …………… 691
　　6.7.1　一般规定 …………………… 691
　　6.7.2　接头构造要求 ……………… 692
　　6.7.3　施工及验收 ………………… 694
6.8　钢网架制作、安装 ………………… 700
　　6.8.1　钢网架制作 ………………… 700
　　6.8.2　钢网架安装 ………………… 705
6.9　压型钢板施工与螺柱焊接 ………… 710
　　6.9.1　压型钢板的连接与施工 …… 710
　　6.9.2　螺柱焊接技术 ……………… 714
6.10　钢结构防腐涂料及防火涂料 …… 716
　　6.10.1　钢结构防腐涂料 …………… 716
　　6.10.2　钢结构防火涂料 …………… 719
主要参考资料 ……………………………… 724

给水排水 1

1.1 管材的基本知识

为使管材、管道附件便于生产、选用及安装,具有最大限度的通用性,工程上制定出制品的类型、规格和质量的统一技术标准;公称直径、公称压力、试验压力、工作压力标准是其中最基本的技术标准。

1.1.1 公称直径标准

公称直径是各种管子与管路附件的通用口径,同一公称直径的管子与管路附件均能相互连接,具有互换性;有的制品(如阀门)其公称直径等于实际内径,但大多数制品其公称直径既不等于内径也不等于外径,只是名义直径,制品的实际内径和外径由各制品的技术标准来规定。

1. 公称直径。

公称直径用字母 DN 标志,其后附有公称直径的尺寸,有 3~4000mm 共 48 个级别,其中 DN15、20、25、32、40、50、65、80、100、125、150、200、250、300、350、400、500、600、700 十九种规格为管道工程最常用。

2. 对采用螺纹连接的管子,公称直径在习惯上也有用英制螺纹管径尺寸(英寸)表示的,公称直径及相当的螺纹管径见表 1-1-1。

公称直径与螺纹管径对照表　　　　表 1-1-1

公称直径(mm)	8	10	15	20	25	32	40	50	65	80	100	125	150	200	250
英寸	1/4	3/8	1/2	3/4	1	5/4	3/2	2	5/2	3	4	5	6	8	10

1.1.2 公称压力、试验压力和最大工作压力标准

1. 公称压力

是指工程上以介质温度为标准温度时(某一温度范围),制品所允许承受的工作压力,作为该制品的耐压强度标准,称为公称压力,其代号用 PN 表示。公称压力有 0.05~335MPa,共 30 个级别,其中 0.25、0.4、0.6、1.0、1.6、2.5、4.0、6.4、10.0、16.0(单位:MPa)等级别为工程所常用。

2. 试验压力

是指制品出厂前必须进行试验的压力,检查其强度与密封性。管子出厂时的密封性试验压力为管子的公称压力,进行强度试验的压力称为试验压力,用 P_s 表示,试验压力$\geqslant$公称压力的 1.5 倍,常用的各种公称压力下的强度试验压力标准见表 1-1-2。

常用公称压力与试验压力对照表（MPa）　　　表 1-1-2

公称压力 PN	0.1	0.25	0.4	0.6	1.0	1.6	2.5	4.0
试验压力 P_s	0.2	0.4	0.6	0.9	1.5	2.4	3.8	6.0

3. 最大工作压力

是指制品在一定温度范围内允许承受的工作压力。标准温度值相当于材料的机械强度（屈服点及强度极限）仍能保持基本不变的最高温度,当工作温度超过该值时,机械强度下降。把不同材料制成不同制品,分成不同的温度等级,再计算出每种材料在不同温度下所允许承受的最大工作压力,随着温度等级的提高,制品所允许承受的压力要降低,以优质碳素钢为例,工作温度为 11 级,每级所允许承受最大工作压力见表 1-1-3。

优质碳素钢制品使用温度与工作压力的关系　　　表 1-1-3

温度等级	温度范围（℃）	最大工作压力	温度等级	温度范围（℃）	最大工作压力
1	0~200	$PN \times 1$	7	351~375	$PN \times 0.67$
2	201~250	$PN \times 0.92$	8	376~400	$PN \times 0.64$
3	251~275	$PN \times 0.86$	9	401~425	$PN \times 0.55$
4	276~300	$PN \times 0.81$	10	426~435	$PN \times 0.50$
5	301~325	$PN \times 0.75$	11	436~450	$PN \times 0.45$
6	326~350	$PN \times 0.71$			

建筑常用水暖管子标准温度值为：碳素钢 200℃,普通低合金钢 250~300℃,铸铁制品 120℃,铜制品 120℃,在上述温度值时管道（普通低合金钢除外）最大工作压力与公称压力相等。

1.2 硬聚氯乙烯管道

硬聚氯乙烯管道是目前国内外大力发展和应用的新型化学建材,具有重量轻、耐压强度好、输送流体阻力小、耐化学腐蚀性能强、安装方便、投资低、使用寿命长等特点。

1.2.1 给水及排水硬聚氯乙烯管道

1. 给水用硬聚氯乙烯（PVC-U）管材

根据 GB/T 10002.1—1996《给水用硬聚氯乙烯（PVC-U）管材》的规定,产品以聚氯乙烯树脂为主要原料,经挤出成型；直径为 d_e20~d_e1000,室内常用 d_e20~d_e110,室外常用 d_e63~d_e315,管材的长度一般为 4m、6m、8m 及 12m,也可由供需双方商定。

（1）分类

产品按连接形式分为弹性密封圈连接型和溶剂粘接型,见图 1-2-1 和图 1-2-2。

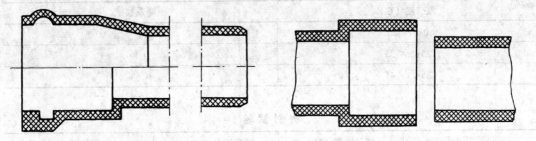

图 1-2-1　弹性密封圈连接型承插口　　　　图 1-2-2　溶剂粘接型承插口

(2) 公称压力和管材规格尺寸

A. 公称压力系指管材在 20℃ 条件下输送水的工作压力,公称压力和管材规格尺寸详见表 1-2-1。

B. 当管材输送的水温在 25~45℃ 之间时,应按表 1-2-2 中不同温度的下降系数 (f_t) 修正工作压力,用修正系数乘以公称压力得到最大允许工作压力。

(3) 外观

A. 管材内外表面应光滑、平整,无凹陷、分解变色线和其他影响性能的表面缺陷。

B. 管材不应含有可见杂质,管材端面应切割平整并与轴线垂直。

(4) 液压试验

A. 公称外径<63mm 的管材,试验条件为 20℃,试验时间 1h,试验压力为公称压力的 4.2 倍,不出现渗漏或破坏为合格;

B. 承插口密封试验,将连接后的试样按 GB 6111《长期恒定内压下热塑性塑料管材耐破坏时间的测定方法》规定试验,试验压力和温度详见表 1-2-3,试样不应发生渗漏或破坏为合格。

管材公称压力和规格尺寸 (mm)　　　　表 1-2-1

公称外径 d_e	壁 厚 e				
	公称压力 PN				
	0.6MPa	0.8MPa	1.0MPa	1.25MPa	1.6MPa
20					2.0
25					2.0
32				2.0	2.4
40			2.0	2.4	3.0
50		2.0	2.4	3.0	3.7
63	2.0	2.5	3.0	3.8	4.7
75	2.2	2.9	3.6	4.5	5.6
90	2.7	3.5	4.3	5.4	6.7
110	3.2	3.9	4.8	5.7	7.2
125	3.7	4.4	5.4	6.0	7.4
160	4.7	5.6	7.0	7.7	9.5
200	5.9	7.3	8.7	9.6	11.9
250	7.3	8.8	10.9	11.9	14.8
315	9.2	11.0	13.7	15.0	18.7

不同温度的下降系数　　　　　　　　　　表 1-2-2

温度（℃）	下降系数 f_t
$0 < t \leqslant 25$	1
$25 < t \leqslant 35$	0.8
$35 < t \leqslant 45$	0.63

密封试验　　　　　　　　　　表 1-2-3

直径范围（mm）	试验温度（℃）	试验压力（MPa）	时间（h）
$d_e > 90$	20	$3.36 \times PN$	1
$d_e \leqslant 90$	20	$4.2 \times PN$	1

2. 建筑排水用硬聚氯乙烯管材

根据 GB/T 5836.1—92《建筑排水用硬聚氯乙烯管材》的规定，产品以聚氯乙烯树脂为主要原料，加入必要的助剂，经挤出成型；直径为 $d_e 40 \sim d_e 160$，管材的长度一般为 4m 及 6m，也可由供需双方商定。

（1）规格

管材规格用 d_e（公称外径）$\times e$（公称壁厚）表示，具体数据详见表 1-2-4。

管材公称外径与壁厚（mm）　　　　　　　　　　表 1-2-4

公称外径 d_e	平均外径极限偏差	壁厚 e 基本尺寸	壁厚 e 极限偏差	长度 L 基本尺寸	长度 L 极限偏差
40	+0.3　0	2.0	+0.4　0	4000 或 6000	±10
50	+0.3　0	2.0	+0.4　0		
75	+0.3　0	2.3	+0.4　0		
90	+0.3　0	3.2	+0.6　0		
110	+0.4　0	3.2	+0.6　0		
125	+0.4　0	3.2	+0.6　0		
160	+0.5　0	4.0	+0.6　0		

（2）颜色

管材一般为灰色，其他颜色可由供需双方商定。

（3）外观

管材内外壁应光滑、平整，不允许有气泡、裂口和明显的痕纹、凹陷、色泽不均及分解变色线。

（4）机械性能

A．拉伸屈服强度：合格品≥40MPa、优等品≥43MPa；

B．断裂伸长率：合格品不作要求、优等品≥80%。

3. 排水用芯层发泡硬聚氯乙烯（PVC-U）管材

根据 GB/T 16800—1997《排水用芯层发泡硬聚氯乙烯（PVC-U）管材》的规定，产品以聚氯乙烯树脂为主要原料,加入必要的添加剂,经复合共挤成型;直径为$d_e40\sim d_e500$,室内常用$d_e20\sim d_e110$,室外常用$d_e63\sim d_e315$,管材有效长度为4m及6m,也可由供需双方商定。

(1) 产品分类:

A. 管材按外观型式分为直管(Z)、弹性密封连接型管材(M)、溶剂粘接型管材(N);

B. 管材按环刚度分级,具体内容详见表1-2-5。

管材环刚度分级　　　　　　　　　　　表1-2-5

级别	S_0	S_1	S_2
环刚度	2 kN/m²	4 kN/m²	8 kN/m²

(2) 管材规格用d_e(公称外径)$\times e$(公称壁厚)表示,具体数据详见表1-2-6。

管材规格(mm)　　　　　　　　　　　表1-2-6

公称外径 d_e	壁厚 e		
	S_0	S_1	S_2
40	2.0		
50	2.0		
75	2.5	3.0	
90	3.0	3.0	
110	3.0	3.2	
125	3.2	3.2	3.9
160	3.2	4.0	5.0
200	3.9	4.9	6.3
250	4.9	6.2	7.8
315	6.2	7.7	9.8
400		9.8	12.3
500			15.0

(3) 颜色:

管材一般为白色或灰色,也可由供需双方商定。

(4) 外观:

A. 管材内外壁应光滑平整,不允许有气泡、沙眼、裂口和明显的痕纹、杂质、凹陷、色泽不均及分解变色线;

B. 管材端口应平整且与轴线垂直;

C. 管材芯层与内外皮层应紧密熔接,无分脱现象。

(5) 管材胶粘承口的尺寸应符合图1-2-3和表1-2-7的规定,管材密封圈承口应符合图1-2-4和表1-2-8的规定。

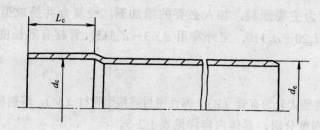

图 1-2-3 溶剂粘接型承插口

溶剂粘接型管材的承口尺寸 (mm)　　　表 1-2-7

公称外径 (d_e)	承口平均内径 (d_c)	承口深度 (L_c)
40	40.1	26
50	50.1	30
75	75.2	40
90	90.2	46
110	110.2	48
125	125.2	51
160	160.3	58
200	200.4	66

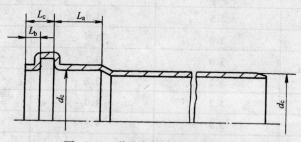

图 1-2-4 弹性密封连接型承插口

管材密封圈连接的承口尺寸及偏差 (mm)　　　表 1-2-8

公称外径 (d_e)	承口平均内径 (d_{cmin})	配合长度 (L_{amin})	密封承口口部 (L_{bmin})	密封段最大深度 (L_{cmax})
75		25	—	20
90		28	—	22
110	110.4	32	6	26
125	125.4	35	7	26
160	160.5	42	9	32
200	200.6	50	12	40
250	250.8	55	18	70
315	316.0	62	20	70
400	401.2	70	24	70
500	501.5	80	28	80

(6) 连接密封试验：

将试样胶粘承插连接48h后或密封圈承插连接后，按GB 6111《长期恒定内压下热塑性塑料管材耐破坏时间的测定方法》规定试验，对试样加压至0.05MPa，并保持15min，试验过程中试样连接部分无渗漏和破裂为合格。

1.2.2 建筑给水硬聚氯乙烯管道施工

参照CECS41:92《建筑给水硬聚氯乙烯管道设计与施工验收规程》。

1. 一般规定

(1) 工业与民用建筑内硬聚氯乙烯生活给水管道系统的给水温度不得大于45℃，给水压力不得大于0.6MPa；给水管道不得用于消防给水，不得在建筑物内与消防给水管道相连。

(2) 给水管道的管材、管件应符合GB/T 10002.1—1996《给水用硬聚氯乙烯（PVC-U）管材》和GB 10002.2—88《给水用硬聚氯乙烯管件》的要求；用于建筑物内部的管道宜采用1.0MPa等级的管材，胶粘剂应符合有关技术标准。

(3) 管道系统的施工除执行CECS41:92《建筑给水硬聚乙烯管道设计与施工验收规程》外，还应符合GB 50242—2002《建筑给水排水及采暖工程施工质量验收规范》的规定。

2. 管道布置和敷设

(1) 管道一般宜明敷，但在管道可能受到碰撞的场所，宜暗设或采取保护措施。

(2) 明敷的给水立管宜布置在给水量大的卫生器具或设备附近的墙边、墙角或立柱处。

(3) 给水管道不得穿越卧室、储藏室，不得穿越烟道、风道。

(4) 给水管道敷设于室外明露和寒冷地区室内不采暖的房间内时，在有可能冰冻或阳光照射处应采用轻质材料隔热保温。

(5) 水箱（池）的进水管、出水管、排污管、自水箱（池）至阀门间的管段应采用金属管。

(6) 管道穿越地下室的外墙处应设金属防水柔性套管；管道穿越屋面处，应采取有效的防水措施。

(7) 明敷管道与给水栓连接处应采取加固措施。

(8) 给水管道与其他管道同沟（架）平行敷设时，宜沿沟（架）边布置；上下平行敷设时，不得敷设在热水或蒸汽管的上面，且平面位置应错开；与其他管道交叉敷设时，应采取保护措施或用金属套管保护。

(9) 给水管道应远离热源，立管距灶边净距不得小于400mm，与供暖管道的净距不得小于200mm，且不得因热源辐射使管外壁温度高于40℃。

(10) 工业建筑和公共建筑中管道直线长度大于20m时，应采取补偿管道胀缩的措施。

(11) 支管与干管、支管与设备容器的连接应利用管道折角自然补偿管道的伸缩。

(12) 管道伸缩长度可按下式计算：

$$\Delta L = \Delta T \cdot L \cdot \alpha$$

式中 ΔL——管道伸缩长度（mm）；

ΔT——计算温差（℃）；

L——管段长度（m）；

α——线膨胀系数[mm/m·℃]，一般取 0.07。

(13) 管道计算温差可按下式确定：

$$\Delta T = 0.65\Delta t_s + 0.10\Delta t_g$$

式中 ΔT——管道计算温差（℃）；

Δt_s——管道内水的最大变化温差（℃）；

Δt_g——管道外空气的最大变化温差（℃）。

(14) 建筑物内立管穿越楼板和屋面处应为固定支撑点。

3. 材料

(1) 一般规定

A. 生活饮用水塑料管道选用的管材和管件应具备卫生检验部门的检验报告或认证文件。

B. 管材和管件应具有质量检验部门的质量合格证，并应有明显标志标明生产厂的名称和规格；包装上应标有批号、数量、生产日期和检验代号。

C. 胶粘剂必须有生产厂名称、出厂日期、有效使用期限、出厂合格证和使用说明书。

(2) 质量要求和检验

A. 管材和管件的外观质量应符合下列规定：

a. 管材和管件的颜色应一致，无色泽不均及分解变色线。

b. 管材和管件的内外壁应光滑、平整，无气泡、裂口、裂纹、脱皮和严重的冷斑及明显的痕纹、凹陷。

c. 管材轴向不得有异向弯曲，其直线度偏差应小于 1%；管材端口必须平整，并垂直于轴线。

d. 管件应完整，无缺损、变形，合模缝、浇口应平整，无开裂。

B. 管材和管件的物理力学性能应符合施工验收规程的规定。

C. 管材在同一截面的壁厚偏差不得超过 14%，管材的外径、壁厚及公差应符合施工验收规程的规定。

D. 管件的壁厚不得小于相应管材的壁厚。

E. 管材和管件的承插粘接面，必须表面平整，尺寸准确，以保证接口的密封性能，其承口尺寸应符合表 1-2-9 的规定。

管材、管件承口尺寸（mm） 表 1-2-9

承口内径	承口长度	承口中部的平均内径	
		最小值	最大值
20	16.0	20.1	20.3
25	18.5	25.1	25.3
32	22.0	32.1	32.3

续表

承口内径	承口长度	承口中部的平均内径	
		最小值	最大值
40	26.0	40.1	40.3
50	31.0	50.1	50.3
63	37.5	63.1	63.3
75	43.5	75.1	75.3
90	51.0	90.1	90.3
110	61.0	110.1	110.4

F．塑料管与金属管配件连接的塑料转换接头所承受的强度试验压力不应低于管道的试验压力，其所能承受的水密性试验压力不应低于管道的工作压力；其螺纹应符合现行国家标准《可锻铸铁管路连接件型式尺寸管件结构尺寸表》的规定，螺纹应完整，如有断丝或缺丝，不得大于螺纹全扣数的10%，不得在塑料管材及管件上直接套丝。

G．胶粘剂应呈自由流动状态，不得为凝胶体，在未搅拌的情况下，不得有分层现象和析出物出现，不宜稀释。

H．胶粘剂内不得有团块、不溶颗粒和其他影响胶粘剂粘接强度的杂质。

I．胶粘剂中不得含有毒和利于微生物生长的物质，不得对饮用水的味、嗅及水质有任何影响。

J．胶粘剂的性能必须符合下列规定：

　　a．管径≤63mm：黏度≥0.09Pa·s（23℃）
　　　　管径≥75mm：黏度≥0.5Pa·s（23℃）

　　b．剪切强度≥6.1MPa（23℃，固化72h后）

　　c．最低静压水密性强度：4.2+0.20倍公称压力下保持15min不漏水。

K．管材和管件应在同一批中抽样进行规格尺寸及必要的外观性能检查，如不能达到规定的质量要求，应按国家标准 GB 10002.1—88《给水用硬聚氯乙烯管材》和 GB 10002.2—88《给水用硬聚氯乙烯管件》，由指定的检测单位进行检验。

L．不得使用有损坏迹象的材料；长期存放的材料，在使用前必须进行外观检查，若发现异常，应进行技术鉴定或复检。

(3) 贮运

A．管材应按不同规格分别进行捆扎，每捆长度应一致，且重量不宜超过50kg；管件应按不同品种、规格分别装箱，均不得散装。

B．搬运管材和管件时，应小心轻放，避免油污；严禁剧烈撞击、与尖锐物品碰触、抛摔滚拖，在寒冷地区的冬季，需特别注意。

C．管材和管件应存放在通风良好，温度不超过40℃的库房或简易棚内，不得露天存放，距离热源不小于1m。

D．管材应水平堆放在平整的支垫物上，支垫物宽度不应小于75mm，间距不应大于1m，外悬端部不应超过0.5m，堆置高度不得超过1.5m，管件应逐层码放，不得叠置过高。

E．胶粘剂和丙酮等清洁剂应存放于危险品仓库中，现场存放处应阴凉干燥，安全可靠，严禁明火。

4．施工

(1) 一般规定

A．管道安装前应了解建筑物的结构，熟悉设计图纸、施工方案及其他工种的配合措施；安装人员必须熟悉硬聚氯乙烯管的一般性能，掌握基本的操作要点，严禁盲目施工。

B．施工现场与材料存放处温差较大时，应于安装前将管材和管件在现场放置一定的时间，使其温度接近施工现场的环境温度。

C．管道系统安装前，应对材料的外观和接头配合的公差进行仔细的检查，必须清除管材及管件内外的污垢和杂物。

D．管道系统安装过程中应防止油漆、沥青等有机污染物与硬聚氯乙烯管材、管件接触。

E．管道系统安装间断或完毕的敞口处，应随时封堵。

F．管道穿越墙壁、楼板及嵌墙暗敷时，应配合土建预留孔槽，其尺寸设计无规定时，应按下列规定执行：

a．预留孔洞尺寸宜较管外径大 50～100mm。

b．嵌墙暗管墙槽尺寸的宽度宜为外径 $d_e + 60$mm，深度宜为外径 $d_e + 30$mm。

c．架空管顶上的净空不宜小于 100mm。

G．管道穿过地下室或地下构筑物外墙时，应采取严格的防水措施。

H．塑料管道之间的连接宜采用胶粘剂粘接，塑料管与金属管配件、阀门等的连接应采用螺纹连接或法兰连接。

I．管道的粘接接头应牢固，连接部位应严密无孔隙；螺纹管件应清洁不乱丝，螺接应紧固，并留有 2～3 扣螺纹。

J．管道系统的横管宜有 2‰～5‰ 的坡度坡向泄水装置。

K．管道系统的坐标，标高的允许偏差应符合表 1-2-10 的规定。

管道的坐标和标高的允许偏差 (mm)　　　　表 1-2-10

项目			允许偏差
坐 标	室 外	埋地	50
		架空或地沟	20
	室 内	埋地	15
		架空或地沟	10
标 高	室 外	埋地	±15
		架空或地沟	±10
	室 内	埋地	±10
		架空或地沟	±5

L．水平管道纵、横方向弯曲，立管垂直度，平行管道和成排阀门安装应符合表 1-2-11 的规定。

管道和阀门安装允许偏差（mm）　　　　表 1-2-11

项　　目		允　许　偏　差
水平管道纵横方向弯曲	每米	5
	每 10m	≤10
	室外架空、地沟、埋地每 10m	≤15
立管垂直度	每米	3.0
	高度超过 5m	≤10
	10m 以上，每 10m	≤10
平行管道和成排阀门	在同一直线上间距	3

M. 饮用水管道在使用前应采用每升水中含 20～30mg 的游离氯的清水灌满管道进行消毒，含氯水在管中应静置 24h 以上，消毒后再用饮用水冲洗管道，并经卫生部门取样检验符合现行的国家标准《生活饮用水标准》后，方可使用。

（2）塑料管道配管与粘接

A. 管道系统的配管与管道粘接应按下列步骤进行：

　　a. 按设计图纸的坐标和标高放线，并绘制实测施工图。

　　b. 按实测施工图进行配管，并进行预装配。

　　c. 管道粘接，接头养护。

B. 配管应符合下列规定：

　　a. 断管工具宜选用细齿锯、割刀或专用断管机具；断管时断口应平整，并垂直于管轴线。

　　b. 应去掉断口处的毛刺和毛边，并倒角，倒角坡度宜为 10°～15°，倒角长度宜为 2.5～3.0mm。

　　c. 配管时应对承插口的配合程度进行检验，将承插口进行试插，自然试插深度以承口长度的 1/2～2/3 为宜，并做出标记。

C. 管道的粘接连接应符合下列规定：

　　a. 管道粘接不宜在湿度很大的环境下进行，操作场所应远离火源，防止撞击和阳光直射，在 -20℃ 以下的环境中不得操作。

　　b. 涂抹胶粘剂应使用鬃刷或尼龙刷，用于擦揩承插口的干布不得带有油腻及污痕。

　　c. 在涂抹胶粘剂之前，应先用干布将承、插口处粘接表面擦净；若粘接表面有油污，可用干布蘸清洁剂将其擦净，粘接表面不得沾有尘埃、水迹及油污。

　　d. 涂抹胶粘剂时，必须先涂承口，后涂插口；涂抹承口时应由里向外，胶粘剂应涂抹均匀并适量。

　　e. 涂抹胶粘剂后，应在 20s 内完成粘接；若操作过程中胶粘剂出现干涸，应在清除干涸的胶粘剂后重新涂抹。

　　f. 粘接时应将插口轻轻插入承口中，对准轴线迅速完成；插入深度至少应超过标记；插接过程中可稍做旋转，但不得超过 1/4 圈，不得插到底后进行旋转。

　　g. 粘接完毕，应即刻将接头处多余的胶粘剂擦揩干净。

D. 初粘接好的接头应避免受力，须静置固化一定时间，牢固后方可继续安装。

E．在零摄氏度以下粘接操作时，不得使胶粘剂结冻；不得采用明火或电炉等加热装置加热胶粘剂。

(3) 塑料管与金属管配件的螺接

A．塑料管与金属管配件采用螺纹连接的管道系统，其连接部位管道的管径不得大于63mm。

B．塑料管与金属管配件采用螺纹连接时，必须采用注射成型的螺纹塑料管件；其管件螺纹部分的最小壁厚不得小于表1-2-12的规定。

注射塑料管件螺纹处最小壁厚尺寸（mm）　　　　　　表1-2-12

塑料管外径	20	25	32	40	50	63
螺纹处厚度	4.5	4.8	5.1	5.5	6.0	6.5

C．注射成型的螺纹塑料管件与金属管配件螺纹连接时，宜将塑料管件作为外螺纹，金属管配件为内螺纹；若塑料管件作为内螺纹，宜使用在注射螺纹端外部嵌有金属加固圈的塑料连接件。

D．注射成型的螺纹塑料管件与金属管配件螺纹连接，宜采用聚四氟乙烯生料带作为密封填充物，不宜使用厚白漆、麻丝。

(4) 室内管道的敷设

A．室内明敷管道应在土建粉饰完毕后进行安装，安装前应复核预留孔洞的位置是否正确。

B．管道安装前应按要求先设置管卡，位置应准确，埋设应平整、牢固；管卡与管道接触应紧密，但不得损伤管道表面。

C．若采用金属管卡固定管道时，金属管卡与塑料管间应采用塑料带或橡胶物隔垫，不得使用硬物隔垫。

D．在金属管配件与塑料管连接部位，管卡应设置在金属管配件一端，并尽量靠近金属管配件。

E．塑料管道的立管和水平管的支撑间距不得大于表1-2-13的规定。

塑料管道最大支撑间距（mm）　　　　　　表1-2-13

外径	20	25	32	40	50	63	75	90	110
水平管	500	550	650	800	950	1100	1200	1350	1550
立管	900	1000	1200	1400	1600	1800	2000	2200	2400

F．塑料管道穿越楼板时，必须设置套管，套管可采用塑料管；穿屋面时必须采用金属套管；套管应高出地面、屋面不小于100mm，并采取严格的防水措施。

G．管道敷设严禁有轴向扭曲，穿墙或楼板时，不得强制校正。

H．塑料管道与金属管道并行时，应留有一定的保护距离；若设计无规定时，净距不宜小于100mm；并行时塑料管道宜在金属管道的内侧。

I．室内暗敷的塑料管道墙槽必须采用1:2水泥砂浆填补。

J. 在塑料管道的各配水点、受力点处，必须采取可靠的固定措施。
　（5）埋地管道的铺设
　　A. 室内地坪±0.00以下塑料管道铺设宜分为两段进行；先进行地坪±0.00以下至基础墙外壁段的铺设，待土建施工结束后，再进行户外连接管的铺设。
　　B. 室内地坪以下管道铺设应在土建工程回填土夯实以后，重新开挖进行；严禁在回填土之前或未经夯实的土层中铺设。
　　C. 铺设管道的沟底应平整，不得有突出的尖硬物体；土的颗粒粒径不宜大于12mm，必要时可铺100mm厚的砂垫层。
　　D. 埋地管道回填时，管周回填土不得夹杂尖硬物直接与塑料管壁接触；应先用砂土或颗粒径不大于12mm的土壤回填至管顶上侧300mm处，经夯实后方可回填原土，室内埋地管道的埋置深度不宜小于300mm。
　　E. 塑料管出地坪处应设置护管，其高度应高出地坪100mm。
　　F. 塑料管在穿过基础墙时，应设置金属套管；套管与基础墙预留孔上方的净空高度，若设计无规定时不应小于100mm。
　　G. 塑料管道在穿越街坊道路，覆土厚度小于700mm时，应采取严格的保护措施。
　（6）安全生产
　　A. 胶粘剂及清洁剂的封盖应随用随开，不用时应立即盖严，严禁非操作人员使用。
　　B. 管道粘接操作场所禁止明火和吸烟；通风必须良好，集中操作场所宜设置排风设施。
　　C. 管道粘接时，操作人员应站在上风向，并应佩戴防护手套、眼镜和口罩等；避免皮肤、眼睛与胶粘剂直接接触。
　　D. 冬季施工应采取防寒、防冻措施；操作场所应保持室内空气流通，不得密闭。
　　E. 管道严禁攀踏、系安全绳、搁搭脚手板、用作支撑或借作他用。
　5. 检验与验收
　（1）管道系统应根据工程施工的特点，进行中间验收或竣工验收；并做好记录及签证，立卷归档。
　（2）隐蔽工程在隐蔽之前，必须进行水压试验；施工完毕的管道系统，必须进行严格的水压试验和通水能力检验；冬季进行水压试验和通水能力检验时，应采取可靠的防冻措施。
　（3）管道系统水压试验应符合下列规定：
　　A. 试验压力应为管道系统工作压力的1.5倍，但不得小于0.6MPa。
　　B. 对粘接连接的管道，水压试验必须在粘接连接安装24h后进行。
　　C. 水压试验前，对试压管道应采取安全有效的固定和保护措施，但接头部位必须明露。
　　D. 水压试验步骤：
　　　a. 将试压管道末端封堵，缓慢注水，同时将管道内气体排出。
　　　b. 充满水后，进行水密性检查。
　　　c. 加压宜采用手动泵缓慢升压，升压时间不得小于10min。
　　　d. 升至规定试验压力后，停止加压稳压1h，观察接头部位是否有漏水现象。

e. 稳压 1h 后补压至规定的试验压力值，15min 内的压力降不超过 0.05MPa，然后在工作压力的 1.15 倍状态下稳压 2h，压力降不超过 0.03MPa，各连接处无渗漏为合格。

(4) 竣工验收时，工程质量应符合设计要求和施工验收规程的有关规定；并应重点检查和检验下列项目：

A. 坐标、标高和坡度的正确性；

B. 连接点或接口的整洁、牢固和密封性；

C. 支承件和管卡的安装位置和牢固性；

D. 给水系统通水能力检验，按设计要求同时开放最大数量的配水点是否全部达到额定流量；

E. 对有特殊要求的建筑物，可根据管道布置，分层、分段进行通水能力检验；

F. 仪表的灵敏度和阀门启闭的灵活性。

1.2.3 室外硬聚氯乙烯给水管道施工

参照 CECS18：90《室外硬聚氯乙烯给水管道工程施工及验收规程》。

1. 管材、配件的性能要求及其存放

(1) 施工所用的硬聚氯乙烯给水管材、管件应分别符合国家标准 GB/T 10002.1—1996《给水用硬聚氯乙烯（PVC-U）管材》和 GB 10002.2—88《给水用硬聚氯乙烯管件》的要求；如发现有损坏、变形、变质迹象或其存放超过规定期限时，使用前应进行抽样鉴定。

(2) 管材插口与承口的工作面，必须表面平整，尺寸准确，既要保证安装时插入容易，又要保证接口的密封性能。

(3) 硬聚氯乙烯给水管道所采用的阀门及管件，其压力等级不应低于管道工作压力的 1.5 倍。

(4) 当管道采用橡胶圈接口（R-R 接口）时，所用的橡胶圈不应有气孔、裂缝、重皮和接缝，其性能应符合下列要求：

A. 邵氏硬度为 45°～55°；

B. 伸长率≥500%；

C. 拉断强度≥16MPa；

D. 永久变形＜20%；

E. 老化系数＞0.8（在 70°温度情况下，历时 144h）。

(5) 当使用圆形橡胶圈作接口密封材料时，橡胶圈内径与管材插口外径之比宜为 0.85～0.9，橡胶圈断面直径压缩率一般采用 40%。

(6) 当管道采用粘接连接（T-S 接口）时，所选用的粘接剂的性能应符合下列基本要求：

A. 黏附力和内聚力强，易于涂在接合面上；

B. 固化时间短；

C. 粘接的强度应满足管道的使用要求；

D. 硬化的粘接层对水不产生任何污染；

E. 当发现胶粘剂沉淀、结块时，不得使用。

(7) 硬聚氯乙烯管材及配件在运输、装卸及堆放过程中严禁抛扔或激烈碰撞，应避免阳光曝晒，若存放期较长，则应放置于棚库内，以防变形和老化。

(8) 硬聚氯乙烯管材及配件堆放时，应放平垫实，堆放高度不宜超过 1.5m；对于承插式管材、配件堆放时，相邻两层管材的承口应相互倒置并让出承口部位，以免承口承受集中荷载。

(9) 管道接口所用的橡胶圈应按下列要求保存：

A．橡胶圈宜保存在低于 40°的室内，不应长期受日光照射，距一般热源距离不应小于 1m。

B．橡胶圈不得同能溶解橡胶的溶剂（油类、苯等）以及对橡胶有害的酸、碱、盐等物质存放在一起，更不得与以上物质接触。

C．橡胶圈在保存及运输途中，不应使其长期受挤压，以免变形。

D．当管材出厂时配套使用的橡胶圈已放入承口内时，可不必取出保存，但应采取措施防止橡胶圈遗失。

2．土方工程

(1) 测量：线路测量包括定线测量、水准测量和直接丈量。

A．定线测量要测定管道的中心线和转角，测量管道与相邻的永久性建筑物间的位置关系。

B．进行管道水准测量时，应沿线设临时水准点，并用水准导线同固定水准点连接，固定水准点的精度不应低于四级。

(2) 沟槽

A．在无地下水的地区开槽时，如沟深不超过下列规定，沟壁可不设边坡。

填实的砂土和砾石土　　　　1m
砂质粉土和粉质黏土　　　　1.25m
黏土　　　　　　　　　　　1.5m
特别密实土　　　　　　　　2m

B．在无地下水和土壤具有天然湿度、构造均匀的条件下开挖沟槽时，如沟深超过上条规定，但在 5m 以内，其沟壁最大允许坡度应符合表 1-2-14 的规定。

C．在回填土地段开挖沟槽或雨季施工时，可酌情加大边坡或采用支撑及其他相应措施，保证沟槽不坍塌；在地下水水位较高的地段施工时，应采取降低水位或排水措施，其方法的选择应根据水文地质条件及沟槽深度等条件确定。沟槽内积水应及时排出，不允许沟槽内长时间积水。

D．深度在 5m 以内的沟槽的垂直壁亦可按表 1-2-15 的规定，采用适当的支撑型式加固。

E．开槽时，其沟底宽度一般为外径加 0.5m。当沟深为 2m 以内及 3m 以内且有支撑时，沟底宽度应分别另加 0.1m 及 0.2m；深度超过 3m 的沟槽，每加深 1m，沟底宽度应另加 0.2m；当沟槽为板桩支撑时，沟深为 2m 以内及 3m 以内时，其沟底宽度应分别加 0.4m 及 0.6m。

深度在 5m 以内的沟槽最大沟边坡度（不加支撑）　　　　表 1-2-14

土 类 名 称	沟 边 坡 度		
	人工挖土并将土抛于沟边上	机 械 挖 土	
		在沟底挖土	在沟上边挖土
砂土	1:10	1:0.75	1:10
砂质粉土	1:0.67	1:0.50	1:0.75
粉质黏土	1:0.50	1:0.33	1:0.75
黏土	1:0.33	1:0.25	1:0.67
含砾石、卵石土	1:0.07	1:0.50	1:0.75
泥炭岩、白垩土	1:0.33	1:0.25	1:0.67
干黄土	1:0.25	1:0.10	1:0.33

注：1. 如人工挖土把土随时运走，则可采用机械在沟底挖土的坡度。
　　2. 表中砂土不包括细砂和粉砂，干黄土不包括类黄土。
　　3. 距离沟边 0.8m 以内，不应堆置弃土和材料。

沟槽的支撑型式　　　　表 1-2-15

土壤的情况	沟槽深度（m）	支撑形式
天然湿度的黏土类土，地下水很少	≤3	不连接的支撑
天然湿度的黏土类土，地下水很少	3～5	连续支撑
松散的和湿度很高的土	不论深度如何	连续支撑
松散的和湿度较高的土，地下水很多且有带走土粒的危险		如未采用降低地下水位法，则可用板桩加以支撑

F. 开挖沟槽时，沟底设计标高以上 0.2～0.3m 的原土应予保留，禁止扰动，铺管前用人工清理，但一般不宜挖至沟底设计标高以下，如局部超挖，需用砂土或合乎要求的原土填补并分层夯实。

G. 沟底埋有不易清除的块石等尖硬物体或地基为岩石、半岩石或砾石时，应铲除至设计标高以下 0.15～0.2m，然后铺上砂土整平夯实。

H. 开挖沟槽，遇有管道、电缆、地下构筑物或文物古迹时，须予以保护，并及时与有关单位和设计部门联系协同处理。

I. 生活饮用水管道严禁直接穿过粪坑、厕所和坟墓等能造成污染的地段，若在沟槽开挖过程中发现这类情况应与设计及卫生等有关部门协同处理。

(3) 回填

A. 在管道安装与铺设完毕后应尽快回填，回填时间宜在一昼夜中气温最低的时刻；回填土中不应含有砾石、冻土块及其他杂硬物体。

B. 管沟槽的回填一般分两次进行：

a. 在管道铺设的同时，宜用砂土或符合要求的原土回填管道的两肋，一次回填高度宜为 0.1～0.15m，捣实后再回填第二层，直至回填到管顶以上至少 0.1m 处；回填过程中管道下部与管底间的空隙处必须填实；管道接口前后 0.2m 范围内不得回填，以便观察试压时事故情况。

b. 管道试压合格后大面积回填，宜在管道内充满水的情况下进行；管顶 0.5m 以上部分可回填原土并夯实；采用机械回填时，要从管的两侧同时回填，机械不得在管道上行驶。

c. 管道试压前，管顶以上回填土厚度不应少于 0.5m，以防试压时管道系统产生推移。

3．管道安装与维修

（1）一般规定

A．管道铺设应在沟底标高和管道基础质量检查合格后进行，在铺设管道前要对管材、管件、橡胶圈等重新做一次外观检查，发现有问题的管材、管件均不得采用。

B．管道的一般铺设过程是：管材放入沟槽、接口、部分回填、试压、全部回填；在条件不允许、管径不大时，可将 2 或 3 根管在沟槽上接好，平稳放入沟槽内。

C．在沟槽内铺设硬聚氯乙烯给水管道时，如设计未规定采用其他材料的基础，应铺设在未经扰动的原土上，管道安装后，铺设管道时所用的垫块应及时拆除。

D．管道不得铺设在冻土上，铺设管道和管道试压过程中，应防止沟底冻结。

E．管材在吊运及放入沟内时，应采用可靠的软带吊具平稳下沟，不得与沟壁或沟底激烈碰撞。

F．在昼夜温差变化较大的地区，施工刚性接口管道时，应采取防止因温差产生的应力而破坏管道及接口的措施；粘接接口不宜在 5°以下施工，橡胶圈接口不宜在 -10°以下施工。

G．在安装法兰接口的阀门和管件时，应采取防止造成外加拉应力的措施，口径大于 100mm 的阀门下应设支撑。

H．管道转弯的三通和弯头处是否设止推支墩及支墩的结构型式应由设计决定；管道的支墩不应设置在松土上，其后背应紧靠原状土，如无条件应采取措施保证支墩的稳定；支墩与管道之间应设橡胶垫片，以防止管道的破坏；在无设计规定的情况下，管径小于 300mm 的弯头、三通可不设止推支墩。

I．管道在铺设过程中可以有适当的弯曲，但曲率半径不得大于管径的 300 倍。

J．在硬聚氯乙烯管道穿墙处，应设预留孔或安装套管，在套管范围内管道不得有接口、硬聚氯乙烯管道与套管间应用油麻填塞。

K．在硬聚氯乙烯管道穿越铁路、公路时，应设钢筋混凝土套管，套管的最小直径为硬聚氯乙烯管道管径加 600mm。

L．管道安装和铺设工程中断时，应用木塞或其他盖堵将管口封闭，防止杂物进入。

M．硬聚氯乙烯管道上设置的井室的井壁应勾缝抹面；井底应做防水处理；井壁与管道连接处采用密封措施防止地下水的渗入。

（2）管道连接

A．硬聚氯乙烯管道可以采用橡胶圈接口、粘接接口、法兰连接等型式；最常用的是橡胶圈和粘接连接，橡胶圈接口适用于管外径为 63~315mm 的管道连接；粘接连接只适用管外径小于 160mm 管道的连接；法兰连接一般用于硬聚氯乙烯管道与铸铁管等其他管材阀件等的连接。

B. 橡胶圈连接应遵守下列规定：

a. 检查管材、管件及橡胶圈质量，并根据作业项目按表 1-2-16 准备工具。

各作业项目的施工工具表　　　　　表 1-2-16

作业项目	工具种类
锯管及坡口	细齿锯或割管机，倒角器或中号板锉，万能笔、量尺
清理工作面	棉纱或干布
涂润滑剂	毛刷、润滑剂
连接	手动葫芦或插入机、绳
安装检查	塞尺

b. 清理干净承口内橡胶圈沟槽、插口端工作面及橡胶圈，不得有土或其他杂物。

c. 将橡胶圈正确安装在承口的橡胶圈沟槽区中，不得装反或扭曲，为了安装方便可先用水浸湿胶圈，但不得在橡胶圈上涂润滑剂安装。

d. 橡胶圈连接的管材在施工中被切断时，须在插口端另行倒角，并应划出插入长度标线，然后进行连接；最小插入长度应符合表 1-2-17 的规定；切断管材时，应保证断口平整且垂直管轴线。

管子接头最小插入长度　　　　　表 1-2-17

管子外径 (mm)	63	75	90	110	125	140	160	180	200	225	280	315
插入长度 (mm)	64	67	70	75	78	81	86	90	94	100	112	118

e. 用毛刷将润滑剂均匀地涂在装嵌在承口处的橡胶圈或管插口端外表面上，但不得将润滑剂涂到承口的橡胶圈沟槽内；润滑剂可采用 V 型脂肪酸盐，禁止用黄油或其他油类作润滑剂。

f. 将连接管道的插口对准承口，保持插入管段的平直，用手动葫芦或其他拉力机械将管一次插入至标线；若插入阻力过大，切勿强行插入，以防橡胶圈扭曲。

g. 用塞尺顺承插口间隙插入，沿管圆周检查橡胶圈的安装是否正常。

C. 管道粘接连接应遵守下列规定：

a. 检查管材、管件质量并根据作业项目按表 1-2-18 准备施工工具。

b. 粘接连接的管道在施工中被切断时，须将插口处倒角，锉成坡口后再进行连接；切断管材时，应保证断口平整且垂直管轴线；加工成的坡口应符合下列要求：坡口长度一般不小于 3mm，坡口厚度约为管壁厚度的 1/3～1/2；坡口完后，应将残屑消除干净。

各作业项目的施工工具表　　　　　表 1-2-18

作业项目	工具种类
切管及坡口	细齿锯或割管机，倒角器或中号板锉，万能笔、量尺
清理工作面	棉纱或干布、丙酮、清洗剂
粘接	毛刷、胶粘剂

c. 管材或管件在粘合前，应用棉纱或干布将承口内侧和插口外侧擦拭干净，使被粘结面保持清洁，无尘砂与水迹；当表面粘有油污时，须用棉纱蘸丙酮等清洁剂擦净。

d. 粘接前应将两管试插一次，使插入深度及配合情况符合要求，并在插入端表面划出插入承口深度的标线；管端插入承口深度应不小于表1-2-19的规定。

管材插入承口深度（mm） 表1-2-19

公称外径	20	25	32	40	50	63	75	90	110	125	140	160
管端插入承口深度	16.0	18.5	22.0	26.0	31.0	37.5	43.5	51.0	61.0	68.0	76.0	86.0

e. 用毛刷将胶粘剂迅速涂在插口外侧及承口内侧结合面上时，宜先涂承口，后涂插口，宜轴向涂刷，涂刷均匀适量；每个接口胶粘剂用量参见表1-2-20。

f. 承插口涂刷胶粘剂后，应立即找正方向将管端插入承口，用力挤压，使管端插入的深度至所划标线，并保持承插接口的直度和接口位置正确，同时必须保持表1-2-21规定的时间，以防止接口脱落。

胶粘剂标准用量 表1-2-20

公称外径（mm）	20	25	32	40	50	63	75	90	110	125	140	160
胶粘剂用量（g/个）	0.40	0.58	0.88	1.31	1.94	2.97	4.10	5.73	8.43	10.75	13.37	17.28

注：1. 使用量是按表面积200g/m² 计算的。
2. 表中数值为插口和承口两表面的使用量。

粘接接合最少保持时间 表1-2-21

公称外径（mm）	63以下	63~160
保持时间（s）	>30	>60

g. 承插接口的养护：承插接口连接完毕后，应及时将挤出的胶粘剂擦拭干净；粘接后，不得立即对接合部位强行加载，其静置固化时间不应低于表1-2-22的规定。

D. 当硬聚氯乙烯管与其他管材、阀门及消火栓等管件连接时，应采用专用接头。

E. 在硬聚氯乙烯给水管道上可钻孔接支管，开孔直径小于50mm时，可用管道钻孔机钻孔；开孔直径大于50mm时，可采用圆形切削器；在同一根管上开多孔时，相邻两孔间的最小间距不得小于开孔孔径的7倍。

静置固化时间（min） 表1-2-22

公称外径（mm）	管材表面温度		
	45~70℃	18~40℃	5~18℃
63以下	10~20	20	30
63~110	30	45	60
110~160	45	60	90

(3) 管道的维修

A．若施工后的管道发生漏水时，可采用换管、焊接和粘接等方法修补；当管材大面积损坏需更换整根管时，可采用双承口连接件来更换管材；渗漏较小时，可采用焊接或粘接方法修补。

B．用双承口连接换管的操作程序：

a．切掉全部损坏的管段，在与双承口连接件连接的管端上标出插入长度的标线，将插口端毛刺去除并倒角。

b．确定替换管长，替换管上也要划出插入长度的标线，将替换管插入到双承口连接件的端部。

c．若替换管为带承口的管段时，则先将双承口连接件套在替换管的插口上，然后将替换管的承口与被修补的管道相连接，再将双承口连接件拉套在被修补管段的插口上，拉出的位置应位于管道与替换管上的标线之间；若替换管为双接口，则应用两个双承口连接件，分别拉出后，套在已划标线的位置上。

C．焊接修补注意事项：

a．应使焊接部位干燥，同时清除其表面的灰尘、油污和其他杂质；在黏接接口处焊接修补时，只有在胶粘剂已固化 6h 以上方可进行。

b．在修补轻微渗漏时，一般焊接一条焊道；在较严重的渗漏部位上，一般焊接 3～5 条焊道；采用多层焊接时，要冷却一段时间后再进行下一层焊接；焊接时需保持适宜的温度和压力，热空气温度宜为 260～290℃，过热易使材料变形或碳化，压力过高可能导致冷却后焊缝的破裂。

c．焊道应超出被修补部位四周边缘各 9～13mm。

D．对胶粘剂黏接处渗漏的处理，可采用胶粘剂补漏法修补，此法须先排干管内水，并使管内形成负压，然后将胶粘剂注在渗漏部位的孔隙上，由于管内负压，胶粘剂被吸入孔隙中，而达到止漏的目的。

4．管道系统的试压及验收

(1) 管道系统的试压

A．直径大于 110mm、长度大于 50m 的硬聚氯乙烯给水管道应进行水压试验（在没有水源条件的地方允许采用气压试验），以检验其耐压强度及严密性。

B．硬聚氯乙烯给水管道试压管段的长度应视情况而定，对于无节点连接的管道，试压管段长度不宜大于 1.5km；有节点的管道，试压段长度不宜大于 1.0km。

C．管道试压前必须做好下列准备工作：

a．对管道、节点、接口、支墩等其他附属构筑物的外观以及回填情况进行认真的检查，并根据设计，用水准仪检查管道能否正常排气及放水。

b．对试压设备、压力表、放气管及进水管设施加以检查，要保证试压系统的严密性及其功能；同时对管段堵板、弯头及三通等处支撑的牢固性进行认真检查。

c．在试压段上的消火栓、安全阀、自动排气阀等处试压时应设堵板，将所有敞口堵严。

D．管道的水压试验应符合下列要求：

a．缓慢地向试压管道中注水，同时排出管道内的空气；管道充满水后，在无压情况下至少保持 12h。

b. 进行管道严密性试验，将管内水加压到 0.35MPa，并保持 2h；检查各部位是否有渗漏或其他不正常现象，为保持管内压力可向管内补水。

c. 严密性试验合格后进行强度试验，管内试验压力不得超过设计工作压力的 1.5 倍，最低不宜小于 0.5MPa，并保持试压 2h 或者满足设计的特殊要求；每当压力降落 0.02MPa 时，则应向管内补水；为保持管内压力所增补的水为漏水量计算值，根据有无异常和漏水量来判断强度试验的结果。

d. 试验后，将管道内的水放出。

E. 水压试验应符合下列规定：

a. 严密性试验：在严密性试验时，若在 2h 中无渗漏现象为合格。

b. 强度试验：在强度试验时，若漏水量不超过表 1-2-23 中规定的允许值，则试验管段承受了强度试验。

不同管径每公里管段允许漏水量表　　　　　　　表 1-2-23

管 外 径 (mm)	每公里管段允许漏水量（L/min）	
	粘接连接	橡胶圈连接
63~75	0.2~0.24	0.3~0.5
90~110	0.26~0.28	0.6~0.7
125~140	0.35~0.38	0.9~0.95
160~180	0.42~0.5	1.05~1.2
200	0.56	1.4
225~250	0.7	1.55
280	0.8	1.6
315	0.85	1.7

F. 试压时应遵守下列规定：

a. 对于粘接连接的管道须在安装完毕 48h 后才能进行试压。

b. 管道的强度试压工作应在管顶以上回填土厚度不少于 0.5m，并至少 48h 后才能进行。

c. 试压管段上的三通、弯头、特别是管端的盖板的支撑要有足够的稳定性；若采用混凝土结构的止推块，试验前要有充分的凝固时间，使其达到额定的抗压强度。

d. 试压时，向管道注水的同时要排掉管道内的空气，水须慢慢进入管道，以防发生气锤或水锤。

G. 试压合格后，须立即将阀门、消火栓、安全阀等处所设的堵板撤下，恢复这些设备的功能。

(2) 管道的冲洗和消毒

A. 硬聚氯乙烯给水管道在验收前，应进行通水冲洗；冲洗水宜为浊度在 10mg/L 以下的净水，冲洗水流速宜大于 2m/s，直接冲洗到出口处的水的浊度与进水相当为止。

B. 生活饮用水管道冲洗后，还应用含 20~30mg/L 的游离氯的水灌满管道进行消毒，含氯水在管中应留置 24h 以上。

C. 消毒完毕后，再用饮用水冲洗，并经有关部门取样检验水质合格后，方可交工。

(3) 管道系统的竣工验收

A．验收下列隐蔽工程时，应具备工程基础资料及施工记录。

a．地下管道及构筑物的地基和基础（包括土壤和地下水资料）。

b．地下管道的支墩设置情况，井室和地沟等的防水层。

c．埋入地下的弯头节点及管件的情况。

d．管道穿越铁路、公路、河流的情况。

B．应检查及验收管道上所设置的阀门、消火栓、排气阀、安全阀等设施功能，同时具备各阀门开关方向的说明和标志。

C．管道分段试压合格后，应进行全管线试运行，无异常现象后方可正式交付使用。

1.2.4 建筑排水硬聚氯乙烯管道施工

参照 CJJ/T29—98《建筑排水硬聚氯乙烯管道工程技术规程》。

建筑排水硬聚氯乙烯管道适用于建筑高度不大于 100m 的工业与民用建筑物内连续排放温度不大于 40℃，瞬时排放温度不大于 80℃ 的生活排水管道。建筑排水硬聚氯乙烯管道的管材和管件应符合现行的国家标准 GB/T 5836.1《建筑排水用硬聚氯乙烯管材》、GB/T 16800《排水用芯层发泡硬聚氯乙烯管材》（UPVC 管）和 GB/T 5836.2《建筑排水用硬聚氯乙烯管件》的要求。

1. 术语

(1) 防火套管：由耐火材料和阻燃剂制成的，套在硬聚氯乙烯管外壁可阻止火势沿管道贯穿部位蔓延的管子。

(2) 阻火圈：由阻燃膨胀剂制成的套在硬聚氯乙烯管外壁的套圈；火灾时，阻燃剂受热膨胀挤压聚氯乙烯管，使之封堵，起到阻止火势蔓延的作用。

(3) H 管：用于通气立管与排水立管连接的管件，起结合通气管的作用。

(4) 管窿：为布置管道而构筑的狭小的不进入空间。

(5) 补气阀：系能自动补入空气，平衡排水管道内压力的单向空气阀。

2. 管道布置

(1) 管道明敷或暗敷布置应根据建筑物的性质、使用要求和建筑平面布置确定。

(2) 在最冷月平均最低气温 0℃ 以上，且极端最低气温 -5℃ 以上地区，可将管道设置于外墙。

(3) 高层建筑中室内排水管道布置应符合下列规定：

A．立管宜暗敷在管道井或管窿内。

B．立管明设且其管径≥110mm 时，在立管穿越楼层处应采取防止火灾贯穿的措施。

C．管径≥110mm 的明敷排水横支管接入管道井、管窿内的立管时，在穿越管井、管窿壁处应采取防止火灾贯穿的措施。

(4) 横干管不宜穿越防火分区隔墙和防火墙；当不可避免确需穿越时，应在管道穿越墙体处的两侧采取防止火灾贯穿的措施。

(5) 防火套管、阻火圈等的耐火极限不宜小于管道贯穿部位的建筑构件的耐火极限。

(6) 管道不宜布置在热源附近，当不能避免，并导致管道表面温度大于 60℃ 时，应采取隔热措施。

立管与家用灶具边缘的净距不得小于 0.4m。

(7) 管道不得穿越烟道、沉降缝和抗震缝；管道不宜穿越伸缩缝；当需要穿越时，应设置伸缩节。

(8) 管道穿越地下室外墙应采取防止渗漏的措施。

(9) 排水立管仅设伸顶通气管时，最低横支管与立管连接处至排出管管底的垂直距离 h_1 不得小于表 1-2-24 中的数值（图 1-2-5）。

最低横支管与立管连接处至排出管管底的垂直距离 表 1-2-24

建筑层数	垂直距离 h (m)
≤4	0.45
5~6	0.75
7~12	1.20
13~19	3.00
≥20	6.00

注：1. 当立管底部、排出管管径放大一号时，可将表中垂直距离缩小一档。
　　2. 当立管底部不能满足本条及注 1 的要求时，最低排水横支管应单独排出。

(10) 当排水立管在中间层竖向拐弯时，排水支管与排水立管、排水横管连接，应符合下列规定（图 1-2-6）：

A. 排水横支管与立管底部的垂直距离 h 应按上述第（9）条确定。

B. 排水支管与横管连接点至立管底部水平距离 L 不得小于 1.5m。

C. 排水竖支管与立管拐弯处的垂直距离 h 不得小于 0.6m。

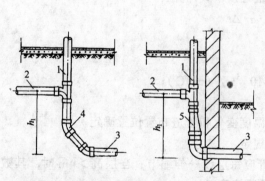

图 1-2-5　最低横支管与立管连接处至排出管底的垂直距离
1—立管；2—横支管；3—排出管；
4—45°弯头；5—偏心异径管

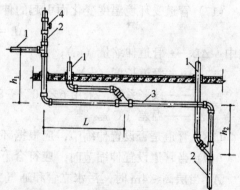

图 1-2-6　排水支管与排水立管、排水横管连接
1—排水支管；2—排水立管；
3—排水横管；4—检查口

(11) 排水立管应设伸顶通气管，顶端应设通气帽；当无条件设置伸顶通气管时宜设置补气阀。

(12) 伸顶通气管高出屋面（含隔热层）不得小于 0.3m，且应大于最大积雪厚度；在经常有人活动的屋面，通气管伸出屋面不得小于 2m。

(13) 伸顶通气管管径不宜小于排水立管管径。在最冷月平均气温低于 -13℃ 的地区,当伸顶通气管管径≤125mm 时,宜从室内顶棚以下 0.3m 处管径放大一号,且最小管径不宜小于 110mm。

(14) 通气管的设计应符合下列规定:

A. 通气管最小管径应按表 1-2-25 确定。

通气管最小管径　　　　表 1-2-25

通气管名称	排水管管径 (mm)						
	40	50	75	90	110	125	160
器具通气管	40	40	—	—	50	—	—
环形通气管	—	40	40	40	50	50	—
通气立管	—	—	—	—	75	90	110

B. 通气立管长度大于 50m 时,其管径应与污水立管相同。

C. 两根及两根以上污水立管同时与一根通气立管相接时,应以最大一根污水立管按上表确定通气立管管径,且其管径不宜小于其余任何一根污水立管管径。

D. 结合通气管管径不宜小于通气立管管径。

(15) 结合通气管当采用 H 管时可隔层设置,H 管与通气立管的连接点应高出卫生器具上边缘 0.15m。

(16) 当生活污水立管与生活废水立管合用一根通气立管,且采用 H 管为连接管件,H 管可错层分别与生活污水立管和废水立管间隔连接,但最低生活污水横管连接点以下应装设结合通气管。

(17) 管道受环境温度变化而引起的伸缩量可按下式计算:

$$\Delta L = L \cdot \alpha \cdot \Delta t$$

式中　ΔL——管道伸缩量 (m);

　　　L——管道长度 (m);

　　　α——线胀系数,采用 $6 \times 10^{-5} \sim 8 \times 10^{-5}$ m/(m·℃);

　　　Δt——温差 (℃)。

(18) 管道是否设置伸缩节,应根据环境温度变化和管道布置位置确定。

(19) 当管道设置伸缩节时,应符合下列规定:

A. 当层高≤4m 时,污水立管和通气立管应每层设一伸缩节;当层高>4m 时,其数量应根据管道设计伸缩量和伸缩节允许伸缩量计算确定。

B. 污水横支管、横干管、器具通气管、环形通气管和汇合通气管上无汇合管件的直线管段大于 2m 时,应设伸缩节,但伸缩节之间最大间距不得大于 4m (图 1-2-7)。

C. 管道设计伸缩量不应大于表 1-2-26 中伸缩节的允许伸缩量。

伸缩节最大允许伸缩量　(mm)　　　　表 1-2-26

管　径	50	75	90	110	125	160
最大允许伸缩量	12	15	20	20	20	25

(20) 伸缩节设置位置应靠近水流汇合管件（图 1-2-8），并应符合下列规定：

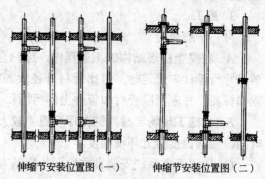

伸缩节安装位置图（一）　　伸缩节安装位置图（二）

图 1-2-8　伸缩节设置位置

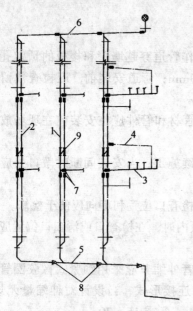

图 1-2-7　排水管、通气管设置伸缩节位置
1—污水立管；2—专用通气立管；3—横支管；
4—环形通气管；5—污水横干管；6—汇合通气管；
7—伸缩节；8—弹性密封圈伸缩节；9—H 管管件

A. 立管穿越楼层处为固定支承且排水支管在楼板之下接入时，伸缩节应设置于水流汇合管件之下。

B. 立管穿越楼层处为固定支承且排水支管在楼板之上接入时，伸缩节应设置于水流汇合管件之上。

C. 立管穿越楼层处为不固定支承时，伸缩节应设置于水流汇合管件之上或之下。

D. 立管上无排水支管接入时，伸缩节可按伸缩节设计间距置于楼层任何部位。

E. 横管上设置伸缩节应设于水流汇合管件上游端。

F. 立管穿越楼层处为固定支承时，伸缩节不得固定；伸缩节固定支承时，立管穿越楼层处不得固定。

G. 伸缩节插口应顺水流方向。

H. 埋地或埋设于墙体、混凝土柱体内的管道不应设置伸缩节。

(21) 清扫口或检查口设置应符合下列规定：

A. 立管在底层和在楼层转弯时应设置检查口，检查口中心距地面宜为 1m；在最冷月平均气温低于 -13℃ 的地区，立管尚应在最高层离室内顶棚 0.5m 处设置检查口。

B. 立管宜每六层设一个检查口。

C. 在水流转角小于 135° 的横干管上应设置检查口或清扫口。

D. 公共建筑物内，在连接 4 个及其以上的大便器的污水横管上宜设置清扫口。

E. 横管、排出管直线距离大于表 1-2-27 规定值时，应设置检查口或清扫口。

横管在直线管段上检查口或清扫口之间的最大距离　　表 1-2-27

管径（mm）	50	75	90	110	125	160
距离（m）	10	12	12	15	20	20

(22) 当排水管道在地下室、半地下室或室外架空布置时，立管底部宜设支墩或采取

固定措施。

3．施工

(1) 一般规定

A．在整个楼层结构施工过程中，应配合土建作管道穿越墙壁和楼板的预留孔洞；孔洞尺寸当设计未规定时，可比管材外径大50～100mm；管道安装前，应检查预留孔的位置和标高，并应清除管材和管件上的污垢。

B．当施工现场与材料储存库房温差较大时，管材和管件应在安装前在现场放置一定时间，使其温度接近环境温度。

C．楼层管道系统安装宜在墙面粉刷结束后连续施工；当安装间断时敞口处应临时封堵。

D．管道应按设计规定设置检查口或清扫口，检查口位置和朝向应便于检修。

当立管设置在管道井、管窿或横管设置在吊顶内时，在检查口或清扫口位置应设检修门。

E．立管和横管应按设计要求设置伸缩节，横管伸缩节应采用锁紧式橡胶圈管件；当管径≥160mm时，横干管宜采用弹性橡胶密封圈连接形式；当设计对伸缩量无规定时，管端插入伸缩节处预留的间隙应为：夏季5～10mm，冬季15～20mm。

F．非固定支承件的内壁应光滑，与管壁之间应留有微隙。

G．管道支承件的间距，立管管径为50mm的，不得大于1.2m；管径≥75mm的，不得大于2m；横管直线管段支承件间距宜符合表1-2-28的规定。

横管直线管段支承件的间距　　　　　表1-2-28

管径 (mm)	40	50	75	90	110	125	160
间距 (m)	0.40	0.50	0.75	0.90	1.10	1.25	1.60

H．横管的坡度设计无要求时，坡度应为0.026。

I．立管管件承口外侧与墙饰面的距离宜为20～50mm。

J．管道的配管及坡口应符合下列规定：

a．锯管长度应根据实测并结合各连接件的尺寸逐段确定。

b．锯管工具宜选用细齿锯、割管机等机具；端面应平整并垂直于轴线；应清除端面毛刺，管口端面处不得有裂纹、凹陷。

c．插口处可用中号板锉锉成15°～30°坡口，坡口厚度宜为管壁厚度的1/3～1/2，坡口完成后应将残屑清除干净。

K．塑料管与铸铁管连接时，宜采用专用配件；当采用水泥捻口连接时，应先将塑料管插入承口部分的外侧，用砂纸打毛或涂刷胶粘剂后滚粘干燥的粗黄砂；插入后应用油麻丝填嵌均匀，用水泥捻口；塑料管与钢管、排水栓连接时应采用专用配件。

L．管道穿越楼层处的施工应符合下列规定：

a．管道穿越楼板处为固定支撑点时，管道安装结束应配合土建进行支模，并应采用C20细石混凝土分二次浇捣密实；浇筑结束后，结合找平层或面层施工，在管道周围应筑成厚度不小于20mm，宽度不小于30mm的阻水圈。

b. 管道穿越楼板处为非固定支承时，应加装金属或塑料套管，套管内径可比穿越外径大 10～20mm，套管高出地面不得小于 50mm。

M. 高层建筑内明敷管道、当设计要求采取防止火灾贯穿措施时，应符合下列规定：

a. 立管管径≥110mm 时，在楼板贯穿部位应设置阻火圈或长度不小于 500mm 的防火套管，且应按 L 条第Ⅰ款的规定，在防火圈周围筑阻水圈（图 1-2-9）。

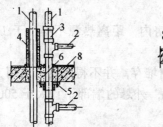
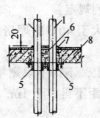
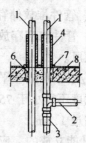

图 1-2-9 立管穿越楼层阻火圈、防火套管安装
1—PVC-U 立管；2—PVC-U 横支管；3—立管伸缩节；4—防火套管；5—阻火圈；
6—细石混凝土二次嵌缝；7—阻水圈；8—混凝土楼板

b. 管径≥110mm 的横支管与暗设立管相连时，墙体贯穿部位应设置阻火圈或长度不小于 300mm 的防火套管，且防火套管的明露部分长度不宜小于 200mm（图 1-2-10）。

c. 横干管穿越防火分区隔墙时，管道穿越墙体的两侧应设置阻火圈或长度不小于 500mm 的防火套管（图 1-2-11）。

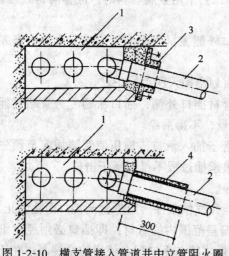
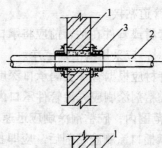
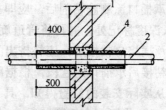

图 1-2-10 横支管接入管道井中立管阻火圈、
防火套管安装
1—管道井；2—PVC-U 横支管；
3—阻火圈；4—防火套

图 1-2-11 管道穿越防火分区隔墙阻火圈、
防火套管安装
1—墙体；2—PVC-U 横管；
3—阻火圈；4—防火套管

(2) 备料

A. 管材、管件等材料应有产品合格证，管材应标有规格、生产厂的厂名和执行的标准号，在管件上应有明显的商标和规格；包装上应标有批号、数量、生产日期和检验代号。

B. 胶粘剂应标有生产厂名、生产日期和有效期，并应有出厂合格证和说明书。

C. 防火套管、阻火圈应标有规格、耐火极限和生产厂名。

D. 管材和管件应在同一批中抽样进行外观、规格尺寸和管材与管件配合公差检查；当达不到规定的质量标准并与生产单位有异议时，应按照建筑排水用硬聚氯乙烯管材和管件产品标准的规定进行复检。

E. 管材和管件在运输、装卸和搬动时应轻放，不得抛、摔、拖。

F. 管材、管件堆放储存应符合下列规定：

a. 管材、管件均应存放于温度不大于40℃的库房内，距离热源不得小于1m，库房应有良好的通风。

b. 管材应水平堆放在平整的地面上，不得不规则堆存，并不得曝晒；当用支垫物支垫时，支垫宽度不得小于75mm，其间距不得大于1m，外悬的端部不宜大于500mm，叠置高度不得超过1.5m。

c. 管件凡能立放的，应逐层码放整齐；不能立放的管件，应顺向或使其承口插口相对地整齐排列。

G. 胶粘剂内不得含有团块、不溶颗粒和其他杂质，并不得呈胶凝状态和分层现象；在未搅拌的情况下不得有析出物；不同型号的胶粘剂不得混合；寒冷地区使用的胶粘剂，其性能应选择适应当地气候条件的产品。

H. 胶粘剂、丙酮等易燃品，在存放和运输时必须远离火源；存放处应安全可靠，阴凉干燥，并应随用随取。

I. 支承件可采用注塑成型塑料墙卡、吊卡等；当采用金属材料时，应作防锈处理。

（3）管道粘接

A. 管材或管件在粘合前应将承口内侧和插口外侧擦拭干净，无尘砂与水迹；当表面沾有油污时，应采用清洁剂擦净。

B. 管材应根据管件实测承口深度在管端表面划出插入深度标记。

C. 胶粘剂涂刷应先涂管件承口内侧，后涂管材插口外侧；插口涂刷应为管端至插入深度标记范围内；胶粘剂涂刷应迅速、均匀、适量、不得漏涂。

D. 承插口涂刷胶粘剂后，应即找正方向将管子插入承口，施压使管端插入至预先划出的插入深度标记处，并再将管道旋转90°，管道承插过程不得用锤子击打。

E. 承插接口粘接后，应将挤出的胶粘剂擦净。

F. 粘接后承插口的管段，根据胶粘剂的性能和气候条件，应静置至接口固化为止。

G. 从实际安装的经验得知，具有正值极限偏差范围内的管材，即插口必须经过细砂纸打磨（承口也可配合打磨）后，在施加一定力量才能与承口配合使用的粘接面，在正式粘接后才具有良好的接口严密性。而那些粘接面不经任何处理就能较宽松地插入承口的管材，从某种意义上说是管材与管件不配套，或者产品本身就有质量缺陷，这样的管材与管件粘接后会给以后的使用带来后患。

H. 胶粘剂安全使用应符合下列规定：

a. 胶粘剂和清洁剂的瓶盖应随用随开，不用时应随即盖紧，严禁非操作人员使用。

b. 管道、管件集中粘接的预制场所，严禁明火，场内应通风，必要时应设置排风设施。

c. 冬季施工，环境温度不宜低于－10℃；当施工环境温度低于－10℃时，应采取防寒防冻措施；施工场所应保持空气流通，不得密闭。

d. 粘接管道时，操作人员应站于上风处，且宜佩戴防护手套、防护眼镜和口罩等。

（4）埋地管铺设

A. 铺设埋地管，可按下列工序进行：

a. 按设计图纸上的管道布置，确定标高并放线，经复核无误后，开挖管沟至设计要求深度。

b. 检查并贯通各预留孔洞。

c. 按各受水口位置及管道走向进行测量，绘制实测小样图并详细注明尺寸、编号。

d. 按实测小样图进行配管和预制。

e. 按设计标高和坡度铺设埋地管。

f. 作灌水试验，合格后作隐蔽工程验收。

B. 铺设埋地管道宜分两段施工，先做设计标高±0.00以下的室内部分至伸出外墙为止，管道伸出外墙不得小于250mm；待土建施工结束后，再从外墙边铺设管道接入管道井。

C. 埋地管道的管沟底面应平整，无突出的尖硬物；宜设厚度为100～150mm砂垫层，垫层宽度不应小于管外径的2.5倍，其坡度应与管道坡度相同；管沟回填土应采用细土回填至管顶以上至少200mm处，压实后再回填至设计标高。

D. 湿陷性黄土、季节性冻土和膨胀土地区，埋地管敷设应符合有关规范的规定。

E. 当埋地管穿越基础做预留孔洞时，应配合土建按设计的位置与标高进行施工；当设计无要求时，管顶上部净空不宜小于150mm。

F. 埋地管穿越地下室外墙时，应采取防水措施，当采用刚性防水套管时，可按图1-2-12施工。

G. 埋地管与室外检查井的连接应符合下列规定：

a. 与检查井相接的埋地排出管，其管端外侧应涂刷胶粘剂后滚粘干燥的黄砂，涂刷长度不得小于检查井井壁厚度。

b. 相接部位应采用M7.5标号水泥砂浆分二次嵌实，不得有孔隙；第一次应在井壁中段嵌水泥砂浆，并在井壁两端各留20～30mm，待水泥砂浆初凝后，再在井壁两端用水泥砂浆进行第二次嵌实。

c. 应用水泥砂浆在井壁外壁沿管壁周围抹成三角形止水圈（图1-2-13）。

H. 埋地管灌水试验的灌水高度不得低于底层地面高度，灌水15min后若水面下降，再灌满延续5min，应以液面不下降为合格；试验结束应将存水排除，管内可能结冻处应将存水弯水封内积水沾出，并应封堵各受水管管口。

I. 埋地敷设的管道应经灌水试验合格，且经工程中间验收后方可回填；回填应分层，每层厚度宜为0.15m，回填土应符合密实度的要求。

（5）楼层管道安装

A. 楼层管道的安装可按下列工序进行：

a. 按管道系统和卫生设备的设计位置，结合设备排水口的尺寸与排水管管口施工要求，配合土建结构施工，在墙、梁和楼板上预留管口或预埋管件。

b. 检查各预留孔洞的位置和尺寸并加以贯通。

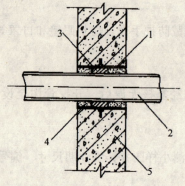 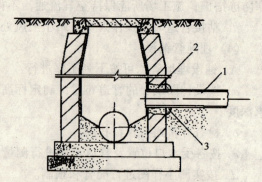

图 1-2-12 管道穿越地下室外墙　　　　图 1-2-13 埋地管与检查井接点
1—预埋刚性套管；2—PVC-U 管；3—防　　1—PVC-U 管；2—水泥砂浆第一次嵌缝；
水胶泥；4—水泥砂浆；5—混凝土外墙　　　3—水泥砂浆第二次嵌缝

c. 按管道走向及各管段的中心线标记进行测量，绘制实测小样图，并详细注明尺寸。

d. 按实测小样图选定合格的管材和管件，进行配管和裁管；预制的管段配制完成后应按小样图核对节点间尺寸及管件接口朝向。

e. 选定支承件和固定支架形式，按 1.2.3 中 "3. 管道安装与维修"（1）第 G 条规定的管道支承间距选定支承件规格和数量。

f. 土建墙面粉刷后，可将材料和预制管段运至安装地点，按预留管口位置及管道中心线，依次安装管道和伸缩节，并连接各管口。

g. 在需要安装防火套管或阻火圈的楼层，先将防火套管或阻火圈套在管段外，然后进行管道接口连接。

h. 管道安装应自下而上分层进行，先安装立管，后安装横管，连续施工。

i. 管道系统安装完毕后，对管道的外观质量和安装尺寸进行复核检查，复查无误后，做通水试验。

B. 立管的安装应符合下列规定：

a. 立管安装前，应先按立管布置位置在墙面画线并安装管道支架。

b. 安装立管时，应先将管段扶正，再按设计或规范要求安装伸缩节；此后应先将管子插口试插入伸缩节承口底部，并按 1.2.3 中 "3. 管道安装与维修"（1）第 E 条要求将管子拉出预留间隙，在管端画出标记；最后应将管端插口平直插入伸缩节承口橡胶圈中，用力应均衡，不得摇挤；安装完毕后，应随即将立管固定。

c. 伸缩节应与管道同心，伸缩节处经常发现渗水，其主要原因为伸缩节内橡胶圈皮顶歪或伸缩部分插入深度过浅所致；伸缩节难于工作，其主要原因是未按规定留够伸缩余量（塑料管的线膨胀系数是传统铸铁管的 6~8 倍），或将伸缩节的伸缩部分也与插管粘接在一起，致使管道因轴向伸缩应力过大而导致产生裂纹。

d. 立管安装完毕后应按 1.2.3 中 "3. 管道安装与维修"（1）第 L 条规定堵洞或固定套管。卫生间、厨房等房间的排水立管、卫生器具支立管等处常处于地面积水的渗泡中，防止地面积水沿光滑的塑料管外壁下渗的措施，是在各立管（支立管）穿楼板处，设置与立管（支立管）配套，并具有同样材质的止水翼环（除防水外还具有固定支撑作用）；应将止水翼环牢固地粘接在管外壁上，有防水槽的一面应向上，并用 C20 细石混凝土分层浇筑填补立管空隙。

C．横管的安装应符合下列规定：
a．应先将预制好的管段用铁丝临时吊挂，查看无误后再进行粘接。
b．粘接后应迅速摆正位置，按规定校正管道坡度，用木楔卡牢接口，紧固铁丝临时加以固定；待粘接固化后，再紧固支承件，但不宜卡箍过紧。
c．横管伸缩节安装可按本节 B 第 b 条的规定进行。
d．管道支承后应拆除临时铁丝，并应将接口临时封严。
e．洞口应支模浇筑水泥砂浆封堵。
D．伸顶通气管、通气立管穿过屋面处应按 1.2.3 中"3．管道安装与维修"（1）第 L 条的规定支模封洞，并应结合不同屋面结构形式采取防渗漏措施。
E．接入横支管的卫生器具排水管在穿越楼层处，应按 1.2.3 中"3．管道安装与维修"（1）第 L 条规定支模封洞，并采取防渗漏措施。
F．安装后的管道严禁攀踏或借作它用。

4．验收

(1) 分项、分部工程的验收，可根据硬聚氯乙烯管道工程的特点，分为中间验收和竣工验收；单位工程的竣工验收，应在分项、分部工程验收的基础上进行。

(2) 工程验收时，其检验项目、允许偏差及检验方法应符合表 1-2-29 中的规定。

管道检验项目、允许偏差及检验方法　　　　表 1-2-29

检 验 项 目	允 许 偏 差	检 验 方 法
立管垂直度	1．每 1m 高度≤3mm 2．5m 内，全高≤10mm 3．>5m，每 5m≤10mm，全高≤30mm	挂线锤和用钢卷尺测量
横管弯曲度	1．每 1m 长度≤2mm 2．10m 内，全长≤8mm 3．>10m，10m≤8mm	用水平尺、直尺和拉线测量
卫生器具的排水管口及 横支管口的纵横坐标	单独器具≤±10mm 成排器具≤±5mm	用钢卷尺测量
横干管坡度	不得＜最小坡度	用水平尺或钢卷尺测量
卫生设备接口标高	单独器具≤±10mm 成排器具≤±5mm	用水平尺和钢卷尺测量

同时应检查和校验下列项目：
A．连接点或接口的整洁、牢固和密封性。
B．支承件和固定支架安装位置的准确性和牢固性。
C．伸缩节设置与安装的准确性，伸缩节预留伸缩量的准确性。
D．高层建筑阻火圈及防火套管安装位置的准确性和牢固性。
E．排水系统按规定做通水试验，检查排水是否畅通，有无渗漏。

(3) 高层建筑可根据管道布置分层、分段做通水试验。

1.3　建筑给水铝塑复合管

1.3.1　简介

铝塑复合管是 20 世纪 90 年代国际高科技新型管材，其兼备了金属管和塑料管的优点，且消除了各自的缺点，适用于工业与民用建筑中系统工作压力≤1.0MPa，工作温度≤95℃的冷、热水供应管道，饮用水管道，以及热水采暖、空调冷冻水、工业用水等管道系统；但不得用于消防供水系统或生活与消防合用的供水系统。

铝塑复合管的设计使用年限为50年，铝塑复合管与管件的连接，宜采用卡套式连接。

1.3.2 术语

1. 铝塑复合管：是中间层采用焊接铝管，外层和内层采用中密度或高密度聚乙烯塑料或交联高密度聚乙烯，经热熔胶合而复合成的一种管道，其结构见图1-3-1。该管既具有金属管的耐压性能，又具有塑料管的抗腐性能，是一种用于建筑给水的较理想的管材。

2. 卡套式连接：连接件由具有阳螺纹和倒牙管芯的主体、金属紧箍环和锁紧螺帽组成。管芯插入管道后，拧紧锁紧螺母，将预先套在管道外的金属紧箍环束紧，使管内壁与管芯紧封，起到连接作用。

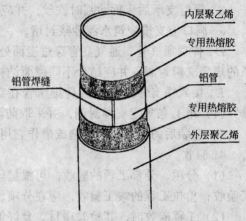

图 1-3-1 铝塑复合管结构图

3. 自由臂：管道因温度变化伸缩时，通过管道自身的折角转弯，利用转弯管段的悬臂摆幅进行补偿，该转弯管段称为自由臂。

4. 分水器：具有若干个（一般为3个和3个以上）支管接头的配水连接件。

1.3.3 材料

1. 一般规定

(1) 生活饮用水系统使用的铝塑复合管管件，应具备卫生检验部门的检验报告或认证文件。

(2) 管材和管件应具有质量检验部门的质量合格证，并应有明显标志标明生产厂的名称和规格；包装上应标有批号、数量、生产日期和检验代号。

(3) 铝塑复合管的连接管件，应由管材生产厂配套供应。

(4) 冷、热水管均可使用中间铝层为搭接焊或对接焊的铝塑复合管，内、外层应为中高密度聚乙烯或交联高密度聚乙烯。

A. 按复合材料分为：铝合金/聚乙烯型，缩写代号为PAP；铝合金/交联聚乙烯型，缩写代号为XPAP。

B. 按用途分为：用途代号为"L"，外层颜色为白色者用于冷水管；用途代号为"R"，外层颜色为橙红色者用于热水管；热水管管材可用于冷水管，而冷水管管材不得用于热水管。

室外明露安装的管道，外层颜色为黑色。

2. 质量要求与检验

(1) 管材的外观质量：管壁的颜色应一致，无色泽不均匀及分解变色线；内、外壁应光滑、平整,应无气泡、裂口、裂纹、脱皮、痕纹及碰撞凹陷,管件端面应垂直管件中心线。

公称外径 d_e 不大于 32mm 的盘管卷材,调直后截断断面应无明显的椭圆变形。

(2) 管材的截面尺寸应符合表 1-3-1 和表 1-3-2 的规定。

搭接焊铝塑复合管基本结构尺寸(mm)　　　　　表 1-3-1

公称外径 d_e	外径		壁厚		内层聚乙烯最小厚度	外层聚乙烯最小厚度	铝层最小厚度
	最小值	偏差	最小值	偏差			
12	12	0.30	1.60	0.40	0.70	0.40	0.18
14	14	0.30	1.60	0.40	0.80	0.40	0.18
16	16	0.30	1.65	0.40	0.90	0.40	0.18
20	20	0.30	1.90	0.40	1.00	0.40	0.23
25	25	0.30	2.25	0.50	1.10	0.40	0.23
32	32	0.30	2.90	0.50	1.20	0.40	0.28
40	40	0.40	4.00	0.60	1.80	0.70	0.35
50	50	0.50	4.50	0.70	2.00	0.80	0.45
63	63	0.60	6.00	0.80	3.00	1.00	0.55
75	75	0.70	7.50	1.00	3.00	1.00	0.65

对接焊铝塑复合管基本结构尺寸(mm)　　　　　表 1-3-2

公称外径 d_e	外径		壁厚		内层聚乙烯最小厚度	外层聚乙烯最小厚度	铝层最小厚度
	最小值	偏差	最小值	偏差			
12	12	0.30	1.60	0.40	0.70	0.40	0.18
14	14	0.30	1.60	0.40	0.80	0.40	0.18
16	16	0.30	1.65	0.40	0.90	0.40	0.18
20	20	0.30	1.90	0.40	1.00	0.40	0.23
25	25	0.30	2.25	0.50	1.10	0.40	0.23
32	32	0.30	3.00	0.50	1.40	0.60	0.60
40	40	0.40	3.50	0.50	1.65	0.70	0.75
50	50	0.50	4.00	0.60	1.80	0.80	1.00
63	63	0.60	5.00	0.60	2.20	1.00	1.20
75	75	0.70	7.50	1.00	3.00	1.20	1.65

(3) 铝塑复合管的工作压力试验:将管材浸入水槽,一端封堵,另一端通入 1.0MPa 的压缩空气,稳压 3min,管壁应无膨胀,无裂纹,无泄漏。

(4) 铝塑复合管的静内压强度试验应符合表 1-3-3 的规定。

静内压强度试验（MPa） 表 1-3-3

管材用途	试验温度（℃）	静液压强度（MPa）	持压时间（h）	合格指标
冷水管	60±2	2.48±0.07	10	管壁无膨胀、破裂、泄漏
热水管	82±2	2.72±0.07		

(5) 铝塑复合管环径向拉伸力和爆破强度，应不小于表 1-3-4 所列的数值。

(6) 铜质管件的材质应符合现行国家标准 GB/T 5232《加工黄铜》中 HPb59—1 的要求。

管件的螺纹应符合现行国家标准 GB/T 7307《非螺纹密封的管螺纹》和 GB/T 7306《用螺纹密封的管螺纹》的要求。

(7) 管件表面应光滑无毛刺，无缺损和变形，无气泡和砂眼；同一口径管件的锁紧螺帽、紧箍环应能互换。

(8) 管件内使用的密封圈材质，应符合卫生要求，宜采用丁腈橡胶、硅橡胶。

管环径向拉伸力和爆破强度检验 表 1-3-4

公称外径（mm）	管环径向拉伸力（N）		爆破强度（MPa）
	中密度聚乙烯复合管	高密度聚乙烯复合管	
12	2000	2100	7.0
14	2100	2300	7.0
16	2100	2300	6.0
20	2400	2500	5.0
25	2400	2500	4.0
32	2600	2700	4.0
40	3300	3500	4.0
50	4200	4400	4.0
63	5100	5300	3.5
75	6000	6300	3.5

1.3.4 管道布置敷设及防冻、隔热和保温

1. 管道布置和敷设

(1) 给水管道的布置，应根据建筑物性质、使用要求和建筑平面等因素确定管道位置和敷设方式。

(2) 铝塑复合管不宜在室外明敷，当需要在室外明敷时，管道应布置在不受阳光直接照射处或有遮光措施；结冻地区室外明敷的管道，应采取防冻措施。

(3) 铝塑复合管在室内敷设时宜采用暗敷，暗敷方式包括直埋和非直埋两种；直埋敷设指嵌墙敷设和在楼（地）面的找平层内敷设，不得将管道直接埋设在结构层内；非直埋敷设指将管道在管道井内、吊顶内、装饰板后敷设，以及在地坪的架空层内敷设。

(4) 直埋敷设的管道外径不宜大于 25mm；嵌墙敷设的横管距地面的高度宜不大于

0.45m，且应遵守热水管在上，冷水管在下的规定。

(5) 住宅内直埋敷设在楼（地）面找平层内的管道，在走道、厅、卧室部位宜沿墙角敷设；在橱、卫间内宜设分水器，并使各分支管以最短距离到达各配水点。

直埋敷设管道应采用整条管道，中途不应设三通接出分支管；阀门应设在直埋管道的端部。

(6) 分水器宜配置分水器盒，当分水器的分支管嵌墙敷设时，分水器宜垂直安装；当分支管道直埋在楼（地）面找平层内敷设时，分水器宜水平安装；管道与分水器的连接口应便于检修。

(7) 明敷给水管道不得穿越卧室、储藏室、变配电间、电脑房等遇水会损坏设备或物品的房间，不得穿越烟道、风道、便槽。

给水管道应远离热源，立管距灶边的净距不得小于0.4m，距燃气热水器的距离不得小于0.2m，不满足此要求时应采取隔热措施。

(8) 管道穿越楼板、屋面时，穿越部位应设置固定支承件，并应有严格的防水措施；管道穿越墙、梁时宜设套管。

管道穿越地下室外墙或钢筋混凝土水池（箱）壁时，应预埋刚性防水套管，套管与管壁之间的环形空隙，应有严格的防水封堵措施。

(9) 铝塑复合管道连接的各种阀门，应固定牢靠，不应将阀门自重和操作力矩传递给管道。

(10) 管道不宜穿越建筑物沉降缝、伸缩缝，当一定要穿越时管道应有相应的补偿措施。

2．防冻、隔热和保温

(1) 建筑物埋地引入管，覆地深度不得小于300mm。

(2) 铝塑复合管的导热系数，可按0.45W/（m·K）计，直埋敷设的热水管，可不做保温层；明敷或非直埋暗敷的热水管，可根据系统的大小经计算确定是否需做保温层。

可能结冻的冷水管道，应做保温层；室外明露管道的保温层应有防雨水渗入保温层的措施。

(3) 冷水管道结露的地区，应做防结露保冷层，保冷层的厚度确定可参照 GB 11790《设备及管道保冷技术通则》执行。

(4) 室外明露无保温或包冷层的管道，应有遮避阳光的措施，可外缠两道黑色聚氯乙烯薄膜。

1.3.5 施工

1．一般规定

(1) 管道安装在施工前应具备下列条件：

A．施工图纸及其他技术文件齐备，并经会审通过。

B．已确定施工组织设计，且已经过技术交底，施工人员经过必要的技术培训。

C．管材、管件和专用工具已具备，且能保证正常施工；

(2) 管材、管件应符合1.3.3材料中的有关规定，并附有产品说明书和质量合格证书。

(3) 施工现场应进行清理,清除垃圾、杂物、泥砂、油污;施工过程中应防止管材、管件受污染;安装过程中的开口处应及时封堵。

(4) 冷、热水管的管材的色标,应符合1.3.3材料中的4条规定;同一系统的管材应为同一颜色,不得混淆。

(5) 室内明敷的管道,宜在内墙面粉刷层(或贴面层)完成后进行安装;直埋暗敷的管道,应配合土建施工同时进行安装,并避免打钉、钻孔时损伤管道。

(6) 公称外径 d_e 不大于32mm的管道,转弯时应尽量利用管道自身直接弯曲;直接弯曲的弯曲半径,以管轴心计(弯曲弧线圆心到管轴心线的距离)不得小于管道外径的5倍;管道弯曲时应使用专用的弯曲工具,并应一次弯曲成型,不得多次弯曲,以免形成弯曲部位的疲劳损伤。

(7) 暗敷在吊顶、管井内的管道,管道表面(有保温层时按保温层表面计)与周围墙、板面的净距不宜小于50mm。

2. 贮运

(1) 管材和管件在运输、装卸和搬运时应小心轻放,避免油污;不得抛、摔、滚、拖。

(2) 管材和管件应存放在通风良好的库房或棚内,不得露天存放,防止阳光直射,远离热源;严禁与油类或化学品混合堆放,并应注意防火安全。

(3) 管材应水平堆放在平整的地面上,应避免局部受压使管材变形,堆置高度不宜超过2.0m,堆高不宜超过3箱。

3. 管道的连接和敷设

(1) 公称外径 $d_e \leqslant 32mm$ 的管道,安装时应先将管卷展开、调直;$d_e \leqslant 20mm$ 的管道可直接用手调直;$25 \leqslant d_e \leqslant 32mm$ 的管道宜在平整地面,用脚踩住管道,将盘管向前滚动,压直管道,再用手调直;对个别死弯处用橡胶榔头在钢平台上调直。

(2) 切断管道应使用专用管剪,也可用细齿钢锯或管子割刀,裁切时应先均匀加力并旋转刀身,使之切入管壁至管腔,然后再将管剪断;切口断面要平齐,尽量与管中心线垂直,以利于管的连接与密封;切后需将管口和内外的毛刺、碎屑清理干净。

(3) 管道直接弯曲时,公称外径 d_e 不大于25mm的管道,可采用在管内放置专用弹簧塞到弯曲部位(若弹簧长度不够,可接驳钢丝加长),用手缓慢加力弯曲,成型后抽出弹簧;公称外径 d_e 为32mm的管道宜采用专用弯管器弯曲。当管道需转急弯,弯曲半径小于5倍管外径或施工位置狭窄不能直接进行弯管操作时,可采用直角弯头连接过渡。

(4) 管道应采用管材生产企业配套的管件及专用工具进行施工安装。

(5) 管道的连接方式宜采用卡套式连接;卡套式连接应按下列程序进行:

A. 按设计要求的管径和现场复核后的管道长度截断管道;检查管口,如发现管口有毛刺、不平整或端面不垂直于管轴线时,应修正。

B. 用专用刮刀将管口处的聚乙烯内层削坡口,坡角为20°~30°,深度为1.0~1.5mm,且应用清洁的纸或布将坡口残屑擦干净。

C. 用圆整器将管口整圆,操作时只需将整圆器上相应规格尺寸的圆杆全长插入管口,然后抽出即可。

D. 将锁紧螺帽、C形紧箍环先后套在管上,用力将管芯插入管子内腔,至管口达管芯根部。

　　E．将C形紧箍环移至距管口0.5~1.5mm处，再（用扳手）将锁紧螺帽与管件本体拧紧。

　　F．接口密封是依靠螺帽紧固时令C形紧箍环收缩压迫管外壁，使管内腔缩小与接头本体内芯上的橡胶环紧密接触而完成；另外，C形紧箍环收缩时嵌入管壁，与接头本体上的内芯一起共同对管起到压紧和防拉脱作用。

　　G．管接头一般为黄铜制作，紧固时用力要恰当；螺帽的紧固程度以C形紧箍环开口闭合为宜，C形紧箍环开口闭合时会有一个"紧点"，操作时可通过手上的力度感觉到；紧固时要用工具卡牢管件，避免管段扭曲、接头变向，或对管材造成损伤。

　　(6) 直埋敷设管道的管槽，宜配合土建施工时预留，管槽的底和壁应平整无凸出的尖锐物；管槽宽度宜比管道公称外径大40~50mm，管槽深度宜比管道公称外径大20~25mm。

　　A．铺放管道后，应用管卡（或鞍形卡片）将管道固定牢固，管卡间距应符合1.3.5中"3．管道的连接与敷设"第(11)条的规定，水压试验合格后方可填塞管槽。

　　B．管槽填塞应采用M7.5水泥砂浆；冷水管管槽的填塞宜分两层进行，第一层填塞至3/4管高，砂浆初凝时应将管道略作左右摇动，使管壁与砂浆之间形成缝隙，立即进行第二层填塞，填塞管槽与地（墙）面抹平，砂浆必须密实饱满。

　　C．热水管直线管段的管槽填塞操作与冷水管相同，但在转弯段应在水泥砂浆填塞前，沿转弯管外侧插嵌宽度等于管外径，厚度为5~10mm的质地松软板条，再按上述操作填塞。

　　(7) 管道穿越混凝土屋面、楼板、墙体等部位，应按设计要求配合土建预留孔洞或预埋套管，孔洞或套管的内径宜比管道公称外径大30~40mm。

　　(8) 管道穿越屋面、楼板部位，应采取防渗漏措施，可按下列规定施工：

　　A．贴近屋面或楼板的底部，应设置管道固定支承件。

　　B．预留孔或套管与管道之间的环形缝隙，用C15细石混凝土或M15膨胀水泥砂浆分两次嵌缝，第一次嵌缝至板厚的2/3高度，等达到50%强度后进行第二次嵌缝至板面平，并用M10水泥砂浆抹高、宽不小于25mm的三角灰。

　　(9) 管道穿越地下室外壁或混凝土水池壁时，必须配合土建预埋带有止水翼环的金属套管，套管长度不应小于200mm，套管内径宜比管道公称外径大30~40mm。

　　管道安装完后，对套管与管道之间的环形缝隙进行嵌缝；先在套管中部塞3圈以上油麻，再用M10膨胀水泥砂浆嵌缝至平套管口。

　　(10) 管道穿越无防水要求的墙体、梁、板的做法应符合下列规定：

　　A．靠近穿越孔洞的一端应设固定支承件将管道固定。

　　B．管道与套管或孔洞之间的环形缝隙应用M7.5水泥砂浆填实。

　　(11) 管道的固定及最大支承间距：

　　A．铝塑复合管明装时，可用配套的塑料或铝合金扣座固定，固定间距可根据管径大小及实际情况而定，在管道拐弯处或分支连接处，应适当增加扣座固定；管道的最大支承间距应符合表1-3-5的规定。

　　B．管扣座安装时，先将膨胀胶粒或木塞打在墙上，再用木螺丝将扣座拧固在上面。

C. 暗埋敷设的管道，在打钉码固定时，必须注意不要将管子划伤、钉破或砸坏。

管道最大支承间距（mm） 表 1-3-5

公称外径（d_e）	立管间距	横管间距	公称外径（d_e）	立管间距	横管间距
12	500	400	32	1100	800
14	600	400	40	1300	1000
16	700	500	50	1600	1200
18	800	500	63	1800	1400
20	900	600	75	2000	1600
25	1000	700			

（12）管道补偿器的支承和支承件应符合下列规定：

A. 无伸缩补偿装置的直线管段，固定支承件的最大间距：冷水管不宜大于 6.0m，热水管不宜大于 3.0m，且应设置在管道配件附近。

B. 采用管道伸缩补偿器的直线管段，固定支承件的间距应由设计（或经计算）确定，管道伸缩补偿器应设在两个固定支承件的中间部位。

C. 采用管道折角进行伸缩补偿时，悬臂长度不应大于 3.0m，自由臂长度不应小于 300mm。

D. 固定支承件的管卡与管道表面应为面接触，管卡的宽度宜为管道公称外径的 1/2，收紧管卡时不得损坏管壁。

E. 滑动支承件的管卡应卡住管道，可允许管道轴向滑动，但不允许管道产生横向位移，管道不得从管卡中弹出。

（13）管道的隔热保温层应符合下列规定：

A. 隔热保温层的基体材料及厚度应符合设计规定。

B. 室内管道的隔热保温层基体材料外宜作保护层，保护层应具有密封性和防火性能；室外管道的隔热保温层基体材料外应做保护层，保护层应具有密封性和防水能力，当设计无明确规定时，宜采用有铝箔外层的保温瓦，接口用铝箔带粘接密封。

（14）埋地管道的敷设应符合下列规定：

A. 埋地进户管应先安装室内部分管道，待土建室外施工时再进行室外部分管道安装与连接。

B. 进户管穿越外墙处，应预留孔洞，孔洞高度应根据建筑物沉降量决定，一般管顶以上的净高不宜小于 100mm；公称外径 d_e 不小于 40mm 的管道，应采用水平折弯后进户。

C. 管道在室内穿出地坪处，应在管外套长度不小于 100mm 的金属套管，套管的根部应插嵌入地坪层内 30~50mm。

D. 埋地管道的管沟底部的地基承载力不应小于 80kN/m²，且不得有尖硬凸出物；管沟回填时，管周 100mm 以内的填土不得含有粒径大于 10mm 的尖硬石（砖）块。

E. 室外埋地管道的管顶复土深度，除应不小于冰冻深度外，非行车地面不宜小于 300mm；行车地面不宜小于 600mm。

F．埋地敷设的管件应做外防腐处理；若无设计要求时，可采用涂刷环氧树脂类的油漆或热沥青三油两布的做法处理。

4．施工注意事项

（1）严禁沿地面拖拉管卷，以防地面粗糙尖硬的物体划伤管外层，影响外观和性能。

（2）在施工安装过程中要保持管道内的清洁，防止碎石、泥砂、污水等物进入管道，施工安装间隔时要将管口临时封堵。

1.3.6 管道检验及验收

管道系统应根据工程性质和特点进行中间验收和竣工验收。

1．中间验收在管道安装完成之后隐蔽之前进行，并可根据施工进度分管段进行，但整个管道系统合拢后必须再进行一次水压试验；中间验收应符合下列规定：

（1）管材的型号、标志、管径和敷设位置应符合设计要求。

（2）管道的固定应牢靠，管道支承间距应符合 1.3.5 中 "3．管道的连接与敷设" 第（11）条的规定，固定支承件的位置应正确。

（3）按规定进行水压试验。

（4）检验合格后填写验收记录并签字。

2．管道系统的水压试验应符合下列规定：

（1）试验压力为管道系统工作压力的 1.5 倍，但不得小于 0.6MPa，工程监理单位应派人参加水压试验的全过程。

（2）水压试验应按下列步骤进行：

A．将试压管段各配水点封堵，缓慢注水，同时将管内空气排出。

B．管道充满水后，进行水密性检查。

C．对系统加压，加压应采用手压泵缓慢升压，升压时间不应小于 10min。

D．升压至规定的试验压力后，停止加压，稳压 1h，观察各接口部位应无渗漏现象。

E．稳压 1h 后，再补压至规定的试验压力值，15min 内压力降不超过 0.05MPa 为合格。

F．以上步骤的水压试验合格后，再进行持压试验，将系统再次升压至试验压力值，持续 3h，压力不降至 0.6MPa，且无渗漏为合格。

（3）水压试验合格后，填写水压试验记录并签字。

3．管道试压合格后，将管道内的水放空，各配水点与配水件连接后，进行管道消毒，向管道系统内灌注含 20~30mg/L 有效氯的溶液，浸泡 24h 以上；消毒结束后，放空管道内的消毒液，用生活饮用水冲洗管道，至各末端配水件出水水质符合现行《生活饮用水卫生标准》为止；再将管道系统升压至 0.6MPa，检查各配水件接口应无渗漏方可交付使用。

4．工程竣工质量应符合设计要求和施工技术规程的规定，竣工验收应重点检查和检验以下项目：

（1）管位，标高的正确性。

（2）抽查部分管段，检查接口，支承是否牢固及位置是否正确。

（3）开启部分配水件，水流应畅通。

（4）抽查部分阀门，其启闭应灵活；各种仪表指示应正确灵敏。

1.4 聚丙烯（PP）管

1.4.1 简介

1. 组成

PP（聚丙烯）具有使用温度高，耐化学腐蚀性好等优点，其主要缺点是低温脆性；PE（聚乙烯）具有良好的低温性能，化学稳定性好等优点，但其耐高温性和耐冲击性差；通过 PP 与 PE 单体共聚形成一种新的共聚物，具有 PP 与 PE 的共同优点，称为 PP—C（共聚聚丙烯）。

2. 分类

根据共聚方式及乙烯单体含量的不同，PP—C 可分为三种：
(1) 均聚聚丙烯 PP—H（一型）；
(2) 嵌段共聚聚丙烯 PP—B（二型）；
(3) 无规共聚聚丙烯 PP—R（三型）。

3. 用途及适用范围

PP—B 与 PP—R 的物理特性基本相似，硬度较高，不易弯曲变形，并不受酸、碱、盐等化学物质的腐蚀，应用范围基本相同，工程中可替换使用，是理想的液体输送管材，适合多种用途的配管，冷热水兼用，也可输送强腐蚀性液体，既可暗埋，也可明装；缺点是膨胀系数较大，由于其弹性模量低，设计和安装中可用设置膨胀环等方式解决。其两者的差别在于：

(1) PP—B 材料中，乙烯单体的含量稍高，约为 8%～10%，其耐低温脆性优于 PP—R。

(2) PP—R 材料中，乙烯单体的含量稍低，约为 5%，其耐高温性能好于 PP—B。

(3) 在实际应用中，当液体介质温度≤5℃时，优先选用 PP—B 管，其使用压力大，寿命长；当液体介质温度≥65℃时，优先选用 PP—R 管；当液体介质温度在 5～65℃ 之间时，PP—B 与 PP—R 的使用基本一致。

4. 压力等级的选用

建筑给水 PP 管道的选用应根据连续工作水温，工作压力和使用寿命确定。

(1) 热水管道应采用公称压力不低于 2.0MPa 等级的管材和管件。
(2) 冷水管道应采用公称压力不低于 1.25MPa 等级的管材和管件。
(3) 管材规格用公称外径×壁厚即 $d_e \times e$ 表示，三型聚丙烯 PP—R 管的规格详见表 1-4-1。

三型聚丙烯 PP－R 管的规格　　　　表 1-4-1

公称外径 (d_e)	公称压力（MPa）			
	PN1.25	PN1.6	PN2.0	PN2.5
	壁　厚（mm）			
20	1.9	2.3	2.8	3.4
25	2.3	2.8	3.5	4.2

续表

公称外径 (d_e)	公称压力 (MPa)			
	PN1.25	PN1.6	PN2.0	PN2.5
	壁厚 (mm)			
32	3.0	3.6	4.4	5.4
40	3.7	4.5	5.5	6.7
50	4.6	5.6	6.9	8.4
63	5.8	7.1	8.7	10.5
75	6.9	8.4	10.3	12.5
90	8.2	10.1	12.3	15.0
110	10	12.3	15.1	18.3

1.4.2 PP管的连接与敷设

1．连接配件

按材质可分为三类：

(1) 塑料配件：是基本的常用配件。

(2) 铜塑配件：在PP管体内置铜嵌件，用于同阀门、水表、水龙头及金属管道的连接；该配件与PP管用热熔连接，与金属配件采用丝扣连接。

(3) 铜配件：用铜棒加工成形，并在表面镀镍，严禁使用铸铜件，用于 $\phi \geqslant 40$mm 大口径活接头的部位。

2．贮运和储存

(1) 搬运管材和管件时，应小心轻放，避免与沥青、油脂等有机物接触，严禁剧烈撞击、与尖锐物品碰撞和抛、摔、滚、拖。

(2) 管材和管件应存放在通风良好的库房和简易棚内，不得露天存放，防止阳光直射，注意防火安全，距离热源不得小于1m。

(3) 管材应水平堆放在平整的地上，应避免弯曲管材，堆置高度不得超过1.5m，管件应逐层码放，不宜叠得过高。

3．敷设方式

建筑给水PP管道宜采用暗敷，包括直埋和非直埋两种：

(1) 直埋有嵌墙敷设和楼（地）面的找平层内敷设。

(2) 非直埋有管道井、吊顶内、装饰板后敷设和地坪架空层内敷设。

4．连接方式及操作要点

同种材质的PP—B或PP—R管及管配件之间，采用承插方式的热熔和电熔（用专用工具在规定的温度和时间条件下完成）两种连接方式。管材与管件的连接处完全融为一体，随之冷却后形成不变形的严密整体；该接头的密封性好、可靠性高，接头处的抗压强度高于管材，彻底解决了其他管材连接处由于塑料变形、密封胶或橡胶圈老化而易出现渗漏的问题，而且连接部位不产生"水阻现象"，液体流量大，使用寿命长达50年以上。

(1) 热熔连接。可按以下步骤进行：

A．切断管材。用专用管剪、轮式管刀或管道切割机切断，使端面垂直管轴线，并去除毛边和毛刺，保持熔接部位干净无污物；剪切 $\phi \leqslant 25mm$ 的小口径管材时，边剪边旋转，以保证切口面圆度。切断处出现管口内缩颈，应用配套整圆器或用扩孔锥刀、圆锉消除管口内倒角。

B．将连接的管件和管子端部用棉纱擦拭干净，在管端划出热熔深度（等于接头的套入深度），热熔深度可按表 1-4-2 规定执行。

热熔深度　　　　　　　　　　　　表 1-4-2

公称外径（mm）	20	25	32	40	50	63	75	90	110
热熔深度（mm）	14	16	20	21	22.5	24	26	32	38.5

C．加热管材及管配件。热熔器必须通电预热，待绿灯亮后（温度 260～270℃ 自动控温），把管材和管配件无旋转地同时插入熔接器内，插到所标志的深度，按表 1-4-3 要求时间加热管材和管配件连接部位。

D．连接管材和管配件。达到加热时间后，立即把管材和管件从加热套与加热头上同时取下，把已加热的管材迅速、平稳、均匀、垂直地推进到已加热的管配件内致所标深度，使接头处形成均匀凸缘，推进时用力不要过猛，以防管头弯曲，并按表 1-4-3 规定给足冷却时间。

E．在表 1-4-3 规定的时间内，刚熔好的接头可调节位置及校正，但严禁旋转。

(2) 电熔联接。PP 管公称外径大于 $\phi 75$ 的采用电熔联接，将管材、专用管件配放好后，利用铸塑在管件里的电热线圈（电阻丝）与电源（焊接机）接通，使融合件达到熔融温度，在电熔过程中，管件和管子绝不允许移动，必须用一个夹紧件将管子和管件固定，其操作过程如下：

A．将管件移到管子端部，用夹具固定定位；

B．将需要连接的另一根管子固定定位后，将管件移到其管子端头；

C．接通电源开始熔接，熔接完后冷却 2min。

电熔联接的优点是可以对预先装配好的管道进行连接，因为电熔套管无须轴向移动，只要围绕管子中心线沿正反时针方向转动即可。

PP 管材熔接及冷却时间　　　　　　表 1-4-3

公称外径（mm）	加热时间（s）	熔接时间（s）	冷却时间（min）
20	5	4	3
25	7	4	3
32	8	6	4
40	12	6	4
50	18	6	5
63	24	8	6
75	30	8	8
90	40	8	8
110	50	10	8

(3) 注意事项:
A. 连接管材前应保持连接处干净无污物。
B. 热熔时管材和配件必须保持平衡地推进熔接器模具内。
C. 管材和配件不能过度加热,否则厚度变薄,管材在管配件内变形,发生漏水现象。

5. 敷设安装
(1) 管道安装时应复核冷、热水管压力等级和使用场合;管道标记应面向外侧,并处于明显位置。
(2) 管道室内明敷,宜在土建粉饰完毕后进行,安装前应配合土建正确预留孔洞或预埋套管;明敷给水立管宜布置在靠近用水量大的卫生器具的墙角、墙边或立柱旁。
(3) 设置在公共场所的给水管道宜敷设在管道井内。
(4) 管道嵌墙暗敷时,宜配合土建筑凹槽,若设计无规定时,墙槽尺寸的深度为d_e+20mm,宽度为d_e+(40~60mm);凹槽表面应平整,不得有尖角等突出物,管道试压合格后,墙槽用 M7.5 水泥砂浆填补密实。
(5) 布置在地坪层内的管道宜沿墙敷设,当有可能遭到破坏时,应加设套管保护。
(6) 管道嵌墙或埋地暗敷时,其公称外径不宜超过 25mm,连接方式应采用热熔连接。
(7) 直埋暗管隐蔽前应做好水压试验和隐蔽工程验收,封蔽后应在墙面或地面上标明暗管的位置和走向,严禁在暗管位置上冲击或使用钉等尖锐物体。
(8) 管道安装时,不得有轴向扭曲,给水管与其他金属管平行敷设时的保护净距离不宜小于 100mm,并宜安在金属管道的内侧。
(9) 管道穿墙或楼板时,不宜强制校正,穿越楼板时应设置钢套管,套管应高出地面 50mm,并有防水措施;热水管道穿墙时,应配合土建设置钢套管,冷水管穿墙时可预留洞,洞口尺寸较外径大 50mm;穿越屋面时应采取严格的防水措施,穿越前端应设固定支架。
(10) 热水管道安装时,为防止热胀冷缩的影响,首先利用管路转弯自然补偿,其次采用管道补偿器,并应注意固定支架、导向支架的安装必须符合设计或规范要求。
(11) 支吊架安装。管道安装时必须按不同管径和要求设置管卡和吊架,位置应准确,埋设应平整,管卡与管道接触应紧密,但不得损伤管道表面。
A. 采用金属管卡和吊架时,金属管卡与管道之间应用塑料带或橡胶等软物隔垫;在金属配件与给水 PP 管连接部位,管卡应设在金属配件一端。
B. 立管和横管支吊架的间距不得大于表 1-4-4 的规定。
(12) 埋地管敷设时应按下列要求进行:
A. 室内地坪±0.00 以下管道敷设宜分两段进行,先进行±0.00 以下至基础墙外壁段的铺设,待土建施工结束后,再进行户外连接管的敷设。
B. 室内地坪±0.00 以下管道敷设应在土建工程回填土填实以后,重新开挖进行;严禁在回填土之前或未经填实的土层中铺设。
C. 铺设管道的沟底应平整,不得有突出的尖硬物体;土壤的颗粒不宜大于 12mm,必要时可铺设 100mm 厚的砂垫层。

D. 埋地管道回填时，管周回填土不得夹杂尖硬物体直接与管壁接触；应先用砂土或颗粒不大于 12mm 的土壤回填至管顶上侧 300mm 处，经夯实后方可回填原土，室内埋地管道埋置深度不宜小于 300mm。

E. 管道在穿越基础墙时，应设置金属套管；套管与基础墙顶留孔上方的净空高度，不应小于 100mm。

F. 管道在穿越街坊道路，覆土厚度小于 700mm 时，应采取严格的保护措施。

冷热水管支吊架最大间距（mm） 表 1-4-4

公称外径	冷水管		热水管	
	横管	立管	横管	立管
20	650	1000	500	900
25	800	1200	600	1000
32	950	1500	700	1200
40	1100	1700	800	1400
50	1250	1800	900	1600
63	1400	2000	1000	1700
75	1500	2000	1100	1700
90	1600	2100	1200	1800
110	1900	2500	1500	2000

6. 试压

(1) PP 管道水压试验压力为：

A. 冷水管应为系统工作压力的 1.5 倍，但不得小于 1.0MPa。

B. 热水管应为系统工作压力的 2.0 倍，但不得小于 1.5MPa。

(2) PP 管道水压试验应符合下列规定：

A. 水压试验应在管道热熔连接 24h 后进行；水压试验前管道应固定，接头需明露。

B. 缓慢向试压系统注水，待管道注满水后，先排出管道内空气，进行水密性检查；加压宜用手动泵，升压时间不小于 10min。

C. 压力升至规定的试验压力，稳压 1h，测试压力降不得超过 0.05MPa（在 30min 内允许两次补压，升至规定的试验压力）。

D. 在工作压力的 1.15 倍状态下稳压 2h，压力降不得超过 0.03MPa，同时检查各连接处不得渗漏。

E. 直埋在地坪面层和墙体内的管道，试压工作必须在面层浇捣或封堵前进行，达到试压要求后，土建方能施工。

7. 清洗消毒

(1) 给水管道系统验收前应进行冲洗，冲水流速宜大于 2m/s；冲洗时应不留死角，每个配水龙头均应打开，系统最低处应设放水口，清洗时间控制在冲洗出口处的水质与进水相当时为止。

(2) 生活饮用水系统经冲洗后，还应用含 20~30mg/L 的游离氯的水灌满管道进行消毒，含氯水在管中应浸泡 24h 以上。

(3) 管道消毒后，放空管道内的消毒液，再用饮用水冲洗，并经卫生监督管理部门取样检验，各末端配水点出水水质符合现行国家标准《生活饮用水卫生标准》后，方可交付使用。

8．施工注意事项

（1）管道连接使用热熔工具时，应遵守电工安全操作规程，并注意防潮和防脏物污染。

（2）操作现场不得有明火，严禁对给水 PP 管材进行明火烘烤；PP 管材亦不得作为拉攀、吊架等使用。

（3）PP 管抗紫外线性能差，如长年受阳光直射，应有遮蔽措施。

（4）给水管道有可能冰冻时，应采取防冻措施，做法参见 DBJ 08—33—93《住宅给水管道工程防冻保温技术规程》。

1.5 建筑给水钢塑复合管

参照 CECS125：2001《建筑给水钢塑复合管管道工程技术规程》

1.5.1 总则

1．简介：

（1）钢塑复合管既有钢管的机械性能，又有塑料管的防腐性能，可代替不锈钢管广泛应用于石油化工、冶金、医药、食品加工等部门，是输送腐蚀性气、液体的理想管道，其价格仅为不锈钢管的 1/5 左右，经济效益显著。

（2）由于钢与塑料的线膨胀系数相差很大，塑料一般为钢的 50~60 倍，钢塑复合管就存在热膨胀不一致的缺陷；生产时是在冷拔机上通过钢管缩径来嵌住塑料管，使两者紧固地形成一体，故复合紧力的大小是生产钢塑复合管的关键技术。

2．给水系统采用的钢塑复合管管材，应符合下列规定：

（1）涂塑镀锌焊接钢管（焊接钢管）应符合现行行业标准 CJ/T120《给水涂塑复合钢管》的要求；涂塑无缝钢管应符合现行行业标准 CJ/T120《给水涂塑复合钢管》的有关要求。

（2）衬塑镀锌焊接钢管（焊接钢管）应符合现行行业标准《给水衬塑复合钢管》的要求，其规格详见表 1-5-1；衬塑无缝钢管应符合现行行业标准《给水衬塑复合钢管》的有关要求，其规格详见表 1-5-2。

衬塑镀锌焊接钢管（焊接钢管）规格（mm） 表 1-5-1

公称直径	钢管外径	钢管壁厚	衬塑层壁厚
DN 15	21.25	2.75	
DN 20	26.75	2.75	
DN 25	33.50	3.25	
DN 32	42.25	3.25	1.5
DN 40	48.00	3.50	
DN 50	60.00	3.50	
DN 65	75.50	3.75	

续表

公称直径	钢管外径	钢管壁厚	衬塑层壁厚
DN 80	88.50	4.00	
DN 100	114.0	4.00	2.0
DN 125	140.0	4.50	
DN 150	165.0	4.50	2.5

衬塑无缝钢管规格（mm）   表 1-5-2

公称直径	外径	钢管壁厚	塑管壁厚	公称直径	外径	钢管壁厚	塑管壁厚
DN 25	39	3.5	2.5	DN 150	159	5.0	4.0
DN 32	45	3.5	2.5	DN 200	219	8.0	6.0
DN 40	54	3.5	2.5	DN 250	273	8.0	6.0
DN 50	67	3.5	3.0	DN 300	325	10.0	7.0
DN 65	82	4.0	3.0	DN 350	377	10.0	10.0
DN 80	97	4.0	3.5	DN 400	426	12.0	10.0
DN 100	116	4.0	3.5	DN 450	480	14.0	12.0
DN 125	136	4.5	4.0	DN 500	530	15.0	1.0

3．给水系统采用的钢塑复合管管件，应符合下列要求：

（1）衬塑可锻铸铁管件应符合现行行业标准《给水衬塑可锻铸铁管件》的要求。

（2）衬塑钢管件应符合现行行业标准《给水衬塑复合钢管》的有关要求。

（3）涂塑钢管件、涂塑球墨铸铁管件、涂塑铸钢管件应符合现行行业标准 CJ/T120《给水涂塑复合钢管》的有关要求。

4．钢塑复合管管道工程除执行 CECS125：2001《建筑给水钢塑复合管管道工程技术规程》外，尚应符合国家现行有关标准的规定。

1.5.2　术语

1．钢塑复合管：在钢管内壁衬（涂）一定厚度塑料层复合而成的管子；钢塑复合管含衬塑钢管和涂塑钢管。

2．衬塑钢管：采用紧衬复合工艺将塑料管（可是聚乙烯 PE，也可是聚丙烯 PP）衬于钢管内而制成的复合管。

3．涂塑钢管：将塑料粉末涂料均匀地涂敷于钢管表面并经加工而制成的复合管。

4．沟槽式连接：在管段端部压出凹槽，通过专用卡箍，辅以橡胶密封圈，扣紧沟槽而连接的方式。

5．压槽：采用压轮将旋转的管子端部压出标准凹槽的工艺。

1.5.3　管材选择

1．当管道系统工作压力不大于 1.0MPa 时，宜采用涂（衬）塑焊接钢管，可锻铸铁衬塑管件，螺纹连接。

2．当管道系统工作压力大于1.0MPa且不大于1.6MPa时，宜采用涂（衬）塑无缝钢管，无缝钢管件或球墨铸铁涂（衬）塑管件，法兰连接或沟槽式连接。

3．当管道系统工作压力大于1.6MPa且小于2.5MPa时，应采用涂（衬）塑的无缝钢管和无缝钢管或铸钢涂（衬）塑管件，采用法兰或沟槽式连接。

4．管径不大于100mm时宜采用螺纹连接，管径大于100mm时宜采用法兰或沟槽式连接；水泵房管道宜采用法兰连接。

5．水池（箱）内管道选择应符合下列要求：

（1）水池（箱）内浸水部分的管道应采用内外涂塑焊接钢管及管件（包括法兰、水泵吸水管、溢水管、吸水喇叭、溢水漏斗等）；

（2）泄水管、出水管应采用管内外及管口端涂塑管段；

（3）管道穿越钢筋混凝土水池（箱）部位应采用耐腐蚀防水套管；

（4）管道的支撑件、紧固件均应采用经防腐蚀处理的金属支承件。

6．在热水供应管道系统中，应采用内衬交联聚乙烯（PEX）、氯化聚氯乙烯（PVC—C）的钢塑复合管和内衬聚丙烯（PP）、氯化聚氯乙烯（PVC—C）的管件；当采用橡胶密封时，应采用耐热橡胶密封圈。

7．埋地的钢塑复合管管道，宜在管外壁采取可靠的防腐措施。

1.5.4 防冻保温

1．防冻

（1）室外埋地钢塑复合管应埋设在冰冻线之下；

（2）在室外明露或室内有可能冰冻的情况下，钢塑复合管应采取防冻措施。

2．保温隔热

（1）室内明敷热水管道应保温隔热，在有可能结露的场所宜采取防结露措施；

（2）室内嵌墙管道的保温材料厚度，应根据管道长度、水温、环境温度和供水时间由设计（或经计算）确定。

1.5.5 管道安装

1．一般规定

（1）管道安装前应具备下列条件：

A．施工图纸及其他技术文件齐全，并已进行技术交底；

B．对安装所需管材、配件和阀门等附件以及管道支承件、紧固件、密封圈等核对产品合格证、质量保证书、规格型号、品种和数量，并进行外观检查；

C．与管道连接的设备已就位固定或已定位；施工机具已到场，施工场地、施工用水、供电能满足要求；

D．施工人员应经技术培训，熟悉钢塑复合管的性能，掌握基本操作技能。

（2）钢塑复合管应选用下列施工机具：

A．切割应采用金属锯；

B．套丝应采用自动套丝机；

C.压槽应采用专用滚槽机；
　　D.弯管应采用弯管机冷弯。
　　(3) 钢塑复合管施工程序应符合下列要求：
　　A.室内埋地管应在底层土建地坪施工前安装，室内埋地管道安装至外墙外不宜小于500mm，管口应及时封堵；
　　B.钢塑复合管不得埋设于钢筋混凝土结构层中；管道安装宜从大口径逐渐接驳到小口径。
　　(4) 管道穿越楼板、屋面、水箱（池）壁（底），应预留孔洞或预埋套管，并应符合下列要求：
　　A.预留洞孔尺寸应为管道外径加40mm；
　　B.管道在墙板内暗敷需开管槽时，管槽宽度应为管道外径加30mm；且管槽的坡度应为管道坡度；
　　C.钢筋混凝土水箱（池），在进水管、出水管、泄水管、溢水管等穿越处应预埋防水套管，并应用防水胶泥嵌填密实。
　　(5) 管径不大于50mm时可用弯管机冷弯，但其弯曲曲率半径不得小于8倍管径，弯曲角度不得大于10°。
　　(6) 埋地、嵌墙敷设的管道，在进行隐蔽工程验收后应及时填补。
　　2．螺纹连接
　　(1) 截管应符合下列要求：
　　A.截管宜采用锯床，不得采用砂轮切割；当采用盘锯切割时，其转速不得大于800r/min；
　　B.当采用手工锯截管时，其锯面应垂直于管轴线。
　　(2) 套丝应符合下列要求：
　　A.套丝应采用自动套丝机，套丝机应采用润滑油润滑；
　　B.圆锥形管螺纹应符合现行国家标准 GB/T 7306《用螺纹密封的管螺纹》的要求，并应采用标准螺纹规检验。
　　(3) 管端清理加工应符合下列要求：
　　A.应用细锉将金属管端的毛边修光，应采用棉回丝和毛刷清除管端和螺纹内的油、水和金属切削；
　　B.衬塑管应采用专用绞刀，将衬塑层厚度1/2倒角，倒角坡度宜为10°~15°；涂塑管应采用削刀削成轻内倒角。
　　(4) 管端、管螺纹清理加工后，应进行防腐，密封处理，宜采用防锈密封胶和聚四氟乙烯生料带缠绕螺纹，同时应用色笔在管子上标记拧入深度。
　　(5) 不得采用非衬塑可锻铸铁管件。
　　(6) 管子与配件连接前，应检查衬塑可锻铸铁管件内橡胶密封圈或厌氧密封胶，然后将配件用手捻上管端丝扣，在确认管件接口已插入衬（涂）塑钢管后，用管子钳按表1-5-3的规定进行管子与配件的连接（不得逆向旋转）。
　　(7) 管子与配件连接后，外露的螺纹部分及所有钳痕和表面损伤的部位应涂防锈密封胶。

（8）用厌氧密封胶密封的管接头，养护期不得少于24h，其间不得进行试压。

（9）钢塑复合管不得与阀门直接连接，应采用黄铜质内衬塑胶内外螺纹专用过渡管接头；钢塑复合管不得与给水栓直接连接，应采用黄铜质专用内螺纹管接头。

（10）钢塑复合管与铜管、塑料管连接时应采用专用过渡接头；当采用内衬塑的内外螺纹专用过渡接头与其他材质的管配件、附件连接时，应在外螺纹的端部采取防腐处理。

3．法兰连接

（1）用于钢塑复合管的法兰应符合下列要求：

A．凸面板式平焊钢制管法兰应符合现行国家标准 GB/T 9119.5～9119.10《凸面板式平焊钢制管法兰》的要求；

B．凸面带颈螺纹钢制管法兰应符合现行国家标准 GB/T 9114.1～9114.3《凸面带颈螺纹钢制管法兰》的要求，仅适用于公称管径不大于150mm的钢塑复合管的连接；

C．法兰的压力等级应与管道的工作压力相匹配。

标准旋入牙数及紧固扭矩　　　　　　　　　　表1-5-3

公称直径（mm）	旋入长度（mm）	牙数	扭矩（N·m）	管子钳规格（mm）×施加的力（kN）
15	11	6.0～6.5	40	350×0.15
20	13	6.5～7.0	60	350×0.25
25	15	6.0～6.5	100	450×0.30
32	17	7.0～7.5	120	450×0.35
40	18	7.0～7.5	150	600×0.30
50	20	9.0～9.5	200	600×0.40
65	23	10～10.5	250	900×0.35
80	27	11.5～12	300	900×0.40
100	33	13.5～14	400	1000×0.05
125	35	15～16	500	1000×0.60
150	35	15～16	600	1000×0.70

（2）钢塑复合管法兰现场连接应符合下列要求：

A．钢塑复合管的截管应符合1.5.5中"2．螺纹连接"第（1）条螺纹连接中有关截管的要求；

B．在现场配接法兰时，应采用内衬塑凸面带颈螺纹钢制管法兰；

C．被连接的钢塑复合管上应绞螺纹密封用的管螺纹，其牙型应符合现行国家标准 GB/T 7306《用螺纹密封的管螺纹》的要求。

（3）钢塑复合管法兰连接可根据施工人员技术熟练程度采取一次安装法或两次安装法。

A．一次安装法：可现场测量、绘制管道单线加工图，送专业工厂进行管段、配件涂（衬）加工后，再运抵现场安装；

B．二次安装法：可在现场用非涂（衬）钢管和管件、法兰焊接，拼装管道（钢管端部为外螺纹，法兰内孔为内螺纹），然后拆下运抵专业加工厂进行涂（衬）加工，再运抵现场进行安装。

(4) 钢塑复合管法兰连接当采用二次安装法时，现场安装的管段、管件、阀件和法兰盘均应打上钢印编号。

4. 沟槽连接

(1) 沟槽连接方式可适用于公称直径不小于 65mm 的涂（衬）塑钢管的连接。

(2) 沟槽式管接头应符合国家现行的有关产品标准；沟槽式管接头的工作压力应与管道工作压力相匹配。

(3) 用于输送热水的沟槽式管接头应采用耐温型橡胶密封圈；用于饮用净水管道的橡胶材质应符合现行国家标准 GB/T 17219《生活饮用水输配水设备及防护材料的安全性评价标准》的要求。

(4) 衬塑复合钢管，当采用现场加工沟槽并进行管道安装时，其施工应符合下列要求：

A. 应优先采用成品沟槽式涂塑管件。

B. 连接管段的长度应是管段两端口间净长度减去 6~8mm 断料，每个连接口之间有 3~4mm 间隙并用钢印编号。

C. 应采用机械截管，截面应垂直轴心，允许偏差为：

管径≤100mm 时，偏差≤1mm；

管径>125mm 时，偏差≤1.5mm。

D. 管外壁端面应用机械加工 1/2 壁厚的圆角。

E. 应用专用滚槽机压槽，压槽时管段应保持水平，钢管与滚槽机止面呈 90°；压槽时应持续渐进，槽深应符合表 1-5-4 的要求；并应用标准量规测量槽的全周深度，如沟槽过浅，应调整压槽机后再行加工。

沟槽标准深度及公差（mm） 表 1-5-4

管　径	沟 槽 深	公　差
≤80	2.20	0.3
100~150	2.20	0.3
200~250	2.50	0.3
300	3.0	0.5

注：沟槽过深，则应作废品处理。

F. 与橡胶密封圈接触的管外端应平整光滑，不得有划伤橡胶圈或影响密封的毛刺。

(5) 涂塑复合钢管的沟槽连接方式，宜用于现场测量、工厂预涂塑加工、现场安装。

(6) 管段在涂塑前应压制标准沟槽，涂塑加工应符合 CJ/T120《给水涂塑复合钢管》的有关要求。

(7) 管段涂塑除涂内壁外，还应涂管口端和管端外壁与橡胶密封圈接触部位。

(8) 衬（涂）塑复合钢管的沟槽连接应按下列程序进行：

A. 检查橡胶密封圈是否匹配，涂润滑剂，并将其套在一根管段的末端；将对接的另一根管段套上，将胶圈移至连接中央。

B．将卡箍套在圈外，并将边缘卡入沟槽中。

C．将带变形块的螺栓插入螺栓孔，并将螺母旋紧；应对称交替旋紧，防止胶圈起皱。

（9）管道最大支承间距应符合表1-5-5的要求；并应注意：

A．横管的任何两个接头之间应有支承。

B．不得支承在接头上。

管道最大支承间距　　　　表1-5-5

管径（mm）	最大支承间距（m）
65～100	3.5
125～200	4.2
250～315	5.0

（10）沟槽式连接管道，无须考虑管道因热胀冷缩的补偿。

（11）埋地管用沟槽式卡箍接头时，其防腐措施应与管道部分相同。

1.5.6　检验与验收

1．钢塑复合管给水管道系统的试验压力，应采用与普通钢管给水系统相同的试验压力。

2．钢塑复合管道系统的试压程序与普通钢管系统一致，当钢塑复合管与塑料管在同一系统试压时，应按塑料管的有关标准执行。

3．管道试压合格后，应将管道系统内的存水放空，并进行管道清洗，输送生活饮用水的管道还应消毒；消毒后的管道通水水质应符合现行国家标准 GB 5749《生活饮用水卫生标准》的要求。

4．建筑给水钢塑复合管道工程应按国家有关规定进行分项、分部及单位工程验收；中间验收、竣工验收前施工单位应进行自检；验收时应做好记录，签署文件，并立卷归档。

5．工程验收时应重点检查下列项目：

（1）管材、管件标志是否与用途一致，冷水管所用管材管件不得用于热水管。

（2）管道与阀门、给水栓连接是否采用专用过渡配件；沟槽式连接是否采用专用橡胶密封圈；螺纹连接部位的管段露牙数是否过多。

（3）水箱（池）内浸水部分管道外壁是否涂塑，支承件是否牢固和防腐，穿越池壁（底）处的防水性及牢固性。

（4）检查管位、管径、标高、坡度、垂直度、支承位置及牢固性。

（5）埋地管道的防腐处理。

1.6　薄壁不锈钢管

1.6.1　流体输送用不锈钢管

我国一直采用前苏联式厚壁不锈钢管，产品耗料大，内表面卫生品质差，通过传统的法兰式连接，拆装十分麻烦。

近年来，颁布了国家标准 GB 12771—2000《流体输送用不锈钢焊接钢管》GB/T 14976—94《流体输送用不锈钢无缝钢管》等标准。

1. 流体输送用不锈钢焊接钢管

(1) 焊接方法及分类代号

钢管采用冷轧板（带）或热轧板（带），经自动电弧焊或其他自动焊接方法制造，通常长度为 2~8m，钢管按实际重量，以热处理状态交货。钢管按供货状态分为四类：

A. 焊接状态，代号为 H；

B. 热处理状态，代号为 T；

C. 冷拔（轧）状态，代号为 WC；

D. 磨（抛）光状态，代号为 SP。

(2) 外径和壁厚

A. 采用冷轧板（带）制造的管外径 8~114mm，壁厚 $\delta = 0.3~1.8$mm，为薄壁管；

B. 采用热轧板（带）制造的管外径 114~630mm，壁厚 $\delta = 4.2~16$mm，为厚壁管。

(3) 分级及牌号

流体输送用不锈钢焊接钢管分为普通级及较高级，有 0Cr18Ni9、0Cr18Ni10Ti、0Cr13 等 13 个牌号。

(4) 水压试验

A. 钢管应逐根进行水压试验，试验压力按下式计算：

$$P = 2SR/D$$

式中　P——试验压力（MPa）；

　　　S——钢管的公称壁厚（mm）；

　　　D——钢管的公称外径（mm）；

　　　R——应力，取屈服点的 50%（MPa）。

但最高压力不大于 10MPa，稳压时间不少于 5s，此时管壁不得出现渗漏现象；

B. 供方可用涡流探伤代替液压试验，合格级别应符合 GB/T 7735—95 标准中的 A 级。

(5) 表面质量

A. 钢管的内外表面应光滑，不得有裂纹、裂缝、折叠、重皮、扭曲、过酸洗、残留氧化铁皮及其他妨碍使用的缺陷；上述缺陷应完全清除掉，清除处实际壁厚不得小于壁厚允许的负偏差，深度不超过壁厚负偏差的轻微划伤、压坑、麻点等允许存在，钢管不得有分层。

B. 错边、咬边、凸起、凹陷等缺陷不得大于壁厚允许偏差；焊缝缺陷允许修补，但修补后应进行液压试验，以热处理状态交货的钢管还应重新进行热处理。

C. 焊缝最大余高应符合表 1-6-1 的规定，最小不得低于母材，焊缝的缝谷值差不大于 1.5mm。

焊缝的最大余高（mm） 表 1-6-1

外径	壁厚（δ）		
	≤5	>5~10	>10
≤108	—	—	—
108~168	≤25%δ	≤20%δ	—
>168	≤20%δ	≤15%δ	≤10%δ

2．流体输送用不锈钢无缝钢管

（1）外径和壁厚

流体输送用不锈钢无缝钢管分为热轧（WH）和冷拔（WC）两种：

A．热轧管为厚壁管，外径 $D=68～426mm$，壁厚 $δ=4.5～18mm$，通常长度 2～12m；

B．冷拔管薄壁管及厚壁管均有，外径 $D=6～159mm$，壁厚 $δ=0.5～15mm$，通常长度 1～10.5m。

（2）焊接方法及交货状态

钢管应采用热轧或冷拔方法制造，钢管按实际重量，经热处理并酸洗后交货。

（3）分级及牌号

流体输送用不锈钢无缝钢管分为普通级及较高级，有 0Cr18Ni9、0Cr18Ni12Mo2Ti、0Cr13 等 27 个牌号。

（4）液压试验

A．钢管应逐根进行液压试验，试验压力按下式计算，钢管最大试验压力不超过 20MPa：

$$P=2SR/D$$

式中 P——试验压力（MPa）；

S——钢管的公称壁厚（mm）；

D——钢管的公称直径（mm）；

R——允许应力，为抗拉强度的 40%（MPa）。

在试验压力下，应保证耐压时间不少于 5s，钢管不得出现漏水或渗漏；

B．供方可用超声波检验或涡流检验代替液压试验，超声波检验按 GB/T 5777 执行，对比样块刻槽深度为钢管公称壁厚的 12%，涡流检验对比样管采用 GB/T 7735—95 中的度 A 级。

（5）表面质量

A．钢管内外表面不得有裂缝、折叠、轧折、离层和结疤存在，这些缺陷应完全清除，清除深度不超过壁厚的负偏差，其清除处实际壁厚不得小于壁厚所允许的最小值；

B．在钢管内外表面上，直道允许深度如下：

a．热轧钢管：不大于公称壁厚的 5%，直径≤140mm 的钢管，最大允许深度 0.5mm；直径＞140mm 的钢管，最大允许深度 0.8mm；

b．冷拔钢管：不大于公称壁厚的 4%（壁厚小于 1.4mm 的直道允许深度为 0.05mm），最大深度不大于 0.30mm；

C. 不超过壁厚负偏差的其他缺陷允许存在。

(6) 流体输送用不锈钢无缝钢管的生产状态

我国大钢厂生产薄壁无缝钢管的规格及数量不多，原因是技术难度大，成本费用高，产品质量控制难。

1.6.2 不锈钢卫生管道

1．安全卫生标准

(1) 欧美等先进国家的食品、酿造、乳制品等行业早在20世纪60年代已经广泛应用卫生型不锈钢薄壁管道、管件、阀门系列产品，所有产品都是卫生型的，内表面抛光精度高，无卫生死角；易于拆装（卡箍式或螺纹式连接）；薄壁结构，并形成国际标准化：

ISO 2037—92 食品工业用不锈钢管

ISO 2852—74 金属管和配件食品工业用带垫圈不锈钢卡箍衬套

DIN 405 圆螺纹牙形，公称直径，螺纹系列

DIN 11850—85 食品工业用配件不锈钢管

IDF 14~19—1968 乳品工业用不锈钢管

(2) 我国在20世纪80年代初开始通过引进国外装备应用薄壁不锈钢管系列产品，现已发布了以下标准：

GB 12075—89《食品工业用不锈钢管与配件不锈钢管》；

GB 12076—89《食品工业用不锈钢管与配件不锈钢螺纹接管器》；

GB 16798—97《食品安全机械卫生》；

QB/T 2003—94《食品工业用不锈钢对缝焊接管件》；

QB/T 2004—94《食品工业用带垫圈不锈钢卡箍衬套》。

(3) 我国 GB 12075—89《食品工业用不锈钢管与配件不锈钢管》等标准中选用 1Gr18Ni9Ti 材料，其含碳量 C≤0.12%，按国际 ISO 标准，这种材料是不适于食品工业的。为确保产品品质，正在重新修改的国家标准 GB 12075 将等同采用国际标准 ISO 2037 食品工业用不锈钢管。

2．原材料和坯料的选择

(1) 300 系列材料被广泛采用

美国 AIS300 系列钢材中的 304 和 316 应用最广，其中 316 一般优于 304，因为 316 加有钼，它能提高耐腐蚀性能，低碳或"L"级（如 304L、316L）的采用是因为它在焊接时较少形成碳化铬（即失去耐腐蚀性）。

(2) 应按使用条件选择 304 或 316 材料

过去不少用户因考虑经济性而选用 304 材料，近年来，随着牙膏、化妆品、制药、生物工程行业的迅猛发展，316 材质产品已经获得广泛应用，尤其是 316L 材质产品是制药工业符合 GMP 标准的首选材料。

(3) 不锈钢管坯料

分为无缝管和焊接管；国际标准 ISO 2037:92《食品工业用不锈钢管》规定，采用焊接或无缝两种工艺坯管均可；我国 GB 12075—89《食品工业用不锈钢管与配件不锈钢管》规定采用无缝钢管，与国际标准不吻合，现正在进行修订。

A．无缝管具有最明显的优点是无焊接缝，但它比焊接管价格高 30%～50%，如果要达到高表面质量将更贵。

B．焊接管的缺点是焊缝存在使偏差变大，必须进行焊缝处理；随着焊接品质和后道抛光处理工序技术（机械研磨抛光和电抛光）的提高，焊缝处理管已得到广泛应用。

1.6.3 300 系列薄壁不锈钢管施工

1．304L 薄壁不锈钢管焊接

从国外引进设备和工艺的某现代化啤酒厂，有 3000 多米 304L 材质的薄壁不锈钢管，管道直径最小为 $\phi18\times1$、最大为 $\phi159\times1.5$，其施工情况如下：

(1) 焊接质量要求

焊接外观：不允许咬边和未焊透，焊缝高 0～0.5mm，内凹深度不超过 0.3mm，管内凸出高 0～0.3mm。

(2) 焊接方法

采用手工钨极氩弧焊。

(3) 焊接工艺

先制订焊接方案，进行焊接工艺评定合格后，编制焊接作业指导书指导施工，其主要内容为：

A．焊前清理：采用砂布或不锈钢丝刷，清除坡口及其两边 30mm 范围内和填充丝表面的氧化膜，油脂及湿气等。

B．钨极直径：根据管壁厚薄程度选择，管壁越厚所需的电流越大，钨极直径要相应增大，反之则小；钨极伸出长度为 8～11mm。

C．焊接电源种类与极性：钨极氩弧焊电源分为交直流两种，极性分正接法和反接法，对不锈钢的焊接，应选直流电源，正接法（工件接正）。

焊接电流：管壁厚 1mm、为 25～30A；管壁厚 1.5mm、为 35～40A。

焊接电压：20～21V。

D．气体的流量：焊接时根据实际情况而定。

E．喷嘴直径：根据管子的厚薄程度确定，选择 10mm。

F．喷嘴至工件的距离：根据钨棒的伸出长度来确定。

G．外界气流：要尽量避免在室外操作，如确需在室外操作时应采用挡风装置，同时要注意控制一定的焊速。

(4) 实际施焊后，施工单位对焊缝进行外观检查、射线探伤检查均达到设计要求，取得较好的效果。

2．316L 薄壁不锈钢管道焊接

某工程的工艺配管，系 316L 材质的不锈钢管道，其施工情况如下：

(1) 施工方法

A．焊接工艺：采用手工电弧焊、氩弧焊两种焊接方法，管径 $D>159$mm 的采用氩弧焊打底，手工电弧焊盖面；$D\leqslant159$mm 的全用氩弧焊；焊机采用手工电弧焊/氩弧焊两用的 WS7-400 逆变式弧焊机。

B．焊接材料：选择 $\phi2.5\sim\phi3.2$ 的 H00Cr19Ni12Mo2 氩弧焊用焊丝，手工电弧焊使

用 CHS022、φ2.5 焊条作为填充材料。

C．焊接参数详见表 1-6-2。

D．坡口形式：采用 V 形坡口，由于采用了较小的焊接电流，熔深小，因而坡口的钝边比碳钢小，约为 0～0.5mm，坡口角度比碳钢大，约为 65°～70°。

E．装配定位焊：对于 $D \leqslant 89$mm 的管道采用两点定位、$D = 89 \sim 219$mm 的采用三点定位、$D \geqslant 219$mm 的采用四点定位；定位焊缝长度 6～8mm；

焊 接 参 数　　　　表 1-6-2

焊缝层次	焊接方法	焊接电流（A）	电弧电压（V）	焊接速度（cm/min）
一层	手工钨极氩弧焊	75～90	10～13	6～8
二层	手工钨极氩弧焊	75～93	10～13	6～8
	手工电弧焊	80～85	25～26	9～12

F．焊接技术要求：

a．手工电弧焊时焊机采用直流反接，氩弧焊时采用直流正接；

b．焊前应将焊丝用不锈钢丝刷刷掉表面的氧化皮，并用丙酮清洗；焊条应在 200～250℃烘干 1h，随取随用；

c．焊前应将工件坡口两侧 25mm 范围内的油污等清理干净，并用丙酮清洗；

d．氩弧焊时，喷嘴直径 12mm，钨极为铈钨极，规格 2.5mm；

e．氩弧焊接时，管内外必须充氩气保护，才能保证背面成形；管内局部充氩，流量为 5～14L/min，管外氩气流量为 12～13L/min。

f．打底焊时焊缝厚度应尽量薄，与根部熔合良好，收弧时要成缓坡形，如有收弧缩孔，应用磨光机磨掉。必须在坡口内引熄弧，熄弧时应填满弧坑，防止弧坑裂纹；

g．为防止奥氏体不锈钢碳化物析出敏化及晶间腐蚀，应严格控制层间温度和焊后冷却速度，要求焊接时层间温度控制在 60℃以下，焊后必须立即水冷，同时采取分段焊接，以增大接头的冷却速度，减少焊接应力。

(2) 焊接检验

A．外观检查无气孔，焊瘤、凹陷及咬边等缺陷，成形良好；

B．对试件进行拉伸、弯曲试验、各项力学性能指标均满足要求，未发现未熔合和裂纹等缺陷；

C．宏观金相检验焊道熔合良好，熔深为 1～1.5mm；微观金相检验，其母材及热影响区都是全奥氏体组织，焊缝金属为奥氏体＋铁素体（4%）组织，完全满足抗晶间腐蚀和抗脆化的要求，保证了工程质量。

3．304L 及 316L 不锈钢管焊接抗晶间腐蚀的措施

304L 及 316L 不锈钢管的材料属于奥氏体不锈钢，焊接过程中不可避免的要在 450～850℃这一温度停留一段时间，会形成碳化铬造成晶间腐蚀，使不锈钢含铬量降至能耐腐蚀的下限（13%）以下而失去抗腐蚀性能。为了加快焊缝冷却速度，缩短焊缝在 450～850℃的停留时间，提高焊缝抗晶间腐蚀的能力，宜采取以下工艺措施：

(1) 选用超低碳不锈钢焊条，使碳完全溶于奥氏体中，不会形成碳化铬而避免晶间

腐蚀。

(2) 在保证焊透的前提下，尽可能采用小的焊接电流，焊条最好不做横向摆动，在保证焊缝尺寸的前提下尽量提高焊接速度。

(3) 采用多层多道焊工艺，保持较低的层间温度（60℃以下），每层焊缝的熔敷金属厚度不得大于焊条直径；每焊完一条焊缝后彻底清渣，发现缺陷及时进行处理。

(4) 必要时可采用铜垫板甚至在焊接过程中边焊边喷水，每焊完一条焊缝后用湿布敷在焊缝上冷却，但必须注意焊缝中不能有水，否则易产生气孔。

4. 电抛光 316L 薄壁不锈钢管的全自动焊接

某大规模集成电路生产线及某制药业的超纯水和冷凝水管道的安装工程，焊接接头连接处要求光滑、平整，选用高光洁度电抛光薄壁不锈钢管（内表面粗糙度≤0.25mm 的 316L 薄壁不锈钢管）采用美国制造的 ARCMACHINE INC 207A 型不锈钢全自动脉冲氩弧焊焊接设备，不需填充焊丝，用母材自身熔化而成型，焊缝内外成型均匀、美观，焊缝与母材过渡平滑，其焊接过程如下：

(1) 焊接程序的设定

该设备采用全电脑控制程序，根据薄壁不锈钢管的规格，只需运用磁盘操作系统中的功能键调出所需参数或重新输入焊接参数即可。

(2) 焊头的选择

焊头的型号有多种，一般是根据薄壁不锈钢管的管径以及是否操作轻便为原则来选择焊头。

(3) 钨棒及钨棒与管子表面垂直距离的选择

同一种规格的薄壁不锈钢管，如果选用的焊头型号不同，则所需的钨棒的规格和型号也不一样，因此在焊头内安装钨棒时，要看清钨棒规格和型号，谨防出错；钨棒与管子表面垂直距离的选择通常由薄壁不锈钢管的壁厚来决定，详见表 1-6-3 的规定。

钨棒与管子表面的垂直距离（mm） 表 1-6-3

管壁厚度	钨棒与管子表面的垂直距离
0.51~0.89	0.76
1.24~2.16	1.27
2.31~3.90	1.78

(4) 调节转速

根据薄壁不锈钢管的规格及已选好的参数，运用功能键调节焊头转速，直到与已选好的参数相一致时为止。

(5) 下料

A. 必须在洁净室内进行，操作前应戴乳胶手套，用带锯、GF 锯或割管器切割已检验好的管子；切割时应分别从管子两端充入氩气，流量适当增大，以便将铁屑从切口处吹出；

B. 由于管壁较薄，用三角架固定管子时不可夹得太紧，以防变形或表面划出痕迹；

C. 管子端面用平口机车削加工至光滑、平整，管口内外壁不允许有划伤，也不可用手直接触摸管内外壁及端面；

D. 用洁净布和酒精将管口内外壁擦洗干净，并用氩气吹干，再用洁净的塑料盖将管口封好，流入下道工序。

（6）焊接

A. 该设备采用纯度为 99.999% 液氩作为保护气体，氩气必须经过滤方可使用；焊前应将各个阀门打开，并将流量调至规定值，直至磁盘操作系统中出现 READY TO WELD（进入焊接状态）为止，然后，将管子装入焊头内，夹紧、对正，间隙越小越好，不允许有错边；使钨棒尖端正对间隙中心，运用功能键 SEQSTART 进行焊接。

B. 焊完后焊缝需经检查，成型必须均匀美观，不允许有未焊透、未熔合、气孔、错边等缺陷；否则要切除焊缝，重新加工管口，重新施焊。

5. 施工中应注意的问题

（1）现场安装薄壁不锈钢管管路系统时，钢管切断设备常采用普通砂轮切割机，切口不平齐、毛刺大，难以确保切口在对接焊合时的焊缝品质；因此，宜采用高精度金属盘圆刀片切管机，国内已有企业生产该种设备。

（2）目前，仍有不少食品机械的管道连接件与阀门采用传统厚壁公称通径规格（如 $DN50$ 规格，管外径 57mm、壁厚 3~3.5mm），与食品工业用的薄壁不锈钢管配套连接时，内孔尺寸不一致。为避免物料积聚，致使细菌繁殖，必须采用锥形异径管过渡连接。

（3）螺纹组件类产品在啤酒工业中应用广泛，由于是不锈钢材料，螺纹传动如果带有毛刺，会出现烧结咬合现象，安全卫生使用性差。因此，螺纹连接的螺牙应采用高精度的数控车床加工，确保牙形品质并去除尖端毛刺。

（4）现场安装施工应采用单面焊双边成形的氩弧焊工艺，即要求内表面也应具备氩气保护，以使焊缝焊透、平滑；高品质的焊缝是内焊缝呈微凸的 R 顺畅形状，内焊缝产生凹位、烧穿或未焊透等现象都是不合格产品。

（5）应在焊接作业指导书规定的范围内，在保证焊透和熔合良好的条件下，采用小电流、短电弧、快焊速和多层多道焊工艺，并应控制层间温度；以防止合金元素的烧损，避免产生热裂纹。

（6）焊接成形后，如果难于进行机械抛光或不要求机械抛光时，必须根据设计规定对焊缝及其附近表面进行酸洗、钝化处理。

（7）手工焊接效率低，焊接质量除与焊机、焊条有关外，在很大程度上取决于焊工的素质，焊接质量波动大，稳定性差。

有条件的施工单位应尽量采用先进的自动焊接设备，以确保薄壁不锈钢管的焊接质量，减少管内的污染隐患。

1.7 薄 壁 铜 管

1.7.1 简介

1. 拉制铜管

GB 1527—87《拉制铜管》规定的拉制铜管，管外径 3~360mm，壁厚 $\delta = 0.5 \sim 10$mm，薄壁管与厚壁管均有。

长期以来,机械、电气等工业部门中多采用厚壁铜管,连接方法有焊接连接、法兰连接和螺纹连接,建筑工程中很少使用铜管。

(1) 牌号

拉制铜管由导电用的 T2、T3 紫铜或 TU1、TU2 无氧铜等制成。

(2) 不定尺长度

A. 外径≤100mm,供应长度为 1000~7000mm;

B. 外径>100mm,供应长度为 500~6000mm;

C. 外径<30mm,壁厚<3mm 的管材可供应圆盘管,其长度不应短于 6000mm。

(3) 管材的室温纵向力学性能应符合表 1-7-1 的规定:

管材的室温纵向力学性能 表 1-7-1

状态	公称外径 (mm)	抗拉强度 σ_b (MPa)	伸长率 (%) δ_{10}	δ_5
			不小于	
拉制硬	≤100	32	—	—
	>100~360	30	—	—
拉制半硬	≤100	24~35	—	—
拉制软	3~360	21	35	40

(4) 水压试验

管材应进行水压试验,按 GB 241—90《金属管液压试验方法》的规定执行,试验最高压力应≤6.86MPa,试验持续时间为 10~15s,金属管外表面和焊缝区无渗漏,试验后金属管未产生永久变形为合格;无氧铜管材不进行水压试验。

(5) 表面质量

A. 管材内外表面应光滑、清洁,不应有针孔、裂纹、起皮、气泡、粗拉道、夹杂物、绿锈和分层;

B. 许可有轻微及局部的、不使管材外径和壁厚超出允许偏差的划伤、凹坑、压入物和斑点等缺陷;

C. 轻微的矫直和车削痕迹、环状痕迹、细划纹、氧化色、发暗、水迹不作报废依据。

(6) 检查

A. 铜管应逐根进行外表面检查,内径大于 20mm 者,并测量外径和壁厚;

B. 内径为 20~40mm 者,每批中取 5 根照亮内壁进行检查;内径大于 40mm 者,逐根进行内表面检查。

2. 薄壁铜管

20 世纪 80 年代,在宾馆、酒店、写字楼等高级高层民用建筑的生活热水系统中,为解决镀锌钢管锈蚀产生的"黄水"问题,提高供水水质及卫生,引进国外发达地区的先进技术而采用薄壁铜管;由于薄壁铜管重量轻,尽管价格比传统管材高,但综合效益仍十分可观。

(1) 连接形式

薄壁铜管的连接主要采用承插钎焊,局部采用丝扣连接或法兰连接;常用的铜管配件有承口类、承插类、丝口类、法兰类等类型。

(2) 规格

A. 薄壁铜管由紫铜拉制而成,材质为T2,其公称压力为1.0MPa及2.0MPa,最大介质温度205℃(银铜焊时),常用的规格如表1-7-2所示。

常用薄壁铜管规格表　　　　表1-7-2

公称通径DN (mm)	铜管外径DW (mm)	壁厚 (δ)	理论重量 (kg/m)	工作压力 (软态)(MPa)	铜管公差(mm)	
					外径	壁厚
15	16	1.0	0.420+0.039	5.6	0.24	±0.10
20	22	1.5	0.861+0.079	6.0	0.30	±0.15
25	28	1.5	1.113+0.104	4.8	0.30	±0.15
32	35	1.5	1.407+0.134	4.0	0.35	±0.15
40	44	2.0	2.352+0.223	4.2	0.40	±0.20
50	55	2.0	2.968+0.285	3.4	0.50	±0.20
65	70	2.5	4.725+0.454	3.4	0.60	±0.25
80	85	2.5	5.775+0.559	2.8	0.80	±0.25
100	105	2.5	7.175+0.669	2.3	±0.50	±0.25
125	133	2.5	9.140+0.890	1.8	±0.50	±0.25
150	159	3.0	13.120+1.054	1.8	±0.60	±0.25
200	219	4.0	24.080+1.770	1.8	±0.70	±0.30

B. 薄壁铜管接头、弯头、三通及异径接头采用T2、T4紫铜,用模具挤压成型,壁厚$\delta=1.0\sim2.5$mm,公称通径6~100mm,工作温度不大于150℃。

其内、外表面不得有凹凸不平和深度大于管壁厚度负偏差的明显划痕;每批产品均应抽样5%进行水压试验,试验压力为3.0MPa。

1.7.2 薄壁铜管的施工安装

1. 安装顺序及操作程序

(1) 安装顺序

总管和主干管安装→各层水平干管安装→支管安装→末端器具镶接。

(2) 安装操作程序

施工准备→放线定位、支吊架安装→铜管调直、下料→焊前清理、装配→焊接→安装固定→试压→保温。

2. 安装施工

(1) 薄壁铜管伸缩率比钢管大,管壁薄,强度、刚度、硬度均低于钢管;施工前应着重考虑管道的走向、坡度,阀件、补偿器、固定支座和导向支座的安装位置及支吊架的间距等。

(2) 铜管的调直

铜管在制造、运输途中可能发生弯曲，安装前应调直；可采用橡皮锤、木锤或木方尺逐段敲击，调直平台上应垫木板。

(3) 铜管的切断

宜采用滚刀、砂轮机或细齿锯，管端应与管轴线垂直，偏差不应大于2mm，并用细锉刀锉去断面毛刺和修光。

(4) 热水系统铜管的固定

采用黄铜抱卡固定，抱卡与铜管间应有1mm左右的间隙，以便铜管能自由移动；因铜管比钢管刚度低，其支吊架间距应比钢管小，详见表1-7-3。

铜管支吊架的最大间距 表1-7-3

公称直径（mm）		15	20	25	32	40	50	65	80	100	125	150	200
支架的最大间距（m）	垂直管	1.8	2.4	2.4	3.0	3.0	3.0	3.5	3.5	3.5	3.5	4.0	4.0
	水平管	1.2	1.8	1.8	2.4	2.4	2.4	3.0	3.0	3.0	3.0	3.5	3.5

(5) 补偿器安装

热水系统中铜管的伸长应尽量采用转向弯曲的方法形成自然补偿，当自然补偿不够时，可选择伸缩器进行补偿；管径较小时，可用铜管直接弯曲制成L形、Z形等弧线的伸缩节；管径较大时，可选择波纹管补偿器等。

不锈钢波纹补偿器具有耐高温、补偿量大，对水质无影响等优点，在高层民用建筑热水系统中应用日益广泛，补偿器的安装应遵守以下原则：

A. 固定支座的安装位置按设计要求确定，第一个导向支座离补偿器的距离应小于等于$4D$（D为铜管直径），第二个导向支座离第一个导向支座的距离为$14D$，其余导向支座的距离，根据铜管管径按上表中铜管支吊架最大间距的规定选取。

B. 由于铜管管壁薄，强度低，其固定支座不宜采用钢管固定支座的做法，简单而实用的方法是在管子上焊接一对松套法兰，再用螺栓固定在型钢上，或直接将补偿器的接管法兰用螺栓固定在型钢支架上；为防止铜管移动时的磨损，导向支座处宜采用内径比铜管外径大2mm，由难燃硬质绝热材料制作或经防腐处理的木托，再用抱箍将其固定在型钢支架上。

C. 固定支座、导向支座的正确安装，并具有足够的强度和刚度，才能保证补偿器的正常使用而不遭损坏。

D. 两个相邻的固定支座间只设一个补偿器；安装时不允许以补偿器的变形来强行适应铜管的安装误差；两个相邻的固定支座间管径应一致，并呈一直线走向；根据设计要求补偿器安装前应进行预拉伸或预压缩。

(6) 在支管为暗装的情况下，为防止运行过程中主管移动将支管"剪断"现象的发生，可在支管上截止阀与减压阀之间安装金属软管，以补偿支管的位移

(7) 薄壁铜管的保护及保温

A. 在埋地、暗装等场合，宜选择带UPVC包覆材料的敷塑铜管，也可选择一种内有绝热空气层的包塑铜管。

B．薄壁铜管的保温可采用多种保温材料，如离心玻璃棉管壳，闭孔海绵橡胶套管等。

1.7.3 薄壁铜管的钎焊

　　1．薄壁铜管施焊前的准备

　　（1）铜管焊接前必须将管端外表面 50mm 范围内及管件承口内表面的油脂、氧化膜、灰尘等污物清理干净直至露出原有金属光泽。

　　A．氧化膜的清理采用平板锉、0 号砂纸或不锈钢丝绒打磨，严重的氧化皮可用 5%～10%的硫酸液清洗；

　　B．油脂的清理采用丙酮或四氯化碳清洗；

　　C．去除表面残液，用清洁棉纱擦净。

　　（2）接头表面涂抹钎剂

　　为彻底消除铜管接头表面的氧化膜，减少钎焊缺陷，提高致密性，使铜母材有效的隔绝空气，为液态钎料在母材表面的铺展创造条件；国外进口铜管接头的承口内已预置钎料合金镀层，国内有些公司生产的铜管接头内壁无此钎料合金镀层。

　　A．无银、低银铜磷钎料用于铜管与管件焊接时可不使用钎焊熔剂；

　　B．当焊接铜与铜合金、铜合金与铜合金时，需将配套供应的 QJ102 钎焊熔剂用水调成糊状；或将 QJ101 钎焊熔剂加特种乳状胶拌成糊状；用刷子或其他工具均匀地涂抹在已清理干净的铜管接头的承口内侧和铜管要插入接头的端头部分。

　　（3）装配

　　管端、管件清理干净并涂抹钎剂后，应马上进行装配并焊接，装配时必须将管端插入到管件底部，不得强行组对，要保留一定的接头间隙作为钎缝，钎焊有一最佳间隙范围，在此范围内接头具有最大强度值，大于或小于此间隙值，接头强度随之降低，应更换管子或管件；按照 JG/T3031.1—1996《建筑用铜管管件通用技术条件》的规定，装配间隙的控制范围应符合表 1-7-4 的规定，管件装配时若引起管子弯曲，其弯曲度不得超过 1mm。

铜管接头装配间隙控制范围（mm） 表 1-7-4

铜管外径 DW		19	22	28	35	44	55	70	85～105	133～159	219
间隙	max	0.39	0.42	0.44	0.55	0.55	0.70	0.70	0.80	1.5	2.0
	min	0.05				0.10					

　　2．薄壁铜管的钎焊

　　薄壁铜管主要采用承插钎焊，承插钎焊分锡钎焊，银铜钎焊两种；当管径 $D \leqslant 54mm$ 时（进口铜管配件承口内往往带有锡圈）宜采用锡钎焊；当管径 $D > 54mm$ 时，则承口既无内沟也不带锡圈，宜采用银铜钎焊。

　　（1）锡钎焊

　　是以锡条（如 Lsn18）为焊料，松香焊锡膏为焊剂，它具有熔点低、加热快、操作方便等优点；先用小刷子蘸上松香焊锡膏，均匀地涂抹在铜管端头及配件的承插口内外表面，再用喷灯加热承插口，当承口内锡液满溢时即可，焊锡液不饱满时，可边焊边加。

　　A．喷灯宜选择容量为 500g 的煤油喷灯，其优点是小巧玲珑、使用方便、火焰大、加热快，缺点是当使用的煤油标号低杂质多时易堵塞，需经常用通针去通塞（汽油喷灯火力太大不能选用）。

B．锡钎焊也可采用 0 号焊枪进行氧—乙炔焰焊接，氧—乙炔焰具有火焰小而集中、使用灵活、焊接速度快等优点，特别适宜于管井四角的狭窄处，但与喷灯相比也有不足之处，长皮管及重氧气瓶、乙炔瓶，尤其是高层建筑在改换楼层工作时很不方便。

C．锡钎焊时不得承口朝下仰焊，可以横焊，但工效不高；锡钎焊熔点普遍较低，当配件的一端焊好后焊另一端时，应将已焊好的一端用湿布裹住，以免原焊口的锡被间接加热后流淌出来。

（2）铜银钎焊的内容详见以下内容。

3．铜银钎焊

（1）铜银钎焊的基本原理

钎焊是借助液态钎料填满固态母材之间的间隙（统称填隙），并相互形成结合的一种连接材料的方法；并非任何液体金属均能填满两母材连接处的间隙，钎焊必须具备的条件是润湿作用和毛细作用。

A．钎料的润湿作用。润湿是液态物质与固态物质接触后相互粘附的现象；液体处于自由状态时，为使其本身处于稳定状态，会力图保持球形的表面；当液体与固体相接触时，这种情况将发生改变，其变化取决于液体的内聚力和液固两相间附着力的相互关系，如果内聚力大于附着力，则液体不能粘附在固体表面上；当附着力大于内聚力时，液体就能粘附在固体表面，即发生润湿作用。

钎焊时熔态钎料如果不能粘附在固态母材的表面，就不可能填充接头间隙，只有在熔态钎料能润湿母材时，填隙作用才有可能实现。

B．毛细作用。钎焊过程是毛细作用的过程，即钎焊时液态钎料不是单纯地沿固态母材表面铺展，而是流入并填充接头间隙，通常间隙很小类似毛细管，钎料就是依靠毛细作用在间隙内流动；钎料的填缝效果与毛细作用有很大关系。

（2）钎料

钎料可分为两类：熔点在 450℃ 以下的钎料称为软钎料，又称易熔钎料，常见的有锡、铅、铋、铟、镉、锌及其合金；熔点在 450℃ 以上的钎料称为硬钎料，根据其成分及用途可分为铝基钎料、银钎料、紫铜及黄铜钎料、铜磷钎料，低银铜磷钎料，耐热钎料和贵金属钎料等，为保证钎焊接头具有较高的强度及在较高的温度下工作，必须用硬钎料进行钎焊。

A．薄壁铜管的钎焊应采用流动性能好，能充分发挥毛细作用的硬钎料，一般选用 JG/T 3031.1—1996《建筑用铜管管件通用技术条件》附录 A 中推荐的 QWY-10、QJY-2B 两种铜磷（银）钎料；QWY-10 钎料（无银），铺展性、填缝性特别好，QJY-2B 钎料（低银），钎焊工艺性优良。其主要化学成分的百分比含量见表 1-7-5。

铜磷（银）钎料的主要化学成分　　　　表 1-7-5

牌　号	主要化学成分　（%）			熔化温度区（℃）	特　性
	P	Ag	Cu		
QWY-10 无银	7.5～8.5		余　量	710～780	铺展性、填缝性特别好
QJY-2B 低银	6.8～7.5	1.8～2.2	余　量	643～788	钎焊工艺性优良

铜中加磷起两个作用,一是大大降低熔点,二是磷可以还原氧化铜和氧化银,还原后的五氧化二磷与氧化铜形成复合化合物,在钎焊温度下呈液态覆盖于金属表面防止金属继续氧化,具有自钎剂的作用;银的加入可降低熔点,使晶粒细化,提高耐腐蚀性及钎焊接头的抗拉强度。

B. 根据不同规格的管件,推荐使用钎焊条或钎焊环的形式,具体内容详见表1-7-6。

钎焊料形式　　　　　　　　　　　　　　表1-7-6

公称通径 DN (mm)	钎焊料形式
6～50	钎焊环
65～200	钎焊条

C. 在引进薄壁铜管及配件时,焊条、焊丝也一同供应;进口铜银焊条呈扁形带状,焊药粉与国产成分基本相同;当数量不足时,可用国产铜磷(银)钎料及钎焊熔剂代替,其成分与进口的基本相同。

(3) 钎焊的工艺措施及焊接过程

A. 钎焊温度:为使钎焊具有必要的润湿性,控制合适的钎焊温度是十分重要的;钎焊温度过低,铜母材强化不足,铜管接头机械性能达不到要求;钎焊温度过高,钎料的润湿性太强,往往造成钎料流失,还会引起铜母材晶粒长大,产生溶蚀缺陷。铜银合金熔化温度为600～725℃,喷灯的温度很难达到,热源选择:铜管外径≤55mm的与管件钎焊时,宜选用氧—丙烷火焰焊接操作,铜管外径>55mm的选用氧—乙炔火焰,钎焊火焰应用中姓火焰;

焊条、焊嘴、乙炔流量按表1-7-7选择;焊接时根据铜管接头的大小选择焊枪,将铜管及铜管配件均匀加热,温度控制在650～750℃之间,呈樱桃红色。

焊条焊嘴与流量配合表　　　　　　　　　表1-7-7

母材厚度 (mm)	焊条直径 (mm)	焊炬和焊嘴	乙炔流量 (L/min)
0.5～1.5	1.5	H01-2	150
1.5～2.5	2	H01-6	350
3.5～4.0	3	H01-12	500

B. 钎焊位置:输送生活热水的薄壁铜管可按设计图纸先预制主管,钎焊好部分铜管接头及短管后再进行现场组装;钎焊的位置为立管承插口向上的垂直固定位置及横管水平滚动固定位置,应尽量避免立管承插口向下的倒立焊(仰焊),钎焊时钎料摆放在钎缝间隙的外缘温度较低处,如图1-7-1所示的位置为最佳。

C. 薄壁铜管的钎焊过程:输送生活热水的薄壁铜管的管径一般为$DN15$～$DN150$,钎焊时使用氧—(丙烷)乙炔焰的外焰来加热铜管接头。开始时将火焰沿钎缝来回运动,将全部钎缝加热后,将钎料条略微加热后粘附适量的粉末钎剂均匀地抹在钎缝处;当温度达到650～750℃时,进给钎料到钎缝外缘(使用钎焊环时加热温度相同),用火焰加热铜管接头下部,切勿将火焰直接加热钎料;钎料熔化后,在毛细吸引力和重力的共同作用下往温度高的钎缝内渗透,液态钎料沿铜母材表面自动流开铺展,将钎剂及其作用产物从间

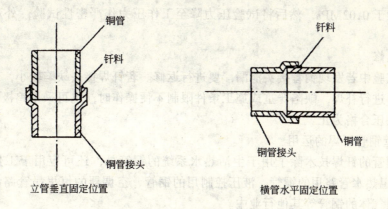

图 1-7-1 钎料摆放位置

隙中排出；连续向前移动加热火焰，同时移动钎料使之不断熔化，直至液态钎料填满整个钎缝间隙，当在钎缝周围形成饱满的钎角时停止加热，特别注意避免超温加热，以免使管件强度降低。

D．焊后处理：钎焊结束后，待焊件冷却到 300℃ 以下时才能移动，否则将降低接头强度甚至产生裂纹；冷却至 80℃ 以下时，采用钎剂焊接的管件应在焊缝连接部分用 10% 柠檬酸溶液清洗，然后再用温水冲洗，用毛刷或毛巾把残留在焊缝表面的熔渣清洗干净，用湿布拭揩铜管连接部分，以防腐蚀并可稳定钎焊接头。

4．钎焊质量的检验

薄壁铜管钎焊好后，应对其进行检验，以判定铜管接头的钎焊质量是否符合要求。

(1) 外观检查

钎焊接头的表面应光滑、焊缝饱满、美观，不得有裂纹、气孔、咬边、未熔合、较大的焊瘤及铜管边缘被熔蚀等缺陷。若铜管接头钎缝未填满或未形成饱满的钎角，系组装间隙过小，钎焊温度掌握不当或加热不均所致；若铜管接头外壁有钎料滴系钎料摆放位置不当所致；若铜母材有熔边迹象，表明钎焊温度过高。

(2) 解剖检查及理化试验

A．在做薄壁铜管钎焊模拟工艺试验时，可将钎焊好冷却后的铜管接头纵向剖开 2~4 条缝，查看缝隙边缘处是否有钎料流淌过的痕迹；将铜管接头横向切断，用细砂布稍加打磨后查看横断面，断面中间若有连续的灰黑色圆周线，表明钎料已均匀地填满钎缝；若圆周线有断线，表明断线处钎料未流淌到；若圆周上有空洞，表明该处铜母材表面的氧化物清除不干净或在钎焊中形成气孔；若有夹渣，表明钎料用量过多或过少，或加热不均所致。也可将薄壁铜管接头逐层车削进行剥离，依次检查是否有上述缺陷。

B．将钎焊好的铜管接头作理化试验，若抗拉强度达到 185MPa，抗剪强度达到 172MPa 即满足要求。

(3) 水压试验

高层民用建筑的生活热水管道均采用分区供水或装设减压装置的技术措施，以减少静水压力。输送生活热水的薄壁铜管安装好后，应按设计要求或施工质量验收规范的规定，分系统进行水压试验；试验压力为工作压力的 1.5 倍，且不得小于 0.6MPa，在 10min 内压力降不大于 0.02MPa，然后将试验压力降至工作压力作严密性试验，外观检查不渗不漏为合格。

(4) 返修

水压试验中若发现铜管接头泄漏，要进行返修。若钎焊接头缺陷较小，可部分熔去接头上的钎料进行补焊，缺陷严重或施工条件限制不便操作时，也可采用钨极氩弧焊进行补焊，直至试压合格为止。

5. 薄壁铜管钎焊的运用

薄壁铜管的钎焊技术除了用于生活热水系统的铜管外，还可应用于工作温度不大于135℃的高温热水管路用的铜管、液压控制用的铜管、空调器的氟里昂管路的铜管、输送燃气及医用气体的铜管等其他行业中。

1.7.4 发泡塑覆保温铜管

生活热水系统的温度一般均小于 90℃，在此范围内混凝土的导热系数最大，暗敷于混凝土内热水系统的薄壁铜管，因难于进行保温，其热量极易散失，造成管道末端无法达到所需温度。

1. 敷塑铜管

为解决薄壁铜管的保温问题，20 世纪末期市场上出现了按国际先进标准 BS 2871 生产的敷塑铜管，系选用 T2 无缝紫铜管和耐温工程塑料复合而成，广泛用于空调、热水和冰箱等各种保温管道；由于当时的氮气发泡塑料技术应用尚未成熟，敷塑铜管存在一定的缺陷，需要改进。

2. 发泡塑覆保温铜管

(1) 产品结构

内层采用无缝 T2Y2 型紫铜管（遵循 GB/T 18033—2000《无缝铜水管和铜气管》），直径可在 6～200mm 范围内选用；采用聚乙烯塑料做发泡层和保护层，与铜管共挤出"一步法"成型，塑料发泡体首先包复铜管，外保护塑料层再包复发泡体形成 3 层复合管。

(2) 氮气充填发泡，闭孔体积为 55.2%，具有良好的隔热效果。

(3) 产品性能

发泡塑覆保温铜管明敷时具有防火阻燃，防老化，防烫、防冻的良好性能；在目前供水管道中具有最低的导热系数，系理想的保温节能型饮用水管材；并配有自粘式发泡保温带及保温管件，安装方便，性能可靠，用途广泛。

1.8 铸 铁 管

1.8.1 给水铸铁管和排水铸铁管

1. 简介

(1) 铸铁管广泛用于供水、排水和燃气输送；早期铸铁管采用砂型连续铸造，水平分型，在一些乡镇铸造厂仍在沿用；砂型铸造生产效率低、产品质量差，环境污染大，并浪费资源和能源。

(2) 19世纪英国发明了离心铸造工艺；20世纪50年代美国创造了砂型离心铸造法；20世纪60年代日本生产出离心球墨铸铁管，我国20世纪80年代开始从美国引进离心球墨铸铁管技术。

(3) 普通铸造铸铁管的材质为灰口铸铁，化学成分为 C=3%～3.3%；Si=1.5%～2.2%；Mn=0.5%～0.9%；P≤0.4%；S≤0.12%。

2. 给水铸铁管

(1) 给水铸铁管的分类

A．按工作压力分为低压管（$P=0.45$MPa），普压管（$P=0.75$MPa）和高压管（$P=1.0$MPa）三种；

B．按制造材料分为：普通灰口铸铁管和球墨铸铁管；

C．按接口形式分为：承插铸铁管和法兰铸铁管；

D．按浇注形式分为：砂型离心铸铁管和连续铸铁管。

(2) 砂型离心铸铁管

按照国家标准 GB 3421—82《砂型离心铸铁管》的规定，砂型离心铸铁管直径为 200～1000mm，按壁厚分为 P 和 G 级，管道定尺寸长度为 5m 和 6m；

A．砂型离心铸铁管的规格详见表 1-8-1。

砂型离心铸铁管的壁厚与重量 表 1-8-1

公称直径 DN (mm)	壁 厚 (mm) P级	壁 厚 (mm) C级	内 径 (mm) P级	内 径 (mm) C级	外径 (mm)	长度5m总重量 P级	长度5m总重量 C级	长度6m总重量 P级	长度6m总重量 C级	直部重量 (kg/m) P级	直部重量 (kg/m) C级
200	8.8	10.0	202.4	200	220.0	227.01	254.0			42.0	47.5
250	9.5	10.8	252.6	250	271.6	303.0	340.0			56.3	63.7
300	10.0	11.4	302.8	300	322.8	381.0	428.0	452.01	509.0	70.8	80.3
350	10.8	12.0	352.4	350	374.8			566.0	623.0	88.7	98.3
400	11.5	12.8	402.6	400	425.6			687.0	757.0	107.7	119.0
450	12.0	13.4	452.4	450	476.8			806.0	892.0	126.2	140.5
500	12.8	14.0	502.4	500	528.0			950.0	1030.0	149.2	162.8
600	14.2	15.6	602.4	599.9	630.0			1260.0	1370.0	198.0	217.1
700	15.5	17.1	702.0	698.8	733.0			1600.0	1750.0	251.6	276.9
800	16.8	18.5	802.6	799.0	838.0			1980.0	2160.0	311.3	342.1
900	18.2	20.0	902.6	899.0	939.0			2410.0	2630.0	379.1	415.7
1000	20.5	22.6	1000.0	955.8	1041.0			3020.0	3300.0	473.2	520.6

B．水压试验：砂型离心铸铁管在涂覆前必须逐根进行水压试验，水压试验压力应符合表 1-8-2 的规定；如用于煤气管道，需做气压试验，试验办法由供需双方协议规定。

C．表面质量：不得有裂纹和管内面严重龟纹，不得有影响使用或制造方法可以避免的缺陷；承口内插口外粘砂必须铲除，局部凸起必须铲平，其他部分粘砂不得超过 2mm，局部凸起高度不得超过 5mm。

D. 涂覆：管体内外表面可涂沥青或其他防腐材料，若要求用水泥砂浆衬里或内表面不涂涂料时由供需双方商定；涂料应不溶于水，不得使水产生臭和味，有害杂质含量应符合卫生饮用水的有关规定；涂覆前内外表面应光洁，并无铁锈；砂型离心铸铁管涂覆后内外表面要光洁，涂层均匀、粘附牢固，并不因气候冷热而发生异常。

砂型离心铸铁管水压试验压力 表 1-8-2

直管种类	公称口径 DN (mm)	试验压力 (MPa)
P 级	≤450	2.0
	≥500	1.5
G 级	≤450	2.5
	≥500	2.0

(3) 连续铸铁管

按照国家标准 GB 3422—88《连续铸铁管》的规定，连续铸铁管直径为 $DN75\sim DN1200$，按壁厚分为 LA 级、A 级和 B 级，管道定尺寸长度为 4m、5m 和 9m。

A. 连续铸铁管的规格详见表 1-8-3。

连 续 铸 铁 管 规 格 表 1-8-3

公称直径 DN (mm)	外径 (mm)	壁 厚 (mm)			直部重量 (kg/m)		
		LA 级	A 级	B 级	LA 级	A 级	B 级
75	93.0	9.0	9.0	9.0	17.1	17.1	17.1
100	118.8	9.0	9.0	9.0	22.2	22.2	22.2
150	169.0	9.2	9.2	10.0	32.6	33.3	36.0
200	220.0	9.0	10.1	11.0	43.9	48.0	52.0
250	271.6	10.0	11.0	12.0	65.2	64.8	70.5
300	322.8	10.8	11.9	13.0	76.2	83.7	91.1
350	374.0	11.7	12.8	14.0	95.9	104.6	114.0
400	425.6	12.5	13.8	15.0	116.8	128.5	139.3
450	476.8	13.3	14.7	16.0	139.4	153.7	166.8
500	528.0	14.2	15.6	17.0	165.0	180.8	196.5
600	630.8	15.8	17.4	19.0	219.8	241.4	262.9
700	733.0	17.5	19.3	21.0	283.2	311.6	338.2
800	636.0	19.2	21.1	23.0	354.7	388.9	423.0
900	939.0	20.8	22.9	25.0	432.0	474.5	516.9
1000	1041.0	22.5	24.8	27.0	518.4	570.0	619.3
1100	1144.0	24.2	26.6	29.0	613.0	672.3	731.4
1200	1246.0	25.8	28.4	31.0	712.0	782.2	852.0

B. 水压试验：铸铁管在涂覆前必须逐根进行水压试验，水压试验压力应符合表 1-8-4 的规定；如用于煤气管道，需做气压试验，试验办法由供需双方协议规定。

连续铸铁管水压试验压力　　　　　　　表 1-8-4

公称口径 DN (mm)	试验压力 (MPa)		
	LA级	A级	B级
≤450	2.0	2.5	3.0
≥500	1.5	2.0	2.5

C．表面质量：铸铁管内外表面不允许有冷隔、裂纹、错位等妨碍使用的明显缺陷，凡是使壁厚减薄的各种局部缺陷，其深度不得超过（2+0.05壁厚），征得需方同意，局部缺陷可以修补；但修补后必须重新按第 A 条的规定进行水压试验。

D．涂覆：管体内外表面可涂沥青或其他防腐材料，若要求用水泥砂浆衬里或内表面不涂涂料时由供需双方商定；涂料应不溶于水，不得使水产生臭和味，有害杂质含量应符合卫生饮用水的有关规定；涂覆前内外表面应光洁，并无铁锈；涂覆后内外表面要光洁，涂层均匀、粘附牢固，并不因气候冷热而发生异常。

(4) 柔性机械接口灰口铸铁管

根据 GB 6483—86《柔性机械接口灰口铸铁管》的规定，柔性机械接口灰口铸铁管直径为 100~600mm；按壁厚分为 LA 级、A 级和 B 级，管道定尺寸长度为 4m、5m 和 6m；接口型式分为 N（包括 N1）型胶圈机械接口和 X 型胶圈机械接口。

A．柔性机械接口灰口铸铁管的规格见表 1-8-5。

柔性机械接口灰口铸铁管规格　　　　　　　表 1-8-5

公称直径 DN (mm)	外径 (mm)	壁　厚 (mm)			直部重量 (kg/m)		
		LA级	A级	B级	LA级	A级	B级
100	118.8	9.0	9.0	9.0	22.2	22.2	22.2
150	169.0	9.0	9.2	10.0	32.6	33.3	36.0
200	220.0	9.2	10.1	11.0	43.9	48.0	52.0
250	271.6	10.0	11.0	12.0	59.2	64.8	70.5
300	322.8	10.8	11.9	13.0	76.2	83.7	91.1
350	374.0	11.7	12.8	14.0	95.9	104.6	114.0
400	425.6	12.5	13.8	15.0	116.8	128.5	139.3
450	476.8	13.3	14.7	16.0	139.4	153.7	166.8
500	528.0	14.2	15.6	17.0	165.0	180.8	196.5
600	630.8	15.8	17.4	19.0	219.8	241.4	262.9

B．水压试验：铸铁管在涂覆前必须逐根进行水压试验，水压试验压力应符合表 1-8-6 的规定；气密性试验介质采用压缩空气，压力不低于 0.3MPa。

柔性机械接口灰口铸铁管水压试验压力　　　　　表 1-8-6

公称口径 DN (mm)	试验压力 (MPa)		
	LA级	A级	B级
≤450	2.0	2.5	3.0
≥350	1.5	2.0	2.5

C. 表面质量：铸铁管内外表面不允许有冷隔、裂纹、错位等妨碍使用的明显缺陷，凡是使壁厚减薄的各种局部缺陷，其深度不得超过（2＋0.05壁厚），征得需方同意，局部缺陷可以修补；但修补后的铸铁管必须重新按第A条的规定进行水压试验和气密性试验。

D. 涂覆：管体内外表面可涂沥青或其他防腐材料，若要求用水泥砂浆衬里或内表面不涂涂料时由供需双方商定；涂料应不溶于水，不得使水产生臭和味，有害杂质含量应符合卫生饮用水的有关规定；涂覆前内外表面应光洁，并无铁锈；涂覆后内外表面要光洁，涂层均匀、粘附牢固，并不因气候冷热而发生异常。

E. 压兰：根据铸铁管的分类，压兰也分为N型胶圈机械接口和X型胶圈机械接口；压兰材质为HT15—33，压兰与胶圈接触面应平整光滑，不允许有尖角凸起，其余各部位的各种伤痕深度不大于2mm；压兰不允许掉角缺棱，压兰法兰盘上冷隔深度不应大于2mm；压兰表面涂覆材料与管体相同，压兰的规格详见表1-8-7。

F. 密封橡胶圈：橡胶圈分别与N型和X型铸铁管配套使用，橡胶圈的规格详见表1-8-8。

用于制造橡胶密封圈的材料有天然橡胶、氯丁橡胶、丁腈橡胶、丁苯橡胶、乙丙橡胶和硅橡胶等；制造橡胶圈的材料中，不得含有对输送介质和管材及橡胶圈性能有害的物质，橡胶密封圈应无气泡和影响使用性能的表面缺陷，胶边应保持在合理的最小程度。

压 兰 规 格　　　　表1-8-7

公称直径 DN (mm)	外径 (mm)	螺栓孔 直径 (mm)	螺栓孔 N型个数	螺栓孔 X型个数	重量 (kg)
100	118.8	23	4	4	6
150	169.0	23	6	6	7
200	220.0	23	6	6	10
250	271.6	23	6	6	12
300	322.8	23	8	8	16
350	374.0	23	10	10	18
400	425.6	23	10	12	21
450	476.8	23	12	12	24
500	528.0	24	14	14	27
600	630.8	24	16	16	36

N型、N1型和X型橡胶圈规格（mm）　　　　表1-8-8

公称口径	N型 内径	N型 外径	N1型 内径	N1型 外径	X型 内径	X型 外径
100	114	136	113	139	113	129
150	164	186	162	192	162	178

续表

公称口径	N型 内径	N型 外径	N1型 内径	N1型 外径	X型 内径	X型 外径
200	213	235	211	237	211	227
250	263	287	261	289	261	277
300	313	337	310	338	310	326
350	362	386	358	386	358	374
400	412	436	409	437	409	425
450	462	486	457	485	457	473
500	512	538	506	538	506	522
600	612	638	606	637	605	621

注：N型、N1型和X型的外径为橡胶圈下口尺寸。

(5) 球墨铸铁管

A. 简介：离心球墨铸铁管是通过球化孕育（铸铁熔炼时在铁水中加入小量球化剂）后的铁水进行高速离心铸造而成；克服了灰口铸铁脆性的缺点，具有灰口铸铁耐腐蚀的优点，还有很高的抗拉、抗压强度，其冲击韧性为灰口铸铁的10倍以上，使用寿命为钢管的2~3倍。

球墨铸铁管的材质为铁素体基体的球墨铸铁，具有铸铁的本质，钢的性能（几种管材的机械性能对比详见表1-8-9），是传统灰口铸铁管的替代产品。

几种管材的机械性能比较　　　　　　　　　　表1-8-9

性　能	球墨铸铁管	普通铸铁管	钢　管
抗拉强度（MPa）	≥420	≥150~260	≥400
屈服强度（MPa）	≥300	≥200~360	≥400
延伸率（%）	≥10	0	≥18
硬度（HB）	≤230	≤230	≤140

B. 分类：根据GB 13295—91《离心铸造球墨铸铁管》的规定，球墨铸铁管直径为100~1200mm；管道定尺寸长度为4m、5m、5.5m和6m；采用柔性接口，按接口型式分为机械式和滑入式两类；机械接口型式又分为N1型、X型和S型三种，滑入式接口型式为T型。

C. 分级：球墨铸铁管其标准壁厚分别为K8级、K9级、K10级和K12级，壁厚级别应在合同中注明，凡合同中不注明的均按K9级供货。

D. N1型、X型、S型和T型接口球墨铸铁管的规格详见表1-8-10及表1-8-11。

N1型、X型、S型接口球墨铸铁管规格　　　　　表1-8-10

公称口径（mm）	外径（mm）	壁厚（mm） K8	壁厚（mm） K9	壁厚（mm） K10	壁厚（mm） K12	直部重量（kg/m） K8	直部重量（kg/m） K9	直部重量（kg/m） K10	直部重量（kg/m） K12
100	118	6		6.1			14.9	15.1	
150	169	6		6.3			21.7	22.7	
200	220	6		6.4			28	30.6	
250	271.6	6.8	7.5	9		35.3	40.2	43.9	52.3

续表

公称口径(mm)	外径(mm)	壁厚(mm)				直部重量(kg/m)			
		K8	K9	K10	K12	K8	K9	K10	K12
300	322.8	6.4	7.2	8	9.6	44.8	50.8	55.74	66.6
350	374	6.8	7.7	8.5	10.2	55.3	63.2	68.8	82.2
400	425.6	7.2	8.1	9	10.8	66.7	75.5	83	99.2
500	528	8.0	9	10	12	92	104.3	114.7	137.1
600	630.8	8.8	9.9	11	13.2	121	137.1	151	180.6
700	733	9.6	10.8	12	14.4	153.8	173.9	191.6	229.2

T型接口球墨铸铁管规格　　　　　表 1-8-11

公称口径(mm)	外径(mm)	壁厚(mm)				直部重量(kg/m)			
		K8	K9	K10	K12	K8	K9	K10	K12
100	118			6.1		14.9		15.1	
150	170		6	6.3		21.8		22.8	
200	222			6.4		28.7		30.6	
250	274		6.8	7.5	9	35.6	40.2	44.3	53
300	326	6.4	7.2	8.0	9.6	45.3	50.8	56.3	67.3
350	378	6.8	7.7	8.5	10.2	55.9	63.2	69.6	83.1
400	429	7.2	8.1	9.0	10.8	67.3	75.5	83.7	100
500	532	8.0	9.0	10.0	12.0	92.8	104.3	115.6	138
600	635	8.8	9.9	11.0	13.2	122	137.3	152	182
700	738	9.6	10.8	12.0	14.4	155	173.9	193	231
800	842	10.4	11.7	13.0	15.6	192	215.2	239	286
900	945	11.2	12.6	14.0	16.8	232	260.2	289	345
1000	1048	12.0	13.5	15.0	18.0	275	309.3	343.2	411
1200	1255	13.6	15.0	17.0	20.4	373	420.1	466.1	558

E. 水压试验：球墨铸铁管在涂覆前必须逐根进行水压试验，水压试验压力应符合表 1-8-12 的规定，当达到规定压力时，稳压时间不小于 10s，应无渗漏现象。

球墨铸铁管水压试验压力　　　　　表 1-8-12

公称口径(mm)	试验压力 (MPa)				
	K 8	K 9	K 10	K 12	最高试验压力
≤300	4		5		10
350~600	3.2	4	5	7.2	8
700~1000	2.5	3.2	4	6	6
1200	1.8	2.5	3.2	4	4

用于输送气体的球墨铸铁管应进行气密性试验,将管两端封堵,浸入水中,试验以空气为介质,压力不低于0.3MPa,当充气压力达到规定压力时,稳压时间不小于10s,观察水面无气泡为合格,也可根据供需双方协议商定。

F. 表面质量:球墨铸铁管表面不应有任何足以妨碍其使用的缺陷,凡是使局部减薄的缺陷,其深度不超过(2 + 0.05壁厚)mm,允许带有与制造方式有关而又不影响其使用的轻微缺陷;承插口密封工作面不得有连续的轴向沟纹,除裂纹以外的某些缺陷可以焊补修复,修复后必须按第E条的规定重新进行水压试验和气密性试验。

G. 涂覆:管体内外表面应涂覆沥青或其他防腐材料,若要求涂覆水泥砂浆衬里或内表面不涂涂料时由供需双方商定,并在订货合同中注明;饮用水用的球墨铸铁管涂料应不溶于水,不得使水产生臭和味,涂料中有害杂质含量应符合卫生饮用水的有关规定;涂覆前管体内外表面应光洁,涂层均匀、粘附牢固,并不因气候冷热而发生异常;T型滑入式接口的球墨铸铁管,按照图1-8-1和表1-8-13所示,在插口外表面用白漆喷涂插入标记。

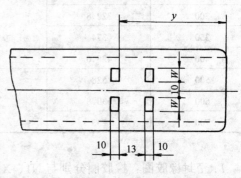

图1-8-1 插入标记

插 入 尺 寸 (mm)　　　　　　　表1-8-13

公称口径	100	150	200	250	300	350	400	500	600	700	800	900	1000	1200
Y	80	90	100			110			120			150	170	200
W	40				60				70			80		

H. 压兰:N1型、X型接口压兰的型式和尺寸详见表1-8-14,S型详见表1-8-15。

N1型、X型接口压兰　　　　　　　表1-8-14

公称口径 (mm)	外 径 (mm)	螺栓孔 直 径 (mm)	螺栓孔 个 数	重 量 (kg)
100	118		4	6
150	169			7.8
200	220		6	9.8
250	271.6	23		11.8
300	322.8		8	15.7
350	374			17.6
400	425.6		10	20.7
500	528		14	26.5
600	630.8	24		32.5
700	733		16	41

S型接口压兰 表1-8-15

公称口径(mm)	外径(mm)	螺栓孔 直径(mm)	螺栓孔 个数	重量(kg)
100	118	23	4	3
150	169	23	6	7.2
200	220	23	6	7.7
250	271.6	23	6	11.5
300	322.8	23	8	12.7
350	374	23	8	17.2
400	425.6	23	12	20.4
500	528	24	12	24.9
600	630.8	24	14	28
700	733	24	16	36.5

I. 密封橡胶圈：橡胶圈分别与 N1、X 型、S 型和 T 型球墨铸铁管配套使用，机械式接口的橡胶圈其规格详见表 1-8-16，滑入式接口的橡胶圈其规格详见表 1-8-17。

用于制造橡胶密封圈的材料有天然橡胶、氯丁橡胶、丁腈橡胶、丁苯橡胶、乙丙橡胶和硅橡胶等；制造橡胶圈的材料中，不得含有对输送介质和管材及橡胶圈性能有害的物质，橡胶密封圈应无气泡和影响使用性能的表面缺陷，胶边应保持在合理的最小程度。

N1型、X型和S型橡胶圈规格（mm） 表1-8-16

公称口径	N1型 内径	N1型 外径	X型 内径	X型 外径	S型 内径	S型 外径
100	113	139	113	129	115	149
150	162	192	162	178	166	200
200	211	237	211	227	215	251
250	261	289	261	277	266	304
300	310	338	310	326	317	355
350	358	386	358	374	369	409
400	409	437	409	425	420	460
450	457	485	457	473	—	—
500	506	538	506	522	521	562
600	605	637	605	621	624	668
700	—	—	—	—	725	769

注：1. N1型和X型的外径为橡胶圈下口的尺寸。
2. S型外径为橡胶圈上口的尺寸。

滑入式 T 型橡胶圈规格（mm） 表 1-8-17

公称口径（mm）	外径（mm）	内径（mm）	高度	重量（kg）
100	146	112	26	0.212
150	200	166	26	0.356
200	256	218	30	0.50
250	310	272	32	0.72
300	366	324	34	0.94
350	420	378	34	1.25
400	475	429	38	1.54
500	583	533	42	2.45
600	692	638	46	3.34
700	809	766	55	4.55
800	919	876	60	5.51
900	1026	945	65	6.3
1000	1133	1048	70	7.04
1200	1352	1262	78	8.03

注：内径为橡胶圈内最窄处的尺寸。

3. 排水铸铁管

（1）排水灰口铸铁直管及管件

根据 GB 8716—88《排水用灰口铸铁直管及管件》的规定，排水用灰口铸铁直管及管件直径为 50～200mm，壁厚 4.5～6mm，管长可依需要做成 500、1000、1500、2000mm 几种，按管承口部位形状分为 A 型和 B 型。

A. 排水铸铁管为灰口铸铁，有连续铸造、离心铸造及砂模铸造，排水铸铁管组织致密，易于切削；比给水铸铁管薄，只有承插式，承口也浅。

B. 排水铸铁管的规格详见表 1-8-18。

排水铸铁管规格 表 1-8-18

公称口径（mm）	外径（mm）	管壁厚度（mm）	承口内径（mm）	承口深度（mm）	重量（kg/m）
50	59	4.5	73	65	5.55
75	85	5	100	70	9.05
100	110	5	127	75	11.88
125	136	5.5	154	80	16.24
150	161	5.5	181	85	19.35
200	212	6	232	95	27.96

C. 水压试验：排水铸铁直管应逐根进行水压试验，其试验压力为 1.47MPa，稳压不少于 10s，应无渗漏现象，管件的水压试验由供需双方协商进行。

D. 表面质量：铸铁管内外表面必须光洁，不允许有裂纹、冷隔、错位、蜂窝及其他任何妨碍使用的明显缺陷，不影响使用的缺陷允许修复或存在，但修复后局部凸起处必须磨平。

E．涂覆：排水直管及管件内外表面可涂沥青或其他防腐材料；涂覆前内外表面应洁净，无铁锈、铁片，涂覆后涂层应均匀，粘附牢固，不得有明显的堆积现象。

(2) 排水用柔性接口铸铁管及管件

根据 GB/T 12772—99《排水用柔性接口铸铁管及管件》的规定，排水用柔性接口铸铁管及管件按接口形式分为 A 型柔性接口和 W 型无承口（管箍式）两种，简称 A 型、W 型，如图 1-8-2、1-8-3 所示，并按壁厚分为 TA、TB 两级。

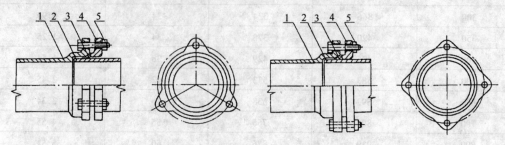

图 1-8-2　A 型柔性接口安装图
1—承口；2—插口；3—密封胶圈；4—法兰压盖；5—螺栓螺母

A．A 型柔性接口直管及管件直径为 50～200mm，壁厚 4.5～7mm，管长可依需要做成 500、1000、1500、2000mm 几种；W 型无承口直管直径为 50～300mm，壁厚 4.3～7mm，管长可依需要做成 1500、3000mm 两种。A 型柔性接口直管的规格详见表 1-8-19，W 型无承口直管的规格详见表 1-8-20。

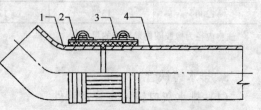

图 1-8-3　W 型无承口（管箍式）安装图
1—无承口管件；2—密封橡胶套；
3—不锈钢管箍；4—无承口直管

A 型柔性接口铸铁管的规格　　　　表 1-8-19

公称直径 (mm)	插口外径 (mm)	承口内径 (mm)	壁厚 T (mm)		重量 (kg/m)	
			TA 级	TB 级	TA 级	TB 级
50	61	67	4.5	5.5	5.75	6.90
75	86	92	5	5.5	9.16	10.02
100	111	117	5	5.5	11.99	13.13
125	137	145	5.5	6	16.36	17.78
150	162	170	5.5	6	19.47	21.17
200	214	224	6	7	23.23	32.78

B．水压试验：直管在涂覆前应逐根进行水压试验，水压试验压力为 0.2MPa，达到规定压力时，稳压不少于 30s，应无渗漏现象，管件的水压试验由供需双方协商进行。

C．表面质量：直管及管件内外表面应光洁、平整，不允许有裂纹、冷隔、错位、蜂窝及其他妨碍使用的明显缺陷，允许存在不影响使用性能的冷铸花纹，不影响使用的铸造缺陷允许修补，但修补后局部凸起处必须磨平，修补后必须符合标准的要求。

承、插口密封工作面不得有连续沟纹、麻面和凸出的棱线；承口法兰盘轮廓应清晰，允许有不影响使用的轻微缺陷存在。

D．涂覆：直管及管件内外表面可涂防腐材料；涂料由供需双方商定；涂覆后涂层应均匀，粘附牢固。

W型无承口直管的规格　　　　　　　　　　　　　表1-8-20

公称直径(mm)	管外径(mm)	壁厚(mm)	重量(kg)	
			$L = 1500$	$L = 3000$
50	61	4.3	8.3	16.5
75	86	4.4	12.2	24.4
100	111	4.8	17.3	34.6
125	137	4.8	21.6	43.1
150	162	4.8	25.6	51.2
200	214	5.8	41.0	81.9
250	268	6.4	56.8	113.6
300	318	7.0	74	148

E．法兰压盖：根据排水铸铁管接口形式的分类，A型压盖的型式、尺寸和重量应符合图1-8-4和表1-8-21的规定，并与A型直管及管件配套使用。

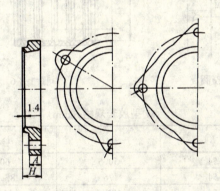

图1-8-4　A型压盖

A型法兰压盖规格　　　　　　　　　　　　表1-8-21

公称直径(mm)	内径(mm)	外径(mm)	法兰孔中心距(mm)	螺栓孔		重量(kg)
				直径	数量	
50	65	93	110	$\phi 12$	3	0.67
75	90	118	135	$\phi 12$	3	0.81
100	115	143	160	$\phi 12$	3	1.06
125	142	175	197	$\phi 14$	4	1.85
150	167	200	221	$\phi 14$	4	2.38
200	220	258	278	$\phi 14$	4	3.02

压盖的材质与直管、管件材质相同，压盖与胶圈接触面应平整、光滑，不允许有尖角凸起，其余各部位的凹凸深度不大于2mm；压盖不允许掉角缺棱，压盖法兰盘上冷隔深度不应大于2mm；压兰表面涂覆材料与直管及管件相同，涂层应均匀密实。

F．密封橡胶圈：橡胶圈是分别与A型和W型柔性接口铸铁管及管件配套使用的产品，A型密封橡胶圈的形状、尺寸应符合图1-8-5和表1-8-22的规定，W型胶套的形状、尺寸应符合图1-8-6和表1-8-23的规定。

A型密封橡胶圈的规格（mm）　　表1-8-22

公称口径	橡胶圈内径	橡胶圈外径	F	E	B
50	59.5	83	17	4	3.1
75	84.5	108	17	4	3.1
100	109.5	133	17	4	3.1
125	135	165	21	4.5	3.5
150	160	190	21	4.5	3.5
200	212	244	21	5.5	3.5

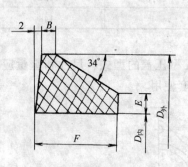
图1-8-5　A型密封橡胶圈

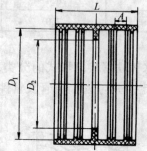
图1-8-6　W型胶套

W型胶套规格（mm）　　表1-8-23

公称口径	L	D_1	D_2	A
50	54	50.5	60	17
75	54	76	85.5	17
100	54	101.5	111	17
125	76.2	126.2	135.7	12
150	76.2	151.5	161	12
200	101.6	203.5	213.5	24
250	101.6	255	267	24

用于制造橡胶密封圈的材料是天然橡胶、氯丁橡胶、丁腈橡胶、丁苯橡胶等；制造橡胶圈的材料中，不得含有再生胶，不得含有任何有害于橡胶圈和管材的杂质；橡胶圈应质地均匀，不得有蜂窝、气孔、皱折、缺胶、开裂及飞边等缺陷。

1.8.2　室外铸铁管及球墨铸铁管安装

适用于城镇和工业区室外给排水安装工程。

1. 搬运和贮存

(1) 在搬运过程中应用草袋子捆扎保护,严禁碰、摔,避免碰伤、摔坏。

(2) 贮存管子的仓库场地地面应松软平坦,尖硬地面应垫木块,并严防管子滚动。

(3) 直管管垛每层应将承插口相间平放,管身紧贴,并用木块垫好,上下相邻的两层管方向成 90°,管垛高度不得超过 2m。

2. 安装施工

(1) 外观检查。铸铁管、球墨铸铁管及管件的外观质量应符合下列规定:

A. 管及管件表面不得有裂纹,管及管件不得有妨碍使用的凹凸不平的缺陷。

B. 采用橡胶圈柔性接口的铸铁管、球墨铸铁管,承口的内工作面和插口的外工作面应光滑、轮廓清晰,不得有影响接口密封性的缺陷。

C. 铸铁管、球墨铸铁管及管件的尺寸公差应符合现行国家产品标准的规定。

(2) 切管宜采用砂轮切管机进行,切管后应用粗锉刀或手提砂轮机修磨坡口,坡口相对于管轴线为 30°。

(3) 管及管件下沟前,应清除承口内部的油污、飞溅、铸砂及凹凸不平的铸瘤;柔性接口铸铁管及管件承口的内工作面、插口的外工作面应修整光滑,不得有沟槽、凸脊缺陷;有裂纹的管及管件不得使用。

(4) 沿直线安装管道时,宜选用管径公差组合最小的管节组对连接,接口的环向间隙应均匀,并应符合表 1-8-24 的规定;承插口间的纵向间隙不应小于 3mm,最大纵向间隙应符合表 1-8-25 的规定,有坡度时,应尽量从低处向高处铺放,且承口向着高的方向。

承插接口的环形间隙 (mm)　　　　　　　　　　　表 1-8-24

管 径	标准环形间隙	允许偏差
75～200	10	-2～3
250～450	11	-2～4
500	12	-2～4

承插接口的对口最大纵向间隙 (mm)　　　　　　　表 1-8-25

管 径	沿直线铺设	沿曲线铺设
75	4	5
100～200	5	7～13
300～500	6	14～22

(5) 刚性接口材料应符合下列规定:

A. 宜采用 32.5 级水泥、机选 4F 级温石棉、纤维较长、无皮质、清洁、松软、富有韧性的油麻;铅的纯度不应小于 99%。

B. 圆形橡胶圈应符合国家现行标准《预应力、自应力钢筋混凝土管用橡胶密封圈》的规定。

(6) 刚性接口填料应符合设计规定,设计无规定时,宜符合表 1-8-26 的规定。

刚性接口填料的规定 表1-8-26

接口种类	内层填料		外层填料	
	材料	填打深度	材料	填打深度
刚性接口	油麻辫	约占承口总深度的1/3,不得超过承口水线里缘;当采用铅接口时,应距承口水线里缘5mm	石棉水泥	约占承口深度的2/3,表面平整一致,凹入端面2mm
	橡胶圈	填打至插口小台或距插口端10mm	石棉水泥	填打至橡胶圈,表面平整一致,凹入端面2mm

注:1. 油麻应是在95%的汽油和5%的石油沥青中浸透晾干的线麻。
　　2. 油麻辫直径为1.5倍接口环向间隙,环向搭接宜为50~100mm填打密实。

(7) 石棉水泥应在填打前拌和,其重量配合比应为石棉30%,水泥70%,水灰比宜≤0.2(夏季为1:9,冬季为1:10);拌好的石棉水泥应在初凝前用完,填打后的接口应及时潮湿养护;采用石棉水泥做接口外层填料,当地下水对水泥有浸蚀作用时,应在接口表面涂防腐层。

A. 捻口时应将油麻和石棉水泥分层填实,油麻应打实,二圈之间的接口应错开,石棉水泥应用手锤敲打结实。

B. 接口应做好养护,埋地管可在管口涂上湿润黄泥浇水养护,养护期间的管道接口应防止受到振动。

(8) 热天或昼夜温差较大地区的刚性接口,宜在气温较低时施工,冬期宜在午间气温较高时施工,并应采取保温措施;刚性接口填打后,管道不得碰撞及扭转。

(9) 当柔性接口采用滑入式T形、梯唇形及柔性机械式接口时(靠橡胶圈和自密封机理来保持水密性),橡胶圈的质量、性能、细部尺寸,应符合现行国家铸铁管、球墨铸铁管及管件标准中有关橡胶圈的规定,每个橡胶圈的接头不得超过2个;橡胶圈应妥善保管,避免日晒雨淋及油浸蚀现象。

(10) 橡胶圈安装就位后不得扭曲,当用探尺检查时,沿圆周各点应与承口端面等距,其允许偏差应为±3mm;安装滑入式橡胶圈接口时,推入深度应达到标记环,并复查与其相邻已安好的第一至第二个接口的推入深度。

(11) 安装柔性机械接口时,应使插口与承口法兰压盖纵向轴线相重合;螺栓安装方向应一致,并均匀,对称地紧固。

(12) 当特殊需要采用铅接口施工时,管口表面必须干燥、清洁,严禁水滴落入铅锅内;浇铅前应检查管口的泥绳卡箍,使管口确实被严密封住,只留出上部浇铅口,没有漏铅缝隙,并检查熔铅温度,铅应呈紫红色,灌铅时铅液必须沿注孔一侧灌入,一次灌满,不得断流;脱膜后将铅打实,表面应平整,凹入承口宜为1~2mm。

(13) 接口作业完成后,管沟内若有积水应及时排水、及时回填,避免沟内积水的浮力将空管上浮。

(14) 铸铁、球墨铸铁管安装偏差应符合下列规定:

A. 管道安装允许偏差应符合表1-8-27的规定。

铸铁、球墨铸铁管安装允许偏差(mm) 表1-8-27

项目	允许偏差	
	无压力管道	压力管道
轴线位置	15	30
高程	±10	±20

B．闸阀安装应牢固、严密、启闭灵活，与管道轴线垂直。

3．管道水压试验的一般规定

(1) 当管道工作压力≥0.1MPa时，应进行压力管道的强度及严密性试验；当管道工作压力＜0.1MPa时，除设计另有规定外，应进行无压力管道严密性试验。

(2) 管道水压、闭水试验前，应做好水源引接及排水疏导路线的设计。

(3) 管道灌水应从下游缓慢灌入，灌入时，在试验管段的上游管顶及管段中的凸起点应设排气阀，将管道内的气体排除。

(4) 冬期进行管道水压及闭水试验时，应采取防冻措施，试验完毕后应及时放水。

4．压力管道的强度及严密性试验

(1) 压力管道全部回填土前应进行强度及严密性试验，管道强度及严密性试验应采用水压试验法试验。

(2) 管道水压试验前应编制试验设计，其内容应包括：

A．后背及堵板的设计；

B．进水管路、排气孔及排水孔的设计；

C．加压设备、压力计的选择及安装设计；

D．升压分段的划分及观测制度的规定；

E．排水疏导措施，试验管段的稳定措施，安全措施。

(3) 安装完成的管段应分段进行水压试验，管道水压试验的分段长度不宜大于1.0km；试压管段的末端，应用法兰盲板封闭。

(4) 试验管段的后背应符合下列规定：

A．后背应设在原状土或人工后背上，土质松软时，应采取加固措施。

B．后背墙面应平整，并与管道轴线垂直。

(5) 管道水压试验时，当管径≥600mm时，试验管段端部的第一个接口应采取柔性接口，或采用特制的柔性接口堵板。

(6) 水压试验时，采用的设备、仪表规格及其安装应符合下列规定：

A．当采用弹簧压力表时精度不应低于1.5级，最大量程宜为试验压力的1.3～1.5倍，表壳的公称直径不应小于150mm，使用前应校正。

B．水泵、压力表应安装在试验段下游的端部与管道轴线相垂直的支管上。

(7) 管道水压试验前应符合下列规定：

A．管道安装检查合格后，应按施工及验收规范要求的规定回填土。

B．管件的支墩，锚固设施已达设计强度；未设支墩及锚固设施的管件应采取加固措施。

C．试验管段所有敞口应堵严，不得有渗水现象；试验管段不得采用闸阀做堵板，不得有消火栓、水锤消除器、安全阀等附件。

(8) 试验管段灌满水后，宜在不大于工作压力条件下充分浸泡后再进行试压，浸泡时间应符合下列规定：

无水泥砂浆衬里，不少于24h；有水泥砂浆衬里，不少于48h。

(9) 管道水压试验时，应符合下列规定：

A．管道升压时，管道的气体应排除，升压过程中，当发现弹簧压力表表针摆动、不稳，且升压较慢时，应重新排气后再升压。

B. 应分级升压，每升一级应检查后背、支墩、管身及接口，当无异常现象时再进行升压。

C. 水压试验过程中，后背顶撑，管道两端严禁站人；水压试验时，严禁对管身、接口进行敲打或修补缺陷，遇有缺陷时应做出标记，卸压后修补。

（10）管道水压试验压力应符合表1-8-28规定。

管道水压试验的试验压力（MPa）　　　　　　　　　　　表1-8-28

管材种类	工作压力 P	试验压力
铸铁及球墨铸铁管	≤0.5	$2P$
>0.5	>0.5	$P+0.5$

（11）水压升至试验压力后，保持恒压10min，检查接口、管身无破损及漏水现象时，管道强度试验为合格。

（12）管道严密性试验，应按GB 50268—97《给排水管道工程施工及验收规范》附录A放水法或注水法进行；试验时不得有漏水现象，且符合下列规定时，管道严密性试验为合格。

A. 实测渗水量≤表1-8-29规定的允许渗水量。

B. 当管道内径大于DN1200时，实测渗水量应≤按下列公式计算的允许渗水量 Q：$Q=0.1D^{1/2}$，D 为管道内径。

压力管道严密性试验允许渗水量 L/(min·km)　　　　　　表1-8-29

管道内径(mm)	允许渗水量	管道内径(mm)	允许渗水量	管道内径(mm)	允许渗水量	管道内径(mm)	允许渗水量	管道内径(mm)	允许渗水量
100	0.70	250	1.55	450	2.10	800	2.70	1200	3.30
125	0.90	300	1.70	500	2.20	900	2.90		
150	1.05	350	1.80	600	2.40	1000	3.00		
200	1.40	400	1.95	700	2.55	1100	3.10		

C. 内径≤400mm，且长度≤1km的管道，在试验压力下，10min降压不大于0.05MPa时，可认为严密性试验合格。

D. 非隐蔽性管道，在试验压力下，10min降压不大于0.05MPa时，且管道及附件无损坏，然后使试验压力降至工作压力，保持恒压2h，进行外观检查，无漏水现象认为严密性试验合格。

5. 无压力管道严密性试验

（1）污水、雨污水合流及湿陷土、膨胀土地区的雨水管道，回填土前应采用闭水法进行严密性试验。

（2）试验管段应按井距分隔，长度不宜大于1km，带井试验；并应符合下列规定：

A. 管道及检查井外观质量已验收合格，管道未回填土且沟槽内无积水，全部预留孔应封堵不得渗水。

B．管道两端堵板承载力经核算应大于水压试验的合力，除预留进出水管外，应封堵坚固，不得渗水。

（3）管段闭水试验应符合下列规定：

A．当试验段上游设计水头不超过管顶内壁时，试验水头应以试验段上游管顶内壁加 2m 计；当试验段上游设计水头超过管顶内壁时，试验水头应以试验段上游设计水头加 2m 计。

B．当计算出的试验水头小于 10m，但已超过上游检查井井口时，试验水头应以上游检查井井口高度为准。

C．闭水试验应按 GB 50268—97《给排水管道工程施工及验收规范》附录 B 闭水法试验进行。

（4）管道严密性试验时，应进行外观检查，不得有漏水现象，且符合下列规定时，管道严密性试验为合格。

A．实测渗水量≤按下式计算的允许渗水量

$$Q = 1.25D^{1/2}$$

式中　Q——允许渗水量 [m³/（24h·km）]；

　　　D——管道内径（mm）。

B．异形截面管道的允许渗水量可按周长折算为圆形管道计。

C．在水源缺乏的地区，当管道内径大于 700mm 时，可按井段数量抽查 1/3。

6．冲洗消毒

（1）给水管道水压试验后，竣工验收前应冲洗消毒。

（2）冲洗时应避开用水高峰，以流速≥1.0m/s 的冲洗水连续冲洗，直至出水口处浊度、色度与入水口处冲洗水浊度、色度相同为止。

（3）冲洗时应保证排水管路畅通安全。

（4）管道应采用含量不低于 20mg/L 氯离子浓度的清洁水浸泡 24h，再次冲洗，直至水质管理部门取样化验合格为止。

1.8.3　柔性接口铸铁管的施工

1．简介

（1）传统接口形式的不足。

采用青铅、石棉水泥和自应力水泥等填料的承插铸铁管接口形式，大多未能摆脱繁重的体力劳动，特别是大直径承插铸铁管施工时，稍有疏忽质量难以保证。

（2）承插铸铁管橡胶圈接口的运用。

该种接口形式在国外使用已有几十年的历史，用于输送各种液体和气体介质，使用的管径已达 2m；我国于 20 世纪 60 年代开始运用，目前使用管径已达 600mm；某单位对 DN150 滑入式接口的铸铁管进行水压试验，试验压力为 0.7MPa 及 1.2MPa，且接口拆角为 7°时，尚无渗漏，可见其使用性能较好。

（3）承插铸铁管橡胶圈接口的优点。

由于接口具有柔性，允许 3°～5°的偏转，若有小的弯度，可以不使用管件；具有施工速度快，技术简单，能适应地形复杂，基础不均匀沉陷条件下施工等特点，易于保证连接的严密性，是一种较为理想的抗震接口型式，特别适用于市政工程。

2. 分类

承插铸铁管的橡胶圈接口，根据其结构型式，一般分为两种：即机械式接口和滑入式接口。

(1) 机械式接口采用填料压盖结构，增加一个铸铁法兰盘、使用螺栓及螺母连接，把作为填料的橡胶圈压紧在承插口间隙里形成密封。

(2) 滑入式接口则采用先把一定截面形状的橡胶圈放在管子的承口里定位，然后把插口插入的方式；在此过程中，由于橡胶圈受到压缩，所以在承插口间隙里形成自密封；在一定范围内橡胶圈受到的压缩越大，自密封性能就越好。

(3) 机械式接口与滑入式接口的使用性能都很好，前者安装更为方便，但要使用一些零件，造价高于后者；后者在施工中要使用一些简单的工具，对施工条件也有一定的要求。

3. 橡胶圈的使用及润滑

(1) 承口结构形式应与橡胶圈的形式相配套，不同截面形状的橡胶圈不能互相代用，其目的是使橡胶圈与承口内壁很好地贴合和定位，在插口滑入过程中不致将橡胶圈卷曲或滑移；此外，形成密封后，橡胶圈有合理的压缩率，使之具有长期理想的使用效果。

(2) 为了便于插口的插入，要求管子的插口端带有一定的锥度（一般为 1:5），并在插口外壁与橡胶圈内侧的摩擦面上涂抹一些润滑剂，以减小两者间由于干涩产生的巨大摩擦力；目前尚无专业润滑剂，施工时多使用肥皂水或清水。

4. 机械式接口的施工

(1) 组成：由管子、管件、法兰压盖、密封橡胶圈和连接螺栓组成。

(2) 施工准备

A. 清除管子和管件的污物，承口内及插口端 150mm 内要清洁，平滑，不能有尖角及毛刺；

B. 检查管子和配件有无砂眼，重皮，裂纹等缺陷；检查管子承口倒角面是否平滑，不能有沟槽和明显凹凸；

C. 检查橡胶密封圈内外径和倒角的几何尺寸，应符合制造公差和配合要求，胶圈内径应与管子外径相等；

D. 现场及时配合预留孔洞，埋设支承件，其间距为：横管≤1m、立管≤2m，支吊点不能远离接口位置且每层楼不能少于 2 个。

(3) 施工安装

A. 在插口端划出插入定位标志线，先套入法兰压盖，再套入橡胶圈，胶圈边缘应与定位标志线对齐；

B. 将插口端平稳送入承口，对正法兰眼孔，分次逐个上紧连接螺栓。

5. 滑入式接口的施工

(1) 首先把承口内壁和插口外壁较仔细地进行清理，以除净沥青和泥沙，必要时还要用砂轮磨平铸造缺陷，同时擦去橡胶圈表面的污物；把橡胶圈压成"凹"字形或"8"字形，将橡胶圈放到承口凹槽里，拉起橡胶圈对称的一面同时挤压，将橡胶圈压到位，并使其在凹槽周围内松紧一致。

(2) 插口处划有两条插入标志线，在插口外表面距离端面大约 100mm 处涂上润滑剂

(如浓肥皂水,禁止使用油类物质润滑),调整铸铁管的水平,大口径铸铁管以倒链或紧线器进行承插作业,移动插口,将前端少许插入承口内,插入管应尽量悬空,有碍插入的物体要清除,将管缓慢均匀地拉入,注意使插入管保持平直,防止插入管的另一端上翘或发生偏移,拉入到已看不见第一条标志线,而只看见第二条标志线的位置为止。

(3) 在润滑良好的情况下,插入操作每次不必只局限于一根管子,可在完成对口后,几根管子同时进行;管子安装不理想时,应将管子分离后,再重新安装。

(4) 滑入式接口对基础的不均匀沉陷虽然有较好的适应性,但在施工过程中,为便于插入操作,基础仍应有较高的平整度。

(5) 滑入式接口发生渗漏时,不可能用原来的填料进行修补,只能采用传统的石棉水泥填料捻口补救。

1.9 钢 管

1.9.1 简介

1. 分类

钢管系横截面是圆形,沿长度方向上是条状、空心、无封闭端的产品,按加工方法分为无缝钢管(包括热轧和冷拔管)和焊接钢管(包括直缝焊管和螺旋缝焊管)两大类。钢管与同样截面积的其他钢材相比具有较高的抗弯,抗扭能力,重量轻,材料利用率高等特点,因而被广泛应用。

2. 成分及性能

常用钢管是用普通碳素钢 Q235、Q235F 及优质碳素结构钢中的 10 号或 20 号钢制造的;其机械性能稳定,具有足够的塑性和韧性,加工性能良好,可用任何方法进行冷加工和热加工;具有良好的可焊性,在常温下可直接进行电焊,气焊和气割,一般不需要采取预热和热处理措施。

3. 用途

(1) Q235 和 Q235F 钢使用温度为 $-20\sim300$℃,适用于公称压力不超过 1.6MPa 的低压流体管道,手工电焊采用 E4303 焊条,气焊采用 H08 焊丝。

(2) 10 和 20 钢使用温度为 $-40\sim475$℃,在介质温度 450℃以下的中、低压流体管道工程中应用广泛;手工电焊采用 E4303、E4315、E4316 焊条,气焊采用 H08A (焊 08 高) 焊丝。

(3) 碳素钢管的耐蚀性和耐热性不够高,一般用来输送常温或中温弱腐蚀性介质。

1.9.2 低压流体输送焊接钢管

1. 简介

(1) 低压流体输送焊接钢管俗称水煤气管或焊接钢管,它由普通碳素钢板用电阻焊(ERW) 的方法制造,常用普通型焊接钢管,其公称压力为 1.6MPa,主要用来输送压力 $\leqslant$1.0MPa 的循环水和消防用水、煤气,压力$\leqslant$0.2MPa 的蒸汽等介质。

(2) 不镀锌处理的焊接钢管俗称为黑铁管,镀锌处理的焊接钢管俗称为白铁管,均遵循 GB/T 3091—2001《低压流体输送用焊接钢管》,可用手动工具或机械在管端加工螺纹。

(3) 低压流体输送焊接钢管的公称直径用"DN"表示，通常长度为4~12m，按管端形式分为带螺纹和不带螺纹两种，按壁厚分为普通管和加厚钢管。带螺纹钢管在出厂时，管端带有管螺纹，并应带有保护管螺纹的管件（管接头或俗称管箍）。

2. 技术要求

(1) 液压试验

钢管应逐根进行液压试验，试验压力为3.0MPa，稳压时间不少于5s，在试验压力下，钢管应不渗漏；制造厂亦可用涡流探伤或超声波探伤代替液压试验。

(2) 表面质量

A. 钢管焊缝的外毛刺应清除，其剩余高度应不大于0.5mm。根据需方要求，并经供需双方协议，焊缝内毛刺可清除或压平，其剩余高度不大于1.5mm，当壁厚不大于4mm时，清除毛刺后刮槽深度应不大于0.2mm；当壁厚大于4mm时，刮槽深度应不大于0.4mm。

B. 钢管内外表面应光滑，不允许有折叠、裂纹、分层、搭焊缺陷存在；允许有不超过壁厚负偏差的其他缺陷存在。

C. 镀锌钢管应采用热浸镀锌法镀锌，内外表面应有完整的镀锌层，不应有未镀上锌的黑斑和气泡存在，允许有不大的粗糙面和局部的锌瘤存在。

D. 根据需方要求，经供需双方协议，并在合同中注明，钢管可进行外表面涂层，涂层应光滑，附着牢固且留滴少。

(3) 低压流体输送焊接钢管其技术规格见表1-9-1。

低压流体输送焊接钢管规格　　　　　　表1-9-1

公称口径 (mm)	外径(mm) 公称尺寸	外径(mm) 允许偏差	普通钢管 公称壁厚(mm)	普通钢管 允许偏差	普通钢管 理论重量(kg/m)	加厚钢管 公称壁厚(mm)	加厚钢管 允许偏差	加厚钢管 理论重量(kg/m)
6	10.2	±0.50	2.0	±12.5%	0.40	2.5	±12.5%	0.47
8	13.5		2.5		0.68	2.8		0.74
10	17.2		2.5		0.91	2.8		0.99
15	21.3		2.8		1.28	3.5		1.54
20	26.9		2.8		1.66	3.5		2.02
25	33.7		3.2		2.41	4.0		2.93
32	42.4		3.5		3.36	4.0		3.79
40	48.3		3.5		3.87	4.5		4.86
50	60.3		3.8		5.29	4.5		6.19
65	76.1	±1%	4.0		7.11	4.5		7.95
80	88.9		4.0		8.38	5.0		10.35
100	114.3		4.0		10.88	5.0		13.48
125	139.7		4.0		13.39	5.5		18.20
150	168.3		4.5		18.18	6.0		24.02

注：1. 表中的公称口径系近似内径的名义尺寸，不表示公称外径减去两个公称壁厚所得的内径。
　　2. 根据需方要求，经供需双方协议，并在合同中注明，可供表中规定以外尺寸的钢管。

1.9.3 无缝钢管

1. 分类

(1) 无缝钢管按制造方法分为热轧管和冷拔（冷轧）管。冷拔管受加工条件限制，不宜制造大直径管，其最大公称直径为200mm（管子外径219mm），冷拔管虽强度高但不稳定；热轧管可为大直径管，其最大公称直径可达600mm（管子外径630mm）；工程中一般管径在57mm以内时，常选用冷拔管，管径超过57mm时，常选用热轧管。

(2) 无缝钢管分为一般无缝钢管和专用无缝钢管，前者简称无缝钢管，后者主要有锅炉用无缝钢管、锅炉用高压无缝钢管、化肥用高压无缝钢管、石油裂化钢管、不锈、耐酸钢无缝钢管等。

2. 输送流体用无缝钢管

给排水工程中使用的无缝钢管应符合GB/T 8163—99《输送流体用无缝钢管》的规定，其技术性能及要求如下：

(1) 钢管由10、20、Q295、Q345牌号的钢制造，分热轧和冷拔两种，通常长度规定为：

热轧钢管：3～12m；冷拔钢管：3～10.5m。

(2) 钢管按同时保证化学成分和机械性能供货，并应保证水压试验合格；热轧钢管以热轧状态或热处理状态交货，冷拔管以热处理状态交货，交货钢管的力学性能应符合表1-9-2的规定。

钢管的纵向力学性能　　　　　　　　　　　　　　　　表1-9-2

牌号	抗拉强度 σ_b（MPa）	屈服点 σ_s（MPa）		伸长率（δ_5）
		$S \leqslant 16$	>16	
10	335～475	≥205	≥195	≥24%
20	410～550	≥245	≥235	≥20%
Q295	430～610	≥295	≥285	≥22%
Q345	490～665	≥325	≥315	≥21%

(3) 钢管应逐根进行水压试验，试验压力按下式计算，但最高压力不超过19MPa，在试验压力下，应保证耐压时间不少于5s，此时钢管不得出现漏水和渗漏现象。

$$P = 2\delta R/D$$

式中　P——试验压力（MPa）；

　　　δ——钢管公称壁厚（mm）；

　　　R——允许应力，规定屈服强度的60%（MPa）；

　　　D——钢管公称外径（mm）。

供方可用涡流检验或超声波检验代替水压试验，超声波检验对比样板刻槽深度为钢管公称壁厚的12.5%，供需双方协商也可用其他无损检验代替水压试验。

(4) 表面质量：钢管内外表面不得存在如下缺陷：裂纹、折叠、轧折、离层、发纹和结疤，这些缺陷必须完全清除掉；清除深度不得超过公称壁厚的负偏差，其清除处的实际壁厚不得小于壁厚所允许的最小值。不超过壁厚负偏差的其他缺陷允许存在。

（5）交货钢管的内外表面可涂保护层，其保护层的材质在需方未提出特殊要求时，由供方决定；输送饮用水的钢管，内表面涂层应符合国家有关卫生条例的规定。

（6）交货无缝钢管应附有经过制造厂有关技术检验部门签证的质量证明书、注明钢号、炉罐号、批号、规格、数量、交货状态、全部试验结果、标准号、合同号、需方名称和交货日期。

（7）无缝钢管的规格以"外径×壁厚"表示，在同一外径下有多种壁厚，承受的压力范围较大；常用热轧无缝钢管的规格详见表1-9-3。

常用热轧无缝钢管的规格　　　　　　　　　　表1-9-3

外径 (mm)	壁 厚 (mm)									
	2.5	3	3.5	4	4.5	5	5.5	6	6.5	7
	理论重量 (kg/m)									
32	1.82	2.15	2.46	2.76	3.05	3.33	3.59	3.85	4.09	4.32
45	2.62	3.11	3.58	4.04	4.49	4.93	5.36	5.77	6.17	6.56
57	—	3.99	4.62	5.23	5.83	6.41	6.98	7.55	8.09	8.63
76	—	5.40	6.26	7.10	7.93	8.75	9.56	10.36	11.14	11.91
89	—	—	7.38	8.38	9.38	10.36	11.33	12.23	13.22	14.15
108	—	—	—	10.26	11.49	12.70	13.90	15.09	16.27	17.43
133	—	—	—	12.72	14.26	15.78	17.29	18.79	20.28	21.75
159	—	—	—	—	17.14	18.99	20.82	22.64	24.44	26.24

1.9.4 电焊钢管

1. 直缝卷管电焊钢管是用 Q215/Q235A、B级钢板分块卷制焊接制成，又称钢板卷管，壁厚 4～16mm，可依需要制成 2000mm 以内的不同直径管道，适用于公称压力不超过 1.6MPa 的大直径低压流体管道，其常用规格见表1-9-4。

直缝卷管电焊钢管规格　　　　　　　　　　表1-9-4

外径 (mm)	壁 厚 (mm)					
	6	8	9	10	12	14
	理 论 重 量 (kg/m)					
325	47.20	62.60				
377	54.90	72.80	81.60			
426	62.10	82.46	92.60			
478	70.14	92.72				
530	77.30			115.60		
630	92.33		137.80		325	47.20
720	105.60	140.50	157.80		377	54.90

续表

外径 (mm)	壁 厚 (mm)					
	6	8	9	10	12	14
	理 论 重 量 (kg/m)					
820	120.40	160.20	180.00	426	62.10	
920	135.20	179.90	202.00	478	70.14	
1020	150.00		224.40	530	77.30	
1120		219.40		630	92.33	554.50
1220		239.10		720	105.60	632.50

2. 低压流体输送用大直径焊接钢管

根据 GB/T 3091—2001《低压流体输送用焊接钢管》的规定，该管使用 Q215A、B, Q235A、B 级钢采用埋弧焊（SAW）的方法制造，也可采用其他易焊接的软钢制造，通常长度为 3～12m。

(1) 钢管的力学性能应符合表 1-9-5 的规定。

钢管的力学性能　　　　　表 1-9-5

牌 号	抗拉强度 σ_b（MPa）	屈服点 σ_s（MPa）	伸长率 δ_5
Q215A、B	≥ 335	≥ 215	≥ 20 %
Q235A、B	≥ 375	≥ 235	≥ 20 %

(2) 液压试验

钢管应逐根进行液压试验，试验压力：钢管公称外径 168.3mm < D ≤ 323.9mm 为 5MPa、323.9mm < D ≤ 508mm 为 3MPa、D > 508mm 为 2.5MPa；公称外径小于 508mm 的钢管稳压时间应不少于 5s；公称外径不小于 508mm 的钢管稳压时间应不少于 10s；在试验压力下，钢管应不渗漏。制造厂亦可用涡流探伤或超声波探伤代替液压试验，钢管涡流探伤应按 GB/T 7735 的有关规定进行，对比试样人工缺陷（钻孔）为 A 级；超声波探伤按 GB/T 11345 的有关规定进行，检验等级为 A 级，评定等级为三级。仲裁时以液压试验为准。

(3) 钢管公称外径、壁厚及理论重量应符合表 1-9-6 的规定。

钢管的公称外径、壁厚及理论重量　　　　　表 1-9-6

公称外径 (mm)	壁 厚 (mm)								
	4.5	5.0	5.5	6.0	7.0	8.0	9.0	10.0	11.0
	理 论 重 量 (kg/m)								
219.1	23.82	26.40	28.97	31.53	36.61	41.65	46.63	51.57	
273		33.05	36.28	39.51	45.92	52.28	58.60	64.86	
355.6			47.49	51.73	60.18	68.58	76.93	85.23	93.48
457.2			61.27	66.76	77.72	88.62	99.48	110.29	121.04
559			75.08	81.83	95.29	108.71	122.07	135.39	148.66
610			81.99	89.37	104.10	118.77	133.39	147.97	162.49

1.9.5 螺旋缝钢管

1. 制造工艺及规格

(1) 螺旋缝钢管由 Q235、Q235F、16Mn 等普通碳素钢或低合金钢制造,将钢板制成钢带或裁成条状,按一定螺旋线角度(称为成型角)卷成管坯,其焊接方法有自动埋弧焊和高频搭接焊,焊缝在管外表面呈螺旋状。

(2) 钢管公称直径为 200~1420mm,规格表示方法用外径×壁厚,钢管长度为 6~12m。

2. 技术要求

(1) 静水压试验

A. 根据 SY5037—83《一般低压流体输送用螺旋缝埋弧焊钢管》的规定,出厂静水压试验压力应按表 1-9-7 规定执行,试验压力的保持时间不得少于 10s 也可有供需双方另行商定。

出厂静水压试验压力 表 1-9-7

钢 牌 号	试 验 压 力
Q345	0.76 $[\sigma_b]_{min}$
Q235A、Q235AF	1.3 MPa
Q235B、Q235BF	1.0 MPa

B. 根据 SY5038—83《承压流体输送用螺旋缝高频焊钢管》的规定,出厂静水压试验压力应按表 1-9-8 规定执行,试验压力的保持时间不得少于 10s,也可有供需双方另行商定。

出厂静水压试验压力 表 1-9-8

钢 牌 号	试 验 压 力
RJ216~RJ255	0.56 $[\sigma_b]_{min}$
Q235A、Q235AF	1.2 MPa
Q235B、Q235BF	0.9 MPa

(2) 表面质量

A. 钢管母材表面(焊缝区除外)不得有裂纹,结疤和折叠等缺陷,以及其他深度超过 0.125 倍壁厚的局部缺陷;

B. 不符合上述要求的缺陷可作修补,修补后的焊缝应平缓过渡到钢管原始表面,焊缝凸起高度不得大于 1.5mm;

C. 钢管上不允许有扩展到管端或坡口表面上,横向尺寸超过 6mm 的分层;

D. 钢管上不得有深度超过 5mm 的摔坑,摔坑长度在任何方向均不得超过直径的一半。

3. 使用温度及工作压力

(1) 使用温度: Q235 材质的螺旋焊管为 -15~300℃,16Mn 材质的螺旋焊管为 -40

~475℃。

（2）螺旋焊管适用于工作压力≤1.6MPa的供水、供热、室外煤气、石油、天然气等大直径低压管网。

4．螺旋缝钢管的常用规格及重量

（1）螺旋缝自动埋弧焊钢管常用规格见表1-9-9。

螺旋缝埋弧焊钢管规格（YB 5037—83）　　　表1-9-9

公称外径(mm)	壁厚(mm)								
	5	6	7	8	9	10	11	12	13
	理论重量(kg/m)								
219.1	26.90	32.03	37.11	42.15	47.13	—	—	—	—
273.0	33.55	40.01	46.42	52.78	59.10	—	—	—	—
323.9	—	47.54	55.21	62.82	70.39	—	—	—	—
377	—	55.40	64.37	73.30	82.18	—	—	—	—
426	—	62.65	72.83	82.97	93.05	103.09	—	—	—
478	—	69.84	81.31	92.73	104.09	—	—	—	—
529	—	77.89	90.61	103.29	115.92	128.49	141.02	153.50	165.93
630	—	92.83	108.05	123.32	138.33	153.40	168.42	183.39	198.31
720	—	106.15	123.59	140.97	158.31	175.60	192.84	210.02	—

（2）螺旋缝高频焊钢管常用规格见表1-9-10。

螺旋缝高频焊钢管规格（YB 5038—83）　　　表1-9-10

公称外径(mm)	壁厚(mm)				
	4	5	6	7	8
	理论重量(kg/m)				
168.3	16.21	20.14	24.02	—	—
219.1	—	20.64	31.53	36.61	—
273	—	33.5	39.51	45.92	—
323.9	—	—	47.04	54.71	—
377	—	—	54.90	63.87	72.80

1.9.6　钢管件

1．钢管件用于各类钢管的焊接连接，钢管件按制作方法分为两类：用压制法、热推弯法及管段弯制法制成的无缝管件，用管段或钢板焊接制成的焊接管件。

无缝管件以其制作省工及适宜在加工场所集中预制，因而被广泛采用。

2．常用的主要钢管件有以下几种：

（1）弯头

A. 冲压弯头（急弯弯头）：用10号、20号钢无缝钢管推拉或冲压制成，弯曲半径有R为$1D$、$1.5D$、及$2D$三种规格，当壁厚$\geqslant 5mm$时，弯头两端应做坡口。

B. 一般弯头：用热推弯法或火焰加热煨制而成。

C. 焊接弯头：多由施工现场采用钢管（或钢板）加工制作，加工过程为放样、切割、（卷制）组对、焊接而成。

D. 折皱弯头：多由施工现场加工制作，加工过程为样板制作、管中心线弹画、样板画线、加热区打冲眼、氧—乙炔焰烘烤加热区、拉牵成形（挤出鼓包），逐个折皱最后制成弯头。

(2) 三通：有等径和异径三通，无缝和焊接三通。

(3) 异径管（大小头）：有同心和偏心异径管，无缝和焊接异径管。

1.10 阀 门

1.10.1 阀门的选用

1. 一般规定

(1) 阀门类型和主要零件材质，应根据管道的设计温度、设计压力、介质性质及阀门用途确定，并满足安全可靠、操作维修方便和经济合理的要求。

(2) 阀门端法兰的连接尺寸、阀门的结构长度等，应符合有关技术标准的规定。

(3) 阀门的装配

A. 阀门关闭时，阀杆螺纹与螺母啮合尺寸不小于阀杆螺纹外径；

B. 密封填料装入填料函后，应保证密封性能，并有一定的调整余量或弹性预紧力；

C. 截止阀、升降式止回阀的阀瓣开启高度应不小于阀门通径的$1/4$；

D. 闸阀全开时，闸板不得留于阀体通道内，关闭时闸板密封面中心线应高于阀体密封面中心线，闸板密封面下边缘应高于阀体密封面下边缘；

E. 球阀全开时，球体通孔轴线与阀体通孔轴线的夹角应不大于$3°$；

F. 手柄、手轮与阀杆组配应牢固，手轮与阀杆不应有明显的歪斜；

G. 闸阀、截止阀、球阀的手轮或手柄顺时针方向旋转为关，反之为开；球阀手柄方向应与球体通孔方向一致；

H. 阀门应启闭灵活，无卡阻。

(4) 阀门出厂前必须逐个进行强度试验和密封试验，试验应符合ZBJ 16006—90《阀门的试验与检验》的规定，阀门在试验后、包装前应清除内、外油污、残水、杂物等，并应将试压用的丝堵焊死。

(5) 阀门的包装

A. 阀门出厂时内包装应附有产品合格证，合格证上必须有检验员印记及出厂日期；

B. 阀门包装时，闸阀、截止阀应关闭，球阀应全开，止回阀应关闭，并将阀瓣固定，管螺纹应作防锈处理，端法兰密封面应涂防锈油，但不得涂漆，通道两端应密封或设防护盖板；

C. 外包装箱应有防潮措施，并应按有关规定进行标志。

2. 通用阀门及分类

通用阀门包括闸阀、截止阀、止回阀、节流阀、安全阀、球阀、蝶阀、隔膜阀、柱塞阀、旋塞阀、疏水阀和减压阀等，其公称压力为 0.01～32MPa，公称通径为 3～2000mm；按照阀门的结构，常用阀门可分为以下几类。

(1) 切断阀（包括闸阀、截止阀、球阀、旋塞、隔膜阀）：用于开启或关闭管路；

(2) 止回阀（包括底阀）：用于自动防止管道内的介质倒流；

(3) 蝶阀：用于开启或关闭管路，也可用作节流；

(4) 减压阀：用于自动降低管道、设备及容器内的介质压力；

(5) 疏水阀：用于蒸汽管上自动排除冷凝水；

(6) 安全阀：当介质压力超过规定数值时，能自动排除过剩介质压力，保证运行安全。

3. 阀门的阀盖结构

(1) 螺纹连接的阀盖结构应符合下列规定：

A. 内螺纹连接的阀盖，宜用于公称直径≤50mm 且不经常拆卸的闸阀和截止阀。

B. 外螺纹连接的阀盖，宜用于公称直径≤80mm 的阀门。

C. 可能产生应力腐蚀的管道；压力脉动及温度变化频繁的管道；剧毒、可燃、易爆介质的管道；不宜采用螺纹连接的阀盖。

(2) 法兰连接的阀盖可用于各种公称压力和公称直径的阀门。

4. 法兰阀门的公称压力及密封面型式

(1) 公称压力为 0.25MPa、0.6MPa、1.0MPa、1.6MPa、2.5MPa 的法兰密封面为光滑面，光滑面一般均加工密封水线，如不要求加工密封水线，订货时应提出。

(2) 公称压力为 4.0MPa、6.4MPa、10.0MPa、16.0MPa 的法兰密封面为凹面，公称压力为 6.4MPa、10.0MPa、16.0MPa 的法兰密封面也可加工为梯形槽面。

(3) 公称压力为 16.0MPa、32.0MPa 的阀门端法兰为螺纹法兰时，其法兰密封面均为透镜式。

5. 阀门最大允许工作压力

最大工作压力是阀门在一定温度范围内允许承受的工作压力，随着温度的升高，阀门允许承受的压力要降低，阀门允许工作压力与温度的额定值应符合表 1-10-1 的规定。

阀门压力、温度额定值　　　　　　　表 1-10-1

公称压力（MPa）	温度额定值		
	≤120℃	120～150℃	150～200℃
	最大允许工作压力（MPa）		
0.10	0.10	0.09	0.08
0.25	0.25	0.23	0.20
0.60	0.60	0.54	0.48
1.00	1.00	0.90	0.80
1.60	1.60	1.52	1.44

6. 阀门的识别

阀门的类别，驱动方式和连接型式可以从阀门的外形加以识别；公称通径、公称压力和介质流向已由制造厂家标示在阀体的正面，对于阀体材料、密封面材料以及带有的称里材料，必须根据阀门各部位所涂油漆的颜色来识别。根据JB 106—78《阀门标志和识别涂漆》的规定，阀门外表面应涂漆出厂，涂漆层应耐久、美观，并保证标志明显清晰。

（1）表示阀体材料的涂漆颜色涂在不加工的表面上，详见表1-10-2。

阀体材料识别漆色　　　　　　　　　　　表1-10-2

阀 体 材 料	识 别 涂 漆 颜 色
灰铸铁、可锻铸铁	黑色
球墨铸铁	银色
碳素钢	灰色
耐酸钢或不锈钢	天蓝色
合金钢	中蓝色

注：耐酸钢或不锈钢允许不涂漆，铜合金不涂漆。

（2）表示产品密封面材料，应在传动手轮、手柄或扳手上进行识别涂漆，其颜色按表1-10-3规定。

密封面材料识别涂漆颜色　　　　　　　　　表1-10-3

密封面材料	识别涂漆颜色	密封面材料	识别涂漆颜色
青铜或黄铜	大红色	硬质合金	天蓝色
巴氏合金	淡黄色	塑料	紫红色
铝	铝白色	皮革或胶皮	棕色
耐酸钢或不锈钢	天蓝色	硬胶皮	中绿色
渗氮钢	天蓝色	直接在阀体上制作密封面	同阀体颜色

注：阀座和启闭件密封面材料不同时，按低硬度材料涂色。

（3）带有称里材料的阀门，应在连接法兰外圆表面上涂以补充识别的油漆颜色，详见表1-10-4。

衬里材料识别涂漆颜色　　　　　　　　　表1-10-4

衬里的材料	识别涂漆颜色	衬里的材料	识别涂漆颜色
搪瓷	红色	铅锑合金	黄色
橡胶及硬橡胶	绿色	铝	铝白色
塑料	蓝色		

1.10.2 阀门安装的一般规定

1. 安装前的检查与试验

（1）外观检查包括以下内容：

A. 应仔细核对阀门的型号与规格是否符合设计要求，检查阀门有无损伤，附加的法兰垫片、螺纹填料、螺栓等应齐全，无缺陷；

B. 拆卸检查阀座与阀体的结合应牢固，阀芯与阀座的结合应良好无缺陷，阀盖与阀体的结合应良好，阀门的传动装置和操作机构应动作灵活可靠，无卡涩现象；

C. 阀杆与阀芯的连接应灵活可靠，无卡住和歪斜现象；阀杆无弯曲、锈蚀，阀杆和填料压盖配合良好，螺纹无缺陷。

（2）水压试验：有出厂合格证的阀门，安装前应在每批（同牌号、同型号、同规格）数量中抽查10%，且不少于1个；对于安装于主干管上起切断作用的阀门，应逐个作强度和严密性试验。

强度试验压力为公称压力的1.5倍，严密性试验压力为公称压力的1.1倍；试验时使压力缓缓升高至试验压力，在施工质量验收规范规定的持续时间内，压力不下降，且壳体填料及阀瓣密封面无渗漏为合格。

公称压力小于1.0MPa，且公称直径≥600mm的闸阀可不单独进行强度和严密性试验，强度试验在系统试压时按管道系统的试验压力进行，严密性试验可用印色等方法对闸板密封面进行检查，接合面应连续。

阀门的强度和严密性试验应用洁净水进行，当工作介质为轻质石油或温度大于120°的石油蒸馏产品的阀门，应用煤油进行试验。

A. 阀门强度试验时应注意：

a. 试验闸阀和截止阀应把闸板或阀瓣打开，压力从通路一端引入，另一端堵塞；试验带有旁通的阀件，旁通阀也应打开。

b. 试验止回阀，压力应从进口端引入，出口一端堵塞。

c. 试验直通旋塞，塞子应调整到全开状态，压力从通路一端引入，另一端堵死；试验三通旋塞时，应把塞子轮流调整到全开的各个位置进行试验。

B. 阀门严密性试验时应注意：

a. 试验闸阀时，应将闸板紧闭，介质从阀的一端引入压力，在另一端检查其严密性；在压力逐渐消除后，再从阀的另一端引入压力，反方向的一端检查其严密性；对双闸板的闸阀，是通过两闸板之间阀盖上的螺孔引入压力，从阀的两端检查其严密性。

b. 试验截止阀时，阀杆应处于水平位置，将阀瓣关闭，介质按阀体上箭头所指示的方向供给，在阀的另一端检查其严密性。

c. 试验直通旋塞时，应将旋塞调整到全关状态，压力介质从一端引入，于另一端检查其严密性，然后将塞子旋转180°重复进行试验；试验三通旋塞时，应将塞子轮流调整到各个关闭位置，引入压力后在塞子关闭的另一端检查其严密性。

d. 试验止回阀时，压力从介质出口一端引入，在进口一端检查其严密性；

e. 阀体、阀盖的连接部分及填料部分的严密性，应在阀件开启的情况下进行。

f. 严密性试验不合格的阀门，必须解体检查，并重新试验；试验合格的阀门应及时排净内部积水，边吹干，密封面应涂防锈油（需脱脂阀门除外），然后关闭阀门，封闭进出口，做出明显的标记。

2. 阀门安装的一般规定

（1）直径较小的阀门，运输和使用时不得随手抛扔；较大直径的阀门吊装时，钢丝绳应系在阀体上；使手轮、阀杆、法兰螺孔受力的吊装方法均是不允许的。

（2）阀门安装的位置不应妨碍设备、管道及阀体本身的拆装、检修和操作，严禁埋于地下；直埋或地沟内管道上的阀门处，应设置检查井室以便阀门的启闭及调节。

（3）在同一工程中宜采用相同类型的阀门，以便识别及检修时部件的代换；在同一房间内，同一设备上安装的阀门，应使其排列对称、整齐美观；立管上的阀门以手柄距地面 $1\sim1.2m$ 为宜。

（4）阀门安装时应保持关闭状态，并注意阀门的特性及介质流向。

（5）水平管道上安装的阀门，其阀杆和手轮应垂直向上，或向左右偏斜 $45°$ 安装，而不得将手轮垂直向下倒装；垂直管路上阀门的阀杆，必须顺着操作巡回路线方向安装；高空管道上的阀门，阀杆和手轮可水平安装，用垂向低处的传动链条远距离操纵阀门的启闭。

（6）并排水平管道上的阀门，为了缩小管道间的间距，应将阀门错开布置；并排垂直管道上的阀门中心线标高最好一致，手轮之间的净距应 $\geqslant 100mm$。

（7）阀门安装应使阀门两侧连接的管道处于同一中心线上，当因管螺纹加工的偏斜、法兰与管子装配焊接的不垂直，使管中心线出现偏斜时，严禁在阀门处冷加力调直，以免损坏阀体。

（8）与阀门内螺纹连接的管螺纹，其工作长度应比标准的短螺纹少两扣丝；小直径阀门在螺纹连接中需拆卸阀的压盖和阀杆手轮才能转动时，应先将阀闸板提起（开启一定程度）再加力拧动和拆卸压盖，否则，阀版全闭时，加力拧动压盖易将阀杆拧断。

（9）阀门大部分系铸件，强度较低，与管道连接时，不得强行拧紧法兰连接螺栓，以防阀体变形或损坏；安装螺纹连接的阀门时，在阀门的出口处应装设活接头，以便拆装。

（10）管道上安装较重阀门时应设置阀架，水泵、换热器、容器等设备上的管道接口不应承受阀门和管线的重量，在上述设备上设置公称直径大于 $80mm$ 的阀门应加支架。

（11）靠电力驱动的阀门，其电源应安全可靠；与电接点压力表连接的电磁阀，压力表限定的压力值应灵敏可靠；所有自动控制，报警系统安装的阀门，需经运行调试后方能保证使用的可靠。

1.10.3 常用阀门的安装

1. 闸阀、止回阀、球阀和旋塞阀的安装

（1）闸阀（又称闸板阀）：是利用手轮控制闸板的升降，改变闸板与阀座间的相对位置，即改变通道大小，使介质流速改变或启闭通道的阀门；阀体内腔两侧对称，闸板与介质流向垂直，允许介质从任意一端流入或流出，流体流经时不改变流向，局部损失阻力较小；但严密性较差，尤其是频繁开启时，阀板与阀座之间密封面易受冲刷磨损；闸阀宜全开或全闭，适用于经常保持全开或全关的场合，不宜作节流和调节用。

A. 闸阀具有结构复杂、尺寸较大、流体阻力最小、开启缓慢、闭合面磨损较快等特点。

B. 闸阀主要用于给水，压缩空气等低压管路，但不能用于介质中含沉淀物的管路，很少用于蒸汽管路。

C. 根据闸板的结构形状不同，闸阀可分为楔式闸阀（闸板像一个楔子插在阀座上，多为单闸板）和平行式闸阀（闸板由两块对称平行放置的圆盘组成）；根据闸阀启闭时阀杆运动情况的不同，闸阀又可分为明杆式（旋转手轮时，阀杆和闸板作上下升降运动，闸板开度清楚）和暗杆式（旋转手轮时，只能使阀杆作旋转运动而不能上下升降，闸板可作上下升降运动，开启程度难于观察）。

明杆式闸阀的优点是能够通过阀杆上升高度来判断通道的开启程度，但缺点是占空间高度大，因阀杆易锈蚀，加快磨损，明杆式闸阀不宜安装在地下；暗杆式闸阀的优缺点则相反，见图 1-10-1。

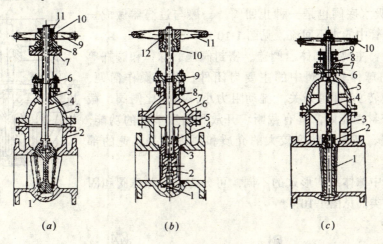

图 1-10-1　闸阀
(a) 楔式闸阀
1—楔式闸板；2—阀体；3—阀盖；4—阀杆；5—填料；6—填料压盖；7—套筒螺母；8—压紧环；9—手轮；10—键；11—压紧螺母
(b) 平行式闸阀
1—平行式的双闸板（圆盘）；2—楔块；3—密封圈；4—铁箍；5—阀体；6—阀盖；7—阀杆；8—填料；9—填料压盖；10—套筒螺母；11—手轮；12—键或紧固螺钉
(c) 暗杆式闸阀
1—楔式闸板；2—套筒螺母；3—阀体；4—阀杆；5—阀盖；6—止推凸肩；7—填料涵法兰；8—填料；9—填料压盖；10—手轮

(2) 止回阀：又称单向阀或逆止阀，是利用阀前阀后介质的压力差而自动启闭，用来防止有压流体在管道中逆向流动的一种自动阀门，根据阀门结构形式的不同，常用的有旋启式、升降式和弹簧式三种，见图 1-10-2。

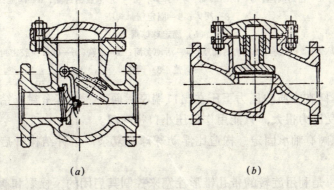

图 1-10-2　止回阀
(a) 旋启式止回阀；(b) 升降式止回阀

A．止回阀可用于泵、压缩机管路，疏水器的排水管上，以及防止介质逆向流动的管道，要求冲击力小，流阻低；当介质流量范围波动大时，止回阀应设缓冲装置。

B．止回阀结构简单、无传动装置，安装时应注意流体流动方向，切勿反接；为保证止回阀阀盘的启闭灵活，工作可靠，直通升降式止回阀应安装在水平管道上，并使阀盘的轴线垂直于水平面，其密封性好，噪声较小；旋启式止回阀，只要保证摇板的旋转枢轴呈水平，可安装在水平或垂直管道上；其密封性差，噪声较大。

C．水泵吸水底阀也是一种止回阀，一般与过滤器做成一体，保持吸入管中的水不回流，见图1-10-3。

(3) 球阀：主要由阀体、阀盖、密封阀座、球体和阀杆等组成，带孔的球体是球阀中的主要启闭件；球阀操作简便，开关迅速，旋转90°即可开关，流动阻力小，结构比闸阀、截止阀简单，密封性能好，具有截断、开放和适度节流的功能，主要用于低温、高压及粘度较大的介质和要求开关迅速的部位。

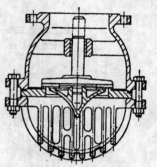

图1-10-3 吸水底阀

根据球阀中球体结构形式的不同，可分为浮动球球阀和固定球球阀两大类，见图1-10-4。

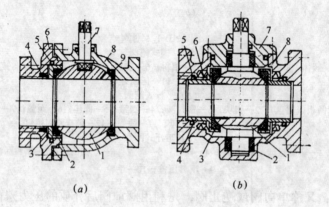

图1-10-4 球阀
(a) 浮动球球阀
1—浮动球；2—密封阀座；3—活动套筒；4—弹簧；5—O形橡胶密封圈；6—阀盖；7—阀杆；
8—阀体；9—固定密封阀座
(b) 固定球球阀
1—球体；2—轴承；3—密封阀座；4—活动套筒；5—弹簧；6—O形橡胶密封圈；
7—阀盖；8—阀体

A．浮动球球阀在介质的压力下压在出口端密封面上，使其密封，结构简单、密封性好，但密封面承受压力很大，只能用作低压小口径阀门。

B．固定球球阀有轴承固定，构造比浮动球球阀复杂，这种结构开启省力，适用于高压大口径的阀门。

(4) 旋塞阀：是利用旋转的带孔锥形栓塞来控制其启闭的，栓塞和阀体以圆锥形的压合面相配，当把手旋转栓塞时，即可勾通或截断管路。旋塞阀结构简单、体积小、操作方便、启闭迅速、阻力甚小、经久耐用，但研磨费时费工。

A．根据连接方式的不同，旋塞阀可分为螺纹连接和法兰连接两种，见图 1-10-5。根据流动介质的不同，旋塞阀可分为：

a．直通旋塞阀：流体在阀内的流向不变；

b．三通旋塞阀：流体在阀内的流向决定于栓塞的位置，可使三路全通，三路全不通或任意两路相通；三通旋塞阀主要是用来将流体导向管路的某一支路，或者关断流向某一支路的流体。

B．旋塞阀一般用于压力表、水位表前的管路，也适用于温度≤120℃，压力≤1.0MPa输送压缩空气或废蒸汽 — 空气混合的管路作切断、分配及改变介质流向用。

2．截止阀的安装

(1) 早期的截止阀阀体多呈球形，俗称球形阀。截止阀是通过手轮的旋转来调节阀芯与阀座的间距（逆时针转动手轮为开启，此时丝杆外露，手轮下降；反之，顺时针旋转手轮，截止阀关闭，手轮升至丝杆顶端），阀芯沿轴线作直线运动，改变流体通道的大小，从而控制阀门开度的大小，因密封面间无摩擦，使用寿命长；流体流经截止阀时要改变方向，其严密性较高，但局部阻力损失增大；可用于频繁启闭并需要调节流量的场所，但不宜用于双向流动的工艺管道，见图 1-10-6。

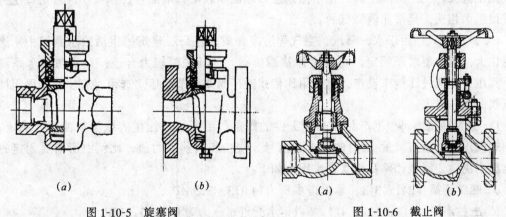

图 1-10-5　旋塞阀
(a) 螺纹连接旋塞阀；(b) 法兰连接旋塞阀

图 1-10-6　截止阀
(a) 螺纹连接截止阀；(b) 法兰连接截止阀

(2) 截止阀具有启闭容易、操作可靠、易于调节流量，流体阻力较大，结构复杂、启闭缓慢等特点；主要用于给水、压缩空气、蒸汽等各种管道系统中，但不能用于粘度较大，含悬浮物与易结晶的料液管路中。

(3) 正常情况下对截止阀应按"低进高出"的方向安装，即首先看清阀两端阀孔的高低，使进入管接于阀孔低一侧，出口管接于阀孔高的一侧；这样安装流体阻力小，开启较省力，阀门在关闭时，阀芯正面朝向压力高的一方，密封性好，介质不易泄漏，且阀门也易于开启。

(4) 截止阀除直通式阀体外，还有直角式截止阀（可以安装在管道转弯处）和斜角式截止阀（主要用于改善介质的流动性能）。

3．减压器及减压孔板的安装

减压器的安装是以阀组的形式出现的，阀组由减压阀、前后控制阀，压力表、安全阀、冲洗管及冲洗阀、旁通管及旁通阀等组成；组装后的阀组则称为减压器。

(1) 分类及选型：减压阀是将介质压力减低并达到所需要求值的自动调节阀，按其结构形式可分为：薄膜式、活塞式、波纹式三类，其安装形式见图 1-10-7。

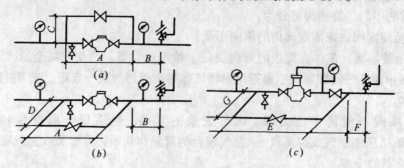

图 1-10-7 减压器安装
(a) 活塞式旁通管垂直安装；(b) 活塞式旁通管水平安装；
(c) 薄膜式、波纹式旁通管水平安装

A．薄膜式和波纹式减压阀均是利用弹簧的阻力作用维持阀前阀后压力的平衡，可在正常的压力范围内任意调节出口压力。

B．活塞式减压阀是利用阀内浮筒活塞两端不同截面积造成的压力差改变阀后压力，此种减压阀又称比例式减压阀，由于活塞进口端面积较出口端面按比例减小，故出口压力与进口压力相比，是按比例降低的。

C．减压阀只适用于水、蒸汽、空气等洁净介质，在高层建筑的生活给水系统中，流量变化大，压力要求不固定，可选用弹簧减压阀，现场调试较为合适；在消防给水系统中，其压力是通过比例来设定，可选用比例式减压阀来调节水压，选用时应注意不得超过减压阀的减压范围。

D．弹簧减压阀可根据产品样本中提供的阀前阀后压力及流量表或流量曲线来确定；比例式减压阀必须按流量-压力曲线来选型号、规格和阀前压力值，比例由所需要固定的出水压力决定，标准比例及承受进水压力如下：

a．螺纹连接：2:1；3:1；承受进水压力为 0.3～3.5MPa；

b．法兰连接：2:1；3:1；4:1；5:1；承受进水压力为 0.2～3.5MPa。

(2) 减压器安装的注意事项：根据设计要求或用途，减压器的组装可用螺纹连接，也可采用焊接；公称直径 $DN25～DN40$ 的减压器一般配以三通、弯头、等管件采用螺纹连接，组装后的减压器两侧应带有活接头，以便和管道进行连接。

A．减压阀有方向性，安装时应按阀体外表所示箭头方向安装，减压阀应垂直安装在水平管道上，并考虑调试及维修的方便。

B．减压阀前应安装 Y 型滤污器，滤污器内配铜质过滤网，通常采用 40 目格网，滤污器应引出装有阀门的排水管接至污水池，以便及时排污。

C．预组装及现场组装的减压阀组各部件应与所连接的管道处于同一中心线上，带均压管的减压器，均压管应连接在低压管道一侧。

D．一般减压前的管径应与减压阀的公称直径相同，减压阀的出口管径宜比进口管径大 2～3 号；旁通管的管径一般应比减压阀公称直径小 1～2 号，当减压阀需要检修时，即可通过旁通管不间断地工作。

E. 当设计未明确规定时，减压阀的进出口两侧应设置截断阀门，并应分别安装高、低压压力表，以利于现场调试及检测减压阀的运行状态。

F. 当介质压力较高时，减压阀后须装安全阀，以防减压阀失效时损坏下游管路上的用水器具；公称直径≤50mm 的减压阀，应配以弹簧式安全阀；公称直径≥70mm 的减压阀，应配以杠杆式安全阀；安全阀的压力设定值通常比减压阀出口压力高 20%，口径约为减压阀的 1/2 或比减压阀的公称直径小 2 号管径。

G. 减压阀组的安装高度为：沿墙敷设时离地面 1.2m；平台敷设时离永久性操作平台 1.2m。

H. 蒸汽系统的减压器前应设疏水阀，波纹管式减压阀用于蒸汽时，波纹管应朝下安装。

(3) 减压器的冲洗：减压阀是相当灵敏的水力装置，外来赃物将对它造成严重损坏，施工完毕，在系统试压后应对所有管路进行严格冲洗；此时，关闭减压器的进口阀，打开旁通管上的阀门进行冲洗；待冲洗达到要求，系统投入运行时，关闭旁通管上的阀门，打开减压器的进口阀使介质减压运行。

(4) 减压孔板（节流孔板）的安装：在供暖系统的用户入口处、高层建筑给水系统及消防系统的较低楼层，常用减压孔板调节压力。常用的减压孔板有不锈钢制，铝合金制两种，减压孔板夹装在两块法兰中间。

4．疏水器的安装

(1) 疏水阀的功能及类型：在蒸汽管道系统中，疏水阀能自动地间歇的排除蒸汽管道、加热器、散热器等蒸汽设备中的凝结水，却能防止蒸汽流过，防止管道中发生水锤冲击，以节约热能，其工作状况对蒸汽系统运行的可靠性与经济性影响极大；常用的疏水阀有浮球式、钟形浮子式、浮桶式、热动力式、脉冲式等类型（见图 1-10-8）；选择疏水阀时，主要根据需要排除的冷凝水量和疏水阀前后的压差来选择。

(2) 疏水器的组成：疏水阀大多经预组装成疏水器，最后用螺纹连接（用于热动力型疏水阀不带旁通管的安装）或焊接的方法安装于管路系统中；疏水器由疏水阀、前后控制阀（宜采用截止阀）、冲洗管及冲洗阀、检查管及控制阀、旁通管及旁通阀组成。

(3) 疏水器有带旁通和不带旁通（多用于热动力型疏水阀）两种形式，旁通管的可拆卸件，丝扣连接为活接头，焊接为法兰；几种型式疏水阀的性能比较见表 1-10-5。

各种疏水阀的疏水性能比较　　表 1-10-5

比较项目	热动力型	脉冲型	钟形浮子型
能否在蒸汽压力下排水	要过冷 7~9℃	要过冷约 6℃	能
蒸汽泄漏量	<3%	1%~2%	2%~3%
动作性能	较可靠	较差	可靠
耐久性	较好	较差	差
结构大小	小	最小	大
允许背压为进口压力（%）	≥50%	≥25%	≥95%
安装方向	各方向	水平	水平

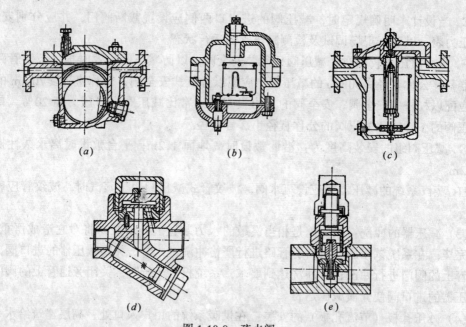

图 1-10-8 疏水阀
(a) 浮球式；(b) 钟形浮子式；(c) 浮桶式；(d) 热动力式；(e) 脉冲式

(4) 疏水器的安装：

A. 疏水器一般安装在蒸汽管的下端、补偿器的低处，流量计或减压阀之前的便于检修的地方，阀体的垂直中心线与水平面应垂直，不可倾斜，以利阻气排水，并使介质的流动方向与阀体一致。

B. 疏水器的进口端应安装过滤器，以定期清除积存污物，保证疏水阀孔不被堵塞；在螺纹连接的管路系统中安装时，组装的疏水器两端应安装活接头。

C. 疏水器前应设放气管，排放空气或不凝性气体，以减少系统内气堵现象；当凝结水不需回收而直接排放时，疏水器后可不设截断阀。

D. 疏水器的管道公称直径 $DN \leqslant 32mm$ 的采用丝扣连接及螺纹截止阀，$DN \geqslant 40mm$ 的采用焊接及法兰截止阀；疏水器管道水平敷设时，管道应坡向疏水阀，以防止水击现象。

E. 旁通管主要是在管道开始运行时用来排放大量的凝结水，在运行中及检修疏水器时，用旁通管排放凝结水会使蒸汽窜入回水系统，影响其他用热设备和管网回水压力的平衡，在小型蒸汽系统中不宜装设旁通管。

F. 蒸汽干管变坡"翻身"处的疏水器应安装在设备的下部，以防设备积水，为防止回水管网窜汽后疏水器背压升高，使汽及凝结水倒灌，应设置止回阀。

5. 安全阀安装

安全阀是一种根据介质工作压力而自动启闭的阀门，即当介质工作压力超过规定值时，能自动地将阀盘开启，并将过剩的介质排除，使之不超压而安全运行；当压力排放到低于规定值时，阀盘又能自动关闭。

(1) 安全阀的类型（见图1-10-9）：按结构形式分为：

A. 弹簧式

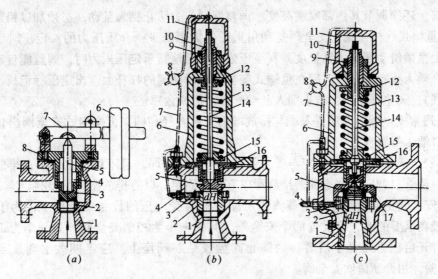

图 1-10-9 安全阀
(a) 杠杆重锤式安全阀
1—阀体；2—阀座；3—阀盘；4—导向套筒；5—阀杆；6—重锤；7—杠杆；8—法盖
(b) 弹簧微启式安全阀；(c) 弹簧全启式弹簧安全阀
1—阀体；2—阀座；3—调节圈；4—定位螺钉；5—阀盘；6—阀盖；7—保险铁丝；8—保险铅封；9—锁紧螺母；10—套筒螺丝；11—安全护罩；12—上弹簧座；13—弹簧；14—阀杆；15—下弹簧座；16—导向套；17—反冲盘

单弹簧安全阀	A27W-10 型、螺纹连接
双弹簧微启式安全阀	A37H-16 型、法兰连接
带扳手微启式弹簧安全阀	A47H-16、法兰连接
带扳手全启式弹簧安全阀	A48H-16、法兰连接

B．杠杆重锤式

a．微启式：阀瓣提升高度为阀芯直径的 1/15～1/40，泄漏量小，汽水损失少，暖卫工程中使用较多；

b．全启式：阀瓣的提升高度≥阀芯直径的 1/4，泄放量大，锅炉中广泛使用；

c．速启式：超压式启动迅速。

(2) 安全阀的安装

A．安装前应对产品进行认真检查，验明有无产品合格证及说明书，以便了解出厂时的定压情况；检查产品有无铅封及完好程度；检查产品外观有无损伤。

对铅封破坏，出厂定压与设计工作压力要求不符的，均应重新进行强度试验及严密性试验，以确保使用安全。

B．安全阀应尽量布置在便于检查和维修的地方，安全阀应垂直安装以保证管道系统畅通，安装方向应使介质由阀瓣的下面向上流，一般安全阀的前后均不得装设切断阀。

C．安全阀定压：用水压或气压试验方法，按设计或规范要求的压力值进行安全阀泄放压力的定压，每个安全阀启闭试验不得少于 3 次。

a．弹簧式安全阀是利用弹簧预紧力来平衡内压的，定压时用安全阀自带扳手或用螺丝刀调整弹簧对阀盘的压紧程度，使阀盘在指定的工作压力下能自动开启；对于弹簧全启式安全阀，还须调节其内部喷嘴高度。调整好后，为防止别人乱动，必须加以铅封。

b．重锤式（杠杆式）安全阀是利用重锤的力矩来平衡介质压力的，定压时应使重锤在杠杆上微微滑动调整力臂长度，直至压力表准确地指示定压压力时，阀盘能自动开启开始泄放介质为止；定压后，应在重锤式安全阀重锤两侧的杠杆上画出定压标记线（油漆线或锯痕线）；调整好后，为防止别人乱动，必须用铁盒罩住。

D．通常安全阀的介质进入端与排放端的公称直径相同，但全启式安全阀出口端直径大于进口端 1 号管径。

E．安全阀排放管的直径应与安全阀排出口直径相同，且不得随意缩小；排放管应引向室外，使管口朝向安全地带；排放管应有牢固固定，以防排放振动的影响。

F．安全阀主要设置在使用蒸汽、压缩空气等受内压的设备或管路上，为了安全起见，一般在重要的地方都设置两个安全阀，其中一个为控制安全阀，另一个为工作安全阀，前者开启压力略低于后者；为防止阀盘胶结在阀座上，应定期做手动或自动放汽（水）试验，用介质清吹安全阀。

6．蝶阀的应用

(1) 蝶阀的组成及动作原理

碟板在阀体内绕固定旋转轴旋转达到开闭或调节的阀门称为碟阀，见图 1-10-10。

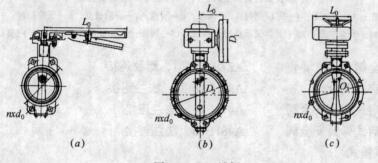

图 1-10-10 蝶阀
(a) 手动蝶阀；(b) 蜗轮传动蝶阀；(c) 电动蝶阀

A．蝶阀主要由阀体、阀门板、阀杆与驱动装置等组成，碟阀是通过旋转手柄即旋转阀杆带动蝶板转动（0°～90°）达到启闭的目的；也可通过控制蝶板转动角度不同来控制管道系统内介质的流量大小，具有调节流量的功能；当蝶板关闭（顺时针旋转手柄）时，密封面间有一定过盈量以保证初始密封，在介质作用下，使橡胶或塑料密封圈与相接触的密封面产生弹性变形，造成足够的密封比压，从而达到密封效果。

B．早期的蝶阀其截流性能并不如意，随着工艺加工技术和材料工业的发展，蝶阀已经广泛地应用于各种管道系统中；适用于各种口径，特别是大口径的水、风、煤气等介质作切断和节流用，一般不适用于高温高压的场所。

(2) 蝶阀的特点

A．切断性能好：关闭后严密不漏，但橡胶密封圈容易老化而失去弹性；在相同流通条件下蝶阀拥有高流通量。

B．阀杆处泄漏极少：碟阀在阀门启闭时，阀杆只作 90°旋转，其行程比闸阀或截止阀启闭时短，不会像直线行走的闸阀或截止阀的阀杆，将垫料翻出或者将粘在阀杆上带腐蚀性的尘埃带入垫料，从而保证90°旋转蝶阀阀杆处的泄漏极小。

  C. 较好的调节性能：除截止阀外，蝶阀亦被用作调节流量和控制启闭，但不能精确地调节流量。

  D. 耐腐蚀性：橡胶或者塑料衬里的碟阀其阀体及阀板具有耐腐蚀性，比用特殊材料制造的截止阀大大节约成本。

  E. 结构简单、外形尺寸小、重量轻、流阻小、开闭迅速、省力，便于安装维修。

  F. 易于配备自控执行机构：碟阀可以配置手动执行机构及气动、电动、液压执行机构，可作为切断式开关阀，也可以配置定位器后作为自动控制调节阀用。

  (3) 几种蝶阀的结构及性能

  A. 中心对称阀板弹性阀座碟阀：阀杆与密封面中心在一条中心线上，其密封性能是依靠密封面的初始过盈量来实现的，具有良好的防内漏和防外漏性能。

  该阀初期使用效果很好，但经过一段时间的运行，橡胶密封圈产生部分塑性变形后，就会出现泄漏；若增加橡胶密封圈的含胶量，提高弹性，同时提高蝶板边缘接触面的光滑度，实践证明，可提高该阀的密封效果2~3倍。

  B. 双偏心碟阀：阀杆不在阀板的中心，呈双偏心。第一个偏心是指阀座的密封面和阀杆中心偏离，在阀门关闭时，阀板和阀座保持360°密封；第二个偏心是指阀板中心线偏离阀座的垂直中心，蝶板从开到关形成凸轮效应，使密封圈与阀座密封面产生自紧作用；由于双偏心的原理，只要蝶板一启动，密封圈就离开密封点，即在行程接近结束时，阀板和阀座才开始接触，减少了阀门启闭时的转矩和阀座密封面的磨损，密封效果很好。

  C. 三偏心蝶阀：在双偏心的基础上，又增加了偏心锥形角，它不仅有凸轮的作用，而且消除了在阀的行程中，密封件和阀座之间所有的接触摩擦，从而延长了阀门的寿命。

1.11　给水排水及采暖工程施工

1.11.1　基本规定

1. 材料设备管理

(1) 建筑给水排水及采暖工程所使用的主要材料、成品、半成品、配件、器具和设备必须具有中文质量合格证明文件，规格、型号及性能检测报告应符合国家技术标准或设计要求。进场时应做检查验收，并经监理工程师核查确认。

(2) 所有材料进场时应对品种、规格、外观等进行验收；包装应完好，表面无划痕及外力冲击破损。

(3) 主要器具和设备必须有完整的安装使用说明书，在运输、保管和施工过程中，应采取有效措施防止损坏或腐蚀。

(4) 阀门安装前，应做强度和严密性试验，试验应在每批（同牌号、同型号、同规格）数量中抽查10%，且不少于1个；对于安装在主干管上起切断作用的闭路阀门，应逐个做强度和严密性试验。

(5) 阀门的强度和严密性试验，应符合以下规定：阀门的强度试验压力为公称压力的1.5倍；严密性试验压力为公称压力的1.1倍；试验压力在试验持续时间内应保持不变，且壳体填料及阀瓣密封面无渗漏，阀门试压的试验持续时间应不少于表1-11-1的规定。

阀门试验持续时间 表1-11-1

公称直径 （mm）	最短试验持续时间 （s）		强度试验
	严密性试验		
	金属密封	非金属密封	
≤50	15	15	15
65～200	30	15	60
250～450	60	30	180

（6）管道上使用冲压弯头时，所使用的冲压弯头外径应与管道外径相同。

2．施工过程质量控制

（1）建筑给水排水及采暖工程与相关各专业之间应进行交接质量检验，并形成记录。

（2）隐蔽工程应在隐蔽前经验收各方检验合格后才能隐蔽，并形成记录。

（3）管道和设备安装前，应清除内部污垢和杂物，安装中断或完毕的敞口处，应临时封闭。

（4）地下室或地下构筑物外墙有管道穿过时，应采取防水措施；对有严格防水要求的建筑物，必须采用柔性防水套管。

（5）管道穿过伸缩缝、抗震缝及沉降缝敷设时，应根据情况采取下列保护措施：

A．在墙体两侧采取柔性连接；

B．在管道或保温层外皮上，下部留有不小于150mm的净空；

C．在穿墙处做成方形补偿器，水平安装。

（6）在同一房间内，同类型的采暖设备、卫生器具及管道配件，除有特殊要求外，应安装在同一高度上。

（7）明装管道成排安装时，直线部分应互相平行；曲线部分：当管道水平或垂直并行时，应与直线部分保持等距，管道水平上下并行时，弯管部分的曲率半径应一致。

（8）管道支、吊、托架的安装，应符合下列规定：

A．位置正确，埋设应平整牢固；

B．固定支架与管道接触应紧密，固定应牢靠；

C．滑动支架应灵活，滑托与滑槽两侧间应留有3～5mm的间隙，纵向移动量应符合设计要求；

D．无热伸长管道的吊架、吊杆应垂直安装；有热伸长管道的吊架，吊杆应向热膨胀的反方向偏移；

E．固定在建筑结构上的管道支、吊架，不得影响结构的安全。

（9）钢管水平安装的支、吊架间距不应大于表1-11-2的规定。

钢管管道支架的最大间距 表1-11-2

公称直径（mm）		15	20	25	32	40	50	70	80	100	125	150	200	250	300
支架的最大间距（m）	保温管	2	2.5	2.5	2.5	3	3	4	4	4.5	6	7	7	8	8.5
	不保温管	2.5	3	3.5	4	4.5	5	6	6	6.5	7	8	9.5	11	12

（10）采暖、给水及热水供应系统的塑料管及复合管垂直或水平安装的支架间距应符合表 1-11-3 的规定。采用金属制作的管道支架，应在管道与支架间加衬非金属垫或套管。

塑料管及复合管管道支架的最大间距　　　　　　　　　　表 1-11-3

管径（mm）		12	14	16	18	20	25	32	40	50	63	75	90	110
最大间距（m）	立管	0.5	0.6	0.7	0.8	0.9	1.0	1.1	1.3	1.6	1.8	2.0	2.2	2.4
	水平管 冷水管	0.4	0.4	0.5	0.5	0.6	0.7	0.8	0.9	1.0	1.1	1.2	1.35	1.55
	水平管 热水管	0.2	0.2	0.25	0.3	0.3	0.35	0.4	0.5	0.6	0.7	0.8	—	—

（11）铜管垂直或水平安装的支架间距应符合表 1-11-4 的规定。

铜管管道支架的最大间距　　　　　　　　　　表 1-11-4

公称直径（mm）		15	20	25	32	40	50	65	80	100	125	150	200
支架的最大间距（m）	垂直管	1.8	2.4	2.4	3.0	3.0	3.0	3.5	3.5	3.5	3.5	4.0	4.0
	水平管	1.2	1.8	1.8	2.4	2.4	3.0	3.0	3.0	3.0	3.0	3.5	3.5

（12）采暖、给水及热水供应系统的金属管道立管管卡安装应符合下列规定：

A．楼层高度小于或等于 5m，每层必须安装 1 个；楼层高度大于 5m，每层不得少于 2 个。

B．管卡安装高度，距地面为 1.5～1.8m，2 个以上管卡应匀称安装，同一房间管卡应安装在同一高度上。

（13）管道及管道支墩（座），严禁铺设在冻土和未经处理的松土上。

（14）管道穿过墙壁和楼板，应设置金属或塑料套管；安装在楼板内的套管，其顶部应高出装饰面 20mm，底部与楼板底面平齐；安装在卫生间及厨房内的套管，其顶部应高出装饰面 50mm；底部应与楼板底面相平；安装在墙壁内的套管其两端与饰面相平。穿过楼板的套管与管道之间缝隙应用阻燃密实材料和防水油膏填实，端面光滑；穿墙套管与管道之间缝隙应用阻燃密实材料填实，且端面应光滑；套管直径比管径大 2 号，管道接口不得设在套管内。

（15）弯制钢管，弯曲半径应符合下列规定：

A．热弯：应不小于管道外径的 3.5 倍；

B．冷弯：应不小于管道外径的 4 倍；

C．焊接弯头：应不小于管道外径的 1.5 倍；

D．冲压弯头：应不小于管道外径。

弯管的椭圆率：管径≤150mm 的，不得大于 8%；150＜管径≤200mm 的，不得大于 6%。

管壁减薄率不得超过原壁厚的 15%。

折皱不平度：管径≤125mm 的，不得超过 3mm；125＜管径≤200mm 的，不得超过 4mm。

(16) 管道接口应符合下列规定：

A. 管道采用粘接接口，管端插入承口的深度不得小于表 1-11-5 的规定。

管端插入承口的深度 (mm)　　　　　　　表 1-11-5

公称直径	20	25	32	40	50	75	100	125	150
插入深度	16	19	22	26	31	44	61	69	80

B. 熔接连接管道的结合面应有一均匀的熔接圈，不得出现局部熔瘤或熔接圈凸凹不均现象。

C. 采用橡胶圈接口的管道，允许沿曲线敷设，每个接口的最大偏转角不得超过 2°。

D. 法兰连接时衬垫不得凸入管内，给排水管道的法兰衬垫，宜采用橡胶垫；其外边缘接近螺栓孔为宜，不得安放双垫或偏垫。

E. 连接法兰的螺栓，直径和长度应符合标准，拧紧后，突出螺母的长度不应大于螺杆直径的 1/2。

F. 螺纹连接的管道安装后的管螺纹根部应有 2~3 扣的外露螺纹，多余的麻丝应清理干净并做防腐处理。

G. 承插口采用水泥捻口时，油麻必须清洁、填塞密实，水泥应捻入并密实饱满，其接口面凹入承口边缘的深度不得大于 2mm。

H. 卡箍（套）连接两管口端应平整、无缝隙，沟槽应均匀，卡紧螺栓后管道应平直，卡箍（套）安装方向一致。

(17) 各种承压管道系统和设备应做水压试验，非承压管道系统和设备应做灌水试验。

1.11.2 室内给水管道安装

适用于工作压力≤1MPa 的室内给水和消火栓系统管道安装工程。

1. 一般规定

(1) 给水管道必须采用与管材相适应的管件；生活给水系统所涉及的材料必须达到饮用水卫生标准。

(2) 管径≤100mm 的镀锌钢管应采用螺纹连接，管子的螺纹应规整，如有断丝或缺丝，不得大于螺纹全扣数的 10%，套丝扣时破坏的镀锌层表面及外露螺纹部分应做防腐处理；

管径 >100mm 的镀锌钢管应采用法兰或卡套式专用管件连接，管道采用法兰连接时，法兰应垂直于管子中心线，其表面应相互平行，镀锌钢管与法兰的焊接处应二次镀锌。

(3) 给水塑料管和复合管可以采用橡胶圈接口、粘接接口、热熔连接、专用管件连接及法兰连接等形式；塑料管和复合管与金属管件、阀门等的连接应使用专用管件连接，不得在塑料管上套丝。

(4) 给水铸铁管管道应采用水泥捻口或橡胶圈接口方式进行连接。

(5) 铜管连接可采用专用接头或焊接，当管径小于 22mm 时，宜采用承插或套管焊接，承口应迎介质流向安装；当管径≥22mm 时，宜采用对口焊接。

(6) 给水立管和装有3个或3个以上配水点的支管始端，均应安装可拆卸的连接件。

(7) 冷热水管道同时安装应符合下列规定：

A．上下平行安装时热水管应在冷水管上方；

B．垂直平行安装时热水管应在冷水管的左侧。

(8) 给水管道与其他管道同沟或共架敷设时，应铺设在排水管、冷冻管的上面，热水管或蒸汽管的下面，给水管不宜与输送易燃或有害流体的管道同沟敷设。

2．给水管道及配件安装

主控项目：

(1) 室内给水管道的水压试验必须符合设计或规范的要求，当设计未注明时，各种材质的给水管道系统试验压力均为工作压力的1.5倍，但不得小于0.6MPa。

检验方法：金属及复合管给水管道系统在试验压力下观察10min，压力降不应大于0.02MPa，然后将试验压力降至工作压力进行检查，应不渗不漏；塑料管给水系统应在试验压力下稳压1h，压力降不得超过0.05MPa，然后在工作压力的1.15倍状态下稳压2h，压力降不得超过0.03MPa，同时检查各连接处不得渗漏（工作压力可按系统水泵扬程或城市供水管网压力选用）。

(2) 给水系统交付使用前必须进行通水试验并做好记录。

检验方法：观察和开启阀门、水嘴等放水。

(3) 生活给水系统管道在交付使用前必须冲洗（直到将污浊物冲洗干净为止）和消毒（宜采用含20～30mg/L游离氯的水灌满管道进行消毒，含氯水在管中应留置24h以上，消毒后应再次冲洗），并经有关部门取样检验，符合国家《生活饮用水标准》方可使用。

检验方法：检查有关部门提供的检验报告。

(4) 室内直埋管道（塑料管道和复合管道除外）应做防腐处理；埋地管道防腐层材质和结构应符合设计要求。

检验方法：观察或局部解剖检查。

一般项目：

(1) 给水引入管与排水排出管的水平净距不得小于1m，室内给水与排水管道平行敷设时，两管间的最小水平净距不得小于0.5m；交叉铺设时，垂直净距不得小于0.15m；给水管应铺在排水管上面，若给水管必须铺在排水管下面时，给水管应加套管，其长度不得小于排水管管径的3倍。

检验方法：尺量检查。

(2) 管道及管件焊接的焊缝表面质量应符合下列要求：

A．焊缝外形尺寸应符合图纸和工艺文件的规定，焊缝高度不得低于母材表面，焊缝与母材应圆滑过渡。

B．焊缝及热影响区表面应无裂纹、未熔合、未焊透、夹渣、弧坑和气孔等缺陷。

检验方法：观察检查。

(3) 给水水平管道应有2‰～5‰的坡度，坡向泄水装置。

检验方法：水平尺和尺量检查。

(4) 给水管道和阀门安装的允许偏差应符合表1-11-6的规定。

管道和阀门安装允许偏差和检验方法　　　　　表1-11-6

项　目			允许偏差（mm）	检验方法
水平管道纵横方向弯曲	钢管	每米	1	用水平尺、直尺、拉线和尺量检查
		全长≥25m	≤25	
	塑料管复合管	每米	1.5	
		全长≥25m	≤25	
	铸铁管	每米	2	
		全长≥25m	≤25	
立管垂直度	钢管	每米	3	吊线和尺量检查
		≥5m	≤8	
	塑料管复合管	每米	2	
		≥5m	≤8	
	铸铁管	每米	3	
		≥5m	≤10	
成排管段和成排阀门		在同一平面上间距	3	尺量检查

（5）管道支、吊架安装应平整牢固，其间距应符合1.11.1中"2.施工过程质量控制"（9）（10）（11）的规定。

检验方法：观察、尺量及手板检查。

（6）水表应安装在便于检修、不受暴晒、污染和冻结的地方；安装螺翼式水表，表前与阀门应有不小于8倍水表接口直径的直线管段（表前后直线管段长度大于300mm时，其超出管段应煨弯沿墙敷设），表外壳距离墙表面净距为10～30mm；水表进水口中心标高按设计要求，允许偏差为±10mm。

检验方法：观察和尺量检查。

3．室内消火栓系统安装

主控项目：

室内消火栓系统安装完成后应取屋顶层（或水箱间内）试验消火栓和首层取两处消火栓做试射试验，达到设计要求为合格。

检验方法：实地试射检查。

一般项目：

（1）安装消火栓水龙带，水龙带与水枪和快速接头绑扎好后，应根据箱内构造将水龙带挂放在箱内的挂钉、托盘或支架上。

检验方法：观察检查。

（2）箱式消火栓的安装应符合下列规定：

A．栓口应朝外，并不应安装在门轴侧；

B．栓口中心距地面为1.1m，允许偏差±20mm；

C．阀门中心距箱侧面为140mm，距箱后内表面为100mm，允许偏差±5mm。

D．消火栓箱体安装的垂直度允许偏差为3mm。

4. 给水设备安装

主控项目：

(1) 水泵就位前的基础混凝土强度、坐标、标高、尺寸和螺孔位置必须符合设计规定。

检验方法：对照图纸用仪器和尺量检查。

(2) 水泵试运转的轴承温升必须符合设备说明书的规定。

检验方法：温度计实测检查。

(3) 敞口水箱的满水试验和密闭水箱（罐）的水压试验必须符合设计及验收规范的规定。

检验方法：满水试验静置24h观察，不渗不漏；水压试验在试验压力下10min压力不降，不渗不漏。

一般项目：

(1) 水箱支架或底座安装，其尺寸及位置应符合设计规定，埋设平整牢固。

检验方法：对照图纸，尺量检查。

(2) 水箱溢流管和泄放管应设置在排水点附近但不得与排水管直接连接。

检验方法：观察检查。

(3) 立式水泵的减振装置不应采用弹簧减振器。

检验方法：观察检查。

(4) 室内给水设备安装的允许偏差应符合表1-11-7的规定。

室内给水设备安装的允许偏差和检验方法　　　　表1-11-7

项	目	允许偏差（mm）	检 验 方 法
静置设备	坐标	15	经纬仪或拉线尺量
	标高	±5	用水准仪、拉线和尺量检查
	垂直度	5/m	吊线和尺量检查
离心式水泵	立式泵体垂直度	0.1/m	水平尺和塞尺检查
	卧式泵体垂直度	0.1/m	水平尺和塞尺检查
	联轴器同心度 轴向倾斜	0.8/m	在联轴器互相垂直的四个位置上用水准仪、百分表或测微螺钉和塞尺检查。
	联轴器同心度 径向位移	0.1	

(5) 管道及设备保温层的厚度和平整度的允许偏差应符合表1-11-8的规定。

管道及设备保温的允许偏差和检验方法　　　　表1-11-8

项	目	允许偏差（mm）	检 验 方 法
厚	度	$+0.1\delta$；-0.05δ	用钢针刺入
表面平整度	卷材	5	用2m靠尺和楔形塞尺检查
	涂抹	10	

注：δ为保温层厚度。

1.11.3 室内排水管道安装

1. 一般规定

(1) 生活污水管道应使用塑料管、铸铁管或混凝土管（由成组洗脸盆和饮用喷水器到共用水封之间的排水管和连接卫生器具的排水短管，可使用钢管）。

(2) 雨水管道宜使用塑料管、铸铁管、镀锌和非镀锌钢管、混凝土管等。

(3) 悬吊式雨水管道应选用钢管、铸铁管或塑料管；易受振动的雨水管道（如锻造车间等）应使用钢管。

2. 排水管道及配件安装

主控项目：

(1) 隐蔽或埋地的排水管道在隐蔽前必须做灌水试验，其灌水高度应不低于底层卫生器具的上边缘或底层地面高度。

检验方法：满水 15min 水面下降后，再灌满观察 5min，液面不降、管道及接口无渗漏为合格。

(2) 生活污水铸铁管道的坡度必须符合设计或表 1-11-9 的规定。

生活污水铸铁管道的坡度 表 1-11-9

管径（mm）	标准坡度（‰）	最小坡度（‰）	管径（mm）	标准坡度（‰）	最小坡度（‰）
50	35	25	125	15	10
75	25	15	150	10	7
100	20	12	200	8	5

检验方法：水平尺、拉线尺量检查。

(3) 生活污水塑料管道的坡度必须符合设计或表 1-11-10 的规定。

生活污水塑料管道的坡度 表 1-11-10

管径（mm）	标准坡度（‰）	最小坡度（‰）	管径（mm）	标准坡度（‰）	最小坡度（‰）
50	25	12	125	10	5
75	15	8	160	7	4
110	12	6			

检验方法：水平尺、拉线尺量检查。

(4) 排水塑料管必须按设计要求及位置装设伸缩节；如设计无要求时，伸缩节间距不得大于 4m。

高层建筑中明设排水塑料管道应按设计要求设置阻火圈或防火套管。

检验方法：观察检查。

(5) 排水主立管及水平干管管道均应做通球试验，通球球径不小于排水管管径的2/3，通球率必须达到100%。

检查方法：通球检查。

一般项目：

（1）在生活污水管道上设置的检查口或清扫口，当设计无要求时应符合下列规定：

A．在立管上应每隔一层设置一个检查口，但在最低层和有卫生器具的最高层必须设置；如为两层建筑时，可仅在底层设置立管检查口；如有乙字弯管时，则在该层乙字弯管的上部设置检查口。检查口中心高度距操作地面一般为1m，允许偏差±20mm；检查口的朝向应便于检修，暗装立管，在检查口处应安装检修门。

B．在连接2个及2个以上大便器或3个及3个以上卫生器具的污水横管上应设置清扫口；当污水管在楼板下悬吊敷设时，可将清扫口设在上一层楼地面上。污水管起点的清扫口与管道相垂直的墙面距离不得小于200mm；若污水管起点设置堵头代替清扫口时，与墙面距离不得小于400mm。

C．在转角小于135°的污水横管上，应设置检查口或清扫口。

D．污水横管的直线管段，应按设计要求的距离设置检查口或清扫口。

检验方法：尺量检查。

（2）埋设在地下或地板下的排水管道的检查口，应设在检查井内；井底表面标高应与检查口的法兰相平，井底表面应有0.05的坡度，坡向检查口。

检验方法：尺量检查。

（3）金属排水管道上的吊钩或卡箍应固定在承重结构上；固定件间距：横管≤2m；立管≤3m；楼层高度≤4m，立管可安装1个固定件，立管底部的弯管处应设支墩或采取固定措施。

检验方法：观察和尺量检查。

（4）排水塑料管道支、吊架间距应符合表1-11-11的规定。

检验方法：尺量检查。

排水塑料管道支吊架最大间距 表1-11-11

管 径 (mm)	50	75	110	125	160
立 管 (m)	1.2	1.5	2.0	2.0	2.0
横 管 (m)	0.50	0.75	1.10	1.30	1.60

（5）排水通气管不得与风道或烟道连接，且应符合下列规定：

A．通气管应高出屋面300mm，但必须大于最大积雪厚度；

B．在通气管出口4m以内有门、窗时，通气管应高出门、窗顶600mm或引向无门、窗一侧。

C．在经常有人停留的平屋顶上，通气管应高出屋面2m，并应根据防雷要求设防雷装置。

D．屋顶有隔热层应从隔热层板面算起。

检验方法：观察和尺量检查。

（6）安装未经消毒处理的医院含菌污水管道，不得与其他排水管道直接连接。

检验方法：观察检查。

（7）饮食业工艺设备引出的排水管及饮用水水箱的溢流管，不得与污水管道直接连接，并应留出不小于100mm的隔断空隙。

检验方法：观察和尺量检查。

（8）通向室外的排水管，穿过墙壁或基础必须下返时，应采用45°三通和45°弯头连接，并应在垂直管段顶部设置清扫口。

检验方法：观察和尺量检查。

（9）由室内通向室外检查井的排水管，井内引入管应高于排出管或两管顶相平，并有≥90°的水流转角，如跌落差大于300mm可不受角度限制。

检验方法：观察和尺量检查。

（10）用于室内排水的水平管道与水平管道、水平管道与立管的连接，应采用45°三通或45°四通和90°斜三通或90°斜四通；立管与排出管端部的连接，宜采用两个45°弯头或曲率半径不小于4倍管径的90°弯头。

检验方法：观察和尺量检查。

（11）室内排水管道安装的允许偏差应符合表1-11-12的相关规定。

室内排水和雨水管道安装的允许偏差和检验方法　　　　　　表1-11-12

项　　目			允许偏差（mm）	检　验　方　法
坐　标			15	
标　高			±15	
横管纵横方向弯曲	铸铁管	每1m	≤1	用水准仪（水平尺）、直尺、拉线和尺量检查
		全长（≥25m）	≤25	
	钢　管	每1m　管径≤100mm	1	
		管径>100mm	1.5	
		全长（≥25m）　管径≤100mm	≤25	
		管径>100mm	≤38	
	塑料管	每1m	1.5	
		全长（≥25m）	≤38	
	钢筋混凝土管	每1m	3	
		全长（≥25m）	≤75	
立管垂直度	铸铁管	每1m	3	吊线和尺量检查
		全长（≥5m）	≤15	
	钢　管	每1m	3	
		全长（≥5m）	≤10	
	塑料管	每1m	3	
		全长（≥5m）	≤15	

3．雨水管道及配件安装

主控项目：

（1）安装在室内的雨水管道安装后应做灌水试验，灌水高度必须到每根立管上部的雨水斗。

检验方法：灌水试验持续1h，不渗不漏。

(2) 雨水管道如采用塑料管,其伸缩节安置应符合设计要求。

检验方法:对照图纸检查。

(3) 悬吊式雨水管道的敷设坡度不得小于5‰;埋地雨水管道的最小坡度,应符合表1-11-13的规定。

检验方法:水平尺、拉线尺量检查。

地下埋设雨水排水管道的最小坡度　　　　　　　　　　　表1-11-13

管 径（mm）	最小坡度（‰）	管 径（mm）	最小坡度（‰）
50	20	125	6
75	15	150	5
100	8	200～400	4

一般项目:

(1) 雨水管道不得与生活污水管道相连接。

检验方法:观察检查。

(2) 雨水斗管的连接应固定在屋面承重结构上,雨水斗边缘与屋面相连处应严密不漏;连接管管径当设计无要求时,不得小于100mm。

检验方法:观察和尺量检查。

(3) 悬吊式雨水管道的检查口或带法兰堵口的三通的间距不得大于表1-11-14的规定。

检验方法:拉线、尺量检查。

悬吊管检查口间距　　　　　　　　　　　表1-11-14

悬吊管直径（mm）	检查口间距（m）
≤150	≤15
≥200	≤20

(4) 雨水管道安装的允许偏差应符合1.11.3"2.排水管道及配件安装""一般项目"第(11)条的规定。

(5) 雨水钢管管道焊接的焊口允许偏差应符合表1-11-15的规定。

钢管管道焊口允许偏差和检验方法　　　　　　　　　　　表1-11-15

项　　目		允许偏差	检验方法
焊口平直度	管壁厚10mm以内	管壁厚1/4	焊接检验尺和游标卡尺检查
焊缝加强面	高度	+1mm	
	宽度		
咬边	深度	小于0.5mm	直尺检查
	长度　连续长度	25mm	
	总长度（两侧）	小于焊缝长度的10%	

1.11.4 室内热水供应系统安装

适用于工作压力≤1.0MPa，热水温度不超过75℃的室内热水供应管道的安装工程。

1. 一般规定

(1) 热水供应系统的管道应采用塑料管、复合管、镀锌钢管和铜管。

(2) 热水供应系统管道及配件的安装，应按1.11.2"2.给水管道及配件安装"的相关规定执行。

2. 管道及配件安装

主控项目：

(1) 热水供应系统安装完毕，管道保温之前应进行水压试验，试验压力应符合设计要求；当设计未注明时，热水供应系统水压试验压力应为系统顶点工作压力加0.1MPa，同时在系统顶点的试验压力不得小于0.3MPa。

检验方法：钢管或复合管道系统试验压力下10min内压力降不大于0.02MPa，然后降至工作压力检查，压力应不降，且不渗不漏；塑料管道系统在试验压力下稳压1h，压力降不得超过0.05MPa，然后在工作压力1.15倍状态下稳压2h，压力降不得超过0.03MPa，连接处不得渗漏。

(2) 热水供应管道应尽量利用自然弯补偿热伸缩，直线段过长则应设置补偿器；补偿器型式、规格、位置应符合设计要求，并按有关规定进行预拉伸。

检验方法：对照设计图纸检查。

(3) 热水供应系统竣工后必须进行冲洗。

检验方法：现场观察检查。

一般项目：

(1) 管道安装坡度应符合设计规定。

检验方法：水平尺、拉线尺量检查。

(2) 温度控制器及阀门应安装在便于观察和维护的位置。

检验方法：观察检查。

(3) 热水供应管道和阀门安装的允许偏差应符合1.11.2"2.给水管道及配件安装"中"一般项目"第(4)条的规定。

(4) 热水供应系统管道应保温（浴室内明装管道除外），保温材料、厚度、保护壳等应符合设计规定；保温层厚度和平整度的允许偏差应符合1.11.2"4.给水设备安装"中"一般项目"第(5)条的规定。

3. 辅助设备安装

主控项目：

(1) 在安装太阳能集热器玻璃前，应对集热排管和上、下集管作水压试验，试验压力为工作压力的1.5倍。

检验方法：试验压力下10min内压力不降，不渗不漏。

(2) 热交换器应以工作压力的1.5倍作水压试验，蒸汽部分应不低于蒸汽供汽压力加0.3MPa；热水部分应不低于0.4MPa。

检验方法：试验压力下10min内压力不降，不渗不漏。

(3) 水泵就位前的基础混凝土强度、坐标、标高、尺寸和螺栓孔位置必须符合设计要求。

检验方法：对照图纸用仪器和尺量检查。

(4) 水泵试运转的轴承温升必须符合设备说明书的规定。

检验方法：温度计实测检查。

(5) 敞口水箱的满水试验和密闭水箱（罐）的水压试验必须符合设计与验收规范的规定。

检验方法：满水试验静置24h，观察不渗不漏；水压试验在试验压力下10min压力不降、不渗不漏。

一般项目：

(1) 安装固定式太阳能热水器，朝向应正南，如受条件限制时，其偏移角不得大于15°；集热器的倾角，对于春、夏、秋三个季节使用的，应采用当地纬度倾角；若以夏季为主，可比当地纬度减少10°。

检验方法：观察和分度仪检查。

(2) 由集热器上、下集管接往热水箱的循环管道，应有不小于5‰的坡度。

检验方法：尺量检查。

(3) 自然循环的热水箱底部与集热器上集管之间的距离为0.3~1.0m。

检验方法：尺量检查。

(4) 制作吸热钢板凹槽时，其圆度应准确，间距应一致；安装集热排管时，应用卡箍和钢丝紧固在钢板凹槽内。

检验方法：手扳和尺量检查。

(5) 太阳能热水器的最低处应安装泄水装置。

检验方法：观察检查。

(6) 热水箱及上、下集管等循环管道均应保温。

检验方法：观察检查。

(7) 凡以水作介质的太阳能热水器，在0℃以下地区使用，应采取防冻措施。

检验方法：观察检查。

(8) 热水供应辅助设备安装的允许偏差应符合1.11.2"4.给水设备安装"中"一般项目"第（4）条的规定。

(9) 太阳能热水器安装的允许偏差应符合表1-11-16的规定。

太阳能热水器安装的允许偏差和检验方法　　　　　表1-11-16

项　　目			允许偏差	检验方法
板式直管太阳能热水器	标　高	中心线距地面	±20mm	尺　量
	固定安装朝向	最大偏移角	≤15°	分度仪检查

1.11.5 卫生器具安装

适用于室内污水盆、洗涤盆、洗脸（手）盆、盥洗槽、浴盆、淋浴器、大便器、小便槽、大便冲洗槽、妇女卫生盆、化验盆、排水栓、地漏、加热器、煮沸消毒器和饮水器等的安装。

1．一般规定

(1) 卫生器具的安装应采用预埋螺栓或膨胀螺栓固定。

(2) 卫生器具安装高度如设计无要求时，应符合表1-11-17的规定。

卫生器具的安装高度 表1-11-17

卫生器具名称		卫生器具安装高度（mm）		备 注
		居住和公共建筑	幼儿园	
污水盆（池）	架空式	800	800	
	落地式	500	500	
洗涤盆（池）		800	800	
洗面盆和洗手盆（有塞、无塞）		800	500	自地面至器具上边缘
盥洗槽		800	500	
浴盆		≤520		
蹲式大便器	高水箱	1800	1800	自台阶面至高水箱底
	低水箱	900	900	自台阶面至低水箱底
坐式大便器	高水箱	1800	1800	自地面至高水箱底
	低水箱 外露排水管式	510		自地面至低水箱底
	低水箱 虹吸喷射式	479	370	
小便器	挂式	600	450	自地面至下边缘
小便槽		200	150	自地面至台阶面
大便槽冲洗水箱		≥2000		自台阶面至水箱底
妇女卫生盆		360		自地面至器具上边缘
化验盆		800		自地面至器具上边缘

(3) 卫生器具给水配件的安装，如设计无高度要求时，应符合表1-11-18的规定。

卫生器具给水配件安装高度（mm） 表1-11-18

给水配件名称		配件中心距地面高度	冷热水龙头距离	给水配件名称		配件中心距地面高度	冷热水龙头距离
架空式污水盆池水龙头		1000		蹲式大便器（台阶面、地面算起）	高水箱角阀	2040	
落地式污水盆池水龙头		800			低水箱角阀	250	—
洗涤盆（池）水龙头		1000	150		手动式冲洗阀	600	—
住宅集中给水龙头		1000			脚踏式冲洗阀	150	
洗手盆水龙头		1000			拉管式冲洗阀	1600	
洗脸盆	水龙头（上配水）	1000	150		带防污助冲阀	900	
	水龙头（下配水）	800	150	坐式大便器	高水箱角阀	2040	
	角阀（下配水）	450	—		低水箱角阀	150	
盥洗槽	水龙头	1000	150	大便槽冲洗水箱截止阀		≥2400	
	冷热水管上下并行其中热水龙头	1100	150	立式小便器角阀		1130	—

续表

给水配件名称		配件中心距地面高度	冷热水龙头距离	给水配件名称	配件中心距地面高度	冷热水龙头距离
浴盆	水龙头（上配水）	670	150	挂式小便器角阀	1050	—
淋浴器	截止阀	1150	95	小便槽多孔冲洗管	1100	—
	混合阀	1150	—	试验室化验水龙头	1000	—
	淋浴喷头下沿	2100	—	妇女卫生盆混合阀	360	—

注：装设在幼儿园内的洗手盆，洗脸盆和盥洗槽水嘴中心离地面安装高度应为700mm；其他卫生器具给水配件的安装高度，应按卫生器具的实际尺寸相应减少。

2．卫生器具安装

主控项目：

（1）排水栓和地漏的安装应平正、牢固、低于排水表面，周边无渗漏；地漏水封高度不得小于50mm。

检验方法：试水观察检查。

（2）卫生器具交工前应做满水和通水试验。

检验方法：满水后各连接件不渗不漏；通水试验给、排水畅通。

一般项目：

（1）卫生器具安装的允许偏差应符合表1-11-19的规定。

卫生器具安装的允许偏差和检验方法　　　表1-11-19

项　　目		允许偏差（mm）	检 验 方 法
坐标	单独器具	10	拉线、吊线和尺量检查
	成排器具	5	
标高	单独器具	±15	
	成排器具	±10	
器具水平度		2	用水平尺和尺量检查
器具垂直度		3	吊线和尺量检查

（2）有饰面的浴盆，应留有通向浴盆排水口的检修门。

检验方法：观察检查。

（3）小便槽冲洗管，应采用镀锌钢管或硬质塑料管，冲洗孔应斜向下安装，冲洗水流同墙面成45°角；镀锌钢管钻孔后应进行二次镀锌。

检验方法：观察检查。

（4）卫生器具支、托架必须防腐良好，安装平整、牢固，与器具接触紧密、平稳。

检验方法：观察和手扳检查。

3．卫生器具给水配件安装

主控项目：

卫生器具给水配件应完好无损伤，接口严密，启闭部分灵活。

检验方法：观察和手扳检查。

一般项目：
(1) 卫生器具给水配件安装标高的允许偏差应符合表 1-11-20 的规定。
(2) 浴盆软管淋浴器挂钩的高度，如无设计要求，应距地面 1.8m。
检验方法：尺量检查。

卫生器具给水配件安装标高允许偏差和检验方法　　　　表 1-11-20

项　目	允许偏差（mm）	检验方法
大便器高、低水箱角阀及截止阀	±10	尺量检查
水　嘴	±10	
淋浴器喷头下沿	±15	
浴盆软管淋浴器挂钩	±20	

4. 卫生器具排水管道安装

主控项目：
(1) 与排水横管连接的各卫生器具受水口和立管均应采取妥善可靠的固定措施；管道与楼板的接合部位应采取牢固可靠的防渗、防漏措施。
检验方法：观察和手扳检查。
(2) 连接卫生器具的排水管道接口应紧密不漏，其固定支架、管卡等支撑位置应正确、牢固，与管道的接触应平整。
检验方法：观察及通水检查。

一般项目：
(1) 卫生器具排水管道安装的允许偏差应符合表 1-11-21 的规定。

卫生器具排水管道安装的允许偏差及检验方法　　　　表 1-11-21

检　查　项　目		允许偏差（mm）	检验方法
横管弯曲度	每 1m 长	2	用水平尺量检查
	横管长度≤10m，全长	<8	
	横管长度>10m，全长	10	
卫生器具的排水口及横支管的纵横坐标	单独器具	10	用尺量检查
	成排器具	5	
卫生器具的接口标高	单独器具	±10	用水平尺量检查
	成排器具	±5	

(2) 连接卫生器具的排水管管径和最小坡度，如设计无要求时，应符合表 1-11-22 的规定。

连接卫生器具的排水管管径和最小坡度　　　　表 1-11-22

卫 生 器 具 名 称	排水管管径（mm）	管道的最小坡度（‰）
污水盆（池）	50	25
单、双格洗涤（池）	50	25
洗手盆、洗脸盆	32～50	20

续表

卫生器具名称		排水管管径（mm）	管道的最小坡度（‰）
浴盆		50	20
淋浴器		50	20
大便器	高、低水箱	100	12
	自闭式冲洗阀	100	12
	拉管式冲洗阀	100	12
小便器	手动、自闭式冲洗阀	40～50	20
	自动冲洗水箱	40～50	20
化验盆（无塞）		40～50	25
净身器		40～50	20
饮水机		20～50	10～20
家用洗衣机		50（软管为30）	—

检验方法：用水平尺和尺量检查。

1.11.6 室内采暖系统安装

适用于饱和蒸汽压力≤0.7MPa，热水温度不超过130℃的室内采暖系统安装工程。

1．一般规定：

焊接钢管的连接，管径≤32mm应采用螺纹连接；管径＞32 mm，采用焊接；镀锌钢管的连接见1.11.2中"一般规定"的（2）条。

2．管道及配件安装

主控项目：

（1）管道安装坡度，当设计未注明时，应符合下列规定：

A．气、水同向流动的热水采暖管道和汽水同向流动的蒸汽及凝结水管道，坡度应为3‰，不得小于2‰。

B．气、水逆向流动的热水采暖管道和汽、水逆向流动的蒸汽管道，坡度不应小于5‰。

C．散热器支管的坡度应为1%，坡向应利于排水和泄水。

检验方法：观察，水平尺、拉线、尺量检查。

（2）补偿器的型号、安装位置及预拉伸和固定支架的构造及安装位置应符合设计要求。

检验方法：对照图纸，现场观察，并查验预拉伸记录。

（3）平衡阀及调节阀型号、规格、公称压力及安置位置应符合设计要求；安置完后应根据系统平衡要求进行调试并做出标志。

检验方法：对照图纸查验产品合格证，并现场察看。

（4）蒸汽减压阀和管道及设备上安全阀的型号、规格、公称压力及安装位置应符合设计要求；安装完毕后应根据系统工作压力进行调试，并做出标志。

检验方法：对照图纸查验产品合格证及调试结果证明书。

（5）方形补偿器制作时，应用整根无缝钢管煨制，如需要接口，其接口应设在垂直臂的中间位置，且接口必须焊接。

检验方法：观察检查。

(6) 方形补偿器应水平安装，并与管道的坡度一致；如其臂长方向垂直安装必须设排气及泄水装置。

检验方法：观察检查。

一般项目：

(1) 热量表、疏水器、除污器、过滤器及阀门的型号、规格、公称压力及安装位置应符合设计要求。

检验方法：对照图纸查验产品合格证。

(2) 钢管管道焊口尺寸的允许偏差应符合 1.11.3 "3.雨水管道及配件安装"中"一般项目"第 (5) 条的规定。

(3) 采暖系统入口装置及分户热计量系统入口装置，应符合设计要求；安装位置应便于检修、维护和观察。

检验方法：现场观察。

(4) 散热器支管长度超过 1.5m 时，应在支管上安装管卡。

检验方法：尺量和观察检查。

(5) 上供下回式系统的热水干管变径应顶平偏心连接，蒸汽干管变径应底平偏心连接。

检验方法：现场观察。

(6) 在管道干管上焊接垂直或水平分支管道时，干管开孔所产生的钢渣及管壁等废弃物不得残留管内，且分支管道在焊接时不得插入干管内。

检验方法：现场观察。

(7) 膨胀水箱的膨胀管及循环管上不得安装阀门。

检验方法：现场观察。

(8) 当采暖热媒为 110~130℃ 的高温水时，管道可拆卸件应使用法兰，不得使用长丝活接头；法兰垫料应使用耐热橡胶板。

检验方法：观察和查验进料单。

(9) 焊接钢管管径大于 32mm 的管道转弯，在作自然补偿时应使用煨弯；塑料管及复合管除必须使用直角弯头的场合外，应使用管道直接弯曲转弯。

检验方法：观察检查。

(10) 管道、金属支架和设备的防腐和涂漆应附着良好，无脱皮、起泡、流淌和漏涂缺陷。

检验方法：现场观察检查。

(11) 管道和设备保温的允许偏差应符合 1.11.2 "4.给水设备安装"中"一般项目"第 (5) 条的规定。

(12) 采暖管道安装的允许偏差应符合表 1-11-23 的规定。

3. 辅助设备及散热器安装

主控项目：

(1) 散热器组对后，以及整组出厂的散热器在安装之前应作水压试验；试验压力如无设计要求时，应为工作压力的 1.5 倍，但不小于 0.6MPa。

检验方法：试验时间为 2~3min，压力不降且不渗不漏。

(2) 水泵、水箱、热交换器等辅助设备安装的质量检验与验收应按第 2.4 和第 11.6 节的相关规定执行。

一般项目：

(1) 散热器组对应平直紧密，组对后的平直度应符合表 1-11-24 的规定。

检验方法：拉线和尺量。

采暖管道安装的允许偏差或检验方法 (mm)　　　　表 1-11-23

项 目			允 许 偏 差	检 验 方 法
横管道纵、横方向弯曲	每1m	管径≤100	1	用水平尺、直尺、拉线和尺量检查
		管径>100	1.5	
	全长≥25m	管径≤100	≤13	
		管径>100	≤25	
立管垂直度	每1m		2	吊线和尺量检查
	全长 (≥5m)		≤10	
弯 管	椭圆率 $(D_{max}-D_{min})/D_{max}$	管径≤100	10%	用外卡钳和尺量检查
		管径>100	8%	
	折皱不平度	管径≤100	4	
		管径>100	5	

注：D_{max}—管子最大外径；D_{min}—管子最小外径。

组对后的散热器平直度允许偏差　　　　表 1-11-24

散热器类型	片 数	允许偏差 (mm)
长翼型	2~4	4
	5~7	6
铸铁片式	3~15	4
钢制片式	16~25	6

(2) 组对散热器的垫片应符合下列规定：

A. 组对散热器垫片应使用成品，组对后垫片外露不应大于 1mm。

B. 散热器垫片材质当设计无要求时，应采用耐热橡胶。

检验方法：尺量和观察检查。

(3) 散热器支、托架安装，位置应准确，埋设牢固；散热器支架、托架数量应符合设计或产品说明书要求。如设计未注明，则应符合表 1-11-25 的规定。

散热器支架、托架数量　　　　表 1-11-25

散热器型式	安装方式	每组片数	上部托钩或卡架数	下部托钩或卡架数	合 计
长翼型	挂墙	2~4	1	2	3
		5	2	2	4
		6	2	3	5
		7	2	4	6

续表

散热器型式	安装方式	每组片数	上部托钩或卡架数	下部托钩或卡架数	合 计
柱型柱翼型	挂墙	3~8	1	2	3
		9~12	1	3	4
		13~16	2	4	6
		17~20	2	5	7
		21~25	2	6	8
柱型柱翼型	带足落地	3~8	1	—	1
		8~12	1	—	1
		13~16	2	—	2
		17~20	2	—	2
		21~25	2	—	2

检验方法：现场清点检查。

（4）散热器背面与装饰后的墙内表面安装距离，应符合设计或产品说明书要求；如设计未注明，应为 30mm。

检验方法：尺量检查。

（5）散热器安装允许偏差应符合表 1-11-26 的规定。

（6）铸铁或钢制散热器表面的防腐及面漆应附着良好，色泽均匀，无脱落、起泡、流淌和漏涂缺陷。

检验方法：现场观察。

散热器安装允许偏差和检验方法（mm）　　　　表 1-11-26

项 目	允 许 偏 差	检 验 方 法
散热器背面与墙内表面距离	3	尺量
与窗中心或设计定位尺寸	20	
散热器垂直度	3	吊线和尺量

4．金属辐射板安装

主控项目：

（1）辐射板在安装前应做水压试验，如设计无要求时试验压力等于工作压力 1.5 倍，但不得小于 0.6MPa。

检验方法：试验压力下 2~3min 压力不降，且不渗、不漏。

（2）水平安装的辐射板应有不小于 5‰的坡度坡向回水管。

检验方法：水平尺、拉线和尺量检查。

（3）辐射板管道及带状辐射板之间的连接，应使用法兰连接。

检验方法：观察检查。

5．低温热水地板辐射采暖系统安装

主控项目：

(1) 地面下敷设的盘管埋地部分不应有接头。

检验方法：隐蔽前现场查看。

(2) 盘管隐蔽前必须进行水压试验，试验压力为工作压力的1.5倍，但不小于0.6MPa。

检验方法：稳压1h内压力降不大于0.05MPa且不渗不漏。

(3) 加热盘管弯曲部分不得出现硬折弯现象，曲率半径应符合下列规定：

A．塑料管：不应小于管道外径的8倍；

B．复合管：不应小于管道外径的5倍。

检验方法：尺量检查。

一般项目：

(1) 分、集水器型号、规格、公称压力及安装位置、高度等应符合设计要求。

检验方法：对照图纸及产品说明书，尺量检查。

(2) 加热盘管管径、间距和长度应符合设计要求，间距偏差不大于±10mm。

检验方法：拉线和尺量检查。

(3) 防潮层、防水层、隔热层及伸缩缝应符合设计要求。

检验方法：填充层浇灌前观察检查。

(4) 填充层强度标号应符合设计要求。

检验方法：做试块抗压试验。

6．系统水压试验及调试

主控项目：

(1) 采暖系统安装完毕，管道保温之前应进行水压试验，试验压力应符合设计要求，当设计未注明时，应符合下列规定：

A．蒸汽、热水采暖系统，应以系统顶点工作压力加0.1MPa做水压试验，同时在系统顶点的试验压力不小于0.3MPa。

B．高温热水采暖系统，试验压力应为系统顶点工作压力加0.4MPa。

C．使用塑料管及复合管的热水采暖系统，应以系统顶点工作压力加0.2MPa做水压试验，同时在系统顶点的试验压力不小于0.4MPa。

检验方法：使用钢管及复合管的采暖系统应在试验压力下10min内压力降不大于0.02MPa，降至工作压力后检查，不渗、不漏；

使用塑料管的采暖系统应在试验压力下1h内压力降不大于0.05MPa，然后降压至工作压力的1.15倍，稳压2h，压力降不大于0.03MPa，同时各连接处不渗、不漏。

(2) 系统试压合格后，应对系统进行冲洗并清扫过滤器及除污器。

检验方法：现场观察，直至排出水不含泥沙、铁屑等杂质，且水色不浑浊为合格。

(3) 系统冲洗完毕应充水、加热，进行试运行和调试。

检验方法：观察、测量室温应满足设计要求。

1.11.7 室外给水管网安装

适用于民用建筑群（住宅小区）及厂区的室外给水管网安装工程。

1．一般规定

(1) 输送生活给水的管道应采用塑料管、复合管、镀锌钢管或给水铸铁管；塑料管、复合管或给水铸铁管的管材、配件、应是同一厂家的配套产品。

(2) 架空或在地沟内敷设的室外给水管道其安装要求按室内给水管道的安装要求执行；塑料管道不得露天架空铺设，必须露天铺设时应有保温和防晒等措施。

(3) 消防水泵接合器及室外消火栓的安装位置、型式必须符合设计要求。

2. 给水管道安装

主控项目：

(1) 给水管道在埋地敷设时，应在当地的冰冻线以下，如必须在冰冻线以上敷设时，应做可靠的保温防潮措施；在无冰冻地区埋地敷设时，管顶的覆土埋深不得小于500mm，穿越道路部位的埋设深不得小于700mm。

检验方法：现场观察检查。

(2) 给水管道不得直接穿越污水井、化粪池、公共厕所等污染源。

检验方法：观察检查。

(3) 管道接口法兰、卡扣、卡箍等应安装在检查井或地沟内，不应埋在土壤中。

检验方法：观察检查。

(4) 给水系统各种井室内的管道安装，如设计无要求，井壁距法兰或承口的距离：管径≤450mm时，不得小于250mm；管径＞450mm时，不得小于350mm。

检验方法：尺量检查。

(5) 管网必须进行水压试验，试验压力为工作压力的1.5倍，但不得小于0.6MPa。

检验方法：管材为钢管、铸铁管时，试验压力下10min内压力降不应大于0.05MPa，然后降至工作压力进行检查，压力应保持不变，不渗不漏；管材为塑料管时，试验压力下，稳压1h压力降不大于0.05MPa，然后降至工作压力进行检查，压力应保持不变，不渗不漏。

(6) 镀锌钢管、钢管的埋地防腐必须符合设计要求，如设计无规定时，可按表1-11-27的规定执行；卷材与管材间应粘贴牢固，无空鼓、滑移、接口不严等。

检验方法：观察和切开防腐层检查。

(7) 给水管道在竣工后，必须对管道进行冲洗，饮用水管道还要在冲洗后进行消毒，满足饮用水卫生要求。

检验方法：观察冲洗水的浊度，查看有关部门提供的检验报告。

一般项目：

(1) 管道的坐标、标高、坡度应符合设计要求，管道安装的允许偏差应符合表1-11-28的规定。

(2) 管道和金属支架的涂漆应附着良好，无脱皮、起泡、流淌和漏涂等缺陷。

检验方法：现场观察检查。

(3) 管道连接应符合工艺要求，阀门、水表等安装位置应正确；塑料给水管道上的水表、阀门等设施其重量或启闭装置的扭矩不得作用于管道上，当管径≥50mm时必须设独立的支承装置。

检验方法：现场观察检查。

管道防腐层种类 表 1-11-27

防腐层层次（从金属表面起）	正常防腐层	加强方法层	特加强防腐层
1	冷底子油	冷底子油	冷底子油
2	沥青涂层	沥青涂层	沥青涂层
3	外包保护层	加强包扎层（封闭层）	加强保护层（封闭层）
4		沥青涂层	沥青涂层
5		外保护层	加强包扎层
6			（封闭层）
7			沥青涂层
防腐厚度≥（mm）	3	6	9

室外给水管道安装的允许偏差和检验方法 表 1-11-28

项目			允许偏差（mm）	检验方法
坐标	铸铁管	埋地	100	拉线和尺量检查
		敷设在沟槽内	50	
	钢管、塑料管、复合管	埋地	100	
		敷设在沟槽内或架空	40	
标高	铸铁管	埋地	±50	拉线和尺量检查
		敷设在地沟内	±30	
	钢管、塑料管、复合管	埋地	±50	
		敷设在地沟内或架空	±30	
水平管纵横向弯曲	铸铁管	直段（≥25m）起点~终点	40	拉线和尺量检查
	钢管、塑料管、复合管	直段（≥25m）起点~终点	30	

（4）给水管道与污水管道在不同标高平行敷设，其垂直间距在 500mm 以内时，给水管管径≤200mm 的，管壁水平间距不得小于 1.5m；管径＞200mm 的，不得小于 3m。

检验方法：观察和尺量检查。

（5）铸铁管承插捻口连接的对口间隙应不小于 3mm，最大间隙不得大于表 1-11-29 的规定。

检验方法：尺量检查。

铸铁管承插捻口的对口最大间隙（mm） 表 1-11-29

管径	沿直线敷设	沿曲线敷设
75	4	5
100~250	5	7~13
300~500	6	14~22

(6) 铸铁管沿直线敷设，承插捻口连接的环形间隙应符合表 1-11-30 的规定；沿曲线敷设，每个接口允许有 2°转角。

检验方法：尺量检查。

铸铁管承插捻口的环形间隙（mm）　　　　表 1-11-30

管　径	标准环型间隙	允许偏差
75~200	10	+3　-2
250~450	11	+4　-2
500	12	+4　-2

(7) 捻口用的油麻填料必须清洁，填塞后应捻实，其深度应占整个环型间隙深度的 1/3。

检验方法：观察和尺量检查。

(8) 捻口用水泥强度应不低于 32.5MPa，接口水泥应密实饱满，其接口水泥面凹入承口边缘的深度不得大于 2mm。

检验方法：观察和尺量检查。

(9) 采用水泥捻口的给水铸铁管，在安装地点有侵蚀性的地下水时，应在接口处涂抹沥青防腐层。

检验方法：观察检查。

(10) 采用橡胶圈接口的埋地给水管道，在土壤或地下水对橡胶圈有腐蚀的地段，在回填土前应用沥青胶泥、沥青麻丝或沥青锯末等材料封闭橡胶圈接口。橡胶圈接口的管道，每个接口的最大偏转角不得超过表 1-11-31 的规定。

检验方法：观察和尺量检查。

橡胶圈接口最大允许偏转角　　　　表 1-11-31

公称直径 (mm)	100	125	150	200	250	300	350	400
允许偏差角度	5°	5°	5°	5°	4°	4°	4°	3°

3. 消防水泵接合器及室外消火栓安装

主控项目：

(1) 系统必须进行水压试验，试验压力为工作压力的 1.5 倍，但不得小于 0.6MPa。

检验方法：试验压力下，10min 内压力降不大于 0.05Mpa，然后降至工作压力进行检查，压力保持不变，不渗不漏。

(2) 消防管道在竣工前，必须对管道进行冲洗。

检验方法：观察冲洗出水的浊度。

(3) 消防水泵接合器和消火栓的位置标志应明显，栓口的位置应方便操作；消防水泵接合器和室外消火栓当采用墙壁式时，如设计未要求，进、出水栓口的中心安装高度距地面应为 1.10m，其上方应设有防坠落物打击的措施。

检验方法：观察和尺量检查。

一般项目：

(1) 室外消火栓和消防水泵接合器的各项安装尺寸应符合设计要求，栓口安装高度允许偏差为±20mm。

检验方法：尺量检查。

(2) 地下式消防水泵接合器顶部进水口或地下式消火栓顶部出水口与消防井盖底面的距离不得大于400mm，井内应有足够的操作空间，并设爬梯。寒冷地区井内应做防冻保护。

检验方法：观察和尺量检查。

(3) 消防水泵接合器的安全阀及止回阀位置和方向应正确，阀门启闭应灵活。

检验方法：现场观察和手板检查。

4. 管沟及井座

主控项目：

(1) 管沟的基层处理和井室的地基必须符合设计要求。

检验方法：现场观察检查。

(2) 各类井室的井盖应符合设计要求，应有明显的文字标识，各种井盖不得混用。

检验方法：现场观察检查。

(3) 设在通车路面下或小区道路下的各种井室，必须使用重型井圈和井盖，井盖上表面应与路面相平，允许偏差为±5mm。绿化带上和不通车的地方可采用轻型井圈和井盖，井盖的上表面应高出地坪50mm，并在井口周围以2%的坡度向外做水泥砂浆护坡。

检验方法：观察和尺量检查。

(4) 重型铸铁或混凝土井圈，不得直接放在井室的砖墙上，砖墙上应做不少于80mm厚的细石混凝土垫层。

检验方法：观察和尺量检查。

一般项目：

(1) 管沟的坐标、位置、沟底标高应符合设计要求。

检验方法：观察、尺量检查。

(2) 管沟的沟底层应是原土层，或是夯实的回填土，沟底应平整，坡度应顺畅，不得有尖硬的物体、块石等。

检验方法：观察检查。

(3) 如沟基为岩石、不易清除的块石或为砾石层时，沟底应下挖100~200mm，填铺细砂或粒径不大于5mm的细土，夯实到沟底标高后，方可进行管道敷设。

检验方法：观察和尺量检查。

(4) 管沟回填土、管顶上部200mm以内应用砂子或无块石及冻土块的土，并不得用机械回填；管顶上部500mm以内不得回填直径大于100mm的块石和冻土块；500mm以上部分回填土中的块石或冻土块不得集中。上部用机械回填时，机械不得在管沟上行走。

检验方法：观察和尺量检查。

(5) 井室的砌筑应按设计或给定的标准图施工，井室的底标高在地下水位以上时，基层应为素土夯实；在地下水位以下时，基层应打100mm厚的混凝土底板。砌筑应采用水泥砂浆，内表面抹灰后应严密不透水。

检验方法：观察和尺量检查。

(6) 管道穿过井壁处，应用水泥砂浆分二次填塞严密、抹平，不得渗漏。

检验方法：观察检查。

1.11.8 室外排水管网安装

适用于民用建筑群（住宅小区）及厂区的室外排水管网安装工程。

1. 一般规定

(1) 室外排水管网应采用混凝土管、钢筋混凝土、排水铸铁管或塑料管；其规格及质量必须符合现行国家标准及设计要求。

(2) 排水管沟及井池的土方工程、沟底的处理、管道穿井壁处的处理、管沟及井池周围的回填要求等，均参照给水管沟及井室的规定执行。

(3) 各种排水井、池应按设计给定的标准图施工，各种排水井和化粪池均应用混凝土做底板（雨水井除外），厚度不小于100mm。

2. 排水管道安装

主控项目：

(1) 排水管道的坡度必须符合设计要求，严禁无坡或倒坡。

检验方法：用水准仪、拉线和尺量检查。

(2) 管道埋设前必须做灌水试验和通水试验，排水应畅通，无堵塞，管接口无渗漏。

检验方法：按排水检查井分段试验，试验水头应以试验段上游管顶加1m，时间不少于30min，逐段观察。

一般项目：

(1) 管道的坐标和标高应符合设计要求，安装的允许偏差应符合表1-11-32的规定。

室外排水管道安装的允许偏差和检验方法 表1-11-32

项　　目		允许偏差（mm）	检验方法
坐　标	埋　地	100	拉线尺量
	敷设在沟槽内	50	
标　高	埋　地	±20	用水平仪、拉线和尺量
	敷设在沟槽内	±20	
水平管道纵横向弯曲	每5m长	10	拉线尺量
	全长（两井间）	30	

(2) 排水铸铁管采用水泥捻口时，油麻填塞应密实，接口水泥应密实饱满，其接口面凹入承口边缘且深度不得大于2mm。

检验方法：观察和尺量检查。

(3) 排水铸铁管外壁在安装前应除锈，涂两遍石油沥青漆。

检验方法：观察检查。

(4) 承插接口的排水管道安装时，管道和管件的承口应与水流方向相反。

检验方法：观察检查。

(5) 混凝土管或钢筋混凝土采用抹带接口时，应符合下列规定：

Ａ．抹带前应将管口的外壁凿毛，扫净，当管径≤500mm 时，抹带可一次完成；当管径＞500mm 时，应分二次抹成，抹带不得有裂纹。

　　Ｂ．钢丝网应在管道就位前放入下方，抹压砂浆时应将钢丝网抹压牢固，钢丝网不得外露。

　　Ｃ．抹带厚度不得小于管壁的厚度，宽度宜为 80～100mm。

　　检验方法：观察和尺量检查。

　　3．排水管沟及井室

　　主控项目：

　　(1) 沟基的处理和井池的底板强度必须符合设计要求。

　　检验方法：观察和尺量检查，检查混凝土强度报告。

　　(2) 排水检查井、化粪池的底板及进、出水管的标高必须符合设计，其允许偏差为±15mm。

　　检验方法：观察和尺量检查。

　　一般项目：

　　(3) 井、池的规格、尺寸和位置应正确，砌筑和抹灰符合要求。

　　检验方法：观察和尺量检查。

　　(4) 井盖选用应正确，标志应明显，标高应符合设计要求。

　　检验方法：观察、尺量检查。

1.11.9　室外供热管道安装

　　适用于厂区及民用建筑群（住宅小区）的饱和蒸汽压力不大于 0.7MPa、热水温度不超过 130℃ 的室外供热管道安装。

　　1．一般规定

　　(1) 供热管网的管材应按设计要求，当设计未注明时，应符合下列规定：

　　Ａ．管径≤40mm 时，应使用焊接钢管；

　　Ｂ．管径为 50～200mm 时，应使用焊接钢管或无缝钢管。

　　Ｃ．管径＞200mm 时，应使用螺旋焊接钢管。

　　(2) 室外供热管道连接均应采用焊接连接。

　　2．管道及配件安装

　　主控项目：

　　(1) 平衡阀及调节阀型号、规格及公称压力应符合设计要求；安装后应根据系统要求进行调试，并做出标志。

　　检验方法：对照设计图纸及产品合格证，并现场观察调试结果。

　　(2) 直埋无补偿供热管道预热伸长及三通加固应符合设计要求，回填前应注意检查预制保温层外壳及接口的完好性，回填应按设计要求进行。

　　检验方法：回填前现场验核和观察。

　　(3) 补偿器的位置必须符合设计要求，并应按设计要求或产品说明书进行预拉伸；管道固定支架的位置和构造必须符合设计要求。

　　检验方法：对照图纸，并查验预拉伸记录。

(4) 检查井室、用户入口处管道布置应便于操作及维修，支、吊、托架稳固，满足设计要求。

检验方法：对照图纸，观察检查。

(5) 直埋管道的保温应符合设计要求，接口在现场发泡时接头处厚度应与管道保温层厚度一致，接头处保护层必须与管道保护层成一体，符合防潮防水要求。

检验方法：对照图纸，观察检查。

一般项目：

(1) 管道水平敷设其坡度应符合设计要求。

检验方法：对照图纸，用水准仪（水平尺）、拉线和尺量检查。

(2) 除污器构造应符合设计要求，安装位置和方向应正确，管网冲洗后应清除内部污物。

检验方法：打开清扫口检查。

(3) 室外供热管道安装的允许偏差应符合表 1-11-33 的规定。

室外供热管道安装的允许偏差和检验方法　　　　表 1-11-33

项　目			允许偏差（mm）	检验方法
坐 标		埋设在沟槽内及架空	20	用水准仪（水平尺）、直尺、拉线
		埋 地	50	
标 高		埋设在沟槽内及架空	±10	用尺检查
		埋 地	±15	
水平管道纵横方向弯曲	每 1m	管径≤100mm	1	用水准仪（水平尺）、直尺、拉线和尺量检查
		管径>100mm	1.5	
	全长（≥25m）	管径≤100mm	>13	
		管径>100mm	>25	
弯 管	椭圆率 $(D_{max}-D_{min})/D_{max}$	管径≤100mm	8%	用外卡钳和尺量检查
		管径>100mm	5%	
	折皱不平度	管径≤100mm	4	
		管径 125～200	5	
		管径 250～400	7	

注：D_{max}——管子最大外径；D_{min}——管子最小外径。

(4) 管道焊口的允许偏差应符合 1.11.3 "3. 雨水管道及配件安装" 中 "一般项目" 第 (5) 条的规定。

(5) 管道及管件焊接的焊缝表面质量应符合下列规定：

A．焊缝外形尺寸应符合图纸和工艺文件的规定，焊缝高度不得低于母材表面，焊缝与母材应圆滑过渡；

B．焊缝及热影响区表面应无裂纹、未熔合、未焊透、夹渣、弧坑和气孔等缺陷。

检验方法：观察检查。

(6) 供热管网的供水管或蒸气管，如设计无规定时，应敷设在载热介质前进方向的右侧或上方。

检验方法：对照图纸，观察检查。

(7) 地沟内的管道安装位置，其净距（保温层外表面）应符合下列规定：

与沟壁　　　　　　　　　100～150mm
与沟底　　　　　　　　　100～200mm
与沟顶（不通行地沟）　　 50～100mm
　　　（半通行和通行地沟）200～300mm

检验方法：尺量检查。

(8) 架空敷设的供热管道安装高度，如设计无规定时，应符合下列规定（保温层外表面计算）：

A．人行地区，不小于 2.5m；

B．通行车辆地区，不小于 4.5m；

C．跨越铁路，距轨顶不小于 6m。

检验方法：尺量检查。

(9) 防锈漆的厚度应均匀，不得有脱皮、起泡、流淌和漏涂等缺陷。

检验方法：保温前观察检查。

(10) 管道保温的厚度和平整度的允许偏差应符合 1.11.2 "4．给水设备安装"中"一般项目"第（5）条的规定。

3．系统水压试验及调试

主控项目：

(1) 供热管道的水压试验压力应为工作压力的 1.5 倍，但不得小于 0.6MPa。

检验方法：在试验压力下 10min 内压力降不大于 0.05MPa，然后降至工作压力下检查，不渗不漏。

(2) 管道试压完毕后，应进行冲洗。

检验方法：现场观察，以水色不浑浊为合格。

(3) 管道冲洗完毕应通水、加热，进行试运行和调试；当不具备加热条件时，应延期进行。

检验方法：测量各建筑物热力入口处供回水温度及压力。

(4) 供热管道作水压试验时，试验管道上的阀门应开启，试验管道与非试验管道应隔开。

检验方法：开启和关闭阀门检查。

1.11.10　建筑中水系统及游泳池水系统安装

1．一般规定

(1) 中水系统中的原水管道管材及配件要求按 1.3 部分的规定执行。

(2) 中水系统给水管道及排水管道检验标准按 1.2、1.3 部分的规定执行。

(3) 游泳池排水系统安装、检验标准等按 1.3 部分的相关规定执行。

(4) 游泳池水加热系统安装、检验标准等按 1.4 部分的相关规定执行。

2. 建筑中水系统管道及辅助设备安装

主控项目：

(1) 中水高位水箱应与生活高位水箱分设在不同的房间内，如条件不允许只能设在同一房间时，与生活高位水箱的净距离应大于 2m。

检验方法：观察和尺量检查。

(2) 中水给水管道不得装设取水水嘴；便器冲洗宜采用密闭设备和器具；绿化、浇洒、汽车冲洗宜采用壁式或地下式的给水栓。

检验方法：观察检查。

(3) 中水供水管道严禁与生活饮用水管道连接，并应采取下列措施：

A. 中水管道外壁应涂浅绿色标志；

B. 中水池（箱）、阀门、水表及给水栓均应有"中水"标志。

检验方法：观察检查。

(4) 中水管道不宜暗装于墙体和楼板内，如必须暗装于墙槽内时，必须在管道上有明显且不会脱落的标志。

检验方法：观察检查。

一般项目：

(1) 中水给水管道管材及配件应采用耐腐蚀的给水管材及配件。检验方法：观察检查。

(2) 中水管道与生活饮用水管道、排水管道平行埋设时，其水平净距离不得小于 0.5m；交叉埋设时，中水管道应位于生活饮用水管道下面，排水管道的上面，其净距离不应小于 0.15m。

检验方法：观察和尺量检查。

3. 游泳池水系统安装

主控项目：

(1) 游泳池的给水口、回水口、泄水口应采用耐腐蚀的铜、不锈钢、塑料等材料制造。溢流槽、格栅应为耐腐蚀材料制造，并为组装型，安装时其外表面应与池壁或池底面相平。

检验方法：观察检查。

(2) 游泳池的毛发聚集器应采用铜或不锈钢等耐腐蚀材料制造，过滤筒（网）的孔径不大于 3mm，其面积应为连接管截面积的 1.5~2 倍。

检验方法：观察和尺量计算方法。

(3) 游泳池地面，应采取有效措施防止冲洗排水流入池内。

检验方法：观察检查。

一般项目：

(1) 游泳池循环水系统加药（混凝剂）的药品溶解池、溶液池及定量投加设备应采用耐腐蚀材料制作；输送溶液的管道应采用塑料管、胶管或铜管。

检验方法：观察检查。

(2) 游泳池的浸脚、浸腰消毒池的给水管、投药管、溢流管、循环管和泄空管应采用耐腐蚀材料制成。

检验方法：观察检查。

1.11.11 供热锅炉及辅助设备安装

1. 一般规定

(1) 本章适用与建筑供热和生活热水供应的额定工作压力不大于 1.25MPa 热水温度不超过 130℃ 的整装蒸汽或热水锅炉及辅助设备安装工程。整装锅炉及辅助设备安装除应按本章规定执行外，尚应符合现行国家有关规范、规程和标准的规定。

(2) 管道、设备和容器的保温，应在防腐和水压试验合格后进行。

(3) 保温的设备和容器，应采用粘接保温钉固定保温层，其间距一般为 200mm；当需采用焊接勾钉固定保温时，其间距一般为 250mm。

2. 锅炉安装

主控项目：

(1) 锅炉设备基础的混凝土强度必须达到设计要求，基础的坐标、标高、几何尺寸和螺栓位置应符合表 1-11-34 的规定。

锅炉及辅助设备基础的允许偏差和检验方法　　　　　　表 1-11-34

项　　目		允许偏差（mm）	检验方法
基础坐标位置		20	经纬仪、拉线和尺量
基础各不同平面的标高		0，-20	水准仪、拉线尺量
基础平面外形尺寸		20	尺量检查
凸台上平面尺寸		0，-20	
凹穴尺寸		+20，0	
基础上平面水平度	每　米	5	水平仪（水平尺）和楔形塞尺检查
	全　长	10	
竖向偏差	每　米	5	经纬仪或吊线和尺量
	全　长	10	
预埋地脚螺栓	标高（顶端）	+20，0	水准仪、拉线和尺量
	中心距（根部）	2	
预留地脚螺栓孔	中心位置	10	尺　量
	深　度	-20，0	
	孔壁垂直度	10	吊线和尺量
预埋活动地脚螺栓锚板	中心位置	5	拉线和尺量
	标　高	+20，0	
	水平度（带槽锚板）	5	水平尺和楔形塞尺检查
	水平度（带螺纹孔锚板）	2	

(2) 非承压锅炉，应严格按设计或产品说明书的要求施工；锅筒顶部必须敞口或装设大气连通管，连通管上不得安装阀门。

检验方法：对照设计图纸或产品说明书检查。

(3) 以天然气为燃料的锅炉的天然气释放管或大气排放管不得直接通向大气，应通向贮存或处理装置。

检验方法：对照设计图纸检查。

(4) 两台或两台以上燃油锅炉共用一个烟囱时，每一台锅炉的烟道上均应配备风阀或挡板装置，并应具有操作调节和闭锁功能。

检验方法：观察和扳手检查。

(5) 锅炉的汽筒和水冷壁的下集箱及后棚管的后集箱的最低处排污阀及排污管道不得采用螺纹连接。

检验方法：观察检查。

(6) 锅炉的汽、水系统安装完毕后必须进行水压试验，水压试验的压力应符合表1-11-35的规定。

水压试验压力规定（MPa） 表 1-11-35

设备名称	工作压力 P	试验压力
锅炉本体	$P<0.59$	$1.5P$ 但不<0.2
	$0.59 \leqslant P \leqslant 1.18$	$P+0.3$
	$P>1.18$	$1.25P$
可分式省煤气	P	$1.25P+0.5$
非承压锅炉	大气压力	0.2

注：1. 工作压力 P 对蒸汽锅炉指锅筒工作压力，对热水锅炉指额定出水压力；
   2. 铸铁锅炉水压试验同热水锅炉；
   3. 非承压锅炉水压试验压力为 0.2MPa，试验期间压力应保持不变。

检验方法：1. 在试验压力下 10min 内压力降不超过 0.02MPa；然后降至工作压力进行检查，压力不降，不渗、不漏；

2. 观察检查，不得有残余变形，受压元件金属壁和焊缝上不得有水珠和水雾。

(7) 机械炉排安装完毕后应做冷态运转试验，连续运转时间不应少于 8h。

检验方法：观察运转试验全过程。

(8) 锅炉本体管道及管件焊接的焊缝质量应符合下列规定：

A．焊缝表面质量应符合 1.11.9 "2. 管道及配件安装"中"一般项目"第 (5) 条的规定。

B．管道焊口尺寸的允许偏差应符合 1.11.3 "3. 雨水管道及配件安装"中"一般项目"第 (5) 条的规定。

C．无损探伤的检测结果应符合锅炉本体设计的相关要求。

检验方法：观察和检验无损探伤检测报告。

一般项目

(1) 锅炉安装坐标、标高、中心线和垂直度的允许偏差应符合表 1-11-36 的规定。

锅炉安装的允许偏差和检验方法 表 1-11-36

项 目		允许偏差（mm）	检验方法
坐 标		10	经纬仪、拉线和尺量
标 高		±5	水准仪、拉线和尺量
中心线垂直度	卧式锅炉炉体全高	3	吊线和尺量
	立式锅炉炉体全高	4	吊线和尺量

(2) 组装链条炉排安装的允许偏差应符合表 1-11-37 的规定。

(3) 往复炉排安装的允许偏差应符合表 1-11-38 的规定。

(4) 铸铁省煤器破损的肋片数不应大于总肋片数的 5%，有破损肋片的根数不应大于总根数的 10%。铸铁省煤器支承架安装的允许偏差应符合表 1-11-39 的规定。

(5) 锅炉本体安装应按设计或产品说明书要求布置坡度并坡向排污阀。

检验方法：用水平尺或水准仪检查。

(6) 锅炉由炉底送风的风室及锅炉底座与基础之间必须封堵严密。检验方法：观察检查。

(7) 省煤器的出口处（或入口处）应按设计或锅炉图纸要求安装阀门和管道。

检验方法：对照设计图纸检查。

(8) 电动调节阀门的调节机构与电动执行机构的转臂应在同一平面内动作，传动部分应灵活、无空行程及卡阻现象，其行程及伺服时间应满足使用要求。

检验方法：操作时观察检查。

组装链条炉排安装的允许偏差和检验方法 表 1-11-37

项 目		允许偏差 (mm)	检验方法
炉排中心位置		2	经纬仪、拉线和尺量
墙板的标高		±5	水准仪、拉线和尺量
墙板的垂直度，全高		3	吊线和尺量
墙板间两对角线的长度之差		5	钢丝线和尺量
墙板框的纵向位置		5	经纬仪、拉线和尺量
墙板顶面的纵向水平		长度 1‰，且≤5	拉线、水平尺和尺量
墙板间的距离	跨距≤2m	+3、0	钢丝线和尺量
	跨距>2m	+5、0	
两墙板的顶面在同一水平面上相对高差		5	水准仪、吊线和尺量
前轴、后轴的水平度		长度 1‰	拉线、水平尺和尺量
前轴和后轴和轴心线相对标高差		5	水准仪、吊线和尺量
各轨道在同一水平面上的相对高差		5	水准仪、吊线和尺量
相邻两轨道间的距离		±2	钢丝线和尺量

往复炉排安装的允许偏差和检验方法 表 1-11-38

项 目		允许偏差 (mm)	检验方法
两侧板的相对标高		3	水准仪、吊线和尺量
两侧板间距离	跨距≤2m	+3、0	钢丝线和尺量
	跨距>2m	+4、0	
两侧板的垂直度，全高		3	吊线和尺量
两侧板间对角线的长度之差		5	钢丝线和尺量
炉排片的纵向间隙		1	钢板尺量
炉排两侧的间隙		2	

铸铁省煤器支承架安装的允许偏差和检验方法　　　　　表1-11-39

项　目	允许偏差（mm）	检验方法
支承架的位置	3	经纬仪、拉线和尺量
支承架的标高	0　-5	水准仪、吊线和尺量
支承架的纵、横向水平度（每米）	1	水平尺和塞尺检查

3．辅助设备及管道安装

主控项目：

（1）辅助设备基础的混凝土强度必须达到设计要求，基础的坐标、标高、几何尺寸和螺栓孔位置必须符合1.11.11"2．锅炉安装"中"主控项目"第（1）条的规定。

（2）风机试运转轴承温升应符合下列规定：

A．滑动轴承温度最高不得超过60℃；

B．滚动轴承温度最高不得超过80℃；

检验方法：用温度计检查。

轴承径向单振幅应符合下列规定：

A．风机转速小于1000r/min时，不应超过0.10mm；

B．风机转速为1000～1450r/min时，不应超过0.08mm。

检验方法：用测振仪表检查。

（3）分汽缸（分水器、集水器）安装前应进行水压试验，试验压力为工作压力的1.5倍，但不得小于0.6MPa。

检验方法：试验压力下10min内无压降、无渗漏。

（4）敞口箱、罐安装前应做满水试验；密闭箱、罐应以工作压力的1.5倍做水压试验，但不得小于0.4MPa。

检验方法：满水试验满水后静置24h不渗不漏；水压试验在试验压力下10min内无压降，不渗不漏。

（5）地下直埋油罐在埋地前应做气密性试验，试验压力降不应大于0.03MPa。

检验方法：试验压力下观察30min、不渗、不漏，无压降。

（6）连接锅炉及辅助设备的工艺管道安装完毕后，必须进行系统的水压试验，试验压力为系统中最大工作压力的1.5倍。

检验方法：试验压力下10min内压力降不超过0.05MPa，然后降至工作压力进行检查，不渗不漏。

（7）各种设备的主要操作通道的净距如设计不明确时不应小于1.5m，辅助的操作通道净距不应小于0.8m。

检验方法：尺量检查。

（8）管道连接的法兰、焊缝和连接管件以及管道上的仪表、阀门的安装位置应便于检修，并不得紧贴墙壁、楼板或管架。

检验方法：观察检查。

（9）管道焊接质量应符合1.11.9"2．管道及配件安装"中"一般项目"第（5）条的要求和1.11.3"3．雨水管道及配件安装"中"一般项目"第（5）条的规定。

一般项目：

(1) 锅炉辅助设备安装的允许偏差应符合表 1-11-40 的规定。

锅炉辅助设备安装的允许偏差和检验方法　　　　表 1-11-40

项　　目			允许偏差 (mm)	检验方法
送、引风机	坐　标		10	经纬仪、拉线和尺量
	标　高		±5	水准仪、拉线和尺量
各种静置设备 （容器、箱、罐等）	坐　标		15	经纬仪、拉线和尺量
	标　高		±5	水准仪、拉线和尺量
	垂直度 (1m)		2	吊线和尺量
离心式水泵	泵体水平度 (1m)		0.1	水平尺和塞尺检查
	联轴器 同心度	轴向倾斜 (1m)	0.8	水准仪、百分表（测微螺钉） 和塞尺检查
		径向位移	0.1	

(2) 连接锅炉及辅助设备的工艺管道安装的允许偏差应符合表 1-11-41 的规定。

工艺管道安装的允许偏差和检验方法（mm）　　　　表 1-11-41

项　　目		允许偏差	检验方法
坐　标	架　空	15	水准仪、拉线和尺量
	地　沟	10	
标　高	架　空	±15	水准仪、拉线和尺量
	地　沟	±10	
水平管道纵横方向弯曲	$DN \leqslant 100$	2‰，最大 50	直尺和拉线检查
	$DN > 100$	3‰，最大 70	
立管垂直		2‰，最大 15	吊线和尺量
成排管道间距		3	直尺尺量
交叉管的外壁或绝热层间距		10	

(3) 单斗式提升机安装应符合下列规定：

A. 导轨的间距偏差不大于 2mm；

B. 垂直式导轨的垂直度偏差不大于 1‰；倾斜式导轨的倾斜度偏差不大于 2‰。

C. 料斗的吊点与料斗垂心在同一垂线上，重合度偏差不大于 10mm。

D. 行程开关位置应准确，料斗运行平稳，翻转灵活。

检验方法：吊线坠、拉线及尺量检查。

(4) 安装锅炉送、引风机，转动应灵活无卡碰等现象；送、引风机的传动部位，应设置安全防护装置。

检验方法：观察和启动检查。

(5) 水泵安装的外观质量检查：泵壳不应有裂纹、砂眼及凹凸不平等缺陷；多级泵的平衡管路应无损伤或折陷现象；蒸气往复泵的主要部件、活塞及活动轴必须灵活。

检验方法：观察和启动检查。

(6) 手摇泵应垂直安装，安装高度如设计无要求时，泵中心距地面为 800mm。

检验方法：吊线和尺量检查。

(7) 水泵试运转，叶轮与泵壳不应相碰，进、出口部位的阀门应灵活；轴承温升应符合产品说明书的要求。

检验方法：通电、操作和测温检查。

(8) 注水器安装高度，如设计无要求时，中心距地面为 1.0~1.2m。

检验方法：尺量检查。

(9) 除尘器安装应平稳牢固，位置和进、出口方向应正确；烟管与引风机连接时应采用软接头，不得将烟管重量压在风机上。

检验方法：观察检查。

(10) 热力除氧器和真空除氧器的排汽管应通向室外，直接排入大气。

检验方法：观察检查。

(11) 软化水设备罐体的视镜应布置在便于观察的方向；树脂装填的高度应按设备说明书的要求进行。

检验方法：对照说明书，观察检查。

(12) 管道及设备保温层的厚度和平整度的允许偏差应符合 1.11.2 中"4. 给水设备安装"中"一般项目"第 (5) 条的规定。

(13) 在涂刷油漆前，必须情除管道及设备表面的灰尘、污垢、锈斑、焊渣等物；涂漆的厚度应均匀，不得有脱皮、起泡、流淌和漏涂等缺陷。

检验方法：现场观察检查。

4. 安全附件安装

主控项目：

(1) 锅炉和省煤器安全阀的定压和调整应符合表 1-11-42 的规定；锅炉上装有两个安全阀时，其中一个按表中较高值定压，另一个按较低值定压；装有一个安全阀时，应按较低值定压。

检验方法：检查定压合格证书。

安全阀定压规定　　　　　表 1-11-42

工 作 设 备	安全阀开启压力（MPa）
蒸汽锅炉	工作压力 + 0.02MPa
	工作压力 + 0.04MPa
热水锅炉	1.12 倍工作压力，但不少于工作压力 + 0.07MPa
	1.14 倍工作压力，但不少于工作压力 + 0.10MPa
省煤器	1.1 倍工作压力

(2) 压力表的刻度极限值，应≥工作压力的 1.5 倍，表盘直径不得 <100mm。

检验方法：现场观察和尺量检查。

(3) 安装水位表应符合下列规定：

A．水位表应有指示最高、最低安全水位的明显标志，玻璃板（管）的最低可见边缘应比最低安全水位低25mm；最高可见边缘应比最高安全水位高25mm。

　　B．玻璃管式水位表应有防护装置。

　　C．电接点式水位表的零点应与锅筒正常水位重合。

　　D．采用双色水位表时，每台锅炉只设一个，另一个装设普通水位表。

　　E．水位表应有放水旋塞（或阀门）和接到安全地点的放水管。

　　检验方法：现场观察和尺量检查。

　　(4) 锅炉的高、低水位报警器和超温、超压报警器及联锁保护装置必须按设计要求安装齐全和有效。

　　检验方法：启动、联动试验并做好试验记录。

　　(5) 蒸汽锅炉安全阀应安装通向室外的排汽管；热水锅炉安全阀泄水管应接到安全地点；在排汽管和泄水管上不得装设阀门。

　　检验方法：观察检查。

　　一般项目：

　　(1) 安装压力表必须符合下列规定：

　　A．压力表必须安装在便于观察和吹洗的位置，并防止受高温、冰冻和振动的影响，同时要有足够的照明。

　　B．压力表必须设有存水弯，存水弯采用钢管煨制时，内径不应小于10mm；采用铜管煨制时，内径不应小于6mm。

　　C．压力表与存水弯管之间应安装三通旋塞。

　　检验方法：观察和尺量检查。

　　(2) 侧压仪表取源部件在水平工艺管道上安装时，取压口的方位应符合下列规定：

　　A．测量液体压力的，在工艺管道的下半部与管道的水平中心线成0°～45°夹角范围内。

　　B．测量蒸汽压力的，在工艺管道的上半部或下半部与管道水平中心线成0°～45°夹角范围内。

　　C．测量气体压力的，在工艺管道的上半部。

　　检验方法：观察和尺量检查。

　　(3) 安装温度计应符合下列规定：

　　A．安装在管道和设备上的套管温度计，底部应插入流动介质内，不得装在引出的管段上或死角处。

　　B．压力式温度计的毛细管应固定好并有保护措施，其转弯处的弯曲半径不应小于50mm，温包必须全部净入介质内。

　　C．热电偶温度计的保护套管应保证规定的插入深度。

　　检验方法：观察和尺量检查。

　　(4) 温度计与压力表在同一管道上安装时，按介质流动方向温度计应在压力表下游处安装，如温度计需在压力表的上游安装时，其间距不应小于300mm。

　　检验方法：观察和尺量检查。

　　5．烘炉、煮炉和试运行

主控项目：

(1) 锅炉火焰烘炉应符合下列规定：

A．火焰应在炉膛中央燃烧，不应直接烧烤炉墙及炉拱。

B．烘炉时间一般不少于 4d，升温应缓慢，后期烟温不应高于 160℃，且持续时间不应少于 24h。

C．链条炉排在烘炉过程中应定期转动。

D．烘炉的中、后期应根据锅炉水水质情况排污。

检验方法：计时测温、操作观察检查。

(2) 烘炉结束后应符合下列规定：

A．炉墙经烘烤后没有变形、裂纹及塌落现象。

B．炉墙砌筑砂浆含水率达到 7% 以下。

检验方法：测试及观察检查。

(3) 锅炉在烘炉、煮炉合格后，应进行 48h 的带负荷连续试运行，同时应进行安全阀的热状态定压检验和调整。

检验方法：检查烘炉、煮炉及试运行全过程。

一般项目：

煮炉时间一般应为 2~3d，如蒸汽压力较低，可适当延长煮炉时间；非砌筑或浇注保温材料保温的锅炉，安装后可直接进行煮炉；煮炉结束后，锅筒和集箱内壁应无油垢，擦去附着物后金属表面应无锈斑。

检验方法：打开锅筒和集箱孔检查。

6．换热站安装

主控项目：

(1) 热交换器应以最大工作压力的 1.5 倍做水压试验，蒸汽部分应不低于蒸汽供汽压力加 0.3MPa；热水部分应不低于 0.4MPa。

检验方法：在试验压力下，保持 10mmin 压力不降。

(2) 高温水系统中，循环水泵和换热器的相对安装位置应按设计文件施工。

检验方法：对照设计图纸检查。

(3) 壳管式热交换器的安装，如设计无要求时，其封头与墙壁或屋顶的距离不得小于换热器的长度。

检验方法：观察和尺量检查。

一般项目：

(1) 换热站内设备安装的允许偏差应符合 1.11.11 中"3．辅助设备及管道安装"的"一般项目"第（1）条的规定。

(2) 换热站内的循环泵、调节阀、减压器、疏水器、除污器、流量计等安装应符合工程质量验收规范的相关规定。

(3) 换热站内管道安装的允许偏差应符合 1.11.11 中"3．辅助设备及管道安装"的"一般项目"第（2）条的规定。

(4) 管道及设备保温层的厚度和平整度的允许偏差应符合 1.11.2 中"4．给水设备安装"的"一般项目"第（5）条的规定。

1.11.12 分部（子分部）工程质量验收

1. 检验批、分项工程、分部（或子分部）工程质量验收

检验批、分项工程、分部（或子分部）工程质量验收，均应在施工单位自检合格的基础上进行；并应按检验批、分项、分部（或子分部）、单位（或子单位）工程的程序进行验收，同时做好记录。

（1）检验批、分项工程的质量验收应全部合格。

（2）分部（子分部）工程的验收，必须在分项工程验收通过的基础上，对涉及安全、卫生和使用功能的重要部位进行抽样检验和检测。

2. 建筑给水、排水及采暖工程的检验和检测的主要内容

（1）承压管道系统和设备及阀门水压试验。

（2）排水管道灌水、通球及通水试验。

将给水系统的1/3配水点同时开放，检查各排水点是否畅通，接口处有无渗漏；高层建筑可根据管道布置采取分层、分区段做通水试验。

（3）雨水管道灌水及通水试验。

（4）给水管道通水试验及冲洗、消毒检测。

按设计要求同时开放最大数量的配水点是否全部达到额定流量。

（5）卫生器具通水试验，具有溢流功能的器具满水试验。

（6）地漏及地面清扫口排水试验。

（7）消火栓系统测试，消火栓的水压水量能否满足设计要求。

（8）采暖系统冲洗及测试。

A．测定采暖房间的室温，其允差为＋2℃、－1℃；

B．应在最远配水点测定热供应系统的水温，当设计计算数量的配水点同时开放时，配水点的水温不应同设计温度相差＋5℃。

（9）安全阀及报警联动系统动作测试。

（10）锅炉48h负荷试运行。

锅炉、水泵、风机等主要设备的工作性能；仪表的灵敏度和阀类启闭的灵活性。

（11）防腐层的种类和保温层的结构：按设计要求对保温结构作外观检查，必要时可对保温结构做热耗试验。

3. 工程质量验收文件和记录的主要内容

（1）开工报告。

（2）图纸会审记录、设计变更及洽商记录。

（3）施工组织设计或施工方案。

（4）主要材料、成品、半成品、配件、器具和设备出厂合格证及进场验收单。

（5）隐蔽工程验收及中间试验记录。

（6）设备试运转记录。

（7）安全卫生和使用功能检验和检测记录。

（8）检验批、分项、子分部、分部工程质量验收记录。

（9）竣工图。

1.12 高层民用建筑及宾馆酒店的给排水系统

1.12.1 给水系统

1. 给水系统的分类

(1) 生活给水系统：供应厨房烹调饮用、卫生间盥洗淋浴等生活上的用水；除水量、水压应满足需要外，水质也必须严格符合国家颁布的生活饮用水水质标准。

(2) 生产给水系统：供生产设备的用水系统；有空调冷却水系统、厨房冷藏库冷却水系统、洗衣房软化水系统、锅炉房软化水系统、游泳池水处理系统、水景系统等。

(3) 消防给水系统：有消火栓消防给水系统、自动喷水灭火系统等；对水量、水压要求必须保证，但对水质无特殊要求。

根据具体情况，有时可将上述三种基本给水系统或其中两种基本系统合并为：生活—生产—消防给水系统、生活—消防给水系统、生产—消防给水系统等。

2. 管道布置和敷设

(1) 室内给水管道一般按引入管（总管）→水平干管→立管→横支管→支管的顺序施工。

(2) 小口径的生活饮用水管道宜采用塑料管、铝塑管等卫生型复合管材（以前使用的冷镀锌钢管已明令禁止使用）；管径大于100mm的明装或暗敷给水管道，可使用热镀锌无缝钢管，埋地管宜使用给水铸铁管。

A．消防给水管道可使用镀锌钢管、镀锌无缝钢管；消防和生活合用的给水管道，应按生活饮用水管道选用管材；

B．给水埋地金属管道的外壁，应采取防腐蚀措施，埋地或敷设在垫层内的镀锌钢管，其外壁亦应采取防腐蚀措施。

(3) 给水管道应采用与管材相适应的管件，其所承受的水压，不得大于产品标准规定的允许工作压力。

(4) 在管道系统布置中，为充分利用室外给水管网中的水压、给水引入管、主干管及立管应尽量布置在用水量最大处或不允许间断供水处，高层建筑物给水引入管在穿越基础时，有防水要求的应采用刚性或柔性防水套管。因考虑火灾时的消防用水，引入管在水表处宜安装旁通管，旁通管的管径与引入管相同。

宾馆酒店一般不允许间断供水，应从室外环网不同侧设两条或两条以上引水管，并将室内管道连成环状或贯通树枝状，进行双向供水；如不可能，可由环网同侧引入，但两根引入管的间距不得小于10m，并在接点间的室外给水管道上设置阀门，或采取设贮水池、增设第二水源等保证安全供水措施。

(5) 宾馆酒店对美观要求较高，给水管道可在管槽、管井、管沟及吊顶内暗敷，但不得敷设在排水沟、烟道和风道内；在与其他管道同沟或共架敷设时，宜敷设在排水管、冷冻管的上面或热水管、蒸汽管的下面。

(6) 给水管道穿过承重墙或基础处，应预留洞口，其管顶上部净空不得小于建筑物的沉降量，一般不宜小于100mm。

给水管道不得穿过配电间。

(7) 为保证给水管道不受破坏，给水管道不宜穿过伸缩缝、沉降缝和抗震缝，必须穿过时应采取有效措施：

A. 柔性处理：管道的穿越部分采用钢丝编制橡胶软管连接；

B. 刚性连接：将穿越部分做成螺纹管件连接的"Π"形管段，利用螺纹弯管微小的旋动缓解由沉降不均引起对管道的剪切力。

C. 活动支架法：在伸缩缝、沉降缝和抗震缝处一侧设立固定支架，另一侧设立活动支架，使管道有伸缩的余地。

(8) 高层建筑的给水系统，应根据水泵扬程、管网压力变化情况，在输水干管上装设防水锤装置。

(9) 弯制方形钢管伸缩器，宜用整根管道弯成；如需要接口，其焊口位置应设在垂直臂的中间。

安装伸缩器，应做预拉伸；如设计无要求，套管伸缩器预拉长度，应符合表 1-12-1 的规定；方形伸缩器预拉长度等于 $0.5\Delta X$。预拉长度允许偏差，套管 + 5mm、方形 + 10mm。

套管伸缩器预拉长度（mm）　　　　　　　　表 1-12-1

规 格	15	20	25	32	40	50	65	75	80	100	125	150
拉出长度	20	20	30	30	40	40	56	56	59	59	59	63

(10) 管道的防噪声处理：主要是用吸声材料隔离管道与其依附的建筑实体，从而避免硬接触，如暗装或穿墙管填充矿渣面、管托架及管卡和管子之间垫橡胶或毛毡，水嘴采用软管连接等。

(11) 给水管网上的阀门应装设在便于检修和易于操作的位置，阀门的选择应符合下列规定：

A. 管径≤50mm 时，宜采用截止阀；管径＞50mm 时，宜采用闸阀；

B. 在双向流动管段上，应采用闸阀或蝶阀；

C. 在经常启闭的管段上，宜采用截止阀；

D. 不经常启闭而又许快速启闭的阀门，应采用快开阀门；

E. 配水点处不宜采用旋塞。

(12) 给水管网的下列管段上，应装设止回阀：

A. 两条或两条以上引入管且在室内连通时的每条引入管；

B. 利用室外给水管网压力进水的水箱，其进水管和出水管合并为一条管道的引入管；

C. 装设消防水泵接合器的引入管和水箱消防出水管；

D. 升压给水方式的水泵旁通管。

(13) 止回阀的设置应符合下列要求：

A. 管网最小压力或水箱最低水位应能自动开启止回阀；

B. 止回阀的阀板或阀芯在重力作用下应能自行关闭。

（14）用于分区给水的减压阀，其设置应符合下列要求：

A．减压阀宜设置两组，其中一组备用；环网供水和设置在自动喷水灭火系统在报警阀前时，可单组设置；

B．减压阀前后宜装设压力表；

C．减压阀前应装设过滤器，并应便于排污；

D．消防给水系统的减压阀后（沿水流方向）应设泄水阀门定期排水；

3．给水系统的水压试验

（1）水压试验分为强度试验和严密性试验。

A．强度试验（或称耐压试验）的主要目的是检验管道系统各部分的耐压能力，也有检验各连接处渗漏的作用；因为试验压力要高于系统的工作压力，故破裂的可能性要比系统在额定工作压力时大。

B．水在工程上可以看作是不可压缩的，而空气或其他气体的可压缩性非常大，把水和空气分别压缩到相同压力时，压缩空气所消耗的功要远比水大得多，所消耗的功变成水或空气的势能储存起来，一旦破裂，储存的势能就要猛烈地释放出来，当然空气释放出来的能量也比水大得多。相比之下，用气体比用水做强度试验的潜在危险性要大得多，因此，只要在条件允许时（有时用水会给系统带来锈蚀、结冻和难于排出等麻烦），总是用水而不用空气或其他气体做强度试验。

C．为防止管道被冻裂，水压试验时水温应高于被试管道、设备及容器钢种的脆性转变温度，一般材料试验水温不低于5℃，不锈钢和低温容器的试验水温可不受此限制。

D．水压试验使用的压力表应灵敏、准确，量程应为额定工作压力的1.5～2倍，表盘直径≥100mm，精度不低于2.5级（低压）或1.5级（中高压），每半年校验一次，并应有铅封和校验合格证。

E．试压前应确定试压范围，所有的敞口处应按要求进行封闭；选择好进水口、放气点和升压点，并考虑应急排放及试压完毕后的放水点，并将排放口引到安全适当的地方。

F．宜利用管路自上而下向系统内注水，注水时需打开系统高处的阀门，以排放管路空气；当排气阀冒水时，关闭排气阀，停滞一段时间后，再次打开排气阀，向系统注水；反复进行几次后，才能将系统内的空气排尽。

G．排尽空气后，利用管路本身的压力顶升至外部供水系统的压力；然后关闭进水阀启动试压泵，将压力缓慢升到工作压力进行检查，如未发现泄漏和异常情况，再将压力升到试验压力。

H．在试验压力下进行检查，在10min内其压力降不超过0.02MPa；然后降到工作压力进行严密性试验检查，无渗漏则试压合格。

I．试压过程中若发现有泄漏情况，应泄压后进行处理，严禁带压修理。

J．试压合格后应拆除试压时临时连通的管道，排尽系统内的积水，及时对豁口和螺纹进行防腐、保温和封闭。

（2）试压泵。

A．专用试压泵的不足。在管道、设备与容器进行水压试验时，常用专用试压泵（手动或电动的），而绝大多数的试压泵都属于容积式水泵中的活塞式往复泵，其特点是高扬程、低流量、又不可调节。而在高层民用建筑及宾馆酒店的给水系统中，大多为中低压管道，因管道、设备及容器的容积大，试压时需要补充的水量大，而对扬程并无太高要求，在这种情况下活塞式往复试压泵的流量就难于满足试压的要求。

B．离心水泵的特点。在保证流量的前提下，离心水泵同样可提供足够大的扬程，但若直接使用离心水泵进行水压试验，也存在两个问题：即升压过快容易损伤管道、设备及容器以及难于稳定泵在需要的压力下工作。

C．在原试压管路上增加一个由阀门控制的旁通回流管后，用离心水泵进行试压就可收到较好的效果，并具有以下特点：

a．流量大，不仅能满足升压的要求，并可直接对管网进行灌水；

b．工作稳定，实际出水量可通过回流阀或出水阀门在零至额定流量之间任意调节，可控制离心水泵在所需工作点上运行；升压速度可由人掌握，避免升压过快对管路造成的损伤。

c．扬程提高，效率降低，因泵出口的一部分水经回流到水泵的吸水口，进入蜗壳内又经过一次加压，相当于分段式多级离心泵的工作原理，所以扬程有所提高；由于部分水多次回流，水头损失必然加大，故效率会有少量的降低。

D．活塞式容积试压泵与试压用离心泵的优缺点对照见表1-12-2。

容积试压泵与试压用离心泵对照表　　　　表1-12-2

比较项目	专用（活塞）试压泵	试压用离心泵
流　量	较小，一般不超过1000L/h	很　大
扬　程	很　高	较活塞泵低
转速（往复次数）	低，一般不超过120次/min	高，常用的为3000r/min
效　率	达到设计扬程时较高	可控制在水泵的高效区内，一般35%～60%
流量的调节及计量	流量一般为恒定值，可计量	流量调节容易，要用专门仪表计量
流量均匀度	不均匀，脉动大	均匀，脉动小
适用范围	低、中、高压管道与设备的试压	中、低压管道与设备的试压
结　构	较复杂，机械部件多保养困难，易磨损	简单，零件少不用经常保养
体积、重量	体积大，重量大	体积小，重量轻
自吸能力	能自吸	一般不能自吸，需灌泵
操作管理	操作管理不便	操作管理方便
经济性	造价高，试压费时费工	造价低，试压省时省工

(3) 管道试压应注意的问题。高层民用建筑及宾馆酒店的各种管道系统多，工程量大，如生活冷水、热水，消防用水，空调冷冻水、冷凝水、冷却水等，往往由成千上万米的管子、管件、阀门和器具组成，施工中稍有不慎，水压试验时就会泄漏，一般均要反复多次进行处理及试验才能达到要求，不仅费时费工，若管道安装处已进行装修，泄漏将造成更大的损失。

A．水压试验前的空气预检。有关技术资料记载，在同样条件下，空气的泄漏能力是水的50倍以上，如果规定用2.5MPa的压力做水压试验，则该用0.05MPa的空气来做模拟试验。一般采用0.2～0.3MPa的空气进行预检，对重要的隐蔽部位或怀疑部位，用肥皂水检查泡沫，便可很快查到泄漏缺陷，消除缺陷后再次进行试验，如泄漏率≤5%～10%即可投入水压试验。

B．空气预检不能代替水压试验。空气预检偏重于严密性试验，并不能代替强度检验内容，所以、还应通过水压试验重点检查强度检验的内容，并复查严密性。

C．高层民用建筑及宾馆酒店，一般在标准层均布置若干个管道井，各种管道从标准层下的公共层或设备层经过竖井与建筑物顶层的汇总管连接，水压试验时可制作一分水（气）缸，按所需试压的立管数在分水（气）缸上连接相应的分支管及高压软管，在需要试压的管口旋上一端为管螺纹，另一端带胶管接头的短管，并和高压软管相连接，先进行$0.2～0.3MPa$的空气预检，无问题后再按规定进行水压试验，这种方法比逐根管道进行水压试验，能在确保质量的前提下，既方便又快捷。

1.12.2 加压装置和流量调节装置

当室外给水管网压力或流量经常（或间断）不足，不能满足室内给水要求时，应设置加压和流量调节装置。常用的有：贮水池、吸水井、高位水箱、水泵和气压给水设备等。

1．贮水池、吸水井

当室外给水管网不能满足流量要求时，应设置贮水池贮备必要的水量，以补充供水流量的不足，当室外给水管网能满足流量要求，而当地供水部门不允许水泵直接从外网抽水时，应设置吸水井。

(1) 贮水池的有效容积应根据调节水量、消防贮备水量和事故备用水量确定；贮水池宜设吸水坑或吸水井，贮水池应有盖，并应采取不受污染的防护措施。

A．贮水池应分成二格，并能独立工作或分别泄空，以便清洗和检修时不停水；贮水池应设进水管、出水管、溢流管、泄水管和水位信号装置。

B．进水管和出水管应设在贮水池两端，以保证池内贮水经常流动，防止产生死水腐化变质，如设在一端应在贮水池内加导流墙；消防用水和生活或生产用水合用一个贮水池时，应有消防贮水平时不被动用的措施，一般可采取在消防水位处，生活或生产水泵吸水管上开一个直径ϕ为$5～10mm$的小孔的办法。

C．溢流管管径应按排泄贮水池最大入流量确定，并宜比进水管大一级，生活饮用水贮水池的溢流管必须采取防污染措施；

D．室内埋地生活饮用贮水池与化粪池的净距不应小于$10m$，当净距不能保证时，应采取生活饮用水贮水池不被污染的措施。

(2) 吸水井的尺寸应满足水泵吸水管、进水浮球阀、溢水管等附件布置、安装、检修和水泵正常工作的要求，其最小有效容积不得小于最大一台或多台同时工作水泵$3min$的出水量。

2．高位水箱

高位水箱的作用系稳定供水水压和调节水量，水箱的有效容积应根据调节水量、生活和消防贮备水量确定。

(1) 高位水箱的设置高度，应按最不利处的配水点所需水压计算确定；贮存消防用水的水箱，其设置高度应按现行的建筑设计防火规范的有关规定执行。

(2) 水箱应设置在净高不低于$2.2m$，便于维护、光线和通风良好且不结冻的地方，水箱内有效水深一般采用 0.70～2.50m，水箱应加盖，并应设保护其不受污染的防护措施。

(3) 水箱与水箱之间、水箱和墙面之间的净距，均不宜小于 0.7m；有浮球阀的一侧，水箱壁和墙面之间的净距不宜小于 1.0m；水箱顶至建筑结构最低点的净距，不得小于 0.6m；钢板水箱的四周，应有不小于 0.7m 的检修通道（水箱旁连接管道时，以上规定的距离应从管道外表面算起）。

(4) 水箱间的位置应便于管道布置，尽量缩短管线长度，为保证供水安全，在宾馆酒店及高层民用建筑中，多用箱基水池贮水，在混凝土水池施工时，必须在水池接管处预埋钢套管；柔性套管适用于管道穿过池壁处有振动或有严密防水要求时，刚性套管适用于其他场所，套管必须配合土建施工，一次性浇注于混凝土池壁上；应将水箱分成两格或设置两个水箱，给水泵一般设计成自动运行，利用水箱中预定的高、低水位来控制水泵的停、开。

(5) 水箱应设置进水管、出水管、溢流管、泄水管、通气管、液位计、水泵自控装置、人孔等附件；水箱材质、衬砌材料和内壁涂料，均不得影响水质。

A．进水管：来自室内供水干管或给水泵的供水管，进水管口应离水箱顶 150～200mm。

a．当水箱利用管网压力进水时，其进水管上应装设控制水位的浮球阀或液压水位控制阀，数量一般不少于 2 个，直径与进水管直径相同，每个阀前应有检修阀门，当其中一个发生故障时，其余的仍然满足能进水要求。

b．当水箱利用水泵压力进水，并采用水位自动控制水泵运行时，可以不装浮球阀，管径可按水泵出水量或室内设计秒流量确定；

c．水箱进水管淹没出流时，应设真空破坏装置。

B．出水管：管口下缘应高出水箱底不少于 50～100mm，管径按室内设计秒流量来确定，连接于室内给水干管上，管上应设置闸阀；水箱进出水管宜分别设置，当进、出水管合用一条立管时，应在水箱的出水管上装设止回阀（宜采用旋启式止回阀），止回阀标高应低于水箱最低水位不少于 1m。

C．溢流管：溢水沿口应在水箱允许最高水位上 20mm，但离水箱顶的距离不应小于 100mm，用以控制水箱的最高水位；溢流管管径应按排泄水箱最大入流量确定，并宜比进水管大一级，但在水箱底 1m 以下可改用进水管等同直径；溢流管出口应设网罩，溢流管上不允许装设阀门。

D．泄水管：装在箱底部用作清洗泄水，管径一般不小于 50mm，管上应设排污阀门（宜采用闸阀），一般与溢水管相接，但不得与排水管直接连接，必须采用间接排水方式。

E．通气管：设在密闭箱盖上，不得伸到有有害气体的地方；管口一般朝下设置，并设置防止灰尘、昆虫和蚊蝇进入的滤网，不得装有阀门、水封管等妨碍通气的装置，不得与排水系统和通风系统连接。

F．液位计和信号管：一般在水箱侧壁上安装玻璃液位计，用以就地指示水位；信号管的设置高度应使其管底与溢水管的溢流面平齐，自水箱侧壁接出，管径采用 15～20mm，管上不得安装阀门，接至经常有人值班房间内的洗脸盆、洗涤盆等处，当信号管出水时应立即停泵，当水箱与水泵联锁自动控制时，可不设信号管。

3. 水泵

在室内给水系统中，一般采用离心清水泵，具体型号可根据所需的流量和扬程，查水泵性能表选择。

(1) 水泵的扬程和出水量

A. 给水系统无水箱时，水泵的扬程应满足最不利处的配水点或消火栓及自动喷水灭火设备所需水压，水泵的出水量应按设计秒流量确定；

B. 给水系统有水箱时，水泵的扬程应满足水箱进水所需水压和消火栓及自动喷水灭火设备所需水压，水泵的出水量应按最大小时流量确定；当高位水箱容积较大，用水量较均匀时，水泵的出水量可按平均小时流量确定。

(2) 水泵扬程的计算

A. 当水泵与高位水箱结合供水时其扬程为：

$$H_b \geqslant H_y + H_s + V^2/2g$$

式中 H_b——水泵扬程 (m)；

H_y——扬水高度 (m)，即贮水池最低水位至高位水箱入口的几何高差；

H_s——水泵吸水管和压水管的总水头损失 (mH_2O)；

V——水箱入口流速 (m/s)；

g——重力加速度 ($9.8m/s^2$)。

B. 当水泵单独供水时其扬程为：

$$H_b \geqslant H_y + H_s + H_c$$

式中 H_y——扬水高度 (m)，即贮水池最低水位至最不利配水点或消火栓系统及自动喷水灭火系统的几何高差；

H_s——水泵吸水管和压水管的总水头损失 (mH_2O)；

H_c——最不利配水点或消火栓系统及自动喷水灭火系统的流出水头 (mH_2O)。

(3) 水泵的设置要求

A. 对于宾馆酒店及高层民用建筑要求供水安全的给水系统，一般应设置一台备用泵，其容量与最大一台水泵相同。每台水泵宜单独设吸水管，吸水管设计流速一般采用 1.0~1.2m/s；出水管设计流速采用 1.5~2.0m/s；

B. 水泵宜设置自动开关装置，宜采用自灌式充水；

C. 需增压的给水系统，在节能性能可靠的前提下，可采用变频调速水泵，变频调速水泵电源应可靠，并宜采用双电源或双回路供电方式；

a. 变频调速水泵应有自动调节水泵转速和软起动功能，其电机应有过载、短路、过压、缺相、欠压、过热等保护功能；

b. 当用水不均匀时，变频调速水泵宜采用并联配有小型加压泵的小型气压水罐在夜间供水。

(4) 水泵的安装

A. 带底座的水泵机组在基础上安装，宜按以下施工工序进行：基础的检查验收→泵机组的吊装就位→地脚螺栓稳固→安装找正（加垫铁校平校正）→水泵与电机同心度的调测（联轴节径向间隙和轴向间隙的调整）→二次浇灌→精平及全面检查→试运转等。

B. 泵机组在减振台座（板）上安装：当考虑减振要求时，常将泵机组安装在减振台座（板）上，减振台座（板）是在泵机组的铸铁底座下增加槽钢框架（钢筋混凝土板），使框架（钢筋混凝土板）通过地脚螺栓孔与底座紧固，框架下用减振垫或减振器减振。

常用的橡胶剪切减振器有 JG、JJQ 型。

弹簧减振器中的弹簧置于铸铁或塑料护罩中，减振器底板下贴有厚 10mm 的橡胶板，起一定的阻尼和消声作用；减振器可用地脚螺栓穿过橡胶垫板与支承面连接，也可不用地脚螺栓，将减振器直接置于支承结构上。

(5) 水泵的配管

泵的连接管路有吸入管和压出管两部分；吸入管上装有闸阀（或碟阀、或在管端装吸水底阀），压出管上装有闸阀（或蝶阀）及止回阀，以控制关断水流，调节泵的出水流量和阻止压出管中的水流回返，这就是俗称的"一泵三阀"。

为使泵体不承受管道重量的压力，压出管和吸入管均应支撑在适当的支座或支架上；管道和泵的连接为法兰连接，安装时应使泵的法兰和接管法兰（或阀门的法兰）同心并相互平行；管道和泵的连接可为刚性连接，也可为柔性连接，考虑到消声减振的要求，宾馆酒店和高层民用建筑内安装的水泵，大多采用柔性连接。

(6) 水泵吸水管的安装

A. 吸水管口要安置在水源的最低水位以下，大流量水泵要浸入水下至少 1m，吸水管上应安装压力表；

B. 整个吸入管路从泵吸入口起应保持下坡的趋势，水平吸入管道应具有 1/50～1/100 的坡度，泵水平吸入口连接异径管时，为避免在上部管路中聚积气泡、形成气囊，使吸水不均或造成断水，要采用顶平偏心异径管安装；

C. 在吸入管段上，接近泵吸入口的弯头必须直立，而不能安装成水平或倾斜的形式；如吸入管不能直接伸入水中，必须安装一段同水泵轴相垂直的吸入管；

D. 底阀安装前应认真检查其启闭的灵活性，底阀上应安装过滤器，以保护底阀正常工作；考虑到吸水水面的降落，吸入管端的底阀安装必须有足够的淹没深度，底阀周围离水底距离不能小于底阀的外径。

(7) 水泵压出管的安装

A. 压出管一般以铸铁变径管（泵体带来）和泵连接，压出管一般比吸入管小 1 号管径。

B. 压出管和泵的刚性连接多采用法兰连接，适用于无减振要求的工程；压出管的柔性连接是通过柔性接头和伸缩接头的连接，适用于有减振消声要求的工程，如宾馆酒店及高层民用建筑。常用的柔性接头有：

JGD 型可挠曲单球体橡胶接头及 JGD-A 型可挠曲双球体橡胶接头；由内胶层、锦纶帘子布增强、外胶层复合橡胶球体（或双球体）和钢质松套法兰组成。

C. 压出管道的固定，无减振消声要求时，可用刚性支、吊架固定；有减振消声要求时，可用橡胶弹性吊架固定；常用的 JGD-C 型橡胶弹性吊架以橡胶隔振为主要元件，由固定用金属框架、吊杆、金属套管等组成。

D. 压出管上止回阀及控制阀门安装：宾馆酒店及高层民用建筑的水泵压出管上多安

装手动或电动闸阀以控制和调节水流量，安装微阻缓闭止回阀以缓解和消除压出水回流时的水击，并起消声作用；压出管上应安装压力表。

　　E．压出管穿墙或楼板的孔口边缘与管道间宜填以油麻丝或玻璃纤维。

　　(8) 水泵的设置

　　应远离有安静要求和防振的房间（如客房、餐厅、酒吧等），除水泵的基础、吸水管和出水管应考虑隔振减噪措施外，尽量选用低噪声水泵；水泵隔振的原则是："隔振为主，吸音为辅"，必要时建筑上可采取隔声吸音措施。

　　(9) 水泵机组的布置应符合下列要求

　　A．电动机容量≤20kW，或水泵吸水口直径≤100mm，其机组一侧与墙面之间可不留通道；两台相同机组可设在同一基础上，彼此不留通道，机组基础侧边之间或距离墙面应有≥0.7m 的通道。

　　B．不留通道的机组突出部分与墙壁间的净距或相邻两个机组的突出部分间的净距，不得小于 0.2m；机组的基础端边之间和至墙面的距离不得小于 1.0m，电机端边至墙的距离应保证能抽出电机转子。

　　C．电动机容量在 20~30kW 时，机组基础间净距不得小于 0.8m。

　　(10) 水泵启动前的检查及准备

　　A．检查各地脚螺栓的紧固情况，要求各紧固连接部位无脱落及松动；

　　B．检查清洗和加油润滑情况，润滑油必须达到规定的油位，润滑脂应加至轴箱容积的 1/2~1/3；对于遗漏和不符合要求的应立即进行处理；

　　C．泵与电机同心度的复测，是水泵机组安全运行的保证；无异常后用手盘动联轴节或皮带盘，应灵活正常，无摩擦和卡涩现象；

　　D．检查电动机的转向是否符合要求，如转向不对，可将电机的任意两根接线调换即可；电气安装和调试已完毕，供电正常；

　　E．检查水源可靠情况，吸水管上的阀门是否全开，泵压出管的阀门是否关闭；

　　F．检查泵的填料函水封冷却水阀是否打开；填料函中的填料启动前可以适当调松，不宜压得过紧，启动后再行调整；

　　G．检查管道上的压力表、真空表、止回阀、闸阀等附件是否安装正确并完好；试运转用具和安全防护装置应准备就绪。

　　H．检查完毕后可向泵内灌水，同时打开排汽阀排汽，当排汽管有大量的水冒出时，表明泵吸水管已经充满水，可以启动水泵。

　　(11) 水泵的启动及运行

　　A．泵的初次启动前应手动盘车无卡阻，经二三次点动无异常后，再正式启动并慢慢地增加到额定转速；

　　B．泵启动时、泵的出口阀、吸入管上的真空表阀，出口端的压力表阀均处于关闭状态；

　　C．水泵达到额定转速后，应立即打开出口阀，以防止水在泵内循环次数过多而引起汽化，出水正常后再打开真空表阀及压力表阀，其指针应稳定；

　　D．水泵机组运行正常后观察运转情况，有无异常声响和振动；

　　E．检查各密封部位，不应有泄漏现象；

F. 填料的温升应正常，如压盖温度高于 40℃，可把压盖螺栓放松一些，在无特殊要求的情况下，普通软填料只能有少量泄漏，但每分钟不超过 10～20 滴，机械密封的泄漏量不宜大于 10mmol/h（大约每分钟 3 滴），如渗漏过多，可适当拧紧压盖螺栓；
　　G. 电动机的功率和电流，在额定负荷下不应超过额定值；
　　H. 滑动轴承的温度不应高于 70℃，滚动轴承的温度不应高于 80℃，当用手摸感到烫手时说明轴承升温过高，应马上停机检查；
　　I. 运行中流量的调节应用出水阀进行，而不要关闭进水阀；
　　J. 泵在设计负荷下连续运转不少于 2h，情况正常为合格。
　　(12) 泵机组停止运行
　　A. 泵停止运转时应慢慢关闭出水管上的阀门，然后停止电动机；
　　B. 设有吸水底阀的泵机组停车时，应注意打开真空破坏阀，使泵内水返回水池；
　　C. 对淹没状态下运行的泵，停车后应注意关闭出水阀；
　　D. 寒冷地区或冬季停泵后，应把泵内的积水和吸水管内的积水放尽，以免冻裂；
　　E. 长期停止运行的泵机组，应排净泵内流体，以免冻结损坏泵的部件；在轴承、轴、填料压盖、联轴器等的加工面上涂油或防锈剂，以防锈蚀。
　　4. 气压给水设备
　　气压给水设备是利用密闭贮罐中压缩空气的压力变化，进行贮存、调节和压送水量的给水装置，其作用相当于高位水箱，具有灵活性大、水受污染少、运行可靠、不妨碍建筑美观等优点，缺点是水压变化大、调节水量小、耗电多、效率低、供水安全性不如高位水箱等。
　　(1) 气压水罐内的最小压力，应按最不利处的配水点或消火栓及自动喷水灭火设备所需水压计算确定。
　　(2) 气压给水设备应装设安全阀、压力表、泄水管和密闭人孔或手孔，水罐进水管上应装设止气阀，进气管上应装设止水阀，水罐还应装设水位计。
　　(3) 气压给水设备的罐顶至建筑结构最低点的距离不得小于 1.0m；罐与罐之间及罐壁与墙面的净距不宜小于 0.7m。
　　(4) 气压给水设备的水泵扬程应满足气压给水系统最大工作压力，水泵出水量、当气压水罐内为平均压力时，不应小于管网最大小时流量的 1.2 倍，水泵应设自动开关装置。
　　(5) 气压给水设备分为变压式和定压式两类，气压给水设备宜采用变压式，当供水压力有恒压要求时，应采用定压式。
　　(6) 变压式气压给水设备：在供水过程中，水压及水罐中的气压处于变化状态，其作用过程是：气压水罐内的水在压缩空气的压力下，被送往用水点；随着气压水罐内水量减少，空气体积膨胀，压力减小，当压力降至最小工作压力时，压力控制器动作，水泵启动重新充水，水罐内水位上升，空气又被压缩，当压力升至最大工作压力时，压力控制器自动关闭水泵，气压水罐再次向用水点输水。按气压水罐的形式可分为补气式和隔膜式两类气压给水设备：
　　A. 在补气式气压给水设备中，由于气水直接接触，因渗漏和溶解而使气压水罐内空气逐渐损失，影响气压给水设备的正常运行，需要及时补气，出水管上应装设止气阀，在罐体上宜装设水位计；补气方式宜采用限量或自平衡限量补气。

B. 隔膜式气压给水设备宜采用囊式或胆囊式气压水罐，因在水罐内设置隔膜，气水不相接触，防止了空气的溶解和渗漏，所以不需要补气，不必另设补气设备，同时保护水质免受脏空气污染。

(7) 定压式气压给水设备：可在变压式气压给水设备的供水管上安装调压阀，使阀后的水压在要求范围内；或在双罐变压式气压给水设备的压缩空气连通管上安装调节阀，调节阀后气压在要求范围内，使管网处于恒压状态下工作。

定压式气压给水设备，应装设自动调压装置；空气压缩机组不得少于2台。

1.12.3 热水供应系统

1. 热水供应系统分类及选择

热水供应系统包括水的加热、储存和输配，可分为局部、集中或区域性热水供应系统。宾馆酒店热水用量大，用水点多且集中，适宜采用集中热水供应方式，即设大型热水器集中将水加热，通过热水管网把热水输送到各用水点。

(1) 室内热水管网有单管制和双管制，在供水范围广、管线长和对供水温度要求高的宾馆酒店必须采用双管制的全循环方式，即配水干管、立管均设有相应的回水管，用水设备并联于供回水管上，这样能保证供水点的使用水温达到设计值，使得用水者随时迅速获得热水。

(2) 为使整个热水系统的热水温度保持均匀，宾管酒店的立管较多时，可采用同程式循环热水系统，使回水管道长度增加，各环路阻力损失接近，易于平衡，各立管环路在阻力均等条件下进行热水循环，有效地防止近立管内热水短路现象。

(3) 根据循环管网的循环动力不同，热水供应系统分为自然循环（以供回水重度差造成的循环）或机械循环（以水泵扬程为动力）两种方式；机械循环系统采用循环水泵强制热水在管网中流动，以补偿配水管的阻力损失和热损失，保持供水的压力和温度。高层宾管酒店等供水要求高的建筑都采用机械循环方式，有时还采用倒循环热水供应系统，即将加热器设在系统上部，再设置循环泵，从而避免了加热器承受高压的威胁。

(4) 高层建筑的热水供应系统的分区，应与给水系统的分区一致，各区的水加热器、贮水器的进水，均应由同区的给水系统供应。高层建筑热水供应系统根据加热器的设置方式与地点的不同，又可分为加热器集中式及加热器分散式。

(5) 在闭式热水供应系统中，应采取消除水加热时热水膨胀引起的超压措施。

2. 加热设备的选用

在宾馆酒店的集中热水供应系统中，热源采用蒸汽或高温水，常采用传热效果好、间接加热（受热和放热介质彼此不接触）的容积式热交换器或板式换热器。

(1) 容积式热交换器

A. 容积式热交换器为一密闭钢筒，内有加热盘管，是加热和储水合一的加热设备，具有供水稳定安全、噪声低的优点；但采用普通钢板和钢盘管制造的容积式热交换器，由于铁锈会使热水呈现铁锈色，不仅玷污白色的面巾、浴巾和卫生器具，并因排除铁锈水而浪费大量热水，因此在宾馆酒店中应采用不锈钢板或钢板内衬铜皮的壳体、盘管用铜制的容积式热交换器。

B. 容积式热交换器有卧式和立式两种，卧式的盘管换热面积大，高度低，但所占建筑面积大，冷水层所占的容量多；而立式的恰恰相反。

　　C. 卧式容积式热交换器用砖支座或鞍形钢支座安装，钢支座与混凝土基础之间用设备带来的 M18～24 地脚螺栓固定；立式热交换器由三只预埋的 M18～30 地脚螺栓与混凝土基础连接稳固。

　　D. 容积式热交换器经吊装、就位于支座上，或将底板上的螺栓孔套进地脚螺栓内，吊线找正（调整安装的水平度及垂直度，必要时在支座下加垫铁找正）后，用地脚螺栓紧固。

　　E. 容积式热交换器的加热热媒（蒸汽或高温热水）的管程为高进底出，冷水壳程（包括回水）为低进高出，按设备上焊接的短管直径，与相同直径的管道法兰连接或丝扣连接。

　　F. 容积式热交换器上应安装温度计、压力表和安全阀，在采用水泵定压的低温热水系统中，宜使用微启式弹簧安全阀，其阀瓣对振动不敏感，为渐开式，开启高度仅为阀座喉径的 1/40～1/20，常用型号为：A27W-10、A47H-16 等。

　　G. 容积式热交换器的一侧应有净宽不小于 0.7m 的通道，前端应留有抽出加热盘管的位置；上部附件的最高点至建筑结构最低点的净距，应满足检修的要求，但不得小于 0.2m，房间净高不得低于 2.2m。

　　H. 容积式热交换器的表面应作保温，保温材料及保温厚度按设计规定执行。

　　(2) 板式换热器

　　A. 板式换热器是由一组波纹薄金属板组成，金属板片安装在一个有固定板和活动压紧盖板的框架内，板片间装有密封垫片，板上有小孔，当金属板被压紧后小孔形成通道，供传热的两种介质通过；冷热介质的流动方向相反，当介质在各自的通道内流动时，热介质将其部分热量通过薄金属板传递给另一侧的冷介质。

　　B. 板式换热器具有传热效率高，结构紧凑，占地面积小，维修简便，并可通过增减金属板片数量来改变传热负荷等优点。

　　C. 先在混凝土基础中预埋钢板，安装型钢制作的框形或条形支架，支架找平后与预埋钢板焊牢，若无预埋钢板可用膨胀螺栓固定支架；然后将板式换热器拖运、吊装至支架上就位，换热器两端的支柱或固定板脚上均有 $\phi28～42$ 地脚螺栓孔，用相应配套的螺栓与支架紧固即可。

　　D. 进行板式换热器的配管时，不能强行组对，以免产生应力，影响正常使用。

　　E. 为了在需要时能打开换热器，进出水管上应有法兰连接的弯头或安装切断阀门，进出水管上并应安装放气阀。

　　F. 应注意在板式换热器的周围留出足够的空间作为设备拆装、检修之用。

　　3. 热水管道敷设

　　(1) 热水管道宜采用铜管、聚丁烯管或铝塑复合管；热水管道系统应有补偿管道温度伸缩的措施，宜采用金属波纹管等。

　　(2) 热水管道可分为上行下给式和下行上给式两种布置方式。

　　A. 上行下给式系统配水干管的最高点，应设排气装置，下行上给式系统配水干管的最高点，应利用最高配水点放气。

　　在系统的最低点，应有泄水装置或利用最低配水点泄水。

B．下行上给式系统设有循环管时，其回水立管应在最高配水点以下（大约 500mm）与配水立管连接，上行下给式系统中只需将循环管道与各立管连接。

　　(3) 立管宜自下而上逐层安装，高层建筑总立管的底部应设刚性支座支撑；楼层间立管连接的焊口应置于便于焊接的高度。

　　A．大直径立管靠墙一侧无法焊接时，可用孔补内焊法，即将管子切去一块弧形板，焊条插入切割孔洞在管腔内壁焊接后，再将挖切处补焊。

　　B．每安装一层总立管，应立即用立管卡或角钢 U 形管卡固定，以保证管道的稳定。

　　(4) 干管应先定位与画线（注意控制坡度），安装支架，对管子进行调直及清扫，然后将管子上架、对口、焊接；若管子变径，热水管应采用顶平偏心大小头。

　　干管与分支管连接时，分支管应用羊角弯从干管接出，避免采用 T 形连接，否则，当干管伸缩时有可能将直径较小的分支管与干管的连接焊口拉断，或引起分支管的弯曲变形。

　　(5) 热水管道穿过建筑物顶棚、楼板、墙壁或基础时应加套管；热水管道的法兰衬垫，宜采用橡胶石棉垫。

　　(6) 热水管网在下列管段上应装设阀门：

　　　A．配水或回水环形管网的分支管；

　　　B．配水立管或回水立管；

　　　C．从立管接出的支管。

　　(7) 热水管网在下列管段上应装设止回阀：

　　　A．热交换器或贮水器的冷水供水管；

　　　B．机械循环的回水总管；

　　　C．混合器的冷、热水供水管。

　　(8) 热交换器的出水温度，当要求稳定且有限制时，应设自动温度调节装置。

　　(9) 系统安装完毕，管道及其附件、散热设备、水泵、水箱、除污器、集气装置等附属设备必须进行系统水压试验，系统工作压力按循环水泵的扬程确定；水压试验时应将试压泵（或利用系统循环泵）置于系统底部，从底部加压，顶部排气；系统试压时，应拆去压力表（试验后再安装），打开疏水器、减压器的旁通阀，关闭进口阀，不使压力表、疏水器、减压器参与试验，以防污物堵塞。

　　4. 热水供应系统附件

　　热水供应系统除需要装置检修和调节阀门外，还需要装置若干附件，以便控制系统热水温度、热水膨胀、管道伸缩及系统排气等问题，保证系统安全可靠地运行。

　　(1) 自动温度调节装置：热水供应的水温应在一定的要求范围内，在宾馆酒店的大型热水系统中都采用自动调温，调节装置有直接作用式和间接作用式两种。

　　A．直接作用式自动调温装置由感温元件和调节阀组成；温包插装在加热出口管道处，感受温度的变化，自动调节进入加热器的热媒量，以达到自动控制水温的目的。

　　B．间接作用式自动调温装置由电触点压力式温度计、电动阀门、齿轮减速箱和电气设备等组成；电触点压力式温度计的温包感受热水温度的变化，并传导到电触点压力式温度计，电触点压力式温度计内设有所需温度控制范围的上下两个触点，当加热器出水温度过高，压力表指针与上触点接触，电动机正转，通过减速齿轮把热媒阀门关小；反之，水温降低时,把热媒阀门开大;如果水温符合规定要求范围,压力表指针处于上下触点之间,电动机停止动作。

(2) 膨胀管:为防止冷水加热后体积膨胀,系统压力增大,损坏管道或设备,需要设置膨胀管或释压阀或膨胀水箱。

膨胀管用于开式热水系统,若和系统排气管结合使用,则称为膨胀排气管;膨胀管高出屋顶水箱最高水位的垂直高度按设计规定,如低于设计高度,热水会从膨胀管中溢流出来;膨胀管上严禁装设阀门,如有冰冻可能还需采取保温措施;膨胀管的管径可按表1-12-3确定。

膨胀管的管径　　　　　　　　　表1-12-3

水加热器的传热面积 (m²)	<10	10~15	15~20	>20
膨胀管最小管径 (mm)	<10	10~15	15~20	>20

(3) 膨胀水箱:用于闭式热水系统,能容纳系统膨胀水、排除系统内的空气、为系统定压使之保持密实和正压运行状态;膨胀水箱用钢板制作而成,有圆形和矩形的两种。膨胀水箱需要的配管有膨胀管、补水管、溢流管、排污管、检查管、循环管。当水箱保温时,循环管可不设;水箱和补给水泵联锁自动控制水箱水位时,检查管可不设;当在锅炉房通过回水干管直接补水时,可不设补水管。

A. 膨胀水箱配管时,膨胀管、溢水管、循环管上均不得装阀门;膨胀管的连接,对自然循环热水系统,应接于供水干管上,对机械循环系统,应置于室外供热管网的回水干管上,此连接点即常说的系统恒压点(定压点),膨胀管、循环管在回水管上的连接间距应不小于1.5~2m;溢水管与排污管常接通并引至排水管道附近的池槽处;检查管接至锅炉房补给水泵附近便于检查的池槽处,并只在池槽处安装检查阀门。

B. 安装在不采暖房间内的膨胀水箱(包括配管),应按设计要求保温。

(4) 管道伸缩器:为防止管道承受巨大应力,使管路产生挠曲、位移、接头开裂漏水、热水管道系统,应有补偿管道温度伸缩的措施;通常采用自然补偿或设置管道伸缩器。

A. 自然补偿即利用管路布置敷设所形成的自然转向弯曲来吸收管道的伸缩变形,如L形(一个90°弯头)、Z形转向(两个方向相反的90°弯头组成)等。

B. 当管道直线较长,不能依靠管路自身转角自然补偿管道伸缩时,应设置方形胀力补偿器(由4个90°弯头组成)、套管补偿器、波形补偿器及橡胶管接头等装置。

C. 无论采用那一种补偿,都必须合理地确定固定支架的位置,使热水管道在一定的范围内有控制的进行补偿,以免损坏管道、附件及补偿器;固定支架的设置必须满足下列条件:

a. 管道伸长量不能超过补偿器的补偿能力;

b. 管道因膨胀而产生的推力,不能超过固定支架所能承受的限度;

c. 不得使管子产生纵向弯曲;

5. 热水系统的积气及排气

为避免管道中积气,影响过水能力和增加管道腐蚀,必须考虑管道排气和泄水;横管坡度要求不应小于 0.003，下行上给式系统的回水立管应接在配水立管最高配水点以下 0.5m 处，以集存热水中所分离的气体，防止被循环水带走，并利用最高配水点排气，上行下给式配水干管的最高点应设排气装置。

(1) 管道从门窗或其他洞口、梁、柱、墙垛等处绕过，其转角处如高于或低于管道水平走向，在其最高点和最低点应分别安装排气和泄水装置。

(2) 系统积气的原因：

A．热水系统充水前，系统中存有空气；在系统充水时，空气逐渐被挤到系统末端和顶部。此时、打开顶部放气阀水即充至顶部，但不可能将空气全部排出，在系统某些部位还会存有空气。

B．系统从开式水箱抽取软化水补充时会带入少量空气，补入的冷水经过加热又会有一部分空气分离出来。

C．水中溶有空气，当水温升高或系统压力降低时，空气会逐渐从水中分离出来。

(3) 系统内积气的位置。在热水系统中，水流速越大，空气就越容易被带走；反之，就会在以下几个部位积气：

A．水平管道向下转弯处；

B．管道缩颈处（即大小头处）；

C．散热器尾端上部；

D．管道弯曲变形的最高点。

(4) 排气装置。系统中积气后就要通过排气装置排气，常用的排气装置有：

A．自动排气阀。一般设置在系统管网的高处，可将系统内的积气自动排出，由于制造质量和安装原因，有时达不到自动排气的效果，通病是气孔流水和排气孔堵塞，应将排气接至室外或设有地漏处。

B．手动排气阀。设置地点同自动排气阀，需要人工操作，如果放气不及时就会影响系统的正常运行，但使用比较可靠，只要手动排气阀不坏就不会出现问题。

C．集气罐。一般设置在供水干管的末端，安装时宜采用"通过式"，若集气罐安置不当，积气难以全部排出。

(5) 放气管径的选取。只有在管网高处设置放气阀，在低处设置放水阀，两者配合工作才能保证管网启动或维修时能放尽水、充满水；热水放气管管径的选取可按表 1-12-4 执行。

热水放气管管径 (mm) 表 1-12-4

热水管直径	25～80	100～125	150	200～300	350～400
放气管直径	15	25	25	25	32

6．热水水温和水质

(1) 热水水温：集中式热水供应系统在加热设备和热水管道保温条件下，加热器的出水温度与配水点最低水温的温度差，不得大于 15℃。

A．为了减少管道腐蚀、结垢、系统散热损失以及避免发生烫伤事故，供应温度低的热水有其优越性，一般要求加热器出口水温不高于 75℃，国内一般使用 60～55℃/55～

45℃的生活热水系统，国外已有使用48/37℃的生活热水系统；当然，供应低温度水，势必减少了蓄热量，增大了加热设备的容积，占地大、造价增加。

B. 对于局部要求高温度的用水点，如厨房等，可采取进一步加热方式或单独加热方式。

(2) 热水水质：生活用热水水质应符合现行的《生活饮用水卫生标准》的要求。

A. 集中热水供应系统的热水在加热前的水质处理，应根据水质、水量、水温、使用要求等因素，经技术经济比较确定，对建筑用水宜进行水质处理；

B. 按60℃计算的日用水量$\geqslant 10m^3$时，原水总硬度（以碳酸钙计）大于357mg/L时，洗衣房用水应进行水质处理，其他建筑用水宜进行水质处理；

按60℃计算的日用水量小于$10m^3$时，其原水可不进行软化处理；

C. 局部热水供应系统的热水温度，配水点的最低水温可为50℃。

1.12.4 室内排水系统

1. 排水管道分类：宾馆酒店及高层民用建筑物内部的排水管道，按其所接纳和排除的污废水性质，可分为五类：

(1) 粪便污水管道，排除大、小便器排出的污水，污水含有粪便及便纸杂质。

(2) 生活废水管道，排除洗脸盆、沐浴设备、洗涤盆及洗衣设备等排出的废水，水质较粪便污水相对洁净，主要含有洗涤剂及细小悬浮杂质。

(3) 冷却水管道，排除从空调机、冷冻机等设备排出的冷却水，水质一般不受污染，仅水温升高，可用冷却塔冷却后循环使用。

(4) 雨水管道，排除屋面雨水、融化的雪水，水质一般比较干净，仅含有从屋面冲刷下来的灰尘。

(5) 特殊排水管道，单独收集厨房排出含油脂的废水，冲洗汽车的废水，这两类含油废水需进行隔油处理后方可排放。

上述五类排水管道中，雨水管道必须独立；冷却废水、含有大量油脂的生活废水应设置单独管道排至处理或回收构筑物；而粪便污水与生活废水管道是合流还是分流设置，应根据室外排水体制，污水处理设施完善程度，结合技术经济比较予以确定。若宾馆酒店设有污水处理装置，则采用合流排出；当污水处理系统不完善，或宾管酒店设有中水系统时，粪便污水宜与生活废水分流排出，经化粪池局部处理后排放；分流制的采用，可以减少化粪池容积，提高处理效果。

2. 排水管道布置敷设

室内排水管道一般按如下顺序施工：即排出管→底层埋地横管→底层器具排水支管→埋地排水管灌水试验及验收→排水立管→各楼层排水横管→楼层器具排水支管→卫生器具安装→通水试验和通球试验及验收。

(1) 排水管道一般应地下埋设或在地面上楼板下明设，宾管酒店对室内美观要求较高，管道大都采用暗装方式，可在管槽、管道井、管沟或吊顶内暗敷，但应在适当位置设置检修门或人孔，以便安装和检修。

(2) 架空排水管道不得布置在食品和贵重商品仓库、风机房、空调室或变配电间内，不得敷设在厨房主副食品操作烹调的上方，应尽量避免通过大厅等对建筑艺术和美观要求较高的地方，当受条件限制不能避免时，应采取防护措施。

(3) 排水管道不得穿越沉降缝、地震缝、烟道和风道,并不得穿过伸缩缝,当受条件限制必须穿过时,应采取相应的技术措施。

(4) 排水埋地管道不得布置在可能受重物压坏处或穿越设备基础,在特殊情况下,应与有关专业协商处理。

(5) 排水立管应设在靠近最脏、杂质最多、排水量最大的排水点处;如污废水分流,废水立管应靠近浴盆。

(6) 生活污水立管不得穿越对卫生、安静要求较高的客房等房间,并不宜靠近与客房相邻的内墙,以免噪声干扰;粪便污水立管应靠近大便器,以便大便器排水支管直接接入。

(7) 排水横管应尽量减少不必要的拐弯,作直线布置,地下室的排水横管应尽量吊设在地下室天花板下而避免埋地敷设;排出管应以最短距离通至室外。

(8) 排水横管的直线管段,应按设计要求的距离设置检查口或清扫口,设计无要求时宜按表1-12-5规定的距离设置。

检查口或清扫口之间的最大距离　　　　　表1-12-5

管径(mm)	清除装置的种类	生活污水(m)	含大量悬浮物污水(m)
50~75	检查口	12	10
50~75	清扫口	8	6
100~150	检查口	15	12
100~150	清扫口	10	8
200	检查口	20	15

(9) 卫生器具排水管与排水横支管连接时,可采用90°斜三通。

(10) 排水管道的横管与横管、横管与立管的连接,宜采用45°三通或45°四通和90°斜三通或90°斜四通,也可采用直角顺水三通或直角顺水四通。

(11) 排水立管与排出管端部的连接,宜采用两个45°弯头做顺水连接,不得咬口连接,或采用弯曲半径不小于4倍管径的90°弯头接出,以保证水流畅通。

(12) 排水管应避免轴线偏置,当受条件限制时,宜用乙字管或两个45°弯头连接。

(13) 排水立管的安装是从一层立管检查口内侧开始,直到通气管伸出屋面;靠近排水立管底部的排水支管连接,应符合下列要求:

A. 排水立管仅设置伸顶通气管时,最低排水横支管与立管连接处距排水立管管底垂直距离,不得小于表1-12-6的规定。

最低横支管与立管连接处至立管管底的垂直距离　　　　　表1-12-6

立管连接卫生器具的层数	垂直距离(m)
≤4	0.45
5~6	0.75
7~19	3.00
13~19	3.0
≥20	6.0

B. 排水支管连接在排出管或排水横干管上时，连接点距立管底部水平距离，不宜小于 3.0m；

C. 当靠近排水立管底部的排水支管不能满足 A、B 两条的要求时，则排水支管应单独排出室外，以防止在集中排水的一段时间内，立管底部正压过大排水不畅，造成底层及设备层上一层的地漏及卫生器具处污水外溢。

(14) 排水管与室外排水管道的连接，排出管管顶标高不得低于室外排水管管顶标高，其连接处的水流转角不得小于 90°，当有跌落差并大于 0.3m 时，可不受角度的限制。

(15) 排出管是室内排水管道的总管，指由底层排水横管三通至室外第一个排水检查井之间的管道。

A. 与排水立管直接连接的排出弯管底部应用 C15 混凝土支墩承托管道自重，以保证具有足够的承压能力。

B. 排出管穿过承重墙或基础处，均应预留洞口，其管顶上部净空不得小于建筑物的沉降量，一般不小于 150mm，并采取有效的防沉降措施。

C. 排出管室外做出建筑物外墙 1m，室内一般做至一层立管检查口，以便于隐蔽部分的灌水试验及验收。

D. 排出管安装固定后，应用不透水的材料（如沥青油麻或沥青玛碲脂）将预留孔洞封填严实，并在内外两侧用 1∶2 水泥砂浆封口。

E. 排出管穿过地下室外墙或地下构筑物墙壁处，应采取防水措施。

(16) 排水管一般是无压力的非满流排水，当管道局部堵塞时，标准层排出的污水可能满溢至下面楼层，设备层及其以下的排水管应有承压要求；故排水立管、设备层、技术夹层或底层排水水平主管应采用加厚排水铸铁管，或以给水铸铁管代替，以提高管道的强度。

承插管口的接口应以麻丝填充，用水泥或石棉水泥打口（捻口），不得用一般水泥砂浆抹口；在七级以上地震区承插连接宜采用橡胶圈接口或油麻青铅接口。

(17) 当有防噪声要求时，须在管道托架、吊架及穿越楼板处衬以橡胶垫或毛毡垫。

(18) 下列设备和容器不得与污废水管道系统直接连接，应采用间接排水的方式：

A. 生活饮用水贮水箱、池的泄水管和溢流管；

B. 厨房内食品制备及洗涤设备的排水；

C. 蒸发式冷却器，空气冷却塔等空调设备的排水；

D. 贮存食品或饮料的冷藏间、冷藏库房的地面排水以及空调设备的冷凝水。

(19) 间接排水宜排入邻近的洗涤盆或地漏，如不可能时，可设置排水明沟、排水漏斗或容器；间接排水口最小空气间隙宜按表 1-12-7 确定。

间接排水口最小空气间隙（mm） 表 1-12-7

间接排水管管径	排水口最小空气间隙
≤25	50
32～50	100
>50	150

(20) 铸铁排水管道在下列情况下应设置柔性接口：

A．高耸建筑物和建筑高度超过 100m 的建筑物内，排水立管应采用柔性接口；

B．排水立管高度在 50m 以上，或在抗震设防 8 度地区的高层建筑，应在立管上每隔二层设置柔性接口；在抗震设防 9 度地区，立管和横管均应设置柔性接口；

C．其他建筑在条件许可时，也可采用柔性接口。

3．通气管

(1) 通气管设置的目的

A．使室内排水系统与大气相通，减少排水管道内压力变化，保存存水弯内的水封；

B．向排水管系统补给空气，促使排水流畅，同时排放管道内臭气和有害气体，减轻腐气对管道的锈蚀；

C．降低排水系统的噪声。

(2) 生活排水管道应设置伸顶通气管，生活排水立管所承担的卫生器具排水设计流量，当超过表 1-12-8 无专用通气立管的排水能力时，应设置专用通气立管。

排水立管最大排水能力 表 1-12-8

生活排水立管管径（mm）	排水能力（L/s）	
	无专用通气立管	有专用通气立管或主通气立管
50	1.0	—
75	2.5	5
100	4.5	9
125	7.0	14
150	10.0	25

(3) 下列污水管段应设置环形通气管：

A．连接 4 个及 4 个以上卫生器具并与立管的距离大于 12m 的污水横支管；

B．连接 6 个及 6 个以上大便器的污水横支管。

(4) 对卫生、安静要求较高的建筑物内，生活污水管道宜设置器具通气管。

(5) 通气立管不得接纳器具污水、废水和雨水。

(6) 通气管和污水管的连接应遵守下列规定：

A．器具通气管应设在存水弯出口端，环形通气管应在横支管上最始端的两个卫生器具间接出，并应在排水支管中心线以上与排水支管呈垂直或 45°连接；

B．器具通气管、环形通气管应在卫生器具上边缘以上不少于 150mm 处，按不小于 0.01 的上升坡度与通气管相连；

C．专用通气立管和主通气立管的上端可在最高层卫生器具上边缘或检查口以上与污水立管通气部分以斜三通连接，下端应在最低污水横支管以下与污水立管以斜三通连接；

D．专用通气立管应每隔 2 层，主通气立管每隔 8～10 层设结合通气管（共扼管）与污水立管连接；结合通气管下端宜在污水横支管以下与污水立管以斜三通连接；上端可在卫生器具上边缘以上不小于 150mm 处与通气立管以斜三通连接；

E．结合通气管可采用 H 管件代替，H 管与通气管的连接点应设在卫生器具上边缘以上不小于150mm处；

a．当污水立管与废水立管合用一根通气管时，H管配件可隔层分别与污水立管和废水立管连接，但最低横支管连接点以下应装设结合通气管；

b．施工时应注意不要把H管上端的三通口连在污水管上（因管径相同容易搞错），使污水流进通气管，破坏系统内的水封，使排水困难。

(7) 通气立管的管径应根据排水管负荷、长度来确定，一般不宜小于排水管管径的1/2，最小管径可按表1-12-9确定。

通气管最小管径 　　　　　　　　　　　　表 1-12-9

通气管名称	排水管管径（mm）						
	32	40	50	75	100	125	150
器具通气管	32	32	32		50	50	
环形通气管			32	40	50	50	
通气立管		40	50	75	100	100	

注：1．通气立管长度在50m以上者，其管径应与排水立管管径相同；

　　2．二根或二根以上排水立管同时与一根通气立管相连时，应以最大一根排水立管确定立管管径，其管径不宜小于其余任何一根排水立管管径；

　　3．结合通气管不宜小于通气立管管径。

(8) 当两根或两根以上污水立管的通气管汇合连接时，汇合通气管的断面积应为大一根通气管的断面积加其余通气管断面积之和的0.25倍。

(9) 通气立管高出屋面不得小于0.3m，且必须大于最大积雪厚度，通气管顶端应装设风帽或网罩。

A．在经常有人停留的平屋面上，通气管口应高出屋面2m，并应根据有关要求考虑防雷措施；

B．通气管出口不宜设在建筑物挑出部分（如屋檐檐口、阳台和雨篷等）的下面。

(10) 通气立管不得与建筑物的通风管道或烟道连接。

(11) 通气管的管材，可采用排水铸铁管、塑料管道或钢管。

4．排水系统的通球和通水试验

合格的排水系统应该是严密不漏和畅通不堵的，可采用灌水试验及通水试验的方法检查管道的严密性，验证是否渗漏；采用通球和通水的方法检查管道的通畅性，验证是否堵塞，两种方法不可偏废。

(1) 通球试验检验系统是否通畅。

将一直径约为立管直径的2/3的橡胶球或木球，用线贯穿并系牢（线长略大于立管总高度），把球从立管最高部位（即伸出屋面的通气口）向管内投入，如能顺利通过立管从室外检查井出球，证明立管无堵塞；如通球受阻，可用线拉出通球，测量线的长度，从而判断受阻部位，然后进行疏通处理；如出户管弯头横向管段较长，通球不易滚出，可在此管段灌水帮助通球流出。

(2) 通水试验检验系统的严密性及是否通畅。

在楼层卫生器具安装好后，将给水系统的水龙头及冲洗阀同时打开1/3以上，此时排水管的流量相当于高峰用水的流量，然后检查各卫生器具出水口是否畅通，有地漏的房间可在地面放水，观察地面水是否能汇集到地漏顺利排走，同时到下面一层观察地漏与楼板结合处是否漏水。

该办法的不足之处在于不能将排水管道充满，一般不会超过排水管断面积的一半，只能检查到横支管的下半周，需等系统局部堵塞而导致横支管灌满水时，才能暴露管道接头及上半周的缺陷。

(3) 灌水试验检查系统的严密性。

A．先将胶囊充气装置进行组合后做工具试漏检查，将胶囊置于盛满水的容器中并按住，用气筒充气检查胶囊、胶管及接口是否漏气，压力表有无指示。

B．将胶囊从立管检查口慢慢放下，送至楼层下横支管下 500mm 左右（胶管长约 2m），向胶囊充气至 0.07～0.1MPa，使胶囊与管内壁紧密接触屯水不漏为度，若检查口为隔层设 1 个，应将胶囊从下层检查口向上送入 500mm，在下层充气，上层放水（高层民用建筑的排水管道，为方便做灌水试验，宜每层设置检查口）。

C．在楼面的灌水口（也可在检查口）灌水至楼面高度，然后对灌水管道及管件接口逐一检查，灌水时间应延续 15min，在最后 5min 液面不下降，管道及接口无渗漏为合格。

D．将胶囊放气，握住胶管徐徐抽出，水应能很快排走；如水位下降慢说明灌水段内有杂物堵塞，应予清理。

(4) 根据 GB 50242—2002《建筑给水排水及采暖工程施工质量验收规范》第 5.3.1 条的规定："安装在室内的雨水管道安装好后应做灌水试验，灌水高度必须到每根立管最上部的雨水斗"；对于高层民用建筑，雨水管灌水水柱压力较高，胶囊承受不了，可在雨水管出口处加闷板临时封堵；若是采用柔性机械接口铸铁排水管作雨水管，只需采用特制堵头用螺栓拉紧法兰盖，然后再进行灌水试验。

5. 常用污水提升设备

宾馆酒店及高层民用建筑地下室等场所污废水不能自流排出室外，而需汇集到集水池，采用潜污泵进行提升后排出。

(1) 污水泵房应优先采用潜水污水泵和液下污水泵，采用卧式污水泵时，应符合下列要求：

A．应设置成自灌式；

B．每台污水泵应有单独的吸水管，吸水管上应装设阀门；

C．污水泵不得设置在有安静要求的房间下面和毗邻的房间内，在设置水泵的房间内应有隔振防噪装置；

D．设置在地下室时，泵房内应设集水坑和提升设备；

E．两台或两台以上水泵共用一条出水管时，应在每台水泵出水管上装设阀门和止回阀，单台水泵排水产生倒灌时，应设置止回阀；

F．污水水泵应设 1 台备用机组，当集水池不能设事故排出管时，水泵应有不间断的动力供应；

G．污水水泵的启闭，宜设置自动控制装置。

(2) 潜污泵的具体型号选择应视污废水性质、运行情况、流量、扬程及使用场合等实际情况而定。地下室排水提升常选用 AS 系列潜水排污泵，该泵采用德国 ABS 公司先进的抗堵塞专用技术，抗堵塞撕裂机构能有效地保证直径30mm左右的固体颗粒、棉纱、杂草等纤维顺利通过，还可根据用户需要提供单轨导向自动耦合机构，给安装维修AS系列泵带来极大便利，可不用为此而进出污水坑，该潜水排污泵性能见表1-12-10。

AS系列潜水排污泵　　　　　　　　表1-12-10

型　号	流量（m³/h）	扬程（m）	功率（kW）	重　量（kg）
$AS_{10-2}CB$	29.4～6	2～6	1.5	30
$AS_{10-2}CB$	32.8～1.5	2～10	1.5	30
$AS_{10-2}W/CB$	28.6～5.2	2～6	1.24	30
$AS_{10-2}W/CB$	30.6～0.6	2～10	1.24	30
$A_{16-2}CB$	52～0.6	2～16	2.2	33
$AS_{16-2}W/CB$	32～0.5	2～8	1.63	33
$AS_{30-2}CB$	83.5～1.0	2～22	3.7	44
$AS_{30-2}W/CB$	83.5～1.0	2～22	3.4	44

（3）AS系列潜水排污泵安装注意事项：

A．首先按产品说明书安装好底座，导管，弯管、可曲挠橡胶接头、排水管（水泵排水管应按说明选用，不得变径缩小）等配件。

B．水泵电源线必须与配套电控盒或匹配热继电器保护相连接，不得直接与总电源相接；泵在运转前，应用500V兆欧表检查电机定子绕组对地绝缘电阻，最低不得小于0.5MΩ。

C．接通电源后，点动开关应正转运行（从低部向上看泵的吸入口，叶片按逆时针方向旋转），反转应立即将三相电源中任意两相掉换。

D．然后将链条栓在水泵的吊环孔内，将水泵吊起（决不允许用泵的电缆起吊或悬挂水泵），使其沿导管缓缓滑至污水池内，最后卡在底座侧面的筋板上，这样由于泵本身的重量，可以使泵自动地获得正确的工作位置，保证泵出水口与底座的密封性能。

E．根据设计要求或实际需要，调整浮球开关位置，以达到根据池内水位变化，控制水泵的启、停，最低水位应使液面淹没涡壳。

F．无论使用自动耦合安装系统还是配用胶管，提泵链索和电源线自由垂落为100～200mm，超长将被泵吸进切断。

G．积水池底泥浆过稠或硬石过多时，应将水泵上提至该物质300mm以上。

H．单台水泵安装在水不可能回流情况下，尽可能不装止回阀或阀门；双台水泵并联时，不得将闸阀及止回阀安置在主管处，以至泥砂反冲至备用泵上端造成止回阀不能开启，如有可能应在横管处设干井，安装放置止回阀及阀门。

I．在运行中无论自动、手动、不得频繁启动，一般每小时不超过6次为宜；发现水泵振动，水量减少喷射无力，应立即检查水泵是否反转并进行处理调整，AS水泵反转运行会造成叶轮脱落，反转累计超过200h必毁。

J．水泵安装后不能长期浸泡在水中不用，每周至少运转4h以检查其功能和适应性，或提起放在干燥处备用。

6. 屋面排水

对于高层大面积平屋顶的宾馆酒店，因对建筑立面处理要求较高，应设置内排水密闭系统；内排水系统由雨水斗、连接管、悬吊管、立管及密闭埋地横管等组成。

(1) 屋面应设置雨水斗，雨水斗应有整流格栅；设在阳台、花台、供人们活动的屋面和窗井处的雨水斗，可采用平篦式雨水斗。

(2) 雨水斗格栅的进水孔有效面积，应等于连接管横断面积的 2～2.5 倍，格栅应便于拆卸。

(3) 雨水斗的排水系统，宜采用单斗排水，宾馆酒店应尽量采用单斗系统，该系统可以省去悬吊管，直接与立管相连；当采用多斗排水时，悬吊管上设置的雨水斗不得多于 4 个，悬吊管管径不得大于 300mm。

(4) 布置雨水斗时，应以伸缩缝或沉降缝作为排水分水线，否则应在该缝两侧各设一个雨水斗；当两个雨水斗连接在同一根立管或悬吊管上时，应采取伸缩接头，并保证密封。

(5) 防火墙处设置雨水斗时应在防火墙的两侧各设一个雨水斗。

(6) 多斗排水的雨水斗，宜对立管作对称布置；其排水连接管应接至悬吊管上，不得在立管顶端设置雨水斗。

(7) 接入同一立管的雨水斗，其安装高度宜在同一标高层；当雨水立管的设计流量小于最大设计泄流量时，可将不同高度的雨水斗接入同一立管或悬吊管。

(8) 寒冷地区，雨水斗应布置在受室内温度影响的屋面，雨水立管应布置在室内。

(9) 雨水斗的排水连接管管径不得小于 100mm，并应牢固地固定在建筑物的承重结构上。

(10) 与雨水斗连接的悬吊管，不宜多于 2 根。

(11) 雨水斗对称布置的系统，悬吊管与立管的连接，应采用 45°三通或 45°四通和 90°斜三通或 90°斜四通；雨水斗的排水连接管与悬吊管的连接，应采用 45°三通。

(12) 单斗和对立管对称布置的双斗系统，立管的管径应与雨水斗规格一致。

(13) 雨水悬吊管的敷设坡度，不得小于 0.005；埋地雨水管道的最小坡度，应按表 1-12-11 的规定执行。

埋地雨水管道的最小坡度　　　　　　　　表 1-12-11

管径 (mm)	废水	污水	管径 (mm)	废水	污水	管径 (mm)	废水	污水
50	0.020	0.030	125	0.006	0.010	250	0.0035	0.0035
75	0.015	0.020	150	0.005	0.006	300	0.003	0.003
100	0.008	0.012	200	0.004	0.004			

(14) 雨水斗的出水管管径一般不小于 100mm，但设在阳台、窗井等汇水面积很小处的雨水斗可采用 50mm 的出水管。

(15) 悬吊管的管径，不得小于雨水斗连接管的管径，立管的管径不得小于悬吊管的管径，当立管连接两根或两根以上悬吊管时，其管径不得小于其中最大一根悬吊管管径。

(16) 接入检查井的雨水排出管，其出口与下游排水管宜采用管顶平接法，且水流转角不得小于135°；检查井内应做高流槽，流槽高出管顶200mm，检查井深度不得小于0.7m，埋地雨水管道的直径从起点检查井以下，不宜小于200mm。

（17）雨水悬吊管、立管一般可采用钢管或铸铁管，牢固地固定在梁、桁架等承重结构上，立管各节管子之间连接必须紧密，每节至少应设一个管箍，管箍的最大间距不宜大于1.2m；埋地雨水管可采用非金属管，但立管至检查井的管段宜采用铸铁管，因密闭式内排水系统埋地横管为压力流，最好采用承压铸铁管。

（18）雨水管道的最小埋设深度，应按表1-12-12的规定执行。

雨水管道的最小埋设深度　　　　　　　　　　　　表1-12-12

管材	地面至管顶的距离（m）	
	砖、素土夯实地面	混凝土、菱苦土地面
排水铸铁管	0.70	0.40
混凝土管	0.70	0.50
硬聚氯乙烯管	1.00	0.60

（19）长度大于15m的雨水悬吊管，应设检查口或带法兰的三通管，并宜布置在靠近柱、墙处，其间距不得大于20m。

（20）雨水立管上应设检查口，从检查口中心至地面的距离宜为1.0m；为便于清通立管转向埋地管处积聚的由屋面冲下来的杂物，埋地管在靠近立管处，应设水平检查口。

（21）雨水管道应单独排出，雨水管道及配件施工的具体要求及检验标准，详见第11章3.3节"雨水管道及配件安装"。

7．污水局部处理

（1）隔油井：餐厅厨房排水含有较多的食用油脂，进入管道后，由于温降凝固而附着于管壁，缩小管径以至堵塞管道；而汽车库洗车排水中汽油和机油含量较高，进入管道后，易挥发聚集于检查井处，当达到一定浓度后会引起爆炸，损坏管道，并可能发生火灾。

为截留餐厅厨房排水中的食用油脂，应设置隔油井，为截留汽车库洗车排水中的油类，也应设置隔油井；这两类废水必须单独收集，经简单隔油处理后再行排放。隔油井设置要求如下：

A．对夹带杂质的含油污水，在排入隔油井前需经沉砂处理或在隔油井内附有沉淀部分容积；为能重复利用积留油脂，粪便污水和其他污水不能排入隔油井内。

B．隔油井一般做成钢筋混凝土结构，三格池子两道隔油挡墙，井深视进水管标高而定，多采取进水管底标高下1275mm，有效水深1200mm，进出水管管径相同（一般采用DN150）；可采用重型钢筋混凝土井盖或铸铁井盖。

C．隔油井应有活动盖板，进水管布置应便于清通；排出管至池底深度不宜小于0.6m，以利截留油脂，井内的浮油应定期清掏，并应装置通气管（一般采用DN80）。

D．处理冲洗汽车的废水隔油井不得设在室内，厨房排水管道上设置的隔油井可设在耐火等级为一、二、三级的建筑物内，但宜设在地下并用盖板封闭。

E．直接在厨房设备下设置小型隔油器，清油更为方便。

(2) 化粪池：宾馆酒店及高层民用建筑的粪便污水处理需设置化粪池。

A. 根据实际使用人数、污水量定额、污水停留时间、污泥清掏周期，查表确定选用全国通用标准化粪池的容积编号和隔墙过水孔高度代号；隔墙过水孔高度分为两种：低孔位 A 型孔中心到池底的距离，为有效水深的 40%；高孔位 B 型孔中心到池底的距离为有效水深的 60%（$V \leqslant 25m^3$ 的化粪池）或 70%（$V \geqslant 30m^3$ 的化粪池）。

B. 按照化粪池的材质（砖或钢筋混凝土）、化粪池顶面以上是否覆土、地下水位是否高于化粪池底板（高于低板者为有地下水，低于底板者为无地下水）、化粪池以上地面是否过汽车等确定化粪池型号及所在图集号。

C. 化粪池距离地下取水构筑物不得小于 30m，距离建筑物净距不宜小于 5m；池壁应有防漏措施，池底板应浇灌混凝土，厚度应 $\geqslant 100mm$。

D. 化粪池的深度不得小于 1.3m（化粪池的深度系指从溢流水面到化粪池底的距离），宽度不得小于 0.75m，长度不得小于 1.0m。

E. 当每日通过化粪池的污水量 $\leqslant 10m^3$ 时，应采用双格化粪池，其第一格容积应占总容积的 75%。

当每日通过化粪池的污水量 $> 10m^3$ 时，应采用三格化粪池，其第一格容积应占总容积的 50%，第二、三格应各占总容积的 25%。

F. 化粪池进口处应设置导流装置，格与格之间和化粪池出口处应设置拦截污泥浮渣的措施；化粪池格与格之间和化粪池与进口井之间应设置通气孔洞。

G. 化粪池的设置位置应便于清掏，化粪池进出管口高差不得小于 50mm，排污立管与化粪池间的连接管道应有足够坡度，并不应超过两个弯。

(3) 生活污水处理设施

当生活污水经化粪池处理达不到污水排放标准时，应采用生活污水处理设施。

A. 生活污水处理设施的工艺流程应根据污水性质、排放条件确定；

B. 生活污水处理设施前应设置调节池，调节池的有效容积应经计算确定，也可取 4~6h 的平均污水流量；

C. 设置生活污水处理设施的房间或地下室应有良好的通风系统，当处理构筑物为敞开式，每小时换气次数不宜小于 15 次，当处理设施为封闭式，每小时换气次数不宜小于 5 次；

D. 生活污水处理设施应设置除臭系统；

E. 生活污水处理构筑物机械运行噪声不得超过现行 GB 3096—93《城市区域环境噪声标准》的要求；在建筑物内运行噪声较大的机械应设独立隔间。

1.12.5 卫生洁具安装

1. 卫生洁具的设置

(1) 宾馆酒店卫生间连接卫生洁具的支管一般先安装到洁具的进水阀处，待系统试压合格、卫生洁具安装后，再与卫生洁具接通，此最后连接的短管可用通水试漏的方法验收。

(2) 宾馆酒店卫生间卫生洁具给水配件处的静水压力最高宜为 0.3~0.35MPa，办公楼宜为 0.35~0.45MPa，水压超过该规定时，水嘴中放出的水会喷射，人的皮肤会有强烈的感觉，应考虑分区供水或设减压限流装置（比例减压阀或弹簧可调减压阀），既减静压又减动压。

（3）卫生间的地面应设置地漏，地漏的顶面标高应低于地面 5～10mm，地漏水封深度不得小于 50mm；卫生洁具与排水管道连接时，应在排水口以下设存水弯，存水弯的水封深度不得小于 50mm。

（4）宾馆酒店及高层民用建筑内的卫生间常选用的卫生洁具见表 1-12-13。

卫 生 洁 具 选 用　　　　　　　　　表 1-12-13

卫生器具名称	规 格 型 号	适 用 场 所
坐式大便器	坐箱虹吸式 P 型 坐箱虹吸式 S 型	公共卫生间及普通客房卫生间
	超豪华旋涡虹吸式连体型	高级客房卫生间
小 便 器	自动冲洗水箱冲洗立式	公共卫生间
	自动冲洗水箱冲洗挂式	
	手动阀冲洗挂式	
洗 脸 盆	混合水嘴台式	客房卫生间
	立 式	公共卫生间
浴 盆	带裙边、单把暗装门	客房卫生间
	带裙边、单把混合水嘴软管淋浴	
净 身 器	双 孔	高级客房卫生间

（5）卫生洁具敷设安装应注意的事项

卫生洁具品种繁多，规格各异，施工时必须参照产品样本或实物确定施工安装方案，配合土建预留孔洞，配合装修单位交叉进行施工；并应注意以下问题：

A．位置的准确性：平面位置及安装高度按设计要求或施工质量验收规范的规定执行；宜在洁具安装的后墙上画出安装中心线，作为排水管道和卫生洁具安装时基准线。

B．安装的稳固性：施工中应特别注意支承卫生洁具的底座、支架、支腿等的安装质量，以确保洁具安装的稳固。

C．安装的美观性：卫生洁具作为室内的固定陈设物，在发挥其使用功能的同时，还应达到美观的要求，其安装的坐标、标高、水平度、垂直度等应控制在施工质量验收规范要求的范围内。

D．安装严密性：卫生洁具与给水配件连接的开洞处，应加装橡胶垫；与排水管、排水栓连接的下水口应用油灰、橡胶板等密封；与墙面靠接时，或抹垫油灰、或以白水泥填缝使结合严密，不使出现"尿墙"现象。

E．安装可拆卸性：卫生洁具和给水支管连接处，必须装设可拆卸的活接头，洁具的排水口和排水短管、存水弯管连接处均应用油灰填塞，或使用锁母和橡胶垫连接，以利于拆卸。

F．支管与卫生洁具连接应遵循软结合及紧固工具的软加力：当采用铜管镶接时，铜管与锁母间应绕石棉绳、硬金属与瓷器之间的所有结合处，均应垫以橡胶垫、铅垫等使其做到软结合；紧固和洁具连接的所有螺纹时，应先用手加力拧，再用紧固工具缓慢加力，防止用力过猛损伤瓷器；用管钳拧紧铜质、镀光质给水配件时，应垫破布保护，防止出现管钳加力后的牙痕。

G. 安装后的防护：卫生洁具就位或安装后，应切断水源并采取保护措施；封闭洁具敞开的排出口，防止交工前的损伤及堵塞。

2. 卫生洁具安装的具体要求

卫生洁具安装的一般规定、洁具安装、给水配件安装、排水配件安装的具体要求，允许偏差及检验方法详见1.11.5。

3. 卫生洁具安装的操作过程

某五星级酒店卫生间内设置美国KOHLER（科勒）高级卫生洁具，洁具为釉面陶瓷，结构及造型豪华优雅、舒适大方；给排水配件（除坐厕水箱内的塑料连接件外）全金属结构，外露部分装饰三层复合抛光铬，色彩亮丽柔和、款式新颖，在高星级宾馆酒店内设置的进口卫生洁具中具有一定的代表性。现将其具体安装的操作过程及步骤陈述如下：

(1) 面盆安装

A. 面盆就位固定。酒店在卫生间内使用美国科勒KC-2211型椭圆形无台边台下镶嵌式面盆，其结构尺寸见图1-12-1 (a)、(b)，安装于已固定的面盆柜（长$L=1100 \sim 1600$mm，宽$d=650$mm，高$h=820$mm）中间开好的椭圆孔内。面盆柜上覆盖开有480mm×380mm椭圆孔的云石台板，用配套的4个金属压板夹具在面盆柜或云石台板上将面盆固定，见图1-12-1 (c)；从面盆柜内用云石胶将面盆与柜之间的缝隙封堵粘接，从云石台板上用玻璃胶将面盆与云石台板之间的间隙密封，即完成面盆固定。

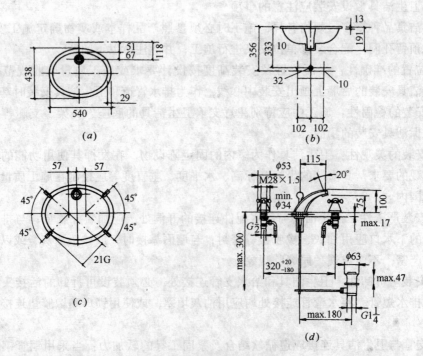

图1-12-1 面盆安装尺寸图

B. 给水配件安装。与面盆配套使用的是分体式冷热水龙头，将冷热水控制阀芯分别从云石台板下穿过左右两边 $\phi36$ 的孔，用铜格棱锁紧，将阀芯固定在台板上，用金属装饰套子罩住，在阀芯上部装上圆盘旋转手柄，顶部用止头螺钉固定并加装饰盖。从管道井接来埋在墙内 DN15 冷热水铜管，左热右冷，两管相距 220～330mm，在距地 $h=420$～550mm 处装设的铜管接头上分别装上三角凡尔，用两端带铜钠子的金属软管，一头与三角凡尔的出水口相连，另一头与冷热水控制阀芯下部的进水口相连。

将冷热水混合龙头的下半部从云石台板中间 $\phi36$ 的孔中穿下，在台板下用铜格棱将其固定；在冷热水混合龙头的下部接出两根带铜钠子的金属软管，分别与冷热水控制阀芯侧面的出水口相连，其结构尺寸见图 1-12-1 (d)。使用时，将冷热水管上三角凡尔置于常开状态，冷热水分别进入控制阀，旋转控制阀上的圆盘手柄，冷热水分别通过金属软管进入混合龙头，由与垂直方向夹 20°角的水嘴中流出，适当调节冷热水控制阀的手柄开度，即可调节冷热水的流量和水温。

C. 排水配件安装。面盆排水栓由两段金属圆管组成，上段外径 $\phi63$ 置于面盆的排水口内，栓口安放球面堵头；下段中间带有一根金属拉连杆，上下段用丝扣连接。排水栓 $\phi32$ 的下水口连接 S 形存水弯，存水弯与内径 $\phi40$ 的塑料管连接，接头处用玻璃胶密封，外径 $\phi48$ 塑料管的另一头，插入预埋在云石地板下 DN50 铸铁排水管内，接头处用油灰封堵。

置于排水栓内 $L=75$mm 的球面堵头，下端头落在下段排水栓中的拉连杆上，从混合龙头上的孔中穿下一根 $\phi5$ 的金属拉杆，与下段排水栓中的拉连杆相连，控制排水栓的开闭。往上提拉杆，拉连杆尾部向下运动，堵头落下，排水栓关闭，面盆蓄水；往下压拉杆，拉连杆尾部向上运动，堵头被抬起，排水栓开启，面盆排水。

(2) 坐厕安装

A. 坐厕就位固定。酒店卫生间内使用美国科勒 K-3384 加长舒适型连体坐厕，其结构尺寸见图 1-12-2 (a) (b)；待卫生间装修好后，清理预埋的 DN100 坐厕铸铁排水管内的封堵物，在铸铁排水管口上连接一段外径 $\phi110$，内径 $\phi104$ 的塑料管，塑料管口比云石地平低 10～20mm。用坐厕的放线样板，其形状及尺寸见图 1-12-2 (c)，在地平上画出坐厕的纵横中心线，外轮廓线及排水口位置，排水口中心离墙距离 305mm。配套来的坐厕排水口高颈塑料法兰，下口外径 103mm，刚好能放进内径 104mm 的塑料管，在塑料法兰与云石地平接触处涂上玻璃胶后，用 4 颗 M6 的金属膨胀螺丝将塑料法兰固定后磨平外露丝牙；将配套来的 2 颗 M8×60 的 T 形铜螺栓放进塑料法兰的圆弧形槽内，对准坐厕的横向中心线，以备固定坐厕用；用玻璃胶将塑料法兰上所有剩余的缝隙密封。

坐厕底部的排水口为外径 88mm，高 16mm 的短管，用配套来的圆环状腊封式密封垫圈（俗称牛油法兰）紧套坐厕排水短管，将坐厕底部地脚螺栓孔对准 2 颗 M8×60 的 T 形铜螺栓放下，使坐厕的外沿对准地平上画出的外轮廓线，校正纵横中心线后，坐厕的排水口即对正塑料法兰的内孔，并被腊封式密封垫圈（牛油法兰）封口；紧固 M8×60 的 T 形铜螺栓，切断过长的外露螺纹并锉平末端，用塑料装饰套罩住，在坐厕的外轮廓线与地平的接缝处用油灰密封，即完成坐厕固定。

B. 给水配件安装。在坐厕左下侧离地 $h=60$～80mm，预埋在墙内的 DN15 的给水管上安装三角凡尔，用 $\phi10$ 镀铬铜管，一端套铜纳子加橡胶垫与三角凡尔的出水口相连，另一端套铜纳子加橡胶垫与坐厕连体水箱下部的进水口相连。坐厕水箱内装有一带注水阀的 JI 形塑料进出水管，由一塑料浮球控制注水阀的开闭，其结构见图 1-12-2（d）使用时三角凡尔处于常开状态，水从进水管下部进入后上升，通过 JI 形连接管的出水管折回水箱底部出水，套在滑杆上的浮球随着水位上升至设定位置时，浮球关闭注水阀停止供水。

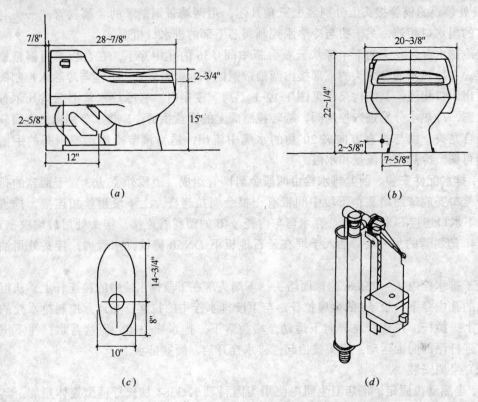

图 1-12-2　坐厕安装尺寸图

C. 排水配件安装。坐厕水箱底部出水孔上装设一球形冲水阀，水箱左壁上设有一金属旋钮，带一拉杆用链子与球形冲水阀相连；转动旋钮，拉杆通过链子提起冲水阀，水箱中的水从坐厕环形夹层中喷出；由于美国科勒连体坐厕特定的结构，喷水具有低声高效水圈旋流式良好的冲水效果。

(3) 浴缸及软管淋浴器安装

A. 浴缸就位固定。酒店在卫生间内使用美国科勒 K-515/6 型铸铁带裙边的搪瓷浴缸，其结构尺寸见图 1-12-3（a）；卫生间未装修时，先在浴缸 4 支脚处浇二条长 700mm、宽 150mm、厚 50mm 的混凝土做支撑，再将浴缸就位。浴缸带裙边的一方朝外，里面和尾部紧靠卫生间的墙，头部砌墙封堵；待卫生间装修后，浴缸与墙面及云石地平接触处均用云石胶密封，即完成浴缸固定。

B. 给水配件安装。在浴缸端头砌砖封堵时，直埋从管道井接来的 DN15 的冷热水给水铜管及接头，两管中心间距 150mm，待卫生间装修后；将连体冷热水混合龙头用铜纳子及短丝与予埋的铜管接头相连，连体冷热水混合龙头上带有软金属管淋浴器，挂在距浴缸上沿 $h = 350mm$ 处的墙上，调节混合龙头的冷热水阀手柄，可调节水流的大小并以此调节水温，通过混合龙头上的换向阀可选择盆浴供水或淋浴喷水。

C．排水配件安装。浴缸使用美国科勒 K-7160 型排水配件，其结构尺寸见图 1-12-3 (b)浴缸的排水口 φ55、排水口连接管用铜外丝接头加密封垫固定。从排水口处装入一带有球面堵头可弯折的弹性构件，球面堵头刚好封住排水口；浴缸的溢水口 φ65、其连接管用螺钉加斜橡胶垫固定在溢水口上，从溢水口处装入一弹簧拉连杆，端部与溢水口处的旋钮相连，尾部圆环刚好落在从排水口装入的弹性构件上，其结果尺寸见图 1-12-3 (c)、(d)。球面堵头封堵排水口时，浴缸蓄水；扭动溢水口处的旋钮，与之相连的弹簧拉连杆向下运动，其尾部圆环压住排水管内的弹性构件，带动球面堵头向上抬起，浴缸排水，通过 DN40 的排水管件流入与之相连的 DN50 铸铁排水管。

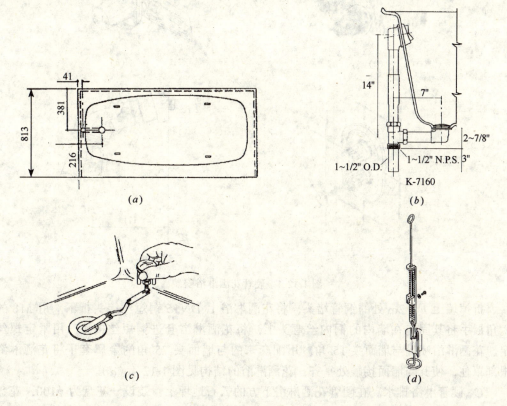

图 1-12-3　浴缸安装尺寸图

(4) 硬管花洒淋浴安装

A．混合器及冷热水管予埋。酒店卫生间用玻璃隔断将浴缸置于单间内，在浴缸旁单独装设硬管花洒淋浴；在淋浴间墙面未装修前，将从管井接来的 DN15 的冷热水铜管铅直埋入墙内，其高度 $h<1m$，在离地高度 $h=1m$ 的墙内予埋美国科勒 34954 型冷热水混合器，其结构见图 1-12-4 (a)。混合器长 182mm，其左右两端的内丝接头，用短丝、铜弯头及卡套接头与予埋的冷热供水管相连；混合器上下排列 2 个控制阀芯，下部为热水控制阀芯，上部为冷水控制阀芯，最上方为 DN15 的冷热水混合出口，用 DN15 的铜管接至 $h=2m$ 处装设铜内丝接头，用塞头封堵，用 2 颗螺丝将配套来的塑料保护套固定在混合器上，其结构见图 1-12-4 (b)，便可用混凝土抹平墙面并进行装修。

B．混合器配件及花洒淋浴安装。淋浴间装修后，取掉混合器的塑料保护套，用配套来的金属装饰盖板罩住混合器，用2颗 $M5 \times 40$ 的铜螺丝将盖板固定，在冷热水控制阀芯处套上金属把手，端部用紧定螺丝固定后再嵌如装饰盖；旋转下部金属把手可调节热水量，并可在 $20 \sim 50℃$ 范围内控制混合水的出水温度，混合器装饰盖板及金属把手结构见图 1-12-4（c）。

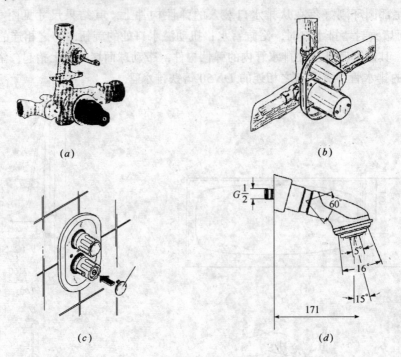

图 1-12-4 硬管花洒淋浴安装

折掉墙上 $h = 2m$ 处的铜管堵头，将花洒淋浴上 $DN15$ 铜短丝接头折下，用 $M8$ 的内六角扳手将其固定在墙内的铜内丝弯头上，将花洒淋浴套进铜短丝接头，用紧定螺丝固定。花洒淋浴喷嘴与墙面夹 $15°$ 角，用配套来的与墙面夹 $75°$ 角的金属套子将花洒淋浴的根部罩住，使其与墙面接触处平齐，花洒淋浴的结构见图 1-12-4（d）。

C．硬管淋浴排水。在硬管花洒淋浴下方的云石地坪上，装设一花盘为 $\phi 100$，花盘下带 $\phi 68$ 的钟罩，下水口为 $DN50$ 的圆形铸铁地漏，将花洒淋浴喷出落在地平上的积水排入与之相连的 $DN50$ 铸铁排水管。

(5) 净身盆安装

A．给排水管予埋。酒店在豪华套房的卫生间内设置美国科勒 K-4854 型净身盆，其结构尺寸见图 1-12-5（a）。卫生间未装修前，在地坪上予埋 $DN50$ 的铸铁排水管，其管孔中心离墙 371mm，排水管口填放砖块并用水泥沙浆临时封堵；将从管井接来的 $DN15$ 的冷热水供水铜管接至安装净身盆后的墙内，在离地 $h = 170mm$ 处装设铜内丝接头，用塞头临时封堵之后，便可进行卫生间的装修施工。

B．给排水配件安装。卫生间装修后，取掉铸铁排水管口内的零时封堵物，将外径 $\phi 48 \times \phi 38$ 塑料大小头的大头一端插入 $DN50$ 的铸铁排水管，接口用油灰封堵；折出冷热水管口上的零时堵头，将配套来的长 135mm 两端带铜纳子的镀铬铜管，一端加短丝与墙内铜内丝接头相连，另一端安装三角凡尔。

净身盆后沿共有4个孔，前排左右 φ37 的孔装设冷热水控制阀，中间 φ28 的孔装设排水栓拉杆，后排 φ33 的孔装设带真空破坏阀的水流换向阀。将水流换向阀芯从孔下面穿上，用铜格棱固定，并套上圆形控制把手，换向阀的正下方为进水口；将冷热水控制阀芯分别从孔中穿下，用内丝套子将阀芯上部紧固在净身盆后沿上，并安装方形旋转把手，冷热水控制阀芯下部有一根进水铜管和一根出水金属软管，将出水金属软管与水流换向阀下部的进水口相连，其结构见图 1-12-5（b）、（c）。净身盆底纵向轴线上前后开有2个孔，将喷嘴连接管从前面 φ18 孔下面穿上，用铜格棱固定后装上喷嘴，将喷嘴连接管的另一端与水流换向阀侧面的出水口相连。盆底后部开有 φ45 的孔，将排水栓从孔中放下，用外丝套子固定并装上圆形堵头，排水栓下部从侧面接出一根拉连杆，与从净身盆后沿孔中穿下的金属拉杆用止头螺栓相连，其结构尺寸见图 1-12-5（d）。

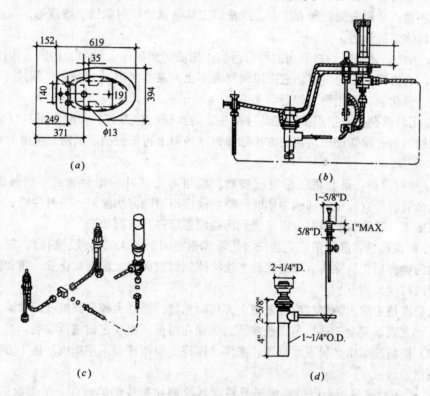

图 1-12-5 净身盆安装尺寸图

C．净身盆就位固定。抬起净身盆，将其底部的地角螺栓孔套进云石地坪上埋好的2颗 M8×40 的金属膨胀螺栓，将 φ32 排水栓连接管插入塑料大小头 φ38 的小头一端，接口处用玻璃胶密封，紧固 M8×40 的金属膨胀螺栓，切断过长的外露螺纹，罩上塑料装饰套；将冷热水供水管上三角凡尔的出水口，与冷热水控制阀下部的进水铜管相连，即完成净身盆就位固定。

4．净身盆给排水

将冷热水供水管上三角凡尔置于常开状态，冷热水进入控制阀，旋转其手柄，冷热水分别经金属软管进入水流换向阀，通过净身盆后沿的出水孔流入盆内，适当调节控制阀的手柄开度，即可调节冷热水的流量和水温，供使用者用水；旋转水流换向阀的手柄，调和的温水通过金属软管从盆底的喷嘴中射出，带真空破坏阀的水流换向阀上部开有通气孔，直通大气。净身盆供水时，管路中的水压关闭真空破坏阀的阀瓣，使通气孔闭合；当停止供水管内形成负压时，大气压冲开真空破坏阀的阀瓣，通气孔开启向管中送气，能防止净身盆发生虹吸现象，倒吸污水进入供水管内污染水源。将净身盆后沿的拉杆往下按，拉杆带动排水栓的拉连杆使其向上运动，抬起置于排水栓内的圆形堵头，便可将盆中积水排尽。

1.12.6 管道、设备和容器的防腐及保温

1．一般规定

（1）在防腐和保温前，必须清除表面的灰尘、污垢、锈斑、焊渣等物，以保证防腐和保温的质量；金属表面处理方法有：清洗、工具除锈、喷射除锈、酸洗等，可按设计要求或根据具体情况选用。

A．清洗：适用于钢材表面的可溶污物，清洗可用刷子、抹布、溶剂、清洗剂或蒸汽等进行，清洗后，在涂装前仍应除掉钢材表面上的灰尘和其他污物；但清洗不能除掉锈、氧化皮、氯化物、硫化物、焊药等无机物；

B．工具除锈：包括用手动工具（榔头、钢丝刷、铲刀等）和动力工具（旋转的钢丝刷）除锈两种；除锈前应用清洗方法除掉钢材表面上可见的油、油脂、可溶的焊接残留和盐类。

C．喷射除锈：是利用压缩空气喷射，或用离心式叶轮抛金属或非金属磨料进行除锈；当金属表面有较多的油或油脂时，喷射前应用清洗方法除掉；喷射除锈后应立即进行防腐层施工，若涂装前钢材表面又受到污染应重新进行表面处理。

D．酸洗除锈：酸洗前应用清洗方法除掉钢材表面的大部分油、油脂、灰尘、润滑剂和其他污物，用工具除锈或喷射除锈方法除掉钢材表面的大部分氧化皮、锈和旧涂层，以缩短酸洗时间。

从酸洗槽中取出的钢材应在该槽上方短时悬挂，沥尽大部分酸溶液，除掉有害的酸洗残渣，并在表面完全干透后再重叠放置，必须在可见锈出现之前进行涂装。

（2）防腐施工由金属表面处理、底漆、面漆、罩面漆等工序组成，施工方法有手工刷涂、喷涂两种：

A．手工涂刷是用毛刷等简单工具将涂料涂刷在被涂物的表面，手工涂刷操作灵活，但工效低，适用于工程量不大的防腐工程。

B．喷涂以压缩空气为动力，通过软管、喷枪将涂料喷涂在被涂物的表面上。

（3）涂刷油漆应厚度均匀，不得有脱皮、起泡、流淌和漏涂现象。

（4）管道保温应符合下列规定：

A．保温瓦的接缝应错开，多层保温瓦应交错盖缝绑扎，并用石棉水泥填缝。

B．矿渣绵毡等保温，厚度应均匀，绑扎牢固；用玻璃布缠绕，搭接长度不得少于10～20mm。

（5）管道保温应粘贴紧密，表面平整，圆弧均匀，无环形断裂；保温层厚度应符合设计要求，允许偏差为 $-10\% \sim 5\%$。

2. 防腐

(1) 管道、设备和容器的防腐，如设计无要求时，应符合下列规定：

A. 明装管道、设备和容器必须涂刷一道防锈漆，两遍面漆；如有保温和防露要求应涂两道防锈漆；

B. 暗装管道、设备和容器应涂两道防锈漆。

(2) 出厂未涂油的排水铸铁管和管件，安装前应在管外壁涂两道石油沥青。

(3) 埋地的钢管，防腐层所用的材料应符合下列规定：

A. 沥青：可用 30 甲、30 乙以及 10 号建筑石油沥青或 65 号、55 号普通石油沥青；

B. 填料：可用高岭土、七级石棉、石灰石粉或滑石粉等材料；

C. 内包扎层：可采用玻璃丝布、矿棉纸、油毡或麻袋片；

D. 外保层：可采用玻璃丝布、牛皮纸或塑料布。

(4) 石油沥青防腐层的施工：

A. 钢管在防腐前必须进行表面处理，钢管表面应干燥并无尘土，除锈质量等级应达到设计或规范要求。

B. 管道涂刷底漆所采用的沥青应与面漆用的沥青标号相同，严禁使用含铅汽油调制底漆，所用汽油应沉淀脱水。

C. 底漆涂刷应均匀，不得有漏涂、流痕和凝块等缺陷，涂刷厚度应为 0.1～0.2mm，管两端 150～200mm 处不得涂刷底漆。

D. 底漆干燥后方可浇涂沥青及缠绕玻璃布，在常温下，涂刷底漆与浇涂沥青的间隔时间不应超过 24h。

E. 沥青浇涂温度宜为 200～220℃，但不得低于 180℃，每层浇涂厚度为 1.5mm。

F. 浇涂沥青后应立即缠绕玻璃布，玻璃布必须干燥清洁，缠绕时应紧密无皱褶，压边应均匀，压边宽度为 30～40mm，玻璃布的搭接长度为 100～150mm，玻璃布的沥青浸透率应达到 95% 以上，严禁出现大于 50mm×50mm 的空白。

G. 管子两端应按管径大小预留出一段长度不涂沥青，详见表 1-12-14；钢管两端各层防腐层应做成阶梯形接茬，阶梯宽度应为 50mm。

管端预留接头长度（mm）　　　　　　表 1-12-14

管径	<219	219～377	>377
预留接头长度	150	150～200	200～250

(5) 管道、设备和容器的防腐，严禁在雨、雾、雪和大风中露天作业；气温低于 5℃ 应按冬季施工采取措施，低于 -25℃ 不得防腐。

(6) 如气温低于 -5℃ 且不下雪，空气相对湿度≤75%，管子可不经预热作防腐；如空气相对湿度＞75%，管子凝有霜露，应先经干燥后方可作防腐。

3. 保温

(1) 热水系统供回水管、附属设备及配件等均应保温，以减少系统的热损失；管道、设备和容器的保温，应在防腐及水压试验合格后进行；如需先保温或预先做保温层，应将管道连接处和环形焊缝留出，待水压试验合格后，再将连接处保温。

(2) 保温材料选用，应尽量选择重量轻（密度 < 400kg/m³），导热系数 $\lambda<0.12\text{W}/(\text{m·℃})$，抗拉强度≥0.3MPa，不腐蚀金属，可燃性小、吸水率低、施工简便、成本低廉等性能优良的材料。

管壳保温瓦可由憎水珍珠岩、超细玻璃棉、岩棉等保温材料制作，组成保温结构的保温层；保温层外的保护层可根据需要选用：铝薄玻璃丝布或铝薄牛皮纸保护层、玻璃布保护层、油毡玻璃布保护层、玻璃钢保护层、镀锌钢板（白铁皮）保护层。

(3) 垂直管作保温层：层高≤5m，每层应设1个支撑托板；层高＞5m，每层应不少于2个；支撑托板应焊在管壁上，其位置应在立管卡的上部200mm。

(4) 管道附件保温，除寒冷地区的室外架空管道的法兰、阀门等附件应按设计要求保温外，一般法兰、阀门、套管伸缩器等不应保温；其两侧应留70～80mm间隙，并在保温层端部抹60°～70°的斜坡。

设备和容器上的人孔、手孔或可拆卸部件附近的保温层端部应做成45°斜坡。

(5) 保温管道的支架处应留膨胀伸缩缝，并用石棉绳或玻璃棉填塞。

(6) 保温的设备和容器，如用勾钉固定保温层，其间距一般为250mm，高度等于保温层厚度，勾钉直径一般为6～10mm。

(7) 用保温瓦做管道保温层，在直线管段上，每隔5～7m应留1条膨胀缝，间隙为5mm；在弯管处，管径≤300mm应留1条膨胀缝，间隙为20～30mm；膨胀缝须用柔性保温材料（石棉绳或玻璃棉）填充，弯管处留膨胀缝的位置宜设在圆弧中间处。

(8) 管道、设备和容器的保温层应作保护层，采用石棉水泥作保护层时，先将干料拌合均匀，再加水调制成适当绸度，室内使用的调制后的密度为700kg/m³，室外使用的调制后的密度为900kg/m³，保护层的厚度：管道≥10mm；设备、容器≥15mm。

(9) 管道保温的玻璃布保护层宜采用中碱布120C、130A或130B以螺纹状缠绕在保温层外，应视管道坡向由低向高缠绕紧密，前后搭接宽度为40mm，立管应由下向上缠绕，布带两端和每隔3～5m用18号镀锌钢丝扎紧；玻璃布保护层外，罩面漆刷乳胶漆而遍；

(10) 管道保温采用金属保护层时，用厚度为0.3～0.5mm镀锌钢板卷合在保温层外，其纵缝搭口应朝下，镀锌钢板的搭接长度环形为30mm，用ϕ3.2钻头钻孔，4×10自攻螺钉连接，螺钉间距150mm。

消防 2

2.1 有关消防的基本知识

2.1.1 基本概念

1. 基本术语

(1) 消防：包括防火和灭火的措施。

(2) 燃烧：可燃物（气体、液体和固体）与氧或氧化剂作用发生的一种激烈的放热反应，通常伴有火焰、发光或发烟的现象。

(3) 火灾：在时间或空间上失去控制的燃烧所造成的灾害。

2. 燃烧产生必须具备的条件

(1) 可燃物的存在。凡是可以与空气中的氧发生氧化反应的物质，不论是固体、液体或气体，一般都属于可燃物。

(2) 助燃物的存在。主要是空气中的氧及氧化剂，氧在空气中占 21% 时燃烧能顺利进行。

(3) 有火源。是指具有一定温度与热量的能源，如明火、电火花、热的物体等。

3. 闪点与燃点

当用明火放到不同温度的可燃液体表面上时，会发生不燃、闪燃、着火三种现象。

(1) 闪燃与闪点

A. 在液体表面上能产生足够的可燃气体，遇火能产生一闪即灭（瞬间的火苗或闪光）的燃烧现象，称为闪燃。由于液体在该温度下蒸发速度不够快，液体表面上聚积的蒸汽在一瞬间被燃尽，来不及补充新的蒸汽，因而闪燃一下就灭了。

B. 闪点是在规定的试验条件下，液体表面上能产生闪燃的最低温度。由于可燃液体的闪点与燃点很接近，特别是易燃液体的闪点与燃点就更接近了。因此，从消防的角度来说，闪点就是将要着火的标志。根据闪点不同，凡能燃烧的液体可分为四级（一、二级为易燃液体，三、四级为可燃液体）：

一级：液体闪点在 28℃ 以下，如汽油（−58~10℃）、乙醚（−45℃）、乙醇（11℃）等；

二级：液体闪点在 29~45℃，如丁醇、松节油等；

三级：液体闪点在 46~120℃，如乙二醇、苯酚等；

四级：液体闪点在 120℃ 以上，如甘油、桐油等。

(2) 着火与燃点

A．一切可燃的固体、液体和气体，都能由于明火的作用而引起燃烧；可燃物质接触明火开始持续燃烧的现象，称为着火。物质开始持续燃烧所需要的最低温度，叫燃点（着火点）。

B．燃点对可燃固体和闪点比较高的可燃液体具有实际意义，控制这些物质在燃点以下，也是预防火灾发生的措施之一。如木材一般在 ≤295℃ 时，是不能着火的。

2.1.2 灭火的方法

灭火是熄灭或阻止物质燃烧的措施；根据燃烧必须具备的三个条件而采取相应办法，只要破坏其中任何一个条件，燃烧就不再进行，灭火的方法有：

(1) 窒息法

从隔绝助燃物（空气等）入手，使燃烧区周围空气中氧的浓度减少到低于维持燃烧的极限，或者根本不使氧气再进入燃烧区，使可燃物无法获得助燃物而不能继续燃烧。

(2) 冷却法

降低燃烧区着火物的温度，使其下降到可燃物质的燃点以下，停止燃烧。

(3) 隔离法

中断可燃物的供给，使流入燃烧区的可燃液体、气体燃尽自灭；或者将正在燃烧的可燃物隔离或迅速疏散，切断火路，使燃烧停止。

(4) 中断化学反应法

使灭火剂参与到燃烧反应中去，使燃烧化学反应中断。

2.1.3 灭火剂

灭火剂是能够有效地破坏燃烧条件，中止燃烧的物质。在灭火中能够起到窒息、冷却或隔离的作用；对灭火剂的要求是灭火效能高、使用方便、来源丰富、成本低、对人体无害，以下介绍几种常用的灭火剂。

1. 水

水的性质可以满足对灭火剂的要求，水的热容量比其他任何液体都大（1kCal/kg），在遇热蒸发时需要吸收大量的热量，并产生大量的水蒸气，冲淡燃烧区内氧的含量，使含氧量低于维持燃烧的浓度，因而可以扑灭火焰；水还可以洒湿冷却火场附近的建筑物及其他可燃物，从水枪中喷射的水具有很大的动能和冲击力，能破坏燃烧分解的产物，防止火焰的扩展。

(1) 各种建筑物和一般物品着火时，常使用水去扑救，由于水能导电，不能用水扑救带电设备的火灾；水的密度大于某些可燃液体（如油类），因此用水扑救油类火灾不正确，油类会浮在水面随水漂流，反而会使火焰蔓延，扩大灾害；某些物品（如钾、钠、电石等）遇水会发生剧烈反应，产生热量和可燃气体，因此此类物品发生火灾时，也不能用水扑救。

(2) 使用高压高速水枪喷射燃烧物时，水会飞溅成雾状水滴，雾状水滴遇热迅速汽化，既吸收热量隔断空气，又能在不溶于水的液体表面形成不燃烧乳浊液，对于能溶于水的液体，则能起到稀释作用，因此，雾状水滴可以扑救某些易燃液体的火灾。

2. 泡沫灭火剂

与水混溶，通过化学反应或机械方法产生泡沫进行灭火的药剂。分成化学泡沫灭火剂和空气泡沫灭火剂两大类。

(1) 化学泡沫

一种碱性盐溶液和一种酸性盐溶液（并添加泡沫液）混合后发生化学反应产生的膜状气泡群灭火泡沫。

A．通常使用硫酸铝和碳酸氢钠，二者作用即产生有一定压力的二氧化碳泡沫（密度小，为 0.15～0.25），能浮在或附在可燃液体、固体之表面，隔绝空气，使燃烧因缺氧而窒息。

B．氟蛋白泡沫灭火剂：以蛋白泡沫液为基料添加适当的氟碳表面活性剂制成的泡沫液；由于密度小、流动性好，是扑灭油类火灾的理想用品；应用时，不必从燃油面上喷射，可从预先设置的油罐底部进给系统进入，自动迅速上升到油面，使之覆盖一层泡沫隔离空气，起到灭火作用。

C．用化学泡沫扑救汽油、煤油、油漆的火灾最为有效，但化学泡沫具有导电性，不能用来扑救带电体的火灾；使用化学泡沫时，还应注意不要同时使用其他液体（如水），以免破坏泡沫而失去作用。

(2) 空气泡沫（机械泡沫）

是有一定比例的泡沫液、水和空气，经过水流的机械作用，相互混合而形成。泡沫液和水的比例是 6∶94，泡沫的质量要求强韧、黏稠、体积微细，有较长的稳定性，并能在着火的液面上迅速流散，组成抗热、抗火、抗风的浓度覆盖层，达到迅速灭火的作用。

产生空气泡沫的器材有泡沫混合器，空气泡沫箱和空气泡沫管枪；空气泡沫适用于各种石油产品，油脂等火灾。

3. 干粉灭火剂

是一种干燥、易于流动的微细固体粉末，一般以粉雾的形式灭火。平时贮存于干粉灭火器或设备中，灭火时，靠加压气体（二氧化碳或氮气）的压力将干粉从喷嘴射出，形成一股夹着加压气体的雾状粉流，射向燃烧物。干粉颗粒能使燃料在高温下产生的大量活性基团发生作用，使其成为不活性物质；当大量的粉粒以雾状喷向火焰时，可以大量地吸收火焰中的活性基团，使其数量急剧减少，并中断燃烧的连锁反应，从而使火焰熄灭。

干粉灭火剂适用于扑救可燃液体、可燃气体及带电设备的火灾。

(1) 干粉灭火弹

是以化学干粉为灭火剂，圆柱形纸筒为外壳，配有引发装置的小型手投式灭火器材。适用于扑灭淌洒在地面上的石油产品、油漆、易燃有机溶剂的初起火灾；也可配合其他灭火器材，用于扑灭电气设备、橡胶制品、民房、山林等的初起火灾，起到延缓火势，防止火灾蔓延的作用。

A．干粉灭火弹的外壳高 140mm，直径有 $\phi 103$（内装钠盐干粉 1450g、总重 1.6kg）和 $\phi 97$（内装硅化干粉 1350g、总重 1.5kg）两种规格。

B．使用时先将灭火弹从塑料薄膜袋中取出，一手握住弹体，另一手捅破标有"开"字一端的防潮纸，再用手指钩住拉火绳，并沿弹体轴线方向拉出，发火管即发火；然后迅速将灭火弹投向着火处。灭火弹发火后，约经 2.8～4.5s 爆裂，燃烧时产生的高压气体和烟雾，将化学干粉灭火剂抛撒成雾状，笼罩火场上空，借化学干粉对燃烧反应的冷却、窒息和抑制作用，达到瞬时灭火的目的；

  C. 油罐专用干粉灭火弹。外形为短圆柱体，纸制外壳，内装化学干粉，有 10、15、20kg 等数种，引发机构是热敏式的，由油罐起火引起的环境温度超过 130℃时，就会自动发火，爆裂，将化学干粉灭火剂抛撒成雾状，笼罩在着火油罐上空，起到灭火的作用。

  (2) 干粉灭火机

  是一种很细微的干燥粉末（如小苏打、甲盐干粉）与二氧化碳的联合装置。它是靠二氧化碳气体作动力，把贮于灭火机中的干粉逐出，通过喷嘴形成浓雾般的粉雾，用粉雾灭火。

  A. 干粉灭火机效率高，是同体积泡沫灭火机的两倍以上，干粉在一般情况下不溶化不分解，无毒无腐蚀作用，可以用于扑灭燃烧液体，档案资料和珍贵仪器的火灾，也可以用于地下室、隧道、油轮、油罐的火灾。

  B. 干粉灭火机的绝缘性能也比较好，小苏打干粉可耐电压 5kV、甲盐干粉可耐电压 19kV，因此，可以用来扑救电气火灾；

  C. 干粉灭火机多是外加压式的，即借附着在灭火机外部的二氧化碳钢瓶给它的压力，推动干粉喷出灭火机，用于灭火。通常灭火机容积 8L，内装干粉灭火剂 8kg，在它外面的二氧化碳小钢瓶容积为 250mL，内装二氧化碳 250g。使用时，一手握紧胶管，将喷嘴对准燃烧物，另一手拉开装在二氧化碳小钢瓶上的提环，装在钢瓶里的二氧化碳便进入干粉灭火机里，压力可上升到 $10kg/cm^2$，干粉在二氧化碳的压力推动下，通过胶管喷嘴射出，射程在 10m 以上；干粉喷出后，要迅速将喷嘴对准燃烧物，由近即远，向前推进，火焰即可扑灭。

  D. 干粉灭火机最好放在干燥通风的地方，以防干粉受潮结块，影响使用；钢瓶里的二氧化碳每年要检查一次，贮气量不应少于 235g；干粉灭火机一般使用寿命为 5 年。

  4. 二氧化碳灭火剂

  二氧化碳是不燃也不助燃的气体，比空气重，密度为 1.529，将二氧化碳喷射到燃烧物的表面，能排除或稀释空气，降低含氧量。

  (1) 灭火用的二氧化碳一般是以液态灌装在钢瓶内，在 20℃时，钢瓶内的压力为 60 个大气压；二氧化碳经过灭火设备的喷筒喷出时，液态二氧化碳迅速气化，随着其本身温度的降低到 -78.5℃时，就有细小的固体雪花状的二氧化碳（又称干冰）出现，其温度可以降低燃烧物的温度，起到灭火作用。

  (2) 二氧化碳不导电，可以用来扑救电气火灾（如油浸变压器、油开关、大型发电机等），但不宜用来扑救钾、镁、钠等活泼金属的火灾，因它们会与二氧化碳起化学反应产生氧化物，并伴有热和光发生。

  5. 四氯化碳

  是一种透明无色、不燃也不助燃的液体，易挥发、遇热迅速气化，沸点是 76.8℃，液态的四氯化碳喷到燃烧体上便迅速蒸发成密度为空气 5.5 倍的气体（1kg 液态的四氯化碳遇热可气化成 145L 蒸气），集聚在燃烧体的四周，能降低燃烧物质的温度，隔绝空气，窒息燃烧，当空气含 7.5% 的四氯化碳时，燃烧停止。

  (1) 四氯化碳电阻率很高、不导电，2.5mm 厚的四氯化碳液体能耐 2 万多伏的电压，其蒸汽的绝缘强度比空气高 5~6 倍，可以扑灭电气火灾。

（2）四氯化碳会与灼热金属（钾、钠、镁、铝）及其他化学物品（乙烯、二硫化碳）起强烈反应，甚至发生爆炸，不能用四氯化碳扑救此类物质发生的火灾。

（3）四氯化碳在高温下会产生有毒气体——光气，所以在室内使用时要注意通风，在室外使用时要站在上风方向，防止中毒。

6．固体灭火物质

（1）常用的是砂，它可以扑盖少量易燃液体和某些不宜用水扑救的化学物品的火情；但对会爆炸的物品，则不宜用砂，否则会引起更大的爆炸；同时，砂覆盖能力有限，对大面积的火场难以奏效。

（2）用石棉被、毯等扑救少量易燃液体及固体化学物品的初起小火，亦很奏效。

7．卤代烷灭火剂

常用的有 1211、1301 等，是一种高效能的新型液化气体灭火剂；通过干扰、抑制火焰的连锁反应，灭火迅速，并有冷却、窒息效果。现以 1211 为例简述如下：

（1）1211（分子式 CF_2ClBr）是二氟一氯一溴甲烷灭火剂，由氟里昂加溴通过热反应制成的氟溴化合物，当 1211 与火焰接触时，受热分解产生溴离子，由于溴离子能够与燃烧反应产生的氢自由基相结合，使氢自由基与氧的连锁反应中断，从而使燃烧停止、火焰熄灭，达到灭火的目的。

（2）1211 可扑灭甲苯、乙醚、酒精、丙酮、油品、电石、铝粉、镁粉等原料、燃料、溶剂的火灾；在常温常压下 1211 为无色无刺激性气体，经过适当加压后可变为液体而贮存于钢瓶中，是一种新型的液化气体灭火剂。

（3）1211 的灭火效率比二氧化碳高 4 倍多，1211 的毒性比四氯化碳小得多，1211 的绝缘性能良好，灭火后不留痕迹，可以用来扑救高压电器设备的火灾及文件、档案、资料的灭火。

（4）1211 自动灭火装置：由上海减压器厂生产，可用于 3000~5000m^3 浮顶油罐（只适用于黏度较小的轻质油类）的自动灭火，其他凡可使用空气泡沫、二氧化碳、四氯化碳灭火器的地方，均可采用该灭火装置。

8．烟雾灭火剂和烟雾灭火器

（1）烟雾灭火剂是由硝酸钾、木炭、硫磺、三聚氰酸、碳酸氢钾等组成的粉状物，燃烧时产生大量气体，其中 85% 以上是二氧化碳、氮气、惰性气体；它们从发烟器喷嘴喷出后，可在燃烧物上形成一个雾状的惰性气体层，使燃烧窒息。

（2）烟雾灭火器是专门用来扑灭油罐火灾的自动灭火装置，它是在油罐内设置一个发烟器，内装发烟剂和引火头；发烟器由壳体、喷气孔、密封薄膜、导流板、烟雾剂盘及自动发火装置等组成，装在油罐中心的浮标上（浮标呈圆环形，系用薄钢板焊成）；浮标通过三根垂直于罐底的钢丝绳滑道随油面高低而升降，保持发烟器的平衡，使第一排喷气孔到油面的距离稳定在 420~450mm 之间。

（3）发烟器在附近温度超过 130℃ 时，便自动发火引燃烟雾剂，烟雾剂燃烧产生大量惰性气体和烟雾，笼罩在着火的油罐上空，阻止空气向燃烧区补充，从而使火焰窒息而熄灭；同时，烟雾中未反应完的组分及燃烧后的固体残渣落到油面上，将其覆盖封闭，与燃烧区隔离，切断可燃气体向燃烧区扩散。

(4) 烟雾灭火器的灭火效果是很好的,根据对 2000m³ 柴油罐所做的试验测定,若发烟剂装量为 100kg,从油罐起火到灭火器自动点火的时间约需 2~4s,从点火至发烟的时间约需 50~100s,从发烟至灭火的时间约需 8~28s。这种置于油罐内的烟雾灭火器,其使用期限一般不低于两年。

(5) 烟雾灭火器的发烟量只与燃烧面积的大小有关(即与油罐的直径有关)而与可燃液体的多少无关,发烟量与油罐直径的关系如表 2-1-1 所示。

发烟量与油罐直径的关系　　　　表 2-1-1

油罐直径(m)	10	12	14	16
烟雾剂量(kg)	30	50	75	100

2.1.4 灭火器

1. 灭火器的分类

(1) 按所充装的灭火剂类型分为:

水型灭火器(包括清水灭火器,酸碱灭火器);泡沫型灭火器;干粉型灭火器;卤代烷灭火器;二氧化碳灭火器。

(2) 按驱动灭火剂的压力方式分为:

贮气瓶式灭火器;贮压式灭火器;化学反应式灭火器;燃气式灭火器。

(3) 按灭火器移动方式分为:

手提式灭火器;推车式灭火器;背负式灭火器;投掷式灭火器;悬挂式灭火器。

2. 专业术语

(1) 有效喷射时间

指将灭火器保持在最大开启状态下,自灭火剂从喷嘴喷出至灭火喷射结束的时间(不包括驱动气体的喷射时间及化学泡沫灭火器的喷射距离在 1m 以内的喷射时间)。

(2) 有效喷射距离

指灭火剂散落范围最集中处中心至灭火器喷嘴的水平距离。

(3) 充装系数

指灭火器内所充装的灭火剂重量(kg)与灭火器容积(L)的比值。

(4) 灭火级别

指按规定模型进行灭火试验时灭火器的灭火性能,灭火级别分为 A 类和 B 类火灾灭火级别。按国家标准 GB 4351—84《手提式灭火器通用技术条件》、GB 8108—87《推车式灭火器性能要求和试验方法》规定的实验模型:

A 类火灾灭火级别可分为 3A、5A、8A、13A、21A、27A、34A 等级别;

B 类火灾试验模型为油盘,内注 70 号车用汽油,灭火级别分为 1B、2B~120B 共 20 个;

扑救 C、D 类火灾的灭火能力均不列级别,而仅表示其适用性。

3. 灭火器的基本结构

(1) 灭火器本体

为一柱状球头圆筒，由钢板卷筒焊接或拉伸成圆筒焊接而成（二氧化碳灭火器本体由无缝钢管闷头制成），本体用以盛装灭火剂或驱动气体。

(2) 器头

是灭火器的操作机构，其性能直接影响灭火器的使用效能，器头含下列部件：

A．保险装置：是一保险销或保险卡，作为启动机构的限位器，可防止误动作。

B．启动装置：为灭火器开启装置，起施放灭火剂或释放驱动气体的开关作用。

C．安全装置：为安全膜片或安全阀，在灭火器超压时启动，防止灭火器因超压爆裂伤人。

D．压力反应装置：应用于贮压式灭火器，可以是显示灭火器内部压力的压力表，也可以是压力检测仪的连接器，用以显示灭火器内部的压力。

E．密封装置：为一密封模或密封垫，起密封作用，可防止灭火剂或驱动气体的泄漏。

F．喷射装置：为灭火剂输送通道，包括接头、喷射软管、喷射口、防尘（防潮）的堵塞（灭火剂喷射时可自动脱落或碎裂）；在水型或泡沫灭火器喷射通道最小截面前，还需加滤网。

G．卸压装置：应用于水、泡沫、干粉灭火器上，以使灭火器在滞压情况下，能安全拆卸。

H．间隙喷射装置：应用于灭火剂量大于等于 4kg 的干粉、卤代烷、二氧化碳灭火器。

4．灭火器的标志

(1) 灭火器本体通常为红色。

(2) 灭火器铭牌通常包括下列内容：

A．灭火器的名称、型号和商标；灭火级别（灭火类型及能力）；

B．以文字和图形说明灭火器的使用方法；

C．使用温度范围，灭火器水压试验压力数值，灭火器的毒性或电击危险的警告；

D．灭火剂及驱动气体的种类和数量（主参数）；

E．进行定期检查的说明和检查周期；

F．生产许可证或批准文件的编号，出厂年月，制造厂名称或代号。

(3) 灭火器贮气瓶应打钢印，并包括下列内容：

A．推进剂的名称或代号；

B．液化气体的重量或非液化气体在 20℃ 时的工作压力值；

C．空瓶重量，贮气瓶出厂年月，制造厂名称或代号。

5．灭火器的型号

根据公安部部颁标准 GN 11—82《消防产品型号编制方法》，灭火器的型号由类、组、特征代号和主参数两部分组成。

(1) 灭火器的类、组、特征代号反映了灭火器所充装的灭火剂的类型，灭火器的移动或开关方式等。

(2) 主参数反映所充装灭火剂的容量或重量。

例如灭火器的型号为 MPZ-9：类、组、特征代号 MPZ 表示舟车式泡沫灭火器；主参数 9 表示灭火剂的容量为 9L。

6. 手提式灭火器

(1) 化学泡沫灭火器

以化学泡沫剂溶液进行化学反应生成的二氧化碳，作为施放化学泡沫的驱动气体，按构造型式分为普通型 MP 和舟车型 MPZ。

(2) 干粉灭火器

是以干粉为灭火剂，二氧化碳或氮气为驱动气体的灭火器，以驱动气体贮存方式分为贮气瓶式 MF 和贮压式 MFZ 两种类型。

(3) 1211 灭火器

是以二氟一氯一溴甲烷（CF_2Cl_2Br）为灭火剂，以氮气作驱动气体的灭火器。

(4) 二氧化碳灭火器

充装液态二氧化碳灭火剂的灭火器；是（高压）贮压式灭火器，以液化的二氧化碳气体本身的蒸气压力作为喷射动力。

(5) 清水灭火器

充装清水的灭火器；是以清水为灭火剂的贮气瓶式灭火剂。

(6) 强化液灭火器

是水型灭火器，强化液是碳酸钾、增效添加剂与水的混合物（主要成分是水）。

(7) 酸碱灭火器

充装酸碱灭火剂的灭火器；适用于 A 类火灾的扑救，其结构型式与化学泡沫灭火器基本相同，内胆盛硫酸（浓度为 60%～65%），筒体内盛碳酸氢钠的水溶液，灭火时进行化学反应产生的二氧化碳为水的驱动气体，兼有灭火作用，主要灭火作用是水的冷却作用。

(8) 空气机械泡沫灭火器

是以空气机械泡沫（氟蛋白泡沫剂、轻水泡沫剂、抗溶泡沫剂）的水溶液（预混液）为灭火剂，以二氧化碳（由贮气瓶贮存）为驱动气体，通过泡沫喷枪产生空气机械泡沫。

(9) 1301 灭火器

是以三氟一溴甲烷（CF_3Br）为灭火剂，以氮气作驱动气体的贮压式灭火器，其结构型式与 1211 灭火器基本相同。

7. 推车式灭火器

装有轮子的移动式灭火器；推车式灭火器总体重量较大，为便于移动操作，安装有拖架和拖轮；其结构型式、适用范围、维护保养与相应手提式灭火器基本相同，但推车式灭火器的拖轮是保证灭火器移动的关键部件，应经常检查和保养，保证完整好用。

(1) 推车式灭火器的操作由两人完成，一人操作喷枪，接近火源，扑救火灾；另一人负责开启灭火器的阀门，移动灭火器。

(2) 推车式灭火器的类型有：

A. 推车式干粉灭火器；

B. 推车式 1211 灭火器；

C. 推车式化学泡沫灭火器；

D. 推车式二氧化碳灭火器。

2.1.5 灭火器的配置

参照 GBJ 140—90《建筑灭火器配置设计规范》。

1．工业建筑灭火器配置场所的危险等级，划分为三级

（1）严重危险级

火灾危险性大、可燃物多、起火后蔓延迅速或容易造成重大火灾损失的场所。

（2）中危险级

火灾危险性较大，可燃物较多、起火后蔓延较迅速的场所。

（3）轻危险级

火灾危险性较小，可燃物较少、起火后蔓延较缓慢的场所。

2．民用建筑灭火器配置场所的危险等级划分为三级

（1）严重危险级

功能复杂、用电用火多、设备贵重、火灾危险性大，可燃物多、起火后蔓延迅速或容易造成重大火灾损失的场所。

（2）中危险级

用电用火较多、火灾危险性较大，可燃物较多、起火后蔓延较迅速的场所。

（3）轻危险级

用电用火较少、火灾危险性较小，可燃物较少、起火后蔓延较缓慢的场所。

3．火灾的种类划分为五类

（1）A 类火灾

指含碳固体可燃物，如木材、棉、毛、麻、纸张等燃烧的火灾。

（2）B 类火灾

指甲、乙、丙类液体，如汽油、煤油、柴油、甲醇、乙醚、丙酮等燃烧的火灾。

（3）C 类火灾

指可燃气体。如煤气、天然气、甲烷、丙烷、乙炔、氢气等燃烧的火灾。

（4）D 类火灾

指可燃金属，如钾、钠、镁、钛、锆、锂、铝镁合金等燃烧的火灾。

（5）带电火灾

指带电物体燃烧的火灾。

4．灭火器的灭火级别应由数字和字母组成，数字表示灭火级别的大小，字母（A 或 B）表示灭火级别的单位及适用扑救火灾的种类

2.1.6 灭火器的选择

参照 GBJ 140—90《建筑灭火器配置设计规范》。

1．灭火器类型的选择应符合的要求

（1）扑救 A 类火灾应选用水型、泡沫、卤代烷型灭火器。

（2）扑救 B 类火灾应选用干粉、泡沫、卤代烷、二氧化碳型灭火器；扑救极性溶剂 B 类火灾不得选用化学泡沫灭火器。

（3）扑救 C 类火灾应选用干粉、卤代烷、二氧化碳型灭火器。

(4) 扑救带电火灾应选用卤代烷、二氧化碳、干粉型灭火器。
(5) 扑救 A、B、C 类火灾和带电火灾应选用磷酸铵盐干粉、卤代烷型灭火器。
(6) 扑救 D 类火灾的灭火器材应由设计单位和当地公安消防监督部门协商解决。

2．灭火器的选择还应遵循的原则

(1) 在同一灭火器配置场所，当选用同一类型灭火器时，宜选用操作方法相同的灭火器。

(2) 在同一灭火器配置场所，当选用两种或两种以上类型灭火器时，应采用灭火剂相容的灭火器。不相容的灭火剂详见表 2-1-2。

不相容的灭火剂　　　　　　表 2-1-2

类　型	不相容的灭火剂	
干粉与干粉	磷酸铵盐	碳酸氢钠、碳酸氢钾
干粉与泡沫	碳酸氢钾、碳酸氢钠	蛋白泡沫
	碳酸氢钾、碳酸氢钠	化学泡沫

(3) 在非必要配置卤代烷灭火器的场所不得选用卤代烷灭火器，宜选用磷酸铵盐干粉灭火器或轻水泡沫灭火器等其他类型灭火器；非必要配置卤代烷灭火器场所的确定，应按国家消防主管部门和国家环保主管部门的有关规定执行，卤代烷灭火器系指 1211（二氟一氯一溴甲烷）、1301（三氟一溴甲烷）灭火器。

3．灭火器的配置

(1) A 类火灾配置场所灭火器的配置基准应符合 2-1-3 表的规定。

A 类火灾配置场所灭火器的配置基准　　　　　　表 2-1-3

危　险　等　级	严重危险级	中危险级	轻危险级
每具灭火器最小配置灭火级别	5A	5A	3A
最大保护面积（m²/A）	10	15	20

(2) B 类火灾配置场所灭火器的配置基准应符合表 2-1-4 的规定。

B 类火灾配置场所灭火器的配置基准　　　　　　表 2-1-4

危　险　等　级	严重危险级	中危险级	轻危险级
每具灭火器最小配置灭火级别	8B	4B	1B
最大保护面积（m²/B）	5	7.5	10

(3) C 类火灾配置场所灭火器的配置基准应按 B 类火灾配置场所的规定执行。
(4) 地下建筑灭火器的配置数量应按其相应的地面建筑的规定增加 30%。
(5) 设有消火栓、灭火系统的灭火器配置场所，可按下列规定减少灭火器的配置数量：

　A．设有消火栓的，可相应减少 30%；
　B．设有灭火系统的，可相应减少 50%；

C. 设有消火栓和灭火系统的，可相应减少 70%。

（6）可燃物露天堆垛，甲、乙、丙类液体储罐、可燃气体储罐的灭火器配置场所，灭火器的配置数量可相应减少 70%。

（7）一个灭火器配置场所内的灭火器不应少于 2 具，每个设置点的灭火器不宜多于 5 具。

（8）已配置在工业与民用建筑及人防工程内的所有卤代烷灭火器，除用于扑灭火灾外，不得随意向大气中排放。

4．灭火器的设置

（1）灭火器的设置要求

A．灭火器应设置在明显和便于取用的地点，且不得影响安全疏散；

B．灭火器应设置稳固，其铭牌必须朝外；

C．手提式灭火器宜设置在挂钩、托架上或灭火器箱内，其顶部离地面高度应不小于 1.50m；底部离地面高度不宜小于 0.15m；

D．灭火器不应设置在潮湿或强腐蚀性的地点，当必须设置时，应有相应的保护措施；设在室外的灭火器，应有保护措施；

E．灭火器不得设置在超出其使用温度范围的地点，灭火器的使用温度范围应符合表 2-1-5 的规定。

灭火器的使用温度范围　　　　　　　　　　表 2-1-5

灭火器类型		使用温度范围（℃）
清水灭火器		4～55
酸碱灭火器		4～55
化学泡沫灭火器		4～55
干粉灭火器	贮气瓶式	-10～55
	贮压式	-20～55
卤代烷灭火器		-20～55
二氧化碳灭火器		-10～55

（2）灭火器的保护距离

是指配置场所内任一着火点至最近灭火器设置点的行走距离。

A．设置在 A 类火灾配置场所的灭火器，其最大保护距离（m）应符合表 2-1-6 的规定。

A 类火灾配置场所灭火器最大保护距离（m）　　　　表 2-1-6

危险等级	灭火器类型	
	手提式灭火器	推车式灭火器
严重危险级	15	30
中危险级	20	40
轻危险级	25	50

B. 设置在B类火灾配置场所的灭火器，其最大保护距离（m）应符合表2-1-7的规定。

B类火灾配置场所灭火器最大保护距离（m）　　表2-1-7

危险等级 \ 灭火器类型	手提式灭火器	推车式灭火器
严重危险级	9	18
中危险级	12	24
轻危险级	15	30

C. 设置在C类火灾配置场所的灭火器，其最大保护距离应按B类火灾配置场所的规定执行；

D. 设置在可燃物露天堆垛，甲、乙、丙类液体贮罐，可燃气体贮罐的灭火器配置场所的灭火器，其最大保护距离应按国家现行有关标准、规范的规定执行。

2.2 防火门、防火墙及建筑材料防火

2.2.1 防火门

防火门是在一定条件下，连同框架能够满足耐火稳定性、完整性和隔热性要求的门。

1. 高层建筑中防火门的设置部位

已采取防火分隔的相邻区域如需互相通行时，可在中间设防火门；高层建筑中的防火门具有防火、隔烟、抑制火灾蔓延、保护人员疏散的特殊功能。其设置部位为：

(1) 封闭疏散楼梯、通向走道、封闭电梯间、通向前室及前室通向走道的门。

(2) 电缆井、管道井、排烟道、排气道、垃圾道等竖向管道井的检查门。

(3) 划分防火分区，控制分区建筑面积所设防火墙和防火隔墙上的门，当建筑物设置防火墙或防火门窗有困难时，要用防火卷帘门代替。

(4)《高层民用建筑设计防火规范》GB 50045 或设计特别要求防火、防烟的隔墙分户门，易燃易爆房间，贵重物品，机要档案资料所在房间与其他房间连通处的分户门。

2. 防火门的种类及技术性能

按耐火极限分为甲级（1.2h）、乙级（0.9h）、丙级（0.6h）；按材质分为钢质、木质、钢木复合材料防火门及防火玻璃门。

(1) 木质防火门

用木材或木材制品作门框、门扇骨架、门扇面板，耐火极限达到标准规定的门称为木质防火门。其门扇表面覆盖难燃胶合板或贴PVC阻燃面板，内腔充填防火阻燃隔热的石棉板等材料，严格按GB 1401—93《木质防火门通用技术条件》生产和验收。

(2) 钢质防火门

用冷轧薄钢板作门框、门板、骨架，在门扇内部填充不燃材料（如硅酸铝纤维、岩棉等），并配以五金件所组成的能满足耐火稳定性、完整性和隔热性要求的门称为钢质防火

门。其门框料厚度δ≥1.5mm，门扇板使用δ≥1.0mm的镀锌钢板、彩色钢板或不锈钢板；加固件采用1.2~1.5mm厚钢板，按GB 12955—91《钢质防火门通用技术条件》生产和验收。

(3) 钢质复合防火卷帘门

具有防火排烟功能，高度≤6m、宽度≤9m，按耐火级限选用甲、乙两个等级，选用镀锌钢板冷加工制作，帘片甲级δ≥1.5mm、乙级δ≥0.8mm，由内外双层组成，中间充填阻燃材料；普通型的耐火时间为1.5~2.0h，复合型的耐火时间为2.5~3.0h。

(4) 防火玻璃门

在火灾发生时，防火玻璃能受热膨胀发泡，形成很厚的防火隔热层，起到防火、隔烟的消防作用，主要有夹层和夹丝两种类型。

3. 防火门施工中的注意事项

(1) 木质防火门

框口尺寸应小于洞口20mm左右，门框两侧不应少于3个固定点，其安装留缝宽度应符合表2-2-1的规定：

木质防火门安装留缝宽度 表2-2-1

项 目	留缝宽度（mm）	项	目	留缝宽度（mm）
门扇对口缝、扇与框间立缝	1.5~2.5	门扇与地面间隙	外门	4~5
工业厂房双扇大门对口缝	2~5		内门	6~8
框与扇间上缝	1.0~1.5		卫生间门	10~12
			厂房大门	10~20

(2) 钢质防火门

为防止门框变形，门框顶上方应设过梁或板，门框下角埋入地面≥50mm，再将门框与墙体的预埋件焊接，每边≥3点；在闭门状态下应符合下列要求：

A．门扇应与门框贴合，其搭接量不小于10mm；

B．门扇与门框之间的两侧缝隙不大于4mm；

C．门顶框内面与门顶缝隙不大于3mm；

D．双扇门中缝不大于4mm；

E．门扇底面与地面缝隙不大于20mm。

(3) 防火卷帘门

A．钢质防火卷帘安装在建筑物墙体上，应采用焊接或预埋螺栓连接；对原有建筑可以在混凝土墙或混凝土柱上采用膨胀螺栓装配，并应保证安装强度，满足设计要求；

B．两侧应设闭式自动喷水灭火系统（或配水幕系统）加以保护，喷头宜成单排布置，其间距不应小于2m，并喷向卷帘门；

C．设在疏散走道的防火卷帘门应在卷帘的两侧设置启闭装置，并应具有自动、手动和机械控制的功能；

D．防火卷帘门按安装形式分为墙侧安装（墙外侧或墙内侧安装）和墙中间安装（墙中或通道安装）两种，其安装要求为：

a. 导轨垂直度不大于5mm/m、全长不大于20mm；
　　b. 两导轨中心线平行度不大于10mm；
　　c. 底板与地面的接触应均匀、平行，其间隙不大于20mm；
　　d. 帘板两端挡板或防窜机构要装配牢固，装配成卷帘后，帘板窜动量不得大于2mm；
　　e. 帘板应升降自如，运行平稳、顺畅，不允许有碰撞、冲击现象，传动机构运行平稳。

　　(4) 疏散通道、管道井上的防火检查门，应安装暗锁，不宜用L形把手，以免火灾时因疏散人员的心理恐慌，被其钩住衣物或划伤人员；通往地下停车场、疏散楼梯间或电梯前室的防火门，应有玻璃亮子，以便人员进入之前，能观察到车辆及里面的动态。

　　(5) 防火门应为向疏散方向开启的平开门，并在关闭后能从任何一侧手动开启，防火门不能上锁及放置障碍物，以免火灾时无法疏散；
　　火灾时为阻止火焰和烟气的扩散及蔓延，用于疏散走道、楼梯间和前室的防火门，应有自动关闭功能，双扇和多扇防火门还应具有按顺序关闭的功能。

2.2.2　防火墙

　　1. 防火墙的定义和作用
　　(1) 防火墙是指为减少或避免建筑物、结构、设备遭受热辐射危险或防止火灾蔓延，设置在户外的竖向分隔体或直接设置在建筑物基础上或钢筋混凝土框架上，具有规定耐火性的墙。
　　(2) 防火墙的主要作用是防止火势和烟气蔓延，在满足使用需要的同时，把建筑物的内外部空间合理地分隔成若干防火区域，有效地减少人员伤亡和火灾损失；它是一种具有较高耐火极限的重要防火分隔物，是阻止火势蔓延的有效设施。
　　2. 防火墙的分类
　　防火墙可按其结构构造和耐火极限分为标准防火墙和防火隔墙两类。
　　(1) 标准防火墙应具备的构造和条件
　　A. 防火墙应截断燃烧体或难燃烧体的屋顶承重结构，且应高出非燃烧体屋面不小于400mm，高出燃烧体或难燃烧体屋面不小于500mm，见图2-2-1。
　　B. 应建造在基础上或混凝土结构的框架上，必须采用砖石或钢筋混凝土建造，连续穿过各楼层。当建筑屋和屋顶是耐火结构时，防火墙可以紧贴在混凝土屋面基层底部，而不高出屋顶，见图2-2-2。
　　C. 防火墙的厚度应取决于建造防火墙的建筑材料、墙体高度及内外部构筑方式，具有不低于3~4h的耐火极限。
　　D. 墙上不应有任何门窗洞口，当必须开设时，应采用甲级防火门，并应能自行关闭。
　　E. 在防火墙支撑结构构件处，应考虑防火墙一侧的屋架、梁、楼板等受到火灾影响而破坏时，不致使防火墙倒塌。
　　F. 能吸收因热膨胀、建筑物内部结构倒塌和地震产生的应力。

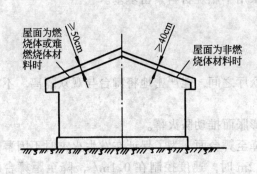 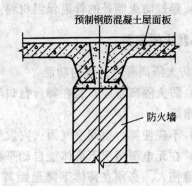

图 2-2-1　防火墙的高度　　　图 2-2-2　非燃烧体屋顶承重结构的防火墙高度

(2) 防火墙的设置

A．当建筑物之间的防火间距不足时，可将相邻较高建筑物的外墙做成防火墙；

B．建筑物的占地面积如超过 GBJ 16—87《建筑设计防火规范》所规定的范围时，应在建筑物的内部用防火墙加以分隔，使防火墙间占地面积符合要求；

C．建筑物内防火要求不同或灭火方法不同的部位之间，要设防火墙或防火隔墙加以分隔；

D．易燃易爆的生产车间与附属的变、配电室，更衣、生产管理房间之间均应用防火墙分隔。

(3) 防火隔墙的定义及构造

A．防火隔墙是指能在一定的时间内满足耐火稳定性、完整性和隔热性要求的承重或非承重墙。

B．独立式防火隔墙用砖石或混凝土建造，其稳定性主要由在建造时放入墙体内的竖向钢筋或辅助扶壁支持，墙体完全与两边的建筑框架分离，一般都不接触，其屋顶结构都是由独立的钢框架和支柱支撑。

a．在火灾情况下，防火隔墙必须依靠其自身强度来保持稳定；可以承受雨篷和屋盖倒塌自由下落或任何一侧墙体倒塌对防火隔墙的影响。

b．防火隔墙能够抵御较低强度爆炸产生的压力冲击，以及储存物品、支架或附近分隔物倒塌时作用于防火隔墙上的压力。

C．防火隔墙也有与两边建筑结构相连的，这种墙适用于分隔相邻两座建筑高度不同的建筑物。

D．防火隔墙的耐火极限应根据使用要求确定，但低于标准防火墙的耐火极限，一般为 2～3h。

3．管道穿越防火墙和防火隔墙

(1) 可燃气体和甲、乙、丙类液体管道严禁穿过标准防火墙，不应穿过防火隔墙，其他管道不宜穿过防火墙，当必须穿过时，应采用不燃材料将其周围的空隙填塞严实。

(2) 通风和排烟管道不应穿过标准防火墙和防火隔墙；如要穿过时，应在标准防火墙的一侧或两侧设置防火阀，防火阀与墙体之间的管道应采用不燃材料。

(3) 穿过防火墙处的管道保温材料，应采用不燃烧材料紧密填塞。

2.2.3 防火隔离幕

1. 防火隔离幕应具备的功能

(1) 防火隔离幕应安装在舞台台口与观众厅之间，能严密地将舞台与观众隔离，不窜火、少窜烟。

(2) 不应使舞台空间空气因火灾发生热膨胀而推动防火幕。

(3) 在无电源情况下幕体能自动平稳地降至舞台面，为了保证在发生火灾时不因幕体降落而砸伤人，必须在幕体下降至距舞台面 2m 时，速度控制在 0.1m/s，降至距舞台面 0.15m 时，其速度控制在 0.07m/s。

2. 幕体设置

(1) 一般幕体设计厚度为 0.15m 左右，幕体中间可铺置玻璃棉或其他隔热材料，用以防辐射热。

(2) 为防止火灾高温使幕体钢骨架变形，必须在幕体上方安装水喷淋系统，以使钢骨架降温。

(3) 防火隔离幕的传动装置。

防火隔离幕提升时为一种速度，大约 0.12～0.15m/s，下降时分三档速度，而且要在发生火灾时切断电源的情况下实现，故必须要依靠幕体重力自由下落为动力，采用液压方式，逐级产生阻力，运用减压阀达到减速的目的。

3. 防火隔离幕的运用

(1) 运用实例

1996 年新建的广西某会堂，舞台台口宽 20m、高 10m，设计安装的防火隔离幕外形尺寸为 21m×11m，厚 0.15m、约 10t 重；传动电机为 112M-6 型，2.2kW，平衡重装置为约 9t 重的铁块，安装完毕经多次模拟启动运转，达到设计要求。

(2) 防火隔离幕的其他用途

A. 防火隔离幕还可以用在大商场和写字楼作防火分隔，堆放易燃品的仓库也可以分区安装防火隔离幕，能有效阻止火灾蔓延。

B. 对于小的歌舞厅舞台，可以采用布质或呢绒作防火隔离幕，但布质或呢绒要进行防火剂浸泡处理。北京有些饭店小歌舞厅防火幕就是这样制作的。

2.3 钢结构防火涂料

2.3.1 简介

1. 钢的耐火性能：钢虽是非燃烧材料，但耐火性能很差，受热后强度下降很快，钢材在 20℃ 时的强度为 450MPa，而到 614℃ 时的强度只有 70MPa，几乎失去承载能力；钢材受热后，由于强度下降和热应力的作用很快出现塑性变形，在火烧 15min 左右，钢构件会像面条一样软落下来，随着局部的破坏，造成整体失去稳定而破坏。

2. 钢结构防火涂料的防火原理

（1）涂层对钢基材起屏蔽作用，隔离了火焰，使钢构件不至于直接暴露在火焰或高温之中。

（2）涂层吸热后部分物质分解放出水蒸气或其他不燃气体，起到消耗热量、降低火焰温度和燃烧速度，稀释氧气的作用。

（3）涂层本身多孔轻质或受热膨胀后形成炭化泡沫层，热导率在 0.233W/m·K 以下，阻止了热量迅速向钢基材传递，推迟了钢基材受热温升到极限温度的时间，从而提高了钢结构的耐火极限。

2.3.2 钢结构防火涂料的定义与分类

1. 定义

钢结构防火涂料是指施涂于建筑物及构筑物钢结构表面，能形成耐火隔热保护层，以提高钢结构耐火极限的涂料。

2. 分类与命名

（1）钢结构防火涂料按使用场所可分为：

A. 室内钢结构防火涂料：用于建筑物室内或隐蔽工程的钢结构表面；

B. 室外钢结构防火涂料：用于建筑物室外或露天工程的钢结构表面。

（2）钢结构防火涂料按使用厚度可分为：

A. 超薄型钢结构防火涂料：涂层厚度小于或等于 3mm；

B. 薄型钢结构防火涂料：涂层厚度大于 3mm 且小于或等于 7mm；

C. 厚型钢结构防火涂料：涂层厚度大于 7mm 且小于或等于 45mm。

（3）产品命名：以汉语拼音字母的缩写作为代号，各类涂料名称与代号对应关系如下：

室内超薄型钢结构防火涂料—NCB；

室外超薄型钢结构防火涂料—WCB；

室内薄型钢结构防火涂料—NB；

室外薄型钢结构防火涂料—WB；

室内厚型钢结构防火涂料—NH；

室外厚型钢结构防火涂料—WH。

2.3.3 使用防火涂料保护钢结构的依据与优点

（1）技术标准：国家标准 GB 14907—2002《钢结构防火涂料》规定了室内和室外钢结构防火涂料的技术性能指标及试验方法。

（2）采用防火涂料保护钢结构的依据：GBJ 16—87《建筑设计防火规范》和 GB 50045—95《高层民用建筑设计防火规范》等均规定，耐火等级为一、二级的建筑物，其柱（支撑多层的柱，支撑单层的柱）、梁、楼板和屋顶承重构件均应采用非燃烧体；钢结构虽是公认的非燃烧体，但未加防火保护的钢柱、钢梁、钢楼板和钢屋架的耐火极限仅为 0.25h，需采用喷涂保护等防火措施，才能使其耐火极限满足规范规定 1~3h 的要求。

（3）采用防火涂料保护钢结构的优点：具有防火隔热性能好，施工不受钢结构几何形体限制，涂层重量轻，还有一定的美观装饰作用，施工与维修方便等优点，往往成为首选的防火保护措施。

2.3.4 钢结构防火涂料的选用

（1）钢结构防火涂料必须具有国家检测机构检测合格的耐火性能和理化性能检测报告，必须是消防监督机关认可的合格产品，产品包装上应注明企业名称、产品名称、规格型号、生产日期或批号、保质贮存期等；并附有合格证和产品说明书，明确产品的使用场所、施工工艺、产品主要性能等。

（2）室内裸露的钢结构、钢网架、轻型屋盖钢结构、非工业用有装饰要求的钢结构，当规定其耐火极限在2h及以下时，宜选用符合室内钢结构防火涂料产品标准规定的薄型钢结构防火涂料。

（3）室内钢结构、高层钢结构及多层厂房钢结构，当规定其耐火极限在3.0h及其以下时，应选用符合室内钢结构防火涂料产品标准规定的厚型钢结构防火涂料。

（4）露天钢结构，如石油化工企业，油（汽）罐支撑等钢结构，应选用符合室外钢结构防火涂料产品标准规定的厚（薄）型钢结构防火涂料。

2.3.5 使用中应注意的问题

（1）不要把饰面型防火涂料使用于保护钢结构。因为饰面型防火涂料是用于保护木结构等可燃基材的阻燃涂料，薄薄的涂膜对可燃材料能起到有效的阻燃和防止火焰蔓延的作用，但远远达不到提高钢结构耐火极限的目的；钢结构防火涂料和饰面型防火涂料在配方构成、制造工艺、质量标准、检验方法和使用技术等方面，均有明显的不同，是两种不同类型的产品，不能混淆使用。

（2）不应把薄型钢结构防火涂料使用于保护耐火极限要求在2h以上的钢结构。通常的薄型钢结构防火涂料，其耐火极限在2h以内，这类涂料的组成中含较多的有机组分，涂层在高温下发生物理、化学变化，形成炭质泡沫后起隔热作用，膨胀泡沫强度有限，有时会发生开裂脱落，炭质在1000℃高温会逐渐灰化掉；要求耐火极限在2h以上的钢结构，必须选用厚型钢结构防火涂料，厚型和薄型钢结构防火涂料的功能对比详见表2-3-1。

厚型和薄型钢结构防火涂料的功能对比　　　　表2-3-1

类型	厚度（mm）	性质	耐火极限（h）	特点
薄型	3~7	有机膨胀型阶段性防火	0.5~2.0	装饰性强、粘接力高、抗振动性和翘曲性好、施工方便
厚型	7~45	无机膨胀型永久性防火	1.0~3.0	保护性强、粒状表面、热导率低、密度较小、施工较复杂

（3）不要把技术性能仅满足室内钢结构防火涂料标准要求的产品，未加改进和采取防水措施，直接用于室外钢结构。因为露天钢结构日晒雨淋、风吹雪覆，环境条件比室内苛刻得多，露天钢结构应该选用耐火、耐冻融、循环性更好，并能经受酸、碱、盐腐蚀的室外钢结构防火涂料进行防火保护；另外，对于半露天或某些潮湿环境的钢结构，也宜使用室外钢结构防火涂料来保护。

(4) 钢结构防火涂料的耐火极限与涂层厚度有一定的对应关系。经检测绝大多数产品能达到 GB 14907 钢结构防火涂料的规定，选用时应多加分析论证，查证其性能指标的真实性，必要时应进行复检。

(5) 厚型钢结构防火涂料基本上是由非膨胀型的无机物质组成，涂层更稳定，老化速度更慢，只要涂层不脱落，防火性能就有保障；所以，从耐久性和防火性考虑，宜优先选用厚型钢结构防火涂料。

2.3.6 钢结构防火涂料的施工要求

1．施工措施

(1) 薄型防火涂料的底涂层（或主涂层）宜采用重力式喷枪喷涂，其压力宜为 0.4MPa；面涂层装饰涂料可刷涂、喷涂或滚涂。

(2) 双组分装薄型防火涂料，现场调配应按说明书的规定进行，单组分装的薄型防火涂料应充分搅拌均匀。

(3) 厚型防火涂料宜采用压送式喷涂机喷涂，空气压力宜为 0.4~0.6MPa 喷枪口直径宜为 6~10mm。

(4) 厚型防火涂料配料时应严格按配合比加料或加稀释剂，并使稠度适宜，当班使用的涂料应当班配制。

(5) 防火涂料施工应分遍喷涂，必须在前一遍基本干燥或固化后，再喷涂后一遍。

2．主控项目

(1) 防火涂料涂装前钢材表面除锈及防锈底漆涂装应符合设计要求和现行有关标准的规定。

检查数量：按构件数抽查 10%，且同类构件不应少于 3 件。

检验方法：表面除锈用铲刀检查和用现行国际标准 GB 8923《涂装前钢材表面锈蚀等级和除锈等级》规定的图片对照观察检查；底漆涂装用干漆膜测厚仪检查，每个构件检测 5 处，每处的数值为 3 个相距 50mm 测点涂层干漆膜厚度的平均值。

(2) 钢结构防火涂料的粘结强度、抗拉强度应符合国家现行标准 CECS24:90《钢结构防火涂料应用技术规程》的规定；检验方法应符合 GB 9978《建筑构件防火喷涂材料性能试验方法》的规定。

检查数量：每使用 100t 或不足 100t 薄型防火涂料应抽检一次粘结强度；每使用 500t 或不足 500t 厚型防火涂料应抽检一次粘结强度和抗拉强度。

检验方法：检查复检报告。

(3) 薄型防火涂料的涂层厚度应符合有关耐火极限的设计要求；厚型防火涂料涂层的厚度，80% 及以上面积应符合有关耐火极限的设计要求，且最薄处厚度不应低于设计要求的 85%。

检查数量：按同类构件数抽查 10%，且均不应少于 3 件。

检验方法：用涂层厚度测量仪、测针和钢尺检查；测量方法应符合国家现行标准 CECS24:90《钢结构防火涂料应用技术规程》的规定及 GB 50205—2001《钢结构工程施工质量验收规范》附录 F 的要求。

(4) 薄型防火涂料涂层表面裂纹宽度不应大于 0.5mm；厚型防火涂料涂层表面裂纹

宽度不应大于1mm。

检查数量：按同类构件数抽查10%，且均不应少于3件。

检验方法：观察和用尺量检查。

3. 一般项目

(1) 防火涂料涂装基层不应有油污、灰尘和泥砂等污垢。

检查数量：全数检查。

检验方法：观察检查。

(2) 防火涂料不应有误涂、漏涂，涂层应闭合无脱层、空鼓、明显凹陷、粉化松散和浮浆等外观缺陷，乳突已剔除。

检查数量：全数检查。

检验方法：观察检查。

2.4 消火栓系统

消火栓：与供水管路连接，由阀、出水口和壳体等组成的消防供水（或泡沫溶液）装置。

2.4.1 室外（露天设置）消火栓系统

室外消火栓是室外消防给水管网上的取水设备。生产、生活给水系统合建的室外消火栓系统，设计上考虑其最不利点的消火栓水压维持在0.1MPa以上，火灾发生时，可将水带接在室外消火栓出水口上，直接出水扑救初期火灾；也可由消防车在室外消火栓出水口上取水灭火，或由消防车取水后，通过室内消防给水系统的水泵接合器向室内系统加压供水。

1. 消火栓管网的压力

(1) 高压管网系统

管网内经常保持足够的水压，扑救火灾时不需使用消防车或其他移动式水泵加压，可直接由室外消火栓接水带、水枪出水灭火，就能保证最大消防用水量；管网压力保证水枪布置在消火栓保护范围内的任何建筑物的最高处时，水枪的充实水柱不小于10m。

从直流水枪喷嘴起，到有90%的水量穿过直径为380mm圆圈处的一段密集（具有充实核心段）射流，称为水枪的充实水柱，也称有效射程。

(2) 临时高压管网系统

管网平时的水压仅满足一般要求，火灾发生后，专用消防泵启动，使管网压力达到高压管网系统的要求。

(3) 低压管网系统

管网的水压应保证在最不利点的消火栓处有不小于10m水柱（从地面算起）的压力。

2. 消火栓分类

按安装场合分为地上式（代号SS）和地下式（代号SA）。

按其进水口公称通径可分为100mm和150mm。

按其进水口连接形式可分为承插式和法兰式；消火栓的公称压力可分为1.0MPa和

1.6MPa两种，承插式消火栓的公称压力为1.0MPa、法兰式消火栓的公称压力为1.6MPa。

(1) 地上消火栓大部分露出地面，具有目标明显、易于寻找、出水操作方便等特点，适用于气温较高的地区；但地上消火栓易冻结、易损坏，有些场合妨碍交通，影响市容；地上消火栓由本体、进水弯头、阀塞、出水口和排水口组成，地上消火栓有两种型号，即SS100和SS150。

(2) 地下消火栓设置在消火栓井内，具有不易损坏，不易冻结，便于交通等优点，适应寒冷地区使用；但缺点是操作不便，目标不明确，特别是在下雨天、下雪天和夜间，因此，要求在地下消火栓旁设置明显标志；地下消火栓由弯头、排水口、阀塞、丝杆、丝杆螺母、出水口等组成，地下消火栓有三种型号，分别是SA65、SA100和SA65—10。

3. 水压试验

A. 密封性能试验：清除体腔内及密封面上的油污、脏物，从进口端灌水并排除试样内空气，将阀门关闭（阀杆应按顺时针方向旋转）后，缓慢而均匀地升压至公称压力，并保压2min，封闭出水口，开启阀门至最大高度，继续缓慢而均匀地升压至公称压力，并保压2min，各连接部位以及排放余水装置不得有渗漏现象；

B. 密封性能试验结束后，继续缓慢而均匀地将水压升至公称压力的1.5倍，保压2min，所有铸件不得有渗漏现象及影响正常使用的损伤。

4. 设置要求

(1) 保护半径

应根据灭火的需要，消防车的供水能力以及水带的耐压强度等因素来决定。

A. 低压消火栓的保护半径一般不超过150m，其根据是：（消防车最大供水距离180m－水枪手处需留机动水带10m）×水带地面铺设系数0.9＝153m，故取150m。

B. 高压消火栓的保护半径为100m，其根据是：（高压消火栓最大供水距离120m－水枪手处需留机动水带10m）×水带地面铺设系数0.9＝99m，故取100m。

(2) 流量

每个室外消火栓的供水量按10～15L/s计算，即应能保证供应一辆消防车上的两支喷嘴口径为19mm的水枪同时出水（共需水10～13L/s）的水量。

(3) 设置要求

A. 室外消火栓的布置间距，必须保证城市街道的任何部位着火都在两个消火栓的保护半径之内。

B. 城市或居住区室外消火栓的安装，应沿街道、道路的两旁设置，且应靠近十字路口，其间距不应大于120m；消火栓距街道、道路边不应大于2m，距房屋外墙不宜小于5m，有困难时最少不应小于1.5m，道路宽度超过60m时，宜在道路两边设置消火栓。

C. 室外消火栓的位置应避开人行道或其他容易被埋压或占用的地方，地下消火栓应设在平时不被水淹没的地方，并应有明显标志。

D. 工业企业和民用建筑单位内部室外消火栓的数量应根据其消防用水量和每个消火栓的流量确定。

a. 在市政消火栓保护半径范围内的低层建筑，如该建筑物的消防用水量不超过15L/s时，可不设室外消火栓。

b. 对于高层建筑,在距建筑物外墙 40m 范围内的市政消火栓,可计入其室外消火栓的数量;其室外消火栓应沿消防车道路均匀布置。

5. 开启高度及进水口法兰尺寸

(1) 开启高度

进水口公称通径 100mm 的消火栓其开启高度应大于 50mm,进水口公称通径 150mm 的消火栓其开启高度应大于 55mm。

(2) 进水口法兰连接尺寸应符合表 2-4-1 的规定。

室外消火栓的进水口法兰连接尺寸 (mm)　　　表 2-4-1

进水口 公称通径	法兰外径 (D)		螺栓孔中心圆直径 (D_1)		螺栓孔直径 (d_0)		螺栓数 n
	基本尺寸	极限偏差	基本尺寸	极限偏差	基本尺寸	极限偏差	
DN100	220	±2.80	180	±0.50	18.0	+0.430	8个
DN150	285	±3.10	240	±0.80	22.0	+0.520	

6. 水泵接合器

水泵接合器是消防车往室内消防管网供水的接口,其主要作用:一是当室内消防水泵因检修、停电或出现其他故障时,利用消防车从室外水源抽水,向室内消防管网提供灭火用水;二是当遇大火灾室内消防用水量不足时,必须利用消防车从室外水源抽水,向室内消防管网补充消防用水。

(1) 分类

A. 按其安装型式可分为地上式 (用 S 表示)、地下式 (用 X 表示)、墙壁式 (用 B 表示) 和多用式 (用 D 表示);

B. 按其出口的公称通径可分为 100mm 和 150mm 两种;

C. 接合器的公称压力可分为 1.6MPa 和 2.5MPa 两种。

可根据消防车在火场的使用以不妨碍交通,且易于寻找等原则进行选用。

(2) 水压试验

A. 密封性能试验:将截断阀门关闭,从进口端灌水并排除试样内空气,缓慢而均匀地升压至公称压力,并保压 2min,截断类阀门和排放余水阀不得有渗漏现象;

B. 密封性能试验结束后,继续缓慢而均匀地将水压升至公称压力的 1.5 倍,保压 2min,所有铸件不得有渗漏现象及影响正常使用的损伤。

(3) 设置要求

A. 室内消防管网应设水泵接合器,每个水泵接合器的流量为 10~15L/s,水泵接合器不能少于两个,并尽量不要设在一处。

B. 消防水泵接合器在室外的位置 15~40m 的范围内,应设有可供消防车取水的室外消火栓或消防水池。

(4) 地上式水泵接合器为双接口,其公称直径一般为 65mm,它与室内供水管网连接的管径不宜小于 100mm。在连接管上除安装启闭的阀门外,还要加装止回阀和安全阀,止回阀可防止室内管网的水向外倒流,安全阀则用以防止消防车送水压力过高时,对室内给水系统造成破坏,安全阀的整定压力应略高于室内最不利点消火栓(或自动喷水灭火系统）所需的压力。

（5）水泵接合器法兰的尺寸应符号表 2-4-2 的规定。

水泵接合器的法兰尺寸　　　　　　　　表 2-4-2

公称压力 (MPa)	出口公称通径 DN (mm)	法兰外径 (mm)		螺栓孔中心圆直径 (mm)		螺栓孔直径 (mm)		螺栓数 n
		基本尺寸	极限偏差	基本尺寸	极限偏差	基本尺寸	极限偏差	
1.6	100	220	±2.80	180	±0.50	17.5	+0.43　0	8个
	150	285	±3.10	240	±0.58	22.0	+0.52　0	
2.5	100	235	±2.80	190	±0.58	22.0	+0.52　0	
	150	300	±3.10	250	±0.58	26.0	+0.52　0	

7．消防水泵结合器及室外消火栓安装

（1）主控项目

A．系统必须进行水压试验，试验压力为工作压力的 1.5 倍，但不得小于 0.6MPa。

检验方法：试验压力下，10min 内压力降不大于 0.05MPa，然后降至工作压力进行检查，压力保持不变，不渗不漏。

B．消防管道在竣工前，必须对管道进行冲洗。

检验方法：观察冲洗出水的浊度。

C．消防水泵接合器和消火栓的位置标志应明显，栓口的位置应方便操作；消防水泵结合器及室外消火栓当采用墙壁式时，如设计未要求，进、出水栓口的中心安装高度距地面应为 1.10m，其上方应设有防坠落物打击的措施。

检验方法：观察和尺量检查。

（2）一般项目

A．室外消火栓和消防水泵接合器的各项安装尺寸应符合设计要求，栓口安装高度允许偏差为 ±20mm。

检验方法：尺量检查。

B．地下式消防水泵接合器顶部进水口或地下消火栓的顶部出水口与消防井盖底面的距离不得大于 400mm，井内应有足够的操作空间，并设爬梯；寒冷地区井内应做防冻保护。

检验方法：观察和尺量检查。

C．消防水泵接合器的安全阀及止回阀安装位置和方向应正确，阀门启闭应灵活。

检验方法：现场观察和手扳检查。

2.4.2 室内消火栓系统

1．一般规定

（1）组成

室内消火栓由开启阀门和出水口组成，并配有水带和水枪。

（2）分类

A．按出口型式可分为：单出口室内消火栓（见图 2-4-1、图 2-4-2）和双出口室内消火栓（见图 2-4-3～图 2-4-6）；

B. 按栓阀数量可分为：单栓阀室内消火栓（见图2-4-1～图2-4-3）和双栓阀室内消火栓（见图2-4-4～图2-4-6）；

C. 按结构型式可分为：直角出口型室内消火栓（见图2-4-1、图2-4-3～图2-4-6）、45°出口型室内消火栓（见图2-4-2）、减压型室内消火栓、快开型室内消火栓、旋转型室内消火栓、异径型室内消火栓。

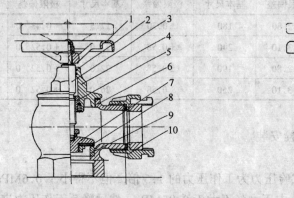

图2-4-1 SN型　　　　　　　　　图2-4-2 SNA型

1—手轮；2—O形密封圈；3—阀杆；4—阀盖；5—阀杆螺母；
6—阀体；7—阀瓣；8—密封垫；9—阀座；10—固定接口

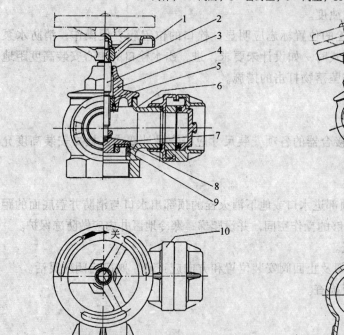

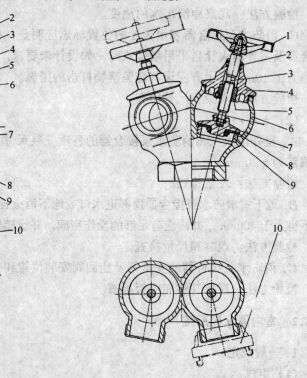

图2-4-3 SNS型　　　　　　　　　图2-4-4 SNSS型

1—手轮；2—O形密封圈；3—阀杆；4—阀盖；5—阀杆螺母；6—阀体；7—阀瓣；
8—密封垫；9—阀座；10—固定接口

(3) 基本参数

室内消火栓的基本参数详见表2-4-3。

室内消火栓的基本参数　　　　　　　　　表2-4-3

公称通径 DN（mm）	公称压力 PN（MPa）	适用介质
25、(40)、50、65、80	1.6	水、泡沫混合液

(4) 室内消火栓的型号

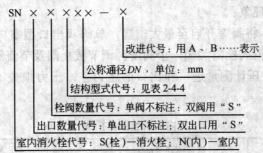

室内消火栓结构型式代号　　　　　　　　表2-4-4

结构型式	直角出口型	45°出口型	减压型	快开型	旋转型	异径型
代　号	不标注	A	J	K	Z	Y

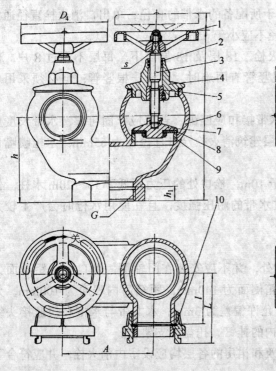

图 2-4-5　SNSS-A 型

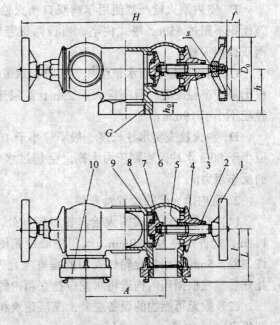

图 2-4-6　SNSS-B 型

1—手轮；2—O形密封圈；3—阀杆；4—阀盖；5—阀杆螺母；6—阀体；7—阀瓣；
8—密封垫；9—阀座；10—固定接口

(5) 水压试验

A. 密封性能

a. 阀瓣与阀座的密封性试验：清除体腔内及密封面上的油污、脏物，用手转动手轮将阀瓣关闭（阀杆应按顺时针方向旋转），从进口端加压，压力逐渐上升至 1.6MPa 后，保压 2min，各密封部位不得有渗漏现象；

b. 阀体与阀盖、阀杆与阀盖、阀体与固定接口的连接部位的密封性试验：封住出口端，提起阀瓣至最大开启位置，从进口端加压，压力逐渐上升至 1.6MPa 后，保压 2min，各密封部位不得有渗漏现象；

B. 压力损失检验：将阀瓣开启至最大位置，单阀双出口型室内消火栓封住一个出水端，双阀双出口型室内消火栓需关闭一个阀瓣，调节截止阀及节流阀的开启高度，使进口流速保持 2.5m/s，用差压计测量进口和出口的压力差，压力损失不得大于表 2-4-5 的规定。

室内消火栓压力损失 表 2-4-5

公称通径（mm）	进口流速（m/s）	压力损失（MPa）
25、40、50、65、80	2.5	≤0.02

(6) 使用要求

A. 室内消火栓是具有内扣式接口的球形阀式龙头，它的一端与消防竖管相连，另一端与水带相连，消火栓的栓口直径不应小于所配备的水带的直径；单出口消火栓直径通常为 50mm、65mm 两种，双出口消火栓直径不应小于 65mm。

B. 室内消火栓严禁使用单阀双口消火栓，18 层及 18 层以下，每层不超过 8 户，建筑面积不超过 650m² 塔式住宅，当设两根竖管有困难时，可设一根竖管，但必须采用双阀双口消火栓。

C. 消火栓栓口和水带接扣、水枪和水带接扣应匹配，连接应牢固可靠，水带长度应根据保护半径配置，且不应大于 25m；高层建筑消火栓栓口直径应为 65mm，水枪喷嘴口径应不小于 19mm。

D. 消火栓充实水柱长度一般不应小于 10m，栓口处的压力不低于 13~20m 水柱，但应小于 80m 水柱，否则压力太高，会超过水带的耐压强度，且在使用水枪时会产生较大的反作用力。

2. 室内消火栓的设置及安装

(1) 安装室内箱式消火栓，栓口应朝外，并不应安装在门轴侧，栓口中心距地面为 1.1m，允许偏差为 ±20mm，阀门中心距箱侧面为 140mm，距箱后内表面为 100mm，允许偏差 ±5mm，消火栓箱体安装的垂直度允许偏差为 3mm；水龙带与水枪和快速接头绑扎好后，应根据箱内构造将水龙带挂在箱内的挂钉、托盘或支架上。

(2) 除无可燃物的设备层外，高层建筑和裙房的各层均应设室内消火栓，并应符合下列规定：

A. 消火栓应设在走道、楼梯附近等明显便于取用的地点；

B. 室内消火栓配置的间距应根据防火要求由计算确定，应保证同层任何部位有两个消火栓的水枪充实水柱同时到达，且高层建筑不应大于30m，裙房则不应大于50m；

C．消火栓的水枪充实水柱应通过水力计算确定，且建筑高度不超过100m的高层建筑不应小于10m，建筑高度超过100m的超高层建筑不应小于13m；

D．消火栓栓口的静水压力不应大于0.80MPa，当大于0.80MPa时，应采取分区给水系统；消火栓栓口的出水压力大于0.50MPa时，消火栓处应设减压装置，应在管网设置减压阀或在栓口前设置减压节流孔板，根据管网情况，可查表确定孔板直径。

(3) 同一建筑物内应采用统一规格的消火栓、水枪和水带，以利管理和使用；每个消火栓处应设消防水带箱，宜采用玻璃门而不应采用封闭的铁皮门，以便在火场上能敲碎玻璃使用消火栓。

(4) 设有室内消火栓给水系统的建筑物，其屋顶应设置装有压力显示的试验和检查用的消火栓；屋顶消火栓对于试验、检查室内消火栓给水系统的供水能力、管网运行情况、保护本建筑物免遭临近建筑物火灾的威胁，均有良好的作用；屋顶消火栓的数量一般可采用一个，寒冷地区可设在顶层出口处或水箱间内。

3．消防水泵启动按钮

(1) 每个室内消火栓箱处应设置消防水泵启动按钮，如按钮安装在箱外应有防止人员误动的保护装置；如按钮安装在箱内应有防水措施。

(2) 火灾初期，在打开消火栓或水喉的同时，应按动消防水泵的启动按钮，启动消防水泵，消防联动控制盘应受到报警信号，并显示部位，可起到手动报警的作用。

(3) 消防中心也能控制消防水泵的启停，若水量不能满足扑救火灾的需要，可利用消防车通过水泵接合器向室内消火栓管网供水。

4．消防水喉

(1) 高层民用建筑的室内消火栓箱内配备有消防水喉（即直径为25mm、长度为20～25m的橡胶管加水枪）；供旅馆内的服务人员，旅客和工作人员扑救初期火灾使用。

(2) 设有空调系统的旅馆、办公楼，一般采用自救式小口径消火栓设备；其组成有室内消火栓，$\phi65$输水衬胶水带，大口径直流水枪，小口径消火栓、卷盘、小口径直流开关水枪等。

(3) 操作性能

摇臂应能从箱体向外作水平摆动，摆动时应无卡阻和松动，驱使摆动的力不得大于50N。

(4) 连接性能

A．消防水喉安装连接后，将压力逐渐上升至1.0MPa，保压2min，检查各部件不得有渗漏现象；然后将压力逐渐上升至1.5MPa，保压2min，各零部件不得出现影响正常使用的变形和损坏；

B．水带与接口的连接应牢固可靠，在0.8MPa水压下保压5min，不得有脱离现象。

(5) 消防水喉的主要性能参数按表2-4-6的规定执行。

消防水喉的主要性能参数　　　　　表2-4-6

软管长度（m）	试验压力（MPa）	流　量（L/min）	直流射程（m）
20、25	0.35	≥35	≥10

5. 消防软管卷盘

(1) 组成

消防软管卷盘由阀门、输入管路、卷盘、软管、喷枪等组成，并能在迅速展开软管的过程中喷射灭火剂的灭火器具。

(2) 分类

消防软管卷盘按其卷盘所使用的灭火剂分为水、干粉、1211、二氧化碳、泡沫软管卷盘五类，其规格及技术参数详见表 2-4-7。

消防软管卷盘规格　　　　　　表 2-4-7

软管卷盘类别	规格	额定工作压力（MPa）	试验进口压力（MPa）	射程（m）	流量（kg/min）
水软管卷盘	0.8	0.8	0.4	≥6	≥24
	1.6	1.6			
干粉软管卷盘	1.6	1.6	额定工作压力	≥8	≥45
1211软管卷盘	2.5	2.5		≥8	≥40
	1.6	1.6			
CO_2软管卷盘	15	15		≥4	≥60
泡沫软管卷盘	0.8	0.8		≥10	≥60
	1.6	1.6		≥12	≥120

(3) 水压试验

A．密封性能试验：使软管完全缠绕，将软管卷盘进口端与水源相连，并使管路灌满水，关闭喷枪，缓慢而均匀地升压至额定工作压力，保压 2min，卸压后将软管全部展开，检查软管缠绕轴是否变形，再升压至该压力，保压 2min，其任何部位均不得渗漏，软管缠绕轴应不发生明显变形。

B．软管卷盘的耐压试验：去除软管及喷枪，使余下部分的进口与水源相连，将管路灌满水，封闭出口端，缓慢而均匀地升压至额定工作压力的 1.5 倍，保压 2min，经过耐压试验后卷盘应能正常使用。

(4) 结构要求及布置

A．在软管卷盘内应有清除通路内残留灭火剂的措施，卷盘旋转部分应能绕转臂的固定轴向外作水平摆动，摆动角应不小于 90°；

B．单人使用的软管卷盘应设有保险机构，保证未打开进口阀时，软管不能展开；

C．卷盘进口阀的开启和关闭方向应有明显的标志，顺时针方向为关闭；

D．软管与卷盘的连接应保证软管缠绕时，靠近连接部位的软管不扁瘪；

E．消防软管卷盘的间距应保证有一股水流能到达室内地面的任何部位，其安装高度应便于取用；

F．剧院、会堂闷顶内软管卷盘应设在马道入口处，以利工作人员使用。

6. 室内消防给水系统的布置

(1) 低层建筑室内消防给水管道

A．当室外消防用水量超过 15L/s，且室内消火栓不超过 10 个时，室内消防给水管道至少应有两条进水管与室外环状管网连接；当其中一条进水管发生故障时，其余的进水管仍能供应全部用水量（即生活、生产、消防用水量总和），进水管上设置水表等计量设备时，不应降低进水管的过水能力。

7~9层的单元住房，如果采用两条进水管有困难时，可采用一条进水管。

B．当室内消火栓超过10个且室内消防用水量超过15L/s时，室内消防给水管道至少应有两条进水管与室外环状管网连接，并应将室内管道布置成环状，当室内消防给水管道难于形成环状时，室内管道可利用进水管与室外环状管道连接成环状。

7~9层的单元住房和不超过8户的通廊式住宅，其室内消防给水管道成环状布置困难较多时，允许成枝状布置，进水管可采用一条。

C．超过6层的塔式（采用双出口消火栓者除外）和通廊式住宅，超过5层或体积超过10000m³的其他民用建筑，超过4层的厂房和库房，如室内消防竖管为两条或两条以上时，应至少每两根竖管相连组成环状管道。

每条竖管的直径，应按灭火时最不利点消火栓出水（最不利点是指离水泵最远，标高最高的消火栓，但不包括屋顶消火栓），并根据每根竖管最小流量来确定。

D．室内消防给水管道应用阀门分成若干独立段，当建筑物内的某段给水管道损坏时，关闭的竖管不应超过一条，停止使用的消火栓在一层中不应超过5个；阀门应经常开启，并应有明显的启闭标志。

E．消防用水与其他用水合并的室内管道，当其他用水达到最大秒流量时，仍应能保证消防用水量。

F．为防止消火栓用水影响自动喷水灭火设备用水，或消火栓平时漏水引起自动喷水灭火设备的误报警，室内消火栓给水管网与自动喷水灭火设备的管网宜分开单独设置，如有困难，应在报警阀前分开设置，可共用消防水泵。

(2) 高层建筑室内消防管道

A．室内消防给水系统应与生活、生产给水系统分开单独设置；室内消防给水管道应布置成环状，室内消防给水环状管网的进水管不应少于两条，当其中一条进水管发生故障时，其余的进水管应能保证消防所需的水量和水压。

B．消防竖管的布置，应保证同层相邻两个消火栓的水枪的充实水柱同时达到被保护范围内的任何部位，每根消防竖管的管径应按通过的流量经计算确定，但不应小于100mm。

18层及18层以下，每层不超过8户，建筑面积不超过600m²的普通住宅，当设两根消防竖管有困难时，可设一根竖管，但必须采用双阀双口消火栓。

C．室内消防给水系统应与自动喷水灭火系统分开设置；有困难时，可合用消防水泵，但在自动喷水灭火系统的报警阀前（沿水流方向）必须分开设置。

D．室内消防给水管道应采用阀门分成若干独立段，阀门的布置应保证检修管道时关闭停用的竖管不超过一根，当竖管超过4根时，可关闭不相邻的两根。

室内消防给水管道的阀门安装完毕后，应将阀门置于常开状态，且应有明显标志并用锁及链条锁住，以防误关闭。

(3) 消防水池及消防水箱

A．在室外管网不能经常保证室内管道有足够水压时，就应设置室内消防水箱（池），消防水箱（池）有效容积应满足在火灾延续时间内消防用水总量的要求，低层建筑按 2h、高层建筑及宾馆酒店按 3h 计算，自动喷水灭火设备可按 1h 计算，且一类公共建筑不应小于 $18m^3$、二类公共建筑不应小于 $12m^3$、二类居住建筑不应小于 $6m^3$。

B．消防用水与其他用水合并使用同一水箱时，应有确保消防用水不被移作他用的技术措施，如将其他用水的出水口高出消防用水的水面等。

C．除串联消防给水系统外，发生火灾时由消防水泵供给的消防用水不应进入高位消防水箱，水箱的消防供水管上应设单向阀。

D．设置临时高压给水系统的建筑物，应在最高部位设置重力自流的消防水箱，其储水量应为 10min 室内消防用水量；消防水箱设置高度应尽量保证室内最不利点消火栓或自动喷水灭火系统喷头要求的水压，达不到要求时，应设气压给水装置。

E．有些高层建筑的室内消火栓系统由室外常高压市政供水管网供水，其水量、水压能够满足设计要求，可不设消防水泵及屋顶水箱；有些高层建筑的水箱高度不能满足建筑顶部数层消火栓的压力，设计上采用气压给水设备或稳压泵等技术措施维持其压力，也有些设计以气压给水设备或稳压泵取代屋顶水箱。

(4) 高层建筑及宾馆酒店应设独立的加压消火栓给水系统，当下层消火栓处的静水压力大于 $80mH_2O$ 柱时，应采取分区消火栓给水系统。这样可保证在火灾补救时，最高层消火栓的出水压力不小于规范要求（建筑高度＞50m 的高层建筑要求充实水柱≥13m，一般要求充实水柱≥10m）的规定，又不致使建筑物下部数层消火栓压力过高而影响正常使用；若充实水柱≥17m，因射流的反作用力，使人难于灵活把握住水枪（射流总长度中具有较好灭火能力的一段长度称为充实水柱）。

(5) 消防水泵

A．消防水泵房应设不少于两条的供水管与环状管网连接；

B．应设置备用消防水泵，其工作能力不应小于其中最大一台消防工作泵；

C．消防水泵宜采用自灌式引水，以利远距离直接启动，迅速出水，其吸水管应设阀门，供水管上应装设试验和检查用压力表和 DN65 的放水阀门；消防水泵应设备用泵，消防水泵房应用不少于两条出水管直接与用水管网连接。

2.5 自动喷水灭火系统

2.5.1 概述

1. 简介

(1) 定义

自动喷水灭火系统是由洒水喷头、报警阀组、水流报警装置（水流指示器或压力开关）等组件，以及管道、供水设施组成，并能在发生火灾时喷水的自动灭火系统。

(2) 优点

自动喷水灭火系统是目前高层建筑及宾馆酒店常用的固定式自动灭火设备，具有安全可靠、经济实用、灭火成功率高等优点；高层宾馆设有垃圾道、污水井时，其井道内也要设置自动喷水灭火系统；

(3) 功能

它利用火灾时产生的光、热及压力等信号传感而自动启动，将水和以水为主的灭火剂洒向着火区域，扑灭火灾或控制火灾蔓延；它既有探测火灾并报警的功能，又有喷水灭火，控制火灾发展的功能；因为它在火灾初期阶段即起作用，而且只启动火灾燃烧地点的喷头，能把水直接喷向最需要的地方，其应用日趋广泛。

2. 分类

用水为媒介的自动喷水灭火系统大致分为：

(1) 湿式系统

准工作状态时管道内充满用于启动系统的有压水的闭式系统；由湿式报警装置、喷头、管路等组成，并在报警阀上、下管路中始终充满水。

(2) 干式系统

准工作状态时配水管道内充满用于启动系统的有压气体的闭式系统；由干式报警装置、喷头、管路和充气设备等组成。

(3) 预作用系统

准工作状态时配水管道内不充水，由火灾自动报警系统自动开启雨淋报警阀后，转换为湿式系统的闭式系统；由火灾探测系统、闭式喷头、雨淋报警阀等组成。

(4) 重复启闭预作用系统

能在扑灭火灾后自动关闭、复燃时再次开阀喷水的预作用系统。

(5) 雨淋系统

由火灾自动报警系统或传动管控制、自动开启雨淋报警阀和自动供水泵后，向开式洒水喷头供水的自动喷水灭火系统；由火灾自动探测系统、开式喷头、雨淋阀等组成。

(6) 水幕系统

由开式洒水喷头或水幕喷头、雨淋报警阀组或感温雨淋阀，以及水流报警装置（水流指示器或压力开关）等组成，用于挡烟阻火和冷却分隔物的喷水系统。

(7) 水喷雾系统（开式）

由水雾喷头、管路、控制装置等组成的灭火系统。

3. 设置及要求

(1) 自动喷水灭火系统应在人员密集、不易疏散、外部增援灭火与救生较困难的性质重要或火灾危险性较大的场所中设置。

(2) 自动喷水灭火系统应符合下列规定：

A. 闭式喷头或启动系统的火灾探测器，应能有效探测初期火灾。

B. 湿式系统、干式系统应在开放一只喷头后自动启动，预作用系统、雨淋系统应在火灾自动报警系统报警后自动启动。

C. 作用面积内开放的喷头，应在规定时间内按设计选定的强度持续喷水。

D. 喷头洒水时，应均匀分布，且不应受阻挡。

E. 自动喷水灭火系统应有下列组件、配件和设施：

a. 应设有洒水喷头、水流指示器、报警阀组、压力开关等组件和末端试水装置，以及管道、供水设施；

b. 控制管道静压的区段宜分区供水或设减压阀，控制管道动压的区段宜设减压孔板或节流管；

　　c. 应设有泄水阀（或泄水口）、排气阀（或排气口）和排污口。

　　d. 干式系统和预作用系统的配水管道应设快速排气阀，有压充气管道的快速排气阀入口前应设电动阀。

　　F. 自动喷水灭火系统的持续喷水时间，应按火灾延续时间不小于1h确定。

　　G. 利用有压气体作为系统启动介质的干式系统，预作用系统，其配水管道内的气压值应根据报警阀的技术性能确定；利用有压气体检测管道是否严密的预作用系统，配水管道内的气压值不宜小于0.03MPa，且不宜大于0.05MPa。

2.5.2 自动喷水灭火系统的专用产品

　　组成自动喷水灭火系统的专用产品分为洒水喷头、报警控制阀门、报警控制装置和配件及附件等四大类。

　　1. 洒水喷头

　　在热的作用下，按预定的温度范围自行启动，或根据火灾信号由控制设备启动，并按设计的洒水形状和质量洒水灭火的一种喷头称为洒水喷头；由喷头架、溅水盘、喷水口堵水支撑等组成。

　　(1) 分类

　　A. 按结构形式分：

　　a. 闭式洒水喷头：具有释放结构的洒水喷头；

　　b. 开式洒水喷头：无释放结构的洒水喷头。

　　B. 按热敏元件分：

　　a. 玻璃球洒水喷头：释放机构中的热敏元件为玻璃球的洒水喷头；喷头受热时，由于玻璃球内的工作液发生作用，使球体炸裂而开启；

　　b. 易熔元件洒水喷头：释放机构中的热敏元件为易熔元件的洒水喷头；喷头受热时，由于易熔元件的熔化、脱落而开启。

　　C. 按安装方式和洒水形状分：

　　a. 直立型洒水喷头：喷头直立安装于供水支管上，洒水形状为抛物线形，它将水量的60%～80%向下喷洒，同时还有一部分水喷向顶棚；

　　b. 下垂型洒水喷头：喷头下垂安装于供水支管上，洒水形状为抛物线形，它将水量的80%向下喷洒；

　　c. 普通型洒水喷头：喷头既可直立安装也可下垂安装，洒水形状为球形，它将水量的40%～60%向下喷洒，同时还有一部分水喷向顶棚；

　　d. 边墙型洒水喷头：喷头靠墙安装，分为水平和直立两种形式；喷头的洒水形状为半抛物线形，它将水直接洒向保护区域；

　　e. 吊顶型洒水喷头：喷头隐蔽安装在吊顶内的供水支管上，分为平齐型、半隐蔽型和隐蔽型三种形式；喷头的洒水形状为抛物线形。

　　D. 特殊类型的洒水喷头：

　　a. 干式洒水喷头：具有一段无水的特殊辅助管件的洒水喷头；

　　b. 自动启闭洒水喷头：具有在预定温度下自动启闭性能的洒水喷头。

(2) 洒水喷头的公称口径和接头螺纹

洒水喷头的公称口径和接头螺纹各有三种规格，详见表 2-5-1。

洒水喷头的公称口径和接头螺纹　　　　　　　表 2-5-1

公称口径（mm）	接头螺纹（in）
10	ZG　1/2、3/8
15	ZG　1/2
20	ZG　3/4

(3) 公称动作温度和颜色标志

闭式洒水喷头的公称动作温度和颜色标志详见表 2-5-2，玻璃球洒水喷头的公称动作温度分成 13 档，应在玻璃球工作液中做出相应的颜色标志；易熔元件洒水喷头的公称动作温度分成 7 档，应在喷头轭臂上做出相应的颜色标志。

闭式洒水喷头的公称动作温度和颜色标志　　　　　　　表 2-5-2

玻璃球洒水喷头		易熔元件洒水喷头	
公称动作温度（℃）	工作液色标	公称动作温度（℃）	支撑臂色标
57	橙	57～77	本色
68	红	80～107	白
79	黄	121～149	蓝
93	绿	163～191	红
100	灰	204～246	绿
121	天蓝	260～302	橙
141	蓝	320～343	黑
163	淡紫		
182	紫红		
204	黑		
227	黑		
260	黑		
343	黑		

(4) 技术性能

A. 密封性能试验：制造厂生产的每只闭式喷头都应进行密封性能试验，将喷头安装在试验管网上，先排除管网中空气，使管网充满水，然后加压，压力从零开始，按 (0.1 ± 0.025) MPa/s 的速率上升到 3MPa 保持 3min，再降压到零；然后在 5s 内使压力由零再升到 0.05MPa，保持 15s 后卸压，在升压和保压过程中喷头应无渗漏。

B. 布水性能：喷头应进行布水试验，喷头安装在试验管网上，支撑臂与供水管平行，用方形集水盒密布在喷头的保护面积内，每只集水盒的面积不大于 $0.5m \times 0.5m$，集水盒的口平面距顶棚 2.7m，其布水的均匀性应符合表 2-5-3 的规定。

边墙型洒水喷头进行布水试验时，应打湿距喷头溅水盘 1.2m 以下的全部墙面，并在喷头的保护面积内均匀布水，低于平均洒水密度 50% 的面积应小于 10%。

喷头布水试验性能 表2-5-3

公称直径 (mm)	喷头间距 (mm)	保护面积 (m²)	每个喷头流量 (L/min)	平均洒水密度 (mm/min)	数量[①] (个)
10	4.5	20.25	50.6	2.5	<8
15	3.5	12.25	61.3	5.0	<5
15	3	9	135.0	15.0	<4
20	3	9	90.0	10.0	<4
20	2.5	6.25	187.5	30.0	<3

① 为低于平均洒水密度50%的集水盒的数量。

C. 玻璃球洒水喷头和玻璃球的动作温度应符合表2-5-4的要求，玻璃球碎片的最大尺寸应小于上下球座间的最小距离。

玻璃球的动作温度（℃） 表2-5-4

玻璃球公称动作温度	最低动作温度	玻璃球公称动作温度	最低动作温度
57	54	121	118
68	65	141	138
79	76	163	160
93	90	182	179
100	97	204	201

(5) 设置要求

A. 闭式系统的喷头，其公称动作温度宜高于环境最高温度30℃。

B. 喷头应布置在顶板或顶棚下易于接触到火灾热气流并有利于均匀布水的位置；当喷头附近有障碍物时，其距离应符合有关规定或增设补偿喷水强度的喷头。

C. 直立型、下垂型喷头的布置，包括同一根配水支管上喷头的间距及相邻配水支管的间距，应根据系统的喷水强度、喷头的流量系数和工作压力确定，并不大于表2-5-5的规定，且不宜小于2.4m。

同一根配水支管上喷头的间距及相邻配水支管的间距 表2-5-5

喷水强度 [L/(min·m²)]	正方形布置的边长 (m)	矩形或平行四边形 布置的长边边长 (m)	一只喷头最大保护 面积 (m²)	喷头与端墙的最大 距离 (m)
4	4.4	4.5	20.0	2.2
6	3.6	4.0	12.5	1.8
8	3.4	3.6	11.5	1.7
12~20	3.0	3.6	9.0	1.5

注：1. 仅在走道设置单排喷头的闭式系统，其喷头间距应按走道地面不留漏喷空白点确定。
2. 货架内喷头的间距不应小于2m，并不应大于3m。

D. 除吊顶型喷头及吊顶下安装的喷头外，直立型、下垂型标准喷头，其溅水盘与顶板的距离,不应小于75mm,且不应大于150mm。

E. 净空高度大于800mm的闷顶和技术夹层内有可燃物时,应设置喷头。

F. 当局部场所设置自动喷水灭火系统时,与相邻不设自动喷水灭火系统场所连通的走道或连通开口的外侧,应设喷头。

G. 装设通透性顶棚的场所,喷头应布置在顶板下。

H. 顶板或顶棚为斜面时,喷头应垂直于斜面,并应按斜面距离确定喷头间距。

尖屋顶的屋脊处应设一排喷头,喷头溅水盘至屋脊的垂直距离,屋顶坡度>1/3时,不应大于0.8m;屋顶坡度<1/3时,不应大于0.6m。

I. 边墙型标准喷头的最大保护跨度与间距,应符合表2-5-6的规定。

边墙型标准喷头的最大保护跨度与间距(m)　　　　表2-5-6

设置场所火灾危险等级	轻级危险	中级危险(Ⅰ级)
配水支管上喷头的最大间距	3.6	3.0
单排喷头的最大保护跨度	3.6	3.0
两排相对喷头的最大保护跨度	7.2	6.0

注:1. 两排相对喷头应交错布置。
　　2. 室内跨度大于两排相对喷头的最大保护跨度时,应在两排相对喷头中间增设一排喷头。

J. 边墙型扩展覆盖喷头的最大保护跨度、配水支管上的喷头间距、喷头与两侧端墙的距离,应按喷头工作压力下能够喷湿对面墙和邻近端墙距溅水盘1.2m高度以下的墙面确定,且保护面积内的喷水强度应符合表2-5-7的规定。

K. 直立式边墙型喷头,其溅水盘与顶板的距离,不应小于100mm,且不宜大于150mm,与背墙的距离不应小于50mm,并不应大于100mm;

水平式边墙型喷头溅水盘与顶板的距离不应小于150mm,且不应大于300mm。

自动喷水灭火系统设计基本参数　　　　表2-5-7

火灾危险等级		喷水强度[L/(min·m²)]	作用面积(m²)	喷头工作压力(MPa)
轻级危险		4	160	0.10
中级危险	Ⅰ	6	160	0.10
	Ⅱ	8		
严重危险级	Ⅰ	12	260	
	Ⅱ	16		

注:系统最不利点处喷头的工作压力,不应低于0.05MPa。

2. 报警控制阀门

报警控制阀门包括湿式报警阀、干式报警阀、干湿两用报警阀及雨淋阀。其中最常用的为湿式报警阀,即只允许水单方面流入喷水系统并在规定流量下报警的一种单向阀;又称信号控制阀,系碟阀形式,有导阀型、隔板座圈型两种。

(1)规格及额定工作压力

A. 湿式报警阀进出口公称直径为50mm、65mm、80mm、100mm、125mm、

150mm、200mm 及 250mm。

B. 湿式报警阀的额定工作压力应不低于 1.2MPa。

(2) 功能

A. 带有附件的湿式报警阀，在进口压力为 0.14MPa、系统侧以 15L/min 流量放水时，不应发出报警信号。

B. 带有附件的湿式报警阀，在进口压力为 0.14MPa、0.70MPa、1.20MPa，系统侧相应以 60L/min、60L/min、170L/min 流量放水时，均应发出报警信号。

C. 系统侧放水停止后，湿式报警阀不再有水流向水力警铃，湿式报警阀无须手动复位即能依次报警。

D. 湿式报警阀工作压力在 0.14~1.20MPa 之间，流速在 6m/s 之内，不用调整，应能准确工作。

(3) 水压试验

A. 渗漏试验：堵住阀瓣各开口，阀瓣关闭，充水排除空气后，湿式报警阀的阀瓣系统侧应能承受 2 倍额定工作压力的静水压，保持 5min 无渗漏；应能承受 0.015MPa 的静水压，保持 16h 无渗漏；湿式报警阀的阀瓣组件在开启位置，应能承受 2 倍额定工作压力的静水压，保持 5min 无永久变形。

B. 强度试验：装配好的湿式报警阀，阀瓣组件在开启位置，充水排除空气，应能承受 4 倍额定工作压力（但不得小于 4.8MPa）的静水压，保持 5min 不损坏。

(4) 设置与性能检验

A. 湿式报警阀应串联接入系统，竖直安装（水平安装的湿式报警阀的阀瓣要采取倾斜的形式，使阀瓣在静止状态仍能关闭），平时阀盘上下压力保持平衡，阀腔内的阀盘闭合，处于关闭状态，装在阀进出口两端的压力表指示数值应相等。

B. 报警阀组宜设在安全及易于操作的地点，阀中心距地面高度宜为 1.2m；湿式报警阀处的地面应有排水措施，安装位置周围应留有充分的维修空间。

C. 连接报警阀进出口的控制阀，宜采用信号阀；当不采用信号阀时，控制阀应设锁定阀位的锁具。

D. 每个湿式报警阀控制的喷头数应符合下列规定：

a. 湿式系统、预作用系统不宜超过 800 只，干式系统不宜超过 500 只；

b. 当配水支管同时安装保护顶棚下方或上方空间的喷头时，应只将数量较多一侧的喷头计入报警阀组控制的喷头总数。

E. 每个报警阀组供水的最高与最低位置喷头，其高程差不宜大于 50m；

F. 一旦被保护区域发生火灾，即使只有一个闭式感温喷头的玻璃球自动爆破喷水，此时，阀盘上下腔产生压力差，使阀盘转动处于开启位置，压力水通过湿式报警阀进入管网（一般采用逆止阀形式，只允许水流向管网，不允许水流回水源）。

G. 湿式报警阀开启时、部分压力水流入报警阀通道，驱使水力警铃动作发出火灾警报，装设在水力警铃连接管上的压力开关（继电器）同时传输信号，信号传递至报警控制箱，启动消防泵，整个系统进入工作状态。

H. 性能检验：可开启分区管段的末端试验装置阀门，水力警铃应动作，发出报警声；可开启报警阀的警铃试验阀，水力警铃应动作，发出报警信号。

3. 报警控制装置

即在自动喷水灭火系统中起检测、控制、报警作用,并能发出声、光等信号的装置;包括控制器、检测器及报警器等,控制器将在"2.8 火灾自动报警系统"中介绍,检测器中常用的为水流指示器,报警器中常用的为水力警铃及压力开关。

(1) 水流指示器(水力电动)

即用于自动喷水灭火系统中将水流信号转换成电信号的一种报警装置。

A. 分类:按叶片形状分为板式和浆式两种,按安装基座分为鞍座式,管式和法兰连接式。

B. 性能:

a. 规格:水流指示器公称直径为 25mm、50mm、65mm、80mm、100mm、125mm、150mm、200mm;

b. 水流指示器的最大工作压力为 1.2MPa;

c. 延迟性能:将水流指示器按正常工作位置安装在管路上,在报警流量下使叶片动作,具有延迟功能的水流指示器的延迟时间应该可以在 2~90s 范围内进行调节;

d. 耐水压试验:将水流指示器安装在正常工作位置上并充满水,缓慢地将压力升到 2.4MPa,并保持 5min,不得有破裂及渗漏,不得出现永久变形或损坏现象;

e. 绝缘电阻测定:水流指示器在下列部件之间施加 $500 \pm 50V$ DC,持续 $60 \pm 5s$ 后测量绝缘电阻应大于 $2M\Omega$。

触点断开时,同极进线与出线之间;

触点闭合时,不同极的带电部件之间,触点与线圈及控制电路之间;

各带电部件与金属支架(包括外壳)之间。

C. 设置:

a. 除报警阀组控制的喷头只保护不超过防火分区面积的同层场所外,每个防火分区、每个楼层均应设水流指示器;

b. 当水流指示器入口前设置控制阀时,应采用信号阀;

c. 水流指示器电气开关可导通电警铃报警,也可给出某一失火楼层管道中水流流动的电信号,并可直接启动消防水泵供水灭火;

d. 出厂前已调试好,用户不得自行打开调试;

e. 为防止因水压瞬时波动而引起误报,有的 $\phi 50$ 以上的水流指示器内附有延时装置,并能在 0~60s 范围内调节延时时间。

(2) 水力警铃(水力驱动)

即水流过湿式报警阀使之启动后,能发出声响的水力驱动式报警装置。

设置及性能要求如下:

A. 水力警铃进水口公称直径应不小于 20mm,排水孔面积不应小于喷嘴面积的 50 倍;

B. 水力警铃的工作压力不应小于 0.05MPa,铃锤开始旋转时,喷嘴进口压力应不大于 0.035MPa;

C. 水力警铃喷嘴进口处压力分别为 0.2MPa、0.3MPa、1.0MPa,距离水力警铃 3m 处三个位置的响度平均值不应小于 85dB(A),且每个测量数值均不得低于 80dB(A);

D. 即使只有一个喷头动作,湿式报警阀开启,水流通过管道进入水力警铃内水轮机室,推动水轮，旋转击铃轴摔锤击铃，发出在3m远区域内不低于80dB连续不断的击铃声；

E．水力警铃宜安装在报警阀附近，其与报警阀的连接管道应采用镀锌钢管，其管径应为20mm，总长不宜大于20m；

F．为避免报警后不易被人发现，应将报警阀连接水力警铃的警铃信号管延长，把水力警铃引到有人值班或经常有人经过的地方；击锤设于钟壳内（外）均可；也可选用转轴较长的水力警铃，水力警铃的水力马达由于水流的冲击，在阀门间内转动通过长轴使安装在室外的警铃受到击铃锤的敲击而发出报警声响。

(3) 压力开关（水力电动）

A．压力开关安装在延时器后，水力警铃入口前的管道上，必须垂直安装（出厂前已调试好，用户不得自行打开调试）；当湿式报警阀开启后，一部分水流通过报警管进入压力开关，开关膜片受压后，触点闭合发出电信号输入报警控制箱，在水力警铃报警的同时，形成电气报警，从而启动消防泵。

B．雨淋系统和防火分隔水幕，其水流报警装置宜采用压力开关，应采用压力开关控制稳压泵，并应能调节启停压力。

4．配件及附件

即提高自动喷水灭火系统的灭火效能或施工安装、使用、维修所必需的部件和专用工具。包括传装置、管件、延迟装置、专用工具及吊架等。现将其中的延时器、加速器、排气器简介如下：

(1) 延时器

A．在管网中水压波动时（如管网有小的渗漏等），湿式报警阀的阀瓣也会被抬起，如果水压波动值及水流量不超过预定值（相当于0.05~0.1MPa压力下一个喷头82L/min的流量），湿式报警阀不会发出警报。

B．但在湿式报警阀受到较大供水压力突变或发生水锤作用时，阀瓣将被冲开导致误报，故需在水力警铃前安装一个延时器（罐式容器），来缓冲水源进水管发生水锤时引起的短暂的水力冲动，容纳由冲动而来的水流量，防止水力警铃误报。

C．只有在火灾真正发生时，喷头和报警阀相继打开，水流源源不断流入充满整个延时器（延时器的容积约5.7~9.5L，水压在0.1MPa时，能起30s左右的延时作用），然后驱动水力警铃报警。

(2) 加速器

在容量较大的干式系统报警阀上安装有加速器，以缩短火灾发生后报警阀的开启时间，使压力水流能立刻进入管网灭火。

(3) 排气器

是干式系统的另一种快开装置。当干式系统的喷头动作时，排气器使管网内的压缩空气加速排放，促使干式报警阀及早启动，使压力水流及早进入管网灭火。

2.5.3 管道设置及供水系统

1．管道设置

(1) 配水管道的工作压力不应大于1.2MPa，报警阀后的管道上不应设置其他用水设施。

(2) 配水管道应采用内外热镀锌钢管，当报警阀入口前管道采用内壁不防腐的钢管时，应在该段管道的末端设过滤器。

（3）系统管道的连接，应采用沟槽式连接件（卡箍）或丝扣、法兰连接，报警阀入口前采用内壁不防腐的钢管时，可焊接连接。

（4）系统中直径≥100mm的管道，应分段采用法兰或沟槽式连接件（卡箍）连接；水平管道上法兰间的管道长度不宜大于20m，立管上法兰间的距离，不应跨越3个及3个以上楼层；净空高度大于8m场所内，立管上应有法兰。

（5）配水管道的布置应使配水管入口的压力均衡，轻危险级、中危险级场所中各配水管入口的压力均不宜大于0.40MPa。

（6）配水管两侧每根配水支管控制的标准喷头数，轻危险级、中危险级场所不应超过8只，同时在吊顶上下安装喷头的配水支管，上下侧均不应超过8只；严重危险级及仓库危险级场所均不应超过6只。

（7）轻危险级、中危险级场所中配水支管、配水管控制的标准喷头数，不应超过表2-5-8的规定。

轻危险级、中危险级场所中配水支管、配水管控制的标准喷头数　　表2-5-8

公称管径（mm）	控制的标准喷头数（只）		公称管径（mm）	控制的标准喷头数（只）	
	轻危险级	中危险级		轻危险级	中危险级
25	1	1	65	18	12
32	3	3	80	48	32
40	5	4	100	—	64
50	10	8			

（8）短立管及末端试水装置的连接管，其管径应≥25mm。

（9）干式系统的配水管道充水时间，不宜大于1min，预作用系统与雨淋系统的配水管道充水时间，不宜大于2min。

（10）干式系统、预作用系统的供气管道，采用钢管时，管径不宜小于15mm；采用铜管时，管径不宜小于10mm。

（11）水平安装的管道宜有坡度，并应坡向泄水阀；充水管道的坡度不宜小于2‰，准工作状态不充水管道的坡度不宜小于4‰。

（12）自动喷水灭火系统应设置末端试水装置，其由试水阀（PN1.6MPa的闸阀或截止阀）、压力表以及试水接头组成，其高度应≥2m，以防误开启，造成误报，并应作明显标志。

A．试水接头出水口的流量系数，应等同于同楼层或防火分区内的最小流量系数喷头；

B．末端试水装置的出水，应采取孔口出流的方式排入排水管道。

2．供水系统

（1）一般规定

A．系统用水应无污染、无腐蚀、无悬浮物；可由市政或企业的生产、消防给水管道供给，也可由消防水池或天然水源供给，并应确保持续喷水时间内的用水量；

B．与生活用水合用的消防水箱和消防水池，其储水的水质应符合饮用水标准；

C．严寒与寒冷地区，对系统中遭受冰冻影响的部分，应采取防冻措施；

D．当自动喷水灭火系统中设有2个及2个以上报警阀组时，报警阀组前宜设环状供水管道。

（2）水泵

A．系统应设独立的供水泵，并应按一运一备或二运一备比例设置备用泵；

B．按二级负荷供电的建筑，宜采用柴油机泵作备用泵；

C．系统的供水泵、稳压泵，应采用自灌式吸水方式；采用天然水源时，水泵的吸入口应采取防止杂物堵塞的措施；

D．每组供水泵的吸水管不应少于2根，供水泵入口前设置环状管道的系统，每组供水泵的出水管不应少于2根；供水泵的吸水管应设控制阀，出水管应设控制阀、止回阀、压力表和直径不小于65mm的试水阀；必要时应采取控制供水泵出口压力的措施。

（3）消防水箱

A．采用临时高压给水系统的自动喷水灭火系统，应设高位消防水箱，其储水量应符合现行国家有关标准的规定；消防水箱的供水，应满足系统最不利点处喷头的最低工作压力和喷水强度。

B．建筑高度不超过24m，并按轻危险级或中危险级场所设置湿式系统、干式系统或预作用系统时，如设置高位消防水箱确有困难，应采用5L/s流量的气压给水设备供给10min初期用水量；

C．消防水箱的出水管，应符合下列规定：

a．应设止回阀，并应与报警阀入口前的管道连接；

b．轻危险级、中危险级场所的系统，管径不应小于80mm，严重危险级和仓库危险级不应小于100mm。

（4）减压措施

A．控制管道静压而设置的减压阀应符合下列规定：

a．应设在报警阀组入口前，入口前应设过滤器；

b．当连接2个及2个以上报警阀组时，应设置备用减压阀；

c．垂直安装的减压阀，水流方向宜向下。

B．控制管道动压而设置的减压孔板应符合下列规定：

a．应设在直径不小于50mm的水平直管段上，前后管段的长度均不宜小于该管段直径的5倍；

b．孔口直径不应小于设置管段直径的30%，且不应小于20mm；

c．应采用不锈钢板材制作。

C．控制管道动压而设置的节流管应符合下列规定：

a．直径应按上游管段直径的1/2确定；

b．长度不宜小于1m；

c．节流管内水的平均流速不应大于20m/s。

（5）水泵接合器

A．系统应设水泵接合器，其数量应按系统的设计流量确定，每个水泵接合器的流量宜按10~15L/s计算；

B. 当水泵接合器的供水能力不能满足最不利点处作用面积的流量和压力要求时，应采取增压措施。

3．操作与控制

（1）湿式系统、干式系统的喷头动作后，应由压力开关直接连锁自动启动供水泵。预作用系统、雨淋系统和自动控制的水幕系统，应在火灾报警系统报警后，立即自动向配水管道供水。

（2）预作用系统、雨淋系统和自动控制的水幕系统，应同时具备下列三种启动供水泵和开启雨淋阀的控制方式：

A．自动控制；

B．消防控制室（盘）手动远控；

C．水泵房现场应急操作。

（3）雨淋阀门的自动控制方式，可采用电动、液（水）动或气动；当雨淋阀采用充液（水）传动管自动控制时，闭式喷头与雨淋阀之间的高程差，应根据雨淋阀的性能确定。

（4）快速排气阀入口前的电动阀，应在启动供水泵的同时开启。

（5）消防控制盘应能显示水流指示器、压力开关、信号阀、水泵、消防水池及水箱水位、有压气体管道气压以及电源和备用动力等是否处于正常状态的反馈信号，并应能控制水泵、电磁阀、电动阀等的操作。

2.5.4 几个灭火系统简介

1．雨淋喷水灭火系统

即由火灾探测系统、开式喷头、雨淋阀等组成的灭火系统。

（1）雨淋系统是自动喷水灭火系统的改装型，有两个重要和明显的改动：

A．系统所配备的灭火喷头都是开式的。

B．由于喷头没有温感释放元件而系统又必须是自动操作的，所以系统必须装备独立的探测系统，并由它来启动雨淋阀门。

（2）雨淋系统的特点：

A．系统一旦动作，在所保护的面积内喷头同时动作。

B．雨淋喷水系统动作迅速，出水量大，适用于火势蔓延速度快，需要大面积喷水控制的场所，如大型剧院舞台上部等；

C．适用于火灾严重危险级的建筑物、构筑物，其包含的火灾因素和燃烧猛烈和蔓延迅速的程度为一般湿式系统所不能应付的场合。

（3）雨淋系统的设置

A．充足的水源和加压泵能供应全部喷头足够的有压喷水量。

B．雨淋阀是雨淋喷水灭火系统的主要部件，按构造分为双盘阀芯式、隔膜式、杆杠阀瓣式、活塞式；按安装进出水方式有立式、卧式，爆炸启动等类型。雨淋阀前必须安装过滤器，以防杂质卡在阀瓣处使阀瓣关闭不严。

C．系统应有合格的电动、水动或气动探测系统，在探知火灾发生后，雨淋阀接受到开启信号后能立刻开启，开启时间一般为15s。

D．雨淋管网主管可以设计成预充水湿管系统，充满无压水，但必须有溢流措施，保证平时没有水从喷头溢出;雨淋阀后的管网基本上都是空管,雨淋阀必须有良好的密封。

E.雨淋阀开启后能迅速反馈信号,使消防水泵启动,向管网中输水;雨淋管网必须保护整个保护区面积,受保护面积内常温不低于4℃;当火灾被扑灭后,能放空管网内的积水,重新处于伺应状态。

F.隔膜型减压雨淋阀有两种启动方式:

a.电动控制:当火灾发生时,由火灾探测器的报警信号直接开启雨淋阀的泄压电磁阀,将控制腔水压下降,使雨淋阀打开。

b.传动管启动:闭式喷头作为温感探测器起探测火灾作用与开式喷头布置在一起,通过传动管接至雨淋阀控制腔,传动管管径湿式为25mm、干式为15mm;发生火灾时,当任意一只闭式喷头开启喷水而引起传动管内水压降低,当压力下降到约为进水压力的1/2时,进水压力作用在阀瓣上的锁紧力矩,使摇臂在瞬间迅速顺时针旋转开启雨淋阀,水流立即充满雨淋管网并喷水灭火。

2. 水幕系统

(1)水幕系统的作用及不足。

A.防火冷却水幕宜与防火卷帘或防火隔离幕配合使用,其主要作用是冷却被保护物的表面温度及阻止热辐射的袭击;防火分隔水幕可单独用来保护建筑物门窗洞口等部位,起防火隔断作用;

B.如果无保护物的抵御,单靠水幕本身来阻止火势蔓延效果并不可靠,除非设计上在大面积的洞口双面都布置有水幕喷头,甚至多排的喷头,使它能构成一幅完整的水幕,不然在淋水缝隙中热焰的辐射仍能通过,甚至燃烧的火苗也有可能随着热流而透过水幕,使处在水幕后的物品仍能受到高温与火焰的威胁。

(2)水幕系统的控制。水幕系统按雨淋方式控制,阀门的启动可由控制系统自动控制、手动远控及现场人工操纵;这种系统采用的喷头是开式的,有圆形喷头、斧形喷头、长缝管喷头及齿式挡板喷头(带有铲形反射板),供水由雨淋阀及探测系统控制。

(3)水幕系统的设置。

A.为使水幕有较好的效果,必须有充分的水量供应,以满足系统上所带的喷头配水均匀。

B.水幕喷头应均匀布置,水幕作为保护使用时,喷头成单排布置,并喷向被保护对象。

C.舞台口和面积大于$3m^2$的洞口部位,宜布置双排水幕喷头。

D.为防止局部喷水过激或局部喷水稀疏,每组水幕系统安装的喷头数目不宜超过72个。

E.在同一配水支管上应布置相同口径的水幕喷头。

F.防火分隔水幕的喷头布置,应保证水幕的宽度不小于6m;采用水幕喷头时,喷头不应少于3排;采用开式洒水喷头时,喷头不应少于2排,防护冷却水幕的喷头宜布置成单排。

G.防护冷却水幕(冷却防火卷帘等分隔物的水幕)应直接喷向被保护对象;防火分隔水幕(密集喷洒形成水墙或水帘的水幕)不宜用于尺寸超过15m(宽)×8m(高)的开口(舞台口除外)。

3．水喷雾灭火系统

即由水雾喷头、管路、控制装置等组成的灭火系统。是自动喷水灭火系统的一种特殊形式，所需压力较高，设置有专门的开式喷嘴，能喷出一定速度、密度和水滴大小的雾状水灭火，具有火势控制、灭火、阻燃或冷却等功能。

（1）水雾的特点

A．冷却效果好，因为水雾在受热后容易变成蒸汽，并吸收大量气化热能，冷却效果优于密集水流。

B．水雾和由它转化的蒸汽具有窒息作用，笼罩于燃烧物体周围能阻止空气的补充。

C．电气绝缘性好，因为它的分子并不像密集水流紧密联在一起。

D．对于闪点低于60℃的易燃、可燃液体用水雾表面冷却灭火效果是不令人满意的；对于气体或闪点低于水雾本身温度的易燃液体，表面冷却法是无效的。

（2）水喷雾灭火系统的用途

A．保护易燃易爆类液体储罐设备或可燃气体的加工、贮存的场所。

B．油槽、大型油浸电力变压器，油开关柜、发电机、电动机等设备的火灾补救。

C．普通可燃物，纸张、木材和纺织品干燥过程的场所。

D．保护建筑物暴露面上的窗洞、运物洞和防火墙上不可封闭的豁口，不仅能冷却暴露面，还可引导气流向着火方向流动，保护未着火部分的安全。

（3）喷头布置

A．当采用水喷雾消防系统保护油浸式电力变压器时，喷头布置应符合下列规定：

a．喷头应布置在变压器的周围，不宜布置在变压器顶部；

b．保护变压器顶部的喷头喷出的水雾不应直接喷向高压套管；

c．喷头的水平间距与垂直间距应满足水雾相交的要求；

d．集油坑应设置喷头。

B．当采用水喷雾消防系统保护液化气储罐时，喷头布置应符合下列要求：

a．喷头与储罐外壁之间的距离不应大于0.7m；

b．喷头喷射的水雾锥在水平方向应相交，在垂直方向应相接；

c．当储罐容积≥1000m^3时，喷头喷射的水雾锥水平方向应相交，在垂直方向应相接；但球形储罐赤道以上环管之间的距离不应大于3.6m；

d．无保护层的球罐支柱和罐体液位计、阀门等处应设置喷头保护。

C．保护电缆线路的喷头，应使水雾完全包围电缆线路。

D．保护输送机皮带的喷头，应使水雾完全包围输送机上部皮带和下部皮带。

（4）系统组件

A．水雾喷头

a．补救电气设备火灾时应使用离心雾化型水雾喷头；

b．设置在腐蚀性环境中的水雾喷头应符合防腐要求，设置在粉尘场所的水雾喷头应装有不影响喷射效果的防尘罩。

B．雨淋阀组

a．雨淋阀组应能接通、关闭水源，接受报警控制信号自动开启雨淋阀，具有手动快速开启装置；显示雨淋阀开、关状态，驱动水力警铃报警；并装设压力表监视水源压力。

b. 应设在环境温度不低于 4℃，并有排水设施的室内专用阀室内，阀室应设在靠近保护对象并便于人员接近的地点。
　　C. 管道
　　a. 雨淋阀后的管道上下不应设置其他用水设施；
　　b. 雨淋阀后的管道应采用内外镀锌钢管，且宜采用丝扣连接；
　　c. 系统管道应设泄水阀，排污口。
　　D. 过滤器
　　a. 雨淋阀前的管道应设置过滤器，当水雾喷头无滤网时，雨淋阀后配水干管亦应设置过滤器；
　　b. 过滤器网应为耐腐蚀金属材料，滤网孔径应为 $3.2\sim4$ 目/cm^2；
　　c. 雨淋阀组的电磁阀前应设置过滤器。
　（5）操作与控制
　　A. 水喷雾灭火系统应有自动控制、手动控制和机械应急操作三种控制方式，系统响应时间不大于 60s 的应用自动控制方式，响应时间大于 60s 的可采用手动控制方式。
　　B. 水喷雾灭火系统可采用缆式、空气管感温探测器；当选用闭式喷头作探测器时，应采用传动管传递火灾信号。
　　C. 传动管长度不宜大于 300m，公称直径宜为 15～25mm，传动管上闭式喷头的布置间距不宜大于 2.5m。
　　D. 液化气储罐的系统控制除应启动直接受火罐的雨淋阀外，尚应能启动直接受火罐径 1.5 倍罐径范围内相邻罐的雨淋阀。
　　E. 皮带输送机的系统控制除应能启动发生火灾区域的雨淋阀外，尚应能启动相邻下游的雨淋阀，并应同时切断皮带输送机电源。
　　F. 系统的控制设备应符合下列要求：
　　a. 选择控制方式；
　　b. 重复显示保护对象状态；
　　c. 监控消防水泵启、停状态；
　　d. 监控雨淋阀启、停状态；
　　e. 监控主、备电源自动切换。
　4. 干式喷水灭火系统
　　即由干式报警装置、喷头、管路和充气设备等组成，并在报警阀上部管路中充以有压气体的灭火系统。
　（1）干式喷水灭火系统是在准备消防状态下，消防阀后管网充有压缩空气或氮气的消防系统。干式系统的动作要比湿式系统慢约 50%，因为喷头开启后首先排放压缩气体，然后报警阀启动并需等待水流流至喷头，这样势必造成管网布置面积越大，则迟延时间越多的后果。因此，配水管道应设快速排气阀，以缩短火灾发生后报警阀的开启时间，使压力水流能立刻进入管网灭火。
　（2）差动干式报警阀具有一个中间室，存在于阀瓣的空气阀座与水道阀座之间，它与大气通过一个滴水口相连通。滴水口平时敞开着，让从空气阀上的水封层渗入的水自由流掉；当发生火灾后，压缩空气从开放的喷头逸出而压力降低到抵不住作用在差动阀瓣上的供水方向的压力时，差动阀瓣被迫开启，水流在 1min 内进入管网，同时也进入中间室，将平时悬于开启位置的滴水阀关闭其滴水口，差动干式报警阀就动作进行灭火。

(3) 充气干式系统：消防管网内充有一定压力的压缩空气，保护区发生火灾后，由于热作用使闭式喷头开启，管网内压缩空气泄压，进而使差压空气阀开启，消防水进入管网，排出残余空气，喷头出水灭火；若火势蔓延，将导致第二、三个自动喷头开启，直至管网上所有喷头开启。

A. 优点：保护针对性强，那里起火就在那里喷水。

B. 缺点：

a. 启动时间长，操作麻烦，自动喷头一旦开启即转为永久性失效，差压空气阀也不能自动复位；

b. 一次性投资多，累计能耗大，除供水设施外，还需一套空气压缩系统。

(4) 预作用灭火系统

预作用消防系统是将火灾自动探测报警系统和自动喷水灭火系统结合在一起，仍然使用自动喷头实行区域性保护，对保护对象起双重作用。

A. 该系统的组成如下：闭式喷头、预作用阀组、火灾自动探测报警装置、自动充气装置和供水管路。

B. 工作原理：

a. 未发生火灾时，系统管路中充满低压压缩空气，压力为 0.03~0.05MPa；充气的作用是监视系统管路的工作状态，即管路是否损坏或泄漏，避免水迹损失和管路冻结，系统为干式系统；

b. 当保护区发生火灾时，感温、感烟探测器首先发出火警报警信号，火灾报警控制器接到报警信号后，发出声光报警信号；启动消防泵同时打开干管上预作用阀，使水进入管路对消防管网充水，并在 2min 内完成充水过程，使系统变成湿式系统；

c. 如火灾继续发展，起火区域内的自动喷头开启，消防水从喷口喷射灭火；如火灾由值班人员接到报警后扑灭，闭式喷头未感温动作，可操作控制系统将预作用阀关闭，排除管内的水，再恢复充气的干式系统，进入下一次待命状态；

d. 为了确保管路中始终充有低压气体，一般还应设定超低压报警，压力为 0.005MPa。

C. 预作用系统的优点：由于该系统平时为干式系统，因而适用于有可能结冰的房间；同时还可以防止由于误动作或者很小的火灾而给建筑物及物品造成水迹浸湿，因而在不允许出现误喷或有水喷损失的重要场所，宜选预作用系统。

D. 安装预作用系统应注意的问题：

a. 因为预作用系统平时为干式，管网内不允许有水存在，故系统干管应有 2‰ 的坡度，坡向预作用阀组处，若阀组与喷头之间有存水弯性质的配管，则在管道最低处应专门设置排水管。

b. 由于预作用系统阀组比喷头先动作，因而刚向管道内冲水时，管内尚存有大量气体，为了使水快速充满整个管路，应在支管的最高处和干管的最易集气处设置电磁自动放气阀。

c. 由于预作用系统在管路充水时会产生巨大的冲击力，使管路中产生瞬时高压，容易发生泄漏，因而施工验收规范规定，管网系统水压试验压力除要满足1.5倍的工作压力外，不得小于1.4MPa。

2.5.5 自动喷水灭火系统安装

参照 GB 50261—96《自动喷水灭火系统施工及验收规范》

1．基本要求

（1）系统的施工必须由持有公安消防监督机关颁发的，与工程级别相适应的施工许可证的施工单位承担。

（2）设计单位应向施工单位进行技术交底，施工中需要变更设计时，必须具有设计单位的更改设计文件，重大变更应报请公安消防监督机关审批。

2．现场检查验收

系统施工前应对采用的系统组件、管件及其他设备、材料进行现场检查，并应符合下列要求：

（1）系统组件、管件及其他设备、材料应符合设计要求和国家现行有关标准的规定，并应具有出厂合格证；安装前应由施工单位进行核对。

（2）喷头、报警阀组、压力开关、水流指示器、消防水泵、水泵接合器等系统主要组件，应经国家消防产品质量监督检验中心检测合格；稳压阀、自动排气阀、信号阀、止回阀、泄压阀、减压阀等应经相应国家产品质量监督检验中心检测合格。

（3）使用的镀锌钢管、镀锌无缝钢管及管件应有材质证明书并符合设计要求，安装前应由施工单位进行外观检查并符合以下要求：

A．表面无裂纹、缩孔、夹渣、折叠和重皮等缺陷，尺寸偏差符合标准要求。

B．螺纹密封面应完整、无损伤、无毛刺。

C．镀锌钢管内外表面的镀锌层不得有脱落、锈蚀等现象。

D．非金属密封垫片应质地柔韧，无老化变质或分层现象，表面应无折损、皱纹等缺陷。

E．法兰密封面应完整光洁，不得有毛刺及径向沟糟；螺纹法兰的螺纹应完整，无损伤。

（4）喷头的现场检查应符合以下要求：

A．喷头的规格、型号应符合设计要求。

B．喷头的商标、型号、公称动作温度、制造厂及生产年月等标志应齐全；并附有出厂合格证。

C．喷头的外观应无加工缺陷和机械损伤。

D．喷头螺纹密封面应完整、光滑、无伤痕、毛刺、缺丝或断丝现象，其尺寸偏差应符合现行标准的要求。

E．按照国家标准 GB 50261—96《自动喷水灭火系统施工及验收规范》的有关规定，闭式喷头应进行密封性试验，并以无渗漏、无损伤为合格；试验数量宜从每批中抽查1%，但不得少于5只，试验压力为3.0MPa，试验时间不得少于3min；当有两只及以上不合格时，不得使用该批喷头；当只有1只不合格时，应再抽查2%，但不得少于10只，重新进行密封性试验，当仍有不合格时，亦不得使用该批喷头。

F．新安装的系统必须采用合格的新喷头，改建系统必须采用与原系统同型号、同规格的合格的新喷头，或适合于该改建系统合格的新喷头。

(5) 使用的阀门及其附件（包括报警阀、控制阀、水力警铃、压力表、排水阀等），安装前应进行现场检查并符合以下要求：

A．阀门应是全新的合格产品，规格型号应符合设计要求。

B．阀门及其附件应配备齐全，完好无缺，不得有加工缺陷和机械损伤，且全部具有制造厂的合格证。

C．报警阀除应有商标、型号、规格等标志外，尚应有水流方向的永久性标志。

D．报警阀和控制阀的阀瓣及操作机构必须经过清洗检查，且动作灵活可靠，无卡涩现象；阀体内应清洁，无异物堵塞。

E．报警阀应逐个进行渗漏试验，试验压力应为额定工作压力的2倍，试验时间应为5min，阀瓣处应无渗漏。

F．水力警铃的铃锤应转动灵活，手动旋转轻巧，无阻滞现象。

G．压力开关、水流指示器、自动排气阀、减压阀、止回阀、信号阀、水泵接合器等及水位、气压、阀门限位等自动检测装置应有清晰的铭牌，安全操作指示标志和产品说明书；水流指示器、水泵接合器、减压阀、止回阀尚应有水流方向的永久性标志，安装前应逐个进行主要功能检查，不合格者不得使用。

(6) 检测和报警控制装置检验

A．检测装置和报警控制装置的各组件均应有清晰的铭牌，操作安全指示及质量检验标志；若无质量检验合格证，安装前应按国家标准的有关规定进行试验，合格后方可使用。

B．报警控制装置安装前应进行调校，使其基本功能，所有信号均准确无误；水位、气压、水流及阀门限位等自动检测装置，安装前应按设计要求核对其规格、型号和质量，并检查其功能、传输信号是否灵敏可靠。

3．供水设施安装

(1) 一般规定

A．消防水泵、消防水箱、消防水池、消防气压给水设备、消防水泵接合器等供水设施及其附属管道的安装，应清洗其内部污垢和杂物，安装中断或完毕时的敞口处应临时封闭，以防杂物进入管内。

B．供水设施安装时其环境温度不应低于5℃，供水设施安装应便于检修、不暴露、不受污染、不易被无关人员拨弄、损坏。

(2) 消防水泵和稳压泵的安装

A．应符合现行国家标准《机械设备安装工程施工及验收规范》的规定，泵的规格型号、技术性能应符合设计要求，并具有产品合格证，质量检验技术文件及安装使用说明书。

B．当设计无规定时，消防水泵的出水管上应安装止回阀和压力表，并宜安装检查和试水用的放水阀门；安装压力表时应加缓冲弯管，如采用钢管其内径不应小于10mm，采用铜管其内径不应小于6mm；压力表和缓冲弯管之间应安装旋塞，压力表量程应为工作压力的2~2.5倍。

C．消防水泵组的总出水管上还应安装压力表和泄压阀。

D．水泵宜安装成自灌式充水，吸水管上的控制阀门应在消防水泵固定于基础上之后再进行安装，吸水管直径不应小于泵吸水口的直径，且不应采用没有可靠锁定装置的蝶阀；吸水管水平管段上，不应有气囊和漏气现象，变径时应用偏心异径管件，连接时应保持其管顶平直；吸水管下口如系水箱充水的泵，宜加设有滤网的底阀，如系自灌式充水的泵，只加滤网即可。

E．当消防水泵和消防水池位于独立的两个基础上且相互为刚性连接时，吸水管上应加设柔性连接管。

F．当配用电机功率大于 17kW 时，安装应有隔振措施，若无设计要求时，基础可采用橡胶垫隔振，出水管、吸水管采用可曲挠接头与系统连接。

(3) 消防水箱安装和消防水池施工

A．消防水箱的容积及安装标高、位置应符合设计要求；水箱间主要人行通道应 ≥1.0m，钢板水箱四周应有 ≥0.7m 的检修通道，水箱顶部至建筑结构最低点的净距不得小于 0.6m。

B．消防水池、水箱应按设计要求设置进出水管、泄水管和水位指示装置；溢流管、泄水管不得与排水系统直接连接，施工过程中，水箱应加盖并设不使水污染的防护措施。

C．消防水箱及水池应按设计采取消防水量不被他用的具体措施。

D．管道穿过钢筋混凝土消防水箱及水池处，应设置刚性或柔性防水套管，并严密不漏水；对有振动的管道应加设柔性接头；管道穿过钢板水箱处应采用焊接，焊接处应作防锈处理。

E．钢板水箱涂防腐保护漆时，漆膜应均匀，不得有堆积、漏涂、气泡等缺陷。

(4) 消防气压给水设备安装

A．消防气压给水设备气压罐的容积、气压、水位及工作压力应符合设计要求；供水泵和罐体应配套。

B．消防气压给水设备上的安全阀、压力表、泄水管、密闭人孔、水位指示器等的安装应符合产品说明书的要求。压力表及安全阀应经有资格的检验单位调校合格，压力表应在检定周期的有效期内，安全阀调校后应进行铅封，并均应具有检定证。

C．消防气压给水设备安置位置、进水管及出水管方向应符合设计要求，安装时其四周应设检修通道，其宽度不应小于 0.7m，地面和罐体上的任何部件的距离不得小于 0.5m，罐顶至建筑结构最低点的距离不得小于 1.0m。

D．气压给水装置的进出水管、充气管均应牢固支撑，防止损坏，并应安装止回阀和闸阀；充气管道上还应安装安全阀和气压表。

(5) 消防水泵接合器安装

A．消防水泵接合器的组装应按接口、本体、连接管、止回阀、安全阀、放空管、控制阀的顺序进行；为防止水泵接合器的控制阀门打开时，室内消防给水管网的水向外倒流，止回阀的安装方向应保证消防水流能从水泵接合器进入系统，同时还应设检修用的闸阀和泄水阀，水泵接合器的阀门应能在建筑物的室外进行操作，且应有保护设施和明显的标志。

B．消防水泵接合器的安装应符合下列规定：

a．应安装在便于消防车接近的人行道或非机动车行驶地段。

b. 地下消防水泵接合器应采用铸有"消防水泵接合器"标志的铸铁井盖,并在附近设置指示其位置的固定标志。

c. 地上消防水泵接合器应设置与消火栓区别的固定标志。

d. 墙壁式水泵接合器的安装应按设计要求,设计无要求时,其安装高度应为1.1m,与墙面上的门窗、孔洞的净距离不应小于2.0m,且不应安装在玻璃幕墙下方。

e. 地下消防水泵接合器的安装,应使接合口靠近井口一边,接合器顶部进水口与井盖底面距离不得大于0.4m(超过应加短管),且不应小于井盖的直径。

f. 地下消防水泵接合器井的砌筑应符合下列要求:

在最高地下水位以上的地方设置地下消防水泵接合器井时,其井壁宜采用MU7.5级砖、M5.0级水泥砂浆砌筑;

在最高地下水位以下的地方设置地下消防水泵接合器井时,其井壁宜采用MU7.5级砖、M7.5级水泥砂浆砌筑,且井壁内外表面应采用1:2水泥砂浆抹面,并应掺有防水剂,其抹面的厚度应≥20mm,抹面高度应高出最高地下水位250mm;当管道穿过井壁时,管道与井壁间的间隙宜采用黏土填塞密实,两面用M7.5级水泥砂浆抹面,抹面厚度应≥50mm。

g. 所有地下管道内、外壁应涂沥青冷底油两道,外壁再涂热沥青两道。

4. 管网及系统组件安装

(1) 管网安装

A. 管网安装选用钢管时,其材质应符合现行国家标准《结构用无缝钢管》GB/T 8162、《低压流体输送用镀锌钢管》GB/T 3091的要求。管网安装应采用螺纹、沟槽式管接头或法兰连接;连接后均不得减小过水横断面面积。

B. 管网安装前应校直管材,并应清除管材内部的杂物;在具有腐蚀性的场所,安装前应按设计要求对管材、管件等进行防腐处理;安装时应随时清除管道内部的杂物。

C. 沟槽式管接头连接应符合下列要求:

a. 选用的沟槽式管接头应符合国家现行标准《沟槽式管接头》CJ/T 156—2001的要求,其材质应为球墨铸铁并符合现行国家标准《球墨铸铁件》GB/T 1348的要求;

b. 沟槽式管件连接时,其管材连接沟槽和开孔应用专用滚槽机和开孔机加工;连接前应检查沟槽、孔洞尺寸和加工质量是否符合技术要求;沟槽、孔洞处不得有毛刺、破损裂纹和脏物;

c. 橡胶密封圈应无破损和变形,涂润滑剂后卡装在钢管两端;

d. 沟槽式管件的凸边应卡进沟槽后再紧固螺栓,两边应同时紧固,紧固时发现橡胶圈起皱应更换新橡胶圈;

e. 机械三通连接时,应检查机械三通与孔洞的间隙,各部位应均匀,然后再紧固到位;

f. 配水干管(立管)与配水管(水平管)连接,应采用沟槽式管接头异径三通;

g. 埋地、水泵房内的管道连接应采用挠性接头,埋地的沟槽式管接头螺栓、螺帽应作防腐处理。

D. 螺纹连接应符合下列规定:

a. 管子宜采用机械切割,切割面不得有飞边、毛刺;管子螺纹密封面应符合现行国家标准《普通螺纹的公差与配合》、《管路旋入端螺纹尺寸系列》的有关规定；

　　b．当管道变径时宜采用异径接头，在管道弯头处不得采用补芯，当需要采用补芯时，在三通上可用1个，四通上不应超过2个，公称直径大于50mm的管道上不宜采用活接头。

　　c．加工的管子螺纹面应完整、光滑，不得有缺丝或断丝，尺寸偏差应符合标准要求；螺纹连接的密封填料应均匀附着在管道的螺纹部分，拧紧螺纹时，不得将密封填料挤入管道内，连接后应将连接处外部清理干净。

　　E．法兰连接可采用焊接法兰或螺纹法兰。法兰连接时，焊接法兰焊接处应重新镀锌后再连接，焊接连接应符合现行国家标准《工业金属管道工程施工及验收规范》GB 50235、《现场设备、工业管道焊接工程施工及验收规范》GB 50236的有关规定。螺纹法兰连接应预测对接位置，清除外露密封填料后再紧固、连接。

　　F．管道的安装位置应符合设计要求，当设计无要求时，管道的中心线与梁、柱、楼板等的最小距离应符合表2-5-9的规定。

管道的中心线与梁、柱、楼板等的最小距离　　　　表2-5-9

公称直径（mm）	25	32	40	50	70	80	100	125	150	200
距离（mm）	40	40	50	60	70	80	100	125	150	200

　　G．管道应固定在建筑物的构件上，支撑点应能承受充满水时的管重再加114kg附加载荷（外界机械冲撞和自身水力冲击）；管道应固定牢固，管道支架或吊架之间的距离不应大于表2-5-10的规定。

管道支架或吊架之间的距离　　　　表2-5-10

公称直径（mm）	25	32	40	50	70	80	100	125	150	200	250	300
距离（m）	3.5	4.0	4.5	5.0	6.0	6.0	6.5	7.0	8.0	9.5	11	12

　　a．严格按设计要求先确定固定支架和补偿器的位置。再根据两点间的距离和坡度要求，算出两点间的高度差，然后在两点间拉线，按照支架的间距，在墙上或柱上画出每个支架的位置。

　　b．固定支架承受着管道内压力及补偿器的反力，补偿器的两侧应安装1~2个导向支架，使管道伸缩时不致偏移中心线，在无补偿装置，有位移的直管段上，不得安装一个以上的固定支架。活动支架不应妨碍管道由于热膨胀所引起的移动，其安装位置应从支撑面中心反向偏移，偏移值应为位移的1/2。

　　c．支架的固定方法：墙上有预留孔洞的，可将支架横梁埋入墙内，使用1:3的水泥砂浆填塞，需填密实饱满；钢筋混凝土构件上有预埋钢板的，可将支架横梁焊接在预埋钢板上；在没有预留孔洞和预埋钢板的砖或混凝土构件上，可用膨胀螺栓固定支架。

　　H．管道支架、吊架、防晃支架的型式、材质、加工尺寸及焊接质量等应符合设计要求和国家现行有关标准的规定。

　　I．管道支架、吊架的安装位置不应妨碍喷头的喷水效果；管道支架、吊架与喷头之间的距离不宜小于300mm，与末端喷头之间的距离不宜大于750mm。

J. 配水支管上每一直管段、相邻两喷头间的管段上设置的吊架不宜少于1个;当喷头之间距离小于1.8m时,可隔段设置吊架,但吊架的间距不宜大于3.6m。

K. 当管子的公称直径≥50mm时,每段配水干管或配水管上设置防晃支架不应少于1个,当管段过长或管线改变方向时,应增设防晃支架。

L. 竖直安装的配水干管应在其始端和终端设防晃支架或采用管卡固定(如主管穿越多层建筑物,应隔层设置),其安装位置距地面或楼面的距离宜为1.5~1.8m;防晃支架应能承受管道、配件及管内水量的总重量和50%的水平推动力,而不致损坏变形。

M. 管道穿过建筑物的变形缝时,两建筑物之间应设置柔性接头或柔性短管;当管子必须穿过混凝土梁、墙体或楼板时,应预埋套管,其直径比穿过的管子大2号,预埋套管与梁或墙体两端平齐,预埋套管下端与楼板平齐,上端应高出地面50mm,管道的焊接环缝不得位于套管内,管子与套管之间的间隙应用不燃烧材料嵌塞密实予以固定;穿过防火墙的管子,应用金属细丝填塞缝隙;穿过墙基或地下室外墙的管子,还应采取防止外渗水的措施(做混凝土防水)。

N. 管道横向安装宜设2‰~5‰的坡度,且应坡向排水管;当局部区域有管道低于延续性坡度而形成凹谷,难于利用排水管将水排尽时,应采取相应的排水措施,当喷头数量≤5只时,可在管道低凹处加设堵头,当喷头数量>5只时,宜装设带阀门的排水管,以便排出积水;排水管与辅助排水管管径见表2-5-11。

排水管与辅助排水管管径(mm) 表2-5-11

供水干管管径	排水管管径	辅助排水管管径
≥100	≥50	32
70~80	≥40	32
<70		25

O. 配水干管、配水管应涂以红色或红色环圈标志,以区别其他管道;管道的焊接处,埋地的管段应采取防腐措施。

P. 管网在安装中断时,应将管道的敞口封闭。

(2) 喷头安装

A. 喷头安装应在系统试压、冲洗合格后进行;喷头安装时宜采用专用的弯头、三通。

B. 喷头安装时不得对喷头进行拆装、改动,并严禁给喷头附加任何装饰性涂层。

C. 喷头安装应使用专用工具,无专用工具时,用扳手夹紧喷头格棱的六角体旋转,严禁利用喷头的框架施拧,以防损坏结构;喷头的框架、溅水盘产生变形或释放原件损伤时,应采取规格、型号相同的喷头更换。

D. 当喷头的公称直径小于10mm时,应在配水干管或配水管上安装过滤器。

E. 安装在易受机械损伤处的喷头,应加设喷头防护罩。

F. 喷头安装时,溅水盘与吊顶、门窗、洞口或墙面的距离应符合设计要求。

G. 当喷头溅水盘高于附近梁底或高于宽度小于1.2m的通风管道腹面时,喷头溅水盘高于梁底、通风管道腹面最大垂直距离应符合表2-5-12的规定。

喷头溅水盘高于梁底、通风管道腹面的最大垂直距离（mm） 表 2-5-12

喷头与梁、通风管道的水平距离	喷头溅水盘高于梁底、通风管道腹面的最大垂直距离
300～600	25
600～750	75
750～900	75
900～1050	100
1050～1200	150
1200～1350	180
1350～1500	230
1500～1680	280
1680～1830	360

H．当通风管道宽度大于 1.2m 时，喷头应安装在其腹面以下部位。

I．当喷头安装在不到顶的隔断附近，喷头与隔断的水平距离和最小垂直距离应符合表 2-5-13 规定。

喷头与隔断的水平距离和最小垂直距离 表 2-5-13

水平距离（mm）	150	225	300	375	450	600	750	＞900
最小垂直距离（mm）	75	100	150	200	236	313	336	450

J．一般喷头的间距不应小于 2m，以避免一个喷头在火灾中动作后所喷出的水流淋湿另一个喷头，影响它的动作灵敏度；如果必须布置的两个喷头的间距小于 2m 时，可在两个喷头中间安装宽 200mm，高 150mm 的专用挡水板（最好用金属板），当安放在支管上时，挡板的顶端应延伸在溅水盘上方大约 50～75mm。

(3) 报警阀组安装

A．报警阀组的安装应先安装水源控制阀、报警阀，然后应再进行报警阀辅助管道的连接；水源控制阀、报警阀与配水干管的连接，应使水流方向一致。报警阀组安装的位置应符合设计要求，当无设计要求时，报警阀组应安装在便于操作的明显位置，阀中心距室内地面高度宜为 1.2m，两侧与墙的距离不应小于 0.5m，正面与墙的距离不应小于 1.2m，若有多组报警阀应处于同一高度，安装报警阀组的室内地面应有排水设施。

B．报警阀组附件安装应符合下列要求：

a．压力表应安装在报警阀上便于观察的位置，排水管和试验阀应安装在便于操作的位置。

b．水源控制阀安装应便于操作，且应有明显开闭标志和可靠的锁定设施。

c．报警阀安装，应在报警阀组系统一侧，安装系统调试、供水压力和供水流量检测用的仪表、管道及控制阀，管道过水能力应与系统过水能力一致；当供水压力和供水流量检测装置安装在水泵房时，干式报警阀组、雨淋报警阀组应在报警阀组系统一侧安装控制阀门。

C．湿式报警阀上应安装水力警铃及检测阀、压力信号器，报警阀启闭动作检测阀；

湿式报警阀一般采用逆止阀的形式，只允许水流流向管网，不允许流回水源，一则防止水源压力波动而启闭，二则管网内存水因长期不流动而腐化变质，回流将污染水源；湿式报警阀大多安装在被保护区域的入口，且应符合下列要求：

a．应使报警阀前后的管道中能顺利充满水，压力波动时，水力警铃不应发生误报警。

b．报警水流通路上的过滤器应安装在延迟器前，而且是便于排渣操作的位置。

D．干式报警阀的安装应符合下列要求：

a．干式报警阀应安装在不发生冰冻的场所，安装完后，应向报警阀气室注入高度为 50～100mm 的清水，以保证密封性。

b．(空压机)充气连接管接口应在报警阀气室充注水位以上部位，且充气连接管的直径不应小于 15mm，止回阀、截止阀应安装在充气连接管上。

c．气源设备安装应符合设计要求和国家现行有关标准的规定；安全排气阀应安装在气源(空压机)和报警阀之间，且应靠近报警阀；当系统气压超过最大值 3×10^4Pa 时，应自动释放压力。

d．管网容积大于 1500L 时，应在干式报警阀附近安装加速排气装置。加速排气装置应安装在靠近报警阀的位置，且应有防止水进入加速排气装置的措施；低气压预报警装置应安装在配水干管一侧。

e．在干式报警阀充水侧和充气侧、空压机的气泵和储气罐上、加速排气装置(排气阀和释放加速器)上应安装压力表。

E．每个报警阀控制的最大喷头数，湿式和预作用喷水灭火系统为 800 个，有排气装置的干式喷水灭火系统为 500 个，无排气装置的为 250 个，喷头的公称动作温度宜比环境最高温度高 30℃。

F．雨淋阀组安装应符合下列要求：

a．电动开启、传导管开启或手动开启的雨淋阀组，其传导管的安装应按湿式系统有关要求进行，雨淋阀开启控制装置的安装应安全可靠。

b．预作用系统雨淋阀之后的管道若需充气，其安装应按干式报警阀组的有关要求进行。

c．雨淋阀组的观察仪表和操作阀门的安装位置应符合设计要求，并应便于观察和操作；压力表应安装在雨淋阀的水源一侧。

d．雨淋阀组手动开启装置的安装位置应符合设计要求，且在发生火灾时应能安全开启和便于操作。

e．雨淋阀安装完毕应对其操作机构和传动装置作必要的调整，使其动作灵活，指示准确。

G．其他组件安装：

a．水力警铃应安装在公共通道或值班室附近的外墙上，且应安装供检修、测试用的阀门和通径 20mm 的过滤器(过滤器应处于易排渣检修的部位)；水力警铃和报警阀的连接应采用镀锌钢管，当公称直径为 15mm 时，其长度应不大于 6m，当公称直径为 20mm 时，其长度应不大于 20m；安装后的水力警铃启动压力应不小于 0.05MPa；连接水力警铃的接管，应尽量减少弯头，必须畅通无阻，水轮转动灵活。

b．系统中的安全信号阀应安装在水流指示器前的管道上，与水流指示器间的距离应不小于300mm（信号电源为24V，一般采用镀锌金属线管或线槽，难燃塑料线敷设，接驳部位应做接地保护）。

c．排气阀的安装应在系统管网试压和冲洗合格后进行，排气阀应安装在配水干管顶部、配水管末端，且应确保无渗漏。

d．控制阀的规格、型号和安装位置应符合设计要求，安装方向应正确，控制阀内应清洁、无堵塞、无渗漏；主要控制阀应加设启闭标志，隐蔽处控制阀应在明显处设有指示其位置的标志。

e．节流装置应安装在公称直径≥50mm的水平管段上，减压孔板应安装在管道内水流转弯处下游一侧的直管上（孔口直径应不小于所在管段的1/2），且与转弯处的距离应不小于所在管段管子公称直径的2倍。

f．压力开关应竖直安装在通往水力警铃的信号管上，且不应在安装中拆装改动。

g．末端试水装置宜安装在系统管网末端或分区管网末端。

H．减压阀的安装应符合下列要求：

a．减压阀安装应在供水管网试压、冲洗合格后进行；

b．减压阀安装前应检查其规格型号是否与设计相符，阀外控制管路及导向阀各连接件是否有松动，外观是否有机械损伤，并应清除阀内异物；

c．减压阀安装时，减压阀水流方向应与供水管网水流方向一致；

d．减压阀安装应在其进水侧安装过滤器，并宜在其前后安装控制阀，以便于维修和更换；

e．可调式减压阀宜水平安装，阀盖应向上；

f．比例式减压阀宜垂直安装；当水平安装时，单呼吸孔减压阀其孔口应向下，双呼吸孔减压阀其孔口应呈水平位置；

g．安装自身不带压力表的减压阀时，应在其前后相邻部位安装压力表。

5．水流指示器的安装及调试

(1) 水流指示器的安装

A．水流指示器的安装应在管道试压和冲洗合格后进行，水流指示器的规格、型号应符合设计要求；水流指示器安装前应检查触点是否可靠，一般应安装在分区控制阀后面的管道上，可以安装在水平管道上或水流向上的竖管上，其动作方向应和水流方向一致，严禁倒向或侧向安装（因浆片不能达到挡流的作用，使杠杆不能与磁铁接触而产生信号，造成水流指示失效）。

B．水流指示器安装在直管段上，其前后应保持有5倍管径长度之直管长度，否则不能保证水的流速和流量。

C．水流指示器的浆片在自由状态下应与管道垂直，动作灵活，并不得与管内腔接触，浆片与管道内的任何部位接触都会被卡住而失去作用。

D．每一个水流指示器为一个报警分区，并安装一套DN25的检测装置。

(2) 水流指示器的调试

A．将安装在水流指示器管段前的阀门开启，把水灌满层间管网，拆卸水流指示器顶部的盖板，用万能表检测常开点与常闭点、常开点与公共点是否正常，确认其符合要求。

B．开启各层间管网试验阀门进行放水试验，用万用表检测水流指示器的触点开关，是否因水流推动桨片，通过杠杆作用达到闭合的目的；如不能闭合，需进行如下检查：

　　a. 检查水流指示器的连接法兰是否正确，检查桨片是否被杂物卡住（一般有三片桨片可供选择）。

　　b. 检查调节弹簧压力是否过大，可用螺丝刀旋转调整螺丝，调整弹簧张力，调整时可用万用表检测常开点是否张力过小不能打开或张力过大不能常闭。

　　C. 经调整测试达到要求后，即将信号线与控制屏连接进行系统试运转。

　　6. 系统试压和冲洗

　　(1) 一般规定

　　A. 系统安装完后，应对系统进行强度试验、严密性试验和冲洗排污；强度试验、严密性试验宜采用水进行，对干式喷水灭火系统、预作用喷水灭火系统应做水压试验，又做气压试验；在冰冬季节，如进行水压试验有困难时，可用气压试验代替水压试验，但冰冻季节过后，仍应补做水压试验。

　　B. 系统试压前应具备下列条件：

　　a. 埋地管道的位置及管道基础、支墩等经复查符合设计要求。

　　b. 试压用的压力表不应少于 2 只，精度不应低于 1.5 级，量程应为试验压力值的 1.5~2 倍。

　　c. 试压冲洗方案已经批准。

　　d. 对不能参与试压的设备、仪表、阀门及附件应加以隔离或拆除，加设的临时盲板应具有突出于法兰的边耳，且应做明显标志，并记录临时盲板的数量及位置。

　　C. 系统试压过程中，当出现泄漏时，应停止试压，并应放空管网中的试验介质，消除缺陷后，重新再试。

　　D. 系统试压完成后，应及时拆除所有临时盲板及试验用的管道，并应与记录核对无误，且应按施工及验收规范附录 A 的格式填写记录。

　　(2) 冲洗

　　A. 系统冲洗应在试压合格后分段进行，以清除管内杂物及积尘；冲洗顺序是：先室外，后室内；先地下，后地上；室内部分的冲洗应按立管、配水干管、配水管、配水支管的顺序进行。

　　B. 管网冲洗宜用水进行，冲洗前应对系统的仪表采取保护措施，并将减压孔板、喷嘴、止回阀和报警阀等暂时拆除，待冲洗结束后及时复位。

　　C. 冲洗前应对管道支架、吊架进行检查，必要时应采取加固措施。

　　D. 不允许冲洗的设备应与冲洗系统隔离，冲洗后可能存留脏物、杂物的管道应进行清理。

　　E. 冲洗直径大于 100mm 的管道时，应对其焊缝、死角和管道底部进行敲打，但不得损伤管道。

　　F. 水冲洗宜采用生活用水进行，不得使用海水或有腐蚀性化学物质的水。

　　G. 管网冲洗合格后，应按施工及验收规范附录 B 的格式填写记录。

　　H. 对系统进行水冲洗的排水管应与排水系统可靠连接，并保证排泄畅通和安全，排水管道的截面不应小于被冲洗管道截面的 60%。

　　I. 水冲洗应以≥3m/s 的流速及不宜小于下表所列的流量进行。当施工现场冲洗流量不能满足要求时，应按系统流量进行冲洗，或采用水压气动法进行冲洗，冲洗水流量详见表 2-5-14。

冲 洗 水 流 量 表 2-5-14

管道直径（mm）	300	250	200	150	125	100	80	65	50	40
冲洗流量（L/s）	220	154	98	58	38	25	15	10	6	4

J．管网的地上管道与地下管道连接前，应在配水干管底部加设堵头后，对地下管道进行冲洗。

K．管网冲洗的水流方向应与灭火时管网的水流方向一致；管网冲洗应连续进行，当出口处水的颜色、透明度与入口处水的颜色基本一致时，冲洗方可结束。管网冲洗结束后，应将管网内的水排除干净，必要时可采用压缩空气吹干或采取其他保护措施。

L．水压气动法冲洗：应使水、气流动方向与火灾时水流方向相反，即沿配水支管、配水管、配水干管、立管、立管底部排放口流动；冲洗时应使用水压气动冲洗器进行，使用的空气压力应≥0.7MPa，每次冲洗的用水量为114L，并按以下步骤和方法进行：

a．对容积为114L的水箱注满水，将空气罐的气压升至0.7MPa；

b．开启水箱与空气贮罐之间的旋塞阀，快速打开水箱底部的旋塞阀；

c．在设有麻布袋的立管底部排放口处，事后检查拦截物的情况，以决定是否需要再冲洗。

M．无末端试验排水装置的冲洗方法：无末端试验排水装置的配水支管，经常年使用后，内部会有脏污沉淀物积聚，需要拆除最末端的喷头进行试水，有必要时进行冲洗，冲洗时，需要配备一些带有旋塞开关的连接橡胶水管的接头，安装在卸下的喷头处进行试水或冲洗，在配水支管数量多的系统上，应将设备的接头分批拆装，逐一试水和冲洗。

(3) 水压试验

A．水压试验时环境温度不宜低于5℃，当低于5℃时，水压试验应采取防冻措施。

B．当系统设计工作压力等于或小于1.0MPa时，水压强度试验压力应为设计工作压力的1.5倍，并不应低于1.4MPa；当系统设计工作压力大于1.0MPa时，水压强度试验压力应为该工作压力加0.4MPa。

C．水压强度试验的测试点应设在系统管网的最低部位，对管网注水时，应将管网内空气排净，并应缓缓升压，达到试验压力后，稳压30min，目测管网无泄漏和无变形、且压力降不应大于0.05MPa。

D．水压严密性试验应在水压强度试验和管网冲洗合格后进行，其试验压力应为设计工作压力，稳压24h，经全面检查无泄漏为合格。

E．自动喷水灭火系统的水源干管、进户管和室内埋地管道应在回填前单独地或与系统一起进行水压强度试验和水压严密性试验。

(4) 气压试验

系统气压试验所用的介质宜采用空气或氮气，气压严密性试验压力应为0.28MPa，试验时压力缓慢上升，达到试验压力后，稳压24h，目测无泄漏、无变形，且压降不超过0.01MPa为合格。

7．消防设备本身及施工存在的问题

(1) 报警设备无延时装置，当系统管网内压力波动时，易造成水流指示器和压力开关误动作；应在报警控制器上设置电器延时装置，延迟时间在0~2min内可调，一般选20~30s。

(2) 在系统水平配管末端未设置试验放水阀，在系统投入运行时不能排除积存的空气，这样系统内易积存较多的空气，当系统内压力下降，稳压泵自动启动向系统内补压时，由于压缩了这部分空气，有水流过水流指示器，使水流指示器动作，造成误报警。

(3) 消防水泵启动方式单一，控制设备单一，压力开关或电接点压力表单独控制消防水泵的启停，均会造成各种问题，比较合理的消防水泵的控制方式应注意以下几点：

A. 应采取控制设备自动启动消防水泵和消防控制室手动强制启停消防泵运转两套控制方法，并在消防泵房能就地控制消防泵。

B. 消防控制室内消防水泵的手动控制设备与消防泵房配电箱的连接控制电缆应单独设置，不宜与自动控制设备共同使用控制电缆，以免因线路故障，两种方式均不能启动消防水泵。

C. 自动启动消防水泵控制设备应同时接受分层水流指示器和报警信号管上的压力开关两种报警信号后，才能启动消防水泵，防止误动作。

D. 消防水泵启动后，除操作人员可在消防控制室或水泵房内手动控制停泵外，在电路设计上不应采用压力控制停泵方式，以免造成消防水泵频繁启停。

(4) 管道杂物堵塞问题

自动喷水灭火系统管道被杂物堵塞的现象经常发生，管内杂物主要是水泥块、石子、木块、焊渣、焊条、布头等，它严重影响管道的过水能力，喷头的正常出水和报警阀、水流指示器等设备的正常工作；解决方法除加强施工管理，防止人为因素使杂物进入管道外，应该在设计上采取措施，使管道自身具有一定的排渣能力。

A. 在各主要立管下端设置排渣口，平时用盲板堵住三通的下端，使三通只起90°弯头的作用；在盲板前端设置截止阀排污，必要时卸下盲板排除立管内的杂物。

B. 系统中较长的水平管道，可设置水平管排渣口（类似市政供水管道的吐泥三通），以排除管内杂物。

2.6 二氧化碳灭火系统

2.6.1 概述

1. 二氧化碳灭火的应用

(1) 我国于20世纪70年代开始应用二氧化碳灭火，已有成功扑救火灾的若干实例；自发现氟氯烃对大气臭氧层的破坏之后，用二氧化碳等灭火系统代替卤代烷灭火系统的前景广阔。

(2) 二氧化碳灭火具有对保护物不产生污损、灭火速度快、空间淹没性能好等优点，但系统造价高，灭火的同时对人产生毒性危害，因此，一般用在较为重要的场合。

2. 二氧化碳的物相条件

二氧化碳属气体灭火剂，在常温常压下二氧化碳的物态为气相。它的临界温度是

31.4℃，临界压力 7.4MPa（绝压），固、液、气三相共存点温度为 -56.6℃。该点的压力是 0.52MPa（绝压），在这个压力以下液相不复存在，在这个温度以上，固相不复存在。故在三相点与临界点之间，存于密封容器中的二氧化碳是以液、气两相共存的，其压力随着温度的升高而增加。二氧化碳灭火系统就选择了液、气两相来储存二氧化碳灭火剂，并根据应用经验选择了两种储存状况：

(1) 高压储存，即常温储存，温度容许在 0~60℃ 内变化，采用加压的方式将二氧化碳灭火剂以液态贮存在容器内，在 21℃ 时贮存压力为 5.17MPa，因储存压力高，故称高压储存。

(2) 低压储存，在 -20~-18℃ 条件下储存，采用冷却与加压相结合的方式将二氧化碳灭火剂以液体贮存在容器中，贮存压力为 2.07MPa，因储存压力低，故称低压储存。

3. 灭火条件和灭火数据

二氧化碳灭火的作用主要在于冲淡、排除空气中的氧含量，使火窒息，冷却作用只是其次。

(1) 在灭火时，当二氧化碳从储存系统中释放出来，压力会骤然下降，使得二氧化碳迅速由液态转变为气态；又因焓降的关系，温度会急剧下降，当其达到 -56℃ 以下，气相的二氧化碳有一部分会转变成微细的固体粒子——干冰；这时干冰的温度一般为 -78℃，干冰吸收其周围的热量而升华，即能产生冷却燃烧物的作用；因常温储存系统喷放的固相只占 15%~30%，故二氧化碳在灭火中冷却作用是较小的。

(2) 在灭火中二氧化碳被施放出来，它会分布于燃烧物的周围，稀释周围空气中的氧含量；氧含量降低会使燃烧时热的产生减小，当热产生率减小到低于热散失率的程度，燃烧就会停下来，这就是二氧化碳所产生的窒息作用。

(3) 设计规范规定，二氧化碳灭火设计浓度不应小于灭火浓度（临界值）的 1.7 倍，并不得低于 34%（体积）。

4. 储存装置

(1) 储存装置宜由储存容器、容器阀、单向阀和集流管等组成。

(2) 储存容器中二氧化碳的充装率应为 0.60~0.67kg/L；当储存容器工作压力不小于 20MPa 时，其充装率可为 0.75kg/L。

5. 用途

二氧化碳灭火系统可用于补救下列火灾：

(1) 灭火前可切断气源的气体火灾。

(2) 液体火灾或石蜡、沥青等可熔化的固定火灾。

(3) 固体表面火灾及棉毛、织物、纸张等部分固体深位火灾。

(4) 电气火灾。

2.6.2 灭火方法的选择

二氧化碳灭火系统可分为全淹没灭火系统和局部应用灭火系统。全淹没灭火系统应用于扑救封闭空间内的火灾，局部应用灭火系统应用于扑救不需封闭空间条件的具体保护对象的非深位火灾。

1. 全淹没灭火系统

即在规定的时间内，向防护区喷射一定浓度的二氧化碳，并使其均匀地充满整个防护区的灭火系统。

二氧化碳从储存系统中释放出来，液态的二氧化碳大部分迅速被气化，大约1kg液态二氧化碳会产生$0.5m^3$的二氧化碳气体；它将在被保护的封闭空间里扩散开来，直至充满全部空间，形成均匀且高过于所有被保护物质要求的灭火浓度，该时就能扑灭空间里任何部位的火灾。

(1) 全淹没灭火方式适用于具备封闭条件的空间内陈设物的整体保护，当事先不可预计到火灾产生的部位与范围，采用这种灭火方式尤为必要，例如应用于电子计算机房、图书库房等场所的保护。

(2) 全淹没灭火方式采用的喷头无需带喷管，二氧化碳喷放的持续时间不应大于60s；扑救固体深位火灾时总的持续时间不应大于7min，并应在前2min内使二氧化碳浓度达到30%。

(3) 对于全淹没灭火方式，可由一套装置保护一个防护区，也可保护一组防护区；灭火系统动作后，为防止复燃，应保持20min才可进行通风换气，开放门窗。

(4) 防护区用的通风机和通风管道中的防火阀，在喷放二氧化碳前应自动关闭。

(5) 二氧化碳的储存量应为设计用量与剩余量之和，剩余量可按设计用量的8%计算；组合分配系统的二氧化碳储存量，不应小于所需储存量最大的一个防护区的储存量。

2. 局部应用灭火系统

即向保护对象以设计喷射强度直接喷射二氧化碳，并持续一定时间的灭火系统。

二氧化碳局部灭火方式系采用专门的喷头（必须带特定的喷管），使喷放出来的二氧化碳能直接、集中地施放到正在燃烧的物体上。因此，要求喷放出来的二氧化碳能穿透火焰，并在燃烧物燃烧表面上达到一定的供给强度，延续一定的时间，才能使燃烧熄灭。根据这一技术要求，二氧化碳若是以气相喷放显然难以达到目的，所以局部施用灭火方式要求二氧化碳必须实现液相喷放。

(1) 二氧化碳局部施用灭火方式只能用于扑救表面火灾，不可用于扑救深位火灾，且应符合下列规定：

A. 保护对象周围的空气流动速度不宜大于3m/s，必要时，应采取挡风措施；

B. 在喷头与保护对象之间，喷头喷射角范围内不应有遮挡物；

C. 当保护对象为可燃液体时，液面至容器边缘口的距离不得小于150mm。

(2) 二氧化碳的持续喷放时间不应小于30s；对被保护对象是需要充分冷却才能防止复燃的，燃点温度低于沸点温度的液体（含可熔化固体），其喷放持续时间不应少于1.5min。

2.6.3 系统的结构形式、控制程序及安全要求

1. 系统的结构形式

(1) 固定式系统。由固定的灭火剂供给源、固定的管网系统和固定的喷放喷头组成，是最常用的系统。

(2) 竖管系统。它有固定的管网系统和固定的喷放喷头，但无固定的灭火剂供给源。

A. 一个移动的灭火剂供给源——二氧化碳的储器被安装在可移动的车上，小型的采

用手推式，大型的采用机动式。当火灾发生接到报警后，迅速将供给源送到失火区，通过快速接头与管网系统始端的竖管相连接，按系统工作程序自动或手动进行灭火。

B. 竖管系统适用于有多个防护区设置二氧化碳灭火系统进行保护的情况，它可以共用一个灭火剂供给源，还减免了各个防护区管网系统与供给源之间的连接管道，比组合分配系统节省。

C. 竖管系统执行灭火的工作过程延长了，对于燃烧速度快，经济价值高的保护对象不适宜。

(3) 手持软管系统。只固定灭火剂供给源，不固定管网系统和喷放喷头；管网采用软管构成，软管的尽头安装一个能快速启闭的手动阀，阀的出口紧接着一个带喷管的喷放喷头。

系统可单设灭火剂储存装置，也可多个系统共设灭火剂储存装置，但都必须保证有足够的二氧化碳供给量和相应的供给强度，满足手持软管系统每只喷头喷放持续时间不少于1min的要求。

2. 系统控制程序

(1) 二氧化碳灭火系统应设有自动控制、手动控制和机械应急操作三种启动方式，局部应用灭火系统用于经常有人的保护场所可不设自动控制。

(2) 当采用火灾探测器时，灭火系统的自动控制应在接受到两个独立的火灾信号后才能自动，根据人员疏散要求，宜延迟启动，但延迟时间不应大于30s。

(3) 手动操作装置应设在防护区外便于操作的地方，并能在一处完成系统启动的全部操作；局部应用灭火系统手动操作装置应设在保护对象附近。

(4) 二氧化碳灭火系统的供电与自动控制应符合现行国标 GBJ116《火灾自动报警系统设计规范》的有关规定，当采用气动动力源时，应能保证系统操作与控制所需要的压力和用气量。

3. 安全要求

(1) 防护区内应设火灾声报警器，必要时可增设光报警器；防护区的入口处应设光报警器，报警时间不宜小于灭火过程所需的时间，并能手动切除报警信号。

(2) 防护区应有能在 30s 内使该区人员疏散完毕的走道与出口，在疏散走道与出口处，应设火灾事故照明和疏散指示标志。

(3) 防护区入口应设灭火系统防护标志和二氧化碳喷放指示灯。

(4) 当系统管道设置在可燃气体、蒸汽或有爆炸危险粉尘的场所时，应设防静电接地。

(5) 地下防护区和无窗或固定窗扇的地上防护区，应设机械排风装置。

(6) 防护区的门应向疏散方向开启，并能自动关闭，在任何情况下均能从防护区内打开。

(7) 设置灭火系统的场所应配备专用的空气呼吸器或氧气呼吸器。

2.6.4 气体灭火系统安装

参照 GB 50263—97《气体灭火系统施工及验收规范》

1. 一般规定

(1) 气体灭火系统施工前应具备下列技术资料：

A. 设计施工图、设计说明书、系统及其主要组件的使用维修说明书。

B. 容器阀、选择阀、单向阀、喷嘴和阀驱动装置等系统组件的产品出厂合格证和由国家质量监督检验测试中心出具的检验报告，灭火剂输送管道及管道附件的出厂检验报告与合格证。

C. 系统中采用的不能复检的产品，如安全膜片等，应具有生产厂出具的同批产品检验报告与合格证。

(2) 气体灭火系统施工应具备下列条件：

A. 防护区和灭火剂贮瓶间设置条件与设计相符；

B. 系统组件与主要材料齐全，其品种、规格、型号符合设计要求；

C. 系统所需的预埋件和孔洞符合设计要求。

2. 系统组件检查

(1) 气体灭火系统施工前应对灭火剂贮存容器、容器阀、选择阀、单向阀、喷嘴和阀驱动装置等系统组件进行外观检查，并应符合下列规定：

A. 系统组件无碰撞变形及其他机械性损伤，组件外露非机械加工表面保护涂层完好。

B. 组件所有外露接口均设有防护堵、盖，且封闭良好，接口螺纹和法兰密封面无损伤。

C. 铭牌清晰，其内容符合现行国家标准 CBJ 110《1211 灭火系统设计规范》、GB50163《卤代烷 1301 灭火系统设计规范》和 CB 50193《二氧化碳灭火系统设计规范》的规定。

D. 保护同一防护区的灭火剂贮存容器规格应一致，其高度差不宜超过 20mm；气动驱动装置的气体贮存容器规格应一致，其高度差不宜超过 10mm。

(2) 气体灭火系统安装前应检查灭火剂贮存容器内的充装量与充装压力，且应符合下列要求：

A. 灭火剂贮存容器的充装量不应小于设计充装量，且不得超过设计充装量的 1.5%。

B. 卤代烷灭火剂贮存容器的实际压力不应低于相应温度下的贮存压力，且不应超过贮存压力的 5%。

C. 不同温度下灭火剂的贮存压力应按施工及验收规范附录 A 确定。

(3) 气体灭火系统安装前应对选择阀、液体单向阀、高压软管和阀驱动装置中的气体单向阀逐个进行水压强度试验和气压严密性试验，并应符合下列规定：

A. 水压强度试验的压力应为系统组件设计工作压力的 1.5 倍，气压严密性试验的压力应为系统组件的设计工作压力。

B. 进行水压强度试验时，水温不应低于 5℃，达到试验压力后，稳压时间不应少于 1min，在稳压期间目测试件应无变形。

C. 气压严密性试验应在水压强度试验后进行，加压介质可为空气或氮气；试验时宜将系统组件浸入水中，达到试验压力后，稳压时间不应少于 5min，在稳压期间应无气泡自试件内溢出。

D. 系统组件试验合格后，应及时烘干，并封闭所有外露接口。

(4) 在气体灭火系统安装前应对阀驱动装置进行检查，并应符合下列规定：

A．电磁驱动装置的电源电压应符合系统设计要求，通电检查电磁铁芯，其行程应能满足系统启动要求，且动作灵活无卡阻现象。

B．气动驱动装置贮存容器内气体压力不应低于设计压力，且不得超过设计压力的5%。

C．气动驱动装置中的单向阀芯应启闭灵活，无卡阻现象。

3．安装施工

(1) 一般规定

A．气体灭火系统的施工应按施工及验收规范附录B规定的内容做好施工记录；防护区地板下、顶棚上或其他隐蔽区域内的管道应按施工验收规范附录C规定的内容做好隐蔽工程中间验收记录；附录B和附录C的表格形式可根据气体灭火系统的结构形式和防护区的具体情况进行调整。

B．集流管的制作，阀门、高压软管的安装、管道及支架的制作、安装以及管道的吹扫、试验、涂漆，除应符合气体灭火系统施工及验收规范的规定外，还应符合现行国家标准GB 50235《工业金属管道工程施工及验收规范》的有关规定。

(2) 灭火剂贮存容器的安装

A．贮存容器应符合现行国家标准《气瓶安全监察规程》和《压力容器安全技术监察规程》的规定。

B．贮存容器内的灭火剂充装与增压宜在生产厂完成，贮存容器正面应标明设计规定的灭火剂名称和贮存容器的编号。

C．贮存容器的布置应便于操作与维修，并不易受机械、化学损伤；贮存容器的操作面距墙或操作面之间的距离不宜小于1.0m。

D．贮存容器上的压力表应朝向操作面，安装高度和方向应一致；贮存容器的支、框架应固定牢靠，且应采取防腐处理措施。

E．高压贮存装置应设泄压爆破片，其动作压力应为$(19±0.95)×10^6$Pa；低压贮存装置应设泄压和超压报警器，泄压动作压力应为$(2.4±0.012)×10^6$Pa。

F．高压贮存容器成组使用时，其所有容器的规格尺寸、充装量均应相同。

G．低压贮存系统应设置专用调温装置，二氧化碳温度应保持在$-20\sim-18℃$。

H．贮存装置宜设置在靠近防护区的专用贮瓶间内，贮瓶间出口应直接通向室外或疏散通道，房间的耐火等级不应低于二级，室内应经常保持干燥和通风，贮存容器应避免阳光直接照射。

(3) 集流管的制作与安装

A．组合分配系统的集流管宜采用焊接方法制作，焊接前，每个开口均应采用机械加工的方法制作。

采用钢管制作的集流管应在焊接后进行内外镀锌处理，镀锌层的质量应符合现行国家标准GB 3091《低压流体输送用镀锌焊接钢管》的有关规定。

B．组合分配系统的集流管应按施工及验收规范的有关规定进行水压强度试验和气压严密性试验；非组合分配系统的集流管，其水压强度试验和气压严密性试验可与管道一起进行。

C．集流管安装前应清洗内腔并封闭进出口，集流管应固定在支、框架上，支、框架应固定牢靠，且应做防腐处理。

　　D．每个容器与集流管之间应设单向阀，集流管外表应涂红色油漆。

　　E．封闭管段上应设安全阀或其他泄压装置，其泄放动作压力，高压贮存系统宜为$(15\pm0.75)\times10^6\text{Pa}$，低压贮存系统宜为$(2.4\pm0.012)\times10^6\text{Pa}$；泄压装置的泄放口应通向无人的场所，泄压方向不应朝向操作面。

　　（4）选择阀的安装

　　A．选择阀操作手柄应安装在操作面一侧，当安装高度超过1.7m时应采取便于操作的措施。

　　B．采用螺纹连接的选择阀，其与管道连接处宜采用活接头；在系统动作时，选择阀应能在灭火剂贮存容器阀动作之前或同时自动打开。

　　C．选择阀上应设置标明防护区名称或编号的永久性标志牌，并应将标志牌固定在操作手柄附近。

　　（5）阀驱动装置安装

　　A．电磁驱动装置的电气连接线应沿固定灭火剂贮存容器的支、框架或墙面固定。

　　B．拉索式的手动驱动装置的安装应符合下列规定：

　　a．拉索除必要外露部分外，采用经内外防腐处理的钢管防护。

　　b．拉索转弯处应采用专用导向滑轮，拉索末端拉手应设在专用的保护盒内，拉索套管和保护盒必须固定牢靠。

　　C．安装以物体重力为驱动力的机械驱动装置时，应保证重物在下落行程中无阻挡，其行程应超过阀开启所需行程25mm。

　　D．气动驱动装置的安装应符合下列规定：

　　a．驱动气瓶的支、框架或箱体应固定牢靠，且应做防腐处理。

　　b．驱动气瓶正面应标明驱动介质的名称和对应防护区名称的编号。

　　E．气动驱动装置的管道安装应符合下列要求：

　　a．管道布置应横平竖直，管道应采用支架固定，其间距不宜大于0.6m。

　　b．平行管道或交叉管道之间的间距应保持一致，平行管道宜采用管夹固定，其间距不宜大于0.6m，转弯处应增设一个管夹。

　　F．气动驱动装置的管道安装后应进行气压严密性试验，并符合下列规定：

　　a．采取防止灭火剂和驱动气体误喷射的可靠措施。

　　b．加压介质采用氮气或空气，试验压力不低于驱动气体的贮存压力；压力升至试验压力后，关闭加压气源，5min内被试管道的压力无变化。

　　（6）灭火剂输送管道的施工

　　A．管道的连接可采用法兰连接、螺纹连接和焊接；公称直径小于或等于80mm的管道，宜采用螺纹连接，公称直径大于80mm的管道，宜采用焊接或法兰连接。

　　B．无缝钢管采用法兰连接时，应在焊接后进行内外镀锌处理；已镀锌的无缝钢管不宜采用焊接连接，与选择阀等个别连接部位需采用法兰焊接连接时，应对被焊接损坏的镀锌层做防腐处理。

　　C．管道穿过墙壁、楼板处应安装套管，穿墙套管的长度应和墙厚相等，穿过楼板的套管长度应高出地板50mm，管道与套管间的空隙应采用柔性不燃烧材料填塞密实。

D. 管道支、吊架的安装应符合下列要求：

a. 管道应固定牢靠，管道支、吊架的最大间距应符合表2-6-1的规定；在有阀门等额外负荷的位置，应增设附加支架。

管道支、吊架的最大间距　　　　　　　　表2-6-1

公称直径（mm）	15	20	25	32	40	50	65	80	100	150
最大间距（m）	1.5	1.8	2.1	2.4	2.7	3.4	3.5	3.7	4.3	5.2

b. 管道末端喷嘴处应采用支架固定，支架与喷嘴间的管道长度不应大于500mm。

c. 公称直径大于或等于50mm的主干管道，垂直方向和水平方向至少应各安装一个防晃支架；当穿过建筑物楼层时，每层应设一个防晃支架；当水平管道改变方向时，应设防晃支架。

E. 卤代烷1301灭火系统和二氧化碳灭火系统管道的三通管接头的分流出口应水平安装（见图2-6-1）。

F. 灭火剂贮存容器与集流管之间应采用软管连接，宜采用国家标准QJS 11《不锈钢软管》规定的不锈钢软管。

G. 管道有冷凝水形成处应有排水措施。

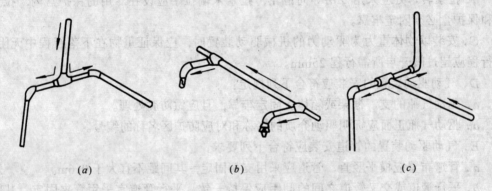

图2-6-1　三通的水平分流示意图

(7) 喷嘴安装

A. 安装在顶棚下的不带装饰罩的喷嘴，其连接管管端螺纹不应露出顶棚；安装在顶棚下的带装饰罩的喷嘴，其装饰罩应紧贴顶棚。

B. 喷嘴安装时应逐个核对其型号、规格和喷孔方向，并应符合设计要求。

C. 全淹没系统喷头的布置应保证二氧化碳灭火剂气体均匀分布，局部应用系统喷头应使二氧化碳直接喷射到被保护物上，且应固定牢固，位置、角度等不能改变。

D. 在有粉尘的防护区内的喷头，应设不影响喷射的防尘罩。

E. 在有爆炸危险的防护区，应采用金属喷嘴，并且要可靠地接地。

F. 局部应用系统喷嘴的90°角内不得有障碍物，局部应用系统中暴露在45℃以上区域的二氧化碳输送管道必须有隔热措施。

(8) 灭火剂输送管道的吹扫、试验和涂漆

A. 灭火剂输送管道安装完毕后，应进行水压强度试验和气压严密性试验。

B．水压强度试验的试验压力应符合下列规定：
a．卤代烷1211灭火系统管道的试验压力应按下列公式确定：

$$P_{1211} = 1.5 P_0 V_0 / (P_0 + V_P)$$

式中　P_{1211}——卤代烷1211灭火系统管道的水压强度试验压力（MPa，绝对压力）；
　　　　P_0——20℃时卤代烷1211灭火剂的贮存压力（MPa，绝对压力）；
　　　　V_0——卤代烷1211灭火剂喷射前，贮存容器内的气相体积（m³）；
　　　　V_P——卤代烷1211灭火系统输送管道的内容积（m³）。

b．卤代烷1301灭火系统管道的水压强度试验压力应按下列公式确定：

$$P_{1301} = 1.5 (V_0 P_0 + V_P P_S) / (V_0 + V_P)$$

式中　P_{1301}——卤代烷1301灭火系统管道的水压强度试验压力（MPa，绝对压力）；
　　　　P_S——卤代烷1301的饱和蒸汽汽压，取1.4MPa（绝对压力）；
　　　　P_0——20℃时卤代烷1301灭火剂的贮存压力（MPa，绝对压力）；
　　　　V_0——卤代烷1301灭火剂喷射前，贮存容器内的气相体积（m³）；
　　　　V_P——卤代烷1301灭火系统输送管道的内容积（m³）。

C．高压二氧化碳灭火系统管道的水压强度试验压力应为15MPa。

D．不宜进行水压强度试验的防护区，可采用气压强度试验代替，气压强度试验压力应为水压强度试验压力的0.8倍，试验时必须采取有效的安全措施。

E．进行管道强度试验时，应将压力升至试验压力后保压5min，检查管道各连接处应无明显滴漏，目测管道应无变形。

F．管道气压严密性试验的加压介质可采用空气或氮气，试验压力为水压强度试验的2/3；试验时应将压力升至试验压力，关断试验气源后3min内压力降不应超过试验压力的10%，且用涂刷肥皂水等方法检查防护区外的管道连接处，应无气泡产生。

G．灭火剂输送管道在水压强度试验合格后，或气压严密性试验前，应进行吹扫；吹扫管道可采用压缩空气或氮气，吹扫时，管道末端的气体流速不应小于20m/s，采用白布检查，直至无铁锈、尘土、水渍及其他脏物出现。

H．灭火剂输送管道的外表应涂红色油漆，在吊顶内、活动地板下等隐蔽场所内的管道，可涂红色油漆色环，每个防护区的色环宽度应一致，间距应均匀。

2.6.5　气体灭火系统设计与施工中存在的问题

1．设计中存在的问题
（1）防护区设置不规范
防护区大多未按规范要求的固定封闭空间来划分，致使防护区的隔墙和门窗的耐火极限、围护构件（门、窗、隔墙）的耐压强度以及防护区的封闭性等均达不到规范要求。
（2）喷头布置不合理
许多设计人员没有按照防护区的灭火要求布置气体灭火喷嘴，大多根据经验按照喷嘴的保护面积估算喷嘴数量和布置喷嘴。
（3）管网系统管径过大
气体灭火系统的设计要求是根据平均质量流量来确定管道的公称内径，虽然管道的公称内径大有利于减少气体流量损失，但不利于灭火剂的快速喷洒，影响灭火效果。

（4）钢瓶储瓶间的设置不科学

规范规定气体钢瓶间应尽量接近各防护区，其目的是为了便于管路布置和减少药剂输送的流程阻力损失；在很多气体灭火系统设计中，气体钢瓶储存间设置于距离防护区较远的位置，且面积较小，没有设置必要的操作空间，并不利于人员疏散。

（5）气体灭火系统的火灾报警装置与灭火系统的联动控制不完善，大部分工程设计中无气体灭火系统联动图。

2．施工中存在的问题

（1）施工中管网改变较大，随意改变喷嘴位置

在施工过程中，有时因设备位置的变化，或灯具、通风管道的影响而改变管网布置与喷嘴位置，影响原设计的灭火效果，有的甚至达不到原防护区的灭火要求。

（2）施工单位间相互协调不够

气体灭火系统的施工单位与火灾自动报警系统的施工单位相互协调不够，致使整个系统使用功能要求达不到防护区灭火要求。

（3）强度和气密性试验难度大

气体灭火系统的施工规范明确规定，气体灭火系统管网施工完毕后，应作强度、气密性试验；二氧化碳灭火系统强度试验压力为15MPa，现场试验困难，如果用气，不但需要大型设备，而且很危险；如果用水，给管道清扫带来困难，因为有些低洼的地方几乎无法清扫及测试是否清扫干净。因此强度试验宜在安装之前以抽试方式进行，由施工单位出具试验报告，气密性试验必须在现场根据规范要求，在监理人员的监督下进行，并签署试验报告。

2.7 泡沫灭火系统

泡沫灭火系统即由水源、水泵、泡沫液供应源、空气泡沫比例混合器、管路和泡沫产生器组成的灭火系统。

2.7.1 泡沫灭火剂的分类

1．泡沫灭火剂按发泡倍数分类：

（1）低倍数泡沫灭火剂：发泡倍数在20倍以下的泡沫；在众多的泡沫灭火剂中，多数属于低倍数泡沫灭火剂。

（2）中倍数泡沫灭火剂：发泡倍数为21～200倍的泡沫。

（3）高倍数泡沫灭火剂：发泡倍数为201～1000倍的泡沫。

2．泡沫灭火剂按发泡方法分类：

（1）化学泡沫灭火剂：是一种碱性盐溶液和一种酸性盐溶液混合发生化学反应而产生的灭火泡沫，泡沫中所含的气体是二氧化碳。

（2）空气机械泡沫灭火剂：是由泡沫与水的混合液在泡沫产生器中吸入空气而生成的泡沫，泡沫中所含的气体一般为空气。

3．泡沫灭火剂按用途和灭火剂的基料分类：

(1) 普通泡沫灭火剂：适用于扑救 A 类火灾和 B 类火灾中的非水溶性液体火灾。
(2) 抗溶性泡沫灭火剂：适用于扑救 B 类火灾中的水溶性液体火灾。
(3) 多功能泡沫灭火剂：既可扑救水溶性液体火灾，也可扑救非水溶性液体火灾。

2.7.2 低倍数泡沫灭火系统

低倍数泡沫是目前国内外扑救易燃液体（水溶性和非水溶性甲、乙、丙类液体）和可燃液体火灾的主要灭火剂，对扑救易燃和可燃液体的储罐火灾或大面积流淌火灾尤为适宜，是应用最广泛、最有效的一种消防设施。

1．系统的分类

(1) 低倍数泡沫灭火系统主要有液上喷射泡沫和液下喷射泡沫两大类。

A．液上喷射采用的泡沫灭火剂有：普通蛋白泡沫液、氟蛋白泡沫液、抗溶泡沫液和抗溶氟蛋白泡沫液（多功能泡沫液）；

B．液下喷射采用的泡沫灭火剂有：氟蛋白泡沫液和水成膜泡沫液。

(2) 低倍数泡沫灭火系统按照设备安装方式分为：固定式、半固定式和移动式。

2．系统型式的选择

(1) 系统型式的选择应根据保护对象的规模、火灾危险性、总体布置、扑救难易程度、消防站的设置情况等综合确定。

(2) 下列场所之一，宜选用固定式泡沫灭火系统：

A．总储量≥500m^3 独立的非水溶性甲、乙、丙类液体储罐区；

B．总储量≥200m^3 独立的水溶性甲、乙、丙类液体立式储罐区；

C．机动消防设施不足的企业附属非水溶性甲、乙、丙类液体储罐区。

(3) 下列场所之一，宜选用半固定式泡沫灭火系统：

A．机动消防设施较强的企业附属甲、乙、丙类液体储罐区；

B．石油化工生产装置区火灾危险性大的场所。

(4) 下列场所之一，宜选用移动式泡沫灭火系统：

A．总储量不大于 500m^3、单罐容量不大于 200m^3，且罐壁高度不大于 7m 的地上非水溶性甲、乙、丙类液体立式储罐；

B．总储量小于 200m^3、单罐容量不大于 100m^3，且罐壁高度不大于 5m 的地上水溶性甲、乙、丙类液体立式储罐；

C．卧式储罐；

D．甲、乙、丙类液体装卸区易泄漏的场所。

3．泡沫泵站

(1) 泡沫泵站宜与消防水泵房合建，其建筑耐火等级不应低于二级，泡沫泵站与保护对象的距离不宜小于 30m，且应满足在泡沫消防泵启动后，将泡沫混合液或泡沫输送到最远保护对象的时间不宜大于 5min。

(2) 泡沫消防泵宜采用自灌式引水启动，一组泡沫消防泵的吸水管不应少于两条，当其中一条损坏时，其余的吸水管应能通过全部用水量。

(3) 泡沫消防泵站内或站外附近泡沫混合管道上，宜设置消火栓；泡沫泵站内宜配置泡沫枪。

(4) 泡沫消防泵应设置备用泵，其工作能力不应小于最大一台泵的能力；当符合下列条件之一时，可不设置备用泵：

A. 非水溶性甲、乙、丙类液体总储量小于 2500m³，且单罐容量小于 500m³；

B. 水溶性甲、乙、丙类液体总储量小于 1000m³，且单罐容量小于 100m³。

(5) 泡沫泵站应设置备用动力，当采用双电源或双回路供电有困难时，可采用内燃机作动力。不设置备用泵的泡沫泵站，可不设置备用动力。

(6) 泡沫泵站内，应设水池水位指示装置，泡沫泵站应设有与本单位消防站或消防保卫部门超直接联络的通讯设备。

4．系统组件

(1) 一般规定

A. 泡沫消防泵、泡沫比例混合器、泡沫液压力储罐、泡沫产生器、阀门、管道等系统组件，必须具有国家检测部门的检验合格证书；

B. 系统主要组件的涂色应符合下列规定：

a. 泡沫混合液管道、泡沫管道、泡沫液储罐、泡沫比例混合器、泡沫产生器涂红色；

b. 泡沫消防泵、给水管道涂绿色；

c. 当管道较多与工艺管道涂色有矛盾时，也可涂相应的色带或色环。

(2) 泡沫消防泵和泡沫比例混合器

A. 泡沫消防泵宜选用特性曲线平缓的离心泵，当采用环泵式泡沫比例混合器时，泵的设计流量应为计算流量的 1.1 倍。

B. 泡沫消防泵进水管上，应设置真空压力表或真空表；泡沫消防泵的出水管上，应设置压力表、单向阀和带控制阀的回流管。

C. 当采用环泵式泡沫比例混合器时（安装见图 2-7-1），应符合下列规定：

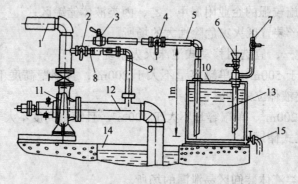

图 2-7-1 环泵比例混合流程安装示意图
1—泵出口管；2—阀门；3—环泵式比例混合器；4—阀门；
5—吸液管；6—泡沫液加入口；7—排气口；8—混合器进液管；
9—混合器出液管；10—泡沫液储罐；11—消防泵；
12—消防泵进水管；13—泡沫液；14—水源；15—排渣口

a. 出口背压宜为零或负压，当进口压力为 0.7～0.9MPa 时，其出口背压可为 0.02～0.03MPa；

b. 吸液口不应高于泡沫液储罐最低液面 1m；

c. 比例混合器的出口背压大于零时,吸液管上应设有防止水倒流泡沫液储罐的措施;

d. 安装比例混合器宜设有不少于一个的备用量。

D. 当采用压力式比例混合器时(安装见图2-7-2),应符合下列规定:

a. 进口压力应为0.6~1.2MPa;

b. 压力损失可按0.1MPa计算。

E. 当采用平衡压力式泡沫比例混合器时,应符合下列规定:

a. 水的进口压力应为0.5~1.0MPa;

b. 泡沫液的进口压力,应大于水的进口压力,但其压差不应大于0.2MPa。

F. 当采用管线式泡沫比例混合器时(安装见图2-7-3),应将其串接在消防水带上,其出口压力应满足泡沫设备进口压力的要求。

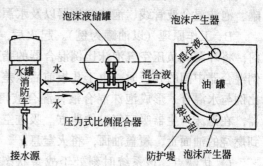

图2-7-2 压力式比例混合器安装示意图

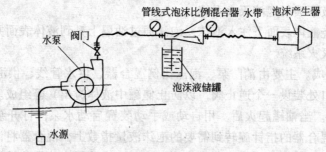

图2-7-3 管线式泡沫比例混合器安装使用示意图

(3) 泡沫液储罐

A. 当采用环泵或平衡压力式泡沫比例混合流程时,泡沫液储罐应选用常压储罐;当采用压力式泡沫比例混合流程时,泡沫液储罐应选用压力储罐。

B. 泡沫液储罐宜采用耐腐蚀材料制作,当采用钢罐时,其内壁应做防腐处理。

C. 常压储罐宜采用卧式或立式圆柱形储罐,其上应设置液面计、排渣孔、进料孔、人孔、取样口、呼吸阀或带控制阀的通气管;

压力储罐上应设安全阀、排渣孔、进料孔、人孔和取样孔。

(4) 泡沫产生器

A. 液上喷射泡沫产生器,宜沿储罐周边均匀布置;

B. 高背压泡沫产生器应设置在防火堤外,其出口管道应设置取样口。

(5) 阀门和管口

A. 当泡沫消防泵出口管道口径大于300mm时,宜采用电动、气动或液动阀门;阀门应有明显的启闭标志;

B. 泡沫和泡沫混合液的管道应采用钢管;管道外壁应进行防腐处理,其法兰连接处应采用石棉橡胶垫片。

5. 若干系统简介

(1) 固定式液上喷射泡沫灭火系统

是一种将泡沫喷射到燃烧的液体表面上，形成泡沫层或形成一层膜将火窒息的灭火系统。我国大型易燃和可燃液体储罐区的消防设施，绝大多数采用这种系统。

　　A．系统组成。由固定的泡沫混合液泵、单向阀、闸阀、泡沫比例混合器、泡沫液储罐、泡沫混合液管线、泡沫产生器以及水源和动力源组成。

　　B．工作原理（以油罐为例）。起火后，用自动或手动装置启动水泵，打开泵出口阀门，将环泵式负压空气泡沫比例混合器的指针旋转到需要的液量指数上；水流经过泡沫比例混合器中间的孔板时，由于孔板前后压差，孔板后形成负压，将泡沫液吸入并自动地按比例与水混合，形成泡沫混合液；混合液再返回水泵，经水泵、管线被输送到泡沫产生器，在泡沫产生器吸空气口的地方，吸进空气形成泡沫，喷到油罐内壁上，沿罐壁淌下流到燃烧的油面上，覆盖油面，将火窒息。

　　C．优缺点。该系统时刻处于战备状态，灭火时不需要临时铺设管线和安装其他设备，出泡沫快，是理想的扑救油罐火灾的消防设施；但若油罐爆炸，安装在油罐上的泡沫产生器有可能受到破坏而失去作用。

　　(2) 固定式液下喷射泡沫灭火系统

　　是一种在燃烧液体表面下注入泡沫，泡沫通过油层上升到液体表面并扩散开来形成泡沫层将火窒息的灭火系统。

　　A．系统的组成。主要由消防泵、泡沫比例混合器、供水管线、供泡沫管线和高背压泡沫产生器（出口处装设一个逆止阀，以防止储罐中液体流出）等组成。

　　B．工作原理。当油罐起火后，用自动或手动装置启动水泵，打开泵的出口阀，将负压空气泡沫比例混合器的指针旋转到需要的泡沫液量指数上，混合器将泡沫液自动地按比例与水混合形成泡沫混合液，泡沫混合液再经水泵、泡沫混合液管线输送到高背压泡沫产生器，通过吸入空气形成空气泡沫；这些泡沫经过止回阀、泡沫管线、泡沫喷射口，进入储罐下部油层中，再依靠其自身的浮力上升到着火的液体表面，并将液面覆盖，窒息灭火。

　　C．优缺点。该系统泡沫喷口装在油罐下部，油罐爆炸时一般底部不会遭破坏，提高了设备的安全可靠性，并能提高油罐的有效储量。该系统采用的灭火剂必须是氟蛋白泡沫液或水成膜泡沫液，不能采用普通蛋白泡沫液（泡沫上升到油面后，本身所含的油量促使其燃烧，导致泡沫破坏）。该系统不适用浮顶油罐灭火，因泡沫喷射到罐内后，不能迅速均匀地扩散到油罐密封环部位。

　　(3) 半固定式液上喷射泡沫灭火系统

　　只有泡沫混合液管线，泡沫产生装置是固定的，其余部分都可以移动。

　　A．系统组成。由水源或市政供水管网上的消火栓、泡沫消防车、消防水带、泡沫混合液管和空气泡沫产生器等部分组成。

　　该系统的泡沫产生器以及与其连接的泡沫混合液立管固定安装在油罐上，泡沫混合液管接出油罐防火堤外，离地面1m左右，距防火堤外堰0.8m左右，末端应安装水带接口，平时盖上闷盖防止杂物进入。

　　B．工作原理。火灾发生后，系统中的固定装置可通过水带接口与泡沫消防车、消防水带等组成的移动式泡沫灭火管线连接，进行扑救。灭火时先铺设好消防水带，接好吸水管，然后启动消防水泵吸水，打开消防车上的泡沫比例混合器，将泡沫比例混合器的指针旋转到需要的泡沫液量指数上。此时，泵的出口将形成一定比例的泡沫混合液，通过水带将泡沫混合液输送到固定在油罐上的泡沫混合液立管内，并进入空气泡沫产生器，吸入空气，形成空气泡沫，泡沫经罐内泡沫产生器弧板反射导流作用，沿着罐内壁流下，蔓延到燃烧液面覆盖灭火。

C．优缺点。该系统具有节省部分固定设备投资，平时维修费用低等优点；但需要配备一定数量的机动消防车和消防水带、分水器等消防器材，同时还应配备一定数量的操作人员。

（4）半固定式液下喷射泡沫灭火系统

该系统的组成除必须采用高背压泡沫产生器，并在高背压泡沫产生器朝向储罐的方向增加一个止回阀外，其系统组成、工作原理和半固定式液上喷射泡沫灭火系统基本相同。

2.7.3　高倍数泡沫灭火系统

具有发泡倍数高，灭火效能高，水渍损失小、抗复燃能力强、成本低等特点；它用全淹没和覆盖的方式扑灭 A 类和 B 类火灾，还可以有效地控制液化石油气和液化天然气的流淌火灾。

1．扑救火灾的类型

（1）汽油、煤油、柴油、工业苯等 B 类火灾。

（2）木材、纸张、橡胶、纺织品等 A 类火灾。

（3）封闭的带电设备场所的火灾。

（4）控制液化石油气、液化天然气的流淌火灾。

2．系统的类型

（1）全淹没式灭火系统

是一种用管道输送高倍数泡沫灭火剂和水，由固定式高倍数泡沫发生装置连续地将高倍数泡沫喷放到被保护区域，充满其空间，并且在所要求的时间内保持一定的泡沫高度，进行控火和灭火的固定式灭火系统。

A．该灭火系统适用于在不同高度上都存在火灾危险的大范围的封闭空间和大范围的设有阻止泡沫流失的有固定围墙或其他围挡设施的场所；

B．该灭火系统按控制方式可分为自动控制全淹没式灭火系统和手动控制全淹没式灭火系统。

（2）局部应用式灭火系统

是一种用管道输送水和高倍数泡沫灭火剂（液），由高倍数泡沫发生装置直接或通过导泡筒将高倍数泡沫输送到火灾区域上面的固定式或半固定式灭火系统，适用于扑救大范围内的局部封闭空间或大范围内的局部设有阻止泡沫流失围挡设施的场所。

（3）移动式灭火系统

即由移动式高倍数泡沫发生装置直接或通过导泡筒将高倍数泡沫喷放到火灾部位的灭火系统，其系统原理见图 2-7-4。可单独设置或作为全淹没式灭火系统、局部应用式灭火系统的补充使用。主要应用在下列场所：

A．发生火灾的部位难以确定或人员难以接近的火灾场所；

B．流淌的 B 类火灾场所；

C. 发生火灾时需要排烟、降温或排除有害气体的封闭空间。

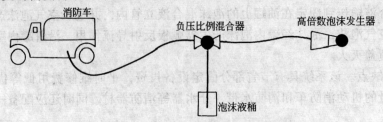

图 2-7-4 典型移动式高倍数泡沫灭火系统原理图

3．系统的组成

系统一般由水泵、贮水设备、泡沫液泵、泡沫比例混合器、泡沫液贮罐、高倍数泡沫发生器、压力开关或水流指示器、管道过滤器、系统控制箱、控制阀门、导泡筒、管路及其附件等组成（见图 2-7-5）。

4．系统组件

(1) 系统组件的涂色宜符合下列规定：

A．泡沫发生器、比例混合器、泡沫液贮罐、压力开关、泡沫混合液管道、泡沫液管道、管道过滤器宜涂红色；

B．水泵、泡沫液泵、给水管道宜涂绿色。

(2) 当选用贮水设备时，贮水设备的有效容积应超过该灭火系统计算用水贮备量的 1.15 倍，且宜设水位指示装置。

(3) 固定式常压泡沫液储罐，应设置液面计、排渣孔、进液孔、取样孔、吸气阀及人孔或手孔等，并应标明泡沫液的名称及型号。

(4) 泡沫液储罐宜采用耐腐蚀材料制作，当采用普通碳素钢板制作时，其内表面应做防腐处理。

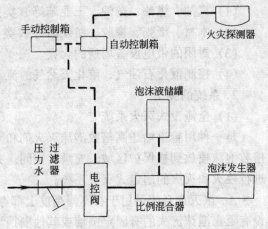

图 2-7-5 高倍数泡沫灭火系统典型方块图

(5) 防护区内固定设置泡沫发生器时，其发泡网应采用耐腐蚀的金属材料。

(6) 集中控制不同流量的多个防护区的全淹没式高倍数泡沫灭火系统或局部应用式高倍数泡沫灭火系统宜采用平衡压力比例混合器。

(7) 集中控制流量基本不变的一个或多个防护区的全淹没式高倍数泡沫灭火系统或局部应用式高倍数泡沫灭火系统宜采用压力比例混合器。

(8) 流量较小的局部应用式高倍数泡沫灭火系统或移动式高倍数泡沫灭火系统宜采用负压比例混合器。

(9) 系统管道的工作压力不宜超过 1.2MPa；泡沫液、水和泡沫混合液在主管道内的流速不宜超过 5m/s；在支管道内的流速不应超过 10m/s。

(10) 泡沫发生器或比例混合器中与泡沫液或泡沫混合液接触的部件，应采用耐腐蚀材料。

(11) 固定安装的消防水泵和泡沫液泵或泡沫混合液泵应设置备用泵,泡沫液泵宜选耐腐蚀泵。

(12) 高倍数泡沫灭火系统的干式管道可采用镀锌钢管,并应配备清洗管道的装置;高倍数泡沫灭火系统的湿式管道可采用不锈钢管或内外部进行防腐处理的碳素钢管,在有季节冰冻的地区,并应采取防冻措施。

(13) 泡沫发生器前应设控制阀、压力表和管道过滤器;当泡沫发生器在室外或坑道使用时,应采取防止风对泡沫的发生和分布影响的措施。

(14) 当防护区的管道采用法兰联接时,其垫片应采用石棉橡胶垫片。

(15) 当采用集中控制消防泵房(站)时,泵房内宜设置泡沫混合液泵或水泵和泡沫液泵、泡沫储液罐、比例混合器、控制箱、管道过滤器等。

A．消防泵房内应设备用动力;
B．消防泵房内应设置对外联络的通讯设备;
C．管道上的操作阀门应设在防护区以外;
D．在比例混合器前的管道过滤器两端宜设压力表。

2.7.4 泡沫灭火系统安装

参照 GB 50281—98《泡沫灭火系统施工及验收规范》

1．一般规定

(1) 泡沫灭火系统的施工人员应经过专业培训并考核合格,且承担施工的单位应经公安消防部门审查批准。

(2) 泡沫发生装置、泡沫比例混合器、固定式消防泵组、消火栓等主要设备应具备国家质量监督检验测试中心出具的检验报告和产品出厂合格证;阀门、压力表、管道过滤器、金属软管、管子及管件等应具备出厂检验报告或合格证。

2．主要设备和材料的外观检查

(1) 泡沫灭火系统施工前应对泡沫发生装置、泡沫比例混合器、泡沫液贮罐、消防泵或固定式消防泵组、消火栓、阀门、压力表、管道过滤器、金属软管等设备及零配件进行外观检查,并应符合下列规定:

A．无变形及其他机械性损伤;外露非机械加工表面保护层完好;无保护涂层的机械加工面无锈蚀;所有外露接口无损伤,堵、盖等保护物包封良好;铭牌清晰、牢固。

B．消防泵或固定式消防泵组盘车应灵活、无阻滞、无异常声音;高倍数泡沫发生器用手动转动叶轮应灵活;固定式泡沫炮的手动机构应无卡阻现象。

(2) 泡沫灭火系统施工前应对管子及管件进行外观检查,并应符合下列规定:

A．表面无裂纹、缩孔、夹渣、折叠、重皮和不超过壁厚负偏差的锈蚀或凹陷等缺陷。

B．螺纹表面完整无损伤,法兰密封面平整光洁无毛刺及径向沟槽。

C．垫片无老化变质或分层现象,表面无褶皱等缺陷。

3．泡沫液储罐、阀门的强度和严密性试验

(1) 泡沫液储罐的强度和严密性试验应符合下列规定:

A．每个泡沫泵站应抽查1个,若不合格,应逐个试验。

B. 强度和严密性试验应采用清水进行，环境温度宜大于5℃。
　　C. 压力储罐的强度试验压力应为设计压力的1.25倍；严密性试验压力应为设计压力；带胶囊的压力储罐可只作严密性试验。
　　D. 常压储罐的严密性试验压力应为贮罐装满水后的静压力。
　　E. 强度试验的时间应大于5min；严密性试验的时间不应小于30min，目测应无渗漏。
　　F. 试验后，应按施工及验收规范附录A填写泡沫储液罐的强度和严密性试验记录表。
　　(2) 阀门的检验应按现行国家标准GB 50235《工业金属管道工程施工及验收规范》中的有关规定执行；并应按施工及验收规范附录B填写阀门的强度和严密性试验记录表。
　　4. 施工
　　(1) 一般规定
　　A. 泡沫灭火系统的施工应按设计施工图纸和技术文件进行，不得随意更改，确需改动时，应经原设计单位修改。
　　B. 泡沫液储罐的安装除应符合施工及验收规范的规定外，尚应符合现行国家标准《容器工程质量检验评定标准》中的有关规定。
　　C. 消防泵或固定式消防泵组的安装除应符合施工及验收规范的规定外，尚应符合现行国家标准《压缩机、风机、泵安装工程施工及验收规范》中的有关规定。
　　D. 管道及支、吊架的加工制作、焊接、安装和管道系统的试压、冲洗、防腐、消火栓、阀门的安装、常压钢质泡沫液储罐现场制作、焊接、防腐等，除应符合施工及验收规范的规定外，尚应符合现行国家标准《工业金属管道工程施工及验收规范》、《现场设备、工业管道焊接工程施工及验收规范》和《建筑给水排水及采暖工程施工质量验收规范》中的有关规定。
　　E. 电气设备的安装应符合现行国家标准有关规范中的相关规定。
　　F. 火灾自动报警系统与泡沫灭火系统联动部分的施工，应按现行国家标准《火灾自动报警系统施工及验收规范》执行。
　　(2) 泡沫液储罐的安装
　　A. 泡沫液储罐的安装位置和高度应符合设计要求，当设计无规定时，泡沫液储罐四周应留有宽度不小于0.7m的通道，泡沫液储罐顶部至梁底的距离不得小于1.0m；消防泵房主要通道的宽度，应大于泡沫液储罐外形的最小尺寸。
　　B. 常压泡沫液储罐的安装方式应符合设计要求，当设计无规定时，应根据常压泡沫液储罐的形状采立式或卧式安装在支架或支座上，支架应与基础固定。
　　C. 压力泡沫液储罐的支架应与基础固定，安装时不宜拆卸或损坏其储罐上的配管和附件。
　　D. 压力泡沫液储罐安装在室外时，应根据环境条件设置防晒、防雨、防冻设施。
　　(3) 泡沫比例混合器的安装
　　A. 泡沫比例混合器安装时，液流方向应与标注的方向一致。
　　B. 环泵式泡沫比例混合器的安装应符合下列规定：
　　a. 环泵式泡沫比例混合器的安装坐标及标高的允许偏差为±10mm；
　　b. 环泵式泡沫比例混合器的连接管道及附件的安装必须严密；

c. 备用的环泵式泡沫比例混合器应并联安装在系统上。

C. 带压力储罐的压力式泡沫比例混合器应整体安装，并与基础牢固固定。

D. 压力式泡沫比例混合器应安装在压力水的水平管道上，泡沫液的进口管道应与压力水的水平管道垂直，其长度不宜小于1.0m；压力表与压力式泡沫比例混合器的进口处的距离不宜大于0.3m。

E. 平衡压力式泡沫比例混合器应整体安装在压力水的水平管道上，压力表应分别安装在水和泡沫液进口的水平管道上，并与平衡压力式泡沫比例混合器进口处的距离不宜大于0.3m。

F. 管线式、负压式泡沫比例混合器应安装在压力水的水平管道上，吸液口与泡沫液储罐或泡沫液桶最低液面的距离不得大于1.0m。

(4) 泡沫发生装置的安装

A. 低倍数泡沫产生器的安装应符合下列规定：

a. 液上喷射的横式泡沫产生器应水平安装在固定顶储罐罐壁顶部或外浮顶储罐罐壁顶端的泡沫导流罩上。

b. 液上喷射的立式泡沫产生器应垂直安装在固定顶储罐罐壁顶部或外浮顶储罐罐壁顶端的泡沫导流罩上。

c. 水溶性液体储罐内泡沫溜槽的安装应沿罐壁内侧螺旋下降到罐底1.0~1.5m处，溜槽与罐底平面夹角宜为30℃；泡沫降落槽应垂直安装，其垂直度允许偏差不应大于10mm，坐标及标高的允许偏差为±5mm。

d. 液下喷射的高背压泡沫产生器应水平安装在泡沫混合液管道上。

B. 中倍数泡沫发生器的安装位置及尺寸应符合设计要求，安装时不得损坏或随意拆卸附件。

C. 高倍数泡沫发生器的安装应符合下列要求：

a. 距高倍数泡沫发生器的进气端≤0.3m处不应有遮挡物；

b. 在高倍数泡沫发生器的发泡网前≤1.0m处，不应有影响泡沫喷放的障碍物；

c. 高倍数泡沫发生器安装时不得拆卸，并应固定牢固。

D. 泡沫喷头的安装应符合下列规定：

a. 泡沫喷头的规格、型号、数量应符合设计要求；泡沫喷头的安装应在系统试压、冲洗合格后进行；泡沫喷头的安装应固定、规整，安装时不得拆卸或损坏其喷头上的附件。

b. 顶喷式泡沫喷头应安装在被保护物的上部，并应垂直向下，其坐标及标高的允许偏差，室外安装为±15mm，室内安装为±10mm。

c. 水平式泡沫喷头应安装在被保护物的侧面并应对准被保护物体，其距离允许偏差为±20mm。

d. 弹射式泡沫喷头应安装在被保护物的下方，并应在地面以下；在未喷射泡沫时，其顶部应低于地面10~15mm。

E. 固定式泡沫炮的安装应符合下列规定：

a. 固定式泡沫炮的立管应垂直安装，炮口应朝向防护区；安装在炮塔或支架上的固定式泡沫炮应牢固。

b. 电动泡沫炮的控制设备、电源线、控制线的规格、型号及设置位置、敷设方式、接线等应符合设计要求。

(5) 固定式消防泵组的安装

A. 固定式消防泵组应整体安装在基础上，并应固定牢固；固定式消防泵组应以工字钢底座水平面为基准进行找平找正。

B. 固定式消防泵组不应随意拆卸，确需拆卸时，应由生产厂家进行。

C. 固定式消防泵组与相关管道连接时，应以固定式消防泵组的法兰端面为基准进行测量和安装。

D. 固定式消防泵组进水管吸水口处设置滤网时，其滤网的过水面积应大于进水管截面积的 4 倍；滤网架的安装应坚固。

E. 附加冷却器的泄水管应通向排水设施。

F. 内燃机排气管的安装应符合设计要求，当设计无规定时，应采用直径相同的钢管连接后通向室外。

(6) 管道、阀门和消火栓的安装

A. 泡沫混合液管道和阀门的安装应符合下列规定：

a. 泡沫混合液立管安装时，其垂直度偏差不宜大于 0.002；泡沫混合液立管与水平管道连接的金属软管安装时，不得损坏其不锈钢编织网。

b. 泡沫混合液水平管道安装时，其坡向、坡度应符合设计要求。

c. 泡沫混合液管道上设置的自动排气阀应直立安装，并应在系统试压、冲洗合格后进行，放空阀应安装在低处。

d. 泡沫喷淋干管、支管、分支管的安装除应按上述规定执行外，尚应符合现行国家标准 GB 50261《自动喷水灭火系统施工及验收规范》的有关规定。

e. 高倍数泡沫发生器进口端泡沫混合液管道上设置的压力表、管道过滤器、控制阀应安装在水平支管上。

B. 液下喷射泡沫灭火系统泡沫管道和阀门的安装应符合下列规定：

a. 泡沫水平管道安装时，其坡向、坡度应符合设计要求，放空阀应安装在低处。

b. 泡沫管道进储罐处设置的钢质控制阀和止回阀应水平安装，其止回阀上标注的方向应与泡沫的流动方向一致。

c. 泡沫喷射口的安装应符合设计要求，当喷射口设在储罐中心时，其泡沫喷射管和泡沫管道应固定在与储罐底焊接的支架上。

C. 泡沫混合液管道、泡沫管道埋地安装时还应符合下列规定：

a. 埋地安装的泡沫混合液管道，泡沫管道应符合设计要求；安装前应做好防腐，安装时不应损坏防腐层。

b. 埋地安装采用焊接时，焊缝部位应在试压合格后进行防腐处理。

c. 埋地安装的泡沫混合液管道，泡沫管道在回填土前应进行隐蔽工程验收，合格后及时回填土，分层夯实，并应按施工及验收规范附录 C 填写隐蔽工程验收记录表。

D. 消火栓的安装应符合下列规定：

a. 泡沫混合液管道上设置消火栓的规格、型号、数量、位置、安装方式应符合设计要求；消火栓应垂直安装。

b. 当采用地上式消火栓时,其大口径出水口应面向道路。

c. 当采用地下式消火栓时,应有明显的标志,其顶部出口与井盖底面的距离不得大于400mm。

d. 当采用室内消火栓或消火栓箱时,栓口应朝外或面向通道,其坐标及标高的允许偏差为±20mm。

(7) 试压、冲洗和防腐

A. 管道试压应符合下列要求:

a. 管道安装完毕后宜用清水进行强度和严密性试验。

b. 试压前应在管路与水泵、泡沫液泵、发生器及比例混合器连接处加盲板隔离或封堵,以系统的工作压力进行管路严密性试验,保持2h,无泄漏为合格。

c. 水压强度试验:在严密性试验合格后,将压力升高到1.5倍的工作压力,进行水压强度试验,保持压力30min,系统无变形,无泄漏为合格。

d. 试验合格后,应按施工及验收规范附录D填写管道试压记录。

B. 除水压试验外,系统还应进行以下试验:

a. 系统喷水试验:在泡沫贮液罐贮存泡沫液之前进行系统的喷水试验,试验目的是检验系统的工作可靠性。

b. 系统的发泡试验:试验时需观察发泡情况,泡沫是否均匀,计算或测定发泡量及混合比,测试发泡性能。

c. 探测、报警和控制系统应按规定进行联动试验。

C. 完成喷水和发泡试验后,必须对系统进行冲洗,使其恢复到设计规定的准备状态;管道冲洗应符合下列规定:

a. 管道试压合格后宜用清水(按流体流向)进行冲洗。

b. 冲洗前应将试压时安装的隔离或封堵设施拆下,打开或关闭有关阀门,分段进行。冲洗水的最小流量不能低于系统设计流量,为确保冲洗干净,应在足够的时间内,连续地维持这个流量。

c. 冲洗合格后,不得再进行影响管内清洁的其他施工,并按施工及验收规范附录E填写管道冲洗记录表。

D. 防腐应符合下列要求:

a. 现场制作的常压钢质泡沫储液罐内,外表面应按设计要求防腐;防腐应在严密性试验合格后进行。

b. 常压钢质泡沫储液罐罐体与支座接触部位的防腐,应符合设计要求,当设计无规定时,应按加强防腐层的做法施工。

2.8 火灾自动报警系统

根据GB 50016—98《火灾自动报警系统设计规范》的规定,火灾自动报警系统保护对象分为特级、一级及二级。目前,大多采用以下两类火灾自动报警系统:

(1) 传统火灾报警系统(多线制、输出开关信号)。

(2) 智能火灾报警系统(总线制、微机智能控制、输出连续数字信号或模拟信号)。

2.8.1 火灾报警系统的形式与组成

1. 火灾报警系统的形式

(1) 区域报警系统（如图 2-8-1）

是由区域火灾报警控制器和火灾探测器等组成，或由火灾报警控制器和火灾探测器等组成，功能简单的火灾自动报警系统。宜用于二级保护对象。

A. 报警区域应按防火分区或楼层划分，一个报警区域宜由一个防火分区或同楼层的几个防火分区组成。

B. 一个报警区域宜设置 1 台区域火灾报警控制器或 1 台火灾报警控制器，系统中区域报警控制器或火灾报警控制器不应超过 2 台；系统中可设消防联动控制设备。

C. 当用 1 台区域火灾报警控制器或火灾报警控制器警戒多个楼层时，应在每层楼梯口或消防电梯前室等明显部位，设置识别着火楼层的灯光显示装置。

D. 区域火灾报警控制器或火灾报警控制器安装在墙上时，其底边距地面的高度宜为 1.3~1.5m，其靠近门轴的侧面不应大于 0.5m，正面操作距离不应大于 1.2m。

E. 区域火灾报警控制器或火灾报警控制器宜设在有人值班的房间或场所；被监控场所应根据防火分区与报警区域划分探测区域，并按探测点和维护管理范围设置区域报警控制器，其中每一个场所可以装设多个探测器。

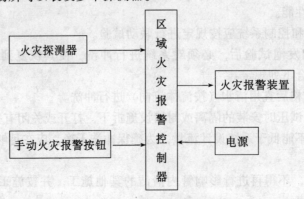

图 2-8-1　区域报警系统

(2) 集中报警系统（如图 2-8-2）

集中报警系统由集中火灾报警控制器、区域火灾报警控制器和火灾探测器等组成，或由火灾报警控制器、区域显示器和火灾探测器等组成，是功能较复杂的火灾自动报警系统。宜用于一级或二级保护对象。

集中报警控制器是由电子线路组成的集中自动监控报警装置，各个区域报警控制器巡回检测到的信号均集中到这一总的监控报警装置；它具有部位显示、区域显示、巡检、自检、火灾报警音响、计时、故障报警、记录打印等一系列的功能，在发出报警信号同时可自动对系统的消防功能控制动作，实现消防的目的。

A. 系统中应设有 1 台集中火灾报警控制器和 2 台以上区域火灾报警控制器，或设置 1 台火灾报警控制器和 2 台以上区域显示器；集中报警控制器的容量不宜小于保护范围内探测区域总数；系统中应设消防联动控制设备。

B. 集中火灾报警控制器或火灾报警控制器,应能显示火灾报警部位信号和控制信号,亦可进行联动控制。

C. 集中火灾报警控制器应设置在有专人值班的消防控制室或值班室内。

D. 集中火灾报警控制器或火灾报警控制器、消防联动控制设备等在消防控制室或值班室内的布置,应符合《火灾自动报警系统设计规范》中4.2第(5)条的规定。

E. 集中火灾报警控制器接受由各个区域报警控制器传输的信号,通过消防中心控制系统启动消防设备,使之运行灭火。

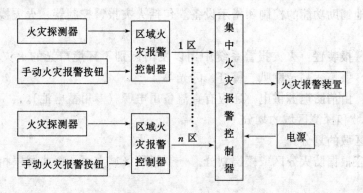

图 2-8-2 集中报警系统

(3) 控制中心报警系统(如图 2-8-3)

由消防控制室的消防控制设备、集中火灾报警控制器、区域火灾报警控制器和火灾探测器等组成,或由消防控制室的消防控制设备、火灾报警控制器、区域显示器和火灾探测器等组成,是功能复杂的火灾自动报警系统。宜用于特级和一级保护对象。

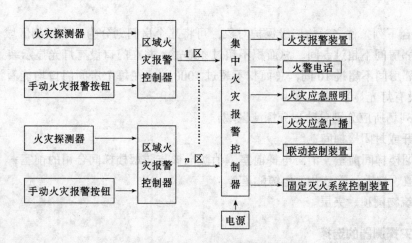

图 2-8-3 控制中心报警系统

A. 系统中应至少设置1台集中火灾报警控制器,1台专用消防联动控制设备和2台及以上区域火灾报警控制器;或至少设置1台火灾报警控制器,1台消防联动控制设备和2台及以上区域显示器。

B. 系统应能集中显示火灾报警部位信号和联动控制状态信号。

C. 系统中设置的集中火灾报警控制器或火灾报警控制器，消防联动控制设备等在消防控制室内的布置，应符合《火灾自动报警系统设计规范》中 4.2 第（5）条的规定。

2. 火灾自动报警系统的组成

火灾自动报警系统由触发装置、火灾报警装置、火灾警报装置及电源四部分组成。

（1）触发装置：自动或手动产生火灾报警信号的装置，包括各种火灾探测器、水流指示器、压力开关、手动报警按钮等。

（2）火灾报警装置：火灾报警系统中用以接受、显示和传递火灾信号，并能发出控制信号和具有其他辅助功能的控制和指示设备。包括火灾报警控制器、火灾模拟显示盘、数据采集器等。

（3）火灾警报装置：火灾报警系统中用以发出区别于环境声光的火灾警报信号的装置。包括警铃、警笛、高音喇叭、警灯、闪光等。

（4）电源：由消防电源供电，还应有直流备用电源（专用蓄电池）。

3. 报警区域和探测区域的划分

（1）报警区域的划分

报警区域应根据防火分区或楼层划分，一个报警区域宜由一个或同层相邻几个防火分区组成。

（2）探测区域的划分

A. 探测区域的划分应符合下列规定：

a. 探测区域应按独立房（套）间划分。一个探测区域的面积不宜超过 $500m^2$，从主要入口能看清其内部且面积不超过 $1000m^2$ 的房间，也可划为一个探测区域。

b. 红外光束线型感烟火灾探测器的探测区域长度不宜超过 $100m$；缆式感温火灾探测器的探测区域长度不宜超过 $200m$；空气管差温火灾探测器的探测区域长度宜在 $20\sim100m$ 之间。

B. 符合下列条件之一的二级保护对象，可将几个房间划分为一个探测区域。

a. 相邻房间不超过 5 间，总面积不超过 $400m^2$，并在门口设有灯光显示装置；

b. 相邻房间不超过 10 间，总面积不超过 $1000m^2$，在每个房间门口均能看清其内部，并在门口设有灯光显示装置。

C. 下列场所应分别单独划分探测区域：

a. 敞开或封闭楼梯间；

b. 防烟楼梯间前室、消防电梯前室、消防电梯与防烟楼梯间合用的前室；

c. 走道、坡道、管道井、电缆隧道；

d. 建筑物闷顶、夹层。

2.8.2 火灾探测器的选择

火灾探测器能尽快将发生火灾的信号（如高温、烟雾、气体、辐射光）转变为电信号输入火灾报警控制器；报警控制器能立即以声、光信号向人们发出警报，同时指示发生火灾的部位和时间，并执行相应的控制任务。

1. 常用火灾探测器的分类

（1）感烟式火灾探测器：响应燃烧或热解产生的固体或液体微粒的火灾探测器。

(2) 感温式火灾探测器：响应异常温度、温升速率和温差的火灾探测器。
(3) 火焰探测器：响应火焰辐射出的红外、紫外、可见光的火灾探测器。
(4) 可燃气体探测器：响应燃烧或热解产生的气体的火灾探测器。
(5) 复合式火灾探测器：响应两种以上不同火灾参数的火灾探测器。

2．火灾探测器选择的一般规定

火灾探测器的选择应符合下列要求：

(1) 对初期有阴燃阶段，产生大量的烟和少量的热，很少或没有火焰辐射的场所，应选用感烟探测器。
(2) 对火灾发展迅速，可产生大量热、烟和火焰辐射的场所，可选择感温探测器、感烟探测器、火焰探测器或其组合。
(3) 对火灾发展迅速，有强烈的火焰辐射和少量的烟、热的场所，应选择火焰探测器。
(4) 对火灾形成不可预料的场所，可根据模拟试验的结果选择探测器。
(5) 对使用、生产或聚集可燃气体或可燃液体蒸气的场所，应选择可燃气体探测器。

3．点型火灾探测器的选择

(1) 对不同高度的房间，可按表 2-8-1 选择点型火灾探测器。

对不同高度的房间点型火灾探测器的选择　　　　表 2-8-1

房间高度 h (m)	感烟探测器	感温探测器			火焰探测器
		一级	二级	三级	
$12 < h \leqslant 20$	不适合	不适合	不适合	不适合	适合
$8 < h \leqslant 12$	适合	不适合	不适合	不适合	适合
$6 < h \leqslant 8$	适合	适合	不适合	不适合	适合
$4 < h \leqslant 6$	适合	适合	适合	不适合	适合
$h \leqslant 4$	适合	适合	适合	适合	适合

(2) 下列场所宜选择点型感烟探测器：

A．饭店、旅馆、教学楼、办公楼的厅堂、卧室、办公室等；
B．电子计算机房、通讯机房、电影或电视放映室等；
C．楼梯、走道、电梯机房等；
D．书库、档案库等；
E．有电气火灾危险的场所。

(3) 符合下列条件之一的场所，不宜选择离子感烟探测器：

A．相对湿度经常大于 95%；
B．气流速度大于 5m/s；
C．有大量粉尘、水雾滞留；
D．可能产生腐蚀性气体；
E．在正常情况下有烟滞留；
F．产生醇类、醚类、酮类等有机物质。

(4) 符合下列条件之一的场所，不宜选择光电感烟探测器：

A．可能产生黑烟；
B．有大量粉尘、水雾滞留；
C．可能产生蒸汽和油雾；
D．在正常情况下有烟滞留。

(5) 符合下列条件之一的场所，宜选择感温探测器：
A．相对湿度经常大于95%；
B．无烟火灾；
C．有大量粉尘；
D．在正常情况下有烟和蒸汽滞留；
E．厨房、锅炉房、发电机房、烘干车间等；
F．吸烟室等；
G．其他不宜安装感烟探测器的厅堂和公共场所。

(6) 可能产生阴燃火或发生火灾不及时报警将造成重大损失的场所，不宜选择感温探测器；温度在0℃以下的场所，不宜选择定温探测器；温度变化不大的场所，不宜选择差温探测器。

(7) 符合下列条件之一的场所，宜选择火焰探测器：
A．火灾时有强烈的火焰辐射；
B．液体燃烧火灾等无阴燃阶段的火灾；
C．需要对火焰做出快速反应。

(8) 符合下列条件之一的场所，不宜选择火焰探测器：
A．可能发生无焰火灾；
B．在火灾出现前有浓烟扩散；
C．探测器的镜头易被污染；
D．探测器的"视线"易被遮挡；
E．探测器易受阳光或其他光源直接或间接照射；
F．在正常情况下有明火作业以及X射线、弧光等影响。

(9) 下列场所宜选择可燃气体探测器：
A．使用管道煤气或天然气的场所；
B．煤气站和煤气表房以及存储液化石油气罐的场所；
C．其他散发可燃气体和可燃蒸气的场所；
D．有可能产生一氧化碳气体的场所，宜选择一氧化碳气体探测器。

(10) 装有联动装置、自动灭火系统以及用单一探测器不能有效确认火灾的场合，宜采用感烟探测器、感温探测器、火焰探测器（同类型或不同类型）的组合。

4．线型火灾探测器的选择

(1) 无遮挡大空间或有特殊要求的场所，宜选择红外光束感烟探测器；

(2) 下列场所或部位，宜选择缆式线型定温探测器：
A．电缆隧道、电缆竖井、电缆夹层、电缆桥架等；
B．配电装置、开关设备、变压器等；
C．各种皮带输送装置；

D．控制室、计算机房的闷顶内、地板下及重要设施隐蔽处等；

E．其他环境恶劣不适合点型探测器安装的危险场所。

(3) 下列场所宜选择空气管式线型差温探测器：

A．可能产生油类火灾且环境恶劣的场所；

B．不易安装点型探测器的夹层、闷顶。

5．探测器的设置

(1) 点型火灾探测器的设置数量和布置

A．探测器区域内的每个房间至少应设置一只火灾探测器，感烟探测器的保护面积为 $60\sim80m^2$、感温探测器的保护面积为 $20\sim30m^2$；客房的面积一般均小于 $30m^2$，故客房内只需装设一只探测器。

B．感烟探测器、感温探测器的保护面积和保护半径，应按表2-8-2确定。

感温、感烟探测器的保护面积和保护半径　　　　　　　表 2-8-2

火灾探测器的种类	地面面积 S (m^2)	房间高度 h (m)	一只探测器的保护面积 A 和保护半径 R					
			层顶坡度 θ					
			$\theta \leqslant 15°$		$15° < \theta \leqslant 30°$		$\theta > 30°$	
			A (m^2)	R (m)	A (m^2)	R (m)	A (m^2)	R (m)
感烟探测器	$S \leqslant 80$	$h \leqslant 12$	80	6.7	80	7.2	80	8.0
	$S > 80$	$6 < h \leqslant 12$	80	6.7	100	8.0	120	9.9
		$h \leqslant 6$	60	5.8	80	7.2	100	9.0
感温探测器	$S \leqslant 30$	$h \leqslant 8$	30	4.4	30	4.9	30	5.5
	$S > 30$	$h \leqslant 8$	20	3.6	30	4.9	40	6.3

C．在有梁的顶棚上设置感烟探测器、感温探测器时，应符合下列规定：

a．当梁突出顶棚的高度小于200mm时，可不计梁对探测器保护面积的影响；

b．当梁突出顶棚的高度为200～600mm时，应按 GB 50116—98《火灾自动报警系统设计规范》附录B、C确定梁对探测器保护面积的影响和一只探测器能够保护的梁间区域的个数；

c．当梁突出顶棚的高度超过600mm时，被梁隔断的每个梁间区域至少应设置一只探测器；

d．当梁间净距小于1m时，可不计梁对探测器保护面积的影响。

D．在宽度小于3m的内走廊顶棚上设置探测器时宜居中布置；感烟探测器的间距应 $\leqslant 15m$、感温探测器的间距应 $\leqslant 10m$、探测器距端墙的距离不应大于探测器安装间距的一半。

E．探测器至墙壁、梁的水平距离不应小于0.5m，探测器周围0.5m内不应有遮挡物。

F．房间被书架、设备或隔断等分隔，其顶部至顶棚或梁的距离小于房间净高的5%时，每个被隔开的部分至少应安装一只探测器。

G．探测器至空调送风口边的水平距离不应小于1.5m，并宜接近回风口安装；探测器至多孔送风顶棚孔口的水平距离不应小于0.5m。

H．当屋顶有热屏障时，感烟探测器下表面至顶棚或屋顶的距离，应符合表2-8-3的规定。

感烟探测器下表面至顶棚或屋顶的距离　　　　　　　　　　　　表 2-8-3

探测器的安装高度 h (m)	感烟探测器下表面至顶棚或屋顶的距离 d (mm)					
	顶棚或层顶坡度 (θ)					
	$\theta \leqslant 15°$		$15° < \theta \leqslant 30°$		$\theta > 30°$	
	最小	最大	最小	最大	最小	最大
$h \leqslant 6$	30	200	200	300	300	500
$6 < h \leqslant 8$	70	250	250	400	400	600
$8 < h \leqslant 10$	100	300	300	500	500	700
$10 < h \leqslant 12$	150	350	350	600	600	800

I. 锯齿型屋顶和坡度大于 15° 的人字形屋顶,应在每个屋脊处设置一排探测器,探测器下表面至屋脊顶最高处的距离,应符合表 2-8-3 的规定。

J. 探测器宜水平安装,当倾斜安装时,倾斜角不应大于 45°。

K. 在电梯井、升降机井设置探测器时,其位置宜在井道上方的机房顶棚上。

(2) 线型火灾探测器的设置

A. 红外光束感烟探测器的光束轴线至顶棚的垂直距离宜为 0.3~1.0m,距地高度不宜超过 20m。

B. 相邻两组红外光束感烟探测器的水平距离不应大于 14m,探测器至侧墙水平距离不应大于 7m,且不应小于 0.5m;探测器的发射器和接受器之间的距离不宜超过 100m。

C. 缆式线型定温探测器在电缆桥架或支架上设置时,宜采用接触式布置;在各种皮带输送装置上设置时,宜设置在装置的过热点附近。

D. 设置在顶棚下方的空气管式线型差温探测器,至顶棚的距离宜为 0.1m;相邻管路之间的水平距离不宜大于 5m;管路至墙壁的距离宜为 1~1.5m。

2.8.3 消防广播通信系统

1. 火灾应急广播系统

为指挥火灾现场的人员疏散及消防队员灭火,控制中心报警系统应设置火灾应急广播,集中报警系统宜设置火灾应急广播;可以是一专用广播系统,也可利用建筑物的广播音响系统,在消防中心设一控制器,平常作正常广播,火灾时强制切换成应急广播。

(1) 火灾应急广播扬声器的设置应符合下列要求:

A. 民用建筑内的扬声器应设置在走道和大厅等公共场所,每个扬声器的额定功率不应小于 3W,其数量应能保证从一个防火分区内的任何部位到最近一个扬声器的距离不大于 25m,走道内最后一个扬声器至走道末端的距离不应大于 12.5m。

B. 在环境噪声大于 60dB 的场所设置的扬声器,在其播放范围内最远点的播放声压级应高于背景噪声 15dB。

C. 客房设置专用扬声器时,其功率不宜小于 1.0W。

(2) 火灾应急广播与公共广播合用时,应符合下列要求:

A. 火灾时应能在消防控制室将火灾疏散层的扬声器和公共广播扩音机强制转入火灾应急广播状态;

B. 消防控制室应能监控用于火灾应急广播时的扩音机的工作状态,并应具有遥控开启扩音机和采用传声器播音的功能;

C. 床头控制柜内设有服务性音乐广播扬声器时,应有火灾应急广播功能。

D. 应设置火灾应急广播用扩音机,其容量不应小于火灾时需同时广播的范围内火灾应急广播扬声器容量总和的 1.5 倍。

2. 火灾警报装置

(1) 未设置火灾应急广播的火灾自动报警系统,应设置火灾警报装置。

(2) 每个防火分区至少应设一个火灾警报装置,其位置宜设在各楼层走道靠近楼梯出口处;警报装置宜采用手动或自动控制方式。

(3) 在环境噪声大于 60dB 的场所设置火灾警报装置时,其声警报器的声压级应高于背景噪声 15dB。

3. 消防专用电话

为迅速确认火灾,便于指挥灭火及恢复工作,用于消防控制中心与现场之间进行通信的消防专用电话网络,应为独立的消防通信系统;消防控制室应设置消防专用电话总机,且宜选择共电式电话总机或对讲通信电话设备。

(1) 电话分机或电话塞孔的设置应符合下列要求:

A. 下列部位应设置消防专用电话分机:

a. 消防水泵房、备用发电机房、配变电室、主要通风和空调机房、排烟机房、消防电梯机房、及其他与消防联动控制有关的且经常有人值班的机房。

b. 灭火控制系统操作装置处或控制室。

c. 企业消防站、消防值班室、总调度室。

B. 设有手动火灾报警按钮、消火栓按钮等处宜设置电话插孔;电话插孔在墙上安装时,其底边距地面高度宜为 1.3~1.5m。

C. 特级保护对象的各避难层应每隔 20m 设置一个消防专用电话分机或电话塞孔。

(2) 消防专用电话一般为 2N 线制,最大可给出 40 (64) 路,每路均可设置不大于 15 只电话插孔,现场可使用便携式电话手机插接与主机通话,也可每路分别设置壁挂式电话手机或嵌入式安装的对讲电话,完成紧急通讯的需要。

(3) 消防电话系统的功能

A. 主机可分区域呼叫所有分机,与三路分机同时通话时,声音不衰减;主机呼叫分机:拿起主机手持话筒,按下分机地址按键,分机有振铃声响,拿起分机手持话筒即可通话;此时总机面板上与之对应的分机号码指示灯常亮,表示线路接通。

B. 分机呼叫总机:拿起分机手持话筒,主机有振铃声响,与之对应的分机号码指示灯闪亮,拿起主机上的手持话筒并按下分机地址按键即可通话。

C. 分机与分机通话:A 分机拿起,主机有振铃声响,拿起主机手持话筒,按下分机地址按键,分机与主机通话;询问 A 分机所要的 B 分机号之后,主机值班人员按下 B 分机的地址键,之后 B 分机使用者拿起手持话筒,此时主机和 2 个分机可同时通话,主机上的手持话筒放下后,A、B 分机也可通话。

D. 电话录音:当电话主机拿起手持话筒,便自动启动录音装置进行电话记录;线路已加入录音标志音,用以鉴别当时通话内容的真伪。

(4) 外线电话与电源

A. 消防控制室、消防值班室或企业消防站等处,应设置可直接报警的外线电话。

B．电源：工作电压为DC24V，应选用带蓄电池的电源装置，并能不间断供电。

2.8.4 消防控制室和消防联动控制

1．一般规定

(1) 消防控制设备应由下列部分或全部控制装置组成：

A．火灾报警控制器；

B．自动灭火系统的控制装置；

C．室内消火栓系统的控制装置；

D．防烟、排烟系统及空调通风系统的控制装置；

E．常开防火门、防火卷帘的控制装置；

F．电梯回降控制装置；

G．火灾应急广播的控制装置；

H．火灾警报装置的控制装置；

I．火灾应急照明与疏散指示标志的控制装置。

(2) 消防控制设备的控制方式应根据建筑的形式、工程规模、管理体制及功能要求综合确定，并应符合下列规定：

A．单体建筑宜集中控制；

B．大型建筑群宜采用分散与集中相结合控制。

(3) 消防控制设备的控制电源及信号回路电压宜采用直流24V。

2．消防控制室

(1) 消防控制室的门应向疏散方向开启，且入口处应设置明显的标志。

(2) 消防控制室的送、回风管在其穿墙处应设防火阀。

(3) 消防控制室内严禁与其无关的电气线路及管道穿过。

(4) 消防控制室周围不应布置电磁干扰较强及其他影响消防控制设备工作的设备用房。

(5) 消防控制室内设备的布置应符合下列要求：

A．设备面盘前的操作距离：单列布置时不应小于1.5m；双列布置时不应小于2m；

B．在值班人员经常工作的一面，设备面盘至墙的距离不应小于3m；

C．设备面盘后的维修距离不宜小于1m；

D．设备面盘的排列长度大于4m时，其两端应设置宽度不小于1m的通道；

E．集中火灾报警控制器或火灾报警控制器安装在墙上时，其底边距地面高度宜为1.3~1.5m，其靠近门轴的侧面距墙不应小于0.5m，正面操作距离不应小于1.2m。

3．消防控制设备的功能

(1) 消防控制室的控制设备应有下列控制及显示功能：

A．控制消防设备的启、停，并应显示其工作状态。

B．消防水泵、防烟和排烟风机的启、停，除自动控制外，还应能手动直接控制。

C．显示火灾报警、故障报警部位。

D．显示保护对象的重点部位、疏散通道及消防设备所在位置的平面图或模拟图等。

E．显示系统供电电源的工作状态。

F. 消防控制室应设置火灾警报装置与应急广播的控制装置，其控制程序应符合下列要求：

　　a. 二层及以上的楼房发生火灾，应先接通着火层及其相邻的上、下层；

　　b. 首层发生火灾，应先接通本层、二层及地下各层；

　　c. 地下室发生火灾，应先接通地下各层及首层；

　　d. 含多个防火分区的单层建筑，应先接通着火的防火分区及相邻的防火分区。

　　G. 消防控制室的消防通信设备，应符合 2.8.3 中"3. 消防专用电话"第（1）、（2）条的规定。

　　H. 消防控制室在确认火灾后，应能切断有关部位的非消防电源，并接通警报装置及火灾应急照明灯和疏散指示灯。

　　I. 消防控制室在确认火灾后，应能控制电梯全部停于首层，并接受其反馈信号。

　　(2) 消防控制设备对室内消火栓系统应有下列控制、显示功能：

　　A. 控制消防水泵的启、停；

　　B. 显示消防水泵的工作、故障状态；

　　C. 显示启泵按钮的位置。

　　(3) 消防控制设备对自动喷水和水雾灭火系统应有下列控制、显示功能：

　　A. 控制系统的启、停；

　　B. 显示消防水泵的工作、故障状态；

　　C. 显示水流指示器、报警阀、安全信号阀的工作状态。

　　(4) 消防控制设备对管网气体灭火系统应有下列控制、显示功能：

　　A. 显示系统的手动、自动工作状态；

　　B. 在报警、喷射各阶段，控制室应有相应的声、光警报信号，并能手动切除声响信号；

　　C. 在延时阶段，应自动关闭防火门、窗，停止通风空调系统，关闭有关部位防火阀；

　　D. 显示气体灭火系统防护区的报警、喷放及防火门（帘）、通风空调等设备的状态。

　　(5) 消防控制设备对管网泡沫灭火系统应有下列控制、显示功能：

　　A. 控制泡沫泵及消防水泵的启、停；

　　B. 显示系统的工作状态。

　　(6) 消防控制设备对管网干粉灭火系统应有下列控制、显示功能：

　　A. 控制系统的启、停；

　　B. 显示系统的工作状态。

　　(7) 消防控制设备对常开防火门的控制、应符合下列要求：

　　A. 门任一侧的火灾探测器报警后，防火门应自动关闭；

　　B. 防火门关闭信号应送到消防控制室。

　　(8) 消防控制设备对防火卷帘的控制、应符合下列要求：

　　A. 疏散通道上的防火卷帘两侧，应设置火灾探测器组及其警报装置，且两侧应设置手动控制按钮；

　　B. 疏散通道上的防火卷帘两侧，应按下列程序自动控制下降：

　　a. 感烟探测器动作后，卷帘下降至距地（楼）面 1.8m；

b.感温探测器动作后，卷帘下降到底。
　　C.用作防火分隔的防火卷帘，火灾探测器动作后，卷帘应下降到底；
　　D.感烟、感温火灾探测器的报警信号及防火卷帘的关闭信号应送至消防控制室。
　（9）火灾报警后，消防控制设备对防烟、排烟设施应有下列控制、显示功能：
　　A.停止有关部位的空调送风，关闭电动防火阀，并接受其反馈信号；
　　B.启动有关部位的防烟和排烟风机、排烟阀等，并接收其反馈信号；
　　C.控制挡烟垂壁等防烟设施。
　4.非联动控制及联动控制的系统与设备
　消防系统的控制方式分为联动控制和非联动控制（即手动控制方式）。
　（1）采用非联动控制方式的系统及设备
　　A.火灾应急广播系统。火灾发生时只在火灾区域及疏散区域播放应急广播，不宜在整个建筑物内进行火灾应急广播，否则将因人员恐慌而造成不必要的损失，有些建筑物将火灾应急广播与广播音响系统合用，发生火灾时进行切换。因此，火灾应急广播控制一般采用手动控制为宜（现已有火灾自动报警系统将其纳入联动控制）。
　　B.消火栓灭火系统。启用时需人为打开消火栓，通过消火栓箱内按钮以及驱动器启动消防水泵，故不需采用联动控制。
　　C.自动喷水灭火系统（湿式或干式）多采用具有感温元件的闭式喷头，并自成系统，故不需采用联动控制。
　　D.切断非消防电源的控制比较复杂，需同时切断火灾区域及疏散区域的非消防电源，一般采用手动控制，很少采用联动控制。
　（2）采用联动控制方式的系统及设备（也应同时设手动控制）
　　A.紧急报警、防烟排烟、正压送风、通风空调、火警电话、应急照明及诱导疏散指示标志。
　　B.预作用喷水灭火系统、水喷雾灭火系统、水幕系统、泡沫灭火系统、干粉灭火系统、卤代烷及二氧化碳管网灭火系统。
　　C.电动防火门、电动防火卷帘、电动防火隔离幕、电梯等设备。
　5.火灾报警与火灾确认
　（1）火灾报警是当一个探测器或一个回路的探测器感知火灾信息并通过报警装置报警。
　（2）火灾确认是由人工或设备确认证实火灾的存在。
　　A.人工确认：由人前往现场察看或公共场所利用电视监视，人工观察速度较慢，电视监视投资较高，故采用设备确认较好。
　　B.设备确认：利用两个或两组不同类型的探测器感知火灾信息后而专门输出的信号作为火灾确认信号。
　　C.对于危害人身及设备安全的泡沫、干粉灭火系统及卤代烷、二氧化碳管网气体灭火系统，在火灾确认后先联动报警系统，促使人员迅速离开现场或提醒现场人员采取防毒措施，经延时继电器延时后，才联动灭火系统。
　6.消防联动控制方式
　（1）由火灾探测器等与报警控制器单独构成火灾探测报警系统，再配以单独的联动控制系统，形成控制中心报警系统。该控制方式适用性强，两系统可在现场设备联系，也可在消防控制室联系。

（2）集监视、报警、联动控制和灭火于一体，两总线智能火灾探测报警与消防联动的控制器，系统联关火灾探测器等现场消防控制设备以及微机 CRT 显示系统（一般还配套消防广播、电话系统），火灾报警、消防联动关系在火灾报警控制器内实现。

（3）消防联动控制应符合以下要求：

A．当消防联动控制设备的控制信号和火灾探测器的报警信号在同一总线回路上传输时，其传输总线的敷设应符合 6.1 第（3）条的规定。

B．消防水泵、防烟和排烟风机的控制设备当采用总线编码模块控制时，还应在消防控制室设置手动直接控制装置。

C．设置在消防控制室以外的消防联动控制设备的动作状态信号，均应在消防控制室显示。

2.8.5 系统供电

1. 电源设置

（1）火灾自动报警系统应设有主电源和直流备用电源，配电室应设专用消防配电盘（箱）。

（2）主电源应采用消防电源，直流备用电源宜采用火灾报警控制器的专用蓄电池或集中设置蓄电池。当直流备用电源采用消防系统集中设置的蓄电池时，火灾报警控制器应采用单独的供电回路，并应保证在消防系统处于最大负荷状态下不影响报警控制器的正常工作。

（3）消防联动控制装置的直流操作电源电压应采用 DC24V。

（4）火灾自动报警系统中的 CRT 显示器、消防通讯设备等的电源，宜由 UPS 装置供电。

（5）火灾报警控制器应具有电源转换装置，当主电源断电时，能自动转换到备用电源；当主电源恢复时，能自动转换到主电源；主、备电源的工作状态应有指示，主电源应有过电流保护措施。主、备电源的转换应不使火灾报警控制器发出火灾报警信号；主电源容量应能保证火灾报警控制器在最大负载条件下，连续正常工作 4h。火灾自动报警系统主电源的保护开关不应采用漏电保护开关。

（6）在设有消防控制室的民用建筑中，消防用电设备的两个独立电源，宜在下列场所的配电屏（箱）处自动切换：

A．消防控制室；

B．消防水泵房；

C．消防电梯机房；

D．防排烟设备机房；

E．火灾应急配电箱；

F．各楼层消防配电箱等。

2. 电源的连接

（1）火灾报警控制器一般采用交流 220V 供电，电源与设备的连接不应采用插销、插座连接。电源连接线上不应设置开关，连接要可靠、牢固。

(2) 如备用电源采用蓄电池时，其容量应可提供火灾报警控制器在监视状态下工作8h后，在下述情况下正常工作30min：

A．火灾报警控制器容量不超过4回路时，处于最大负载条件下；

B．火灾报警控制器容量超过4回路时，1/15回路（不少于4回路，但不超过30回路）处于报警状态。

(3) 电源正极连接导线为红色、负极为黑色或蓝色。

(4) 蓄电池一般设置在火灾报警控制器机箱下端，其直流电源线应与设备接线端子可靠连接，中间不应设置开关或插头。

3．线路选择的一般规定

(1) 火灾自动报警系统的传输线路和50V以下供电的控制线路，应采用电压等级不低于交流250V的铜芯绝缘导线或铜芯电缆。采用交流220/380V的供电和控制线路，应采用电压等级不低于交流500V的铜芯绝缘导线或铜芯电缆。

(2) 火灾自动报警系统传输线路线芯截面的选择，除满足自动报警装置技术条件要求外，还应满足机械强度的要求，铜芯导线、电缆线路线芯的最小截面面积不应小于表2-8-4的规定。

铜芯导线、电缆线路线芯的最小截面　　　　　　表2-8-4

类　　别	线芯的最小截面（mm^2）
穿管敷设的绝缘导线	1.0
线槽内敷设的绝缘导线	0.75
多芯电缆	0.50

2.8.6　火灾自动报警系统施工

参照GB 50166—92《火灾自动报警系统施工验收规范》。

火灾自动报警系统的设计图纸需经当地公安消防部门审核批准，严格按审批后的图纸施工；火灾自动报警系统设备，应采用经国家有关产品质量监督检测单位检验合格的产品，国外产品要经公安系统消防科研所检测，合格后方能使用；系统在交付使用前必须经当地公安消防监督机构验收。

1．室内布线

(1) 火灾自动报警系统的布线，应符合现行国家标准《电气装置工程施工及验收规范》的规定。

(2) 火灾自动报警系统传输线路应采用穿金属管、经阻燃处理的硬质塑料管或封闭式线槽保护方式布线。

(3) 消防控制、通信和警报线路采用暗敷时，宜采用穿金属管或经阻燃处理的硬质塑料管保护，并应敷设在不燃烧体的结构层内，且保护层厚度不应小于30mm；当采用明敷时，应采用金属管或金属线槽保护，并应在金属管或金属线槽上采取防火保护措施。

采用经阻燃处理的电缆时，可不穿金属管保护，但应敷设在电缆竖井或吊顶内有防火保护措施的封闭式线槽内。

（4）火灾自动报警系统用的电缆竖井，宜与电力、照明用的低压配电线路电缆竖井分别设置，如受条件限制必须合用时，两种电缆应分别布置在竖井的两侧。

（5）从接线盒、线槽等处引到探测器底座盒、控制设备盒、扬声器箱的线路均应加金属软管保护。

（6）火灾探测器的传输线路，宜选择不同颜色的绝缘导线或电缆，正极"＋"线应为红色，负极"－"线应为蓝色；同一工程中相同用途导线的颜色应一致，接线端子应有标号。

（7）接线端子箱内的端子宜选择压接或带锡焊接点端子板，其接线端子上应有相应的标号。

（8）火灾自动报警系统的传输网络不应与其他系统的传输网络合用。

（9）不同系统，不同电压等级、不同电流类别的线路，不应穿于同一根管内或线槽的同一槽孔内；导线在管内或线槽内，不应有接头或扭结；导线的接头应在接线盒内焊接或用端子连接。

（10）横向敷设的报警系统传输线路如采用穿管布线时，不同防火分区的线路不宜穿入同一根管内。

（11）穿管绝缘导线或电缆的总截面积不应超过管内截面积的 40%；敷设于封闭式线槽内的绝缘导线或电缆的总截面积不应大于线槽的净面积的 50%。

（12）布线使用的非金属管材、线槽及其附件应采用不燃或非延燃性材料制造。

（13）敷设在多尘或潮湿场所管路的管口和管子连接处，均应做密封处理。

2．室内配线的耐火耐热措施

当发生火灾时，由于温度上升对该部分的消防设备配线有影响，为了保证消防设备可靠地工作，这部分线路必须具有耐火耐热性能，还必须采取防止延燃的措施。

（1）耐火配线是指由火的作用火灾温升曲线达到 840℃ 时，使线路在 30min 内仍能可靠供电或传输火灾信息的配线方式。

（2）耐热配线是指由火的作用火灾温升曲线达到 380℃ 时，使线路在 15min 内仍能可靠供电或传输火灾信息的配线方式。

（3）耐火、耐热构成的因素：是指导线（电缆）→保护导线材料→线路敷设部位和方法；耐火耐热配线应根据消防设备系统不同情况考虑，安装时按设计要求施工。

（4）耐火耐热配线还必须采取以下措施：

A．敷设有线路的电缆井、管道井以及排烟道、排气道、垃圾道等竖向管道间，其井壁应为耐火极限不低于 1h 的非燃烧体，井壁上的检查门应采取丙级防火门。

B．配线为了达到耐火耐热，对金属管端头接线应有一定的余度；配管中途接线盒不应埋设在易被燃烧的部位，且盒盖应加套石棉布等耐热材料。

C．电线管穿越墙体、地板时应用非燃烧材料充填。

3．钢管敷设

（1）一般规定

A．当线路暗配时，电线保护管宜沿最近的路线敷设，并应减少弯曲；电线保护管不宜穿过设备基础，当必须穿过时，应采取保护措施。

B．当电线管需要弯曲时，其角度必须大于90°，在弯曲处不能有皱折或坑瘪，以免磨损电线或电缆；线管弯曲半径不应小于管外径的6倍，当两个接线盒间只有一个弯曲时，其弯曲半径不宜小于管外径的4倍。

　　C．当电线保护管超过下列长度时，中间应加装接线盒或拉线盒，其位置应便于穿线：

　　　a．管子长度每超过30m、无弯曲时；

　　　b．管子长度每超过20m、有一个弯时；

　　　c．管子长度每超过15m、有两个弯时；

　　　d．管子长度每超过8m、有三个弯时。

　　D．垂直敷设的电线保护管遇下列情况之一时，应增设固定导线的拉线盒：

　　　a．管内导线截面为$50mm^2$及以下，长度每超过30m；

　　　b．管内导线截面为$70\sim95mm^2$，长度每超过20m；

　　　c．管内导线截面为$120\sim240mm^2$，长度每超过18m。

　　E．进入落地式配电箱的电线保护管，排列应整齐，管口宜高出基础地面50~80mm。

　　F．钢管浇注在混凝土内，应用铁丝将管子绑扎在钢筋上，也可用钉子钉在木模板上，并将管子用垫块垫起15mm以上；管子配在砖墙内，一般是在土建砌砖时预埋，否则，应先在砖墙上留槽或开槽，固定管子的方法，可先在砖缝里打入木楔，再在木楔上钉钉子，使管子充分嵌入槽内。

　　(2) 钢管除锈与涂漆

　　对于非镀锌钢管，为防止生锈，在配管前应对管子进行除锈，刷防腐漆。

　　A．管子内壁除锈可采用圆形钢丝刷，两头各绑一根铁丝穿过管子来回拉动，把管内铁锈清除；

　　B．管子外壁除锈可用钢丝刷打磨，工程量大时可采用电动除锈机；

　　C．除锈后将管子内外表面涂以防腐漆，外表可用刷子刷涂或喷涂，内表面可采用灌漆；

　　D．埋入砖墙内的钢管应刷红丹漆；埋入土层中的钢管应刷两道沥青漆或使用镀锌钢管，在锌层剥落处，也应刷防腐漆；

　　E．埋设在混凝土中的线管，外表面不要刷漆，否则、将会影响混凝土的结构强度。

　　(3) 切割套丝

　　A．在配管时应根据实际需要长度对管子进行切割，应使用钢锯、管子切割刀或电动切管机，严禁使用气割；

　　B．管子与管子连接，管子与接线盒、配电箱的连接，都需要在管子端进行套丝，焊接钢管套丝可用管子绞板或电动套丝机，电线管套丝可用圆丝板。

　　(4) 弯曲

　　钢管的弯曲一般都采用弯管器进行，先将管子需要弯曲的前段放在弯管器内，焊缝放在弯曲方向背面或侧面，以防管子弯扁；然后用脚踩住管子，手扳弯管器进行弯曲，并逐点移动弯管器，便可得到需要的弯度。

　　(5) 钢管的连接

　　暗配管时有两种连接方式，即丝扣连接（电线管的连接必须用丝扣连接）和套管连接。

A．丝扣连接时管端套丝长度不应小于管接头长度的 1/2，连接后其螺纹宜外露 2~3 扣，螺纹表面应光滑，无缺损；

B．在管接头两端应用圆钢或扁管焊接跨接地线，跨接地线的选择按表 2-8-5 规定。

跨接线选择表（mm）　　　　　表 2-8-5

电 线 管	钢 管	圆钢或扁钢
≤DG32	≤G25	φ6
DG40	G32	φ8
DG50	G40~50	φ10
DG70~80	G70~80	—25×4

C．套管连接宜用于暗配管或厚壁钢管，套管选用比被连接管径大一个规格的管子，取长度为连接管外径的 1.5~3 倍，经车床加工使内径扩大，以能套在被连接的管子上为宜；连接管的对口处应在套管的中心。

a．在套管两端施焊，焊口应焊接牢固、严密，严禁采用两管直接对接焊，以防止漏入管接缝中的焊瘤刺破导线绝缘；

b．采用紧定螺钉连接时，螺钉应拧紧，在振动场所，紧定螺钉应有防松措施。

(6) 钢管与盒体的连接。

A．焊接：钢管进入灯头盒、开关盒、接线盒及配电箱时，暗配管可用焊接固定，管口宜高出盒（箱）内壁 3~5mm，在盒体外焊接，焊接处应补刷防腐漆；

B．丝扣连接：钢管与盒体采用丝扣连接时，先在管端旋上一个薄螺母（俗称纳子）限制管端穿入盒内的长度，将管子穿入盒内后，用手旋上盒内螺母，让管子露出两扣螺纹，再用扳手把盒子外的薄螺母旋紧并在盒内管口上装置护口。

(7) 钢管与设备的连接，应将钢管敷设到设备的接线盒内，如不能直接进入，应符合下列要求：

A．在干燥房间内，可在钢管出口处加保护软管（软管接口高度离地≥200mm，管口应包扎严密）引入设备。

B．在室外或潮湿房间内，可在管口处装设防水弯头，由防水弯头引出的导线应套绝缘保护软管，经弯成防水弧度弯后再引入设备。

C．金属软管引入设备时应用软管接头连接，软管应用卡子固定，其间距不应大于 1m，不得利用金属软管作为接地导体。

(8) 装设补偿盒：当管子经过建筑物变形缝（包括沉降缝、伸缩缝、抗震缝）时，为防止基础沉降不均或热胀冷缩，损坏暗配管和导线，需在伸缩缝旁装设补偿盒；在伸缩缝的一边安装 1~2 只接线盒，在线盒侧面开一长形孔，将管子一端穿入长孔中无需固定，而另一端用管纳子与接线盒拧紧固定；导线跨越变形缝的两侧应固定，并留有适当余量。

4．管内穿线

(1) 管路的清扫

为不伤及导线，穿线前应清扫管路中的积水和杂物；可用 0.25MPa 压缩空气将管内赃物吹出，或在钢丝上将布绑成拖把布状，穿入管内来回拉动钢丝数次；管路清扫后向管内吹入滑石粉以便穿线，并将管子端部安上塑料管帽或橡皮护线套。

(2) 穿引线

A. 当管路较短弯头较少时，可将钢引线由管子一端送向另一端，再从另一端将导线绑扎在钢引线上，牵引导线入管；

B. 若管路较长或弯曲较多时，可在配管时将引线穿好，也可由管的两端同时穿入钢引线，且将线端弯成小钩，当钢引线在管中相遇时，用手搅动较短一根钢线使其转动，使两根钢线绞在一起，然后把钢引线拉出。

(3) 拉线头子：钢引线的一头需与所穿的电线结扎在一起，即需做一个拉线头子，要求柔软（在管路拐弯处容易通过）、光滑（可减少阻力）、直径小（避免卡住）、结扎可靠（防止松散及脱线）；在所穿导线为细芯电缆时，可用软铜丝编制电缆网套对电缆进行牵引，当电缆根数较多，线芯较粗时，可将电缆分段结扎。

(4) 拉线

拉线最少要两人配合，电线电缆在穿放过程中，为防止出现扭曲，损坏线芯，线盘应置于放线架上，导线必须笔直送入或拉出管口，以防管口磨伤或割伤导线；一人拉一人送，两人送拉动作要配合协调，当导线拉不动时，两人应反复来回拉动几次再向前拉，不可硬拉硬送，而将引线或导线拉断。

(5) 导线穿好后在剪断时要留出适当长度，以便接线安装，接线盒内的留线以绕盒内一圈为宜，控制箱内留线以绕箱体半圈为宜。

(6) 由于管内所穿导线的回路不同，在选择导线颜色时应加以区别，对于用颜色难以区别的，穿线后可在导线表面用不同颜色的塑料胶粘带加以区别，以便导线与设备准确连接。

(7) 火灾自动报警系统导线敷设后，应对每回路的导线用 500V 的兆欧表测量绝缘电阻，其对地绝缘电阻不应小于 $20M\Omega$。

5. 火灾探测器的安装

(1) 传统型火灾探测器安装

在配管施工中预埋或预固定安装接线盒（灯头盒），将接线盒安装板、底座板、底座、探测器几部分组合在一起，探测器的确认灯应朝向主要走道或出入口方向，并将底座有关的连线接在底座的准确位置，安装上保护盖，待系统开通时，取下保护盖安装探测器。

(2) 智能火灾探测器安装：智能光电感烟探测器、智能电子感温探测器、智能火焰探测器的安装和布线基本相同，预埋盒在配管时一并埋入，用 2 只 M4 的螺钉将底座紧固在接线盒上，注意状态指示灯应朝向房门入口或视野所及之处，并将回路两总线 L_1、L_2 分别接在底座相应的端子上。用编码器或控制器对探测器写入部位号（进行编码），将探测器嵌入底座，然后拧紧即可。安装时宜带手套操作，以保持探测器外壳清洁。

(3) 可燃气体探测器安装：安装方式与上述探测器基本相同，其安装高度及位置应根据可燃气体密度和泄漏点而定。

A. 密度小于 1（对空气）的可燃气体（如天然气、焦炉煤气、甲烷等）泄漏后向高处上升，探测器应安装在环境空间的上部或易于积聚上升气体的地方。

B. 密度大于 1（对空气）的可燃气体（如石油液化气、乙烷、丙烷、丁烷等）泄漏后，首先积聚于地面附近，故探测器应安装在离地面30cm以下的地方。

(4) 探测器安装的注意事项：

A. 探测器的底座应固定牢靠，其导线连接必须可靠压接或焊接，当采用焊接时，不得使用带腐蚀性助焊剂。

B. 探测器底座的外接导线，应留有不小于15cm的余量，入端处应有明显标志；探测器底座的穿线孔宜封堵，安装完备后的探测器底座应采取保护措施。

C. 探测器在即将调试时方可安装，以减少灰尘和水雾侵蚀；调试时每个探测器均要检验，除使用检验按钮外，还应对探测器输入模拟信号进行测试。

D. 探测器安装前应妥善保管，离子感烟探测器中有放射性元素镅（Am241）会放出 α 射线，现经检测还未对人构成不良影响；但探测器数量很多，且方向又一致时，射线是以叠加方式累计，就可能达到对人体有影响的剂量，库房中堆放不要存放在常有人工作的地方，并应采取防尘、防潮、防腐蚀的措施。

6. 手动火灾报警按钮安装

(1) 每一个防火分区应至少设置一只手动火灾报警按钮；从一个防火分区内的任何位置到最邻近的一个手动火灾报警按钮的距离不应大于30m；手动火灾报警按钮宜设置在公共活动场所的出入口处。

(2) 手动火灾报警按钮应设置在明显和便于操作的部位，当安装在墙上时，其底边距地面高度宜为1.3~1.5m，且应有明显的标志。

(3) 手动火灾报警按钮应安装牢固，并不得倾斜；手动火灾报警按钮外接导线应留有不小于10cm的余量，且在其端部应有明显标志。

(4) 手动火灾报警按钮一般与探测器配合使用，用于公共场所发生火灾时人工手动操作发出报警信号至火灾报警控制器，火灾报警控制器接受到报警信号后，发出警报并显示相应报警地址；有的手动火灾报警按钮上设置了电话插孔，在施工布线时需增加两根电话线，消防或维修人员将手机插入电话插孔即可与消防控制中心通话。

(5) 手动火灾报警按钮系统的布线宜独立设置，应在火灾报警控制器或消防控制（值班）室进行控制，报警盘上应有专用独立的报警显示部位号，不应与火灾自动报警显示部位混合布置或排列，并有明显的标志。

7. 火灾报警控制器的安装

火灾报警控制器接受火灾探测器和手动火灾报警按钮的火灾信号，发出声、光报警，指示火灾发生部位，按照预先编制的程序，发出控制信号，联动各种灭火控制设备，迅速有效地扑灭火灾。火灾报警控制器应设置在消防中心，消防值班室及其他规定有人值班的房间。

(1) 控制器应安装牢固，不得倾斜，控制器安装在轻质墙上时，应采取加固措施；控制器操作面板应避免阳光直射，房间内无高温、高湿、尘土、腐蚀性气体，不受振动、冲击等影响。

(2) 控制器落地安装时，其底宜高出地坪0.1~0.2m，控制器在墙上安装时，其底边距地（楼）面高度宜为1.3~1.5m。

(3) 引入控制器的电缆或导线应符合下列要求：

A. 配线应整齐，避免交叉；导线应绑扎成束，并应固定牢靠。

B. 电缆芯线和所配导线的端部均应标明编号，并与设计图纸一致，字迹清楚不易退色（因聚氯乙烯管没有吸水性，可采用导线塑料套管打号机打印或碳素墨水加紫药水的混合液体书写）。

C. 控制器端子板连接应使控制器的显示操作规则、有序；端子板的每个接线端，接线不得超过二根，电缆芯和导线应留有不小于20cm的余量。

D. 导线引入线穿线后，在进线管处应封堵。

E. 控制器主电源引入线，应直接与消防电源连接，严禁使用电源插头，主电源应有明显标志。

(4) 消防控制设备安装

A. 消防控制设备在安装前应进行功能检查，不合格者不得安装。

B. 消防控制设备的外接导线，当采用金属软管作套管时，其长度不宜大于1m，并应采用管卡固定，其固定点间距不应大于0.5m；金属软管与消防控制设备的接线盒（箱），应采用锁母固定，并应根据配管规定接地。

C. 消防控制设备的外接导线的端部应有明显标志。

D. 消防控制设备盘（柜）内不同电压等级，不同电流类别的端子应分开，并有明显标志。

(5) 系统接地装置安装

火灾报警控制器的接地应牢固，并有明显标志；火灾自动报警系统接地应符合下列要求：

A. 采用专用接地装置时，接地电阻值不应大于4Ω；采用共用接地装置时，接地电阻值不应大于1Ω。

B. 火灾自动报警系统应用专用接地干线，并应在消防控制室设置专用接地板；专用接地干线应从消防控制室设置专用接地板引至接地体，在通过墙壁时，应穿入钢管或其他坚固的保护管。

C. 专用接地干线应采用铜芯绝缘导线，其线芯截面面积应不小于$25mm^2$，专用接地干线宜穿硬质塑料管埋设至接地体。

D. 由消防控制室接地板引至各消防电子设备的专用接地干线应采用铜芯绝缘导线，其线芯截面面积应不小于$4mm^2$。

E. 消防电子设备凡采用交流供电时，设备金属外壳和金属支架等应作保护接地，接地线应与电气保护接地干线（PE线）相连接。

F. 接地装置施工完备后，测量接地电阻应符合本条A的规定，作好记录，并及时进行隐蔽工程验收。

2.9 高层建筑的消防供电

高层建筑由于其自身的特点，发生火灾时，消防扑救难度大，主要是利用内部消防设施进行灭火和疏散人员，要有不间断的消防电源；如果火灾中供电中断，势必造成严重损失。因此，合理确定供电负荷等级，保障高层建筑消防用电设备的供电可靠性是非常重要的。

2.9.1 变配电系统及柴油发电机

1. 按照 GB 50045—95《高层民用建筑设计防火规范》的规定，一类高层建筑应按一级负荷要求供电，二类高层建筑应按二级负荷要求供电，一、二级负荷均应由两个电源供电，大多数高层建筑均有两路 10kV 电缆电源进线（由城市输电网即低压市电网供给），已满足规范的要求，原则上可不设柴油发电机组。但是，由于我国电网运行水平及不可预计的供电事故，并考虑到电源系统检修或两个电源系统同时发生故障，以及发生火灾而停电等严重情况，高层建筑应有自备应急电源，以保证各种消防与应急设备和消防控制中心等仍能继续运行，自备应急电源一般均选择 500kW 柴油发电机组 1 至数台。

（1）应急柴油发电机组的供电范围，一般包括下列用电设备：

A．消防用电设备：包括消防控制室、消防水泵、消防电梯、消防应急广播、防排烟设备、火灾自动报警系统、电动防火门窗、电动卷帘门等。

B．重要照明用电：包括疏散用应急照明、备用照明用应急照明（如发电机房、消防控制中心的照明等）、安全照明。

C．保安设备用电：包括保安监视、警报、通讯等用电设备。

D．重要设备用电：如中央控制室、电脑管理系统的用电。

（2）自备应急电源的结线特点：

按照 JGJ/T 16—92《民用建筑电气设计规范》的规定，柴油发电机组应急电源应接入低压配电，与外网电源间应设联锁，不得并网运行。

（3）自备应急电源的接地系统：柴油发电机组一般需做三种接地：

A．工作接地，即发电机组中性点接地；

B．保护接地；

C．防静电接地，即燃油系统的设备及管道的接地。

在高层建筑中柴油发电机组一般与建筑物的其他接地共用接地装置，即采用联合接地方式，其接地电阻应≤1Ω。

（4）柴油发电机组的选择

A．起动方式。一类高层建筑应选择带自动启动装置的柴油发电机组，一旦市网供电中断，必须在 15s 内起动且供电，并具有 3 次自起动功能，其总时间不大于 30s；二类高层建筑有条件时，也宜采用带自起动装置的柴油发电机组，当采用自动启动困难时，可采用手动启动装置。

B．励磁系统。高层建筑中一般选择无刷型自动励磁装置，易于实现机组自动化或对机组进行遥控。

C．转速。柴油发电机组按转速可分为三类，高速机组转速≥1000r/min；中速转速为 300～1000r/min；低速转速≤300r/min；在高层建筑中应选用 1000～1500r/min 的高速机组，该机组具有体积小、质量轻等优点。

D．冷却方式。柴油发电机组按冷却及供油方式的不同可分为整体式和分体式两种。

a．整体式柴油发电机组将热风通道与机组上的散热器相连，其连接处采用软接头；当热风通道直接导出室外有困难时，可设置竖井导出；其油箱位于柴油发电机组的底部，存储能维持机组一定时间运行的燃油，在地震多发地区，尽可能采用整体式机组。

b. 当机房无法安装热风出口时,可采用分体式散热机组,可将排风机、散热管与机组主体分开,单独放在室外,用水管将室外的散热管与位于室内地下层的柴油发电机组相连接,但需通过输油管远距离的输送燃油。

2. 备用电源的容量应在消防电源要求容量以上,保证高层建筑各种消防与应急设备和消防控制中心仍能继续运行;备用电源的配线应采取耐热措施。

3. 蓄电池设备应具有的功能:

(1) 蓄电池设备应能自动充电,充电电压高于额定电压的 10% 左右,并设有防止过充电装置。

(2) 蓄电池设备应设有自动与手动并易于稳定地进行充电的装置;自蓄电池设备引至火灾自动报警系统的消防设备线路应设开关及过电流保护装置。

(3) 对蓄电池设备输出电压、电流应设电源电压表及电流表进行监视;周围温度在 0~40℃ 时,蓄电池设备应能保持正常工作。

(4) 蓄电池设备容量应能保证两个报警区域消防设备的供电能力,同时对全部音响设备必须满足 10min 的供电需要。

2.9.2 电气设备及线路的选择

1. 电气设备的选择

(1) 变压器

主变压器一般设置在地下室,根据消防要求,一般不得选用可燃性油浸变压器;地下室比较潮湿,通风条件不好,也不适宜选用空气绝缘干式变压器,宜采用硅油型、环氧树脂浇铸或六氟化硫(SF_6)型电力变压器。

(2) 高压开关柜的选择

根据建筑防火要求,高压开关设备常采用具有不可燃性的真空断路器开关柜或气体绝缘开关柜,开关柜均以手车式为宜;当断路器故障时,可把故障断路器手车抽出,推进备用手车,从而缩短故障停电时间,提高供电的可靠性。

(3) 低压配电屏的选择

一般选择抽屉式及封闭式低压配电屏,框架式配电屏也时有采用;屏内的操作保护电器大多采用自动空气开关。

(4) 消防用电设备应采用单独的供电回路,其配电设备应有明显标志,宾馆、酒店往往采用一台专用于消防设备的低压配电柜,并加以消防标志,有利于消防控制,也便于电源与备用电源的切换。

(5) 根据 GB 50045—95《高层民用建筑设计防火规范》的要求,高层建筑的消防控制室及消防用电设备的两个电源或两个回路的线路,应在最末一级配电箱处自动切换,实际工程中,除中低压配电室放送一路常用电源专用线路至消防泵外,备用电路也有一路专用于消防泵,常用电源与备用电源在消防设施所在地切换,即通常所称的"终端切换",切换方式有自动和手动两种,在有报警系统的条件下,应以自动切换为主。

2. 线路材料选择及敷设方式

电气线路所采用的各类电缆、电线、母线槽等需要采取阻燃化、难燃化或不燃化的措施,以避免电气线路造成的火灾蔓延扩大。

(1) 当采用暗敷设时，应穿在金属或阻燃塑料管内，且敷设在不燃烧体结构内，线管保护层的厚度不宜小于30mm。

(2) 当采用明敷时，应采用金属管或金属槽并涂防火涂料加以保护。

(3) 当采用绝缘和护套为不延燃材料的电缆时，可不穿金属管保护，但应敷设在电缆井（沟）内。

(4) 高层建筑的低压配电干线在竖井中宜选用容量大、结构紧凑、可靠性高的密集型母线槽取代电缆，消防泵、消防电梯、应急发电机等低压配电干线应选用耐火密集型母线槽；水平干线因走线困难，应采用全塑电缆与竖井母干线连接。

所有电梯均要求采用两路不同变压器引出的专用电缆进线，在电梯机房的末端配电箱，设两路电源的自动切换装置，互为备用。

(5) 由于高层建筑的电气竖井比较长，一旦发生火灾，竖井则成为通风道，会产生烟囱效应；因此，应将各类电气线路孔洞的空隙，采用与建筑构件具有相同耐火等级的材料堵塞严实，形成楼层间的防火密封隔断。

3. 电气线路的保护

电气线路往往由于短路、过载运行、接触电阻过大等原因而产生电火花、电弧；或引起电线、电缆过热，都极易造成火灾。

(1) 短路

电气线路由于绝缘层老化，受损或过电压等原因均可能发生短路故障，短路一般有相间短路和对地短路两种。短路电流会迅速使电气线路的绝缘软化甚至燃烧，因此配电线路应设置短路保护，以便在短路电流使导体及其连接体产生热效应及机械应力，造成危害之前切断短路电流。

(2) 过负荷

电气线路中流过的电流量超过安全电流量值就叫电线过负荷；电线长时间过负荷，将会长时间超过允许温升，造成导线绝缘加速老化，最终导致电气线路短路，因此、配电线路应设过负荷保护，使保护电器在过负荷电流引起的导体温升对导体的绝缘、接头、端子造成损害前切断负荷电流。

(3) 接触电阻过大

电气线路与设备连接处，由于连接不牢或其他原因使接头接触不良，造成局部电阻过大而产生发热、电火花等，因此，电气线路与电气设备的连接必须牢固可靠。

2.9.3 电动机运行时的防火保护

1. 为防止发生短路，可采用各种类型的熔断器作为短路保护；为防止电机因漏电而引发事故，可采用良好的接零或接地保护；为防止发生过载，可采用热继电器作为过载保护；另外，还可设置失压保护、温度保护等。

2. 消防设备的电机不宜采用过负荷保护。

火灾期间一般非重要负荷都被切除，电气系统总负荷减小，导致系统电网电压升高，相应造成电机的启动电流升高，可能出现部分空气开关的过流脱扣器的动作电流不能有效躲过电机的启动电流，造成误跳闸，使排烟风机、正压风机等灭火设备不能工作，故灭火设备拖动电机的空气开关，其瞬时过流脱扣器的动作电流整定值宜取规定的上限值。

3. 消防水泵拖动电机的控制。

电机容量在 10kW 以下时，允许直接启动；容量大于 10kW，应采取降压启动方式。

(1) 功率<125kW 鼠笼型电机常用 Y—△（星—三角）启动器，是降压启动方式之一，必须是电机定子绕组 6 个端头都引出在电机的接线端子盒内，若定子绕组在内部联结好后，只有三个端子引出，则不能用 Y—△启动器。

(2) 功率<320kW 鼠笼型异步电机，使用自耦减压启动器，具有过载和失压保护作用。

2.9.4 电气照明的防火措施

照明灯具一般安装在人员工作、居住的场所，装饰灯具一般安装在人员密集的场合，一旦发生火灾将造成巨大财产损失和人员伤亡，因此，对照明灯具的火灾危险应有足够的认识。电气照明的防火措施为：

(1) 根据不同的场所合理选择照明、装饰灯具类型并正确安装；灯具与可燃物的间距应不小于 50cm，离地面高度不应低于 2m，当低于此高度时应加装防护设施。

(2) 超过 60W 的白炽灯、卤钨灯、荧光高压汞灯（包括镇流器）等不应直接安装在可燃装修或可燃构件上。

(3) 灯具下方不宜堆放可燃物品，可燃吊顶上所有暗装、明装的灯具功率不宜过大，并应以白炽灯或荧光灯为主，暗装灯具及其发热附件的周围应有良好的散热条件。

(4) 电气照明应有各自的分支回路，而不应接在动力总开关之后，各分支回路都要设置短路保护设施。

2.10 系统综合性能试验及消防验收

2.10.1 消防检查系统的分类

1. 消防检查验收的系统分类

消防工程安装后，除施工单位进行系统调试外，还要经消防设施检测中心和公安消防部门检查验收，检查验收时一般分为以下系统：

(1) 土建工程（含防火卷帘和防火门系统）；
(2) 室内外消火栓系统；
(3) 自动喷水灭火系统；
(4) 火灾自动报警系统（含控制中心）；
(5) 防烟、排烟系统；
(6) 消防联动系统；
(7) 气体灭火系统；
(8) 应急照明和疏散指示系统（含消防电源）；
(9) 建筑内部装修工程；
(10) 灭火器配置；
(11) 文件资料。

2. 应提供的文件资料名称：
(1) 工程设计、施工各阶段消防部门审核批复的文件；
(2) 消防系统竣工图纸；
(3) 设计变更通知；
(4) 主要设备材料出厂合格证、产品备案证；
(5) 隐蔽工程记录；
(6) 系统试压及冲洗记录；
(7) 系统调试报告；
(8) 电气绝缘电阻测试记录；
(9) 接地电阻测试记录；
(10) 各消防设施（系统）工作原理说明；
(11) 各消防设施（系统）周期维护保养自检记录。

2.10.2 各系统的检查项目

1. 火灾自动报警系统
(1) 布线
A. 传输线路管路材料、导线材料及截面积；
B. 控制、通讯和警报线路管路材料与防火保护；
C. 管路连接处理及管路加固；
D. 导线连接及布线要求；
E. 线路绝缘电阻。
(2) 火灾探测器
A. 探测器编码；
B. 外观质量、周围最小距离要求及安装牢固程度；
C. 安装倾斜角及保护半径；
D. 至空调送风口的距离；
E. 内走道探测器安装；
F. 确认灯位置及功能；
G. 报警功能。
(3) 手动火灾报警按钮
A. 按钮编码；
B. 外观质量、安装高度、安装牢固程度及设置要求；
C. 确认功能及报警功能。
(4) 火灾报警控制器
A. 合格证及铭牌标志；
B. 柜式控制器安装尺寸；
C. 壁挂式控制器安装尺寸；
D. 安装牢固程度及基本功能；
E. 柜内配线、端子接线根数、导线绑扎；

F．总线制系统隔离要求；
G．主电源、主电源线、主电源标志、主电源性能及容量检验；
H．直流备用电源、备用电源自动充电及容量检验；
I．报警音响；
J．接地保护、接地线、接地电阻值及保护接地标志。

2．自动给水灭火系统

(1) 消防水池
A．水池容积；
B．补水措施；
C．供消防车取水口位置；
D．合用水池消防用水保证措施；
E．寒冷地区水池防冻措施。

(2) 消防水箱
A．水箱容积及水箱安装位置；
B．进水、出水、溢流、泄水管安装；
C．水箱与管道接口要求；
D．单向阀设置、增压设施设置；
E．补水措施；
F．合用水箱消防用水保证措施。

(3) 气压给水装置
A．气压罐容积工作压力；
B．气压给水装置安装位置及运行正常；
C．气压给水装置附件安装。

(4) 水泵接合器
A．水泵接合器组件齐全、设置位置及安装要求；
B．水泵接合器数量及标志。

(5) 消防水泵
A．水泵型号规格及外观质量；
B．水泵吸水方式、吸水管及阀门、出水管径；
C．与动力机械连接；
D．消防泵控制柜手动按钮启动、远距离启动及消防电源；
E．水泵启动时间及工作电流；
F．备用泵设置及主备泵自动转换；
G．水泵性能试验装置。

(6) 湿式报警阀组
A．外观质量及安装要求；
B．延迟器、滤水器、水力警铃、供水总控制阀、压力开关安装；
C．报警阀控制喷头数量；
D．延迟器排水功能、水力警铃报警功能、报警音响及压力开关功能试验；

E. 关闭报警阀后组件状态。
（7）水流指示器
　　A. 外观、设置位置及直管段长度；
　　B. 布线及功能。
（8）末端试水装置
　　A. 设置位置、连接管和排水管直径；
　　B. 末端试水装置组件齐全。
（9）喷淋管网
　　A. 管道材料及管道连接方式；
　　B. 管道螺纹连接或焊接连接质量；
　　C. 管道安装位置、管道固定、套管及管道安装质量；
　　D. 减压装置；
　　E. 管道水压试验；
　　F. 管道颜色。
（10）喷头
　　A. 喷头型号及外观质量；
　　B. 安装间距、与墙柱间距、与梁边距离、与隔断水平及垂直距离、与门窗、墙面距离；
　　C. 溅水盘与顶棚楼板距离；
　　D. 仓库的喷头布置；
　　E. 边墙型喷头的布置、距顶棚距离、距边墙距离及对障碍物的要求。
（11）湿式自动喷水灭火系统联动试验
　　A. 试验阀打开压力表读数；
　　B. 水力警铃报警状态；
　　C. 压力开关动作状态；
　　D. 水流指示器动作状态；
　　E. 消防泵启动。
3. 消火栓系统
（1）室内消火栓
　　A. 消火栓设置、类型、箱体与组件匹配；
　　B. 栓口安装位置、安装尺寸及出水方向；
　　C. 水带长度、水带与接扣连接。
（2）消防水喉
　　A. 组件完整、各组件匹配；
　　B. 布置位置。
（3）消火栓按钮
　　A. 按钮保护；
　　B. 确认功能、信号反馈功能及控制功能。
（4）消火栓管网

A．进水管数量、管道设置，室内管道连接；
　　B．管道上阀门设置及阀门状态；
　　C．消防立管直径；
　　D．管道颜色。
　（5）消火栓性能试验
　　A．最不利点消火栓静水压力；
　　B．最不利点消火栓充实水柱；
　　C．水压最大处栓口静水压力；
　　D．水压最大处栓口出水压力；
　　E．试验用消火栓设置位置。
　4．应急照明和疏散指示系统
　（1）应急照明
　　A．安装质量；
　　B．应急转换功能、应急工作时间；
　　C．消防控制室等处应急照明灯照度。
　（2）疏散指示
　　A．安装质量；
　　B．疏散指示标志、疏散指示方向、疏散指示照度；
　　C．应急转换功能、应急工作时间。

2.10.3　消火栓系统的检查及验收

在公安消防部门的监督之下，根据消防规范的规定，进行检查和验收。

1．室外消火栓系统应检查以下内容：
（1）消火栓的井盖、井身是否便于操作，消火栓是否便于检查和开启使用。
（2）消防给水管网敷设是否合适，消防阀门安装是否符合要求，能否便于火场操作使用。
（3）消火栓应进行出水试验，测定消防给水管网的流量和压力是否符合有关消防要求。

2．室内消火栓系统应检查以下内容：
（1）消防泵站、水表结点、输水管是否符合要求，消火栓、阀门是否完整、便于操作。
（2）室内消防管网供水的可靠性，水泵接合器操作使用是否方便。
（3）开启消防水泵，检查动力的可靠性，并利用最不利点消火栓，即在每个室内消火栓系统的最高一层消火栓（或实验专用消火栓）和系统重点保护部位的消火栓上接 DN 65、喷嘴 $\phi 19$ 的水枪布置出水，观察出水效果，根据设计规定，测定栓口水压和流量是否符合要求。
　　A．系统静压，即打开消火栓阀门，关闭水枪开关测压。
　　B．系统日常所提供的压力测试，即常高压系统的出水压力和临时高压系统消防水泵不启动情况下系统的出水压力。

C. 临时高压系统消防水泵启动后，消火栓的出水压力。

（4）在每个室内消火栓系统的最低一层消火栓处布置水枪出水，观察最低一层消火栓的出水压力是否超过消防规范规定的 0.8MPa 的最大限度。

（5）对于下部数层消火栓处设有减压阀的室内消火栓系统，应将上部未设减压阀的部分与下部设有减压阀的部分视为上下两个分区进行试验；其他楼层的消火栓可按 1/5 随机抽样试验，除检查出水压力外，检查水泵启动按钮启动功能及消防中心的信号反映情况。

2.10.4 自动喷水灭火系统综合性能调试及验收

1. 系统调试

应包括水源测试、消防水泵调试、稳压泵调试、报警阀调试、排水装置调试、模拟火灾联动试验。

（1）水源测试的内容和要求

A. 按设计要求核实消防水箱的容积、设置高度是否符合规定，是否有保证消防蓄水不作它用的技术措施。

B. 按设计要求核实消防水泵接合器的数量和供水能力是否能满足系统灭火的要求，并通过移动式消防水泵做供水试验进行验证。

（2）消防水泵调试应符合下列要求

A. 消防水泵要挂醒目的标志牌（如高区 1 号消防泵等），以便于识别及操作。

B. 以自动（受设在管网系统上的压力开关、触点压力表或水流指示器等控制设备控制，自动启动）或手动方式（在水泵房或消防控制中心进行）启动消防水泵时，消防水泵应在 5min 内投入运行。

无论自动或手动启动后，达到设计流量和压力时，其压力表指针应稳定，运转中应无异常声响和振动；各密封部位不得有泄漏现象，各滚动轴承温度应≤75℃，滑动轴承温度应≤70℃。

C. 以备用电源切换后，消防水泵应在 1.5min 内投入运行，其上述各项性能应无变化。

D. 稳压泵调试时，模拟设计启动条件，稳压泵应立即启动，当达到系统设计压力时，稳压泵应自动停止运行。

（3）各种报警阀的调试

A. 湿式报警阀：在试水装置处放水，当湿式报警阀进口水压大于 0.14MPa，放水流量大于 1L/s 时，报警阀应及时启动；带延迟器的水力警铃应在 15~90s 内发出报警铃声，不带延迟器的水力警铃应在 15s 内发出报警铃声；压力开关应及时动作，并反馈信号启动消防喷淋泵；消防中心应显示湿式报警阀的开启状况及消防喷淋泵的运行状态。

B. 干式报警阀：打开系统试水阀后，干式报警阀的启动时间，启动点的空气压力，水流到试验装置出口所需时间，均应符合设计要求。

C. 干湿式报警阀：将差动型（充气式）报警阀上室和闭式喷水管网的空气压力降至供水压力的 1/8 以下时，试水装置应能连续出水，水力警铃应发出报警信号。

D. 雨淋阀调试利用检测、试验管路进行。用设计的自动或手动方式启动雨淋阀，启动装置动作后，雨淋阀应在 15s 之内启动，试验管路应输出设计要求的水流；公称直径大于 200mm 的雨淋阀调试时应在 60s 之内启动。雨淋阀调试时，当报警水压为 0.05MPa，水力警铃应发出报警铃声。

(4) 系统排水装置试验：应将系统控制阀全部打开，全开主排水阀，按系统最大设计灭火水量做排水试验，并使系统压力达到稳定，在试验过程中，从系统排放的水应全部及时进入排水系统排走，未出现任何水害，试验即为合格。

(5) 火灾模拟联动试验：当消防监督部门认为有必要时，可做火灾模拟联动试验。

A．采用专用测试仪表或其他方式，对火灾自动报警系统的各种探测器输入模拟火灾信号，火灾自动报警控制器应发出声光报警信号并启动自动喷水灭火系统。

感烟探测器：使用专用测试仪输入模拟烟信号后，应在 15s 内输出报警和启动系统执行信号，准确、可靠地启动自动喷水灭火系统。

感温探测器：使用专用测试仪输入模拟信号后，应在 20s 内输出报警和启动系统执行信号，准确、可靠地启动自动喷水灭火系统。

B．在个别区域或房间升温，测试感温喷头在达到设定温度时是否爆破喷水，使一个或数个喷头爆破喷水，并用容器（如盆、桶等）接水测量喷水量是否符合要求，并验证其保护面积、喷水强度、水力、电动报警装置的联动是否符合设计和有关规范的规定。

C．在每个分区系统的最高一层水平管末端试验装置处以 0.94~1.5L/s 的流量进行放水试验，该层试验阀处静水压力应≥0.05MPa；对于设有稳压泵的系统，应切断主泵电源，打开试验放水阀，观察稳压泵的启动情况，水流指示器、压力开关、水力警铃和消防水泵等应及时动作并发出相应的信号，在消防控制中心应显示这些信号。

D．在每个分区系统的最低一层水平管末端试验阀处进行放水试验，试验阀处压力应＜1.2MPa；在消防控制中心应同时观察到该层水流指示器动作的报警信号和喷淋泵启动运转的信号。

E．关闭水泵、屋顶水箱或气压罐的所有阀门，切断水泵电源，用消防车通过水泵接合器供水，测试消防车的供水压力和系统试验阀处的压力。

F．有条件应在水流指示器前安装信号蝶阀（一般是安装闸阀或手动蝶阀），以便消防中心实施联控及显示水流指示器开闭状态。

G．联动试验应按施工及验收规范附录 C 进行记录。

2．系统验收

系统竣工后，应对系统的供水水源、管网、喷头布置以及功能等进行检查和试验，并按施工及验收规范附录 D 的格式填写系统验收表。

(1) 系统供水水源检查验收

A．应检查室外给水管网的进水管管径及供水能力，并应检查消防水箱和水池的容量，均应符合设计要求。

B．当采用天然水源作系统的供水水源时，其水量、水质应符合设计要求，并应检查枯水期最低水位时确保消防用水的技术措施。

(2) 系统的流量、压力试验

A．常高压给水系统，通过系统最不利点处末端试水装置进行放水试验，流量、压力应符合设计要求。

B．临时高压给水系统，通过启动消防泵，测量系统最不利点试水装置的流量、压力应符合设计要求。

C．当采用市政给水管网作系统水源时，应按常高压或临时高压给水系统的要求进行试验，流量、压力应符合设计要求。并应有两条来自室外不同给水管网的进水管，若只有一条进水管时应设消防水池。

（3）消防泵房的检查验收

A．消防泵房的建筑耐火等级、设置位置、应急照明、安全出口等应符合设计要求。

B．工作泵、备用泵、吸水管、出水管及出水管上的泄压阀、安全信号阀（或闸阀）等的规格、型号、数量应符合设计要求，当出水管上安装闸阀时应锁定在常开位置。

C．消防水泵应采用自灌式引水或其他可靠的引水措施，水泵出水管上应安装试验用的放水阀及排水管。

D．备用电源，自动切换装置的设置应符合设计要求，经试验，主备电源应切换正常。

E．设有消防气压给水设备的泵房，当系统气压罐内压力下降到最低压力时（一般为总压力的80%），能通过压力开关输出信号，启动消防泵，经试验，应启动正常。

（4）消防水泵接合器数量及进水管位置应符合设计要求，水泵接合器应进行充水试验，且系统最不利点的出水压力、流量应符合设计要求。

（5）消防水泵的验收及要求

A．分别开启系统每一个末端试水装置，水流指示器、压力开关等信号装置功能应符合设计要求，且消防泵启动正常。

B．消防水泵组的主泵与副泵互为备用功能的相互切换试验：打开消防水泵出水管上放水试验阀，当采用主电源启动消防泵时，消防泵应启动运行正常，人工模拟故障（如切断三相电源中的一相），另一台泵应能自动投入运行；关掉主电源，主、备电源应切换正常。

C．消防水泵的远程启动：按动某一个消火栓箱的启动按钮，消防控制中心应有信号显示，并输出信号启动消防泵，亦可在消防控制中心远程启动消防水泵。

（6）系统管网检查试验

A．管网的材质、管径、接头及采取的防腐、防冻措施应符合设计要求，管网的排水坡度及辅助排水措施应符合施工及验收规范的规定，局部不能排空的管段应设置管径为25mm的辅助排水管。

B．系统的最末端、每一分区系统末端或每一层系统末端应设置的末端试水装置，预作用和干式喷水灭火系统最末端设置的排气阀应符合设计要求，末端试水装置应包括压力表、闸阀，试水口及排水管，且排水管的直径不应小于25mm。

C．管网不同部位安装的报警阀、闸阀、止回阀、电磁阀、信号阀、水流指示器、减压孔板、节流管、减压阀、压力开关、柔性接头、排水管、排气阀、泄压阀等均应符合设计要求。

D．干式喷水灭火系统容积大于1500L时，设置的加速排气装置应符合设计要求及施工及验收规范的规定。

E．预作用喷水灭火系统充水时间不超过3min。

F．报警阀后的管道上不应安装有其他用途的支管或水龙头。

G．配水支管、配水管、配水干管设置的支架、吊架和防晃支架应符合施工及验收规范的规定；供水立管上不应安装其他用途的支管或水龙头。

(7) 报警阀组的验收

A．报警阀组的各组件应符合产品标准要求，打开放水试验阀，测试的流量、压力应符合设计要求。

B．水力警铃的设置位置应正确，测试时水力警铃喷嘴处压力不应小于 0.05MPa，且距水力警铃 3m 远处警铃声声强应≥70dB。

C．打开手动放水阀或电磁阀，雨淋阀组动作应可靠。

D．控制阀（包括蝶阀或闸阀）均应锁定在常开位置；报警阀组与空压机或火灾报警系统的联动程序应符合设计要求。

(8) 喷头的验收

A．喷头的规格型号，喷头安装间距、喷头与顶棚、楼板、墙、梁等的距离应符合设计要求。

B．喷头公称动作温度应符合设计要求。与环境最高温度应协调，且应符合有关标准的要求。

C．向下安装的喷头，当三通下需接短管时，是否安装了带短管的专用喷头；大空间、高顶棚以及其他特殊场合，是否按设计安装了特种喷头；有碰撞危险的场所安装的喷头应加装防护罩。

D．有腐蚀性气体的环境和有冰冻危险的场所安装的喷头，应采取防腐蚀、防冻措施。

(9) 系统模拟灭火功能试验

A．报警控制阀动作，警铃鸣响；水流指示器动作，消防控制中心有信号显示。

B．压力开关动作，信号阀开启，压力罐充水，空压机或排气阀启动，加速排气装置投入运行，消防控制中心有信号显示。

C．电磁阀打开，雨淋阀开启，消防控制中心有信号显示。

D．消防水泵启动，消防控制中心有信号显示。

E．区域报警器、集中报警控制盘有信号显示。

F．消防应急广播投入运行，电视监控系统投入运行，其他消防联动控制系统投入运行。

(10) 消防管网的常开阀门上锁

在消防工程验收后，所有消防系统的常开阀门均应上锁，在手柄式蝶阀处于开启状态时，在手柄旁钻一 $\phi 8$ 的孔（尽量靠边好上锁为宜）上锁；手轮式阀门用链条上锁；以免阀门被误关闭，发生火灾时影响消防系统的正常使用。

2.10.5 气体灭火系统的调试及验收

1. 调试

(1) 气体灭火系统的调试宜在系统安装完毕，以及有关的火灾自动报警系统和开口自动关闭装置、通风机械和防火阀等联动设备的调试完成后进行。

(2) 调试后应按施工及验收规范附录 D 规定的内容提出调试报告，调试报告的表格形式可根据气体灭火系统结构形式和防护区的具体情况进行调整。

(3) 气体灭火系统的调试，应对每个防护区进行模拟喷气试验和备用灭火剂贮存容器切换操作试验。

(4) 进行调试时，应采取可靠的安全措施，确保人员安全和避免灭火剂的误喷射。

(5) 模拟喷气试验的条件应符合下列规定：

A．卤代烷灭火系统模拟喷气试验不应采用卤代烷灭火剂，宜采用氮气进行；氮气贮存容器与被试验的防护区用的灭火剂贮存容器的结构、型号、规格应相同，连接与控制方式应一致，充装的氮气压力和灭火剂贮存压力应相等；氮气贮存容器数不应少于灭火剂贮存容器数的20%，且不得少于一个。

B．二氧化碳灭火系统应用二氧化碳灭火剂进行模拟喷气试验，试验采用的贮存容器数应为防护区实际使用容器总数的10%，且不得少于一个。

C．模拟喷气试验宜采用自动控制。

(6) 模拟喷气试验的结果应符合下列规定：

A．试验气体能喷入被试防护区内，且应能从被试防护区的每个喷嘴喷出。

B．有关控制阀门工作正常。有关声、光报警信号正确。

C．贮瓶间内的设备和对应防护区的灭火剂输送管道，无明显晃动和机械性损坏。

(7) 进行备用灭火剂贮存容器切换操作试验时可采用手动操作，并应按施工及验收规范规定准备一个氮气或二氧化碳贮存容器，试验结果应符合上条的规定。

2. 验收

(1) 气体灭火系统的竣工验收应包括下列场所和设备：

A．防护区和贮瓶间。

B．系统设备和灭火剂输送管道。

C．与气体灭火系统联动的有关设备。

D．有关的安全设施。

(2) 竣工验收完成后，应按施工及验收规范附录E的规定提出竣工验收报告，竣工验收报告的表格形式可按气体灭火系统的结构形式和防护区的具体情况进行调整；气体灭火系统验收合格后，应将气体灭火系统恢复到正常工作状态；验收不合格的不得投入使用。

(3) 防护区和贮瓶间验收

A．防护区的划分、用途、位置、开口、通风、几何尺寸、环境温度及可燃物的种类与数量应符合设计要求，并应符合现行有关设计规范的规定。

B．防护区下列安全设施的设置应符合设计要求，并应符合现行国家有关标准、规范的规定。

a．防护区的疏散通道、疏散指示标志和应急照明装置。

b．防护区内和入口处的声光报警装置、入口处的安全标志。

c．无窗或固定窗扇的地上防护区和地下防护区的排气装置。

d．门窗设有密封条的防护区的泄压装置。

e．专用的空气呼吸器或氧气呼吸器。

C．贮瓶间的位置、通道、耐火等级、应急照明装置及地下贮瓶间机械排风装置应符合设计要求，并应符合现行国家有关标准、规范的规定。

(4) 设备验收

A. 灭火剂贮存容器的数量、型号和规格，位置与固定方式，油漆和标志，灭火剂充装量和贮存压力，以及灭火剂贮存容器的安装质量应符合设计要求，并应符合施工及验收规范的有关规定。

B. 灭火剂贮存容器内的充装量，应按实际安装的灭火剂贮存容器总数（不足5个按5个计）的20%进行称重抽查；卤代烷灭火剂贮存容器内的贮存压力应逐个检查。

C. 集流管的材料、规格、连接方式、布置和集流管上泄压方向应符合设计要求和施工及验收规范的有关规定。

D. 阀驱动装置的数量、型号、规格和标志，安装位置和固定方法，气动驱动装置中驱动气瓶的介质名称和充装压力，以及气动管道的规格、布置、连接方式和固定，应符合设计要求和施工及验收规范的有关规定。

E. 选择阀的数量、型号、规格、位置、固定和标志及其安装质量应符合设计要求，并应符合施工及验收规范的有关规定。

F. 设备的手动操作处，均应有标明对应防护区名称的耐久标志；手动操作装置均应有加铅封的安全销或防护罩。

G. 灭火剂输送管道的布置与连接方式，支架和吊架的位置及间距、穿过建筑物构件及其变性缝的处理，各管段和附件的型号、规格以及防腐处理和油漆颜色，应符合设计要求和施工及验收规范的有关规定。

H. 喷嘴的数量、型号、规格、安装位置、喷孔方向，固定方法和标志，应符合设计要求和施工及验收规范的有关规定。

(5) 系统功能验收

A. 系统功能验收时，应按防护区总数（不足5个按5个计）的20%进行模拟启动试验；按防护区总数（不足10个按10个计）的10%进行模拟喷气试验。

B. 模拟自动启动试验时，应先关断有关灭火剂贮存容器上的驱动器，安上相适应的指示灯泡、压力表或其他相应装置，再使被试防护区的火灾探测器接受模拟火灾信号。试验应符合下列规定：

a. 指示灯泡显示正常或压力表测定的气压足以驱动容器阀和选择阀的要求。

b. 有关的声、光报警装置均能发出符合设计要求的正常信号。

c. 有关的联动设备动作正确，符合设计要求。

C. 模拟喷气试验应符合施工及验收规范的有关规定。

D. 当模拟喷气试验结果达不到施工及验收规范的有关规定时，功能试验为不合格，应在排除故障后对全部防护区进行模拟喷气试验。

3. 二氧化碳灭火系统调试验收还应满足以下要求：

(1) 二氧化碳灭火系统的功能要求如下：

A. 全淹没系统二氧化碳灭火剂喷射时间，对于表面火灾，不应大于1min；对于深位火灾，不应大于7min，并应在前2min内达到30%的浓度。

B. 二氧化碳灭火系统充装的灭火剂，应符合国家标准 GB 4396《二氧化碳灭火剂》的要求。

C. 高压贮存系统贮存环境温度与充装密度应符合表 2-10-1 的规定：

贮存环境温度与充装密度的关系　　　　　　表 2-10-1

最高环境温度（℃）	充装密度（kg/L）
40	≤0.74
49	≤0.68

D. 喷嘴最小工作压力，高压系统为 1.4×10^6 Pa，低压系统为 1.0×10^6 Pa。

E. 局部应用系统喷射时间一般小于 0.5min，对于燃点温度低于沸点温度的可燃液体火灾，不小于 1.5min；局部应用系统的灭火剂覆盖面积应考虑临界部分或可能蔓延的部位。

(2) 需要设置灭火剂备用量的系统如下：

A. 二氧化碳灭火系统中比较重要的防护区。

B. 短期内不能重新灌装灭火剂恢复使用的二氧化碳灭火系统。

C. 一套装置保护 4 个以上防护区的二氧化碳灭火系统。

灭火剂备用量不能小于一次灭火需用量，且灭火剂备用量贮存容器应与管道直接相连，以保证能切换使用。

(3) 系统控制启动要求

A. 全淹没系统宜设自动控制和手动控制两种启动方式，经常有人的局部应用系统保护场所，可设手动控制启动方式。

B. 自动控制应采用复合探测，即接受到两个以上独立火灾信号后，才能实施启动灭火剂贮存容器。

C. 手动控制的操作装置应设在防护区外便于操作的地方，并能在一处完成系统启动的全部操作。

D. 启动系统的释放机构可用电动、气动、机械三种形式，电动和气动必须保证可靠的动力源；机械释放机构应传动灵活、操作省力。

E. 灭火系统启动释放之前或同时，应保证完成必须的联动与操作。

2.10.6　泡沫灭火系统的调试及验收

1. 调试

泡沫灭火系统的调试应在整个系统施工结束后和系统有关的火灾报警装置及联动控制设备调试合格后进行；调试所需的检验设备应准备齐全，需要临时安装在系统上的仪器、仪表安装完毕。

(1) 单机调试

A. 单机调试可用清水代替泡沫进行。

B. 泡沫灭火系统的消防泵或固定式消防泵组应全部进行试验，其试验的内容和要求应符合现行国家标准《压缩机、风机、泵安装工程施工及验收规范》中的有关规定。

C. 泡沫比例混合器应全部调试，调试时泡沫比例混合器的实测性能指标应符合标准的要求。

D．泡沫发生装置的调试应符合下列规定：

a．调试时，低、中倍数泡沫发生装置应选择最不利点的防护区或储罐进行喷水试验，其进口压力应符合设计要求。

b．最不利点泡沫喷头的压力应符合设计要求。

c．固定式泡沫炮（包括手动、电动）的进口压力应符合设计要求，其射程、射高、仰俯角度、水平回转角度等指标应符合标准的要求。

d．高倍数泡沫发生器进口压力的平均值不应小于设计值，每台高倍数泡沫发生器发泡网的喷水状态应正常。

E．消火栓应选择最不利点进行喷水试验，其压力应符合低、中倍数泡沫枪进口压力的要求。

(2) 系统调试

泡沫灭火系统的调试应在单机调试合格后进行，并应符合下列规定：

A．系统调试时应使系统中所有的阀门处于正常状态。

B．每个防护区均应进行喷水试验，当对储罐进行喷水试验时，喷水口可设在靠近储罐的水平管道上。

C．当为手动灭火系统时，应以手动控制的方式进行一次喷水试验；当为自动灭火系统时，应以手动和自动控制的方式各进行一次喷水试验，其各项性能指标均应达到设计要求。

D．低、中倍数泡沫灭火系统喷水试验完毕将系统中的水放空后，应选择最不利点的防护区或储罐进行一次喷泡沫试验；当为自动灭火系统时，应以自动控制的方式进行，喷射泡沫的时间不宜小于1min；实测泡沫混合器的混合比及泡沫混合液的发泡倍数应符合设计要求。

E．高倍数泡沫灭火系统除应符合上述规定外，尚应对每个防护区分别进行喷泡沫试验，喷射泡沫的时间不宜小于30s，泡沫最小供给速率应符合设计要求。

(3) 泡沫灭火系统调试合格后，应用清水冲洗后放空，将系统恢复到正常状态，并应按施工及验收规范的附录F填写系统调试记录表。

2．验收

(1) 泡沫灭火系统的验收应包括消防泵或固定式消防泵组、泡沫比例混合器、泡沫液储罐、泡沫液、泡沫发生装置、消火栓、阀门、压力表、管道过滤器、金属软管、管道及附件；电源、水源及水位指示装置；系统功能等。

(2) 泡沫灭火系统验收时，除对施工质量进行复查外，并应按下列规定进行：

A．泡沫液宜现场封样送检。

B．主电源和备用电源切换试验1～3次。

C．工作与备用消防泵或固定式消防泵组在设计负荷下连续运转不应小于30min，其间转化运行1～3次。

D．低、中倍数泡沫灭火系统应选择最不利点的防护区或储罐，进行一次喷泡沫试验；当为自动灭火系统时，应以自动控制的方式进行，喷射泡沫的时间不宜小于1min，实测泡沫混合器的混合比及泡沫混合液的发泡倍数应符合设计要求。

E．高倍数泡沫灭火系统应任选一个防护区，进行一次喷泡沫试验；当为自动灭火系统时，应以自动控制的方式进行，喷射泡沫的时间不宜小于 30s，泡沫最小供给速率应符合设计要求。

F．系统验收中任何一款不合格，均不得通过系统验收。

G．泡沫灭火系统验收合格后，应用清水冲洗后放空，将系统恢复到正常状态，并应按施工及验收规范附录 G 填写系统验收表。

2.10.7 火灾自动报警系统的调试及验收

1. 线路测试

（1）一般性外观检查：对照图纸目测观察系统的各种配线接线是否正确，探测器 0.5m 内是否有遮挡物；探测器的"+"线应为红色，"-"线应为蓝色。

（2）线路校验：应将被校验回路中的探测器、编码母座、警报器、手动报警按钮和报警控制器等的接线端子打开，可用万用表或蜂鸣器查校回路，发现的错线、开路、虚焊和短路等应进行故障排除。

（3）绝缘电阻测试采用 500V 兆欧表，分别对导线与导线，导线对地，导线对屏蔽层的绝缘电阻进行测试，其绝缘电阻值应≥20MΩ。

2. 调试

（1）火灾自动报警系统的调试，应先分别对探测器、区域报警控制器、集中报警控制器、火灾警报装置和消防控制设备等逐个进行单机通电检查，正常后方可进行系统调试。

（2）火灾自动报警系统通电后，应按现行 GB 4714《火灾自动报警控制器通用技术条件》的有关要求对报警控制器进行下列功能检查：

A．火灾报警自检功能；

B．消声声位功能；

C．故障报警功能；

D．火灾优先功能；

E．报警记忆功能；

F．电源自动转换和备用电源自动充电功能；

G．备用电源的欠压和过压报警功能。

（3）检查火灾自动报警系统的主电源和备用电源，其容量应分别符合现行国家有关标准的要求，在备用电源连续充放电三次后，主电源和备用电源应能自动转化。

（4）应采用专用的检查仪器对探测器逐个进行试验，其动作应准确可靠。

A．可使用 FJ-2706/001 型火灾探测器检查装置，既可用于火灾探测器的检查测试，还可输出检测、报警信号，供调试报警器使用；

B．若施工现场没有检查设备，可利用报警控制器（区域或集中的均可）代替，从报警控制器接出一个报警回路，注意不要忘记连接终端电阻，接上探测器底座，然后利用报警控制器的报警、自检等功能，对探测器进行单体试验；当试验感温探测器时，热源采用 750W 电吹风，在距离探测器 500mm 处，向探测器吹热风，使探测器发出报警信号。

（5）应分别用主电源和备用电源供电，检查火灾自动报警系统的各项控制功能和联动功能。

（6）火灾自动报警系统应在连续运行 120h 无故障后，按 GB 50166—92《火灾自动报警系统施工验收规范》附录一填写调试报告。

3．系统验收

(1) 火灾自动报警系统的验收应包括下列装置：

A．火灾自动报警系统装置：包括各种火灾探测器、手动报警按钮、区域报警控制器和集中报警控制器；

B．灭火系统控制装置：包括室内消火栓、自动喷水、卤代烷、二氧化碳、干粉、泡沫等固定灭火系统的控制装置；

C．电动防火门、防火卷帘控制装置；

D．通风空调、防烟排烟及电动防火阀等消防控制装置；

E．火灾事故广播、消防通讯、消防电源、消防电梯和消防控制室的控制装置；

F．火灾事故照明及疏散指示控制装置。

(2) 消防系统安装调试完毕，需经公安消防部门检查验收合格后，方能投入运行；验收时应进行以下项目的试验：

(1) 消防水泵、消防电梯等消防用电设备电源（包括直流备用电源）的自动切换，应在现场进行 3 次切换试验，均能正常工作为合格。

(2) 火灾报警控制器应按 GB 4717《火灾报警控制器通用技术条件》进行功能检验，每个功能应重复 1~2 次，抽检数量规定如下：

A．安装在 5 台以下者，全部抽检；

B．安装在 6~10 台者，抽检 5 台；

C．安装超过 10 台者，按 30%~50% 的比例但不少于 5 台抽检。

(3) 火灾探测器（包括手动报警按钮）应进行模拟火灾响应试验和故障报警试验，两项试验均应正常。抽检数量规定如下：

A．安装数量在 100 只以下者，抽检 10 只；

B．安装数量超过 100 只，按实际安装数量 5%~10% 的比例，但不少于 10 只抽检。

(4) 室内消火栓应在出水压力符合现行设计规范要求的条件下，进行下列功能试验：

A．工作泵、备用泵转换运行 1~3 次；

B．消防控制室内操作启、停泵 1~3 次；

C．消火栓处操作启泵按钮按 5%~10% 的比例抽检。

以上试验应控制功能正常，信号正确。

(5) 自动喷水灭火系统应在符合 GB 50084《自动喷水灭火系统设计规范》的条件下，抽检下列功能：

A．工作泵与备用泵转换运行 1~3 次；

B．消防控制室内操作启、停泵 1~3 次；

C．水流指示器、闸阀关闭器及电动阀等按实际安装数量 10%~30% 的比例进行末端放水试验。

上述控制功能，信号均应正常。

(6) 卤代烷、泡沫、二氧化碳、干粉等灭火系统，应在符合各有关系统设计规范的条件下，按实际安装数量的 20%~30% 的比例抽检下列控制功能：

A．人工启动和紧急切断试验 1~3 次；

B. 与固定灭火设备联动控制的其他设备（包括关闭防火门窗、停止空调风机、关闭防火阀、落下防火幕等）试验1~3次；

C. 抽一个防护区进行喷放试验（卤代烷系统应用氮气等介质代替）。

上述控制功能，信号均应正常。

(7) 电动防火门、防火卷帘应按实际安装数量的10%~20%的比例抽检联动控制功能，其控制功能，信号均应正常。

A. 防火卷帘的帘板应升降自如，运行平稳、不允许有碰撞、冲击现象；

B. 用于疏散走道、出口的防火卷帘接到联动信号下降到1.5~1.8m时应有延时功能；

C. 消防联动控制装置应能直接接受和执行现场按键盒的上升、停止、下降操作命令，并能反馈报警信号和动作位置信号。

(8) 通风空调和防排烟设备（包括风机和阀门）应按实际安装数量的10%~20%的比例抽检联动控制功能，其控制功能，信号均应正常。

A. 排烟防火阀平时处于开启状态，电动关闭时应动作正常，并应向消防控制中心发出排烟防火阀关闭信号，手动能复位。

B. 手动控制功能：现场手动开启任何一个送风口，排烟口时，信号送到控制中心，控制中心应能启动送风机、排烟风机；该防火分区的所有通风、空调设备以及相关的防火阀应关闭。

C. 自动控制功能：控制器接到火警信号，即可远程控制打开该防火分区的送风、排烟口，启动风机；通风、空调设备以及相关的防火阀关闭。

(9) 消防电梯应进行1~2次人工控制和自动控制功能检验，其控制功能、信号应正常。

在首层操作消防控制按钮电梯应自动返回首层；在消防控制室应能迫降消防电梯全部停于首层，并接受反馈信号。

(10) 火灾事故广播设备应按实际安装数量的10%~20%的比例进行以下功能检验：

A. 在消防控制室选层广播；

B. 共用的扬声器强行切换试验；

C. 备用扩音控制功能试验。

上述控制功能应正常、语音应清楚；

有火灾信号时，火灾报警装置应能发出声音或声、光报警信号，；并按疏散顺序接通火灾报警装置。

(11) 消防通讯设备应进行以下功能试验：

A. 消防控制室与设备间所设的对讲电话进行1~3次通话试验。

B. 电话插孔按实际安装数量的5%~10%的比例进行通话试验；墙壁上的手动消防按钮的盖子分为两半，将下半部分往下滑动，露出一电话插孔，可插入电话与消防中心通话。

C. 消防控制室的外线电话与119台进行1~3次通话试验。

上述功能应正常、语音应清楚。

(12) 上述各项检验项目中，如有不合格者，应限期修复或更换，并进行复验；复验时，对有抽检比例要求的，应进行加倍试验，复验不合格者，不能通过验收。

2.11 有关消防的若干问题

2.11.1 高层建筑消防给水

1. 高层建筑给水系统分区应考虑的主要原则

(1) 符合 GB 50045《高层民用建筑设计防火规范》以下简称《高规》关于室内消火栓处静压不超过 0.8MPa，GB 50084《自动喷水灭火系统设计规范》关于自动喷水灭火系统压力不超过 1.2MPa 的规定。

(2) 有利于使用和管理，与其他专业协调，尽量共同设置设备层。

(3) 高层建筑消防水量与立管所供楼层的多少无直接关系；应充分扩大高区供水范围，尽量使高区消防管网的静压达到规范规定；低层尽量使用市政给水管网直接供水，以减少静水压力，达到节能和节省设备投资的目的。

2. 高层建筑消防给水的形式

(1) 高位水箱和消防泵供水方式

消火栓和喷头工作初期可由消防水箱直接供水，消防泵启动后则由消防泵单独供水，但往往水箱的静水高度不能满足最高层消火栓和自动喷水灭火系统的水压要求。

A.《高规》要求高位水箱设置高度应保证最不利点消火栓静水压力。当建筑物高度不超过 100m 时，高层建筑最不利点消火栓静水压力不应低于 0.07MPa；当建筑物高度超过 100m 时，超高层建筑最不利点消火栓静水压力不应低于 0.15MPa；当高位消防水箱不能满足上述静压要求时，应设增压措施；

B. 采取在高位水箱出水管上加设管道泵或架设气压罐等办法，在保持管网常压的同时，也保证火灾初起时的消防用水量及压力，这是目前常用而有效的供水方式；

C. 高位水箱消防给水方式的主要缺点是：火灾初期启动定水量消防泵易使消防管网出现超压，造成消防工作困难和消防设备损坏，故工程上常采用加设泄压阀或选用变频调速水泵的措施。

(2) 气压罐给水方式

按《高规》的要求，气压罐供水若没有 10min 消防水量的调节容量，也应设置高位水箱，这时其高度不一定达到标准高度，一般情况下，气压罐要储存 10min 的消防水量会因投资剧增而难以做到，实际工程中气压罐供水并不能代替高位水箱，只是一个补充措施。

(3) 变频调速水泵加气压罐联合供水方式

变频调速水泵是通过水泵转速的改变达到流量调节的目的，解决了火灾初期采用定水量水泵易出现超压的问题；工程中常用恒压变量水泵加小泵再加气压罐联合给水方式，在该区下部应设减压节流设备，以防止无用的流量增加，同时也为防止水泵超加速运行。

(4) 以上三种供水方式比较，高位水箱加消防泵的供水方式具有明显的经济技术优势；目前，消防水箱大部分与生活给水箱结合设置，即可解决必要的消防储水量，又可保持水箱储水新鲜，是比较合理的技术措施。

2.11.2 消防定压给水装置

火灾时前 10min 消防给水方案的选择是各消防方案主要不同之处，常见的方式有：

1. 高位水箱

具有系统简单，管理方便，供水较可靠等优点，但存在以下问题：

(1) 满足消防最不利点的水压有困难。

(2) 高位水箱对结构承重、抗震、建筑造型、施工周期等都不利；屋顶水箱抗冻防寒性差，不正常溢流造成水量损失。

(3) 卫生条件差，屋顶水箱的二次污染已引起人们普遍的关注；水箱定期清洗造成的供水中断，对消防的安全性、可靠性不利。

2. 稳压泵

系统简单、造价低，但消防管网调节能力有限，单独使用稳压泵，水泵频繁启动，造成能耗大、供水可靠性差、噪声大及管网超压突出等缺点；一般用在低层建筑或面积不大的二类建筑为好，与气压罐和变频调速联合使用较多。

3. 定压气压给水（能取代高位水箱）主要设备选取：

(1) 选 1 台稳压补水泵和 3 台消防泵，平时只有稳压补水泵启闭，来满足管网的水量和压力，稳压补水量根据《高规》的规定，消火栓系统不大于 5L/s，自动喷水灭火系统不大于 1L/s，消防泵选用多泵并联。

(2) 气压罐的容积为 $V=2.04\text{m}^3$。

(3) 空压机确定：一般取空压机的额定排气压力为气压罐额定工作压力的 $1.2\sim1.25$ 倍，额定排气量为火灾初期用水量的 $2\sim3$ 倍，空压机采用 2 台或多台并联供气，并通过微机控制空压机启动。

(4) 空气罐的容积：$V=1\text{m}^3$ 已能满足要求。

4. 结论

(1) 在高层建筑和小区消防给水采用定压给水装置是较合理的，定压给水装置能有效解决试验时和火灾初期的超压现象。

(2) 定压给水装置采用下置式较为理想，因设备相对较多，也可减少噪声影响。

(3) 建筑物的高度超过 70m 时，定压给水装置采用中置式好，即水罐、气罐和空压机放在上部技术层，而消防泵和稳压泵放在地下室。

(4) 对于消防给水使用该装置要有双电源，并设有能实现自动切换的装置。

(5) 定压给水装置优于变频调速泵，出故障时定压式气压给水装置可自动转化为变压式给水，能较好满足水压和水量的要求。

2.11.3 自动喷水灭火系统的压力平衡

根据 GB 50084《自动喷水灭火系统设计规范》，按中危险级考虑，喷淋系统总用水量为 26L/s，规范规定了最不利点喷头的最低工作压力不应小于 0.05MPa，一般不应小于 0.1MPa，并未限定喷头的最高工作压力，但实际工程中不得不考虑。

1. 每层管网入口处的动压应基本保持一致

最不利层（最高层）及最有利层（最低层）之间的几何高差是客观存在的，喷淋泵的选择总是以最不利层作为依据,因此、最有利层的动压过高,随着楼层增高而压力递减,就必须采取措施,消除每一层动压超高现象,使每一层管网入口处的动压基本保持一致(特别是超高层建筑)。

2. 减压措施

GB 50084《自动喷水灭火系统设计规范》对减压做了规定,具体做法为:

(1) 可利用减压阀控制静压的特性对系统作竖向分区,一般采用比例减压阀,若采用性能更优的隔膜式可调减压阀,可任意调节出口压力。

(2) 在每一层（除了最不利层）喷淋管网入口处,即水流指示器和阀门之间装设节流管或减压孔板以消除多余的动压,以保证系统的作用面积,减压孔板的孔径可按具体情况通过计算确定。

2.11.4 高层建筑室内消防系统增压方式

高层建筑消防系统一般由地下室储水池、消防泵房、屋顶水池、室内消火栓给水系统和自动喷水灭火系统等组成,按《高规》要求,室内消火栓水枪充实水柱应大于等于10m,建筑物高度超过50m的充实水柱应≥13m,自动喷淋系统喷头的工作压力为9.8×10^4Pa。因此,屋顶水池底到最顶层消火栓（检查试验消火栓除外）栓口的高差一般要求达到18～23m,建筑结构方面很难满足这一要求。

1. 设置管道泵或气压给水装置

要保证火灾时在建筑物内任何一层都能充分利用屋顶水池10min的室内消防用水,使消防系统能及时投入灭火工作,一般是在屋顶水池的消防出水管上设置管道泵或气压装置加压,来保证高层建筑顶三层在没有发生火灾时,消防系统静水压力和火灾初起时的供水压力。

(1) 若选用能根据管道内水压变化而自动启停的管道泵,则管道泵启停较为频繁;若选用平时不增压,火灾发生时再启动增压的管道泵,那仍然未解决未发生火灾时的消防系统静水压力和火灾初起时的供水压力问题。

(2) 采用气压装置增压,不仅可以根据管道内水压变化启、停泵,且能在气压罐内储备一定的压力,克服了管道泵过于频繁启停的缺点,比管道泵更为有利。

2. 共用一套气压装置增压

大部分高层建筑室内消火栓用水量为30L/s左右,自动喷淋系统用水量为30～40L/s,两者相差不多或完全相等;选用的水泵规格、型号一般也相同,扬程相差不多,消火栓系统和自动喷淋系统在屋顶水池出水处共用一套气压装置增压,可节约投资。

(1) 将屋顶气压装置出水管和屋顶水池出水管都直接与消防系统连接,气压装置对消火栓系统和自动喷淋系统加压,能解决顶三层的问题。

(2) 此种方法对建筑物高度（含分区高度）<45m的较为适用,对需采用消火栓、自动喷淋系统合用一台消防水泵供水,在报警阀前将两个系统分开的建筑物更适宜采用这种增压方式。

2.11.5 火灾事故照明和疏散指示标志灯

1. 火灾事故照明

即当正常照明中断时,用于疏散的照明设施。按照 GB 50045《高层民用建筑设计防火规范》的要求,下列场所应设置火灾事故照明(其地面最低照度不应低于 0.5lx)。

(1) 楼梯间、防烟楼梯间前室、消防电梯间及前室、合用前室和避难层(间)。

(2) 配电房、消防控制室、消防水泵房、防烟排烟机房、供消防用电的蓄电池室、自备发电机房、电话总机房以及发生火灾时仍需坚持工作的其他房间。

(3) 观众厅、展览厅、多功能厅、餐厅和商业营业厅等人员密集的场所。

(4) 公共建筑内的疏散走道和居住建筑内走道长度超过 20m 的内走道。

2. 灯光疏散指示标志灯

(1) 灯光疏散指示标志灯即用图形、文字指示安全出口及其方向或位置的消防应急照明灯具;除二类居住建筑外,高层建筑的疏散走道,前室门处、安全出口处应设灯光疏散指示标志灯。

A. 疏散应急照明灯宜设在墙面上或顶棚上,安全出口标志宜设在出口的顶部,疏散走道的指示标志灯宜设在疏散走道及其转角处距地面 1m 以下的墙面上,走道疏散标志灯的间距不应大于 20m。

B. 应急照明灯和灯光疏散指示标志灯应设玻璃或其他不燃烧材料制作的保护罩。

(2) 疏散指示标志灯(应急诱照明灯),接入交流电 220V,可正常照明,内装的镍铬电池可自行充电,因故断电即自动燃亮。

A. 消防应急照明灯具应急转换时间应不大于 5s;并能连续转换照明状态 10 次;

B. 消防应急照明灯具的应急工作时间应不小于 30min;电池的再充电时间应不大于 24h,并有过充电保护;

C. 自带电源型消防应急照明灯具所用电池必须是全封闭免维修的充电电池,电池的使用寿命不小于 4 年,或全充放电循环次数不小于 400 次。

2.11.6 高层建筑避难空间

1. 前室避难

根据 GB 50045《高层民用建筑设计防火规范》的规定,一类高层建筑,高度超过 32m 的二类建筑(单元式住宅和通廊式住宅除外)及塔式住宅,均应设置防烟楼梯间,楼梯间入口处应设前室、阳台或凹廊,前室的面积,公共建筑应$\geqslant 6m^2$,居住建筑应$\geqslant 4.5m^2$;当发生火灾时,疏散人员必须先经过防烟前室才能进入楼梯间,前室不仅起到防烟作用,还使不能进入楼梯间的人员,在前室作短暂停留,以减缓楼梯间的拥挤程度,起到"小避难间"的作用。

2. 避难层避难

《高规》规定,建筑物高度超过 100m 的公共建筑,应设置避难层(间);发生火灾时,人们不需走完疏散楼梯全过程,就能到达避难场所安全避难,避难层(间)应符合以下规定:

(1) 自高层建筑首层至第一个避难层或两个避难层之间,不宜超过 15 层。

(2) 通向避难层的防烟楼梯应在避难层分隔,同层错位或上下层断开,能有效阻止烟气肆意扩散(并避免防烟失控或防火门关闭不严时,烟气蔓延整座楼梯,使人员无法疏散);人员必须转移到同层邻近位置的另一楼梯再行疏散,同时还应有明确的指示标志及诱导措施。

(3) 避难层的净面积宜按 5 人/m^2 计算；避难层可兼作设备层，但设备管道宜集中布置。

(4) 避难层应设消防电梯出口，并应设有消火栓和消防软管卷盘。

(5) 各避难层内的交直流电源，应按避难层分别供给，并能在末端各自自动互投。避难层应设有可靠的应急照明系统，其照度不应小于正常照度的 50%。

(6) 各避难层内应设独立的火灾事故广播系统，该系统宜能接受消防控制中心的有线和无线两种播音信号。

各避难层应与消防控制中心之间设独立的有线和无线呼救通讯，在避难层应每隔 20m 左右，设置火警专线电话或电话插孔。

(7) 避难层有敞开式和封闭式两种，敞开式即外墙为柱廊式，装有可开启的百叶窗，烟雾可直接排出室外，不需设机械排烟设施，造价低，目前在高层建筑中广为采用；封闭式是在不具备自然排烟条件或使用功能、立面要求不能作敞开或只能采用有排烟装置的封闭式避难层，封闭式避难层应设独立的防烟设施。

(8) 避难层处于建筑中间层时不宜敞开，否则，上卷的浓烟烈火可能伤害其中人员；但要利用建筑中敞厅、休息或绿化架空层作为避难层时，需在其中全面设置自动喷水等设备，还应在烟气首当其冲的部位设置防火玻璃或防火卷帘围护。

3. 屋顶避难与救援

高层建筑的屋顶平台，露天花园等场所可辟为敞开的避难区。《高规》规定，建筑物高度超过 100m，且标准层建筑面积超过 1000m^2 的公共建筑，宜设置屋顶直升机停机坪或供直升机救助的设施，并应符合下列规定：

(1) 为保证在夜间（或不良天气）飞机能安全起降，应根据专业要求设置灯光标志。

(2) 在停机坪四周应设置航空障碍灯，障碍灯光采用能用交、直流电源供电的设备。

(3) 在直升机着陆区四周边缘相距 5m 范围内，不应设置设备机房、电梯机房、水箱间、共用电视天线杆塔、避雷针等。

(4) 从最高一层疏散口至直升机着陆区，在人员行走的路线上应有明显的诱导标志或灯光照明，并应可靠接地；

(5) 在停机坪的适当位置设置消火栓，与消防控制中心设有通讯联络设施。

(6) 停机坪若为圆形，直升机的旋翼直径为 D，则飞机场地的尺寸为 $D+10m$；若为矩形，则短边宽度不应小于直升机的全长；停机坪的出口不应少于两个，每个出口的宽度不宜小于 0.9m。

有了直升机停机坪，就能利用直升机营救在屋顶的避难人员，增加人员的疏散途径；并有利于运送消防人员和器材及时从上部进行扑救灭火，是一种有效的疏散及灭火救援方式。

3 电气

3.1 电气基本知识

3.1.1 建筑电气工程术语

1. 布线系统

一根电缆（电线）、多根电缆（电线）或母线以及固定它们的部件组合；如果需要，布线系统还包括封装电缆（电线）或母线的部件。

2. 电气设备

发电、变电、输电、配电或用电的任何物件，诸如电机、变压器、电器、测量仪表、保护装置、布线系统的设备、电气用具。

3. 用电设备

将电能转换成其他形式能量（例如光能、热能、机械能）的设备。

4. 电气装置

为实现一个或几个具体目的特性相配合的电气设备的组合。

5. 建筑电气工程（装置）

为实现一个或几个具体目的且特性相配合的，由电气装置、布线系统和用电设备电气部分的组合；这种组合能满足建筑物预期的使用功能和安全要求，也能满足使用建筑物的人的安全需要。

6. 导管

在电气安装中用来保护电线或电缆的圆形或非圆形的布线系统的一部分，导管有足够的密封性，使电线电缆只能从纵向引入，而不能从横向引入。

7. 金属导管

由金属材料制成的导管。

8. 绝缘导管

没有任何导电部分（不管是内部金属衬套或是外部金属网、金属涂层等均不存在），由绝缘材料制成的导管。

9. 保护导体（PE）

为防止发生电击危险而与下列部件进行电气连接的一种导体。

(1) 裸露导电部件；

(2) 外部导电部件；

(3) 主接地端子；

(4) 接地电极（接地装置）；

(5) 电源的接地点或人为的中性接点。

10．中性保护导体

一种同时具有中性导体和保护导体功能的接地导体。

11．可接近的

（用于配线方式）在不损坏建筑物结构或装修的情况下就能移出或暴露的，或者不是永久性地封装在建筑物的结构或装修中的。

（用于设备）因为没有锁住的门、抬高或其他有效方法用来防护，而许可十分靠近者。

12．景观照明

为表现建筑物造型特色、艺术特点、功能特征和周围环境布置的照明工程，这种工程通常在夜间使用。

3.1.2 电气基础知识

1．若干基本概念

(1) 电功率

在三相对称电路中：

A．三相有功功率（用于供电设备作功），单位是 W 或 kW。

$$P = 3^{1/2} U_线 I_线 \cos\varphi$$

B．三相无功功率（用于产生电路中的交变磁场），它并不表示能量的消耗或输出，只表示电源同电感中的磁场或电容中的电场之间连续的能量交换，单位是 F 或 kF。

$$Q = 3^{1/2} U_线 I_线 \sin\varphi$$

C．三相视在功率，单位是 VA。

$$S = 3^{1/2} U_线 I_线$$

(2) 功率因素

负载的功率因素（$\cos\varphi$）是负载的有功功率和视在功率的比值，系统的功率因素是整个电力系统的有功功率和总的视在功率的比值 $P/S = \cos\varphi$，功率因素角 φ 是指相电压和相电流之间的相位差。

A．电气设备的容量决定于视在功率 S，要充分利用设备的容量，就应提高 $\cos\varphi$ 即功率因素；同时，功率因素越大，输电线中电流 $I = P/U\cos\varphi$ 越小，消耗的功率也越小。

B．异步电动机的功率因素比较低，一般在 0.7~0.85 左右，在低负载时，消耗的有功功率减少，但所需的无功功率不变，其功率因素甚至可能低于 0.5。

C．功率因素过低使发电设备的容量不能充分利用，在线路上将引起较大的电压降落和功率损失，造成电能的浪费。

(3) 三相四线制

三相发电机绕组都采用星形（Y 形）接法，也就是把它们的末端（X、Y、Z）接在一起成一个公共点 O 或 N，这个公共点称为中点（或零点），中点引出的导线称为中性线（或零线），当中性线接地时，也叫地线；三相绕组的始端 A、B、C 引出的导线称为相线（或火线），用以连接负载，由三根相线和一根零线所组成的供电方式称为三相四线制，常用于低压配电系统。

(4) 三相三线制

三相电源的绕组首尾依次相连构成回路,再从三个连接点引出三根导线接负载,这种连接方式称为三角形(△)连接,不引出中性线,由三根相线供电称为三相三线制,多用于高压输电。

(5) 三相负载的连接

电力系统的负载,按其对电源的要求可分为单相负载和三相负载,照明及家用电器等都是单相负载,拖动各种机械的三相电动机以及大供率的三相电炉等,均为三相负载。

在三相负载中如各相负载的电阻和电抗都分别相等,则称为三相对称负载。在三相对称负载的线路中,每根相线与中性线之间的电压称为相电压,相线与相线之间的电压称为线电压,中线电流等于零,此时中线可以省去;在三相不平衡负载的电路中,中线电流一般小于线电流,所以中线的导线截面可以比相线的导线截面小一些,由中性线平衡三相不对称电流,以保持三相电压对称。

A. 当三相对称负载接成星形时,线电流等于相电流,线电压等于相电压的 $3^{1/2}$ 倍,线电压 380V 是三相负载的电源,相电压 220V 是单相负载的电源。

B. 当三相负载接成三角形时,各相负载直接跨接在电源的线电压上,相电压等于线电压,线电流等于相电流的 $3^{1/2}$ 倍。

(6) 导线截面选择

A. 对于照明及电热负荷,导线的安全载流量(A)≥所有灯具和电热负荷额定电流之和。

B. 对于动力负荷,当使用一台电动机时,导线的安全载流量(A)≥电动机的额定电流;当使用多台电动机时,导线的安全载流量(A)≥容量最大一台的电动机额定电流+其余电动机的计算负荷电流。

C. 三相四线制中性线的载流量应为相线载流量的 50% 及以上,二相三线或单相线路的中性线截面与相线相同。

2. 熔断器的结构和主要参数

低压熔断器是一种结构简单、使用方便的保护电器,使用时将它串联在用电设备与电源间的线路中,当线路中的用电设备发生短路时,通过熔体的电流达到或超过某一定值,熔体自行熔断,切断故障电流,以保证用电安全。

(1) 熔断器的结构

熔断器主要由熔体和安装熔体的熔管或熔座两部分构成,熔体是熔断器的主要部分,常做成丝状或片状,其材料有两种:一种是低熔点的材料,如铅、锌、锡以及锡铅合金等;另一种是高熔点材料,如银、铜。熔管是熔体的保护外壳,在熔体熔断时兼有灭弧的作用。

(2) 熔断器的参数

A. 每一种熔体都有两个参数:即额定电流与熔断电流;额定电流是指长时间通过熔断器而不熔断的电流值,熔断电流通常是额定电流的两倍。当发生轻度过载时,熔断时间很长,因此熔断器不能作为过载保护元件。

B. 熔管有三个参数:额定工作电压、额定电流和断流能力。额定工作电压是从灭弧角度提出的,当熔管的工作电压大于额定电压时,在熔体熔断时,可能出现电弧不能熄灭的危险；熔管的额定电流是熔管长期工作允许温升决定的电流值，所以熔管中可装入不同等级额定电流的熔体，但所装入熔体的额定电流不能大于熔管的额定电流值；断流能力是表示熔管在额定电压下断开电路时所能切断的最大电流值。

(3) 熔断器的选用原则

若负载与熔体的额定电流一样大小，则在短路故障时，熔体不熔而负载先烧毁，容易引起火灾；因此负载与其保护用的熔断器要匹配，方能保障短路时负载的安全，熔断器的选用应符合下列原则：

A．根据用电网络电压选用相应电压等级的熔断器。

B．根据配电系统可能出现的最大故障电流，选用具有相应分断能力的熔断器。

C．在电动机回路中用作短路保护时，为避免熔体在电动机起动过程中熔断，对于单台电动机，熔体额定电流≥（1.5～2.5）×电机额定电流；对于多台电动机，总熔体额定电流≥（1.5～2.5）×（容量最大一台电动机的额定电流+其余电动机的计算负荷电流）。

D．对电炉及照明等负载的短路保护，熔体的额定电流等于或稍大于负载的额定电流。

E．有爆炸危险房间内的线路，导线安全载流量×0.8≥熔体额定电流。

F．采用熔断器保护线路时，熔断器应装在各相线上；在二相三线或三相四线回路的中性线上严禁装熔断器，这是因为中性线断开会引起电压不平衡，可能造成设备烧毁事故；在公共电网供电的单相线路的中性线上应装熔断器，电网的总熔断器除外。

G．各级熔体应相互配合，下一级应比上一级小。

3．用电设备电流计算公式

(1) 照明灯具电流计算

A．220V 单相：

功率：$P(W) = 220(V) \times I(A) \times \cos\varphi$

电流：$I = P/220\cos\varphi$

B．220/380V 三相四线：

功率：$P(W) = 1.73 \times 380(V) \times I(A) \times \cos\varphi$

电流：$I = P/1.73 \times 380\cos\varphi$

(2) 电动机的电流计算

A．单相电动机：

功率：$P(kW) \times 1000 = 220(V) \times I(A) \times \cos\varphi \times \eta$

电流：$I = P \times 1000/220 \times \cos\varphi \times \eta$

B．三相电动机：

功率：$P(kW) \times 1000 = 1.73 \times 380(V) \times I(A) \times \cos\varphi \times \eta$

电流：$I = P \times 1000/1.73 \times 380 \times \cos\varphi \times \eta$

注：如无功率因素 $\cos\varphi$、效率 η 的数据时，单相电动机的功率因素和效率都可以 0.75 计算；三相电动机的功率因素和效率都可以 0.85 计算。

4．变配电装置

(1) 电力网

由发电厂发电机产生的电压经过升压变压器后，由输电线路远距离输送至用电点，再经降压变压器供给各用电设备，形成一个范围大，容量大，多个电压层次的电力系统，简称电力网。

（2）变、配电所

配电所的任务是接受电能和分配电能，而变电所的任务是接受电能、变换电压和分配电能；两者的主要区别在于变电所多了变换电压的电力变压器。

（3）变电级数

对于进线电压为35kV的大型企业，需经过两级变电，即从35kV降至10kV，再降至400V；中小型企业进线电压多为10（6）kV，只需一级变电；对于用电量在250kW或变压器容量在160kVA以下者应以低压方式供电，只需设置一个低压配电所就可以了。

（4）10（6）kV高压供电可根据具体情况，采用10kV架空进线或用电缆进线供电；当电源采用电缆进线，采用6kV供电，若电缆长度小于40m时，在变电所高压侧母线上可以不装阀型避雷器。

3.2 建筑电气工程施工的基本规定

3.2.1 一般规定

1. 建筑电气工程施工现场的质量管理，除应符合现行国家标准GB 50300—2001《建筑工程施工质量验收统一标准》的3.0.1条的规定外，尚应符合下列规定：

(1) 安装电工、焊工、起重吊装工和电气调试人员等，按有关要求持证上岗。

(2) 安装和调试用各类计量器具，应检定合格，使用时在有效期内。

2. 除设计要求外，承力建筑钢结构构件上，不得采用熔焊连接固定电气线路、设备或器具的支架、螺栓等部件；且严禁加工开孔。

3. 额定电压交流1kV及以下、直流1.5kV及以下的应为低压电器设备、器具和材料；额定电压大于交流1kV、直流1.5kV的应为高压电器设备、器具和材料。

4. 电气设备上计量仪表和与电气保护有关的仪表应检定合格，当投入试运行时，应在有效期内。

5. 建筑电气动力工程的空载试运行和建筑电气照明工程的负荷试运行，应按施工质量验收规范的规定执行；建筑电气动力工程的负荷试运行，依据电气设备及相关建筑设备的种类、特性、编制试运行方案或作业指导书，并应经施工单位审查批准、监理单位确认后执行。

6. 动力和照明工程的漏电保护装置应做模拟动作试验。

7. 接地（PE）或接零（PEN）支线必须单独与接地（PE）或接零（PEN）干线相连接，不得串联连接。

8. 高压的电气设备和布线系统及继电保护系统的交接试验，必须符合现行国家标准GB 50150《电气装置安装工程电气设备交接试验标准》的规定。

9. 低压的电气设备和布线系统的交接试验，应符合施工质量验收规范的规定。

10. 送至建筑智能化工程变送器的电量信号精度等级应符合设计要求，状态信号应正确；接收建筑智能化工程的指令应使建筑电气工程的自动开关动作符合指令要求，且手动、自动切换功能正常。

3.2.2 主要设备、材料、成品和半成品进场验收

1. 主要设备、材料、成品和半成品进场检验结论应有记录，确认符合施工质量验收规范的规定，才能在施工中应用。

2. 因有异议送有资质试验室进行抽样检测，试验室应出具检测报告，确认符合施工质量验收规范和相关技术标准的规定，才能在施工中应用。

3. 依法定程序批准进入市场的新电气设备、器具和材料进场验收，除符合施工质量验收规范的规定外，尚应提供安装、使用、维修和试验要求等技术文件。

4. 进口电气设备、器具和材料进场验收，除符合施工质量验收规范的规定外，尚应提供商检证明和中文的质量合格证明文件、规格、型号、性能检测报告以及中文安装、使用、维修和试验要求等技术文件。

5. 经批准的免检产品或认定的名牌产品，当进场验收时，宜不做抽样检测。

6. 变压器、箱式变电所、高压电器及电瓷制品应符合下列规定：

（1）查验合格证和随带技术文件，变压器有出厂试验记录；

（2）外观检查：有铭牌，附件齐全，绝缘件无缺损、裂纹，充油部分不渗漏，充气高压设备气压指示正常，涂层完整。

7. 高低压成套配电柜、蓄电池柜、不间断电源柜、控制柜（屏、台）及动力、照明配电箱（盘）应符合下列规定：

（1）查验合格证和随带技术文件，实行生产许可证和安全认证制度的产品，有许可证编号和安全认证标志；不间断电源柜有出厂试验记录；

（2）外观检查：有铭牌，柜内元器件无损坏丢失、接线无脱落脱焊，蓄电池内电池壳体无碎裂、漏液，充油、充气设备无泄漏，涂层完整，无明显碰撞凹陷。

8. 柴油发电机组应符合下列规定：

（1）依据装箱单，核对主机、附件、专用工具、备品备件和随带技术文件，查验合格证和出厂试运行记录，发电机及其控制柜有出厂记录；

（2）外观检查：有铭牌，机身无缺件，涂层完整。

9. 电动机、电加热器、电动执行机构和低压开关设备等应符合下列规定：

（1）查验合格证和随带技术文件，实行生产许可证和安全认证制度的产品，有许可证编号和安全认证标志；

（2）外观检查：有铭牌，附件齐全，电气接线端子完好，设备器件无缺损，涂层完整。

10. 照明灯具及附件应符合下列规定：

（1）查验合格证，新型气体放电灯具有随带技术文件；

（2）外观检查：灯具涂层完整，无损伤，附件齐全；防爆灯具铭牌上有防爆标志和防爆合格证号，普通灯具有安全认证标志；

（3）对成套灯具的绝缘电阻、内部接线等性能进行现场抽样检测；灯具的绝缘电阻值不小于2MΩ，内部接线为铜芯绝缘电线，芯线截面积不小于$0.5mm^2$，橡胶或聚氯乙烯（PVC）绝缘电线的绝缘层厚度不小于0.6mm；对游泳池和类似场所灯具（水下灯及防水灯具）的密闭和绝缘性能有异议时，按批抽样送有资质的试验室检测。

11. 开关、插座、接线盒和风扇及其附件应符合下列规定：

(1) 查验合格证、防爆产品有防爆标志和防爆合格证号，实行安全认证制度的产品有安全认证标志。

(2) 外观检查：开关、插座的面板及接线盒盒体完整、无碎裂、零件齐全，风扇无损坏，涂层完整，调速器等附件适配。

(3) 对开关、插座的电气和机械性能进行现场抽样检测，检测规定如下：

A. 不同极性带电部件间的电气间隙和爬电距离不小于 3mm；

B. 绝缘电阻值不小于 5 MΩ；

C. 用自攻锁紧螺钉或自切螺钉安装的，螺钉与软塑固定件旋合长度不小于 8mm，软塑固定件在经受 10 次拧紧退出试验后，无松动或掉渣，螺钉及螺纹无损坏现象；

D. 金属间相旋合的螺钉螺母，拧紧后完全退出，反复 5 次仍能正常使用。

(4) 对开关、插座、接线盒及其面板等塑料绝缘材料阻燃性能有异议时，按批抽样送有资质的试验室检测。

12. 电线、电缆应符合下列规定：

(1) 按批查验合格证，合格证有生产许可证编号，按 GB 5023.1～5023.7《额定电压 450/750V 及以下聚氯乙烯绝缘电缆》标准生产的产品有安全认证标志。

(2) 外观检查：包装完好，抽检的电线绝缘层完整无损，厚度均匀；电缆无压扁、扭曲，铠装不松卷；耐热、阻燃的电线、电缆外护层有明显标识和制造厂标。

(3) 按制造标准，现场抽样检测绝缘层厚度和圆形线芯的直径；线芯直径误差不大于标称直径的 1%；常用的 BV 型绝缘电线的绝缘层厚度不小于 3-2-1 表的规定。

BV 型绝缘电线的绝缘层厚度　　　　　表 3-2-1

电线芯线标称截面积（mm²）	1.5	2.5	4	6	10	16	25	35	50
绝缘层厚度规定值（mm）	0.7	0.8	0.8	0.8	1.0	1.0	1.2	1.2	1.4
电线芯线标称截面积（mm²）	70	95	120	150	185	240	300	400	
绝缘层厚度规定值（mm）	1.4	1.6	1.6	1.8	2.0	2.2	2.4	2.6	

(4) 对电线、电缆绝缘性能、导电性能和阻燃性能有异议时，按批抽样送有资质的试验室检测。

13. 导管应符合下列要求：

(1) 按批查验合格证。

(2) 外观检查：钢导管无压扁、内壁光滑；非镀锌钢导管无严重锈蚀，按制造标准油漆出厂的油漆完整；镀锌钢导管镀层覆盖完好、表面无锈斑；绝缘导管及配件不碎裂、表面有阻燃标记和制造厂标。

(3) 按制造标准现场抽样检测导管的管径、壁厚及均匀度；对绝缘导管及配件的阻燃性能有异议时，按批抽样送有资质的试验室检测。

14. 型钢和电焊条应符合下列规定：

(1) 按批查验合格证和材质证明书；有异议时，按批抽样送有资质的试验室检测。

(2) 外观检查：型钢表面无严重锈蚀，无过度扭曲、弯折变形；电焊条包装完整，拆包抽检，焊条尾部无锈斑。

15. 镀锌制品（支架、横担、接地极、避雷用型钢等）和外线金具应符合下列规定：
(1) 按批查验合格证或镀锌厂出具的镀锌质量证明书。
(2) 外观检查：镀锌层覆盖完整、表面无锈斑，金具配件齐全，无砂眼。
(3) 对镀锌层质量有异议时，按批抽样送有资质的试验室检测。

16. 电缆桥架、线槽应符合下列规定：
(1) 查验合格证。
(2) 外观检查：部件齐全，表面光滑、不变形；钢制桥架涂层完整，无锈蚀；玻璃钢制桥架色泽均匀，无破损碎裂；铝合金桥架涂层完整，无扭曲变形，不压扁，表面无划伤。

17. 封闭母线、插接母线应符合下列规定：
(1) 查验合格证或随带安装技术文件。
(2) 外观检查：防潮密封良好，各段编号标志清晰，附件齐全，外壳不变形，母线螺栓搭接面平整、镀层覆盖完整、无起皮和麻面；插接母线上的静触头无缺损、表面光滑、镀层完整。

18. 裸母线、裸导线应符合下列规定：
(1) 查验合格证。
(2) 外观检查：包装完好，裸母线平直，表面无明显划痕，测量厚度和宽度符合制造标准；裸导线表面无明显损伤，不松股、扭折和断股（线），测量线径符合制造标准。

19. 电缆头部件及接线端子应符号下列规定：
(1) 查验合格证。
(2) 外观检查：部件齐全，表面无裂纹和气孔，随带的袋装涂料或填料不泄漏。

20. 钢制灯柱应符合下列规定：
(1) 按批查验合格证。
(2) 外观检查：涂层完整，根部接线盒盒盖紧固件和内置熔断器、开关等器件齐全，盒盖密封垫片完整；钢柱内设有专用接地螺栓，地脚螺孔位置按提供的附图尺寸，允许偏差为±2mm。

21. 钢筋混凝土电杆和其他混凝土制品应符合下列规定：
(1) 按批查验合格证。
(2) 外观检查：表面平整，无缺角露筋，每个制品表面有合格印记；钢筋混凝土电杆表面光滑，无纵向、横向裂纹，杆身平直，弯曲不大于杆长的1‰。

3.2.3 工序交接确认

1. 架空线路及杆上电气设备安装应按以下程序进行：
(1) 线路方向和杆位及拉线坑位测量埋桩后，经检查确认，才能挖掘杆坑和拉线坑；
(2) 杆坑、拉线坑的深度和坑型，经检查确认，才能立杆和埋设拉线盘；
(3) 杆上高压电气设备交接试验合格，才能通电；
(4) 架空线路做绝缘检查，且经单相冲击试验合格，才能通电；
(5) 架空线路的相位经检查确认，才能与接户线连接。

2. 变压器、箱式变电所安装应按以下程序进行：

（1）变压器、箱式变电所的基础验收合格，且对埋入基础的电线导管、电缆导管和变压器进、出线预留孔及相关预埋件进行检查，才能安装变压器、箱式变电所；

（2）杆上变压器的支架紧固检查后，才能吊装变压器且就位固定；

（3）变压器及接地装置交接试验合格，才能通电。

3. 成套配电柜、控制柜（屏、台）和动力、照明配电箱（盘）安装应按以下程序进行：

（1）埋设的基础型钢和柜、屏、台下的电缆沟等相关建筑物检查合格，才能安装柜、屏、台；

（2）室内外落地动力配电箱的基础验收合格，且对埋入基础的电线导管、电缆导管进行检查，才能安装箱体；

（3）墙上明装的动力、照明配电箱（盘）的预埋件（金属埋件、螺栓），在抹灰前预留和预埋；暗装的动力、照明配电箱的预留孔和动力、照明配线的线盒及电线导管等，经检查确认到位，才能安装配电箱（盘）；

（4）接地（PE）或接零（PEN）连接完成后，核对柜、屏、台、箱、盘内的元件规格、型号，且交接试验合格，才能投入试运行；

4. 低压电动机、电加热器及电动执行机构应与机械设备完成连接，绝缘电阻测试合格，经手动操作符合工艺要求，才能接线。

5. 柴油发电机组安装应按以下程序进行：

（1）基础验收合格，才能安装机组；

（2）地脚螺栓固定的机组经初平、螺栓孔灌浆、精平、紧固地脚螺栓、二次灌浆等机械安装程序；安放式的机组将底部垫平、垫实；

（3）油、气、水冷、风冷、烟气排放等系统和隔振防噪声设施安装完成；按设计要求配置的消防器材齐全到位；发电机静态试验、随机配电盘控制柜接线检查合格，才能空载试运行；

（4）发电机空载试运行和试验调整合格，才能负荷试运行；

（5）在规定时间内，连续无故障负荷试运行合格，才能投入备用状态。

6. 不间断电源按产品技术要求试验调整，应检查确认，才能接至馈电网络。

7. 低压电气动力设备试验和试运行应按以下程序进行：

（1）设备的可接近裸露导体接地（PE）或接零（PEN）连接完成，经检查合格，才能继续试验；

（2）动力成套配电（控制）柜、屏、台、箱、盘的交流工频耐压试验，保护装置的动作试验合格，才能通电；

（3）控制回路模拟动作试验合格，盘车或手动操作，电气部分与机械部分的转动或动作协调一致，经检查确认，才能空载试运行。

8. 裸母线、封闭母线、插接式母线安装应按以下程序进行：

（1）变压器、高低压成套配电柜、穿墙套管及绝缘子等安装就位，经检查合格，才能安装变压器和高低压成套配电柜的母线；

（2）封闭、插接式母线安装，在结构封顶、室内底层地面施工完成或已确定地面标高、场地清理、层间距离复核后，才能确定支架设置位置；

(3) 与封闭、插接式母线安装位置有关的管道、空调及建筑装修工程施工基本结束，确认扫尾施工不会影响已安装的母线，才能安装母线；

(4) 封闭、插接式母线每段母线组对接续前，绝缘电阻测试合格，绝缘电阻值大于 20 MΩ，才能安装组对；

(5) 母线支架和封闭、插接式母线的外壳接地（PE）或接零（PEN）连接完成，母线绝缘电阻测试和交流工频耐压试验合格，才能通电。

9. 电缆桥架安装和桥架内电缆敷设应按以下程序进行：

(1) 测量定位，安装桥架的支架，经检查确认，才能安装桥架；

(2) 桥架安装检查合格，才能敷设电缆；

(3) 电缆敷设前绝缘测试合格，才能敷设；

(4) 电缆电气交接试验合格，且对接线去向、相位和防火隔堵措施等检查确认，才能通电。

10. 电缆在沟内、竖井内支架上敷设应按以下程序进行：

(1) 电缆沟、电缆竖井内的施工临时设施、模板及建筑废料等清除，测量定位后，才能安装支架；

(2) 电缆沟、电缆竖井内支架安装及电缆导管敷设结束，接地（PE）或接零（PEN）连接完成，经检查确认，才能敷设电缆；

(3) 电缆敷设前绝缘测试合格，才能敷设；

(4) 电缆交接试验合格，且对接线去向、相位和防火隔堵措施等检查确认，才能通电。

11. 电线导管、电缆导管和线槽敷设应按以下程序进行：

(1) 除埋入混凝土中的非镀锌钢导管外壁不做防腐处理外，其他场所的非镀锌钢导管内外壁均做防腐处理，经检查确认，才能配管；

(2) 室外直埋导管的路径、沟槽深度、宽度及垫层处理经检查确认，才能埋设导管；

(3) 现浇混凝土板内配管在底层钢筋绑扎完成，上层钢筋未绑扎前敷设，且检查确认，才能绑扎上层钢筋和浇捣混凝土；

(4) 现浇混凝土墙体内的钢筋网片绑扎完成，门、窗等位置已放线，经检查确认，才能在墙体内配管；

(5) 被隐蔽的接线盒和导管在隐蔽前检查合格，才能隐蔽；

(6) 在梁、板、柱等部位明配管的导管套管、埋件、支架等检查合格，才能配管；

(7) 吊顶上的灯位及电气器具位置先放样，且与土建及各专业施工单位商定，才能在吊顶内配管；

(8) 顶棚和墙面的喷浆、油漆或壁纸等基本完成，才能敷设线槽、槽板。

12. 电线、电缆穿管及线槽敷设应按以下程序进行：

(1) 接地（PE）或接零（PEN）及其他焊接施工完成，经检查确认，才能穿入电线或电缆以及线槽内敷线；

(2) 与导管连接的柜、屏、台、箱、盘安装完成，管内积水及杂物清理干净，经检查确认，才能穿入电线、电缆；

(3) 电缆穿管前绝缘测试合格，才能穿入导管；

(4) 电线、电缆交接试验合格，且对接线去向和相位等检查确认，才能通电。

13. 钢索配管的预埋件及预留孔，应预埋、预留完成；装修工程除地面外基本结束，才能吊装钢索及敷设线路。

14. 电缆头制作和接线应按以下程序进行：

(1) 电缆连接位置、连接长度和绝缘测试经检查确认，才能制作电缆头；

(2) 控制电缆绝缘电阻测试和校线合格，才能接线；

(3) 电线、电缆交接试验和相位核对合格，才能接线。

15. 照明灯具安装应按以下程序进行：

(1) 安装灯具的预埋螺栓、吊杆和吊顶上嵌入式灯具安装专用骨架等完成，按设计要求做承载试验合格，才能安装灯具；

(2) 影响灯具安装的模板、脚手架拆除；顶棚和墙面喷浆、油漆或壁纸等及地面清理工作基本完成后，才能安装灯具；

(3) 导线绝缘测试合格，才能灯具接线；

(4) 高空安装的灯具、地面通断电试验合格，才能安装。

16. 照明开关、插座、风扇安装：吊扇的吊钩预埋完成；电线绝缘测试应合格，顶棚和墙面的喷浆、油漆或壁纸等应基本完成，才能安装开关、插座和风扇。

17. 照明系统的测试和通电试运行应按以下程序进行：

(1) 电线绝缘电阻测试前电线的接线完成；

(2) 照明箱（盘）、灯具、开关、插座的绝缘电阻测试在就位前或接线前完成；

(3) 备用电源或事故照明电源作空载自动投切试验前拆除负荷，空载自动投切试验合格，才能做有载自动投切试验；

(4) 电气器具及线路绝缘电阻测试合格，才能通电试验；

(5) 照明全负荷试验必须在本条的（1）、（2）、（4）完成后进行。

18. 接地装置安装应按以下程序进行：

(1) 建筑物基础接地体：底板钢筋敷设完成，按设计要求做接地施工，经检查确认，才能支模或浇捣混凝土；

(2) 人工接地体：按设计要求位置开挖沟槽，经检查确认，才能打入接地极和敷设地下接地干线；

(3) 接地模块：按设计位置开挖模块坑，并将地下接地干线引到模块上，经检查确认，才能相互焊接；

(4) 装置隐蔽：检查验收合格，才能覆土回填。

19. 引下线安装应按以下程序进行：

(1) 利用建筑物柱内主筋作引下线，在柱内主筋绑扎后，按设计要求施工，经检查确认，才能支模；

(2) 直接从基础接地体或人工接地体暗敷埋入粉刷层内的引下线，经检查确认不外露，才能贴面砖或刷涂料等；

(3) 直接从基础接地体或人工接地体引出明敷的引下线，先埋设或安装支架，经检查确认，才能敷设引下线。

20. 等电位联结应按以下程序进行：

(1) 总等电位联结：对可作导电接地体的金属管道入户处和供总等电位联结的接地干线的位置检查确认，才能安装焊接总等电位联结端子板，按设计要求做总等电位联结；

(2) 辅助等电位联结：对供辅助等电位联结的接地母线位置检查确认，才能安装焊接辅助等电位联结端子板，按设计要求做辅助等电位联结；

(3) 对特殊要求的建筑金属屏蔽网箱，网箱施工完成，经检查确认，才能与接地线连接。

21. 接闪器安装：接地装置和引下线应施工完成，才能安装接闪器，且与引下线连接。

22. 防雷接地系统测试：接地装置施工完成测试应合格；避雷接闪器安装完成，整个防雷接地系统连成回路，才能系统测试。

3.3 线管及导线敷设

3.3.1 线管配线

1. 线管的种类及适用场所

(1) 低压流体输送钢管（水煤气管）

公称直径 6~150mm、管壁厚为 2~4.5mm，在配线工程中，适用于有机械外力或有轻微腐蚀气体的场所，做明敷或暗配。

(2) 电线管（薄壁钢管）

公称直径 13~50mm、管壁厚为 1.24~1.6mm，在配线工程中，适用于干燥场所敷设。

(3) 塑料管

以聚氯乙烯（PVC）管应用最为广泛，规格 ϕ16~60mm，特点是常温下抗冲击性能好，耐碱、耐酸、耐油性能好，但易于变形老化，机械性能不如钢管；适用于潮湿、腐蚀性较强的场所做明敷或暗配，在易受机械损伤的场所不宜明敷。

(4) 金属软管（蛇形管）

系具有可挠性、可自由弯曲的金属套管，外径 13.3~107.3mm，管壁厚为 2.05~2.55mm，具备相当的机械强度，常用于钢管与电气设备、灯具、器具间的连接。

(5) 金属线管的技术要求

A. 线管的弯曲度应不大于 3mm/m，线管的两端应切直，并应清除毛刺；

B. 线管的外表面不得有折扁、裂纹和结疤，管内表面应光滑，焊缝处允许有高度不大于 1mm 的毛刺；

C. 线管的螺纹应整齐、光洁、无裂纹，允许有轻微毛刺。

2. 金属线管除锈防腐、弯管及连接

(1) 钢管的除锈与涂漆

对于非镀锌钢管，为防止生锈，在配管前应对管子进行除锈，并刷防腐漆。

A. 管子内壁除锈可采用圆形钢丝刷，两头各绑一根铁丝，穿过管子来回拉动钢丝刷，把管内铁锈清除；

B. 管子外壁除锈可用钢丝刷打磨，工程量大时可采用电动除锈机；

C. 除锈后将管子内外表面涂以防腐漆，外表可用刷子刷涂或喷涂，内表面可采用灌漆等方法；

D. 埋入砖墙内的钢管应刷红丹漆；埋入土层中的钢管应刷两道沥青漆或使用镀锌钢管，在锌层剥落处，应补刷防腐漆；

E. 埋设在混凝土中的线管，外表面不应刷漆，否则将会影响混凝土的结构强度。

（2）切割套丝

A. 在配管时应根据实际需要长度对管子进行切割，应使用钢锯、管子切割刀或电动切管机，严禁使用气割；

B. 管子与管子连接，管子与接线盒、配电箱的连接，都需要在管子端进行套丝，焊接钢管套丝可用管子绞板或电动套丝机，电线管套丝可用圆丝板。

（3）弯曲

钢管的弯曲一般都采用弯管器进行，先将管子需要弯曲的前段放在弯管器内，焊缝放在弯曲方向背面或侧面，以防管子弯扁；然后用脚踩住管子，手板弯管器进行弯曲，并逐点移动弯管器，便可得到需要的弯度。

为便于穿线，线管的弯曲角度应大于等于 90°，水煤气管和电线管弯曲的曲率半径须大于等于 $6d$（线管明敷，当两个接线盒间只有一个弯时，其弯曲半径宜大于等于 $4d$）；当埋设于地下或混凝土内时，其弯曲半径宜大于等于 $10d$（d 为线管外径）。

（4）线管的连接

配管时有两种连接方式，即丝扣连接（电线管的连接必须用丝扣连接）和套管连接。

A. 电线管与电线管连接须采用管箍连接，管端螺纹长度不应小于管接头长度的 1/2，螺纹表面应光滑，无缺损；应顺螺纹缠上麻丝，并在麻丝上涂上白厚漆，再用管钳拧紧，连接后螺纹宜外露 2~3 扣，由于电线管较薄，严禁熔焊连接。

在管接头两端应用圆钢或扁钢焊接跨接地线（见图 3-3-1），跨接地线的选择按表 3-3-1 规定。

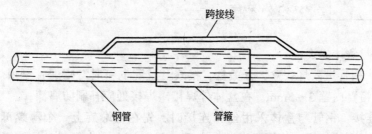

图 3-3-1 管箍连接与跨接地线

跨接线选择表（mm） 表 3-3-1

电线管	钢管	圆钢或扁钢
≤DG32	≤G25	φ6
DG40	G32	φ8
DG50	G40~50	φ10
DG70~80	G70~80	−25×4

B．水煤气管之间的连接，除采用管箍连接外，在非防爆场所和非重要部位可采用套管紧定螺栓连接和套管熔焊连接，但要保证管接口的严密性和管内光滑易于穿线。

C．套管的选择及施工：

a．套管的长度为连接管外径的 1.5～3 倍（其目的是加强接头的机械强度），必要时需经车床加工使内径扩大，以能套在被连接的管子上为宜。连接管的对口处应在套管的中心（见图 3-3-2）。

b．套管采用焊接时，套管的两端应满焊严密，防止漏焊，避免管内进水受潮；严禁采用两管直接对接焊，以防止漏入管接缝中的焊瘤刺破导线绝缘。

c．套管采用紧定螺钉连接时，螺钉应拧紧，在有振动的场所，紧定螺钉应有防松措施。

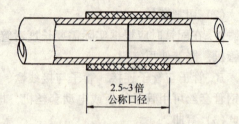

图 3-3-2　套管连接

d．套管选用大于被连接管径一个规格的管子，套管管径若选择不当会减弱接头的机械强度，如套管管径选择偏大，管口容易错位，管口处线管的有效面积减小，使穿线困难，易划破导线绝缘层；并使套管两端焊接困难，管内易进水使导线受潮，造成质量隐患，根据实际施工经验套管管径的合理选择如表 3-3-2 所示。

套管管径的选择（mm）　　　　表 3-3-2

焊接管公称直径	套管用料规格	焊接管公称直径	套管用料规格
15	DN20　焊接管	50	φ68×4　无缝管
20	DN25　焊接管	70	φ83×4　无缝管
25	φ42×3.5　无缝管	80	φ95×4　无缝管
32	φ50×3.5　无缝管	100	φ121×4　无缝管
40	φ57×3.5　无缝管		

（5）钢管与盒体的连接

A．焊接：钢管进入灯头盒、开关盒、接线盒及配电箱时，暗配管可用焊接固定，管口宜伸出盒（箱）内壁 3～5mm，在盒体外焊接，焊接处应补刷防腐漆；

B．丝扣连接：钢管与盒体采用丝扣连接时，先在管端旋上一个薄螺母（俗称纳子）限制管端穿入盒内的长度，将管子穿入盒内后，用手旋上盒内螺母，让管子露出 2～3 扣螺纹，再用扳手把盒子外的薄螺母旋紧并在盒内管口上装置护口。

（6）钢管与设备的连接，应将钢管敷设到设备的接线盒内，如不能直接进入，应符合下列要求：

A．在干燥房间内，可在钢管出口处加保护软管（软管接口高度离地≥200mm，管口应包扎严密）引入设备的接线盒内，且管口应包扎紧密。

B．在室外或潮湿房间内，可在管口处装设防水弯头，由防水弯头引出的导线应套绝缘保护软管，经弯成防水弧度弯后再引入设备的接线盒。

C. 金属软管引入设备时应用软管接头连接，软管应用卡子固定，其间距不应大于1m，不得利用金属软管作为接地导体。

(7) 装设补偿盒

当管子经过建筑物变形缝（包括沉降缝、伸缩缝、抗震缝）时，为防止基础沉降不均或热胀冷缩，损坏暗配管和导线，应采取补偿措施，需在伸缩缝旁装设补偿盒；在伸缩缝的一边安装1~2只接线盒，在线盒侧面开一长形孔，将管子一端穿入长孔中无需固定，而另一端用管纳子与接线盒拧紧固定；导线跨越变形缝的两侧应固定，并留有适当余量。

3. 管内穿线

(1) 管路的清扫

为不损伤导线，穿线前应清扫管路中的积水和杂物；可用0.25MPa压缩空气将管内赃物吹出，或在钢丝线上将布绑成拖把状，穿入管内后来回拉钢丝数次；管路清扫后向管内吹入滑石粉以便穿线，并将管子端部安上塑料管帽或橡皮护线套。

(2) 穿引线

A. 当管路较短弯头较少时，宜将钢引线由管子一端送向另一端，再从另一端将导线绑扎在钢引线上，牵引导线入管；

B. 若管路较长或弯曲较多时，可在配管时将引线穿好，也可由管的两端同时穿入钢引线，且将线端弯成小钩，当钢引线在管中相遇时，用手搅动较短一根钢线使其转动，使两根钢线绞在一起，然后把一根引线拉出。

(3) 拉线头子

钢引线的一头需与所穿的电线结扎在一起，需做一个拉线头子，要求柔软（在管路拐弯处容易通过）、光滑（可减少阻力）、直径小（避免卡住）、结扎可靠（防止松散及脱线）；在所穿导线为细芯电缆时，可用软铜丝编制电缆网套对电缆进行牵引，当电缆根数较多，线芯较粗时，可将电缆分段结扎。

(4) 拉线

拉线最少要两人配合，电线电缆在穿放过程中，为防止出现扭曲，损坏线芯，应放在放线架上，导线必须笔直送入或拉出管口，以防管口磨伤或割伤导线；一人拉一人送，两人送拉动作要配合协调，当导线拉不动时，两人应反复来回拉动几次再向前拉，不可硬拉硬送，以免将引线或导线拉断。

(5) 在垂直管路中，为防止由于导线自重拉断导线或拉脱接线盒中的接头，应在管口处或接线盒中加以固定；并应在下列情况下装设接线盒：

A. 50mm² 以下的导线，管路长度为30m时；

B. 70~95mm² 的导线，管路长度为20m时；

C. 120~240mm² 的导线，管路长度为18m时。

(6) 导线在管内不得有接头和扭曲，其接头应在接线盒内连接；导线穿好后在剪断时要留出适当长度，以便接线安装，接线盒内的留线以绕盒内一圈为宜，控制箱内留线以绕箱体半圈为宜。

(7) 由于管内所穿导线的回路不同，在选择导线颜色时应加以区别，对于用颜色难以区别的，穿线后可在导线表面用不同颜色的塑料胶粘带加以区别，以便导线与设备准确连接。

4. 导线的连接

(1) 铜导线的连接

A. 单股导线的连接：可采用绞接法或绑接法；

B. 多股导线的连接：可采用直接绞接连接，或分支绞接连接；

剖开导线绝缘层时，不应损伤芯线，芯线连接后，绝缘带应包缠均匀紧密，其绝缘强度不应低于导线原绝缘层的绝缘强度；在接线端子的根部与导线绝缘层间的空隙处，应采用绝缘带包缠严密。

(2) 铝导线的连接

A. 对 $10mm^2$ 及以下的单股铝导线，用铝套管进行局部压接；

B. 对单股铝导线的并头连接，还可采用电阻焊接。

(3) 导线与接线端子的连接

A. $10mm^2$ 及以下的单股铜导线可直接与接线端子连接；$6mm^2$ 及以下的单股铜导线应在导线端部搪上一层焊锡后，再连接到接线端子上；

B. $10mm^2$ 以上的多股铜导线，则须装设（锡焊或压接）接线端子（俗称线鼻子），然后再与设备的端子连接；$2.5mm^2$ 及以下的多股铜导线的线芯也可拧紧搪锡后再与设备端子连接；

C. 铝导线接线端子一般用气焊或压接方法，当铝导线与设备铜端子或铜母线连接时，为防止铜铝产生电化腐蚀，应采用铜铝过渡接线端子。

D. 连接要求

a. 熔焊连接的焊缝，不应有凹陷、夹渣、断股、裂缝及根部未焊合的缺陷；焊缝的外形尺寸应符合焊接工艺评定文件的规定，焊接后应清除残余焊药和焊渣；

b. 锡焊连接的焊缝应饱满，表面光滑；焊剂应无腐蚀性，焊接后应清除残余焊剂；

c. 套管连接器和压模等应与导线线芯规格相匹配；压接时、压接深度、压口数量和压接长度应符合产品技术文件的有关规定。

5. 金属柔性导管敷设

(1) 刚性导管经柔性导管与电气设备、器具连接，柔性导管的长度在动力工程中不大于 0.8m，在照明工程中不大于 1.2m。

(2) 金属柔性导管应敷设在不易受机械损伤的干燥场所，且不应直埋于地下或混凝土中；当在潮湿等特殊场所使用金属柔性导管时，应采用带有非金属护套且附配套连接器件的防液型金属柔性导管，其护套应经过阻燃处理。

(3) 金属柔性导管不应退绞、松散，中间不应有接头；其安装应符合下列要求：

A. 弯曲半径不应小于软管外径的 6 倍。

B. 固定点间距不应大于 1m，管卡与终端、弯头中点的距离宜为 300mm。

(4) 可挠金属导管与刚性导管或电气设备、器具的连接采用专用接头；复合型可挠金属导管的连接处应密封良好；防液覆盖层完整无损。

(5) 与嵌入式灯具或类似器具连接的金属柔性导管，其末端的固定管卡，宜安装在自灯具、器具边缘起沿软管长度的 1m 处。

(6) 可挠金属导管和金属柔性导管不能做接地（PE）或接零（PEN）的接地导体。

6. 线管和线槽施工质量验收检验项目

(1) 主控项目

A. 金属的导线和线槽必须接地（PE）或接零（PEN）可靠，并符合下列规定：

a. 镀锌的钢导管、可挠性导管和金属线槽不得熔焊跨接接地线，以专用接地卡跨接的两卡间连接线为铜芯软导线，截面积不小于 $4mm^2$。

b. 当非镀锌钢导管采用螺纹连接时，连接处的两端焊跨接接地线（一般是在连接处用 $\phi6\sim\phi10$ 的圆钢焊接做跨接接地线，并在干线始末两端和分支线管上分别与接地体可靠连接；焊接长度要求达到接地线直径的 6 倍以上）；当镀锌钢导管采用螺纹连接时，连接处的两端用专用接地卡固定跨接接地线。

c. 金属线槽不应作设备的接地导体，当设计无要求时，金属线槽全长不少于 2 处与接地（PE）或接零（PEN）干线连接。

d. 非镀锌金属线槽间连接板的两端应跨接铜芯接地线，镀锌线槽间连接板的两端不跨接接地线，但连接板两端不少于 2 个有防松螺帽或防松垫圈的连接固定螺栓。

B. 金属导管严禁对口熔焊连接；镀锌和壁厚≤2mm 的钢导管不得套管熔焊连接。

C. 防爆导管不应采用倒扣连接；当连接有困难时，应采用防爆活接头，其接合面应严密。

D. 当绝缘导管在砌体上剔槽埋设时，应采用强度等级不小于 M10 的水泥砂浆抹面保护，保护层厚度大于 15mm。

(2) 一般项目

A. 壁厚≤2mm 的钢电线导管不应埋设于室外土壤内。

B. 室外导管的管口应设置在盒、箱内，在落地式配电箱内的管口，箱底无封板的，管口应高出基础面 50～80mm；所有管口在穿入电线后应做密封处理。由箱式变电所或落地式配电箱引向建筑物的导管，建筑物一侧的导管管口应设在建筑物内。

C. 室内进入落地式柜、台、箱、盘内的导管排列应整齐，管口应高出柜、台、箱、盘的基础面 50～80mm。

D. 暗配的导管，埋设深度与建筑物、构筑物表面的距离不应小于 15mm；明配的导管应排列整齐，固定点间距应均匀，安装牢固；在终端、弯头中点或柜、台、箱、盘等边缘的距离 150～500mm 范围内设有管卡，中间直线段管卡间的最大距离应符合表 3-3-3 规定。

管卡间最大距离　　　　表 3-3-3

敷设方式	导管种类	导管直径 (mm)				
		15～20	25～32	32～40	50～65	65以上
		管卡间最大距离 (m)				
支架或沿墙明敷	壁厚>2 mm 刚性钢导管	1.5	2.0	2.5	2.5	3.5
	壁厚≤2 mm 刚性钢导管	1.0	1.5	2.0	—	—
	刚性绝缘导管	1.0	1.5	1.5	2.0	2.0

E. 线槽应安装牢固，无扭曲变形，紧固件的螺母应在线槽外侧。

F. 防爆导管敷设应符合下列规定：

a. 导管间及与灯具、开关、线盒等的螺纹连接处紧密牢固，除设计有特殊要外，连接处不跨接接地线，在螺纹上涂以电力复合酯或导电性防锈酯。

b. 安装牢固顺直，镀锌层锈蚀或剥落处做防腐处理。

7．电线穿管和线槽敷线施工质量验收检验项目

(1) 主控项目

A．三相或单相的交流单芯电缆，不得单独穿于钢导管内。

B．不同回路、不同电压等级和交流与直流的电线，不应穿于同一导管内；同一交流回路的电线应穿于同一金属导管内，且管内电线不得有接头，接头应设在接线盒（箱）内，也不准穿入绝缘破损后经过包缠的导线。下列情况或设计有特殊规定的可穿于同一导管内：

    a．电压为 50V 及以下的回路；

    b．同一台设备的电机回路和无抗干扰要求的控制回路；

    c．照明花灯的所有回路；

    d．同类照明的几个回路，可穿入同一根管内，但管内导线总数不应多于 8 根。

C．爆炸危险环境照明线路的电线额定电压不得低于 750V，且电线必须穿于钢导管内。

(2) 一般项目

A．电线穿管前，应清除管内杂物和积水；管口应有保护措施，应先装设护线套，管口无螺纹的可戴塑料护口，穿线后发现漏戴护口应全部补齐；在不进入接线盒（箱）的垂直管口穿入导线后，管口应密封。

B．当采用多相供电时，同一建筑物、构筑物的电线绝缘层颜色选择应统一；即保护地线（PE 线）应采用黄绿颜色相间色，零线用淡蓝色，相线用：A 相——黄色、B 相——绿色、C 相——红色。

C．线槽敷线应符合下列规定：

    a．电线在线槽内有一定余量，不得有接头；电线按回路编号分段绑扎，绑扎点间距不应大于 2m；

    b．同一回路的相线和零线，敷设于同一金属线槽内；

    c．同一电源的不同回路无抗干扰要求的线路可敷设于同一线槽内；敷设于同一线槽内有抗干扰要求的线路用隔板隔离，或采用屏蔽电线且屏蔽套一端接地。

8．接线和线路绝缘测试施工质量验收检验项目

(1) 主控项目

A．在穿线完成后，要对所穿导线进行绝缘电阻测试，检查所穿导线有无破损，以避免短路、漏电现象。低压电线线间和线对地间的绝缘电阻值必须大于 0.5MΩ（对带有漏电保护装置的线路应作模拟动作试验）。

B．电线接线必须准确，并联运行电线的型号、规格、长度、相位应一致。

(2) 一般项目

A．芯线与电器设备的连接应符合下列规定：

    a．截面在 $10mm^2$ 及以下的单股铜芯线和单股铝芯线直接与设备、器具的端子连接；

    b．截面在 $2.5mm^2$ 及以下的多股铜芯线拧紧搪锡或接续（压接）端子后与设备、器具的端子连接；

    c．截面大于 $2.5mm^2$ 的多股铜芯线，除设备自带插接式端子外，接续（焊接或压接）端子后与设备或器具的端子连接；多股铜芯线与插接式端子连接前，端部拧紧搪锡；

d. 多股铝线接续端子后（应采用线鼻子压接，压接螺栓必须加垫弹簧垫，不允许将多股导线自身缠圈压接）与设备、器具的端子连接；

e. 每个设备和器具的端子接线不多于 2 根电线。

B. 电线的芯线连接金具（连接管和端子），规格应与芯线的规格适配，且不得采用开口端子。

C. 电线的回路标记应清晰，编号准确。

3.3.2 PVC 塑料线管敷设

1. PVC 塑料波纹管

PVC 塑料波纹管具有刚柔结合的特点和良好的阻燃性能、耐电压及抗冲击性能，其外形近似蛇皮管，适用于电气配管中做导线保护管使用，可降低工程造价，在施工中应注意以下问题：

(1) 塑料波纹管的连接

A. 塑料波纹管与钢管或硬塑料管间的连接，主要采用螺帽接头，将螺帽接头一端固定在塑料波纹管上，另一端套在钢管或硬塑料管上，当旋转螺帽时，钢管或硬塑料管被夹紧固，使其连接在一起。

B. 塑料波纹管之间的连接，取同样直径的塑料波纹管，长度为管径的 2～3 倍作为套管用，将套接管沿纵向割开一道缝，把需要连接的波纹管两头对齐，将套接管用手掰开套在接头外侧，使对缝处在套接管中央；为防止水及杂物渗入管内，在套接管外面用塑料自黏绝缘胶带包缠三层。

(2) 适用场所

A. 塑料波纹管不宜明敷；在吊顶内不得使用；在装饰工程中使用要离开热源 500mm 以上。

B. 塑料波纹管只适用于电压 500V 及以下的动力和照明配线工程，不得在高温、易燃、易爆和易受机械损伤的场合使用。

(3) 注意事项

A. 在需要利用金属管做保护接地或保护接零的场合，采用塑料波纹管后，可在管中加穿 1 根专用接地（零）保护导线，但要注意管内导线的总截面积应不大于管子内空截面积的 40%。

B. 埋入墙内或地下的管子外表面离墙面或地面净距离应不小于 15mm，并用强度不小于 M10 的水泥砂浆抹面保护，在穿过建筑物或设备基础时应加钢管保护。

2. 硬质 PVC 塑料线管

(1) 性能及用途

A. 硬质 PVC 塑料线管是利用 PVC 树脂加工成的新型管材，能抗冲击、抗挤压、抗振动；具有绝缘性、阻燃性、自熄性、耐低温和耐腐蚀性，尤其适用于有酸、碱、盐等腐蚀性的场所。

B. PVC 硬质塑料线管容易弯曲、施工简便、安装可靠，可以暗敷在混凝土楼板内或墙体内，也可以明敷在支架上，在许多安装场所，PVC 硬质塑料管已逐渐替代了金属线管。

(2) 施工方法

A. 管径的选择与穿线

a. 多根导线穿1根保护管时,导线总截面积(包括外护层)应小于保护管内截面积的40%;

b. 作电缆保护管时,其内径应大于电缆外径的1.5倍;

c. PVC硬质塑料线管散热不及钢管,同样管径的穿线根数要适当减少,穿线时必须比金属线管多穿1根接地(零)导线,其截面应符合施工规范的要求。

B. 管子明敷

a. 管子在砖墙或混凝土墙、梁、柱上明敷时,管子连接后用管卡直接固定;

b. 管子敷设宜减少弯曲,当直线段长度超过15m或直角弯超过三个时,应增设接线盒;

c. 管子穿过楼板或易受机械损伤的地方,应采用保护措施,保护套管使用PVC管较合适;若使用钢管作保护套管,则套管的接地问题较难解决;其保护套管高度距楼板表面的距离不应小于500mm;

d. 管子应排列整齐,固定点间距应均匀,管卡间最大距离应符合表3-3-4的规定,管卡与终端、转弯中点、电气器具或盒(箱)边缘的距离为150~500mm。

硬塑料线管管卡间最大距离 (m)　　　　　　　　　　表3-3-4

敷设方式	线管直径 (mm)		
	20及以下	25~40	50及以下
支吊架或沿墙敷设	1.0	1.5	2.0

C. 管子暗敷

a. 可根据设计图纸要求的走向,在混凝土中敷设时,用细钢丝将PVC管与钢筋绑扎固定在一起;在砖墙内敷设时,可沿PVC管在墙缝中打上水泥钢钉,再用细钢丝把PVC管绑扎在水泥钢钉上固定,绑扎间距以1m为宜。

b. 直埋于地下或楼板内在露出地面易受机械损伤的一段管子,在出地面时应加一段不小于200mm的钢套管以增加强度,避免因碰撞而损伤PVC管。

D. 管子弯曲,可用专用弯管弹簧插入管内(在弯簧一端可系上细钢丝,以便弯好后取出弹簧),便可在常温下手工直接弯成各种所需角度(弯管可以反复3次进行改动);管径大于$\phi 32$的PVC管,需在弯曲处加热变软后再进行弯曲。要求曲率半径须不小于$4d$,并弯曲均匀、不得弯扁。

若没有专用弯管器,手工操作不易控制所弯管子的曲率半径。

E. 管子切断,可用厂家提供的专用截管器直接剪断,也可用一般的钢锯;切口应平整,并用截管器的刀背进行倒角,以便与附件连接。

F. 管子连接。使用厂家配套提供的接线盒及各种连接配件,专用施工工具和胶粘剂;施工时管口应平整光滑,接头牢固密封。

a. 管与管一般采用插入法连接,将胶粘剂涂在管口上及管接头的内表面,管子插入管接头内直接粘接,要求管接口严密、牢固;

管与管之间也可采用套管（厂家配套供应）连接，套管长度宜为管外径的 1.5~3 倍，在套管内壁及连接管外表面涂上胶粘剂，然后插入套管，管与管的对口处应位于套管的中心，几分钟后即可固定。

b．管子与附件连接有两种方式，插入深度宜为管外径的 1.1~1.8 倍。

管接头连接：管子进入开关盒、灯头盒、插座盒或接线盒时，先将入盒接头粘接在管口上再与盒连接，再用入盒锁扣将盒子拧紧牢固（入盒接头和入盒锁扣为丝扣连接）；

插入法连接：先将接头和拧紧螺栓紧固在盒（箱）壁上，用厂家提供的专用胶粘剂涂在管子插入端外表面以及接头内表面，随后用力将管子插入接头内。

(3) PVC 硬质塑料线管在以下场合不能使用：

A．一二级防雷建筑物中竖向布置的管线和与防雷引下线接近的管线；

B．需要较高屏蔽要求的线路；

C．高温场所或容易造成强力机械损伤的场所；

D．消防部门和建筑工程质检部门不同意在吊顶内使用，吊顶内仍需使用金属电管。

(4) PVC 难燃塑料槽管的生产遵循 QB 1614—92、GB/T 14823.2—93《C 难燃 PVC 聚氯乙烯电线槽管及配件》等标准，其最大穿线数量如表 3-3-5 所示。

PVC 难燃塑料线管最大穿线数量表 表 3-3-5

电线规格 (mm²)	电线数量（条）						
	φ16	φ20	φ25	φ32	φ40	φ50	φ60
1	6	10	16	26	45	69	100
1.5	5	8	14	23	39	61	96
2.5	3	6	10	16	28	42	63
4	2	4	8	13	22	34	51
6	1	4	6	10	18	26	40
10		2	3	5	9	13	20
16		1	2	4	6	10	15
25			1	2	4	6	7
35			1	1	2	3	4	6
50				1	1	2	3	5

3．PVC 塑料线管施工质量验收检验项目

(1) 主控项目：同金属线管，不再赘述。

(2) 一般项目：

PVC 塑料线管的敷设应符合下列规定：

A．管口平整光滑，管与管、管与盒（箱）等器件采用插入法连接时，连接处结合面涂专用胶粘剂，接口牢固密封；

B．直埋于地下或楼板内的 PVC 硬质塑料线管，在穿出地面或楼板易受机械损伤的一段，采取保护措施；

C．当设计无要求时，埋设在墙内或混凝土内的塑料管，采用中型以上的导管；

D．沿建筑物、构筑物表面和在支架上敷设的 PVC 硬质塑料线管，按设计要求装设温度补偿装置。

3.3.3 槽板配线

1. 槽板配线的施工

(1) 槽板配线的施工程序为定位画线→选择槽板→槽板加工→底板固定→盖板固定。

(2) 槽板配线宜敷设在干燥场所，槽板内、外应平整光滑、无扭曲变形；木槽板应涂绝缘漆和防火涂料，塑料槽板应经阻燃处理。

(3) 三线槽的槽板每个固定点均应采用双钉固定，多条槽板并列敷设时，应无明显缝隙。

(4) 敷设于木槽板内的导线，其额定电压不应低于500V，一条槽板内应敷设同一回路的导线，在宽槽内应敷设同一相导线。

(5) 导线的接头应置于接线盒或器具内，盖板不应挤伤导线的绝缘层。

2. 槽板配线施工质量验收检验项目

(1) 主控项目

A. 槽板内无接头，电线连接设在器具处；槽板与各种器具连接时，电线应留有余量，器具底座应压住槽板端部。

B. 槽板敷设应紧贴建筑物表面，且横平竖直、固定可靠，严禁木楔固定；木槽板应经阻燃处理，塑料槽板表面应有阻燃标识。

(2) 一般项目

A. 木槽板无劈裂，塑料槽板无扭曲变形；槽板底板固定点间距应小于500mm；槽板盖板固定点间距应小于300mm；底板距终端50mm和盖板距终端30mm处应固定。

B. 槽板的底板接口与盖板接口应错开20mm，盖板在直线段和90°转角处应成45°斜口对接，T形分支处应成三角叉接，盖板应无翘角，接口应严密整齐。

C. 槽板穿过梁、墙和楼板处应有保护套管，跨建筑物变形缝处槽板应设补偿装置，且与槽板结合严密。

3.3.4 钢索配线

1. 钢索配线的施工

钢索配线是在建筑物两边用花篮螺栓把钢索拉紧，再将导线和灯具悬挂在钢索上；在屋架较高、跨距较大、灯具安装要求较低时，电气照明有时采用钢索配线。

(1) 钢索配线有以下几种：

A. 钢索吊管配线；

B. 钢索吊装瓷珠配线；

C. 钢索吊装塑料护套线配线。

(2) 钢索配线施工要求

A. 在潮湿、有腐蚀性介质及易贮纤维灰尘的场所，应采用带塑料护套的钢索；

B. 在钢索上敷设导线及安装灯后，钢索的弛度不宜大于100mm；

C. 钢索应可靠接地。

2. 钢索配线施工质量验收检验项目

(1) 主控项目

A．应采用镀锌钢索，不应采用含油芯的钢索；钢索的钢丝直径应小于0.5mm，钢索不应有扭曲和断股等缺陷。

B．钢索的终端拉环埋件应牢固可靠，钢索与终端拉环套接处应采用心形环，固定钢索的线卡不应少于2个，钢索端头应用镀锌钢丝绑扎紧密，且应接地（PE）或接零（PEN）可靠。

C．当钢索长度在50m及以下时，应在钢索一端装设花篮螺栓紧固；当钢索长度大于50m时，应在钢索两端装设花篮螺栓紧固。

(2) 一般项目

A．钢索中间吊架间距不应大于12m，吊架与钢索连接处的吊钩深度不应小于20mm，并应有防止钢索跳出的锁定零件。

B．电线和灯具在钢索上安装后，钢索应承受全部负载，且钢索表面应整洁、无锈蚀。

C．钢索配线的零件间和线间距离应符合表3-3-6的规定：

钢索配线的零件间和线间距离（mm）　　　　　表 3-3-6

配 线 类 别	支持件之间最大距离	支持件与灯头盒之间最大距离
钢　管	1500	200
刚性绝缘导管	1000	150
塑料护套线	200	100

3.3.5 施工中应注意的问题

1．施工注意事项

(1) 线管暗敷时，线路应尽可能避免转角或弯曲，为便于穿线，当遇下列情况之一时，必须加装接线盒或拉线盒，且接线盒或拉线盒的位置应便于穿线：

A．无弯曲转角时，超过30m；

B．有一个弯曲转角时，超过20m；

C．有两个弯曲转角时，超过15m；

D．有三个弯曲转角时，超过8m。

(2) 线管在混凝土内暗敷时，要用钢丝将管子绑在钢筋上，并将管子用垫铁垫好，使管子与混凝土模板间距保持15mm以上，以防产生裂缝；当线管外径超过混凝土厚度1/3时，不准将线管埋于其中，以免影响混凝土强度；同向敷设在混凝土内的线管不能太密，以免造成混凝土无法浇灌到位，影响结构强度。

(3) 在楼板或地坪内敷设电管，若垫层不够厚时，应将交叉处顺着楼板煨弯。

线管和线槽，在建筑物伸缩缝、沉降缝处，应设补偿装置（见图3-3-3）。

(4) 穿管敷设导线的额定电压应≥500V，导线的最小截面铜芯线为$1mm^2$，铝芯线为$2.5mm^2$；穿金属管的交流线路，应将同一回路的所有相线和中性线穿于同一根管内。

(5) 三根及以上绝缘导线穿于同一根管时，其总截面积（包括绝缘层）不应超过管内截面积的40%。

(6) 入户线在进墙的一段应采用额定电压不低于500V的绝缘导线；穿墙保护管的外侧应有防水弯头，且导线应弯成滴水弧状后方可引入室内。

(7) 在顶棚内由接线盒引向器具的绝缘导线,应采用可挠金属电线保护管或金属软管等保护,导线不应有裸露部分。

(8) 按照施工及验收规范的规定,金属线管连接,管子与管子(采用套管焊接除外)、管子与配电箱及接线盒等连接处都应做系统接地;不能因为实施了三相五线制(TN—S 系统)管内已有保护零线,而放弃穿线钢管及其他非带电的金属部分的接地保护。

钢管与配电箱的连接地线,为便于检修,可先在钢管上焊上专用接地螺栓,然后用接地线与配电箱做可靠连接。

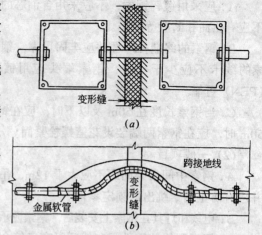

图 3-3-3 伸缩缝、沉降缝处补偿装置
(a) 补偿盒;(b) 金属软管

2. 配合预埋的施工方法

(1) 配合钢模板的电线管施工方法

A. 管口上管箍预埋法。将预埋电管的一端套丝上管箍,并在管箍内填塞纸屑等物,待钢模板拆除后,可利用预埋的管箍接长钢管。

B. 管口焊上短套管预埋法。用短套管代替管箍,待钢模板拆除后,将另一根钢管插入短套管内,并将周围焊牢。

C. 放模芯预留孔洞法。浇灌混凝土前在需预留孔洞的地方放入木质或钢管模芯均可,待混凝土稍稍凝固后,拔出模芯形成孔洞供穿管使用。

D. 预埋套管法。对需要穿过梁柱或楼板结构的管线,可在浇灌混凝土时预埋一段套管(钢管及塑料管均可),方便以后施工。

E. 装过路盒子接管法。在梁柱钢模板尚未全部拆除就需进行下道工序(如施工楼板)时,电气配管需在楼板上进行,只好在不拆模的一端加装过路盒子,待拆除钢模板后,在盒子内进行接管,并可兼做过路接线用。

(2) 电气预埋施工中的问题

A. 预埋管内进入灰浆,堵塞后无法穿线。

B. 拆除模板后找不到原来埋设的预埋盒、管头、预埋件等,均被灰浆遮盖。

C. 防爆线盒、八角线盒、铸铁线盒的螺栓孔被灰浆堵塞,而无法拧上螺杆。

(3) 确保管路畅通的方法

A. 在混凝土内暗配管时,需用灰袋纸将所有管口堵塞严密,在接线盒内塞满纸。

B. 管路的接头处要严密牢固,检查出有松动的必须用垫布包扎严密。

C. 敷设塑料管路,在浇灌混凝土时要监护好埋设的管路,防止管路损坏或脱落。

D. 在混凝土内不宜敷设塑料波纹管,因其强度不够承受外力而遭损坏。

(4) 寻找预埋件的办法

A. 在模板支撑后钢筋绑扎前,按照设计图纸中灯头盒等预埋件的位置准确定位,用墨汁在钢(木)模板上清楚地划出十字中心线,浇灌混凝土后墨汁的十字中心线会反印在混凝土板上,拆除模板后一目了然,省力准确、保证施工质量。

B. 往管内注水,水从线管或管头处渗出便可查出预埋位置。

(5) 防止螺栓孔被灰浆堵塞的办法

A. 预埋防爆灯具接线盒时,可采用盒内塞满纸,用厚干油将预埋盒的所有螺孔全部注满堵严,既防灰浆堵塞,又防锈防腐。

B. 在混凝土中预埋螺栓时,应将丝扣上抹涂干油后,用灰袋纸包扎严密,有条件时,在丝杆外加临时套管作保护,待设备安装时再拆除。

C. 在砌砖墙时,待砌到设计标高再开始安装开关盒、接线盒或插座盒,然后再将预制好的鸭脖弯(即来回弯)插入盒内,在抹灰前,用钢丝把管路穿通,防止管路堵塞;待抹灰装饰后再清扫管路、穿线、接线、安装开关及灯具。

(6) 管线分层分段隐蔽验收

在地下或地上各层电气线管敷设好,准备浇灌水泥砂浆之前,要作好所要浇灌层的线管隐蔽记录,首层或地下层要注明管线接地点。

3. 线管敷设中的质量通病

(1) 在潮湿场所(经常出现在首层及地下层)使用电线管或钢管暗敷两端管口不封端,会使潮气进入管内结露、生锈。

(2) 电线管熔焊连接,使管内出现峰尖,管壁出现焊孔等,造成导线穿管时损坏绝缘层,灌浆时水和砂浆进入管内。

(3) 线管在混凝土中的保护层不足15mm,甚至线管外露。

(4) 电线管、钢管暗敷时不接地或接地不良,在有PE线的暗敷工程中经常发现线管不接地。

(5) 线管沿管缝破裂造成穿线绝缘破损(线管破裂一般都由弯曲不当造成)。

(6) 线管内所穿导线较产品标称截面小,在线路满负荷运行时,会使导线发热、温度过高损坏绝缘,甚至引起火灾(穿线前要实测和确认其导线截面是否符合设计或标准要求)。

3.4 灯具及开关、插座安装

3.4.1 灯具安装

1. 灯具安装施工

灯具主要由灯座和灯罩两部分组成,室内灯具安装方式,通常有吸顶式、嵌入式、吸壁式及悬吊式;悬吊式又分为软线吊灯、链条吊灯及钢管吊灯,其安装施工的要求如下:

(1) 一般规定

A. 安装的灯具应配件齐全,无机械损伤和变形,灯罩无损坏;

B. 安装灯具时,应采取预埋吊钩、螺栓、螺钉、膨胀螺栓、尼龙塞或塑料塞固定;

C. 灯具不得直接安装在可燃构件上,当灯具表面高温部位靠近可燃物时,应采取隔热、散热措施。

凡在木结构上安装吸顶组合灯、面包灯、半圆球灯和日光灯时,应在灯爪子与吊顶直接接触的部位,垫$\delta=3mm$的石棉布(板),防止火灾事故发生。

D. 同一室内或场所成排安装的灯具,其中心线偏差不应大于5mm。

E.固定在移动结构上的灯具,其导线宜敷设在移动构架的内侧;在移动构架活动时,导线不应受拉力和磨损。

F.嵌入顶棚内的装饰灯具的安装应符合下列要求:

a.灯具应固定在专设的框架上,导线不应贴近灯具外壳,且在灯具内应留有余量,灯具边框应紧贴在顶棚面上;

b.矩形灯具的边框宜与顶棚面的装饰直线平行,其偏差不应大于5mm;

c.日光灯管组合的开启式灯具,灯管排列应整齐,其金属或塑料的间隔片不应有扭曲等缺陷。

G.电气照明装置的接线应牢固,电气接触应良好;需接地或接零的灯具、开关、插座等非带电金属部分,应有明显的专用接地螺钉。

(2) 吊灯的安装

A.安装吊灯时先在木台上钻好出线孔,锯好进线槽,将电线从出线孔穿出,用木螺丝或膨胀螺栓将木台固定,并在木台上安装吊线盒,从吊线盒的接线螺丝上引出软线;

B.软线的另一端接到灯座的接线端子上,软线在吊线盒和灯座内应打线结,防止线芯接头受力;

C.将灯座及吊线盒盖拧好。

(3) 吸顶灯安装

可直接用木螺丝或膨胀螺栓将木台固定在顶棚上,然后再把灯具固定在木台上。

(4) 壁灯安装

当壁灯安装在墙上时,灯座应固定在预埋木砖或预埋金属构件上;安装在柱子上时,应固定在预埋金属构件上或用抱箍固定,然后安装灯具。

(5) 荧光灯安装

荧光灯(日光灯)的安装方式有吸顶、吊链或吊管三种,镇流器、启辉器电容器要互相匹配,接线正确,灯具安装应固定牢固。

(6) 碘钨灯安装

A.必须使灯具保持水平位置,倾斜角不能大于4°,否则将使波壳很快发黑,灯丝烧端;

B.碘钨灯正常工作时,管壁温度大约为600°,不能与易燃物接近;

C.碘钨灯耐振性差,不能在振动较大的场所使用,更不宜作为移动光源使用。

2.普通灯具施工质量验收检验项目

(1) 主控项目

A.灯具的固定应符合下列规定:

a.灯具重量大于3kg时,固定在螺栓或预埋吊钩上(吊钩应能承受10倍灯具的重量)。

b.软线吊灯,灯具重量在0.5kg及以下时,采用软电线自身吊装;大于0.5kg的灯具采用吊链吊挂灯具,且软线编叉在吊链内,使电线不受力。

c.灯具固定牢固可靠,不使用木楔;每个灯具固定用螺钉或螺栓不少于2个;当绝缘台直径在75mm及以下时,采用1个螺钉或螺栓固定。

B.花灯的吊钩(应镀锌)圆钢直径不应小于灯具挂销直径,且不应小于6mm;对大型花灯的固定及悬吊装置，应按灯具重量的 2 倍做过载试验。

C．当钢管做灯杆时，钢管内径不应小于 10mm，钢管厚度不应小于 1.5mm。

D．固定灯具带电部件的绝缘材料以及提供防触电保护的绝缘材料，应耐燃烧和防明火。

E．当设计无要求时，灯具的安装高度和使用电压等级应符合下列规定：

a．一般敞开式灯具，灯头对地面距离不小于下列数值（采用安全电压时除外）：

室外：2.5m（室外墙上安装）；

厂房：2.5m；

室内：2m；

软吊线带升降器的灯具在吊线展开后：0.8m。

b．危险性较大及特殊危险场所，当灯具距地面高度小于 2.4m 时，使用额定电压为 36V 及以下的照明灯具，或有专用保护措施。

F．当灯具距地面高度小于 2.4m 时，灯具的可接近裸露导体必须接地（PE）或接零（PEN）可靠，并应有专用接地螺栓，且有标识。

(2) 一般项目

A．引向每个灯具的导线线芯最小截面积应符合表 3-4-1 的规定。

导线线芯最小截面积　　　　　表 3-4-1

灯具安装的场所及用途		芯线最小截面（mm^2）		
		铜芯软线	铜　线	铝　线
灯头线	民用建筑室内	0.5	0.5	2.5
	工业建筑室内	0.5	1.0	2.5
	室　　外	1.0	1.0	2.5

B．灯具的外形、灯头及其接线应符合下列规定：

a．灯具及其配件齐全，无机械损伤、变形、涂层剥落和灯罩破裂等缺陷。

b．软线吊灯的软线两端应作保护扣，两端芯线搪锡；当装升降器时，套塑料软管，采用安全灯头。

c．除敞开式灯具外，其他各种灯具灯泡容量在 100W 及以上者采用瓷质灯头。

d．连接灯具的软线盘扣、搪锡压线；当采用螺口灯头时，相线接于螺口灯头中间的端子（舌簧铜片）上，零线应接在螺纹端子（螺口铜圈）上。

e．灯头的绝缘外壳不应有破损和漏电，带有开关的灯头，开关手柄无裸露的金属部分。

C．变电所内，高压、低压配电设备及裸母线的正上方不应安装灯具。

D．装有白炽灯泡的吸顶灯具，灯泡不应紧贴灯罩；当灯泡与绝缘台之间距离小于 5mm 时，灯泡与绝缘台间应采取隔离措施。

E．安装在重要场所的大型灯具的玻璃罩，应采取防止玻璃罩碎裂后向下溅落的措施。

F．投光灯的底座及支架应固定牢固，枢轴应沿需要的光轴方向拧紧固定。

G．安装在室外的壁灯应有泄水孔，绝缘台与墙面之间应有防水措施。

3. 专用灯具施工质量验收检验项目

(1) 主控项目

A. 36V及以下行灯变压器和行灯安装必须符合下列规定：

a. 行灯电压不大于36V，在特殊潮湿场所或导电良好的地面上以及工作地点狭窄、行动不便的场所行灯电压不大于12V。

b. 变压器外壳、铁芯和低压侧的任意一端或中性点，接地（PE）或接零（PEN）可靠。

c. 行灯变压器为双线圈变压器，其电源侧和负荷侧有熔断器保护，熔丝额定电流分别不应大于变压器一次、二次的额定电流。

d. 行灯灯体及手柄绝缘良好，坚固耐热耐潮湿；灯头与灯体结合紧固，灯头无开关，灯泡外部有金属保护网、反光罩及悬吊挂钩，挂钩固定在灯具的绝缘手柄上。

B. 游泳池和类似场所灯具（水下灯及防水灯具）的等电位联结应可靠，且有明显标识，其电源的专用漏电保护装置应全部检测合格。自电源引入灯具的导管必须采用绝缘导管，严禁采用金属或有金属护层的导管。

C. 手术台无影灯安装应符合下列规定：

a. 固定灯座的螺栓数量不少于灯具法兰底座上的固定孔数，且螺栓直径与底座孔径相适配，螺栓采用双螺母锁固。

b. 在混凝土结构上螺栓与主筋相焊接或将螺栓末端弯曲与主筋绑扎锚固。

c. 配电箱内装有专用的总开关及分开关，电源分别接在两条专用的回路上，开关至灯具的电线采用额定电压不低于750V的铜芯多股绝缘电线。

D. 应急照明灯具安装应符合下列规定：

a. 应急照明灯的电源除正常电源外，另有一路电源供电；或者是独立于正常电源的柴油发电机组供电；或由蓄电池柜供电或选用自带电源型应急灯具。

b. 应急照明在正常电源断电后，电源转换时间为：疏散照明≤15s；备用照明≤15s（金融商店交易所≤1.5s）；安全照明≤0.5s。

c. 疏散照明由安全出口标志灯和疏散标志灯组成；安全出口标志灯距地高度不低于2m，且安装在疏散出口和楼梯口里侧的上方。

d. 疏散标志灯安装在安全出口的顶部，楼梯间、疏散走道及其转角处应安装在1m以下的墙面上；不易安装的部位可安装在上部；疏散通道上的标志灯间距不大于20m（人防工程不大于10m）。

e. 疏散标志灯的设置，不影响正常通行，且不在其周围设置容易混同疏散标志灯的其他标志牌等。

f. 应急照明灯具、运行中温度大于60℃的灯具，当靠近可燃物时，采取隔热、散热等防火措施。当采用白炽灯，卤钨灯等光源时，不直接安装在可燃装修材料或可燃物件上。

g. 应急照明线路在每个防火分区有独立的应急照明回路，穿越不同防火分区的线路有防火隔堵措施。

h. 疏散照明线路采用耐火电线、电缆，穿管明敷或在非燃烧体内穿刚性导管暗敷，暗敷保护层厚度不小于30mm；电线采用额定电压不低于750V的铜芯绝缘电线。

E. 防爆灯具安装应符合下列规定：

a. 灯具的防爆标志、外壳防护等级和温度组别与爆炸危险环境相适配；当设计无要求时，灯具种类和防爆结构的选型应符合表3-4-2的规定。

灯具种类和防爆结构的选型　　　　　　表3-4-2

爆炸危险区域防爆结构 照明设备种类	Ⅰ 区		Ⅱ 区	
	隔爆型	增安型	隔爆型	增安型
固定式灯	O	×	O	O
移动式灯	△	—	—	—
携带式电池灯	O	—	O	—
镇流器	O	△	O	O

注：O为适用；△为慎用；×为不适用。

b. 灯具配套齐全，不用非防爆零件替代灯具配件（金属护网、灯罩、接线盒等）。

c. 灯具的安装位置离开释放源，且不在各种管道的泄压口及排放口上下方安装灯具。

d. 灯具及开关安装牢固可靠，灯具吊管及开关与接线盒螺纹啮合扣数不少于5扣，螺纹加工光滑、完整、无锈蚀，并在螺纹上涂以电力复合酯或导电性防锈酯。

e. 开关安装位置便于操作，安装高度1.3m。

(2) 一般项目

A. 36V及以下行灯变压器和行灯安装应符合下列规定：

a. 行灯变压器的固定支架牢固，油漆完整；

b. 携带式局部照明灯电线采用橡套软线。

B. 手术台无影灯安装应符合下列规定：

a. 底座紧贴顶板，四周无缝隙；

b. 表面保持整洁、无污染、灯具镀、涂层完整无划伤。

C. 应急照明灯具安装应符合下列规定：

a. 疏散照明采用荧光灯或白炽灯；安全照明采用卤钨灯，或采用瞬时可靠点燃的荧光灯；

b. 安全出口标志灯和疏散标志灯装有玻璃或非燃材料的保护罩，面板亮度均匀度为1:10（最低:最高），保护罩应完整、无裂纹。

D. 防爆灯具安装应符合下列规定：

a. 灯具及开关的外壳完整，无损伤、无凹陷或沟槽，灯罩无裂纹，金属护网无扭曲变形，防爆标志清晰；

b. 灯具及开关的紧固螺栓无松动、锈蚀，密封垫圈完好。

4. 建筑物景观照明灯、航空障碍标志灯和庭院灯施工质量验收检验项目

(1) 主控项目

A. 建筑物彩灯安装应符合下列规定：

a. 建筑物顶部彩灯采用有防雨性能的专用灯具，灯罩要拧紧；

b. 彩灯配线管路按明配管敷设，且有防雨功能。管路间、管路与灯头盒间螺纹连接，金属导管及彩灯的构架、钢索等可接近裸露导体接地（PE）或接零（PEN）可靠；

c. 垂直彩灯悬挂挑臂采用不小于10号的槽钢；端部吊挂的钢索用的吊钩螺栓直径不

小于10mm，螺栓在槽钢上固定，两侧有螺帽，且加平垫及弹簧垫圈紧固；

　　d．悬挂钢丝绳直径不小于4.5mm，底把圆钢直径不小于16mm，地锚采用架空外线用拉线盘，埋设深度大于1.5m；

　　e．垂直彩灯采用防水吊线灯头，下端灯头距离地面高于3m。

　B．霓虹灯安装应符合下列规定：

　　a．霓虹灯管完好，无破裂；

　　b．灯管采用专用的绝缘支架固定（专用支架可采用玻璃管制成），且牢固可靠；灯管固定后，与建筑物、构筑物表面的距离不小于20mm；

　　c．霓虹灯专用变压器采用双圈式，所供灯管长度不大于允许负载长度，露天安装的有防雨措施；

　　d．霓虹灯专用变压器的二次电线和灯管间的连接线采用额定电压大于15kV的高压绝缘电线；二次电线与建筑物、构筑物表面的距离不小于20mm。

　C．建筑物景观照明灯具安装应符合下列规定：

　　a．每套灯具的导电部分对地绝缘电阻值大于2MΩ；

　　b．在人行道等人员来往密集场所安装的落地式灯具，无围栏防护，安装高度距地面2.5m以上；

　　c．金属构架和灯具的可接近裸露导体及金属软管的接地（PE）或接零（PEN）可靠，且有标识。

　D．航空障碍标志灯安装应符合下列规定：

　　a．灯具装设在建筑物或构筑物的最高部位，当最高部位平面面积较大或为建筑群时，除在最高端装设外，还在其外侧转角的顶端分别装设灯具；

　　b．当灯具在烟囱顶上装设时，安装在低于烟囱口1.5~3m的部位且呈正三角形水平排列；

　　c．灯具的选型根据安装高度决定；低光强的（距地面60m以下装设时采用）为红色光，其有效光强大于1600cd；高光强的（距地面150m以上装设时采用）为白色光，有效光强随背景亮度而定；

　　d．灯具的电源按主体建筑中最高负荷等级要求供电；

　　e．灯具安装牢固可靠，且设置维修和更换光源的措施。

　E．庭院灯安装应符合下列规定：

　　a．每套灯具的导电部分对地绝缘电阻值大于2MΩ；

　　b．立柱式路灯、落地式路灯、特种园艺灯等灯具与基础固定可靠，地脚螺栓备帽齐全；灯具的接线盒或熔断器盒，盒盖的防水密封垫完整；

　　c．金属立柱及灯具可接近裸露导体接地（PE）或接零（PEN）可靠；接地线单设干线，干线沿庭院灯布置位置形成环网状，且不少于2处与接地装置引出线连接；由干线引出支线与金属灯柱及灯具的接地端子连接，且有标识。

(2) 一般项目

　A．建筑物彩灯安装应符合下列规定：

　　a．建筑物顶部彩灯灯罩完整，无碎裂；

　　b．彩灯电线导管防腐完好，敷设平整、顺直。

B．霓虹灯安装应符合下列规定：

a．当霓虹灯变压器明装时，高度不小于3m；低于3m采取防护措施；在室外安装时，应采取防水措施；

b．霓虹灯变压器的安装位置方便检修，且隐蔽在不易被非检修人触及的场所，不装在吊平顶内；

c．当橱窗内装有霓虹灯时，橱窗门与霓虹灯变压器一次侧开关有联锁装置，确保开门不接通霓虹灯变压器的电源；

d．霓虹灯变压器二次侧的电线采用玻璃制品绝缘支持物固定，支持点距离不大于下列数值：

水平线段：0.5m；

垂直线段：0.75m。

C．建筑物景观照明灯具构架应牢固可靠，地脚螺栓拧紧，备帽齐全；灯具的螺栓紧固无遗漏；灯具外露的电线或电缆应有柔性金属导管保护。

D．航空障碍标志灯安装应符合下列规定：

a．同一建筑物或建筑群灯具间的水平、垂直距离不大于45m；

b．灯具自动通、断电源控制装置动作准确。

E．庭院灯安装应符合下列规定：

a．灯具的自动通、断电源控制装置动作准确，每套灯具熔断器盒内熔丝齐全，规格与灯具适配；

b．架空线路电杆上的路灯、固定可靠，紧固件齐全、拧紧，灯位正确；每套灯具配有熔断器保护。

3.4.2 开关、插座、风扇安装

1. 安装施工

(1) 开关、插座明装

A．先用塑料膨胀螺栓将木台固定在墙上，然后在木台上安装开关或插座；

B．一般开关往上板是电路接通，电灯点亮；往下板是电路切断，电灯熄灭。

(2) 开关、插座暗装

A．先将开关盒按施工图纸要求的位置预埋在墙内，开关盒的四周不应有空隙，且埋设平正，盒口平面应与墙的粉刷层平面一致；

B．将已穿在线管及开关盒内的导线与开关或插座的接线端子连接，再将开关或插座用螺栓固定在开关盒上，盖板应端正平整。

(3) 吊扇安装

A．在土建施工时预埋吊钩，吊钩应与主钢筋焊接，或将吊钩末端部分弯曲后绑扎在主钢筋上，吊钩伸出建筑物的长度应以盖上风扇吊杆护罩后能将整个吊钩全部罩住为宜；

B．待土建施工完毕后方可安装吊扇，吊钩挂上吊扇后，一定要使吊扇的重心和吊钩直接部分在同一直线上。

2. 开关、插座、风扇施工质量验收检验项目

(1) 主控项目

A．当交流、直流或不同电压等级的插座安装在同一场所时，应有明显的区别，且必须选择不同结构、不同规格和不能互换的插座；配套的插头、应按交流、直流或不同电压等级区别使用。

B．插座接线应符合下列要求：

a．单相两孔插座，面对插座的右孔或上孔与相线相接，左孔或下孔与零线相接；单相三孔插座，面对插座的右孔与相线相接，左孔与零线相接；

b．单相三孔、三相四孔及三相五孔插座的接地（PE）或接零（PEN）线接在上孔；插座的接地端子不与零线端子直接连接；同一场所的三相插座，接线的相序一致；

c．接地（PE）或接零（PEN）线在插座间不串联连接；

C．特殊情况下插座安装应符合下列规定：

a．当接插有触电危险家用电器的电源时，采用能断开电源的带开关插座，开关断开相线；

b．潮湿场所采用密封型并带保护地线触头的保护型插座，安装高度不低于1.5m。

D．照明开关安装应符合下列规定：

a．同一建筑物、构筑物的开关采用同一系列的产品，开关的通断位置应一致，操作灵活，接触可靠；

b．零线直接接在灯头上，相线经开关控制再接到灯头上，民用住宅无软线引至床边的床头开关。

E．吊扇安装应符合下列规定：

a．吊扇挂钩安装牢固，吊扇挂钩的直径不小于吊扇挂销直径，且不小于8mm；有防振橡胶垫，挂销的防松零件齐全、可靠；

b．吊扇扇叶距地高度不小于2.5m；

c．吊扇组装不改变扇叶角度，扇叶固定螺栓防松零件齐全；

d．吊杆间、吊杆与电机间螺纹连接，啮合长度不小于20mm，且防松零件齐全紧固；

e．吊扇接线正确，当运转时风叶无明显颤动或异常声响。

F．壁扇安装应符合下列规定：

a．壁扇底座采用尼龙塞或膨胀螺栓固定；尼龙塞或膨胀螺栓的数量不少于2个，且直径不小于8mm，固定牢固可靠；

b．壁扇防护罩扣紧，固定可靠，当运转时扇叶和防护罩无明显颤动和异常声响。

(2) 一般项目

A．插座安装应符合下列规定：

a．当不采用安全插座时，托儿所、幼儿园及小学等儿童活动场所安装高度不小于1.8m；

b．暗装的插座面板紧贴墙面，四周无缝隙，安装牢固，表面光滑整洁、无碎裂、划伤，装饰帽齐全；

c．车间及试（实）验室的插座安装高度距地面不小于0.3m，特殊场所暗装的插座不小于0.15m；同一室内插座安装高度一致；

d．地插座面板与地面齐平或紧贴地面，盖板固定牢固，密封良好。

B．照明开关安装应符合下列规定：

  a．开关安装位置便于操作，开关边缘距门框边缘的距离为 0.15～0.2m；开关距地面高度为 1.3m；拉线开关距地面高度为 2～3m，层高小于 3 m 时，拉线开关距顶板不小于 100mm，拉线出口垂直向下。

  b．相同型号并列安装及同一室内开关安装高度一致（高度差不应大于 5mm），且控制有序不错位；并列安装的拉线开关的相邻间距不小于 20mm（高度差不应大于 1mm）。

  c．暗装的开关面板应紧贴墙面，四周无缝隙，安装牢固，表面光滑整洁，无碎裂、划伤，装饰帽齐全。

  C．吊扇安装应符合下列规定：

  a．涂层完整，表面无划痕、无污染，吊杆上下扣碗安装牢固到位；

  b．同一室内并列安装的吊扇开关高度一致，且控制有序不错位。

  D．壁扇安装应符合下列规定：

  a．壁扇下侧边缘距地面高度不小于 1.8m；

  b．涂层完整，表面无划痕、无污染，防护罩无变形。

  3．建筑物照明通电试运行施工质量验收检验主控项目

  (1) 照明系统通电，灯具回路控制应与照明配电箱及回路的标识一致；开关与灯具控制顺序相对应，风扇的转向及调速开关应正常。

  (2) 公用建筑照明系统通电连续试运行时间应为 24h，民用住宅照明系统通电连续试运行时间应为 8h；所有照明灯具均应开启，且每 2h 记录运行状态 1 次，连续试运行时间内无故障。

3.5　成套配电柜、控制柜（屏、台）和动力、照明配电箱（盘）安装

3.5.1　施工安装

1．照明配电箱施工

(1) 悬挂式配电箱施工

  A．直接在墙或柱子上安装：确定配电箱安装位置，先预埋螺栓或用膨胀螺栓将配电箱固定；

  B．配电箱安装在支架上，先将加工好的支架固定在墙、柱上，或用抱箍将支架固定在柱子上，再将配电箱安装在支架上；

  C．施工时应使用水平尺在箱顶上校正其水平度，用线锤在箱侧面校正其垂直度，允许偏差为不超过 3mm。

(2) 嵌入式配电箱施工

  A．当土建主体工程砌筑至安装高度时，先将与配电箱尺寸和厚度相等的木框架嵌在墙内，待土建施工结束后，敲去木框再安装配电箱，并校正其水平度和垂直度，用垫片将配电箱固定，在箱体四周填入水泥砂浆；

  B．也可先将配电箱的箱体在土建施工时埋入，预埋的线管配入箱内，待土建施工结束后，再安装箱内配电盘。

(3) 落地式配电箱施工

先预制好一个空心的高 100～200mm 的混凝土基座,并预埋 M10 的螺栓,再将配电箱安装于混凝土基座上,并用预埋螺栓固定,线管从混凝土基座下面的空心处进入,并排列整齐,管口高出混凝土基座面 50mm 以上。

(4) 设置要求

A. 三相四线或三相五相制供电的照明配电箱,其各相负荷应均匀分布;

B. 配电箱内装设的螺旋熔断器,其电源线应接在中间触点的端子上,负荷线接在螺纹的端子上;

C. 零线要直接接地,不经过熔断器;

D. 配电箱应标明用电回路名称,导线引出配电箱均应套绝缘管。

2. 成套配电装置及动力配电箱(盘)施工

(1) 基础施工

配电盘柜均安装在型钢(一般采用∠75 角钢或 10 号槽钢)制成的基础上,在土建浇灌混凝土时,可直接埋设已经调直、出锈、下料、钻孔而制成的型钢基础,也可先预埋带钢筋钩的钢板或基础螺栓,待混凝土凝固后,再将型钢放入,用成组的垫铁找平找正后焊接在预埋钢板上或用基础螺栓固定。

型钢四周用 1:2 混凝土填充捣实,型钢顶部应高出地面 10mm,手车式成套柜按产品技术要求执行,基础型钢的两端应用扁钢与接地网焊接可靠接地。

(2) 配电盘柜安装固定

A. 在浇注型钢基础的混凝土凝固后,即可将配电盘柜就位,成排配电盘(柜)安装时,先把每台盘(柜)调整到大致水平的位置,然后再精确地调整第一台盘(柜),再以第一台盘(柜)为标准将其他盘(柜)逐次调整;盘柜数量较多时,可先精确地调整中间一个盘或柜,然后再左右调整。

B. 调整好的配电盘(柜),盘面应一致排列整齐,盘(柜)与盘(柜)之间无明显缝隙,其允许偏差详见表 3-5-1。

柜、屏、台、箱、盘安装的允许偏差　　表 3-5-1

项　　　目		允许偏差
垂　直　度		<1.5‰
水平偏差(mm)	相邻两盘顶部	<2
	成列盘顶部	<5
盘面偏差(mm)	相邻两盘边	<1
	成列盘面	<5
盘间接缝(mm)		<2

C. 根据施工质量验收规范的规定,配电盘柜之间以及配电盘柜与基础型钢之间不能采用焊接,而应用镀锌螺栓连接,且防松零件齐全。

D. 在有振动的场所,盘柜下应按设计要求采取防振措施,无设计要求时,可加装 10mm 厚的弹性垫。

(3) 引入盘、柜内的电缆及其芯线应符合下列要求:

3.5 成套配电柜、控制柜（屏、台）和动力、照明配电箱（盘）安装

A．引入盘、柜内的电缆应排列整齐，编号清晰，避免交叉，并应固定牢固，不得使所接的端子排受到机械应力。

B．铠装电缆在进入盘、柜后，应将钢带切断，切断处的端部应扎紧，并应将钢带接地。

C．使用于静态保护、控制等逻辑回路的控制电缆，应采用屏蔽电缆，其屏蔽层应按设计要求的接地方式予以接地。

D．橡胶绝缘的芯线应外套绝缘保护管。

E．盘、柜内的电缆芯线，应按垂直或水平有规律地配置，不得任意歪斜交叉连接，备用芯长度应留有适当余量。

(4) 成套配电盘柜的安装及接线应符合下列要求：

A．盘、柜的漆层应完整，无损伤；固定电器的支架等应刷漆；安装于同一室内且经常监视的盘、柜，其盘面颜色宜和谐一致。

B．各电器应能单独拆装更换而不应影响其他电器及导线束的固定，两个发热元件之间的连线应采用耐热导线或裸铜线套瓷管。

C．强弱电端子隔离布置有困难时，应有明显标志并设空端子隔开或设加强绝缘的隔板。

D．接线端子应与导线截面匹配，不使用小端子配大截面导线；潮湿环境宜采用防潮端子。

E．接地排与中性排不准混接；箱体的保护接地线可以做在盘后，盘面的保护接地线必须做在盘面的明显处，为便于检查测试，不得将接地线压在配电盘的固定螺栓上，要专开一孔，单压螺栓。

F．在油污环境应采用耐油绝缘导线；在日光直射环境，橡胶或塑料绝缘导线应采取防护措施。

G．盘、柜上的小母线应采用直径不小于 6mm 的铜棒或铜管，小母线两侧应有标明其代号或名称的绝缘标志牌，字迹应清晰、工整、且不易脱色。

H．盘、柜上模拟母线的标志颜色，应符合表 3-5-2 的规定。

模拟母线的标志颜色　　　　　　　　　　表 3-5-2

电压 (kV)	颜色	电压 (kV)	颜色	电压 (kV)	颜色	电压 (kV)	颜色
交流 0.23	深灰	交流 10	洛红	交流 60	橙黄	交流 330	白
交流 0.40	黄褐	交流 13.8~20	浅绿	交流 110	朱红	交流 500	淡黄
交流 3	深绿			交流 154	天蓝	直流	褐
交流 6	深蓝	交流 35	浅黄	交流 220	紫	直流 500	深紫

(5) 二次回路的结线应符合下列规定：

A．二次回路连线不应有接头，铜芯绝缘导线的最小截面不应小于 $1.5mm^2$，导线芯线无损伤。配线应整齐、清晰、美观、导线绝缘良好。

B．导线与电气元件间采用螺栓连接、插接、焊接或压接等，均应牢固可靠。

C．每个接线端子的每侧接线宜为 1 根，不得超过 2 根；对于插接式端子，不同截面的两根导线不得接在同一端子上，对于螺栓连接端子，当接两根导线时，中间应加平垫片。

D. 二次回路接地应设专用螺栓。

E. 二次回路结线施工完毕在测试绝缘时，应有防止弱电设备损坏的安全技术措施。

F. 二次回路的电气间隙和爬电距离应符合下列要求：

a. 盘、柜内两导体间，导电体与裸露的不带电的导体间，应符合表3-5-3的要求。

允许最小电气间隙及爬电距离　　　　表3-5-3

额定电压（V）	电气间隙（mm）		爬电距离（mm）	
	额定工作电流≤63A	额定工作电流>63A	额定工作电流≤63A	额定工作电流>63A
≤60	3.0	5.0	3.0	5.0
60<V≤300	5.0	6.0	6.0	8.0
300<V≤500	8.0	10.0	10.0	12.0

b. 屏顶上小母线不同相或不同极的裸露载流部分之间，裸露载流部分与未经绝缘的金属体之间，电气间隙不得小于12mm，爬电距离不得小于20mm。

(6) 抽屉式配电柜安装应符合下列要求：

A. 抽屉应能互换，抽屉的机械联锁或电气联锁装置应动作正确可靠，断路器分闸后，隔离触头才能分开；

B. 抽屉与柜体间的二次回路连接插件应接触良好；

C. 抽屉与柜体间的接触及柜体、框架的接地应良好。

(7) 手车式柜的安装应符合下列要求：

A. 检查防止电气误操作的"五防"装置齐全，并动作灵活可靠；

B. 相同型号手车应能互换，手车推入工作位置后，动触头顶部与静触头底部的间隙应符合产品要求；

C. 手车和柜体间的二次回路连接插件应接触良好；

D. 安全隔离板应开启灵活，随手车的进出而相应动作。

3.5.2　施工质量验收检验项目

1. 主控项目

(1) 柜、屏、台、箱、盘的金属框架及基础型钢必须接地（PE）或接零（PEN）可靠；装有电器的可开启门，门和框架的接地端子间应用裸编织铜线连接，且有标识。

(2) 低压成套配电柜、控制柜（屏、台）和动力、照明配电箱（盘）应有可靠的电击保护。柜（屏、台、箱、盘）内保护导体应有裸露的连接外部保护导体的端子，当设计无要求时，柜（屏、台、箱、盘）内保护导体最小截面积 S_P 不应小于表3-5-4的规定。

保护导体截面积（mm^2）　　　　表3-5-4

相线的截面积 S	相应保护导体的最小截面积 S_P
$S \leq 16$	S
$16 < S \leq 35$	16
$35 < S \leq 400$	$S/2$
$400 < S \leq 800$	200
$S > 800$	$S/4$

注：S 指柜（屏、台、箱、盘）电线进线相线截面积，且两者（S、S_P）材质相同。

(3) 手车、抽出式成套配电柜推拉应灵活、无卡阻碰撞现象。动触头与静触头的中心线应一致，且触头接触紧密，投入时，接地触头先于主触头接触；退出时，接地触头后于主触头脱开。

(4) 高压成套配电柜必须按 GB 50150《电气装置安装工程电气设备交接试验标准》的规定交接试验合格，且应符合下列规定：

A．继电保护元器件、逻辑元件、变送器和控制用计算机等单体校验合格，整组试验动作正确，整定参数符合设计要求。

B．凡经法定程序批准，进入市场投入使用的新高压电气设备和继电保护装置，按产品技术文件要求交接试验。

(5) 低压成套配电柜交接试验，必须符合下列规定：

A．每路配电开关及保护装置的规格、型号，应符合设计要求。

B．相间和相对地间的绝缘电阻值应大于 0.5MΩ。

C．电气装置的交流工频耐压试验电压为 1kV，当绝缘电阻值大于 10MΩ 时，可采用 2500V 兆欧表摇测替代，试验持续时间 1min，无击穿闪络现象。

(6) 柜、屏、台、箱、盘间线路的线间和线对地间绝缘电阻值，馈电线路必须大于 0.5MΩ；二次回路必须大于 1MΩ。

(7) 柜、屏、台、箱、盘间二次回路交流工频耐压试验，当绝缘电阻值大于 10MΩ 时，用 2500V 兆欧表摇测 1min，应无闪络击穿现象；当绝缘电阻值在 1~10MΩ 时，做 1000V 交流工频耐压试验，时间 1min，应无闪络击穿现象。

(8) 直流屏试验，应将屏内电子器件从线路上退出，检测主回路线间和线对地间绝缘电阻值应大于 0.5MΩ，直流屏所附蓄电池组的充、放电应符合产品技术文件要求；整流器的控制调整和输出特性试验应符合产品技术文件要求。

(9) 照明配电箱（板）安装应符合下列规定：

A．箱（盘）内配线整齐，无绞接现象；导线连接紧密，不伤芯线，不断股。垫圈下螺丝两侧压的导线截面积相同，同一端子上导线连接不多于 2 根，防松垫圈等零件齐全。

B．箱（盘）内开关动作灵活可靠，带有漏电保护的回路，漏电保护装置动作电流不大于 30mA，动作时间不大于 0.1s。

C．照明箱（板）内，分别设置零线（N）和保护地线（PE 线）汇流排，零线和保护地线经汇流排配出，并应有编号。

2．一般项目

(1) 基础型钢安装应符合表 3-5-5 的规定。

基础型钢安装允许偏差　　　　　表 3-5-5

项　目	允　许　偏　差	
	(mm/m)	(mm/全长)
不直度	1	5
水平度	1	5
不平行度	—	5

注：环形布置按设计要求。

(2) 柜、屏、台、箱、盘相互间或与基础型钢应用镀锌螺栓连接，且防松零件齐全。

(3) 柜、屏、台、箱、盘安装垂直度允许偏差为 1.5‰，相互间接缝不应大于 2mm，成列盘面偏差不应大于 5mm。

(4) 柜、屏、台、箱、盘内检查试验应符合下列规定：

A．控制开关及保护装置的规格、型号符合设计要求；

B．闭锁装置动作准确、可靠；

C．主开关的辅助开关切换动作与主开关一致；

D．柜、屏、台、箱、盘上的标识器件标明被控设备编号及名称，或操作位置，接线端子有编号，且清晰、工整、不易脱色；

E．回路中的电子元件不应参加交流工频耐压试验；48V 及以下回路可不做交流工频耐压试验。

(5) 低压电器组合应符合下列规定：

A．发热元件安装在散热良好的位置；

B．熔断器的熔体规格、自动开关的整定值符合设计要求；

C．切换压板接触良好，相邻压板间有安全距离，切换时，不触及相邻的压板；

D．信号回路的信号灯、按钮、光字牌、电铃、电笛、事故电钟等动作和信号显示准确，工作可靠；

E．外壳需接地（PE）或接零（PEN）的，连接可靠。

F．端子排安装牢固，绝缘良好；端子有序号，便于更换且接线方便；强电、弱电端子隔离布置，端子规格与芯线截面积大小适配。

(6) 柜、屏、台、箱、盘间配线，电流回路应采用额定电压不低于 750V、芯线截面积不小于 2.5mm^2 的铜芯绝缘电线或电缆；除电子元件回路或类似回路外，其他回路的电线应采用额定电压不低于 750V、芯线截面积不小于 1.5mm^2 的铜芯绝缘电线或电缆。

二次回路连线应成束绑扎，不同电压等级、交流、直流线路及计算机控制线路应分别绑扎，且有标识；固定后不应妨碍手车开关或抽出式部件的拉出或推入。

(7) 连接柜、屏、台、箱、盘面板上的电器及控制台、板等可动部位的电线应符合下列规定：

A．采用多股铜芯软电线，敷设长度留有适当裕量；

B．线束有外套塑料管等加强绝缘保护层；

C．与电器连接时，端部绞紧，且有不开口的终端端子或搪锡，不松散、断股；

D．可转动部位的两端用卡子固定。

(8) 照明配电箱（盘）安装应符合下列规定：

A．位置正确，部件齐全，箱体开孔与导管管径适配，暗装配电箱箱盖紧贴墙面，箱（盘）涂层完整；

B．箱（盘）内接线整齐，回路编号齐全，标识正确；

C．箱（盘）不采用可燃材料制作；

D．箱（盘）安装牢固，垂直度允许偏差为 1.5‰；底边距地面为 1.5m，照明配电板底边距地面不小于 1.8m。

3.6 低压电器施工

3.6.1 一般规定

1. 低压电器施工适用于交流 50Hz 额定电压 1200V 及以下、直流额定电压为 1500V 及以下，且在正常条件下安装和调整试验的通用低压电器；不适用于无需固定安装的家用电器、电力系统保护电器，电工仪器仪表、变送器、电子计算机系统及成套盘、柜、箱上电器的安装和验收。

2. 低压电器安装前的检查应符合以下要求：
(1) 设备铭牌、型号、规格应与被控制线路或设计相符。
(2) 外壳、漆层、手柄应无损伤或变形。
(3) 内部仪表、灭弧罩、瓷件、胶木电器应无裂纹或伤痕。
(4) 具有主触头的低压电器、触头的接触应紧密，采用 0.05mm×10mm 的塞尺检查，接触两侧的压力应均匀。
(5) 螺丝应拧紧，附件应齐全、完好。

3. 低压电器的安装高度应符合设计要求，当设计无规定时，应符合以下规定：
(1) 落地安装的低压电器，其底部宜高出地面 50～100mm。
(2) 操作手柄转轴中心与地面的距离宜为 1200～1500mm，侧面操作的手柄与建筑物或设备的距离不宜小于 200mm。

4. 低压电器的固定应符合以下要求：
(1) 低压电器根据其不同的结构，可采用支架、金属板、绝缘板固定在墙、柱或其他建筑构件上，金属板、绝缘板应平整；当采用卡轨支撑安装时，卡轨应与低压电器匹配，并用固定夹或固定螺栓与壁板紧密固定，严禁使用变形或不合格的卡轨。
(2) 当采用膨胀螺栓固定时，应按产品技术要求选择螺栓规格，其钻孔直径和埋设深度应与螺栓规格相符。
(3) 紧固件应采用镀锌制品，螺栓规格应选配适当，电器的固定应牢固、平稳。
(4) 有防震要求的电器应增加减震装置，其紧固螺栓应采取防松措施。
(5) 固定低压电器时，不得使电器内部受额外应力。

5. 电器的外部接线应符合以下要求：
(1) 接线应按接线端头标志进行，接线应排列整齐、清晰、美观，导线绝缘应良好、无损伤。
(2) 电源侧进线应接在进线端，即固定触头接线端；负荷侧出线应接在出线端，即可动触头接线端。
(3) 电器的接线应采用铜质或有电镀金属防锈层的螺栓或螺钉，连接时应拧紧，且应有防松装置；外部接线不得使电器内部受到额外应力。
(4) 母线与电器连接时，接触面应符合现行国家标准《电气装置安装工程母线装置施工及验收规范》的有关规定；连接处不同相的母线最小电气间隙应符合表 3-6-1 的规定。

不同相的母线最小电气间隙　　　　　　　　表 3-6-1

额定电压（V）	最小电器间隙（mm）
$U \leqslant 500$	10
$500 < U \leqslant 1200$	14

6. 成排或集中安装的低压电器应排列整齐，器件间的距离应符合设计要求，并应便于操作及维护。

7. 室外安装的非防护型的低压电器，应有防雨、雪和风沙侵入的措施。

8. 电器的金属外壳、框架的接零或接地，应符合现行国家标准《电气装置安装工程接地装置施工及验收规范》的有关规定。

9. 低压电器绝缘电阻的测量应在下列部位进行，对额定工作电压不同的电路应分别进行测量：

（1）主触头在断开位置时，同极的进线端及出线端之间。

（2）主触头在闭合位置时，不同极的带电部件与金属支架之间，触头与线圈之间以及主电路与同它不直接连接的控制和辅助电路（包括线圈）之间。

（3）主电路、控制电路、辅助电路等带电部件与金属支架之间。

（4）测量绝缘电阻所用兆欧表的电压等级及测量的绝缘电阻值，应符合现行国标《电气装置安装工程电器设备交接试验标准》的有关规定。

10. 低压电器的试验，应符合现行国家标准《电气装置安装工程电器设备交接试验标准》的有关规定。

3.6.2　低压断路器

1. 低压断路器安装前的检查应符合以下要求：

（1）衔铁工作面上的油污应擦净。

（2）触头闭合、断开过程中，可动部分与灭弧室的零件不应有卡阻现象。

（3）各触头的接触平面应平整，开合顺序、动静触头分闸距离等，应符合设计要求或产品技术文件的规定。

（4）受潮的灭弧室，安装前应烘干，烘干时应监测温度。

2. 低压断路器的安装应符合以下要求：

（1）低压断路器的安装应符合产品技术文件的规定；当无明确规定时，宜垂直安装，其倾斜度不应大于 5°。

（2）低压断路器与熔断器配合使用时，熔断器应安装在电源侧。

（3）低压断路器操作机构的安装应符合下列要求：

A. 操作手柄或传动杠杆的开、合位置应正确，操作力不应大于产品的规定值。

B. 电动操作机构接线应正确，在合闸过程中开关不应跳跃；开关合闸后，限制电动机或电磁铁通电时间的联锁装置应及时动作，电动机或电磁铁通电时间不应超过产品的规定值。

C. 开关辅助接点动作应正确可靠，接触应良好。

D. 抽屉式断路器的工作、试验、隔离三个位置的定位应明显,并应符合产品技术文件的规定。

E. 抽屉式断路器空载时进行抽、拉数次应无卡阻,机械联锁应可靠。

3. 低压断路器的接线应符合以下要求:

(1) 裸露在箱体外部且易触及的导线端子,应加绝缘保护。

(2) 有半导体脱扣装置的低压断路器,其接线应符合相序要求,脱扣装置的动作应可靠。

4. 直流快速断路器的安装、调整或试验,应符合以下要求:

(1) 安装时应防止断路器倾倒、碰撞和激烈震动;基础槽钢与底座间应按设计要求采取防震措施。

(2) 断路器极间中心距离及与相邻设备或建筑物的距离,不应小于 500mm;当不能满足要求时,应加装高度不小于单极开关总高度的隔弧板。

在灭弧室上方应留有不小于 1000mm 的空间,当不能满足要求时,在开关电流 3000A 以下断路器的灭弧室上方 200mm 处应加装隔弧板;在开关电流 3000A 及以上断路器的灭弧室上方 500mm 处应加装隔弧板。

(3) 灭弧室内绝缘衬件应完好,电弧通道应畅通。

(4) 触头的压力、开距、分断时间及主触头调整后灭弧室支持螺杆与触头间的距离,应符合产品技术文件的要求。

(5) 直流快速断路器接线应符合下列要求:

A. 与母线连接时,出线端子不应承受附加应力,母线支点与断路器之间的距离不应小于 1000mm。

B. 当触头及线圈标有正负极性时,其接线应与主回路极性一致。

C. 配线时应使控制线与主回路分开。

(6) 直流快速断路器调整和试验应符合下列要求:

A. 轴承转动应灵活,并应涂以润滑剂。

B. 衔铁的吸、合动作应均匀。

C. 灭弧触头与主触头的动作顺序应正确。

D. 安装后应按产品技术文件要求进行交流工频耐压试验,不得有击穿、闪络现象。

E. 脱扣装置应按设计要求进行整定值校验,在短路或模拟短路情况下合闸时,脱扣装置应能立即脱扣。

3.6.3 低压隔离开关、刀开关、转换开关及熔断器组合电器

1. 隔离开关与刀开关安装应符合以下要求:

(1) 开关应垂直安装;当在不切断电流、有灭弧装置或用于小电流电路等情况下,可水平安装;水平安装时,分闸后可动触头不得自行脱落,其灭弧装置应固定可靠。

(2) 可动触头与固定触头的接触应良好,大电流的触头或刀片宜涂电力复合脂。

(3) 双投刀闸开关在分闸位置时,刀片应可靠固定,不得自行合闸。

(4) 安装杠杆操作机构时,应调节杠杆长度,使操作到位且灵活,开关辅助接点指示应正确。

(5) 开关的动触头与两侧压板距离应调整均匀，合闸后接触面应压紧，刀片与静触头中心应在同一平面，且刀片不应摆动。

2. 直流母线隔离开关安装应符合以下要求：

(1) 垂直或水平安装的母线隔离开关，其刀片均应位于垂直面上，在建筑构件上安装时，刀片底部与基础之间的距离，应符合设计或产品技术文件的要求，当无明确要求时，不宜小于 50mm。

(2) 刀体与母线直接连接时，母线固定端应牢固。

3. 转化开关和倒顺开关安装后，其手柄位置指示应与相应的接触片位置相对应，定位机构应可靠，所有的触头在任何接通位置上应接触良好。

4. 带熔断器或灭弧装置的负荷开关接线完毕后，检查熔断器应无损伤，灭弧栅应完好，且固定可靠；电弧通道应畅通，灭弧触头各相分闸应一致。

3.6.4 住宅电器、漏电保护器及消防电器设备

1. 住宅电器的安装应符合以下要求：

(1) 集中安装的住宅电器，应在其明显部位设警告标志。

(2) 住宅电器安装完毕，调整试验合格后，宜对调整机构进行封锁处理。

2. 漏电保护器的安装、调整试验应符合以下要求：

(1) 按漏电保护器产品标志进行电源侧和负荷侧接线。

(2) 带有短路保护功能的漏电保护器安装时，应确保有足够的灭弧距离。

(3) 在特殊环境中使用的漏电保护器，应采取防腐、防潮或防热等措施。

(4) 电流型漏电保护器安装后，除应检查接线无误外，还应通过试验按钮检查其动作性能，并应满足要求。

3. 火灾探测器、手动火灾报警按钮、火灾报警控制器、消防控制设备等的安装，应按现行国家标准《火灾自动报警系统施工及验收规范》执行。

3.6.5 低压接触器及电动机启动器

1. 低压接触器及电动机启动器安装前的检查，应符合以下要求：

(1) 衔铁表面应无锈蚀、油垢，接触面应平整、清洁；可动部分应灵活无卡阻，灭弧罩之间应有间隙，灭弧线圈绕向应正确。

(2) 触头的接触应紧密，固定主触头的触头杆应固定可靠。

(3) 当带有常闭触头的接触器与磁力起动器闭合时，应先断开常闭触头，后接通主触头；当断开时应先断开主触头，后接通常闭触头，且三相主触头的动作应一致，其误差应符合产品技术文件的要求。

(4) 电磁启动器热元件的规格应与电动机的保护特性相匹配，热继电器的电流调节指示位置应调整在电动机的额定电流值上，并应按设计要求进行定值校验。

2. 低压接触器及电动机启动器安装完毕后，应进行以下检查：

(1) 接线应正确。

(2) 在主触头不带电的情况下，起动线圈间断通电，主触头动作正常，衔铁吸合应无异常响声。

3. 真空接触器安装前应进行以下检查：

(1) 可动衔铁及拉杆动作应灵活可靠、无卡阻。

(2) 辅助触头应随绝缘摇臂的动作可靠动作，且触头接触应良好。

(3) 按产品接线图检查内部接线应正确。

4. 采用工频耐压法检查真空开关管的真空度，应符合产品技术文件的规定。

5. 真空接触器的接线，应符合产品技术文件的规定，接地应可靠。

6. 可逆启动器或接触器、电器联锁装置和机械连锁装置的动作均应正确、可靠。

7. 星、三角启动器的检查、调整应符合的规定：

(1) 启动器的接线应正确，电动机定子绕组正常工作应为三角形接线。

(2) 手动操作的星、三角启动器，应在电动机转速接近运转转速时进行切换；自动切换的启动器应按电动机负荷要求正确调节延时装置。

8. 自耦减压启动器的安装、调整应符合以下要求：

(1) 启动器应垂直安装。

(2) 油浸式启动器的油面不得低于标定油面线。

(3) 减压抽头在 65%～80% 额定电压下，应按负荷要求进行调整，启动时间不得超过自耦减压启动器允许的启动时间。

9. 手动操作的启动器，触头压力应符合产品技术文件规定，操作应灵活。

10. 接触器或启动器均应进行通断检查，用于重要设备的接触器或启动器还应检查其启动值，并应符合产品技术文件的规定。

11. 变阻式启动器的变阻器安装后，应检查其电阻切换程序、触头压力、灭弧装置及起动值，并应符合设计要求或产品技术文件的规定。

3.6.6 控制器、继电器及行程开关

1. 控制器的安装应符合以下要求：

(1) 控制器的工作电压应与供电电源电压相符。

(2) 凸轮控制器及主令控制器，应安装在便于观察和操作的位置上，操作手柄或手轮的安装高度，宜为 800～1200mm。

(3) 控制器操作应灵活，档位应明显、准确；带有零位自锁装置的操作手柄，应能正常工作。

(4) 操作手柄或手轮的动作方向，宜与机械装置的动作方向一致，操作手柄或手轮在各个不同位置时，其触头的分、合顺序均应符合控制器的开、合图表的要求，通电后应按相应的凸轮控制器件的位置检查电动机，并应运行正常。

(5) 控制器触头压力应均匀，触头超行程不应小于产品技术文件的规定，凸轮控制器主触头的灭弧装置应完好。

(6) 控制器的转动部分及齿轮减速机构应润滑良好。

2. 继电器安装前的检查应符合以下要求：

(1) 可动部分动作应灵活、可靠。

(2) 表面污垢和铁芯表面防腐剂应清除干净。

3. 按钮的安装应符合以下要求：

(1) 按钮之间的距离宜为 50~80mm，按钮箱之间的距离宜为 50~100mm，当倾斜安装时，其与水平的倾角不宜小于 30°。

(2) 按钮操作应灵活、可靠、无卡阻。

(3) 集中在一起安装的按钮应有编号或不同的识别标志，"紧急"按钮应有明显标志，并设保护罩。

4．行程开关的安装、调整应符合以下要求：

(1) 安装位置应能使开关正确动作，且不妨碍机械部件的运动。

(2) 碰块或撞杆应安装在开关滚轮或推杆的动作轴线上，对电子式行程开关应按产品技术文件要求调整可动设备的距离。

(3) 碰块或撞杆对开关的作用力及开关的动作行程，均不应大于允许值。

(4) 限位用的行程开关，应与机械装置配合调整，确认动作可靠后，方可接入电路使用。

3.6.7 电阻器及变阻器

1．电阻器的电阻元件，应位于垂直面上，电阻器垂直叠装不应超过四箱，当超过四箱时，应采用支架固定，并保持适当距离，当超过六箱时应另列一组；有特殊要求的电阻器，其安装方式应符合设计规定，电阻器底部与地面间应留有间隔，并不应小于 150mm。

2．电阻器与其他电器垂直布置时，应安装在其他电器的上方，两者之间应留有间隔。

3．电阻器的接线应符合以下要求：

(1) 电阻器与电阻元件的连接应采用铜或钢的裸导体，接触应可靠。

(2) 电阻器引出线夹板或螺栓应设置与设备接线图相应的标志，当与绝缘导线连接时，应采取防止接头处的温度升高而降低导线的绝缘强度的措施。

(3) 多层叠装的电阻箱的引出线应采用支架固定，并不得妨碍电阻元件的更换。

4．电阻器和变阻器内部不应有断路或短路，其直流电阻值的误差应符合产品技术文件的规定。

5．变阻器转换调节装置应符合以下要求：

(1) 转换调节装置移动应均匀平滑，无卡阻、并应有与移动方向相一致的指示阻值变化的标志。

(2) 电动传动的转换调节装置，其限位开关及信号联锁接点的动作应准确和可靠。

(3) 齿链传动的转换调节装置，可允许有半个节距的串动范围。

(4) 由电动传动及手动传动两部分组成的转换调节装置，应在电动及手动两种操作方式下分别进行试验。

(5) 转换调节装置的滑动触头与固定触头的接触应良好，触头间的压力应符合要求，在滑动过程中不得开路。

6．频敏变阻器的调整应符合以下要求：

(1) 频敏变阻器的极性和接线应正确。

(2) 频敏变阻器的抽头和气隙调整，应使电动机启动特性符合机械装置的要求。

(3) 频敏变阻器配合电动机进行调整过程中，连续启动次数及总的起动时间，应符合产品技术文件的规定。

3.6.8 电磁铁

1．电磁铁的铁芯表面应清洁，无锈蚀。

2．电磁铁的铁芯及其传动机构的动作应迅速，准确和可靠，并无卡阻现象；直流电磁铁的衔铁上应有隔磁措施。

3．制动电磁铁的衔铁吸合时，铁芯的接触面应紧密地与其固定部分接触，且不得有异常响声。

4．有缓冲装置的制动电磁铁，应调节其缓冲器道孔的螺栓，使衔铁动作至最终位置时平稳，无剧烈冲击。

5．采用空气隙作为剩磁间隙的直流制动电磁铁，其衔铁行程指针位置应符合产品技术文件的规定。

6．牵引电磁铁固定位置应与阀门推杆准确配合，使动作行程符合设备要求。

7．起重电磁铁第一次通电检查时，应在空载（周围无铁磁物质）的情况下进行，空载电流应符合产品技术文件的规定。

8．有特殊要求的电磁铁，应测量其吸合与释放电流，其值应符合产品技术文件的规定及设计要求。

9．双电动机抱闸及单台电动机双抱闸电磁铁动作应灵活一致。

3.6.9 熔断器

1．熔断器及熔体的容量应符合设计要求，并核对所保护电气设备的容量与熔体容量相匹配；对后备保护、限流、自复、半导体器件保护等有专用功能的熔断器，严禁替代。

2．熔断器安装位置及相互间距离，应便于更换熔体。

3．有熔断指示器的熔断器，其指示器应装在便于观察的一侧。

4．瓷质熔断器在金属底板上安装时，其底座应垫软绝缘衬垫。

5．安装具有几种规格的熔断器，应在底座旁标明规格。

6．有触及带电部分危险的熔断器，应配齐绝缘抓手。

7．带有接线标志的熔断器，电源线应按标志进行接线。

8．螺旋式熔断器的安装，其底座严禁松动，电源应接在熔芯引出的端子上。

3.6.10 低压电气动力设备试验和试运行

1．主控项目

（1）试运行前，相关电器设备和线路应按 GB 50303—2002《建筑电气工程施工质量验收规范》的规定试验合格。

（2）现场单独安装的低压电器交接试验项目应符合 GB 50303—2002《建筑电气工程施工质量验收规范》附录 B 的规定。

2．一般项目

（1）通电后应符合下列要求：

A．操作时动作应灵活、可靠；

B．电磁器件应无异常响声；

C．线圈及接线端子的温度不应超过规定；

D．触头压力、接触电阻不应超过规定。

(2) 成套配电（控制）柜、台、箱、盘的运行电压、电流应正常，各种仪表指示正常。

(3) 大容量（630A及以上）导线或母线连接处，在设计计算负荷运行情况下应做温度抽测记录，温升值稳定且不大于设计值。

(4) 电动执行机构的动作方向及指示，应与工艺装置的设计要求保持一致。

3.7 母线装置施工

3.7.1 一般规定

1．母线装置采用的设备和器材，在运输与保管中应采用防腐蚀性气体侵蚀及机械损伤的包装。

2．铜、铝母线、铝合金管母线当无出厂合格证件或资料不全时，以及对材料有怀疑时，应按表3-7-1要求进行检验。

母线的机械性能和电阻率　　　　　　　　　表 3-7-1

母线名称	母线型号	最小抗拉强度 (N/mm^2)	最小伸长率（%）	20℃时最大电阻率 (Ωmm^2/m)
铜母线	TMY	255	6	0.01777
铝母线	LMY	115	3	0.0290
铝合金管母线	LF21Y	137	—	0.0373

3．母线表面应光洁平整，不应有裂纹、折皱、夹杂物及变形和扭曲现象。

4．成套供应的封闭母线，插接母线槽的各段应标志清晰，附件齐全，外壳无变形，内部无损伤。螺栓固定的母线搭接面应平整，其镀银层不应有麻面，起皮及未覆盖部分。

5．各种金属构件的安装螺孔不应采用气焊割孔或电焊吹孔。

6．金属构件及母线的防腐处理应符合以下要求：

(1) 金属构件除锈应彻底，防腐漆应涂刷均匀，粘接牢固，不得有皮层，皱皮等缺陷。

(2) 母线涂漆应均匀，无起层皱皮等缺陷。

(3) 在有盐雾、空气相对湿度接近100%及含腐蚀性气体的场所，室外金属构件应采用热镀锌。

(4) 在有盐雾及含有腐蚀性气体的场所，母线应涂防腐涂料。

7．支柱绝缘子底座、套管法兰、保护网（罩）等不带电的金属构件应按现行国家标准《电气装置安装工程接地装置施工及验收规范》的规定进行接地；接地线宜排列整齐，方向一致。

8．母线与母线，母线与分支线，母线与电器接线端子搭接时，其搭接面的处理应符合的规定。

(1) 铜与铜：室外、高温且潮湿或对母线有腐蚀性气体的室内，必须搪锡，在干燥的室内可直接连接。

(2) 铝与铝：直接连接。

(3) 钢与钢：必须搪锡或镀锌，不得直接连接。

(4) 铜与铝：在干燥的室内，铜导体应搪锡，室外或空气相对湿度接近100%的室内，应采用铜铝过渡板，铜端应搪锡（因铜与铝用螺栓连接，会引起接头电化学腐蚀和热弹性变形，将接头损坏，故要使用铜铝过渡板，过渡板的焊缝应离开设备端子3～5mm，以免产生过渡腐蚀）。

(5) 钢与铜或铝：钢搭接面必须搪锡。

(6) 封闭母线螺栓固定搭接面应镀银。

9．母线的相序排列，当设计无规定时应符合以下规定：

(1) 以设备正视方向为准，上下布置的交流母线，由上而下排列为A、B、C相；直流母线正极在上，负极在下。

(2) 水平布置的交流母线，由盘后向盘面排列为A、B、C相；直流母线正极在后，负极在前。

(3) 引下线的交流母线，由左向右排列为A、B、C相；直流母线正极在左，负极在右。

10．母线涂漆的颜色应符合以下规定：

(1) 三相交流母线：A相为黄色，B相为绿色，C相为红色，单相交流母线与引出相的颜色相同。

(2) 直流母线：正极为赭色，负极为蓝色。

(3) 直流均衡汇流母线及交流中性汇流母线，不接地者为紫色，接地者为紫色带黑色条纹。

(4) 封闭母线：母线外表面及外壳内表面涂无光泽黑漆，外壳外表面涂浅色漆。

11．母线刷相色漆应符合以下要求：

(1) 室外软母线、封闭母线应在两端和中间适当部位涂相色漆。

(2) 单片母线的所有面及多片、槽形、管形母线的所有可见面均应涂相色漆。

(3) 钢母线的所有表面应涂防腐相色漆。

(4) 刷漆应均匀，无起层、皱皮等缺陷，并应整齐一致。

12．母线在下列各处不应刷相色漆：

(1) 母线的螺栓连接及支持连接处，母线与电器的连接处以及距所有连接处10mm以内的地方。

(2) 供携带式接地线连接用的接触面上，不刷漆部分的长度应为母线的宽度或直径，且不应小于50mm，并在其两侧涂以宽度为10mm的黑色标志带。

13．母线安装时，室内、室外配电装置安全净距应符合施工及验收规范的规定；当电压值超过本级电压，其安全净距应采用高一级电压的安全净距规定值。

3.7.2 硬母线加工

1．母线应矫正平直，切断面应平整。

2．矩形母线的搭接连接，应符合施工及验收规范的规定；当母线与设备接线端子连接时，应符合现行国家标准《变压器、高压电器和套管的接线端子》的要求。

3. 相同布置的主母线、分支母线、引下线及设备连接线应对称一致，横平竖直整齐美观。

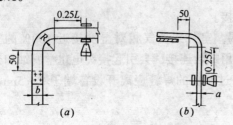

图 3-7-1 硬母线的立弯与平弯
（a）立弯母线；（b）平弯母线
a—母线厚度；b—母线宽度；
L—母线两支持点间的距离

4. 矩形母线应进行冷弯，不得进行热弯；弯制前应进行校正，用硬质木锤直接敲打平直；母线弯曲可使用虎钳，大型母线需用母线弯曲机。

5. 母线弯制时应符合以下规定（图 3-7-1）：

（1）母线开始弯曲处距最近绝缘子的母线支持夹板边缘不应大于 0.25L（L 为母线两支持点间的距离），但不得小于 50mm。

（2）母线开始弯曲处距母线连接位置不应小于 50mm。

（3）矩形母线应减少直角弯曲，弯曲处不得有裂纹及显著的折皱，母线最小弯曲半径应符合表 3-7-2 的规定。

母线最小弯曲半径　　　　表 3-7-2

母线种类	弯曲方式	母线断面尺寸 (mm)	最小弯曲半径 (mm)		
			铜	铝	钢
矩形母线	平弯	≤50×5	2a	2a	2a
		≤125×10	2a	2.5a	2a
	立弯	≤50×5	1b	1.5b	0.5b
		≤125×10	1.5b	2b	1b
棒形母线		直径≤φ16	50	70	50
		直径≤φ30	150	150	150

注：a—母线厚度；b—母线宽度。

（4）多片母线的弯曲半径应一致。

6. 矩形母线采用螺栓固定搭接时，连接处距支柱绝缘子的支持夹板边缘距离不应小于 50mm；上片母线端头与下片母线平弯开始处的距离不应小于 50mm（图 3-7-2）。

7. 母线扭转 90℃ 时，其扭转部分的长度应为母线宽度的 2.5~5 倍（图 3-7-3）。

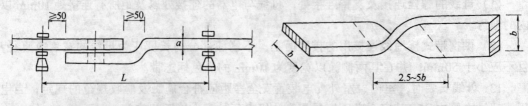

图 3-7-2 矩形母线搭接
L—母线两支持点之间的距离；a—母线厚度

图 3-7-3 母线扭转 90°
b—母线的宽度

8. 母线接头螺孔的直径宜大于螺栓直径 1mm，钻孔应垂直，不歪斜，螺孔间中心距离的误差应为 ±0.5mm。

9. 母线的接触面加工必须平整、无氧化膜，经加工后其截面减少值：铜母线不应超过原截面的3%，铝母线不应超过原截面的5%。具有镀银层的母线搭接面，不得任意锉磨。

10. 铝合金管母线的加工制作应符合以下要求：

(1) 切断的管口应平整，且与轴线垂直。

(2) 管子的坡口应用机械加工，坡口应光滑、均匀、无毛刺。

(3) 母线对接焊口距母线支持器夹板边缘距离不应小于50mm。

(4) 按制造长度供应的铝合金管，其弯曲度不应超过表3-7-3的规定。

铝合金管允许弯曲度值   表3-7-3

管子规格（mm）	单位长度（m）内的弯度（mm）	全长 L (m) 内的弯度（mm）
直径≤ϕ150 冷拔管	<2.0	<2.0×L
直径≤ϕ150 热挤压管	<3.0	<3.0×L
直径ϕ150～ϕ250 热挤压管	<4.0	<4.0×L

注：L 为管子的制造长度。

3.7.3 硬母线安装

1. 硬母线的连接应采用焊接、贯穿螺栓连接或夹板及夹持螺栓搭接；管形和棒形母线应用专用线夹连接，严禁用内螺纹管接头或锡焊连接。

2. 母线与母线或母线与电器接线端子的螺栓搭接面的安装，应符合以下要求：

(1) 母线接触面加工（可用母线平整机）后必须保持清洁，并涂以电力复脂。

(2) 母线平置时，贯穿螺栓应由下往上穿，其余情况下，螺栓应置于维护侧，螺栓长度宜露出螺母2～3扣。

(3) 贯穿螺栓连接的母线两外侧均应有平垫圈，相邻螺栓垫圈间应有3mm以上的净距，螺母侧应装有弹簧垫圈或锁紧螺母。

(4) 螺栓受力应均匀，不应使电器的接线端子受到额外应力。

(5) 母线的接触面应连接紧密，连接螺栓应用力矩扳手紧固，其紧固力矩值应符合表3-7-4的规定。

钢制螺栓的紧固力矩值   表3-7-4

螺栓规格（mm）	力矩值（N·m）	螺栓规格（mm）	力矩值（N·m）
M8	8.8～10.8	M16	78.5～98.1
M10	17.7～22.6	M18	98.0～127.4
M12	31.4～39.2	M20	156.9～196.2
M14	51.0～60.8	M24	274.6～343.2

(6) 紧固母线的螺栓规格按表3-7-5选用。

紧固母线的螺栓规格   表3-7-5

母线规格（mm）	125以下	117以下	71以下	35.5以下
螺栓规格（mm）	ϕ18	ϕ16	ϕ12	ϕ10
孔径（mm）	ϕ19	ϕ17	ϕ13	ϕ11

3．母线与螺杆形接线端子连接时，母线的孔径不应大于螺杆形接线端子直径1mm；丝扣的氧化膜必须刷净，螺母接触面必须平整，螺母与母线间应加铜质搪锡平垫圈，并应有锁紧螺母，但不得加弹簧垫。

4．母线在支柱绝缘子上固定时应符合以下要求：

(1) 母线固定金具与支柱绝缘子间的固定应平整牢固，不应使其所支持的母线受到额外应力。

(2) 交流母线的固定金具或其他支持金具不应成闭合磁路。

(3) 当母线平置时，母线支持夹板的上部压板应与母线保持1~1.5mm的间隙，当母线立置时，上部压板应与母线保持1.5~2mm的间隙。

(4) 母线在支柱绝缘子上的固定死点，每一段应设置一个，并宜位于全长或两母线伸缩节中点。

(5) 管形母线安装在滑动式支持器上时，支持器的轴座与管形母线之间应有1~2mm的间隙。

(6) 母线固定装置应无棱角和毛刺。

5．多片矩形母线间，应保持不小于母线厚度的间隙，相邻的间隔垫边缘间距离应大于5mm。

6．母线伸缩节不得有裂纹，断股和折皱现象，其总截面不应小于母线截面的1.2倍。

7．终端或中间采用拉紧装置的车间低压母线的安装，当设计无规定时，应符合以下规定：

(1) 终端或中间拉紧固定支架宜装有调节螺栓的拉线，拉线的固定点应能承受拉线张力。

(2) 同一档距内，母线的各相弛度最大偏差应小于10%。

8．母线长度超过300~400m而需换位时，换位不应小于一个循环；槽形母线换位段处可用矩形母线连接，换位段内各相母线的弯曲程度应对称一致。

9．插接母线槽的安装，应符合以下要求：

(1) 悬挂式母线槽的吊钩应有调整螺栓，固定点间距离不得大于3m。

(2) 母线槽的端头应装封闭罩，引出线孔的盖子应完整。

(3) 各段母线槽的外壳的连接应是可拆的，外壳之间应有跨接线，并应接地可靠。

10．重型母线的安装应符合以下规定：

(1) 母线与设备连接处宜采用软连接，连接线的截面不应小于母线截面。

(2) 母线的紧固螺栓：铝母线宜用铝合金螺栓，铜母线宜用铜螺栓，紧固螺栓时应用力矩扳手。

(3) 在运行温度高的场所，母线不应有铜铝过渡接头。

(4) 母线在固定点的活动滚杆应无卡阻，部件的机械强度及绝缘电阻值应符合设计要求。

11．封闭母线的安装尚应符合以下规定：

(1) 支座必须安装牢固，母线应按分段图、相序、编号、方向和标志正确放置，每相外壳的纵相间隙应分配均匀。

(2) 母线与外壳间应同芯，其误差不得超过5mm，段与段连接时，两相邻段母线及外壳应对准，连接后不应使母线及外壳受到机械应力。

(3) 封闭母线不得用裸钢丝绳起吊和绑扎，母线不得任意堆放和在地面上拖拉，外壳上不得进行其他作业，外壳内和绝缘子必须擦拭干净，外壳内不得有遗留物。

(4) 橡胶伸缩套的连接头，穿墙处的连接法兰、外壳与底座之间、外壳各连接部位的螺栓应采用力矩扳手紧固，各接合面应密封良好。

(5) 外壳的相间短路板应位置正确，连接良好，相间支撑板应安装牢固，分段绝缘的外壳应做好绝缘措施。

(6) 母线焊接应在封闭母线各段全部就位并调整误差合格，绝缘子、盘形绝缘子和电流互感器经试验合格后进行。

(7) 呈微正压的封闭母线，在安装完毕后检查其密封性应良好。

12. 铝合金管形母线的安装，尚应符合以下规定：

(1) 管形母线应采用多点吊装，不得伤及母线。

(2) 母线终端应有防晕装置，其表面应光滑、无毛刺或凹凸不平。

(3) 同相管段轴线应处于一个垂直面上，三相母线管段轴线应互相平行。

3.7.4 硬母线焊接

1. 母线焊接所用的焊条，焊丝应符合现行国家标准，其表面应无氧化膜、水分和油污等杂物。

2. 铝及铝合金的管形母线、槽形母线、封闭母线及重型母线应采用氩弧焊。

3. 焊接前应将母线坡口两侧表面各 50mm 范围内清刷干净，不得有氧化膜、水分和油污，坡口加工面应无毛刺和飞边。

4. 焊接前对口应平直，其弯折偏移不应大于 0.2%（图 3-7-4），中心线偏差不应大于 0.5mm（图 3-7-5）。

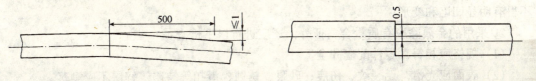

图 3-7-4 对口允许弯折偏移　　　　图 3-7-5 对口中心允许偏移

5. 每个焊缝应一次焊完，除瞬间断弧外不得停焊；母线焊完未冷却前，不得移动或受力。

6. 母线对接焊缝的上部应有 2~4mm 的加强高度，330kV 及以上电压的硬母线焊缝应呈圆弧形，不应有毛刺、凹凸不平之处；引下线母线采用搭接焊时，焊缝的长度不应小于母线宽度的两倍，角焊缝的加强高度应为 4mm。

7. 铝及铝合金硬母线对焊时，焊口尺寸应符合施工及验收规范的规定；管形母线的补强衬管的纵向轴线应位于焊口中央，衬管与管母线的间隙应小于 0.5mm（图 3-7-6）。

8. 母线对接焊缝的部位应符合以下规定：

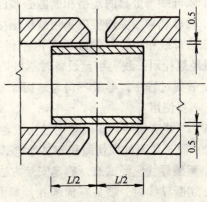

图 3-7-6 衬管位置图
L—衬管长度

（1）离支持绝缘子母线夹板边缘不应小于 50mm。

（2）母线宜减少对接焊缝。

（3）同相母线不同片上的对接焊缝，其错开位置不应小于 50mm。

9. 母线施焊前，焊工必须经过考试合格，并应符合以下要求：

（1）考试用试样的焊接材料、接头形式、焊接位置、工艺等应与实际施工时相同。

（2）在其所焊试样中，管形母线取两件，其他母线取一件，按下列项目进行检验，当其中有一相不合格时，应加倍取样重复试验，如仍不合格时，则认为考试不合格：

A．表面及断口检验：焊缝表面不应有凹陷、裂纹、未熔合、未焊透等缺陷。

B．焊缝应采用 X 光无损探伤，其质量检验应按有关标准的规定。

C．焊缝抗拉强度试验：铝及铝合金母线，其焊接接头的平均最小抗拉强度不得低于原材料的 75%。

D．直流电阻测定：焊缝直流电阻应不大于同截面、同长度的原金属的电阻值。

10. 母线焊接后检验标准应符合以下要求：

（1）焊接接头的对口、焊缝应符合施工及验收规范的有关规定。

（2）焊接接头表面应无肉眼可见的裂纹、凹陷、缺肉、未焊透、气孔、夹渣等缺陷。

（3）咬边深度不得超过母线厚度（管形母线为壁厚）的 10%，且其总长度不得超过焊缝总长度的 20%。

3.7.5 软母线架设

1. 软母线不得有扭结、松股、断股、其他明显的损伤或严重腐蚀等缺陷，扩径导线不得有明显凹陷和变形。

2. 采用的金属除应有质量合格证外，还应进行以下检查：

（1）规格应相符，零件配套齐全。

（2）表面应光滑，无裂纹、伤痕、砂眼、锈蚀、滑扣等缺陷，锌层不应剥落。

（3）线夹船形压板与导线接触面应光滑平整，悬垂线夹的转动部分应灵活。

（4）330kV 及以上电压级用的金具表面必须光洁、无毛刺和凸凹不平之处。

3. 软母线与金具的规格和间隙必须匹配，并应符合现行国家标准。

4. 软母线与线夹连接应采用液压压接或螺栓连接。

5. 软母线和组合导线在档距内不得有连接接头，并应采用专用线夹在跳线上连接；软母线经螺栓耐张线夹引至设备时不得切断，应成为一整体。

6. 放线过程中，导线不得与地面摩擦，并应对导线严格检查；当导线有下列情况之一者，不得使用：

（1）导线有扭结、断股和明显松股者。

（2）同一截面处损伤面积超过导电部分总截面的 5%。

7. 新型导线应经试放，确定安装方法和制定措施后，方可全面施工。

8. 切断导线时，端头应加绑扎，端面应整齐、无毛刺，并与线股轴线垂直；压接导线前需要切割铝线时，严禁伤及钢芯。

9. 当软母线采用钢制各种螺栓型耐张线夹或悬垂线夹连接时，必须缠绕铝包带，其绕向应与外层铝股的旋向一致，两端露出线夹口不应超过 10mm，且其端口应回到线夹内压住。

10. 当软母线采用压接型线夹连接时，导线的端头伸入耐张线夹或设备线夹的长度应达到规定的长度。

11. 软导线和各种连接线夹连接时，还应符合以下规定：

(1) 导线及线夹接触面应清除氧化膜，并用汽油或丙酮清洗，清洗长度不应少于连接长度的 1.2 倍，导线接触面应涂以电力复合脂。

(2) 软导线线夹与电器接线端子或硬母线连接时，应按 2.2 和 3.2 条的有关规定执行。

12. 液压压接前应先进行试压，合格后方可进行施工压接，试件应符合以下规定：

(1) 耐张线夹，每种导线取试件两件。

(2) 设备线夹、T 形线夹、跳线线夹每种导线取试件一件。

(3) 试压结果应符合规定。

13. 采用液压压接导线时应符合以下规定：

(1) 压接用的钢模必须与被压管配套，液压钳应与钢模匹配。

(2) 扩径导线与耐张线夹压接时，应用相应的衬料将扩径导线的空隙填满。

(3) 压接时必须保持线夹的正确位置，不得歪斜，相邻两模间重叠不应小于 5mm。

(4) 接续管压接后，其弯曲不宜大于接续管全长的 2%。

(5) 压接后不应使接续管口附近导线有隆起和松股，接续管表面应光滑、无裂纹，330kV 及以上电压的接续管应倒棱，去毛刺。

(6) 外露钢管表面及压接管口应刷防锈漆。

(7) 压接后六角形对边尺寸应为 $0.866D$，当有任何一个对边尺寸超过 $0.866D + 0.2mm$ 时应更换钢模（D 为接续管外径）。

(8) 液压压接工艺应符合国家现行标准《架空送电线路导线及避雷线液压施工工艺规程》（试行）的有关规定。

14. 螺栓连接线夹应用力矩扳手紧固。

15. 使用滑轮放线或紧线时，滑轮的直径不应小于导线直径的 16 倍，滑轮应转动灵活，轮槽尺寸应与导线匹配。

16. 母线弛度应符合设计要求，其允许误差为 +5%、-2.5%，同一档距内三相母线的弛度应一致，相同布置的分支线，宜有同样的弯度和弛度。

17. 扩径导线的弯曲度，不应小于导线外径的 30 倍。

18. 线夹螺栓必须均匀拧紧，紧固 U 形螺丝时，应使两端均衡，不得歪斜；螺栓长度除可调金具外，宜露出螺母 2～3 扣。

19. 母线跳线和引下线安装后，应呈似悬链状自然下垂；其与构架及线间的距离不得小于施工及验收规范的规定。

20. 软母线与电器接线端子连接时，不应使电器接线端子受到超过允许的外加应力。

21. 具有可调金具的母线，在导线安装调整完毕之后，必须将可调金具的调节螺栓锁紧。

22. 安装组合导线时，还应符合以下规定：

(1) 组合导线的圆环、固定用线夹以及所使用的各种金具必须齐全，圆环及固定线夹在导线上的固定位置应符合设计要求。其距离误差不得超过±3%，安装应牢固，并与导线垂直。

（2）载流导线与承重钢索组合后，其弛度应一致，导线与终端固定金具的连接应符合施工及验收规范的有关规定。

3.7.6 绝缘子与穿墙套管

1. 绝缘子与穿墙套管安装前应进行检查，瓷件、法兰应完整无裂纹，胶合处填料完整，结合牢固。

2. 绝缘子与穿墙套管安装前应按现行国家标准《电气装置安装工程电气设备交接试验标准》的规定试验合格。

3. 安装在同一平面或垂直面上的支柱绝缘子或穿墙套管的顶面，应位于同一平面上，其中心线位置应符合设计要求。母线直线段的支柱绝缘子的安装中心线应在同一直线上。

4. 支柱绝缘子和穿墙套管安装时，其底座或法兰盘不得埋入混凝土或抹灰层内。支柱绝缘子叠装时，中心线应一致，固定应牢固，紧固件应齐全。

5. 三角形锥组合支柱绝缘子的安装，除应符合有关规定外，并应符合产品的技术要求。

6. 无底座和顶帽的内胶装式的低压支柱绝缘子与金属固定件的接触面之间应垫以厚度不小于1.5mm的橡胶或石棉纸等缓冲垫圈。

7. 悬式绝缘子串的安装应符合以下要求：

（1）除设计原因外，悬式绝缘子串应与地面垂直，当受条件限制不能满足要求时，可有不超过5°的倾斜角。

（2）多串绝缘子并联时，每串所受的张力应均匀。

（3）绝缘子串组合时，联结金具的螺栓、销钉及锁紧销等必须符合现行国标，且应完整，其穿向应一致，耐张绝缘子串的碗口应向上，绝缘子串的球头挂环、碗口挂板及锁紧销等应互相匹配。

（4）弹簧销应有足够弹性，闭口销必须分开，并不得有折断或裂纹，严禁用线材代替。

（5）均压环、屏蔽环等保护金具应安装牢固，位置应正确。

（6）绝缘子串吊装前应清擦干净。

8. 穿墙套管的安装应符合以下要求：

（1）安装穿墙套管的孔径应比嵌入部分大5mm以上，混凝土安装板的最大厚度不得超过50mm。

（2）额定电流1500A及以上的穿墙套管直接固定在钢板上时，套管周围不应成闭合磁路。

（3）穿墙套管垂直安装时，法兰应向上；水平安装时，法兰应在外。

（4）600A及以上母线穿墙套管端部的金属夹板（紧固件除外）应采用非磁性材料，其与母线之间应有金属相连，接触应稳固，金属夹板厚度不应小于3mm，当母线为两片及以上时，母线本身间应予固定。

（5）充油套管水平安装时，其储油柜及取油样管路应无渗漏，油位指示清晰，注油和取样阀位置应装于巡回监视侧，注入套管内的油必须合格。

（6）套管接地端子及不用的电压抽取端子应可靠接地。

3.8 电缆线路施工

3.8.1 运输与保管

(1) 在运输装卸过程中，不应使电缆及电缆盘受到损伤，严禁将电缆盘直接由车上推下；电缆盘不应平放运输，平放贮存。

(2) 运输或滚动电缆盘前，必须保证电缆盘牢固，电缆绕紧；充油电缆至压力油箱间的油管应固定，不得损伤；压力油箱应牢固，压力指示应符合要求；滚动电缆时必须顺着电缆盘上的箭头指示或电缆的缠紧方向。

(3) 电缆及其附件到达现场后，应按下列要求及时进行检查：

A．产品的技术文件应齐全。

B．电缆型号、规格、长度应符合订货要求，附件应齐全，电缆外观不应受损。

C．电缆封端应严密，当外观检查有怀疑时，应进行受潮判断或试验。

D．充油电缆的压力油箱、油管、阀门和压力表应符合要求且完好无损。

(4) 电缆及其有关材料如不立即安装，应按下列要求贮存：

A．电缆应集中分类堆放，并应标明型号、电压、规格、长度；电缆盘之间应有通道，地基应坚实，当受条件限制时，盘下应加垫，存放处不得积水。

B．电缆终端瓷套在贮存时，应有防止受机械损伤的措施。

C．电缆附件的绝缘材料的防湿包装应密封良好，并应根据材料性能和保管要求贮存和保管。

D．防火涂料、包带、堵料等防火材料，应根据材料性能和保管要求贮存和保管。

E．电缆桥架应分类保管，不得因受力而变形。

(5) 电缆在保管期间，电缆盘及包装应完好，标志应齐全，封端应严密，当有缺陷时，应及时处理。充油电缆应经常检查油压，并作记录，油压不得降至最低值；当油压降至零或出现真空时，应及时处理。

3.8.2 电缆管的加工及敷设

(1) 电缆管不应有穿孔，裂缝和显著的凹凸不平，内壁应光滑，金属电缆管不应有严重锈蚀；硬质塑料管不得用在温度过高或过低的场所，在易受机械损伤的地方和在受力较大处直埋时，应采用足够强度的管材。

(2) 电缆管的加工应符合下列要求：

A．管口应无毛刺和尖锐棱角，管口宜做成喇叭形。

B．电缆管在弯制后，不应有裂缝和显著的凹瘪现象，其弯曲程度不宜大于管子外径的10%，电缆管的弯曲半径不应小于所穿入电缆的最小允许弯曲半径。

C．金属电缆管应在外表涂防腐漆或沥青，镀锌管锌层剥落处也应涂以防腐漆。

(3) 电缆管的内径与电缆外径之比不得小于1.5；混凝土管、陶土管、石棉水泥管除应满足上述要求外，其内径尚不宜小于100mm。

(4) 每根电缆管的弯头不应超过3个，直角弯不应超过2个。

(5) 电缆管明敷时应符合下列要求：

A. 电缆管应安装牢固，电缆管支持点间的距离，当设计无规定时，不宜超过 3m。

B. 当塑料管的直线长度超过 30m 时，宜加装伸缩节。

(6) 电缆管的连接应符合下列要求：

A. 金属电缆管连接应牢固，密封应良好，两管口应对准；套接的短套管或带螺纹的管接头的长度，不应小于电缆管外径的 2.2 倍，金属电缆管不宜直接对焊。

B. 硬质塑料管在套接或插接时，其插入深度宜为管子内径的 1.1～1.8 倍，在插接面上应涂以胶粘剂粘牢密封，采用套接时套管两端应封焊。

(7) 引至设备的电缆管管口位置，应便于与设备连接并不妨碍设备拆装和进出，并列敷设的电缆管管口应排列整齐。

(8) 利用电缆的保护钢管作接地线时，应先焊好接地线；有螺纹的管接头处，应用跳线焊接，再敷设电缆。

(9) 敷设混凝土、陶土、石棉水泥等电缆管时，其地基应坚实、平整、不应有沉陷。电缆管的敷设应符合下列要求：

A. 电缆管的埋设深度不应小于 0.7m，在人行道下面敷设时，不应小于 0.5m。

B. 电缆管应有不小于 0.1% 的排水坡度。

C. 电缆管连接时，管孔应对准，接缝应严密，不得有地下水和泥浆渗入。

3.8.3 电缆支架的配制与安装

1. 电缆支架的加工应符合以下要求：

(1) 钢材应平直，无明显扭曲；下料误差应在 5mm 范围内，切口应无卷边、毛刺。

(2) 支架应焊接牢固，焊缝饱满，无显著变形；用膨胀螺栓固定时，选用螺栓适配，连接紧固，防松零件齐全；各横撑间的垂直净距与设计偏差不应大于 5mm。

(3) 金属电缆支架必须进行防腐处理，位于湿热、盐雾以及有化学腐蚀地区时，应根据设计作特殊的防腐处理。

2. 电缆支架的层间允许最小距离，当设计无规定时，可采取表 3-8-1 的规定；但层间净距不应小于两倍电缆外径加 10mm，35kV 及以上高压电缆不应小于 2 倍电缆外径加 50mm。

电缆支架的层间允许最小距离值（mm） 表 3-8-1

电缆类型和敷设特征		支（吊）架	桥架
控 制 电 缆		120	200
电力电缆	10kV 及以下（除 6～10kV 交联聚乙烯绝缘外）	150～200	250
	6～10kV 交联聚乙烯绝缘	200～250	300
	35kV 单芯		
	35kV 三芯 110kV 及以上、每层多于 1 根	300	350
	110kV 及以上，每层 1 根	250	300
电缆敷设于槽盒内		H+80	H+100

注：H 表示槽盒外壳高度。

3. 电缆支架应安装牢固，横平竖直，托架支吊架的固定方式应按设计要求进行；各支架的同层横档应在同一水平面上，其高低偏差不应大于 5mm，托架支吊架沿桥架走向左右的偏差不应大于 10mm。

（1）在有坡度的电缆沟内或建筑物上安装电缆支架，应有与电缆沟或建筑物相同的坡度。

（2）电缆支架最上层及最下层至沟顶、楼板或沟底、地面的距离，当设计无规定时，不宜小于表 3-8-2 的数值。

电缆支架最上层及最下层至沟顶、楼板或沟底、地面的距离（mm） 表 3-8-2

敷设方式	电缆隧道及夹层	电缆沟	吊架	桥架
最上层至沟顶或楼板	300～350	150～200	150～200	350～450
最下层至沟底或地面	100～150	50～100	—	100～150

4．组装后的钢结构竖井，其垂直偏差不应大于其长度的 2/1000；支架横撑的水平误差不应大于其宽度的 2/1000；竖井对角线的偏差不应大于其对角线长度的 5/1000。

5．电缆桥架的配制应符合以下要求：

（1）电缆梯架（托盘）、电缆梯架（托盘）的支（吊）架、连接件和附件的质量应符合现行的有关技术标准。

（2）电缆梯架（托盘）的规格、支吊跨距、防腐类型应符合设计要求；当设计无要求时，电缆桥架水平安装的支架间距为 1.5～3m；垂直安装的支架间距不大于 2m。

6．支架及梯架（托盘）连接固定。

（1）支架与预埋件焊接连接时，焊缝饱满；膨胀螺栓固定时，选用螺栓适配，连接紧固，防松零件齐全。

（2）梯架（托盘）在每个支吊架上固定应牢固，梯架（托盘）连接板的螺栓应紧固，螺母应位于梯架（托盘）的外侧。

（3）铝合金梯架在钢制支吊架上固定时，应有防电化腐蚀的措施。

7．当直线段钢制电缆桥架超过 30m，铝合金或玻璃钢制电缆桥架超过 15m 时，应有伸缩缝，其连接宜采用伸缩连接板，电缆桥架跨越建筑物伸缩缝处应设置补偿装置。

8．电缆桥架转弯处的转弯半径，不应小于该桥架上的电缆最小允许弯曲半径的最大者。

9．电缆桥架敷设在易燃易爆气体管道和热力管道的下方，当设计无要求时，与管道的最小净距应符合表 3-8-3 的规定。

电缆桥架与管道的最小净距（m） 表 3-8-3

管道类别		平行净距	交叉净距
一般工艺管道		0.4	0.2
易燃易爆气体管道		0.5	0.5
热力管道	有保温层	0.5	0.3
	无保温层	1.0	0.5

10．敷设在竖井内和穿越不同防火区的桥架，按设计要求位置，有防火隔堵措施。

11. 金属电缆桥架及其支架和引入或引出的金属电缆导管必须接地（PE）或接零（PEN）可靠，且必须符合下列规定：

（1）金属电缆桥架及其支架全长应不少于2处与接地（PE）或（PEN）干线相连接。

（2）非镀锌电缆桥架间连接板的两端跨接铜芯接地线，接地线最小允许截面积不小于4mm²。

（3）镀锌电缆桥架间连接板的两端不跨接接地线，但连接板两端不少于2个有防松螺帽或防松垫圈的连接固定螺栓。

3.8.4 电缆敷设的一般规定

（1）电缆敷设前应按下列要求进行检查：

A．电缆通道畅通，排水良好；金属部分的防腐层完整，隧道内照明、通风符合要求。

B．电缆型号、电压、规格应符合设计。

C．电缆外观应无损伤、绝缘良好，当对电缆的密封有怀疑时，应进行潮湿判断，直埋电缆与水底电缆应经试验合格。

D．充油电缆的油压不宜低于0.15MPa，供油阀门应在开启位置，动作应灵活；压力表指示无异常，所有管接头应无渗漏油，油样应试验合格。

E．电缆放线架应放置稳妥，钢轴的强度和长度应与电缆盘重量和宽度相配合。

F．敷设前应按设计和实际路径计算每根电缆的长度，合理安排每盘电缆减少电缆接头。

G．在带电区域内敷设电缆，应有可靠的安全措施。

（2）电缆敷设时，不应损坏电缆沟、隧道、电缆井和人井的防水层。

（3）三相四线制系统中应采用四芯电力电缆，不应采用三芯电缆另加一根单芯电缆或以导线、电缆金属护套作中性线。

（4）并联使用的电力电缆其长度、型号、规格宜相同。

（5）电力电缆在终端头与接头附近宜留有备用长度。

（6）电缆各支持点间的距离应符合设计规定，当设计无规定时，不应大于表3-8-4中所列数值。

电缆各支持点间的距离（mm）　　　　　表3-8-4

电缆种类		敷设方式	
		水平	垂直
电力电缆	全塑型	400	1000
	除全塑型外中低压电缆	800	1500
	35kV及以上的高压电缆	1500	2000
控制电缆		800	1000

注：全塑型电力电缆水平敷设沿支架能把电缆固定时，支持点间的距离允许为800mm。

（7）电缆最小弯曲半径应符合表3-8-5的规定。

电缆最小弯曲半径　　　　　　　　表 3-8-5

电缆型式			多芯	单芯
控制电缆			10D	
橡皮绝缘电力电缆	无铅包、钢铠护套		10D	
	裸铅包护套		15D	
	钢铠护套		20D	
聚氯乙烯绝缘电力电缆			10D	
交联聚乙烯绝缘电力电缆			15D	20D
油浸纸绝缘电力电缆	铅包		30D	
	铅包	有铠装	15D	20D
		无铠装	20D	
自容式充油（铅包）电缆				20D

注：表中 D 为电缆半径。

（8）黏性油浸纸绝缘电缆最高点与最低点之间的最大位差，不应超过表 3-8-6 的规定，当不能满足要求时，应采用适应高位差的电缆。

黏性油浸纸绝缘铅包电力电缆的最大允许敷设位差　　　　　　　　表 3-8-6

电压（kV）	电缆护层结构	最大允许敷设位差（m）
1	无铠装	20
	铠装	25
6～10	铠装或无铠装	15
35	铠装或无铠装	5

（9）电缆敷设时，电缆应从盘的上端引出，不应使电缆在支架上及地面摩擦拖拉；电缆上不得有铠装压扁、电缆绞拧、护层折裂等未消除的机械损伤。

（10）用机械敷设电缆时的最大牵引强度宜符合表 3-8-7 的规定，充油电缆总拉力不应超过 27kN。

电缆最大牵引强度（N/mm^2）　　　　　　　　表 3-8-7

牵引方式	牵引头		钢丝网套		
受力部位	铜芯	铝芯	铅套	铝套	塑料护套
允许牵引强度	70	40	10	40	7

（11）机械敷设电缆的速度不宜超过 15m/min，110kV 及以上电缆或在较复杂路径上敷设时，其速度应适当放慢。

（12）在复杂的条件下用机械敷设大截面电缆时，应进行施工组织设计，确定敷设方式、线盘架设位置、电缆牵引方向，校核牵引力和侧压力，配备敷设人员和机具。

（13）机械敷设电缆时，应在牵引头或钢丝网套与牵引钢缆之间装设防捻器。

（14）110kV 及以上电缆敷设时，转弯处的侧压力不应大于 3kN/m。

（15）油浸纸绝缘电力电缆在切断后，应将端头立即铅封；塑料绝缘电缆应有可靠的防潮封端；充油电缆在切断后尚应符合下列要求：

A. 在任何情况下,充油电缆的任一段都应有压力油箱保持油压。
B. 连接油管路时,应排除管内空气,并采用喷油连接。
C. 充油电缆的切断处必须高于邻近两侧的电缆。
D. 切断电缆时不应有金属屑及污物进入电缆。

(16) 敷设电缆时,电缆允许敷设最低温度,在敷设前24h内的平均温度以及敷设现场的温度不应低于下表的规定,当温度低于表3-8-8规定值时,应采取措施。

电缆允许敷设最低温度   表3-8-8

电缆类型	电缆结构	允许敷设最低温度(℃)
油浸纸绝缘电力电缆	充油电缆	-10
	其他油纸电缆	0
橡皮绝缘电力电缆	橡皮或聚氯乙烯护套	-15
	裸铅套	-20
	铅护套钢带铠装	-7
塑料绝缘电力电缆		0
控制电缆	耐寒护套	-20
	橡皮绝缘聚氯乙烯护套	-15
	聚氯乙烯绝缘及其护套	-10

(17) 电力电缆接头的布置应符合下列规定:
A. 并列敷设的电缆,其接头的位置宜相互错开。
B. 电缆明敷的接头,应用托板托置固定。
C. 直埋电缆接头盒外面应有防止机械损伤的保护盒(环氧树脂接头盒除外);位于冻土层内的保护盒,盒内宜注以沥青。

(18) 电缆敷设时应排列整齐,不宜交叉;应加以固定,并及时装设标志牌。

(19) 标志牌的装设应符合下列要求:
A. 在电缆终端头、电缆接头、拐弯处、夹层内、隧道及竖井的两端、人井内等地方,电缆上应装设标志牌。
B. 标志牌上应注明线路编号,当无编号时,应写明电缆型号、规格及起讫地点;并联使用的电缆应有顺序号,标志牌的字迹应清晰不易脱落。
C. 标志牌规格应统一,标志牌应能防腐,挂装应牢固。

(20) 电缆的固定应符合下列要求:
A. 在下列地方应将电缆固定:
a. 垂直敷设或超过45°倾斜敷设的电缆在每个支架上,桥架上每隔2m处。
b. 水平敷设的电缆,在电缆首末两端及转弯处、电缆接头的两端处,当对电缆间距有要求时,每隔5~10m处。
c. 单芯电缆的固定应符合设计要求。
B. 交流系统的单芯电缆或分相后的分相铅套电缆的固定夹具不应构成闭合磁路。
C. 裸铅(铝)套电缆的固定处,应加软衬垫保护。
D. 护层有绝缘要求的电缆,在固定处应加绝缘衬垫。

(21) 沿电气化铁路或有电气化铁路通过的桥梁上明敷电缆的金属护层或电缆金属管道，应沿其全长与金属支架或桥梁的金属构件绝缘。

(22) 电缆进入电缆沟、隧道、竖井、建筑物、盘（柜）以及穿入管子时，出入口应封闭，管口应密封。

(23) 装有避雷针的照明灯塔，电缆敷设时尚应符合现行国家标准《电气装置安装工程接地装置施工及验收规范》的有关要求。

3.8.5 生产厂房内及隧道、沟道内电缆的敷设

(1) 电缆的排列应符合下列要求：

A. 电力电缆和控制电缆不应配置在同一层支架上。

B. 高低压电力电缆，强电、弱电控制电缆应按顺序分层配置，一般情况宜由上而下配置；但在含有 35kV 以上高压电缆引入柜盘时，为满足弯曲半径要求，可由下而上配置。

(2) 并列敷设的电力电缆，其相互间的净距应符合设计要求。

(3) 电缆在支架上的敷设应符合下列要求：

A. 控制电缆在普通支架上，不宜超过 1 层，桥架上不宜超过 3 层。

B. 交流三芯电力电缆，在普通支吊架上不宜超过 1 层，桥架上不宜超过 2 层。

C. 交流单芯电力电缆，应布置在同侧支架上；当按紧贴的正三角形排列时，应每隔 1m 用绑带扎牢。

(4) 电缆与热力管道、热力设备之间的净距，平行时不应小于 1m，交叉时不应小于 0.5m，当受条件限制时，应采取隔热保护措施（在接近交叉点或交叉点前后 1m 范围内作隔热处理，隔热材料可采用 $\delta=250mm$ 泡沫混凝土或石棉水泥板，也可用 $\delta=150mm$ 的软木或玻璃丝板）；电缆通道应避开锅炉的看火孔和制粉系统的防爆门，当受条件限制时，应采取穿管或封闭槽盒等隔热防火措施；电缆不宜平行敷设于热力设备和热力管道的上部。

(5) 明敷在室内及电缆沟、隧道、竖井内带有麻护层的电缆，应剥除麻护层，并对其铠装加以防腐。

(6) 电缆敷设完毕后，应及时清除杂物，盖好盖板，必要时，尚应将盖板缝隙密封。

3.8.6 管道内电缆的敷设

(1) 在下列地点，电缆应有一定机械强度的保护管或加装保护罩：

A. 电缆引入建筑物、隧道、穿过楼板及墙壁处。

B. 从沟道引至电杆、设备、墙外表面或屋内行人容易接近处，距地面高度 2m 以下的一段。

C. 其他可能受到机械损伤的地方。

电缆保护管埋入非混凝土地面的深度不应小于 100mm，伸出建筑物散水坡的长度不应小于 250mm，保护罩根部不应高出地面。

(2) 管道内部应无积水，且无杂物堵塞；穿电缆时不得损伤护层，可采用无腐蚀性的润滑剂（粉）。

(3) 电缆排管在敷设电缆前,应进行疏通,清除杂物。

(4) 穿入管中电缆的数量应符合设计要求,三相或单相的交流单芯电缆不得单独穿入钢管内。

(5) 在室内的以及通向室外的电缆保护管,其管口两端应用黄麻沥青密封;利用电缆保护管作接地线时,接地线应焊接牢固。

3.8.7 直埋电缆的敷设

(1) 在电缆线路路径上有可能使电缆受到机械性损伤、化学作用、地下电流、振动、热影响、腐植物质、虫鼠等危害的地段,应采取保护措施。

(2) 电缆埋置深度应符合下列要求:

A. 电缆表面距地面的距离不应小于 0.7m,穿越农田时不应小于 1m;在引入建筑物、与地下建筑物交叉及绕过地下建筑物处,可浅埋,但应采取保护措施。

B. 电缆应埋设于冻土层以下,当受条件限制时,应采取防止电缆受到损坏的措施。

(3) 电缆之间、电缆与其他管道、道路、建筑物等之间平行和交叉时的最小净距,应符合表 3-8-9 的规定;严禁将电缆平行敷设于管道的上方或下方,特殊情况应按下列规定执行:

电缆之间,电缆与管道、道路、建筑物之间平行和交叉时的最小净距   表 3-8-9

项 目		最小净距(m)	
		平行	交叉
电力电缆间及其与控制电缆间	≤10kV	0.10	0.50
	>10kV	0.25	0.50
控制电缆间		—	0.50
不同使用部门的电缆间		0.50	0.50
热管道(管沟)及热力设备		2.00	0.50
油管道(管沟)		1.00	0.50
可燃气体及易燃液体管道(沟)		1.00	0.50
其他管道(管沟)		0.50	0.50
铁路路轨		3.00	1.00
电气化铁路路轨	交流	3.00	1.00
	直流	10.0	1.00
公路		1.50	1.00
城市街道路面		1.00	0.70
杆基础(边线)		1.00	—
建筑物基础(边线)		0.60	—
排水沟		1.00	0.50

注:1. 电缆与公路平行的净距,当情况特殊时可酌减。
2. 当电缆穿管或者其他管道有保温层等防护措施时,表中净距应从管壁或防护设施的外壁算起。

A. 电力电缆间及其与控制电缆间或不同使用部门的电缆间,当电缆穿管或用隔板隔开时，平行净距可降低为0.1m。

B．电力电缆间、控制电缆间以及它们相互之间，不同使用部门的电缆间在交叉点前后1m范围内，当电缆穿入管中或用隔板隔开时，其交叉净距可降低为0.25m。

C．电缆与热管道（沟）、油管道（沟）、可燃气体及易燃液体管道（沟）、热力设备或其他管道（沟）之间，虽净距能满足要求，但检修管路可能伤及电缆时，在交叉点前后1m范围内，尚应采取保护措施；当交叉净距不能满足要求时，应将电缆穿入管中，其净距可减为0.25m。

D．电缆与热管道（沟）及热力设备平行、交叉时，应采取隔热措施，使电缆周围土壤的温升不超过10℃。

E．当直流电缆与电气化铁路路轨平行，交叉其净距不能满足要求时，应采取防电化腐蚀措施。

(4) 电缆与铁路、公路、城市街道、厂区道路交叉时，应敷设于坚固的保护管或隧道内；电缆管的两端宜伸出道路路基两边各2m，伸出排水沟0.5m，在城市街道应伸出车道路面。

(5) 直埋电缆的上下部应铺以不小于100mm的软土或砂层，并加以保护板，其覆盖宽度应超过电缆两侧各50mm，保护板可采用混凝土盖板（C15，$\delta=30$mm的水泥预制板）或砖块；软土或砂子中不应有石块或其他硬质杂物。

(6) 直埋电缆在直线段每隔50~100m处、电缆接头处、转弯处、进入建筑物等处，应设置明显的方位标志或标桩。

(7) 直埋电缆回填土前，应经隐蔽工程验收合格，回填土应分层填实，覆土要高出地面150~200mm，以备松土沉陷。

3.8.8 水底电缆的敷设

(1) 水底电缆应是整根的，当整根电缆超过制造厂的制造能力时，可采用软接头连接。

(2) 通过河流的电缆，应敷设于河床稳定及河岸很少受到冲损的地方；在码头、锚地、港湾、渡口及有船停泊处敷设电缆时，必须采取可靠的保护措施，当条件允许时，应深埋敷设。

(3) 水底电缆的敷设必须平放水底，不得悬空；当条件允许时，宜埋入河床（海底）0.5m以下。

(4) 水底电缆平行敷设时的间距不宜小于最高水位水深的2倍；当埋入河床（海底）以下时，其间距按埋设方式或埋设机的工作活动能力确定。

(5) 水底电缆引到岸上的部分应穿管或加保护盖板等保护措施，其保护范围，下端应为最低水位时船只搁浅及撑篙达不到之处，上端高于最高水位，在保护范围的下端，电缆应固定。

(6) 电缆线路与小河或小溪交叉时，应穿管或埋在河床下足够深处。

(7) 在岸边水底电缆与陆上电缆连接的接头，应装有锚定装置。

(8) 水底电缆的敷设方法，敷设船只的选择和施工组织的设计，应按电缆的敷设长度、外径、重量、水深、流速和河床地形等因素确定。

(9) 水底电缆的敷设，当全线采用盘装电缆时，根据水域条件，电缆盘可放在岸上或船上；敷设时可用浮筒浮托，严禁使电缆在水底拖拉。

(10) 水底电缆不能盘装时，应采用散装敷设法，其敷设程序应先将电缆圈绕在敷设船舱内，再经舱顶高架、滑轮、刹车装置至入水槽下水，用拖轮绑拖，自航敷设或用钢缆牵引敷设。

(11) 敷设船的选择，应符合下列条件：

A．船舱的容积、甲板面积、稳定性等应满足电缆长度、重量、弯曲半径和作业场所等要求。

B．敷设船应配有刹车装置、张力计量、长度测量、入水角、水航和导航、定位等仪器，并配有通讯设备。

(12) 水底电缆敷设应在小潮汛、憩流或枯水期进行，并应视线清晰，风力小于五级。

(13) 敷设船上的放线架应保持适当的退扭高度，敷设时根据水的深浅控制敷设张力，应使其入水角为 30°～60°；采用牵引顶推敷设时，其速度宜为 20～30m/min；采用拖轮或自航牵引敷设时，其速度宜为 90～150m/min。

(14) 水底电缆敷设时，两岸应按设计设立导标，敷设时应定位测量，及时纠正航线和校核敷设长度。

(15) 水底电缆引到岸上时，应将余线全部浮托在水面上，再牵引至陆上，浮托在水面上的电缆应按设计路径沉入水底。

(16) 水底电缆敷设后，应作潜水检查，电缆应放平，河床起伏处电缆不得悬空，并测量电缆确切位置，在两岸必须按设计设置标志牌。

3.8.9　桥梁上电缆的敷设

(1) 木桥上的电缆应穿管敷设，在其他结构的桥上敷设的电缆，应在人行道下设电缆沟或穿入由耐火材料制成的管道中；在人不易接触处，电缆可在桥上裸露敷设，但应采取避免太阳直接照射的措施。

(2) 悬吊架设的电缆与桥梁架构之间的净距不应小于 0.5m。

(3) 在经常受到震动的桥梁上敷设的电缆，应有防震措施；桥墩两端和伸缩缝处的电缆，应留有松弛部分。

3.8.10　电缆终端和接头制作的一般规定

(1) 电缆终端和接头的制作，应由经过培训的熟悉工艺的人员进行。

(2) 电缆终端和接头制作时，应严格遵守制作工艺规程，充油电缆尚应遵守油务及真空工艺等有关规程的规定。

(3) 在室外制作 6kV 及以上电缆终端与接头时，其空气相对湿度宜为 70% 及以下，当湿度大时，可提高环境温度或加热电缆；110kV 及以上高压电缆终端与接头施工时，应搭临时工棚，环境湿度应严格控制，温度宜为 10～30℃；制作塑料绝缘电力电缆终端与接头时，应防止尘埃、杂物落入绝缘内，严禁在雾或雨中施工。

在室内及充油电缆施工现场应备有消防器材，室内或隧道中施工应有临时电源。

(4) 35kV 及以下电缆终端和接头应符合下列要求：

A. 型式、规格应与电缆类型如电压、芯数、截面、护层结构和环境要求一致。

B. 结构应简单、紧凑、便于安装。

C. 所用材料、部件应符合技术要求。

D. 主要性能应符合现行国家标准《额定电压 26/35kV 及以下电力电缆附件基本性能要求》的规定。

(5) 采用的附加绝缘材料除电气性能应满足要求外，尚应与电缆本体绝缘具有相容性；两种材料的硬度、膨胀系数、抗张强度和断裂伸长率等物理性能指标应接近；橡塑绝缘电缆应采用弹性大、粘接性能好的材料作为附加绝缘。

(6) 电缆芯线连接金具，应采用符合标准的连接管和接线端子，其内径应与电缆芯线紧密配合，间隙不应过大，截面宜为芯线截面的 1.2~1.5 倍；采用压接时，压接钳和模具应符合规格要求。

(7) 控制电缆在下列情况下可有接头，但必须连接牢固，并不应受到机械拉力。

A. 当敷设的长度超过其制造长度时。

B. 必须延长已敷设竣工的控制电缆时。

C. 当消除使用中的电缆故障时。

(8) 制作电缆终端和接头前，应熟悉安装工艺资料，做好检查，并符合下列要求：

A. 电缆绝缘状况良好，无受潮，塑料电缆不得进水；充油电缆施工前应对电缆本体、压力箱、电缆油箱及纸卷桶逐个取油样，做电气性能试验，并应符合标准。

B. 附件规格应与电缆一致，零部件应齐全无损伤，绝缘材料不得受潮，密封材料不得失效；壳体结构附件应预先组装，清洁内壁，试验密封，结构尺寸符合要求。

C. 施工用机具齐全，便于操作，状况清洁，消耗材料齐备，清洁塑料绝缘表面的溶剂宜遵循工艺导则准备。

D. 必要时应进行试装配。

(9) 电力电缆接地线应采用铜绞线或镀锡铜编织线，其截面面积不应小于表 3-8-10 的规定；110kV 及以上电缆的截面面积应符合设计规定。

电缆终端接地线截面　　　　　　表 3-8-10

电缆截面 (mm²)	接地线截面 (mm²)
120 及以下	16
150 及以上	25

(10) 电缆终端与电气装置的连接，应符合现行国家标准《电气装置安装工程母线装置施工及验收规范》的有关规定。

3.8.11　电缆终端和接头的制作要求

(1) 制作电缆终端与接头，从剥切电缆开始应连续操作直至完成，缩短绝缘暴露时间；剥切电缆时不应损伤线芯和保留的绝缘层；附加绝缘的包绕、装配、热缩等应清洁。

(2) 充油电缆线路有接头时，应先制作接头，两端有位差时，应先制作低位终端头。

(3) 电缆终端和接头应采取加强绝缘、密封防潮、机械保护等措施；6kV 及以上电力电缆终端和接头，尚应有改善电缆屏蔽端部电场集中的有效措施，并应确保绝缘相间和对地距离。

(4) 35kV及以下电缆在切剥线芯绝缘、屏蔽、金属护套时，线芯沿绝缘表面至最近接地点（屏蔽或金属护套端部）的最小距离应符合表3-8-11的要求：

电缆终端和接头中最小距离　　　　　　　　表3-8-11

额定电压(kV)	最小距离(mm)
1	50
6	100
10	125
35	250

(5) 塑料绝缘电缆在制作终端头和接头时，应彻底清除半导电屏蔽层，对包带石墨屏蔽层，应使用溶剂擦去碳迹，对挤出屏蔽层，剥除时不得损伤绝缘表面，屏蔽端部应平整。

(6) 三芯油纸绝缘电缆应保留统包绝缘25mm，不得损伤，剥除屏蔽炭黑纸，端部应平整；弯曲线芯时应均匀用力，不应损伤绝缘纸，线芯弯曲半径不应小于其直径的10倍；包缠或灌注、填充绝缘材料时，应消除线芯分支处的气隙。

(7) 充油电缆终端和接头包绕附加绝缘时，不得完全关闭压力箱；制作中和真空处理时，从电缆中渗出的油应及时排出，不得积存在瓷套或壳体内。

(8) 电缆线芯连接时，应除去线芯和连接管内壁油污及氧化层，压接模具与金具应配合恰当，压缩比应符合要求，压接后应将端子或连接管上的凸痕修理光滑，不得残留毛刺，采用锡焊连接铜芯，应使用中性锡焊膏，不得烧伤绝缘。

(9) 三芯电力电缆接头两侧电缆的金属屏蔽层（或金属套）、铠装层应分别连接良好，不得中断，跨接线的截面不应小于上述10(8)条接地线截面的规定，直埋电缆接头的金属外壳及电缆的金属护层应做防腐处理。

(10) 三芯电力电缆中断处的金属护层必须接地良好，塑料电缆每相铜屏蔽和钢铠应锡焊接地线；电缆通过零序电流互感器时，电缆金属护层和接地线应对地绝缘，电缆接地点在互感器以下时，接地线应直接接地，接地点在互感器以上时，接地线应穿过互感器接地。

(11) 装配、组合电缆终端和接头时，各部件间的配合或搭接处必须采取堵漏、防朝和密封措施；铅包电缆铅封时应擦去表面氧化物，搪铅时间不宜过长，铅封必须密实无气孔；充油电缆的铅封应分两次进行，第一次封堵油，第二次成形和加强，高位差铅封应用环氧树脂加固。

塑料电缆宜采用自粘带、粘胶带、胶粘剂（热熔剂）等方式密封；塑料护套表面应打毛，粘接表面应用溶剂除去油污，粘接应良好。

电缆终端、接头及充油电缆供油管路均不应有渗漏。

(12) 充油电缆供油系统的安装应符合下列要求：

A．供油系统的金属油管与电缆终端间应有绝缘接头，其绝缘强度不低于电缆外护层。

B．当每相设置多台压力箱时应并联连接。

C．每相电缆线路应装设油压监视或报警装置。

D．仪表应安装牢固，室外仪表应有防雨措施，施工结束后应进行整定。

E．调整压力油箱的油压，使其在任何情况下都不应超过电缆允许的压力范围。

（13）电缆终端上应有明显的相色标志，且应与系统的相位一致。

（14）控制电缆终端可采用一般包扎，接头应有防潮措施。

3.8.12 电缆的防火与阻燃

（1）对易受外部影响着火的电缆密集场所或可能着火蔓延而酿成严重事故的电缆回路，必须按设计要求的防火阻燃措施施工。

（2）电缆的防火阻燃尚应采取下列措施：

A．在电缆穿过竖井、墙壁、楼板或进入电气盘、柜的孔洞处，用防火堵料密实封堵。

B．在重要的电缆沟或隧道中，按要求分段或用软质耐火材料设置阻火墙。

C．对重要回路的电缆，可单独敷设于专门的沟道中或耐火封闭槽盒内，或对其施加防火涂料，防火包带。

D．在电力电缆接头两侧及相邻电缆 2～3m 长的区段施加防火涂料或防火包带。

E．采用耐火或阻燃型电缆。

F．设置报警和灭火装置。

（3）防火阻燃材料必须经过技术或产品鉴定，在使用时，应按设计要求和材料使用工艺提出施工措施。

（4）涂料应按一定浓度稀释，搅拌均匀，并应顺电缆长度方向进行涂刷，涂刷厚度或次数、间隔时间应符合材料使用要求。

（5）包带在绕包时，应拉紧密实，缠绕层数或厚度应符合材料使用要求；绕包完毕后，每隔一定距离应绑扎牢固。

（6）在封堵电缆孔洞时，封堵应严实可靠，不应有明显的裂缝和可见的孔隙，孔洞较大者应加耐火衬板后再进行封堵。

（7）阻火墙上的防火门应严密，孔洞应封堵，阻火墙两侧电缆应施加防火包带或涂料。

有关名词解释 表 3-8-12

名　称	解　释
金属附套	铅护套和铝护套的统称
铠　装	起径向加强作用的金属带、起纵向加强作用的金属丝统称为铠装
金属护层	金属护套和铠装的统称、有时亦单独把金属护套或铠装称为金属护层
电缆终端	安装在电缆末端，以使电缆与其他电气设备或架空输电线相连接，并维持绝缘直至连接点的装置，称为电缆终端
电缆接头	连接电缆与电缆的导体、绝缘、屏蔽层和保护层、以使电缆线路连接的装置称为电缆接头
电缆支架	电缆敷设就位后，用于支撑电缆的装置统称为电缆支架，包括普通支架和桥架
电缆桥架	由托盘（托槽）或梯架的直线段、非直线段、附件及支吊架等组合构成，用以支撑电缆具有连续的刚性结构系统

3.9 电动机安装

3.9.1 电动机的保管、搬运及检查

1．一般规定

(1) 电动机性能应符合周围工作环境的要求。

(2) 电动机基础、地脚螺栓孔、沟道、孔洞、预埋件及电缆位置、尺寸和质量，应符合设计和现行建筑工程施工质量验收规范的有关规定。

2．保管、搬运及起吊

(1) 电动机及其附件宜存放在清洁、干燥的仓库或厂房内，当条件不允许时可就地保管，但应有防火、防潮、防尘及防止小动物进入等措施；保管期间，应按产品的有关要求定期盘动转子。

(2) 搬运及起吊电动机时，应将吊具穿过电机的吊环，不要穿过电动机的端盖，不应将吊绳绑在集电环、换向器或轴颈部分；起吊定子和穿转子时，不得碰伤定子绕组或铁芯。

3．检查

(1) 电动机运达现场后，外观检查应符合下列要求：

A．电动机的功率、型号、电压等规格是否与设计相符；

B．电动机应完好，不应有损伤现象；电动机的附件、备件应齐全，无损伤；

C．定子和转子分箱装运的电动机，其铁芯、转子和轴颈应完整，无锈蚀现象。

(2) 电动机安装时的检查应符合下列要求：

A．盘动转子应灵活，不得有碰卡声；

B．润滑脂的情况正常，应无变色、变质及变硬等现象，其性能应符合电机的工作条件；

C．可测量空气间隙的电机，其间隙的不均匀度应符合产品技术条件的规定，当无规定时，各点空气间隙与平均空气间隙之差与平均空气间隙之比宜为 ±5%；

D．电动机的引出线鼻子焊接或压接应良好，接线端子编号齐全，裸露带电部分的电气间隙应符合产品标准的规定；

E．拆开接线盒，用万用表测量三相绕组是否有断路；

F．绕线式电动机应检查电刷的提升装置，提升装置应有"起动"、"运行"的标志，动作顺序应是先短路集电环，后提起电刷；

G．用兆欧表测量电机的各相绕组之间，各绕组与机壳之间的绝缘电阻，额定电压在 1000V 以下的电动机，其绝缘电阻不应低于 0.5MΩ；额定电压在 1000V 以上的电动机，其绝缘电阻不应低于每千伏 1.0MΩ；若达不到要求，应对电动机进行干燥处理。

(3) 电动机常用的干燥方法：

A．外部加热法：用红外线灯、大功率白炽灯等，对受潮的小型电动机进行烘烤。

B．铜损干燥法：对电动机的定子绕组通入低压单相交流电，利用绕组本身电阻发热进行干燥。

C．铁损干燥法：

a．铁芯感应干燥法：将电动机转子抽出，在电动机的定子上绕线圈，并通以单相交流电，使电动机的定子铁芯内产生交变磁场，而使铁芯发热，干燥电动机，适用于大容量电动机；

b．外壳铁损干燥法：在定子上缠绕励磁绕组，通以单相交流电，使机壳内产生铁损达到加热的目的；适用于小容量电动机。

(4) 电动机的换向器或集电环应符合下列要求：

A．表面应光滑，无毛刺、黑斑、油垢；当换向器的表面不平程度达到 0.2mm 时，应进行车光；

B．换向器片间绝缘应凹下 0.5~1.5mm；整流片与绕组的焊接应良好。

3.9.2 电动机的安装

1．就位与校正

(1) 电动机的基础一般用混凝土制成，并预留地脚螺栓孔洞，电动机通常安装在基座上，基座就位于混凝土基础上。

A．使用水平仪进行测量，用成组的垫铁垫在机座下，调整电动机水平，待纵向和横向找平找正后，将垫铁用电焊点牢，用水泥砂浆进行二次灌浆固定地脚螺栓；

B．穿导线的线管应在浇灌砼前预埋好，连接电动机的一端管口离地不低于 100mm，并尽量靠近接线盒，宜用软管接入盒内。

(2) 电动机传动装置的校正

电动机的传动形式有齿轮传动、皮带传动和联轴节传动等

A．齿轮传动：电动机的轴与被传动的轴应保持平行，大小齿轮啮合应适当，可用塞尺测量齿轮间隙，若间隙均匀，表示两轴平行；

B．皮带传动：电动机皮带轮的轴与被驱动设备的轴应保持平行，同时要使两个皮带轮宽度的中心在同一直线上；两个皮带轮宽度相等时，用 1 根弦线拉紧并紧靠两个皮带轮的侧面进行测量，若两个皮带轮宽度不同，可先划出它们的中心线，再拉线测量；

C．联轴节传动：电动机轴的中心线与被驱动设备轴的中心线应保持在同一直线上。

a．直接测量法：在转速低，精度要求不高时，一般拆下联轴节的连接螺栓，采用钢板尺放在联轴节的外缘上，用塞尺测量联轴节外缘的径向间隙和两端面处的轴向间隙的数值是否相等，转动电动机的轴，旋转 180°再进行测量，若不相等应进行调整，直到数值一致时即表示电动机和被驱动设备轴已处于同轴状态（见图 3-9-1）。

b．用工具找正法（精度要求高时采用）：以电动机的轴为基准轴，用专用测量架将百分表固定在基准轴上，转动被驱动设备的联轴节，测量被驱动设备的联轴节的端面跳动量和径向跳动量，达不到要求时要采用金属垫片进行调整，直到合格为止（见图 3-9-2）。

2．电动机的接线

(1) 三相感应电动机共有 3 个绕组，6 个端子，在接线盒内端子上有编号，若编号看不清楚，可用万用表测出每相绕组的首尾端。

(2) 星形连接

将电动机定子绕组的尾端接在一起，首端分别接三相电源。

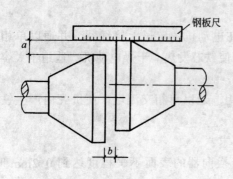
图 3-9-1 用钢板尺校正联轴节

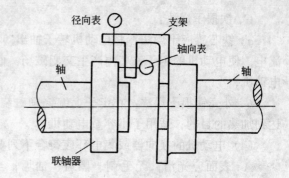
图 3-9-2 用仪表调整联轴节的同心度

(3) 三角形连接

将第一相的尾端接第二相的首端,第二相的尾端接第三相的首端,第三相的尾端接第一相的首端,然后将三个接点分别接三相电源。

3. 电动机的安装

(1) 电动机电刷的刷架、刷握及电刷的安装应符合下列要求:

A. 同一组刷握应均匀排列在与轴线平行的同一直线上;

B. 刷握的排列,应使相邻不同极性的一对刷架彼此错开;

C. 各组电刷应调整在换向器的电气中性线上;

D. 带有倾斜角的电刷的锐角尖应与转动方向相反;

E. 电动机电刷的安装除符合本条规定外,尚应符合关于汽轮发电机电刷安装的要求。

(2) 箱式电动机的安装尚应符合下列要求:

A. 定子搬运、吊装时应防止定子绕组的变形;

B. 定子上下瓣的接触面应清洁,连接后使用 0.05mm 的塞尺检查,接触应良好;

C. 必须测量空气间隙,其误差应符合产品技术条件的规定;

D. 定子上下瓣绕组的连接,必须符合产品技术条件的规定。

(3) 多速电动机的安装尚应符合下列要求:

A. 电机的结线方式、极性应正确;

B. 联锁切换装置应动作可靠;

C. 电动机的操作程序应符合产品技术条件的规定。

(4) 有固定转向要求的电动机,试车前必须检查电动机与电源的相序并应一致。

3.9.3 电动机的试运行

1. 电动机试运行前的检查应符合下列要求:

(1) 安装现场清扫整理完毕,电源电压应与电动机额定电压相符,且三相电压平衡。

(2) 检查电动机的绕组接线是否正确、牢固,应无松动和脱落现象。

(3) 电机的保护、控制、测量、信号、励磁等回路的调试完毕,动作正常。

(4) 测定电机定子绕组、转子绕组及励磁回路的绝缘电阻,应符合要求,有绝缘的轴承座的绝缘板、轴承座及台板的接触面应清洁干燥。

（5）电刷与换向器或集电环的接触应良好。

（6）盘动电机转子时应转动灵活，无碰卡现象。

（7）电机引出线应相序正确，固定牢固，连接紧密。

（8）电机外壳油漆应完整，可接近裸露导体必须接地（PE）或接零（PEN）良好。

（9）照明、通讯、消防装置应齐全。

2．电动机的启动及运行

（1）电动机宜在空载情况下作第一次启动，空载运行时间宜为2h，并记录电机的空载电流。

（2）电动机试运行中的检查应符合下列要求：

A．电动机的旋转方向符合要求，无异常；

B．换向器、集电环及电刷工作正常；

C．检查电动机各部温度，不应超过产品技术条件的规定；

D．滑动轴承温度不应超过80℃，滚动轴承温度不应超过95℃；

E．电动机振动的双倍振幅值不应大于表3-9-1的规定。

电动机振动的双倍振幅值　　　　　　表3-9-1

同步转速（r/min）	3000	1500	1000	≤750
双倍振幅值（mm）	0.05	0.085	0.10	0.12

3．电动机的带负荷运行

交流电动机的带负荷（空载状态下不投料）起动次数，应符合产品技术条件的规定，当产品技术条件无规定时，应符合下列规定：

（1）在冷态时，可起动2次，每次间隔时间不得小于5min。

（2）在热态时，可起动1次，当在处理事故以及电动机起动时间不超过2~3s时，可再起动一次。

（3）应记录电流、电压、温度、运行时间等有关数据，且应符合建筑设备或工艺装置的空载状态运行（不投料）的要求。

3.9.4 电动机施工质量验收检验项目

1．主控项目

（1）电动机的可接近裸露导体必须接地（PE）或接零（PEN）。

（2）电动机的绝缘电阻值应大于0.5MΩ。

（3）100kW以上的电动机，应测量各相直流电阻值，相互差不应大于最小值的2%；无中性点引出的电动机，测量线间直流电阻值，相互差不应大于最小值的1%。

2．一般项目

（1）电气设备安装应牢固，螺栓及防松零件齐全，不松动；防水防潮电气设备的接线入口及接线盒盖等应做密封处理。

（2）除电动机随带技术文件说明不允许在施工现场抽芯检查外，当电动机有下列情况之一时应作抽芯检查：

A. 出厂日期超过制造厂保证期限；无保证期限的已超过出厂时间一年以上；

B. 外观检查、电气试验，手动盘转和试运转，有异常情况。

(3) 电动机抽芯检查应符合下列规定：

A. 线圈绝缘层应完好，无伤痕，端部绑线无松动，槽楔固定、应无断裂，引线焊接饱满，内部清洁，通风孔道无堵塞；

B. 轴承无锈斑，注油（脂）的型号、规格或数量正确，转子平衡块紧固，平衡螺丝锁紧，风扇叶片无裂纹；

C. 连接用紧固件的防松零件齐全完整；

D. 其他指标符合产品技术文件的特有要求。

(4) 在设备接线盒内裸露的不同相导线间和导线对地间最小距离应大于8mm，否则应采取绝缘防护措施。

3.10 电力变压器及油浸电抗器安装

参照GBJ 148—90《电气装置安装工程电力变压器、油浸电抗器、互感器施工及验收规范》。

3.10.1 一般规定

1. 设备安装前建筑工程应具备的条件

(1) 门窗安装完毕，地坪抹光工作结束，室外场地平整。

(2) 保护性网门、栏杆等安全设施齐全。

(3) 变压器、电抗器的蓄油坑清理干净，排油水管通畅，卵石铺设完毕。

2. 设备安装用的紧固件，除地角螺栓外，应采用镀锌制品

3. 电力变压器、电抗器的施工及验收除符合施工及验收规范的规定外，尚应符合国家现行有关标准的规定。

3.10.2 安装前的检查与保管

1. 现场外观检查

(1) 油箱及所有附件应齐全，无锈蚀及机械损伤，密封应良好。

(2) 油箱箱盖或钟罩法兰及封板的连接螺栓应齐全，紧固良好，无渗漏；浸入油中运输的附件，其油箱应无渗漏。

(3) 充油套管的油位应正常，无渗油、瓷体无损伤。

(4) 充气运输的变压器、电抗器，油箱内应为正压，其压力为0.01~0.03MPa。

(5) 装有冲击记录仪的设备，应检查并记录设备在运输和装卸中的受冲击情况。

2. 设备现场保管应符合下列要求

(1) 散热器（冷却器）、连通管、安全气道、净油器等应密封。

(2) 表计、风扇、潜油泵、气体继电器、气道隔板、测温装置以及绝缘材料等，应放置在干燥的室内。

(3) 短尾式套管应置于干燥的室内，充油式套管卧放时应符合制造厂的规定。

(4) 本体、冷却装置等其底部应垫高，垫平，不得水淹；干式变压器应置于干燥的室内。

(5) 浸油运输的附件应保持浸油保管，其油箱应密封。

(6) 与本体连在一起的附件可不拆下。

3．绝缘油的验收与保管应符合下列要求

(1) 绝缘油应储备在密封清洁的专用油罐或容器内。

(2) 每批到达现场的绝缘油均应有试验记录，并应取样进行简化分析，必要时进行全分析；取样数量：大罐油应每罐取样，小桶油应按表 3-10-1 规定取样。

绝缘油取样数量　　　　表 3-10-1

每批油的桶数	取样桶数	每批油的桶数	取样桶数
1	1	51~100	7
2~5	2	101~200	10
6~20	3	201~400	15
21~50	4	401 及以上	20

(3) 取样试验应按现行国标《电力用油（变压器油、汽轮机油）取样》的规定执行；试验标准应符合现行国标《电气装置安装工程电气设备交接试验标准》的规定。

(4) 不同牌号的绝缘油，应分别储存，并有明显牌号标志。

4．变压器、电抗器到达现场后，当三个月内不能安装时，应在一个月内进行下列工作

(1) 带油运输的变压器、电抗器：

A．检查油箱密封情况。

B．测量变压器内油的绝缘强度。

C．测量绕组的绝缘电阻（运输时不装套管的变压器可以不测）。

D．安装储油柜及吸湿器，注以合格油至储油柜规定油位，或在未装储油柜的情况下，上部抽真空后，充以 0.01~0.03MPa、纯度不低于 99.9%，露点低于 -40℃ 的氮气。

(2) 充气运输的变压器、电抗器：

A．应安装储油柜及吸湿器，注以合格油至储油柜规定油位。

B．当不能及时注油时，应继续充与原充气体相同的气体保管，但必须有压力监视装置，压力应保持为 0.01~0.03MPa，气体的露点应低于 -40℃。

5．设备在保管期间应经常检查

(1) 充油保管的应检查有无渗油、油位是否正常、外表有无锈蚀，并应每 6 个月检查一次油的绝缘强度。

(2) 充气保管的应检查气体压力，并作好记录。

3.10.3 排氮

1．采用注油排氮时，应符合下列规定

(1) 注油排氮前应将油箱内的残油排尽。

(2) 绝缘油必须经净化处理，注入变压器、电抗器的油应符合下列要求：

电气强度： 500kV，不应小于 60kV
　　　　　 330kV，不应小于 50kV
　　　　 63～220kV，不应小于 40kV
含水量： 500kV，不应大于 10ppm
　　　 220～330kV，不应大于 15ppm
　　　　 110kV，不应大于 20ppm
tgδ： 不应大于 0.5%（90℃时）

注：ppm 为体积比。

（3）油管宜采用钢管，内部应进行彻底除锈且清洗干净，如用耐油胶管，必须确保胶管不污染绝缘油。

（4）绝缘油应经脱气净油设备从变压器下部阀门注入变压器内，氮气经顶部排出，油应注至油箱顶部将氮气排尽；最终油位应高出铁芯上沿 100mm 以上，油的静置时间应不小于 12h。

2. 采用抽真空进行排氮时，排氮口应装设在空气流通处，破坏真空时应避免潮湿空气进入，当含氧量未达到 18% 以上时人员不得进入。

3. 充氮的变压器、电抗器需吊罩检查时，必须让器身在空气中暴露 15min 以上，待氮气充分扩散后进行。

3.10.4 器身检查

1. 变压器、电抗器到达现场后，应进行器身检查；器身检查可为吊罩或吊器身，或者不吊罩直接进入油箱内进行，当满足下列条件之一时，可不进行器身检查

（1）制造厂规定可不进行器身检查者。

（2）容量为 1000kVA 及以下，运输过程中无异常情况者。

（3）就地生产仅作短途运输的变压器、电抗器，如果事先参加了制造厂的器身总装，质量符合要求，且运输过程中进行了有效的监督，无紧急制动、剧烈振动、冲撞或严重颠簸等异常情况者。

2. 器身检查时应符合下列规定

（1）周围空气温度不宜低于 0℃，器身温度不应低于周围空气温度；当器身温度低于周围空气温度时，应将器身加热，宜使其温度高于周围空气温度 10℃。

（2）当空气相对湿度小于 75% 时，器身暴露在空气中的时间不得超过 16h。

（3）调压切换装置吊出检查、调整时，暴露在空气中的时间应符合表 3-10-2 的规定。

调压切换装置露空时间　　　　　表 3-10-2

环境温度（℃）	>0	>0	>0	<0
空气相对湿度（%）	65 以下	65～75	75～85	不控制
持续时间不大于（h）	24	16	10	8

（4）空气相对湿度或露空时间超过规定时，必须采取相应的可靠措施，时间计算规定为：

带油运输的变压器、电抗器，由开始放油时算起；不带油运输的变压器、电抗器，由揭开顶盖或打开任何一堵塞算起，到开始抽真空或注油为止。

（5）器身检查时，场地四周应清洁和有防尘措施，雨雪天或雾天不应在室外进行。

3．钟罩起吊前，应拆除所有与其相连的部件；器身或钟罩起吊时，吊索与铅垂线的夹角不宜大于30°，必要时可采用控制吊梁；起吊过程中，器身与箱壁不得有碰撞现象

4．器身检查的主要项目和要求应符合下列规定

（1）运输支撑和器身各部位应无移动现象，运输用的临时防护装置及临时支撑应予拆除，并经过清点作好记录以备查。

（2）所有螺栓应紧固，并有防松措施；绝缘螺栓应无损坏，防松绑扎完好。

（3）铁芯检查：

A．铁芯应无变形，铁轭与夹件间的绝缘垫应良好。

B．铁芯应无多点接地。

C．铁芯外引接地的变压器，拆开接地线后铁芯对地绝缘应良好。

D．打开夹件与铁轭接地片后，铁轭螺杆与铁芯，铁轭与夹件、螺杆与夹件之间的绝缘应良好。

E．当铁轭采用钢带绑扎时，钢带对铁轭的绝缘应良好。

F．打开铁芯屏蔽接地引线，检查屏蔽绝缘应良好。

G．打开夹件与线圈压板的连线，检查压钉绝缘应良好。

H．铁芯拉板及铁轭拉带应紧固，绝缘良好。

（4）绕组检查：

A．绕组绝缘层应完整、无缺损、变位现象。

B．各绕组应排列整齐、间隙均匀，油路无堵塞。

C．绕组的压钉应紧固，防松螺栓应锁紧。

（5）绝缘围屏绑扎牢固，围屏上所有线圈引出处的封闭应良好。

（6）引出线绝缘包扎牢固，无破损、拧弯现象；引出线绝缘距离应合格，牢固可靠，其固定支架应紧固；引出线的裸露部分应无毛刺或尖角，其焊接应良好；引出线与套管的连接应牢靠，接线正确。

（7）无励磁调压切换装置各分接头与线圈的连接应紧固正确；各分接头应清洁，且接触紧密，弹性良好；所有接触到的部分，用 0.05mm×10mm 塞尺检查，应塞不进去；转动接点应正确地停留在各个位置上，且与指示器所指位置一致；切换装置的拉杆、分接头凸轮、小轴、销子等应完整无损；转动盘应动作灵活，密封良好。

（8）有载调压切换装置的选择开关、范围开关应接触良好，分接引线应连接正确、牢固、切换开关部分密封良好，必要时抽出切换开关芯子进行检查。

（9）绝缘屏障应良好，且固定牢固，无松动现象。

（10）检查强油循环管路与下轭绝缘接口部位的密封情况。

（11）检查各部位应无油泥、水滴和金属屑末等杂物。

5．器身检查完毕后，必须用合格的变压器油进行冲洗，并清洗油箱底部，不得有遗留杂物；箱壁上的阀门应开闭灵活，指示正确；导向冷却的变压器尚应检查和清理进油管接头和联箱

注：(1) 变压器有围屏者，可不必解除围屏，由于围屏遮蔽而不能检查的项目，可不予检查。

(2) 铁芯检查时，其中的 C、D、E、F、G 项无法拆开的可不测。

3.10.5 干燥

1. 变压器、电抗器是否需要进行干燥，应根据不需干燥的条件进行综合分析判断后确定。新装电力变压器及油浸电抗器不需干燥的条件如下

(1) 带油运输的变压器及电抗器：

A. 绝缘油电气强度及微量水试验合格。

B. 绝缘电阻及吸收比（或极化指数）符合规定。

C. 介质损耗角正切值 tgδ（%）符合规定（电压等级在 35kV 以下及容量在 4000kVA 以下者，可不作要求）。

(2) 充气运输的变压器及电抗器：

A. 器身内压力在出厂至安装前均保持正压。

B. 残油中微量水不应大于 30ppm，电气强度试验在电压等级为 330kV 及以下者不低于 30kV，500kV 者应不低于 40kV。

C. 变压器及电抗器注入合格绝缘油后：

绝缘油电气强度及微量水符合规定；绝缘电阻及吸收比（或极化指数）符合规定；介质损耗角正切值 tgδ（%）符合规定。

(3) 采用绝缘件表面的含水量判断时，应符合 5.4 条的规定。

注：(1) 绝缘电阻、吸收比（或极化指数）、tgδ（%）及绝缘油的电气强度及微量水试验应符合现行国家标准《电气装置安装工程电气设备交接试验标准》的相应规定。

(2) 当器身未能保持正压，而密封无明显破坏时，则根据安装及试验记录全面分析做出综合判断，决定是否需要干燥。

2. 设备进行干燥时，必须对各部温度进行监控；当为不带油干燥利用油箱加热时，箱壁温度不宜超过 110℃，箱底温度不得超过 100℃，绕组温度不宜超过 95℃；带油干燥时，上层油温不得超过 85℃；热风干燥时，进风温度不得超过 100℃。干式变压器进行干燥时，其绕组温度应根据其绝缘等级而定

3. 采用真空加温干燥时，应先进行预热；抽真空时，将油箱内抽成 0.02MPa，然后按每小时均匀地增高 0.0067MPa 至表 3-10-3 所示极限值为止；抽真空时应监视箱壁的弹性变形，其最大值不得超过壁厚的 2 倍

变压器、电抗器抽真空的极限允许值　　　表 3-10-3

电 压 (kV)	容 量 (kVA)	真空度 (MPa)
35	4000～31500	0.051
63～110	16000 及以下	0.051
	20000 及以下	0.08
220 及 330		0.101
500		<0.101

4. 在保持温度不变的情况下,绕组的绝缘电阻下降后再回升,110kV 及以下的变压器、电抗器持续 6h,220kV 及以上的变压器、电抗器持续 12h 保持稳定,且无凝结水产生时,可认为干燥完毕。也可采用测量绝缘件表面的含水量来判断干燥程度,表面含水量应符合表 3-10-4 的规定

5. 干燥后的变压器、电抗器应进行器身检查,所有螺栓压紧部分应无松动,绝缘表面应无过热等异常情况;如不能及时检查时,应先注以合格油,油温可预热至 50~60℃,绕组温度应高于油温

绝缘件表面含水量标准　　　　　　　　　　　表 3-10-4

电压等级 (kV)	含水量标准 (%)
110 及以下	2 以下
220	1 以下
330 ~ 500	0.5 以下

3.10.6　本体及附件安装

1. 本体就位应符合下列规定

(1) 变压器、电抗器基础的轨道应水平,轨距与轮距应配合;装有气体继电器的变压器、电抗器,应使其顶盖沿气体继电器气流方向有 1%~1.5% 的升高坡度(制造厂规定不需安装坡度者除外);当与封闭母线连接时,其套管中心线应与封闭母线中心线相符。

(2) 装有滚轮的变压器、电抗器,其滚轮应能灵活转动,在设备就位后,应将滚轮用能拆卸的制动装置加以固定。

2. 密封处理应符合下列规定

(1) 所有法兰连接处应用耐油密封垫(圈)密封;密封垫(圈)必须无扭曲、变形、裂纹和毛刺,密封垫(圈)应与法兰的尺寸相配合。

(2) 法兰连接面应平整、清洁,密封垫应擦拭干净,安装位置应准确;其搭接处的厚度应与其原厚度相同,橡胶密封垫的压缩量不宜超过其厚度的 1/3。

3. 有载调压切换装置安装应符合下列要求

(1) 传动机构中的操作机构、电动机、传动齿轮和杠杆应固定牢靠,连接位置正确,且操作灵活,无卡阻现象;传动结构的摩擦部分应涂以适合当地气候条件的润滑脂。

(2) 切换开关的触头及其连接线应完整无损,且接触良好,其限流电阻应完好,无断裂现象。

(3) 切换装置的工作顺序应符合产品出厂要求,切换装置在极限位置时,其机械联锁与极限开关的电气联锁动作应正确。

(4) 位置指示器应动作正常,指示正确。

(5) 切换开关油箱内应清洁,油箱应做密封试验,且密封良好;注入油箱中的绝缘油,其绝缘强度应符合产品的技术要求。

4. 冷却装置的安装应符合下列要求

(1) 冷却装置在安装前应按制造厂规定的压力值用气体或油压进行密封试验,并应符

合下列要求：

  A．散热器、强迫油循环风冷却器，持续 30min 应无渗漏。

  B．强迫油循环水冷却器，持续 1h 应无渗漏，水、油系统应分别检查渗漏。

 （2）冷却装置在安装前应用合格的绝缘油经净油机循环冲洗干净，并将残油排尽。

 （3）冷却装置安装完毕后应即注满油。

 （4）风扇电动机及叶片应安装牢固，并应转动灵活，无卡阻，试运转时无振动、过热；叶片应无扭曲变形或与风筒碰擦等情况，转向应正确；电动机的电源配线应采用具有耐油性能的绝缘导线。

 （5）管路中的阀门应操作灵活，开闭位置应正确，阀门及法兰连接处应密封良好。

 （6）外接油管路在安装前，应进行彻底除锈并清洗干净；管道安装后，油管应涂黄漆，水管应涂黑漆，并应有流向标志。

 （7）油泵转向应正确，转动时应无异常噪声、振动或过热现象，其密封应良好，无渗油或进气现象。

 （8）差压继电器、流速继电器应经校验合格，且密封良好，动作可靠。

 （9）水冷却装置停用时，应将水放尽。

5．储油柜的安装应符合下列要求

 （1）储油柜安装前，应清洗干净。

 （2）胶囊式储油柜中的胶囊或隔膜式储油柜中的隔膜应完整无破损，胶囊在缓慢充气胀开后检查应无漏气现象。

 （3）胶囊沿长度方向应与储油柜的长轴保持平行，不应扭偏，胶囊口的密封应良好，呼吸应畅通。

 （4）油位表动作应灵活，油位表或油标管的指示必须与储油柜的真实油位相符，不得出现假油位，油位表的信号接点位置正确，绝缘良好。

6．升高座的安装应符合下列要求

 （1）升高座安装前，应先完成电流互感器的试验，电流互感器出线端子板应绝缘良好，其接线螺栓和固定件的垫块应紧固，端子板应密封良好，无渗油现象。

 （2）升高座安装时，应使电流互感器铭牌位置面向油箱外侧，放气塞位置应在升高座最高处。

 （3）电流互感器和升高座的中心应一致。

 （4）绝缘筒应安装牢固，其安装位置不应使变压器引出线与之相碰。

7．套管的安装应符合下列要求

 （1）套管安装前应进行下列检查：

  A．瓷套表面应无裂纹、伤痕。

  B．套管、法兰颈部及均压球内壁应清擦干净。

  C．套管应经试验合格。

  D．充油套管无渗油现象，油位指示正确。

 （2）充油套管内部绝缘已确认受潮时，应予干燥处理，110kV 及以上的套管应真空注油。

 （3）高压套管穿缆的应力锥应进入套管的均压罩内，其引出端头与套管顶部接线柱连接处应擦拭干净,接触紧密;高压套管与引出线接口的密封波纹盘结构(魏德迈结构)的安装应严格按制造厂的规定进行。

(4) 套管顶部结构的密封垫应安装正确,密封应良好,连接引线时不应使顶部结构松扣。

(5) 充油套管的油标应面向外侧,套管末屏应接地良好。

8. 气体继电器的安装应符合下列要求
(1) 气体继电器安装前应经检验鉴定。
(2) 气体继电器应水平安装,其顶盖上标志的箭头应指向储油柜,其与连通管的连接应密封良好。

9. 安全气道的安装应符合下列要求
(1) 安全气道安装前,其内壁应清拭干净。
(2) 隔膜应完整,其材料和规格应符合产品的技术规定,不得任意代用。
(3) 防爆隔膜信号接线应正确,接触良好。

10. 压力释放装置的安装方向应正确,阀盖和升高座内部应清洁,密封良好;电接点应动作准确,绝缘应良好。

11. 吸湿器与储油柜间的连接管的密封应良好,管道应通畅,吸湿剂应干燥;油封油位应在油面线上或按产品的技术要求进行。

12. 净油器内部应擦拭干净,吸附剂应干燥;其滤网安装方向应正确并在出口侧,油流方向应正确。

13. 所有导气管必须清拭干净,其连接处应密封良好。

14. 测温装置的安装应符合下列要求
(1) 温度计安装前应进行校验,信号接点应动作正确,导通良好;绕组温度计应根据制造厂的规定进行整定。
(2) 顶盖上的温度计座内应注以变压器油,密封应良好,无渗油现象;闲置的温度计座也应密封,不得进水。
(3) 膨胀式信号温度计的细金属软管不得有压扁或急剧扭曲,其弯曲半径不得小于50mm。

15. 靠近箱壁的绝缘导线,排列应整齐,应有保护措施,接线盒应密封良好。

16. 控制箱的安装应符合现行国家标准《电气装置安装工程盘、柜及二次回路结线施工及验收规范》的有关规定。

3.10.7 注油

(1) 绝缘油必须按现行国家标准《电气装置安装工程电气设备交接试验标准》的规定试验合格后,方可注入变压器、电抗器中。

不同牌号的绝缘油或同牌号的新油与运行过的油混合使用前,必须做混油试验。

(2) 注油前,220kV及以上的变压器、电抗器必须进行真空处理,处理前宜将器身温度提高到20℃以上;真空度应符合5.3条的规定,真空保持时间:220~330kV,不得少于8h;500kV,不得少于24h;抽真空时,应监视并记录油箱的变形。

(3) 220kV及以上的变压器、电抗器必须真空注油,110kV者宜采用真空注油;当真空度达到5.3条规定值后,开始注油,注油全过程应保持真空;注入油的温度宜高于器身温度,注油速度不宜大于100L/min。油面距油箱顶的空隙不得少于200mm或按制造厂规定执行,注油后,应继续保持真空,保持时间:110kV者不得少于2h;220 kV及以上者不得少于4h;500kV者在注满油后可不继续保持真空。真空注油工作不宜在雨天或雾天进行。

(4) 在抽真空时,必须将在真空下不能承受机械强度的附件,如储油柜、安全气道等与油箱隔离;对允许抽同样真空度的部件,应同时抽真空。

(5) 变压器、电抗器注油时,宜从下部油阀进油,对导向强油循环的变压器,注油应按制造厂的规定执行。

(6) 设备各接地点及油管道应可靠地接地。

3.10.8 热油循环、补油和静置

(1) 500kV变压器、电抗器真空注油后必须进行热油循环,循环时间不得少于48h。

A. 热油循环可在真空注油到储油柜的额定油位后的满油状态下进行,此时变压器或电抗器不抽真空;当注油到离器身顶盖200mm处时,热油循环需抽真空,真空度应符合5.3条的规定。

B. 真空净油设备的出口温度不应低于50℃,油箱内温度不应低于40℃;经过热油循环的油应达到现行国家标准《电气装置安装工程电气设备交接试验标准》的规定。

(2) 冷却器内的油应与油箱主体的油同时进行热油循环。

(3) 往变压器、电抗器内加注补充油时,应通过储油柜上专用的添油阀,并经净油机注入,注油至储油柜额定油位;注油时应排放本体及附件内的空气,少量空气可自储油柜排尽。

(4) 注油完毕后,在施加电压前,其静置时间不应少于下列规定:

110kV 及以下　　　　24h
220kV 及 330kV　　　48h
500kV　　　　　　　72h

(5) 按上述4条静置完毕后,应从变压器、电抗器的套管、升高座、冷却装置、气体继电器及压力释放装置等有关部位进行多次放气,并启动潜油泵,直至残余气体排尽。

(6) 具有胶囊或隔膜的储油柜的变压器、电抗器必须按制造厂规定的顺序进行注油、排气及油位计加油。

3.10.9 整体密封检查

(1) 变压器、电抗器安装完毕后,应在储油柜上用气压或油压进行整体密封试验,其压力为油箱盖上能承受0.03MPa压力,试验持续时间为24h,应无渗漏。

(2) 整体运输的变压器、电抗器可不进行整体密封试验。

3.10.10 工程交接验收

1. 变压器、电抗器的起动试运行,是指设备开始带电,并带一定的负荷即可能的最大负荷连续运行24h所经历的过程

2. 变压器、电抗器在试运行前，应进行全面检查，确认其符合运行条件时，方可投入试运行，检查项目如下

(1) 本体、冷却装置及所有附件应无缺陷，且不渗油。
(2) 轮子的制动装置应牢固。
(3) 油漆应完整，相色标志正确。
(4) 变压器顶盖上应无遗留杂物。
(5) 事故排油设施应完好，消防设施齐全。
(6) 储油柜、冷却装置、净油器等油系统上的油门均应打开，且指示正确。
(7) 接地装置引出的接地干线与变压器中性点直接连接，变压器箱体，干式变压器的支架或外壳应接地（PE）；所有连接应可靠，紧固件及防松零件齐全。

铁芯和夹件的接地引出套管、套管的接地小套管及电压抽取装置不用时其抽出端子均应接地，备用电流互感器二次端子应短接接地；套管顶部结构的接触及密封应良好。

(8) 储油柜和充油套管的油位应正常。
(9) 分接头的位置应符合运行要求；有载调压切换装置的远方操作应动作可靠，指示位置正确。
(10) 变压器的相位及绕组的接线组别应符合并列运行要求。
(11) 测温装置指示应正确，整定值符合要求。
(12) 冷却装置试运行应正常，联动正确，水冷装置的油压应大于水压；强迫油循环的变压器、电抗器应起动全部冷却装置，进行循环 4h 以上，放完残留空气。
(13) 变压器、电抗器的全部电气试验应合格，保护装置整定值符合规定，操作及联动试验正确。

3. 变压器、电抗器试运行时应按下列规定进行检查
(1) 接于中性点接地系统的变压器，在进行冲击合闸时，其中性点必须接地。
(2) 变压器、电抗器第一次投入时，可全压冲击合闸，如有条件时应从零起升压，冲击合闸时，变压器宜由高压侧投入；对发电机变压器组结线的变压器，当发电机与变压器间无操作断开点时，可不作全压冲击合闸。
(3) 变压器、电抗器应进行五次空载全压冲击合闸，应无异常情况；第一次受电后持续时间不应少于 10min；励磁涌流不应引起保护装置的误动。
(4) 变压器并列前，应先核对相位。
(5) 带电后，检查本体及附件所有焊缝和连接面，不应有渗油现象。

4. 在验收时应移交下列资料和文件
(1) 变更设计部分的实际施工图，变更设计的证明文件。
(2) 制造厂提供的产品说明书、试验记录、合格证件及安装图纸等技术文件。
(3) 安装技术记录、器身检查记录、干燥记录、试验报告，备品备件移交清单等。

3.10.11 箱式变电所安装

1. 主控项目
(1) 接地装置引出的接地干线与箱式变电所的 N 母线和 PE 母线直接连接；连接应可靠，紧固件及防松零件齐全。

(2) 箱式变电所的基础应高于室外地坪，周围排水通畅；用地脚螺栓固定的螺帽齐全，拧紧牢固；自由安放的应垫平放正。金属箱式变电所箱体应接地（PE）或接零（PEN）可靠，且有标识。

(3) 箱式变电所的交接试验，必须符合下列规定：

A. 由高压成套开关柜、低压成套开关柜和变压器三个独立单元组合成的箱式变电所高压电气设备部分，应按 GB 50150《电气装置安装工程电气设备交接试验标准》的规定交接试验合格。

B. 高压开关、熔断器等与变压器组合在同一个密封油箱内的箱式变电所，交接试验按产品提供的技术文件要求执行。

C. 低压成套配电柜交接应符合下列规定：

a. 每路配电开关及保护装置的规格、型号、应符合设计要求；

b. 相间和相对地间的绝缘电阻值应大于 $0.5M\Omega$；

c. 电气装置的交流工频耐压试验电压为 1kV，当绝缘电阻大于 $10M\Omega$ 时，可采用 2500V 兆欧表摇测替代，试验持续时间 1min，无击穿闪络现象。

2. 一般项目

(1) 箱式变电所内外涂层完整、无损伤，有通风口的风口防护网完好。

(2) 箱式变电所的高低压柜内部接线完整，低压每个输出回路标记清晰，回路名称准确。

3.11 电气装置接地施工

3.11.1 简介

1. 接地装置

接地装置是接地体和接地线的总称，埋入地中并直接与大地接触作散流用的金属导体称为接地体，接地体有自然接地体和人工接地体两种。

(1) 可利用作为接地用的直接与大地接触的各种金属构件、金属井管、钢筋混凝土建筑的基础、金属管道和设备等，称为自然接地体。

(2) 直接打入地下专作接地用的经加工的各种型钢和钢管等，称为人工接地体。

(3) 电气设备、杆塔的接地螺栓与接地体或零线连接用的，在正常情况下不载流的金属导体，称为接地线。

2. 电气接地及保护接零

电气设备、杆塔或过电压保护装置用接地线与接地体连接，称为接地；电气接地一般可分为工作接地和保护接地：

(1) 为了保证电路或电气设备在系统正常运行和发生事故时能可靠工作而进行的接地称为工作接地，如 380/220V 配电网络中的变压器中性点的接地。

(2) 为了保证人身安全和设备安全，将在正常运行中不带电，而在故障情况下可能出现危险的对地电压的导电部分，同大地紧密的连接起来的接地称为保护接地，即国际电工委员会（IEC）称为的 TT 系统（电源系统有一点直接接地，设备外露导电部分的接地与电源系统的接地电气上无关的系统),见图 3-11-1。

(3) 在国际电工委员会(IEC)称为的 TN 系统(电源系统有一点直接接地,负载设备的外露导电部分通过保护导体连接到此接地地点的系统)中,将正常情况下不带电的金属部分与系统中的零线相连接,称为保护接零(见图 3-11-2)。

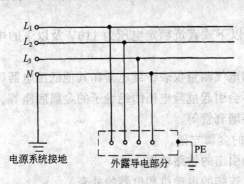

图 3-11-1　TT 系统　　　　　　　图 3-11-2　TN-S 系统

3. 有关名词术语

(1) 接地电阻

接地体或自然接地体的对地电阻和接地线电阻的总和,称为接地装置的接地电阻;接地电阻的数值等于接地装置对地电压与通过接地体流入地中电流的比值。

(2) 工频接地电阻

按通过接地体流入地中工频电流求得的电阻,称为工频接地电阻。

(3) 集中接地装置

在避雷针附近装设的垂直接地体。

4. 电气装置的下列金属部分均应接地或接零

(1) 电机、变压器、电器、携带式或移动式用电器具等的金属底座和外壳。

(2) 电气设备的传动装置。

(3) 屋内外配电装置的金属或钢筋混凝土构架以及靠近带电部分的金属遮拦和金属门。

(4) 配电、控制、保护用的屏(柜、箱)及操作台等的金属框架和底座。

(5) 交、直流电力电缆的接线盒、终端头和膨胀器的金属外壳和电缆的金属护层,可触及的电缆金属保护管和穿线的钢管。

(6) 电缆桥架、支架和井架。

(7) 装有避雷线的电力线路杆塔。

(8) 装在配电线路杆上的电力设备。

(9) 在非沥青地面的居民区内,无避雷线的小接地电流架空电力线路的金属杆塔和钢筋混凝土杆塔。

(10) 电除尘器的构架。

(11) 封闭母线外壳及其他裸露金属部分。

(12) 六氟化硫封闭式组合电器和箱式变电站的金属箱体。

(13) 电热设备的金属外壳。

(14) 控制电缆的金属护层。

5. 电气装置下列金属部分可不接地或不接零

(1) 在木质、沥青等不良导电地面的干燥房间内，交流额定电压为380V及以下或直流额定电压为440V及以下的电气设备的外壳；但当有可能同时触及上述电气设备外壳和已接地的其他物体时，则仍应接地。

(2) 在干燥场所，交流额定电压为127V及以下或直流额定电压为110V及以下的电气设备外壳。

(3) 安装在配电屏、控制屏和配电装置上的电气测量仪表、继电器和其他低压电器等的外壳，以及当发生绝缘损坏时，在支持物上不会引起危险电压的绝缘子的金属底座等。

(4) 安装在已接地金属构架上的设备，如穿墙套管等。

(5) 额定电压为220V及以下的蓄电池室内的金属支架。

(6) 由发电厂、变电所和工业、企业区域内引出的铁路轨道。

(7) 与已接地的机床、机座之间有可靠电气连接的电动机和电器的外壳。

3.11.2 接地装置选择

1. 接地装置的接地体在可能的条件下应尽量选用自然接地体，但应保证导体全长有可靠的电气连接，同时应采用两根以上导体在不同地点与接地干线相连。交流电气设备的接地可以利用下列自然接地体：

(1) 埋在地下的金属管道，但不包括有可燃或有爆炸物质的管道。

(2) 金属井管；与大地有可靠连接的建筑物的金属结构。

(3) 水工构筑物及其他类似的构筑物的金属管、桩。

2. 接地装置的接地线应优先选用自然物，交流电气设备的接地线可利用下列接地体接地：

(1) 建筑物的金属结构（梁、柱等）及设计规定的混凝土结构内部的钢筋（结合处应采用焊接）。

(2) 生产用的起重机的轨道、配电装置的外壳、走廊、平台、电梯竖井、起重机与升降机的构架、运输皮带的钢梁、电除尘器的构架等金属结构。

(3) 配线的钢管。

3. 接地装置采用的材料：

(1) 当设计无要求时，接地装置的材料采用钢材，热浸镀锌处理，最小允许规格、尺寸应符合表3-11-1规定；大中型发电厂、110kV及以上变电所或腐蚀性较强场所的接地装置适当加大截面；电力线路杆塔的接地体引出线的截面不应小于$50mm^2$，引出线应热镀锌。

(2) 低压电气设备地面上外露的铜和铝接地线的最小截面应符合表3-11-2的规定。

(3) 在地下不得采用裸铝导体作为接地体或接地线。

(4) 不得利用蛇皮管、管道保温层的金属外皮或金属网以及电缆金属护层作接地线。

(5) 利用化学方法降低土壤电阻率时，采用的降阻剂应符合下列要求：

A. 材料的选择应符合设计要求。

B. 使用的材料必须符合国家现行技术标准，并有合格证件。

C. 严格按照生产厂家使用说明书规定的操作工艺施工。

钢接地体和接地线的最小规格　　　　　　　　　　表 3-11-1

种类、规格及单位		地上		地下	
		室内	室外	交流	直流
圆钢直径（mm）		6	8	10	12
扁钢	截面（mm²）	60	100	100	100
	厚度（mm）	3	4	4	6
角钢厚度（mm）		2	2.5	4	6
钢管管壁厚度（mm）		2.5	2.5	3.5	4.5

低压电气设备地面上外露的铜和铝接地线的最小截面　　　　表 3-11-2

名称	铜（mm²）	铝（mm²）
明敷的裸导体	4	6
绝缘导体	1.5	2.5
电缆的接地芯、或与相线包在同一保护外壳内的多芯导线的接地芯	1	1.5

3.11.3 接地装置施工

1. 接地装置敷设

（1）垂直接地体的间距不宜小于其长度的 2 倍，水平接地体的间距应符合设计要求，当设计无规定时不宜小于 5m。

（2）接地线应防止发生机械损伤和化学腐蚀，在与公路、铁路或管道等交叉及其他可能使接地线遭受损伤处，均应用管子或角钢等加以保护；接地线在穿过墙壁，楼板和地坪处应加装钢管或其他坚固的保护套，有化学腐蚀的部位还应采取防腐措施，并适当加大截面。

（3）接地干线应在不同的两点及以上与接地网相连接；自然接地体应在不同的两点及以上与接地干线或接地网相连接。

（4）每个电气装置的接地应以单独的接地线与接地干线相连接，不得在一个接地线中串接几个需要接地的电气装置。

（5）接地体敷设完后的土沟其回填土内不应夹有石块和建筑垃圾等，外取的土壤不得有较强的腐蚀性，在回填土时应分层夯实。

（6）明敷接地线应符合下列要求：

A. 应便于检查；

B. 敷设位置不应妨碍设备的拆卸与检修；

C. 支持件间的距离，在水平直线部分宜为 0.5～1.5m；垂直部分宜为 1.5～3m；转弯部分宜为 0.3～0.5m；

D. 接地线应按水平或垂直敷设，亦可与建筑物倾斜结构平行敷设；在直线段上，不应有高低起伏及弯曲等情况；

E. 接地线沿建筑物墙壁水平敷设时，离地面距离宜为 250～300mm，接地线与建筑物墙壁间的间隙宜为 10～15mm；

F．在接地线跨越建筑物伸缩缝、沉降缝处时，应设置补偿器，补偿器可用接地线本身弯成弧状代替。

　　(7) 明敷接地线的表面应涂以用15～100mm宽度相等的绿色和黄色相间的条纹，在每个导体的全部长度上或只在每个区间或每个可接触到的部位上宜做出标志，当使用胶带时，应使用双色胶带，中性线应涂淡蓝色标志。

　　(8) 在接地线引向建筑物的入口处和在检修用临时接地点处，均应刷白色底漆并标以黑色记号，其代号为"⊥"。

　　(9) 接地装置由多个分接地装置组成时，应按设计要求设置便于分开的断接卡；自然接地体与人工接地体连接处应有便于分开的断接卡，断接卡应有保护措施。

　　(10) 每根引下线处的冲击接地电阻不宜大于 5Ω。

　　2．接地体（线）的连接

　　(1) 接地体（线）的连接应采用焊接，焊接必须牢固无虚焊；接至电气设备的接地线，应用镀锌螺栓连接；有色金属接地线不能采用焊接时，可用螺栓连接，螺栓连接处的接触面应按现行国家标准《电气装置安装工程母线装置施工及验收规范》的规定处理。

　　A．凡需进行保护接地的用电设备，必须用单独的保护线与保护干线相连或用单独的接地线与接地体相连；不应把几个应予保护接地的部分互相串联后，再用一根接地线与接地体相连。

　　B．如电气设备装在金属结构上并有可靠的接触时，接地线或接零线可直接焊在金属构件上；接地线应是$\geqslant 1.5mm^2$的铜导线或$\geqslant 2.5mm^2$的铝导线。

　　(2) 利用各种金属构件、金属管道等作为接地线时，应保证其全长为完好的电气通路；利用串联的金属构件、金属管道作接地线时，应在其串接部位（管接头及接线盒处）焊接金属跨接线。

　　(3) 保护接地的干线应采用不少于两根导体在不同点与接地体相连。

　　3．携带式和移动式电气设备的接地

　　(1) 携带式电气设备应用专用芯线接地，严禁利用其他用电设备的零线接地，零线和接地线应分别与接地装置相连接。

　　(2) 携带式电气设备的接地线应采用软铜绞线，其截面应$\geqslant 1.5mm^2$。

　　(3) 由固定的电源或由移动式发电设备供电的移动式机械的金属外壳或底座，应和这些供电电源的接地装置有金属连接；在中性点不接地电网中，可在移动式机械附近装设接地装置，以代替敷设接地线，并应首先利用附近的自然接地体。

　　(4) 移动式电气设备和机械的接地应符合固定式电气设备接地的规定，但下列情况可不接地：

　　A．移动式机械自用的发电机设备放在机械的同一金属框架上，又不供给其他设备用电。

　　B．当机械由专用的移动式发电设备供电，机械数量不超过2台，机械距移动式发电设备不超过50m，且发电设备和机械的外壳之间有可靠的金属连接。

3.11.4 接地装置敷设施工质量验收检验项目

　　1．主控项目

(1) 人工接地装置或利用建筑物钢筋的接地装置必须在地面以上按设计要求位置设测试点。

(2) 测试接地装置的接地电阻值必须符合设计要求。

(3) 接地模块顶面埋深不应小于0.6m，接地模块间距不应小于模块长度的3~5倍。接地模块埋设基坑，一般为模块外形尺寸的1.2~1.4倍，且在开挖深度内详细记录地层情况。

(4) 接地模块应垂直或水平就位，不应倾斜设置，保持与原土层接触良好。

2．一般项目

(1) 当设计无要求时，接地装置顶面埋设深度不应小于0.6m，圆钢及钢管接地极应垂直埋入地下，间距不应小于5m。接地装置的焊接应采用搭接焊，搭接长度应符合下列规定：

A．扁钢与扁钢搭接为扁钢宽度的2倍，不少于三面施焊；

B．圆钢与圆钢搭接为圆钢直径的6倍，双面施焊；

C．圆钢与扁钢搭接为圆钢直径的6倍，双面施焊；

D．扁钢与钢管、扁钢与角钢焊接，紧贴角钢外侧两面，或紧贴3/4钢管表面，上下两侧施焊；

E．除埋设在混凝土中的焊接接头外，有防腐措施。

(2) 接地模块应集中引线，用干线把接地模块并联焊接成一个环路，干线的材质与接地模块焊接点的材质相同，钢制的采用热浸镀锌扁钢，引出线不少于2处。

3.11.5 工程交接验收

在验收时应按下列要求进行检查：

(1) 整个接地网外露部分的连接可靠，接地线规格正确，防腐层完好，标志齐全明显。

(2) 供连接临时接地线用的连接板的数量和位置符合设计要求。

(3) 工频接地电阻值及设计要求的其他测试参数符合设计规定，雨后不应立即测量接地电阻。

3.12 防雷装置敷设

3.12.1 防雷装置的构成

建筑物上的防雷装置由接闪器、引下线和接地装置三部分构成。

1．接闪器（防直击雷）

有避雷针和避雷带两种形式，由若干避雷带可组成避雷网，单根避雷带称为避雷线（保护架空线路免受雷击）。

(1) 避雷针

避雷针的作用是把雷电放电的路径，由原来可能从被保护物通过的方向吸引到避雷针本身，并经与它相连的引下线和接地体把雷电流泄放到大地中去，使被保护物免受直击雷雷击；实质上避雷针是引雷针。

A．在建筑物屋面的突出部位或最高处设置避雷针，避雷针采用镀锌钢管或镀锌圆钢制成，其直径：针长 1m 以下为 $\phi12$ 镀锌圆钢或 $DN20$ 的镀锌钢管；针长 $1\sim2$m 为 $\phi16$ 镀锌圆钢或 $DN25$ 的镀锌钢管。

　　B．在屋面圈梁四周设置一条 $\phi12$ 圆钢做均压环，所有避雷针的引下线必须与均压环焊接成电气通路，对顶层的烟囱，共用天线电视系统的天线采用避雷针保护。

　　C．独立的避雷针的接地电阻应 $\leqslant10\Omega$。

　(2) 避雷带

　　就是利用小截面的圆钢或扁钢做成的条形长带，作为接闪器装于建筑物的屋脊、屋檐、女儿墙或山墙上，是防直击雷和感应雷普遍采用的措施。

　　A．一般先安装支架，角钢支架应做成燕尾式，其埋入女儿墙的深度 $\geqslant100$mm；扁钢和圆钢支架埋深 $\geqslant80$mm；支架水平间距为 1m 左右（混凝土支座 $\leqslant2$m）；垂直间距为 2m 左右，转角处两边的支架距转角中心 $300\sim400$mm 对称设置，支架间距应均匀，检查合格后方可焊接避雷带。

　　B．避雷带一般多采用镀锌圆钢或扁钢，镀锌圆钢直径 $\geqslant8$mm、镀锌扁钢有 40×4 及 25×4 两种规格，厚度为 4mm，截面 $\geqslant48$mm^2。

　　C．搭接时扁钢应放在支架内侧，且设置在女儿墙压顶中心，高出支架 $5\sim8$mm，这样、从正面看无焊疤；搭接长度为扁钢宽度的 2 倍，焊接时不得少于三个棱边，圆钢搭接长度为其直径的 6 倍，焊接应牢固无虚焊，严禁直接对接。

　　D．同时在建筑物的伸缩、变形缝处应做好防雷跨接处理，待土建女儿墙压顶粉刷后，刷二遍防锈漆和二遍银粉漆。

　　E．避雷带应与所有屋顶上的金属导体焊接成一体；节日灯及航空障碍灯采用避雷带保护。

　(3) 屋面避雷网

　　一般分为明网和暗网两种（网格越密，其可靠性就越好）：

　　A．暗网：在屋面楼板面筋中选用 $\phi10$ 圆钢焊接成避雷网网格，网格外端与均压环牢固焊接，屋面避雷网网格尺寸见表 3-12-1。

屋面避雷网网格尺寸　　　　　　　　表 3-12-1

建筑物防雷级别	避雷网网格尺寸（m）
一类防雷建筑物	$\leqslant5\times5$ 或 $\leqslant6\times4$
二类防雷建筑物	$\leqslant10\times10$ 或 $\leqslant12\times8$
三类防雷建筑物	$\leqslant20\times20$ 或 $\leqslant24\times16$

　　B．明网：为加强防雷效果，使建筑物在遭雷击时，防水层不被破坏，在上人屋面上现浇几条与屋面砖同高度的混凝土带，在此混凝土带上固定明敷 40mm$\times$4mm 镀锌扁钢，焊接为避雷网；网格尺寸根据防雷等级不同分为：一类防雷建筑，防雷网格尺寸小于 10m$\times$10m，二类防雷建筑，防雷网格尺寸小于 20m$\times$20m，并与下一层侧墙柱子主钢筋焊接。

　　C．物面的金属管道、构件及天线需不少于 2 处与避雷网焊接连通。

2. 引下线

(1) 引下线是引导雷电流入地的通道，并应保证在雷电流通过时不致熔化；通常采用直径不小于 8mm 的镀锌圆钢，或截面不小于 $48mm^2$；其厚度不小于 4mm 的镀锌扁钢；每一组防雷装置至少要有 2 根引下线，引下线的间距应符合表 3-12-2 的规定。

引下线的间距   表 3-12-2

防雷等级	一级	二级	三级
引下线间距（m）	18	20	25

(2) 引下线的施工有以下三种形式：

A．沿外墙明敷，支架沿外墙按 1.5~2m 左右平分，支架插入墙面 50mm，根部做成燕尾式，出墙面 20mm，并有 20mm 左右的折弯与引下扁钢连接，焊接要求同屋面避雷网；

B．引下扁钢设置在粉刷层内，用卡钉固定，省去支架这道工序；

C．框架结构的建筑物可利用柱内主钢筋做引下线，主筋直径应 $\geqslant \phi 12$，且每处 $\geqslant 2$ 根，主筋连接处的跨接长度，搭接倍数应按规范执行，跨接线的截面应 $\geqslant 100mm^2$。

(3) 避雷针（带）与引下线之间的连接应采用焊接，焊接处应刷防腐漆。

(4) 当采用多根引下线时，为便于检测接地电阻，在引下线距地面或明沟面 1.5~1.8m 处宜设断线卡，断线卡应加保护措施，在高级装饰墙面中，测试点宜暗设在专用盒内。

3. 接地装置

(1) 接地体埋于地下，与引下线入地端相连接，雷电流由此发散到大地。

(2) 利用基础钢筋作接地体，应在基础外留有不少于两个引出头，供测试接地电阻用，若接地电阻值达不到设计要求时，可装设人工接地装置作为补偿；接地电阻达到设计要求的，可不设人工接地装置。

(3) 人工接地装置的接地体可采用 $\delta =3.5mm$、$DN50$ 镀锌钢管或 $\angle 50 \times 5$ 镀锌角钢，每根长度为 2.5m，一端加工成 120mm 长的尖锥形状，一组不少于 2 根、间距不小于 5m、离外墙 $\geqslant 3m$、埋地深度 $\geqslant 600mm$；接地线一般采用 40×4 镀锌扁钢或 $\phi 10$ 镀锌圆钢，与钢管或角钢连接的位置距接地体最高点 100mm，扁钢搭接长度及圆钢焊接要求同屋面避雷网。

(4) 接地装置的检查与涂色。

A．接地装置安装完毕，必须经过检验才能投入运行，应检查接地装置是否完整，连续，接地线相互间的连接，其搭接长度与焊缝是否符合要求，对合格的焊缝应按规定进行涂色，明敷的接地线刷二遍防锈漆和二遍沥青防腐漆；

B．在接地线引向建筑物内的入口处，宜在外墙上标以黑色记号，以引起维护人员的注意；

C．施工完毕后测定接地电阻应 $\leqslant 4\Omega$。

4. 施工规定及注意事项

(1) 避雷针（带、网）及接地装置，应采取自下而上的施工程序，首先安装集中接地装置，后安装引下线，最后安装接闪器。

（2）屋面上高于避雷网的所有金属物体如管道、金属旗杆、爬梯、广告牌、玻璃幕墙等，应与避雷针和避雷网连接成一个整体，形成良好的电气通路。

（3）装有避雷针的金属简体，当其厚度不小于4mm时，可作避雷针的引下线；简体底部应有两处与接地体对称连接。

（4）避雷针（带）的引下线及接地装置使用的紧固件均应使用镀锌制品，当采用没有镀锌的地脚螺栓时应采取防腐措施。

（5）利用金属钢管栏杆作避雷网的，必须与防雷接地主钢筋或避雷网有明显的连接点，在钢管对接处及转弯处应焊搭接跨接线，搭接要求应符合规范规定。

（6）配电装置的架构或屋顶上避雷针应与接地网连接，并应在其附近装设集中接地装置。

（7）为敷设接地装置开挖的沟，回填时用的泥土中不应含有石头、建筑垃圾等，回填土应分层夯实。

（8）独立避雷针的接地装置与接地网的地中距离不应小于3m；独立避雷针及接地装置与道路或建筑物出入口等的距离应大于3m，当小于3m时，应采取均压措施或铺设卵石或沥青路面。

（9）独立避雷针应设置独立的集中接地装置，当有困难时，该接地装置可与接地网连接，但避雷针与主接地网的地下连接点至35kV及以下设备与主接地网的地下连接点，沿接地体的长度不得小于15m，以防避雷针放电时，高压反击击穿电气设备。

（10）装有避雷针和避雷线的构架上的照明灯电源线，必须采用直埋于土壤中的带金属护层的电缆或穿入金属管的导线；电缆的金属护层或金属管必须接地，埋入土壤中的长度应在10m以上，方可与配电装置的接地网相连或与电源线、低压配电装置相连接。

3.12.2 防雷装置安装施工质量验收检验项目

1. 接闪器安装施工质量验收检验项目

（1）主控项目

建筑物顶部的避雷针、避雷带等必须与顶部外露的其他金属物体连成一个整体的电气通路，且与壁雷引下线连接可靠。

（2）一般项目

A．避雷针、避雷带应位置正确，焊接固定的焊缝饱满无遗漏，螺栓固定的应备帽等防松零件齐全，焊接部分补刷的防腐油漆完整。

B．避雷带应平正顺直，固定点支持件间距均匀、固定可靠，每个支持件应能承受大于49N（5kg）的垂直拉力；当设计无要求时，支持件间距为：水平直线部分0.5~1.5m；垂直直线部分1.5~3m；弯曲部分0.3~0.5m。

2. 避雷引下线安装施工质量验收检验项目

（1）主控项目

A．暗敷在建筑物抹灰层内的引下线应有卡钉分段固定；明敷的引下线应平直、无急弯，与支架焊接处，油漆防腐，且无遗漏；

B．当利用金属构件、金属管道做接地线时，应在构件或管道与接地干线间焊接金属跨接线。

(2) 一般项目

A. 钢制接地线的焊接连接应符合接地装置搭接焊接的规定;材料采用及最小允许规格、尺寸应符合接地装置最小允许规格、尺寸的规定;

B. 明敷接地引下线及室内接地干线的支持件间距应均匀,水平直线部分0.5～1.5m;垂直直线部分1.5～3m;弯曲部分0.3～0.5m;

C. 接地线在穿越墙壁、楼板和地坪处应加套钢管或其他坚固的保护套管,钢套管应与接地线做电气连通;

D. 设计要求接地的幕墙金属框架和建筑物的金属门窗,应就近与接地干线连接可靠,连接处不同金属间应有防电化腐蚀的措施。

3. 建筑物等电位联结施工质量验收检验项目

(1) 主控项目

A. 建筑物等电位联结干线应从与接地装置有不少于2处直接连接的接地干线或总等电位箱引出,等电位联结干线或局部等电位箱间的连接线形成环形网路,环形网路应就近与等电位联结干线或局部等电位箱连接;支线间不应串联连接。

B. 等电位联结的线路最小允许截面应符合表3-12-3的规定。

线路最小允许截面（mm²）　　　　　　　　　表3-12-3

材　料	截　面	
	干　线	支　线
铜	16	6
钢	50	16

(2) 一般项目

A. 等电位联结的可接近裸露导体或其他金属部件、构件与支线连接应可靠、熔焊、钎焊或机械紧固应导通正常;

B. 需等电位联结的高级装修金属部件或零件,应有专用接线螺栓与等电位联结支线连接,且有标识;连接处螺帽紧固、防松连接齐全。

3.12.3 防雷击装置安全技术检测

1. 执行的标准规范

(1) GB 50057—94《建筑物防雷设计规范》

(2) GB 50169—92《电气装置安装工程接地装置施工及验收规范》

(3) GB 15599—95《石油与石油设施雷电安全规范》

(4) GB 50083—92《爆炸和火灾危险环境电力装置设计规范》

(5) GB 50194—93《建筑工程施工现场供用电安全规范》

(6) DB 21—582—91《防雷装置安全检测规程》

2. 有关名词、术语的概念

(1) 冲击接地电阻

对防雷击装置而言，因其接受的是雷电冲击电流，冲击接地电阻的提法比较科学，但冲击接地电阻一般都小于工频接地电阻。

（2）工频接地电阻

电气设备的工作接地、保护接地、防静电接地承受的是工频电流，故为工频接地电阻。

（3）
$$R_c = AR_g$$

式中 R_c——冲击接地电阻；

R_g——工频接地电阻。

实际上该公式是不成立的，两者之间不存在换算关系，防雷装置的接地电阻是否合格，应以测量结果为依据。

3．实施检测的有关问题

（1）测量手段

采用工频接地电阻测试仪测量防雷击接地装置的冲击接地电阻值，或通过计算来断定防雷击装置是否合格都是不科学的；而采用冲击接地电阻（阻抗）测试仪进行测量判定才是科学的。

（2）保护范围

应采用国家标准 GB 50057—94《建筑物防雷设计规范》中规定的"滚球法"确定避雷针、避雷线及其他接闪器的保护范围。

（3）断线卡

为便于测量，一般在引下线与接地装置之间设置一个断线卡，即用螺栓或螺钉将引下线与接地装置通过两块连接板连接起来，以便在测量冲击接地电阻时，将引下线与接地装置断开；但采用冲击接地电阻（阻抗）测试仪进行测量时，断线卡是否打开对数值影响极小；因断线卡往往生锈、腐蚀，造成引下线与接地装置开路，影响防雷击装置的可靠性，从安全角度出发，宜将两者连成一体。

（4）降低接地电阻的措施

A．为提高土壤的导电率，可采用改换接地体周围的土壤，增加接地体埋设深度，施加减阻剂，外引式接地等方法；

B．在应用减阻剂时，采用在接地体处施加 NaCl 的方法来降低土壤电阻率是不科学的，NaCl 具有很好的溶解性，几场雨过后就流失了；同时，NaCl 对接地装置有强腐蚀性；

C．化学减阻剂效果很好，但价格较贵，一般性防雷装置可采用石墨粉、炭黑作为降阻剂。

4．消雷器应立即停止使用

（1）现行避雷系统的接闪器（避雷针、带、网、线），引下线、接地装置以及屏蔽、均压、过电压等保护措施，目前是其他非常规防雷装置不能替代的，这也是国际防雷界公认的事实。

（2）消雷器有多短针消散阵列，半导体少长针等，根据厂家介绍，该设备在雷云电场的作用下，产生强烈的电晕放电，借助布满空中的空间电荷产生屏蔽作用，并中和雷云电荷，利用半导体材料非线性电阻改变雷电发展过程，用长时间的小电流取代短时间的大电流，延长放电时间，减少雷电流峰值陡度，提高保护效果就是其消雷过程。

　　A．消雷器无理论根据：它产生的离子电流是微安级，雷电产生的是安培级电流，难于达到消雷效果；

　　B．实践证明消雷器不能消雷：装上消雷器后反而遭雷击的事故多有发生。

　　(3) 我国防雷界专家已有否定消雷器的明确结论，为了避免因装置消雷器，造成人为设置重大事故隐患，消雷器应立即停止使用。

　　5．安全技术检测的有关规定

　　(1) 根据国家防雷减灾的有关规定，为加强防雷安全管理，强化防雷安全检察，对从事防雷装置检测、设计及施工的单位实行资质管理，对从事防雷活动的专业技术人员实行资格管理，由气象部门会同有关部门进行资质管理和资质认证。

　　(2) 由气象部门对防雷装置实行设计审核和竣工验收制度，验收合格的发给《安色使用证》，未取得《安全使用证》的不得投入使用。

　　(3) 建筑物、构筑物和其他设施的防雷装置，应由具有相应资质等级的施工单位进行安装，由气象部门授权具有法定资格的防雷检测单位对其进行安全技术检测，并出具检测报告，不合格的，应当限期整改。

　　(4) 为确保防雷装置的施工质量及使用功能，防雷检测单位对防雷装置的施工一般采取分阶段检测或验收的办法，工程施工进度在以下环节时，施工单位提前一天通知防雷装置检测单位，由其派人员到现场进行分段检测或验收。

　　A．基础施工

　　a．完成桩基础，开始绑扎承台、地梁钢筋时；

　　b．完成地梁均压环焊接时；

　　c．完成地梁浇注，开始绑扎柱钢筋时；

　　d．焊接完人工接地装置尚未隐蔽时。

　　B．楼层施工

　　a．完成柱的浇注，开始首层板筋绑扎时；

　　b．每隔1～2层绑扎柱筋时；

　　c．焊接完均压环，防侧击避雷带时。

　　C．屋顶施工

　　a．最顶层绑扎板筋，焊接完天面均压环、暗装避雷网格时；

　　b．焊接完天面防雷带、避雷针时。

　　D．门窗、管线及其他设施施工

　　a．均压环与外墙金属门窗相连接时；

　　b．完成对大楼玻璃幕墙等大的金属物体的等电位处理时；

　　c．完成低压配电、供水系统、煤气管道、电梯等设施安装时；

　　d．完成大楼金属水塔、广告牌、天线、太阳能等金属物体安装时；

　　e．完成卫生间局部等电位处理时；

　　f．完成各类避雷器（SPD）安装时；

　　E．工程整体完工后，进行初验及验收时。

3.13 高层民用建筑及宾馆酒店的电气系统

3.13.1 供配电系统

按照我国城市供电条件，当建筑物内的用电容量小于 250kW 时，允许采用城市低压 380/220V 电网供电；当设备总装置容量≥250kW 时，就必须采用高压供电和变电装置，将高压转换成低压后供设备用电，对宾馆酒店这类民用建筑的高压供电电压级别标准为 10kV。

1. 高压供电方式

星级宾馆和酒店的高压供电一般按一级负荷考虑，一级负荷需采用两个以上的独立电源供电，将 10kV 高压转换成 380/220V 低压供给电气设备，一般采用的供电方式有以下几种：

(1) 两路高压供电且可互为备用，再加自备发电机组作为第三电源；当一路高压发生故障断电时，通过高压联络柜的手动或自动切换，由另一路高压电源承担全部负荷；当两路高压电源同时断电时，由自备柴油发电机提供应急电源。

(2) 两路高压供电，一路常用，一路备用；当常用高压电源发生故障断电时，备用高压电源只允许短时间内运行，一旦常用高压电源故障排除后，立即恢复常用高压线路供电。

(3) 仅有一路高压供电，另有一路低压备用电源供消防、电梯、应急照明使用。

2. 用电范围

宾馆酒店的负荷基本上是照明、动力两大类，其用电范围大致如下：

(1) 照明：生活照明、工作照明、广告照明、霓虹灯及其他家用电器。

(2) 动力：生活水泵、消防水泵、喷淋水泵、电梯、厨房内的大冰柜及加工机械。

空调部分的用电按照明电价计费，但应单独使用表计。

3.13.2 柴油发电机组应急电源

1. 柴油发电机组的组成及分类

(1) 柴油发电机组均由原动机、同步发电机、控制屏（箱）和机组的附属设备组成。

(2) 柴油发电机分为普通型、应急自启动型和全自动化型三种，应急自启动型和全自动化型能在外电源突然断电后，在 10～15s 内自动启动并向重要负荷恢复供电，对不需要机组供电的低压配电回路应自动切除；

机组应与电力系统联锁，不得与其并联运行；当市电恢复供电时，机组应自动退出工作并延时停机。

2. 柴油发电机组的选型

(1) 多台机组应选择型号、规格和特性相同的成套设备，所用燃油性质应一致。

(2) 宜选用高速柴油发电机组和无刷型自动励磁装置，选用的机组应装设快速自动启动及电源自动切换装置（不宜采用压缩空气起动），并具有连续三次自启动的功能，如第1台机组连续3次自启动失败，应能发出报警信号并自动起动第二台机组。

(3) 自备应急柴油发电机组的容量一般按一级负荷的容量考虑，或按一级负荷和部分二级负荷来确定装机容量，发电机组一般不宜超过3台；柴油发电机组的容量通常按变压器容量的10%～20%考虑，其额定电压一般为230/400V。

(4) 柴油发电机的实际功率是标准状态下额定功率修正后的较小值，订货时宜配较小功率的发电机。

3. 柴油发电机组的设置

(1) 大多数高层民用建筑及宾馆酒店均设置自备应急柴油发电机组，以便当外部供电中断时，能保证停电期间的消防用电，以及一些重要设施的用电。

(2) 柴油发电机组的热风管出口宜靠近且正对柴油机散热器，热风管与柴油发电机散热器连接处，应采用软接头，热风出口面积应为散热器面积的1.5倍。

(3) 机房内应有足够的新风进口，气流分布要合理；进风口宜设在正对发电机端或发电机端两侧，进风口面积应大于柴油机散热器面积的1.8倍；

应充分利用自然通风排除发电机房内的余热，当不能满足工作地点的温度要求时，可设机械通风装置。

(4) 柴油发电机组排烟管敷设：

A. 每台柴油发电机的排烟管应单独引出室外，水平敷设的排烟管宜设0.3%～0.5%的坡度并坡向室外，在管道最低点应装设排污阀；

B. 机房内的排烟管采用架空敷设时，室内部分应设隔热保护层，且距地面2m以下部分隔热层厚度不应小于60mm；

C. 排烟管较长时，应采用自然补偿段或装设补偿器，排烟管与柴油机排烟口连接处，应装设弹性波纹管；

D. 排烟管穿墙时应加保护套管，伸出室外沿墙垂直敷设，其管出口端应加防雨帽或切成30°～45°的斜角。

(5) 柴油发电机采用闭式循环冷却系统时，应设膨胀水箱，其位置应高于柴油发电机冷却水的最高水位，冷却水泵为一机一泵，当柴油发电机自带水泵时，宜设一台备用水泵。

(6) 柴油发电机组应设置在变配电所附近，宜靠近一级负荷，机组基础应采取防振措施。

(7) 机房设在高层民用建筑的地下室时，应采取消声、减振措施，设置防烟、排烟设施；

设于地下室的柴油发电机组，其控制屏、配电屏及其他电器设备均应选择防潮或防霉变产品。

(8) 发电机间应有两个出入口，其中一个出口的大小应满足搬运机组的需要；门应采取防火、隔音措施，并应向外开启，辅助设备宜布置在柴油机侧或靠机房侧墙，蓄电池宜靠近所属柴油机。

(9) 贮油间与机房相连布置时，应在隔墙上设防火门，并向发电机间开启；

燃油系统的设备和管道，应有防静电的接地措施。

(10) 柴油发电机房应设卤代烷或二氧化碳等固定灭火装置及火灾自动报警装置。

(11) 柴油发电机组的接地：

A. 只有单台机组时，发电机中性点宜直接接地；

B. 当多台机组并联运行时,任何情况下机组中至少应保持一台发电机中性点接地,采用三相四线制工作方式;

C. 发电机中性点一般经电抗器与中性线连接,也可采用中性线经刀开关与接地线连接。

4. 柴油发电机组安装施工质量检验项目

(1) 主控项目

A. 发电机的试验必须符合 GB 50303—2002《建筑电气工程施工质量验收规范》附录 A 的规定。

B. 发电机组至低压配电柜馈电线路的相间、相对地间的绝缘电阻值应大于 $0.5M\Omega$;塑料绝缘电缆馈电线路直流耐压试验为 2.4kV, 时间 15min, 泄漏电流稳定, 无击穿现象。

C. 柴油发电机馈电线路连接后, 两端的相序必须与原供电系统的相序一致。

D. 发电机中性线(工作零线)应与接地干线直接连接, 螺栓防松零件齐全, 且有标识。

(2) 一般项目

A. 发电机组随带的控制柜接线应正确, 紧固件紧固状态良好, 无遗漏脱落。开关、保护装置的型号、规格正确, 验证出厂试验的锁定标记应无位移, 有位移应重新按制造厂要求试验标定;

B. 发电机本体和机械部分的可接近裸露导体应接地(PE)或接零(PEN)可靠, 且有标识;

C. 受电侧低压配电柜的开关设备、自动或手动切换装置和保护装置等试验合格, 应按设计的自备电源使用分配预案进行负荷试验, 机组连续运行 12h 无故障。

3.13.3 设备选择

1. 变压器

主变压器一般设置在地下室, 根据消防要求, 一般不得选用可燃性油浸变压器; 地下室比较潮湿, 通风条件不好, 也不适宜选用空气绝缘干式变压器, 宜采用硅油型、环氧树脂浇铸或六氟化流(SF6)型电力变压器。

2. 高压开关柜的选择

根据建筑防火要求, 高压开关设备常采用具有不可燃性的真空断路器开关柜或气体绝缘开关柜, 开关柜均以手车式为宜; 当断路器故障时, 可把故障断路器手车抽出, 推进备用手车, 从而缩短故障停电时间, 提高供电的可靠性。

3. 操作电源选择

变电室分合闸直流电源, 以往采用铅酸蓄电池, 由于使用寿命短, 维修复杂, 对环境造成污染等缺点而逐渐被淘汰; 镉镍电池使用寿命长、充放电特性好、不污染环境, 现一般宜采用的 GNY 型圆柱密封蓄电池或 GNG 型矩形开口式全烧结蓄电池。

4. 低压配电屏、配电箱的选择

(1) 一般选择抽屉式及封闭式低压配电屏, 框架式配电屏也时有采用; 屏内的操作保护电器大多采用自动空气开关。

(2) 配电箱:

A．动力配电箱：由于高层建筑承重构件及剪力墙不允许预留大的孔洞，动力配电箱多为明设；常用 XL-15、XL-20、XL-21 型等标准型动力配电箱，用于水泵房、地下室时应有防潮性能，宜采用封闭型结构；

B．照明配电箱：一般分为挂墙式与嵌墙式，常选用的 PXR、XM-4、XM-7、XRM-11 型标准配电箱。

3.13.4 低压配电系统

1. 配电方式

自变压器二次侧至用电设备之间的低压配电级数不宜超过三级。

(1) 配电干线

低压网络的配电方式基本上都是采用放射式系统，楼层配电则为放射式和干线式相结合的混合式系统，而且普遍采用插接式绝缘母线槽沿竖井敷设，水平干线因为走线困难，多采用全塑电缆与竖井的母线连接。

(2) 楼层配电方式有两种：

A．照明与插座分开配电，故障时互不干扰，高层民用建筑宜采用；

B．每套房间为一配电支路，各层配电箱以树干方式向各套房间供电，故障时房间之间互不干扰，宾馆、酒店宜采用。

(3) 设备层和裙房，大容量的用电设备较多，应采用电缆放射式对单台设备或设备组供电。

(4) 消防用电设备的配电宜自成体系，消防电梯、防排烟设备等消防用电设备，应由两个回路（其中有一个备用回路）供电，并在末级配电箱内实现自动切换。

2. 导线和电缆

导线和电缆应按低压配电系统的额定电压、电力负荷，敷设环境等要求进行选择。

(1) 导体材料的选择

导线和电缆一般可采用铝芯的，下列场所宜采用铜芯导线和电缆：

A．重要的配电线路及二次回路；

B．连接于移动设备或敷设于剧烈振动场所的配电线路；

C．易燃、易爆危险场所有特殊要求的配电线路；

D．高星级宾馆酒店的配电线路。

(2) 导体最小截面应满足机械强度的要求，绝缘导线的最小截面不应小于表 3-13-1 的规定。

绝缘导线最小允许截面（mm^2）　　　　表 3-13-1

用途及敷设方式	线芯的最小截面		
	铜芯软线	铜　线	铝　线
室内照明灯头线	0.4	1.0	2.5
室外照明灯头线	1.0	1.0	2.5
穿管敷设绝缘导线	1.0	1.0	2.5
明敷塑料护套线		1.0	2.5

(3) 绝缘及护套的选择

A．聚氯乙烯绝缘线，可明敷或穿管敷设，用于耐油、潮湿的场所，由于不耐高温，绝缘容易老化，不宜在室外敷设；

B．橡皮绝缘线，可明敷或穿管敷设；

C．氯丁橡胶绝缘线，耐油性能好，光老化过程缓慢，可以穿管及在室外敷设；

D．油浸纸绝缘电力电缆，耐热能力强，允许运行温度较高，使用寿命长；由于绝缘层内油的流淌，电缆两端水平高差不宜过大；

E．聚氯乙烯绝缘及护套电力电缆，重量轻、弯曲性能好、接头制作简便，没有敷设高差的限制，现已普遍采用；

F．橡胶绝缘电力电缆，弯曲性能好，能够在严寒气候下敷设，特别适用于水平高差大和垂直敷设的场合，不仅适用于固定敷设的线路，也可用于移动的线路；

G．裸铠装电缆宜室内明敷，在无机械损伤及无鼠害的场所，允许采用非铠装电缆。

(4) 导线和电缆的敷设方式

A．线路电压不超过 1000V 时，允许采用绝缘导线在室内明敷或穿管敷设，穿管敷设的绝缘导线，其电压等级不应低于 500V；

B．电缆可沿电缆沟、电缆支架、电缆托盘敷设，垂直方向多采用电缆竖井集中敷设；如果电缆数量较多，线路较短，则可采取穿钢管暗敷。

3. 电动机的启动方式

高层建筑及宾馆酒店的主要动力设备为水泵、风机、空调机、制冷机、锅炉、自动门、卷帘门等，一般由三相交流低压配电系统供电的鼠笼型异步电动机驱动，有以下两种启动方式：

(1) 全压直接启动

是最简单、最经济和最可靠的启动方式。当符合下列条件时，电动机应全压启动：

A．机械设备能承受允许全压启动冲击转矩；

B．电动机启动时，其端子电压能保证机械要求的启动转矩，且在配电系统中引起的电压波动不应破坏其他用电设备的工作；

(2) 降压启动

当不符合全压启动条件时，电动机应降压启动，宜采用切换绕组接线或采用自耦变压器等方式启动，电动机降压启动电流小、转矩低。

启动电流大，可能引起照明系统的电压降的大容量的空调制冷设备和水泵等，应采取降压启动。

4. 照明系统

(1) 照明种类及光源分类

A．照明种类可分为正常照明、应急照明、景观照明及障碍标志灯等。

B．电气照明光源按发光原理分成热辐射光源（如白炽灯、碘钨灯）和气体放电光源（如荧光灯、高压汞灯、钠灯、疝灯和汞疝灯）两大类。宾馆酒店中选用的灯具种类繁多，光源则以白炽灯和荧光灯为主；对开关频繁，要求瞬时启动和连续调光的场所，宜采用高光效的光源和高效的灯具。

(2) 大堂照明

除保证足够的照度外，还要与建筑风格协调，一般多采用豪华水晶吊灯悬挂在大厅中央，小卖部和小商场的照明以高效荧光灯为主，服务台处常用筒灯照明。

(3) 宴会厅及餐厅照明

A．宴会厅照明应采用调光方式，同时宜设置小型演出用的可自由升降的灯光吊杆，灯光控制应在厅内和灯光控制室两地操作；

B．餐厅照明以白炽灯为主，也可采用白炽灯与荧光灯混合的照明方式，多采用吊灯；但中、西餐厅的灯具要显示出各自不同的风格情调。

(4) 客房照明及插座

客房照明应防止不舒适弦光和光幕反射，总的趋势是不设顶灯，按功能要求分散设置不同用途的灯；除卫生间一般设置荧光灯外，所有的灯宜采用白炽灯。

A．客房的总电源由设置在门口墙上的节能开关控制，客人开锁进房后，首先开启过道灯，然后将钥匙片插入节能开关插孔，室内电源就全部接通；客人外出时，拔出钥匙片，室内电源被切断（过道灯的电源除外）。

B．客房进门到卧室的过道内要装吸顶灯，并兼做事故照明，开关装在客房进门处墙上，一开门就能摸到。

C．床头照明采用床头壁灯，一般选用可以旋转并可调光的灯具。

D．写字桌上部的壁灯主要用来装饰墙面，也是卧室照明的一部分光源。

E．卧室内除壁灯外，以落地灯作为卧室的主要照明灯具；卧室中的插座就是为落地灯、电视机及写字桌上的台灯而设置的。

F．卧室内的床头柜设有集中控制板，在控制板上可控制电视机电源开关、音响选频及音量调节开关、风机盘管三速控制开关、客房灯、床头照明调光灯开关、夜间照明灯开关等。

G．客房门外墙上装设带有"请勿打扰"指示灯的门铃开关，其高度距地 1.2m 左右。

H．客房卫生间内可装乳白色玻璃罩吸顶灯，洗脸盆上部镜面处可装墙灯（磨砂玻璃罩或乳白色玻璃罩），卫生间灯具的开关可装在进卫生间门旁的墙上，离地 $1.1 \sim 1.3m$；卫生间内的排气扇其开关可与灯具开关一起装在门外墙上。

I．客房内插座宜选用两孔和三孔安全型双联面板，当卫生间内洗脸盆旁墙上装设 220/110V 的剃须刀电源插座时，插座内 220V 电源侧应设有安全隔离变压器，或采取其他保证人身安全的措施；

a．客房过道处的插座供清洁房间时使用吸尘器及不允许断电的冰箱使用，其不受节能开关控制；

b．客房中的 CATV（共用天线系统）天线插座应与电视机电源插座靠近，并且高低一致（在踢脚线上面或高出地平面 $250 \sim 300mm$ 处），插座都嵌墙暗装；

J．插座均要有接地保护，若利用穿线电管作接地体，要求电管须与总接地装置连成完善的接地系统，其接地电阻应≤4Ω，否则、须单独放一接地线 PE 线，构成单相三线制配电。

(5) 客房走廊照明

宾馆酒店大多数采用内走廊，供电线管敷设在走廊吊顶上部，走廊照明都采用吸顶或嵌顶灯具，也可选用壁灯。

A．走廊中应装置应急灯，疏散指示灯；疏散指示灯指向转弯的出口、疏散楼梯或疏散出口，也可将疏散指示灯与应急灯合在一起。

B．疏散应急照明应设在墙上或顶棚上，疏散走道的指示标志应设在距地≤1m的墙上，间距≤20m。

C．客房走廊应设有供清扫用的插座。

(6) 电梯间前室照明

底层电梯厅门与入口大厅相连，应选用豪华灯饰，光源以白炽灯为宜；其余各层电梯间前室系人员走动较多的地方，一般采用吸顶有罩荧光灯，并有单独的控制开关，各层的照明灯具应统一形式，开关位置也应固定在同一地方。

(7) 庭院照明

庭院照明用光源宜采用白炽灯、小功率高显色高压钠灯、金属卤化灯或高压汞灯（适用于高杆庭院灯）。

A．宾馆酒店内部庭院可在草地、水池边缘装置高或矮的落地草坪灯，其间距宜为3.5~5.0倍的草坪灯安装高度，白天是绿化庭院的一种陪衬装饰，夜晚则是庭院内的照明工具。

B．喷水的照明应避免出现弦光，一般选用白炽灯，并宜采用可调光方式；水池中则可装水下彩灯。

为使喷水的形态有所变化，可与背景音乐结合而形成"声控喷水"，当喷泉随音乐变化时，灯光也可同时变化；喷水用照明配电，宜采用漏电保护装置或其他安全装置。

C．庭院灯的敷设通常采用穿线在镀锌钢管内埋入地坪暗敷，控制开关设置在室内值班室或方便的地方。

(8) 景观照明

A．灯光的设置应能表现建筑物的特征及艺术立体感，通常采用泛光灯。

B．一般可在建筑物自身或相邻建筑物上设置灯具，也可将灯具设置在地面绿化带中。

C．整个建筑物受照面的上半部的平均亮度宜为其下半部的2~4倍。

(9) 照明布置及施工

A．宾馆酒店照明按需要分成若干回路，一般每一回路的灯具≤25盏，电流≤16A。

B．从灯具控制开关到被控灯具的控制回路一般为暗敷，管子直接埋在墙内、地板内、天棚内、甚至柱内，走向越短越好；导线穿在管内敷设，常采用BV—500型塑料绝缘线，开关高度离室内地坪1.1~1.3m。

C．照明电压为单相220V，宾馆酒店的用电电流大于30A，必须采取三相四线制供电，并使三相负荷平衡。

照明线路采用三相电源供电时，每一单相回路都应有单独的中性线，而不允许二根相线合用一根中性线同时供两个回路的照明线路。

D．照明配电系统有：

a．从变配电所出来的干线配电系统；

b．分支线配电系统；

c．照明配电箱的配电系统；

宾馆酒店一般是由底层配电箱→楼层配电箱→客房照明配电箱。

E. 宾馆酒店中一般是公用照明（如走廊、楼梯、厕所）要有单独的供电回路及备用电源，供电部分对公用照明可设置终端自动切换。

3.13.5 防雷保护系统

大型旅游建筑物，超高层民用建筑物（$h \geqslant 100m$）属一类防雷建筑物；19层及其以上和高于50m的民用建筑为二类；位于当年计算雷击次数$\geqslant 0.05$时或建筑群边缘高度超过20m的建筑物为三类；宾馆酒店的防雷一般按二类考虑，比较可靠的防雷方式为暗装笼式避雷网。

1. 暗装笼式避雷网

暗装笼式避雷网是根据法拉第笼的原理实现防雷的，当建筑物的金属构件和结构主筋连成一个整体后，整个建筑物就构成了一个大型的金属笼，在受到雷击后，会产生屏蔽效应；金属笼构成了等势体，使建筑物整体电位抬高，屏壳内部空间电场场强近似为零，金属笼内导体间不会发生反击现象。

(1) 自然接地体安装

A. 一般均是利用无防水底版钢筋或深基础做接地体，也可利用柱形桩基及平台钢筋做接地体，无论建筑物基础采用何种方式，只要基础底版内的钢筋具有贯通性连接，底版钢筋（外圈框架梁两根主筋）可作为自然接地体，无需再用$40mm \times 4mm$的镀锌扁钢敷设一圈，只需在梁底筋、边支座筋的搭接处用$\geqslant \phi 12$的钢筋跨焊或搭接焊，搭接长度$\geqslant 6D$（D为主钢筋直径），并与防雷引下线做跨焊连接，跨焊要求必须采用双面焊。

B. 进入大楼的金属管道（燃气管除外）须与基础接地体相连，连接处过度电阻应$\leqslant 0.03\Omega$，否则，需用金属线跨接，要求基础防雷接地体的工频电阻$\leqslant 1\Omega$。

(2) 防雷引下线安装

每栋建筑物至少要有两根引下线（投影面积小于$50m^2$的建筑物除外），防雷引下线最好为对称布置，其距离不应大于20m，当大于20m时应在中间加一根引下线。

A. 当设计要求利用柱内主筋做引下线时，每条引下线不得少于两根主筋，引下线下与基础钢筋相焊接，上与屋顶避雷网相焊接；随着建筑物的逐步升高，在主筋接头处（搭接焊除外）利用$\geqslant \phi 12$的钢筋跨焊，焊接长度$\geqslant 6D$。

B. 每根柱子的最底部和顶部，各用$\geqslant \phi 12$的钢筋把柱子主筋焊接成一圈，这样、柱子钢筋既是雷电流主要引下线，又是金属笼的重要组成部分。

C. 防雷引下线应在室外地坪以下$0.8 \sim 1m$处焊出一根由$\phi 12mm$圆钢与$40mm \times 4mm$的扁钢组成的镀锌导体，此导体伸出室外距外墙距离宜小于1m，以便连接人工接地体；在距室外地坪$1.5 \sim 1.8m$处做断线卡，以备摇测之用。

(3) 均压环（防侧击雷）

A. 从首层起，在建筑物有钢筋混凝土组合柱或圈梁时，每三层利用结构圈梁水平钢筋与引下线（柱内主筋）焊接成均压环；所有引下线、建筑物内的金属结构和金属物体（包括各种竖向金属管道）等与均压环连接；若建筑物无钢筋混凝土组合柱或圈梁时，应将建筑物内部各种竖向金属管道每三层与敷设在建筑物外墙内的一圈$\phi 12$的镀锌圆钢均压环连接一次。

B．在高层建筑 30m 以上部位，（一般从第 9 层开始）每向上三层，利用结构或框架内有贯通性连接的两根主筋（只用边支座筋）构成一环形水平避雷均压环带，均压环必须与外墙用作防雷引下线的各柱主钢筋焊接连通。搭接处用 ≥ϕ12 的钢筋跨焊或搭接焊，跨焊必须采用双面焊，搭接长度 ≥6D，以防止侧向雷击，并在每层框架适当位置甩出 25×4 镀锌扁钢或 ≥ϕ12 的镀锌圆钢，金属栏杆、金属门窗、玻璃幕墙的铝合金构件以及外墙的金属构件等较大的金属物体均需与均压环搭接连通。

C．保证内、外剪力墙体内有四根钢筋与柱子钢筋焊接，其余绑扎连接，使所有竖向墙体钢筋与柱子主筋连接成一个电气通路；同时剪力墙体钢筋与楼板钢筋搭接处采用绑扎连接，也连接成电气通路。

D．建筑物的屋面板、各层楼板、地下室顶板和底板的钢筋网与柱子内的主筋搭接处均采用焊接，使所有横向楼板和屋面板钢筋通过柱子主筋连接成一个电气通路。

E．外层带状钢窗，在钢窗底下敷一条 40mm×4mm 镀锌扁钢，并与柱子主钢筋焊接，外层钢窗底部焊在此扁钢上，钢窗顶部焊接在窗过梁内预埋的扁钢上，该扁钢与过梁内钢筋绑扎连接，内部窗顶部焊接在过梁内预埋的扁钢上，该扁钢与过梁内钢筋绑扎连接。

(4) 接闪器（防直击雷）的安装同一般的防雷设置，详见本部分第十二章"防雷装置敷设"。

(5) 暗装笼式避雷网，比传统避雷网更可靠、安全，其特点是既可防直击雷，又可防侧击雷，对建筑物及其内部的人员及电气设备均能起到良好的保护作用。

2．高层建筑通信设备的防雷

建筑物高度在 40m 以上容易遭受雷击，微电子通信设备耐压能力仅为 8～10V，如设备本身无可靠的防雷设施，则 2000m 以外的高空或地面雷击所产生的电磁感应就可能导致设备元件损坏，在设有避雷针的建筑物内也未能幸免，因此、通信大楼的引入线由于可能引来远方雷击的浪涌电压，必须加防雷设施。

(1) 传统的防雷方法采用 BDSG 系统，即均压、分流、屏蔽和接地。

A．均压。高层建筑的接地种类繁多，因受到场地限制，满足不了相互间距要求，且多种接地间均存在电位差，在雷击状态下更为严重；高层建筑采用共用接地网，即可消除各地线间的电位差，做到均压等电位，当建筑物受雷击时，入地电流使地电位骤升（与远方地电位比），但室内人员和设备并不受电位升高之害，从而保护人员和设备的安全。

B．分流。建筑物在防直击雷的保护中，常利用其垂直钢筋作泄流引下线，在垂直钢筋的基础部分与环形接地体通过均压网每 5m 连接一次，有利于雷电流分流入地，同时减少跨步电压的影响；分流能减轻建筑物内的电磁场强度，减轻对室内设备的损害程度。

C．屏蔽。为了减轻泄流引下线周围强电磁场的影响而采用的同轴引下线，由于外导体屏蔽并接地，使引下线与建筑物之间不存在高电场，不产生侧闪；用同轴泄流线冲击阻抗比较低，内外导体间的高电容吸收了冲击电流峰值的大部分，放电电流限制在内导体上入地；利用金属竖井和槽道作屏蔽防护是减轻电磁场对通信线影响的有效措施。

D．接地。高层建筑基础用钢筋深可至十几米，并与地下金属管线连接，其接地电阻通常为几百毫欧级，在直流或交流，高频或低频或冲击脉冲的作用下，均能呈现低阻抗值，是理想的低阻地网，一般均利用它作接地体，并注意以下问题：

a．要求严格执行单点接地的原则，防止室内错综复杂的地线网构成接地闭合回路；

b．为通信设备供电的变压器，需采用"三相五线制"方式供电；

c．为避免泄漏电流对钢筋造成的电解腐蚀，处于阳极区的通信局（站），可在钢筋混凝土基础下面连接石墨电极，以保护基础钢筋免遭腐蚀。

(2) 新型避雷器

高层建筑外线引入无论是地下或架空，一律应装设放电器，以泄放高压电能；对通信设备提供有效的防护。

A．德国 OBO 公司的计算机及数据线雷电涌保护器，适用于传输电平低，速率高的计算机及其与通信系统接口；

B．美国 MOTOROLA、德国 OBO 公司生产的同轴电缆避雷器可用于天线、馈线保护；

C．新开发的多级组合避雷器适用于微电子设备电源系统的保护。

3．高层建筑的电气接地

(1) 接地系统分类

高层建筑的电气接地系统包括：电气设备的工作接地、保护接地及变压器中性点接地、建筑物及微电子设备的防雷接地等。

(2) 统一接地系统

A．由于高层建筑结构复杂，占地面积小，要将各接地系统在地下、地上真正分开较难做到，利用等电位联接原理形成统一接地系统，是解决多系统接地的最佳方案，也是高层建筑接地的基本要求之一；

B．统一接地系统由接地装置，均压环和引下线，接闪器三部分组成，其具体做法详见"3.11 电气装置接地施工"和 3.13.5 中"暗装笼式避雷网"，不同之处在于统一接地系统其接地电阻 $R_e < 1\Omega$。

3.13.6 高层建筑电气施工中应注意的问题

1．吊顶层内电气安装

(1) 吊顶层内电气施工的内容

A．照明：配管配线、灯头盒、接线盒、灯具的安装；

B．动力：穿越吊顶层的供配电电线电缆，吊顶层内动力设备的配管配线，有时还包括部分金属线槽或电缆桥架的安装；

C．自控：通风空调系统的防火阀、调节阀、排气扇、风机盘管的控制回路；

D．弱电：火灾报警探测器、水流指示器及其他安全装置的配管配线，电话、广播、电视、办公室自动化系统的管线。

(2) 吊顶层内电气施工中存在的问题

A．配管方式。不用或少用支（吊）架，甚至将电气配管直接放置在不承重的轻钢龙骨上；配管连接不规范，丝扣连接不按规定加装跨接地线，套管连接仅用三两处点焊代替周边焊。

B．导线敷设。导线在线盒内接头不按规定采用线帽（夹）及接线线头型式，严重的绝缘导线不穿管，直接放在吊顶上，导线接头仅用黑胶布简单包扎，极易造成火灾和触电事故。

(3) 吊顶层内电气施工的难点

A. 吊顶层内施工存在土建、安装、装修多次反复交叉问题，施工周期长，安装调试阶段寻找和排除故障困难；

B. 各专业安装工种之间施工交叉配合难，一般是先风管，后各种工艺管道，再次是电气配管，往往大大缩小了电气施工作业空间，给配管配线带来不少困难。

(4) 吊顶层内电气安装的注意事项

A. 若设计未明确，吊顶层内电气配管按明管要求敷设，绝缘导线在吊顶层内应穿管敷设；

B. 对于嵌入式灯具的安装，土建或装修进行吊顶施工时，安装电工必须配合，并提供预留空位的尺寸；

C. 吊顶层内电气施工基本完毕（不包括吊顶下的灯具安装及电气调试）后，应按隐蔽工程验收要求进行一次工程中间交工验收。

2. 配合装饰工程中的电气施工

(1) 容易出现的问题：

宾馆酒店需要在装饰层内安装各种嵌入式或吸顶灯具，一般情况下都将线路敷设在装饰板的隔层内，因各种灯具都是一定的热源，若施工方法和技术措施不当，会造成严重后果。

A. 导线明敷在顶棚内，一旦触及灯具的高温部分，绝缘材料便会老化，呈高电阻接触状态或引起短路事故，绝缘物就有起火的可能，灯具的表面温度见表 3-13-2。

B. 当灯具固定框架或吊架是木质结构时，由于灯具温度上升可能使木材蓄热起燃，即所谓的木材低温燃烧现象。

灯具的表面温度 　　　　　　　　表 3-13-2

灯泡功率（W）	光源表面温度（℃）	灯泡功率（W）	光源表面温度（℃）
40	50～60	100	40～220
60	137～180	150	150～230
75	140～200	200	160～300

C. 当灯具安装离装饰板很近时，会烤热装饰材料及消声材料表面的覆盖物，使安装在吊顶内的导线提前老化，破坏导线的绝缘强度。

(2) 在吊顶内敷设电气线路应采取的措施：

A. 建筑

在装饰顶棚时应采用轻型金属构架或吊架，如铁制的龙骨材料，铝合金材料或各种钢筋，不宜采用木质材料及易燃的化工制品；并在顶棚内设 2～4 处通风孔，以减轻顶棚内温度升得过高。

B. 电气施工

a. 在吊顶内配线应采用金属线槽或钢管（线槽或管内导线不得有接头）；金属线槽或

钢管不要直接敷设在灯具上面，要和灯具保持≥100mm的距离；干线与灯位之间应采用蛇皮管与接线盒连接，不宜采用软塑料管；

b. 为保证供电的可靠性，提高导线的载流量，应用BV型铜芯胶皮绝缘导线，不宜采用塑料绝缘导线，因其在温度高时容易老化；

c. 导线连接时应采用压接和铰接，灯具功率大时应采用压接，不宜采用铰接挂锡的方法；

d. 安装嵌入式灯具时，特别是筒形灯具，应除去灯具上面的装饰板和消声材料，勿将灯具的散热孔堵塞，以免灯具温度过高。

3.13.7 封闭、插接式母线安装

1. 规格、性能及结构

（1）封闭、插接式母线槽是一种比较先进的供电线路，作为额定电压400～800V，额定电流100～6000A的馈电配电装置，容量大、绝缘好、通用性强，敷设维修方便，既能承受较强的电动力，较大的载荷能力，又具有较好的散热性能，抗短路性能好，在干燥、无腐蚀性气体的室内场所被广泛应用。

（2）封闭、插接式母线槽内部的相间，对地每隔1.5m，有一块浸过绝缘漆的树脂板作相间绝缘兼支架的隔断，容量1000A的母线外包有一层绝缘胶带，容量3000A和6000A的母线槽考虑散热，在槽内是裸母线，使母线槽内有足够的空间满足散热和绝缘距离的要求。封闭式母线槽的技术参数见表3-13-3。

封闭式母线槽的技术参数　　　　　　表3-13-3

额定电流 （A）	导线规格 （mm）	外形规格 （mm）	重量 （kg/m）	电阻值 $\times 10^{-6}\Omega/m$	容抗值 $\times 10^{-6}\Omega/m$	阻抗值 $\times 10^{-6}\Omega/m$
1000	LMY—4 (100×8)	195×175	22.4	54.4	20.2	58.0
3000	LMY—6 (120×10)	335×280	35	14.3	10.8	17.9
6000	LMY—4 (180×10)	335×285	46.5	8.2	6.0	10.2

2. 安装工艺

（1）结构形式

封闭、插接式母线槽为组合式结构，有直线段、垂直段和水平段三种基本形式；水平延长使用直线段连接，安装标高在垂直方向有变化则用垂直弯头连接，在同一水平方向有变化则用水平弯头连接，标准垂直弯和水平弯均为90°，其规格为700mm×700mm，特殊角度需特殊制作。

（2）安装支架

若制造厂未供应配套的支架，应根据设计和产品文件规定现场制作，支架应采用型钢，按"一"、"Γ"、"∪"、"♯"形四种形式制作。

A．母线槽的拐弯处以及配电箱、柜连接处必须安装支架,直线段支架间距不应大于2m,支架和吊架必须安装牢固；

B．垂直走向的母线槽使用8号槽钢间距2m作支架,槽钢一端埋于墙内,另一端用膨胀螺栓固定在楼板上,夹箍和8号槽钢使用螺栓连接；在每层楼板上,每条母线槽应安装2个槽钢支架；

C．水平走向的母线槽使用"∪"形或"Γ"形支架,用膨胀螺栓固定在顶板上或墙板上。

(3) 安装方式

按母线槽排列图从起始端开始向上或向前安装,其插接开关箱高度应符合设计或制造厂的规定。

A．母线槽垂直安装：在穿楼板处先测量好位置,用螺栓将二根角钢支架与母线槽连接好,再用厂方提供的螺栓套上防震弹簧、垫片、拧紧螺母固定在槽钢支架上；用水平压板及螺栓、螺母、平垫圈、弹簧垫圈将母线槽固定在"一"字形角钢支架上,然后逐节向上安装,在终端处加盖板用螺栓紧固,距地面1.8m以下部分应采取防止机械损伤的措施,但敷设在电气专用房间的除外；

B．母线槽水平安装：用水平压板及螺栓、螺母、平垫圈、弹簧垫圈将母线槽固定在"∪"形角钢支架上,在终端加终端盖板用螺栓紧固,距地面的距离不应小于2.2m；

C．插接式连接,将母线槽的小头插入另一节母线槽的大头中去,在母线间及母线外侧垫上配套的绝缘板,穿入绝缘螺栓,加平垫圈及弹簧垫圈,用力矩扳手紧固,达到规定的力矩即可,最后固定好上下盖板；

D．对接式连接。先将二节母线槽对接好,在每根母线对接处两侧各放入一快母线连接板和绝缘板,再穿入绝缘螺栓,加平垫圈及弹簧垫圈,用力矩扳手紧固,达到规定的力矩即可,最后固定好上下盖板；

E．插接分支点应设在安全及安装维护方便的地方；母线的连接不应在穿过楼板或墙壁处进行；母线在穿过防火墙及防火楼板时,应采取防火隔离措施；

F．母线槽连接用的绝缘螺栓的紧固力矩,M10为55N·m,M12为75N·m、M16为115N·m；

G．当母线槽直线段敷设长度超过制造厂给顶的数值时,宜设置伸缩节,在母线水平跨越建筑物伸缩缝或沉降缝处,也宜采取适当措施；

H．母线槽外壳接地跨接板连接应牢固,防止松动,严禁焊接；母线槽与插接箱的金属外壳必须可靠接地,宜在母线外壳旁敷设一条接地母线,母线槽外壳两端应与该保护接地母线连接。

(4) 封闭、插接式母线安装应符合下列要求：

A．母线与外壳同心,允许偏差为±5mm；

B．当段与段连接时,两相邻段母线及外壳对准,连接后不使母线及外壳受额外应力；

C．组装和固定位置应正确,外壳与底座间、外壳各连接部位和母线的连接螺栓应按产品技术文件要求选择正确,连接牢固。

3. 注意事项

(1) 母线槽的保管

在现场堆放应妥善保管，施工期间下班后或工作间断，应封闭母线端头，引出线孔如暂时不安装插接箱，应使盖板齐全完好，防止母线受潮；若母线受潮，会使外壳生锈，母线表面产生铜绿，绝缘电阻值急剧下降，直接影响安装质量。

(2) 绝缘强度测定

安装前应用1000V兆欧表逐节摇测母线槽的绝缘电阻，若无设计要求时，额定电压400V的、对地绝缘值不低于0.4MΩ；额定电压800V的、对地绝缘值不低于0.8MΩ，以每段的合格保证整体的合格。

(3) 组合问题

在厂家制作前，作好现场准确测量十分重要，因母线槽一经制作完毕，其长度不能改变，在现场组合中有可能或长或短达不到最佳位置。

(4) 插接应稳妥可靠

插接箱的插脚必须紧密地插入引出线孔，上下插脚与母线外壳的间距要适中，防止插脚与母线外壳碰及造成短路跳闸。

(5) 使用导电膏

母线槽端头连接板的连接面，要使用导电膏，以减缓氧化过程。

(6) 母线槽的防潮措施

母线槽端面隔板可以防止灰尘或小动物侵入，但不能防止潮气侵入，安装时应注意防护；因树脂隔板未经绝缘浸渍，在潮湿场所安装（如地板下层）应采取防潮措施，提高其绝缘强度。

(7) 验收移交

母线槽安装完毕后，应整理、清扫干净，用兆欧表遥测相间、相对零、相对地的绝缘电阻，检查测试符合设计要求后，送电空载24小时无异常现象，可办理验收手续，移交建设单位使用。

(8) 安全电压空载运行

作为馈电配电装置的插接式母线槽，在停运期间，宜用行灯变压器使其带上安全电压空载运行，以保证母线槽绝缘不易受潮，随时处于完好备用状态，一旦使用，只要将安全电压断开，即可投入正常使用。

3.13.8 电缆敷设施工

1. 高层建筑的电缆垂直敷设方法

(1) 常用施工方法

A. 沿敷设路径分布众多人员合力提拉，在楼层不高（10层以下）和电缆截面不大的情况下仍可实行，但既难保证安全，又花费太多人力。

B. 采用电动卷扬机的钢绳向上牵引（楼层20～30层），除安全因素外，因钢绳牵引电缆，随着电缆的上升，受力点及上部缆体受力增大，会造成电缆结构变形损伤。

(2) 高层及超高层建筑电缆垂直敷设新方法

先将整盘电缆吊运上屋顶，利用高位势能把电缆由上往下输送敷设，用分段设置的"阻尼缓速器"对下放过程中产生的重力加速度加以控制，其速度可任意调节，既安全快捷，又确保电缆绝缘质量完好（包括高压交联电缆）。

　　A．适用范围：适用于任何高度建筑物的楼层垂直电缆敷设（但需具备将整盘电缆吊运至高层的条件），也适用于除光缆外的电讯、电视、广播、消防等弱电线路的电缆敷设。

　　B．施工注意事项

　　a．按垂直段的总高度以及最大截面电缆的重力计算阻尼缓速器的分段承重力，以确定装置阻尼缓速器的数量（一般每隔3层装一组）；

　　b．阻尼缓速器监护人应该随时注意电缆的运转情况，发现异常及时反馈给指挥人员，待故障处理完毕后再恢复施工；

　　c．敷设到终端后，垂直段的电缆从阻尼缓速器导轮脱出移入桥架作排列固定，不能上下同时进行，必须自上而下一段接一段操作，避免同时脱出造成电缆负荷过重。

2．电缆桥架的选择与安装

（1）电缆桥架的选择

　　A．电缆桥架选择依据电缆的外径和重量，以及电缆桥架的载荷曲线，常用的桥架有托盘式和梯架式两种；一般均采用钢质桥架，表面热镀锌或喷塑，桥架的承载能力不应大于允许的均布载荷，工作均布载荷下的相对挠度不宜大于1/200；

　　B．电缆在桥架内的填充率，电力电缆不应大于40%、控制电缆不应大于50%，应留有一定备用空位以便增添电缆用。

（2）电缆桥架的安装

　　A．电缆桥架进入施工现场，应提交合格证及有关技术文件，并作外观检查；电缆桥架板材厚度应符合规定，热镀锌的电缆桥架镀层表面应均匀，无过烧、挂灰、局部未镀锌等缺陷，螺纹的镀层应光滑，螺栓连接件应能拧入。

　　B．电缆桥架的敷设位置，电缆桥架应尽可能在建筑物上安装，总平面布置应尽量做到距离最短，安全运行，并满足施工安装、维修的要求；

　　电缆桥架水平敷设时距地高度不宜低于2.5m，垂直敷设时，在距地1.8m以下易触及部位应加金属盖板保护，但敷设在电气专用房间（如配电室、电气竖井、技术层等）内时除外；桥架上部距离顶棚或其他障碍物不应小于0.3m，相邻电缆桥架间不宜小于0.6m。

　　C．电缆桥架的支（吊）架：电缆桥架水平敷设时，支撑跨距一般为1.5～3m；垂直敷设时，固定点间距不宜大于2m，在分支处和端部应设置支架，桥架支架沿桥架走向左右偏差不应大于10mm。

　　D．电缆桥架连接板的螺栓应紧固，螺母应位于电缆桥架的外侧；桥架接口应平直，盖板齐全、平整、无翘角；托盘式桥架需开孔时，应用开孔机，严禁用气、电焊割孔，钢管与桥架连接时，应使用管接头固定。

（3）施工注意事项

　　A．当直线段钢制电缆桥架超过30m，铝合金或玻璃钢电缆桥架超过15m时应有伸缩缝，宜采用伸缩板连接；电缆桥架跨越建筑物伸缩缝处应设置好伸缩板；

　　B．电气竖井内电缆桥架在穿过楼板或墙壁处，应设防火隔板，防火堵料等材料做好密封隔离，建筑物高度$H \leqslant 100m$时，应在每层楼板处作防火分隔。

3．电缆桥架接地（零）的形式与做法

电缆桥架系统应有可靠的电气连接并接地，其具体做法有以下几种：

(1) 利用电缆桥架本体构成 PE 线

首先桥架本体之间应形成完好的电气通路，然后对桥架整体进行保护接地（零），一般在其端部（电源进线端）与总的 PE 干线连接。

(2) 单独敷设 PE 线

A. 沿桥架全长在线槽内一侧敷设一根 BV~6mm² 铜芯塑料线作专用接地线。

B. 若电缆桥架敷设在电气竖井内，一般在竖井内部设有一条垂直的铜排作为 PE 干线，可利用它作为桥架的 PE 干线。

C. PE 干线设置好后，每段桥架至少有一点与接地干线可靠连接，接地螺栓处应加防松垫圈；因焊接会破坏 PE 干线和桥架的防腐层，一般采用塑料铜芯线连接。

D. 固定电缆桥架的支架也应可靠接地，具体做法是用一根 $\phi 10$ 的镀锌圆钢或一 25×4 镀锌扁钢沿支架敷设，与支架接触部分进行焊接，以保证每一个支架均可靠接地。

(3) 设置跨接地（零）线

是在金属桥架各段（包括非直线段）的端部搭接处，用跨接地（零）线使各段桥架之间成为一个完好的电气通路，一般采用塑料铜芯线或编织铜线，然后对桥架进行整体保护接地（零）。

(4) 由于桥架各段间的接头易产生电化学反应，接头电阻会逐渐增大，若作为 PE 线其可靠性会逐渐减弱，所以电缆桥架整体不宜作为其他电气装置保护接地（零）。

(5) 第 (1)、(3) 种桥架保护接地（零）形式中，各段桥架的保护接地（零）是串接连通的，当某段脱节时，脱节后的所有桥架将失去保护，存在安全隐患；因此、应在桥架整体的尾端也进行保护接地（零）；总之、应优先采用第二种形式即单独敷设 PE 线较为安全可靠，其次考虑第一种即利用电缆桥架作 PE 线的形式，一般不采用第三种即设置跨接地（零）线的形式。

4．电缆施工中存在的问题

(1) 机械损伤多

传统的以钢丝绳牵引电缆的敷设方式最大的缺点是整根电缆的张力都集中在牵引头上，若遇电缆长，路径转弯多，环境复杂时电缆越拉越重，易出现端头破损，沿线电缆外皮挂裂等损伤，严重时还会将油纸电缆的铅包，交联电缆的屏蔽层拉裂、拉断。

(2) 弯曲半径小

敷设时直接拖拉电缆，常会因绞拧严重造成弯曲半径小，弯曲次数多，致使绝缘受损，运行一段时间后，由于负荷变化等因素，极易造成恶性事故。

(3) 电缆敷设不规范

直埋电缆多数土质不佳，铺砖盖砂要求不严，多根电缆相互挤压

(4) 电缆固定不合要求

没有金属铠甲的电缆，在竖井上部急转弯处的夹具配置只考虑紧束力，忽略电缆热伸缩效应；用铁丝直接捆绑电缆，会造成横断面变形，致使 PVC 护套开裂，金属护层应力集中，绝缘损伤，应每隔 3~5m 用塑料绑扎线绑扎一次。

(5) 单芯电缆排列乱

不了解单芯电缆的特性，单芯电缆没有组成紧贴的正三角形，有的单根穿入钢铁构件

甚至钢管，产生涡流使电缆局部过热严重。

(6) 接头制作工艺不佳

在操作时，锯伤或扭伤电缆铅包而未发现，在竣工试验时不会被击穿，而在运行后才造成渗油或受潮；带材绕包差，运行中因局部放电、气体发生游离使接头寿命缩短；加热不均，使热缩管明显老化、起泡、损伤。

(7) 导体连接不牢

主要是压接质量和连接质量不好；直流或交流耐压试验，只是对电缆线路的绝缘进行测定，而对于电缆接头电阻过大及接头发热严重等缺陷很难发现，对电缆的安全构成很大威胁。

(8) 材料乱用

将油纸电缆的常用材料和附件用于橡塑电缆，或将橡胶带、密封胶等不耐油的材料用于油纸电缆，造成运行后密封性能不稳定。

(9) 应尽量减少电缆中间接头

电缆接头质量再好也是线路的薄弱环节，应尽量采用整根电缆，有条件应定尺寸采购，增强电缆线路的供电可靠性。

3.14 建筑电气分部工程验收

3.14.1 工程划分规定

根据 GB 50300—2001《建筑工程施工质量验收统一标准》的规定，建筑电气属于单位工程中的分部工程；当建筑电气分部工程较大时，可分为：室外电气、变配电室、供电干线、电气动力、电气照明安装、备用和不间断电源安装、防雷及接地安装等七个子分部工程；每个分部（子分部）工程由若干个分项工程组成；而每个分项工程又由一个或若干个检验批组成。

3.14.2 检验批的划分

当建筑电气分部工程施工质量检验时，检验批的划分应符合下列规定：

(1) 室外电气安装工程中分项工程的检验批，依据庭院大小、投运时间先后、功能区块不同划分。

(2) 变配电室安装工程中分项工程的检验批，主变配电室为1个检验批；有数个分变配电室，且不属于子单位工程的子分部工程，各为1个检验批，其验收记录汇入所有变配电室有关分项工程的验收记录中；如各分变配电室属于各子单位工程的子分部工程，所属分项工程各为1个检验批，其验收记录应为一个分项工程验收记录，经子分部工程验收记录汇入分部工程验收记录中。

(3) 供电干线安装工程分项工程的检验批，依据供电区段和电气线缆竖井的编号划分。

(4) 电气动力和电气照明安装工程中分项工程及建筑物等电位联结分项工程检验批，其划分的界限，应与建筑土建工程一致。

(5) 备用和不间断电源安装工程分项工程各自成为1个检验批。

(6) 防雷及接地装置安装工程中分项工程检验批,人工接地装置和利用建筑物基础钢筋的接地体各为1个检验批,大型基础可按区块划分成几个检验批;避雷引下线安装6层以下的建筑为1个检验批,高层建筑依均压环设置间隔的层数为1个检验批;接闪器安装同一屋面为1个检验批。

3.14.3 质控资料检查

当验收建筑电气工程时,应核查下列各项质量控制资料,且检查分项工程质量验收记录和分部(子分部)质量验收记录应正确,责任单位和责任人的签章齐全。

(1) 建筑电气工程施工图设计文件和图纸会审记录及洽商记录。
(2) 主要设备、器具、材料的合格证和进场验收记录。
(3) 隐蔽工程记录。
(4) 电气设备交接试验记录。
(5) 接地电阻、绝缘电阻测试记录。
(6) 空载试运行和负荷试运行记录。
(7) 建筑照明通电试运行记录。
(8) 工序交接合格等施工安装记录。

3.14.4 质量记录检查

根据单位工程实际情况,检查建筑电气分部(子分部)工程所含分项工程的质量验收记录应无遗漏缺项。

3.14.5 实物质量抽查规定

当单位工程质量验收时,建筑电气分部(子分部)工程实物质量的抽检部位如下,且抽检结果应符合施工质量验收规范的规定。

(1) 大型公用建筑的变配电室,技术层的动力工程,供电干线的竖井,建筑顶部的防雷工程,重要的或大面积活动场所的照明工程,以及5%自然间的建筑电气动力、照明工程。

(2) 一般民用建筑的配电室和5%自然间的建筑电气照明工程,以及建筑顶部的防雷工程。

(3) 室外电气工程以变配电室为主,且抽检各类灯具的5%。

3.14.6 技术资料的检查

核查各类技术资料应齐全,且符合工序要求,有可追溯性;各责任人均应签章确认。

3.14.7 变配电室通电后抽测项目

为方便检测验收,高低压配电装置的调整试验应提前通知监理和有关监督部门,实行旁站确认。变配电室通电后可抽测的项目是:

各类电源自动切换或通断装置、馈电线路的绝缘电阻、接地(PE)或接零(PEN)

的导通状态、开关插座的接线正确性、漏电保护装置的动作电流和时间、接地装置的接地电阻和由照明设计确定的照度等。抽测的结果应符合施工质量验收规范的规定和设计要求。

3.14.8 检验方法

检验方法应符合下列规定：
(1) 电气设备、电缆和继电保护系统的调整试验结果，查阅试验记录或试验时旁站。
(2) 空载试运行和负荷试运行结果，查阅试运行记录或试运行时旁站。
(3) 绝缘电阻、接地电阻和接地（PE）或接零（PEN）导通状态及插座接线正确性的测试结果，查阅测试记录或测试时旁站或用适配仪表进行抽测。
(4) 漏电保护装置动作数据值，查阅测试记录或用适配仪表进行抽测。
(5) 负荷试运行时大电流节点温升测量用红外线遥测温度仪抽测或查阅负荷试运行记录。
(6) 螺栓紧固程度用适配工具做拧动试验；有最终拧紧力矩要求的螺栓用扭力扳手抽测。
(7) 需吊芯、抽芯检查的变压器和大型电动机、吊芯、抽芯时旁站或查阅吊芯、抽芯记录。
(8) 需做动作试验的电气装置，高压部分不应带电试验，低压部分无负荷试验。
(9) 水平度用铁水平尺测量，垂直度用线锤吊线尺量，盘面平整度拉线尺量，各种距离的尺寸用塞尺、游标卡尺、钢尺、塔尺或采用其他仪器仪表等测量。
(10) 外观质量情况目测检查。
(11) 设备规格型号、标志及接线，对照工程设计图纸及其变更文件检查。

3.14.9 验收要求

建筑电气分部工程施工质量验收除应符合上述规定外，尚应符合国家现行有关标准、规范的规定。

通风空调

4.1 通风空调的基本知识

4.1.1 概述

1．简介

(1) 空调

维持室内"四度"（即空气的温度、相对湿度、流动速度及洁净度）在一定范围内变化的调节技术称为空气调节，简称空调。

(2) 恒温恒湿空调

空调房间内的空气温度和相对湿度要求恒定在一定数值范围内的空气调节。

(3) 舒适性空调

A．对空调基数不需要恒定，随着室外气温的变化，允许温度、湿度在一定范围内变化，夏季以降温为主；

B．舒适性空调主要从人体舒适感出发，确定室内空气计算参数；人体因保持热量平衡，当湿润率 $W=0$，即相对湿度 $\phi=50\%$、温度 $t=25$℃、空气流速 $V=0.15\text{m/s}$ 时，人的出汗率为零而感到舒适。

2．空调系统的分类

(1) 集中式空调系统

集中进行空气处理、输送和分配的空调系统，主要由三部分组成。

A．空气处理室。空气调节机（器）或空调箱，对空气进行净化和各种热湿处理，如加热、冷却、加湿、减湿等。

B．空气输送设备。包括送、回风机，风管系统，调节风阀及其他配件（如消声器、风机减振器等），主要是把处理好的空气按照一定的要求输送到各个空调房间，并从房间抽回或排出一定室内空气。

C．空气分布装置。指设在空调房间内的各种类型的送风口（如侧送风口、散流器等）和回风口，其作用是合理组织室内的气流，以保证在工作区内（或称恒温区内）造成所要求的空气的温度、湿度、气流速度及洁净度。

D．集中式空调系统可分为定风量系统和变风量系统：

a．定风量系统的风量不随室内热负荷而变化，始终保持稳定，是通过调整送风参数来达到室内温度和湿度要求的空气调节系统；

b. 变风量系统是根据室内热湿负荷的变化，保持送风温度恒定，改变送入各空调房间的风量，来控制室内空气参数的空气调节系统；变风量是在每个或几个送风口装设一个变风量（VAV）装置，自动调节来实现的，节能效果明显。

(2) 局部式空调系统（空气调节机组）其组成为：

A. 空气处理部分。通常由新风采集口、空气过滤器、直接蒸发式空气冷却器、电极（或电热）式加湿器、通风机、电加热器（设在送风道上）和风量调节阀等组成。

B. 制冷部分。由压缩机（氨或氟里昂作制冷剂）、冷凝器、调节阀（或称膨胀阀、节流阀）、蒸发器等组成。

C. 电气控制部分，大部分直接安装在空调机组上。

(3) 混合式空调系统

A. 诱导式空调系统。是以诱导器作为末端装置的空气调节系统，把空气的集中处理和局部处理结合起来的一种形式，具有两者的优点并避免两者的缺点。

诱导器是利用集中空调机来的初次风（或称一次风）作为诱导动力，就地吸入室内回风（或称二次风）并加以局部处理的设备，根据外形和安装方式不同分为：

a. 卧式（水平悬吊式）诱导器，悬挂在天花板下；

b. 立式（窗台式）安放在窗台下面。

B. 风机——盘管空调系统。是由风机和盘管（作为冷却和加热用）组成的机组作为末端装置，直接设在空调房间内，开动风机后，可把室内空气（回风）和部分新风吸进机组，经盘管冷却或加热后就地送入房间，以达到空调的目的；风机盘管由箱体、风机、电动机、盘管、空气过滤器和调节设备等部分组成。

3. 名词术语

(1) 风管：采用金属、非金属薄板或其他材料制作而成，用于空气流通的管道。

(2) 风道：采用混凝土、砖等建筑材料砌筑而成，用于空气流通的通道。

(3) 通风：为改善生活条件，采用自然或机械方法，对某一空间进行换气，以造成卫生、安全等适宜空气环境的技术。

(4) 通风设备：为达到通风目的所需要的各种设备的统称；如通风机、除尘器、过滤器和空气加热器等。

(5) 通风工程：送风、排风、除尘、气力输送以及防、排烟系统工程的统称。

(6) 空调工程：空气调节、空气净化、与洁净室空调的总称。

(7) 风管配件：风管系统中的弯管、三通、四通、各类变径及异径管、导流叶片和法兰等。

(8) 风管部件：通风、空调风管系统中的各类风口、阀门、排气罩、风帽、检查门和测定孔等。

(9) 咬口：金属薄板边缘弯曲成一定形状，用于相互固定连接的构造。

(10) 漏风量：风管系统中，在某一静压下通过风管本体结构及其接口，单位时间内泄出或渗出的空气体积量。

(11) 系统风管允许漏风量：按风管系统类别所规定平均单位面积、单位时间内的最大允许漏风量。

(12) 漏风率：空调设备、除尘器等，在工作压力下空气渗入或泄漏量与其额定风量的比值。

(13) 净化空调系统：用于洁净空间的空气调节、空气净化系统。

(14) 漏光检测：用强光源对风管的咬口、接缝、法兰及其他连接处进行透光检查，确定孔洞、缝隙等渗漏部位及数量的方法。

(15) 整体式制冷设备：制冷机、冷凝器、蒸发器及系统辅助部件组装在同一机座上，而构成整体形式的制冷设备。

(16) 组装式制冷设备：制冷机、冷凝器、蒸发器及辅助设备采用部分集中、部分分开安装形式的制冷设备。

(17) 风管系统工作压力：指系统风管总风管处设计的最大工作压力。

(18) 空气洁净度等级：洁净空间单位体积空气中，以大于或等于被考虑粒径的粒子最大浓度限值进行划分的等级标准。

(19) 角件：用于金属薄钢板法兰风管四角连接的直角型专用构件。

(20) 风管过滤器单元：由风机箱和高效过滤器等组装的用于洁净空间的单元式送风机组。

(21) 空态：洁净室的设施已经建成，所有动力接通并运行，但无生产设备、材料及人员在场。

(22) 静态：洁净室的设施已经建成，生产设备已经安装，并按业主及供应商同意的方式运行，但无生产人员。

(23) 动态：洁净室的设施以规定的方式运行及规定的人员数量在场，生产设备按业主及供应商双方商定的状态下进行工作。

(24) 非金属材料风管：采用硬聚氯乙烯、有机玻璃钢、无机玻璃钢等非金属无机材料制成的风管。

(25) 复合材料风管：采用不燃材料面层复合绝热材料板制成的风管。

(26) 防火风管：采用不燃、耐火材料制成，能满足一定耐火极限的风管。

(27) 相对湿度：即空气实际的水蒸气分压力与同温度下饱和状态空气的水蒸气分压力之比值用百分率表示；相对湿度过大或过小，人都会感到不舒服。

(28) 干球温度：干球温度表（不包湿纱布的温度计）所指示的温度。

(29) 湿球温度：湿球温度表（包有湿纱布的温度计）所指示的温度。

干湿球温差愈小，空气湿度愈大，当空气到达饱和时（$\phi=100\%$），干湿球温差等于零，此时的干球温度和湿球温度相等；在空调工程中，常用干湿球温度计来进行空气湿度的测量。

(30) 露点温度：在大气压力一定，某含湿量下的未饱和空气因冷却达到饱和状态的温度。在空调工程中，常用等湿冷却将空气温度降到露点，再冷却使水蒸气凝结。

(31) 换气次数：房间通风量 L（m³/h）和房间体积 V（m³）的比值 $n=L/V$（次/小时）称为换气次数。

(32) 导热系数：在稳态条件和单位温差作用下，通过单位厚度、单位面积的均质材料的热流量，也称热导率。

(33) 离心式通风机：空气由轴向进入，沿径向方向离开的通风机。

(34) 轴流式通风机：空气沿叶轮轴向进入并离开的通风机。

4.1.2 风管中的流速、阻力及空调房间的气流组织

1. 风管的流速

(1) 风管是通风空调工程的重要组成部分，首先要确定合适的空气流速，若风管内空气流速大，则风管断面小，节省材料，少占建筑空间，但风速大，系统空气阻力也大，需要风机压力高，消耗的功率较多，并可造成噪声加大；若风速较小，则出现相反的情况，故要取一个最经济的风速值。

(2) 送风管分低速和高速两种，在一般空调系统中采用低风速，对高层建筑，因风管占用建筑空间的矛盾较为突出，为了节约投资，一般采用较高风速；空调工程大多采用矩形风管，因其容易与建筑结构相配合，风速较低，风管断面大时比圆形风管易于制作。

2. 风管的阻力

空气沿风管流动时产生两类阻力：

(1) 空气流过直风管时，由于空气的黏滞性和管壁粗糙度对空气流动产生的阻力称为摩擦阻力；或称沿程阻力（单位管道长度的摩擦阻力称为比摩阻）。

(2) 空气流过风管中弯管、三通等某些部件和设备时发生了方向或流速的变化，由于涡流耗费能量而产生压力损失，也因摩擦而产生压力损失，这两者损失之合称为局部损失。

(3) 风管中空气流动的全部阻力等于摩擦阻力和局部阻力之合。

3. 空调房间的气流组织

(1) 射流的基本概念

空气经过喷口以一定的速度射向房间并不断地进行扩散，这种气流就称射流（也叫喷流）；由于射流扩散过程中与房间空气进行热、湿交换，射流与室内各种冷热物体和房间四壁之间的相互作用以及循环的结果，在房间内形成一定的速度场和温度场，产生了回流、回旋气流和滞流。

A. 回流是指流向回风口的气流，是送风射流的诱导作用而引起的，在回流区内速度场和温度场分布较为均匀，速度也较小，一般希望工作区处于回流区内；

B. 滞流也叫死区，通常出现在房间的角落里，其速度很小，温度较高，恒温房间内应尽量缩小它的范围。

(2) 风口布置

室内空气的流动状况直接与送、回风口有关，主要取决于送风口的结构和分布；气流分布就是合理地布置送风口和回风口，使送入房间内经过处理的冷风或热风到达工作区域（通常指离地 2m 以下的工作范围）后，能造成比较均匀而稳定的温度、湿度、气流速度及洁净度，以满足生产工艺和人体要求。

4.1.3 测量温度和湿度的仪表

1. 测量温度的仪表——温度计

(1) 液体温度计（玻璃管液体温度计），它由温包、毛细管、膨胀泡及标尺组成，读

数时先读小数，后读整数。

（2）热电偶温度计，测量范围宽，可在短时间内侧出许多测点的温度，空调工程中一般采用铜——康铜热电偶。

（3）电阻温度计，由对温度变化反映敏感的热电阻作为一次仪表和指示式自动记录温度的二次仪表组成。

（4）自记温度计，通常用来记录室外温度。

2．测量空气相对湿度的仪表

（1）普通干湿球温度计：是将两支相同的水银温度计固定在一块平板上，其中一支的温包上缠有一直保持润湿状态的纱布，作为湿球温度计，另一支不包纱布的作为干球温度计；根据湿球温度和干球温度差（$\triangle t = t_g - t_{sh}$）便可查专用表格得到空气的相对湿度，或者根据干湿球温度值从I—d图上直接查得。

（2）通风干湿球温度计：又称带小风扇的干湿球温度计，在两支温度计的温包四周装有金属保护管，以防止辐射热的影响，可大大提高测量的精确度，可根据干、湿球温度值用焓湿图或计算表查出空气的相对湿度值。

（3）毛发湿度计：是利用脱脂人发在周围空气湿度发生变化时其本身长度伸长或缩短的特性来测量空气相对湿度，可直接指示出空气的相对湿度值。

（4）自记式温湿度计：是自记式温度计和自记式毛发湿度计的组合体。

（5）电阻湿度计：是利用氯化锂吸湿后电阻值变化的特性制成，由侧头和指示仪表两部分组成，可直接指示出空气的相对湿度值。

4.1.4 国产空调设备的质量现状

空气调节设备是为实现空气调节目的所需的各种设备的统称。在高层民用建筑及宾馆酒店中，客房及写字楼的空调大多采用风机盘管加新风系统；公共部分的空调大多采用单风道全空气系统，必不可少的空调设备包括风机盘管和空调机组（新风机组、组合式空调器及变风量机组）。

1．国产风机盘管的质量现状

目前风机盘管尚无国家标准，只有行业标准JB/T 4283—91《风机盘管机组》，国家空调设备质检中心近年来数次抽查的结果表明，大多数被抽检机组的风量、冷量和电气安全等性能指标符合标准规定，达到合格要求；不合格项目主要是噪声和凝露两项，均为用户能直接感受到的指标。

2．国产组合式空调机组的质量现状

（1）组合式空调机组

根据需要，选择若干具有不同空气处理功能的预制单元组装而成的空调设备。

（2）国家空调设备质检中心近年来依据国家标准GB/T 14294—93《组合式空调机组》、GB 10891—98《空气处理机组安全要求》，对风量为2000～10000m^3/h的新风机组和风量为10000～140000m^3/h的组合式空调机组进行生产现场和用户现场的实测结果表明，国产组合式空调机组、新风机组基本上能满足市场需求，但还存在下列问题：

A．漏风超标造成耗电量增加，漏风点一般在机组四角、底版、功能段连接处等。

B．漏水，主要是冷却段凝结水外溢，严重时水漫到风机段，并造成机组底版锈蚀。

C. 冷却段后带水。会造成二次蒸发加湿，特别对有相对湿度要求的场合，使之达不到要求的温湿度。

D. 国产机组均由单一功能段组成，风机段的布置不紧凑，机组长度应缩短；可将几种处理方式合并在一个功能段内，另应改进风机与电机位置，缩短皮带长度等。

E. 机组外壳凝露，要注意选择合适的保温材料，同时要防止机组连接处产生"冷桥"。

4.2 高层民用建筑的新风系统及客房排气的热回收装置

4.2.1 高层民用建筑的新风系统

1. 新风的需求

高层民用建筑设置的舒适性空调系统，必须符合舒适标准与卫生要求。

(1) 新风的供给

在高层民用建筑和宾馆酒店中，由于层高小、房间多，其配备空调系统时，风机盘管加新风系统（以风机盘管机组作为各房间的末端装置，同时用新风系统满足各房间新风需要的空气—水系统）是客房最常用的空调方式之一；而大堂、餐厅、多功能厅、商场等公共部分，虽然大多采用单风管全空气系统的空调方式，为确保室内空气新鲜，满足卫生品质要求，也需要供给适当的新风。

(2) 新风量的确定

在空调系统中，大多数场合均要利用一部分回风，而新风量一般是根据房间的卫生要求，房间排风量的补充及房间需要保持的正压风量来确定；国标 GB 50189—93《旅游旅馆建筑热工与空气调节节能设计标准》规定了合理的新风量，各类房间的新风量应符合表 4-2-1 的规定。

旅游旅馆各类房间有关设计参数　　　　表 4-2-1

房间类型		夏季空气温度（℃）	冬季空气温度（℃）	新风量 [m³/(h.p)]	含尘浓度（mg/m³）
客房	一级	24	24	≥50	≤0.15
	二级	25	23	≥40	
	三级	26	22	≥30	
	四级	27	21	—	
餐厅 宴会厅 多功能厅	一级	23	23	≥30	≤0.15
	二级	24	22	≥25	
	三级	25	21	≥20	
	四级	26	20	≥15	
商业、服务	一级	24	23	≥20	≤0.25
	二级	25	21	≥15	
	三级	26	20	≥10	
	四级	27	20	≥10	

续表

房间类型		夏季空气温度	冬季空气温度	新风量 [m³/(h·p)]	含尘浓度 (mg/m³)
大堂 四季厅	一级	24	23	≥10	≤0.25
	二级	25	21	≥10	
	三级	26	20	—	
	四级	—	—	—	

2. 合理设置新风系统

(1) 新风系统的设置

常用的新风系统布置方案一般有下列5种形式，各有自己的适用范围：

A. 分层取风分层处理方式；

B. 竖井取风分层处理方式；

C. 集中处理分层送风方式；

D. 集中处理分层加压方式；

E. 集中送风分层处理方式。

占主流的新风系统布置是分层取风分层处理方式和集中处理分层送风方式。

(2) 新风进风口的设置

新风进风口的面积，应适应季节新风量变化的需要，进风口处宜装设能严密关闭的阀门；新风进风口的位置应符合下列要求：

A. 应设在室外空气较洁净的地点；

B. 应尽量设在排风口的上风侧且应低于排风口；

C. 进风口的底部距室外地坪不宜低于2m，当布置在绿化带时，不宜低于1m。

(3) 新风系统设置存在的问题

新风系统设置关系到室内空气品质的好坏、能耗的大小以及空调设备的维护。

A. 由于新风管道的设置和新风机组的选型均是按各房间的额定客人数计算的，当无人住宿或使用的房间不开空调时，新风量就会过大，使能源浪费并造成经济损失。

B. 新风品质差，新风从进风口采集后，经新风处理设备过滤并进行热湿处理，再经输送管道进入室内，在输送的途中不断被污染。

3. 新风竖井的面积及风速

高层建筑中，新风机组从竖井采风后，经过处理，用水平风管分送各房间；空调新风竖井的入口处风速不得超过5m/s，否则将影响空调机组的正常运行。

(1) 实际中存在的问题

在寸土寸金的高层建筑中，每层开设新风口的可能性较小，留出按计算所需较大面积的建筑竖井（4~6m²）也不太现实的，新风竖井的断面往往被缩小，新风风速远远大于5m/s；在此情况下，若仍然选择余压较低的新风机组，其余压的大部分不得不用来克服新风竖井的阻力，新风机组的实际出风量大大减少，远远达不到设计数据；处于竖井下部的新风机组，由于受沿程阻力不断增加的影响，甚至会出现送不出风来的空转情况。

(2) 解决办法

A. 先校核新风竖井入口处的风速，若风速大于5m/s，应加大新风竖井的面积或另设低噪声加压风机（风机台数根据实际情况决定），向新风竖井加压送风，以减少或克服新风竖井的阻力，使新风竖井处于正压状态。这样各层的新风机组从竖井采风后，经过处理，用水平风管分送各房间，只需克服本层的风管阻力就可以了。

B．采取措施防止新风窜流，如将新风机组与新风管上的电动阀联锁，在新风机组停止工作时，电动阀自动关闭。

C．在新风系统竖井的采风口和排风口设置"随风转向风帽"，该风帽通过风向标能灵活地将风口始终迎（背）向风吹来的方向，从而有效地利用风压的正（负）压，达到节能目的。

4．改善空气品质的措施

(1) 新风系统的规模不宜过大，尽量减少新风的输送路程，并尽可能不采用建筑风道；新风入室时间越短，途经的污染越少，新风品质越好。

(2) 新风直接送入室内，而不进入风机盘管

有相当多的空调工程新风只送到顶棚内或风机盘管的回风箱，让新风和回风在顶棚或回风箱内混合后送入室内，其缺点为：

A．由于一些隔断不到顶或施工不规范，顶棚相互贯通，造成新风有逃逸的可能；

B．在过渡季节，风机盘管有可能不运转，新风依靠正压进入室内得不到保证，造成出力不足，供冷量减少；

C．即使新风通过回风口进入室内，也常因回风口的位置靠近门口，易直接流向房间外的走道，不能使整个房间充分换气。

(3) 新风采用三级过滤，不仅能改善室内空气品质，还能延长部件寿命，降低维护费用和运行能耗；传统的新风机组只用粗效过滤器，往往造成换热器肋片间积灰，空调室内积灰，系统启动后室内细菌浓度和异味增加。

(4) 在新风机组（一种专门用于处理室外空气的大焓差风机盘管机组）中增设一个杀菌器（主要由紫外线灯管组成，不会照到人体，对人体无害），效果显著、费用极低。

(5) 消声器后的部位设置负氧离子发生器（根据人体卫生要求，负氧离子含量应不小于400个/m^3，否则人就感觉不适），保证负氧离子含量的要求，并对消除污染物有明显作用。

4.2.2 客房排气的热回收装置

在宾馆酒店的中高档标准客房中，新风量取值应在$30\sim50m^3/(h\cdot p)$之间，新风负荷占空调总负荷的20%～30%；就多数宾馆酒店来说，客房卫生间的排气比较集中，集聚的废气量相对较大，其排气量在一定的时间内较稳定，它潜藏着大量的冷热能，有相当大的利用价值。

1．转轮式全热交换器

(1) 组成

主要由转轮、驱动电机、机壳和控制部分组成；转轮中央有分隔板，隔成排风侧和新风侧，排风和送风气流逆向流动；转轮缓慢旋转，把排风中的冷（热）量蓄存起来，然后再传给送风；其构造原理见图4-2-1。

(2) 防止排风向新风泄漏

为了防止排风中的臭味、烟味、汗或细菌向新风中转移，大多数全热交换器设有使少量新风强迫排入排风中的装置，称为净化扇形器。

(3) 热回收系统的节能

国家标准 GB 50189—93《旅游旅馆建筑热工与空气调节节能设计标准》规定，当客房设置有独立的新风、排风系统时，宜选用全热或显热热回收装置，其额定热回收率不应低于60%。

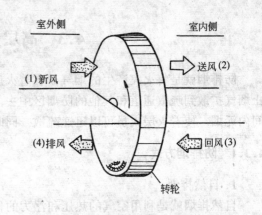

图 4-2-1　转轮式全热交换器构造原理图

A．选用转轮式全热交换器吸收排风中的热量，其全热回收率可达70%～80%，可节约70%～80%新风处理的能量，相当于节约了10%～20%的空调总负荷；

B．转轮式换热器具有全热交换性质，即能回收显热，又能回收潜热；在设备入口端设置空气过滤器，具有自净和净化功能；转轮式换热器具有自控能力，是客房热回收装置的最佳选择。

2．热回收系统配置的注意事项

(1) 排气应垂直向上集合

客房卫生间在热浴时，有气流上浮现象，一旦停电，竖井应能保证热气自然畅通，避免顶部窝集废气，蔓延到其他房间造成二次污染；新风处理机和热回收器一定要设在客房顶部的设备层内，并要考虑排气系统顶部总水平干管应有静压箱作用。

(2) 系统规模要适中

A．一般情况下，高层建筑的设备层层高小于4.5m，除梁外室内净高只有3.6m左右，仅风管系统就占去大半空间，GB 50189《旅游旅馆建筑热工与空气调节节能设计标准》规定，"最大系统的风量不超过$4\times10^4 m^3/h$"，而风量$3\times10^4 m^3/h$的转轮式换热器外廓就有3000mm×3100mm，显然，配置热回收系统有相当大的困难；所以，对于大负荷的热回收系统，当风量大于$1.5\times10^4 m^3/h$时，应组成两个以上的小系统，并有利于各系统支管风量的均匀分布和风压的平衡调节。

B．有些设备层高度仅有2.2m，宜设置进口的转轮式换热器，其高度一般小于2.0m。

(3) 送气压入，排气吸出

为发挥净化扇形器的作用，必须使送、排风两侧间压差为200Pa；当系统为送气压入，排气吸出布置时，就能保证送风侧压力大于排风侧压力，不存在排气漏入新风的问题，对于空气品质要求高的空调系统，无疑是一种有效、安全的方式。

3．统一建筑、空调节能措施

实施客房排气热回收系统的关键问题是，建筑专业与空调专业对节能措施要统一；空调专业应及早提出空调节能措施及可行的布置方案，以便建筑专业有准备地规划建筑设施，合理配置设备用地、系统竖井等，宾馆酒店中设置的热回收系统技术才有可能实施。

4.3 高层建筑防排烟

防排烟就是将火灾产生的烟气,在着火房间和着火房间所在的防烟区内就地排出,防止烟气扩散到疏散通道和其他的防烟区中去,以确保疏散和补救用的防烟楼梯及消防电梯间内无烟,使着火层人员可以迅速疏散,同时也可给抢救工作创造有利条件。

4.3.1 防排烟方式

1. 自然排烟

自然排烟就是利用空气的热压和浮力的作用,使用与室外相邻的窗、阳台、凹部或专用排烟口,将室内的烟气排出。

(1) 当楼梯间前室、消防电梯前室靠外墙布置并能在外墙上开窗时,宜采用自然排烟方式,就勿需设置排烟系统;若有条件,可靠建筑物外墙建造全敞开的室外防烟楼梯,为辅助疏散楼梯。

(2) 采用自然排烟方式时,应设阳台、凹廊或在外墙的上部设置便于开启的排烟窗,自然排烟的面积一般可取地板面积的2%,其开窗面积不宜小于$2m^2$,合用前室不宜小于$3m^2$,排烟口应设在顶棚上或靠近顶棚800mm以内的墙面上。

(3) 对有封闭前室的楼梯间,可在靠近前室门处设自然排风竖井,同时设置竖井进风风道(竖井进风口有效面积不宜小于$1m^2$,合用前室不宜小于$1.5m^2$),通过设于井壁上的每层一个自动排烟阀排烟,将入侵室内的烟气由竖井排除;自然排风竖井是靠竖井内气体温度高于室外空气温度,由于气体容重不同,产生的热压(浮力)进行排烟的,排烟竖井顶部应高出屋面,排烟口下缘高出屋面应$\geqslant 1m$。

(4) 自然排烟方法不使用动力、结构简单、造价较低,排烟效果也能达到要求;当火势猛烈时,火焰有可能从开口部位喷出,使火势向上蔓延;自然排烟其效果受室外风向、风速、气温及所在楼层影响较大,当室外风压超过从建筑物内排泄的空气压力时,烟气就不能靠自身的热压排出去,反而会把烟气引入前室或楼梯间。

2. 机械排烟

机械排烟就是使用排烟风机进行强制排烟,它由排烟口、防火排烟阀门、排烟风机和排烟出口组成。

在楼梯间前室采用机械排烟必须同时用机械送风或自然进风来补充疏散通道内被机械排烟降低的空气压力,否则,将导致更多的烟气或热空气侵入疏散通道;常用的方式有:机械排烟、自然进风;机械排烟,机械正压送风。

(1) 由于热空气容重轻,排烟口应设于顶棚或靠近顶棚的墙面上,因人在烟气中行走及可视的最大距离为30m左右,故排烟口距所在防烟分区的最远点不应超过30m。

(2) 采用机械排烟的防烟楼梯间前室,消防电梯前室其排烟量不宜小于$4m^3/s$,合用前室不宜小于$6m^3/s$;1台风机的最大排烟量为$60000m^3/h$,最小排烟量应$\geqslant 7200m^3/h$,排烟竖井最好靠近排烟口设置。

(3) 排烟竖井面积根据排烟量及竖井内风速确定,风速小使竖井面积增大,风速大带来噪声并增加阻力,故竖井风速应$\leqslant 15m/s$,由此算出的最小排烟竖井面积为

$0.14 \sim 0.27 \text{m}^2$。

3. 加压送风

常用于防烟楼梯间及前室，消防电梯前室或合用前室；采用自然排烟的楼梯间，但不具备自然排烟条件的前室。

(1) 为保证火灾时烟气不侵入楼梯间及前室，利用机械手段向疏散通道内强制输送空气，在疏散通道入口处构成一道屏障，把烟气或热气流排斥于疏散通道外，加压送风防烟方式可靠、效果好。

(2) 为在疏散通道内形成并保持一定的空气压力，须把疏散通道围护成独立的加压空间，其围护结构必须是耐火的，围护墙的耐火极限≥1.2h，疏散门必须设有自动关闭装置。

(3) 防烟楼梯间上下贯通，视为一个整体，通常加压送风口每三层设一个（常开），而楼梯间前室或合用前室每层相互隔离，必须按独立的空间来考虑，各层均设加压送风口及自动加压阀（受控常闭）。发生火灾时，楼梯间加压送风口均有空气送出，而前室只开启失火层及上下层的送风口。为促使加压空气从加压空间向相邻空间流动，提高加压空气在疏散通道口处对烟气的排斥作用，应形成压力梯度，使防烟楼梯间空气压力＞前室的空气压力＞走道或房间的空气压力。

(4) 防烟楼梯间及前室宜分别设置送风竖井，加压送风竖井的室外空气吸入口应设在建筑物的低部，可避免把排出的烟气再吸进来，并防止进风竖井起到排烟竖井的作用；加压送风竖井的面积由需输送的空气量（按排烟量的90%、地下室按50%考虑）及竖井内风速（一般用＜15m/s）决定，计算结果如表4-3-1所示。

加压送风竖井的面积　　表 4-3-1

加压送风范围	建筑楼层	送风竖井面积（m²）
防烟楼梯间	＜20	0.30～0.37
	20～32	0.37～0.46
楼梯间前室及合用前室	＜20	0.20～0.30
	20～32	0.33～0.40
消防电梯前室	＜20	0.27～0.37
	20～32	0.40～0.50

常用于楼梯间的加压送风口宽度为400～500mm，用于前室的加压送风口宽度为500～800mm，加压送风竖井安装风口的一面，其平面宽度至少应大于风口尺寸100～200mm，为风口安装留下操作空间；送风口高度一般在人的呼吸区以下，安装时不应突出送风竖井外表面，以免妨碍通行安全。

(5) 由于疏散通道内的门除底层是向建筑物外部开启的外，一般都向疏散方向开启，若疏散通道内增加的空气压力过高，会使开启疏散门困难，故疏散通道内的压力应有限制，国内在设计中一般以楼梯间保持50Pa，前室为25Pa的正压值为标准，火灾时人员疏散时通往楼梯间的门必然打开。

A. 为保证防烟楼梯间前室的正压值任何时候都不超过规定值，每层前室装设通向室内的泄压阀或通向室外的泄压竖井，当疏散通道内压力过高时，在疏散门顶部设置的泄压（余压）阀自动开启，以保证前室的门推力小于允许值；加压风机可采用固定风量风机，但需在通向室内的泄压阀后安装防火阀，以满足防火隔断的要求，一旦前室的门打开后泄压阀将自动关闭，所有加压送风将由门洞压入室内；通向室外的泄压竖井应避免室外风速对其造成的影响。

B．加压空间内排泄的空气必须通过设于建筑物外围结构上的排烟口排至室外；有自然排烟口如：窗、阳台门等，若无自然排烟口或自然排烟口面积小于房间面积的2%时设置专用排烟口，专用排烟口平时用阀关闭，加压送风系统开始运转时，阀门才随着空气压力的升高而自行开启。

C．若建筑物外墙上不能开设自然或专用排烟口时，可在相邻空间内（在靠近前室门处）设排烟竖井（不用风机，利用烟气热压自然排烟的竖井）或机械排烟装置；若已有机械排烟设施，就不必再设自然排烟竖井了。

(6) 加压风机的新风吸入管应避开烟气的污染，吸入管上应装有与风机启动联锁的电动阀或止回装置。加压风管的风速：采用金属风管时应≤20m/s、采用光滑混凝土等非金属材料风道时应≤15m/s、各出风口的出风速度应≤7m/s。

4.3.2 应注意的问题

(1) 高层建筑正压送风和机械排烟系统过长，造成上部加压送风量不足，下部排烟量不足；可在设备层进行分段，采用多风机系统或在楼梯间做相应的封闭和隔断，缩短送风和排烟风道长度来解决，为了减少漏风量，排烟系统和加压送风系统宜采用钢板焊接风管。

(2) 按照《高规》的规定，当建筑物中庭净空高度＞12m时，无论是否具备自然排烟条件都必须进行机械防排烟设计，应在中庭上部设置排烟风机，排烟口设在中庭的顶棚上，风口平时关闭，火灾时打开，直接从中庭顶部排烟。

(3) 防排烟的安全疏散路线是：着火房间→走廊→楼梯间前室→楼梯间→室外；若能使人员疏散方向与烟气流动方向相反是最理想的；因此、各层的机械排烟口应远距疏散口，使大多数情况下人员疏散方向上的烟气浓度越来越小（在前室门口设置排烟口的缺陷是人与烟气同向流动）。

(4) 若前室也采用常开百叶风口，每层前室的送风量将会被均分，并导致以下问题：

A．为保证失火层前室必要的加压风量，风机的总风量将会极大，送风风管也会加大。

B．如按三层前室的加压风量来选择风机，一旦运行，失火层的风量将不能保证。

(5) 疏散楼梯位于建筑物四周时以全开敞式为最好，如在建筑物内部，必须做成封闭式（靠外墙可开窗）为增加其防烟和缓冲疏散的能力，应设置有防排烟设施的前室。

(6) 我国规范规定前室面积≥6m²、合用前室面积≥10m²，前室不仅是保证防烟楼梯和消防电梯无烟的需要，而且也是疏散、扑救和作为一个临时避难场所的需要，还能起到降低高层建筑烟囱效应的作用。

(7) 走廊排烟：有关标准规定，对有单侧（双侧）门窗的内走廊，其长度≥40m（≥60m）应设排烟系统及防火分区；走廊排烟系统应尽量利用竖井进行自然排烟，走廊排烟的排风口应尽量靠近天棚布置，该排风口可由烟感器控制其开启，也可手动，在阀门入口处应设有280℃易熔片，以便火势猛烈时关闭。

（8）消防电梯：因失火时消防人员荷装冲上楼梯既耗体力又误时机，万一楼梯被烟火切断更难进入；因此，对超过20层的高层建筑，应设置具有前室排烟设施的消防电梯。

（9）避难层与避难间：

《高规》规定，超高层（建筑物高度超过100m）公共建筑应设避难层（间），两个避难层之间不宜超过15层，火灾时让受困人员暂时避难（因人员迅速撤到室外地面极为困难），也可作为消防人员在大楼中进行灭火救援的"空中基地"。

A. 大楼的楼梯在避难层应错开位置或分隔，使人们向上或向下都要通过避难层；避难层的楼板、墙和门都具有足够的耐火度；一般耐火极限＞2小时。

B. 避难层的四周墙壁布满金属百叶，保证自然排烟；层内装有专用空调器或新风柜，并能根据烟气浓度自动开停，层内所有设备及管道均用防火涂料或耐火水泥涂抹。

（10）各类竖井：

A. 平时就应全部封死的竖井如管道井、电缆井（垃圾井除外），每隔2~3层浇 $\delta=100mm$ 的 $C15$ 混凝土封严并将其垂直隔断，管道入口的安装间隙用沙浆填实，检查门应耐火并能关闭严密。

B. 不便封死的交通竖井，井壁要求耐火密封，井门需经常开启者，应设带排烟或正压送风的封闭前室，上井口应设门关闭。

C. 楼内送排风竖井，井壁要求耐火密封，安装于井壁上的排烟阀及送风阀，应便于自（手）动开关。

4.3.3 防排烟设备的选型及控制

1. 排烟风机的选型

（1）普通（中低压）离心风机可满足排烟的要求，但大风量的离心风机只能安装在地面上，占地较大，需要较大的机房。

（2）高温轴流风机为消防专用风机，也能满足在280℃烟温下运行30min的要求，而高温轴流风机体积小，一般可吊装；若机房面积小，往往采用高温轴流风机排烟。

（3）排烟风机应与排烟口设联锁装置，启动任意一层平时关闭的电动排烟口均能联锁开启排烟风机，排烟风机前的管道上必须装置熔点为280℃的防火阀，并能联锁关闭排烟风机，以阻止烟气的垂直蔓延。

2. 防排烟设备的控制

（1）房间或走道发生火灾时由烟感器感知，并在消防中心显示火灾所在位置，以手动操作为原则将走道的排烟口开启，排烟风机与排烟口的操作联锁启动，人员开始疏散。

（2）火势扩大后，排烟风道中的阀门在温度达到280℃时关闭，停止排烟；这时，火灾层的人员已全部疏散完毕。

（3）若火势继续扩大，烟气流入作为重要疏散通路的楼梯间前室；这里的烟感器动作并在消防中心显示。

（4）消防中心依靠远距离操作或者防火人员到现场紧急手动开启楼梯间前室的排烟口，排烟口开启的同时，加压风机随即启动并开启进风口。

3. 防排烟方案总结

首先选用全部利用竖井自然进风与排烟,其次是自然进风,机械排烟,最后是全部(前室、楼梯间、电梯井)利用机械送风和机械排烟。

(1)《高层民用建筑设计防火规范》规定的送风正压值为 2.5~5mmH$_2$O (25~50Pa);现经我国高层建筑火灾实验塔防排烟试验,楼梯间及前室正压送风的最佳安全压力分别为 40Pa 及 30Pa。

(2) 楼梯间、前室、消防电梯前室和合用前室的正压送风系统是分开单独设置的。

(3) 机械排烟、机械正压送风应配套设立:

A. 若单设排烟系统,无新风送入,会形成负压而"引烟入室";

B. 若单设送风系统,无排烟系统,会形成正压而"以风助燃"。

4.4 保　温

4.4.1 概述

1. 保温的概念及条件

保温就是为减少管道或设备与周围环境的热交换而采取的绝热措施;保温后的散热量只是裸管(设备)散热量的 10% 左右,即保温后热损失可减少 90% 以上。保温的管道和设备应符合以下条件:

(1) 外表面温度高于 50℃或低于环境温度的各种设备、管道及附件。

(2) 生产中需要防止介质结晶或冻结,要求介质温度保持稳定的管道及设备。

2. 保温材料的表观密度

一般是指在自然状态下(不加外力,或稍加外力堆积成一定容积)单位容积(或体积)保温材料的重量,度量单位是 kg/m^3(数值上与密度单位一样)。

3. 保温结构

通常由保温层(减少介质热量向周围环境散失)和保护壳(保护保温层,使其不受机械或自然力的损伤和破坏)两部分组成。比环境温度低的介质管道,在保温层和保护壳之间还需增设防潮层,防止环境空气中的水蒸气渗入保温层,降低或破坏保温性能;因空气中的湿量是从高温向低温传递,故介质温度比环境温度高的就无需防潮层。

4. 名词解释

(1) 保温层:具有较高热阻并用于阻挡热流的保温结构的主层。

(2) 防潮层:在特定条件下用来防止水蒸气迁移的结构层。

(3) 保护层:包裹保温层或防潮层的各种金属或非金属材料及灰浆抹面。

(4) 环向接缝:垂直于设备和管道轴线的接缝,也指方形设备的横缝、水平缝。

(5) 纵向接缝:与环向接缝相垂直的接缝。

4.4.2 保温材料

以减少热损失为目的而使用的材料中,导热系数小于 0.12W/(m·K) 的材料,称为保温材料(材料的导热系数随密度加大而增大)。

一般要求保温材料密度小,机械强度大,导热系数小,吸水率小,化学性能好,能长期承受工作温度不变形,施工方便等。

1．开孔型纤维类保温材料

纤维间充满空气,用于保冷时,保冷层外侧的蒸汽压力大于内侧,外侧热空气易通过气孔进入到保冷层内部,在冷管道外面形成冷凝水,越结越多,形成结露现象,从而破坏了保冷结构,使之失去保冷效果,故开孔型纤维类保温材料不宜用于冷热水两用管道。

(1) 岩棉

是由熔化的岩石为原料制成的纤维材料;耐热温度为600~800℃、密度小,$\rho=100kg/m^3$,系非燃材料,其防火、抗老化及抗化学性能良好,导热系数小、保温性能适中,价格低廉,防水性能差,施工时要注意作好防水防潮处理,对于标准及造价受到限制的工程,仍有一定竞争性。

(2) 玻璃棉

是由熔化的玻璃为原料,用蒸汽立吹或火焰喷吹等工艺生产的纤维产品;玻璃棉密度小 $\rho=80~120kg/m^3$,导热系数小,系不燃物质,但吸水率大,中细玻璃棉在施工中对皮肤有刺痒的感觉。

A．纤维直径小于 $5\mu m$ 的玻璃棉称为超细玻璃棉,对皮肤无刺激感,密度特别小,导热系数也很小,使用这种保温材料,不仅能提高保温性能,还能减轻结构的支撑荷重。

B．目前我国生产的超细玻璃棉分为有碱和无碱两种:

a．无碱超细玻璃棉内碱金属氧化物的含量小于1%,纤维直径小于 $2\mu m$,耐热温度为600~650℃,常温下导热系数为 $0.033W/(m·K)$,价格较贵;

b．有碱超细玻璃棉内碱金属氧化物的含量约为4%,因为碱金属氧化物在受热时会发生剧烈的热裂现象,其耐热性和化学稳定就会降低,耐热温度约为450℃,常温下导热系数也是 $0.033W/(m·K)$;

C．我国生产的超细玻璃棉产品有:有碱超细棉毡,酚醛超细棉板、管,无碱超细棉及无碱超细棉毡等。

D．玻璃棉单独使用虽具有开孔型纤维类保温材料的不足,但玻璃棉纤维具有良好的保温、隔热、吸声、强力和化学稳定等特性,是制作复合材料的首选材料,复合铝箔离心玻璃棉属不燃型材料,广泛用于空调系统保温。

2．闭孔型发泡类保温材料

(1) 自熄聚苯乙烯泡沫塑料

密度小 $\rho=22kg/m^3$,最高使用温度为70℃,适用于低温保冷;若用有机胶类粘接会引起其萎缩变形,冬季空调设计供水温度为60~65℃,空调实际供水温度有时会超过70℃,故该材料不宜用作冬夏两用空调水系统保温。

(2) 阻燃聚乙烯泡沫塑料 (PEF)

质轻、导热系数小、防水性能佳,型材厚度为6~40mm,便于合理选用,是一种有良好发展前途的产品。

(3) 硬质聚氨酯泡沫塑料

$\rho=33kg/m^3$、质轻、吸水率低、导热系数小于岩棉和玻璃棉、使用温度 $-20~$

100℃，发泡剂是氟利昂（气孔里充满比空气导热系数小的氟利昂气体），是目前用于空调系统较好的一种冷热水两用管道的保温材料（目前价格高于一般保温材料）。

3．外保护层（位于保温层外面）

(1) 外保护层的作用

A．保护保温层免受内外力破坏，延长使用寿命；

B．防雨、防水、防潮、隔气；

C．使保温后的管道及设备外表面平整、美观、便于涂刷各种色漆以便识别。

(2) 外保护层的分类

A．涂抹式保护层（如石棉水泥）：质量的好坏取决于抹面泥浆的配方及施工工艺，施工时，先在保温层外绑扎镀锌铁丝网，既对保温层起包箍作用，又充作抹面护层的骨架，增强其机械强度；抹面一般是：粗抹、细抹各一次后，再进行压光。

a．露天保温不得采用涂抹式保护层，当必须采用时，应在抹面层上包缠毡、箔或布类保护层，并应在包缠表面涂敷防水、防晒性的涂料；

b．涂抹式保护层重量大、手工操作工效低、造价高，使用中受管道伸缩力及潮湿等影响容易出现裂纹、脱落、漏水、透气而影响保温层的性能。

B．金属保护层：宜采用镀锌薄钢板、铝合金薄板、不锈钢薄板、聚氯乙烯复合钢板等；当采用普通薄钢板时，其里外表面必须涂敷防锈涂料。金属保护层厚度$\delta = 0.3 \sim 1mm$，重量轻（$4 \sim 7.85 kg/m^2$），能减少管架负载及外形尺寸；机械强度高，不易变形，使用寿命长，外观整齐美观；但不适用于有化学腐蚀性气体的环境。其接合缝有以下结构形式：

a．咬边：可避免在护壳上开口，无漏隙，适用于室外，但施工麻烦。

b．插接或搭接：为防止金属护壳向下滑落，在接缝处，应用自攻螺丝或抽芯铆钉固定，护壳上要开孔，易进水，适用与室内。

c．金属保护层安装时，应紧贴保温层或防潮层；硬质保温制品的金属保护层纵向接缝处可进行咬接，但不得损坏里面的保温层或防潮层；半硬质和软质保温制品的金属保护层纵向接缝可采用插接或搭接。

d．水平管道金属保护层的环向接缝应沿管道坡向，搭向低处，纵向接缝宜布置在水平中心线下方的$15 \sim 45°$处，缝口朝下；当侧面或底部有障碍物时，纵向接缝可移至管道水平中心线上方$60°$以内。

e．垂直管道金属保护层的敷设应由下而上进行施工，接缝应上搭下。

f．立式设备、垂直管道或斜度大于$45°$的斜立管道上的金属保护层，应分段固定在支承件上。

g．有下列情况之一时，金属保护层必须按照规定嵌填密封剂或在接缝处包缠密封带：露天或潮湿环境中的保温设备、管道和室内外的保冷设备、管道与其附件的金属保护层；

保冷管道的直管段与其附件的金属保护层接缝部位和管道支、吊架穿出金属护壳的部位。

h．管道金属保护层的接缝除环向活动缝外，应用抽芯铆钉固定；保温管道也可用自攻螺丝固定，固定间距宜为200mm，但每道缝不得少于4个；当金属保护层采用支撑环固定时，钻孔应对准支撑环。

ⅰ．静置设备和转动机械的保温层，其金属保护层应自下而上进行敷设；环向接缝宜采用搭接或插接，纵向接缝可咬接或插接，搭接或插接尺寸应为 30～50mm；平顶设备顶部保温层的金属保护层，应按设计规定的斜度进行施工。

C．毡、布类保护层：

a．毡、布类保护层施工应在抹面层表面干燥后进行，管道上的搭接缝，应粘贴严密，其环缝及纵缝搭接尺寸不应小于 50mm；在设备平壁及大型贮罐表面铺贴时，其搭接尺寸宜为 30mm。

b．毡类保护层起点和终端应用镀锌钢丝或包装钢带捆紧，箔布类保护层起点和终端宜用胶带捆紧。

c．玻璃丝布价格低廉、重量轻、施工简易，垂直管道应由下向上缠绕，缠绕时要拉紧，边卷边整平，能承受外力，可满足防水要求，但容易松动、脱落，质地较软，若与硬质管壳保温材料配合使用效果较好；玻璃布外多采取刷色漆来阻气隔湿，会使玻璃布的强度大大降低，使之变脆，阻气隔湿效果也不够理想，在高温下或长年在日光下暴晒容易老化断裂，寿命较短。

d．沥青油毡保护层具有良好的防水性能、尤其用于室外管道；它可直接包在保温层外面，也可包在石棉水泥保护层外起防水作用；但沥青是可燃物，防火性能差，只能用于无特殊防火要求的场所；另外、油毡在外力作用下易开裂及撕破，降低防雨防潮能力。

D．铝箔复合类外保护层：铝箔是铝制的很薄的铝箔板，在外表面粘有钢丝网格，以增加保护层的强度，施工时用胶水粘合于保温材料上，能防水、耐腐蚀，保温隔气隔湿性能好，施工方便，外表美观，且价格便宜，是一种较好的保护层，但怕锐器碰撞刺破。

(3) 冷介质风管及设备保冷使用的外保护层

根据热力学第二定律，热量总是从高温物体自发地流向低温物体；热量从外界环境向低温管道和设备传送，热湿空气很容易在管道和设备表面结露，使保温层吸水而降低保温性能，也会使某些保温材料霉烂。冷介质管道热伸缩小，保护层受的拉伸力也较小，多用有机保温材料，要求密度小、导热系数小、透气率低；防水、吸水性能低；满足防火要求。

A．涂抹式保护层不宜采用。

B．金属保护层防水好、隔湿阻气性能差。

C．玻璃丝布阻隔湿气性差，易松动，保冷效果不好，但施工简单、成本低，可在一般空调工程中使用。

D．铝箔复合类外保护层：空调制冷管道采用阻燃夹筋铝箔保温，它由经过钝化处理的纯铝箔为表面层、中间采用玻璃纤维网络增强层与牛皮纸进行三层复合，然后在背后进行阻燃处理而成，既有金属防水性能好的特点，隔湿阻气性能更优良，又有玻璃丝布施工简单、进度快、外观好等特点，而价格仅相当于一油毡玻璃丝布外刷油漆的成本，用作空调制冷工程的外保护层，较好地起到阻隔湿气的作用，与岩棉板、自熄聚苯乙烯板保温材料结合使用，可使空调制冷管道及设备保冷更臻完善合理。

4.4.3 保温施工

1. 一般规定

(1) 用作保温层的材料,其平均温度≤350℃时,导热系数值不得>0.12W/(m·K);其密度应≤400kg/m³,其抗压强度应≥0.4MPa。

(2) 用作保冷层的材料,其平均温度≤27℃时,导热系数值不得>0.064W/(m·K);其密度不得>220kg/m³,其抗压强度应≥0.15MPa。

(3) 保温材料必须具有产品质量证明书及出厂合格证,其规格、性能等技术要求应符合设计规定。

(4) 保温材料具有多孔性,易于吸附空气中的水分,而保温材料每吸收1%的水分,导热系数就增加15%~30%,造成设备及管道大量能量损失;受潮的保温材料及其制品,当经过干燥处理后仍不能恢复合格性能时(保冷层材料的含水率不应超过1%),不得使用。

(5) 作为保温层时,拼缝宽度不应大于5mm,作为保冷层时,不应大于2mm;施工时,同层应错缝,上下层应压缝,其搭接长度不宜小于50mm。

(6) 水平管道的纵向接缝位置,不得布置在管道垂直中心线45°范围内。

(7) 保温设备或管道上的裙座、支座、吊耳、仪表管座、支架、吊架等附件,可不必保温;保冷设备或管道上的上述附件必须进行保冷,其保冷层长度不得小于保冷层厚度的4倍或敷设到垫木处。

(8) 支承件处的保冷层应加厚,保冷层的伸缩缝外面应再进行保冷。

(9) 施工后的保温层不得覆盖设备铭牌,可将铭牌周围的保温层切割成喇叭形开口,开口处应密封规整。

2. 固定件、支承件的安装

(1) 用于保温层的钩钉、销钉,可采用$\phi 3 \sim 6$mm的镀锌钢丝或低碳钢丝制作,直接焊接在钢制设备或管道上,其间距不应大于350mm;钩钉或销钉数量:侧面应≥6个/m²底面应≥8个/m²。

(2) 支撑件的宽度应小于保温层厚度10mm但最小不得小于20mm;当设备上不允许焊接时,应用抱箍型支撑件。

(3) 管道采用软质毡、垫保温时,其支撑环的间距宜为0.5~1m;当采用金属保护层时,其环向接缝与支撑环的位置应一致。

(4) 抱箍式固定件与设备管道之间,在下列情况之一时,应设置石棉板等隔垫:

A. 介质温度≥200℃;

B. 保冷结构;

C. 设备或管道系非铁素体碳钢。

(5) 在保冷结构中,金属钩钉或销钉不得穿透保冷层;塑料销钉应用胶粘剂粘贴。

(6) 保冷结构的支、吊、托架等用的硬木垫板,应浸渍沥青防腐。

3. 保温施工方法

(1) 设备和管道的保温结构有各种不同的型式和施工方法,应根据具体情况进行选取,一般的保温结构有:

A．涂抹式保温结构施工；
B．填充式保温结构施工；
C．缠绕式保温结构施工；
D．绑扎式保温结构施工；
E．粘接式保温结构施工；
F．喷涂式保温结构施工；
G．浇注式保温结构施工；
H．装卸式保温结构施工。

(2) 伸缩缝及膨胀间隙的留设

A．设备或管道采用硬质保温材料时，应留设伸缩缝；

B．两固定管架间水平管道保温层的伸缩缝至少应留设一道；立式设备及垂直管道，应在支承环下面留设伸缩缝；

C．弯头两端的直管段上，可各留一道伸缩缝，公称直径大于 300mm 的高温管道，必须在弯头中部增设一道伸缩缝；

D．留设伸缩缝的宽度：设备宜为 25mm；管道宜为 20mm；

E．保温层的伸缩缝内应先清除杂质，然后用矿物纤维毡条、绳等填塞严密，捆扎固定；高温设备及管道保温层的伸缩缝外，应再进行保温；

F．保冷层的伸缩缝应用软质泡沫塑料条填塞严密，或挤刮入发泡型粘接剂，外面用 50mm 宽的不干胶带粘贴密封，在缝的外面必须再进行保冷；

G．在下列情况之一时，必须在膨胀移动方向的另一侧留有膨胀间隙：

a．填料式补偿器或波形补偿器；
b．当滑动支座高度小于保温层厚度时；
c．相邻管道的保温结构之间。

4. 空调系统的保温

(1) 空调系统一般采用两管制，冬季供热（水温 40～65℃，最高水温可达 80℃）、夏季供冷（水温 7～12℃）；计算结果表明，保冷厚度一般大于保温厚度，且保冷性能对空调影响较大，保冷材料比保温材料多一层防潮层，防止空气中的湿量浸入保冷材料。空调保温应选用密度小、导热系数小、防水防火性能好、使用温度范围满足要求，施工方便的保温材料，选用时应视工程档次、造价综合考虑。

(2) 空调风管的保温大多采用带夹筋铝箔的玻璃棉板，先将金属风管表面的油污擦洗干净，用粘得牢快速万能胶将 $L=50mm$ 的塑料胶钉底座按梅花形粘贴于风管外壁上（或用锡焊、铆接将保温钉固定于风管表面），按规范要求底面≥16 个/m²、侧面≥10 个/m²、顶面≥8 个/m²，首行保温钉距风管或保温材料边沿的距离应<120mm；待万能胶固化塑料胶钉粘牢后，将带铝箔的离心玻璃棉板穿过塑料胶钉铺贴于风管壁上，再用塑料胶钉盖将露出的胶钉端部压妥锁紧，保温层的纵横向接缝要错开，保温层的接缝处应用相同保温材料填实，并用带铝箔的粘胶带密封。

(3) 冷冻水管及冷凝水管保温采用带夹筋铝箔的玻璃纤维管壳，该管壳的轴向开有一条 Z 形接口坑缝，便于套入需要保温的管道（不涂胶水），然后将接口坑缝合拢收紧，用带铝箔的胶带先将管壳的轴向拼缝收拢粘牢，再将轴向拼缝及管壳间的环向接缝全部密封。

冷凝水管的保温也可采用专用保温管套，如闭孔海绵橡胶套管等进行。

5. 施工注意事项

(1) 要防止出现"冷桥"现象

由于保温不严密或保温材料选择不当，冷冻水管直接与金属支吊架相接触，形成冷桥，常发生结露现象，锈蚀管道及支吊架；故在支吊架处必须垫具有一定强度和刚度、导热系数小、经沥青防腐过的硬木块，垫块$\delta \geqslant 50mm$，内径应与水管外径相等，之间不留间隙，管孔边至垫块边的距离应$\geqslant$保温层的厚度。

(2) 阀门及阀体应全部保温

只允许转动阀门的手柄不保温，需常检修的阀门，保温层的保护层做成可拆卸形式；有的空调设备的壁板、集水盘的保温层很薄，需加厚保温层。

(3) 搭接拼缝及法兰的处理

保温板之间、管壳之间应错缝拼接，拼缝间隙也用保温材料填实，在凸出的法兰处应再加铺一层保温材料，铝箔搭接宽度应$\geqslant 50mm$，并注意胶粘剂的耐热性能。

(4) 管道穿墙处应保温，最好设置双层套管，内套管解决管道伸缩问题，外套管保护保温层。

6. 保温后出现结露的原因

(1) 保温层导热系数超标，玻璃纤维粗细不均。

(2) 保温层厚度不足（因保温材料密度小，缠铝箔时受挤压厚度减小）。

(3) 保温层脱落，经冷热变化后，胶带粘接性能减弱，造成脱胶。

(4) 保温层在使用中受潮（特别是在阀门、管道与设备连接处未保温），导热系数加大，表面结露。

7. 解决结露的措施：

(1) 选择有质量保证的正规厂家的合格保温产品。

(2) 确保设计要求的保温层厚度，其密度应为：离心玻璃棉板材$\rho \geqslant 32kg/m^3$、管壳$\rho \geqslant 48kg/m^3$。

(3) 铝箔外再增1~2道斜纹玻璃丝布，加刷两道防水乳胶或涂料。

(4) 阀门全部保温，靠近风机盘管接管根部的保温层加作塑料薄膜或玻璃丝布防水乳胶共用防潮层。

4.4.4 保温工程的验收

验收时除检查保温材料的出厂合格证、检验、试验资料以及各种施工记录外，还应进行如下的实物检查：

1. 固定件的质量检查应符合下列规定

(1) 钩钉、销钉和螺栓的焊接或粘接应牢固，其布置间距应符合第3.2条的规定。

(2) 自锁紧板不得产生向外滑动。

(3) 振动设备的螺栓连接，应有防止松动的措施。

(4) 保温层的支承件不得外露，其安装间距应符合设计或第3.2条的规定。

(5) 保冷层的支承件及管道支、吊架部位的隔热垫块（沥青浸渍硬木或硬质塑料）不得漏设。

(6) 垂直管道及平壁的金属保护层，必须设置防滑坠支承件。

2．保温层的质量检查应符合下列规定

(1) 用钢探针或针形厚度计，进行保温层厚度检查，其允许偏差应符合表 4-4-1 的规定。

保温层厚度允许偏差（mm） 表 4-4-1

项 目		允 许 偏 差
保温层	硬质制品	+10、-5
	半硬质及软质制品	10%、-5%
保冷层		+5、0
充填、浇注及喷涂	保温层厚度＞50	+10%
	保温层厚度≤50	+5

注：半硬质及软质材料保温层厚度的允许偏差值，最大不得大于+10mm；最小不得小于-10mm。

(2) 保温层密度检查

硬质、半硬质保温制品的安装密度允许偏差应为+5%；软质保温制品及充填、浇注或喷涂的保温层，应实地切取试样检查，其安装密度允许偏差为+10%。

(3) 用刻画强度法检查保温层的实际机械强度，用专门的探测器或塞尺检查保温层的紧密程度；检查保温结构是否有裂纹，缝隙或凹陷的地方；检查接缝是否严密，对缝是否错开等。

(4) 伸缩缝的检查验收

缝的位置、宽度（金属保护层为搭接尺寸）、间距施工应正确，缝内填充物的使用温度符合要求；伸缩缝的宽度采用塞尺检查，其允许偏差为 5mm。

3．保护层的质量检查应符合下列规定

(1) 保护层表面的平整度除埋地及不通行地沟管道不作检查外，应用 1m 长靠尺及塞尺检查，靠尺与表面的空隙即为平整度误差。

A．抹面层及包缠层的允许偏差：不应大于 5mm；

B．金属保护层的允许偏差：不应大于 4mm。

(2) 抹面层不得有酥松和冷态下的干缩裂缝（发丝裂缝除外）；表面应平整光洁，轮廓整齐，并不得露出铁丝头；高温管道和设备的抹面层断缝，应与保温层及铁丝网的断开处齐头。

(3) 包缠层、金属保护层

A．不得有松脱、翻边、豁口、翘缝和明显的凹坑；

B．管道金属保护层的环向接缝，应与管道轴线保持垂直，纵向接缝应与管道轴线保持平行；设备金属护壳的环向接缝与纵向接缝应互相垂直，并成整齐的直线；

C．金属保护层的接缝方向应与设备、管道的坡度方向一致；

D．金属保护层的椭圆度（长短轴之差），不得大于 10mm；

E．保冷结构的金属保护层，不得漏贴密封剂或密封胶带；

F．金属保护层的搭接尺寸，设备及管道不得少于 20mm，膨胀处不得少于 50mm；

其在露天或潮湿环境中不得少于50mm，膨胀处不得少于75mm；直径250mm以上的高温管道直管段与弯头的金属保护层搭接不得少于75mm；设备平壁面金属保护层的插接尺寸不得少于20mm。

4.4.5　SCF-1新型保温外护层材料

1. 结构及优点

(1) SCF-1型高效节能保温外护层材料，系选用优质聚乙烯材料作为母材，两面涂复金属铝膜及保护层，经专门设备和特殊工艺加工而成的一种聚酯复合膜保温外壳材料。

(2) 优点

A. 适用性强，可广泛地用于供热、供冷管道、容器及设备的保温或保冷层上；

B. 耐酸、耐碱、耐盐雾、耐水性能和抗老化性能好；

C. 强度高，易于裁剪加工和现场安装；比铝箔和镀锌薄钢板造价低。

2. 施工方法

(1) SCF-1自粘型保温外护层材料的施工

A. 完成保温施工后，按保温对象外形的几何尺寸将SCF-1放样下料，粘贴到保温层上并压紧粘牢；

B. 外护层纵向搭接不少于50mm，横向搭接不少于30mm；搭接部位应清擦干净，然后用除油剂将搭接部位的油除掉，待除油剂挥发尽以后，再进行连接，并要轻轻压紧，以便粘紧粘牢；

C. 水平管道外护层纵缝搭接位置应选择在水平位置，连接时搭在上，接在下；立管外护层横缝搭接应由下向上施工，连接时搭在上，接在下，尽量防止雨水渗灌。

(2) SCF-1普通型厚板保温层的施工

A. 将SCF-1材料放样下料；已保温$DN400$以上的管道，纵向和横向的搭接长度都不应少于50mm；

B. 对于大管径管道，应先将保温加固圈或加固环安装固定好，然后再将SCF-1外护层贴在保温层上；

C. 用宽50~100mm编织带或尼龙带将SCF-1外护层拉紧、压实，然后按150~200mm间距打孔，安装抽芯铆钉；

D. 受力不大管径较小的保温管道，可以用自攻螺钉成孔攻丝一次拧紧；也可用自攻螺钉与抽芯铆钉混合使用；大管径管必须同时采用自攻螺钉和抽芯铆钉；

E. 在纵向和横向搭接处外表面，应先用除油剂将连接缝两侧表面处的油清除干净，并待挥发物散尽后，再用宽50mm、厚0.1mm的SCF专用胶带将其压紧、粘住、粘牢，以保证密封；

F. 立管横缝由下向上施工，搭在上，接在下；水平纵缝放在管道两侧水平位置，搭在上、接在下，以便防水防雨。

(3) 与超细玻璃棉毡及岩棉毡配合使用

冷冻水管和空调风管采用超细玻璃棉毡或岩棉毡保温后，也可选用厚度为0.3mm的自粘型SCF-1保温外护层材料走外壳，能保证严密不渗空气，避免因结露而使保温层脱落。

4.5 噪声控制及空调制冷设备隔振的标准化

4.5.1 噪声产生的原因及控制方法

1. 噪声产生的原因

噪声指紊乱、断续或统计上随机的声振荡。

(1) 空调系统的设备运行中会产生机械噪声，空气动力噪声或电磁噪声，通过空气传播到空调房间，也通过设备基础和建筑结构传播到空调房间，并通过界面的辐射，最终以噪声的形式出现。

(2) 通风机是空调系统的主要噪声源，国家规定风机噪声必须在 65~75dB 以下；若噪声超标系风机质量不佳，主要原因系外壁铁板太薄、加固筋太少等、风机运转时外壁振动产生噪声；加固外壳可降低噪声大约 4dB，将 1 台大风机改为 2 台小风机可降低噪声大约 10dB。

(3) 空气流动产生的噪声，在风管急转弯或管径急变部位，因空气涡流致使风管壁振动而产生较大的噪声，空调系统送风口或吸风口，因空气涡流也会产生噪声，因与客房接近，直接影响客人的工作或休息。

2. 噪声控制方法

空调系统中的噪声控制，包括消声和减振两方面，针对噪声产生的原因及部位可采取：

(1) 降低声源噪声、选择低噪声设备，切断传声途径，是最直接有效的措施。

(2) 当噪声无法降低到规定的指标时，采取措施增加在传播过程中的衰减，或在工作间安装噪声吸收顶板和壁面。

3. 噪声控制的具体实施

(1) 设计控制

A. 空调机房应尽可能布置在远离有消声要求的房间；

B. 选用通风机的风压安全系数不宜过大，每个送风系统的总风量和总阻力不宜过大，风管内的风速不宜过大；

C. 风管弯头与弯头之间、弯头与风口之间距离不能太小，优先考虑利用管道构件作消声弯头，风管上尽量少用调节阀；

D. 机房内噪声控制应以隔声、隔振为主，吸声为辅，消声器宜布置在靠近机房的气流稳定的管段上，管道穿过机房其孔洞四周的缝隙应填充密实，机房、冷却塔周围应设置隔声或挡声屏障。

(2) 设备选用控制

A. 在满足空调系统风压和风量的要求下，尽量选择低噪声风机，优先选择较低的转速；在同样转速下，尽量采用直连传动或联轴节传动，不得已也应采用无接缝的 V 带传动；

B. 应尽量选择对低、中频消声效果好的抗性消声器或阻抗复合式消声器。

(3) 安装控制

A. 在冷水机组、水泵、风机盘管、新风机等设备出入口处安装柔性接头；通风机进出口处安装柔性接管，其长度为 150~250mm，并在接管后的风管上包以 50mm 厚的超细玻璃棉纤维，包扎长度为 1~2m；

B. 风管及水管穿墙或楼板处的孔洞四周缝隙应用弹性消声材料填充，以防噪声传递；风管及水管支吊架应垫以弹性材料或使用减振吊架（减振用的材料采用泡沫橡胶）以降低风管及水管本身振动的传播，从而减少噪声；

C. 对噪声要求严格的房间必须设阀时，应在阀后设消声支管或消声风口，机房内回风管外包隔声材料，回风口内做消声处理；

D. 冷冻机、水泵、组合式空调器应安装在弹性减振基础上，弹簧减振器的静态变形量较大，橡胶、软木次之；当转速 $n>1200r/min$ 时，常用橡胶和软木作减振材料，当转速 $n<1200r/min$ 时，宜用弹簧减振器；

E. 靠近有低噪声要求的房间设置空调机或通风机时，应作二级防振处理；即在混凝土基础下设沥青软木作一级防振，第二级防振为在主机下边设弹簧或软木减振器，悬吊新风机等较重设备可用弹簧吊架，以减少振动噪声；

F. 在风管布置上，应尽量避免急弯，必要时在三通和转弯处设导流叶片，变径管处采用渐扩（缩）管；对于主风管上的风口，可在风口与主风管之间的支风管内加作消声板，消声板应大于支风管的半径，2块消声板的间距应大于 150mm。

对离机房较近的主风管上噪声大的风口，可将直接送风改为间接（绕道）送风；并在绕道风管内壁贴 $\delta=30mm$ 氯丁胶有孔海绵板，可降低噪声大约 4dB；

G. 若风机设计偏大引起噪声超标，把配套电机轴端的皮带轮直径减小可有效降低噪声。在机房四周的室内感到噪声大时，用 $\delta=50mm$ 超细玻璃棉板将机房内墙全部贴满，可降低噪声大约 5dB；对制冷主机，使用组装式轻型钢结构隔声罩，可把噪声控制衰减在局部空间；

H. 消声器选型不当也会产生噪声，在空调机房内侧送风口处，增加微穿孔消声器可降低噪声大约 7~8dB；改进阻抗复合式消声器，从法兰边到消声器的短管内加贴薄绒布，可增加吸音效果；将国家标准图中边长 50mm×50mm×50mm 进风方向为 60°的三角木条，改为边长 50mm×95mm×50mm 进风方向为 30°的三角木条，可提高消声效果。

（4）运行控制

A. 根据送风量选择合理的流速，对于噪声要求严格的空调房间（如演播厅），主风管风速控制在不大于 4m/s、各支管风速控制在不大于 2.5m/s、风口风速控制在不大于 1.5m/s、当风速不大于 4m/s 时，风管本身就具有一定的静压作用，产生噪声的因素很少；

B. 选择合理的风速时应兼顾消声器的消声功能；一般室式消声器的风速不宜大于 5m/s、通过消声弯头的风速不宜大于 8m/s、微穿孔消声器的风速不应大于 15m/s、通过其他类型消声器的风速不宜大于 10m/s；通风机运行的工作点尽量接近风机的最高效率点。消声器后的风管上不再装阀门，避免由阀门再产生噪声。

4.5.2 消声器

1. 简介

（1）消声器是利用声的吸收、反射、干涉等原理，降低通风与空气调节系统中气流噪声的装置；它能阻止声音从管道传播而允许气流通过。

(2) 分类

空调设备（主要是通风机、制冷机及冷却塔等）在运转过程中，由于叶片或叶轮高速旋转，产生强烈的空气动力性噪声，通过风管的进气口和排气口传播到周围房间；消声器主要是控制沿通风管道传播的噪声，除了吸声作用外，隔声也是一个不可忽视的指标。消声器的消声性能（声衰减量）取决于消声器的形式、使用材料或结构的吸声性能、气流速度等；消声器按消声原理可分为（可单独使用或组合使用不同特性的消声器）：

A．阻性消声器（包括微穿孔板消声器）；

B．抗性消声器（包括扩张室消声器及共振腔消声器）；

C．阻抗复合消声器。

2．阻性消声器

是利用吸声材料的吸声作用，使沿管道传播的噪声，在其中不断被吸收和逐渐衰减的消声装置。声波是在多孔而且互相串通的吸声材料（吸声材料固定在气流流动的管道内壁）中摩擦消耗声能来降低噪声的，适用于消除高、中频噪声。

(1) 阻性消声器的特性：在同样长度下，消声值与通道的横断面积成反比；在同样横断面积下，消声值与通道饰面的长度成正比。

(2) 消声值取决于吸声材料的种类、厚度、密度及吸收系数，最常用的消声材料有超细玻璃棉和泡沫塑料。

(3) 为了防止吸声材料被风吹掉，在吸声材料外面一定要加适当的护面结构，通常采用包玻璃丝布后再加一层穿孔板。

3．微穿孔板消声器（属于阻性消声器）

是利用微孔中的空气柱共振吸收的原理进行消声，在厚度 $\delta<1mm$ 的金属薄板上均匀钻直径 $\phi<1mm$ 的微孔，穿孔率 $1\%\sim3\%$，将微穿孔板作为一个密封腔体的一个面，就构成一个微穿孔板吸声结构，将该结构作为消声器的贴衬材料，就构成了微穿孔板消声器。其吸声性能好，消声频程宽，空气阻力小，可用于：

(1) 通风空调消声；

(2) 导风器消声；

(3) 除尘风机消声；

(4) 350 马力柴油发电机排气消声。

4．抗性消声器

内部不装任何吸声材料，仅依靠管道截面积的改变或旁接共振腔等，在传播过程中引起声阻抗的改变，产生声能的反射与消耗，从而达到消声目的的消声装置。

(1) 扩张室消声器

是利用横断面积的突变（扩张、收缩）引起的声反射、干涉，声能在腔内衰减来进行消声的，适用于消除中频噪声，消声值与扩张比、消声器的长度、内接管的长度有关。

(2) 共振腔消声器

是利用共振吸收的原理进行消声，适用于消除低频噪声，消声值与共鸣器的体积、通道横断面积、共振频率等参数有关。

5. 阻抗复合消声器（又称宽频带复合式消声器）

是一种既有吸声材料，又有共振腔、扩张室，穿孔板等滤波元件的消声装置。是综合对低、中频有效的抗性消声器和对高频有效的阻性消声器制作而成；其阻性吸声片是由木筋制成木框，内填超细玻璃棉，外包玻璃丝布，消声材料应铺放均匀，玻璃丝布不得破损；抗性消声是由内管截面突变及内外管之间膨胀室的作用所构成，凡与气流接触的部分使用漆包钉，其余部分使用鞋钉装订。由于消声量大，消声频率范围宽，这种消声器应用广泛，有以下几种型式：

(1) 扩张室——阻抗复合消声器；

(2) 共振腔——阻抗复合消声器；

(3) 穿孔屏——阻抗复合消声器。

由于使用吸声材料，在高温（特别是有火时）、蒸汽侵蚀和高速气流冲击腐蚀下，寿命较短。

6. 消声弯头与静压箱

(1) 消声弯头，当因机房面积窄小，而难以设置消声器时，可采用消声弯头，一般在风管弯头内粘贴吸声材料即可。

(2) 消声静压箱，在风机出口处设置内壁粘贴吸声材料的静压箱，既可起稳定气流的作用，又可起消声器的作用。

4.5.3 空调制冷设备隔振的标准化

1. 概述

(1) 隔振是指利用弹性支撑，使受迫振动系统降低对外加激励的响应能力，也称减振。

(2) 当通风、空调和冷装置的振动靠自然衰减不能达到允许程度时，应设置隔振器或采取其他隔振措施。

2. 钢筋混凝土基座板

隔振系列采用重质量块的方法，即把空调、制冷设备配置在相当于本身重量2～5倍的钢筋混凝土基座板上，用以降低重心和减少各支撑点压缩量的偏差然后在板下各支撑点设隔振装置。

(1) 质量块分平板和T形板两种。

(2) 隔振装置采用钢弹簧加设橡胶垫块，以便对低频和高频振动有较好隔振效果；弹簧不用闭合的盒套，而是用敞开式的上下隔板的形式，以免各支撑点压缩量有偏差时，发生卡壳而失去隔振作用。

3. 隔振装置的系列化

(1) 确定甲、乙、丙、丁四种不同承载能力的弹簧，弹簧圈直径分大、小两种，小弹簧可插入大弹簧内，以便并联使用。

(2) 甲型弹簧仅用于特大型空调制冷设备，乙、丙、丁型弹簧组合成不同承载能力的10种标准弹簧盒（详见表4-5-1)，以供各类空调制冷设备隔振需要时选用，作为系列定型产品。

10 种标准弹簧盒的规格和弹簧组合　　　　　表 4-5-1

弹簧盒编号	承受力（MPa）	压缩量（mm）	选用弹簧型号	数量（个）
1 号	12.5	25	丁型	1
2 号	20	11.1	丙型	1
3 号	68.4	18.7	乙型	1
4 号	12.5 + 68.4	19.4	乙、丁型	各 1
5 号	20 + 68.4	16.2	丙、丁型	各 1
6 号	12.5 + 12.5	25	丁型	2
7 号	20 + 20	11.1	丙型	2
8 号	68.4 + 68.4	18.7	乙型	2
9 号	161.8	19.4	乙、丁型	各 2
10 号	176.6	16.2	乙、丙型	各 2

4．空调制冷设备隔振的标准化

(1) 通风机隔振的标准化

按机组配置的（风机与电机）底盘尺寸、重量和隔振要求（自振频率 f = 5Hz），分别配置在 6 种规格的钢筋混凝土基础平板上，根据基础板和机组的总重量及支点数，选用弹簧盒规格，再配上钢筋混凝土基座板配筋和节点构造图即可，不必再计算。

(2) 水泵、冷冻机和空压机隔振标准化

设置了 10 种 T 形钢筋混凝土基础板，可按板的重量、机组重量、底盘尺寸和支撑点数来确定弹簧盒规格。

5．空调制冷设备的管道隔振

设备的振动除了通过基础沿建筑结构传递外，还可以通过管道和管内介质以及固定管道的构件传递并辐射噪声，管道必须采取相应的隔振措施，即通过设备与管道的软连接（弹性连接）来实现，采用隔振软管或隔离管道与建筑构件连接处的振动传递。

(1) 通风机进出口与管道间软连接均采用帆布接口，法兰连接，其合理长度为 150～250mm。

(2) 水泵、冷冻机和空压机的软管连接：

A．当介质为水、压力<0.6MPa，温度<50℃时，采用 DG 型橡胶软管；橡胶软管隔振效果较好，但耐压、耐高温性能差；

B．当介质为水、氨、氟利昂，压力及温度较高时，采用有网套的不锈钢波纹软管（最大工作压力为 0.8～2.5MPa）；若压力<0.6MPa，也可采用不带网套的不锈钢波纹软管；

C．软管应尽可能配置在垂直和水平两个方向并接近设备的管路上，如水泵进出口处。

6．管道与建筑物的隔振

设备与管道采用软管隔振后，只能减低由管道传递的振动，不能抵消介质运行本身的振动，管内介质的振动仍然可以通过与建筑物的连接处（如支吊架）进行传递，因此，吊置和架设管道仍需作隔振处理。

(1) 立管固定在墙上，夹环与管道间应垫 $\delta = 2 \sim 3mm$ 橡胶片或毛毡；架设在墙上的水平管道，支架与管道之间应设 $\delta = 30 \sim 50mm$ 橡胶或软木。

(2) 吊置水平管道，可用弹簧吊架或在夹环与管道间衬垫 $\delta = 2 \sim 3mm$ 橡胶片或毛毡。

(3) 管道穿墙处，应先设套管，后装管道，套管与管道的缝隙内冲填麻丝及沥青。

4.6 高层民用建筑及宾馆酒店的舒适性空调

4.6.1 空调系统概况

1. 客房空调

(1) 新风采集

高层建筑及宾馆酒店的客房空调大多采用风机盘管加新风系统，新风从室外采集后，沿途会被污染，竖井中阴暗潮湿，滋生大量污染物，为了减少污染，提高室内空气品质，应注意：

A. 高层建筑空调中的新风系统规模不宜过大，新风机组与新风采集口宜直接用管道连接；

B. 竖井风管尽可能不采用建筑风道，要经常清洗新风处理设备，减少新风被污染的可能性。

(2) 客房送风

客房基本上均在小过道上方暗装卧式风机盘管，一般均偏离房间的中央，因气流组织为上送下回，使用单层百叶风口会使气流扩散不到边，产生死角，使室内温差较大（在冬季供暖时温差更为明显）；若出风口处装置倾斜的可调双层百叶送风口，气流就会较好的扩散。但是，因送风口高度<3m，若百叶风口下送风，会使气流没能扩散混合就直接进入工作区，使人感到头部不适，若合理选用散流器，将改进送风效果；同时，送风口应远离室内的回风口，以防部分新风直接吸入回风口，造成新风气流短路。

A. 客房新风小支管设在风机盘管出风口处的同一笼子里，新风直接进入室内，新风出风量不受风机盘管开停及高中低档的影响，应尽量采用此种方法。

B. 客房新风小支管设在风机盘管的吸风口处，供给的新风（温度较低）和室内回风（温度较高）混合后进入风机盘管，使新风出力不足（与全部处理回风相比）并随风机盘管开动情况而改变，且受风机盘管的转速影响较大，同时室内换气次数减少，热舒适感降低；某饭店对客房进行测试的结果如表4-6-1所示。

新风测试情况　　　　　　　　　　　表4-6-1

风机盘管开高速档	新风量为 37.6m³/h
风机盘管开中速档	新风量为 23.7m³/h
风机盘管开低速档	新风量为 17.5m³/h
风机盘管停开	新风量为 11.7m³/h

(3) 新风供给方式

宾馆酒店客房送入室内的空气可以全部采用新鲜空气（全新风系统），也可部分采用室内排出的空气（亦称回风），只要能满足室内的卫生要求即可，后者可节省空调系统的费用，通常均采用该种方法。

(4) 客房回风

A. 回风口对室内气流组织影响不大，客房可采用小走廊回风（因客房一般采用卫生间排风），采用侧送风时，回风口宜设在送风口同侧、采用散流器下送时，回风口宜设在下部；

B. 门绞型百叶回风口，是在固定型百叶回风口的基础上增加一个边框和特制门锁及铰链，有利于安装及过滤网的清洗和配套使用；使用时用手轻拨活门上的门栓，活门即可打开，抽出过滤网进行清洗；关闭时只要将活门推上，两边弹簧门即自动上锁。

(5) 客房空调控制

A. 设置风机盘管的客房，均应设置单独调温的温控器，并宜与客房节能钥匙联锁；温控器应具有标明温度值的刻度，每小格的分度值不得大于2℃；

B. 仅用于冬季供暖的空调房间，温控器的调节范围为16~24℃；仅用于夏季供冷的空调房间，温控器的调节范围为20~28℃，用于夏季供冷、冬季供暖的房间，温控器的调节范围为16~28℃。

2. 写字楼和公共部分的空调

(1) 写字楼采用单风道全空气系统和风机盘管加新风系统兼而有之；在写字楼内设置风机盘管时应注意，写字楼出租后，用户自己进行分隔，风机盘管加新风系统则不能提供任意分隔的灵活性，分隔后有的房间只有送风没有回风，有的房间只有回风没有送风，需从新设计布置或采用变风量系统。

(2) 宾馆酒店的餐厅、商场等公用部分面积较大，要求室内有较大的通风换气设备，通常采用单风道全空气系统（少数采用变风量空调系统），使用冷风柜或空调机组供冷风，暗装风管与吊平顶相呼应的手法进行空气调节，冷风柜或空调机组将室内的循环空气与室外进入的新鲜空气先在空调室内进行混合，然后再经除尘、冷却或加热后，通过风管及风口送入室内，气流组织为上送下回，送回风口均为矩形百叶风口或散流器。

A. 根据建筑特点，一般采取集中回风，对于无分隔的大空间如门厅、大堂、利用机房侧墙或门上格栅，设几个集中回风口，使用百叶风口加过滤网；对于有分隔的空调房间如多功能厅，利用公共走道或走廊回风；厨房、餐厅等有异味的地方均不回风，直接排至室外以免串味。

B. 宾馆酒店空调工程一般采用低压送风系统，运行时空气压力在700Pa以下，风速在8~10m/s左右。空调房间气流流型主要取决于送风方式，常用的送风方式有侧送、散流器顶棚送风及条缝型风口（装有导流和调节构件的长宽比大于10的狭长风口）送风；

a. 侧送一般以贴附射流形式出现，工作区通常是回流；

b. 散流器平送和下送，一般按对称或梅花形布置，散流器中心线和侧墙的距离应≥1m；

c. 条缝型风口送风气流呈扁平射流，适合于风速0.25~1.5m/s、温度波动±1°~2°的场所，狭长的条缝型送风口易于与建筑装修和灯具配合，简节美观。

4.6.2 风机盘管机组

1. 风机盘管的组成结构

风机盘管是空调系统的末端装置,是将通风机、换热器及过滤器组成一体的空气调节设备。

(1) 风机盘管的风机采用双进风前向多翼离心式叶轮,可以变速,叶轮直径和长度的取值也很接近;国内与国外机组三档风量和转速有所不同,差别较大。

(2) 盘管采用铜管铝翅边形式,铜管直径、壁厚、翅边厚度、间距、铜管排数、盘管的长度或散热总面积,随生产厂家不同而有差异,但悬殊不大。

(3) 风机电功率为 $30\sim100W$;采用 YJC—2Y 系列,单相电容驱动调速低噪声异步电动机,使用220V电源,50Hz交流电,通过调节电机输入电压以改变风机的转速,使之具有三级调速装置,变换成高、中、低三档风量,通过调节风量达到调节空调房间冷(热)量的要求。

(4) 使用风机盘管,各房间可独立开停而不影响其他房间,但风量较小、气流射程短,在高大建筑物中特别显得力不从心,中部会产生死角。

2. 风机盘管的布置

(1) 供、回水管与风机盘管机组应为弹性连接或软连接。

A. 弹性连接采用经过退火的紫铜管、翻边后用活接头(纳子)连接;

B. 软连接采用高压橡胶管(也可采用金属软管),承受压力1.18MPa、耐温100℃,在高压橡胶管的两端用螺栓将管道上的卡箍拧紧,安装简单、不易漏水、便于维修。

(2) 供、回水管的阀门及过滤器应靠近风机盘管安装;回水管上装有电动两通阀,接受温控器的控制,控制冷冻水的通断,有的电动两通阀也可控制流量。

(3) 风管、回风箱及风口与风机盘管机组连接处应严密,牢固。

(4) 风机盘管通常多在湿工况下运行,因而产生冷凝水,排泄冷凝水的管路从滴水盘上接出,使用镀锌铁皮卡子固定一段夹丝尼龙软管作缓冲后,再用管道接入管井中的立管后排出。

A. 为防止冷凝水泄漏,安装冷凝水管排水坡度应正确,严禁倒坡,冷凝水应畅通地流到指定位置;

B. 风机盘管试运转前,应清除滴水盘排水口处的污物,以防堵塞;并从滴水盘上注水,试验冷凝水管路是否畅通。

(5) 由于国产自动排气阀排气时常出现少量滴水,故应将手动阀门的排气管和自动排气阀的出口管接至卫生间地漏处或接至室外。

(6) 要在每条横向支管的末端设旁痛阀,在冲洗盘管时,把每个风机盘管进水阀关闭,末端旁通阀打开,形成流动的循环回路,冲洗的脏水、杂物就不会进入末端盘管中。

(7) 风机盘管水系统不能正常排气的原因:

A. 放气阀未设在最高点,放气阀设在吊顶内没有检修孔,放气阀无引下管以及放气阀堵塞失效;

B. 不注意冷冻水管路安装的坡度及集中排气,常出现倒坡;由于建筑结构的原因,管路安装出现向上或向下的 U 型弯阻气;

C. 有的风机盘管管路接口高于主管,引起风机盘管内存气。

4.6.3 空调供水系统及方式

1. 空调供水系统的种类

(1) 两管系统：夏季供冷水和冬季供热水都在同一供回水管路中进行，管路系统简单，一般三星级及其以下的宾馆酒店采用。

(2) 三管系统：由一根供冷水管、一根供热水管和一根公共回水管组成，由温度调节器自动控制每个机组水阀门的转换，使机组分别接通冷水或热水，因会产生冷热水混合损失，运行效率低，故使用不多。

(3) 四管系统：即冷热水供回水管分开，能灵活实现同时供冷和供热，运行操作简单，仅限于热舒适要求最高的五星级宾馆酒店中采用。

2. 空调供回水温度

(1) 夏季空调供水温度为7℃、回水温度为12℃（供水水温若为5°~6°、保冷防潮层稍有疏忽就会结露滴水），冷水温升取5℃左右；

(2) 冬季供热一般由锅炉供给110/90℃的一次热水（在北方也可由城市供热管网供给12/70℃的一次热水），经水—水热交换器换为95/70℃（90/65℃）的二次热水供组合式空调器使用；二次热水经水—水热交换器换为60/50℃（55/45℃）的三次热水供风机盘管或采暖散热器使用。

(3) 因水温高容易结垢；在条件许可时，应尽量提高冷水入口温度和降低热水入口温度，空调水系统应使用软化水，日常补水也用软化水，在缺乏软化水源且单独配备软水装置又不经济时，可采用静电除垢仪。

3. 空调供回水方式

(1) 开式系统

水管末端与大气相通，水中含氧量高，水质易脏，管路易堵塞，管路与设备的腐蚀快；一般水管与带水池的冷却塔、喷淋室或地下蓄冷（热）水池等设备相连，水泵扬程中除克服水的摩擦阻力外，还必须增加克服静水压力的能量，故水泵动力消耗大，系统还经常出现"水锤"现象，带来噪声。

(2) 闭式系统

水在管路内密闭循环，不与大气接触，管路不易产生污垢和腐蚀，系统简单，水泵能耗小。

A. 由于系统内水体积膨胀的原因，在系统最高点必须设膨胀水箱，膨胀水箱还具有系统运行前进行充水和运行中补充水的消耗的功能；

B. 闭式系统由于整个系统均充满了水，水泵扬程只需克服循环阻力，不需克服水柱的静压力，故节省动力。

(3) 同程式

供回水干管中的水流方向相同，每一环路的管路长度相等（见图4-6-1），水流分配调节方便，各机组的流量大至等于设计流量，系统设回水总管，水力平衡性好；在开式系统中，由于回水最终进入水管达到相同的大气压力，故不需采用同程式布置。

(4) 异程式

供回水干管中的水流方向相反，各环路的长度不相等，不需要回程管（见图4-6-2），

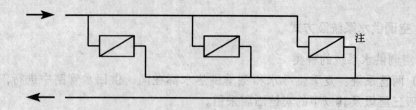

注：为空调设备或风机盘管机组

图 4-6-1 同程式回水方式

存在着各环路的阻力不平衡现象，水流分配调节较难；水力平衡麻烦，优点是管路配置简单、节省管材，当楼层较低时，可采用异程式系统。

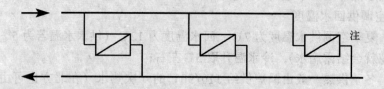

注：为空调设备或风机盘管机组

图 4-6-2 异程式回水方式

(5) 一级泵系统

冷源侧与负荷侧合用一组循环水泵，中小型集中式空调系统均采用，在末端装置处安装电动两通阀，根据温控器调节通过盘管的水量，在冷冻机房的供回水总管上设置压差旁路装置，利用供回水干管之间的压差调节流量，一级泵系统较简单，控制元件少，运行管理方便。

(6) 二级泵系统

A. 由两个环路组成，一次环路负责冷冻水的制备，即以回水集管经过冷水机组至供水集管称一次环路，它与制冷机一对一相匹配；二次环路负责冷冻水的输配，即以供水集管经过空调系统的设备至回水集管，它与用户的水流量相匹配，其水流量随着冷负荷的变化而变化；

B. 系统冷源侧与负荷侧分别配备循环泵来保持冷源侧一次环路的定流量，二次环路为变流量；一次环路与二次环路之间的流量通过安装于供回水管路间的旁通管来平衡；

C. 对压差相差悬殊的高阻力还路，或当冷冻水的总量 $>300 m^3/h$ 时应采用二级泵系统，二级泵宜设置变频调速装置。

(7) 水泵所需要的压头（或扬程）开式系统及闭式系统分别如下式所示：

$$H_{max} = h_f + h_d + h_m + h_s$$

$$H_{max} = h_f + h_d + h_m$$

式中 H_{max}——管网最不利环路总阻力计算值 (kPa)；

h_f、h_d——系统总的沿程阻力和局部阻力损失 (kPa)；

h_m——设备的阻力损失 (kPa)；

h_s——开式系统的静压头 (kPa)。

4.6.4 冷却塔

冷却塔是使循环冷却水同空气相接触，以蒸发方式达到冷却目的的一种换热设备；单座和小型塔多采用逆流圆形冷却塔，多座和大型塔多采用横流式冷却塔。宾馆酒店空调工程一般采用开放式系列低噪声型冷却塔，为制冷系统的冷凝器提供冷却水循环使用。

1．冷却塔的主要部件

（1）冷却塔的布水器是用来将温度较高的水均匀分布到冷却塔的整个淋水面积上的重要部件，由布水管（用塑料管或不生锈的铝合金管制成）和旋转体组成，布水器的孔眼不能堵塞和弯曲变形。

（2）冷却塔的填料是用来将配水系统布洒下来的热水分散成水滴或水膜，以增加空气和水的接触面积，并延长接触时间，增强散热效果；安装时应避免将杂物带入，并在试车时进行清洗，将填料上附有的污垢等杂物清除掉。

（3）冷却塔上的轴流式排风机压头很小，不允许在排风孔上安装短管或其他部件，以免减少风机排风量。

2．冷却塔的供回水

冷却水系统与大气相通，空气中的污染物随时可能进入循环水系统，造成金属管道结垢和腐蚀，故应根据水质情况定期向系统内投入清洗药物进行处理。

（1）因冷却水不断蒸发，故需不断补水，补水量为冷却塔循环水量的1%～3%，补给软水最为理想；若无软水，可将冷却塔底池的排污阀调在某一开度，维持少量排水，使冷却水硬度保持在极限值之下。

（2）冷却水泵、冷水机组的冷凝器与冷却塔一一对应，每台冷却塔的供水管上装有电动碟阀，并与水泵和冷却塔风机连锁，根据冷水机组对冷却水进水温度的要求，对冷却塔的通风与水流量进行合理控制；为避免多台并联管路阻力不平衡造成水量分配不均，或冷却塔底池的水发生溢流现象，各进水管上均设置阀门，借以调节水量。

（3）在各冷却塔底池之间，用与进水管相同管径的均压管（即平衡管）连接；为使冷却塔的出水量均衡，出水干管宜采用比进水干管大两号的集管，并用45°弯管与冷却塔各出水管连接（见图4-6-3）。

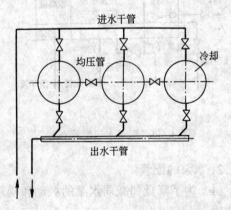

图4-6-3 多台冷却塔并联时的管路布置

（4）在冷却塔供回水总管之间应设旁通管和电动二通调节阀，当冷凝器的进水温度降低到整定温度时，自动开启旁通管上的二通调节阀，使部分冷却水未经冷却塔旁通到冷凝器的进水管中，保证冷水机组的正常运行。

3．冷却塔的设置

（1）冷却塔应设置在空气流畅，风机出口处无障碍物的地方，冷却塔应设置在噪声要求低和允许水滴飞溅的地方,当附近有噪声要求时,应考虑消声和隔声措施。

(2) 冷却塔一般置于屋面上,可较好的解决环境噪声、热污染等问题;若进行隔档及装饰处理,可使其外观与环境相协调。

4.6.5 设备配管

1. 膨胀水箱配管

空调水采用闭式系统时,为容纳水系统内存水因温度变化而引起的体积膨胀和有利于系统内空气排除,应设置膨胀水箱,其位置至少应高出水管系统最高点1m。

(1) 膨胀水箱的配管有膨胀管、补水管、溢流管、排污管、检查管、循环管等;膨胀管、溢流管、循环管上均不得装设阀门(见图4-6-4)。

(2) 膨胀管(膨胀水箱与热水系统之间的连接管)的一端从膨胀水箱的底部接口,另一端应接在水泵吸入口,可稳定系统内特别是水泵吸入口的压力;为防止冬季供暖时因水箱内结冰造成事故,膨胀水箱应采用保温措施。

(3) 工程上另一做法是在膨胀水箱的侧面开口,再接一根循环管至水泵吸水口前的回水管上,使膨胀水箱中的水在两接点(水箱侧面和底部接口)压差的作用下处于缓慢流动状态(使系统中的水量得以部分回流),避免结冰(见图4-6-5)。

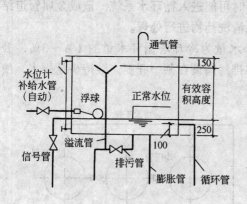

图 4-6-4 膨胀水箱配管布置

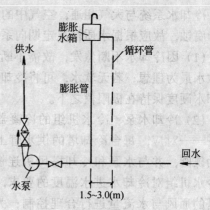

图 4-6-5 膨胀水箱循环管的连接

2. 水泵的配管

(1) 为了降低和减弱水泵的振动和噪声传递,在水泵吸入管和压出管上应安装橡胶挠性软管。

(2) 为便于水泵检修,应在进出口管上装进口阀和出口阀,进口阀通常是全开或全闭,可采用闸阀;出口阀应有调节流量的作用,可采用截止阀或碟阀。

(3) 为防止水泵突然断电水逆流使水泵叶轮受阻或反转,压出管上应设止回阀;若空调水系统扬程不高,可以采用普通的止回阀(如旋启式、升降式),对于闭式系统,压出管上不需安装止回阀;对于冷却水系统,若水箱设在水泵标高以下,宜采用缓闭止回阀。

(4) 水泵的出口管上应安装压力表和温度计,若水泵从低位水箱吸水,在吸水管上应装真空表。

3. 集水器和分水器

(1) 在采用集中供冷（热）方式的工程中，为有利于各空调分区流量分配和调节灵活方便，常在供、回水干管上分别设置分水器和集水器，在分水器和集水器上设置控制阀门，再分别连接各空调分区的供水管和回水管。

(2) 集水器和分水器都用无缝钢管制作，选用的管壁和封头板的厚度以及焊缝应按其耐压要求确定，集水器和分水器的底部应设置排污管接口，一般采用 $DN40$。

4. 阀类及过滤器

空调水系统一般常用的关断阀有三种，即闸板阀（通称闸阀）、截止阀（俗称球形阀）及碟阀。

(1) 闸阀是用以切断和调节流量的闸板状阀门，一般用在以关闭为主要目的的场合。

(2) 截止阀是阀塞垂直于阀座运动，用以切断和调节流量的阀门，大多用在控制流量为主要目的而关闭为次要目的的场合。

(3) 碟阀是绕轴线转动的单板式调节阀，多用在管径 $DN100$ 以上，并用于控制流量和关断两种目的的场合。

(4) 为消除和过滤水中的杂物，在水泵、换热器、空调器等设备的入口管道上均应安装过滤器，防止杂质进入堵塞设备。

A. 小管径的过滤器常用 Y 形，具有外形尺寸小，安装清洗方便的特点。大管径的过滤器常用立式直通或卧式角通等；

B. 过滤器安装时应注意水流方向，过滤器前后应设置控制阀门，以备清洗或检修时切断管路。

4.6.6 空调设备及冷热源设备的设置

1. 空调设备的设置

(1) 大中型宾馆酒店采用集中布置的制冷机房和锅炉房，客房部分采用风机盘管加新风系统，裙房和公共部分采用全空气的单风道系统和风机盘管加新风系统兼而有之；分散设置空调机房及空调房间的末端设备。

(2) 小型宾馆酒店采用窗式空调器、组合式空调器、柜式空调器等带有制冷机组的空调器，对各房间进行空调。

(3) 组合式空调器常用于宾馆的公共部分，如门厅、中庭、餐厅等需集中处理空气的部位。

(4) 20 层以内的高层宾馆酒店宜设上部或下部一个设备技术层（一般层高 2.2m），20 层以上宜分设上部与下部两个设备技术层，30 层以上设上、中、下三个设备技术层；空调器等设备为防止承受过大的静水压力，宜布置在中、上设备技术层内；在设备技术层设置水—水热交换器，使静水压头变为分段承压。

2. 冷热源设备的设置（见图 4-6-6）

(1) 将冷热源设备置于塔楼外裙房顶层上，在裙房顶层同时布置冷却水系统。

(2) 将冷热源设备置于塔楼中间的技术夹层，或与防火层结合起来布置。

(3) 将冷热源设备置于屋顶上。

3. 空气过滤器的设置

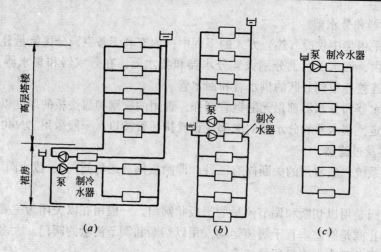

图 4-6-6 冷热源设备的设置

(a) 置于裙房顶层；(b) 置于技术夹层；(c) 置于屋顶

宾馆酒店空调工程的空气来源，一般是新风和回风二者的混合空气，新风因室外环境有尘埃而被污染，回风则因室内人的活动而被污染，三星级以上的宾馆应采用初效和中效二级过滤器做空气净化处理，一般可只采用初效过滤器。

(1) 初效过滤器：大多采用金属丝网、玻璃丝、人造纤维、粗孔聚氨酯泡沫塑料，大多做成 500mm×500mm×50mm 块状过滤器，并布置成"人"字形排列或倾斜安装，应一周清洗一次。

(2) 中效过滤器：主要滤料是玻璃纤维、中细孔聚乙烯泡沫塑料等做成抽屉式或袋式，可成组地安装在空调箱内的支架上，应一季度清洗一次。

4.6.7 通风和空调工程施工中应注意的问题

1. 风管施工

(1) 风管的工程量应以面积（m²）计算、风管的长度应按其中心长度计算、风管的施工标高：矩形风管从管底算起，圆形风管从管中心算起。

(2) 当设计无规定时，矩形弯管内导流片的配置可按表 4-6-2 执行。

矩形弯管内导流片的配置（mm） 表 4-6-2

边长	片数	A_1	A_2	A_3	A_4	A_5	A_6	A_7	A_8	A_9	A_{10}	A_{11}	A_{12}
500	4	95	120	140	165								
630	4	115	145	170	200								
800	6	105	125	140	160	175	195						
1000	7	115	130	150	165	180	200	215					
1250	8	125	140	155	170	190	205	220	235				
1600	10	135	150	160	175	190	205	215	230	245	255		
2000	12	145	155	170	180	195	205	215	230	240	255	265	280

注：$A_1 \sim A_{12}$ 依次为叶片之间的距离。

（3）风管支、吊架施工

A．风管与部件支、吊架的预埋件、射钉或膨胀螺栓位置应正确、牢固可靠，埋入部分应去除油污，并不得涂漆。

B．在砖墙或混凝土上预埋支架时，洞口内外应一致，水泥砂浆捣固应密实，表面应平整，预埋应牢固。

C．用膨胀螺栓固定支、吊架时，应符合膨胀螺栓使用技术条件的规定。

D．支、吊架的形式应符合设计规定，当无设计规定时，可按下列规定执行：

a．靠墙或靠柱安装的水平风管宜用悬臂支架或有斜撑支架；不靠墙、柱安装的水平风管宜用托底吊架；直径或边长小于 400mm 的风管可采用吊带式吊架；

b．靠墙安装的垂直风管应用悬臂托架或有斜撑支架；不靠墙、柱穿楼板安装的垂直风管宜采用抱箍支架，室外或屋面安装的立管应用井架或拉索固定；

c．支吊架亦可采用组合型通用构架型式。

E．吊杆拼接可采用螺纹连接或焊接；螺纹连接任一端的连接螺纹均应长于吊杆直径，焊接拼接宜采用搭接，搭接长度不应少于吊杆直径的 6 倍，并应在两侧焊接。

F．成排的风管支、吊架应放线确定位置，以确保其直线度；支、吊架上的螺孔应采用机械加工，不得用气割开孔，吊杆不宜直接固定在风管法兰上。

G．为防止风管运行中反复振动，使吊架紧固螺栓回松，螺纹吊杆与角铁横担连接处应有防松动措施，如加弹簧垫圈或双螺帽紧固；悬吊的风管与部件应设置防止摆动的固定点。

H．风管敷设时应及时进行支、吊架的固定和调整，其位置应正确、受力应均匀。

（4）风管与法兰采用铆接连接时，风管的最大翻边量以不遮住法兰上螺栓孔为原则，若翻边量过小将减少风管翻边与法兰接触的面积，减少密封垫片与翻边接触的面积，影响法兰与风管、法兰与法兰连接的严密性（漏风主要发生在法兰间及法兰翻边处）。

风管翻边与角铁法兰的连接处要严密，四角炸口裂缝处应用锡焊或用胶泥封堵，也可涂以密封胶；咬口重叠处，翻边后应将突出部分铲平。

（5）为防止出现"冷桥"现象，造成冷热量损失，矩形风管的支吊架应设在保温层外部，不能损坏保温层；使用托底吊架的横担不能直接和风管接触，中间应垫以难燃硬质隔热材料或经防腐处理的木衬垫，其厚度与保温层相同；吊杆同样不得与风管的侧面接触，要离开与保温层相同的距离。

（6）风管和空气处理室内，不得敷设电线、电缆以及输送有毒、易燃、易爆气体或液体的管道；风管与配件可拆卸的接口及调节机构，不得装设在墙或楼板内。

（7）风管穿出屋面宜按下列方法施工

A．风管穿越屋面应在风管与屋面的交界处设置井圈（钢筋混凝土预制）或防雨罩，确保交界和穿越处不漏水、渗水，风管法兰采用涂料、垫料等进行密封，防止雨水沿管壁渗漏到室内；

B．风管穿越屋面高度超过 1.5mm 时，应设拉索固定，也可用固定支架或利用建筑结构固定；采用的拉索不应少于 3 根，不能直接固定在风管或风帽上，应用抱箍固定在法兰上侧，以防止下滑，严禁将拉索的下端固定在避雷针或避雷网上。

（8）风管穿越墙壁、楼板处的施工

A．风管穿越墙壁、楼板应设钢制预埋套管及固定支架；钢制预埋套管的内径，应以能够穿过风管的法兰和保温层为准，其间隙不能过大；套管的壁厚应≥2mm，预埋前应除去表层铁锈和油污，其外表不应油漆，以便牢固固定在建筑物结构内；

B．预埋在墙壁内的套管两端应以墙面平齐，不能突出或过多的陷入墙内；预埋在楼板中的套管上端应高出楼板面50mm以上，防止楼板面上积水灌入套管中流至楼下，套管下部与楼板相平；为使套管能固定牢固，套管应焊有肋板埋到墙或楼板结构中。

(9) 风管法兰垫片的厚度宜为3～5mm，垫片应与法兰齐平，不得凸入管内。风管法兰的密封垫料应尽量减少接头。法兰垫片的材质，当设计无要求时，可按下列规定执行：

A．输送空气温度低于70℃的风管，应采用橡胶板、闭孔海绵橡胶板、密封胶带或其他闭孔弹性材料等；

B．输送空气或烟气温度高于70℃的风管，应采用石棉橡胶板等；

C．输送含有腐蚀性介质气体的风管，应采用耐酸橡胶板或软聚氯乙烯板等；

D．输送产生凝结水或含有蒸汽的潮湿空气的风管，应采用橡胶板或闭孔海绵橡胶板等；

E．密封胶带为新型风管法兰密封材料，贴于法兰螺栓与风管内缘之间（贴于外侧会发生胶带脱落及漏风），具有良好的粘接效果，其密封性能好，便于操作，可大大降低漏风量，代替风管法兰接口处的橡胶垫或石棉绳。

(10) 不锈钢板风管施工

A．不锈钢板风管和配件的制作，应采用奥氏体不锈钢，板材厚度应符合表4-6-3的规定。

不锈钢板风管和配件板材厚度（mm）　　　　表4-6-3

风管直径或长边尺寸	不锈钢板厚度
100～500	0.5
530～1120	0.75
1180～2000	1.0
2500～4000	1.2

B．不锈钢风管壁厚≤1mm时，板材连接宜采用咬接，壁厚>1mm时宜采用氩弧焊或电弧焊焊接，不得采用气焊；采用氩弧焊或电弧焊时，应选用与母材相匹配的焊丝或焊条；采用手工电弧焊时，应防止焊接飞溅物污损表面，焊后应将焊渣及飞溅物清洗干净。

C．不锈钢板风管与配件的表面，不得有划伤、刻痕等缺陷；加工和堆放应避免与碳素钢材料接触。

D．不锈钢板风管的法兰材料规格应符合表4-6-4的规定。

不锈钢法兰材料规格　　　　表3-6-4

圆形风管直径或矩形风管边长（mm）	法兰材料规格（扁钢）
≤280	25×4
320～560	30×4

续表

圆形风管直径或矩形风管边长（mm）	法兰材料规格（扁钢）
630~1000	35×6
1200~2000	40×8

E．不锈钢板风管的法兰采用碳素钢时，材料规格应符合金属圆形或矩形风管法兰的规定，并应采用镀铬或镀锌等表面处理措施；铆钉材料宜采用不锈钢。

F．不锈钢板风管不宜在焊缝及其边缘处开孔。

G．不锈钢板风管除采用法兰连接形式外，亦可采用无法兰连接形式。

2．部件施工

(1) 风口敷设

A．风口规格应以颈部外径或外边长为准，风口外表面装饰面应平整光滑，不得有明显的划伤、压痕与花斑，颜色应一致，焊点应光滑。

B．百叶式风口的叶片间距应均匀，其叶片间距允许偏差为±1.0mm，两端轴应同心；叶片中心线直线度允许偏差为3/1000；叶片平行度允许偏差为4/1000。

C．现场风口接口的配置不得缩小其有效截面；风口的转动、调节部分应灵活、可靠、定位后应无松动现象。风口送热风时应使气流向下，送冷风时应使气流向上。

D．铝合金条形风口其表面应平整、线条清晰、无扭曲变形，转角、拼缝处应衔接自然，且无明显缝隙。

E．单层百叶风口作一般送回风口用；双层百叶风口在需要调节风口气流速度和方向角度时使用（外层水平百叶用于改变射流的出口倾角，内层垂直叶片能调节气流扩散角）；三层百叶风口在需要调节风口风量（用前叶片）、气流角度（用中叶片）和气流速度（用后叶片）时使用。

F．风口敷设在支管端部时，须在支管端部配设木框，用铁钉将木框固定在支管端部，再用木螺丝把风口固定在木框上；风口敷设在风管侧面时，用自攻螺丝把风口固定在木框上。

G．送风口与吊顶接合是一项困难的工作，为了克服大面积敷设风口的纵横轴向偏差，可采取风管与风口之间加400×400×200mm小盒进行调节控制，同时可起到静压送风的作用。

(2) 散流器敷设

A．散流器平送：仅有恒温要求的空调房间一般采用平送，平送气流沿顶棚贴附流动，防止气流倾斜或下送，避免射流直接射入工作区；

B．散流器下送：有净化要求的空调房间多半采用密集布置散流器下送气流；可避免扬起地面的灰尘，所采用的散流器为流线型；

C．散流器的扩散环和调节环应同轴，径向间距分布应匀称；方形直片式散流器上的调节圈，主要起调节气流流型的作用，若要调节风量，应另加风量调节阀；为防止顶棚内的灰尘落入室内，施工散流器时，顶棚与风口接触处必须垫闭孔海绵橡胶密封垫。

(3) 柔性软管的施工

A. 柔性软管的敷设应松紧适度, 不得扭曲; 柔性软管主要用来隔离空调设备对风管的振动, 降低机械噪声, 常用于空调设备的吸入口和排出口与风管的连接处, 长度一般为150~250mm, 吸入端可稍紧些, 防止运转时被吸入。

B. 柔性软管的材料一般采用厚质帆布和人造革, 树脂玻璃布, 软质橡胶板, 潮湿环境用涂胶帆布, 腐蚀环境可用耐酸橡胶板或软聚氯乙烯板。

C. 柔性软管不适合作保温, 即使作了保温也不耐久, 不严密, 在众多的工程中不同程度地发现冷凝水现象, 严重的还给装饰吊顶造成污染。

D. 目前使用较多的空调设备是在表冷器中用冷冻水处理新风及回风, 在表冷器处低温水与风管送入的空气进行气—水热交换, 必然存在低温空气通过柔性软管管壁与管外空气传热, 当软管外壁温度降至所处环境空气露点温度以下时, 空气中的水蒸气便会结露于外壁面, 即出现柔性软管 "跑冷" 现象。

E. 国内空调系统采用的冷冻水水温大多定位在7~12℃, 通过表冷器热交换后, 冷风一般在14℃左右, 经过计算可知, 若要使柔性软管处不产生结露, 必须使环境空气状态的露点温度低于17.5℃, 若环境温度为25℃, 查 I-d 图可知此时的相对湿度 $\Phi<62\%$, 对于一般空调房间, 风机盘管通常装于小过道上方, 实际的露点温度均低于17.5℃, 不会产生结露现象。

F. 若柔性软管处在近似室外气体状态的环境时 (如变风量空调器及新风机的安装位置不在空调室的吊顶处, 而装于通风屋顶处), 此时除个别干燥地区外, 都应考虑防结露措施:

a. 加大柔性软管的厚度 (增大热阻), 采用双层软管材料, 适当提高供回水温度等;

b. 在变风量空调器及新风机的施工中, 一定要设存水弯, 可以使冷凝水在集水盘汇集, 这是空调器除湿防结露的关键措施; 否则, 冷凝水泄水通道将成为空调器的一个 "新风通道", 发生结露在所难免。

(4) 金属柔性软管由金属骨料 (螺纹钢丝) 和涂复玻璃纤维织物 (或金属薄膜如铝薄) 壁料以缠绕方式加工成型复合而成, 金属骨料为支撑构架, 使风管具有必需的强度, 涂复玻璃纤维织物以其高度柔性使风管具有可弯曲、伸缩、减震、消声防火、防腐、使用时不结露等特点。

A. 金属柔性软管常用于主风管与风口或静压箱的连接, 主风管及静压箱上均设有圆形硬管接口, 施工时将柔性软管一端套在硬管接头上, 并用专用卡环锁紧, 然后再套另一端锁紧卡环, 柔性软管靠近硬管接口处应设吊杆与卡环连接, 施工时注意不要使软管出现死弯;

B. 金属柔性软管也用于客房风机盘管的新风管、回风管及排风管, 敷设在客房小过道及卫生间的吊顶之上, 操作方法同上款所述。

(5) 多叶阀、三通阀、碟阀、防火阀、排烟阀、插板阀、止回阀等应敷设在便于操作的部位。

A. 防火阀方向应正确, 如阀体上未用箭头标注气流方向, 重力式防火阀的易熔片应迎气流方向, 易熔片一端必需向关闭方向倾斜5°左右, 以便于易熔片下落关闭;

电动防火阀安装后应做动作试验, 其阀板的启闭应灵活可靠; 执行机构的脱扣器应在规定的电压下脱扣; 手动脱扣、模拟易熔杆脱扣应可靠; 手柄复位后, 手柄应灵活地自动回到原始位置。

　　B．止回阀宜设置在风机的压出段上，开启方向必须与气流方向一致。

　　(6) 风帽的滴水盘、滴水槽设置应牢固，不得渗漏；凝结水应引流到指定的位置；

　　导向回转式（旋转式）风帽，其弯管的角度和节数应符合设计规定，组装后导向叶片与弯管的匹配应平衡，其转动应灵活。

　　(7) 各类排气罩的施工宜在设备就位后进行，位置应正确，固定应可靠；支、吊架不得设置在影响操作的部位；厨房锅灶排油烟罩的施工，其高度及坡度应符合设计要求。

　　3．通风与空调设备施工

　　(1) 通风机施工

　　A．开箱检查应符合下列规定：

　　a．根据设备装箱清单，核对叶轮、机壳和其他部位的主要尺寸、进风口、出风口的位置应与设计相符，叶轮旋转方向应符合设备技术文件的规定；

　　b．进风口、出风口应有盖板遮盖；各切削加工面，机壳和转子不应有变形、锈蚀、碰损等缺陷。

　　B．搬运和吊装：

　　a．整体安装的风机，搬运和吊装的绳索不得捆绑在转子和机壳或轴承盖的吊环上；

　　b．现场组装的风机，绳索的捆绑不得损伤机件表面，转子、轴径和轴封等处均不应作为捆绑部位；

　　c．输送特殊介质的通风机转子和机壳内如涂有保护层，应严加保护，不得损伤。

　　C．皮带传动的通风机和电动机轴的中心线间距和皮带的规格应符合设计要求。

　　D．通风机的进风管、出风管等装置应有单独的支撑，并与基础或其他建筑物连接牢固；风管与风机连接时，不得强迫对口，机壳不应承受其他机件的重量。

　　E．通风机基础的各部位尺寸应符合设计要求；预留孔灌浆前应清除杂物，灌浆应用细石混凝土，其强度等级应比基础的混凝土高一级，并应捣固密实，地脚螺栓不得歪斜；通风机底座若不用隔震装置而直接安装在基础上，应用垫铁找平。

　　F．电动机应水平安装在滑座上或固定在基础上，找正应以通风机为准，安装在室外的电动机应设防雨罩。

　　G．通风机拆卸、清洗和装配应符合下列规定：

　　a．应将机壳和轴承箱拆开后再清洗，对直联传动的风机可不拆卸清洗；

　　b．清洗和检查调节机构，其转动应灵活；

　　c．各部件的装配精度应符合产品技术文件的要求。

　　H．风机两滚动轴承架上轴承孔的同轴度，可以叶轮和轴装好后转动灵活为准。

　　I．轴流风机组装，叶轮与主体风筒的间隙应均匀分布，并应符合表4-6-5的规定。

叶轮与主体风筒对应两侧间隙允许偏差（mm） 表4-6-5

叶轮直径	≤600	601~1200	1201~2000	2001~3000	3001~5000	5001~8000	>8000
对应两侧半径间隙之差不应大于	0.5	1	1.5	2	3.5	5	6.5

大型轴流风机组装应根据随机文件的要求进行，叶片安装角度应一致，并达到在同一平面内运转平稳的要求。

J．通风机隔振支、吊架不得超过其最大额定载荷量；钢隔振支架制安及焊接应符合 GB 50205《钢结构工程施工质量验收规范》的有关规定，焊接后必须矫正。

(2) 空调设备施工

A．空调设备的开箱检查应符合下列规定：

a．应按装箱清单核对设备的型号、规格及附件数量；设备的外形应规则、平直，圆弧形表面应平整无明显偏差，结构应完整，焊缝应饱满，无缺损和孔洞；

b．金属设备的构件表面应作除锈和防腐处理，外表面的色调应一致，且无明显的划伤、锈斑、伤痕、气泡和剥落现象；

c．非金属设备的构件材质应符合使用场合的环境要求，表面保护涂层应完整；

d．设备的进出口应封闭良好，随机的零部件应齐全无缺损。

B．设备就位前应对设备基础进行验收，合格后方可施工；机组应放置在平整的基础上，基础应高于机房地平面；检查门开启应灵活，水路应畅通。

C．由于产品质量问题，有的空调机组的箱板甚至没有上螺栓，靠空调机组内的负压吸在框上，造成过滤器后的空气含尘量反而高于过滤器前，施工时应仔细检查。

D．与外管路连接应正确。国家标准 GBJ 15《建筑给水排水设计规范》规定，空调设备的排水不得与污废水管道系统直接连接，应采取间接排水方式；使空调设备不但有存水弯隔气，与排水管还有一段空气间隔，若存水弯水封被破坏，污浊气（液）体也不能进入空调设备。

E．组合式空调机组冷冻水系统配置的电动调节阀，施工时应注意以下问题：

a．一般电动两通阀用于闭式冷冻水系统的水量调节；电动三通阀用于开式系统的水质及水量调节（若水量不变，只改变供水和回水的混合比例）；

b．施工时应按阀体上的箭头方向"上进下出"，若按一般的球形阀"低进高出"施工，则会出现即使阀芯动作，介质仍流不过去的状态。

F．水冷柜式空调机组的施工应符合下列规定：

a．柜式空调机组设置应平稳，冷却水管连接应严密，不得有渗漏现象，并应有排水坡度；

b．按照冷却水管道连接及维修保养的要求，四周应留有足够的空间。

G．窗式空气调节器应固定牢固，并应有遮阳、防雨措施，但不应遮挡冷凝器排风；凝结水盘应有坡度，其出水口应设在水盘低处。

窗式空气调节器施工后，四周应用密封条封闭，面板平整，并不得倾斜；运转时无明显的窗框振动和噪声。

4．波纹膨胀节的特点及施工

(1) 应用

由于不锈钢波纹膨胀节具有占用空间小，不易泄漏，补偿量大，运用范围广等优点，在空调水系统中得到越来越广泛的应用。

(2) 特性

根据该类产品说明书的介绍可知，生产厂家只考虑了温度对波纹膨胀节的作用，而未考虑管内流体静压产生的轴向推力对波纹膨胀节长度的影响。波纹膨胀节只是利用自身的轴向弹性变形量来补偿管道热胀冷缩造成的伸长或缩短量；在额定工作压力条件下，波纹膨胀节本身可以承担静压产生的径向力，保证不漏水，当却基本不承担静压产生的轴向力。

(3) 轴向推力

当管道中流体有压力时，即会产生轴向推力，即

$$F = S \cdot P$$

式中　F——轴向推力（kN）；
　　　S——管道截面积（m^2）；
　　　P——管道静压（kPa）。

(4) 施工中经常出现问题的原因

A．固定支架强度不够，导向支架没有足够的导向性或布局不合理，其中危害最大的是固定支架不合格，在管路试压过程中，可能发生波纹膨胀节的拉杆被拉断，波纹膨胀节失效损坏或推倒管线的事故；

B．管线不对中或波纹膨胀节受到扭转，两者都影响波纹膨胀节的正常工作，甚至损坏；

C．轴向波纹膨胀节没按设计要求进行预拉伸或预压缩，横向型波纹膨胀节没有冷紧使波纹膨胀节在工作时超过额定补偿量，影响其使用寿命。

(5) 施工中的注意事项

A．必须正确设计和按施工图纸施工固定支架、滑动支架及导向支架，固定支架的强度应能承受管道中静压产生的轴向推力；

B．在支架施工完成并经检查无误后，方可对管路系统进行分段试压及系统试压，管道内的轴向推力就不会对波纹膨胀节及管路造成破坏，以确保施工安全；

C．在试压时，若把波纹膨胀节拉杆两端螺母锁死，波纹膨胀节靠拉杆作用力固定，虽然解决了试压时波纹膨胀节变形的问题，则完全失去了波纹膨胀节的作用，故不宜采用。

5．油漆施工

(1) 镀锌钢板只要镀锌层不破坏，可以不涂防锈漆，若镀锌层已有泛白现象，在表面清理祛除油污或氧化锌后，再涂防锈漆或锌黄类底漆（对铝、锌轻金属有较好的附着力）。

(2) 风管和管道喷涂底漆前，应清除表面的灰尘，污垢与锈斑，并保持干燥。

(3) 面漆与底漆漆种宜相同，漆种不同时，施涂前应做亲溶性试验。

(4) 一般通风、空调系统薄钢板的油漆，在设计无规定时，可按表 4-6-6 的规定执行。

薄钢板风管油漆　　　　　　表 4-6-6

风管所输送的气体介质	油漆类别	油漆遍数
不含有灰尘且温度不高于70℃的空气	内表面涂防锈底漆	2
	外表面涂防锈底漆	1
	外表面涂面漆	2
不含有灰尘且温度高于70℃的空气	内外表面各涂耐热漆	2

续表

风管所输送的气体介质	油漆类别	油漆遍数
含有粉尘或粉屑的空气	内表面涂防锈底漆	1
	外表面涂防锈底漆	1
	外表面涂面漆	2
含有腐蚀性介质的空气	内外表面涂耐酸底漆	≥2
	内外表面涂耐酸面漆	≥2

(5) 空气净化系统的油漆，在设计无要求时，可按表 4-6-7 的规定执行。

空气净化系统的油漆　　　　　表 4-6-7

风管部位	油漆类别	油漆遍数	系统部位
内表面	醇酸类底漆	2	1. 中效过滤器前的送风管及回风管 2. 中效过滤器后和高效过滤器前的送风管
	醇酸类磁漆	2	
保温外表面	铁红底漆	2	
非保温外表面	铁红底漆	1	
	调和漆	2	

(6) 空调制冷系统管道的油漆，包括制冷剂、冷冻水（载冷剂）、冷却水及冷凝水管等应符合设计要求，在设计无要求时，制冷系统管道（有色金属管道除外）油漆可按表 4-6-8 的规定执行。

制冷剂管道油漆　　　　　表 4-6-8

管道类别		油漆类别	油漆遍数
保温管道	保温层以沥青为粘结剂	沥青漆	2
	保温层不以沥青为粘结剂	防锈底漆	2
非保温管道		防锈底漆	2
		色漆	2

注：镀锌钢管可免涂底漆。

(7) 安装在室外的硬聚氯乙烯板风管，外表面宜涂铝粉漆二遍。

4.6.8 单机试运转

空调系统的设备和附属设备必须进行单机试运转，单机试运转的设备如下：
空调系统：风机、水泵、自动浸油式或自动卷绕式空气过滤器。
制冷系统：冷却水泵、冷却塔风机、冷冻水泵及制冷机。

1. 供电、控制系统的测试

(1) 根据电气施工图检查供电线路和控制线路的安装是否正确，在无问题的情况下，可在供电系统的上端子接上电源，对各主回路及控制回路进行模拟试验，待供电系统和控制系统的工作都准确无误后，才能向各系统供电，进行其他系统的试车及调试工作。

(2) 试车开机时,必须先点动三次无异常现象,方可开机正式运行;试车结果应达到施工质量验收规范或技术标准的要求。

2. 通风机试运转

(1) 离心通风机试运转前的检查

A. 检查风机进出口管道的连接:风机出口应保持直管段,长度宜不小于出口边长的 1.5~2.5 倍,以减少涡流;如受空间限制,出口管必须转弯时,其弯管方向应顺着风机叶轮转动方向,并应在弯管中加导流片(板);风机进口管的连接,同样要注意涡流问题。

B. 风机出口调节阀应装在柔性接头之后,以免风机震动时使阀门产生附加噪声。

C. 检查风机的安装情况:检查传动轴的水平度,联轴器的不同心度,径向位移及轴向位移是否符合施工质量验收规范的要求;风机施工后应做静平衡试验,用手旋转风机叶轮,每次都不应停留在原来的位置上。

D. 三角皮带施工过紧或过松将影响风机运转性能,施工皮带时、应使电机轴和风机轴的中心线平行;皮带的拉紧程度适当,一般用手敲打已装好的皮带中间,以稍有弹性为准;用手放在装好的皮带上往下按,其按下的距离为皮带的厚度为宜。

(2) 启动风机

A. 启动风机应按单机试车程序进行,运转前必须加上适度的润滑油,并检查各项安全措施;盘动叶轮,应无卡阻和碰擦现象;叶轮旋转方向必须正确;

B. 风机试车时,须将系统的各干、支管及风口的风量调节阀全部打开,风机启动后系统总管的风量调节阀,也应在不超过额定电流的情况下开启至最大状态。

(3) 风机性能的检查与测定

A. 风机转速低于设计值,其原因是皮带过松致使风量不足,应调整皮带使之松紧适宜;若风量仍然不足,在电机容量允许的条件下,可按设计转速改变电机或风机的皮带轮尺寸,并增加电机主回路电缆的截面积,保证提高转速后能安全供电。

B. 风机的叶轮反转系电机三相电源接线错误造成,将其中两相电源互换,即能调换转向;风机旋转方向正确,皮带松紧适中,若感觉风压较低,应检查叶轮的叶片方向是否正确。

C. 空气沿风管流动时,其全压 P_q 是由静压(气体在静止时产生的压力或流体在流动时产生的垂直于流体运动方向的压力)P_f 和动压(流体在流动过程中受阻时,由于动能转变为压力能而引起的超过流体静压力部分的压力)P_u 所组成:

$$P_q = P_f + P_u$$

D. 风机的全压 P_q 是风机压出口处测得的全压 P_{qy} 与风机吸入口处测得的全压 P_{qx} 的绝对值之和,即 $P_q = |P_{qy}| + |P_{qx}|$;当风机压力在 50mmH$_2$O 以下时用皮托管和倾斜微压计来测量,如果压力再高,可用 U 形压差计测量。

a. 风机压出端的测定截面,应尽可能选在靠近风机出口处而气流比较稳定的直管段上,若测定截面离风机出口较远时,应将测定截面上所测得的全压值加上从该截面至风机出口段风管的理论压力损失;风机吸入端的测定截面也应尽可能选在靠近风机吸入口处。

b. 风机的风量应分别在其压出端和吸入端测定,即:

$$L = (L_x + L_y) / 2$$

式中 L_x——吸入端测得的风量;

L_y——压出端测得的风量。

E. 风机的并联工况：在阻力小的管网中工作有利，阻力大时反而妨碍另一台风机，其总风量等于每台风机风量之和 $L_b = L_1 + L_2$，并联后的风压等于其中任何一台风机的风压 $P_b = P_1 = P_2$。

F. 风机的串联工况：在管网阻力较大时其效果比较显著，主要是在风量不变的情况下，提高空调系统的风压 $L_c = L_1 = L_2$，$P_c = P_1 + P_2$。

3. 制冷机的试运转

制冷装置的单机试运转、系统吹扫、气密性试验、检漏、抽真空、充注制冷剂及带负荷试运转除按照施工质量验收规范的规定执行外，尚应符合有关的设备技术文件规定的程序和要求，并做好各项记录。

(1) 活塞式制冷机单机无负荷和空气负荷试运转应符合下列规定：

A. 机体的紧固件均应拧紧，仪表和电气设备应调试合格；

B. 无负荷试运转不应少于 2h；

C. 空气负荷试运转，氨制冷机在 0.25MPa 的排气压力（表压）下，运转不应少于 4h；

D. 油位正常，油压应比吸气压力高 0.15～0.3MPa；

E. 油温及各摩擦部位温升应符合设备技术文件的规定；

F. 气缸套的冷却水温度：进口不得超过 35℃，出口不得超过 45℃；

G. 排气温度不得超过 130℃；

H. 封闭式和半封闭式氟利昂制冷机不宜进行无负荷和空气负荷试验。

(2) 离心式制冷机空气负荷试运转应符合下列规定：

A. 润滑油系统应冲洗干净，加入冷冻机油的规格及数量应符合随机文件的要求；

B. 抽气回收装置中，压缩机的油位应正常，转向正确，运转无异常；

C. 电气系统工作正常，保护继电器整定值正确，油箱电加热运行正常；

D. 冷却水系统应能正常供水；

E. 导向叶片启闭灵活、可靠，开度和仪表指示值应按随机技术文件的要求调整一致；

F. 瞬间点动压缩机，转动应正常；

G. 水冷却电机机组连续运行不应少于 30min，氟利昂冷却电机机组连续运行不应少于 10min（叶片开度大于 40% 的试验时间应缩短），油箱的油温、油压、轴承温升及机器声响和振动应符合随机文件要求。

(3) 螺杆式制冷压缩机单机无负荷试运转应符合下列规定：

A. 检查电机的旋转方向时，应将电机与螺杆式压缩机断开；

B. 用手盘动压缩机应无阻滞及卡阻；

C. 冷冻机油的规格和油面高度应符合随机文件规定，油泵运转正常，油压保持 0.15～0.3MPa（表压）；

D. 调节四通阀应处于减负压或增负压位置，并检查滑阀移动是否灵活正确，并把滑阀处于能量最小位置；

E. 保护继电器安全装置的整定值应符合规定，动作灵敏、可靠；

F. 油冷却装置的水系统应畅通。

(4) 溴化锂吸收式制冷机试运转应符合下列规定：

A．在设备技术文件规定期限内，外表无损伤，且气密度符合设备文件规定的机组，凡充灌溴化锂溶液的，可直接进入试运转；当用惰性气体保护时，应进行真空气密性试验合格后，方能加液进行试运转。

B．对在设备技术文件规定期限外，且内压不符合设备文件规定的机组，则应先做正压试验，合格后，再进行真空气密性试验；必要时须对设备内部进行清洗。

C．机组的气密性试验应符合施工验收规范或设备技术文件的规定，正压试验为0.2MPa（表压）保持24h压降不大于66.5Pa为合格。

真空气密性试验，绝对压力应小于66.5Pa，持续24h，升压不大于25Pa为合格。

(5) 其他类型制冷机组试运转应参照相应的施工验收规范或设备技术文件的规定进行。

(6) 制冷系统的气密性试验及充灌制冷剂：

A．压缩式制冷系统应进行系统吹污，压力应取0.6MPa，介质应采用干燥空气，氟利昂系统可用惰性气体，用布检查5min无污物为合格；吹污后应将系统中阀门的阀芯拆下清洗（安全阀除外）。

B．制冷系统气密性试验，将氮气冲入系统内，按表4-6-9规定的压力进行并保持24h，前6h压力下降不应大于0.03MPa，后18h除去因环境温度变化而引起的误差外，压力无变化为合格（可用肥皂水涂抹系统的所有接头和焊缝，检查有无漏气现象），达到要求后放空系统内的氮气。

系统气密性试验压力（绝对压力，MPa）　　　　　表4-6-9

系统压力	活塞制冷机			离心式制冷机
	R717　R502	R22	R12　R134a	R11　R123
低压系统	1.8	1.8	1.2	0.3
高压系统	2.0	2.5	1.6	0.3

C．用真空泵对制冷系统抽真空，真空度以剩余压力表示，真空试验的剩余压力，氨系统不应高于8kPa，氟利昂系统不应高于5.3kPa，保持24h，氨系统压力以无变化为合格；氟利昂系统压力回升不应大于0.53kPa；离心式制冷机按设备技术文件规定执行。

D．冲灌制冷剂，制冷剂是在制冷装置中进行制冷循环的工作介质，应按各种类型空调机组产品说明书的要求，加入相应型号和规定数量的制冷剂。制冷剂要使用磅秤称量，严格掌握冲灌量，当钢瓶内制冷剂快泄完时，瓶子最底部会出现白霜，白霜如有溶化现象，说明钢瓶内制冷剂已泄完，可另换新瓶继续冲灌。

a．活塞式制冷机充注制冷剂应按下列步骤进行，首先充注适量制冷剂，氨系统加压到0.1~0.2MPa，用酚酞试纸检漏；氟利昂系统加压到0.2~0.3MPa，用卤素灯或卤素检漏仪检漏（如检查出泄漏部位，应修复后再冲灌制冷剂），无渗漏时，再按技术文件规定继续加液；

b．充注时应防止吸入空气和杂质，当系统压力与钢瓶压力相同时，应开动制冷压缩机及冷冻水循环泵，将蒸发器的压力抽低，使冷冻水流动，钢瓶内的制冷剂即能继续进入蒸发器，加快冲灌制冷剂的速度，严禁用高于40℃的温水或其他方法对钢瓶加热；

c. 若系统制冷剂不足，将降低机组的产冷量，可从膨胀阀处听到有间断的液体流动声，制冷剂严重不足时，将在膨胀阀后的钢管上出现结霜现象；

d. 由制冷系统的工作原理可知，制冷量是由冷凝器的冷却水将制冷剂吸收的热量带走，若冷凝器的冷却水量不足或冷却水温偏高，将减少带走制冷剂吸收的热量，从而使空调机组制冷量不足；制冷压缩机虽在运转中无异常现象，但将使排气温度或冷凝器压力升高，使系统处于不正常状态；若冷凝器压力继续升高至高压继电器的整定值时，高压继电器的接点断开，制冷压缩机停止运转，故必须保证冷却水量和水温；

E. 溴化锂吸收式制冷机组应符合上述第(4)条的规定。

(7) 制冷系统试运转应符合下列规定：

A. 试运转应首先启动冷却水泵和冷冻水泵。

B. 活塞式制冷机的油温、油压及水温应按上述第(1)条的有关规定执行；排气温度：制冷剂为R717、R22不得超过150℃；制冷剂为R12、R134a不得超过130℃。

C. 离心式制冷机试运转时应首先启动油箱电加热，将油温加热至50~55℃，按要求供给冷却水和载冷剂；再启动油泵，调节润滑系统，按照设备技术文件要求启动抽气回收装置，排除系统中的空气；启动压缩机应逐步开启导向叶片，快速通过喘振区，油箱的油温应为50~65℃，油冷却器出口的油温应为35~55℃，滤油器和油箱内的油压差R11机组应大于0.1MPa，R12机组应大于0.2MPa。

D. 螺杆式压缩机启动前应先加热润滑油，油温不得低于25℃，油压应高于排气压力0.15~0.3MPa；滤油器前后压差不得大于0.1MPa，冷却水入口温度不应高于32℃；机组吸气压力不得低于0.05MPa（表压），排气压力不得高于1.6MPa，排气温度与冷却后油温关系见表4-6-10。

压缩机排气温度与冷却后的油温（℃） 表4-6-10

制冷剂	排气温度	油温
R12	≤90	30~55
R22 R717	≤105	30~65

E. 系统带制冷剂正常运转不应少于8h。

F. 试运转正常后，必须先停止制冷机、油泵（离心式、螺杆式制冷机在主机停车后尚需继续供油2min，方可停止油泵），再停冷冻水泵、冷却水泵；试运转结束后应拆检和清理滤油器、滤网、干燥剂，必要时更换润滑油；拆检完毕后将有关装置调整到准备启动状态。

G. 溴化锂吸收式制冷机组系统试运转应在机组清洗，试压及水、电、汽（或燃油）系统正常后进行。

启动冷水泵、冷却泵，再启动发生泵、吸收器泵，使机组溶液循环，逐步通过预热期后，做机组一次运行并记录（各点温度、水量、耗汽量等）。

(8) 整体式制冷设备如出厂已充注规定压力的氮气密封，机组内如无变化可仅做真空试验及系统试运转；当出厂已充注制冷剂，机组内压力无变化，可仅做系统试运转。

(9) 组装制冷设备的试验及试运转，应首先启动空调系统的风机，然后进行全系统联动运转。

4. 冷水机组的调试

在各个独立系统调试完毕后，对冷水机组进行调试，必须认真细致、按程序进行：

(1) 检查冷水机组的电气系统，油路系统，润滑系统是否正常；启动冷却塔风机和冷却水泵，及时调整阀门，观察冷却水的循环情况；启动冷冻水泵，使冷冻水进行循环，定期进行排污。

(2) 启动冷水机组，开始制冷。

A. 检查油压是否正常，若在失压状态下运行，很短时间内便可能烧坏轴承；

B. 检查吸气压力、排气压力、冷冻水进出压力等是否正常，如无问题后，冷水机组才能进入正常运行；

C. 在正常运行情况下，调整冷水机组所有的压力保护元件，设定保护压力的整定值；并进行试验，人为地将各个压力升至停车压力，视其能否停车，保护压力的整定是否准确起作用，无问题后才能投入供冷降温运行阶段。

(3) 分析运行参数、鉴定运行情况。启动所有的空调器（冷风柜），风机和风机盘管，对空调房间供冷降温，做好机组的运行记录；每2h记录一次油压、油温、吸排气压力及温度、冷凝压力及温度、蒸发压力及温度、冷冻水温、冷却水温及各部件运转情况；并不断分析运行参数，鉴定冷水机组运行是否正常，若无问题则调试完毕。

4.6.9 空调系统管道的冲洗

1. 冷却水供回水管道的冲洗及调试

(1) 在冷却水管道安装完毕后，清理过滤器和冷却塔，用市政自来水从冷却塔补给水管进水冲洗冷却水管道，启动冷却水泵和冷却塔进行整个系统的循环冲洗，1~2h放水一次，将管内的污物、灰土、焊渣等杂物排除掉，直至水质清洁为止；才能通过冷却水泵将干净的冷却水，沿途不被污染地送至冷却塔内，并开启冷却塔的轴流风机，考核冷却水系统连续运转的可靠性。

(2) 在系统工作正常后测量冷却水的流量，并进行调节使之符合要求；在冷水机组运行正常的情况下，若冷却水量过大，会造成失水量大，并增加冷却塔风机的负荷及噪音；冷却水量过小，会影响制冷压缩机的排气压力，使压缩机工作不正常或不能工作。

(3) 在冷却水的供水管上设电动两通阀与制冷机组的启停控制系统连锁，由冷却水的回水温度控制冷却塔的排风扇的运行。

2. 冷冻水系统的冲洗及调试

(1) 冷冻水系统的管路长而且复杂，必须将供水和回水管道清洗干净，在清洗之前先关闭制冷机的蒸发器、空调器或风柜、风机盘管的进水阀，开启旁通阀，使清洗过程中的杂物通过旁通阀，最后排出管外；防止将管内污物吹入制冷机蒸发器和空调设备的表冷器内，降低其工作性能。

(2) 冷冻水系统的清洗属封闭式循环清洗，可利用冷冻泵做冲洗泵，通过控制排污阀的开启度，控制主管和干管的冲洗速度应≥$1.5m^3/s$，以保证冲洗效果；运行15~30min后拆除过滤器清除杂质，再次注水使系统闭式循环30~60min，再拆除过滤器清除杂质；主管冲洗干净后再冲洗与设备连接的支管，逐个拆洗过滤器，重复1~2次，每1~2h排水一次，直至水质清洁为止。

（3）在冲洗过程中，Y形过滤器的频繁清洗很重要，Y形过滤器在正常运行时，两端压力表有一定的表压差，它等于Y形过滤器正常运行时的阻力；在冲洗过程中，由于杂质对Y形过滤器的阻塞作用，压力表的表压差增大，当表压差比正常运行压差增大较多时，说明Y形过滤器的滤网应该进行清洗。

（4）冷冻水管路系统冲洗干净后，即可开启制冷机的蒸发器、空调器或风柜、风机盘管的进水阀，关闭旁通阀，将冷冻水通入系统，并注意在系统的各个最高点安装排气阀进行排气；整个系统完全冲满水后，不要急于开泵运行，待水存放12h以后，在最高点排气再次补水，可避免在运行时产生的气体造成系统气塞；若气体排放不净，将影响制冷效果。冷冻水系统管路的注水工作完毕后，膨胀水箱也要放满水，让其自动向系统中补充水。

（5）先将电动调节阀前后的截止阀关闭，开启旁通截止阀，处于手动运转状态；待冷冻水系统运转正常和温度达到设计参数后，再采用自动调节，即打开电动调节阀前后的截止阀，关闭旁通截止阀，并检查自动调节系统对电动调节阀控制的动作是否正确。

（6）冷冻水系统运行正常后，为制冷系统联动运转创造了条件。

3．空调用水的水处理

（1）冷却水系统是由冷却水泵、管道、冷却塔、制冷机的冷凝器、集水池等组成的敞开式回路系统，其保有水量（即系统容水量）与循环水量之比非常小，小型冷却塔的比例只有1/100～1/150，大型冷却塔的比例只有1/10～1/30；因此在短时间内，冷却水的浓缩倍数就会迅速增加，故冷却水系统除存在菌藻、腐蚀外，其突出的是极易结垢，而且，无论采用软化水或自来水，通过冷却塔后，水质都要发生变化；冷却水系统随着时间的延续，浓缩倍数的增大，水质将变得越来越差，若不对其采取投药控制手段，必将出现腐蚀结垢、微生物繁殖加快的恶性循环。

（2）冷冻水系统是由水泵、管道、热交换器（或蒸发器）、风机盘管、膨胀水箱等部件组成的封闭循环回路系统。该系统的特点是水质不会因浓缩而恶化，由于水温低，系统几乎没有结垢的可能性；但有些冷冻水系统在冬天还用于输送热水，而热水系统在换热设备上则有可能发生结垢。总的来说，密闭式冷冻水系统的主要问题是腐蚀。

（3）水处理好坏的关键在于日常处理，包括日常加药及分析检测工作。

A．日常加药是为了弥补因排污、飞溅等损失消耗的药剂，保持系统一定的药剂浓度，以保证护膜的完整性和致密性，日常加药同时也是杀菌灭菌的有效手段；

B．日常分析检测是通过对水质的分析及观察，判断水质稳定处理的结果，以便随时调整加药剂量和频次，保证达到水处理的效果；

C．水处理常用有机多元磷酸盐药剂：HDC-1、HDS-1、HDC-5、MBT、HDB-1。

（4）通过水处理将水质控制在要求范围内，就可获得缓蚀率大于90%、阻垢率大于90%、腐蚀小于0.12mm/a的效果；这样的系统既不易腐蚀又不易结垢，使整个系统的管道及换热设备保持清洁，换热效率提高，寿命延长，空调系统的效果更好。

4.6.10 风管系统漏风量的测试

1．测量仪表与装置

一般由风机、计量元件（孔板或喷嘴）、调节元件及测压仪器组成。

(1) 风机的风量与风压应大于被测系统或设备的规定试验压力与最大允许漏风量的1.2倍。

(2) 计量元件有效范围的中间值应与最大允许漏风量值相接近。

(3) 调节元件能有效调节和保持风量与压力的稳定输出；测压仪器为有效计量仪器。

(4) Q89型风管漏风测试仪非常适用于小系统风管及洁净系统风管漏风量测定；使用时启动测试仪的风机，使之保持500Pa的压力，测试段的漏风量等于风机补充量，可在倾斜压力计上直接显示负压的读数。

2. 系统漏风量测定的几个原则

(1) 抽检系统的确定：宜选择重点部位，影响面大的各类不同系统作样本。

(2) 风管系统漏风量的测试

A. 以系统的总管、干管为对象，一般不宜包括支管；

B. 一般用分段的方法较为灵活方便，测试时，被测系统所有开口均应封闭，不得漏风；

C. 其测试压力应为总风管处静压或500Pa（低压风管），然后按公式 $Q = Q_0 (P/P_0)^{0.65} m^3/(h \cdot m^2)$ 求取所需工作状态的漏风量；

D. 风管系统漏风量测试值的读取，应在稳定情况下进行，或取其相近处的稳定值，读取漏风量值。

3. 风管的严密性试验

分为漏光法测试和漏风量测试两种，规范推荐低压系统风管用漏光法检测，如果检验合格说明该系统风管漏风量符合规定，但不能用具体数值来表明，低压系统仅用漏光法检测合格，只能按最大允许漏风量值作计算量。

4. 漏风量测试结果超标的处理

风管系统测试漏风量超过标准，应仔细检查漏风部位并做好记号，停止风机运行后进行修补封堵，再运行测试直至合格；对实行抽验的系统，还应按规定加倍抽验，直至全数合格。

4.6.11 空调系统联动试运转

1. 一般规定

(1) 系统的组成

中央空调系统由制冷系统、冷却水系统、冷冻水系统、供电控制系统、送回风系统和新风系统组成，每个系统各自独立又互相联系，各系统在运行中发挥各自的效能。

(2) 系统联动试运转应在通风与空调设备单机试运转和风管系统漏风量测试合格后进行，系统联动试运转时，设备及主要部件的联动必须协调，动作正确，无异常现象。

(3) 空调自控冷源装置的起、停程序（手动、自动两种方式执行）：

A. 启动：冷却塔风机→冷却水泵→冷冻水泵→冷冻水水流开关闭合→主机启动；

B. 停机：主机关闭→冷却塔风机→冷却水泵→冷冻水泵→冷冻水水流开关断开。

(4) 运行过程控制

A. 调节冷却水量：根据制冷压缩机的排气压力和排气温度、冷凝压力和冷凝温度来调节冷却水量，使冷凝压力和冷凝温度都处在正常的参数值内；

　　B. 冷却塔风机启动 15min 后，若主机冷凝器进水温度＜30℃，则切除；回升至 32℃，再投入；集水器温度＞12℃，主机由单机转为双机运行；≤9.5℃，由双机转为单机运行；

　　C. 冷却水供回水管设电动二通阀与冷冻机的启停控制系统连锁，冷却水回水温度控制冷却塔的排风扇的运行；

　　D. 调节冷冻水量：冷冻水系统控制是由旁通管上的流量检测信号对压缩机、水泵进行台数群控；供回水压差对旁通管上的电动控制阀的开关或开启度进行调节。

　　(5) 调节各空调房间的送风量：根据各空调房间要求的温度和湿度，调整各个风量调节阀的开启度，使各个空调房间的送风量适中，以达到舒适的目的。

　　2. 系统风量测定应符合下列规定：

　　(1) 风管的风量一般可用毕托管和微压计测量（也可用热球风速仪测定），测量截面的位置应选择在气流均匀处，按气流方向，应选择在局部阻力之后，≥4 倍及局部阻力之前，≥1.5 倍圆形风管直径或矩形风管长边尺寸的直管段上，当测量截面上的气流不均匀时，应增加测量面上的测点数量。

　　(2) 风管内的压力测量应采用液柱式压力计，如倾斜式、补偿式微压计。

　　(3) 通风机测定截面位置应靠近风机；通风机的风压为风机出口处的全压差，风机的风量为吸入端风量和压出端风量的平均值，且风机前后的风量之差不应大于 5%。

　　3. 风口的风量测定

　　(1) 风口的风量可在风口或风管内测量，在风口测量可用风速仪（叶轮风速仪或热风速仪）直接测量或用辅助风管法求取风口断面的平均风速，再乘以风口净面积得到风口风量值。当风口与较长的支管段相连时，可在风管内测量风口的风量。

　　(2) 风口处的风速如用风速仪测量时，应贴近格栅或网格，平均风速测定可采用匀速移动法或定点测量法等，匀速移动法不应少于 3 次，定点测量法的测点不应少于 5 个。

　　4. 送回风系统及新风系统的测试

　　(1) 将所有的风量调节阀设定在最大开启位置上，使送风系统畅通无阻，在运行正常时，测量送风量及送回风口的风速（测量方法见基准风口测量法），使其符合设计要求。

　　(2) 新风系统向室内提供新鲜空气，其测试方法与送风系统相同；新风量要符合设计要求；若新风量太多，会增加制冷压缩机的热负荷，并影响室内的空调效果；若新风量太少，则不符合国家的卫生标准，人会感到闷气，不舒服。

　　5. 测定风量的操作方法

　　测定的风速准确与否除与仪表的精确度有关外，还决定于仪表的扶持方法和读数方法。

　　(1) 皮托管的扶持方法：皮托管（测压管）与压力计配套使用，一手托起管身，一手轻轻托起连接接头的两根胶皮管，保证胶皮管不至于弯曲而处于自然状态；将量柱部分插入风管内，管身应与风管壁垂直，量柱与气流方向平行，量柱部分与气流轴线间允许有小于 16°的角度，否则将带来较大的测量误差，全压管一定要迎向气流，可将气流的静压、全压传递出来，并通过压力计指示出数值的大小。

(2) 热球风速仪测杆的扶持方法：与皮托管相似，应将滑套拉下来，测头上的热电偶及电热丝平面对准风向，通常测头上端的小红点对准迎风面，即可测量风速。

(3) 风管的气流速度是在不断变化的，在倾斜微压计或热球风速仪上读取一个稳定值是不可能的，一般酒精柱或表针是上下或左右摆动，以读取中间值为最佳。

6. 系统风量测定宜采用"流量等比分配法"或"基准风口法"，从系统最不利环路的末端开始，最后进行总风量的调整

空调系统风量的调整，也就是风量平衡，是空调调试的重要环节，是空调房间建立所要求的温度、湿度的最重要的保证之一。

(1) 流量等比分配法

A. 须从系统的最远管段也就是从最不利的风口开始，用风阀调节送风口的开启大小，从而调节送风量，逐步地调向风机，先用两套仪器分别测量支管1和2的风量，并用三通调节阀进行调节，使两支管的实测风量与设计风量比值近似相等，如下式所示：

$$L_{C2}/L_{C1} = L_{S2}/L_{S1}$$

式中　L_{C1}、L_{C2}——实测风量；
　　　L_{S1}、L_{S2}——设计风量。

B. 其他支管采用同样方法调整，根据风量平衡原理，只要将风机总干管的总风量调整到设计风量，各干、支管就会按各自的设计风量比值等比分配，符合设计风量值。

(2) 基准风口调整法

A. 先用叶轮风速仪或热电风速仪将全部风口送风量初测一遍，送风口的风量按下式计算：

$$L = 3600FVK \quad (m^3/h)$$

式中　F——送风口外框面积 (m^2)；
　　　V——风口处测得的平均风速 (m/s)；
　　　K——考虑格栅的结构和装饰形式的修正系数，应通过试验确定，一般取 0.7～1.0。

B. 回风口的风量计算公式与送风口相同，因回风口的气流比较均匀，在贴近格栅或网格处测量，结果相当精确；

C. 将计算出来的各个风口的实测风量与设计风量比值的百分数列入表中，从表中找出各支管最小比值的风口为各自的基准风口，以此对各支管的风口进行调整，使各比值近似相等；

D. 各支管风量的调整，调节支管调节阀，使相邻支管基准风口的实测风量与设计风量的比值近似相等达到平衡，最后调整总风管的总风量达到设计给定值，再实测一遍风口的风量，即为风口实际风量。

7. 系统风量测定中问题的处理

(1) 系统实测总风量过小（空调房间的温湿度得不到保证）

在测定系统总风量时，首先应将各支管及风口、风阀全部打开到最大位置，然后根据风机的电机运转电流将总风管的风阀逐渐开至最大位置（以不超过电机额定电流为准），如全部风阀开至最大位置，总风量仍然很小（或运转电流仍很小），应检查风阀开启位置是否正确，风机出口的气流方向是否有遮挡部件（如弯头、静压箱等），而造成动压损失

过大及气流速度过大。

(2) 系统实测总风量过大

在总风管处设置风量调节阀是必要的，若系统总风管无风量调节阀，不仅浪费能源，还会造成风量过大无法调节而使电机超载，电机运转的电流值超过额定范围就有烧毁电机的危险。

8. KPAF 平衡风阀及专用智能仪表

(1) 送回风系统风量的调整，就是在测量管段风量的同时，按照需要及时调节设在两风管分支处调节阀的开启度大小，借以控制风量达到一定的数值。

(2) 目前采用的风量调整方法有流量等比分配法、基准风口调整法等，这两种方法必须在测试管段上打孔，在现场采用毕托管、微压计和风速计测定风量，要花费很多调试时间，反复多次地进行测试。

(3) 平衡风阀是一种具有特殊功能的阀门，有阀门开启度指示和用于流量测定的测压环；只要在各支路及风口装上适当规格的平衡风阀，并用专用智能仪表进行认真细致的一次性调试，就能实现风系统的平衡。

(4) 专用智能仪表由两部分构成，即差压变送器和二次仪表。

(5) 平衡风阀及其调节原理：

A. 平衡风阀属于调节阀范围，其工作原理是通过改变风管的流通面积（即开度），来改变流经风阀的流动阻力，达到调节流量的目的；

B. 平衡风阀与普通风阀的不同之处在于有开度指示及风阀两端有两个测压环。在风系统平衡调试时，用软管将被调试的平衡风阀测压环与专用智能仪表相连，仪表能显示出流经风阀的流量值（及压降值），经与仪表人机对话向仪表输入该平衡风阀处要求的流量值后，仪表经计算、分析、可显示出系统达到平衡时该风阀的开度值。

(6) 平衡风阀的优越性：不仅可以节约调试时间，提高调试精度，而且还能使风机运行工况合理，是降低风机电耗的有效方法。

9. 通风机、制冷机、空调设备的噪声测定，应按现行国家标准《采暖通风与空气调节设备噪声声功率级的测定—工程法》执行

通风机转速测量可采用转速表直接测量风机主轴转速，重复测量 3 次取其平均值的方法；如采用累计式转速表，应测量 30s 以上。

4.7 通风与空调工程制作施工

4.7.1 风管制作

1. 一般规定

(1) 对风管制作质量的验收，应按其材料、系统类别和使用场所的不同分别进行，主要包括风管的材质、规格、强度、严密性与成品外观质量等项内容。

(2) 风管制作质量的验收，按设计图纸与施工质量验收规范的规定执行；工程中所选用的外购风管，还必须提供相应的产品合格证明文件或进行强度和严密性的验证，符合要求的方可使用。

(3) 通风管道规格的验收,风管以外径或外边长为准,风道以内径或内边长为准。通风管道的规格宜按照表4-7-1、表4-7-2的规定,圆形风管优先采用基本系列,非规则椭圆形风管参照矩形风管,并以长径平面边长及短边尺寸为准。

圆形风管规格(mm)　　　　　　　　　　　　表4-7-1

风管直径 D								
基本系列	辅助系列	基本系列	辅助系列	基本系列	辅助系列	基本系列	辅助系列
100	80	220	210	500	480	1120	1060
	90	250	240	560	530	1250	1180
120	110	280	260	630	600	1400	1320
140	130	320	300	700	670	1600	1500
160	150	360	340	800	750	1800	1700
180	170	400	380	900	850	2000	1900
200	190	450	420	1000	950		

矩形风管规格(mm)　　　　　　　　　　　　表4-7-2

风管边长								
120	200	320	500	800	1250	2000	3000	4000
160	250	400	630	1000	1600	2500	3500	—

(4) 风管系统按其系统的工作压力划分为三个类别,其类别划分应符合表4-7-3的规定。

风管系统类别划分　　　　　　　　　　　　表4-7-3

系统类别	系统工作压力 P (Pa)	密封要求
低压系统	$P \leq 500$	接缝和接管连接处严密
中压系统	$500 < P \leq 1500$	接缝和接管连接处增加密封措施
高压系统	$P > 1500$	所有的拼接缝和接管连接处,均应采取密封措施

(5) 镀锌钢板及各类含有复合保护层的钢板,应采用咬口连接或铆接,不得采用影响其保护层防腐性能的焊接连接方式。

(6) 风管的密封,应以板材连接的密封为主,可采用密封胶嵌缝和其他方法密封。密封胶性能应符合使用环境的要求,密封面宜设在风管的正压侧。

2. 主控项目

(1) 金属风管的材料品种、规格、性能与厚度等应符合设计和现行国家产品标准的规定;当设计无规定时,应按施工质量验收规范执行。钢板或镀锌钢板的厚度不得小于表4-7-4的规定;不锈钢板的厚度不得小于表4-7-5的规定;铝板的厚度不得小于表4-7-6的规定。

钢板风管板材厚度（mm） 表 4-7-4

类别 风管直径D 或长边尺寸 b	圆形风管	矩形风管		除尘系统风管
		中、低压系统	高压系统	
$D(b) \leqslant 320$	0.5	0.5	0.75	1.5
$320 < D(b) \leqslant 450$	0.6	0.6	0.75	1.5
$450 < D(b) \leqslant 630$	0.75	0.6	0.75	2.0
$630 < D(b) \leqslant 1000$	0.75	0.75	1.0	2.0
$1000 < D(b) \leqslant 1250$	1.0	1.0	1.0	2.0
$1250 < D(b) \leqslant 2000$	1.2	1.0	1.2	按设计
$2000 < D(b) \leqslant 4000$	按设计	1.2	按设计	按设计

注：1. 螺旋风管的钢板厚度可适当减小 10%～15%；
  2. 排烟系统风管钢板厚度可按高压系统；
  3. 特殊除尘系统风管钢板厚度应符合设计要求；
  4. 不适用于地下人防与防火墙壁的预埋管。

高、中、低压系统不锈钢板风管板材厚度（mm） 表 4-7-5

风管直径或长边尺寸 b	不锈钢板厚度
$b \leqslant 500$	0.5
$500 < b \leqslant 1120$	0.75
$1120 < b \leqslant 2000$	1.0
$2000 < b \leqslant 4000$	1.2

中、低压系统铝板风管板材厚度（mm） 表 4-7-6

风管直径或长边尺寸 b	铝板厚度
$b \leqslant 320$	1.0
$320 < b \leqslant 630$	1.5
$630 < b \leqslant 2000$	2.0
$2000 < b \leqslant 4000$	按设计

检查数量：按材料与风管加工批数量抽查 10%，不得少于 5 件。
检查方法：查验材料质量合格证明文件、性能检测报告，尺量、观察检查。

（2）非金属风管的材料品种、规格、性能与厚度等应符合设计和现行国家产品标准的规定；当设计无规定时，应按施工质量验收规范执行。硬聚氯乙烯风管板材的厚度不得小于表 4-7-7、表 4-7-8 的规定；有机玻璃钢风管板材的厚度不得小于表 4-7-9 的规定；无机玻璃钢风管板材的厚度应符合表 4-7-10 的规定；相应的玻璃布层数不应少于表 4-7-11 的规定；其表面不得出现返卤或严重泛霜。

用于高压风管系统的非金属风管厚度应按设计规定。

中、低压系统硬聚氯乙烯圆形风管板材的厚度（mm） 表 4-7-7

风管直径 D	板材厚度
$D \leqslant 320$	3.0
$320 < D \leqslant 630$	4.0
$630 < D \leqslant 1000$	5.0
$1000 < D \leqslant 2000$	6.0

中、低压系统硬聚氯乙烯矩形风管板材的厚度（mm）　　　表 4-7-8

风管长边尺寸 b	板材厚度
$b \leqslant 320$	3.0
$320 < b \leqslant 500$	4.0
$500 < b \leqslant 800$	5.0
$800 < b \leqslant 1250$	6.0
$1250 < b \leqslant 2000$	8.0

中、低压系统有机玻璃钢风管板材的厚度（mm）　　　表 4-7-9

圆形风管直径 D 或矩形风管长边尺寸 b	壁厚
$D(b) \leqslant 200$	2.5
$200 < D(b) \leqslant 400$	3.2
$400 < D(b) \leqslant 630$	4.0
$630 < D(b) \leqslant 1000$	4.8
$1000 < D(b) \leqslant 2000$	6.2

中、低压系统无机玻璃钢风管板材的厚度（mm）　　　表 4-7-10

圆形风管直径 D 或矩形风管长边尺寸 b	壁厚
$D(b) \leqslant 300$	2.5～3.5
$300 < D(b) \leqslant 500$	3.5～4.5
$500 < D(b) \leqslant 1000$	4.5～5.5
$1000 < D(b) \leqslant 1500$	5.5～6.5
$1500 < D(b) \leqslant 2000$	6.5～7.5
$D(b) > 2000$	7.5～8.5

中、低压系统无机玻璃钢风管玻璃纤维布厚度与层数（mm）　　　表 4-7-11

圆形风管直径 D 或矩形风管长边 b	风管管体玻璃纤维布厚度		风管法兰玻璃纤维布厚度	
	0.3	0.4	0.3	0.4
	玻璃纤维布层数			
$D(b) \leqslant 300$	5	4	8	7
$300 < D(b) \leqslant 500$	7	5	10	8
$500 < D(b) \leqslant 1000$	8	6	13	9
$1000 < D(b) \leqslant 1500$	9	7	14	10
$1500 < D(b) \leqslant 2000$	12	8	16	14
$D(b) > 2000$	14	9	20	16

检查数量：按材料与风管加工批数量抽查10%，不得少于5件。

检查方法：查验材料质量合格证明文件、性能检测报告，尺量、观察检查。

（3）防火风管的本体、框架与固定材料、密封垫料必须为不燃材料，其耐火等级应符合设计的规定。

检查数量：按材料与风管加工批数量抽查10%，不应少于5件。

检查方法：查验材料质量合格证明文件、性能检测报告，观察检查与点燃试验。

(4) 复合材料风管的覆面材料必须为不燃材料，内部的绝热材料应为不燃或难燃 B_1 级，且对人体无害的材料。

检查数量：按材料与风管加工批数量抽查 10%，不应少于 5 件。

检查方法：查验材料质量合格证明文件、性能检测报告，观察检查与点燃试验。

(5) 风管必须通过工艺性的检测或验证，其强度和严密性要求应符合设计或下列规定：

A. 风管的强度应能满足在 1.5 倍工作压力下接缝处无开裂。

B. 矩形风管的允许漏风量应符合以下规定：

低压风管系统　　$Q_L \leqslant 0.1056 P^{0.65}$

中压风管系统　　$Q_M \leqslant 0.0352 P^{0.65}$

高压风管系统　　$Q_H \leqslant 0.0117 P^{0.65}$

式中　Q_L、Q_M、Q_H——系统风管在相应工作压力下，单位面积风管单位时间内的允许漏风量 $[m^3/(h \cdot m^2)]$；

　　　P——指风管系统的工作压力 (Pa)。

C. 低压、中压圆形金属风管、复合材料风管以及采用非法兰式的非金属风管的允许漏风量，应为矩形风管规定值的 50%。

D. 砖、混凝土风道的允许漏风量不应大于矩形低压系统风管规定值的 1.5 倍。

E. 排烟、除尘、低温送风系统按中压系统风管的规定，1~5 级净化空调系统按高压系统风管的规定。

检查数量：按风管系统的类别和材质分别抽查，不得少于 3 件及 15m²。

检查方法：查验产品合格证明文件和检测报告，或进行风管强度或漏风量测试（详见施工质量验收规范附录 A）。

(6) 金属风管的连接应符合下列规定：

A. 风管板材拼接的咬口缝应错开，不得有十字形拼接缝。

B. 金属风管法兰材料规格不应小于表 4-7-12 或表 4-7-13 的规定，中低压系统风管法兰的螺栓及铆钉孔的孔距不得大于 150mm；高压系统风管不得大于 100mm；矩形风管法兰的四角部位应设有螺孔。

当采用加固方法提高了风管部位的强度时，其法兰材料规格相应的使用条件可适当放宽。

无法兰连接风管的薄钢板法兰高度应参照金属法兰风管的规定执行。

金属圆形风管法兰及螺栓规格（mm）　　　　　　表 4-7-12

风管直径 D	法兰材料规格		螺栓规格
	扁　钢	角　钢	
$D \leqslant 140$	20×4	—	M6
$140 < D \leqslant 280$	25×4	—	M6
$280 < D \leqslant 630$	—	25×3	
$630 < D \leqslant 1250$	—	30×4	M8
$1250 < D \leqslant 2000$	—	40×4	

金属矩形风管法兰及螺栓规格（mm） 表 4-7-13

风管长边尺寸 b	法兰材料规格	螺 栓 规 格
$b \leqslant 630$	角钢 25×3	M6
$630 < b \leqslant 1500$	角钢 30×3	M8
$1500 < b \leqslant 2500$	角钢 40×4	M8
$2500 < b \leqslant 4000$	角钢 50×5	M10

检查数量：按加工批数抽查 5%，不得少于 5 件。

检查方法：尺量、观察检查。

(7) 非金属（硬聚氯乙烯、有机、无机玻璃钢）风管的连接应符合下列规定：

A．法兰的规格应分别符合表 4-7-14、表 4-7-15、表 4-7-16 的规定，其螺栓孔的间距不得大于 120mm；矩形风管法兰的四角处，应设有螺孔。

硬聚氯乙烯圆形风管法兰规格（mm） 表 4-7-14

风管直径 D	材料规格（宽×厚）	连 接 螺 栓
$D \leqslant 180$	35×6	M6
$180 < D \leqslant 400$	35×8	M8
$400 < D \leqslant 500$	35×10	M8
$500 < D \leqslant 800$	40×10	M8
$800 < D \leqslant 1400$	45×12	M10
$1400 < D \leqslant 1600$	50×15	M10
$1600 < D \leqslant 2000$	60×15	M10
$D > 2000$	按 设 计	

B．采用套管连接时，套管厚度不得小于风管板材厚度。

检查数量：按加工批数抽查 5%，不得少于 5 件。

检查方法：尺量、观察检查。

(8) 复合材料风管采用法兰连接时，法兰与风管板材的连接应可靠，其绝热层不得外露，不得采用降低板材强度和绝热性能的连接方法。

检查数量：按加工批数抽查 5%，不得少于 5 件。

检查方法：尺量、观察检查。

硬聚氯乙烯矩形风管法兰规格（mm） 表 4-7-15

风管边长 b	材料规格（宽×厚）	连 接 螺 栓
$b \leqslant 160$	35×6	M6
$160 < b \leqslant 400$	35×8	M8
$400 < b \leqslant 500$	35×10	M8
$500 < b \leqslant 800$	40×10	M8
$800 < b \leqslant 1250$	45×12	M10
$1250 < b \leqslant 1600$	50×15	M10
$1600 < b \leqslant 2000$	60×18	M10
$b > 2000$	按 设 计	

有机、无机玻璃钢风管法兰规格（mm）　　　　　表 4-7-16

风管直径 D 或风管边长 b	材料规格（宽×厚）	连 接 螺 栓
$D(b) \leqslant 400$	30×4	M8
$400 < D(b) \leqslant 1000$	40×6	M8
$1000 < D(b) \leqslant 2000$	50×8	M10

（9）砖、混凝土风道的变形缝，应符合设计要求，不应渗水和漏风。

检查数量：全数检查。

检查方法：观察检查。

（10）金属风管的加固应符合下列规定：

A．圆形风管（不包括螺旋风管）直径≥800mm，且其管段长度 >1250mm 或总表面积 >4m² 均应采取加固措施。

B．矩形风管边长 >630mm，保温风管边长 > 800，管段长度 >1250mm 或低压风管单边平面积大于 1.2m²、中、高压风管 >1.0m²，均应采取加固措施。

C．非规则椭圆风管的加固，应参照矩形风管执行。

检查数量：按加工批抽查 5%，不得少于 5 件。

检查方法：尺量、观察检查。

（11）非金属风管的加固，除应符合第（10）条的规定外，还应符合下列规定：

A．硬聚氯乙烯风管的直径或边长大于 500mm 时，其风管与法兰的连接处应设加强板，且间距不得大于 450mm。

B．有机及无机玻璃钢风管的加固，应为本体材料或防腐性能相同的材料，并与风管成一整体。

检查数量：按加工批抽查 5%，不得少于 5 件。

检查方法：尺量、观察检查。

（12）矩形风管弯管的制作，一般应采用曲率半径为一个平面边长的内外同心弧形弯管；当采用其他形式的弯管，平面边长大于 500mm 时，必须设置弯管导流片。

检查数量：其他形式的弯管抽查 20%，不得少于 2 件。

检查方法：观察检查。

（13）净化空调系统风管还应符合下列规定：

A．矩形风管边长≤900mm 时，底面板不应有拼接缝；>900mm 时，不应有横向拼接缝。

B．风管所用的螺栓、螺母、垫圈或铆钉均应采用与管材性能相匹配、不会产生电化学腐蚀的材料，或采取镀锌或其他防腐措施，并不得采用抽芯铆钉。

C．不应在风管内设加固框及加固筋，风管无法兰连接不得使用 S 形插条、直角形插条及立联合角形插条等形式。

D．空气洁净度等级为 1～5 级的净化空调系统风管不得采用按扣式咬口。

E．风管的清洗不得用对人体和材质有危害的清洁剂。

F．镀锌钢板风管不得有镀锌层严重损坏的现象，如表层大面积白花、锌层粉化等。

检查数量：按风管数抽查 20%，每个系统不得少于 5 个。

检查方法：查阅材料质量合格证明文件和观察检查，白绸布擦拭。
3．一般项目
（1）金属风管的制作应符合下列规定：
A．圆形弯管的曲率半径（以中心线计）和最少分节数应符合表 4-7-17 的规定。圆形弯管的弯曲角度及圆形三通、四通支管与总管夹角的制作偏差不应大于 3°。

圆形弯管曲率半径和最少分节数 表 4-7-17

弯管直径 D (mm)	曲率半径 R	弯管角度和最少节数							
		90°		60°		45°		30°	
		中节	端节	中节	端节	中节	端节	中节	端节
80～220	≥1.5D	2	2	1	2	1	2	—	2
220～450	D～1.5D	3	2	2	2	1	2	—	2
450～800	D～1.5D	4	2	2	2	1	2	1	2
800～1400	D	5	2	3	2	2	2	1	2
1400～2000	D	8	2	5	2	2	2	2	2

B．风管与配件的咬口缝应紧密、宽度应一致，折角应平直，圆弧应均匀，两端面平行。风管无明显扭曲与翘角，表面应平整，凹凸不大于 10mm。

C．风管外径或边长的允许偏差：当 ≤300mm 时为 2mm，当 >300mm 时为 3mm；管口平面度的允许偏差为 2mm，矩形风管两条对角线长度之差不应大于 3mm；圆形法兰任意正交两直径之差不应大于 2mm。

D．焊接风管的焊缝应平整，不应有裂纹、凸瘤、穿透的夹渣、气孔及其他缺陷，焊接后板材的变形应予矫正，并将焊渣及飞溅物清除干净。

检查数量：通风与空调工程按制作数量 10% 抽查，不得少于 5 件；净化空调工程按制作数量抽查 20%，不得少于 5 件。

检查方法：查验测试记录，进行装配试验，尺量、观察检查。

（2）金属法兰连接风管的制作还应符合下列规定：

A．风管法兰的焊缝应熔合良好、饱满，无假焊和孔洞；法兰平面度的允许偏差为 2mm，同一批量加工的相同规格法兰的螺孔排列应一致，并具有互换性。

B．风管与法兰采用铆接连接时（铆钉与铆孔应为紧配合，铆钉穿入法兰和风管壁后留有一定的铆接长度），铆接应牢固、不应有脱铆和漏铆现象；翻边应平整、紧贴法兰，其宽度应一致，且不应小于 6mm；咬缝与四角处不应有开裂与孔洞。

C．风管与法兰采用焊接连接时，风管端面不得高于法兰接口平面；除尘系统的风管，宜采用内侧满焊、外侧间断焊形式，风管端面距法兰接口平面不应小于 5mm。

当风管与法兰采用点焊固定连接时，焊点应融合良好，间距不应大于 100mm；法兰与风管应紧贴，不应有穿透的缝隙或孔洞。

D．当不锈钢板或铝板风管的法兰采用碳素钢时，其规格应符合金属圆形或矩形风管法兰及螺栓规格的规定，并应根据设计要求做防腐处理；铆钉应采用与风管材质相同或不产生电化学腐蚀的材料。

检查数量：通风与空调工程按制作数量抽查 10%，不得少于 5 件；净化空调工程按制作数量抽查20%，不得少于5件。

检查方法：查验测试记录，进行装配试验，尺量、观察检查。

(3) 无法兰连接风管的制作还应符合下列规定：

A．无法兰连接风管的接口及连接件，应符合施工质量验收规范中圆形弯管曲率半径和最少节数及圆形风管无法兰连接形式的规定，圆形风管的芯管应符合规范中关于圆形风管的芯管连接的要求。

B．薄钢板法兰矩形风管的接口及附件，其尺寸应准确，形状应规则，接口处应严密。

薄钢板法兰的折边（或法兰条）应平直，弯曲度不应大于5‰；弹性插条或弹簧夹应与薄钢板法兰相匹配，角件与风管薄钢板法兰四角接口的固定应稳固、紧贴，端面应平整，相连处不应有缝隙大于2mm的连续穿透缝。

C．采用C、S形插条连接的矩形风管，其边长不应大于630mm；插条与风管加工插口的宽度应匹配一致，其允许偏差为2mm；连接应平整、严密，插条两端压倒长度不应小于20mm。

D．采用立咬口、包边立咬口连接的矩形风管，其立筋的高度应不小于同规格风管的角钢法兰宽度；同一规格风管的立咬口、包边立咬口的高度应一致，折角应倾角、直线度允许偏差为5‰；咬口连接铆钉的间距不应大于150mm，间隔应均匀；立咬口四角连接处的铆固，应紧密、无孔洞。

检查数量：按制作数量抽查10%，不得少于5件；净化空调工程抽查20%，均不得少于5件。

检查方法：查验测试记录，进行装配试验，尺量、观察检查。

(4) 风管的加固应符合下列规定：

A．风管的加固可采用楞筋、立筋、角钢（内、外加固）、扁钢、加固筋和管内支撑等形式。

B．楞筋或楞线的加固，排列应规则，间隔应均匀，板面不应有明显的变形。

C．角钢、加固筋的加固应排列整齐、均匀对称，其高度应不大于风管的法兰宽度。角钢、加固筋与风管的铆接应牢固，间隔应均匀，不应大于220mm，两相交处应连接成一体。

D．管内支撑与风管的固定应牢固，各支撑点之间与风管的边沿或法兰的间距应均匀，不应大于950mm。

E．中压和高压系统风管的管段，其长度>1250mm时，还应有加固框补强；高压系统金属风管的单咬口缝，还应有防止咬口缝胀裂的加固或补强措施。

检查数量：按制作数量抽查10%，净化空调工程抽查20%，均不得少于5件。

检查方法：查验测试记录，进行装配试验，观察和尺量检查。

(5) 硬聚氯乙烯风管除应执行上述4.7.1中"3．一般项目"的(1) A、C条和4.7.1中"3．一般项目"的(2) A条外，还应符合下列规定：

A．风管两端面平行，无明显扭曲，外径或外边长的允许偏差为2mm；表面平整、圆弧均匀，凹凸不应大于5mm。

B．焊缝的坡口形式和角度应符合施工质量验收规范的规定。

C．焊缝应饱满，焊条排列应整齐，无焦黄、断裂现象。

D．用于洁净室时，还应按 4.7.1 中"3．一般项目"的（11）条的有关规定执行。

检查数量：按风管总数抽查 10%，法兰数抽查 5%，不得少于 5 件。

检查方法：尺量、观察检查。

（6）有机玻璃钢风管除应执行 4.7.1 中"3．一般项目"的（1）A、B、C 条和 4.7.1 中"3．一般项目"的（2）A 条外，还应符合下列规定：

A．风管不应有明显扭曲、内表面应平整光滑，外表面应整齐美观，厚度应均匀，且边缘无毛刺，并无气泡及分层现象。

B．风管的外径或外边长尺寸的允许偏差为 3mm，圆形风管的任意正交两直径之差不应大于 5mm；矩形风管的两对角线之差不应大于 5mm。

C．法兰应与风管成一整体，并应有过渡圆弧，并与风管轴线成直角，管口平面度的允许偏差为 3mm；螺孔的排列应均匀，至管壁的距离应一致，允许偏差为 2mm。

D．矩形风管的边长大于 900mm，且管段长度大于 1250mm 时应加固；加固筋的分布应均匀、整齐。

检查数量：按风管总数抽查 10%，法兰数抽查 5%，不得少于 5 件。

检查方法：尺量、观察检查。

（7）无机玻璃钢风管除应执行 4.7.1 中"3．一般项目"的（1）A、B、C 条和 4.7.1 中"3．一般项目"的（2）A 条外，还应符合下列规定：

A．风管的表面应光洁、无裂纹、无明显泛霜和分层现象。

B．风管的外形尺寸的允许偏差应符合表 4-7-18 的规定。

C．风管法兰的规定与有机玻璃钢法兰相同。

检查数量：按风管总数抽查 10%，法兰数抽查 5%，不得少于 5 件。

检查方法：尺量、观察检查。

（8）砖、混凝土风道内表面水泥砂浆应抹平整、无裂纹，不渗水。

检查数量：按风道总数抽查 10%，不得少于 1 段。

检查方法：观察检查。

无机玻璃钢风管外形尺寸（mm） 表 4-7-18

直径或大边长	矩形风管外表平面度	矩形风管管口对角线之差	法兰平面度	圆形风管两直径之差
≤300	≤3	≤3	≤2	≤3
301~500	≤3	≤4	≤2	≤3
501~1000	≤4	≤5	≤2	≤4
1001~1500	≤4	≤6	≤3	≤5
1501~2000	≤5	≤7	≤3	≤5
>2000	≤6	≤8	≤3	≤5

（9）双面铝箔绝热板风管除应执行 4.7.1 中"3．一般项目"的（1）B、C 条和 4.7.1 中"3．一般项目"的（2）B 条外，还应符合下列规定：

A．板材拼接宜采用专用的连接件，连接后板面平面度的允许偏差为 5mm。

B．风管的折角应平直，拼缝粘接应牢固、平整，风管的粘接材料宜为难燃材料。

C．风管采用法兰连接时，其连接应牢固，法兰平面度的允许偏差为2mm。

D．风管的加固，应根据系统工作压力及产品技术标准的规定执行。

检查数量：按风管总数抽查10%，法兰数抽查5%，不得少于5件。

检查方法：尺量、观察检查。

（10）铝箔玻璃纤维板风管除应执行4.7.1中"3．一般项目"的（1）B、C条和4.7.1中"3．一般项目"的（2）B条外，还应符合下列规定：

A．风管的离心玻璃纤维板材应干燥、平整；板外表面的铝箔隔气层应与内芯玻璃纤维材料粘合牢固；内表面应有防纤维脱落的保护层，并应对人体无危害。

B．当风管连接采用插入接口形式时，接缝处的粘接应严密、牢固，外表面铝箔带密封的每一边粘接宽度不应小于25mm，并应有辅助的连接固定措施。

当风管的连接采用法兰形式时，法兰与风管的连接应牢固，并应能防止板材纤维逸出和冷桥。

C．风管表面应平整、两端面平行，无明显凹穴、变形、起泡、铝箔无破损等。

D．风管的加固，应根据系统工作压力及产品技术标准的规定执行。

检查数量：按风管总数抽查10%，不得少于5件。

检查方法：尺量、观察检查。

（11）净化空调系统风管还应符合下列规定：

A．现场应保持清洁，存放时应避免积尘和受潮；风管的咬口缝、折边和铆接等处有损坏时，应做防腐处理。

B．风管法兰铆钉间的间距，当系统洁净度的等级为1～5级时，不应大于65mm；为6～9级时，不应大于100mm。

C．静压箱本体、箱内固定高效过滤器的框架及固定件应做镀锌、镀镍等防腐处理。

D．制作完的风管，应进行第二次清洗，经检查达到清洁要求后应及时封口。

检查数量：按风管总数抽查20%，法兰数抽查10%，不得少于5件。

检查方法：观察检查，查阅风管清洗记录，用白绸布擦拭。

4.7.2 风管部件与消声器制作

1．一般规定

（1）本节适用于通风与空调工程中风口、风阀、排风罩等其他部件及消声器的加工制作或产成品质量的验收。

（2）一般风量调节阀按设计文件和风阀制作的要求进行验收，其他风阀按外购产品质量进行验收。

2．主控项目

（1）手动单叶片或多叶片调节风阀的手轮或扳手，应以顺时针方向为关闭，其调节范围及开启角度指示应与叶片开启角度相一致。

用于除尘系统间歇工作点的风阀，关闭时应能密封。

检查数量：按批抽查10%，不得少于1个。

检查方法：手动操作、观察检查。

（2）电动、气动调节风阀的驱动装置，动作应可靠，在最大工作压力下工作正常。

检查数量：按批抽查10%，不得少于1个。

检查方法：核对产品的合格证明文件、性能检测报告，观察或测试。

(3) 防火阀（用于自动阻断来自火灾区的热气流及火焰通过的阀门）及排烟阀（排烟口）必须符合有关消防产品标准的规定，并具有相应的产品合格证明文件。

检查数量：按种类、批抽查10%，不得少于2个。

检查方法：核对产品的合格证明文件、性能检测报告。

(4) 防爆风阀的制作材料必须符合设计规定，不得自行替换。

检查数量：全数检查。

检查方法：核对材料品种、规格、观察检查。

(5) 净化空调系统的风阀，其活动件、固定件以及紧固件均应采取镀锌或作其他防腐处理（如喷塑或烤漆）；阀体与外界相通的缝隙处，应有可靠的密封措施。

检查数量：按批抽查10%，不得少于1个。

检查方法：核对产品材料，手动操作、观察检查。

(6) 工作压力大于1000Pa的调节风阀，生产厂应提供（在1.5倍工作压力下能自由开关）强度测试合格的证书（或试验报告）。

检查数量：按批抽查10%，不得少于1个。

检查方法：核对产品的合格证明文件，性能检测报告。

(7) 防排烟系统的柔性软管的制作材料必须为不燃材料。

检查数量：全数检查。

检查方法：核对材料品种的合格证明文件。

(8) 消声弯管的平面边长大于800mm时，应加设吸声导流片；消声器内直接迎风面的布质覆面层应有保护措施；净化空调系统消声器内的覆面应为不易产尘的材料。

检查数量：全数检查。

检查方法：观察检查、核对产品的合格证明文件。

3．一般项目

(1) 手动单叶片或多叶片调节风阀应符合下列规定：

A．结构应牢固，启闭应灵活、法兰应与相应材质风管的相一致。

B．叶片的搭接应贴合一致，与阀体缝隙应小于2mm。

C．截面积大于$1.2m^2$的风阀应实施分组调节。

检查数量：按类别、批抽查10%，不得少于1个。

检查方法：手动操作、尺量、观察检查。

(2) 止回阀应符合下列规定：

A．启闭灵活，关闭时应严密。

B．阀叶的转轴、铰链应采用不易锈蚀的材料制作，保证转动灵活、耐用。

C．阀片的强度应保证在最大负荷压力下不弯曲变形。

D．水平安装的止回阀应有可靠的平衡调节机构。

检查数量：按类别、批抽查10%，不得少于1个。

检查方法：观察、尺量、手动操作试验与核对产品的合格证明文件。

(3) 插板风阀应符合下列规定：

A．壳体应严密，内壁应作防腐处理。

B．插板应平整，启闭灵活，并有可靠的定位固定装置。

C．斜插板风阀的上下接管应成一直线。

检查数量：按类别、批抽查10%，不得少于1个。

检查方法：手动操作，尺量、观察检查。

(4) 三通调节风阀应符合下列规定：

A．拉杆或手柄的转轴与风管结合处应严密。

B．拉杆可在任意位置上固定，手柄开关应标明调节的角度。

C．阀板调节方便，并不与风管相碰擦。

检查数量：按类别、批抽查10%，不得少于1个。

检查方法：观察、尺量、手动操作试验。

(5) 风量平衡阀应符合产品技术文件的规定。

检查数量：按类别、批抽查10%，不得少于1个。

检查方法：观察、尺量、核对产品的合格证明文件。

(6) 风罩的制作应符合下列规定：

A．尺寸应正确，连接牢固，形状规则，表面平整光滑，其外壳不应有尖锐边角。

B．槽边侧吸罩、条缝抽风罩尺寸应正确，转角处弧度均匀，形状规则，吸入口平整，罩口加强板分隔间距应一致。

C．厨房锅灶排气罩应采用不易锈蚀材料制作，其下部集水槽应严密不漏水，并坡向排放口，罩内油烟过滤器应便于拆卸和清洗。

检查数量：每批抽查10%，不得少于1个。

检查方法：尺量、观察检查。

(7) 风帽的制作应符合下列规定：

A．尺寸应正确，结构牢靠，风帽接管尺寸的允许偏差同风管的规定一致。

B．伞形风帽伞形盖的边缘应有加固措施，支撑高度尺寸应一致。

C．锥形风帽内外锥体的中心轴线应同心，锥体组合的连接缝应顺水，下部排水应畅通。

D．筒形风帽的形状应规则，外筒体的上下沿口应加固，其不圆度不应大于直径的2%；伞盖边缘与外筒体的距离应一致，挡风圈的位置应正确。

E．三叉形风帽三个支管的夹角应一致，与主管的连接应严密；主管与支管的锥度应为3°~4°。

检查数量：每批抽查10%，不得少于1个。

检查方法：尺量、观察检查。

(8) 矩形弯管导流叶片的迎风侧边缘应圆滑，固定应牢固，导流片的弧度应与弯管的角度相一致。导流片的分布应符合设计规定，当导流叶片的长度超过1250mm时，应有加固措施。

检查数量：每批抽查10%，不得少于1个。

检查方法：核对材料、尺量、观察检查。

(9) 柔性短管应符合下列规定：

A．应选用防腐、防潮、不透气、不易霉变的柔性材料（帆布、人造革、树脂玻璃布、软橡胶板等）；用于空调系统的应采取防止结露的措施；用于净化空调系统的还应是内壁光滑、不易产生尘埃的材料。

B．柔性短管的长度，一般宜为150～300mm，其连接处应严密、牢固可靠。

C．柔性短管不宜作为找正、找平的异径连接管。

D．设于结构变形缝的柔性短管，其长度宜为变形缝的宽度加100mm及以上。

检查数量：按数量抽查10%，不得少于1个。

检查方法：尺量、观察检查。

(10) 消声器的制作应符合下列规定：

A．所选用的材料，应符合设计的规定，如防火、防腐、防潮和卫生性能的要求。

B．外壳应牢固，严密，其漏风量应符合1.2(5)条的规定。

C．充填的消声材料，应按规定的密度均匀铺设，并应有防止下沉的措施；消声材料的覆面层不得破损，搭接应顺气流，且应拉紧，界面无毛边。

D．隔板与壁板结合处应紧贴，严密；穿孔板应平整，无毛刺，其孔径和穿孔率应符合设计要求。

检查数量：按数量抽查10%，不得少于1个。

检查方法：尺量、观察检查、核对材料合格的证明文件。

(11) 检查门应平整、启闭灵活、关闭严密，其与风管或空气处理室的连接处应采取密封措施，无明显渗漏。

净化空调系统风管检查门的密封垫料，宜采用成型密封胶带或软橡胶条制作。

检查数量：按数量抽查20%，不得少于1个。

检查方法：观察检查。

(12) 风口的验收，规格以颈部外径与外边长为准，其尺寸的允许偏差值应符合表4-7-19的规定。风口的外表装饰面应平整，叶片或扩散环的分布应匀称、可靠，定位后应无明显自由松动。

检查数量：按类别、批分别抽查5%，不得少于1个。

检查方法：尺量、观察检查、核对材料合格的证明文件与手动操作检查。

风口尺寸允许偏差（mm） 表4-7-19

圆 形 风 口		
直 径	≤250	>250
允许偏差	0～-2	0～-3
距 形 风 口		
边 长	<300	300～800	>800
允许偏差	0～-1	0～-2	0～-3
对角线长度	<300	300～500	>500
两对角线之差	≤1	≤2	≤3

4.8 通风与空调工程安装施工

4.8.1 风管系统安装

1．一般规定

（1）本节适用于通风与空调工程中的金属和非金属风管系统安装质量的检验和验收。

（2）风管系统安装后，必须进行严密性试验，合格后方能交付下道工序；风管系统严密性检验以主、干管为主；在加工工艺得到保证的前提下，低压风管系统可采用漏光法检查。

（3）风管系统吊、支架采用膨胀螺栓等胀锚方法固定时，必须符合其相应技术文件的规定。

2．主控项目

（1）在风管穿过需要封闭的防火、防爆的墙体或楼板时，应设预埋管或防护套管，其钢板厚度不应小于1.6mm；风管与防护套管之间，应用不燃且对人体无危害的柔性材料封堵。

检查数量：按数量抽查20%，不得少于1个系统。

检查方法：尺量、观察检查。

（2）风管安装必须符合下列规定：

A．风管内严禁其他管线穿越。

B．输送含有易燃、易爆气体或安装在易燃、易爆环境的风管系统均应有良好的接地，通过生活区或其他辅助生产房间时必须严密，并不得设置接口。

C．室外立管的固定拉索严禁拉在避雷针或避雷网上。

检查数量：按数量抽查20%，不得少于1个系统。

检查方法：手扳、尺量、观察检查。

（3）输送空气温度高于80℃的风管，应按设计规定采取防护措施。

检查数量：按数量抽查20%，不得少于1个系统。

检查方法：观察检查。

（4）风管部件安装必须符合下列规定：

A．各类风管部件及操作机构的安装，应能保证其正常的使用功能，并便于操作。

B．斜插板风阀的安装，阀板必须为向上拉启；水平安装时，阀板还应为顺气流方向插入。

C．止回风阀、自动排气活门的安装方向应正确。

检查数量：按数量抽查20%，不得少于5件。

检查方法：尺量、观察检查，动作试验。

（5）防火阀、排烟阀（排烟口）的安装方向、位置应正确；防火分区隔墙两侧的防火阀，距墙表面不应大于200mm。

检查数量：按数量抽查20%，不得少于5件。

检查方法：尺量、观察检查，动作试验。

(6) 净化空调系统风管的安装还应符合下列规定：

A．风管、静压箱及其他部件，必须擦拭干净，做到无油污和浮尘，当施工停顿或完毕时，端口应封好。

B．法兰垫料应为不产尘、不易老化和具有一定强度和弹性的材料（如闭孔海绵橡胶板，软橡胶板等），厚度为5~8mm；不得采用乳胶海绵；法兰垫片应尽量减少拼接，并不允许直缝对接连接，严禁在垫料表面涂涂料。

C．风管与洁净室吊顶、隔墙等围护结构的接缝处应严密。

检查数量：按数量抽查20%，不得少于1个系统。

检查方法：观察、用白绸布擦拭。

(7) 集中式真空吸尘系统的安装应符合下列规定：

A．真空吸尘系统弯管的曲率半径不小于4倍管径，弯管的内壁面应光滑，不得采用褶皱弯管。

B．真空吸尘系统三通的夹角不得大于45°；四通制作应采用两个斜三通做法。

检查数量：按数量抽查20%，不得少于2件。

检查方法：尺量、观察检查。

(8) 风管系统安装完毕后，应按系统类别进行严密性检验，漏风量应符合设计与施工质量验收规范的规定；风管系统严密性检验，应符合下列规定：

A．低压系统风管的严密性检验应采用抽检，抽检率为5%，且不得少于一个系统；在加工工艺得到保证的前提下，采用漏光法检测；检测不合格时，应按规定的抽检率作漏风量测试。

中压系统风管的严密性检验，应在漏光法检测合格后，对系统漏风量测试进行抽检，抽检率为20%，且不得少于一个系统。

高压系统风管的严密性检验，为全数进行漏风量测试。

系统风管严密性检验的被抽检系统，应全数合格，则视为通过；如有不合格时，则应再加倍抽检，直至全数合格。

B．净化空调系统风管的严密性检验，1~5级的系统按高压系统风管的规定执行；6~9级的系统按4.7.1中相关规定执行。

检查数量：按条文中的规定。

检查方法：按 GB 50243—2002《通风与空调工程施工质量验收规范》附录 A 的规定进行严密性测试。

(9) 手动密闭阀安装，阀门上标志的箭头方向必须与受冲击波方向一致。

检查数量：全数检查。

检查方法：观察、核对检查。

3．一般项目

(1) 风管安装必须符合下列规定：

A．风管安装前，应清除内、外杂物，并做好清洁和保护工作。

B．风管安装的位置、标高、走向，应符合设计要求；现场风管接口的配置，不得缩小其有效截面。

C．连接法兰的螺栓应均匀拧紧，其螺母宜在同一侧。

D．风管接口的连接应严密、牢固，风管法兰的垫片材质应符合系统功能的要求，厚度不应小于3mm，垫片不应凸入管内，亦不宜突出法兰外。

E．柔性短管的安装应松紧适度，无明显扭曲。

F．可伸缩性金属或非金属软管的长度不宜超过2m，并不应有死弯或塌凹。

G．风管与砖、混凝土风道的连接接口，应顺着气流方向插入，并应采取密封措施；风管穿出屋面处应设有防雨措施。

H．不锈钢板、铝板风管与碳素钢支架的接触处，应有隔热或防腐绝缘措施。

检查数量：按数量抽查10%，不得少于1个系统。

检查方法：尺量、观察检查。

(2) 无法兰风管安装必须符合下列规定：

A．风管的连接处，应完整无缺损，表面应平整，无明显扭曲。

B．承插式风管的四周缝隙应一致，无明显的弯曲或褶皱；内涂的密封胶应完整，外粘的密封胶带，应粘贴牢固、完整无缺损。

C．薄钢板法兰形式风管的连接、弹性插条、弹簧夹或紧固螺栓的间隔不应大于150mm，且分布均匀，无松动现象。

D．插条连接的矩形风管，连接后的板面应平整、无明显弯曲。

检查数量：按数量抽查10%，不得少于1个系统。

检查方法：尺量、观察检查。

(3) 风管的连接应平直、不扭曲；明装风管水平安装，水平度的允许偏差为3‰，总偏差不应大于20mm；明装风管垂直安装，垂直度的允许偏差为2‰，总偏差不应大于20mm。暗装风管的位置应正确，无明显偏差。

除尘系统的风管，宜垂直或倾斜敷设，与水平夹角宜不小于45°，小坡度和水平管应尽量短。

对含有凝结水或其他液体的风管，坡度应符合设计要求，并在最低处设排液装置。

检查数量：按数量抽查10%，但不得少于1个系统。

检查方法：尺量、观察检查。

(4) 风管支、吊架的安装应符合下列规定：

A．风管水平安装，直径或长边尺寸≤400mm，间距不应大于4m；>400mm，间距不应大于3m。螺旋风管的支、吊架间距可分别延长至5m和3.75m；对于薄钢板法兰的风管，其支、吊架间距不应大于3m。

B．风管垂直安装，间距不应大于4m；单根直管至少应有2个固定点。

C．风管支、吊架宜按国标图集与规范选用强度和刚度相适应的形式和规格；对于直径或边长大于2500mm的超宽、超重等特殊风管的支、吊架应按设计规定。

D．支吊架不宜设置在风口、阀门、检查门及自控机构处，离风口或插接管的距离不宜小于200mm。

E．当水平悬吊的主、干风管长度超过20m时，应设置防止摆动的固定点，每个系统不应少于1个。

F．吊架的螺孔应采用机械加工，吊杆应平直，螺纹完整、光洁；安装后各副支、吊架的受力应均匀，无明显变形。

风管或空调设备使用的可调隔振支、吊架的拉伸或压缩量应按设计的要求进行调整。

G．抱箍支架，折角应平直，抱箍应紧贴并箍紧风管；安装在支架上的圆形风管应设托座和抱箍，其圆弧应均匀，且与风管外径相一致。

检查数量：按数量抽查10%，不得少于1个系统。

检查方法：尺量、观察检查。

(5) 非金属风管安装还应符合下列规定：

A．风管连接两法兰端面应平行、严密，法兰螺栓两侧面应加镀锌垫圈。

B．应适当增加支、吊架与水平风管的接触面积。

C．硬聚氯乙烯风管的直段连续长度大于20m，应按设计要求设置伸缩节；支管的重量不得由干管来承受，必须自行设置支、吊架。

D．风管垂直安装，支架间距不应大于3m。

检查数量：按数量抽查10%，不得少于1个系统。

检查方法：尺量、观察检查。

(6) 复合材料风管的安装还应符合下列规定：

A．复合材料风管的连接处，接缝应牢固，无孔洞和开裂；当采用插接连接时，接口应匹配、无松动，端口缝隙不应大于5mm。

B．采用法兰连接时，应有防冷桥的措施。

C．支、吊架的安装宜按产品标准的规定执行。

检查数量：按数量抽查10%，不得少于1个系统。

检查方法：尺量、观察检查。

(7) 集中式真空吸尘系统的安装应符合下列规定：

A．吸尘管道的坡度宜为5‰，并坡向立管或吸尘点。

B．吸尘嘴与管道的连接，应牢固，严密。

检查数量：按数量抽查20%，不得少于5件。

检查方法：尺量、观察检查。

(8) 各类风阀应安装在便于操作及检修的部位，安装后的手动或电动操作装置应灵活、可靠，阀板关闭应保持严密。

防火阀直径或长边尺寸≥630mm时，宜设独立支、吊架。

排烟阀（排烟口）及手控装置（包括预埋套管）的位置应符合设计要求，预埋套管不得有死弯及瘪陷。

除尘系统吸入管段的调节阀，宜安装在垂直管段上。

检查数量：按数量抽查10%，不得少于5件。

检查方法：尺量、观察检查。

(9) 风帽安装必须牢固，连接风管与屋面或墙面的交接处不应渗水。

检查数量：按数量抽查10%，不得少于5件。

检查方法：尺量、观察检查。

(10) 排、吸风罩的安装位置应正确，排列整齐，牢固可靠。

检查数量：按数量抽查10%，不得少于5件。

检查方法：尺量、观察检查。

(11) 风口与风管的连接应严密、牢固，与装饰面相紧贴；表面平整、不变形，调节灵活、可靠。条形风口的安装，接缝处应衔接自然，无明显缝隙；同一厅室、房间内的相同风口的安装高度应一致，排列应整齐。

明装无吊顶的风口，安装位置和标高偏差不应大于 10mm。

风口水平安装，水平度的偏差不应大于 3‰。

风口垂直安装，垂直度的偏差不应大于 2‰。

检查数量：按数量抽查 10%，不得少于 1 个系统或不少于 5 件和 2 个房间的风口。

检查方法：尺量、观察检查。

(12) 净化空调系统风口安装还应符合下列规定：

A. 风口安装前应清扫干净，其边框与建筑顶棚或墙面间的接缝处应加设密封垫料或密封胶，不应漏风。

B. 带高效过滤器的送风口，应采用可分别调节高度的吊杆。

检查数量：按数量抽查 20%，不得少于 1 个系统或不少于 5 件和 2 个房间的风口。

检查方法：尺量、观察检查。

4.8.2 通风与空调设备安装

1. 一般规定

(1) 本节适用于工作压力不大于 5kPa 的通风机与空调设备安装质量的检验与验收。

(2) 通风与空调设备应有装箱清单，设备说明书、产品质量合格证书和产品性能检测报告等随机文件，进口设备还应具有商检合格证明文件。

(3) 设备安装前应进行开箱检查，并形成验收文字记录；参加人员为建设、监理、施工和厂商等方单位的代表。

(4) 设备就位前应对其基础进行验收，合格后方能安装。

(5) 设备的搬运和吊装必须符合产品说明书的有关规定，并应做好设备的保护工作，防止因搬运或吊装而造成设备损伤。

2. 主控项目

(1) 通风机的安装应符合下列规定：

A. 型号、规格应符合设计规定，其出口方向应正确。

B. 叶轮旋转应平稳，停转后不应每次停留在同一位置上。

C. 固定通风机的地脚螺栓应拧紧，并有防松动措施。

检查数量：全数检查。

检查方法：依据设计图纸核对、观察检查。

(2) 通风机的传动装置的外露部位以及直通大气的进、出口，必须装设防护罩（网）或采取其他安全措施。

检查数量：全数检查。

检查方法：依据设计图纸核对、观察检查。

(3) 空调机组的安装应符合下列规定：

A. 型号、规格、方向和技术参数应符合设计要求。

B. 现场组装的组合式空气调节机组应做漏风量的检验，其漏风量必须符合现行国标

《组合式空调机组》GB/T 14294 的规定。

检查数量：按总数抽查 20%，不得少于 1 台；净化空调系统的机组，1~5 级全数检查，6~9 级抽查 50%。

检查方法：依据设计图纸核对、检查测试记录。

(4) 除尘器的安装应符合下列规定：

A. 型号、规格、进出口方向必须符合设计要求。

B. 现场组装的除尘器壳体应做漏风量检测，在设计工作压力下允许漏风率为 5%，其中离心式除尘器为 3%。

C. 布袋除尘器、电除尘器的壳体及辅助设备接地应可靠。

检查数量：按总数抽查 20%，不得少于 1 台；接地全数检查。

检查方法：按图核对、检查测试记录和观察检查。

(5) 高效过滤器应在洁净室及净化空调系统进行全面清扫和系统连续试车 12h 以上后，在现场拆开包装并进行安装。

安装前需进行外观检查和仪器检漏，目测不得有变形、脱落、断裂等破损现象；仪器抽检检漏应符合产品质量文件的规定。

合格后立即安装，其方向必须正确，安装后的高效过滤器四周及接口，应严密不漏；在调试前应进行扫描检漏。

检查数量：高效过滤器的仪器抽检检漏按批抽查 5%，不得少于 1 台。

检查方法：观察检查、按 GB 50243—2002《通风与空调工程施工质量验收规范》附录 B 规定扫描检测或查看检测记录。

(6) 净化空调设备的安装应符合下列规定：

A. 净化空调设备与洁净室围护结构相连的接缝必须密封。

B. 风机过滤单元（FFU 与 FMU 空气净化装置）应在清洁的现场进行外观检查，目测不得有变形、锈蚀、漆膜脱落、拼接板破损等现象；在系统试运转时，必须在进风口处加装临时中效过滤器作为保护。

检查数量：全数检查。

检查方法：按设计图纸核对、观察检查。

(7) 静电空气过滤器金属外壳接地必须良好。

检查数量：按总数抽查 20%，不得少于 1 台。

检查方法：核对材料、观察检查或电阻测定。

(8) 电加热器的安装必须符合下列规定：

A. 电加热器与钢构架间的绝热层必须为不燃材料，接线柱外露的应加设安全防护罩。

B. 电加热器的金属外壳接地必须良好。

C. 连接电加热器的风管的法兰垫片，应采用耐热不燃材料。

检查数量：按总数抽查 20%，不得少于 1 台。

检查方法：核对材料、观察检查或电阻测定。

(9) 干蒸汽加湿器的安装，蒸汽喷管不应朝下。

检查数量：全数检查。

检查方法：观察检查。

(10) 过滤吸收器的安装方向必须正确，并应设独立支架，与室外的连接管段不得泄漏。

检查数量：全数检查。

检查方法：观察或检测。

3．一般项目

(1) 通风机的安装应符合下列规定：

A．通风机的安装，应符合表 4-8-1 的规定，叶轮转子与机壳的组装位置应正确；叶轮进风口插入风机机壳进风口或密封圈的深度，应符合设备技术文件的规定，或为叶轮外径值的 1/100。

B．现场组装的轴流风机叶片安装角度应一致，达到在同一平面内运转，叶轮与筒体之间间隙应均匀，水平度允许偏差为 1‰。

C．安装隔振器的地面应平整，各组隔振器承受荷载的压缩量应均匀，高度误差应小于 2mm。

D．安装风机的隔振钢支、吊架，其结构形式和外形尺寸应符合设计或设备技术文件的规定；焊接应牢固，焊缝应饱满、均匀。

检查数量：按总数抽查 20%，不得少于 1 台。

检查方法：尺量、观察或检查施工记录。

通风机安装的允许偏差 表 4-8-1

项　目		允 许 偏 差	检 验 方 法
中心线的平面位移		10mm	经纬仪或拉线和尺量检查
标　高		±10mm	水准仪或水平仪、直尺、拉线和尺量检查
皮带轮轮宽中心平面偏移		1mm	在主、从动轮端面拉线和尺量检查
传动轴水平度		纵向 0.2‰ 横向 0.3‰	在轴或皮带轮 0°和 180°的两个位置上用水平仪检查
联轴器	两轴芯径向位移	0.05mm	在联轴器互相垂直的四个位置上，用百分表检查
	两轴线倾斜	0.2‰	

(2) 组合式空调机组及柜式空调机组的安装应符合下列规定：

A．组合式空调机组各功能段的组装，应符合设计规定的顺序和要求；各功能段之间的连接应严密，整体应平直。

B．机组与供回水管的连接应正确，机组下部冷凝水排放管的水封高度应符合设计要求。

C．机组应清理干净，箱体内应无杂物、垃圾和积尘。

D．机组内空气过滤器（网）和空气热交换器翅片应清洁、完好。

检查数量：按数量抽查 20%，不得少于 1 台。

检查方法：观察检查。

(3) 空气处理室的安装应符合下列规定：

A．金属空气处理室壁板及各段的组装位置应正确，表面平整，连接严密、牢固。

B．喷水段的本体及其检查门不得漏水，喷水管和喷嘴的排列、规格应符合设计的规定。

C. 表面式换热器的散热器面应保持清洁、完好；当用于冷却空气时，在下部应设排水装置，冷凝水的引流管或槽应畅通，冷凝水不外溢。

D. 表面式换热器与围护结构间的间隙，以及表面式热交换器之间的缝隙，应封堵严密。

E. 换热器与系统供回水管的连接应正确，且严密不漏。

检查数量：按总数抽查20%，不得少于1台。

检查方法：观察检查。

(4) 单元式空调机组的安装应符合下列规定：

A. 分体式空调机组的室外机和风冷整体式空调机组的安装，固定应牢固可靠；除应满足冷却风循环空间的要求外，还应符合环境卫生保护有关法规的规定。

B. 分体式空调机组的室内机位置应正确，并应保持水平，冷凝水排放应畅通；管道穿墙处必须密封，不得有雨水渗入。

C. 整体式空调机组管道的连接应严密、无渗漏，四周应留有相应的维修空间。

检查数量：按总数抽查20%，不得少于1台。

检查方法：观察检查。

(5) 除尘设备安装应符合下列规定：

A. 除尘器的安装位置应正确、牢固平稳，允许误差应符合表4-8-2的规定。

B. 除尘器的活动或转动部件的动作应灵活、可靠，并应符合设计要求。

C. 除尘器的排灰阀、卸料阀、排泥阀的安装应严密，并便于操作与维护修理。

检查数量：按总数抽查20%，不得少于1台。

检查方法：尺量、观察检查及检查施工记录。

除尘器安装允许误差和检验方法 (mm) 表 4-8-2

项 目		允许偏差	检验方法
平面位移		≤10	用经纬仪或拉线、尺量检查
标 高		±10	用水准仪、直尺、拉线和尺量检查
垂直度	每 米	≤2	吊线和尺量检查
	总偏差	≤10	

(6) 现场组装的静电除尘器的安装，还应符合设备技术文件及下列规定：

A. 阳极板组合后的阳极排平面度允许偏差为5mm，其对角线允许偏差为10mm。

B. 阴极小框架组合后主平面的平面度允许偏差为5mm，其对角线允许偏差为10mm。

C. 阴极大框架的整体平面度允许偏差为15mm，整体对角线允许偏差为10mm。

D. 阳极板高度≤7m的电除尘器，阴、阳极间距允许偏差为5mm；阳极板高度大于7m的电除尘器，阴、阳极间距允许偏差为10mm。

E. 振打锤装置的固定应可靠，振打锤的转动应灵活，锤头方向应正确；振打锤头与振打砧之间应保持良好的线接触状态，接触长度应大于锤头厚度的0.7倍。

检查数量：按总数抽查20%，不得少于1组。

检查方法：尺量、观察检查及检查施工记录。

(7) 现场组装布袋除尘器的安装，还应符合下列规定：

A. 外壳应严密、不漏，布袋接口应牢固。

B. 分室反吹袋式除尘器的滤袋安装，必须平直；每条滤袋的拉紧力应保持在25～35N/m；与滤袋连接接触的短管和袋帽，应无毛刺。

C. 机械回转扁袋袋式除尘器的旋臂，转动应灵活可靠，净气室上部的顶盖，应密封不漏气，旋转应灵活，无卡阻现象。

D. 脉冲袋式除尘器的喷吹孔，应对准文氏管的中心，同心度允许偏差为2mm。

检查数量：按总数抽查20%，不得少于1台。

检查方法：尺量、观察检查及检查施工记录。

(8) 洁净室空气净化设备的安装，应符合下列规定：

A. 带有通风机的气闸室、吹淋室与地面间应有隔振垫。

B. 机械式余压阀安装，阀体、阀板的转轴均应水平，允许偏差为2‰；余压阀的安装位置应在室内气流的下风侧，并不应在工作面高度范围内。

C. 传递窗的安装应牢固、垂直，与墙体的连接处应密封。

检查数量：按总数抽查20%，不得少于1件。

检查方法：尺量、观察检查。

(9) 装配式洁净室的安装应符合下列规定：

A. 洁净室的顶板和壁板（包括夹芯材料）应为不燃材料。

B. 洁净室的地面应干燥、平整，平整度允许偏差为1‰。

C. 壁板的构配件和辅助材料的开箱，应在清洁的室内进行，安装前应严格检查其规格和质量。壁板应垂直安装，底部宜采用圆弧或钝角交接；安装后壁板之间、壁板与顶板间的拼缝应平整严密，墙板的垂直度允许偏差为2‰；顶板水平度的允许偏差与每个单间的几何尺寸的允许偏差均为2‰。

D. 洁净室吊顶在受荷载后应保持平直，压条全部紧贴；洁净室若为上、下槽形板时，其接头应整齐，严密；组装完毕的洁净室所有拼接缝，包括与建筑的接缝，均应采取密封措施，做到不脱落，密封良好。

检查数量：按总数抽查20%，不得少于5处。

检查方法：尺量、观察检查及检查施工记录。

(10) 洁净层流罩的安装应符合下列规定：

A. 应设独立的吊杆，并有防晃动的固定措施。

B. 层流罩安装的水平度允许偏差为1‰，高度的允许偏差为±1mm。

C. 层流罩安装在吊顶上，其四周与顶板之间应设有密封及隔振措施。

检查数量：按总数抽查20%，不得少于5件。

检查方法：尺量、观察检查及检查施工记录。

(11) 风机过滤器单元（FFU、FMU）的安装应符合下列规定：

A. 风机过滤器单元的高效过滤器安装前应按2.2 (5) 条的规定检漏，合格后进行安装，方向必须正确；安装后的FFU或FMU机组应便于检修。

B. 安装后的FFU风机过滤器单元，应保持整体平整，与吊顶衔接良好；风机箱与过滤器之间的连接，过滤器单元与吊顶框架间应有可靠的密封措施。

检查数量：按总数抽查20%，不得少于2个。

检查方法：尺量、观察检查及检查施工记录。

(12) 高效过滤器的安装应符合下列规定：

A. 高效过滤器采用机械密封时，需采用密封垫料，其厚度为6～8mm，并定位粘贴在过滤器边框上，安装后垫料的压缩应均匀，压缩率为25%～50%。

B. 采用液槽密封时，槽架安装应水平，不得有渗漏现象，槽内无污物和水分；槽内密封液高度宜为2/3槽深；密封液的熔点宜高于50℃。

检查数量：按总数抽查20%，不得少于5个。

检查方法：尺量、观察检查。

(13) 消声器的安装应符合下列规定：

A. 消声器安装前应保持干净，做到无油污或浮尘。

B. 消声器安装的位置、方向应正确，与风管连接应严密，不得有损坏与受潮；两组同类型消声器不宜直接串联。

C. 现场安装的组合式消声器，消声组件的排列，方向和位置应符合设计要求，单个消声器组件的固定应牢固。

D. 消声器、消声弯头均应设独立支、吊架。

检查数量：整体安装的消声器，按总数抽查10%，且不得少于5台；现场组装的消声器全数检查。

检查方法：手扳和观察检查、核对安装记录。

(14) 空气过滤器的安装应符合下列规定：

A. 安装平稳、牢固，方向正确；过滤器与框架、框架与围护结构之间应严密无穿透缝。

B. 框架式或粗、中效袋式空气过滤器安装，过滤器四周与框架应均匀压紧，无可见缝隙，并应便于拆卸和更换滤料；

C. 卷绕式过滤器的安装，框架应平整，展开的滤料应松紧适度，上下筒体应平行。

检查数量：按总数抽查10%，不得少于1台。

检查方法：观察检查。

(15) 风机盘管机组的安装应符合下列规定：

A. 机组安装前宜进行单机三速试运转及水压检漏试验，试验压力为系统工作压力的1.5倍，观察时间为2min，不渗漏为合格。

B. 机组应设独立支、吊架，安装位置、高度及坡度应正确、固定牢固。

C. 机组与风管、回风箱或风口的连接应严密、可靠。

检查数量：按总数抽查10%，且不得少于1台。

检查方法：观察检查、查阅检查试验记录。

(16) 转轮式换热器安装的位置，转轮旋转方向及接管应正确，运转应平稳。

检查数量：按总数抽查20%，不得少于1台。

检查方法：观察检查。

(17) 轮转去湿机安装应牢固，转轮及传动部件应灵活、可靠，方向正确；处理空气与再生空气接管应正确；排风水平管须保持一定的坡度，并坡向排出方向。

检查数量：按总数抽查20%，且不得少于1台。

检查方法：观察检查。

(18) 蒸汽加湿器的安装应设置独立支架，并固定牢固，接管尺寸正确，无渗漏。

检查数量：全数检查。

检查方法：观察检查。

(19) 空气风幕机的安装，位置方向应正确、牢固可靠，纵向垂直度与横向水平度的偏差均不应大于2‰。

检查数量：按总数抽查10%，且不得少于1台。

检查方法：观察检查。

(20) 变风量末端装置的安装，应设单独支、吊架，与风管连接前宜做动作试验。

检查数量：按总数抽查20%，且不得少于1台。

检查方法：观察检查，查阅检查试验记录。

4.8.3 空调制冷系统安装

1. 一般规定

(1) 本节适用于空调工程中工作压力不高于2.5MPa，工作温度在-20~150℃的整体式、组装式及单元式制冷设备（包括热泵）、制冷附属设备、其他配套设备和管路系统安装工程施工质量的检验和验收。

(2) 制冷设备、制冷附属设备、管道、管件及阀门的型号、规格、性能及技术参数等必须符合设计要求；设备机组的外表应无损伤、密封应良好，随机文件和配件应齐全。

(3) 与制冷机组配套的蒸汽、燃油、燃气供应系统和蓄冷系统的安装，还应符合设计文件、有关消防规范与产品技术文件的规定。

(4) 空调制冷设备的搬运和吊装，应符合产品技术文件和通风与空调设备搬运和吊装的有关规定。

(5) 制冷机组本体的安装、试验、试运转及验收还应符合现行国家标准GB 50274《制冷设备、空气分离设备安装工程施工及验收规范》有关条文的规定。

2. 主控项目

(1) 制冷设备与制冷附属设备的安装应符合下列规定：

A 制冷设备、制冷附属设备的型号、规格和技术参数必须符合设计要求，并具有产品合格证书、产品性能检验报告。

B. 设备的混凝土基础必须进行质量交接验收，合格后方可安装。

C. 设备安装的位置、标高和管口方向必须符合设计要求；用地脚螺栓固定的制冷设备或制冷附属设备，其垫铁的放置位置应正确、接触紧密；螺栓必须拧紧，并有防松动措施。

检查数量：全数检查。

检查方法：查阅图纸核对设备型号、规格；产品质量合证明书和性能检验报告。

(2) 直接膨胀表面式冷却器的外表面应保持清洁、完整，空气与制冷剂应呈逆向流动；表面式冷却器与外壳四周的缝隙应堵严，冷凝水排放应畅通。

检查数量：全数检查。

检查方法：观察检查。

(3) 燃油系统的设备与管道，以及储油罐及日用油箱的安装，位置和连接方法应符合设计与消防要求。

燃气系统设备的安装应符合设计和消防要求；调压装置、过滤器的安装和调节应符合设备技术文件的规定，且应可靠接地。

检查数量：全数检查。

检查方法：按图纸核对、观察、查阅接地测试记录。

(4) 制冷设备的各项严密性试验和式运行的技术数据，均应符合设备技术文件的规定；对组装式的制冷机组和现场充注制冷剂的机组，必须进行吹污、气密性试验、真空试验和充注制冷剂检漏试验，其相应的技术数据必须符合产品技术文件和有关现行国家标准、规范的规定。

检查数量：全数检查。

检查方法：旁站观察、检查和查阅试运行记录。

(5) 制冷系统管道、管件和阀门的安装应符合下列规定：

A. 制冷系统管道、管件和阀门的型号、材质及工作压力等必须符合设计要求，并应具有出厂合格证、质量证明书。

B. 法兰、螺纹等处的密封材料应与管内的介质性能相适应。

C. 制冷剂液体管不得向上装成"Ω"形，气体管道不得向下装成"U"形（特殊回油管除外）；液体支管引出时，必须从干管底部或侧面接出；气体支管引出时，必须从干管顶部或侧面接出；有两根以上的支管从干管引出时，连接部位应错开，间距不应小于2倍支管直径，且不小于200mm。

D. 制冷机与附属设备之间制冷剂管道的连接，其坡度与坡向应符合设计及设备技术文件要求，当设计无规定时，应符合表4-8-3的规定。

制冷剂管道的坡度、坡向　　　　　　表4-8-3

管 道 名 称	坡 向	坡 度
压缩机吸气水平管（氟）	压缩机	≥10‰
压缩机吸气水平管（氨）	蒸发器	≥3‰
压缩机排气水平管	油分离器	≥10‰
冷凝器水平供液管	贮液器	1‰~3‰
油分离器至冷凝器水平管	油分离器	3‰~5‰

E. 制冷系统投入运行前，应对安全阀进行调试校核，其开启和回座压力应符合设备技术文件的要求。

检查数量：按总数抽检20%，且不得少于5件；第5款全数检查。

检查方法：核查合格证明文件、观察、水平仪测量、查阅调校记录。

(6) 燃油管道系统必须设置可靠的防静电接地装置，其管道法兰应采用镀锌螺栓连接或在法兰处用铜导线进行跨接，且接合良好。

　　检查数量：系统全数检查。

　　检查方法：观察检查、查阅试验记录。

（7）燃气系统管道与机组的连接不得使用非金属软管；燃气管道的吹扫和压力试验应为压缩空气或氮气，严禁用水。当燃气供气管道压力大于 0.005MPa 时，焊缝的无损检测的执行标准应按设计规定；当设计无规定，且采用超声波探伤时，应全数检测，以质量不低于Ⅱ级为合格。

　　检查数量：系统全数检查。

　　检查方法：观察检查、查阅探伤报告和试验记录。

（8）氨制冷剂系统管道、附件、阀门及填料不得采用铜或铜合金材料（磷青铜除外），管内不得镀锌。氨系统的管道焊缝应进行射线照相检验，抽检率为 10%，以质量不低于Ⅲ级为合格；在不易进行射线照相检验操作的场合，可用超声波检验代替，以不低于Ⅱ级为合格。

　　检查数量：系统全数检查。

　　检查方法：观察检查、查阅探伤报告和试验记录。

（9）输送乙二醇溶液的管道系统，不得使用内镀锌管道及配件。

　　检查数量：按系统的管段抽查 20%，且不得少于 5 件。

　　检查方法：观察检查，查阅安装记录。

（10）制冷管道系统应进行强度、气密性试验及真空试验，且必须合格。

　　检查数量：系统全数检查。

　　检查方法：旁站、观察检查和查阅试验记录。

3．一般项目

（1）制冷机组与制冷附属设备的安装应符合下列规定：

　　A．制冷设备与制冷附属设备的安装位置、标高的允许偏差，应符合表 4-8-4 的规定。

　　B．整体安装的制冷机组，其机身纵、横向水平度的允许偏差为 1‰，并应符合设备技术文件的规定。

　　C．制冷附属设备安装的水平度或垂直度允许偏差为 1‰，并应符合设备技术文件的规定。

　　D．采用隔振措施的制冷设备或制冷附属设备，其隔振器安装位置应正确；各个隔振器的压缩量应均匀一致，偏差不应大于 2mm。

制冷设备与制冷附属设备安装允许偏差和检验方法　　　　表 4-8-4

项　　目	允　许　偏　差	检　验　方　法
平面位移	10mm	经纬仪或拉线尺量检查
标　高	±10mm	水准仪或经纬仪、拉线和尺量检查

　　E．设置弹簧隔振的制冷机组，应设有防止机组运行时水平位移的定位措施。

　　检查数量：系统全数检查。

　　检查方法：在机座或指定的基准面上用水平仪、水准仪等检测、尺量与观察检查。

(2) 模块式冷水机组单元多台并联组合时,接口应牢固,且严密不漏,连接后机组的外表应平整、完好,无明显的扭曲。

检查数量:全数检查。

检查方法:尺量、观察检查。

(3) 燃油系统油泵或蓄冷系统载冷剂泵的安装,纵、横向水平度允许偏差为1‰,联轴器两轴芯轴向倾斜允许偏差为0.2‰,径向位移为0.05mm。

检查数量:全数检查。

检查方法:在机座或指定的基准面上用水平仪、水准仪等检测、尺量与观察检查。

(4) 制冷系统管道、管件的安装应符合下列规定:

A. 管道、管件的内外壁应清洁、干燥;铜管管道支架的型式、位置、间距及管道安装标高应符合设计要求,连接制冷机的吸、排气管道应设单独支架;管径≤20mm的铜管道,在阀门处应设置支架;管道上下平行敷设时,吸气管应在下方。

B. 制冷剂管道弯管的弯曲半径不应小于3.5D(管道直径),其最大外径与最小外径之差不应大于0.08D,且不应使用焊接弯管及皱褶弯管。

C. 制冷剂管道分支管应按介质流向弯成90°弧度与主管连接,不宜使用弯曲半径小于1.5D的压制弯管。

D. 铜管切口应平整、不得有毛刺、凹凸等缺陷,切口允许倾斜偏差为管径的1%,管口翻边后应保持同心,不得有开裂及皱褶,并应有良好的密封面。

E. 采用承插钎焊焊接连接的铜管,其插接深度应符合表4-8-5的规定,承插的扩口方向应迎介质流向;当采用套接钎焊焊接连接时,其插接深度应不小于承插连接的规定。

采用对接焊缝组对管道的内壁应齐平,错边量不大于0.1倍壁厚,且不大于1mm。

承插式焊接的铜管承口的扩口深度表(mm)　　　表4-8-5

铜管规格	≤DN15	DN20	DN25	DN32	DN40	DN50	DN65
承插口的扩口深度	9~12	12~15	15~18	17~20	21~24	24~26	26~30

F. 管道穿越墙体或楼板时,管道的支、吊架和钢管的焊接应按空调水系统管道安装的有关规定执行。

检查数量:按系统抽检20%,且不得少于5件。

检查方法:尺量、观察检查。

(5) 制冷系统阀门的安装应符合下列规定:

A. 制冷剂阀门安装前应进行强度和严密性试验;强度试验压力为阀门公称压力的1.5倍,时间不得少于5min;严密性试验压力为阀门公称压力的1.1倍,持续时间30s不漏为合格;合格后应保持阀体内干燥。如阀门进、出口封闭破损或阀体锈蚀的还应进行解体清洗。

B. 位置、方向和高度应符合设计要求。

C. 水平管道上的阀门的手柄不应朝下;垂直管道上的阀门手柄应朝向便于操作的地方。

D. 自控阀门安装的位置应符合设计要求;电磁阀、调节阀、热力膨胀阀、升降式止回阀等的阀头均应向上；热力膨胀阀的安装位置应高于感温包，感温包应装在蒸发器末端的回气管上，与管道接触良好，绑扎紧密。

E．安全阀应垂直安装在便于检修的位置，其排气管的出口应朝向安全地带，排液管应装在泄水管上。

检查数量：按总数抽查20%，且不得少于5件。

检查方法：尺量、观察检查、旁站或查阅试验记录。

(6) 制冷系统的吹扫排污应采用压力为0.6MPa的干燥压缩空气或氮气，以浅色布检查5min，无污物为合格；系统吹扫干净后，应将系统中阀门的阀芯拆下清洗干净。

检查数量：全数检查。

检查方法：观察、旁站或查阅试验记录。

4.8.4 空调水系统管道与设备安装

1．一般规定

(1) 本节适用于空调工程水系统安装子分部工程，包括冷（热）水、冷却水、凝结水系统的设备（不包括末端设备）、管道及附件施工质量的检验及验收。

(2) 镀锌钢管应采用螺纹连接；当管径大于DN100时，可采用卡箍式、法兰或焊接连接，但应对焊缝及热影响区的表面进行防腐处理。

(3) 从事金属管道焊接的企业，应具有相应项目的焊接工艺评定，焊工应持有相应类别焊接的焊工合格证书。

(4) 空调用蒸汽管道的安装，应按现行国家标准GB 50242—2002《建筑给水、排水及采暖工程施工质量验收规范》的规定执行。

2．主控项目

(1) 空调工程水系统的设备与附属设备、管道、管配件及阀门的型号、规格、材质及连接形式应符合设计规定。

检查数量：按总数抽检10%，且不得少于5件。

检查方法：观察检查外观质量并检查产品质量证明文件、材料进场验收记录。

(2) 管道安装应符合下列规定：

A．隐蔽管道在隐蔽前必须经监理人员验收及认可签证。

B．焊接钢管、镀锌钢管不得采用热煨弯。

C．管道与设备的连接，应在设备安装完毕后进行，与水泵、制冷机组的接管必须为柔性接口；柔性短管不得强行对口连接，与其连接的管道应设置独立支架。

D．冷热水及冷却水系统应在系统冲洗、排污合格（目测：以排出口的水色和透明度与入水口对比相近，无可见杂物），再循环试运行2h以上，且水质正常后才能与制冷机组、空调设备相贯通。

E．固定在建筑结构上的管道支、吊架，不得影响结构的安全；管道穿越墙体或楼板处应设钢制套管，管道接口不得置于套管内，钢制套管应与墙体饰面或楼板底部平齐，上部应高出楼层地面20~50mm，并不得将套管作为管道支撑。

保温管道与套管四周间隙应使用不燃绝热材料填塞紧密。

检查数量：系统全数检查，每个系统管道、部件数量抽查10%，且不得少于5件。

检查方法：尺量、观察检查、旁站或查阅试验记录，隐蔽工程记录。

(3) 管道系统安装完毕，外观检查合格后，应按设计要求进行水压试验；当设计无规定时，应符合下列规定：

A. 冷热水、冷却水系统的试验压力，当工作压力≤1.0MPa时，为1.5倍工作压力，但最低不小于0.6MPa；当工作压力>1.0MPa时，为工作压力加0.5MPa。

B. 对于大型或高层建筑垂直位差较大的冷（热）媒水、冷却水管道系统宜采用分区、分层试压和系统试压相结合的方法；一般建筑可采用系统试压方法。

分区、分层试压：对相对独立的局部区域的管道进行试压，在试验压力下，稳压10min，压力不得下降，再将系统压力降至工作压力，在60min内压力不得下降、外观检查无渗漏为合格。

系统试压：在各分区管道与系统主、干管全部连通后，对整个系统的管道进行系统的试压；试验压力以最低点的压力为准，但最低点的压力不得超过管道与组成件的承受压力；压力试验升至试验压力后，稳压10min，压力下降不得大于0.02MPa，再将系统压力降至工作压力，外观检查无渗漏为合格。

C. 各类耐压塑料管的强度试验压力为1.5倍工作压力，严密性工作压力为1.15倍的设计工作压力。

D. 凝结水系统采用充水试验，应以不渗漏为合格。

检查数量：系统全数检查。

检查方法：旁站观察或查阅试验记录。

(4) 阀门的安装应符合下列规定：

A. 阀门的安装位置、高度、进出口方向必须符合设计要求，连接应牢固紧密。

B. 安装在保温管道上的各类手动阀门，手柄均不得向下。

C. 阀门安装前必须进行外观检查，阀门铭牌应符合现行国家标准GB 12220《通用阀门标志》的规定。对于工作压力大于1.0MPa及主干管上起切断作用的阀门，应进行强度和严密性试验，合格后方准使用；其他阀门可不单独进行试验，待在系统试压中检验。

强度试验时，试验压力为公称压力的1.5倍，持续时间不少于5min，阀门的壳体、填料应无渗漏。

严密性试验时，试验压力为公称压力的1.1倍；试验压力在试验持续时间内保持不变，时间应符合表4-8-6的规定，以阀瓣密封面无渗漏为合格。

阀门压力持续时间　　　　　　　　　　表4-8-6

公称直径 DN（mm）	最短试验持续时间（s）	
	严密性试验	
	金属密封	非金属密封
≤50	15	15
65～200	30	15
250～450	60	30
≥500	120	60

检查数量：1、2款抽查5%，且不得少于1个；水压试验以每批（同牌号、同规格、

同型号）数量中抽查20%，且不得少于1个；对于安装在主干管上起切断作用的闭路阀门，全数检查

检查方法：按设计图纸核对、观察检查、旁站或查阅试验记录。

（5）补偿器的补偿量和安装位置必须符合设计及产品技术文件的要求，并应根据设计计算的补偿量进行预拉伸或预压缩。

设有补偿器（膨胀节）的管道应设置固定支架，其结构形式和固定位置应符合设计要求，并应在补偿器的预拉伸（或预压缩）前固定；导向支架的设置应符合所安装产品技术文件的要求。

检查数量：抽查20%，且不得少于1个。

检查方法：观察检查，旁站或查阅补偿器的预拉伸或预压缩记录。

（6）冷却塔的型号、规格、技术参数必须符合设计要求；对含有易燃材料冷却塔的安装，必须严格执行施工防火安全的规定。

检查数量：全数检查。

检查方法：按图纸核对，监督执行防火规定。

（7）水泵的规格、型号、技术参数应符合设计要求或产品性能指标；水泵正常连续试运行的时间，不应少于2h。

检查数量：全数检查。

检查方法：按图纸核对，实测或查阅水泵试运行记录。

（8）水箱、集水缸、分水缸、储冷罐的满水试验或水压试验必须符合设计要求；储冷罐内壁防腐涂层的材质、涂抹质量、厚度必须符合设计或产品技术文件要求，储冷罐与底座必须进行绝热处理。

检查数量：全数检查。

检查方法：尺量、观察检查、查阅试验记录。

3. 一般项目

（1）当空调水系统的管道，采用建筑用硬聚氯乙烯（PVC-U）、聚丙烯（PP-R）、聚丁烯（PB）与交联聚乙烯（PEX）等有机材料管道时，其连接方法应符合设计和产品技术要求的规定。

检查数量：按总数抽检20%，且不得少于2处。

检查方法：尺量、观察检查，验证产品合格证书和试验记录。

（2）金属管道的焊接应符合下列规定：

A. 管道焊接材料的品种、规格、性能应符合设计要求；管道对接焊口的组对和坡口形式应符合表4-8-7的规定；对口的平直度为1%，全长不大于10mm。管道的固定焊口应远离设备，且不宜与设备接口中心线相重合；管道对接焊缝与支、吊架的距离应大于50mm。

B. 管道焊缝表面应清理干净，并进行外观质量的检查；焊缝外观质量不得低于现行国家标准GB 50236《现场设备、工业管道焊接工程施工及验收规范》中第11.3.3条的Ⅳ级规定（氨管为Ⅲ级）。

检查数量：按总数抽检20%，且不得少于1处。

检查方法：尺量、观察检查。

管道焊接坡口形式和尺寸（mm） 表 4-8-7

厚 度	坡口名称	坡 口 尺 寸		
		间 隙	钝 边	坡口角
1～3	I 形坡口	0～1.5	—	—
3～6		1～2.5		
6～9	V 形坡口	0～2.0	0～2	65～75
9～26		0～3.0	0～3	55～65
2～30	T 形坡口	0～2.0	—	—

注：I 形坡口和 V 形坡口：内壁错边量≤0.1 厚度，且≤2mm；外壁≤3mm。

(3) 螺纹连接的管道、螺纹应清洁、规整，断丝或缺丝不大于螺纹全扣数的 10%；连接牢固，接口处根部外露螺纹为 2～3 扣，无外露填料；镀锌管道的镀锌层应注意保护，对局部的破损处，应做防腐处理。

检查数量：按总数抽检 5%，且不得少于 5 处。

检查方法：尺量、观察检查。

(4) 法兰连接的管道，法兰面应与管道中心线垂直，并同心；法兰对接应平行，其偏差不应大于外径的 1.5‰，且不得大于 2mm；连接螺栓长度应一致、螺母在同侧、均匀拧紧；螺母紧固后不应低于螺母平面；法兰的衬垫规格、品种与厚度应符合设计的要求。

检查数量：按总数抽检 5%，且不得少于 5 处。

检查方法：尺量、观察检查。

(5) 钢制管道的安装应符合下列规定：

A. 管道和管件在安装前，应将其内外壁的污物和锈蚀清除干净；当管道安装间断时，应及时封闭敞开的管口。

B. 管道弯制弯管的弯曲半径，热弯不应小于管道外径的 3.5 倍、冷弯不应小于 4 倍；焊接弯管不应小于 1.5 倍；冲压弯管不应小于 1 倍。弯管的最大外径与最小外径的差不应大于管道外径的 8%，管壁减薄率不应大于 15%。

C. 冷凝水排水管坡度，应符合设计文件的规定；当设计无规定时，其坡度宜≥8‰；软管连接的长度，不宜大于 150mm。

D. 冷热水管道与支、吊架之间，应有绝热衬垫（承压强度能满足管道重量的不燃、难燃硬质绝热材料或经防腐处理的木衬垫），其厚度不应小于绝热层厚度，宽度应大于支、吊架支撑面的宽度；衬垫表面应平整、衬垫接合面的空隙应填实。

E. 管道安装的坐标、标高和纵、横向的弯曲度应符表 4-8-8 的规定；在吊顶内等暗装管道的位置应正确，无明显偏差。

检查数量：按总数抽查 10%，且不得少于 5 处。

检查方法：尺量、观察检查。

(6) 钢塑复合管道的安装，当系统工作压力不大于 1.0MPa 时，可采用涂（衬）塑焊接钢管螺纹连接，与管道配件的连接深度或扭矩应符合表 4-8-9 的规定；当系统工作压力为 1.0～2.5MPa 时，可采用涂（衬）塑无缝钢管法兰连接或沟槽式连接，管道配件均为无缝钢管涂（衬）塑管件。

沟槽式连接的管道，其沟槽与橡胶密封圈和卡箍套必须为配套合格产品；支、吊架的间距应符合表 4-8-10 的规定。

管道安装的允许偏差或检验方法　　　　　表 4-8-8

项 目		允许偏差 (mm)	检 查 方 法
坐标	架空或地沟 室外	25	按系统检查管道的起点、终点、分支点和变向点及各点之间的直管
	架空或地沟 室内	15	
	埋地	60	
标高	架空或地沟 室外	±20	用经纬仪、水准仪、液体连通器、水平仪、拉线和尺量检查
	架空或地沟 室内	±15	
	埋地	±25	
水平管平直度	$DN \leqslant 100mm$	2L‰、最大 40	用直尺、拉线和尺量检查
	$DN > 100mm$	3L‰、最大 60	
立管垂直度		5L‰、最大 25	用直尺、线锤、拉线和尺量检查
成排管段间距		15	用直尺尺量检查
成排管段或成排阀门在同一平面上		3	用直尺、拉线和尺量检查

注：L——管道的有效长度 (mm)。

钢塑复合管螺纹连接深度及紧固扭矩 (mm)　　　　　表 4-8-9

公 称 直 径		15	20	25	32	40	50	65	80	100
螺纹连接	深 度	11	13	15	17	18	20	23	27	33
	牙 数	6.0	6.5	7.0	7.5	8.0	9.0	10.0	11.5	13.5
扭 矩 (N·m)		40	60	100	120	150	200	250	300	400

检查数量：按总数抽检 10%，且不得少于 5 处。

检查方法：尺量、观察检查、查阅产品合格证明文件。

沟槽式连接管道的沟槽及支、吊架的间距 (mm)　　　　　表 4-8-10

公称直径	沟槽深度	允许偏差	支、吊架的间距 (m)	端面垂直度允许偏差
65～100	2.20	0～+0.3	3.5	1.0
65～100	2.20	0～+0.3	3.5	
125～150	2.20	0～+0.3	4.2	
200	2.50	0～+0.3	4.2	1.5
225～250	2.50	0～+0.3	5.0	
300	3.00	0～+0.5	5.0	

注：1. 连接管端面应平整光滑、无毛刺；沟槽过深，应作为废品，不得使用。
　　2. 支、吊架不得支承在连接头上，水平管的任意两个连接头之间必须有支、吊架。

(7) 风机盘管机组及其他空调设备与管道的连接，宜采用弹性接管或软接管（金属或非金属软管），其耐压值应≥1.5 倍的工作压力；软管的连接应牢固、不应有强扭和瘪管。

检查数量：按总数抽检 10%，且不得少于 5 处。

检查方法：观察、查阅产品合格证明文件。

(8) 金属管道支、吊架的型式、位置、间距、标高应符合设计或有关技术标准的要求；设计无规定时，应符合下列规定：

A．支、吊架的安装应平整牢固，与管道接触紧密；管道与设备连接处，应设置独立支、吊架。

B．冷（热）媒水、冷却水系统管道机房内总、干管的支、吊架，应采用防晃管架；与设备连接的管道管架宜有减振措施。当水平支管的管架采用单杆吊架时，应在管道起始点、阀门、三通、弯头及长度每隔15m设置承重防晃支、吊架。

C．无热位移的管道吊架，其吊杆应垂直安装；有热位移的，其吊杆应向热膨胀（或冷收缩）的反方向安装；偏移量按计算确定。

D．滑动支架的滑动面应清洁、平整，其安装位置应从支承面中心向位移反方向偏移1/2位移值或符合设计文件规定。

E．竖井内的立管，每隔2~3层应设导向支架；在建筑结构负重允许的情况下，水平安装管道支、吊架的间距应符合表4-8-11的规定。

F．管道支、吊架的焊接应由合格持证焊工施焊，并不得有漏焊、欠焊或焊接裂纹等缺陷；支架与管道焊接时，管道测的咬边量，应小于0.1管壁厚。

检查数量：按支架数量抽查5%，且不得少于5个。

检查方法：尺量、观察检查。

钢管道支、吊架的最大间距（m） 表4-8-11

公称直径（mm）		15	20	25	32	40	50	70
支吊架的最大间距	保 温	1.5	2.0	2.5	2.5	3.0	3.5	4.0
	不保温	2.5	3.0	3.5	4.0	4.5	5.0	6.0
公称直径（mm）		80	100	125	150	200	250	300
支吊架的最大间距	保 温	5.0	5.0	5.5	6.5	7.5	8.5	9.5
	不保温	6.5	6.5	7.5	7.5	9.0	9.5	10.5

注：1. 对大于300mm的管道可参考300mm管道。
2. 适用于工作压力不大于2.0MPa，不保温或保温材料密度不大于200kg/m³的管道系统。

(9) 采用建筑用硬聚氯乙烯（PVC-U）、聚丙烯（PP-R）与交联聚乙烯（PEX）等管道时，管道与金属支、吊架之间应有隔绝措施，不可直接接触；当为热水管道时，还应加宽其接触面积。支、吊架的间距应符合设计和产品技术要求的规定。

检查数量：按系统支架数量抽查5%，且不得少于5个。

检查方法：观察检查。

(10) 阀门、集气罐、自动排气装置、除污器（水过滤器）等管道部件的安装应符合设计要求，并应符合下列规定：

A．阀门安装的位置、进出口方向应正确，并便于操作；连接应牢固紧密，启闭灵活；成排阀门的排列应整齐美观，在同一平面上的允许偏差为3mm。

B．电动、气动等自控阀门在安装前应进行单体的调试，包括开启、关闭等动作试验。

C．冷冻水和冷却水的除污器（水过滤器）应安装在进机组前的管道上，方向正确且便于清污；与管道连接牢固、严密，其安装位置应便于滤网的拆装或清洗；过滤器滤网的材质、规格和包扎方法应符合设计要求。

D．闭式系统管路应在系统最高处及所有可能积聚空气的高点设置排气阀，在管路最低点应设置排水管及排水阀。

检查数量：按规格、型号抽查10%，且不得少于2个。

检查方法：对照设计文件尺量、观察和操作检查。

(11) 冷却塔安装应符合下列规定：

A. 基础标高应符合设计的规定，允许偏差为±20mm；冷却塔地脚螺栓与预埋件的连接或固定应牢固，各连接部件应采用热镀锌或不锈钢螺栓，其紧固力应一致、均匀。

B. 冷却塔安装应水平，单台冷却塔安装水平度和垂直度允许偏差均为2‰；同一冷却水系统的多台冷却塔安装时，各台冷却塔的水面高度应一致，高差不应大于30mm。

C. 冷却塔的出水口及喷嘴的方向和位置应正确，积水盘应严密无渗漏，分水器布水均匀；带转动布水器的冷却塔，其转动部分必须灵活，喷水出口按设计或产品要求，方向应一致。

D. 冷却塔风机叶片端部与塔体四周的径向间隙应均匀；对于可调整角度的叶片，角度应一致。

检查数量：全数检查。

检查方法：尺量、观察检查、积水盘做充水试验或查阅试验记录。

(12) 水泵及附属设备的安装应符合下列规定：

A. 水泵的平面位置和标高允许偏差为±10mm，安装的地脚螺栓应垂直、拧紧，且与设备底座接触紧密。

B. 垫铁组放置位置正确、平稳，接触紧密，每组不超过3块。

C. 整体安装的泵，纵向水平偏差不应大于0.1‰，横向水平偏差不应大于0.20‰，解体安装的泵纵、横向安装水平偏差均不应大于0.05‰。

水泵与电机用联轴器连接时，联轴器两轴芯的允许偏差，轴向倾斜不应大于0.2‰，径向位移不应大于0.05mm。

小型整体安装的管道水泵不应有明显偏斜。

D. 减振器与水泵及水泵基础连接牢固、平稳、接触紧密。

检查数量：全数检查。

检查方法：扳手拧紧、观察检查、用水平仪和塞尺测量或查阅安装记录。

(13) 水箱、集水器、分水器、储冷罐等设备的安装，支架或底座的尺寸、位置符合设计要求；设备与支架或底座接触紧密，安装平正、牢固；平面位置允许偏差为15mm，标高允许偏差为±5mm，垂直度允许偏差为1‰。

膨胀水箱安装的位置及接管的连接，应符合设计文件的要求。

检查数量：全数检查。

检查方法：尺量、观察检查、旁站或查阅试验记录。

4.8.5 防腐与绝热

1. 一般规定

(1) 风管与部件及空调设备绝热工程施工应在风管系统严密性试验合格后进行。

(2) 空调工程的制冷系统管道，包括制冷剂和空调水系统绝热工程的施工，应在管路系统强度与严密性试验合格和防腐处理结束后进行。

(3) 普通薄钢板在制作风管前，宜预涂防锈漆一遍。

(4) 支、吊架的防腐处理应与风管或管道一致，其明装部分必须涂面漆。

(5) 油漆施工时，应采取防火、防冻、防雨等措施，并不应在低温或潮湿环境下作业；明装部分的最后一遍色漆，宜在安装完毕后进行。

2．主控项目

(1) 风管和管道的绝热，应采用不燃或难燃材料，其材质、密度、规格与厚度应符合设计要求；如采用难燃材料时，应对其难燃性进行检查，合格后方可使用。

检查数量：按批随机抽查1件。

检查方法：观察检查、检查材料合格证，并做点燃试验。

(2) 防腐涂料和油漆，必须是在有效保质期限内的合格产品。

检查数量：按批检查。

检查方法：观察、检查材料合格证。

(3) 在下列场合必须使用不燃绝热材料：

A．电加热器前后800mm的风管和绝热层。

B．穿越防火隔墙两侧2m范围内风管、管道和绝热层。

检查数量：全数检查。

检查方法：观察、检查材料合格证与做点燃试验。

(4) 输送介质温度低于周围空气露点温度的管道，当采用非闭孔性绝热材料时，隔气层（防潮层）必须完整，且封闭良好。

检查数量：按数量抽查10%，且不得少于5段。

检查方法：观察检查。

(5) 位于洁净室内的风管及管道的绝热，不应采用易产尘的材料（如玻璃纤维、短纤维矿棉等）。

检查数量：全数检查。

检查方法：观察检查。

3．一般项目

(1) 喷、涂油漆的漆膜，应均匀、无堆积、皱纹、气泡、掺杂、混色与漏涂等缺陷。

检查数量：按面积抽查10%。

检查方法：观察检查。

(2) 各类空调设备、部件的油漆喷、涂，不得遮盖铭牌标志和影响部件的功能使用。

检查数量：按数量抽查10%，且不得少于2个。

检查方法：观察检查。

(3) 风管系统部件的绝热，不得影响其操作功能。

检查数量：按数量抽查10%，且不得少于2个。

检查方法：观察检查。

(4) 绝热材料层应密实，无裂缝、空隙等缺陷。表面应平整，当采用卷材或板材时，允许偏差为5mm；采用涂抹或其他方式时，允许偏差为10mm。防潮层（包括绝热层的端部）应完整，且封闭良好；其搭接缝应顺水。

检查数量：管道按轴线长度抽查10%，部件、阀门抽查10%，且不得少于2个。

检查方法：观察检查、用钢丝刺入保温层、尺量。

（5）风管绝热层采用粘接方法固定时，施工应符合下列规定：

A．胶粘剂的性能应符合使用温度和环境卫生的要求，并与绝热材料相匹配。

B．胶粘材料宜均匀地涂在风管、部件及设备的外表面上，绝热材料与风管、部件及设备表面应紧密贴合，无空隙。

C．粘接层的纵、横向接缝应错开。

D．绝热层粘贴后，如进行包扎或捆绑，包扎的搭接处应均匀贴紧，绑扎的应松紧适度，不得损坏绝热层。

检查数量：按数量抽查10%。

检查方法：观察检查和检查材料合格证。

（6）风管绝热层采用保温钉连接固定时，应符合下列规定：

A．保温钉与风管、部件及设备表面的连接，可采用粘接或焊接，结合应牢固，不得脱落；焊接后应保持风管的平整，并不应影响镀锌钢板的防腐性能。

B．矩形风管或设备保温钉的分布应均匀，其数量底面每平方米不应少于16个，侧面不应少于10个，顶面不应少于8个；首行保温钉至风管或保温材料边沿的距离应小于120mm。

C．风管法兰部位的绝热层的厚度，不应低于风管绝热层的0.8倍。

D．带有防潮隔汽层绝热材料的拼缝处，应用粘胶带封严；粘胶带的宽度不应小于50mm，粘胶带应牢固地粘贴在防潮面层上，不得有胀裂和脱落。

检查数量：按数量抽查10%，且不得少于5处。

检查方法：观察检查。

（7）绝热涂料作绝热层时，应分层涂抹，厚度均匀，不得有气泡和漏涂等缺陷，表面固化层应光滑，牢固无缝隙。

检查数量：按数量抽查10%。

检查方法：观察检查。

（8）当采用玻璃纤维布作保护层时，搭接的宽度应均匀，且为30～50mm，且松紧适度。

检查数量：按数量抽查10%，且不得少于10m²。

检查方法：尺量、观察检查。

（9）管道阀门、过滤器及法兰部位的绝热结构应能单独拆卸。

检查数量：按数量抽查10%，且不得少于5个。

检查方法：观察检查。

（10）管道绝热层的施工，应符合下列规定：

A．绝热制品的材质和规格应符合设计要求，管壳的粘贴应牢固，铺设应平整，绑扎应紧密，无滑动、松弛与断裂现象。

B．硬质或半硬质绝热管壳的拼接缝隙，保温不应大于5mm，保冷不应大于2mm，并用粘结材料勾缝填满，纵缝应错开，外层的水平接缝应设在侧下方；当绝热层厚度大于100mm时，绝热层应分层铺设，层间应压缝。

C．硬质或半硬质绝热管壳应用金属丝或难腐织带捆扎，其间距为300～350mm，且每节至少捆扎两道。

D. 松散或软质绝热材料应按规定的密度压缩其体积，疏密应均匀；毡类材料在管道上包扎时，搭接处不应有空隙。

检查数量：按数量抽查10%，且不得少于10段。

检查方法：尺量、观察检查及查阅施工记录。

(11) 管道防潮层的施工应符合下列规定：

A. 防潮层应紧密粘贴在绝热层上，封闭良好，不得有虚粘、气泡、褶皱、裂缝等缺陷。

B. 立管的防潮层，应由管道的低端向高端敷设，环向搭接的缝口应朝向低端，纵向的搭接缝应位于管道的侧面，并顺水。

C. 卷材防潮层采用螺旋形缠绕的方式施工时，卷材的搭接宽度宜为30～50mm。

检查数量：按数量抽查10%，且不得少于10m。

检查方法：尺量、观察检查。

(12) 金属保护壳的施工应符合下列规定：

A. 应紧贴绝热层，不得有脱壳、褶皱、强行接口等现象；接口的搭接应顺水，并有凸筋加强，搭接尺寸为20～50mm；采用自攻螺丝紧固时，螺钉间距应匀称，并不得刺破防潮层。

B. 户外金属保护壳的纵、横向接缝应顺水，其纵向接缝应位于管道的侧面；金属保护壳与外墙面或屋顶的交接处应加设泛水。

检查数量：按数量抽查10%。

检查方法：观察检查。

(13) 冷热源机房内制冷系统管道的外表面，应做色标。

检查数量：按数量抽查10%。

检查方法：观察检查。

4.9 系统调试、综合效能测定及竣工验收

4.9.1 系统调试

1. 一般规定

(1) 系统调试所使用的测试仪器和仪表，性能应稳定可靠，其精度等级及最小分度值应能满足测定的要求，并应符合国家有关计量法规及检定规程的规定。

(2) 通风与空调工程的系统调试，应由施工单位负责、监理单位监督，设计单位与建设单位参加与配合。系统调试的实施可以是施工企业本身或委托给具有调试能力的其他单位。

(3) 系统调试前，承包单位应编制调试方案，报送专业监理工程师审核批准；调试结束后，必须提供完整的调试资料和报告。

(4) 通风与空调工程的系统无生产负荷的联合试运转及调试，应在制冷设备和通风与空调设备单机试运转合格后进行。空调系统带冷（热）源的正常联合试运转不应少于8h，当竣工季节与设计条件相差较大时，仅做不带冷（热）源试运转。通风、除尘系统的连续

试运转不应少于 2h。

（5）净化空调系统运行前应在回风、新风的吸入口处和粗、中效过滤器前设置临时用过滤器（如无纺布等），实行对系统的保护。净化空调系统的检测和调整，应在系统进行全面清扫，且已运行 24h 及以上达到稳定后进行。

洁净室洁净度的检测，应在空态或静态下进行或按合约规定；室内洁净度检测时，人员不宜多于 3 人，均必须穿与洁净室洁净度等级相适应的洁净工作服。

2．主控项目

（1）通风与空调系统安装完毕，必须进行系统的测定和调整（简称调试）。系统的调试应包括下列项目：

A．设备单机试运转及调试。

B．系统无生产负荷下的联合试运转及调试。

检查数量：全数。

检查方法：观察、旁站、查阅调试记录。

（2）设备单机试运转及调试应符合下列规定：

A．通风机、空调机组中的风机，叶轮旋转方向正确、运转平稳、无异常振动与声响，其电机运行功率应符合设备技术文件的规定。在额定转速下连续运转 2h 后，滑动轴承外壳最高温度不得超过 70℃；滚动轴承最高温度不得超过 80℃。

B．水泵叶轮旋转方向正确，无异常振动和声响，紧固连接部位无松动，其电机运行功率应符合设备技术文件的规定。水泵连续运转 2h 后，滑动轴承外壳最高温度不得超过 70℃；滚动轴承最高温度不得超过 75℃。

C．冷却塔本体应稳固、无异常振动，其噪声应符合设备技术文件的规定；风机试运转按 A 款的规定执行。

冷却塔风机与冷却水系统循环试运行不少于 2h，运行应无异常情况。

D．制冷机组、单元式空调机组的试运转，应符合设备技术文件或现行国家标准 GB 50274《制冷设备、空气分离设备安装工程施工及验收规范》的有关规定，正常运转不应少于 8h。

E．电控防火、防排烟风阀（口）的手动、电动操作应灵活、可靠、信号输出正确。

检查数量：第 1 款按风机数量抽查 10%，且不得少于 1 台；第 2、3、4 款全数检查；第 5 款按系统中风阀的数量抽查 20%，且不得少于 5 件。

检查方法：观察、旁站、用声级计测定、查阅试运转记录及有关文件。

（3）系统无生产负荷的联合试运转及调试应符合下列规定：

A．系统总风量调试结果与设计风量的偏差不应大于 10%。

B．空调冷热水、冷却水总流量测试结果与设计流量的偏差不应大于 10%。

C．舒适空调的温度、相对湿度应符合设计要求；恒温、恒湿房间内空气温度、相对湿度及波动范围应符合设计规定。

检查数量：按风管系统数量抽查 10%，且不得少于 1 个系统。

检查方法：观察、旁站、查阅调试记录。

（4）防排烟系统联合试运行与调试结果（风量及正压），必须符合设计与消防的规定。

检查数量：按总数抽查 10%，且不得少于 2 个楼层。

检查方法：观察、旁站、查阅调试记录。

(5) 净化空调系统还应符合下列规定：

A. 单向流洁净室系统的总风量调试结果与设计风量的允许偏差为 0～20%，室内各风口风量与设计风量的允许偏差为 15%。

新风量与设计新风量的允许偏差为 10%。

B. 单向流洁净室系统的室内截面平均风速的允许偏差为 0～20%，且截面风速不均匀度不应大于 0.25。

新风量与设计新风量的允许偏差为 10%。

C. 相邻不同级别洁净室之间或洁净室与非洁净室之间的静压差不应小于 5Pa，洁净室与室外的静压差不应小于 10Pa。

D. 室内空气洁净度等级必须符合设计规定的等级或在商定验收状态下的等级要求。

高于等于 5 级的单向流洁净室，在门开启的状态下，测定距离门 0.6m 室内侧工作高度处空气的含尘浓度，亦不应超过室内洁净度等级上限的规定。

检查数量：调试记录全数检查，测点抽查 5%，且不得少于 1 点。

检查方法：检查、验证调试记录，按 GB 50243—2002《通风与空调工程施工质量验收规范》附录 B 进行测试校验。

3. 一般项目

(1) 设备单机试运转及调试应符合下列规定：

A. 水泵运行时不应有异常振动和声响、壳体密封处不得渗漏、紧固连接部位不应松动、轴封的温升应正常；在无特殊要求的情况下，普通填料泄漏量不应大于 60mL/h，机械密封的不应大于 5 mL/h。

B. 风机、空调机组、风冷热泵等设备运行时，产生的噪声不宜超过产品性能说明书的规定值。

C. 风机盘管机组的三速、温控开关的动作应正确，并与机组运行状态一一对应。

检查数量：第 1、2 款抽查 20%，且不得少于 1 台；第 3 款抽查 10%，且不得少于 5 台。

检查方法：观察、旁站、查阅试运转记录。

(2) 通风工程系统无生产负荷联动试运转及调试应符合下列规定：

A. 系统联动试运转中，设备及主要部件的联动必须符合设计要求，动作协调、正确，无异常现象。

B. 系统经过平衡调试，各风口或吸风罩的风量与设计风量的允许偏差不应大于 15%。

C. 湿式除尘器的供水与排水系统运行应正常。

(3) 空调工程系统无生产负荷联动试运转及调试还应符合下列规定：

A. 空调工程水系统应冲洗干净、不含杂物，并排除管道系统中的空气；系统连续运行达到正常、平稳；水泵的压力和水泵电机的电流不应出现大幅波动。系统平衡调整后，各空调机组的水流量应符合设计要求，允许偏差为 20%。

B. 各种自动计量检测元件和执行机构的工作应正常，满足建筑设备自动化（BA、FA）系统对被测定参数进行检测和控制的要求。

C. 多台冷却塔并联运行时，各冷却塔的进、出水量应达到均衡一致。

D. 空调室内噪声应符合设计规定要求。

E. 有压差要求的房间、厅堂与其他相邻房间之间的压差，舒适空调正压为 0～25Pa；工艺性的空调应符合设计的规定。

F. 有环境噪声要求的场所，制冷、空调机组应按现行国家标准 GB 9068《采暖通风与空气调节设备噪声声功率级的测定—工程法》的规定进行测定；洁净室内的噪声应符合设计的规定。

检查数量：按系统数量抽查10％，且不得少于1个系统或1间。

检查方法：观察、用仪表测量检查及查阅调试记录。

(4) 通风与空调工程的控制和检测设备，应能与系统的检测元件和执行机构正常沟通，系统的状态参数应能正确显示，设备联锁、自动调节、自动保护应能正确动作。

检查数量：按系统或监测系统总数抽查30％，且不得少于1个系统。

检查方法：旁站观察、查阅调试记录。

4.9.2 综合效能的测定与调整

(1) 通风与空调工程交工前，应进行系统生产负荷的综合效能试验的测定与调整。

(2) 通风与空调工程带生产负荷的综合效能试验与调整，应在已具备生产试运行的条件下进行，由建设单位负责，设计、施工单位配合。

(3) 通风、空调系统带生产负荷的综合效能试验测定与调整的项目，应由建设单位根据工程性质、工艺和设计的要求进行确定。

(4) 通风、除尘系统综合效能试验可包括下列项目：

A. 室内空气中含尘浓度或有害气体浓度与排放浓度的测定。

B. 吸气罩罩口气流特性的测定。

C. 除尘器阻力和除尘效率的测定。

D. 空气抽烟、酸雾过滤装置净化效率的测定。

(5) 空调系统综合效能试验可包括下列项目：

A. 送回风口空气状态参数的测定与调整。

B. 空气调节机组性能参数的测定与调整。

C. 室内噪声的测定。

D. 室内空气温度与相对湿度的测定与调整。

E. 对气流有特殊要求的空调区域，做气流速度的测定。

(6) 恒温恒湿空调系统除应包括空调系统综合效能试验项目外，尚可增加下列项目：

A. 室内静压的测定和调整。

B. 空调机组各功能段性能的测定和调整。

C. 室内温度、相对湿度场的测定和调整。

D. 室内气流组织的测定。

(7) 净化空调系统除应包括恒温恒湿空调系统综合效能试验项目外，尚可增加下列项目：

A. 生产负荷状态下室内空气净化度等级的测定。

B. 室内浮游菌和沉降菌的测定。
　　C. 室内自净时间的测定。
　　D. 空气洁净度高于 5 级的洁净室，除应进行净化空调系统综合效能试验的项目外，尚应增加设备泄漏控制，防止污染扩散等特定项目的测定。
　　E. 洁净度高于等于 5 级的洁净室，可进行单向气流流线平行度的检测，在工作区内气流流向偏离规定方向的角度不大于 15°。
　　(8) 防排烟系统综合效能试验的测定项目，为模拟状态下安全区正压变化测定及烟雾扩散试验等。
　　(9) 净化空调系统的综合效能检测单位和检测状态，宜由建设、设计和施工单位三方协商确定。
　　(10) 室内温度、相对湿度及洁净度的测定应根据设计要求的空调和洁净度等级确定工作区，并在工作区内布置测点。
　　A. 一般空调房间应选择人员经常活动的范围或工作面作为工作区。
　　B. 恒温恒湿房间应选择离围护结构内表面 0.5m，离地面高度 0.5~1.5m 作为工作区。
　　C. 特殊要求的空调房，应按工艺需要确定工作区。
　　D. 洁净室垂直单向流和非单向流的工作区与恒温恒湿房间相同，水平单向流以距送风墙 0.5m 处的纵横断面为第一工作面。
　　(11) 测量室内空气温度、相对湿度及气流速度，可采用棒状温度计、通风温湿度计、热风速仪等；测量仪器的测头应有支架固定，不得用手持测头。
　　(12) 室内气流流型的测定宜采用发烟器或悬挂单线的方法逐点观察，并应在测点布置图上标出气流流向。
　　(13) 室内噪声可仅测 A 声级的数值，也可测倍频程声压级；测量稳态噪声应使用声级计"慢档"时间特性，一次测量应取 5s 内的平均读数；噪声测量应遵守现行国家标准《工业企业噪声测量标准》的有关规定。
　　通风、空调房间噪声的测定，一般以房间中心离地高度为 1.2m 处为测点，较大面积空调用房其测定应按设计要求。
　　(14) 通风、除尘系统车间空气中含尘浓度和排放浓度的测定应符合现行国家有关标准的规定；测点应根据生产情况及设计要求确定。
　　(15) 风管内温度的测定，在一般情况下可只测定中心温度；测温仪器可采用棒状温度计或工业用热电偶、电阻温度计。
　　(16) 自动调节系统应作参数整定，自动调节仪表应达到技术文件规定的精度要求；经调整后检测元件、调节器、执行机构、调节机构和反馈应能协调一致，准确联动。
　　(17) 组合式空调机组的风量、风压、供冷量和供热量的测定，应遵守现行国家有关标准的规定。
　　(18) 除尘系统的综合效能的测定应符合下列规定：
　　A. 除尘器前后同一参数测定应同时进行。
　　B. 除尘器进、出口管道内的含尘浓度及气体压力的测定，应符合现行国家标准《锅炉烟尘测试方法》中的有关规定。
　　(19) 排除有害气体的通风系统，综合效能测定参照上述第 (18) 条执行。

4.9.3 竣工验收

1. 基本规定

(1) 通风与空调工程施工质量的验收，除应符合 GB 50243—2002《通风与空调工程施工质量验收规范》外，还应按照被批准的设计图纸、合同约定的内容和相关技术标准的规定进行；施工图纸修改必须有设计单位的设计变更通知书或技术核定签证。

(2) 承担通风与空调工程项目的施工企业，应具有相应工程施工承包的资质等级及相应质量管理体系。

(3) 施工企业承担通风与空调工程施工图纸深化设计及施工时，还必须具有相应的设计资质及其质量管理体系，并应取得原设计单位的书面同意或签字认可。

(4) 通风与空调工程施工现场的质量管理应符合 GB 50300—2001《建筑工程施工质量验收统一标准》第 3.0.1 条的规定。

(5) 通风与空调工程所使用的主要原材料、成品、半成品和设备的进场，必须对其进行验收；验收应经监理工程师认可，并应形成相应的质量记录。

(6) 通风与空调工程的施工，应把每一个分项施工工序作为工序交接检验点，并形成相应的质量记录。

(7) 通风与空调工程施工过程中发现设计文件有差错的，应及时提出修改意见或更正建议，并形成书面文件及归档。

(8) 当通风与空调工程作为建筑工程的分部工程施工时，其子分部与分项工程的划分应按表 4-9-1 的规定执行。当通风与空调工程作为单位工程独立验收时，子分部上升为分部，分项工程的划分同上。

(9) 通风与空调工程的施工应按规定的程序进行，并与土建及其他专业工种互相配合；与通风与空调系统有关的土建工程施工完毕后，应由建设或总承包、监理、设计及施工单位共同会检；会检的组织宜由建设、监理或总承包单位负责。

(10) 通风与空调工程分项工程施工质量的验收，应按施工质量验收规范对应分项的具体条文规定执行；子分部中的各个分项，可根据施工工程的实际情况一次验收或数次验收。

通风与空调分部工程的子分部划分　　　　　　　　　表 4-9-1

子分部工程	分 项 工 程	
送、排风系统	风管与配件制作	通风设备安装，消声设备制作与安装
防、排烟系统	部件制作	排烟风口、常闭正压风口与设备安装
除尘系统	风管系统安装	除尘器与排污设备安装
空调系统	风管与设备防腐	空调设备安装，消声设备制作与安装、风管与设备绝热
净化空调系统	风机安装 系统调试	空调设备安装，消声设备制作与安装、风管与设备绝热、高效过滤器安装、净化设备安装
制冷系统	制冷机组安装、制冷剂管道及配件安装、制冷附属设备安装、管道及设备的防腐与绝热、系统调试	
空调水系统	冷热水管道系统安装、冷却水管道系统安装、冷凝水管道系统安装、阀门及部件安装，冷却塔安装、水泵及附属设备安装、管道与设备的防腐与绝热、系统调试	

(11) 通风与空调工程中的隐蔽工程，在隐蔽前必须经监理人员验收及认可签证。

(12) 通风与空调工程中从事管道焊接施工的焊工,必须具备操作资格证书和相应类别管道焊接的考核合格证书。

(13) 通风与空调工程竣工的系统调试,应在建设和监理单位的共同参与下进行,施工企业应具有专业检测人员和符合有关标准规定的测试仪器。

(14) 通风与空调工程施工质量的保修期限,自竣工验收合格日起计算为两个采暖期、供冷期。在保修期内发生施工质量问题的,施工企业应履行保修职责,责任方承担相应的经济责任。

(15) 净化空调系统洁净室(区域)的洁净度等级应符合设计的要求;洁净度等级的检测应按 GB 50243—2002《通风与空调工程施工质量验收规范》附录 B 第 B.4 条的规定,洁净度等级与空气中悬浮粒子的最大浓度限值(C_n)的规定,见附录 B. 表 B.4.6-1。

(16) 分项工程检验批验收合格质量应符合下列规定:

A. 具有施工单位相应分项合格质量的验收记录。

B. 主控项目的质量抽样检验应全数合格。

C. 一般项目的质量抽样检验,除有特殊要求外,计数合格率不应小于 80%,且不得有严重缺陷。

2. 竣工验收

(1) 通风与空调工程的竣工验收,是在工程施工质量得到有效控制的前提下,施工单位通过整个分部工程的无生产负荷系统联合试运转与调试或观感质量的检查,按 GB 50243—2002《通风与空调工程施工质量验收规范》要求将质量合格的分部工程移交建设单位的验收过程。

(2) 通风与空调工程的竣工验收,应由建设单位负责,组织施工、设计、监理等单位共同进行,合格后即应办理竣工验收手续。

(3) 通风与空调工程的竣工验收时,应检查竣工验收资料,一般包括下列文件及记录:

A. 图纸会审记录、设计变更通知书和竣工图。

B. 主要材料、设备、成品、半成品和仪表的出厂合格证明及进场检(试)验报告。

C. 隐蔽工程检查验收记录。

D. 工程设备、风管系统、管道系统安装及检验记录。

E. 管道试验记录。

F. 设备单机试运转记录。

G. 系统无生产负荷联合试运转与调试记录。

H. 分部(子分部)工程质量验收记录。

I. 观感质量综合检查记录。

J. 安全和功能检验资料的核查记录。

(4) 观感质量检查应包括以下项目:

A. 风管表面应平整、无损坏;接管合理,风管的连接以及风管与设备或调节装置的连接,无明显缺陷。

B. 风口表面应平整,颜色一致,安置位置正确,风口可调节部件应能正常动作。

C. 各类调节装置的制作和安装应正确牢固,调节灵活,操作方便;防火及排烟阀等关闭严密，动作可靠。

  D．制冷及水管系统的管道、阀门及仪表安装位置正确，系统无渗漏。

  E．风管、部件及管道支、吊架型式、位置及间距应符合 GB 50243—2002《通风与空调工程施工质量验收规范》的规定。

  F．风管、管道的软性接管位置应符合设计要求，接管正确、牢固，自然无强扭。

  G．通风机、制冷机、水泵、风机盘管机组的安装应正确牢固。

  H．组合式空气调节机组外表平整光滑、接缝严密、组装顺序正确，喷水室外表面无渗漏。

  I．除尘器、积尘室安装应牢固、接口严密。

  J．消声器安装方向正确，外表面应平整无损坏。

  K．风管、部件、管道及支架的油漆应附着牢固，漆膜厚度均匀，油漆颜色与标志符合设计要求。

  L．绝热层的材质、厚度应符合设计要求；表面平整、无断裂和脱落；室外防潮层或保护壳应顺水搭接、无渗漏。

  检查数量：风管、管道各按系统抽查 10%，且不得少于 1 个系统。各类部件、阀门及仪表抽查 5%，且不得少于 10 件。

  检查方法：尺量、观察检查。

  (5) 净化空调系统的观感质量检查还应包括下列项目：

  A．空调机组、风机、净化空调机组、风机过滤器单元和空气吹淋室等的安装位置应正确、固定牢固、连接严密，其偏差应符合 GB 50243—2002《通风与空调工程施工质量验收规范》有关条文的规定。

  B．高效过滤器与风管、风管与设备的连接处应有可靠密封。

  C．净化空调机组、静压箱、风管及送回风口清洁无积尘。

  D．装配式洁净室的内墙面、吊顶和地面应光滑、平整、色泽均匀、不起尘，地板静电值低于设计规定。

  E．送回风口、各类末端装置以及各类管道等与洁净室内表面的连接处密封处理应可靠、严密。

  检查数量：按数量抽查 20%，且不得少于 1 个。

  检查方法：尺量、观察检查。

4.10 几种空调新技术

4.10.1 VAV 空调技术

  变风量空调系统属于全空气式的一种空调方式，是用改变送风量来维持室内温、湿度的方法。我国写字（办公）楼大多采用新风加风机盘管系统，经过多年的运转暴露出不少难以克服的缺点；写字（办公）楼特别是多层、多分区、多系统、负荷多变化的区域，采用变风量空调系统后的节能效果和调节方便已为更多的人所接受（美国的风机动力箱末端装置带有变频调节技术，具有较好的节能效果和应用前景）。目前，变风量空调已进入逐步推广应用的阶段。

1. 空调设备的选用及设置

变风量空调系统由冷热源设备、空调箱、变风量送回风机、变风量末端装置、长条型风口及控制装置组成。

(1) 冷源主要采用离心式冷水机组，少数采用螺杆式冷水机组，热泵冷热水机组或吸收式冷热水机组；热源大多采用锅炉，少数采用热泵或电热方式。

(2) 空调机组大多每层设1套，也有每层设2套或4套，还有的在设备层设集中空调机组，经主风道分送至各楼层。

(3) 空调箱所配的风机全压一般为1000～1500Pa，机外静压为450～750Pa；空调箱内的过滤器采用粗效板式或袋式过滤器，过滤效率为计重法80%～85%，有的工程加设中效主过滤器，其过滤效率为比色法30%～60%。

(4) 变风量系统均分内外区，内区采用串联型风机动力变风量箱（FPB）或单风道变风量箱 VAV box；外区采用装有热水盘管（或电加热器）的串联或并联型 FPB 或采用风机盘管机组，也有的采用窗边电热器。

(5) 冷冻机、锅炉、空调冷热水泵、板式换热器均从国外进口；冷却塔、各类风机、空调箱等有的采用进口产品，有的采用国产设备；VAV 空调系统的主要设备如变频器、变风量末端装置、自控系统等，目前仍然依靠进口。

2. 系统概况

系统分为两部分：第一部分根据系统静压差的变化，控制送、回风机的风量，改变整个系统的风量；第二部分根据各单区内负荷的变化和通向各单区支风管内的动压变化，通过末端装置控制送向各被调单区的风量。

(1) 常采用低温水，大温差，直接效益是水泵节能；冷冻水供水 5.6℃，回水 11.2～15.6℃，$\triangle t$ 约 6～10℃；冷却水供水温度 32℃，回水温度 38～40℃，温差 6～8℃。

(2) 标准办公室的夏季室内设计干球温度 24～25℃，相对湿度 50%～55%；冬季室内设计干球温度 20～23℃，相对湿度 30%～40%。

(3) 新风处理方式大多在设备层设新风空调箱，新风经集中冷却、加热、加湿、过滤后再分送至各层空调房间，新风量为每人 20～40 m^3/h。为控制各层新、排风量，有的工程加设新、排风定风量装置；少数工程不设集中新风空调系统，新风从楼层空调机房外墙采集，新、回风管混合后进空调箱处理。

(4) 每个变风量末端装置的服务区域为 50～100m^2，一次风风量范围为 800～3000m^3/h，送风温度为 7.2～13℃，换气次数为 6～12/h；风机风量范围 1000～3750 m^3/h，串联型 FPB 的风机送风量与一次风量的比值约为 1.1～1.3，并联型 FPB 的风机送风量与一次风量的比值约为 0.6；各末端装置一次风量之和与空调箱送风量的比值为 1.1～1.3。

(5) 均设有卫生间排风，有的还设有单独的办公区排风系统，以平衡各层新风，确保室内新风量。

(6) 在送风变风量条件下为平衡各房间静压，VAV 系统多采用平顶集中回风，将吊顶上空作为一个大静压箱。

(7) 空调送、回风管上均设有消声装置，送风干管风速为 7.1～10.3m/s；回风干管风速为 5.6～8.0m/s；支风管风速为 4.4～7.0m/s，变风量箱下游风管风速为 3.0～5.8m/s。

(8) 变风量末端装置设置室温控制，就地启停，温度设定等功能，室温控制器大多为液显式墙式安装，也有选用顶式温感器；末端控制器、空调箱控制器均与中央 BA 系统联网，受 BA 系统设定、启停和监视。

3. 安装施工

(1) 空调冷热水系统主要采用四管制，二次泵系统；水系统管材采用钢管，个别工程采用铜管；保温材料选用高密度带铝箔的离心玻璃棉或橡塑材料。

(2) 标准办公层建筑层高为 3.78~4.1m，吊顶高度为 2.55~2.7m；外区送风形式多采用长条缝风口沿窗布置，内区多采用长条型风口或散流器均布；回风设长条形风口，一般沿房间走廊布置。

A. 为保证均匀送风，可将长条形风口分成若干段，每段之间用装饰风口隔开，装饰风口只起装饰作用，不送风，安装好后，将风口后面用胶带封死，防止跑风；

B. 长条形风口的调节叶片在安装前应先取下，等风口安装固定后再将其插上，避免安装过程中损坏。

(3) 变风量空调系统的严密性要求高，风管材料采用镀锌钢板，法兰垫宜采用泡沫橡胶、弹性垫圈或用硅胶密封，按中压要求对风管做气密性试验；风管保温材料采用密度为 $32~48kg/m^3$ 带铝箔的离心玻璃棉或酚醛板材。

(4) 末端装置的安装要求水平，吊杆上下均备螺母，以便调节；为了减少末端装置振动产生附加噪声，箱体与吊架之间宜设置橡胶减振隔垫。

A. 末端装置与风管宜采用软管连接，抱箍、吊卡不得固定在末端装置箱体上，避免妨碍执行机构动作；

B. 末端装置接线箱距其他管线及墙体应有充足的距离，以便开启方便；每个末端装置下面应留一个活动天花板，以备调试及检修时使用。

(5) 送风机安装要注意风机位置和出风口尺寸，空调箱风机段要留有安装执行机构的间隙，并不影响执行机构动作。

A. 安装风机前要将执行机构拆下来，编号保存好，待风机安装好调试时再将其安装，以免损坏；

B. 安装执行机构时要注意将阀门的开度调到 60% 左右，不要过大或过小，以利调试。

4.10.2 冰蓄冷技术

冰蓄冷技术最早由美国开发和利用，在国外已流行多年，这一技术近期传入我国。

1. 冰蓄冷技术的应用及特点

(1) 应用

冰蓄冷技术主要是为了缓解高峰用电对电网安全运行的压力，在电费分段计价后，用户可利用夜间廉价电力制冷蓄冰，再在白天用电高峰时熔冰空调，通过"削峰填谷"，可节省运行费用。

(2) 原理

A. 夜间制冷机组用氟里昂制冷剂在蓄冰池的制冷盘管内直接蒸发，盘管外表面形成 50mm 左右厚的冰层，把冷量蓄存起来。

B. 在白天，空调系统开启期间，空调系统所需冷量由制冷机和蓄冰池储存的冰水来提供；这时，制冷系统氟里昂液体不在蓄冰池内蒸发制冷，而在并联蒸发器内蒸发，冷却由空调系统来的回水，被冷却后的回水经热交换器内蓄冰池的冰水再次冷却后供空调系统使用。

(3) 特点

A. 蓄冰池的容积小，造价低，蓄冰池的热损失小；

B. 可采用闭式水系统以减少水泵输送能耗，改善管道和设备的腐蚀问题；

C. 冰蓄冷水温在 0～4℃ 左右，故送风系统可采用低温送风，风量减小，风机动力减小；

D. 对设备的运行技术条件要求较高。

2. 冰蓄冷系统的组成

(1) 制冰、蓄冷部分

其工作流程为：制冷剂 R12 在压缩机、冷凝器、蒸发器中循环工作，乙二醇泵通过吸冰管从蓄冰池吸取高温水，并将高温水输送至蒸发器中，R12 在蒸发器中蒸发吸热，使高温水变成 0℃ 左右的冰浆，冰浆经冰浆管回至蓄冰池蓄冷。

(2) 取冰、制冷部分

其工作流程为：乙二醇泵通过吸冰管从蓄冰池吸取 1.1℃ 的冰浆，并将冰浆输送至板式换热器，与空调冷冻回水进行冷量交换产生 7℃ 空调冷冻水，同时冰浆成为 11.1℃ 的高温水并经融冰管回至蓄冰池。

(3) 冷却部分

其工作流程为：经冷却塔冷却后的冷却水通过双桶过滤器过滤，在冷凝器中吸收 R12 蒸汽凝结时释放出的热量，再由冷却水泵提升至屋顶的冷却塔进行冷却。

(4) 蓄热部分

此过程为制冰过程的副产品，使用时，热水循环泵从热水箱中吸取热水（约 50℃），并将热水送至生活热水交换器，加热冷水后供生活热水使用。

(5) 抽真空及注水过程

其工作流程为：蓄冰池的进水取自生活给水管，当系统初始运行时，通过进水管向蓄冰池内注水，并加入 7% 的乙二醇；此时吸冰管内为空管，必须先启动补水泵向管内注水，同时射流器将管内空气抽出，当管内注满水后乙二醇泵启动，系统开始运行。

4.10.3 置换通风技术

置换通风技术 20 世纪 80 年代在欧洲开始推广，近几年传入我国。

1. 置换通风是指在房间下部低速送风，气流产生热力分层现象，出现两个区域，下部的单向流动区和上部的混合区，设计时要求下区的高度不低于室内人员的工作区高度，且温度和流速满足人员要求；从而减少能源的浪费，可节省 20%～50% 的制冷费用。

2. 上海某剧院空间高度较高，采用置换通风方式，在观众厅座椅下设置直径为 $\phi140$ 的多孔送风管，回风口设于顶棚之上；经测定，夏季空调时，座椅下送风口出风温度控制在 19～20℃，观众的脚踝部送风风速在 0.1～0.15m/S 之间，无吹风感；空场时座椅上部保持 22℃，观众进场后温度徐徐上升至 24～25℃，并保持至终场；场内上升的空气到达顶棚时温度升到27℃，这样舒适区与排风区有明显的分层作用，可实现节能运行。

4.10.4 辐射板空调技术

1. 辐射顶板空调系统

(1) 辐射顶板空调系统是将铺设有换热用铜质盘管的辐射板，每块尺寸为1200mm×600mm或600mm×600mm，如同室内装饰吊顶一样布置在顶棚上。除了灯具、新风送风口、消防喷头或烟感器等部位外均布置辐射板，送回水管在顶棚内将各辐射板盘管出入口或串联或并联连接起来，使冷水或热水流经各板的盘管时将冷量或热量传给辐射板，使辐射板成为辐射源，对室内人员和物体进行辐射和对流传热。

(2) 为了确保辐射板既不产生结露又能产生辐射换热，需要设置新风系统和排风系统，依靠新风解决室内人员的卫生和排除湿负荷，这样的空调方式可使人员在室内获得较高的舒适性；但由于辐射板不具备除湿功能，往往产生结露现象；所以在湿负荷较大的场合不能采用。

(3) 夏季将经过除湿冷却后的一次新风送入室内，在降低室内相对湿度的同时进行新风换气；送入顶棚内管道的冷水温度控制在14℃、回水温度16℃，以辐射型式向室内供冷，冬季供水温度40℃、回水温度38℃，使顶棚面加热到25℃左右，进行辐射采暖。

(4) 辐射板空调系统宜采用同程式系统，管道的连接应采用焊接或法兰连接。

2. 低温地板采暖

(1) 简介

低温地板采暖是在室内地面下铺设热水管道，通过加热地面并以辐射的方式传到室内，作为新一代的采暖装置可在宾馆、影剧院、医院等场所和中高档住宅中使用。

A. 低温地板采暖地表温度较低，大约为18~25℃，减少了空气中水分的蒸发，室内温度19~21℃已能使人感到舒适（传统的采暖室内温度需达到24℃）；

B. 热水温度在40~50℃，远远低于传统采暖的水温，采暖舒适，输送热媒过程中热量损失小，使用寿命长，安全可靠，节省能耗开支；

C. 可通过调节集水器上的环路控制阀门，方便地调节各房间的室内温度；

D. 使用的管材有交联聚乙烯管（PEX）、聚丁烯管（PB）、氯化聚丙烯管（PP-R）等，管子与混凝土地板间无空隙，传热较快且均匀，热量保持时间长，采暖效果好。

(2) 低温地板采暖的构造及系统

在建筑地面结构上，先铺设高效保温材料，起单向保温和隔热作用，再将水管（一般为120m/根）按一定的管间距固定在保温材料上，最后回填水泥砂浆，平整后做地面面层，热媒水用微型水泵通过水管循环使用。

(3) 低温地板采暖的安装施工

A. 施工前应将地坪找平，不平度应≤15mm，杂物应清理干净。

B. 铺设保温材料：地坪找平后铺设隔热保温材料（如聚苯乙烯泡沫塑料板等），连接处应进行密封处理，材料的厚度30mm，密度为≥0.03kg/cm³为宜；并应沿墙壁四周设置宽度≥8mm的膨胀缝。

C. 分水器安装：

分水器是锅炉送来的热水进入系统循环的集中装置，及热水回流后的汇集装置；分水器挂装在距进户采暖干管距离较近的墙面上，用膨胀螺栓固定，高度以安装在分水器上的阀门距离地面≥300mm 为宜；各循环系统的供、回水管路均与分水器连接，并设置阀门用于调节采暖热量；单个分水器连接的热水循环系统以 3~5 个为宜，过多将影响采暖效果。

D．水管安装：水管采用双向环绕方式铺设于保温材料上，水管长度以 50m 为宜，管材之间的连接采用配件粘接或热熔连接；管材不得出现挤扁、凹坑现象。

a．管路间距应≥80（一般采用 200）mm，弯曲半径不得小于 7D（D 为管子直径），管字距墙 100mm；

b．为确保水管排列的间距及位置正确，应每隔 300~400mm（转弯处为 100~200mm）均匀地用固定夹将盘管固定，固定夹用卡钉固定在地坪上；

c．门口及分水器下面的管路比较集中，应加设套管，以免热量过于集中引起地面龟裂。

E．按照设计要求或施工质量验收规范的规定进行水压试验，合格后方可做水泥砂浆地面，其厚度以距管材上表面 25±5mm 为标准，之后即可施工地面的装饰工程。

4.10.5 低温送风技术

传统的送风系统由空调箱、风管、送风口等组成，冷水实际运行的送水温约 6~12℃，送风口的送风温度约为 16~20℃，送风温差一般在 6~10℃，最高的不高于 15℃，表冷器的排数约 4~8 排。

1．低温送风技术与传统送风系统的不同点：

(1) 送风温度低于 10℃ 的空调系统称为低温送风系统；应用冰蓄冷技术，熔冰后冷水送水温度可降至 0~4℃，空调器送风温度可降到 6~12℃，送风温差可提高至 15℃ 左右，但空调器的表冷器的排数要比传统的多 2~4 排。

(2) 为了减少因送入室内冷风温度过低对室内温度调节造成的不利影响，低温送风系统末端增设混风箱，使一次风与室内二次风混合后以降低送风温差再进入室内。

(3) 由于送风温度低，可减少送风量，空调器断面和送风风管的断面都可以缩小，既降低施工费用又可降低占用室内吊顶空间的高度，减少建筑工程造价。

(4) 为了减少热损失和防止结露，低温送风系统的保温层要比传统的送风系统厚。

(5) 由于空调箱进水温度低，排数增加，去湿能力增强，因此室内相对湿度可降低，同样会感到舒适，这种效果可以使系统在制冷能量上减少 5%~10%。

2．安装施工控制要点

(1) 低温送风系统风压高，一般为中压系统，风管咬缝处宜涂密封胶，风管密封垫料宜采用阻燃密封胶条或用硅胶密封。

(2) 送风的主、支管道应按施工质量验收规范的规定在保温前进行漏风量测试，并宜在保温后抽测部分系统，再次进行漏风量测试以确保工程质量。

(3) 低温送风系统增加了风管表面结露的可能性，故保温工程应确保施工质量，具体操作详见第四章"保温"。

(4) 低温送风系统温度较低，采用普通风口冷气扩散时易产生结露现象，宜采用热芯式散流器及低温条缝形风口。

3. 低温送风技术的应用

低温送风技术是伴随蓄冰空调技术而来的新技术，随着蓄冰空调的推广和应用，这种系统已出现在工程中。

(1) 上海某医学中心空调系统由于采用蓄冰装置，使用了部分低温送风系统，用7.2℃低温新风依靠诱导器吸入室内，回风经混合后以12.8℃送入室内，该系统用于病房区。由于采用低温送风，室内相对湿度可控制得较低，即使室内干球温度升高1~2℃，其舒适感并不降低，具有节能效果。

(2) 某电力调度中心采用低温空调系统，办公、餐饮、工艺等用房夏季供冷采用全空气低温送风方式，送风温度为7℃，通过变风量末端向室内送风，经调试后投入使用，空调效果良好。

5 锅 炉

5.1 锅炉简介

5.1.1 概述

锅炉是把燃料中的化学能,经过燃烧转化为热能,再经传热将热能传给水,使水变成有一定温度与压力的蒸汽或热水的设备。

1. 锅炉的组成

锅炉是由"锅"、"炉"以及相配套的附件、自控装置、附属设备等组成。

(1) "锅"是指锅炉中盛放锅水和蒸汽的密闭受压部件,是锅炉的吸热部分。主要包括:锅筒(或锅壳)、对流管束、水冷壁、集箱、过热器及省煤器等。

(2) "炉"是指能使锅炉燃料进行燃烧产生热量的空间,是锅炉的放热部分。主要包括:燃烧室、燃烧设备、炉墙、炉拱、炉内烟道等。

(3) 锅炉附件有安全附件和其他附件。如安全阀、压力表、水位表、高低水位警报器、排污装置、汽水管道、阀门、仪表等。

(4) 锅炉自控装置包括:给水调节装置、燃烧调节装置、点火装置、熄火保护装置、引风机联锁装置等。

(5) 锅炉附属设备包括:燃料制备及输送系统、通风系统、给水系统以及出渣、除灰、除尘等装置。

2. 锅炉产生热水或蒸汽的工作过程

(1) 燃料的燃烧过程:即燃料燃烧产生烟气的过程。燃料燃烧完全,经济性高;燃烧不完全,燃料中的热量不能充分放出,就会影响热效率,影响经济性。

(2) 传热过程:即火焰和烟气通过受热面将热传给水的过程。传热情况的好坏取决于传热面积的大小,结垢、积灰程度和排烟损失的大小。

(3) 加热汽化过程:即水吸收热量转变为热水或蒸汽的过程。加热汽化的目的是要得到一定参数(温度和压力)的蒸汽或热水,并保证质量符合要求;在一定量的水容积中,产生蒸汽数量的多少和蒸汽品质的好坏取决于受热面传热的好坏,所存水量的吸热程度和汽化分离的程度。

3. 锅炉的三大系统

(1) 汽水系统:锅炉的给水经调节阀、省煤器进入锅筒;经过加热、汽化、过热,最后获得符合要求参数的蒸汽。

（2）燃料灰渣系统：燃料被送入炉膛，经燃烧生成灰渣，然后由炉体中排出。

（3）烟风系统：送风机将空气送入炉内（或经过空气预热器预热）经过分风室进入炉排，与燃料燃烧后产生高温烟气，再通过各受热面，将热量传给工质以后由烟囱排出。排烟有两种方式：

A．自然通风—靠烟囱的抽力排烟；

B．强迫通风—靠鼓风机送风，引风机排烟。

4．锅炉的分类

（1）按照用途分为：

A．电站锅炉：蒸汽主要用于发电的锅炉；

B．工业锅炉：蒸汽主要用于工业生产和采暖的锅炉；

C．生活锅炉：用于生活服务的锅炉；

D．机车锅炉：仿机车头上使用锅炉的型式固定在厂矿中使用的锅炉；

E．船舶锅炉：在舰船舱中使用的锅炉。

（2）按照锅炉产生的蒸发量可分为：

A．小型锅炉：< 20t/h；

B．中型锅炉：20～75t/h；

C．大型锅炉：> 75t/h；

（3）按照锅炉产生的蒸汽压力可分为：

A．低压锅炉：≤2.5MPa；

B．中压锅炉：≤3.9MPa；

C．次高压锅炉：5.84～7.84MPa；

D．高压锅炉：7.84～10.8MPa；

E．超高压锅炉：11.8～14.7MPa；

F．亚临界锅炉：15.7～19.6MPa；

G．超临界锅炉：> 22.4MPa。

工业锅炉一般是小型低压锅炉；电站锅炉为大、中型，中、高压锅炉。

（4）按载热介质（工质）可分为：蒸汽锅炉、热水锅炉和特种工质（如联苯）锅炉。

（5）按热能来源可分为：燃煤锅炉、燃油锅炉、燃气锅炉、废热锅炉等。

（6）按锅炉结构可分为：

A．锅壳式锅炉：是指锅壳水平放置的锅炉，其特征是锅炉的主要部件都放在锅筒之内，外表看上去是一个圆筒；

B．水管锅炉：是汽水在管内流动，烟气在管外冲刷的锅炉；其特征是把主要受热面的管子布置在锅筒外面，另用砖墙砌成炉膛，使炉膛中燃烧的火焰冲刷管子的外壁，水在管中流动并在上、下锅筒之间循环。

（7）按蒸发段工质循环动力可分为：

A．自然循环锅炉：汽水主要是靠下降管中的水与上升管中汽水混合物之间的密度差进行循环流动的锅炉（冷水重下降、热水及汽轻上升）；电站锅炉大多数是自然循环锅炉；

B．强制循环锅炉：主要靠锅水循环泵的压头进行循环的锅炉（不能泄漏、不能停泵、制造要求高，国内制造技术目前还不过关）；只是在蒸汽压力超过 15.7MPa，自然循环不可靠时才考虑采用；

C．直流锅炉：水、汽混合物，蒸汽的流动是由给水泵的压头进行的（无汽包）；仅一次通过加热、蒸发、过热各受热面产生蒸汽的锅炉。

（8）在燃煤锅炉中按燃烧方式分为：层燃炉、沸腾炉、煤粉炉（室燃炉）及硫化床锅炉。

层燃炉又分为：手烧炉、链条炉排炉、往复推饲炉排炉、抛煤机炉、振动炉排炉等。

5．锅炉的主要参数

（1）额定蒸汽压力 P_e 是指锅炉出口处蒸汽的最高工作压力，也就是锅炉铭牌上标明的压力，单位为 MPa；根据 GB 1921—88《工业蒸汽锅炉参数系列》的规定，工业锅炉有 6 个压力级别，即 0.4MPa、0.7MPa、1.0MPa、1.25MPa、1.6MPa 和 2.5MPa（表压）。

（2）额定出水压力 P_e 是根据 GB 3166—88《热水锅炉参数系列》的规定，我国热水锅炉的出水压力级别与蒸汽锅炉相同。

锅炉铭牌上的压力是指用压力表测出的"表压力"，而蒸汽或热水状态参数的压力则是"绝对压力"，二者的关系是：

绝对压力 = 表压力 + 大气压力

或绝对压力 = 表压力 + 0.1MPa

（3）额定蒸汽温度 t_e 是指锅炉输出蒸汽的最高工作温度；对装有过热器的锅炉是指在过热器集箱出口处蒸汽的最高温度。根据 GB 1921—88《工业蒸汽锅炉参数系列》的规定，工业锅炉的出口蒸汽温度参数系列有 250℃、350℃ 和 400℃ 三个过热温度；对无过热器的锅炉是指对应额定蒸汽压力 P_e 下的饱和蒸汽温度。

温度单位有摄氏温度 t℃、华氏温度 t°F、热力学温度 T°F，三种温度的换算关系如下：

$$C = 5/9(F - 32)$$
$$F = 9/5 \times C + 32$$
$$T = C + 273.2°K$$

（4）额定出水温度 t_e 是热水锅炉长期连续运行时的出口热水温度。根据 GB 3166—88《热水锅炉参数系列》的规定，热水锅炉有五个出水温度，即 95℃、115℃、130℃、150℃ 和 180℃。

（5）额定蒸发量 D_e 是指锅炉在额定蒸汽参数、额定给水温度、使用设计时所选的燃料并保证效率时所规定的蒸发量，又称锅炉的容量；单位为 kg/h、t/h；根据 GB 1921—88《工业蒸汽锅炉参数系列》的规定，工业锅炉有 0.1、0.2、0.5、1、2、4、6、8、10、15、20、35、和 65（单位：t/h）共 13 个蒸发量级别。

（6）额定供热量是指热水锅炉在规定的热水参数和热效率下，长期连续运行所能供给的热量；单位为 kcal/h，改为额定热功率后单位为 MW，根据 GB 3166—88《热水锅炉参数系列》的规定，热水锅炉有 0.1、0.2、0.35、0.7、1.4、2.8、4.2、7.0、10.5、14.0、29.0、46.0、58.0 和 116.0（单位：MW）共 14 个热功率级别。

蒸汽锅炉的蒸发量与热水锅炉的供热量两者意义相近而不相同，可近似认为，1t/h≈

$60×10^4$ kcal/h = 0.7MW。

(7) 额定给水温度：是指在规定负荷范围内应当保证的给水温度；根据 GB 1921—88《工业蒸汽锅炉参数系列》的规定，工业锅炉的给水温度为 20℃、60℃ 和 105℃。

6. 锅炉的型号

锅炉的型号就是将总体形式代号和参数，按规定的方式进行组合，以表示锅炉产品的形式和主要性能及规格。JB/T 1626—92《工业锅炉产品型号编制方法》的有关规定如下：

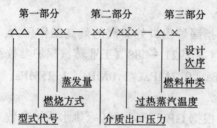

第一部分表示锅炉型式、燃烧方式和蒸发量，锅炉型式代号见表 5-1-1，燃烧方式代号见表 5-1-2；

第二部分表示介质参数；

第三部分表示燃料种类和设计次序，燃料品种代号见表 5-1-3。

锅炉型式代号　　　　　　　表 5-1-1

锅炉整体形式		代　号
锅壳锅炉	立式水管	LS（立、水）
	立式火管	LH（立、火）
	卧式外燃	WW（卧、外）
	卧式内燃	WN（卧、内）
水管锅炉	单锅筒立置式	DL（单、立）
	单锅筒纵置式	DZ（单、纵）
	单锅筒横置式	DH（单、横）
	双锅筒纵置式	SZ（双、纵）
	双锅筒横置式	SH（双、横）
	纵横锅筒式	ZH（纵、横）
	强制循环式	QX（强、循）

燃烧方式代号　　　　　　　表 5-1-2

燃烧方式	代号	燃烧方式	代号	燃烧方式	代号	燃烧方式	代号
固定炉排	G、固	抛煤炉	P、抛	下饲炉排	A、下	半沸腾炉	B、半
活动手摇炉排	H、活	倒转炉排抛煤机	D、倒	往复推饲炉排	W、往	室燃炉	S、室
链条炉排	L、链	振动炉排	Z、振	沸腾炉	F、沸	旋风炉	X、旋

燃料品种代号　　　　　表 5-1-3

燃料品种	代号	燃料品种	代号	燃料品种	代号	燃料品种	代号
无烟煤	W（无）	劣质烟煤	L（劣）	气	Q（气）	甘蔗渣	G（甘）
贫煤	P（贫）	褐煤	H（褐）	木柴	M（木）	煤矸石	S（石）
烟煤	A（烟）	油	Y（油）	稻糠	D（稻）		

5.1.2 锅炉的形式及部件

1．工业锅炉的形式

（1）立式锅壳锅炉

是指锅筒立在地面上的小型锅炉，容量约为 0.06～0.15t/h 之间，其优点是结构简单、移运方便、占地较少、安装及操作简便等；但热效率低，金属材料单位耗用量高，用于蒸汽需要量少的单位；目前国内常见的有立式弯水管锅炉（LSG 型）和立式直水管锅炉（LSG 型）。

（2）卧式锅壳锅炉

是指锅筒水平布置的锅炉，是工业锅炉中使用较多的锅炉；蒸发量在 0.5～4t/h 之间，工作压力一般不超过 1.27MPa；具有结构简单、操作容易、水质要求不高等特点，存汽量较大，气压较稳定。

A．由于锅壳直径较大，制造锅壳的钢板就要求较厚，故压力受到一定的限制；

B．卧式锅壳锅炉有卧式单炉胆锅炉、卧式双炉胆锅炉、卧式外燃回火管锅炉、卧式内燃回火管锅炉和卧式水火管锅炉（快装锅炉）；常见的是 KZG 型、KZL 型和 KZZ 卧式水火管锅炉。

（3）水管锅炉

水管锅炉是汽水在管内流动，烟气在管外冲刷的锅炉；与火管锅炉相比，受热面布置简便、炉水循环好，清灰、除灰较方便，容量不受限制，结构适用于温度急剧变化，便于采用不同燃料等。水管锅炉一般分为：

A．直水管式锅炉：又分为整联箱式和分联箱式锅炉；

B．弯水管式锅炉：又分为单锅筒型和多锅筒型；

水管锅炉按锅筒放置方式可分为纵置式和横置式；常见的有：双纵锅筒弯水管锅炉、双横锅筒弯水管锅炉和单锅筒"人"字形水管锅炉。

2．锅炉的部件及组成

（1）受热面

锅炉用来传递热量的金属壁面，特指一侧接受火焰或高温烟气加热，另一侧将接受的热传给水、汽、风的锅炉部件。

A．辐射受热面，主要以辐射换热方式从放热介质吸收热量并传递给吸热介质的受热面；如水管锅炉的锅筒、集箱、炉膛水冷壁，锅壳锅炉的炉胆等；

B．对流受热面，主要以对流换热方式从烟气（被烟气冲刷表面）吸收热量并传递给吸热介质的受热面；如水管锅炉的对流管束、过热器、省煤器，锅壳锅炉的烟管等。

（2）锅筒、锅壳、水管及烟（火）管

A. 锅筒（又称汽包），水管锅炉中用以组成水循环回路，进行汽水分离和储存水汽的筒型压力容器，由凸形封头和筒体焊接而成，是水管锅炉的重要部件；

　　B. 锅壳：锅壳锅炉中容纳汽和水及加热受热面的筒形压力容器，由管板（平封头或凸形封头）和筒体组成；接受和分配给水，进行汽水分离，贮存和输送蒸汽；

　　火管锅炉水质要求较低，水管锅炉水质要求高，为了保证蒸汽品质，在锅筒或部分锅壳中设置汽水分离装置便于汽水分离；

　　C. 水管：主要指汽水在管内流动，烟气在管外流动的水管锅炉受热面的管子；

　　D. 烟（火）管：主要指烟气在管内流动，置于锅水之中的锅壳锅炉的对流受热面管子；由于火管很长，又受热，要求分成很多节，保持结构弹性，以减少热应力。

（3）炉膛与炉胆

　　A. 炉膛，又称燃烧室；水管锅炉中使燃料与空气混合，燃烧，高温火焰和烟气对其受热面进行传热的空间；

　　B. 炉胆，又称火管；锅壳锅炉中的炉膛或燃烧室。

（4）水冷壁

　　水冷壁是水管锅炉中不可缺少的部分，是指贴着炉膛内壁并排布置的许多水管。由锅筒，水冷壁和集箱组成循环回路，其作用是吸收炉膛高温辐射热，使管内水汽化，作为蒸发受热面用、以降低炉膛内壁附近的温度，保护炉墙，防止结渣。

　　A. 水冷壁一般采用 $\phi 51 \sim \phi 76$ 的锅炉钢管制成，水冷壁有光管与鳍片（膜式）两种，膜式水冷壁对炉墙保护更彻底，炉墙可减薄，且炉膛密封性好，锅炉可正压运行，从而提高锅炉的热效率；

　　B. 在同样蒸发率下，布置水冷壁在炉膛内吸收辐射热比采用对流管束传热效果好，但辐射传热要在高温区进行时，温度越高，对辐射传热越有利。

（5）集箱

　　集箱也叫联箱，是锅炉中重要的承压部件，一般用 $\phi 133$、$\phi 159$ 及 $\phi 219$ 无缝钢管制成，两端焊接平封头（端盖）；集箱的作用是汇集或分配锅水或蒸汽，减少介质的输送连接管道，减少锅筒的开孔数量，有利于提高锅筒的安全性能。

（6）对流管束

　　布置在锅炉炉膛出口之外，在低压水管锅炉中有相当数量，是锅炉的主要蒸发受热面，在烟气温度较低的区域，采用上下锅筒，中间用对流管束胀接，对流管指向锅筒中心。管内介质与高温烟气对流传热，对流管束主要是受烟气的横向冲刷，传热情况较好。

　　A. 由于对流管各部分受热情况不同，受热较强的一部分管束（如外面的弯管）相当于上升管，受热较弱的一部分管子相当于下降管，由于燃烧工况的不断变化，上升管和下降管没有明显的分界线。对流管束本身形成水循环，即上锅筒→下降管束→下锅筒→上升管束→上锅筒。

　　B. 对流管束采用 $\phi 51 \sim \phi 76$ 的锅炉钢管制成，中压以上的锅炉没有对流管束，其原因是对流受热面的利用率不如辐射受热面高。

（7）过热器

　　在工业锅炉的饱和蒸汽中，往往带有 2% 的水分，有些设备不能使用；过热器就是将锅筒出来带有水分的饱和蒸汽，加热到规定的过热温度的受压元件。

A. 过热器是由多根无缝钢管弯制成的蛇形管，两端分别连接于集箱而组成。过热器的进口集箱用管道与上锅筒相连，出口集箱用管道与锅炉分汽缸或主蒸汽阀相连；

B. 过热器一般布置在炉膛出口的高温烟道内，过热器受高温烟气的冲刷，系锅炉中温度最高点；加热温度350℃采用碳素钢、400℃采用合金钢、有的发电锅炉产生450℃、560℃的蒸汽，已达到过热器管材的极限，会发生蠕变或铁素体石墨化。

C. 按照过热器的结构和装置形式，可分为立式和卧式两种，其外形结构见图5-1-1和图5-1-2。

(8) 省煤器

省煤器是锅炉中为了节省燃料而布置在尾部烟道中的辅助受热面，是利用锅炉排烟的余热而加热锅炉给水的装置；其作用是提高给水温度、降低排烟温度、减少热损失，按给水被加热的程度，省煤器可分为：

图5-1-1 立式过热器

A. 沸腾式省煤器：只能用钢管制成，适用于经热力除氧或给水温度较高的容量较大的锅炉；钢管省煤器是由许多平行的蛇形管组成，蛇形管为直径$\phi 24 \sim 42 mm$的锅炉用无缝钢管交错排列，如图5-1-3。

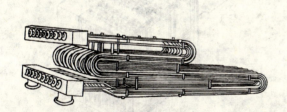

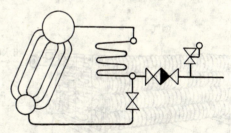

图5-1-2 卧式过热器　　　　图5-1-3 沸腾式钢管省煤器的布置

a. 钢管省煤器不仅将进入锅筒的水加热到饱和温度，而且也产生部分蒸汽（约占总水量的10%~20%）；钢管省煤器的优点是传热效果好、能承受高压，不怕形成水击，不易积灰，但水质要求高，不耐辐射；钢管省煤器不需要旁通烟道，不应装置任何阀门及附件。

b. 钢管省煤器的上水管直接与上锅筒相连接，而在省煤器进口处装设一根再循环管与下锅筒（或锅筒）相连接，点火燃烧后，水在省煤器中进行循环。需要供汽时，关闭再循环管路上的阀门，让给水进入省煤器。

B. 非沸腾式省煤器（又叫可分式省煤器）：多采用铸铁制成，如图5-1-4；铸铁省煤器多应用于压力≤2.5MPa的低压锅炉；普遍采用鳍片式，目的是增加受热面，减少省煤器的体积。铸铁省煤器的优点是耐腐蚀性强，铸铁省煤器的缺点是不能承受振动和冲击，鳍片间易积灰，烟气流动阻力大，接头处易泄漏等。

a. 一般省煤器的出水温度要控制在比锅炉工作压力下的饱和温度低40~50℃；以防止产生蒸汽。

b. 铸铁省煤器应装置旁通烟道,当锅炉升火时,为了不使铸铁省煤器烧坏,先将旁路烟道门开启,再将烟气进口门关闭。若省煤器发生泄漏,也可使用旁通烟道绕过省煤器,待修复后再将省煤器投入运行。

c. 省煤器应安装旁路水管,当省煤器发生故障须停止工作时,给水可通过旁路水管保证给水使锅炉继续运行;点火时或旁路烟道发生故障时,锅炉不需给水,可通过回水管送至水箱。

(9) 空气预热器

空气预热器是一种吸收排烟热量,提高进风空气温度,降低排烟温度的锅炉辅助设备;预热空气的温度为100~300℃,空气预热器一般均安装在省煤器后面的尾部烟道中,对于降低排烟温度,提高锅炉的效率有一定的作用。

A. 空气预热器主要有管式、板式及再生式三种类型;

B. 小型水管锅炉几乎都采用管式空气预热器,它是由许多直径32~50mm,壁厚1.5~2mm的有缝薄钢管或无缝钢管交叉排列,两端焊接在上下管板上组成方形管箱,再由若干管箱组合起来构成整个空气预热器;运行时,烟气一般由上而下从管内流过,空气则由下向上在管外横向穿过管束,再由上风口流出,二者通过管壁进行对流热交换,为了提高传热效率,在管箱内装有中间隔板,如图5-1-5。

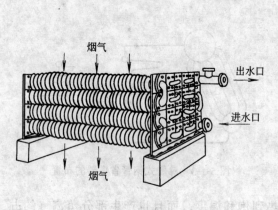

图 5-1-4 铸铁省煤器

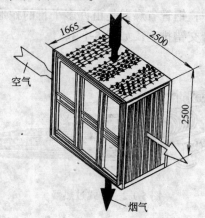

图 5-1-5 管式空气预热器

5.2 锅炉的基础知识

5.2.1 金属学的基本知识

1. 概念

(1) 金属:具有一定光泽,不透明的,有一定延展性,导电导热性的结晶物质。

(2) 金属学:研究金属材料的化学成分、金相组织,机械性能三者关系及变化规律的一门科学。

2. 金属材料在常温下的机械性能

取决于材料的性质和热处理强化措施,机械性能表现为抵抗外力的能力,故又称力学性能。

(1) 刚度:表示金属材料抵抗弹性变形的能力,工程上常用弹性模数 E 作为衡量材料刚度的指标,E 越大、刚度越好。

$$E = \sigma/\varepsilon$$

式中　σ——应力;
　　　ε——轴向应变。

(2) 强度:金属在受力作用下,抵抗其变形及破坏的能力;以强度极限和屈服极限指标来表示。

　A. 强度极限 σ_b—受力工件所能承受的最大应力(MPa);

　B. 屈服极限 σ_s—受力工件发生塑性变形时所能承受的应力(MPa)。

(3) 塑性:金属材料在受力作用下,发生塑性变形而不发生破坏的一种能力;常用延伸率、断面收缩率、冷弯角等指标来衡量。

　A. 延伸率 δ(%)—拉力试件其单位长度伸长量的百分比;$\delta\%$ 大,表明材料塑性好。

$$\delta(\%) = (\Delta l/l) \times 100\%$$

　B. 断面收缩率 Ψ(%)—拉力试件其单位截面收缩量的百分比。

$$\Psi(\%) = (\Delta s/s) \times 100\%$$

　C. 冷弯角—冷弯试验时试样被弯曲的角度称为冷弯角;常用 α 表示,其计量单位是度。

(4) 韧性:a_k—金属抵抗冲击的能力,又称冲击韧性,代表金属的综合性能,单位 J/cm^2;a_k 低,即脆,低温容器对 a_k 要求高。

(5) 硬度:金属表面抵抗硬物压入的能力,常用的硬度有:

　A. 布氏硬度 HB:用球压,量压痕直径,用于物理试验;

　B. 洛氏硬度 HRC:用锥度压,量压痕深度,用于生产及刀模具;

　C. 维氏硬度 HV:用棱角压,量压痕对角线,用于焊接检验。

(6) 疲劳极限 σ_{-1}:金属无数次重复弯曲和在交变载荷下抵抗破坏的能力,单位 MPa;锅炉用钢对 σ_{-1} 要求高。

3. 金属的化学成分、组织及性能

(1) 铁碳合金状态图表示在缓慢冷却或加热条件(即平衡状态)下,不同成分的钢和铸铁在不同温度下具有的组织或状态的一种图形。

铁的熔点为1538℃,铁在常温下具有体心立方晶格;纯铁具有铁磁性,良好的塑性及导磁性。

δ-Fe:1392℃以上呈体心立方晶格存在的纯铁。

γ-Fe:1392℃~912℃之间呈面心立方晶格存在的纯铁。

α-Fe:912℃以下呈体心立方晶格存在的纯铁。

(2) 碳在铁碳合金中存在的三种形式:

　A. 化合物:渗碳体 Fe_3C;

　B. 间隙固溶体;

　C. 石墨状存在。

(3) 钢中常见的基本组织形态：

L——表示液相；

α——表示固溶体，B 组元溶于 A 组元中的固溶体；

β——表示固溶体，A 组元溶于 B 组元中的固溶体。

A．铁素体：是碳溶在 α-Fe 中的一种间隙固溶体；以符号 F 表示，质软、硬度 HB80，在低于 912℃ 时出现，在 727℃ 时性能几乎和纯铁相同；

B．奥氏体：是碳溶在 γ-Fe 中的一种间隙固溶体；以符号 A 表示，硬度 HB170～220；只出现在 723℃ 以上的高温区，高温下为非磁性的，可塑性好，易于锻造成型；

C．渗碳体：是铁和碳的化合物，亦称碳化三铁；以分子式 Fe_3C 表示，质硬而脆，硬度 HB800、塑性和冲击韧性很差，延伸率 $\delta \approx 0$、韧性 $a_k \approx 0$，但耐磨性好；

D．珠光体：是铁素体和渗碳体的机械混合物（$F + Fe_3C$），以符号 P 表示，性能介于铁素体和渗碳体之间；

E．莱氏体：当含碳量为 4.3% 的液态合金缓慢冷却到 1148℃ 时，从液态合金中同时析出奥氏体和渗碳体两种晶体的混合物，即为莱氏体；以符号 L_d 表示，质硬而脆，不能承受压力加工；

F．马氏体：碳在 α-Fe 中的过饱和间隙固溶体；质硬、脆，硬度 HB650～760。

(4) 钢的热处理：

将钢在固态范围内加热，保温和冷却，以改变其组织，从而获得所要求性能的一种工艺。

含碳量<2.11% 的铁碳合金称为钢，一般钢的含碳量<1.4%；

含碳量>2.11% 的铁碳合金称为铸铁，有莱氏体组织（L_d）。

A．退火：把钢加热到高于或低于临界点的某一温度，保温一定时间，然后缓慢冷却，以获得接近平衡组织的一种热处理工艺；退火消除应力，降低硬度，有利于机械加工；

B．正火：钢的正火和退火属于同类型的热处理工艺，它与退火不同的是，正火在空气中冷却，而不是随炉冷却。正火使晶粒细化，网状渗碳体破坏；

C．淬火：是将钢加热到奥氏体状态，经过保温后，以大于钢的临界冷却速度进行冷却，获得不平衡组织的工艺过程。淬火可使钢材获得最高的强度等级；

D．回火：淬火后的零件必须进行回火，回火温度在 150～650℃。

淬火配以回火，能使零件获得良好的使用性能；生产上把淬火后再进行高温回火（回火温度为 500～650℃）称为调质处理。

5.2.2 锅炉受压元件的主要焊接方法

焊接是利用加热或加压，或加热与加压同时进行，而将两块金属连接成一个牢固的同一体的工艺加工方法。

1．手工电弧焊

(1) 电弧的形成

焊条与工件短路接触时，电阻发热量 $Q = 0.24 I^2 R t$

式中　Q——电阻发热量（cal）；
　　　I——电流（A）；
　　　R——电阻（Ω）；
　　　t——时间（s）。

焊条提起两极拉开时形成电场发射，焊接电弧形成。

(2) 原理

A. 手工电弧焊是手工操作利用焊条与焊件间产生的电弧将热金属（焊条和焊件）熔化的焊接方法；

B. 手工电弧焊焊接过程中，在电弧的高温作用下，焊条药皮熔化分解生成气体和熔渣，在气渣的联合保护下，有效地排除了周围空气的有害影响，通过高温下熔化金属与熔渣的冶金反应，还原与净化金属，从而得到优质的焊缝。

(3) 特点

A. 手工电弧焊的设备简单、工艺灵活、适应性强，特别适合结构复杂、零件小、焊缝短或弯曲的焊件、室外作业或需要进行全位置的焊接；

B. 手工电弧焊的缺点是生产效率低，劳动强度大，焊接质量与焊机、焊条有关，并在很大程度上取决于焊工的素质。

(4) 手工电弧焊的主要焊接规范

一切影响焊接质量的技术参数均称为焊接规范。

A. 焊条型号或牌号：根据母材牌号及设计焊缝的质量要求决定，方法有两种：

a. 等强度法：焊缝的机械强度与母材一致或高于母材的强度；锅炉焊接大多采用此法；

b. 低匹配接头法：焊接高强度钢时，利用填充金属极好的塑性，保证焊接过程中不出现裂纹，其焊缝金属强度极限 σ_b 小于母材强度极限 σ_b；

B. 焊条直径：根据坡口间隙、母材厚度、焊接层数及焊接位置选择；

C. 焊接电流 I：根据焊条类型、直径及焊接位置选择；

D. 焊接的电弧电压 U：取决于电弧长度，应能焊穿焊透；

E. 焊速 V：根据热输入要求和焊接电流的大小来确定；

F. 焊接层数：在锅炉受压元件的焊接中应尽量避免单层焊，而采用多层焊；

线能量 q——单位焊缝上所吸收的热能量称为线能量；C、D、E 三相应满足线能量

$$q = \eta I U / V$$

式中　η——有效系数，一般取 0.7～0.8。

(5) 焊机的分类

A. 直流电焊机 ── 直流发电机式的焊机，不节能，已淘汰
　　　　　　　 ── 硅整流焊机，节能
　　　　　　　 ── 逆变式焊机，节能，交直流两用

B. 交流电焊机（焊接变压器），有动卷式及动磁芯式

(6) 对焊机的要求

A．下降的外特性：在空载时有较高的空载电压，以便于引弧，当电弧稳定燃烧时，随着输出电流增大，输出电压下降；

　　B．良好的动特性：电焊机适应焊接电弧变化的特性称为动特性；动特性好，容易引弧，焊接过程中电弧长度变化时，电弧不容易熄灭，不容易"结火"，飞溅也减少；

　　C．良好的调节特性：要能方便的在较宽的范围内调节所需的焊接电流，必备电压表及电流表；

　　D．结构简单，便于维修。

(7) 焊条

焊条系手工电弧焊的填充材料，其结构由焊钢芯及药皮组成。

　　A．钢芯的作用：导电及填充焊缝。

　　B．药皮的作用：渗合金、形成正压气柱起机械保护作用、去氧除氢、稳弧。

　　C．型号和牌号：两者是不同的概念，不能混淆；型号在焊条标准中已明确规定，牌号在焊条标准中没有规定，但在生产中已习惯使用。碳钢焊条型号的含义如下：

焊条适用位置代号如下：

0及1—适用于全位置焊接；

2—适用于平焊和平角焊；

4—适用于向下焊。

常用焊条牌号的表示方法如下：

注：1．结—表示结构钢；

　　热—表示钼和铬钼耐热钢；

　　铬或奥—表示铬或奥氏体不锈钢。

2．结构钢—表示熔敷金属抗拉强度等级；

　　钼和铬钼耐热钢—表示熔敷金属主要化学成分等级（1～8顺序编排）及等级中的不同牌号（0～9顺序编排）；

　　铬或奥氏体不锈钢—表示熔敷金属主要化学成分组成等级（铬为2、3级，奥为0～9顺序编排）及等级中的不同牌号（0～9顺序编排）。

2. 手工钨极氩弧焊

依靠不熔化的钨极与焊件之间的电弧熔化基本金属和填充焊丝（也可不加填充焊丝），借助喷嘴流出的氩气在电弧及熔池周围形成连续、封闭的气流，保护钨极及熔池不被氧化的焊接方法称为钨极氩弧焊。

(1) 钨极

A. 钨极是作为电极使用的，作为热源的电弧在钨极和焊件之间产生，钨极对电弧的稳定燃烧和焊接质量都有很大影响；

B. 对钨极的要求是耐高温，有较高的电子发射能力，实践证明用纯钨极作电极并不理想，而铈钨极是一种较理想的电极材料。

(2) 氩气 (Ar)

A. 氩气是无色无味的单原子惰性气体（最外层有 8 个电子，呈稳定状态），比空气重 25%，不易漂浮散失，高温下既不发生分解，又不与金属起化学反应，是比较理想的保护气体；

B. 在氩气中，电弧一旦引燃，燃烧就很稳定，在各种保护气体中，氩气的稳定性最好；

C. 用于焊接的氩气其纯度要求大于 99.95%，当瓶内压力低于 0.15MPa 时，不得再继续使用。

(3) 钨极氩弧焊的电弧特性

A. 电弧很不易引燃，因氩气 (Ar) 由不是导体→变成导体，需要的能量大，故氩弧焊机要加高频引弧器装置或脉冲引弧装置；

B. 一旦点燃，电弧相当稳定，因氩气 (Ar) 在高温下，没有分解热；

C. 阴极雾化作用，焊接 Al 最好，Al_2O_3 熔点 2050℃，氩气 (Ar) 负离子的撞击功，使 Al_2O_3 雾化；

D. 局部整流作用，使焊缝成型不好。

(4) 钨极氩弧焊的特点

A. 焊接质量好（打底），外界的 H_2、O_2、N_2 不易进入氩气 (Ar) 区，不产生气孔、夹渣、裂纹，只有钨极与焊件相碰时会夹钨；

B. 明弧便于操作，可进行全位置焊接；

C. 热量集中，有氩气 (Ar) 罩住，容易使接头根部焊透，变形小；

D. 成型美观。

(5) 焊接规范

除手工电弧焊的必要规范外，还有以下焊接规范：

A. 气体流量，影响保护效果；

B. 喷嘴直径，影响氩气 (Ar) 保护区域；

C. 钨极直径，决定许用电流，许用电流应大于焊接电流；

D. 钨极伸出长度，一般钨极伸出喷嘴的长度为 3~10mm，喷嘴到焊件表面的距离为 5~12mm。

(6) 应用

手工钨极氩弧焊在锅炉受压元件焊接中主要用于打底焊，蒸汽锅炉安全技术检察规程规定：额定蒸汽压力≥9.81MPa 的锅炉，锅筒和集箱上管接头的组合焊缝以及管子和管件的手工焊对接接头，应采用氩弧焊打底。

(7) 手工钨极氩弧焊设备

主要包括焊接电源，引弧装置、供气系统、控制系统及焊矩等。

A. 电源：有直流弧焊电源和交流弧焊电源，一般使用直流弧焊电源，采用正接法（焊件接正极），主电路简单，采用一般的弧焊发电机或弧焊整流器，配上高频振荡器用于引弧，即可进行焊接；且电弧稳定、熔深增加，钨极允许通过的焊接电流也可增大；

B. 引弧装置：高频振荡器是较常用的引弧装置，可将工频交流电变成高频高压交流电，其输出电压为 2000~3000V，频率为 150~260kHz；

C. 供气系统：由气瓶、减压器（采用氧气减压器即可）、流量计、胶管及电磁阀等组成；氩气瓶应涂灰色漆，并标明"氩气"字样，其最大压力为 15MPa，容积一般为 40L，容量为 6m^3；

D. 控制系统：是使保护气体提前送气和滞后停气、引弧焊接、电流衰减和切断等程序协调起来，以保证焊接工作能正常进行；

E. 焊矩：一般分大中小三种，小型的最大电流可达 150A，不用水冷；大型的最大电流可达 400A 以上，一般在电流大于 150A 时都为水冷式；焊矩的作用是夹持电极、导电、往焊接区输送氩气，喷嘴一般都用陶瓷材料制成，内径为 5~6mm。

3. 焊丝

(1) 焊丝的作用

A. 作为电极传导电流引燃电弧，维持电弧燃烧；

B. 作为填充金属以形成焊缝；

C. 为焊缝金属补充合金元素。

(2) 气体保护焊丝

A. 二氧化碳保护焊丝：根据二氧化碳保护焊的冶金特点，在进行低碳钢和低合金钢焊接时，由于合金元素烧损较严重，为保证焊缝具有较高的机械性能和防止气孔产生，必须使用含锰、硅等脱氧元素的合金焊丝，并且还应限制焊丝中的含碳量。其中 H08Mn2SiA 应用较多，而 H08Mn2TiA 焊丝含碳量较低，且含有钛元素抗气孔能力更好，可用于重要焊件。

焊丝有粗丝和细丝之分，>ϕ1.6 为粗丝，≤ϕ1.6 为细丝，半自动 CO_2 保护焊一般使用细丝。

B. 钨极氩弧焊丝：

氩弧焊的电极分为熔化极氩弧焊（又称 MIG 焊）和非熔化极氩弧焊（又称 TIG 焊），TIG 焊施工中应用广泛，主要用于管道封底焊接。应根据焊件材质和壁厚的不同，选用不同牌号、不同规格的焊丝；目前焊丝的规格有 ϕ2.5、ϕ3 两种规格，氩弧焊封底焊接多采用 ϕ2.5 的焊丝。

(3) 焊丝钢号

焊丝的钢号用牌号或代号表示，牌号表示的含义如下：

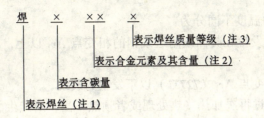

注：1. 焊在代号中用 H 表示；
2. 合金元素在代号中用元素符号表示；
3. 用 A 表示高级、用 E 表示特级。

如焊丝牌号为焊 08 锰高，代号为 H08MnA；焊丝常用钢号的代号表示。

（4）焊丝的牌号影响焊缝金属的化学成分和性能，要经过焊接工艺评定确定，如果改变需要重新进行评定。

5.2.3 焊接缺陷

在焊接接头中，存在一切不符合质量要求的弊病称为焊接缺陷。常见的焊接缺陷有：裂纹、气孔、未焊透、夹渣、咬边、焊瘤、电弧擦伤、弧坑及焊缝几何尺寸不符合技术标准要求等。

1. 裂纹

凡在焊接过程中或焊接结束后，在焊接接头区域内金属出现局部破裂的缝隙称为裂纹。

（1）裂纹的危害

A. 破坏金属的连续性，降低焊接接头的强度；

B. 造成应力集中，<强度极限 σ_b 就使金属接头脆断；在锅炉受压元件中，凡焊缝有裂纹，一律应返工重来。

（2）裂纹的分类

A. 从强度的观点出发分为：

a. 宏观裂纹，肉眼可见裂纹，不允许存在；

b. 微观裂纹，显微镜下发现，存在于晶粒之间，受载时易扩大，引起破坏，在某些情况下比宏观裂纹更具危险性；

c. 超显微裂纹，在一般显微镜（几百倍）下不易发现，尺寸非常小，出现在晶粒内（晶相图中的白点），危害性比前两种小，在不重要的结构中可以存在使用。

B. 按裂纹产生的原因分为：

a. 结晶裂纹，金属从液态变为固体时，在结晶过程中产生的裂纹；

b. 浓度裂纹，由于焊接时化学成分发生偏析所产生的裂纹（含多处强度差产生的裂纹）；

c. 重结晶裂纹，在金属发生同素异晶转变时发生的裂纹（化学成分一样，晶格结构不一样）；

d. 热应力裂纹，在浇铸中或焊接时产生的、应力超过焊接材料的强度极限 σ_b 造成的热应力所引起的裂纹。

C. 按裂纹产生的温度不同分为：

a. 热裂纹，裂纹发生在凝固线附近或钢的相变点 Ar_1 以上，即在 727~912℃之间发生的裂纹；

b. 冷裂纹，在相变点 Ar_1（727℃）以下发生的裂纹；

c. 再热裂纹，经过再次加热（热处理或者预热不当）所产生的裂纹。

(3) 热裂纹（液膜裂纹）

在焊接过程中，焊缝或热影响区金属冷却到凝固温度附近的高温下产生的裂纹称为热裂纹。

A. 热裂纹的特点

a. 产生的温度和时间

温度：裂纹的发生和发展都处于高温区，即在结晶过程或异晶转变中；

时间：裂纹产生在焊接过程中。

b. 产生的部位：绝大多数产生在焊缝金属中，母材的性能及组织发生变化的区域——热影响区；有纵向及横向；

c. 宏观外形特征：与焊缝波纹相垂直（沿圆弧法线方向），一般呈锯齿形；裂纹处呈氧化形，因氧气进去，会发蓝；

d. 微观特征：裂纹发生在晶界上。

B. 热裂纹产生的原因，要同时具备以下两条

a. 有低熔点共晶存在（如 FeS）——冶金因素；

b. 有拉应力存在——力的因素，当抗压强度极限 σ_y＞屈服极限 σ_s 时，焊缝中间的伸长被压缩，故焊后焊缝处因塑性变形而收缩，旁边因弹性变形而恢复原状。

C. 防止热裂纹产生的方法

a. 从冶金因素入手：

选择合适的填充材料，控制焊缝的金属成分，防止低熔点共晶体出现；提高 Mn 的含量，因 Mn 与 S 的亲和力大，发生化学反应，从药皮中除去；控制 C 的含量，避免产生马氏体组织，让奥氏体（A）增加；

改变焊缝的形状系数及组织状态：加变质剂 Al、Ti ⟶ 多产生结晶核，使晶粒细化，使强度极限 σ_b 提高；马氏体为基的材料（如 45 钢）板状为低 C，针状为高 C，从焊条中加入奥氏体（A）化的元素（如低氢奥氏体焊条，含 Ni、Cr）使之铁素体（F）化，提高焊缝的塑性，形成双向组织；

b. 从受力因素入手：在焊接工艺上，采取预热焊，消除温度应力；分段逆向焊，选择合理的焊接程序等。

(4) 冷裂纹

焊接接头冷却到较低温度下或冷却至室温以后产生的裂纹称为冷裂纹。

A. 冷裂纹的特点

a. 产生的温度和时间：

温度：在 Ar_1（727℃）以下，通常在 200~300℃ 马氏体转变的温度；

时间：在焊后立即出现或冷后一段时间出现，裂纹由小到大，而且有响声，一般不超

过 7 天（焊工试板要焊后 24h 才拍片，就为防止迟后裂纹）。

　　b. 产生的部位和方向：

　　部位：产生在基本金属上（热影响区）或者基本金属与焊缝的熔合线上，产生在焊缝上的也有，系先产生在基本金属上再延伸过来；

　　方向：纵向、横向、焊道下的焊趾处。

　　c. 外观特征：无明显的氧化色彩，断口发亮。

　　d. 微观特征：一般无分枝，通常穿晶，个别为晶间。

　　B. 产生冷裂纹的原因，需同时具备以下三条

　　a. 被焊金属热影响区出现了淬硬现象，低合金高强度钢或高合金钢热影响区的硬度 HB>320，出现马氏体会淬硬；

　　b. 在焊缝和热影响区中，由于氢的扩散和集聚引起接头的脆化，焊条烘干就是要除去氢（H_2），因氢善于占晶格空位；

　　c. 有较大的拉应力存在，大锅炉使用 16Mng 或 16MnR 钢材易产生冷裂纹，故电站锅炉的管子焊接要求氩弧焊打底。

　　C. 冷裂纹的防止

　　a. 填充金属材料的选择：要含 H 少，选用 Cr—Ni 或 Cr—Ni—Mo 的奥氏体焊条，塑性很好；

　　b. 选择经过认真焙烘的低氢型焊条；

　　c. 调节热循环，防止被焊金属淬硬，如沿焊接方向提前一定量预热被焊金属；还可焊前预热，焊后缓冷；选择小的焊接规范和多层多道焊顶；

　　d. 防止大的应力产生：采用合理的焊接次序，正确采用后热处理，工件冷至 100℃ 便加温、缓冷、可去掉因氢所致的应力集中。

2. 气孔

气体在金属焊缝中形成的空穴称为气孔；有表面气孔和内部气孔。

（1）气孔的危害

　　A. 减少金属截面，使承载能力下降；

　　B. 使金属弯曲和使冲击韧性下降；

　　C. 使焊缝金属致密性破坏，水压试验时泄漏。

（2）产生的原因

高温时熔池吸收过多的 H_2 和 N_2，冷却时溶解度下降，气体不能及时溢出所致。

（3）主要气孔

H_2 气孔、N_2 气孔、CO_2 气孔、O_2 气孔（表面气孔）、密集气孔、连续气孔、单个气孔等，在 X 光片上均为圆形。

（4）防止方法

　　A. 避免焊条或焊剂受潮，要烘干；

　　B. 工件要严格去锈，除油污，焊丝应清理干净，焊剂中不能混入赃物；

　　C. 焊工操作时不能发生焊条偏吹现象（角焊时易出现）。

3. 未焊透

母材金属和填充金属未完全熔化成一体的现象称为未焊透。

(1) 原因

电流太小，焊速太快，坡口角度太小，钝边太厚，间隙太窄，焊条操作角度不对（角焊时易出，对接焊时钝边处易出现）。

(2) 区别

未焊透，母材未熔合；未熔合，母材、焊材已熔合，但未粘在一起。

4. 夹渣

焊缝金属中有焊渣及其他杂质的现象（手工焊易出）称为夹渣。

(1) 危害

A. 减少金属截面，使承载能力下降；

B. 易引起应力集中，因夹渣有棱角，易使金属破开。

(2) 原因

A. 焊接电流太小或焊接速度过快；

B. 运条操作不当，熔渣和熔池金属混在一起；

C. 多层多道焊时，焊道清渣不彻底。

(3) 防止方法

A. 提高焊工操作水平，把铁水与熔渣分开；

B. 加强工件的焊前清洗。

5. 咬边

电弧将焊缝两边熔化后，没有获得填充金属及时补充而产生缺口的现象称为咬边。

(1) 危害

焊缝与母材未平滑过渡，引起应力集中，对疲劳强度影响最大。

(2) 原因

手工电弧焊时，焊接电流过大，电弧过长，运条或焊条角度不当。

(3) 防止方法

A. 焊工操作上焊条横向摆动要均匀；

B. 选用适合的焊接电流。

6. 焊瘤

焊缝边缘基本金属熔化的堆积物称为焊瘤。

(1) 危害：金属过热，影响美观及使用性能。

(2) 原因：焊接电流太大，间隙大、钝边小、操作不当、运条不合理。

(3) 防止方法：提高焊工操作水平。

7. 电弧擦伤

在母材金属上直接引弧所造成母材表面的伤迹称为电弧擦伤。

(1) 危害

擦伤处由于快速冷却，硬度高，有脆化作用，在有淬硬倾向的钢中可能成为发生脆性破坏的起点；在不绣钢材表面的电弧擦伤会破坏氧化膜，降低抗腐蚀性能。

(2) 原因

地线与焊件接触不良引起电弧，焊工不按工艺文件要求操作等。

(3) 防止方法：使用引弧板。

8. 弧坑

焊缝收尾时没有及时填满金属的凹坑称为弧坑。

(1) 危害

弧坑中常有气孔、夹渣，或产生热裂纹，它降低该处焊缝的强度。

(2) 原因

熄弧时焊条未在熔池处作短时间停留，薄钢板焊接时使用电流过大。

9. 焊缝几何尺寸不符合技术标准要求

(1) 范围

焊缝过高、过宽、过窄、成形不良，焊接表面低于母材表面等均属焊缝几何尺寸不符合技术标准要求。

(2) 原因

坡口角度不当、间隙不均匀，焊接工艺参数未按工艺文件要求采用，焊条角度及运条操作不当等。

5.2.4 焊接检验质量管理及焊接工艺评定

1. 焊接检验质量管理

为保证锅炉焊接质量而开展的对人员、材料、技术的科学控制与体系管理称为焊接检验质量管理。

(1) 内容，做到四个要求：

A. 锅炉制造厂、锅炉安装单位应取得资格证；

B. 设计、工艺、焊接、无损检测人员及管理人员必须具备相应的资格；

C. 原材料、焊接材料的管理、发放及移植要求；工艺装备是否满足工艺要求；

D. 焊接热处理，无损检测工艺的有效审查。

(2) 操作，把住四个环节：

A. 焊接工艺评定及焊接工艺的编制；

B. 焊工考核取上岗合格证；焊接材料管理，设一、二级库；

C. 坚持焊前检查，主要有接口尺寸、坡口形式、错边量等；严格工艺纪律，焊工必须按焊接工艺文件的要求进行施焊；

D. 焊接检验：外观检查（主要是焊缝成形尺寸、表面质量、焊缝标记或焊工钢印等）、无损探伤检查、机械性能试验、金相检验、断口试验及水压试验。

2. 焊接工艺评定

按照事前拟定的焊接工艺进行焊接试验、检验试样，测定焊接接头是否满足设计要求的过程称为焊接工艺评定。

(1) 焊接工艺评定的性质、目的及作用

A. 性质：是考核施焊单位焊接质量水平的高低和焊接质量管理的重要环节；评定施焊单位的技术能力，是否有能力焊出符合要求的焊接接头；

B. 目的：检验焊接工艺指导书的正确性，通过合格的焊接工艺评定，为编制焊接方案及焊接工艺卡提供科学可靠的依据，从而获得符合设计要求的焊接工艺文件；

C. 作用：是验证焊接工艺规程是否正确的主要手段，是保证和控制焊接质量的重要步骤，是培养焊工的重要环节，其保证焊接接头符合安全要求。

(2) 焊接工艺评定的依据

A．《蒸汽锅炉安全技术监察规程》（以下简称96《锅规》）附录Ⅰ，适用于锅炉受压元件上的对接接头、要求焊透的T形接头和角接接头；

B．GB 4420《锅炉焊接工艺评定》适用以上未包括的其他接头。

(3) 焊接工艺评定的要求

A．焊接工艺评定应由本单位技能熟练的焊工施焊；焊接设备必须是本单位的，并且完好无损，电压表、电流表等仪表齐全，校验合格并在有效期内；

B．评定报告数据必须准确、齐全、完整；所有的焊接工艺评定试样都应很好的保管；

C．一份焊接工艺评定报告可以对应一个或多个焊接工艺指导书；一个焊接工艺文件，对应一个焊接工艺评定报告；一套焊接工艺评定的试样，对应一个焊接工艺评定报告；

D．不允许照抄外单位的焊接工艺评定结果。

(4) 焊接工艺评定的简要程序

A．根据产品或设计图纸的要求，提出评定任务；

B．拟定焊接工艺指导书；

C．制备试件、按焊接工艺指导书施焊，检查，并将焊接时的各项工艺参数记录在焊接工艺评定报告书上；

D．按照规定对工艺试件进行外观检查、无损探伤、力学性能检验、金相检验等，并将各项检验结果记录在焊接工艺评定报告书上；

E．若各项检验合格，办理审批手续（单位技术负责人签字），归档（资料→资料室，试样→试件存放室）备查；

F．焊接工艺人员按评定报告编制相应的焊接工艺规程或焊接工艺卡，指导产品或施工焊接，也可用于焊缝返修和补焊；

G．若焊接工艺评定不合格，则重复第B~F项，直到合格为止。

(5) 影响焊接工艺评定的三个因素

A．重要因素：即对接头抗拉强度和冷弯性能有明显影响的焊接工艺参数；任何一个重要因素（如焊条牌号、焊接方法等）改变后应重新进行评定；

B．次要因素：即对要求检验的力学性能没有明显影响的焊接工艺参数；次要因素（如焊条直径、电极间隙、表面清理方法等）的改变，焊接工艺评定不必重做，但应重新编制相应的焊接工艺规程或焊接工艺卡；

C．补加因素：即对冲击韧性有明显影响的焊接工艺因素，当规定进行冲击试验时，需增加补加因素；补加因素（如层间温度、电极极性、焊条药皮等）若有改变应补充完善原来的焊接工艺评定。

(6) 注意事项

A．焊接工艺指导书是由具有一定专业知识和丰富实践经验的焊接技术人员，根据设计要求，钢材的焊接性能，结合焊件的特点来拟定的；

B．焊接工艺评定是对施焊单位的要求，而不是对每个焊工的要求；但要求焊工技能熟练并按焊接工艺指导书进行施焊，以排除焊工操作因素的干扰；

C. 焊接工艺评定不是用来选择最佳工艺参数的,而是通过试验验证来确定能满足产品技术条件和有关要求的焊接工艺;

D. 在焊接工艺评定时,应选用所拟定的焊接工艺因素范围内最差的或较差的因素组合施焊工艺评定试件,评定接头的性能是否满足产品技术条件和有关技术要求。

5.2.5 锅炉用水及水质指标

1. 工业锅炉水质标准

适用于额定蒸汽压力≤2.5MPa,以水为介质的固定式蒸汽锅炉和气水两用锅炉,也适用于以水为介质的固定式承压热水锅炉和常压热水锅炉。

以下文中所列均系蒸汽锅炉采用锅外化学处理的水质标准,热水锅炉采用锅外化学处理的水质标准单独用表列出。

(1) 悬浮物

是指水样中能够用某种过滤材料分离出来的固形物。单位 mg/L、颗径≥10^{-4}mm,主要是泥沙、树枝等,静置后会沉淀下来,若悬浮物静置后不沉淀需加凝结剂(电站锅炉加明矾、硫酸铝等;国际通用聚合氧化铝液体,1kg 可处理 10t 水)。

A. 给水标准应≤5mg/L,锅炉给水→过滤器→交换器后能达到要求;

B. 若无过滤器,给水直接进入交换器,会将树脂包裹起来,使水处理丧失功能。

(2) 总硬度

单位容积中钙离子(Ca^+)、镁离子(Mn^+)的总含量称为总硬度,单位 mmol/L。

A. 按阳离子分类:总硬度=钙硬度+镁硬度;

B. 按阴离子分类:总硬度=碳酸盐硬度(暂时硬度)+非碳酸盐硬度(永久硬度);

C. 给水标准应≤0.03mmol/L(基本不结垢);

D. 处理方法:用钠离子(Na^+)交换使之软化、或 H^+、Na^+ 并联软化、加石灰软化等。

(3) 总碱度

水的碱度是指水中含有能接受氢离子的物质的量,总碱度是指水中的氢氧根、碳酸根和重碳酸根的总含量;单位 mmol/L,主要是 OH、CO_3、HPO_3,锅水碱度高,会发泡、腐蚀金属、恶化蒸汽品质。

A. 锅水标准应按表 5-2-1 执行。

总碱度的锅水标准(mmol/L)　　　　　表 5-2-1

	≤1MPa	1~≤1.6MPa	1.6~≤2.5MPa
无过热器	6~26	6~24	6~16
有过热器	—	≤14	≤12

B. 对蒸汽品质要求不高,且不带过热器的锅炉,使用单位在报当地锅炉压力容器安全监察机构同意后,碱度指标上限值可适当放宽。

(4) pH值（25℃时）

是氢离子浓度的负对数，即表示溶液酸碱性强弱的一项指标；当pH<7，呈酸性；pH=7，呈中性；pH>7，呈碱性。

A．给水标准pH≥7，中性或碱性对管材及设备无腐蚀；

B．锅水标准pH10～12，试验结果对锅炉腐蚀最小，并能使结垢物质变为水渣；

C．我国的排放标准pH=6～9。

(5) 含油量

是指水中油脂的含量，单位mg/L。

A．危害：产生泡沫，影响汽水分裂，产生油垢，传热系数低；

B．给水标准应≤2mg/L；高压锅炉应≤0.5mg/L；

C．油对金属的附着力比水大，可用铁链子除油。

(6) 溶解氧

指溶解于水中氧气的含量，单位mg/L；当锅炉额定蒸发量≥6t/h时应除氧，额定蒸发量<6t/h的锅炉如发现局部腐蚀时，给水应采取除氧措施，对于供汽轮机用汽的锅炉给水含氧量应≤0.05mg/L。

A．危害：溶解氧使金属逐渐被氧化腐蚀。

B．溶解氧的来源：锅水中带来的溶解氧；停炉时，大气中的O_2从缝隙中进入炉内。

C．氧腐蚀的顺序：冷水管道→省煤器→锅炉本体。

D．给水标准应按表5-2-2执行。

溶解氧给水标准　　　　　　　　　　　　　　　　　表5-2-2

≤1MPa	1～≤1.6MPa	1.6～≤2.5MPa
0.1mg/L	0.1mg/L	0.05mg/L

E．防止措施：

a．锅炉给水采用热力除氧；

b．短期停炉，压力不降为零，每天烧一段时间；

c．长期停炉，将氨水打入，浓度为700～800mg/L（但对铜芯阀门腐蚀大），排完水后，加吸水力强的硅胶（干时为蓝色、吸水后为红色，烧至100℃，水蒸发后可反复使用），用量$1kg/m^3$。

(7) 溶解固形物

是指已被分离悬浮固形物后的滤液经蒸发干燥所得的残渣，单位mg/L，中低压锅炉中含盐量属于点滴携带，溶解固形物作为锅炉排污的日常监督指标之一，必须进行检测，锅水标准应按表5-2-3执行。

溶解固形物的锅水标准　　　　　　　　　　　　　　　表5-2-3

	≤1MPa	1～≤1.6MPa	1.6～≤2.5MPa
无过热器	<4000mg/L	<3500mg/L	<3000mg/L
有过热器	—	<3000mg/L	<2500mg/L

(8) 磷酸根 PO_4^{-3}

是指锅水中磷酸根的含量,单位 mg/L,含量太多会产生腐蚀及形成二次水垢,排污时可排除;锅水标准为 10~30mg/L。

(9) 亚硫酸根 SO_3^{-2}

是指锅水中亚硫酸根的含量,单位 mg/L,在锅内加亚硫酸盐除氧时,含量太多会增加锅水的含盐量,应控制在 10~30mg/L。

(10) 相对碱度

防止苛性脆化腐蚀的指标,即锅水中游离 NaOH 含量与溶解固形物的比值;

相对碱度=游离 NaOH/溶解固形物<0.2;可防止发生碱腐蚀及苛性脆化;全焊接结构锅炉相对碱度可不控制。

发生苛性脆化要具备三个条件:

A. 胀接处存在应力;

B. 炉水中有浸蚀性,即相对碱度>0.2;

C. 有泄漏。

金属晶粒边缘杂质多,NaOH 先腐蚀晶间,引起苛性脆化。

(11) 含铁量(仅限于燃油、燃气锅炉)

单位 mg/L,给水标准≤0.3mg/L。

(12) 水质标准

承压热水锅炉给水应进行锅外水处理,其水质标准详见表 5-2-4。

热水锅炉锅外化学处理的水质标准　　　　表 5-2-4

项　目	给　水	锅　水
悬浮物(mg/L)	≤5	—
总硬度(mmol/L)	≤0.6	—
pH 值(25℃)	≥7	10~12
溶解氧(mg/L)	≤0.1	≤0.1
含油量(mg/L)	≤2	

注:通过补加药剂使锅水 pH 值控制在 10~12。

2. 水质处理

(1) 预处理

A. 去除悬浮物,加凝聚剂;

B. 去除胶体物,加凝聚剂;

C. 降低硬度,加石灰(CaO)可降低硬度 2/3~3/4。

(2) 锅外化学水处理

蒸汽锅炉的给水应采用锅外化学水处理,利用不形成硬度的阳离子(如 H^+、NH_4^+、Na^+ 等)置换出水中的钙离子(Ca^{+2})及镁离子(Mg^{+2})、硬水就变成软水,这种使硬水变成软水的过程,称为软化。

A. 钠离子交换法:一般采用加钠离子交换树脂去除水中能引起锅水结水垢的钙离子

（Ca^{+2}）及镁离子（Mg^{+2}），钙、镁离子脱水进入交换剂，而交换剂中的正离子则进入水中，达到降低水的硬度使之软化的目的。其化学反应式如下：

$2RNa + Ca^{+2} = CaR_2 + 2Na^{+1}$

$2RNa + Mg^{+2} = CaR_2 + 2Na^{+1}$

经钠离子软化后的水，其残余硬度可以降低，达到标准要求≤0.03me/L；当进入交换剂的钙、镁离子达到一定浓度后（水中的悬浮物、胶体物也会包住树脂），软化水的硬度超过水质标准时，交换剂失去继续交换的能力，即树脂已经失效，为了恢复树脂的交换能力，就必须进行再生（还原），用水以一定速度自下而上通过交换层进行冲洗，松动交换层，并加盐水进行逆流再生反应，以恢复树脂的活性。其化学反应式如下：

$CaR_2 + 2NaCl = 2NaR + CaCl_2$

$MgR_2 + 2NaCl = 2NaR + MgCl_2$

因此，交换剂只能周期性地交换→清洗→再生→清洗→交换，间断地使用；

B．氢—钠离子交换法：可同时降低锅炉给水的硬度和碱度，它与钠离子交换法不同之处在于，再生液为盐酸（HCl）或硫酸 H_2SO_4。

（3）锅内加药水处理（简称锅内处理）

向锅炉（或给水箱、给水管道）内投加适量的化学药剂，使给水中的结垢物质（主要是钙、镁盐类）经化学、物理反应，生成松散非黏附性的泥渣，通过排污从锅内排出，以达到防止或减缓锅炉结垢和腐蚀的目的。

A．锅内加药水处理是小容量低压锅炉常用的一种水处理方法，国家标准 GB 1756—2001《工业锅炉水质》规定：额定蒸发量≤2t/h，且额定蒸汽压力≤1.0MPa 的蒸汽锅炉和汽水两用锅炉（如对汽、水品质无特殊要求）也可采用锅内加药处理；额定功率≤4.2MW 非管架式承压的热水锅炉和常压热水锅炉，可采用锅内加药处理。

采用锅内加药处理，必须对锅炉的结垢、腐蚀和水质加强监督，认真做好加药、排污和清洗工作。采用锅内加药水处理时，水质应符合表 5-2-5 的规定。

采用锅内加药水处理的水质规定　　　表 5-2-5

项　目	蒸汽锅炉		热水锅炉	
	给　水	锅　水	给　水	锅　水
悬浮物（mg/L）	≤20	—	≤20	—
总硬度（mmol/L）	≤4	—	≤6	—
总碱度（me/L）	—	8～26	—	—
pH 值（25℃）	≥7	10～12	≥7	10～12
溶解固形物（mg/L）	—	<5000	—	—
含油量（mg/L）	—	—	≤2	—

通过补加药剂使锅水 pH 值控制在 10～12。

额定功率≥4.2MW 的承压热水锅炉给水应除氧；额定功率<4.2MW 的承压热水锅炉和常压热水锅炉给水应尽量除氧。

B．锅内加药处理的常用方法：一是单独的锅内加药处理，另一种是作为锅外加药处理的补充和后续手段的锅内加药处理；

需将药剂放在耐腐蚀的容器内，用 50~60℃ 的温水溶解成糊状，再加水稀释至一定浓度后过滤去除杂质，然后按规定的剂量，利用存水箱将药剂投放在水中，均匀地加入锅内。

C. 常用炉内防垢药剂的用量可参照表 5-2-6 的规定选取。

炉内防垢药剂用量（g/t H₂O）　　　　表 5-2-6

药　名	给水总硬度（me/l）					
	<1.8	1.8~3.6	3.6~5.4	5.4~7	7~9	9~11
Na₂CO₃	22	30	38	46	53	65
NaOH	3	5	7	9	12	15
Na₃PO₄	10	15	20	25	35	45
拷胶	5	5	5	5	5	5

a. 火碱（NaOH）其主要作用是消除锅水中的镁硬度，使其生成松软的泥渣状氢氧化镁沉淀，通过排污除去；

b. 磷酸三钠（Na_3PO_4）系除去锅水中钙、镁离子，形成磷酸钙、磷酸镁的胶状沉淀；

c. 拷胶能使水中的悬浮杂质和微粒泥渣凝聚，形成大颗粒絮状物而沉淀于锅筒底部，有利于排污时除去；

d. 纯碱（Na_2CO_3）与磷酸盐（Na_3PO_4）复合配方作为防垢剂，可以使给水中的非碳酸盐在锅内转变成水渣，调整碱度和 pH 值。

3. 金属腐蚀速度的表示方法及锅炉除氧

(1) 腐蚀质量表示法：即用单位时间内单位面积上损失的金属质量表示腐蚀程度。

$$V = (W_1 - W_0)/At$$

式中　V——腐蚀速度（失重法表示）[g/(m²·h)]；

　　　W_1——消除腐蚀产物后的金属重量（g）；

　　　W_0——金属试件的初始重量（g）；

　　　A——金属试件的表面积（m²）；

　　　t——腐蚀进行时间（h）。

(2) 以厚度表示的腐蚀速度：即用单位时间内金属被腐蚀的深度来表示。

$$V_t = (V \times 365 \times 24)/1000\rho = 8.76V/\rho$$

式中　V_t——以厚度表示的腐蚀速度（mm/a）；

　　　V——腐蚀速度（失重法表示）；

　　　ρ——金属密度。

(3) 锅炉除氧

水中氧的存在，对锅炉及热力设备具有很强的腐蚀作用，国家标准 GB 1756《低压锅炉水质》规定：蒸汽锅炉额定蒸发量≥6t/h 时应除氧，额定蒸发量<6t/h 的如发现局部腐蚀时，应采取除氧措施。

通常的除氧方法有以下几种：

A．热力除氧：即向给水中通入蒸汽，使水升温而将氧析出；工业锅炉给水一般采用大气式喷雾热力除氧，要保证通入的蒸汽能把水加热到 0.02～0.025MPa 下的沸点（104～105℃），水要喷淋至足够细度，使蒸汽与水充分接触，以保证除氧效果；

热力除氧不增加水中的含盐量，除氧效果稳定，但消耗蒸汽较多，不利于锅炉省煤器的吸热及节能，为防水泵气蚀，需把水箱布置在高位；

B．真空除氧：由于水的沸点和压力有关，在常温下利用抽真空可使水的沸点降低，从而气体的溶解度也就随之降低，用此原理除去水中的氧称为真空除氧；

当要求除氧后的水温不高于 60℃ 时，可采用真空除氧，真空除氧可以在较低的温度下进行，一般 30～60℃ 即可，从而减少了锅炉房的自用蒸汽量；真空除氧的关键是系统的密封性，为满足除氧水泵的要求，同样要求水箱布置在较高位置；

C．解吸除氧：利用不含氧的气体与给水强烈混合，使水中的溶解氧解吸出来；水温高，氧扩散快，除氧效果好；

D．化学除氧：就是将化学药品加入水中，使之与水中的溶解氧发生反应，从而除去氧。因加药增加了含盐量，必须增加排污，且药剂成本太高，运行不经济；故水的化学除氧很少单独使用，一般作为给水除氧的辅助措施；

化学除氧剂一般为亚硫酸钠，它与水中的溶解氧发生化学反应，生成硫酸钠。

$Na_2SO_3 + H_2O = 2NaOH + SO_2$

5.2.6 锅炉运行管理及常见事故预防

1．锅炉使用条件及人员管理

(1) 锅炉投入使用的条件（要具备三证）

A．锅炉使用登记证：根据《锅炉使用登记办法》，由锅炉使用单位申请，交验规定的资料，锅炉检验所对锅炉进行检验，锅炉压力容器安全检察机构审核合格后发证；

B．锅炉年度检验合格证：根据《锅炉定期检验规则》，在用锅炉每年进行一次外部检验，每 2 年进行一次内部检验，每 6 年进行一次水压试验，只有内部检验、外部检验和水压试验均在有效期内，锅炉才能投入运行；

C．司炉人员操作证：根据"锅炉司炉工人安全技术考核管理办法"，司炉人员应经培训、理论及实际操作考核合格，由锅炉压力容器安全检察机构审核发证。

(2) 人员管理

根据《蒸汽锅炉安全技术检察规程》，锅炉使用单位应指派管理人员负责锅炉运行的技术与安全，管理人员应具备锅炉安全技术知识和熟悉国家安全法规中有关规定；司炉工应经专门的技术培训、考核合格后持证上岗，有效期为 4 年。司炉工操作证分为 4 类：

1 类：$P \geqslant 3.82$MPa 的蒸汽锅炉；

2 类：$P < 3.82$MPa、蒸发量 >4t/h 的蒸汽锅炉和供热量 >2.8MW（240×10^4kcal/h）的热水锅炉；

3 类：$P \geqslant 0.1$MPa、蒸发量 $\leqslant 4$t/h 的蒸汽锅炉和供热量 $\leqslant 2.8$MW（240×10^4kcal/h）的热水锅炉；

4 类：$P < 0.1$MPa 的蒸汽锅炉和供热量 $\leqslant 0.7$MW（60×10^4kcal/h）的热水锅炉。

司炉工的职责如下：

A．严格执行各项管理制度，精心操作，确保锅炉安全运行；
　　B．发现锅炉有异常现象危及安全运行时，应采取紧急停炉措施并及时报告单位负责人；
　　C．对任何有害锅炉安全运行的违章指挥，应拒绝执行；
　　D．努力学习业务知识，不断提高操作水平。
　　2．锅炉的运行操作
　　(1) 锅炉投产前的主要工作
　　A．烘炉：炉墙中存在超标的水分，锅炉运行时接触高温烟气会使炉墙变形，产生裂纹，发生漏风甚至倒塌事故；烘炉就是在炉膛中用文火使锅炉缓慢升温，逐渐烘干炉墙水分，使其灰浆样品的含水率≤2.5%，提高其强度；热源可根据情况，采用木柴、煤、蒸汽等。
　　烘炉时间应根据锅炉类型、砌体湿度和自然通风干燥程度确定，一般宜为14~16天；整体安装的锅炉，宜为2~4天。
　　B．煮炉：在烘炉末期，即可进行煮炉，为将铁锈、油污及其他污物在投入运行前清除干净，减少受热面的腐蚀，将碱性药剂如纯碱 NaOH 或 $Na_3PO_4 \cdot 12H_2O$，调成液态（不准将固体药品直接投入炉内）按规定的加药量加入锅炉，经煮炉后，锅筒和集箱内壁无油垢，擦去附着物后金属表面无锈斑，呈黑褐色即为合格。
　　C．严密性试验：烘炉和煮炉合格，排水清洗后，重新上水，点火升压；将锅炉运行压力升至工作压力，进行蒸汽严密性试验；检查各部分有无泄漏；升压要分阶段进行，当压力升至0.2~0.4MPa时，螺栓连接件处因螺杆受热伸长，压应力减少，故要热紧螺栓。
　　D．冲洗管道：因管道内可能存在铁锈、焊渣、氧化皮等污物，故要进行清洗；将压力升至工作压力，全负荷，高速度向外排空，用软金属（Al、Cu）耙板检验，连续三次达到要求才算合格。
　　E．安全阀定压：对于新安装锅炉的安全阀及检修后的安全阀，都应校验其整定压力和回座压力，安全阀整定压力应按表5-2-7的规定调整。

安全阀整定压力　　　　表5-2-7

额定蒸汽压力（MPa）	安全阀的整定压力
≤0.8	工作压力+0.03MPa
	工作压力+0.05MPa
0.8<p≤5.9	1.04倍工作压力
	1.06倍工作压力
>5.9	1.05倍工作压力
	1.08倍工作压力

　　注：1．锅炉上必须有一个安全阀按表中较低的整定压力进行调整；对有过热器的锅炉，按较低压力进行调整的安全阀，必须为过热器上的安全阀，以保证过热器上的安全阀先开启。
　　　　2．表中的工作压力，对于脉冲式安全阀系指冲量接出地点的工作压力，对其他类型的安全阀系指安全阀装置地点的工作压力。

　　F．48h试运转：带负荷连续运行，达到额定参数，运行正常为合格。

(2) 运行前的检查准备

A. 内部检查：封人孔、手孔前应检查受热面；

B. 外部检查：检查炉内（燃烧室、烟道）、辅机、附属设备、安全附件等；

C. 准备工作：各种阀门处于正常位置（关闭主蒸汽阀、关闭排污阀、打开排汽阀、进水完毕后关闭进水阀），水质合格、水位处于中下位置，省煤器旁通烟道挡板开启，将炉膛和烟道彻底通风，排除可燃性气体，备足燃料等。

(3) 点火和升压

A. 点火：对层燃炉先上一薄层煤，再加木柴或竹片点火，让前拱处温度上升，使煤着火；对煤粉炉，先用油或气点燃，再喷煤粉。

B. 升压：点火后逐步提高炉膛温度，锅炉的升压过程一定要缓慢进行，升火时间：有砖砌烟道的卧式锅壳锅炉为 5~6h，水管锅炉为 3~4h，快装锅炉为 1~2h；当蒸汽从排气阀中冒出时关闭排汽阀，继续升压；

当压力在 0.1~0.2MPa 时进行以下工作：冲洗水位表、冲洗压力表存水弯管试验给水装置、排污一次，检查受压部件是否正常，观察人孔、手孔等是否漏气、漏水等；以防止振动及水击。

C. 暖管：即用蒸汽缓慢加热管道、阀门、法兰等部件，使其温度缓慢上升，避免向冷态或较低温度的管道突然供入蒸汽，以防止热应力过大而损坏管道、阀门等部件；同时将管道中的冷凝水驱出，防止在供汽时发生水击；

当压力达到 2/3 工作压力时，对主蒸汽管、蒸汽母管及各供汽管暖管 0.5~2h，打开分汽缸下的疏水阀，排除凝结水，直到有蒸汽排出。

D. 通汽及并汽：

对仅有一台锅炉，在主蒸汽管没有蒸汽，需将锅炉的蒸汽输入到主蒸汽管的过程称为通汽；

对有一台以上的锅炉，要将锅炉蒸汽并合的过程（向共用蒸汽母管供汽）称为并汽；两台锅炉的压力差只能为 0.05~0.1MPa（压力高的会抢负荷），温度差只能有 30~40℃，以方便调整。

E. 操作过程中因不向用户提供蒸汽及不经过省煤器上水，省煤器、过热器等强制流动受热面中没有连接流动的水汽介质冷却，可能被外部连续流过的烟气烧坏，必须采取可靠措施，以免省煤器及过热器超温或被烧坏。

a. 对过热器的保护措施是：在升压过程中，开启过热器出口集箱疏水阀，对空排汽阀，使一部分蒸汽流经过热器后被排除，从而使过热器得到足够的冷却。

b. 对省煤器的保护措施：

在钢管省煤器与锅筒之间连接再循环管，上水时关闭再循环管上的阀门，在点火升压期间，打开再循环管上的阀门，使省煤器中的水经锅筒、再循环管后重回省煤器，进行循环流动。

可分式省煤器设置旁通烟道，点火升压期间应将旁通烟道打开投入使用，让烟气不流经省煤器，而直接经旁通烟道排入烟囱。

(4) 运行调整

锅炉运行时负荷经常变化，在额定压力内，适应外部负荷需要，调节锅炉蒸发量及蒸汽参数，使之基本保持不变；给水、燃料、送风等也要进行调节，确保锅炉运行安全、经济、环保达标。

A．水位调节：维持锅炉正常水位在±50mm之内波动；实际是调整蒸发量，现有单、双、三冲量自动调节系统，锅炉应保持正常水位。

蒸发量＝给水量时，水位稳定（平衡）；

蒸发量＞给水量时，水位下降；

蒸发量＜给水量时，水位上升。

B．气压调节：锅炉应维持蒸汽压力基本保持不变，并不得超过最高允许压力；气压调节也是蒸发量的调节。

蒸发量＝用汽量时，压力稳定（平衡）；

蒸发量＞用汽量时，压力上升；

蒸发量＜用汽量时，压力下降。

C．燃烧调节：应保证燃烧及传热良好，蒸发量的调节取决于燃烧的调节，即燃料及风量的调节；链条炉排可用增减炉排速度或增减煤层厚度来增减燃烧强度。

a．增加燃烧：加燃料先加风→加风先加引风（开挡板）→再加送风（开挡板）。

b．减燃烧：先减燃料后减风→先减送风（鼓风机）→再减引风。

c．维持引风和鼓风的均衡，炉膛负压一般应平稳在0～5mm水柱（50Pa）左右；负压过高，会吸入过多的冷空气，降低炉膛温度，增加热损失；炉膛内负压过低，甚至产生正压，会使火焰喷出，损坏设备或烧伤人员。

d．锅炉正常燃烧，炉膛火焰应呈现金黄色；如果火焰发白，则表明风量过大；如果火焰发暗，则表明风量过小。

D．汽温调节：蒸汽出口温度应符合设计规定，有过热器的锅炉均装减温器（表面式），管外通过热蒸汽，管内供水；调整燃烧、控制水量，即控制汽、水热量交换，可调节蒸汽温度。

E．火焰中心，增加风量，可使火焰中心上移，使烟温上升；出口烟气的温度控制，可通过调节风量来实现；蒸发量≥1t/h的锅炉，排烟温度应在250℃以下，蒸发量≥4t/h的锅炉，排烟温度应在200℃以下，蒸发量≥10t/h的锅炉，排烟温度应在160℃以下。

F．正常运行的日常工作：

a．冲洗水位计：先关闭水阀；再关汽阀，打开水阀冲洗；最后关闭排水阀，水位应迅速恢复原水位。

b．冲洗压力表：用三通旋塞关闭压力表，打开排水孔，用蒸汽冲洗。

c．排污：为了避免炉水发生泡沫，提高蒸汽品质，必须对锅炉进行排污。

定期排污系将锅筒或集箱底部的水渣水垢定期排除；

连续排污系通过表面排污装置，排放锅筒蒸发面以下100～200mm之间含盐浓度大的锅水，降低锅水浓度；一般小型锅炉没有表面排污装置，故减少炉水含盐量，也要依靠定期排污来解决；

每台锅炉应有独立的排污管，排污管上应安装串联的快开和慢开排污阀，靠近锅炉的一只应为慢开排污阀，排污阀宜采用闸阀及斜截止阀，排污管和排污阀不允许使用螺纹连接。

d. 安全阀做手动或自动排汽试验。
　　e. 除尘、吹灰；清炉、捅火。
　　f. 清洁、记录。
　　G. 停炉。
　　a. 临时停炉：锅炉暂时不用，可进行闷炉；锅炉压火、高水位、关闭烟道和空气道挡板或闸门、锅炉带压，应有人看管，不能离开，待需要时再进行扬火升炉。
　　b. 正常停炉：锅炉将有一段时间停用或检修时必须将锅炉逐渐冷却，逐渐降低负荷，减弱燃烧；在蒸汽压力降低或温度降低时，关闭主蒸汽阀、关闭鼓风机及引风机挡板和其他孔门，使锅炉在密封状态下慢慢冷却，当压力降到 0.02MPa 时打开排汽阀，防止锅内产生真空；待锅炉气压完全降完后，放水排污，开启人孔、手孔清除水垢，炉温降低后清除炉膛灰渣。
　　停炉时应打开省煤器旁通烟道，关闭省煤器烟道挡板；对钢管省煤器，锅炉停止进水后，应开启省煤器的再循环管；并应打开过热器出口的疏水阀，对空排汽阀，使一部分蒸汽流经过热器后被排除，从而使过热器得到保护。
　　c. 紧急停炉：迅速熄火断燃烧，停止给煤及鼓风，减少引风，利用安全阀或紧急排汽阀逐渐排汽；快速跑炉排，将炉排上的红火与灰渣排出，熄火后切断主蒸汽阀，并停止引风机；一般维持正常水位；若严重满水，不能加水，若水位不可见（系干锅），禁止加水，加水会爆炸或损坏设备；排污以降低锅内压力，当炉水温度降至 80℃ 以下时，可以放掉炉水。
　　H. 停炉保养
　　根据《蒸汽锅炉安全技术监察规程》的规定，对备用或停用的锅炉，必须采取防腐蚀措施。常用的保养方法有：
　　a. 压力保养（一周内）：停炉前将锅炉灌满水，维持余压 $0.05\sim0.1$MPa，维持锅水温度在 100℃ 以上，既可使锅水中不含氧气，又可阻止空气进入锅水，保持除氧状态。
　　b. 湿法保养（一月内）：在汽水系统装满碱性溶液，能与金属表面形成一层稳定的氧化膜，阻止腐蚀继续进行，具有保护作用，保养期间要定期启动，小火烘炉。
　　c. 干法保养（一月以上）：排完污水，柴火烘干，关闭锅炉的三阀（主蒸汽阀、给水阀、排污阀）并加堵板；然后将装有干燥剂（石灰、硅胶、$CaCl_2$ 等）的托盘放入锅筒内及炉排上，最后关闭人孔、手孔等。
　　d. 充气保养（长期）：锅炉停炉后，使锅水保持在最高水位线上，把锅水与外界隔绝，通入氮气（N_2）或氨气（NH_3），使充气后的压力维持在 $0.2\sim0.3$MPa；由于氮能与氧生成氧化氮，使氧不能与钢板接触；氨溶于水后使水呈碱性，能有效防止氧腐蚀。
　　3. 锅炉常见事故
　　(1) 锅炉设备的危险性
　　A. 锅炉具有爆炸危险，处于高温、高压又直接受火的恶劣条件下，经受介质冲刷及腐蚀，一旦破裂，汽水体积膨胀即发生爆炸；
　　B. 锅炉事故损失巨大，造成人身、设备、建筑物的损坏；
　　C. 锅炉能耗大；
　　D. 锅炉造成环境污染：SO_x 造成酸雨；NO_x 有剧毒；CO_2 产生灰渣及废水污染，并形成温室效应。

(2) 锅炉事故及锅炉故障

A. 锅炉事故：锅炉在运行或试压时，锅炉本体（三阀以内）的管子、燃烧室、炉墙、烟道及钢架发生损坏；

B. 锅炉故障：因附属设备发生事故及故障，使锅炉停止运行。

(3) 锅炉常见事故及分类

A. 按发生事故的部位分为两类：

a. 锅内事故。轻微缺水、严重缺水；轻微满水、严重满水；水质差、负荷大、汽水共腾，造成水位计看不清，水冲击，汽水冲出。

b. 炉内事故。煤粉炉、油、汽炉熄火，爆燃（打枪放炮）、结焦；油炉尾部二次燃烧（雾化不好，省煤器、空气预热器处形成烟苔燃烧）；锅壳锅炉损坏；爆管事故（水冷壁管及对流管），爆炸事故。

B. 按设备损坏的程度分为三类：

a. 锅炉爆炸事故。锅炉在运行或水压试验时受压元件发生破裂，锅内压力瞬时降至大气压力而引起破坏性严重的事故；

b. 锅炉重大事故。运行中受压元件烧塌、严重损坏、爆管、炉墙倒塌等，无法正常运行，造成被迫停炉检修的事故；

c. 锅炉一般事故：设备损坏不严重，在运行中可以排除，不必停炉检修的事故。

(4) 锅炉爆炸事故

A. 锅炉爆炸现象：受压元件破坏⟶饱和水和饱和蒸汽从裂缝中冲出⟶撕开裂口⟶蒸汽压力从饱和压力骤降到大气压力⟶饱和水迅速汽化，体积成千倍膨胀，形成强冲击波（系主要破坏力）⟶建筑物、锅炉及设备损坏，人员伤亡。

立式锅炉爆炸时，多向上腾空飞起；卧式锅壳锅炉爆炸后，多为向前或向后作平行飞动。

B. 锅炉爆炸特性：系绝热膨胀做功的过程，饱和汽膨胀降压，饱和水部分汽化，汽水混合物向四周扩散，释放能量。

a. 爆炸能量（破坏力）与气水容积成正比；

b. 饱和水的爆炸能量比饱和汽的爆炸能量大得多，约为23倍；

c. 压力越高，爆炸时体积膨胀倍数越大，释放出的能量（破坏力）越大。

C. 锅炉爆炸原因：总的原因是压力大、应力增加超过极限使钢材破裂；具体原因有材料老化或用材不当、钢板过热、苛性脆化、设计、制造及安装缺陷、违章操作等。

其破坏形式有：塑性破坏、脆性破坏、疲劳破坏、腐蚀破坏及蠕变破坏。

D. 防止锅炉爆炸事故的主要措施。

a. 防止超压：对安全阀应每天试验一次，定期自动排汽，保持其灵敏及可靠性；对压力表要定期校验保证显示数值准确；

b. 防止过热：每班冲洗水位表，测试水位是否正常；做好水处理，减少结垢、防止腐蚀；

c. 发现锅炉缺陷应及时妥善处理，避免锅炉主要受压部件带缺陷运行，导致突然破裂爆炸。

(5) 锅炉爆管事故

锅炉受热面水冷壁管受辐射热，对流管受对流热，烟火管直接受高温烟气的冲刷，在运行中发生爆管而被迫停炉是常见的事故。

A.爆管事故的现象：爆管时有显著的响声，之后有喷汽声；燃烧室内负压变为正压，有炉烟和蒸汽从炉墙上各种门孔大量喷出；水位迅速下降，蒸汽压力和给水压力下降，排烟温度下降；炉内火焰发暗，燃烧不稳定或被熄灭；必须按程序紧急停炉。

B.锅炉爆管的原因：

a.给水水质不符合标准，使管壁结垢，导致管壁温度过高而变质；水中的腐蚀性杂质（包括氧气）逐步腐蚀管壁，使其变薄；下集箱水垢堵塞，水循环不畅或严重缺水，管子得不到冷却，造成过热爆管；

b.升火过猛，停炉太快，使管子受热膨胀不均，造成焊口破裂；

c.磨损：管子受飞灰磨损而变薄，强度降低而发生爆管；

d.管材质量差：存在隐患，在运行中局部过热凸变而发生爆管；

e.焊接加工质量差：焊缝存在缺陷在运行中发生爆管。

C.预防爆管事故的主要措施：

a.加强水质管理，防止受热面结垢；定期检查并清除水垢；

b.锅炉的负荷不得随便超越规定的限额，保持炉内燃烧均匀；

c.按规定程序进行升火、停炉，运行中严密监视水位；

d.定期对炉管外径进行测定，发现变形或减薄的应预先更换；

e.及时清焦，发现渗漏及时处理。

(6) 锅炉泄漏及变形事故

A.锅炉受压元件发生严重泄漏，影响锅炉的安全运行，若不及时处理会造成爆管或爆炸；泄漏事故往往发生在焊口、胀口或密封处；

B.变形事故：指锅炉元件的结构尺寸和形状发生了可测量的塑性变形；锅壳锅炉中DZ型，最易产生锅壳下面鼓包；水管锅炉发生管子变形、炉顶塌下，因超温超压，热膨胀受阻碍等。

5.3 工业锅炉检验

5.3.1 锅炉检验的重要性

锅炉检验是按国家颁布的有关法规和技术标准，对锅炉结构的合理性，受压元件强度，制造和安装质量的优劣，内外部存在的缺陷以及安全附件的准确，可靠情况等进行全面检查，做出鉴定性的结论。

1.锅炉检验的目的

(1) 确保锅炉制造质量和安装质量。

(2) 及时发现在用锅炉的缺陷，及时消除隐患，延长锅炉使用寿命。

(3) 实现连续安全运转，确保安全生产。

(4) 堵塞漏洞，节约能源。

2. 锅炉检验的范围

(1) 锅炉设计的审查。

由质量技术监督部门和主管部门进行，主要审查锅炉结构的合理性。按照设计参数的要求，审查其强度是否足够，经济指标能否达到，制造工艺能否满足，运行操作中是否会发生故障，检修是否方便等。

审查合格，在锅炉总图标题栏上方要盖主管部门审查章，质量技术监督部门进行复核后加盖审查备案章。

(2) 锅炉产品安全质量的监督检验。

(3) 锅炉安装质量监督检验。

(4) 在用锅炉的定期检验。

(5) 修理改造质量的检验。

(6) 锅炉报废鉴定。

由锅炉检验单位对其进行全面的检验，确定是否应当报废。

5.3.2 锅炉产品安全质量的监督检验

1. 总体要求

(1) 承担监检工作的锅炉压力容器检验单位（以下简称监检单位），应当由省级以上锅炉压力容器安全监察机构进行资格认可和授权；监检单位所监检的产品，应当符合其资格认可批准的范围。

检验单位资格认可的范围应与锅炉制造级别一致，具体规定详见表 5-3-1。

锅炉制造许可级别划分　　　　　表 5-3-1

级别	制造锅炉范围	发证单位
A	不限	
B	P（额定蒸汽压力）$\leqslant$2.5MPa 的蒸汽锅炉（表压，下同）	国家质量监督检验检疫总局
C	$P\leqslant$0.8MPa 且 D（额定蒸发量）$\leqslant$1t/h 的蒸汽锅炉；额定出水温度<120℃的热水锅炉	
D	$P\leqslant$0.1MPa 的蒸汽锅炉；额定出水温度<120℃且额定热功率$\leqslant$2.8MW 的热水锅炉	省级质量技术监督部门

注：1. 额定出口水温$\geqslant$120℃的热水锅炉，按照额定出水压力分属于 C 级及其以上各级。
　　2. 持有高级别许可证的锅炉制造企业，可以生产低级别的锅炉产品。
　　3. 持有 C 级及其以上级别许可证的锅炉制造企业，可以制造有机热载体锅炉，对于只制造有机热载体锅炉的制造企业，应申请有机热载体锅炉单相制造资格，不需要定级别。

(2) 接受监检的单位（以下简称受检单位），必须持有《锅炉制造许可证》或经过省级以上锅炉压力容器安全监察机构专门批准。

锅炉产品的监检工作应当在锅炉制造现场，且在制造过程中进行；检验是在受检单位质量检验（以下简称自检）合格的基础上，对锅炉产品安全质量进行的监督验证；监检不能代替受检单位的自检，监检单位应当对承担的检验工作质量负责。

(3) 监检的依据是《蒸汽锅炉安全技术监察规程》、《热水锅炉安全技术监察规程》、《有机热载体安全技术监察规程》和《小型和常压热水锅炉安全监察规定》及现行的有关标准、技术条件以及设计文件等。

(4) 监检内容包括对锅炉产品制造过程中涉及安全质量的项目进行检验和对受检单位制造质量体系运转情况的监督检查。

A. 编制质量保证手册采用的标准

a. JB/DQ 1200—87《工业锅炉质量保证手册》；

b. GB/T 19001—2000《质量管理体系要求》。

B. 质量管理体系运转情况的监督，主要从原材料的验收、保管、发放；焊接工艺执行、焊接管理；其他工艺纪律执行，无损检测管理，产品质量检验等方面进行，至少每季度抽查一次。

2. 监检项目和方法

(1) 锅炉产品安全质量检验项目和要求按 2001 年版的《锅炉产品安全质量监督检验规则》的规定执行；监检单位应当按照有关规定将监检情况分别向所在地的地市级和省级锅炉压力容器安全监察机构报告。

(2) 对锅炉产品的监检项目分为以下三类：

A 类指监检员必须到现场进行监检，并在受检单位自检合格，经监检确认后，在受检单位提供的相应的工作见证（检验报告、表卡、记录等，下同）上签字；未经监检确认，不得转至下一道工序。

B 类指监检员一般应到现场进行监检，并在受检单位自检合格，经监检确认后，在受检单位提供的相应的工作见证上签字；如监检员未到现场，则应当对受检单位提供的相应的工作见证进行审查确认后予以签字。

C 类指监检员到现场抽查或者对受检单位提供的相应的工作见证等进行审查，必要时予以签字确认。

(3) 监检单位应当根据所监检的产品情况编制有关专项监检记录表。

3. 监检单位、监检员

(1) 对监检单位的要求

A. 监检单位应当根据受检单位生产的具体情况制定监检工作的相关规定，将监检大纲和监检的工作程序向受检单位公开，并配备相应数量的监检员，必要时可组成监检组。监检员名单应当由监检单位书面通知受检单位；监检单位应当为监检员配备必要的检验和检测工具，并对监检员进行培训和定期考核。

B. 监检单位应当对监检员加强管理，定期对其监检工作情况进行检查，防止和及时纠正监检失职行为。

C. 从事监检工作的监检员，必须持有省级以上锅炉压力容器安全检察机构颁发的具有相应检验项目的资格证书。

D. 监检员必须履行职责，严守纪律，保证监检工作质量；对受检单位提供的技术资料等应当妥善保管，并予以保密。

E. 监检员应当经常到现场进行巡检，对受检单位工艺执行情况、质量体系运转情况进行监督检查。

F. 受检单位发生质量体系运转和产品安全质量违反有关规定的一般问题时，监检员应当向受检单位发出"锅炉产品安全质量监督检验工作联络单"（以下简称"监检工作联络单"），发生违反有关规定的严重问题时，监检单位应当向受检单位发出"锅炉产品安全质量监督检验意见通知书"（以下简称"监检意见通知书"），并报告所在地的地市级以上锅炉压力容器安全监察机构。对受检单位未及时采取有效措施处理而可能影响锅炉产品安全质量时，监检员有权制止锅炉产品在生产过程中的流转。

G. 监检员应当根据"监检大纲"进行监检工作，并填写"监检项目表"（必要时附相应工作见证）和对监检工作写出工作日记并妥善保存；监检单位应当按规定时限填报"监检项目表"；"监检项目表"和"检查项目表"应当存档备查，保存期不少于五年。

H. 经监检合格的产品，监检单位应当及时汇总并审核见证材料，按台出具《锅炉产品安全质量监督检验证书》，并在产品铭牌上打监检单位的监检钢印。

I. 对于经监检合格的产品，出厂后如发现经监检认定合格的项目存在质量问题的，监检单位应当主动报告所在地的地市级以上锅炉压力容器安全监察机构，并协助受检单位妥善处理。

4. 受检单位

(1) 受检单位应当对锅炉产品的制造质量负责，保证质量体系正常运转；锅炉产品未经受检单位出具《监检证书》并打监检钢印，不得出厂。

(2) 受检单位应当向监检单位提供必要的工作条件和下列文件、资料：

A. 质量体系文件（包括程序文件、管理制度、各责任人员的任免文件、质量信息反馈资料等）；

B. 从事锅炉焊接的持证焊工名单（列出持证项目、有效期、钢印代号等）一览表；

C. 从事锅炉质量检验的人员名单；

D. 从事无损检测人员名单（列出持证项目、级别、有效期等）一览表；

E. 锅炉的设计资料，工艺文件和检验资料，以及焊接工艺评定一览表；

F. 锅炉产品的生产计划。

上述文件、资料如有变更，应当及时通知监检单位。

(3) 对监检员发出的"监检工作联络单"或监检单位发出的"监检意见通知书"，受检单位应当在规定的期限内处理并书面回复。

(4) 受检单位应当确定联络人员，需到现场监检的项目应当提前通知监检员。

5. 监督和管理

(1) 地市级或省级锅炉压力容器安全监察机构应当对监检单位进行监督检查，每年至少抽查一次；发现问题应当及时处理，必要时报告上级锅炉压力容器安全监察机构。

(2) 监检员有下列问题之一的为监检失职，应按规定予以批评，通报批评直至吊销检验资格证：

A. 受检单位质量体系运转或者产品制造质量存在严重问题，在监检过程中未发现，或者发现而未提出意见；

B. 对受检单位超出《锅炉制造许可证》批准范围而未按有关规定履行批准手续非法

制造的锅炉产品进行监检并出具《监检证书》的；

C．经监检认定合格的项目，安全质量方面存在严重问题；

D．对受检单位将承压部件扩散至无相应锅炉制造资格企业进行生产，而在监检过程中未发现、或者发现而未提出意见；

E．未按《锅炉产品安全质量监督检验规则》规定进行监检而签字确认或者签发《监检证书》、打监检钢印；

F．既无正当理由又未事先通知受检单位，因监检原因影响受检单位生产或者耽误产品出厂。

(3) 省级以上锅炉压力容器安全监察机构对监检单位的下列问题，应当责令其限期整顿、暂停部分监检工作或撤消其监检资格：

A．经常发生监检失职，不及时进行处理，不采取切实措施纠正失职行为；

B．监检力量不足，不能按《锅炉产品安全质量监督检验规则》实施监检；

C．监检工作质量存在严重问题；

D．向无《锅炉制造许可证》的单位，或者向超出《锅炉制造许可证》批准范围而未按有关规定履行批准手续非法制造的锅炉产品提供监检证明文件。

(4) 地市级或省级锅炉压力容器安全监察机构对受检单位的下列问题，应责令其改正：

A．不执行上述 5.3.2 中"受检单位"的规定；

B．向监检员提供不真实的情况和资料；

C．设置障碍阻挠监检工作；

D．采取不正当手段要求监检员出具伪证；

E．多次提出监检意见但改进不力或者拒不改进。

6．锅炉产品安全质量监督检验大纲

(1) 适用范围

本大纲适用于以水为介质的固定式承压锅炉和有机热载体炉及其部件的安全质量的监督检验。

(2) 监检内容

A．对锅炉制造过程中涉及产品安全质量的项目进行监督检验；

B．对受检单位质量体系运转情况进行监督检查。

(3) 监检项目和方法

A．图样资料审查

a．受检锅炉产品的设计资料应经省级锅炉压力容器安全监察机构批准；

b．锅炉制造和检验标准及工艺；

c．无损检测标准及工艺；

d．设计修改（含材料代用）审批手续。

B．锅筒（壳）、炉胆、管板、回转烟室、冲天管、下脚圈制造质量监督检验

a．材料质量证明书、材料复验报告审查；

b．材料标记移植检查；

c．外观质量（包括母材、焊缝）检查；

d. 焊缝位置及相互间距检查；

e. 焊工钢印检查；

f. 几何尺寸测量（筒体椭圆率、棱角度、不直度、对接偏差、开孔位置等）；

g. 筒体及封头（管板）壁厚测量（必要时进行）；

h. 焊接试板数量及制作方法确认；

i. 无损检测报告审查、射线底片抽查；底片抽查数量不少于30%（应包括焊缝交叉部位、T形接头、可疑部位及返修片）；

j. 热处理记录及焊接试板理化试验报告审核；

k. 水压（耐压）试验检查（试验压力、试验介质温度、环境温度、升压速度、保压时间、压力表有效期等）；

l. 管孔开孔尺寸及表面质量，管接头校正及机械加工质量检查。

C. 集箱制造质量监督检验

a. 材料质量证明书，材料复验报告审查；

b. 材料标记移植检查；

c. 外观质量（包括焊缝）检查；

d. 壁厚测量（必要时进行）；

e. 焊工钢印检查；

f. 合金钢管材、焊缝及零部件光谱分析报告审查；

g. 焊接试板数量及制造方法确认；

h. 无损检测报告审查、射线底片抽查；底片抽查数量不少于30%（应包括焊缝交叉部位、T形接头、可疑部位及返修片）；

i. 热处理工艺、报告及焊接试板试验报告审核；

j. 水压（耐压）试验检查（试验压力、试验介质温度、环境温度、升压速度、保压时间、压力表有效期等）；

k. 管孔开孔尺寸及表面质量，管接头校正及机械加工质量检查。

D. 管子制造质量监督检验

a. 材料质量证明书，材料复验报告审查；

b. 材料标记移植检查；

c. 外观质量（包括焊缝）检查；

d. 几何尺寸抽查（包括弯管质量、椭圆率等）等；

e. 合金钢管材、焊缝及零件光谱分析报告审查；

f. 割（代）管试件数量及制造方法确认；

g. 无损检测报告审查、射线底片抽查；底片抽查数量不少于30%；

h. 管子通球检查；

i. 水压试验检查（试验压力、试验介质温度、环境温度、升压速度、保压时间、压力表有效期等）。

E. 安全附件

安全附件数量、规格、型号及产品合格证应当符合要求。

F. 整装燃油（气）锅炉的厂内安全性能热态调试试验

a．安全阀、压力表、水位计的型号、规格是否符合要求；
b．水位试控装置是否灵敏；
c．超压保护装置是否灵敏；
d．点火程序控制和熄火保护装置是否灵敏；
e．燃烧设备是否与锅炉相匹配。
G．锅炉出厂技术资料审查
a．出厂技术资料审查；
b．铭牌内容审查，在铭牌上打监检钢印。
H．监检资料
经监检合格的产品，监检人员应当根据"锅炉产品安全质量监督检验项目表"的要求及时汇总审核见证资料，并由监检单位出具《锅炉产品安全质量监督检验证书》。
I．监检人员应当审查受检单位下列文件：
a．锅炉质量手册；
b．质量体系人员任免名单；
c．从事锅炉焊接的持证焊工名单（持证项目、有效期、钢印等）；
d．从事无损检测人员名单（持证项目、级别、有效期等）；
e．从事锅炉质量检验人员名单；
f．锅炉设计资料、工艺文件和检验资料，以及焊接工艺评定一览表；
g．锅炉生产计划；
h．锅炉生产的外协协议。

5.3.3 工业锅炉安装质量的监督检查

1．基本要求

（1）安装规范

GB 50273—98《工业锅炉安装工程施工及验收规范》

GB 50231—98《机械设备安装工程施工及验收通用规范》

GB 50242—2002《建筑给水排水及采暖工程施工质量验收规范》

（2）锅炉安装质量检验常用测量和检查方法

A．符合标准的有刻度的工具，可用于测量物公差（允许偏差）≥分度值的测量，必要时可估算至分度值的1/2（如使用钢卷尺）。

B．符合标准的无刻度的工具，可用于被检公差（允许偏差）≥工具本身误差数值的检查。

C．计算测量数据时，应考虑工具或方法本身及其他因素引起的误差，当这类误差小于被测量允许偏差值的1/10～1/3时可忽略不计；若进行比较性测量和检查，各自测量的条件相同，使误差可以互相抵消时，亦可忽略不计。

D．锅炉构架和有关金属结构主要尺寸的测量和检查，必须使用经计量监督部门校验合格的钢尺，为使测量准确，可用弹簧秤两头拉紧钢尺，在相同的拉紧力下测量，拉紧力一般为钢尺拉断力的30%～80%。

常用的测量和检查方法应用范围见表5-3-2。

专用检验工具和检验方法　　　　　　　　表 5-3-2

检测方法	应用范围		说　明
	测量项目	被测量物最小公差	
拉钢丝、钢板尺量距离	不直度 不平行度 不同轴度	0.5mm	应考虑钢丝的下垂度
水准仪和普通标尺测读数	标高偏差 不水平度	2.5mm	
水准仪和钢板尺	标高偏差 不水平度	0.5mm	
用有刻度的液体连通器测量	不水平度	1.0mm	可用钢板尺代替 连通器的玻板刻度
用经纬仪、吊线锤、 钢板尺量距离	不铅直度	1.0mm	线锤应无摆动现象

　　E．专用检验工具和检验方法按有关标准要求执行。
　　(3) 锅炉安装质量监督检验应具备的条件
　　A．锅炉使用单位已向当地锅炉压力容器安全检察机构办理了有关手续；锅炉房选址，总体布局的设计图纸，水处理方案等通过审查。
　　B．锅炉安装单位已向锅炉所在地的地市级质量技术监督部门锅炉压力容器安全检察机构办理了有关手续。
　　a．锅炉安装许可证的范围应与安装的锅炉级别相符；
　　b．外省的锅炉安装单位进入本省安装锅炉，必须经本省质量技术监督部门锅炉压力容器安全检察机构审查批准；
　　c．开工报告已由当地锅炉压力容器安全检察机构或其授权的县级质量技术监督部门签发。
　　C．安装质量监检项目在实施前，应经安装单位和使用单位共同验收合格，且签字手续齐全。
　　(4) 监检的主要任务
　　A．对安装过程中涉及安全质量的关键项目进行监检，参照原劳动部门编印的《锅炉安装质量证明书》的内容进行；
　　B．对由安装单位和使用单位共同验收的项目进行检查。
　　2．安装质量监检的内容、方法和要求
　　第一部分　　安装单位质量管理体系运转情况的监检
　　(1) 质量管理机构及人员
　　A．质量管理手册与质量管理机构设置情况；
　　B．质量管理人员的任免与机构的调整，是否符合质量管理手册规定的手续；
　　C．质量管理体系的各级责任人员是否到位并履行职责；
　　D．焊接人员、胀接人员和无损检测人员是否持证上岗。

(2) 安装施工工艺

A. 焊接工艺及执行情况；

B. 胀接工艺及执行情况；

C. 工艺文件的制定、审批、变更和传递是否符合质量管理手册的规定。

(3) 焊接材料、工装及锅炉部件的检查

A. 焊接材料的烘干、保温、发放和回收处理情况；

B. 锅炉部件组装、吊装就位前的检查、复查及问题处理情况；

C. 检查成型、焊接、试验等设备及工装模具是否完好；

D. 检查设备上的仪表和工量具是否合格有效。

(4) 质量控制及反馈情况

A. 安装单位自检质量控制情况；

B. 安装发现的问题，用户发现的问题，监检单位发现的问题能否及时反馈和处理。

第二部分　安装技术资料的审查重点

安装质量证明书，各种施工记录，证明文件均应数据完整，签证齐全。

(1) 焊接方面的资料

A. 焊接工艺评定报告的目录和覆盖范围

下列焊接接头应进行焊接工艺评定：

a. 锅炉受压元件的对接接头为对接焊缝；包括：锅筒、炉胆和集箱的纵向和环向焊缝，封头、管板和下脚圈的拼接焊缝；

b. 锅炉受压元件之间，或者受压元件与承载的非受压元件连接的要求全焊透的T形接头或者角焊缝。

T形接头包括：角板撑与锅筒的连接，吊耳与锅筒或集箱的连接，插入式集中下降管或其他受热面管子与锅筒连接的双面焊缝。

角焊缝包括：I形坡口的T形接头，集中下降管、受热面管子与锅筒、集箱骑座式或插入式连接的单面焊缝，锅筒内件与锅筒的连接焊缝。

B. 焊接工艺指导书

在安装工地施焊的焊工，应按照经过评定合格的焊接工艺指导书进行焊接，通过检查焊接记录（必要时现场抽查），检查工艺纪律的执行情况。

C. 焊接接头机械性能试验报告，按规程要求审查

在制备焊接接头试件时，实物上截取确有困难的，如膜式水冷壁、锅筒和集箱上的管接头与管子的对接接头等，可根据实际的焊接位置，焊接模拟试件。

D. 合金钢的光谱分析报告

合金钢工件焊接后，应对焊缝进行光谱分析复查，锅炉受热面管子（主要指过热器管）不少于10%，其他管子及管道（主要指电站锅炉）100%。

E. 焊缝无损检测报告

a. 按照规程检查探伤比例和探伤接头的数量；

b. 对底片质量和评片质量有疑问的，要复查和补拍。

(2) 胀接方面的资料

A. 胀接试验报告，应符合规程和 ZBJ 98001《工业锅炉胀接技术条件》的要求。

a. 试胀板硬度、同一管头退火前后的硬度；

b. 试胀前后，管孔和管子尺寸的记录；

c. 退火工艺；

d. 胀管器的型式；

e. 试胀后对试样的检查记录：胀口部分有无裂纹或其他缺陷，胀接过渡部分是否有剧烈变化，各管的胀管率情况，解剖管头检查喇叭口根部与管孔壁的接合状态是否良好，解剖管头检查管孔壁与管子外壁的印痕和啮合状况；

f. 试胀后胀管器的检查；

g. 单根管子水压试验记录（不能将试胀板焊成箱子做水压试验），按锅炉制造质量监检序号23（1）D条的内容检查；

h. 确定合理的胀管率。

B. 胀接工艺规程，根据设计图纸和试胀结果编制。

a. 关于硬度差：ZBJ 98001《工业锅炉胀接技术条件》规定，当胀接管端硬度不大于HB170，且管板或锅筒的硬度高于管端硬度HB15时，管端可以不退火，否则应进行退火。

因钢板出厂系空冷，热轧钢管要退火，故一般钢板硬度大于管子硬度。

b. 胀管器的选择：胀管器滚珠的数量与胀接质量有关，通过对三滚珠胀管器和四滚珠胀管器的对比试验表明：对同一规格的管子和管孔，采用同一胀管率的情况下，四珠比三珠胀后的圆度差小、应力分布均匀、紧固力要提高2MPa，故胀管器的滚珠以四珠的为好。

C. 胀接施工记录

安装单位100%检查实测，监检单位抽查核对。

(3) 阶段性施工资料

按阶段性监检点的各个项目，在监检时先审查施工记录和签证。

第三部分　安装质量监检停止点和检查点

(1) 安装质量监检停止点和检查点设置如下：

A. 基础的复验；▲

B. 钢架的检查；▲

C. 汽包、集箱就位检查；▲

D. 施工人员资格审查；

E. 工艺规范的检查；▲

F. 受热面管的安装检验；

G. 焊接质量、胀接质量总体检查；▲

H. 水压试验；▲

I. 筑炉质量检查；▲

J. 烘、煮炉的检查；

K. 汽（严）密性试验和试运行；▲

L. 总体验收。

注：▲表示停止点。

(2) 停止点和检查点的实施要求

A. 停止点：安装单位必须填写《锅炉安装质量请验书》，经监检员现场确认合格，并签字认可后，方可进入下一步的安装工序；

B. 检查点：监检员应到现场，并对其涉及项目进行监检；如监检员未到现场，可按安装单位提供的工作见证进行审查，确认后予以签字认可。

第四部分 现场检查

(1) 钢架结构、锅筒、集箱安装偏差检查

A. 炉排安装尺寸校核，按 GB 50273—98《工业锅炉安装工程施工及验收规范》重点检查：

a. 炉排中心线位置偏差；

b. 墙板间的距离；

c. 墙板两对角线的不等长度；

d. 两侧墙板的顶面（不同一平面上）的不水平度；

e. 前后轴的不水平度；

f. 前后轴轴心线标高。

B. 钢架结构的安装偏差全部尺寸按 GB 50273—98《工业锅炉安装工程施工及验收规范》的要求复查。

C. 锅筒、集箱安装位置偏差：

a. 找出锅筒两端、封头、人孔上下、左右以及集箱的中心线标记（样冲眼），用水准仪或连通管、钢直尺等测量（锅炉一般为上锅筒固定，下锅筒悬吊）；

b. 快装锅炉的中心打在管板上，根据 JB/T 1619—93《锅壳锅炉个体总装技术条件》的规定，可借集箱测水平，因排污管在后面，故前面要高 25mm，最后以左右两侧水位表水位面的误差不超过 5mm 为标准来检查。

(2) 焊接质量检查

A. 焊缝外观质应 100% 检查，有缺陷的地方做出标记（方便焊工返修）并做详细记录，重点检验项目是角焊缝高度及表面缺陷，主要系水冷壁与集箱连接的角焊缝和集中下降管的角焊缝。

a. 下降管与集箱连接处坡口，按照设计图纸在安装过程中检查，其要求详见表 5-3-3。

下降管与集箱连接处的坡口要求　　表 5-3-3

坡口形式	骑座式（管端开坡口）	插入式（集箱开坡口）
角　度	35°～50°	35°～50°
间隙（mm）	0～3	0～3
钝边（mm）	1～3	1～3

b. 插入式连接要注意插入深度，管头插入过深，影响水循环，并会烧裂；参照"六五规程"，插入深度宜按表 5-3-4 的规定选取。

下降管插入深度（mm）　　　　　　　　　表 5-3-4

管　径	51～60	76	83	102	108	133
管头伸出长度	7～15	8～16	9～18	9～18	10～19	11～20

B．通球试验。

a．制造厂制造的管子，其外径 $D \leqslant 60$mm 的对接接头、弯管及弯制后进行焊接的管子，按 JB/T 1611—93《锅炉管子技术条件》的规定进行通球试验；

b．安装现场的受热面管子，按 GB 50273—98《工业锅炉安装工程施工及验收规范》的规定进行通球试验。

C．管子焊接引起的弯折度检查。

外径 $D \leqslant 108$mm 的管子，弯折度测量 $V \leqslant 1$mm；

外径 $D > 108$mm 的管子，弯折度测量 $V \leqslant 2.5$mm。

D．管子对接焊接边缘偏差。

外径 $D \leqslant 108$mm 时，$\Delta\delta \leqslant 0.1S + 0.5$，且 $\leqslant 1$mm；

外径 $D > 108$mm 时，$\Delta\delta \leqslant 0.1S + 1$，且 $\leqslant 2$mm。

式中　$\Delta\delta$——边缘偏差；

　　　S——管子壁厚。

E．焊工钢印和焊工合格项目。

a．焊工钢印参照 JB 4308—86《锅炉产品钢印及标记移植规定》的规定执行；

b．焊工合格项目应与所焊的工件、焊接位置相符，安装散装锅炉，焊工应具有代号为 1G、5G、6G、2FG、4FG、5FG 的合格项目。

(3) 胀接质量检查

受热面管子上所有焊接工作结束后才能胀管，如锅炉后拱处要在管子上焊钩钉以便挂砖，不能在水压试验后再焊，可先在管子上焊接瓦片，水压试验后再在瓦片上焊钩钉。

A．胀接试验：按第二部分第 (2) A 条的内容进行检查。

B．管子退火：测量管板和管端的硬度时，一定要去掉表面的氧化层，管子退火前后的硬度应在同一根管子的同一端测量；焦炭退火不保险，采用铅浴法退火具有管头不与火焰接触，加热时不会形成氧化物的优点。

a．管头泡在铅浴中，加热均匀（600～650℃），保温 10～15min，管头的另一端用木塞塞紧，以阻止空气流通；

b．测量温度使用热电偶，反应有点迟后，可用铅丝来检验，其熔点为 620℃；

c．从铅浴炉中取出后，迅速插入石灰粉或石棉粉中，能缓慢冷却达到退火的效果。

C．胀管方法和胀管率的计算：

a．规程规定的胀管率计算公式是内径计算法，胀管率一般应控制在 1%～2.1% 范围内。

$$H = [(d_1 + 2t)/d - 1] \times 100\%$$

式中　H——胀管率（%）；

　　　d_1——胀完后管子实测内径（mm）；

　　　t——未胀时管子实测壁厚（mm）；

d——未胀时管孔实测直径（mm）。

b. 外径计算法：1983年原劳动人事部劳人锅局（83）26号文件，同意湖北省第一建筑工程局工业安装公司提出的控制外径的胀管率计算公式和胀管工艺，但必须限制在以下条件进行：

管子材料：10号、20号钢，管子直径为51mm，管壁厚度3mm；管板材料20g，管板厚度12~16mm；管子退火工艺为铅浴法；胀管率计算公式如下：

$$H = [(D - D_3)/D_3] \times 100\%$$

式中　H——胀管率（%）；
　　　D——胀管结束完成后，位于气泡外壁紧贴管孔处的管外径（mm）；
　　　D_3——未胀时管孔实测直径（mm）。

(4) 水压试验

A. 锅炉安装水压试验的目的

a. 检查锅炉各部件的强度；

b. 检验焊缝质量；

c. 检验胀口的严密性。

B. 试压的准备工作

a. 管子上的全部附属焊接件均应在水压试验前焊接完毕（如耐火砖的挂钩等）；

b. 进行锅筒内部的清理和检查；

c. 检查管子有无堵塞；

d. 装设经校验合格的压力表；

e. 装设排水管道和放空气阀；

f. 除试验所有的管路外，其余锅炉范围内管路上的阀门都应采取可靠的隔断措施；多一个阀门就多一个泄漏点，故所有阀门不参加水压试验。

C. 水压试验的注意事项

a. 室温应高于5℃，低于5℃应有防冻措施；

b. 水温20~70℃为宜；

c. 检查时采用安全电压照明；

d. 超压阶段管群区不得进行检查工作。

D. 试验的程序和要求

GB 50273—98《工业锅炉安装工程施工及验收规范》与96《锅规》的规定在某些方面有所不同；但规程的规定是锅炉安全管理和安全技术方面的基本要求，有关技术标准的要求如果与规程的规定不符时，应以规程为准；现将其有关规定的内容简列在表5-3-5中。

水压试验的有关规定　　　　　　　表5-3-5

GB 50273—98	96《锅规》
缓慢升压，升到0.3~0.4MPa应暂停升压，检查无异常再升至工作压力，暂停升压再次检查	缓慢升压，升到工作压力时暂停升压，检查无异常后，升到试验压力

续表

GB 50273—98	96《锅规》
升至试验压力，水泵停止后 5min 内，压力下降不应超过 0.05MPa	在试验压力下，保持 20min
降至工作压力进行检查，压力应保持不变	降至工作压力进行检查，压力应保持不变

96《锅规》规定，在试验压力下保持 20min，不允许压力下降，如何保持试验压力，根据 96《锅规》解析说明，可采用试压泵补压。

E．水压试验压力的确定

a．水压试验压力应按表 5-3-6 的规定选取。

水压试验压力的选取　　　　　　　　　　　表 5-3-6

名　称	锅筒（筒体）工作压力 P	试验压力
锅炉本体	<0.8MPa	1.5P，但≥0.2MPa
锅炉本体	0.8～1.6MPa	P+0.4MPa
锅炉本体	>1.6MPa	1.25P
过热器	任何压力	与锅炉本体相同
可分式省煤器	任何压力	1.25P+0.5MPa

省煤器工作压力按锅炉给水泵出口压力算偏高，按锅筒工作压力算偏低；省煤器的给水压力一般比锅筒工作压力大 15%～20%，锅炉给水泵出口压力，减去至省煤器的管道阻力，即为省煤器的工作压力。

在锅炉冷态时，打开锅筒排气阀，用给水泵向锅筒供水，当供水达到额定流量，省煤器出口处压力表指示的数值即为锅炉的给水泵至省煤器管路上的给水阻力。

b．锅筒（筒体）计算工作压力 P 的确定

$$P = P_g + \Delta P_a$$

式中　P_g——锅筒工作压力（MPa）；

ΔP_a——锅炉出口安全阀的较低始启压力与额定压力之差。

$$P_g = P_e + \Delta P_z + \Delta P_{sz}$$

式中　P_e——锅炉的额定压力（锅炉铭牌压力）（MPa）；

ΔP_z——最大流量时，计算元件（锅筒）至锅炉出口之间的压力降（无过热器时 $\Delta P_z = 0$）（MPa）；

ΔP_{sz}——锅筒所受液柱静压力值［当锅筒所受液柱静压力值不大于（$P_e + \Delta P_z + \Delta P_a$）的 3% 时，则取 $\Delta P_{sz} = 0$］（MPa）。

c．锅炉水压实验压力选取举例

有一台锅炉型号为 SHL 35—1.57—P，实测上下锅筒中心距为 5.6m，确定锅炉水压试验压力为：

$$\Delta P_a = 1.04 P_e - P_e = 0.04 \times 1.57 = 0.0628 \text{MPa}$$

$\Delta P_z = 0$ 因无过热器

$\Delta P_{sz} = 0.056$ MPa

$(P_e + \Delta P_z + \Delta P_a) \times 3\% = (1.57 + 0 + 0.0628) \times 3\% = 0.05$ MPa

$\therefore \Delta P_{sz} = 0.056$ MPa > 0.05 MPa

$\therefore P_g = P_e + \Delta P_z + \Delta P_{sz}$
$= 1.57 + 0 + 0.056 = 1.626$ MPa

水压试验压力 $P = 1.626 + 0.4 = 2.026$ MPa；

而不是 $P = 1.57 + 0.4 = 1.97$ MPa。

d．水压试验泪水的胀口数不超过总胀口数的1%，渗水和泪水的胀口数之和，不超过总胀口数的3%。

(5) 筑炉质量检查

应按 GBJ 211—87《工业炉砌筑工程施工及验收规范》进行检查。

A．砌筑灰浆，应均匀、无洞穴。

B．灰缝：耐火砖灰缝为 2~3mm、前后拱砖灰缝≤2mm、红砖灰缝 8~10mm，几层砖要同时砌筑。

C．表面平整度：砖墙面≤5/2000、挂砖墙面≤7/2000。

D．垂直度：黏土砖墙面≤3/1000，墙面全高≤15/1000；红砖墙面全高≤10m、≤10/1000，墙面全高>10m、≤20/1000。

E．砖墙膨胀间隙：间隙宽度符合设计要求，石棉绳应在砌筑时填入，并与砖墙平齐，不得外伸内凹；立柱、横梁、炉门框等周围应用石棉绳填塞严密。

F．耐热混凝土质量：现场浇筑的耐热混凝土的质量应以单项工作的每一种配合比，每 $20m^3$ 作为一批留置试块进行检验，不足此数亦做一批检验；每一单项工程采用同一配合批多次施工时，每次施工应留置试块检验。

(6) 安全附件及安全装置的检查

A．安全阀的检查

a．审核安全阀排量计算书。

b．省煤器安全阀的整定压力为装设地点工作压力的1.1倍，装设地点工作压力为 P_{sg}。

$$P_{sg} = P_g + \Delta P$$

式中 P_g——锅筒工作压力（MPa）；

ΔP——省煤器至锅筒的给水管路上的给水阻力（MPa）。

c．检查安全阀装置及排汽管、疏水管的安装是否符合规程的要求：

(a) 每台锅炉至少应装设两个安全阀（不包括省煤器安全阀），额定蒸发量≤0.5t/h 及额定蒸发量≤4t/h，且装有可靠的超压联锁保护装置的锅炉，可只装一个安全阀。

(b) 安全阀应铅直安装，并应安装在锅筒、集箱的最高处；在安全阀和锅筒（锅壳）之间或安全阀和集箱之间，不得装有取用蒸汽的出汽管和阀门。

(c) 安全阀应装设排汽管，排汽管应直通安全地点，尽量不转弯，不允许安装阀门，并有足够的截面积，保证排汽畅通；

如排汽管露天布置而影响安全阀的正常动作，应加装防护罩，防护罩的安装应不妨碍安全阀的正常动作与维修。

（d）安全阀排汽管的通径与结构形式有关，应按表 5-3-7 选用。

安全阀进出口通径的选取　　　　　　　　表 5-3-7

安全阀型式	微 启 式	全 启 式
进口通径	同公称通径	同公称通径
出口通径	同公称通径	比公称通径大一级

（e）安全阀公称通径等级有：DN10、DN15、DN20、DN25、DN32、DN40、DN50、DN65、DN80、DN100、DN150、DN200，其中 DN65 为淘汰型；全启式及微启式安全阀的区分如下：

A48H　第三位系偶数为全启式

A47　第三位系奇数为微启式

（f）安全阀的公称通径与设计排汽量使用的喉径不一样，d—安全阀喉径，h—安全阀提升高度：

微启式 $d \approx 0.8DN$，$h = (1/15 \sim 1/40)d$；

全启式 d 比 DN 小二级，$h \geqslant 1/4 d$；

d．安全阀调试：锅筒（锅壳）和过热器的安全阀整定压力应按表 5-3-8 的规定进行调整和校验。

安全阀整定压力　　　　　　　　表 5-3-8

额定蒸汽压力（MPa）	安全阀的整定压力
≤0.8	工作压力 + 0.03MPa
	工作压力 + 0.05MPa
0.8<P≤5.9	1.04 倍工作压力
	1.06 倍工作压力
>5.9	1.05 倍工作压力
	1.08 倍工作压力

带过热器的锅炉安全阀调试，以 SHS 20—2.5/400 型锅炉为例：

（a）过热器出口安全阀的始启压力为：

$$P_{ga} = 1.04 P_e$$
$$= 1.04 \times 2.5 = 2.6 \text{MPa}$$

式中　P_e——锅炉额定蒸汽压力（MPa）。

（b）锅筒上两只安全阀的始启压力为：

$$P_{a1} = 1.04 P_g$$
$$= 1.04 \times 2.75 = 2.86 \text{MPa}$$

$$P_{a2} = 1.06 P_g$$
$$= 1.06 \times 2.75 = 2.94 \text{MPa}$$

式中　P_{a1}——锅筒上第一只安全阀的始启压力（MPa）；

　　　P_{a2}——锅筒上第二只安全阀的始启压力（MPa）；

P_g——锅筒工作压力，从设计计算书中查出其数值为 2.75（MPa）。

（c）调试时先校验锅筒上的安全阀，后校验过热器的安全阀；锅筒上的两只安全阀，先校验压力高的安全阀。

e．关于 A27W 型安全阀的问题：JB 2202 标准规定，A27W 型安全阀适用介质为空气，适用温度≤126℃，原劳动部锅炉局（82）劳锅便字 66 号函规定锅炉上一律不准使用。

B．压力表的检查

a．应有铅封，校验期应在有效期内；

b．表盘直径、量程范围、精度等级符合《锅规》或《水规》（《热水锅炉安全技术监察规程》的简称）的要求；

c．应有工作线，三通旋塞和存水弯管。

C．水位表的检查

a．应标有高、低水位红线；

b．应有保护装置；

c．应设有低地位水位计。

D．排污装置的检查

a．安装位置：锅筒与集箱的最低处。

阀门形式：闸阀、扇形阀、斜截止阀；

阀体材料：不得用灰口铸铁制造；

连接型式：不得用螺纹连接。

b．定期排污系将锅筒或集箱底部的水渣水垢定期排除，采用间隙排污比采用一次排污效果好。

c．表面排污：一般多采用连续排污的办法，因锅水中各种盐类在锅筒蒸发面附近浓度最高，约在水面下 100～200mm 之间，连续排污可降低锅水浓度，排掉盐分和杂质。一般小型锅炉没有表面排污装置，故减少炉水含盐量，也要依靠定期排污来解决。

d．两只排污阀紧接相连（靠近锅炉的一只应为慢开排污阀，另一只为快开排污阀）便于司炉工操作，保证其中一只在常压下开关，不易损坏，从而保证严密性，而另一只起排污作用。

E．安全保护装置的检查

a．额定蒸发量≥2t/h 的锅炉，应装设高低水位报警（高，低水位警报信号须能区分）、低水位联锁保护装置；额定蒸发量≥6t/h 的锅炉，还应装蒸汽超压报警和联锁保护装置。

（a）低水位联锁保护装置最迟应在最低安全水位时动作；

（b）超压联锁保护装置动作整定值应低于安全阀较低整定压力值；

（c）当出现超低水位或超压情况时，能自动切断鼓风机、燃料供应及引风机装置，并自动报警及自动停炉；

b．用煤粉、油或气体作燃料的锅炉应有点火程序控制和熄火保护装置，按设计要求检查。

c．几台锅炉共用一个总烟道时，在每台锅炉的支烟道内应装设烟道挡板；挡板应有可靠的固定装置，以保证锅炉运行时，挡板处在开启位置，不能自行关闭。

F．主要阀门及其他检查

a．锅炉与蒸汽母管连接的每根蒸汽管上，应装设两个切断阀门，切断阀门之间应装有通向大气的疏水管和阀门，其内径不得小于18mm，启动阀门前应排放冷凝水。

b．给水截止阀应装在锅筒（或省煤器入口集箱）和给水止回阀之间，并与给水止回阀法兰靠法兰紧接相连，以便于检修止回阀。

c．额定蒸发量大于4t/h的锅炉，应装设自动给水调节器，并在司炉工人便于操作的地点装设手动控制给水的装置（手动调节阀应装在控制室内，至少要将手柄装进去）。

d．不可分式省煤器（钢管制造）入口的给水管上应装设给水切断阀和给水止回阀；可分式省煤器（铸铁制造）的入口处和通向锅筒（锅壳）的给水管上都应分别装设切断阀和给水止回阀。

不可分式省煤器应设置再循环管，锅炉启动加够水未供蒸汽时或烘炉时，用再循环管保护省煤器；可分式省煤器应设置旁通烟道，停炉检修时烟气从旁通烟道通过，检修人员才能进去。

e．在锅筒（锅壳）、过热器、再热器和省煤器等可能集聚空气的地方都应装设排气阀。

f．工作压力不同的锅炉应分别有独立的蒸汽管道和给水管道；如采用同一根蒸汽母管时，较高压力的蒸汽管道上必须有自动减压装置，以及防止低压侧超压的安全装置（如止回阀）；给水压力差不超过其中最高工作压力的20%时，可以由总的给水系统向锅炉给水。

g．锅炉的给水系统，应保证安全可靠地供水；锅炉房应有备用给水设备，给水系统的布置和备用给水设备的台数和容量，按设计规范确定。

h．额定蒸发量≥1t/h的锅炉应有锅水取样装置，对蒸汽品质有要求时，还应有蒸汽取样装置；取样装置和取样点位置应保证取出的水、汽样品具有代表性。

快装锅炉无锅水取样装置，若在排污时取样，均为水垢、水渣，无代表性；故要在水位表的水连管处取样，才类似水管锅炉的取样。

(7) 烘炉、煮炉和蒸汽严密性试验的检查

A．烘炉

a．按烘炉方案进行，并做好烘炉记录和绘制烘炉曲线；

b．采用灰浆试样法测定，灰浆含水率应小于2.5%。

B．煮炉

a．煮炉药品应符合要求；

b．煮炉结束后锅筒和集箱内壁应无油垢；

c．擦去附着物后金属表面无锈斑，已形成保护膜。

C．48h满负荷运行

a．应有过程记录；

b．运行时负荷要满载，时间要足够；

c．本体无渗漏，炉墙炉拱无开裂倒塌。

(8) 附属设备及电器仪表的检查

A．鼓风机、引风机应工作正常，有安全保护装置；

B. 给水设备：电动泵、汽动泵工作正常，保证供水；
C. 除氧器投入工作，达到除氧效果；
D. 水处理设备投入运行，保证水质合格；
E. 烟囱接地电阻值测试应＜10Ω；
F. 控制室仪表工作正常，仪表信号灵敏可靠。

(9) 关于48h全负荷试运转

根据GF—1999—0201《建设工程施工合同》的通用条款，机械设备单机无负荷试运转应由安装单位负责，使用单位参加；负荷联动试运转，由使用单位负责，安装单位参加。

第五部分　报告的整理

(1) 填写和出具锅炉安装质量监检报告。
(2) 存在问题的处理：

A. 对于规程、标准和有关技术文件没有明确规定的质量问题的处理：

根据劳锅（82）便字137号涵，若制造厂提供了保证安全运行的书面文件，安装单位可酌情处理，并对安装质量负责。

B. 管子对接焊接引起的弯折度严重超差的处理，可增大管子对接接头射线探伤的比例，对弯折度超差的管头进行探伤，如无缺陷的可不返修。

C. 对胀管率超差管头的处理：

a. 按照《锅规》的规定，胀管率应控制在1%～2.1%范围内。

b. 经单管正交胀管试验的拉脱力，密封性，牢固性等数据综合分析，胀管率控制在1.8%～2.4%为最佳，实践证明，若尺寸测量准确，胀管率≤2.4%，不会发生胀口泄漏。

c. 超胀的最大胀管率不应超过2.8%，超胀数量在同一胀接面处（管板或锅筒）不得超过胀接总数的4%（其数量不足2个时，按2个计算），但最多不超过15个；上下锅筒、前后管板各为一个胀接面。

d. 如果达不到上述合格标准的要求，胀管率和超胀管头超差较多时，一般可掌握以下几条原则进行处理：

(a) 补胀次数不超过2次，胀口检查未发现不允许存在的缺陷，如起皮、开裂等；

(b) 根据试胀解剖情况，分析该管头管壁未减薄到危险程度，如$\phi 51 \times 3$的管子，最薄可剩下2mm；

(c) 水压试验不漏水。

满足上述3条，可暂时不换管，对于补胀次数已有2次，试压或在漏水的管头，一定要换管重胀或换管封焊（因补胀次数多的，一定会出现环状裂纹，漏水只是时间长短而已）。

5.3.4　在用锅炉定期检验

1. 定期检验的内容和期限

(1) 定期检验的内容

A. 外部检验：是指锅炉在运行状态下对锅炉安全状况进行的检验；
B. 内部检验：是指锅炉在停炉状态下对锅炉安全状况进行的检验；

C. 水压试验：是指锅炉以水为介质，以规定的试验压力对锅炉受压部件强度进行的检验。

(2) 定期检验的期限

A. 锅炉的外部检验一般每年进行一次，内部检验一般每二年进行一次，水压试验一般每六年进行一次；对于无法进行内部检验的锅炉，应每三年进行一次水压试验；

B. 当内部检验、外部检验和水压试验在同期进行时，应依次进行内部检验、水压试验和外部检验。

(3) 除正常的定期检验外，有下列情况之一时，还应进行下述的检验。

A. 外部检验

a. 移装锅炉开始投运时；

b. 锅炉停止运行一年以上恢复运行时；

c. 锅炉燃烧方式和安全自控系统有改动后。

B. 内部检验

a. 新安装的锅炉在运行一年后；

b. 移装锅炉投运前；

c. 锅炉停止运行一年以上恢复运行前；

d. 受压元件经重大修理改造后及重新运行一年后；

e. 根据上次内部检验结果和锅炉运行情况，对设备安全可靠性有怀疑时；

f. 根据外部检验结果和锅炉运行情况，对设备安全可靠性有怀疑时。

C. 水压试验

a. 移装锅炉投运前；

b. 受压元件经重大修理改造后。

2. 锅炉常见缺陷和特征

(1) 锅炉产生的常见缺陷

A. 安全阀座的短管与锅筒连接的角焊缝裂纹

a. 由于安全阀频繁起跳形成疲劳，在内外部检验时发现径向和环向裂纹；

b. 带过热器的锅炉，由于安全阀频繁起跳，使水循环不好，易出现管子胀粗过热的现象。

B. 锅筒进水管处产生裂纹

a. 未加装套管的，在管接头与锅筒连接的角焊缝四周产生裂纹，裂纹在锅筒上，进行内部检验时可发现；

b. 加装套管的也会产生裂纹，采用骑座式连接的，在锅筒管孔周围裂开；检查时应从内、外部进行，为便于检查，外部的保温层应拆除。

C. 锅筒对接焊缝错边

有些锅炉制造时未按要求组对，焊缝对接偏差超过锅炉技术标准的要求，在焊缝处产生弯矩，造成应力集中；按公式计算进行校核后得知，环缝错边的影响不太大，纵缝错边的要降压使用。

D. 焊缝表面缺陷

主要是角焊缝高度不足，角板撑的焊缝比较明显；锅炉焊缝均为双面焊缝，现快装锅炉只焊外部，强度不足。

E. 主焊缝（纵、环焊缝）裂纹

焊缝表面，焊趾部位（焊缝与母材交界处），热影响区，焊缝满溢部位（因与母材不熔合，应力集中，肯定产生裂纹）的裂纹有与焊缝垂直的，也有与焊缝平行的。

F. 管孔带裂纹

快装锅炉多发生在高温侧，水管锅炉难发现，一般因管头漏水，拆装时才发现，裂纹呈径向，有时贯穿2~3个管孔，向内壁延伸，若时间长会形成环形裂纹，及发生苛性脆化；

管板上漏水，从数十台锅炉发生漏水事故的经验得知，一定要换管，进行补焊，否则、不超过一年便会出现裂纹。

G. 胀接管头胀接处环向裂纹或断裂

a. 老式锅炉结构不合理，下锅筒固定，上锅筒悬浮，热膨胀受阻，运行时间长，起停次数多，管头易出现裂纹，可用电筒从锅筒内部查看；

b. 现在的锅炉结构系上锅筒固定，下锅筒及管子可向下自由浮动（热胀冷缩），故集箱不能固定死。

H. 腐蚀

a. 内腐蚀：集箱内死水区的水不太流动，锅筒易穿孔，除氧腐蚀外，主要是氯根Cl^{-1}，很容易取代金属表面保护膜Fe_3O_4中的O^{-2}，形成可溶性的$FeCl_2$，氧化膜被破坏后，进一步形成垢下腐蚀，使氧化铁粘附在水垢上，层层剥落，形成大面积腐蚀减薄，形成同样腐蚀的还有硫；

把腐蚀片进行能谱分析试验，主要是氯化物及硫化物，电站锅炉使用Cr钢，对氯离子（Cl^{-1}）敏感，故应控制氯离子（Cl^{-1}）含量；

b. 外表面腐蚀：外来水分进入保温层，长期与金属表面接触形成外表面腐蚀，进水管漏水会造成锅筒大面积腐蚀；

钢管式省煤器，外受烟气冲刷、磨损，内受给水中的氧腐蚀，只要溶解氧超标，一年左右就会穿孔。

I. 防焦箱磨损

链条炉排防焦箱多数无护铁，除焦时火钩、火耙撞击磨损；

J. 防焦箱死水区过热裂纹

下降管或水冷壁管管头插入集箱过深，影响水循环，集箱会烧裂或使手孔烧坏，使绝热层脱落；

K. 苛性脆化

系应力腐蚀的一种形式，只发生在锅炉铆接、焊接的接触面上，必须同时具备以下三个条件才会发生：

a. 因机械加工（铆接、胀接）形成的残余应力已达到材料的屈服极限σ_s；

b. 在连接处锅水中游离的NaOH（相对碱度）的浓度已达到一定值；

c. 关键连接部位有泄漏。

(2) 卧式快装锅炉的常见缺陷

A. 角板撑焊缝裂纹

加拉撑小板后还是有裂纹，特别是后管板，顺着焊趾部分开裂，具有贯穿性，仍是检验重点，角板撑易产生裂纹的原因是：

a. 角板撑刚度太大，不是一种好的结构形式，现多改为长拉杆或斜拉杆；

b. 角板撑与管板连接的焊缝端部受弯曲应力，易产生大应力疲劳裂纹；

c. 前管板下部角板撑与锅壳连接焊缝，其连接部位有气隙，锅壳受辐射热，空隙内空气受热膨胀使焊缝开裂；

d. 焊缝质量低劣；

e. 角板撑位置不当。

B. 后管板圆杆拉撑的拉撑头焊缝开裂

产生原因是拉撑头伸出过长，管板水侧有水垢，水位升降，冷热多变，水位线附近产生交变应力。

C. 后管板管孔带裂纹

发生在全部烟管、拉撑管处于的管群区，高温侧为重点；裂纹产生原因为：

a. 最低安全水位未满足要求（应高于最高火界 75～100mm），使管子和后管板产生热疲劳；

b. 锅炉发生过缺水事故，司炉工隐瞒不报；

c. 管板内侧结水垢，使管板过热；

d. 拉撑管和烟管管头伸出过长，高温侧管头产生过热裂纹，把管板从外至里拉裂；

e. 胀接头因漏水补胀无效，采用封焊办法焊接时，杂质难于打磨干净，封焊后难免开裂，管头裂纹把管板拉裂。

D. 烟管弯曲及管板变形

因锅筒缺水使烟管弯曲，因锅筒严重缺水，拉撑焊缝开裂，使管板变形。

E. 水冷壁管与锅筒连接的角焊缝开裂

老式锅炉有斜插孔，水位表的汽水连管一定是斜插孔（管口进入不对锅筒中心），角焊缝产生裂纹的原因：

a. 斜插孔开孔未按劳锅字（81）7 号文规定采用靠膜钻，多采用氧割开孔，内壁孔穴很大，且不规则，又系双面焊，无法保证焊接质量；

b. 采用双面焊的角焊缝，焊根引起裂纹，水压试验时漏水的不少。

F. 左右集箱与墙板连接的焊缝裂纹

原因系集箱热膨胀受阻。

G. 锅筒底部鼓包及炉胆上部鼓包

因内侧水垢堆积，缺水造成，不常发生。

H. 后棚管、排污管、水冷壁管因水垢堵塞；压力表管孔因水垢堵塞；缺水造成管子胀粗、鼓包、开裂。

I. 管板圆弧板边起槽、开裂

圆弧板边处受交变应力作用，产生疲劳裂纹，先起槽、后开裂，如遇角板撑将焊缝拉裂，后果更为严重。

J. 下降管、集箱绝热层脱落

(3) 水管锅炉的常见缺陷

A. 顶棚板下塌

因顶棚管倾角<15°，管内水流速低，水循环不良，汽水分层，管上部缺水，管壁过热烧坏，使顶棚板下塌。

B. 水冷壁管弯曲变形、胀粗、鼓包

因负荷变化大，水循环不良，缺水造成。

C. 对流管磨损减薄

特别是第一对流管束的迎风面管子，折焰墙短路后通风处的管子磨损最为严重。

D. 胀管胀口环向裂纹

过胀、反复补胀的管口，退火工艺不良的管口，因水循环不良引起过热产生裂纹。

E. 胀口泄漏

起炉、停炉、升温、降温过急，热膨胀或冷却不均匀亦会产生管头泄漏。

F. 管孔带裂纹

a. 对因胀口泄漏造成，如锅水相对碱度>20%时，要注意管孔四周的裂纹；

b. 性质：多为应力腐蚀裂纹，一定要做金相分析或使用电子显微镜查出原因，要进行挖补，不能补焊。

G. 钢管省煤器的腐蚀

a. 飞灰磨损的重点在烟气进口侧，头几排管子及靠近墙侧的管子弯头处；

b. 检查氧腐蚀深度应对烟气进口处的管子割管检查；

c. SO_3的检查重点在烟气出口处管子外壁。

H. 铸铁省煤器低温腐蚀

外壁：堵塞吸热片孔隙；内壁：氧腐蚀严重。

I. 过热器管底部弯头处腐蚀穿孔

因停炉时，过热器底部水分未干燥造成。

J. 过热器运行中爆管，其原因为：

a. 锅水含盐量太高，溶解固形物的含量若超过3%，蒸汽严重带水，盐分带到过热器，使过热器管积盐垢，造成堵塞；

b. 煤粉炉火焰中心温度约1600℃，炉膛出口温度约1000℃，火焰中心后移，当大于约1000℃时，在过热器区域仍继续燃烧，将过热器烧爆；

c. 锅炉负荷大幅度下降，过热器得不到冷却，主焊缝产生疲劳裂纹，封头板边圆弧处起槽开裂。

(4) 缺陷处理原则

按《锅炉定期检验规则》的规定，针对具体问题进行处理。

3. 锅炉使用管理检查

(1) 锅炉安全通道检查

根据 GB 50041《工业锅炉设计规范》的规定：

A. 锅炉操作地点和通道的净空高度不应小于2m，并应满足起吊设备操作高度的要求。

B. 炉前净距：

a. 蒸汽锅炉1～4t/h、热水锅炉0.7～2.8MW，不宜小于3.0m；

b. 蒸汽锅炉 6~20t/h、热水锅炉 4.2~14MW，不宜小于 4.0m；
c. 蒸汽锅炉 35~65t/h、热水锅炉 29~58MW，不宜小于 5.0m；
d. 当炉前设置仪表控制室时，锅炉前端到仪表控制室的净距可为 3m。
C. 锅炉侧面和后面的通道净距：
a. 蒸汽锅炉 1~4t/h、热水锅炉 0.7~2.8MW，不宜小于 0.8m；
b. 蒸汽锅炉 6~20t/h、热水锅炉 4.2~14MW，不宜小于 1.5m；
c. 蒸汽锅炉 35~65t/h、热水锅炉 29~58MW，不宜小于 1.8m。

(2) 锅炉房管理制度的实施情况检查

根据劳人锅（1988）2 号《锅炉房安全管理规则》的规定，锅炉房应有以下的管理制度：

A. 岗位责任制：按锅炉房的人员配备，分别规定班组长、司炉工、维修工、水质化验人员等职责范围内的任务和要求。

B. 锅炉及辅机的操作规程，其内容应包括：
a. 设备投运前的检查与准备工作；
b. 启动与正常运行的操作方法；
c. 正常停运和紧急停运的操作方法；
d. 设备的维护保养。

C. 巡回检查制度：明确定时检查的内容、路线及记录项目。

D. 设备维修保养制度：规定锅炉本体、安全保护装置、仪表及辅机的保养周期、内容和要求。

E. 交接班制度：应明确交接班的要求、检查内容和交接手续。

F. 水质管理制度：应明确水质定时化验的项目和合格标准。

G. 清洁卫生制度：应明确锅炉房设备及内外卫生区域的划分和清洁要求。

H. 安全保卫制度。

(3) 锅炉安全附件检查

A. 水位表的常见缺陷及原因

a. 因旋塞不严，旋塞芯子磨损，填料不足或变硬使旋塞漏汽漏水；因旋塞长期不冲洗，被水垢、杂质堵塞锈死使旋塞拧不动；

b. 因旋塞堵塞或泄漏，汽、水联管泄漏出现假水位；要求汽联管能自动向水位计疏水，水联管能自动向锅筒疏水；

c. 玻璃管（板）上没有高低安全水位指示标志；不经常冲洗，擦拭，致使玻璃管（板）太脏，观察不清；

d. 汽水联管和玻璃管直径太细：汽水联管的内径不得小于 18mm，玻璃管的内径不得小于 8mm。

B. 压力表的常见缺陷和原因

a. 压力表超过规定的校验期或铅封破坏，压力表应半年校验一次；

b. 因表内弹簧变形过量，或者表内传动零件磨损松动，指针在无压时也不回零；

c. 因通路堵塞或有泄漏，或因零件损坏，当锅炉升压时，压力表指针不动或指针跳动；

d. 因黑烟从炉门处或煤斗处冒出,表盘玻璃被熏黑或破碎;

e. 存水弯管是锅炉出来的蒸汽冷凝后进入压力表的弹簧管,用于防止蒸汽损坏压力表,未设存水弯管是不允许的。

C. 安全阀常见的缺陷和原因

a. 到规定的压力时不开启,其原因是:定压不准;长期不试验,阀芯和阀座粘住;选用的弹簧安全阀压力范围不适当;杠杆式安全阀的重锤被移动,杠杆被卡住;

b. 漏汽,其原因是:阀芯和阀座密封面不严,密封面之间有赃物;弹簧安全阀的阀杆不垂直,阀芯抬起后降压时不能回到原位;

c. 排汽后压力继续上升,其原因是:选用的安全阀排汽量小于锅炉蒸发量;锅炉使用压力小于设计压力,原有的安全阀在压力降低后,排汽量也下降;杠杆中线不正或弹簧生锈,也会使阀芯不能开启到应有的高度;

d. 安全阀与锅筒之间装有阀门,或装有蒸汽引出管,造成安全阀失灵或不准;

检查安全阀时应做手动或自动的排汽试验,观察安全阀是否动作。

(4) 水质管理及水处理措施检查

A. 工作压力 $P \leqslant 2.45$MPa 的锅炉,按 GB 1576《低压锅炉水质标准》执行;工作压力 $P \geqslant 3.82$MPa 的锅炉,按 GB 12145《火力发电机组及蒸汽动力设备水汽质量标准》执行;

B. 工业锅炉的排污率应 $\leqslant 10\%$,电站锅炉的排污率应 $\leqslant 5\%$。

(5) 锅炉运行记录检查

根据劳人锅(1988)2号《锅炉房安全管理规则》的规定,锅炉房应有下列记录:

A. 锅炉及附属设备的运行记录;

B. 交接班记录;

C. 水处理设备运行及水质化验记录;

D. 设备检修保养记录;

E. 单位主管领导和锅炉房管理人员的检查记录;

F. 事故记录;

以上各项记录应保存一年以上。

(6) 有下列情况之一者,锅炉应停止运行

A. 受压元件严重变形,泄漏,结焦;

B. 管接头,阀门,法兰及门孔严重渗漏或腐蚀;

C. 无旁路烟道的锅炉,给水不能通过省煤器;

D. 安全阀,水位表,压力表不全或失灵,又不能及时更换处理;

E. 给水泵给水失灵或风机,炉排运行不正常。

4. 检验报告

现场检验工作完成后,检验人员应根据实际检验情况认真、及时地出具检验报告,做出下述检验结论:

(1) 允许运行:未发现或只有轻度不影响安全的缺陷问题;

(2) 监督运行:发现一般缺陷问题,经使用单位采取措施后能保证锅炉安全运行;检验员应注明须解决的缺陷问题(缺陷的部位、方位应叙述清楚)和期限,不需停炉的尽量

不停；

(3) 停止运行：发现严重的缺陷问题，不能保证锅炉安全运行；检验员应注明原因，并提出进行修理的具体要求或其他进一步的要求。

(4) 对于检验结论为停止运行的锅炉检验报告，应上报当地锅炉压力容器安全检察机构。

(5) 对受压元件进行重大修理、改造后，检验人员应对修理、改造部位进行检验或要求重新进行水压试验，以确认修理、改造结果是否符合要求。

(6) 锅炉检验报告和相应的数据报告（如无损探伤、厚度测试报告等），均应一并及时送给锅炉使用单位存入锅炉技术档案。

5.3.5 锅炉修理改造质量检验

1．对锅炉修理改造单位的资质检查

(1) 锅炉修理改造单位应具有经地、市级及以上质量技术监督部门锅炉压力容器安全检察机构审查批准的资格。

(2) 修理改造单位应具备规定的质量管理体系及相应的质量管理制度，技术人员及技术工人，工装设备及检验仪器设备。

(3) 锅炉的重大修理，应有图样和施工技术方案；锅炉的改造应有设计计算及施工技术方案；上述技术资料和施工技术方案应经地、市级及以上质量技术监督部门锅炉压力容器安全检察机构审查批准后，方可进行。

(4) 锅炉修理改造完成之后，修理改造单位必须出具修理改造质量证明书及合格证；锅炉检验所或检测中心，除在修理改造过程中进行监检外，在修理改造竣工后也要进行检验，出具锅炉检验证书。

2．锅炉受压元件的重大修理

(1) 重大修理的范围

A．锅筒、炉胆、封头、管板、下脚圈（立式锅炉才有）、集箱的更换、矫形、挖补；

B．主焊缝的补焊；

C．集中下降管与锅筒连接角焊缝或者类似焊缝；

D．受压元件的更换。

(2) 重大修理方案的技术要求

A．用焊接方法修理，按《锅规》中"焊接接头的返修"和"用焊接方法的修理"的规定检查。

B．用胀接方法修理

a．胀接质量及胀管率按《锅规》中"胀接"的规定检查；

b．换管胀接，原管孔尺寸扩大，其最大间隙可参照表 5-3-9 进行控制。

管子与管孔的最大间隙（mm） 表 5-3-9

管子外径	38	42	51	57	60	63.5	70	76	83	89	102
最大间隙	1.5	1.5	2	2	2	2.5	2.5	2.5	3	3	3

c. 间隙超过上表范围，要对孔桥强度进行校核（鼻梁≥19mm），在满足强度要求的情况下，可将管头墩粗或在管子外壁加铜垫，因挤压时会变形，铜垫片不能搭接，不能错口（某电站锅炉，胀管时间隙超过上表范围，用炮弹壳车削后垫进去，胀管后效果很好）。

(3) 对锅炉炉排、辅机、炉墙的修理不在监检的范围之内。

3．锅炉改造质量的检验

(1) 锅炉本体结构改造的主要内容

A．改变锅炉参数：如提高蒸发量、工作压力、温度（指过热蒸汽）；

B．改变原有锅炉受压元件的结构，增加受热面；改变尾部受热面结构形式；

C．改变炉型，改造燃烧方式或燃料种类。

(2) 改造质量的检验，按《锅规》及有关标准的要求执行。

5.4 工业锅炉安装施工

5.4.1 总则

(1) 本章适用于以水为介质，额定工作压力不大于 2.5MPa，现场组装的固定式蒸汽锅炉和固定式承压热水锅炉的安装；整体出厂的锅炉，可按本章的有关规定执行。

本章不适用于铸铁锅炉、交通运输车上和船上的锅炉、电加热锅炉和核能锅炉的安装。

(2) 安装锅炉的施工单位必须持有省级质量技术监督部门锅炉压力容器安全检察机构发给的与锅炉级别，安装类型相符合的锅炉安装许可证。

(3) 在锅炉安装前和安装过程中，当发现受压部件存在影响安全使用的质量问题时，应停止安装，并报告当地安全检察机构。

(4) 工业锅炉安装工程施工及验收，除应按 GB 50273—98《工业锅炉安装工程施工及验收规范》的规定执行外，尚应符合现行国家有关标准规范的规定。

5.4.2 基础检查和画线

(1) 锅炉及其辅助设备就位前，应检查基础尺寸和位置，其允许偏差应符合表 5-4-1 的规定。

锅炉及其辅助设备基础的允许偏差（mm）　　表 5-4-1

项　　目		允许偏差
纵、横轴线的坐标位置		±20
不同平面的标高（包括柱子基础上的预埋钢板）		0、-20
平面的水平度（包括柱子基础面上的预埋钢板或地坪上需安装锅炉的部位）	每　米	5
	全　长	10
外形尺寸	平面外形尺寸	±20
	凸台上平面外形尺寸	-20
	凹穴尺寸	20

续表

项　目		允　许　偏　差
预留地脚螺栓孔	中心位置	±10
	深　度	20、0
	孔壁垂直度	10
预埋地脚螺栓	顶端标高	20、0
	中心距（在根部和顶部两处测量）	±2

（2）锅炉安装前，应划出纵、横向安装基准线和标高基准点。

（3）锅炉基础画线应符合下列要求：

A．纵、横向中心线应互相垂直；

B．相应两柱子定位中心线的间距允许偏差为±2mm；

C．各组对称四根柱子定位中心点的两对角线长度之差不应大于5mm。

5.4.3 钢架

（1）钢架安装前，应按照施工图样清点构件数量，并对柱子、梁等主要构件进行检查，其允许偏差应符合表5-4-2的规定。

钢架的允许偏差　　　　表5-4-2

项　目		允许偏差（mm）
柱子的长度（m）	≤8	0、-4
	>8	+2、-6
梁的长度（m）	≤1	0、-4
	>1~3	0、-6
	>3~5	0、-8
	>5	0、-10
柱子、梁的直线度		长度的1‰，且不大于10

（2）安装钢架时，宜先根据柱子上托架和柱头标高在柱子上确定并划出1m标高线；找正柱子时，应根据厂房运转层上的标高点，测定各柱子上的1m标高线。柱子上的1m标高线应作为以后安装锅炉各部组件、元件和检测时的基准标高。

（3）钢架安装允许偏差和检测方法，应符合表5-4-3的规定。

钢架安装的允许偏差和检测方法（mm）　　　　表5-4-3

项　目	允许偏差	检测方法
各柱子的位置	±5	—
任意两柱子间的距离（宜取正偏差）	间距的1‰且≤10	—
柱子上的1m标高线与标高基准点的高度差	±2	以支撑锅筒的任一根柱子作为基准，然后用水准仪测定其他柱子

续表

项 目	允许偏差	检测方法
各柱子相互间标高差	3	—
柱子的垂直度	高度的1‰且≤10	—
各柱子相应两对角线的长度之差	长度的1.5‰，且≤15	在柱脚1m标高和柱头处测量
两柱子间在垂直面内两对角线的长度差	长度的1‰且≤10	在柱子的两端测量
支撑锅筒的梁的标高	0、-5	—
支撑锅筒的梁的水平度	长度的1‰且≤3	—
其他梁的标高	±5	—

(4) 当柱脚底版与基础表面之间有灌浆层时，其厚度不宜小于50mm。

(5) 找正柱子后，应按设计将柱脚固定在基础上；当需与预埋钢筋焊接固定时，应将钢筋弯曲并紧靠在柱脚上，其焊接长度应为预埋钢筋直径的6~8倍，并应焊牢。

(6) 平台、撑架、扶梯、栏杆、栏杆柱、栏脚板等应安装平直，焊接牢固，栏杆柱的间距应均匀，栏杆接头焊缝处表面应光滑。

(7) 不应任意割短或接长扶梯，或改变扶梯斜度和扶梯的上、下踏脚板与连接平台的间距。

(8) 在平台、扶梯、撑架等构件上，不应任意割切孔洞；当需要切割时，在切割后应加固。

5.4.4 锅筒、集箱和受热面管

1. 锅筒、集箱

(1) 锅筒、集箱吊装前的检查应符合下列要求：

A. 锅筒、集箱表面和焊接短管应无机械损伤，各焊缝应无裂纹、气孔和分层等缺陷；

B. 锅筒、集箱两端水平和垂直中心线的标记位置应准确，必要时应根据管孔中心线重新标定或调整；

C. 胀接管孔的表面粗糙度不应大于12.5，且不应有凹痕、边缘毛刺和纵向刻痕，少量管孔的环向或螺旋形刻痕深度不应大于0.5mm，宽度不应大于1mm，刻痕至管孔边缘的距离不应小于4mm；

D. 胀接管孔的允许偏差应符合下表5-4-4的规定。

胀接管孔的直径与允许偏差（mm） 表5-4-4

管子公称外径	32	38	42	51	57	60	63.5	70	76	83	89	102
管孔直径	32.3	38.3	42.0	51.3	57.5	60.5	64.0	70.5	76.5	83.6	89.6	102.7
管孔允许偏差 直径	0.34、0			0.40、0						0.46、0		
管孔允许偏差 圆度	0.14			0.15						0.19		
管孔允许偏差 圆柱度	0.14			0.15						0.19		

注：管径φ51的管孔可按φ51.3+0.03加工。

(2) 锅筒必须在钢架安装找正并固定后，方可起吊就位；不是由钢梁直接支持的锅筒，应安设牢固的临时性搁架；临时性搁架应在锅炉水压试验灌水前找正。

(3) 当就位找正锅筒、集箱时，应根据纵、横向安装基准线和标高基准线对锅筒、集箱中心线进行测量，其允许偏差应符合表5-4-5（图5-4-1）的规定。

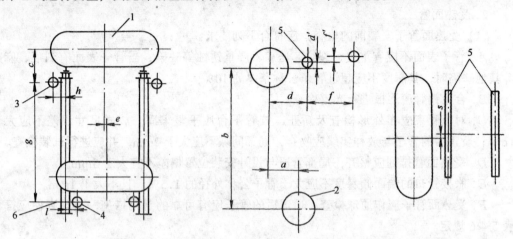

图 5-4-1 锅筒、集箱间的距离
1—上锅筒（主锅筒）；2—下锅筒；3—上集箱；4—下集箱；5—过热器集箱；6—立柱

锅筒、集箱安装的允许偏差（mm） 表 5-4-5

项　目	允　许　偏　差
主锅筒标高	±5
锅筒纵、横向中心线与安装基准线的水平方向距离	±5
锅筒、集箱全长的纵向水平度	2
锅筒全长的横向水平度	1
上、下锅筒之间水平方向距离（a）和垂直方向距离（b）	±3
上锅筒与上集箱的轴心线距离（e）	±3
上锅筒与过热器集箱的距离（d，d'），过热器集箱间距离（f，f'）	±3
上、下集箱之间的距离（g）/集箱与相邻立柱中心距离（h，l）	±3
上、下锅筒横向中心线相对偏移（e）	2
锅筒横向中心线和过热器集箱横向中心线相对偏移（s）	3

注：锅筒纵、横向中心线两端所测距离的长度之差不应大于2mm。

(4) 锅筒、集箱的支座和吊挂装置安装前的检查，应符合下列要求：

A. 接触部位圆弧应吻合，局部间隙不宜大于2mm；

B. 支座与梁接触应良好，不得有晃动现象；

C. 吊挂装置应牢固，弹簧吊挂装置应整定，并应临时固定。

(5) 锅筒、集箱就位时，应按其膨胀方向预留支座的膨胀间隙，并应临时固定。

(6) 锅筒内部装置的安装，应在水压试验合格后进行，其安装应符合下列要求：

A．零部件的数量不得缺少；
B．蒸汽、给水连接隔板的连接应严密不漏，焊缝应无漏焊和裂纹；
C．法兰接合面应严密；
D．连接件的连接应牢固，且有防松装置。

2．受热面管

(1) 受热面管子安装前的检查，应符合下列要求：

A．管子表面不应有重皮、裂纹、压扁、严重锈蚀等缺陷；当管子表面有刻痕、麻点等其他缺陷时，其深度不应超过管子公称壁厚的10%。

B．合金钢管应逐根进行光谱检查。

C．对流管束应作外形检查及矫正，校管平台应平整牢固，放样尺寸误差不应大于1mm；矫正后的管子与放样实线应吻合，局部间隙不应大于2mm，并应进行试装检查。

D．受热面管排列应整齐，局部管段与设计安装位置偏差不宜大于5mm。

E．胀接管口的端面倾斜度不应大于管子公称外径的1.5%，且不大于1mm。

F．受热面管子应作通球检查，通球后的管子应有可靠的封闭措施，通球直径应符合表5-4-6规定。

通球直径（mm） 表5-4-6

弯管半径	$<2.5D_w$	$\geqslant 2.5D_w \sim <3.5D_w$	$\geqslant 3.5D_w$
通球直径	$0.70D_n$	$0.80D_n$	$0.85D_n$

注：1．D_w—管子公称外径；D_n—管子公称内径；
2．试验用球一般用不易产生塑性变形的材料制造。

(2) 未经退火的管子胀接端应进行退火，退火时不得用烟煤等含硫、磷较高的燃料直接加热；当管端硬度小于管孔的硬度时，管端可不退火。

(3) 管子胀接退火时，受热应均匀；退火温度应控制在600～650℃之间，并应保持10～15min；退火长度应为100～150mm，退火后的管端应有缓慢冷却的保温措施。

(4) 胀接前应清除管端和管孔的表面油污，并打磨至发出金属光泽，管端的打磨长度至少应为管孔壁厚加50mm；打磨后管壁厚度不得小于公称壁厚的90%，且不应有起皮、凹痕、裂纹和纵向刻痕等缺陷。

(5) 胀接管端应根据打磨后的管孔直径与管端外径的实测数据进行选配，使胀接管孔与管端的最大间隙应符合表5-4-7的规定。

胀接管孔与管端的最大间隙（mm） 表5-4-7

管子外径	32～42	51	57	60	63.5	70	76	83	89	102
最大间隙	1.29	1.41	1.47	1.50	1.53	1.60	1.66	1.89	1.95	2.18

(6) 胀接时，环境温度宜在0℃以上。

(7) 正式胀接前，应进行试胀工作；对试样进行检查、比较、观察其胀口应无裂纹，胀接过渡部分应均匀圆滑，喇叭口根部与管孔结合状态应良好，并应检查管孔壁与管子外壁的接触印痕和啮合状况，管壁减薄和管孔变形状况，确定合理的胀管率，控制胀管率应有完整的施工工艺。

(8) 胀管应符合下列要求：

A. 管端伸出管孔的长度，应符合表 5-4-8 的规定。

管端伸出管孔的长度（mm） 表 5-4-8

管子公称外径		32~63.5	70~102
伸出长度	正 常	9	10
	最 大	11	12
	最 小	7	8

B. 管端装入管孔后，应立即进行胀接。

C. 基准管固定后，宜从中间分向两边胀接。

D. 胀管率应按测量管子内径在胀接前后的变化值（以下简称内径控制法），或测量紧靠锅筒外壁处管子胀完后的外径计算（以下简称外径控制法）。

当采用内径控制法时，胀管率应控制在 1.3%~2.1% 的范围内；当采用外径控制法时，胀管率应控制在 1.0%~1.8% 的范围内，并分别按下列公式计算：

$$H_n = [(d_1 - d_2 - \delta)/d_3] \times 100\%$$

$$H_w = [(d_4 - d_3)/d_3] \times 100\%$$

式中 H_n——采用内径控制法时的胀管率；

H_w——采用外径控制法时的胀管率；

d_1——胀完后的管子实测内径（mm）；

d_2——未胀时的管子实测内径（mm）；

d_3——未胀时的管孔实测直径（mm）；

d_4——胀完后紧靠锅筒外壁管子实测外径（mm）；

δ——未胀时管孔与管子实测外径之差（mm）。

E. 管口应板边，板边起点宜与锅筒表面平齐，板边角度宜为 12°~15°。

F. 胀接后管端不应有起皮、皱纹、裂纹、切口和偏斜等缺陷。

G. 胀管器滚珠数量不宜少于四只，胀管应用专用工具测量。

(9) 经水压试验确定需补胀的胀口，应在放水后立即进行补胀，补胀次数不宜多于 2 次。

(10) 胀口补胀前应复测胀口内径，确定补胀值；补胀值应按测量胀口内径在补胀前后的变化值计算；其补胀率应按下式计算：

$$\Delta H = [(d'_1 - d_1)/d_3] \times 100\%$$

式中 d'_1——补胀后管子的内径（mm）；

d_1——补前胀管子实测内径（mm）；

d_3——未胀时的管孔实测内径（mm）。

补胀后，胀口的累计胀管率应为补胀前的胀管率与补胀率之和，当采用内径控制法时，累计胀管率宜控制在 1.3%~2.1% 的范围内；当采用外径控制法时，累计胀管率宜控制在 1.0%~1.8% 的范围内。

(11) 胀管率超出控制值范围时，超胀的最大胀管率，当采用内径控制法 H_n 控制时，不得超过 2.6%；当采用外径控制法 H_w 控制时，不得超过 2.5%，并在同一锅筒上的超胀管口数量不得多于胀接总数的 4%，且不得超过 15 个。

3. 受压元件焊接

(1) 受压元件的焊接应符合现行国标和行业标准《蒸汽锅炉安全技术检察规程》、《热水锅炉安全技术检察规程》。

(2) 焊接锅炉受压元件之前，应制定焊接工艺指导书，并进行焊接工艺评定，符合要求后方可用于施工。

(3) 焊接锅炉受压元件的焊工，必须持有锅炉压力容器焊工合格证，且只能在有效期内担任考试合格范围内的焊接工作，焊工应按焊接工艺指导书或焊接工艺卡施焊。

(4) 对于锅炉受热面管子，应在同部件上切取 0.5% 的对接接头做检查试件，但不得少于一套试样所需接头数；当现场切取检查试件确有困难时，可用模拟试件代替。

(5) 锅炉受压元件的焊缝附近应采用低应力的钢印打上焊工的代号。

(6) 锅炉受热面管子及其本体管道的焊接对口，内壁应平齐，其错口不应大于壁厚的 10%，且不应大于 1mm。

(7) 焊接管口的端面倾斜度应符合表 5-4-9 的规定。

焊接管口的端面倾斜度（mm）　　　　表 5-4-9

管子公称外径	≤60	>60~108	>108~159	>159
端面倾斜度	≤0.5	≤0.8	≤1.5	≤2

(8) 管子由焊接引起的弯折度用直尺检查，在距焊缝中心 200mm 处的间隙不应大于 1mm。

(9) 管子一端为焊接，另一端为胀接时，应先焊后胀。

(10) 受压元件焊缝的外观质量，应符合下列要求：

A. 焊缝高度不应低于母材表面，焊缝与母材应圆滑过渡；

B. 焊缝及其热影响区表面应无裂纹、未熔合、夹渣、弧坑和气孔；

C. 焊缝咬边深度不应大于 0.5mm，两侧咬边总长度不应大于管子周长的 20%，且不应大于 40mm。

(11) 射线探伤人员必须持有国家主管部门颁发的《锅炉压力容器无损检测人员资格证书》，且只能在有效期内担任与考试合格的技术等级相应的射线探伤工作。

(12) 锅炉受热面管子及其本体管道焊缝的射线探伤，应在外观检查合格后进行，并符合下列规定：

A. 抽检焊接接头数量应为焊接接头总数的 2%~5%。

B. 射线探伤应符合现行国标《钢熔化焊接接头射线照相和质量分级》的有关规定，射线照片的质量要求不应低于 AB 级。

C. 对于额定压力≥0.1MPa 的蒸汽锅炉和额定出水温度≥120℃的热水锅炉，Ⅱ级焊缝为合格；对于额定压力<0.1MPa 的蒸汽锅炉和额定出水温度<120℃的热水锅炉，Ⅲ级焊缝为合格。

D. 当射线探伤的结果不合格时，除应对不合格焊缝进行返修外，尚应对该焊工所焊的同类焊接接头，增做不合格数的双倍复检；当复检仍有不合格时，应对该焊工焊接的同类焊接接头全部做探伤检查。

E. 焊接接头经射线探伤发现存在不应有的缺陷时，应找出原因，制订可行的返修方案，方可进行返修；同一位置上的返修不应超过三次；补焊后，补焊区仍应做外观和射线探伤检查。

(13) 管子上所有的附属焊接件，均应在水压试验前焊接完毕。

(14) 管排的排列应整齐，不应影响砌（挂）砖。

4．省煤器、钢管式空气预热器

(1) 铸铁省煤器安装前，宜逐根（或组）进行水压试验，试验压力应符合5.3条的规定。

(2) 每根铸铁省煤器管上破损的翼片数不应大于总翼片数的5%，整个省煤器中有破损翼片的根数不应大于总根数的10%。

(3) 省煤器安装时，其支承架的允许偏差应符合表5-4-10的规定。

省煤器支承架安装的允许偏差（mm）　　　　表5-4-10

项　　目	允　许　偏　差
支承架的水平方向位置	±3
支承架的标高	0、-5
支承架的纵、横向水平度	长度的1‰

(4) 钢管式空气预热器安装时，允许偏差应符合表5-4-11的规定。

钢管式空气预热器安装的允许偏差（mm）　　　　表5-4-11

项　　目	允　许　偏　差
支承框的水平方向位置	±3
支承框的标高	0、-5
预热器的垂直度	高度的1‰

(5) 钢管式空气预器伸缩节的连接应良好，不应有泄漏现象。

(6) 在温度高于100℃区域内的螺栓、螺母上应涂上二硫化钼油酯、石墨机油或石墨粉。

5.4.5　水压试验

(1) 锅炉的汽、水压力系统及其附属装置安装完毕后，必须进行水压试验。

(2) 主蒸汽阀、出水阀、排污阀和给水截止阀应与锅炉一起作水压试验；安全阀应单独作水压试验。

(3) 水压试验的压力应符合表5-4-12的规定。

水压试验的压力（MPa）　　　　　　　　　　　　表 5-4-12

名　称	锅筒工作压力	试验压力
锅炉本体及过热器	<0.59	1.5P 且不<0.20
锅炉本体及过热器	0.59~1.18	P+0.29
锅炉本体及过热器	>1.18	1.25P
可分式省煤器	1.25P+0.49	

注：P 为锅筒工作压力。

(4) 水压试验前的检查应符合下列要求：

A．对锅筒、集箱等受压部（元）件应进行内部清理和表面检查。

B．检查水冷壁，对流管束及其他管子应畅通。

C．装设的压力表不应少于两只，其精度等级不应低于 2.5 级；额定工作压力为 2.5MPa 的锅炉，精度等级不应低于 1.5 级；压力表经校验合格，其表盘量程应为试验压力的 1.5~3 倍，宜选用 2 倍。

D．应装设排水管道和放空阀。

(5) 水压试验应符合下列要求：

A．水压试验应在环境温度高于 5℃ 时进行，当环境温度低于 5℃ 时应有防冻措施。

B．水温应高于周围露点温度。

C．锅炉应充满水，待排净空气后，方可关闭放空阀。

D．当初步检查无漏水现象时，再缓慢升压，当升到 0.3~0.4MPa 时应进行一次检查，必要时可拧紧人孔、手孔和法兰等的螺栓。

E．当水压上升到额定工作压力时，暂停升压，检查各部分，应无漏水或变形等异常现象；关闭就地水位计，继续升压到试验压力，并保持 5min，其间压力下降不应超过 0.05MPa；然后回降到额定工作压力进行检查，检查期间压力应保持不变；水压试验时受压元件金属壁和焊缝上，应无水珠和水雾，胀口不应滴水珠，水压试验后，没有发现残余变形。

(6) 当水压试验不合格时应返修；返修后应重做水压试验。

(7) 水压试验后，应及时将锅炉内的水全部放尽，当立式过热器内的水不能放尽时，在冰冻期应采取防冻措施。

(8) 每次水压试验应有记录，水压试验合格后应办理签证手续。

5.4.6　仪表、阀门和吹灰器

1. 仪表

(1) 热工仪表及控制装置安装时，除应按本节的规定执行外，尚应符合国家现行标准《工业自动化仪表工程施工及验收规范》和设计的规定。

(2) 热工仪表及控制装置安装前，应进行检查和校验，并应达到其精度等级，并符合现场使用条件。

(3) 仪表及控制装置校验后，应符合下列要求：

A．仪表变差应符合该仪表的技术要求；

B. 指针在全行程中移动应平稳，无抖动，卡针或跳跃等异常现象，动圈式仪表指针的平衡应符合要求；

C. 电位器或调节螺丝等可调部件，应留有调整余量；

D. 仪表阻尼应符合要求；

E. 校验记录应完整，如有修改应在记录中注明。

(4) 压力管道和设备上取源部件及一次仪表的安装，应符合下列要求：

A. 在压力管道和设备上宜采用机械加工方法开孔，风压管道上可用火焰切割，但孔口应磨圆锉光。

B. 当在同一管段上安装取压装置和测温元件时，取压装置应装在测温元件的上游。

(5) 测温装置安装时，应符合下列要求：

A. 测温元件应装在介质温度变化灵敏和具有代表性的地方，不应装在管道和设备的死角处；

B. 温度计插座的材质应与主管道相同；

C. 温度仪表的外接线路的补偿电阻，应符合仪表的规定值，线路电阻的允许偏差：热电偶为 $\pm 0.2\Omega$，热电阻为 $\pm 0.1\Omega$。

(6) 压力测量装置的安装，应符合下列要求：

A. 压力测点应选择在管道的直线段上，即介质流束稳定的地方，取压装置端部不应伸入管道内壁；

当就地压力表测量波动剧烈的压力时，在二次门后应安装缓冲装置。

B. 每台锅炉除必须装有与锅筒（锅壳）蒸汽空间直接相连接的压力表外，还应在下列部位装设压力表：给水调节阀前，可分式省煤器出口，过热器出口和主汽阀之间，再热器出、入口，直流锅炉启动分离器，直流锅炉一次汽水系统的阀门前，强制循环锅炉水循环泵进、出口，燃油锅炉油泵进、出口，燃气锅炉的气源入口。

C. 选用压力表应符合下列规定：

a. 对于额定蒸汽压力小于 2.5MPa 的锅炉，压力表精确度不应低于 2.5 级；对于额定蒸汽压力大于或等于 2.5MPa 的锅炉，压力表精确度不应低于 1.5 级；

b. 压力表应根据工作压力选用，压力表表盘刻度极限值应为工作压力的 1.5~3 倍，最好选用 2 倍；

c. 压力表表盘大小应保证司炉人员能清楚地看到压力指示值，表盘直径不应小于 100mm。

D. 选用的压力表应符合有关技术标准的要求，其校验和维护应符合国家计量部门的规定；压力表装用前应进行校验并注明下次的校验日期；压力表的刻度盘上应划红线指示出工作压力，压力表校验后应封印。

E. 压力表装设应符合下列要求：

a. 应装设在便于观察和吹洗的位置，并应防止受到高温、冰冻和震动的影响；

b. 蒸汽空间设置的压力表应有存水弯管，存水弯管用钢管时，其内径不应小于 10mm。

F. 压力表与筒体之间的连接管上应装有三通阀门，以便吹洗管路、卸换、校验压力表；汽空间压力表上的三通阀门应装在压力表与存水弯之间。

G. 压力表有下列情况之一时，应停止使用：

a. 有限止钉的压力表在无压力时，指针转动后不能回到限止钉处；没有限止钉的压力表在无压力时，指针离零位的数值超过压力表规定的允许误差；

b. 表面玻璃破裂或表盘刻度模糊不清；

c. 封印损坏或超过校验有效期限；

d. 表内泄漏或指针跳动；

e. 其他影响压力表准确指示的缺陷。

(7) 风压表的安装应符合下列要求：

A. 风压的取压孔径应与取压装置管径相符，且不小于 12mm；

B. 安装在炉墙和烟道上的取压装置应倾斜向上，与水平线所成夹角宜大于 30°，且不应伸入炉墙和烟道的内壁。

(8) 水位表的安装应符合下列要求：

A. 每台锅炉至少应装两个彼此独立的水位表（便于直观比较，防止出现假水位），但符合下列条件之一的锅炉可只装一个直读式水位表：

a. 额定蒸发量≤0.5t/h 的锅炉；

b. 电加热锅炉；

c. 额定蒸发量≤2t/h，且装有一套可靠的水位示控装置的锅炉；

d. 装有两套各自独立的远程水位显示装置的锅炉。

B. 水位表应装在便于观察的地方，水位表距离操作地面高于 6000mm 时，应加装远程水位显示装置，远程水位显示装置的信号不能取自一次仪表。

C. 用远程水位显示装置监视水位的锅炉，控制室内应有两个可靠的远程水位显示装置，同时运行中必须保证有一个直读式水位表正常工作。

D. 水位表应有下列标志和防护装置：

a. 水位表应有指示最高、最低安全水位和正常水位的明显标志；水位表的下部可见边缘应比最高火界至少高 50mm，且应比最低安全水位至少低 25mm，水位表的上部可见边缘应比最高安全水位至少高 25mm；

玻璃管（板）式水位表的标高与锅筒正常水位线允许偏差为 ±2mm。

b. 为防止水位表损坏时伤人，玻璃管式水位表应有防护装置（如保护罩、快关阀、自动闭锁珠等）。

c. 水位表应有放水阀门和接到安全地点的放水管。

E. 水位表的结构和装置应符合下列要求：

a. 锅炉运行中能够吹洗和更换玻璃板（管）、云母片；

b. 用两个及两个以上玻璃板或云母片组成一组的水位表，能够保证连续指示水位；

c. 水位表或水表柱和锅筒（锅壳）之间汽水连接管内径不得小于 18mm，连接管长度大于 500mm 或有弯曲时，内径应适当放大，以保证水位表灵敏准确；

d. 连接管应尽可能短，如连接管不是水平布置时，汽连管中的凝结水应能自行流向锅筒（锅壳），以防止形成假水位；

e. 阀门的流道直径及玻璃管的内径都不得小于 8mm。

F. 水位表（或水表柱）和锅筒（锅壳）之间的汽水连接管上，应装有阀门，锅炉运行时阀门必须处于全开位置。

G．电接点水位表应垂直安装，其设计零点应与锅筒正常水位相重合。

H．锅筒水位平衡器安装前，应核查制造尺寸，检查内部管道的严密性，安装时必须垂直，正、负压管应水平引出，并使平衡器的设计零位与正常水位线相重合。

(9) 信号装置的动作应灵敏、可靠，其动作值应按要求进行整定，并作模拟试验。

(10) 热工保护及联锁装置应按系统进行分项和整套联动试验，其动作应正确、可靠。

(11) 电动执行机构的安装应符合下列要求：

A．电动执行机构与调节机构的转臂宜在同一平面内动作，传动部分动作应灵活，无空行程及卡阻，在二分之一开度时，转臂宜与连杆垂直；

B．电动执行机构应做远方操作试验，开关操作方向、位置指示器应与调节机构开度一致，在全行程内动作应平稳、灵活，且无跳动现象，其行程及伺服时间应满足使用要求。

(12) 阀用电动装置的传动机构动作应灵活、可靠，其行程开关、力矩开关应按阀门行程和力矩进行调整。

2．阀门和吹灰器

(1) 阀门均应逐个用清水进行严密性试验，严密性试验压力为工作压力的 1.25 倍，应以阀瓣密封针不漏水为合格。

(2) 蒸汽锅炉安全阀的安装应符合下列要求：

A．每台锅炉至少应装设两个安全阀（不包括省煤器安全阀）；符合下列规定之一的，可只装一个安全阀：

a．额定蒸发量小于或等于 0.5t/h 的锅炉；

b．额定蒸发量小于或等于 4t/h 且装有可靠的超压联锁保护装置的锅炉。

可分式省煤器出口处、蒸汽过热器出口处，再热器入口处和出口处以及直流锅炉的启动分离器，都必须装设安全阀。

B．锅炉的安全阀应采用全启式弹簧式安全阀、杠杆式安全阀或控制式安全阀（脉冲式、气动式、液动式和电磁式等），选用的安全阀应符合有关技术标准的规定。

C．安全阀应逐个进行严密性试验；

D．锅筒和过热器的安全阀始启压力的整定应符合表 5-4-13 的规定；锅炉上必须有一个安全阀按表中较低的始启压力进行整定，对有过热器的锅炉，按较低压力进行整定的安全阀必须是过热器上的安全阀，过热器上的安全阀应先开启。

锅筒和过热器的安全阀始启压力的整定（MPa）　　　　表 5-4-13

额定蒸汽压力	安全阀的始启压力
<1.27	工作压力 + 0.02
	工作压力 + 0.04
1.27～2.5	1.04 倍工作压力
	1.06 倍工作压力

注：表中的工作压力，系指安全阀装设的点的工作压力。

E．安全阀必须垂直安装，并应装在锅筒（锅壳）、集箱的最高位置；在安全阀和锅筒（锅壳）之间或安全阀和集箱之间，不得装有取用蒸汽的出汽管和阀门。

F．安全阀应设排汽管，排汽管应直通安全地点，并应有足够的流通截面积，保证排汽管路畅通，同时排汽管应予以固定；排汽管底部应装有接到安全地点的疏水管，省煤器的安全阀应装排水管，在排汽管和疏水管上都不允许装设阀门；

G．安全阀上必须有下列装置：

a．杠杆式安全阀应有防止重锤自行移动的装置和限制杠杆越出的导架；

b．弹簧式安全阀应有提升把手和防止随便拧动调整螺钉的装置；

c．静重式安全阀应有防止重片飞脱的装置；

d．控制式安全阀必须有可靠的动力源和电源。

(a) 脉冲式安全阀的冲量接入管上的阀门应保持全开并加铅封；

(b) 用压缩气体控制的安全阀必须有可靠的气源和电源；

(c) 液压控制式安全阀必须有可靠的液压传递系统和电源；

(d) 电转控制式安全阀必须有可靠的电源。

H．锅筒和过热器的安全阀在锅炉蒸汽严密性试验后，必须进行最终的调整；省煤器安全阀始启压力为装设地点工作压力的1.1倍，调整应在蒸汽严密性试验前用水压试验的方法进行。

I．安全阀应检验其始启压力、起座压力及回座压力。

J．在整定压力下，安全阀应无泄漏和冲击现象。

K．安全阀经调整检验合格后，应做标记。

(3) 热水锅炉安全阀的安装应符合下列要求：

A．安全阀应逐个进行严密性试验。

B．安全阀的起座压力应按下列规定进行整定：

a．起座压力较低的安全阀的整定压力为工作压力的1.12倍，且不应小于工作压力加0.07MPa；

b．起座压力较高的安全阀的整定压力为工作压力的1.14倍，且不应小于工作压力加0.1MPa；

c．锅炉上必须有一个安全阀按较低的起座压力进行整定。

C．安全阀必须垂直安装，并装设泄放管、泄放管应直通安全地点，并应有足够的截面积和防冻措施，确保排泄畅通。

D．安全阀经调整检验合格后应做标记。

(4) 固定管式吹灰器的安装应符合下列规定：

A．安装位置与设计位置的允许偏差为±5mm；

B．喷管全长的水平度不应大于3mm；

C．各喷嘴应处在管排空隙的中间；

D．吹灰器管路应有坡度，并能使凝结水通过疏水阀流出，管路保温应良好。

5.4.7 燃烧设备

1．炉排

(1) 链条炉排安装前的检查，应符合表5-4-14（图5-4-2）的规定。

链条炉排的允许偏差（mm） 表 5-4-14

项 目	允许偏差
型钢构件长度	±5
型钢构件的直线度（每 m）	1
各链轮与轴线中点间的距离（a、b）	±2
同一轴上的任意两链轮，其齿间前后错位	3

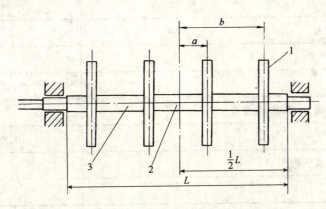

图 5-4-2 链轮与轴线中点间的距离
1—链轮；2—轴线中点；3—主动轴

(2) 链条炉排安装的允许偏差应符合表 5-4-15 的规定。

(3) 对鳞片或横梁式链条炉排，在拉紧状态下测量，各链条的相对长度差不得大于 8mm。

(4) 炉排片组装不可过紧或过松，装好后用手板动，转动应灵活。

(5) 边部炉条与墙板之间，应有膨胀缝。

(6) 往复炉排安装的允许偏差应符合表 5-4-16 的规定。

(7) 炉排冷态试运转宜在筑炉前进行，并应符合下列要求：

A. 冷态试运转允许时间，链条炉排不应少于 8h；往复炉排不应少于 4h；试运转速度不应少于两级，在由低速到高速的调整阶段，应检查传动装置的保安机构动作；

B. 炉排转动应平稳、无异常声响、卡住、抖动和跑偏等现象；

C. 炉排片应能翻转自如，且无突起现象；

D. 滚柱转动应灵活，与链轮啮合应平稳，无卡住现象；

E. 润滑油和轴承的温度均应正常；

F. 炉排垃紧装置应留适当的调节余量。

(8) 煤闸门及炉排轴承冷却装置应作通水检查，且无泄漏现象。

(9) 煤闸门升降应灵活，开度应符合设计要求，煤闸门下缘与炉排表面的距离偏差不应大于 10mm。

链条炉排安装的允许偏差（mm） 表 5-4-15

项 目	允许偏差
炉排中心位置	2

续表

项　目		允　许　偏　差
墙板的标高		±5
墙板的垂直度，全高		3
墙板间的距离	跨距≤2m	3、0
	跨距>2m	5、0
墙板间两对角线的长度之差		5
墙板框的纵向位置		5
墙板顶面的纵向水平度		长度的1‰，且不大于5
两墙板的顶面应在同一平面上、其相对高度差		5
前轴、后轴的水平度		长度的1‰
各道轨应在同一平面上，其平面度		5
相邻两道轨间的距离		±2

注：墙板的检查点宜选在靠近前后轴或其他易测部位的相应墙板顶部，打冲眼测量。

往复炉排安装的允许偏差（mm）　　　　表5-4-16

项　目		允　许　偏　差
两侧板的相对标高		3
两侧板间的距离	跨距≤2m	+3、0
	跨距>2m	+4、0
两侧板的垂直度、全高		3
两侧板间两对角线的长度之差		5

（10）挡风门、炉排风管及其法兰接合处、各段风室、落灰门等均应平整，密封良好。

（11）挡渣铁应整齐地贴合在炉排上，在炉排运转时不应有顶住，翻到现象。

（12）侧密封块与炉排的间隙应符合设计要求，防止炉排卡住、漏煤和漏风。

2．抛煤机

（1）抛煤机的标高允许偏差为±5mm。

（2）相邻两抛煤机的间距允许偏差为±3mm。

（3）抛煤机采用串联传动时，相邻两抛煤机浆片转子轴的同轴度应为3mm，传动装置与第一个抛煤机轴的同轴度应为2mm。

（4）抛煤机安装完毕后，试运转应符合下列要求：

A．空负荷运转时间不应少于2h，运转应正常、无异常的振动或噪声，冷却水路应畅通；

B. 抛煤试验,其煤层应均匀。

3. 燃烧器

(1) 燃烧器安装前的检查应符合下列要求:

A. 安装燃烧器的预留孔位置应正确,并应防止火焰直接冲刷周围的水冷壁管;

B. 调风器喉口与油枪的同轴度应为3mm;

C. 油枪、喷嘴和混合器内部应清洁,无堵塞现象,油枪应无弯曲变形。

(2) 燃烧器安装时应符合下列要求:

A. 燃烧器的标高允许偏差为±5mm;

B. 各燃烧器之间的距离允许偏差为±3mm;

C. 调风装置调节应灵活。

5.4.8 锅炉砌筑和绝热层

(1) 炉墙砌筑或绝热层施工时,除应按 GB 50273—98《工业锅炉安装工程施工及验收规范》执行外,尚应符合现行国标《工业炉砌筑工程施工及验收规范》和《工业设备及管道绝热工程施工及验收规范》的有关规定。

锅炉筑炉包括炉墙、炉拱和折焰墙,炉墙对于锅炉燃烧,通风和传热起着极为重要的作用。

(2) 炉墙砌筑必须在锅炉水压试验合格,及所有砌入墙内的零件、水管和炉顶的支、吊装置等的安装质量均符合设计和砌筑要求后,方可进行。

(3) 砖的加工面和有缺陷的表面不宜朝向炉膛或炉子通道的内表面。

(4) 炉墙粘土砖砌至一定高度后,应随即进行外墙红砖的砌筑;拉固砖应在炉墙内外高度基本相等时放置。

(5) 红砖外墙砌筑时,应在适当部位埋入直径为20mm的短节钢管或暂留一块丁砖不砌,作为烘炉的排汽孔洞,烘炉完毕应将孔洞堵塞。

(6) 烧嘴砖砌筑时,砖孔的中心位置、标高和倾斜角度应符合设计规定。

砌拱要有拱胎,其支设应正确和牢固,才可砌筑拱顶或拱;跨度<3m的拱顶和拱,应打入1块锁砖,跨度≥3m时,应打入3块。

(7) 耐火浇注料的品种和配合比应符合设计要求;浇注体表面不应有剥落、裂纹、孔洞等缺陷(可允许有轻微的网状裂纹)。

(8) 砌在炉墙内的柱子、梁、炉门框、窥视孔、管子、集箱等与耐火砌体接触的面,均应铺贴石棉板和缠绕石棉绳。

(9) 砌体伸缩缝的大小、构造及分布位置,必须符合设计规定,留设的伸缩缝应均匀平直;伸缩缝宽度的允许偏差为5mm、0mm,伸缩缝内应无杂物,并应填充直径大于缝宽的涂有耐火泥浆的石棉绳;朝向火焰的缝内,宜填充硅酸铝耐火纤维毡条;炉墙垂直伸缩缝内的石棉绳应在砌砖的同时压入。

与折焰墙有关的管子,应保证其间隙;折焰墙同炉墙衔接部分,应留膨胀缝。

(10) 当砖的尺寸偏差满足不了砖缝要求时,应进行砖的加工或选砖;砖砌体应拉线砌筑,砖缝应横平竖直,泥浆饱满;砖砌体的允许偏差和检验方法,应符合表5-4-17的规定。

砖砌体的允许偏差和检验方法（mm） 表 5-4-17

项 目			允许偏差	检验方法
垂直度	黏土砖墙	每米	3	—
		全高	15	
	红砖墙	全高≤10m	10	
		全高>10m	20	
表面平整度	黏土砖墙面		5	用2m长靠尺检查靠尺与砌体之间的间隙
	挂砖墙面		7	
	红砖清水墙面		5	
炉膛的长度和宽度			±10	—
炉膛的两对角线长度之差			15	—
烟道的宽度、高度			±15	—
拱顶跨度			±10	—

(11) 砌体各部位砖缝的允许厚度应符合表 5-4-18 的规定。

砌体各部位砖缝的允许厚度 表 5-4-18

部 位 名 称		砖缝允许厚度 (mm)			
		Ⅰ	Ⅱ	Ⅲ	Ⅳ
落灰斗		—	—	3	—
燃烧室	无水冷壁	—	2	—	—
	有水冷壁	—	—	3	—
前、后拱及各类拱门		—	2	—	—
折焰墙		—	—	3	—
炉顶		—	—	3	—
省煤器墙		—	—	3	—
硅藻土砖		—	—	—	5
烧嘴砖		—	2	—	—
红砖外墙		—	—	—	8~10

(12) 砖体砖缝灰浆的饱满程度不应低于 90%；砌体砖缝的厚度在炉子每部分砌体每 5m² 的表面上用塞尺检查 10 处，其中比规定砖缝厚度大 50% 以内的砌缝，不应超过下列的规定：

A. Ⅰ类砌体为 4 处；

B. Ⅱ类砌体为 4 处；

C. Ⅲ类砌体为 5 处；

D. Ⅳ类砌体为 5 处；

(13) 绝热层施工时应符合下列要求：

A. 绝热层施工应在金属烟道、风管、管道等被绝热件的强度试验或严密性试验合格后方可进行。

B. 绝热层的形式、伸缩缝的位置及绝热材料的强度、密度、导热系数、品种规格均应符合设计要求。

C. 绝热层施工前应清除锅筒、集箱、金属烟道、风管、管道等被绝热件表面的油污和铁锈，并按设计规定涂刷耐腐蚀涂料。

D. 绝热材料采用成型制品时，捆扎应牢固，接缝应错开，里外层压缝，嵌缝应饱满；当采用胶泥状材料时，应涂抹密实，圆弧均匀，厚度一致，表面平整。

E. 当保护层采用卷材时应紧贴表面，不应折皱和开裂；采用抹面时应平整光滑，棱角整齐，不应有显著裂缝；采用铁皮、铝皮包裹时，应压边搭接。

F. 绝热层的允许偏差应符合表 5-4-19 的规定。

绝热层的允许偏差（mm） 表 5-4-19

项　　目		允 许 偏 差	检 测 方 法
表面平整度	抹面层或包裹层	5	用 1m 长靠尺检查
	金属保护层	4	
厚　度	硬质制品	+10、-5	—
	软质或半硬质	注	—
伸缩缝宽度		+5、0	—

注：+厚度的 10%，且不大于 +10；-厚度的 5%，且不小于 -10。

G. 绝热层施工时，阀门、法兰盘、人孔及其他可拆件的边缘应留出空隙，绝热层断面应封闭严密；支托架处的绝热层不得影响活动面的自由伸缩。

5.4.9 烘炉、煮炉、严密性试验和试运行

1. 烘炉

(1) 烘炉前应制订烘炉方案，并应具备下列条件：

A. 锅炉及其水处理、汽水、排污、输煤、除渣、送风、除尘、照明、循环冷却水等系统均应安装完毕，并经试运转合格；

B. 炉体砌筑和绝热工程应结束，炉体漏风试验合格；

C. 水位表、压力表、测温仪表等烘炉需用的热工和电气仪表均应安装和试验完毕；

D. 锅炉给水应符合现行国标 GB 1576《工业锅炉水质》的规定；

E. 锅筒和集箱上的膨胀指示器应安装完毕，在冷却状态下应调整到零位；

F. 炉墙上的测温点或灰浆取样点应设置完毕；

G. 应有烘炉升温曲线图；

H. 管道、风道、烟道、灰缝、阀门及挡板均已标明介质流向、开启方向和开度指示；

I. 炉内外及各通道应全部清理完毕。

(2) 烘炉可根据现场条件采用火焰、蒸汽等方法进行，蒸汽烘炉适用于有水冷壁的各种类型的锅炉；用于链条炉排的燃料不应有铁钉等金属杂物。

(3) 火焰烘炉应符合下列要求：

A. 火焰应集中在炉膛中央，烘炉初期宜采用文火烘焙，初期以后的火势应均匀，并

逐日缓慢加大；

　　B．链条炉排在烘炉过程中应定期转动，并应防止烧坏炉排；

　　C．烘炉温升应按过热器后（或相当位置）的烟气温度测定，根据不同的炉墙结构，其温升应符合下列规定：

　　a．重型炉墙第一天温升不宜超过50℃，以后每天温升不宜超过20℃，后期烟温不应高于220℃；

　　b．砖砌轻型炉墙，每天温升不宜超过80℃，后期烟温不应高于160℃；

　　c．耐火浇注料炉墙，养护期满后，方可开始烘炉，每小时温升不应超过10℃，后期烟温不应高于160℃，在最高温度范围内持续时间不应少于24h；

　　d．当炉墙特别潮湿时，应适当减慢升温速度，延长烘炉时间。

（4）蒸汽烘炉应符合下列规定：

　　A．应采用0.3~0.4MPa的饱和蒸汽从水冷壁集箱的排污阀处连续、均匀地送入锅炉，逐渐加热炉水；炉水水位应保持正常，温度宜为90℃，烘炉后期宜用火焰烘炉；

　　B．应开启必要的挡板和炉门，排除湿气并应使炉墙各部均能烘干。

（5）烘炉时间应根据锅炉类型、砌体湿度和自然通风干燥程度确定，宜为14~16天；但整体安装的锅炉，宜为2~4天。

（6）烘炉时应经常检查砌体的膨胀情况，当出现裂纹或变形迹象时，应减慢升温速度，并应查明原因采取相应措施。

（7）烘炉满足下列要求之一，应判定为合格：

　　A．当采用炉墙灰浆试样法时，在燃烧室两侧墙的中部，炉排上方1.5~2m处，或燃烧器上方1~1.5m处和过热器两侧墙的中部，取黏土砖、红砖的丁字交叉缝处的灰浆样品各50g，测定其含水率均应小于2.5%。

　　B．当采用测温法时，在燃烧室两侧墙的中部，炉排上方1.5~2m处，或燃烧器上方1~1.5m处，测定红砖墙外表面向内100mm处的温度应达到50℃，并继续维持48h；或过热器两侧墙黏土砖与绝热层接合处的温度应达到100℃，并持续维持18h。

（8）烘炉过程中应测定和绘制实际升温曲线图。

2．煮炉

（1）在烘炉末期，当炉墙红砖灰浆含水率降到10%，或5.4.9中"1．烘炉"（7）B所述温度达到要求时，即可进行煮炉。

（2）煮炉开始时的加药量应符合锅炉设备技术文件的规定，当无规定时应按表5-4-20的配方加药。

煮炉时的加药配方　　　　　　表5-4-20

药品名称	加药量 [kg/($m^3 \cdot H_2O$)]	
	铁锈较薄	铁锈较厚
氢氧化钠（NaOH）	2~3	3~4
磷酸三钠（$Na_3PO_4 \cdot H_2O$）	2~3	2~3

注：1．药量按100%的纯度计算。
　　2．无磷酸三钠时，可用碳酸钠代替，用量为磷酸三钠的1.5倍。
　　3．单独使用碳酸钠煮炉时，用量6kg/($m^3 \cdot H_2O$)。

(3) 药品应溶解成溶液后方可加入锅内，不得将固体药品直接投入锅炉；可采取碱液泵加药或从锅筒上部人孔直接加药；配制和加入药液时，应采取安全措施。

(4) 加药时炉水应在低水位；必须将锅炉空气阀打开，待锅炉内完全没有压力时方可加药；煮炉时药液不得进入过热器内。

(5) 煮炉时间宜为 2~3d，煮炉的最后 24h 宜使压力保持在额定工作压力的 75% 左右，当在较低的压力下煮炉时，应适当地延长煮炉时间。

(6) 煮炉过程中蒸发掉的炉水应给予补充，要始终维持在正常水位以上至最高水位之间；应定期从锅筒和水冷壁下集箱取水样进行水质分析；当炉水碱度低于 45mol/L 时应补充加药。

(7) 煮炉结束后应交替进行持续上水和排污，直到水质达到运行标准；然后应停炉排水，冲洗锅炉内部和曾与药液接触过的阀门，并应清除锅筒、集箱内的沉积物，检查排污阀，无堵塞现象。

(8) 煮炉后打开人孔、手孔，清除沉积物，检查锅筒和集箱内壁，其内壁应无油垢，擦去附着物后，金属表面应无锈蚀，呈现黑褐色的金属光泽为合格。达不到要求的，说明用药量、煮炉时间、压力或排污等因素未掌握好，应进行调整，重新进行煮炉。

3. 严密性试验和试运行

(1) 锅炉烘炉、煮炉合格后，应按下列步骤进行严密性试验：

A. 应升压至 0.3~0.4MPa，对锅炉范围内的法兰、人孔、手孔和其他连接螺栓进行一次热状态下的固紧；

B. 继续升压至额定工作压力，检查人孔、手孔、阀门、法兰和垫料等处的严密性，同时观察锅筒、集箱、管路和支架等的热膨胀情况。

(2) 有过热器的蒸汽锅炉，应采用蒸汽吹洗过热器；吹洗时锅炉压力宜保持在额定工作压力的 75%，同时应保持适当的流量，吹洗时间不应少于 15min。

(3) 严密性试验合格后，应按 5.4.6 中 "2. 阀门和吹灰器" 第 (2) 或 (3) 条对安全阀进行最终调整，调整后的安全阀应立即加锁或铅封。

(4) 安全阀调整后，锅炉应带负荷连续试运行 48h，整体出厂锅炉宜为 4~24h，以运行正常为合格。

5.4.10 工程验收

(1) 锅炉带负荷连续 48h 试运行合格后，方可办理工程总体验收手续。

(2) 工程未经总体验收，严禁锅炉投入使用。

(3) 工程验收时应提供技术质量监督局锅炉压力容器安全检察机构规定的 "锅炉安装质量证明书，锅炉检验所出具的锅炉安装监检报告，锅炉安装的施工记录及相关资料。

5.4.11 锅炉安装施工的质量管理体系

锅炉系具有爆炸危险的特殊设备，为对锅炉安装过程实施有效的控制，锅炉安装施工单位必须建立质量管理体系，预先进行质量策划，制定质量目标，明确锅炉安装有关人员的质量职责，明确锅炉安装施工的控制环节、控制点及停止点，编制可操作性强的锅炉安装施工技术方案；做到在施工前近早发现问题，施工中防止产生或减少质量缺陷，发生不合格品或质量事故要及时评审、处置及验证，防止同类事故的再发生，以确保锅炉安装质量，满足用户的需求。

1. 名词术语

（1）控制环节。指锅炉安装过程中按单元划分的质量控制步骤；在控制环节中实施质量控制点及停止点。

（2）控制点。指质量控制环节中的检验项目；在质量控制点，施工班组自检合格并经锅炉安装单位的有关责任人员检查认可后，方可转入下一道工序继续施工。

（3）停止点。指对施工质量有重要影响的检验项目，或需经锅炉使用单位、质量技术监督部门锅炉压力容器安全监察机构认可的检验项目；在施工停止点，锅炉安装单位应暂停施工，并提前与有关单位联系或报告，待有关单位的人员到达施工现场进行检验，办理签证手续后，方能继续施工。

2. 取得锅炉安装许可证并接受监督检查

根据《锅炉压力容器安全检察暂行条例》的规定，锅炉安装单位应取得省级质量技术监督部门颁发的锅炉安装许可证，在许可证规定的范围内从事锅炉安装施工；并接受锅炉压力容器安全检察机构的监督检查。

（1）在锅炉安装工程开工前，应向当地锅炉压力容器安全检察机构报送"开工报告"，经批准后与锅炉检验所联系监检事宜，办妥手续后方可开始施工。

（2）在锅炉安装过程中，严格执行国家关于锅炉的法规、技术标准、规程规范，接受并配合锅炉检验所对锅炉安装进行全过程监检，水压试验时邀请当地锅炉压力容器安全检察机构派员参加。

（3）锅炉安装工程结实后，参加由建设单位组织，当地锅炉压力容器安全检察机构对锅炉安装的总体验收，主动提供锅炉安装的有关技术资料及验收记录，并按需要如实汇报情况。

（4）对锅炉压力容器安全检察机构派出人员的工作要密切配合，对其提出的问题和意见，要如实回答，认真研究，制订措施，迅速整改。

3. 质量回访

锅炉安装施工单位在工程竣工验收后，应随锅炉安装质量证明书将"用户意见书"送交锅炉使用单位，并做好以下工作：

（1）定期或不定期的对锅炉使用单位进行质量回访，了解锅炉在使用过程中的质量状况，填写工程质量回访证书，收集用户意见和要求。

（2）对用户提出的质量问题，锅炉安装单位应认真对待，及时派出人员进行妥善处理，以满足用户的需求。

（3）定期对反馈的质量信息进行分析，针对存在问题，采用有针对性的措施改进工作，进一步提高锅炉安装工程质量。

4. 质量控制的具体实施

锅炉安装单位在施工过程中，应以工序控制为核心，按工艺流程及操作程序，根据各工序对锅炉安装质量的影响程度，有针对性地设置若干质量控制环节、控制点及停止点，逐一进行不同程度的质量控制，并按规定提供质量控制的见证资料，具体内容详见锅炉安装质量控制环节、控制点及停止点一览表。

5.5 卧式快装锅炉的安装施工

5.5.1 简介

1. 卧式快装锅炉

(1) 卧式快装锅炉即卧式水火管锅壳锅炉，所谓快装锅炉是在锅炉制造厂内装配完后，耐火砖及保温层也都砌筑、充填完毕，整体运往使用场所，就位于锅炉基础，找平找正，安装辅助机械，汽水管道及安全附件，烟风管道及烟囱、接通辅机电源，经烘炉、煮炉后，锅炉升火启动快，很快就可投入运行。

(2) 锅壳锅炉是指受热面主要布置在锅壳（筒）之内，汽水在受热面管子之外流动，烟气在管子内流动，其锅筒一部分或全部兼作锅炉的外壳，因而称为锅壳锅炉。

(3) 水火管锅炉具有锅壳式锅炉与水管锅炉两者的基本结构特点；卧式是指锅筒水平放置的锅炉。

2. 结构

外燃是卧式快装锅炉的基本形式，又分为Ⅰ型和Ⅱ型；Ⅰ型锅炉由于缺点很多，已停止制造，原有的Ⅰ型锅炉需经改造，方可使用；目前国内主要在生产Ⅱ型锅炉。

(1) Ⅱ型锅炉主要由锅壳、前管板、后管板、小烟室、火管、光面水冷壁管、下降管、后棚管和集箱组成。燃料在炉排上燃烧，火焰先使炉膛中的下锅壳及水冷壁管受热，烟气向后流动至后部燃烧室，折入第一束烟火管由后向前，到前烟箱转180°，再入第二束烟火管向后流动，经尾部受热面、引风机、烟囱排往大气；烟气行程系三回程，但蒸发量 0.5t/h 的一般都采用二回程。

(2) 卧式快装锅炉的八个主要组成部分都支承在钢板焊成的底座上，炉排支架及通风装置也全部在支座结构中形成；炉膛由锅筒底部和两侧水冷壁管构成，前后端外表加盖封板，内衬耐火砖，在两侧水冷壁管外侧，一般采用蛭石砖绝热，再外包薄铁皮，采用链条炉排时，则炉膛内配砌前后拱圈。

3. 技术参数、型式及代号

(1) 国内主要生产的Ⅱ型锅炉，有 0.5、1、1.5、2、4（单位：t/h）几种，工作压力有 0.8MPa 和 1.3MPa 两种；1.3MPa 锅炉的尾部均有铸铁省煤器，用于提高热效率；燃料主要是燃煤，少数也燃油或燃气。

(2) 卧式快装锅炉有 KZG 型、KZL 型和 KZZ 型。K 表示快装，第 2 位的 Z 表示纵置式，G 表示固定炉排，L 表示链条炉排，第 3 位的 Z 表示振动炉排。

4. 特点

(1) 卧式快装锅炉结构紧凑，采用轻型炉墙，锅炉体积较小，重量较轻，可整装运输，安装简便，占地面积小。

(2) 炉膛较大，适用燃料的范围较宽，热效率高，节约燃料；机械化、自动化程度较高，产生蒸汽较快，调整负荷方便。

(3) 受热面少，蒸发量低，常装水管或烟火管以增加受热面；热应力常把后管板拉撑件的焊口拉裂，使管接头出现裂纹和渗漏。

(4) 由于结构的原因，锅壳下部直接受火焰辐射，又易于沉积泥垢，并除垢困难，锅筒下部常常出现热鼓包现象；故水质要求较高，否则容易烧坏。

(5) 相对水容积较小，水位升降较快，加装省煤器后须连续给水，应安装水位自动控制设备。

(6) 外包薄铁皮，并能减少漏风；烟气流速高，行程回路曲折多，阻力大，烟管及烟箱中易积灰，需安装引风机。

5.5.2 安装前的准备工作

1. 锅炉的清点与验收

除按一般锅炉进行设备的清点、检查及验收外，卧式快装锅炉是在制造装配完后出厂的，耐火砖及保温层也都砌筑、充填完毕，因而重量及体积较大；装卸及运输途中难免震动，常常出现砖掉拱塌的现象，因此在检查时应特别注意，如果发现这种情况，在试运行前必须进行修复。

2. 基础放线

根据锅炉房设计平面图和锅炉基础图进行，应放出以下几条基准线。

A. 锅炉纵向中心基准线，或锅炉支架纵向中心基准线；

B. 锅炉炉排前轴基准线，或锅炉前面板基准线，如有多台锅炉应一次放出基准线；

C. 省煤器纵向中心和横向中心基准线；

D. 锅炉基础标高基准线，在锅炉基础上或基础四周选择有关的若干地点分别做出标记；

当基础的尺寸、位置不符合设计图纸和安装要求时，必须经过修整达到要求后才能进行安装。

3. 卧式快装锅炉的搬运

(1) 快装锅炉由于重量较大，现场搬运一般采用滚运的方法，快装锅炉具有条型的钢制炉脚，滚运时不必加设排子，用千斤顶将炉体打起，直接塞入滚杠及道木即可进行滚运。

(2) 若为整体混凝土基础，当锅炉基础高于地坪时，应用木板、道木搭设斜面，将锅炉牵引到基础上就位。

(3) 若为条形混凝土基础（不能承受较大的冲击载荷和横向载荷），应在条形基础的中间和两侧增设垫木，滚运锅炉的滚杠应大略高于条形基础 100mm，使锅炉在拖运中不接触条形基础，待锅炉拖运到位后，对准锅炉基础上的基准中心线使锅炉平稳就位。

5.5.3 卧式快装锅炉的安装

1. 锅炉的找平找正

(1) 锅炉就位后移动锅炉位置使锅炉的纵向中心线和链条炉排前轴中心线对准锅炉基础上的基准线，其偏差应符合表 5-5-1 的规定。

坐标、标高、中心线垂直度允许偏差（mm） 表 5-5-1

项　　目		允许偏差
坐　标		10
标　高		±5
中心线垂直度	立式锅炉全高	4
	卧式锅炉全高	3

(2) 锅炉纵向水平度

卧式快装锅炉为了有利于将水垢沉渣和腐蚀物排出，排污点应位于锅筒和联箱的最低点，应根据这一要求来决定锅炉的纵向水平坡度。

A．对于锅筒及联箱的排污管都位于锅炉后端的（集中排污）锅炉，找水平时要求锅炉纵向有一定的倾斜度，要求锅炉后端比其前端低 25mm 左右，以便于沉淀物向后部积存并从排污口排出。

B．一些快装蒸汽锅炉和热水锅炉目前较普遍地采用分别排污结构，锅筒的排污点仍然位于锅筒后端，两侧水冷壁系统的排污点一般位于两侧集箱的中部偏前；对于分别排污锅炉应总体考虑锅筒和集箱的排污，可保持锅筒及联箱的水平，或使前端高于后端 5~10mm。

(3) 锅炉的横向水平

找平时采用钢制垫铁，找正找平符合要求后将垫铁之间、垫铁与锅炉底座焊接在一起。锅炉横向找平的方法有以下几种：

A．应用长度大于 600mm 的水平尺，在锅炉炉排的前后横排面上找平；

B．当锅筒内最上一排烟管布置在同一水平线时，可打开锅筒上人孔将水平仪放在烟管上部进行测定；

C．另一方法是打开前烟箱，在平封头上找出原制造的水平中心线，用玻璃管水平测定水平线的两端点，其不水平度全长应小于 2mm。

2．炉排变速箱安装

(1) 变速箱安装前应打开端盖，检查齿轮、轴承及润滑油脂的情况，发现异常时应及时处理；油脂变质或积落污物时应清洗换油，更换润滑油时冬季使用 HL—20 号油，夏季使用 H_2—30 号油。

(2) 炉排安装找正后将变速箱吊装到基础上，对于链条炉排按照炉排传动轴调整变速箱的位置和标高，以保证炉排轴与变速箱轴同心，调整合格后进行预埋螺栓的二次灌浆。

(3) 混凝土达到设计强度后拧紧螺母并复查标高及水平情况，安装往复炉排的变速箱时应使偏心轮平面与拉杆中心线平行，以保证其正常运行。

3．锅炉辅机及附属设备安装

(1) 省煤器安装

A．快装锅炉的省煤器一般是整体组装出厂的，安装前要认真检查外壳箱板是否平整，有无碰撞损坏；省煤器肋片管有无损坏，破损的肋片数不应大于总肋片数的 5%，有破损肋片的根数不应大于总根数的 10%；检查连接弯头的螺栓有无松动，省煤器管法兰四周嵌填的石棉绳是否严密牢固，不严时必须补填严密，无问题后方可安装。

B. 省煤器一般直接安装于基础上，其位置及标高应符合图纸尺寸；省煤器也可安装于支架上，其支架安装的允许偏差应符合表 5-5-2 的规定。当烟管为现场制作时，支架可按基础图找平找正，当烟管为成品件时，应等省煤器就位后，按照烟管实际尺寸进行找平找正。

铸铁省煤器支架安装的允许偏差和检验方法　　　　　表 5-5-2

项　目	允　许　偏　差　(mm)	检　验　方　法
支承架的位置	3	经纬仪、拉线和尺量
支承架的标高	0　-5	水准仪、吊线和尺量
支承架的纵、横向水平度（每米）	1	水平尺和塞尺检查

C. 对于现场组装的可分式省煤器，组装完后应作水压试验，试验压力为：$1.25p + 0.5$MPa；其中 p 为锅炉的工作压力，达到要求后再进行安装。水压试验的同时可进行省煤器安全阀的调整，整定压力为装设地点工作压力的 1.1 倍。

D. 省煤器安装就位后，应通过调整支架的位置和标高使省煤器进口位置与锅炉烟气出口位置尺寸相符。

E. 安装完毕后可将省煤器下部的槽钢与支架板焊在一起，将支架预埋螺栓浇灌混凝土固定，混凝土的强度等级应比基础强度等级高一级，当混凝土强度达到 75% 时将地脚螺栓紧固。

F. 省煤器的进出口处，应按设计或锅炉图纸的要求安装阀门和管道。

(2) 引风机安装

A. 锅炉引风机安装前应核对风机的规格型号、叶轮、机壳和其他部位的主要安装尺寸是否与设计相符；清理内部杂物，检查叶轮旋转方向是否正确，检查叶轮与机壳轴向与径向间隙，用手转动叶轮不得与机壳有摩擦及碰撞；检查轴承是否充满润滑脂，检查风机入口调节机构转动是否灵活，发现锈死应清洗加油。

B. 将引风机及电机安装于基础上，把地脚螺栓上好，用成对的斜垫铁进行找平找正，要注意进风调节板方向要和叶轮转向一致。调整好位置、标高及风机水平度，平面坐标位置允许偏差 10mm、标高允许偏差 ±5mm。

C. 进行地脚螺栓的灌浆；灌浆时要捣固，混凝土达到设计强度 75% 以后再进行设备的精平；风机轴承座与底座应结合紧密，整体安装的轴承箱的纵、横向安装水平偏差不应大于 0.10‰，并应在轴承箱的中分面上测量，纵向安装水平也可在主轴上测量；风机采用皮带传动时，风机皮带轮与电机皮带轮错位量应小于 1mm。

D. 检查冷却水管路是否通畅，并按设备技术文件的规定进行水压试验，若无规定时试验压力不应低于 0.4MPa。

E. 烟管与引风机连接时应采用软接头，不得将烟管的重量压在引风机上。

F. 风机安装完毕经检查符合要求后应进行试运转，试运行时点动电动机及带动的风机，以检查风机转向是否正确、转子与机壳有无摩擦和不正常声响，正常后继续运转；应缓慢开启调节阀，其开度应使电机的运转电流不超过额定电流；运行时间不得低于 2h，运行时检查风机振动情况，轴承润滑、冷却水情况，同时对螺栓紧固情况及风机各项指标

进行考查,并做好记录;

试运转中轴承的温升应符合下列要求:滑动轴承温度最高不得超过60℃,滚动轴承温度最高不得超过80℃;轴承径向单振幅应符合下列要求:风机转速小于1000r/min时,不应超过0.10mm,风机转速为1000~1450r/min时,不应超过0.08mm。

(3) 除渣机安装

快装锅炉常用的除渣机有螺旋除渣机和刮板除渣机,一般是将驱动装置(电机、减速机)、螺旋轴(或链条、刮板)、机壳、进渣和出灰装置等一起组装为整体出厂的(见图5-5-1)。

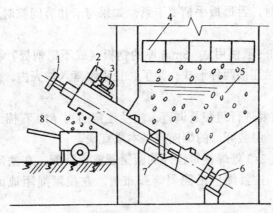

图 5-5-1 螺旋除渣机
1—链轮;2—变速箱;3—电动机;4—挡渣铁;5—水封;6—轴承;7—螺旋轴;8—渣车

螺旋除渣机的特点是操作简单,运行可靠;当灰渣落入灰坑进渣装置后,靠旋转着的螺旋轴将灰渣旋送至运渣小车中,然后运走;一般在炉底灰坑内设有水封,炉渣遇水后即破裂,同时也减轻了对螺旋机本体的磨损。

A. 安装前应先检查零部件是否齐全,外壳是否有凹坑及变形;核对除渣机法兰与炉体法兰螺栓孔位置是否正确,不合适时应进行修正;

B. 先将出渣机放入基础坑内,将漏灰接口板安装在锅炉底板下部,安装锥形渣斗,先紧固渣斗与炉体的螺栓,再紧固漏灰板与渣斗的连接螺栓;

C. 将出渣机的筒体与锥形渣斗连接好,锥形渣斗的法兰与筒体法兰之间一定要加橡胶垫或油浸石棉盘根密封,不得漏水;当除渣机送渣距离较长时,除渣机要加设支架或悬吊于锅炉本体钢架上;

D. 安装出渣机的吊耳及轴承座,要使螺旋轴保持同心或一条直线;调整安全离合器弹簧,按规定向油箱内加入机械油;

E. 安装调整完毕后,接通电源和水源,检查旋转方向是否正确,离合器弹簧是否跳动,冷态试运转2h,无异常声响和不漏水为合格。

(4) 除尘器安装

A. 安装前应进行内外部检查,安装时先将支架装好,然后吊装除尘器,上好除尘器与支架的连接螺栓,吊装除尘器时不得损坏内部的耐磨涂料。

B. 先从省煤器的出口或锅炉后烟箱的出口安装烟管和除尘器的扩散管,烟管之间用

$\phi10$ 石棉绳作垫料，连接要严密。

C．检查扩散管法兰与除尘器的进口法兰位置是否合适，如不合适可适当调整除尘器支架的位置和标高，使除尘器与烟管达到稳妥连接。

D．连接螺栓上好后将除尘器及支架垂直度调整好，垂直度偏差不应大于2mm/m，全高不大于10mm，除尘器的安装应平稳牢固，位置和进出口方向正确，调整合格后将地脚螺栓浇灌混凝土或与预埋钢板焊牢。

E．锁气器是除尘器的重要部件，是保证除尘器除尘效果的关键部位，因此锁气器的密封面必须平整、连接处要严密；舌形板上应有橡胶板，接触要严密，配重要合适，如果采用卡扣关闭舌形板时，舌形扳手柄要卡紧，如果与卡扣有间隙时应加铁板垫卡紧。

(5) 烟囱的安装

A．卧式快装锅炉一般使用3～6mm厚的钢板（或不锈钢板）卷制焊接的烟囱，现场连接，分为焊接及法兰连接两种形式；为了防止雨水落入炉壳内，烟囱顶部应装有防雨顶帽。

B．烟囱在吊装前要进行组装及调直，法兰连接的用$\phi10$石棉绳作垫料，连接要严密牢固；螺栓上全上紧，组装好后的烟囱应基本成直线。

C．在烟囱高度的2/3处焊接带铁环的圆钢圈或扁钢圈，在铁环上安装最少3根拉紧绳，（$\phi6$～$\phi8$钢筋），拉紧绳应沿圆周等弧布置，在拉紧绳距地面大约3m处安装绝缘球。

D．用吊装设备将烟囱吊装就位，拉紧绳与地锚连接，拉紧绳上宜加花篮螺栓，以便收放拉紧绳来调整烟囱的垂直度，其偏差不超过1/1000，全高不超过20mm。

E．烟囱不应直接安装于引风机出口法兰上，以免影响锅炉正常运行及引风机的检修；烟囱应安装于金属支架或单独的基础上，烟囱下部1.5～2m以下部分应适当加粗，底部应设一清灰门，引风机的出口烟道要顺着风机旋转切线方向斜着向上与烟囱相连接。

F．当烟囱的高度超过周围建筑物时应安装避雷针，其要求按有关的规定执行。

(6) 仪表安装

按"5.4 工业锅炉安装施工"中的有关规定执行。

4．水处理设备及附属容器安装

(1) 水处理设备安装

A．快装锅炉一般采用锅外化学水处理，软化水设备安装前应进行外观质量检查，设备罐体的视镜应布置在便于观察的方向，要检查罐内的滤水帽或尼龙网板连接是否可靠，树脂装填的高度应按设备说明书的要求进行。

B．热力除氧器和真空除氧器的排汽管应通向室外，直接排入大气。

C．压力式过滤器、阳离子交换器的筒体安装应垂直，垂直度允许偏差为1‰，压力式过滤器、阳离子交换器的支架应安装牢固。

D．还原液的制备一般采用溶盐池和盐溶解器，为了防止腐蚀，盐水管道及还原液泵宜采用塑料材质。

(2) 附属容器的安装

A．水箱、罐应安装在混凝土基础或支架上，水箱、罐与支架或基础应紧密接触，敞口水箱、罐安装前应做满水试验，静置 24h 不渗不漏为合格；密闭水箱、罐应以工作压力的 1.5 倍作水压试验，但试验压力不得小于 0.4MPa，在试验压力下 10min 内无压降，不渗不漏为合格。

B. 壳管式热交换器的安装，如设计无要求时，其封头与墙壁或屋顶的距离不得小于换热管的长度。

热交换器应以最大工作压力的 1.5 倍作水压试验，蒸汽部分应不低于蒸汽压力加 0.3MPa，热水部分应不低于 0.4MPa，在试验压力下，保持 10min 压力不降为合格。

C. 各种箱、罐、热交换器安装的允许偏差应符合表 5-5-3 的规定。

箱、罐、热交换器安装的允许偏差 (mm)　　　　表 5-5-3

项　　目	允　许　偏　差	检　验　方　法
坐　标	15	经纬仪、拉线和尺量
标　高	±5	经纬仪、拉线和尺量
垂直度 (1m)	2	吊线和尺量

D. 金属箱、罐（不锈钢制作的除外）的外表面应清除铁锈并涂刷防腐层；热交换器的外壳应做保温，水箱、罐内介质的温度若大于 50℃ 时也应做保温，防腐层及保温层的厚度及使用的材质按设计要求，允许偏差及验收标准按施工及验收规范的规定执行。

5.5.4 锅炉房管道安装

(1) 锅炉房蒸汽管道的水平管、凝结水管、排污管均应向介质流动方向倾斜，以利于疏水和排污，坡度应不小于 3‰。

A. 管道应进行可靠的固定，焊接法兰盘连接的对口不得强制连接，紧固法兰的螺栓丝头应涂以石墨机油；管道密集处应留有足够的间隙，以便保温。

B. 排污管道由于会受到排污时汽水的冲击，不得采用丝扣阀门，管道要进行可靠的固定，排污管道必须引至室外排污井内；排污管上应串联安装两个阀门，一个为快速排污阀，另一个为直通旋塞，起关闭作用。

关闭阀不宜采用闸阀，一是因其行程长，二是排污的杂质沉积在闸板下会使阀门关闭不严；关闭阀应安装在靠近锅炉一侧，这样可以保护关闭阀不受磨损，以便在不停炉的情况下检修快速排污阀。

(2) 阀门安装前应作强度和严密性试验，试验应在每批（同牌号、同型号、同规格）数量中抽查 10%，且不少于一个；对于安装在主干管上起切断作用的闭路阀门，应逐个做强度和严密性试验。

阀门的强度和严密性试验应符合以下规定：阀门的强度试验压力为公称压力的 1.5 倍，严密性试验压力为公称压力的 1.1 倍，试验压力在试验持续时间内应保持不变，且壳体填料及阀瓣密封面无渗漏。阀门试压的试验持续时间应不少于表 5-5-4 的规定。

阀门试验持续时间　　　　　　　　　　　　　表 5-5-4

公称直径 DN (mm)	最短试验持续时间 (s)		
	严密性试验		强度试验
	金属密封	非金属密封	
≤50	15	15	15
65～200	30	15	60
250～450	60	30	180

(3) 每台锅炉的进水管上应装设止回阀和截止阀，两阀应紧接相连，截止阀应靠近锅炉的一侧。

A. 每台给水泵入口处应安装切断阀（一般用闸阀），出口应装设截止阀和止回阀，止回阀应靠近水泵一侧；升降式止回阀只允许安装于水平管段，旋启式止回阀既可水平安装也可垂直安装。

B. 水泵的吸入管段必须严密不得漏气，不得有窝气点，尽量减少弯头；水泵从低于泵中心高度的水池内吸水时应装设底阀，其吸入口前应有长度不小于 3D（D 为吸入管直径）的直管段；吸水管浸入水面的深度及吸水管与池底距离不小于 500mm；与水泵连接的管道应有牢固的支架，防止设备振动传到管道系统，同时也要防止管路的重量压到设备上。

(4) 对于热水锅炉，在上锅筒顶部，省煤器上联箱以及热水管路的最高点应装集气罐或自动排气阀；为防止突然停电时产生的水击损坏循环水泵，在水泵前后的进出水母管之间应设带止回阀的旁通管，其管径应与母管相近。

(5) 省煤器的循环水管应接到水箱，省煤器安全阀的疏水管应接到室外安全处。
安全阀的安装按"5.4 工业锅炉安装施工"中的有关规定执行。

(6) 管道连接的法兰、焊缝和连接管件以及管道上的仪表、阀门的安装位置应便于检修，并不得紧贴墙壁、楼板或管架。

连接锅炉及辅助设备的工艺管道安装的允许偏差应符合表 5-5-5 的规定。

工艺管道安装的允许偏差和检验方法 (mm)　　　　　表 5-5-5

项　目		允　许　偏　差	检　验　方　法
坐　标	架　空	15	水准仪、拉线和尺量
	地　沟	10	
标　高	架　空	±15	水准仪、拉线和尺量
	地　沟	±10	
水平管道纵横方向弯曲	DN≤100mm	2‰，最大 50	直尺和拉线检查
	DN>100mm	3‰，最大 70	
立管垂直		2‰，最大 15	吊线和尺量
成排管道间距		3	直尺尺量
交叉管的外壁或绝热层间距		10	

5.5.5 锅炉及锅炉房汽水管道的水压试验

(1) 卧式快装锅炉本体水压试验的方法、步骤、试验压力及要求，按"5.4 工业锅炉安装施工"中的有关规定执行。

(2) 连接锅炉及辅助设备的工艺管道必须进行水压试验，试验压力为系统中最大工作压力的1.5倍，在试验压力下，10min内压力降不超过0.05MPa，然后降至工作压力进行检查，不渗不漏为合格。

5.5.6 烘炉、煮炉、严密性试验及试运行

按"5.4 工业锅炉安装施工"中的有关规定执行，与一般锅炉不同的是：卧式快装锅炉烘炉时间为2~4d，锅炉带负荷连续试运行宜为4~24h，以运行正常为合格。

5.6 进 口 锅 炉

5.6.1 有关进口锅炉的规定

1. 进口锅炉实施安全质量许可证制度

根据《中华人民共和国进出口商品检验法》及其实施条例和《进口锅炉压力容器安全质量许可制度实施办法》，我国公布了《实施安全质量许可制度的进口锅炉压力容器产品目录》自1995年10月1日起执行；目录内产品自1997年10月1日起必须获得国家质检总局（原劳动部）颁发的进口锅炉压力容器产品安全质量许可证书，方能进口。

(1) 进口锅炉目录

A. 蒸汽锅炉：指承压的以水为介质的固定式蒸汽锅炉；

B. 热水锅炉：指承压的以水为介质的固定式热水锅炉；

C. 有机热载体炉：指固定式的有机热载体气相炉和有机热载体液相炉。

(2) 进口锅炉安全附件

主要有安全阀、爆破片、测压装置、保护装置、主要阀门、压力管件等。

(3) 我国实施进口锅炉安全质量许可证制度以后，有30个国家及地区的锅炉制造企业正式提出申请，经过原劳动部有关部门的审查，已有132家取得进口锅炉产品安全质量许可证和许用钢印（用于产品铭牌）。

2. 对进口锅炉的检验要求

(1) 进口锅炉的单位在与外商订合同时，一般应以中国的规程、标准为设计、制造、安装、检验的依据；如果外商以我国规程、标准进行设计、制造、安装、检验有困难时，可以按下列任意一个国家的规范或标准作为设计、制造、安装、检验的依据。

A. 美国规范：ASME 第Ⅰ卷《动力锅炉建造规程》；

B. 英国标准：BS2790《焊接结构锅壳式锅炉规范》；BS1113《水管蒸汽锅炉规范》；

C. 德国规范：TRD《蒸汽锅炉技术规程》。

其他国家的锅炉规范、标准，除事先经国家质检总局（原劳动部）批准的外，原则上不予认可。

(2) 进口锅炉的单位在与外商订合同时，如以外国规范、标准作为进口锅炉设计、制造、安装、检验依据时，设备的安全质量除符合合同规定的规范、标准外，同时还必须符合我国对锅炉安全质量的基本要求，并由商检和锅炉监察机构按照各自的分工分别进行检验。

(3) 对于不具备我国国家质检总局（原劳动部）颁发的进口锅炉产品安全质量许可证书的产品或经审查结论为不符合要求的产品，不得向我国进口。

3．锅炉安全质量基本要求

(1) 进口锅炉应具有我国国家质检总局（原劳动部）颁发的进口锅炉产品安全质量许可证书的复印件。

(2) 进口锅炉应附有与安全有关的技术资料，至少包括：

A．锅炉图样（总图、安装图和主要受压部件图）；

B．受压元件强度和安全阀排放量的计算书或计算结果汇总表；

C．锅炉质量证明书（包括出厂合格证、主要受压件材质证明书、无损检测报告书、焊后热处理报告书和水压试验合格证）；

D．锅炉安装和使用说明书。

对于额定压力 $\geqslant 3.8 \mathrm{MPa}$ 锅炉还应包括：

A．热力计算、过热器壁温计算、烟风阻力计算的计算书或计算结果汇总表；

B．热膨胀系统图。

对于额定压力 $\geqslant 9.8 \mathrm{MPa}$ 锅炉，除上述技术资料外，还应包括：

A．再热器壁温计算、锅炉水循环计算的计算书或计算结果汇总表；

B．汽水系统图；

C．各种保护装置的整定值。

(3) 在锅炉明显位置应有金属铭牌，铭牌上的项目至少包括：

A．制造厂名称；

B．安全质量认可编号；

C．额定蒸发量（热功率）；

D．额定蒸汽压力（出水压力）；

E．额定蒸汽温度（出水温度）；

F．锅炉出厂编号；

G．再热器进、出口蒸汽温度。

(4) 锅炉受压元件（含拉撑件）用钢必须是镇静钢，钢号应是国外锅炉用钢标准所列钢号或成熟的锅炉用钢钢号。

(5) 结构的基本要求

A．卧式锅壳锅炉的平直炉胆的计算长度应不超过 2m，如炉胆两端与管板板边对接连接时，其计算长度应不超过 3m。

B．锅筒、炉胆、回燃室及集箱上的纵向和环向焊缝以及封头（管板）、炉胆顶、下脚圈拼接焊缝应采用全焊透的对接焊接，且不得采用十字接头（不等厚筒体除外）。

卧式内燃锅壳锅炉炉胆与回燃室（湿背式）、炉胆与后管板（干背式）、炉胆与前管板（回燃式）的连接处，不得采用 T 形接头连接。对于卧式锅壳锅炉，任何情况下，管板与炉胆、管板与锅壳不得采用搭接接头连接。

C. 凡能引起锅筒壁或集箱壁局部热疲劳的连接管（如给水管、减温水管等）在穿过锅筒壁或集箱壁处应加保护套管。对于额定蒸汽压力≤1.0MPa，且额定蒸发量≤1t/h的锅炉，给水管穿过锅筒壁处可不加保护套管。

D. 排污阀与排污管推荐采用法兰连接，排污管与锅筒、集箱应采用焊接连接。

(6) 焊接与探伤的要求

A. 锅炉受压元件的对接焊接接头和T型焊接接头，任何情况下不允许存在裂纹、未焊透、未熔合等危险性缺陷。

B. 管板与锅壳的T形连接部位的焊缝，每条焊缝应进行100%超声波探伤；管板与炉胆、回燃室的T形连接部位的焊缝应进行50%的超声波探伤。

C. 额定蒸汽压力≥3.8MPa锅炉的集中下降管与锅筒、集箱连接的角接头应进行100%超声波或射线探伤。

(7) 安全附件及仪表的要求

A. 蒸汽锅炉采用的弹簧式安全阀应是全启式结构。

B. 采用螺纹连接的弹簧式安全阀时，安全阀应与带螺纹的短管连接，而短管与锅筒或集箱应采用焊接连接。

C. 每台蒸汽锅炉的锅筒上应装两只彼此独立的水位表；但符合下列情况之一者可装一只水位表：

a. 额定蒸发量≤0.5t/h的锅炉；

b. 额定蒸发量≤2t/h，且装有一套可靠的水位控制装置的锅炉；

c. 装有两套各自独立的远程水位显示装置的锅炉；

d. 电加热的锅炉。

D. 额定蒸发量≥2t/h的锅炉应有高低水位报警、低水位联锁保护装置；额定蒸发量≥6t/h的锅炉应有超压报警和超压联锁装置。

E. 用煤粉、油、气体做燃料的锅炉应有点火程序控制和熄火保护装置。

F. 额定出水水温高于或等于120℃或额定热功率≥4.2MW的热水锅炉，应有超温报警装置。

(8) 锅炉上所有计算书中的量纲以及锅炉参数均须采用国际计量单位；若采用非国际计量单位进行计算时，至少应在其结果和质量证明书及设备铭牌上注明国际计量单位。

5.6.2 关于进口内燃燃油锅炉的规定

根据《中华人民共和国进出口锅炉压力容器监督管理办法》，为加强对进口锅炉的监督检查，原劳动部做出以下规定：

(1) 凡是进口我国的锅炉，在与外商签订合同时必须明确锅炉设计、制造、安装、检验所依据的规范、标准，否则，进口检验时一律按中国规程、标准进行。

(2) 根据我国有关法律，为了维护我国利益，保证进口锅炉的质量，进口锅炉的单位在签订合同时应以我国规程、标准作为锅炉设计、制造、安装、检验的依据。

(3) 当按美国规范ASME第Ⅰ卷、英国标准BS2790、德国规范TRD、日本《锅炉构造规范》及JIS B8201《陆用钢制锅炉的构造》标准设计、制造燃油锅炉时，也应符合我

国的安全规定,至少应符合下列技术要求:

A. 管板与筒壳、炉胆应尽量采用对接接头,也可采用全焊透的 T 形接头,但不得采用搭接接头。

B. 锅炉的主焊缝(筒体的对接焊缝、管板与筒壳、炉胆的 T 形焊缝)不得存在裂纹、未焊透、未熔合等危险性缺陷;当管板与筒壳、炉胆连接采用 T 形接头时,其探伤比例应不低于 25%。

C. 平直炉胆的计算长度不得超过 3m,否则应加装膨胀环。

D. 受压部件的材料必须是镇静钢,不得采用沸腾钢。

E. 排污管、主蒸汽管与筒体(集箱)之间应采用焊接,而排污阀与排污管、主蒸汽阀与主蒸汽管之间应采用法兰连接。

F. 安全阀、水位表的数量不应少于我国的规定,否则应有可靠的自动控制和自动保护装置。

G. 进水管与锅筒连接处应有套管。

其他国外标准,原则上不予承认,否则需经省级锅炉压力容器安全监察机构同意。

(4) 进口锅炉使用管理应按我国规定的要求进行。

(5) 对于二手锅炉进口检验时,应按我国《锅炉定期检验规则》执行,以符合安全使用的原则处理检验中发现的问题。

(6) 在本规定之前已经进入我国的锅炉或已签订合同的锅炉,由于合同中未明确锅炉设计、制造、安装、检验所依据的规范、标准而带来的一些问题按如下原则处理:

A. 锅炉的设计结构可以不再改动。

B. 探伤方面的规定不管与我国要求是否一致,进口检验均可进行探伤抽查,一律不允许裂纹、未焊透、未熔合等缺陷存在,若发现此类缺陷应由锅炉厂或代理商进行处理。

C. 对于卧式内燃燃油(气)锅炉,如装有可靠的点火程序控制和熄火保护装置,可不强调必须设有防爆门。

D. 当锅炉上有可靠的低水位和超压保护装置时,水位表、安全阀数量可少于我国的规定。

(7) 应加强进口锅炉定期检验工作,除按我国《锅炉定期检验规则》执行外,以下项目应进行重点检查:

A. 管板与筒壳、炉胆的角接接头或 T 形接头以及燃烧室的角接接头是否存在裂纹等。

B. 点火程序和熄火保护装置是否灵敏可靠。

C. 低水位和超压保护装置是否灵敏可靠。

D. 未加套管的进水管与筒壳连接是否有裂纹等。

以前各地的规定与上述意见不一致时,应按本意见执行。

5.6.3 进口燃油(气)锅炉与我国锅炉规程、标准的差异

进口燃油(气)锅炉以卧式内燃的居多,这些锅炉在型号的命名、锅炉结构、安全附件配备上与我国的锅炉规程、标准有一定的差距。

1. 锅炉型号由制造厂商自行确定

国产锅炉的型号，均按 JB/T 1626《工业锅炉产品型号编制方法》或 JB 1617《电站锅炉产品型号编制方法》的规定进行编制；而进口燃油（气）锅炉的型号基本上都是各制造厂商自行确定的，而且往往冠以厂商标牌；了解进口锅炉型号的含义，一定要根据其技术说明书。

(1) 德国 LOOS（劳斯）锅壳燃油、燃气锅炉，在锅炉最明显部位装有 LOOS 标牌，锅炉型号以 ULS 表示单炉胆蒸汽锅炉，ZFR 表示双炉胆蒸汽锅炉。

(2) 美国 YORK（约克）锅炉，按系列代号—设计代号—锅炉马力—燃料代号依次表示；例如：

```
400—SPH 200—N/5
 │    │    │    └─ 燃料:天然气/5号重油
 │    │    └───── 200 马力
 │    └────────── 设计代号:SPH(高压蒸汽)
 └─────────────── 系列代号
```

2. 管板与筒壳、炉胆采用角焊缝连接

(1) 美国、英国、日本及国际标准化组织的规范、标准均允许管板与筒壳、炉胆采用角焊缝。

(2) 对于卧式锅炉管板与筒壳、炉胆的连接，我国 87《锅规》规定不准采用角焊缝，而应采用板边对接焊；96《锅规》做出了有条件使用角焊缝的规定，其使用条件为：

A．锅炉的额定压力≤1.6MPa 卧式锅炉的管板与炉胆、锅壳不受火焰冲刷，即烟温≤600℃的部位。

B．必须采用全焊透的接头型式，且坡口经机械加工。

C．管板与锅壳、炉胆的连接焊缝应全部位于锅壳、炉胆的筒体上，即接头坡口必须开在管板上而不能开在锅壳、炉胆上。

D．T 形接头连接部位的焊缝厚度应不小于管板的壁厚且其焊缝背部能封焊的部位均应封焊，不能封焊的部位应采用氩弧焊打底，并保证焊透。

E．T 形接头连接部位的焊缝应按规定进行超声波的探伤。

凡采用 T 形接头连接的锅炉制造单位，对持有 D 级及其以上锅炉制造许可证的，应经省级锅炉压力容器安全监察机构批准；对持有 E_1 级或 E_2 级锅炉制造许可证的，应经国家质检总局（原劳动部）锅炉压力容器安全监察机构批准。

3. 平直炉胆无膨胀环问题

卧式内燃锅炉的炉胆有三种型式，平直炉胆、波形炉胆、波形与平直组合型炉胆。当采用平直炉胆时，一般要加装膨胀环。膨胀环有两个作用，一是减少炉胆的壁厚，二是可以补偿炉胆受热膨胀量，改善炉胆与管板连接处的应力状态。

(1) 我国 96《锅规》规定：卧式锅壳锅炉平直炉胆的计算长度应不超过 2000mm，如炉胆两端与管板板边对接连接时，平直炉胆的计算长度可放大到 3000mm。

(2) 进口卧式锅炉平直炉胆无膨胀环问题，一是要看是否符合相应国家的规范或标准，二是其壁厚是否满足计算要求。

(3) 外国锅炉规范及标准关于平直炉胆的规定如下：

A．英国 BS 2790—89《焊接结构锅壳式锅炉规范》和国际标准化组织 ISO/DIS 5730

《锅壳锅炉制造规范》都规定,除了回火管锅炉已考虑内部柔性外,平直炉胆长度不应超过 3m,否则应采用波形炉胆或加装膨胀环。

B. 美国 ASME 规定,平直圆形炉胆直径≤970mm 时,其长度不限,长度不同时其厚度计算公式不一样。

C. 日本、德国锅炉规范及标准均未对平直炉胆的长度加以限制。

4. 卧式内燃锅炉设置防爆门的问题

(1) 用煤粉、油或气体作燃料的锅炉,因操作不当或自动控制失灵均可能引发炉膛爆炸事故;我国 96《锅规》规定,用煤粉、油或气体作燃料的锅炉,必须装设可靠的点火程序控制和熄火保护装置;未要求装设防爆门。

(2) 我国"关于进口内燃燃油锅炉的规定"也不强调必须装设防爆门。

(3) 卧式内燃锅炉的炉膛,其抗爆能力远远高于水冷炉膛,国外锅炉规范均未要求安装防爆门;进口卧式内燃锅炉一般自控装置和自动保护装置比较齐全,而且比较灵敏可靠,根据 96《锅规》和"进口内燃燃油锅炉的规定",可不装设防爆门。

5. 管板与筒壳、炉胆连接角焊缝的探伤问题

各国要求对锅炉焊缝进行探伤的方法和比例不同;对于进口锅炉一旦发现焊缝中的缺陷超标,均应由生产厂家或经销商负责处理。

6. 安全附件与自控

(1) 安全附件(安全阀、压力表、水位表)是锅炉安全运行的重要装置,我国 96《锅规》规定:蒸发量大于 0.5t/h 的蒸汽锅炉和热功率大于 1.4MW 的热水锅炉,每台锅炉至少应装两只安全阀,蒸发量大于 0.5t/h 的蒸汽锅炉,每台锅炉至少应装两只彼此独立的水位表。

(2) 各国在规范、标准中对安全附件的规定有所不同,进口燃油(气)锅炉,除配有常规安全附件外,对压力、温度、燃烧等自动调节、自动保护功能比较齐全,检验时应按我国"进口锅炉安全质量基本要求"和"进口内燃燃油锅炉的规定"的有关要求执行。

7. 各国对锅炉水压试验的试验压力,维持时间等技术要求与我国不同,详见表 5-6-1。

水压试验时,对生产国与我国的标准规定,应就高不就低,只执行一种标准。

水压试验的试验压力,维持时间表 (MPa)　　　表 5-6-1

标　　准	试　验　压　力	维　持　时　间	备　　注
中国 96 锅规	1. $1.5P$ 且≥0.2 ($P<0.8$) 2. $P+0.4$ ($0.8≤P≤1.6$) 3. $1.25P$ ($P>1.6$)	20min	P 为锅筒工作压力
美国 ASME 标准	$1.5P$	—	P 最高允许工作压力
英国 BS2790 标准	$1.5P$	≥30min	P 为设计压力
德国 TRD 标准	1. $1.3P$(陆用及内河船用) 2. $1.5P$(海船)	30min	P 为允许运行压力
日本锅炉规范 JIS 标准	1. $2P$ 且≥0.2 ($P<0.42$) 2. $1.3P+0.29$ ($0.42≤P≤1.47$) 3. $1.5P$ ($P>1.47$)	有足够时间进行完全的检查	P 为最高许用压力

5.6.4 进口燃油（气）锅炉存在的常见问题

1．随机文件

(1) 缺材质报告或焊接质量证明资料，进口锅炉钢材的硫、磷含量均比我国锅炉用钢低，但硅含量有时会偏高，会影响焊接性能。

(2) 缺强度计算书或强度计算数据不全。

(3) 安装使用说明书笼统简单。

应由锅炉生产厂家完善和补齐所差的资料。

2．锅炉结构及水压试验

由于国内外锅炉标准存在技术要求的差异，导致某些制造中的缺陷在出厂检验中未被发现。

(1) 锅筒与管板，炉胆与封头采用角焊缝或搭接焊缝连接。

A．应由锅炉生产厂家或代理商提供焊后热处理，焊缝探伤的详细质量保证书，以保证焊缝为全焊透，不存在裂纹、未熔合、气孔等危险性焊接缺陷；

B．安装前应进行外观或表面探伤检查；对焊缝外观成形较差的应进行比例不少于25％的无损检测。

(2) 锅筒、管板、炉胆实测壁厚小于强度计算书上的名义尺寸，超出标准规定的允许偏差。

对于难于返修的锅炉结构问题应由锅炉生产厂家或代理商出具责任"担保书"。

(3) 设计压力≤1.27MPa 锅炉范围内的蒸汽管、排污管、给水管采用丝扣连接。

安装时应使用一端为丝扣接头，与锅炉上的出口管丝扣连接，另一端为焊接法兰的短管，将丝扣连接转换为法兰连接，以便安装法兰连接的阀门等部件。

(4) 安全阀、水位表、压力表仅有一套，高低水位报警装置不全。

安全附件的数量要符合生产国的锅炉标准，安全保护装置不全的安装时应按我国96《锅规》的规定增补完善。

(5) 锅炉出口管法兰与我国法兰标准不匹配。

安装配管时要加过渡法兰短管，将生产国的法兰转换为我国国家标准规定的法兰。

(6) 锅炉配置的仪表未采用国际计量单位，如压力表计量单位为 Psig（磅力/英寸），温度表为 FAHRENIT（华氏温度表℉）。

需要进行换算或将压力表和温度表换成经检定合格，并在检定周期内，使用国际计量单位的仪表。

(7) 烟管胀口在水压试验中淌水、渗漏；拉撑管在水压试验时断裂。

应由锅炉生产厂家或代理商立即派人修复；并经再次水压试验合格。

(8) 焊接质量差，外观检查发现咬边、内凹、气孔和飞溅物；无损检测发现夹渣、裂纹等缺陷。

对于危害锅炉安全运行的焊接缺陷，应由锅炉生产厂家或代理商出具返修方案，立即派人修复之后，并经无损检测合格。

5.7 燃油、燃气锅炉的安装施工

5.7.1 燃油、燃气锅炉简介

燃油、燃气锅炉就是以燃料油（简称燃油）或可燃气体（简称燃气）作为燃料的锅炉；它们是利用燃油或燃气释放的热能加热给水，以获得规定的参数（温度、压力）和品质的蒸汽或热水的设备。当锅炉既可以燃油又可以燃气时就称为燃油燃气锅炉，亦称双燃料锅炉（俗称油气炉）。

1. 燃油、燃气锅炉的优点、型式及燃烧方式

(1) 燃油、燃气锅炉的技术复杂程度比一般的燃煤锅炉高得多，具有以下优点：

A. 燃油锅炉的排烟基本无尘，燃气锅炉不仅无尘，也基本无有害气体；

B. 不需设置输煤、除渣设备及烟气净化处理设备，锅炉体积小、重量轻；

C. 锅炉的负荷调节性和操作性比较好，自动化程度高，供汽（热水）可靠、稳定；

D. 锅炉热效率高，$\eta = 85\% \sim 92\%$。

(2) 燃油、燃气锅炉的型式

根据 JB/T 1626—92《工业锅炉产品型号编制方法》的有关规定，可进行以下分类。

A. 按锅炉安装后锅壳的轴线与地面的位置关系分为：

轴线与地面垂直称为立式，用汉语拼音字母"L"表示；

轴线与地面平行称为卧式，用汉语拼音字母"W"表示。

B. 按燃烧室（炉膛）与锅壳的位置关系分为：

燃烧室在锅壳之外称为外燃，用汉语拼音字母"W"表示；

燃烧室在锅壳之内称为内燃，用汉语拼音字母"N"表示。

C. 按主要受热面分为水管（S）和火（烟）管（H）。

(3) 燃烧方式及燃料种类代号

A. 燃烧方式指燃料在炉膛中如何进行燃烧，因燃油、燃气锅炉是在燃烧室的空间进行燃烧，所以称为："室燃"，用汉语拼音字母"S"表示。

B. 燃料种类代号

柴油—yc；重油—yz；天然气—Q_t；焦炉煤气—Q_j；液化石油气—Q_y。

2. 燃油、燃气锅炉的种类及组成

(1) 种类

燃油、燃气锅炉分为：立式锅炉、卧式锅炉及水管锅炉。

(2) 组成

一般小型燃油、燃气锅炉大多系卧式内燃锅壳式锅炉，其主要受压元件由锅壳、炉胆、管板、封头、火管、转烟室及拉撑件组成。

3. 燃油、燃气的燃烧

(1) 燃油的流程及燃烧方式

A. 燃油经油泵加压打入燃烧器，通过机械压力式雾化，油粒蒸发和分解，油气与空气混合，高压点火后在炉胆内产生火焰，开始燃烧。

B．组织燃料和空气充分混合以进行燃烧的装置称为燃烧器，小燃油量的为整体式燃烧器，大燃油量的为分体式燃烧器；其主要构件是油的雾化器（也称喷油嘴、油枪或油烧嘴）和调风器。

　　(2) 燃气的流程及燃烧方式

　　A．可燃气体通过阀门组调压后进入燃烧器，在燃烧器的燃烧头部与加压空气强制混合，经高压点火后在炉胆内产生火焰，开始燃烧。

　　B．为使燃气和空气尽可能地互相掺混，需将整股燃气分为若干小股燃气，并使空气在小股气流中穿流扩散。在燃气燃烧器中，将燃气进行分流的喷嘴称为分流器，也称燃气喷嘴或喷嘴，将空气的调配机构称为调风器。

　　(3) 燃烧器的点火

　　完整的燃烧器是调风器与油枪或燃气分流器的有机配合，燃烧器主要分三种：气体燃烧器、燃油燃烧器和油气两用燃烧器。燃烧器的点火，就是为燃油或燃气提供一个高温热源，使其温度升高并着火燃烧。

　　应用最多的燃烧器是德国威索牌机械压力雾化式燃烧器，其性能先进，有燃油型、燃气型及油气两用型。

　　4．燃油、燃气锅炉附件

　　燃油燃气锅炉的三大安全附件，即安全阀、水位计及压力表的设置与一般的锅炉基本相同。

　　燃油燃气锅炉绝对不能出现燃料的泄漏，绝对不能先喷油或先开气而后点火，否则、必然出现爆炸事故；所以必须设置特殊安全附件并有检测手段，出现问题马上停炉，以防止事故发生。

　　(1) 水位安全附件

　　A．水位的控制包括水位的检测和调节，是通过对水泵的控制来实现的，水位安全附件的作用是保证锅炉的自动补水，锅炉至高水位后上水泵自动停泵，锅炉至低水位后上水泵自动启泵，当上水泵出现故障，炉内水位下降，降至超低水位后自动停炉并报警（有的锅炉还设有高水位报警）。

　　B．最常用的有电极式水位调节，由水位电极和电气控制板组成，是目前世界上比较先进的锅炉水位控制装置；另一种为浮筒式水位控制器，浮筒式水位控制器比电极式可靠性差，当浮筒错开开关位置时，自动控制会失灵，也有可能因水垢或铁锈而产生误动作，造成假水位甚至造成事故。

　　(2) 压力安全附件

　　压力控制的方法有：位式控制和比例调节（效果更好的一种控制方法），压力安全附件主要有蒸汽压力调节器和蒸汽压力限制器，均装设在压力表管路上。

　　A．压力调节器：调整锅炉自动停炉和自动起炉的蒸汽压力，当压力达到高压值时自动停炉，在压力下降到接近停炉时自动改烧小火，压力达到低压值时自动起动。

　　B．压力限制器：当压力达到压力调节器的高压值时未能自动停炉，蒸汽压力继续升高，达到压力限制器调整数值时，则强行停炉。

　　(3) 燃料供给系统及烟道系统的安全附件等

　　5．燃油、燃气锅炉的自动控制系统

燃油、燃气锅炉与燃煤锅炉的不同之处在于有炉膛冷爆的可能，冷炉启动时由于炉膛油雾的大量积聚，热炉启动时由于有瓦斯的大量存在，当它们与空气混合成一定比例时，就会引起冷爆发生；燃油燃气锅炉应设置点火和停炉的程序控制和多种连锁保护装置，一般由专门的程序控制器来完成。

(1) 自动控制系统的作用

A．当锅炉正常运行时，具有控制或测量指示作用，一般都可以进行位式或比例控制，并可采用不同方式来指示被控制的量；

B．当被控制对象的变化超过给定范围后，具有限值报警作用；

C．当锅炉出现异常情况或操作失误时，具有连锁保护作用防止出现事故。

(2) 蒸汽锅炉控制系统主要包括：

A．燃烧控制：启停点火程序控制、检漏控制、大小火转换控制；

B．蒸汽压力控制：压力负荷自动调节、超压报警、超压连锁控制；

C．水位控制：水泵控制、高低水位报警、低水位连锁控制；

D．火焰检测控制：异常燃烧控制、熄火保护及自动停炉控制；

E．有的锅炉还有壁温、烟温、自动排污等控制。

(3) 热水锅炉一般有以下控制系统：

A．热水温度控制：出水水温高时烧小火，水温低时烧大火；回水超过预定温度时停炉，低于另一预定温度时启炉；

B．压力控制：设定为高于工作压力一定值时连锁保护停炉；

C．有的锅炉还有循环泵控制、壁温、烟温、低水位等控制。

(4) 连锁保护装置

根据96《锅规》的规定，燃油燃气锅炉应装有下列功能的连锁装置：

A．全部引风机断电时，自动切断全部送风和燃料供应；

B．全部送风机断电时，自动切断全部燃料供应；

C．燃油、燃气压力低于规定值时，自动切断燃油或燃气的供应。

燃油燃气锅炉必须装设可靠的点火程序控制和熄火保护装置。

6．关于燃油燃气锅炉安全运行的有关问题

(1) 安全性能调试

为提高我国燃油燃气锅炉的产品质量，保证锅炉使用安全，质技监锅字［1999］32号文规定：

A．燃油燃气锅炉在产品鉴定前应提供安全附件、自动控制和燃烧装置的性能调试报告。

B．对于燃油、燃液化气的锅炉，锅炉制造企业在锅炉出厂前必须逐台对锅炉进行调试并经至少2h额定负荷试验，检验锅炉性能、燃烧设备、自动控制设备及其相应安全装置的可靠性。

C．对于燃用煤气和天然气的锅炉，在工厂内进行上述性能测试，在气源上确实存在困难时，可在锅炉安装完毕后，由锅炉安装单位在锅炉现场进行。

D．调试工作完毕后，调试单位应向锅炉使用单位出具调试报告。

2001版《锅炉产品安全质量监督检验规则》在监检大纲中规定，锅炉监检人员在整装燃油（气）锅炉的厂内安全性能热态调试时，应监督检查以下内容：

A．安全阀、压力表、水位计的型号、规格是否符合要求；

B．水位示控装置是否灵敏；

C．超压保护装置是否灵敏；

D．点火程序控制和熄火保护装置是否灵敏；

E．燃烧设备是否与锅炉相匹配。

(2) 炉膛爆炸事故

燃油燃气锅炉在开炉点火及中途熄火时，若出现以下几种情况容易发生炉膛爆炸事故。

A．开炉点火，炉内残存燃气含量达到着火极限，被明火或锅炉本身的高温引燃。

B．油温太低或配风不当，开炉点火数次点不着，炉内燃气含量达到着火极限，再行点火。

C．违反操作规程，先喷油或先开气，后点火而发生炉膛爆炸。

D．中途熄火，燃料继续喷出，炉内温度不能使燃料自燃（炉温大于 750℃ 时自燃，小于 540℃ 不能自燃），致使燃气含量达到着火极限，再行点火而发生爆炸；造成中途熄火的原因有以下几点：

a．燃气供应压力波动过大，或调压阀失灵，气压过高，易产生断火或熄火；

b．低负荷运行时风量过大也可能造成熄火；

c．燃料的调节阀门特性不佳或操作不当，阀门开度的突然增大或减小，导致压力下降也容忍产生熄火；

d．燃气或燃油管路中有杂质，运行中突然堵塞气枪或油枪；或堵塞过滤器，造成压力下降；

e．油泵损坏或油管路破裂而大量漏油，导致油压下降；

f．燃烧器油嘴附近严重结焦等；

g．鼓风机网罩堵塞，空气量减少，炉膛燃烧不完全，易发生炉膛爆炸。

(3) 点火爆炸事故的预防

除按 96《锅规》和 91《水规》装设点火程序控制外，还应采取以下措施：

A．点火前对锅炉、辅机、油路及气路系统、仪表自控系统作周密检查，冷态试运行要合格；

B．检查炉内是否有残存的油气，烟道挡板是否处于开启状态；

C．点火前鼓、引风机通风 5~10min，清除炉膛及烟道中的可燃物，每次点火失败后不能接着再次点火，要分析失败原因后，再次通风充分清除炉内可燃物后，方能点火；

D．检查油温是否符合要求，油路系统是否畅通；

E．检查气体压力是否正常，任何时候，可燃气体浓度报警装置报警时，不得启动锅炉或制造火花，如锅炉正在运行应立即停炉，及时检查并修补漏点。

(4) 熄火爆炸事故的预防

除按 96《锅规》和 91《水规》装设熄火保护装置控制外，还应采取以下措施：

A．司炉人员要注意观察燃烧工况，根据具体情况采取适当的操作。

a．燃油锅炉

火焰带黑色，从烟囱冒出黑烟，表示空气量不足，应加大风门；

火焰带橙色，炉内充满火焰，烟无色透明，表示燃烧完全充分；

火焰呈白色，前端火花飞溅，烟囱冒白烟，表示空气量过大，应减少风门。

b．燃气锅炉

火焰呈火黄色，烟囱冒出黑烟，表示空气量不足，应加大风门；

火焰中心带红黄色，边缘带蓝色，炉内充满火焰，烟无色透明，表示燃烧完全充分；

火焰呈明显蓝色，烟囱冒白烟，表示空气量过大，应减少风门。

B．司炉人员要加强巡回检查，严密监视各种仪表，发现故障及时处理，防止熄火。

C．司炉人员若发现熄火，立即关闭燃料供应阀门；不应强行多次点火，应检查原因，排除故障。

5.7.2 燃油、燃气锅炉的安装施工

1．安装施工程序及特点

（1）安装施工程序

基础受力面找平→基础测量放线→锅炉开箱检查→吊装或拖运就位→找平找正→配套辅机安装→给水管、排污管、蒸汽（热水）管及附件安装→水压试验→燃油（气）管路系统安装→烟道安装→锅炉电气系统安装→单机试运转→（烘炉）煮炉→严密性试验→安全阀调试→带负荷试运行及总体验收。

（2）安装施工特点

一般民用及多数工业企业单位使用的小型燃油燃气锅炉系整体出厂，其就位、安装施工快捷、简便，除与第五章"卧式快装锅炉安装施工"的要求基本相同外，尚有以下特点及注意事项。

A．燃油燃气锅炉无输煤、除渣、除尘系统，无需设置烟气净化处理设备，也无省煤器、过热器及空气预热器等附属设备，但要核查锅炉燃料的种类、压力及发热量等使用特性是否与锅炉配置的燃烧器的要求一致；核查锅炉专用电源与铭牌上的电压、电气容量等参数是否一致。

B．支承锅炉的钢筋混凝土基础应具有所需的承载能力并应保持平整，以便锅炉的基座与钢筋混凝土基础紧密接触，使重量均匀分布；若锅炉的水平度达不到要求，将会导致锅内水位异常，造成锅炉较高部分过热。

C．燃油燃气锅炉中的烟气经三回程后，由后烟箱直接进入烟道，因矩形烟道容易振动并产生噪音，故应采用圆形烟道，烟道应尽量简短平直，阻力小；烟囱底部应装设清扫口并宜有直通地沟的烟气冷凝水排放管，烟道进入烟囱处宜安装导流板，烟囱直径要比锅炉出口大一档，金属烟道应进行保温，烟囱接地电阻值应小于10Ω。

燃油燃气锅炉的后烟箱出口处大多设置具有可靠操作调节和控制关闭功能的板式阀门，锅炉运行前将其置于全开状态，不会因振动自行关闭，引起熄火或炉膛爆炸；锅炉停止运行后将其置于关闭状态，可防止运行锅炉的烟气通过共用总烟道窜入停止运行的锅炉内，故后烟箱出口处设置有板式阀门的锅炉的支烟道内，可不再装设具有可靠固定装置的烟道挡板。

D．燃烧器需要有足够的新鲜空气以保证燃油充分雾化，以免锅炉冒烟、积垢而降低

效率；故燃油锅炉房上部应有足够的通风窗口，以保证燃烧所需的空气；若无开窗条件，应设置机械送风装置。

a．燃油挥发所产生的油蒸汽兼具毒性和爆炸危险性，锅炉房应设置机械排风装置；

b．为防止燃气泄漏，引起爆炸事故，燃气锅炉房内应设置可燃气体浓度报警装置。

E．小型燃油燃气锅炉因没有炉墙，故无需进行烘炉，只需按 GB 50273—98《工业锅炉安装工程施工及验收规范》的规定加药进行煮炉，煮炉时间宜为 20~48h。

煮炉后将锅筒泄压、冷却、放水后，打开门孔及手孔检查锅筒和集箱内壁，其内壁应无油垢，擦去附着物后，金属表面应无锈斑，而应有黑色磷化层。

F．燃油燃气锅炉安装完毕，其点火、升压、运行调试及停炉，均由制造厂家或经销商派出人员到现场负责操作，带负荷连续运行时间为 4~24h，以运行正常为合格，锅炉安装施工单位只需配合进行。

G．当燃油或燃气供应不稳定，锅炉供热（汽）又十分重要时，有的使用单位采用燃油、燃气两用锅炉（所采用的燃烧器即为双燃料燃烧器）；此时、燃油、燃气两套管路系统及其附件均需安装，但运行时，只能是燃油或燃气，不能油、气同时混烧，在燃料切换时，只要旋动锅炉电控箱内程序控制器上的油、气选择旋钮，控制系统就会自动进行燃料切换。

2．燃油锅炉的给油系统敷设

(1) 给油系统的组成及供油路线

A．燃油锅炉的给油系统一般由储油罐、日用油箱、油泵、过滤器、管道、阀门等部件组成；

B．卸油路线：油罐槽车出油口→卸油管→进油管→输入储油罐；

C．供油路线：储油罐→输油管道→油泵→日用油箱→供油管道→过滤器→燃烧器加压泵→喷头→回油管→日用油箱。

(2) 储油罐的敷设

A．储油罐的容积由锅炉耗油量、输送条件、输送距离等确定，储油罐设置数量应不少于 2 个，每个储油罐的容积最好与运输槽车的容量相匹配，单罐容积应≤30m³，应根据供油周期及锅炉的使用负荷，一般贮存 5~10 天的用油量。

B．槽车对储油罐的卸油，必须采用密闭方式，并采用快速接头连接；地下储油罐进油管应向下伸至罐内距离罐底 0.2m 处，地上储油罐的进油管应在储油罐下部设水平结合管，水平结合管最好与出油管相连，出油管距离罐底不宜低于 0.15m。

C．每个储油罐应安装单独的排气管，其公称直径不应小于 DN50，排气管安装高度至少要大于 4m，沿建筑物的墙（柱）向上敷设的排气管，应高出建筑物的顶面或屋脊 1m；并应有防水帽及阻火器，周围应有良好的通风条件，地上储油罐必须装设呼吸阀，地下储油罐排气管上不宜安装呼吸阀。

D．储油罐的量油检查孔是用来监视油位及取样的，量油孔内壁应有石棉保护。

E．储油罐的储油量最多不要超过储油罐容积的 85%，在量油孔上应有明显的标志；储油罐上均装设有进出油接合管、排污管、放水管，通常开有人孔、采光孔和量油孔等，排污管口应低于出油管口，并布置在储油罐的最低位置（深入罐底不得超过 3mm）。

(3) 日用油箱的敷设

A．日用油箱用来存放来自储油罐的燃油，日用油箱的燃油直接送给锅炉燃烧器，日用油箱的容积以锅炉连续运行3~5h的最大用油量为宜，重油不应超过$5m^3$；柴油不应超过$1m^3$。

B．日用油箱应宜设置两套，供相互切换使用，日用油箱应采用闭式油箱，一般安装在锅炉辅助用房内，最低油位不得低于燃烧器油泵中心的水平高度，具体设置高度可根据所使用的燃烧器类型而定，如转杯式燃烧器可比燃烧器附属的供油泵高0.9~1.8m，以使供油泵具有足够的灌注头。

C．日用油箱的进油管由上部伸入底部，但管口距离箱底不应大于20mm；为避免虹吸，应在进油管上部转弯处开1个10~20mm的小孔，并在小孔上焊1个短管接头。

D．出油管口应布置在油箱下部，管口应高出箱底至少15mm；回油管应接至日用油箱，接入位置应避开出油管。

E．日用油箱的装油量不应超过其容积的85%，并应装设溢流管，溢流管截面积应为进油管的2倍以上，并与储油罐的进油管连在一起，溢流管上应有阀门，正常工作时应常开。

F．日用油箱上还应设有排污管、排气管和检查孔，排污管由溢流管接至储油罐，进行正常的排污工作；油箱顶部的排气管必须接至室外，高于屋面1m，且应安装阻火器和防雨帽，与门窗有3m的间距。

G．油箱上的油位指示计是不可缺少的，不应采用玻璃管液位计，应选用远传液位计；日用油箱还应装设将油排放到室外的紧急排放管，并应设置相应的排油存放设施，排放管上的阀门应安装在安全和便于操作的地方。

(4) 油泵的敷设

燃油系统的油泵通常使用防爆型离心泵和齿轮泵，每组油泵及配件一般均设置2套，一用一备。

A．离心泵常被用作储油罐向日用油箱转油的泵，输油泵进出口管路上应设置切断阀，在切断阀和输油泵进口或出口之间可设置16~32目/cm的过滤网（器），在出口切断阀前应安装压力表，在输油管路的最低点需设置放净阀。

B．齿轮泵常被选用于直接向燃烧器供油，在该泵进口宜安装8~12目/cm的过滤器，在泵的进出口管路上应安装压力表，柴油的入口油温一般控制在50℃以下，重油的入口油温不应超过90℃，从喷头回来的油回至日用油箱。

(5) 输油管路的安装施工

A．输油管路应采用符合国标GB 8163—87《输送流体用无缝钢管》规定的优质管材，并具有合格证及材质证明书。

B．每个阀门都必须进行强度试验和严密性试验，强度试验压力为公称压力的1.5倍，严密性试验为公称压力的1.1倍，试验压力在试验持续时间内应保持不变，且壳体填料及阀瓣密封面无渗漏为合格。

C．输油管路应采用电弧焊接或法兰连接，为确保焊接质量宜采用氩弧焊打底，每条焊缝均必须进行射线探伤，滚动焊缝拍一张、固定焊缝拍二张，Ⅱ级为合格；不合格的焊缝必须铲除重新焊接，并再次进行拍边检查。

D．输油管路宜采用地上敷设，当采用地沟敷设时，地沟与建筑物与外墙连接处应填沙或耐火材料隔断；油泵房至储油罐之间的管道地沟，应有防止油品流散和火灾蔓延的隔绝措施。

E．油管路宜采用顺坡敷设，柴油管道的坡度不应小于0.3%，重油管道的坡度不应小于0.4%。

F．输油管路可参照热力管道支架型式选用钢支座固定，管道安装时应及时调整支、吊架，应平整牢固，与管子接触应紧密。输油管路外部应采取安全有效的防腐蚀措施。

G．输油管路试压：强度试验压力为公称压力的1.25倍（一般≤2.4MPa），持续稳压时间4h，压降小于0.02MPa，管道无渗漏和异常变形，然后将压力降至工作压力（一般≤1.6MPa）进行严密性试验，保压6h，无渗漏为合格。

H．不放空、不保温的地上输油管线，应在适当位置采取泄压措施，以防止管线被日晒后，油品膨胀、压力上升，造成管道或配件破裂。

I．输油系统的每个油罐、量油孔、阻火器、油泵等金属构件，应进行电气连接并接地，接地电阻均应≤10Ω。

J．输油管路的始端、末端必须进行可靠的防静电接地，在管外壁或管支座上设置接地端头，再用导线与接地支、干线连接后接地，也可利用管道的固定支架接地；法兰连接处应以铜导线或镀锌扁铁进行跨接，接地电阻均应≤30Ω。

K．储油罐至日用油箱之间的供油管道，常年不间断供热时，为保证检修干管时不间断供油，宜采用双母管，回油管道应采用单母管；日用油箱至锅炉燃烧器之间的管路，为避免产生供油不均衡的问题，采用单机独立供油为宜。

L．锅炉房内的油管应接到尽量靠近锅炉燃烧器的位置，然后再用软管连接到燃烧头上，以便使软管连接时没有张力负荷；安排油管位置时，要考虑燃烧器在维修时可以自由转动，即能够打开绞接处，转动燃烧器，而油管不能妨碍燃烧头的开启。

a．宜采用循环供油系统，在室内油管的末端，燃烧头油泵之前，必须装有一个过滤器，以阻滞油中的杂物，以便保持油管的洁净和顺利喷油；

b．每台锅炉的供油干管上，应装设关闭阀和快速切断阀；每个燃烧器前的燃油支管上应装设关闭阀；当设置2台或2台以上锅炉时，尚应在每台锅炉的回油干管上装设止回阀；

c．当在主油路和回油路上安装油量表时，则必须在回路上装有减压阀，保护系统免于超压；通常采用具有机械联锁的球阀，或者在燃烧器上安装联锁开关，保证供油及回油管路上的阀门，同时打开或同时关闭。

3．燃气锅炉的输气系统敷设

(1) 调压站施工

A．燃气锅炉的气源从市政燃气系统的中压管网接来，燃气供应压力应根据锅炉燃烧器的额定压力及其允许压力波动范围确定。

B．为确保压力稳定，需设专用调压站；调压装置宜设置在地上单独的建筑物内或地上单独的铁箱内，落地式调压箱的箱底距离地坪高度宜为300mm，悬挂式调压箱的箱底距离地坪高度宜为1.2m～1.8m。

a．调压站内调压箱的进口压力不应大于0.4MPa；在调压器燃气入口处宜安装过滤装置及清除杂质的装置，调压器及过滤器前后均应设置指示式压力表；

调压站除在室内设进口阀外，还应在室外引入管上设置阀门。

b．调压站内的调压器、安全阀、过滤器、检测仪表及其他设备，均应具有产品合格证，安装前应进行检查验收。

c．调压站内全部安装应采用钢管焊接和法兰连接，管道焊缝、法兰、均不得嵌入墙壁与基础中，管道穿墙或基础时，应设置在套管内，焊缝与套管一端的间距不应小于30mm，套管两端应采用柔性的防水材料密封。

对于干燃气，站内管道应横平竖直，对于湿燃气，进、出口管道应分别坡向室外，仪表管座全部坡向干管。

d．箱式调压器的安装应在进出管道吹扫、试压合格后进行，并应牢固平正，严禁强力连接。

e．调压器的附属设备应进行强度试验，试验压力应为设计压力的1.5倍，稳压1h，仔细进行检查；强度试验合格后按其设计压力进行严密性试验，涂肥皂液检查，不漏为合格，合格后与管道连通。

f．燃气调压间应设置可燃气体浓度报警装置。

(2) 主干管道施工

A．燃气从调压站出来后，由燃气干管送往锅炉房，燃气管道可以架空敷设，也可埋地敷设。

a．架空敷设在有人行走的地方，敷设高度不应小于2.2m；在有车通行的地方，敷设高度不应小于4.5m；

燃气管道若与其他管道共架敷设时，应位于酸、碱等腐蚀性介质管道的上方，与相邻管道间的水平距离必须满足安装和检修的要求；

b．埋设在车行道下时，埋设的最小覆土厚度不得小于0.8m，埋设在非车行道下时，埋设的最小覆土厚度不得小于0.6m。

B．阀门安装前应作气密性试验，不渗漏为合格，不合格者不得安装；

C．燃气管路应使用热镀锌无缝钢管并采用焊接连接或法兰连接，为保证焊接质量，宜采用氩弧焊打低。

a．焊接完后应立即去除渣皮、飞溅物，清理干净焊缝表面后进行外观检查，表面质量应符合国标GB 50236—98《现场设备、工业管道焊接工程施工及验收规范》的Ⅲ级焊缝标准；

b．燃气管道的焊缝在外观检查合格后，应按设计规定的数量进行无损探伤，当设计无规定时，无损探伤的数量应不少于焊缝总数的15%，焊缝内部质量应符合国家标准GB 50236—98《现场设备、工业管道焊接工程施工及验收规范》的Ⅲ级焊缝标准。

D．燃气管道安装完后应采用压缩空气进行吹扫，吹扫应反复进行数次，确认吹净为止。

E．从燃气调压站出口阀门至锅炉燃烧器前主关闭阀的全部燃气管道，应进行强度试验和气密性试验。

a．强度试验压力为设计压力的1.5倍，但不得低于0.3MPa，稳压1h进行检查，压力降不超过100Pa为合格；

b．严密性试验在强度试验合格后进行，在气密性试验开始前，应向管道内充气至试验压力，保持一定时间，达到温度、压力稳定。

试验压力：设计压力 $P \leqslant 5\text{kPa}$ 时，为 20kPa；$P > 5\text{kPa}$ 时为设计压力的 1.15 倍，但不小于 100kPa，试验时间宜为 24h，接头处用肥皂液进行检测不漏，压力降不超过 100Pa 为合格。

（3）锅炉房燃气管道施工

燃气管道进入锅炉房内架空敷设至锅炉燃烧器旁，设主关闭阀门进行控制；主关闭阀门之前的管路、附件及调压站等，一般均由城市燃气管理部门下属的专业队伍施工；锅炉安装单位一般从燃气主控制阀门后开始施工。

A．锅炉房燃气管道宜采用单母管，燃气引入管阀门宜设置在室内，但在锅炉房外应另设置阀门，阀门应选择快速式切断阀。

B．锅炉房的燃气管道上应设放散管，放散管管口应高出屋脊 1m 以上，并应采取防止雨雪进入管道和吹洗放散物进入房间的措施。

以天然气为燃料的锅炉的放散管或大气排放管不得直接通向大气，应按设计规定通向贮存或处理装置。

C．锅炉主燃气管路：锅炉燃气进口管路的公称直径应 ≥ 锅炉燃烧器用电磁阀的公称直径。

将锅炉制造厂家配套供应的过滤器、调压阀（具有稳压作用）、压力控制器（低压、检漏及高压控制器）、电磁阀（当燃气燃烧器功率 ≤ 350kW 时，可采用 1 个或 2 个电磁阀，当燃烧器功率 > 350kW 时，必须采用 2 个电磁阀）、电动碟阀等控制元件依次安装好，注意上述控制元件的流向应符合要求；并将燃气管路接到锅炉燃烧器的气源入口，燃气管道与锅炉燃烧器的连接宜采用硬管连接。

D．燃烧器点火旁路：从主燃气管路上的调压阀后接出支管，接往燃烧器的点火装置；点火旁路入口处一般安装一只球阀做控制阀，再安装一只调压阀及两只电磁阀，供燃气锅炉点火使用，正常运行时关闭，其各组件的结构和功能与主燃气阀组的相同，只是口径略小而已。

（4）燃气管道的固定及防腐

A．燃气管道及控制元件应有稳定的支撑及可靠的固定，以防振动及渗漏，沿墙、柱、楼板和加热设备构架上明敷的燃气管道应采用支架、管卡或吊架固定，不保温燃气管道固定件的间距不应大于表 5-7-1 的规定。

燃气管道固定件的最大间距　　　　表 5-7-1

管道公称直径 (mm)	固定件最大间距 (m)	管道公称直径 (mm)	固定件最大间距 (m)	管道公称直径 (mm)	固定件最大间距 (m)	管道公称直径 (mm)	固定件最大间距 (m)
15	2.5	40	4.5	100	7	250	14.5
20	3	50	5	125	8	300	16.5
25	3.5	70	6	150	10	350	18.5
32	4	80	6.5	200	12	400	20.5

B．燃气管道及附件的外表面应有防腐涂层，并根据选用涂料的要求在防腐前对金属

表面进行处理。

(5) 燃气管道的防静电接地

为消除管内气体与管壁摩擦而产生的静电,燃气管道每隔80m接地一次(包括接地端头、引下线、接地干线与接地体),接地电阻应不大于10Ω;所有法兰及螺栓连接处应焊有导电的跨接线,应用有接线端子的电线紧密固定在两法兰背面的螺栓上。

6 钢结构

6.1 钢结构的基本知识

6.1.1 五大元素对钢性能的影响及钢的分类

1. 五大元素对钢性能的影响

常用结构钢材按其性能要求，在冶炼成分中需将有关微量化学元素控制在一定范围内，主要是控制碳、锰、硅、硫、磷五大元素。

(1) 碳 (C)：对钢的机械性能和工艺性能起决定作用，随着含碳量的增加，钢的强度和硬度提高，塑性及韧性下降，可焊性也差。

(2) 锰 (Mn) 和硅 (Si)：炼钢时以硅铁或锰铁脱氧而留在钢中，能提高钢的强度和硬度。

A. 锰 (Mn)：适当的锰能抑制硫的危害作用，抗裂性能好，锰含量应控制在 0.3%～0.65%。

B. 硅 (Si)：硅使钢变脆，降低工艺性能，硅含量应控制在 0.15%～0.37%。

(3) 硫 (S) 和磷 (P)：是在炼铁时从原料中带入又不能完全除去而残留在钢中的元素。

A. 硫 (S)：加热到 1000℃ 左右时，硫在钢中为液态的 FeS，使钢在承受热加工时形成夹层和裂纹，产生红脆性，使钢的强度和塑性降低；硫的含量应控制其 ≤0.035%。

B. 磷 (P)：在室温或更低的温度下，磷在钢中成为脆裂的起点，使钢强度升高而塑性、韧性降低，冲击值明显下降，称为冷脆性，磷的含量应控制其 ≤0.040%。

2. 钢的分类

(1) 按化学成分分为：

A. 碳素钢：因含碳量不同又分为：

a. 低碳钢，含碳量 ≤0.25%；

b. 中碳钢，含碳量 >0.25%～0.60%；

c. 高碳钢，含碳量 >0.60%。

B. 合金钢：因钢中的合金元素的含量不同又分为：

a. 低合金钢，含合金元素总量 ≤5%；

b. 中合金钢，含合金元素总量 >5%～10%；

c. 高合金钢，含合金元素总量>10%。

(2) 按冶炼方式分为：

A. 平炉钢，冶炼时间长，易于控制钢的成分及除去有害杂质，质量高；

B. 转炉钢，冶炼时间短，不易控制钢的成分及除去有害杂质，质量次之；

C. 电炉钢，可以准确地控制炉温和除去杂质，使钢具有较高的质量。

(3) 按脱氧程度分为：

A. 沸腾钢，炼钢时用锰铁脱氧，脱氧不完全，含有 FeO；浇铸中因 FeO 与 C 发生反应，有大量的 CO 气体产生，造成沸腾；沸腾钢塑性好，有利于冲压；但其强度及抗腐蚀性较差。

B. 镇静钢，冶炼时加硅铁和铝脱氧，脱氧比较完全，在浇注和凝固过程中，钢水呈平静状态；镇静钢化学成分均匀，焊接性能好，抗腐蚀性强，缺点是表面质量较差，有缩孔。

C. 半镇静钢，性能介于沸腾钢与镇静钢两者之间。

6.1.2 钢结构用钢

钢结构已形成了以焊接组合件为主要承重结构的基本格局，主要使用可焊性好的普通碳素结构钢（常用 Q235）和低合金高强度结构钢（常用 Q345、Q390）。

中、高碳钢的可焊性差，高温下易石墨化，生成魏氏组织。

1. 普通碳素结构钢（GB 700—88）

适用于一般工程结构钢和工程用热轧钢板、型钢，可供焊接、铆接、栓接构件用。一般在供应状态下使用。

(1) 牌号表示方法

钢的牌号由代表屈服强度的字母，屈服强度值（每牌号即为该牌号的屈服强度），质量等级符号，脱氧方法符号等四部分按顺序组成。如 Q235—A·F、Q235—B。

(2) 符号

Q——钢材屈服点"屈"字汉字拼音首位字母；

A、B、C、D——分别为质量等级（按化学成分及脱氧方法的不同进行分级）；

F——沸腾钢"沸"字汉语拼音首位字母；

b——半镇静钢"半"字汉语拼音首位字母；

Z——镇静钢"镇"字汉语拼音首位字母；

TZ——特殊镇静钢"特镇"两字汉语拼音首位字母；

在牌号组成表示方法中，"Z"与"TZ"代号予以省略。

(3) 牌号和化学成分

按含碳量及屈服强度高低分为 5 种牌号（Q195、Q215、Q235、Q255、Q275），牌号和化学成分应符合表 6-1-1 的规定。

在保证钢材力学性能符合本标准规定情况下，各牌号 A 级钢的 C、Mn 含量和各牌号其他等级钢 C、Mn 含量下限可以不作交货条件，但其含量（熔炼分析）应在质量证明书中注明。

钢的牌号和化学成分　　　　　　　　　　　　　　　　　　　　　　　表 6-1-1

牌号	等级	化学成分 (%)					脱氧方法
		C	Mn	Si	S	P	
					不大于		
Q195	—	0.06～0.12	0.25～0.50	0.30	0.050	0.045	F、b、Z
Q215	A	0.09～0.15	0.25～0.55	0.30	0.050	0.045	F、b、Z
	B				0.045		
Q235	A	0.14～0.22	0.30～0.65	0.30	0.050	0.045	F、b、Z
	B	0.12～0.20	0.30～0.70		0.045	0.045	
	C	≤0.18	0.35～0.80		0.040	0.040	Z
	D	≤0.17			0.035	0.035	TZ
Q255	A	0.18～0.28	0.40～0.70	0.30	0.050	0.045	Z
	B				0.045		
Q275	—	0.28～0.38	0.50～0.80	0.36	0.050	0.045	Z

注：Q235A、B级沸腾钢 Mn 含量上限为 0.60%。

（4）冶炼方法

钢由氧气转炉、平炉或电炉冶炼，除非需方有特殊要求，并在合同中注明，冶炼方法一般由供方自行决定。

（5）交货状态

钢材一般以热轧（包括控轧）状态交货，根据需方要求，经双方协商，也可以正火处理状态交货（A级钢材除外）。

（6）力学性能

钢材的力学性能应符合表 6-1-2 的规定；牌号 Q195 的屈服点，仅供参考，不作为交货条件，用沸腾钢轧制各牌号的 B 级钢材，其厚度（或直径）一般不大于 25mm。

钢材的力学性能　　　　　　　　　　　　　　　　　　　　　　　表 6-1-2

牌号	等级	拉伸试验												冲击试验	
		屈服点 σ_s (MPa)					抗拉强度 σ_b (MPa)	伸长率 δ_5 (%)						温度 (℃)	V形冲击功 (J)
		钢材厚度（直径, mm）						钢材厚度（直径, mm）							
		≤16	>16～40	>40～60	>60～100	>100～150	>150		≤16	>16～40	>40～60	>60～100	>100～150	>150		
		不小于							不小于							≥
Q195	—	195	185	—	—	—	—	315～390	33	32	—	—	—	—	—	—
Q215	A	215	205	195	185	175	165	335～410	31	30	29	28	27	26	—	—
	B														20	27
Q235	A	235	225	215	205	195	185	375～460	26	25	24	23	22	21	—	—
	B														20	27
	C														0	
	D														−20	
Q255	A	255	245	235	225	215	205	410～510	24	23	22	21	20	19	—	—
	B														20	27
Q275	—	275	265	255	245	235	225	490～610	20	19	18	17	16	15	—	—

(7) 新旧 GB 700 标准牌号对照详见表 6-1-3。

新旧 GB 700 标准牌号对照表　　表 6-1-3

GB 700—88		GB 700—79	
Q195	不分等级，化学成分和力学性能（抗拉强度、伸长率和冷弯）均须保证，但轧制薄板和盘条之类产品，力学性能保证项目，根据产品特点和使用要求，可在有关标准中另行规定	Q195	化学成分与本标准 1 号钢的乙类钢 B1 同，力学性能（抗拉强度、伸长率和冷弯）与甲类钢 A1 同（A1 的冷弯试验是附加保证条件），1 号钢没有特类钢
Q215	A 级	A2	
	B 级（做常温冲击试验，V 形缺口）	C2	
Q235	A 级（不做冲击试验）	A3	（附加保证常温冲击试验，U 形缺口）
	B 级（做常温冲击试验，V 形缺口）	C3	（附加保证常温或 −20℃ 冲击试验，U 形缺口）
	C 级（作为重要焊接结构用）	—	
	D 级（作为重要焊接结构用）	—	
Q255	A 级	A4	
	B 级（做常温冲击试验，V 形缺口）	C4	（附加保证常温冲击试验，U 形缺口）
Q275	不分等级，化学成分和力学性能均须保证	C5	

注：GB 700—88 自 1988 年 10 月 1 日起实施，原 GB 700—79 到 1991 年 10 月 1 日废止。

2. 低合金高强度结构钢（GB/T 1591—94）

低合金高强度结构钢一般在供应状态下使用，用于工程用钢和一般结构用厚度不小于 3mm 的钢板、钢带及型钢、钢棒。

(1) 低合金高强度结构钢牌号的表示方法

钢的牌号由代表屈服点的汉语拼音字母（Q）、屈服点数值、质量等级符号（A、B、C、D、E）三部分按顺序组成，例如 Q390A。

其中 Q 为钢材屈服点的"屈"字汉语拼音的首位字母；390 为屈服点数值，单位为 MPa；A、B、C、D、E 分别为质量等级符号。

(2) 低合金高强度结构钢的牌号和化学成分

牌号和化学成分（熔炼分析）应符合表 6-1-4 的规定，合金元素含量应符合 GB/T13304 对低合金钢的规定。

低合金高强度结构钢牌号和化学成分表　　表 6-1-4

牌号	质量等级	化学成分（%）									
		C≤	Mn	Si≤	P≤	S≤	V	Nb	Ti	Al≥	Cr≤	Ni≤
Q295	A	0.16	0.80~1.50	0.55	0.045	0.045	0.02~0.15	0.15~0.060	0.02~0.20			
	B	0.16		0.55	0.040	0.040						
Q345	A	0.20	1.0~1.60	0.55	0.045	0.045	0.02~0.15	0.15~0.060	0.02~0.20			
	B	0.20		0.55	0.040	0.040						
	C	0.20		0.55	0.035	0.035				0.015		
	D	0.18		0.55	0.030	0.030				0.015		
	E	0.18		0.55	0.025	0.025				0.015		

续表

牌号	质量等级	化 学 成 分 （％）									
		C≤	Mn	Si≤	P≤	S≤	V	Nb	Ti	Al≥	Cr≤	Ni≤
Q390	A	0.20	1.0~1.60	0.55	0.045	0.045	0.02~0.20	0.15~0.060	0.02~0.20		0.30	0.70
	B	0.20		0.55	0.040	0.040					0.30	0.70
	C	0.20		0.55	0.035	0.035				0.015	0.30	0.70
	D	0.20		0.55	0.030	0.030				0.015	0.30	0.70
	E	0.20		0.55	0.025	0.025				0.015	0.30	0.70
Q420	A	0.20	1.0~1.70	0.55	0.045	0.045	0.02~0.20	0.15~0.060	0.02~0.20		0.40	0.70
	B	0.20		0.55	0.040	0.040					0.40	0.70
	C	0.20		0.55	0.035	0.035				0.015	0.40	0.70
	D	0.20		0.55	0.030	0.030				0.015	0.40	0.70
	E	0.20		0.55	0.025	0.025				0.015	0.40	0.70
Q460	C	0.20	1.0~1.70	0.55	0.035	0.035	0.02~0.20	0.15~0.060	0.02~0.20	0.015	0.70	0.70
	D	0.20		0.55	0.030	0.030				0.015	0.70	0.70
	E	0.20		0.55	0.025	0.025				0.015	0.70	0.70

注：表中的 Al 为全铝含量，如化验酸溶铝时，其含量应不小于 0.010％。
A 级：Q295 的碳含量到 0.18％也可交货；
B 级：不加 V、Nb、Ti 的 Q295 级钢，当 C≤0.12％时，Mn 含量上限可提高到 1.80％；
C 级：Q345 级钢的 Mn 含量上限可提高到 1.70％；
D 级：厚度≤6mm 的钢板、钢带和厚度≤16mm 的热连轧钢板、钢带的 Mn 含量下限可降低 0.20％。

（3）力学性能和工艺性能

钢材的拉伸、冲击和弯曲试验结果应符合表 6-1-5 的规定。

低合金高强度结构钢拉伸、冲击和弯曲试验表　　　表 6-1-5

牌号	质量等级	屈服点 σ_s（MPa）				抗拉强度 σ_b（MPa）	伸长率 δ_5（％）	冲击功，AkV，（纵向）（J）				180°弯曲试验 $d=$弯心直径 $a=$试样厚度、直径	
		厚度（直径、边长）(mm)						+20℃	0℃	−20℃	−40℃	钢材厚度（直径）（mm）	
		≤16	>16~35	>35~50	>50~100								
		不小于						不小于				≤16	>16~100
Q295	A	295	275	255	235	390~570	23					$d=2a$	$d=3a$
	B	295	275	255	235		23	34					
Q345	A	345	325	295	275	470~630	21					$d=2a$	$d=3a$
	B	345	325	295	275		21	34					
	C	345	325	295	275		22		34				
	D	345	325	295	275		22			34			
	E	345	325	295	275		22				27		

续表

牌号	质量等级	屈服点 σ_s (MPa) 厚度（直径、边长）(mm)				抗拉强度 σ_b (MPa)	伸长率 δ_5 (%)	冲击功，AkV，（纵向）(J)				180°弯曲试验 d=弯心直径 a=试样厚度、直径	
		≤16	>16~35	>35~50	>50~100			+20℃	0℃	-20℃	-40℃	钢材厚度（直径）(mm)	
		不小于						不小于				≤16	>16~100
Q390	A	390	370	350	330	490~650	19					$d=2a$	$d=3a$
	B	390	370	350	330		19	34					
	C	390	370	350	330		20		34				
	D	390	370	350	330		20			34			
	E	390	370	350	330		20				27		
Q420	A	420	400	380	360	520~680	18					$d=2a$	$d=3a$
	B	420	400	380	360		18	34					
	C	420	400	380	360		19		34				
	D	420	400	380	360		19			34			
	E	420	400	380	360		19				27		
Q460	C	460	440	420	400	550~720	17		34			$d=2a$	$d=3a$
	D	460	440	420	400		17			34			
	E	460	440	420	400		17				27		

(4) 新旧标准牌号对照详见表 6-1-6。

新旧标准牌号对照表　　　　　表 6-1-6

GB/T 1591—94	GB 1591—88
Q295	09MnV、09MnNb、09Mn₂、12Mn
Q345	12MnV、14MnNb、16Mn、16MnRE、18Nb
Q390	15MnV、15MnTi、16MnNb
Q420	15MnVN、14MnVTiRE
Q460	

3. 钢材选用的注意事项

应按设计要求选用钢材的钢号、质量等级、脱氧方法（仅对 Q235A、B 级钢）及附加性能要求，并应注意以下问题：

(1) 原来我国以平炉钢为主，镇静钢产量低，价格高，故钢结构用钢原则上优先选用沸腾钢；现连铸钢坯（其浇铸过程无沸腾状态）已占钢坯总产量的近 80%，其价格也与沸腾钢持平，故选用 Q235A 级或 B 级钢材时，可优先选用镇静钢。

(2) 关于 Q235A 级钢的应用，因 Q235A 级钢在保证力学性能时，可以不保证碳含量的限值来供货，因而焊接钢结构不应选用 Q235A 级钢（除非有含碳量 < 0.22% 的保证，

以保证良好的可焊性），而应用 Q235B 级钢。

（3）Q345 钢并不等同于以前 16Mn 一个钢种，而是一种材质与材性，选用时应按使用要求明确其质量等级。

（4）热轧钢材在轧制过程中可使钢材性能进一步改善，故随着钢材厚度由薄到厚，其强度呈下降趋势，应注意按钢材的厚度分组确定相应的强度值，并优先采用相对较薄的型材与板材，在同一工程中选用的型钢、钢板规格不宜过多。

（5）1997、1998 年鞍山一轧及马钢、莱钢的热轧 H 型钢生产线相继建成投产，填补了我国这一重要钢铁产品的空白，热轧 H 型钢与多年来传统应用的工字钢相比，其性能优越性十分明显，与焊接 H 型钢相比，其外观质量，表面精度都更加良好，故在相同条件下应优先采用热轧 H 型钢。

4．钢结构常用钢材标准

（1）钢材牌号

GB 700—88《普通碳素钢》；

GB/T 1519—94《低合金高强度结构钢》。

（2）钢材品种与规格

YB 4104—2000《高层建筑结构用钢板》，厚度 16～100mm；

GB/T 11263—1998《热轧 H 型钢和部分 T 型钢》，截面最大高度 700mm；

GB 706—88《热轧工字钢》，截面最大高度 630mm；

GB 707—88《热轧槽钢》，截面最大高度 400mm；

GB 9787—88《热轧等边角钢》，最大规格 L 200×200×24（mm）；

GB 9788—88《热轧不等边角钢》，最大规格 L 200×125×18（mm）；

GB 702—86《热轧圆钢、方钢》，最大直径或边长为 60mm；

GB 709—88《热轧钢板和钢带》，最大厚度为 200mm；

GB/T 3277—91《花纹钢板》，基本厚度 2.5～8.0mm；

GB 8162—99《结构用无缝钢管》，直径 32～480mm；

YB—63《电焊钢管（直缝管）》，直径 32～152mm；

GB 9711—88《螺旋焊钢管》，直径 219～1420mm；

GB 6723—86《通用冷弯开口型钢》，包括等边角钢、不等边角钢、槽钢、内卷边槽钢等品种，厚度为 2.5～6.0mm；

GB/T 12755—91《建筑用压型钢板》，波高 28～173mm。

6.2 钢结构焊接

参照 JGJ 81—2002《建筑钢结构焊接技术规程》

6.2.1 基本规定

1．建筑钢结构工程焊接难度可分为一般、较难和难三种情况，施工单位在承担钢结构焊接工程时应具备与焊接难度相适应的技术条件。钢结构工程的焊接难度可按表 6-2-1 区分。

建筑钢结构工程的焊接难度区分原则　　　　表 6-2-1

焊接难度\焊接难度影响因素	节点复杂程度和拘束度	板厚（mm）	受力状态	钢材碳当量 C_{eq}（%）
一般	简单对接、角接、焊缝能自由收缩	$t<30$	一般静载拉、压	<0.38
较难	复杂节点或已施加限制收缩变形的措施	$30 \leqslant t \leqslant 80$	静载且板厚方向受拉或间接动载	$0.38 \sim 0.45$
难	复杂节点或局部返修条件而使焊缝不能自由收缩	$t>80$	直接动载、抗震设防烈度大于8度	>0.45

2．施工图中应标明下列焊接技术要求：

（1）应明确规定结构构件使用钢材和焊接材料的类型和焊缝质量等级，有特殊要求时，应标明无损探伤的类别和抽查百分比。

（2）应标明钢材和焊接材料的品种、性能及相应的国家现行标准，并应对焊接方法、焊缝坡口形式和尺寸、焊后热处理要求等做出明确规定。对于重型、大型钢结构，应明确规定工厂制作单元和工地拼装焊接的位置，标注工厂制作或工地安装焊缝符号。

（3）制作与安装单位承担钢结构焊接工程施工图设计时，应具有与工程结构类型相适应的设计资质等级或由原设计单位认可。

（4）钢结构工程焊接制作与安装单位应具备下列条件：

A．应具有国家认可的企业资质和焊接质量管理体系；

B．应具有第（5）条规定资格的焊接技术责任人员、焊接质检人员、无损探伤人员、焊工、焊接预热和后热处理人员；

C．对焊接技术难或较难的大型及重型钢结构、特殊钢结构工程，施工单位的焊接技术责任人员应由中、高级焊接技术人员担任；

D．应具备与所承担工程的焊接技术难易程度相适应的焊接方法、焊接设备、检验和试验设备；

E．属计量器具的仪器、仪表应在计量检定有效期内；

F．应具有与所承担工程的结构类型相适应的企业钢结构焊接规程、焊接作业指导书、焊接工艺评定文件等技术软件；

G．特殊结构或采用屈服强度等级超过 390MPa 的钢材、新钢种、特厚材料及焊接新工艺的钢结构工程的焊接制作与安装企业应具备焊接工艺试验室和相应的试验人员。

（5）建筑钢结构焊接有关人员的资格应符合下列规定：

A．焊接技术责任人员应接受过专门的焊接技术培训，取得中级以上技术职称并有一年以上焊接生产或施工实践经验；

B．焊接质检人员应接受过专门的技术培训，有一定的焊接实践经验和技术水平，并具有质检人员上岗资质证；

C．无损探伤人员必须由国家授权的专业考核机构考核合格，其相应等级证书应在有效期内；并应按考核合格项目及权限从事焊缝无损检测和审核工作；

D．焊工应按 JGJ 81—2002《建筑钢结构焊接技术规程》的规定考试合格并取得资格证书，其施焊范围不得超越资格证书的规定；

E. 气体火焰加热或切割操作人员应具有气割、气焊操作上岗证；

F. 焊接预热、后热处理人员应具备相应的专业技术；用电加热设备加热时，其操作人员应经过专业培训。

(6) 建筑钢结构焊接有关人员的职责应符合下列规定：

A. 焊接技术责任人员负责组织进行焊接工艺评定，编制焊接工艺方案及技术措施和焊接作业指导书或焊接工艺卡，处理施工过程中的焊接技术问题；

B. 焊接质检人员负责对焊接作业进行全过程的检查和控制，根据设计文件要求确定焊缝检测部位，填报签发检测报告；

C. 无损探伤人员应按设计文件或相应规范规定的探伤方法及标准，对受检部位进行探伤，填报签发检测报告；

D. 焊工应按焊接作业指导书或焊接工艺卡规定的工艺方法、参数和措施进行焊接，当遇到焊接准备条件、环境条件及焊接技术措施不符合焊接作业指导书要求时，应要求焊接技术责任人员采取相应整改措施，必要时应拒绝施焊；

E. 焊接预热、后热处理人员应按焊接作业指导书及相应的操作规程进行作业。

6.2.2 材料

(1) 建筑钢结构用钢材及焊接填充材料的选用应符合设计图的要求，并应具有钢厂和焊接材料厂出具的质量证明书或检验报告；其化学成分、力学性能和其他质量要求必须符合国家现行标准规定。当采用其他钢材和焊接材料替代设计选用的材料时，必须经原设计单位同意。

(2) 钢材的成分、性能复验应符合国家现行有关工程质量验收标准的规定；大型、重型及特殊钢结构的主要焊缝采用的焊接填充材料应按生产批号进行复验；复验应由国家技术质量监督部门认可的质量监督检测机构进行。

(3) 钢结构工程中选用的新材料必须经过新产品鉴定。钢材应由生产厂提供焊接性能资料、指导性焊接工艺、热加工和热处理工艺参数、相应钢材的焊接接头性能数据等资料；焊接材料应由生产厂提供贮存及焊前烘焙参数规定、熔敷金属成分、性能鉴定资料及指导性施焊参数，经专家论证、评审和焊接工艺评定合格后，方可在工程中采用。

(4) 焊接T形、十字形、角形接头，当其翼缘板厚度等于或大于40mm时，设计宜采用抗层状撕裂的钢板。钢材的厚度方向性能级别应根据工程的结构类型、节点形式及板厚和受力状态的不同情况选择。

钢板厚度方向性能级别Z15、Z25、Z35相应的含硫量、断面收缩率应符合表6-2-2的规定。

钢板厚度方向性能级别及其含硫量、断面收缩率值 表6-2-2

级 别	含硫量≤（%）	断面收缩率（ψ_2%）	
		三个试样平均值不小于	单个试样不小于
Z15	0.01	15	10
Z25	0.007	25	15
Z35	0.005	35	25

(5) 焊条应符合现行国家标准《碳钢焊条》（GB/T 5117）、《低合金钢焊条》（GB/T 5118）的规定。

(6) 焊丝应符合现行国家标准《熔化焊用钢丝》（GB/T 14957）、《气体保护电弧焊用碳钢、低合金钢焊丝》（GB/T 8110）及《碳钢药芯焊丝》（GB/T 10045）、《低合金钢药芯焊丝》（GB/T 17493）的规定。

(7) 埋弧焊用焊丝和焊剂应符合现行国家标准《埋弧焊用碳钢焊丝和焊剂》（GB/T 5293）、《低合金钢埋弧焊用焊剂》（GB/T 12470）的规定。

(8) 气体保护焊使用的氩气应符合现行国家标准《氩气》（GB/T 4842）的规定，其纯度不应低于99.95%。

(9) 气体保护焊使用的二氧化碳气体应符合国家现行标准《焊接用二氧化碳》（HG/T 2537）的规定，大型、重型及特殊钢结构工程中主要构件的重要焊接节点采用的二氧化碳气体质量应符合该标准中优等品的要求，即其二氧化碳含量（V/V）不得低于99.9%，水蒸气与乙醇总含量（m/m）不得高于0.005%，并不得检出液态水。

6.2.3 焊接节点构造

1. 一般规定

(1) 钢结构焊接节点构造应符合下列要求：
A. 尽量减少焊缝的数量和尺寸；
B. 焊缝的布置对称于构件截面的中和轴；
C. 便于焊接操作，避免仰焊位置施焊；
D. 采用刚性较小的节点形式，避免焊缝密集和双向、三向相交；
E. 焊缝位置避开高应力区；
F. 根据不同焊接工艺方法合理选用坡口形状和尺寸。

(2) 管材可采用T、K、Y及X形连接接头（图6-2-1）。

(3) 施工图中采用的焊缝符号应符合现行国家标准《焊缝符号表示方法》（GB 324）和《建筑结构制图标准》（GBJ 105）的规定，并应标明工厂车间施焊和工地施焊的焊缝及所有焊缝的部位、类型、长度、焊接坡口形式和尺寸、焊脚尺寸、部分焊透接头的焊透深度。

2. 焊接坡口的形状和尺寸

(1) 各种焊接方法及接头坡口形状尺寸代号和标记应符合下列规定：
A. 焊接方法及焊透种类代号应符合表6-2-3的规定。

焊接方法及焊透种类代号　　　　　　表6-2-3

代　号	焊　接　方　法	焊　透　种　类
MC	手工电弧焊接	完全焊透焊接
MP		部分焊透焊接
GC	气体保护电弧焊接	完全焊透焊接
GP	自保护电弧焊接	部分焊透焊接
SC	埋弧焊接	完全焊透焊接
SP		部分焊透焊接

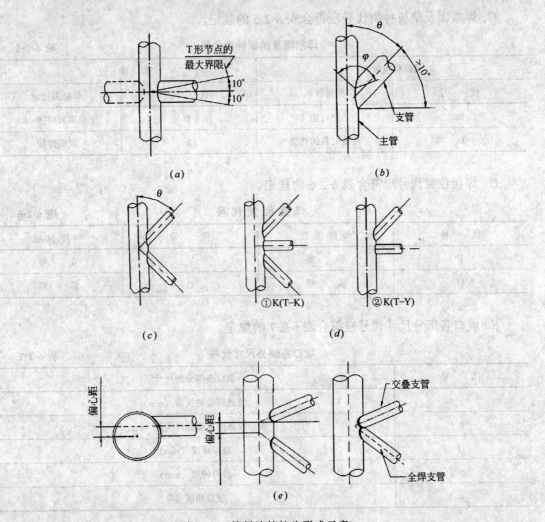

图 6-2-1 管材连接接头形式示意

(a) T (X) 形节点; (b) Y 形节点; (c) K 形节点; (d) K 形复合节点; (e) 偏离中心连接

B. 接头形式及坡口形状代号应符合表 6-2-4 的规定。

接头形式及坡口形状代号　　　　　　表 6-2-4

接头形式		坡 口 形 状	
代号	名 称	代 号	名 称
B	对接接头	I	I 形坡口
		V	V 形坡口
		X	X 形坡口
U	U 形坡口	L	单边 V 形坡口
		K	K 形坡口
T	T 形接头	U（注）	U 形坡口
		J（注）	单边 U 形坡口
C	角接头	注：当钢板厚度≥50mm 时，可采用 U 形或 J 形坡口	

C. 焊接面及垫板种类代号应符合表 6-2-5 的规定。

焊接面及垫板种类代号 表 6-2-5

反面垫板种类		焊接面	
代号	使用材料	代号	焊接面规定
Bs	钢衬垫	1	单面焊接
B_F	其他材料的衬垫	2	双面焊接

D. 焊接位置代号应符合表 6-2-6 的规定。

焊接位置代号 表 6-2-6

代号	焊接位置	代号	焊接位置
F	平焊	V	立焊
H	横焊	O	仰焊

E. 坡口各部分尺寸代号应符合表 6-2-7 的规定。

坡口各部分尺寸代号 表 6-2-7

代号	坡口各部分的尺寸
t	接缝部位的板厚（mm）
b	坡口根部间隙或部件间隙（mm）
H	坡口深度（mm）
p	坡口钝边（mm）
a	坡口角度（°）

F. 焊接接头坡口形状和尺寸标记应符合下列规定：

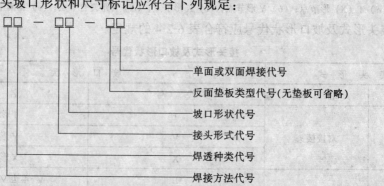

标记示例：

手工电弧焊、完全焊透、对接、I 形破口、背面加钢衬垫的单面焊接接头表示为 MC-BI-B_s1。

(2) 焊条手工电弧焊、部分焊透及全焊透坡口形状和尺寸，气体保护焊、自保护焊部分焊透及全焊透坡口形状和尺寸，埋弧焊部分焊透及全焊透坡口形状和尺寸应符合

JGJ 81—2002《建筑钢结构焊接技术规程》的有关要求。

3. 构件制作与工地安装焊接节点形式

(1) 构件制作焊接接点形式应符合下列要求：

A. 桁架和支撑的杆件与节点板的连接点宜采用图 6-2-2 的形式；当杆件承受拉应力时，焊缝应在搭接杆件节点板的外边缘处提前终止，间距 a 应不小于 h_f。

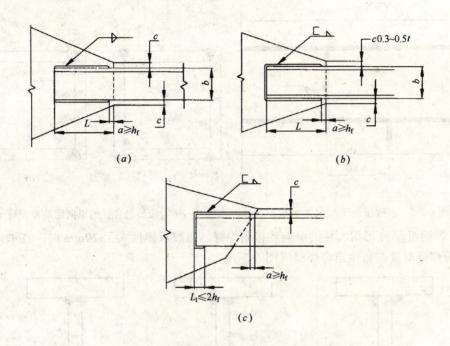

图 6-2-2　桁架和支撑杆件与节点板连接点示意
(a) 两面侧焊；(b) 三面围焊；(c) L 型围焊

B. 型钢与钢板搭接，其搭接位置应符合图 6-2-3 的要求。

C. 搭接接头上的角焊缝应避免在同一搭接接触面上相交（图 6-2-4）。

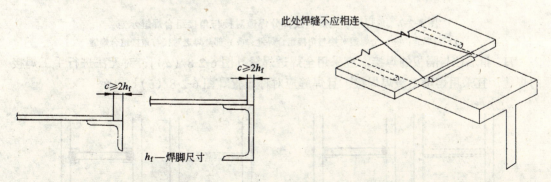

图 6-2-3　型钢与钢板搭接节点示意　　图 6-2-4　在搭接接触面上避免相交的角焊缝示意

D. 要求焊缝与母材等强和承受动荷载的对接接头，其纵横两方向的对接焊缝，宜采用 T 形交叉。交叉点的距离宜不小于 200mm，且拼接料的长度和宽度宜不小于 300mm（图 6-2-5）。如有特殊要求，施工图应注明焊缝的位置。

E. 以角焊缝作纵向连接组焊的部件，如在局部荷载作用区采用一定长度的对接与角接组合焊缝来传递载荷，在此长度以外坡口深度应逐步过渡至零，且过渡长度应不小于坡口深度的4倍。

F. 焊接组合箱形梁、柱的纵向角焊缝，宜采用全焊透或局部焊透的对接与角接组合焊缝（图6-2-6），要求全焊透时，应采用垫板单面焊[图6-2-6(b)]。

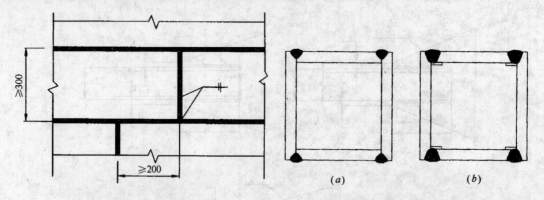

图6-2-5 对接接头T形交叉示意　　　图6-2-6 箱形组合柱的纵向组装角焊缝示意

G. 焊接组合H形梁、柱的纵向连接角焊缝，当腹板厚度大于20mm时，宜采用全焊透或部分焊透对接与角接组合焊缝（图6-2-7）。

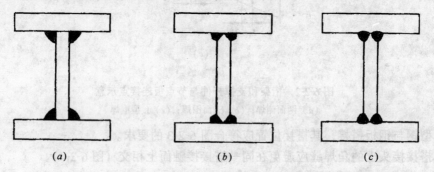

图6-2-7 角焊缝、全焊透及部分焊透对接与角接组合焊缝示意
(a)角焊缝；(b)全焊透对接与角接组合焊缝；(c)部分焊透对接与角接组合焊缝

H. 箱形柱与隔板的焊接，应采用全焊透焊缝[图6-2-8(a)]；对无法进行手工焊接的焊缝，宜采用熔嘴电渣焊焊接，且焊缝应对称布置[图6-2-8(b)]。

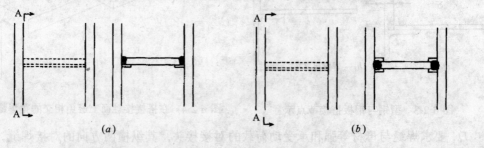

图6-2-8 箱形柱与隔板的焊接接头形式示意
(a)手工电弧焊；(b)熔嘴电渣焊

I. 焊接钢管混凝土组合柱的纵向和横向焊缝，应采用双面或单面全焊透接头形式（图 6-2-9）。

J. 管—球结构中，对由两个半球焊接而成的空心球，其焊接接头可采用不加肋和加肋两种形式（图 6-2-10）。

(2) 工地安装焊接节点形式应符合下列要求：

A. H 形框架柱安装拼接接头宜采用螺栓和焊接组合节点或全焊节点 [图 6-2-11 (*a*)

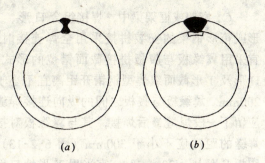

图 6-2-9 钢管柱纵缝焊接接头形式示意
(*a*) 全焊透双面焊；
(*b*) 全焊透单面焊

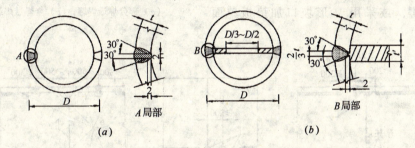

图 6-2-10 空心球制作焊接接头形式示意
(*a*) 不加肋的空心球；(*b*) 加肋的空心球

(*b*)]。采用螺栓和焊接组合节点时，腹板应采用螺栓连接，翼缘板应采用单 V 形坡口加垫板全焊透焊缝连接 [图 6-2-11 (*c*)]。采用全焊节点时，翼缘板应采用单 V 形坡口加垫板全焊透焊缝，腹板宜采用 K 形坡口双面部分焊透焊缝，反面不清根；设计要求腹板全焊透时，如腹板厚度不大于 20mm，宜采用单 V 形坡口加垫板焊接 [图 6-2-11 (*e*)]，如腹板厚度大于 20mm，宜采用 K 形坡口，反面清根后焊接 [图 6-2-11 (*d*)]。

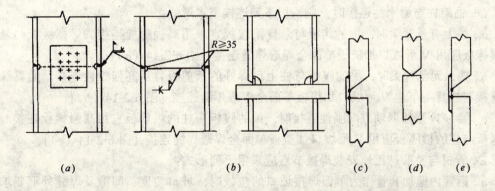

图 6-2-11 H 形框架柱安装拼接节点及坡口形式示意 [(*a*)、(*b*) 图中焊缝背面垫板省略]
(*a*) 栓焊组合节点；(*b*) 全焊节点形式；(*c*) 翼板焊接坡口；
(*d*) 腹板 K 形焊接坡口；(*e*) 腹板单 V 形焊接坡口

B. 钢管及箱形框架柱安装拼接应采用全焊接头，并根据设计要求采用全焊透焊缝或部分焊透焊缝（图 6-2-12）。全焊透焊缝坡口形式应采用单 V 形坡口加垫板。

C. 桁架或框架梁中，焊接组合 H 形、T 形或箱形钢梁的安装拼接采用全焊连接时，宜采用翼缘板与腹板拼接截面错位的形式。H 形及 T 形截面组焊型钢错开距离宜不小于 200mm。翼缘板与腹板之间的纵向连接焊缝应留下一段焊缝最后焊接，其与翼缘板对接焊缝的距离应不小于 300mm（图 6-2-13）。腹板厚度大于 20mm 时，宜采用 X 形坡口反面清根双面焊；腹板厚度不大于 20mm 时，宜根据焊接位置采用 V 形坡口单面焊并反面清根后封焊，或采用 V 形坡口加垫板单面焊。

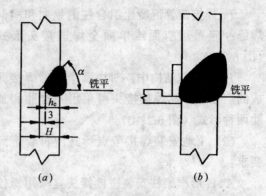

图 6-2-12 箱形及钢管框架柱安装
(a) 部分焊透焊缝；(b) 全焊透焊缝

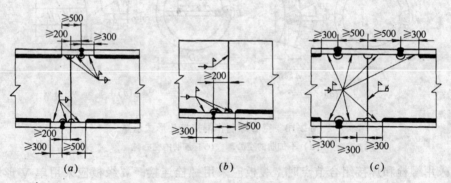

图 6-2-13 桁架或框架梁安装焊接节点形式示意
(a) H 形梁；(b) T 形梁；(c) 箱形梁

箱形截面构件翼缘板与腹板接口距离宜大于 500mm，其上、下翼缘板焊接宜采用 V 形坡口加垫板单面焊。其他要求与 H 形截面相同。

D. 框架柱与梁刚性连接时，应采用下列连接节点形式：

a. 柱上有悬臂梁时，梁的腹板与悬臂梁腹板宜采用高强螺栓连接。梁翼缘板与悬臂梁翼缘板应用 V 形坡口加垫板单面全焊透焊缝连接 [图 6-2-14 (a)]；

b. 柱上无悬臂梁时，梁的腹板与柱上已焊好的承剪板宜用高强螺栓连接。梁翼缘板应直接与柱身用单边 V 形坡口加垫板单面全焊透焊缝连接 [图 6-2-14 (b)]；

c. 梁与 H 型柱弱轴方向刚性连接时，梁的腹板与柱的纵筋板宜用高强螺栓连接。梁翼缘板与柱的横隔板应用 V 形坡口加垫板单面全焊透焊缝连接 [图 6-2-14 (c)]。

E. 管材与空心球工地安装焊接节点应采用下列形式：

a. 钢管内壁加套管作为单面焊接坡口的垫板时，坡口角度、间隙及焊缝外形要求应符合图 [6-2-15 (b)] 的要求。

b. 钢管内壁不用套管时，宜将管端加工成 30°～60°折线形坡口，预装配后根据间隙尺寸要求，进行管端二次加工 [图 6-2-15 (c)]。要求全焊透时，应进行专项工艺评定试验和宏观切片检验以确定坡口尺寸和焊接工艺参数。

F. 管—管连接的工地安装焊接节点形式应符合下列要求：

6.2 钢结构焊接

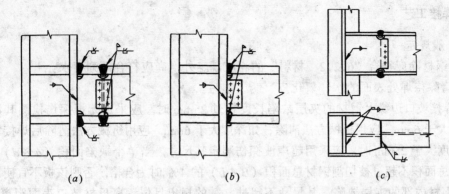

图 6-2-14 框架柱与梁刚性连接节点形式示意

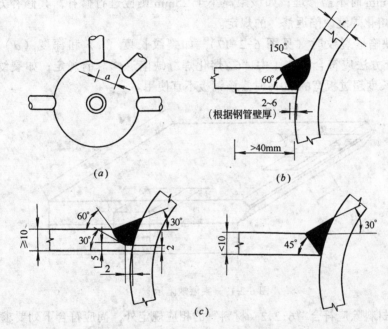

图 6-2-15 管—球节点形式及坡口形式与尺寸示意
(a) 空心球节点示意；(b) 加套管连接；(c) 不加套管连接

a. 管—管对接：在壁厚不大于 6mm 时，可用 I 形坡口加垫板单面全焊透焊缝连接 [图 6-2-16 (a)]；在壁厚大于 6mm 时，可用 V 形坡口加垫板单面全焊透焊缝连接 [图 6-2-16 (b)]；

b. 管—管 T、Y、K 形相贯接头：应符合 JGJ 81—2002《建筑钢结构焊接技术规程》第 4.3.6 条的要求。

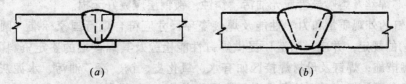

图 6-2-16 管—管对接接点形式示意
(a) I 形坡口对接；(b) V 形坡口对接

6.2.4 焊接工艺

1. 一般规定

(1) 钢材除应符合"6.2.2 材料"的相应规定外，尚应符合下列要求：

A．清除待焊处表面的水、氧化皮、锈、油污。

B．焊接坡口边缘上钢材的夹层缺陷长度超过 25mm 时，应采用无损探伤检测其深度，如深度不大于 6mm，应用机械方法清除；如深度大于 6mm，应用机械方法清除后焊接填满；若缺陷深度大于 25mm 时，应采用超声波探伤测定其尺寸，当单个缺陷面积（$a \times d$）或聚集缺陷的总面积不超过被切割钢材总面积（$B \times L$）的 4% 时为合格，否则该板不宜使用。

C．钢材内部的夹层缺陷，其尺寸不超过 B 款的规定且位置离母材坡口表面距离（b）大于或等于 25mm 时不需修理；如该距离小于 25mm 则应进行修补，其修补方法应符合 6.2.4 中"6. 熔化焊缝缺陷返修"的规定。

D．夹层缺陷是裂纹时（见图 6-2-17），如裂纹长度（a）和深度（d）均不大于 50mm，其修补方法应符合 6.2.4 中"6. 熔化焊缝缺陷返修"的规定；如裂纹深度超过 50mm 或累计长度超过板宽的 20% 时，该钢板不宜使用。

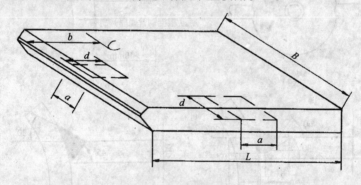

图 6-2-17 夹层缺陷示意

(2) 焊接材料除应符合"6.2.2 材料"的相应规定外，尚应符合下列要求：

A．焊条、焊丝、焊剂和熔嘴应储存在干燥、通风良好的地方，由专人保管。

B．焊条、熔嘴、焊剂和药芯焊丝在使用前，必须按产品说明书及有关工艺文件的规定进行烘干。

C．低氢型焊条烘干温度应为 350~380℃，保温时间应为 1.5~2h，烘干后应缓冷放置于 110~120℃ 的保温箱中存放、待用，使用时应置于保温筒中；烘干后的低氢型焊条在大气中放置时间超过 4h 应重新烘干，焊条重复烘干次数不宜超过 2 次，受潮的焊条不应使用。

D．实芯焊丝及熔嘴导管应无油污、锈蚀，镀铜层应完好无损。

E．焊钉的外观质量和力学性能及焊接瓷环尺寸应符合现行国家标准《圆柱头焊钉》（GB 10433）的规定，并应由制造厂提供焊钉性能检验及其焊接端的鉴定资料。焊钉保存时应有防潮措施；焊钉及母材焊接区如有水、氧化皮、锈、漆、油污、水泥灰渣等杂质，应清除干净方可施焊。受潮的焊接瓷环使用前应经 120℃ 烘干 2h。

F．焊条、焊剂烘干装置及保温装置的加热、测温、控温性能应符合使用要求；二氧化碳气体保护电弧焊所用的二氧化碳气瓶必须装有预热干燥器。

（3）焊接不同类别钢材时，焊接材料的匹配应符合设计要求。常用结构钢采用手工电弧焊、CO_2 气体保护焊和埋弧焊进行焊接时，焊接材料可按表 6-2-8～表 6-2-10 的规定选配。

常用结构钢材手工电弧焊接材料的选配 表 6-2-8

钢材						手工电弧焊焊条				
牌号	等级	抗拉强度[3] σ_b (MPa)	屈服强度[3] σ_s (MPa)		冲击功[3]	型号示例	熔敷金属性能[3]			
			$\delta \leq 16$ (mm)	$\delta > 50 \sim 100$ (mm)	T (℃)	Akv (J)		抗拉强度 σ_b (MPa)	屈服强度 σ_s (MPa)	延伸率 δ_5 (%)	冲击功≥27J 时试验温度 (℃)
Q235	A	375～460	235	205[4]	—	—	E4303[1]	420	330	22	0
	B				20	27	E4303[1] E4328 E4315 E4316				0
	C				0	27					-20
	D				-20	27					-30
Q295	A	390～570	295	235	—	—	E4303[1] E4315 E4316 E4328	420	330	22	0
	B				20	24					-30 -20
Q345	A	470～630	345	275	—	—	E5003[1]	490	390	22	0
	B				20	34	E5003[1] E5015 E5016 E5018				-30
	C				0	34	E5015 E5016 E5018				
	D				-20	34					
	E				-40	27	[2]				[2]
Q390	A	490～650	390	330	—	—	E5015 E5016	490	390	22	-30
	B				20	34					
	C				0	34	E5515-D3、-G E5016-D3、-G	540	440	17	
	D				-20	34					
	E				-40	27	[2]				[2]
Q420	A	520～680	420	360	—	—	E5515-D3、-G E5016-D3、-G	540	440	17	-30
	B				20	34					
	C				0	34					
	D				-20	34					
	E				-40	27	[2]				[2]
Q460	C	550～720	460	400	0	34	E5515-D1、-G E5016-D1、-G	590	490	15	-30
	D				-20	34					
	E				-40	27	[2]				[2]

[1] 用于一般结构；[2] 由供需双方协议；[3] 表中钢材及焊材熔敷金属力学性能的单值均为最小值；[4] 为板厚 $\delta > 50 \sim 100mm$ 时的 σ_s 值。

常用结构钢材 CO_2[1]气体保护焊实芯焊丝的选配 表 6-2-9

钢材牌号	等级	焊丝型号示例	熔敷金属性能[4]			
			抗拉强度 σ_b (MPa)	屈服强度 σ_s (MPa)	延伸率 δ_5 (%)	冲击功 T (℃)	Akv (J)
Q235	A	ER49-1[2]	490	372	20	常温	47
	B						
	C	ER50-6	500	420	22	−29	27
	D					−18	
Q295	A	ER49-1[2]　ER49-6	490	372	20	常温	47
	B	ER50-3　ER50-6	500	420	22	−18	27
Q345	A	ER49-1[2]	490	372	20	常温	47
	B	ER50-3	500	420	22	−20	27
	C	ER50-2	500	420	22	−29	27
	D						
	E	[3]	[3]			[3]	
Q390	A	ER50-3	500	420	22	−18	27
	B						
	C						
	D	ER50-2	500	420	22	−29	27
	E	[3]	[3]			[3]	
Q420	A	ER55-D2	550	470	17	−29	27
	B						
	C						
	D						
	E	[3]	[3]			[3]	
Q460	C	ER55-D2	550	470	17	−29	27
	D						
	E	[3]	[3]			[3]	

①含 $Ar-CO_2$ 混合气体保护焊;②用于一般结构,其他用于重大结构;③按供需协议;④表中焊材熔敷金属力学性能的单值均为最小值。

常用结构钢埋弧焊焊接材料的选配 表 6-2-10

钢材牌号	等级	焊剂型号-焊丝牌号示例
Q235	A、B、C	F4A0-H08A
	D	F4A2-H08A
Q295	A	F5004-H08A[1]、F5004-H08MnA[2]
	B	F5014-H08A[1]、F5014-H08MnA[2]

续表

钢材		焊剂型号-焊丝牌号示例
牌号	等级	
Q345	A	F5004-H08A①、F5004-H08MnA②、F5004-H10Mn₂②
	B	F5014-H08A①、F5014-H08MnA②、F5014-H10Mn₂② F5011-H08A①、F5011-H08MnA②、F5011-H10Mn₂②
	C	F5024-H08A①、F5024-H08MnA②、F5024-H10Mn₂② F5021-H08A①、F5021-H08MnA②、F5021-H10Mn₂②
	D	F5034-H08A①、F5034-H08MnA②、F5034-H10Mn₂② F5031-H08A①、F5031-H08MnA②、F5031-H10Mn₂²
	E	F5041③
Q390	A、B	F5011-H08MnA①、F5011-H10Mn₂²、F5011-H08MnMoA②
	C	F5021-H08MnA①、F5021-H10Mn₂²、F5021-H08MnMoA²
	D	F5031-H08MnA①、F5031-H10Mn₂²、F5031-H08MnMoA²
	E	F5041③
Q420	A、B	F6011-H10Mn₂²、F6011-H08MnMoA²
	C	F6021-H10Mn₂²、F6021-H08MnMoA²
	D	F6031-H10Mn₂²、F6031-H08MnMoA²
	E	F6041③
Q460	C	F6021-H08MnMoA²
	D	F6031-H08Mn₂MoVA²
	E	F6041③

① 薄板Ⅰ形坡口对接；② 中、厚板坡口对接；③ 供需双方协议。

(4) 焊接坡口表面及组装质量应符合下列要求：

A. 焊接坡口可用火焰切割或机械方法加工，当采用火焰切割时，切割面质量应符合国家现行标准《热切割、气割质量和尺寸偏差》(ZBJ 59002.3)的相应规定。缺棱为1～3mm时，应修磨平整；缺棱超过3mm时，应用直径不超过3.2mm的低氢型焊条补焊，并修磨平整。当采用机械方法加工坡口时，加工表面不应有台阶。

B. 施焊前，焊工应检查焊接部位的组装和表面清理的质量，如不符合要求，应修磨补焊合格后方能施焊。各种焊接方法焊接坡口组装允许偏差值应符合JGJ 81—2002《建筑钢结构焊接技术规程》中表4.2.2～4.2.7的规定。坡口组装间隙超过允许偏差值规定时，可在坡口单侧或两侧堆焊、修磨使其符合要求，但当坡口组装间隙超过较薄板厚度2倍或大于20mm时，不应用堆焊方法增加构件长度和减小组装间隙。

C. 搭接接头及T形角接头组装间隙超过1mm或管材T、K、Y形接头组装间隙超过1.5mm时，施焊的焊脚尺寸应比设计要求值增大，并应符合JGJ 81—2002《建筑钢结构焊接技术规程》第4.3的规定。但T形角接头组装间隙超过5mm时，应事先在板端堆焊并修磨平整或在间隙内堆焊填补后施焊。

D. 严禁在接头间隙中填塞焊条头、铁块等杂物。

(5) 焊接工艺文件应符合下列要求：

A．施工前应由焊接技术责任人员根据焊接工艺评定结果编制焊接工艺文件，并向有关操作人员进行技术交底，施工中应严格遵守工艺文件的规定。

B．焊接工艺文件应包括下列内容：

a．焊接方法或焊接方法的组合；

b．母材的牌号、厚度及其他相关尺寸；

c．焊接材料型号、规格；

d．焊接接头形式、坡口形状及尺寸允许偏差；

e．夹具、定位焊、衬垫的要求；

f．焊接电流、焊接电压、焊接速度、焊接层次、清根要求、焊接顺序等焊接工艺参数规定；

g．预热温度及层间温度范围；

h．后热、焊后消除应力处理工艺；

i．检验方法及合格标准；

j．其他必要的规定。

(6) 焊接作业环境应符合下列要求：

A．焊接作业区风速当手工电弧焊超过8m/s、气体保护电弧焊及药芯焊丝电弧焊超过2m/s时，应设防风棚或采取其他防风措施。制作车间内焊接作业区有穿堂风或鼓风机时，也应按以上规定设挡风装置。

B．焊接作业区的相对湿度不得大于90％。

C．当焊件表面潮湿或有冰雪覆盖时，应采取加热去湿除潮措施。

D．焊接作业区环境温度低于0℃时，应将构件焊接区各方向大于或等于二倍钢板厚度且不小于100mm范围内的母材，加热到20℃以上方可施焊，且在焊接过程中均不应低于这一温度。实际加热温度应根据构件构造特点、钢材类别及质量等级和焊接性、焊接材料熔敷金属扩散氢含量、焊接方法和焊接热输入等因素确定，其加热温度应高于常温下的焊接预热温度，并由焊接技术责任人员制定出作业方案经认可后方可实施。作业方案应保证焊工操作技能不受环境低温的影响，同时对构件采取必要的保温措施；

E．焊接作业区环境超出本条A、D款规定但必须焊接时，应对焊接作业区设置防护棚并由施工企业制订出具体方案，连同低温焊接工艺参数、措施报监理工程师确认后方可实施。

(7) 引弧板、引出板、垫板应符合下列要求：

A．严禁在承受动荷载且需经疲劳验算构件焊缝以外的母材上打火、引弧或装焊夹具。

B．不应在焊缝以外的母材上打火、引弧。

C．T形接头、十字形接头、角接接头和对接接头主焊缝两端，必须配置引弧板和引出板，其材质应与被焊母材相同，坡口形式应与被焊焊缝相同，禁止使用其他材质的材料充当引弧板和引出板。

D．手工电弧焊和气体保护电弧焊焊缝引出长度应大于25mm。其引弧板和引出板宽度应大于50mm，长度宜为板厚的1.5倍且不小于30mm，厚度应不小于6mm。

非手工电弧焊焊缝引出长度应大于80mm。其引弧板和引出板宽度应大于80mm，长度宜为板厚的 2 倍且不小于 100mm，厚度应不小于 10mm。

E．焊接完成后，应用火焰切割去除引弧板和引出板，并修磨平整。不得用锤击落引弧板和引出板。

(8) 定位焊必须由持相应合格证的焊工施焊，所用焊接材料应与正式施焊相当。定位焊焊缝应与最终焊缝有相同的质量要求。钢衬垫的定位焊宜在接头坡口内焊接，定位焊焊缝厚度不宜超过设计焊缝厚度的 2/3，定位焊焊缝长度宜大于 40mm，间距宜为 500~600mm，并填满弧坑。定位焊预热温度应高于正式施焊预热温度。当定位焊缝上有气孔或裂纹时，必须清除后重焊。

(9) 多层焊的施焊应符合下列要求：

A．厚板多层焊时应连续施焊，每一焊道焊接完成后应及时清理焊渣及表面飞溅物，发现影响焊接质量的缺陷时，应清除后方可再焊。在连续焊接过程中应控制焊接区母材温度，使层间温度的上、下限符合工艺文件要求。遇有中断施焊的情况，应采取适当的后热、保温措施，再次焊接时重新预热温度应高于初始预热温度。

B．坡口底层焊道采用焊条手工电弧焊时宜使用不大于 $\phi 4$ 的焊条施焊，低层根部焊道的最小尺寸应适宜，但最大厚度不应超过 6mm。

(10) 栓钉焊施焊环境温度低于 0℃时，打弯试验的数量应增加 1%；当栓钉采用手工电弧焊和气体保护电弧焊焊接时，其预热温度应符合相应工艺的要求。

(11) 塞焊和槽焊可采用手工电弧焊、气体保护电弧焊及自保护电弧焊等焊接方法。平焊时，应分层熔敷焊缝，每层熔渣冷却凝固后，必须清除方可重新焊接；立焊和仰焊时，每道焊缝焊完后，应待熔渣冷却并清除后方可施焊后续焊道。

(12) 电渣焊和气电立焊不得用于焊接调质钢。

2．焊接预热及后热

(1) 除电渣焊、气电立焊外，Ⅰ、Ⅱ类钢材匹配相应强度级别的低氢型焊接材料并采用中等热输入进行焊接时，板厚与最低预热温度要求宜符合表 6-2-11 的规定。

常用结构钢材最低预热温度要求　　　　　表 6-2-11

钢材牌号	接头最厚部件的板厚 t (mm)				
	$t<25$	$25\leqslant t\leqslant 40$	$40<t\leqslant 60$	$60<t\leqslant 80$	$t>80$
Q235	—	—	60℃	80℃	100℃
Q295、Q345	—	60℃	80℃	100℃	140℃

注：本表适应条件：
1. 接头形式为坡口对接，根部焊道，一般拘束度。
2. 热输入约为 15~25kJ/cm。
3. 采用低氢型焊条，熔敷金属扩散氢含量（甘油法）。
　　E4315、E4316 不大于 8ml/100g；
　　E5015、E5016、E5515、E5516 不大于 6ml/100g；
　　E6015、E6016 不大于 4ml/100g。
4. 一般拘束度，指一般角焊缝和坡口焊缝的接头未施加限制收缩变形的刚性固定，也未处于结构最终封闭安装或局部返修焊接条件下而具有一定自由度。
5. 环境温度为常温。
6. 焊接接头板厚不同时，应按厚板确定预热温度；焊接接头材质不同时，按高强度、高碳当量的钢材确定预热温度。

实际工程结构施焊时的预热温度，尚应满足下列规定：

A．根据焊接接头的坡口形式和实际尺寸、板厚及构件拘束条件确定预热温度。焊接坡口角度及间隙增大时，应相应提高预热温度。

B．根据熔敷金属的扩散氢含量确定预热温度。扩散氢含量高时应适当提高预热温度；当其他条件不变时，使用超低氢型焊条打底预热温度可降低25～50℃。二氧化碳气体保护焊当气体含水量符合6.2.2中第（9）条的要求；或使用富氩混合气体保护焊时，其熔敷金属扩散氢可视同低氢型焊条。

C．根据焊接时热输入的大小确定预热温度。当其他条件不变时，热输入增大5kJ/cm，预热温度可降低25～50℃；电渣焊、气电立焊在环境温度为0℃以上施焊时可不进行预热。

D．根据接头热传导条件选择预热温度。在其他条件不变时，T形接头应比对接接头的预热温度高25～50℃；但T形接头两侧角焊缝同时施焊时应按对接接头确定预热温度。

E．根据施焊环境温度确定预热温度。操作地点环境温度低于常温时（高于0℃），应提高预热温度15～25℃。

（2）预热方法及层间温度控制方法应符合下列规定：

A．焊前预热及层间温度的保持宜采用电加热器、火焰加热器等加热，并采用专用的测温仪器测量。

B．预热的加热区域应在焊接坡口两侧，宽度应各为焊件施焊处厚度的1.5倍以上，且不小于100mm；预热温度宜在焊件反面测量，测温点应在离电弧经过前的焊接点各方向不小于75mm处；当用火焰加热器预热时正面测温应在加热停止后进行。

（3）当要求进行焊后消氢处理时，应符合下列规定：

A．消氢处理的加热温度应为200～250℃，保温时间应依据工件板厚按每25mm板厚不小于0.5h、且总保温时间不得小于1h确定，达到保温时间后应缓冷至常温；

B．消氢处理的加热和测温方法按上述第（2）条的规定执行。

（4）Ⅲ、Ⅳ类钢材的预热温度、层间温度及后热处理应遵守钢厂提供的指导性参数要求，或第2.3条的规定执行。

3．防止层状撕裂的工艺措施

T形接头、十字接头、角接接头焊接时，宜采用以下防止板材层状撕裂的焊接工艺措施：

（1）采用双面坡口对称焊接代替单面坡口非对称焊接。

（2）采用低强度焊条在坡口内母材板面上先堆焊塑性过渡层。

（3）Ⅱ类及Ⅱ类以上钢材箱形柱角接接头当板厚大于、等于80mm时，板边火焰切割面宜用机械方法去除淬硬层（见图6-2-18）。

（4）采用低氢、超低氢型焊条或气体保护电弧焊施焊。

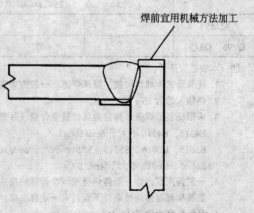

图6-2-18 特厚板角接接头防止层状撕裂的工艺措施示意

（5）提高预热温度施焊。

4. 控制焊接变形的工艺措施

（1）宜按下列要求采用合理的焊接顺序控制变形：

A. 对于对接接头、T形接头和十字接头坡口焊接，在工件放置条件允许或易于翻身的情况下，宜采用双面坡口对称顺序焊接；对于有对称截面的构件，宜采用对称于构件中和轴的顺序焊接。

B. 对双面非对称坡口焊接，宜采用先焊深坡口侧部分焊缝、后焊浅坡口侧、最后焊完深坡口侧焊缝的顺序。

C. 对长焊缝宜采用分段退焊法或与多人对称焊接法同时运用。

D. 宜采用跳焊法，避免工件局部加热集中。

（2）在节点形式、焊缝布置、焊接顺序确定的情况下，宜采用熔化极气体保护电弧焊或药芯焊丝自保护电弧焊等能量密度相对较高的焊接方法，并采用较小的热输入。

（3）宜采用反变形法控制角变形。

（4）对一般构件可用定位焊固定同时限制变形；对大型、厚板构件宜用刚性固定法增加结构焊接时的刚性。

（5）对于大型结构宜采取分部组装焊接、分别矫正变形后再进行总装焊接或连接的施工方法。

5. 焊后消除应力处理

（1）设计文件对焊后消除应力有要求时，根据构件的尺寸，工厂制作宜采用加热炉整体退火或电加热器局部退火对焊件消除应力，仅为稳定结构尺寸时可采用振动法消除应力；工地安装焊缝宜采用锤击法消除应力。

（2）焊后热处理应符合现行国家标准《碳钢、低合金钢焊接构件焊后热处理方法》（GB/T—6046）的规定。当采用电加热器对焊接构件进行局部消除应力热处理时，尚应符合下列要求：

A. 使用配有温度自动控制仪的加热设备，其加热、测温、控温性能应符合使用要求。

B. 构件焊缝每侧面加热板（带）的宽度至少为钢板厚度的3倍，且应不小于200mm。

C. 加热板（带）以外构件两侧尚宜用保温材料适当覆盖。

（3）用锤击法消除中间焊层应力时，应使用圆头手锤或小型振动工具进行，不应对根部焊缝、盖面焊缝或焊缝坡口边缘的母材进行锤击。

（4）用振动法消除应力时，应符合国家现行标准《振动时效工艺参数及技术要求》（GB/T—5926）的规定。

6. 熔化焊缝缺陷返修

（1）焊缝表面缺陷超过相应的质量验收标准时，对气孔、夹渣、焊瘤、余高过大等缺陷应用砂轮打磨、铲凿、钻、铣等方法去除，必要时应进行焊补；对焊缝尺寸不足、咬边、弧坑未填满等缺陷应进行焊补。

（2）经无损检测确定焊缝内部存在超标缺陷时应进行返修，返修应符合下列规定：

A. 返修前应由施工企业编写返修方案。

B．应根据无损检测确定的缺陷位置、深度、用砂轮打磨或碳弧气刨清除缺陷。缺陷为裂纹时，碳弧气刨前应在裂纹两端钻止裂孔并清除裂纹及其两端各50mm长的焊缝或母材。

C．清除缺陷时应将刨槽加工成四侧边斜面角大于10°的坡口，并应修整表面、磨除气刨渗炭层，必要时应用渗透探伤或磁粉探伤方法确定裂纹是否彻底清除。

D．焊补时应在坡口内引弧，熄弧时应填满弧坑；多层焊的焊层之间接头应错开，焊缝长度应不小于100mm；当焊缝长度超过500mm时，应采用分段退焊法。

E．返修部位应连续焊成，如中断焊接时，应采取后热、保温措施，防止产生裂纹。再次焊接前宜用磁粉或渗透探伤方法检查，确认无裂纹后方可继续补焊。

F．焊接修补的预热温度应比相同条件下正常焊接的预热温度高，并应根据工程节点的实际情况确定是否需用采用超低氢型焊条焊接或进行焊后消氢处理。

G．焊缝正、反两面各作为一个部位，同一部位返修不宜超过两次。

H．对两次返修后仍不合格的部位应重新制订返修方案，经工程技术负责人审批并报监理工程师认可后方可执行。

I．返修焊接应填报返修施工记录及返修前后的无损检测报告，作为工程验收及存档资料。

(3) 炭弧气刨应符合下列规定：

A．炭弧气刨工必须经过培训合格后方能上岗操作。

B．如发现"夹炭"，应在夹炭边缘5~10mm处重新起刨，所刨深度应比夹炭处深2~3mm；发生"粘渣"时可用砂轮打磨。Q420、Q460及调质钢在炭弧气刨后，不论有无"夹炭"或"粘渣"，均应用砂轮打磨刨槽表面，去除淬硬层后方可进行焊接。

6.2.5 焊接质量检查

1．一般规定

(1) 质量检查人员应按JGJ 81—2002《建筑钢结构焊接技术规程》及施工图纸和技术文件要求，对焊接质量进行监督和检查。

(2) 质量检查人员的主要职责应为：

A．对所有钢材及焊接材料的规格、型号、材质以及外观进行检查，均应符合图纸和相关规程、标准的要求；

B．监督检查焊工合格证及认可施焊范围；

C．监督检查焊工是否严格按焊接工艺技术文件要求及操作规程施焊；

D．对焊缝质量按照设计图纸、技术文件及JGJ 81—2002《建筑钢结构焊接技术规程》要求进行验收检验。

(3) 检查前应根据施工图及说明文件规定的焊缝质量等级要求编制检查方案，由技术负责人批准并报监理工程师备案。检查方案应包括检查批的划分、抽样检查的抽样方法、检查项目、检查方法、检查时机及相应的验收标准等内容。

(4) 抽样检查时，应符合下列要求：

A．焊缝处数的计数方法：工厂制作焊缝长度小于等于1000mm时，每条焊缝为1处；长度大于1000mm时，将其划分为每300mm为1处；现场安装焊缝每条焊缝为1处。

B．可按下列方法确定检查批：

a. 按焊接部位或接头形式分别组成批；

b. 工厂制作焊缝可以同一工区（车间）按一定的焊缝数量组成批；多层框架结构可以每节柱的所有构件组成批；

c. 现场安装焊缝可以区段组成批；多层框架结构可以每层（节）的焊缝组成批。

C. 批的大小宜为300～600处。

D. 抽样检查除设计指定焊缝外应采用随机取样方式取样。

(5) 抽样检查的焊缝数如不合格率小于2%时，该批验收应定为合格；不合格率大于5%时，该批验收应定为不合格；不合格率为2%～5%时，应加倍抽检，且必须在原不合格率部位两侧的焊缝延长线各增加一处。如在所有抽检焊缝中不合格率不大于3%时，该批验收定为合格；大于3%时，该批验收定为不合格。当批量验收不合格时，应对该批余下焊缝的全数进行检查。当检查出一处裂纹缺陷时，应加倍抽查，如在加倍抽检焊缝中未检查出其他裂纹缺陷时，该批验收应定为合格，当检查出多处裂纹缺陷或加倍抽查又发现裂纹缺陷时，应对该批余下焊缝的全数进行检查。

(6) 所有查出的不合格焊接部位应按规定予以补修至检查合格。

2. 外观检验

(1) 所有焊缝应冷却到环境温度后进行外观检查，Ⅱ、Ⅲ类钢材的焊缝应以焊接完成24h后检查结果作为验收依据，Ⅳ类钢应以焊接完成48h后的检查结果作为验收依据。

(2) 外观检查一般用目测，裂纹的检查应辅以5倍放大镜并在合适的光照条件下进行，必要时可采用磁粉探伤或渗透探伤，尺寸的测量应用量具、卡规。

(3) 焊缝外观质量应符合下列规定：

A. 一级焊缝不得存在未焊满、根部收缩、咬边和接头不良等缺陷，一级焊缝和二级焊缝不得存在表面气孔、夹渣、裂纹和电弧擦伤等缺陷；

B. 二级焊缝的外观质量除应符合本条第A款的要求外，尚应满足表6-2-12的有关规定；

C. 三级焊缝的外观质量应符合表6-2-12的有关规定。

焊缝外观质量允许偏差 表6-2-12

焊缝质量等级 检验项目	二 级	三 级
未焊满	≤0.2+0.02t 且≤1mm，每100mm长度焊缝内未焊满累积长度≤25mm	≤0.2+0.04t 且≤2mm，每100mm长度焊缝内未焊满累积长度≤25mm
根部收缩	≤0.2+0.02t 且≤1mm，长度不限	≤0.2+0.04t 且≤2mm，长度不限
咬边	≤0.05t 且≤0.5mm，连续长度≤100mm，且焊缝两侧咬边总长≤10% 焊缝全长	≤0.1t 且≤1mm，长度不限
裂纹	不允许	允许存在长度≤5mm的弧坑裂纹
电弧擦伤	不允许	允许存在个别电弧擦伤
接头不良	缺口深度≤0.05t 且≤0.5mm，每1000mm长度焊缝内不得超过1处	缺口深度≤0.01t 且≤1mm，每1000mm长度焊缝内不得超过1处
表面气孔	不允许	每50mm长度焊缝内允许存在直径<0.4t 且≤3mm的气孔2个；孔距应≥6倍孔距
表面夹渣	不允许	深≤0.2t，长≤0.5t 且≤20mm

(4) 焊缝尺寸应符合下列规定:

A. 焊缝焊脚尺寸应符合表 6-2-13 的规定;

B. 焊缝余高及错边应符合表 6-2-14 的规定。

焊缝焊脚尺寸允许偏差　　　　表 6-2-13

序号	项目	示意图	允许偏差 (mm)	
1	一般全焊透的角接与对接组合焊缝		$h_f \geq \left(\dfrac{t}{4}\right)_0^{+4}$ 且 ≤10	
2	需经疲劳验算的全焊透角接与对接组合焊缝		$h_f \geq \left(\dfrac{t}{2}\right)_0^{+4}$ 且 ≤10	
3	角焊缝及部分焊透的角接与对接组合焊缝		$h_f \leq 6$ 时 0~1.5	$h_f > 6$ 时 0~3.0

注:1. $h_f > 8.0$mm 的角焊缝其局部焊脚尺寸允许低于设计要求值 1.0mm,但总长度不得超过焊缝长度的 10%;
　　2. 焊接 H 形梁腹板与翼缘板的焊缝两端在其两倍翼缘板宽度内,焊缝的焊脚尺寸不得低于设计要求值。

焊缝余高及错边允许偏差　　　　表 6-2-14

序号	项目	示意图	允许偏差 (mm)	
			一、二级	三级
1	对接焊缝余高 (C)		$B<20$ 时, C 为 0~3; $B \geq 20$ 时, C 为 0~4	$B<20$ 时, C 为 0~3.5; $B \geq 20$ 时, C 为 0~5

续表

序号	项目	示意图	允许偏差（mm） 一、二级	允许偏差（mm） 三级
2	对接焊缝错边（d）		$d<0.1t$ 且≤2.0	$d<0.15t$ 且≤3.0
3	角焊缝余高（C）		$h_f≤6$ 时 C 为 0~1.5；$h_f>6$ 时 C 为 0~3.0	

（5）栓钉焊焊后应进行打弯检查，合格标准：当焊钉打弯至30°时，焊缝和热影响区不得有内眼可见的裂纹，检查数量应不小于焊钉总数的1%。

（6）电渣焊、气电立焊接头的焊缝外观成形应光滑，不得有未熔合、裂纹等缺陷；当板厚小于30mm时，压痕、咬边深度不得大于0.5mm；板厚大于或等于30mm时，压痕、咬边深度不得大于1.0mm。

3．无损检测

（1）无损检测应在外观检查合格后进行。

（2）焊缝无损检测报告签发人员必须持有相应探伤方法的Ⅱ级或Ⅱ级以上资格证书。

（3）设计要求全焊透的焊缝，其内部缺陷的检验应符合下列要求：

A．一级焊缝应进行100%的检验，其合格等级应为现行国家标准《钢焊缝手工超声波探伤方法及质量分级法》（GB 11345）B级检验的Ⅱ级及Ⅱ级以上；

B．二级焊缝应进行抽检，抽检比例应不小于20%，其合格等级应为现行国家标准《钢焊缝手工超声波探伤方法及质量分级法》（GB 11345）B级检验的Ⅲ级及Ⅲ级以上；

C．全焊透的三级焊缝可不进行无损检测。

（4）焊接球节点网架焊缝的超声波探伤方法及缺陷分级应符合国家现行标准《焊接球节点钢网架焊缝超声波探伤及质量分级法》（JG/T 3034.1）的规定。

（5）螺栓球节点网架焊缝的超声波探伤方法及缺陷分级应符合国家现行标准《螺栓球节点钢网架焊缝超声波探伤及质量分级法》（JG/T 3034.2）的规定。

（6）箱形构件隔板电渣焊焊缝无损检测结果除应符合第（3）条的有关规定外，还应按 JGJ 81—2002《建筑钢结构焊接技术规程》附录 C 进行焊缝熔透宽度、焊缝偏移检测。

（7）圆管 T、K、Y 节点焊缝的超声波探伤方法及缺陷分级应符合 JGJ 81—2002《建筑钢结构焊接技术规程》附录 D 的规定。

(8) 设计文件指定进行射线探伤或超声波探伤不能对缺陷性质作出判断时，可采用射线探伤进行检测、验证。

(9) 射线探伤应符合现行国家标准《钢熔化焊对接接头射线照相和质量分级》(GB 3323) 的规定，射线照相的质量等级应符合 AB 级的要求。一级焊缝评定合格等级应为《钢熔化焊对接接头射线照相和质量分级》(GB 3323) 的Ⅱ级及Ⅱ级以上，二级焊缝评定合格等级应为《钢熔化焊对接接头射线照相和质量分级》(GB 3323) 的Ⅲ级及Ⅲ级以上。

(10) 下列情况之一应进行表面检测：
  A．外观检查发现裂纹时，应对该批中同类焊缝进行 100% 的表面检测；
  B．外观检查怀疑有裂纹时，应对怀疑的部位进行表面探伤；
  C．设计图纸规定进行表面探伤时；
  D．检查员认为有必要时。

(11) 铁磁性材料应采用磁粉探伤进行表面缺陷检测，确因结构原因或材料原因不能使用磁粉探伤时，方可采用渗透探伤。

(12) 磁粉探伤应符合国家现行标准《焊缝磁粉检验方法和缺陷磁痕的分级》(JB/T 6061) 的规定，渗透探伤应符合国家现行标准《焊缝渗透检验方法和缺陷迹痕的分级》(JB/T 6062) 的规定。

(13) 磁粉探伤和渗透探伤的合格标准应符合 6.2.5 中"2. 外观检验"的有关规定。

6.3 钢结构制作、构件组装及预拼装

6.3.1 原材料

1．材料使用要求

(1) 钢材性能的一般要求

  A．应按设计要求的材质、规格型号定货，进货时应按 GB 50205—2001《钢结构工程施工质量验收规范》的要求进行检验。

  B．常用结构钢材应确保硫、磷及碳的极限含量，承重结构钢材应确保其抗拉强度、伸长率、屈服点、必要时还须进行冷弯试验。

  C．重级工作制和吊装起重量≥50t 的中级工作制焊接吊车梁或类似结构的钢材，应有常温和低温（-20℃）冲击韧性的保证；重级工作制的非焊接吊车梁，必要时其钢材也应具有冲击韧性的保证。

(2) 钢结构材料的选用原则

  A．应优先选用经济高效截面的型材（如宽翼缘 H 型钢、冷弯型钢），在同一工程中选用的型钢、钢板的规格不宜过多；

  B．钢材的机械性能和化学成分符合要求，但未查明冶炼方法时，可按沸腾钢使用；

  C．材料代用应严格确认其材质、性能是否符合设计要求，必要时应继续复验；材料代用不可以大代小，以免引起自重载荷增加，导致结构的疲劳。

(3) 钢材管理

  A．钢结构用钢材必须严格按钢号、炉（罐）号或批号进行管理。

B．钢材应有质量证明书，并符合设计文件要求。

C．钢材应分类堆放，垫平，每隔 5~6 层应放置楞木，防止产生变形；露天堆放，场地要干燥，四周设有排水设施。

D．为避免用错钢材，应在其端部根据钢号涂以不同颜色的油漆；常用的结构钢材：Q235 钢涂以红色、Q345 钢涂以白色。

(4) 普通螺栓

结构拼装或安装所采用的普通螺栓公称直径为 M5~M64，其使用材料为 Q235—B（以保证良好的韧性）时，性能等级为 4.6，若使用材料为 Q345 则性能等级为 6.6 级；普通螺栓一般在设计时不注明性能等级，只注明钢号。

A．工程用的螺栓、螺母、垫圈等连接零件应符合设计规定，并具有产品质量合格证。

B．同一构件连接用的螺栓、螺母、垫圈的规格应统一，特殊部位用的螺栓应根据连接件的厚度确定螺栓长度。

$$L = \delta + \delta_1 + \delta_2 + \delta_3$$

式中　L——螺栓长度（mm）；

　　　δ——连接件厚度（mm）；

　　　δ_1——垫圈厚度（mm）；

　　　δ_2——紧固螺母厚度（mm）；

　　　δ_3——螺杆伸出螺母外长度（2~3 扣）。

2．钢材的检验

(1) 主控项目

A．钢材、钢铸件的品种、规格、性能等应符合现行国家产品标准和设计要求，进口钢材产品的质量应符合设计和合同规定标准的要求。

检查数量：全数检查。

检验方法：检查质量合格证明文件、中文标志及检验报告等。

B．对于下列情况之一的钢材，应进行抽样复验，其复验结果应符合现行国家产品标准和设计要求。

　a．国外进口钢材；

　b．钢材混批（钢材系按炉号、批号出具材质证明书）；

　c．板厚≥40mm，且设计有 Z 向性能要求的厚板；

　d．建筑结构安全等级为一级，大跨度（≥60m）钢结构中主要受力构件所采用的钢材；

　e．设计有复验要求的钢材；

　f．对质量有疑义的钢材。

检查数量：全数检查。

检验方法：检查复验报告。

(2) 一般项目

A．钢板厚度及允许偏差应符合其产品标准的要求。

检查数量：每一品种、规格的钢板抽查 5 处。

检验方法：用游标卡尺量测。

B.型钢的规格尺寸及允许偏差符合其产品标准的要求。

　　检查数量：每一品种、规格的型钢抽查5处。

　　检验方法：用钢尺和游标卡尺量测。

　　C.钢材的表面外观质量除应符合国家现行有关标准的规定外，尚应符合下列规定：

　　a.钢材表面不允许有结疤裂纹、折叠和分层等缺陷；当钢材表面有锈蚀、麻点或划痕等缺陷时，其深度不得大于该钢材负偏差值的1/2；

　　b.钢材表面的锈蚀等级应符合现行国家标准 GB 8923《涂装前钢材表面锈蚀等级和除锈等级》规定的 C 级及 C 级以上；

　　c.钢材端边或断口处不应有分层、夹渣等缺陷。

　　检查数量：全数检查。

　　检验方法：观察检查。

　　3．焊接材料的检验

　　(1) 主控项目

　　A.焊接材料的品种、规格、性能等应符合现行国家产品标准和设计要求。

　　检查数量：全数检查。

　　检验方法：检查焊接材料的质量合格证明文件、中文标志及检验报告等。

　　B.重要钢结构采用的焊接材料应进行抽样复验，复验结果应符合现行国家产品标准和设计要求。

　　检查数量：全数检查。

　　检验方法：检查复验报告。

　　(2) 一般项目

　　A.焊钉及焊接瓷环的规格、尺寸及偏差应符合现行国家标准 GB 10433《圆柱头焊钉》中的规定。

　　检查数量：按量抽查1%，且不应少于10套。

　　检验方法：用钢尺和游标卡尺量测。

　　B.焊条外观不应有药皮脱落、焊芯生锈等缺陷；焊剂不应受潮结块。

　　检查数量：按量抽查1%，且不应少于10包。

　　检验方法：观察检查。

　　4．连接用紧固标准件的检验

　　(1) 主控项目

　　A.钢结构连接用高强度大六角头螺栓连接副、扭剪型高强度螺栓连接副、钢网架用高强度螺栓、普通螺栓、铆钉、自攻钉、拉铆钉、射钉、锚栓（机械型和化学试剂型）、地脚锚栓等紧固标准件及螺母、垫圈等标准配件，其品种、规格、性能等应符合现行国家产品标准和设计要求。高强度大六角头螺栓连接副和扭剪型高强度螺栓连接副出厂时应分别随箱带有扭矩系数和紧固轴力（预拉力）的检验报告。

　　检查数量：全数检查。

　　检验方法：检查产品的质量合格证明文件、中文标志及检验报告等。

　　B.高强度大六角头螺栓连接副应按 GB 50205—2001《钢结构工程施工质量验收规范》附录 B 的规定检验其扭矩系数，其检验结果应符合附录 B 的规定。

检查数量：见附录 B。

检验方法：检查复验报告。

C．扭剪型高强度螺栓连接副应按 GB 50205—2001《钢结构工程施工质量验收规范》附录 B 的规定检验其预拉力，其检验结果应符合附录 B 的规定。

检查数量：见附录 B。

检验方法：检查复验报告。

(2) 一般项目

A．高强度螺栓连接副，应按包装箱配套供货，包装箱上应标明批号、规格、数量及生产日期。螺栓、螺母、垫圈外观表面应涂油保护，不应出现生锈和沾染赃物、螺纹不应损伤。

检查数量：按包装箱抽查 5%，且不应少于 3 箱。

检验方法：观察检查。

B．对建筑结构安全等级为一级，跨度 40m 及以上的螺栓球节点钢网架结构，其连接高强度螺栓应进行表面硬度试验，对 8.8 级的高强度螺栓其硬度应为 HRC21~29；10.9 级的高强度螺栓其硬度应为 HRC32~36，且不得有裂纹或损伤。

检查数量：按规格抽查 8 只。

检验方法：硬度计、10 倍放大镜或磁粉探伤。

5．涂装材料的检验

(1) 主控项目

A．钢结构防腐涂料、稀释剂和固化剂等材料的品种、规格、性能等应符合现行国家产品标准和设计要求。

检查数量：全数检查。

检验方法：检查产品的质量合格证明文件、中文标志及检验报告等。

B．钢结构防火涂料的品种和技术性能应符合设计要求，并应经过具有资质的检测机构检测符合国家现行有关标准的规定。

检查数量：全数检查。

检验方法：检查产品的质量合格证明文件、中文标志及检验报告等。

(2) 一般项目

防腐涂料和防火涂料的型号、名称、颜色及有效期应与其质量证明文件相符；开启后不应存在结皮、结块、凝胶等现象。

检查数量：按桶数抽查 5%，且不应少于 3 桶。

检验方法：观察检查。

6.3.2 钢结构制作

1．制作工艺

(1) 编制工艺卡

工艺卡是钢结构制作过程中最基本、最重要的技术文件，应在充分理解设计意图，熟悉有关技术文件后，按 GB 50205—2001《钢结构工程施工质量验收规范》的有关要求，并接合具体工程的实际情况进行编制。

(2) 放样

A. 放样应在专门的放样平台上进行，根据设计图纸的相关尺寸划出基准轴线，按1:1的大样放出节点，实样完成后，检查构件位置、中心距、跨度、宽度、高度、孔距等尺寸，复核构件焊接的可行性。

B. 制作样板和样杆，作为下料、弯制及机加工的依据；样板一般用 0.50~0.75mm 的镀锌钢板或塑料板制作；样杆一般采用—25×3 或—30×3 的扁钢制作；样板、样杆上应标明工程编号，零件编号，加工符号、规格数量（包括正反）、孔眼直径及基准轴线等，样板、样杆制作好后应进行检验，样板的精度见表6-3-1。

C. 放样时对铣刨的工件要考虑加工余量，剪切后进行铣端或刨边的加工余量为 3mm；气割后进行铣端或刨边的加工余量为 4mm。

样板精度要求 (mm)　　　　　　表 6-3-1

偏差名称	总长	宽度	孔心距	两对角线差
偏差极限	±1.0	±1.0	±0.5	±1.0

(3) 钢材的拼接

在钢结构制作中，当构件尺寸大于材料的尺寸时，必须拼接，一般均采用焊接连接。常用的拼接方法如下：

A. 钢板的拼接

a. 凡需保证连接焊缝强度与钢材强度相等时，可采用对接焊缝（垂直于作用力方向的焊缝）拼接。

b. 横向悬空类的承重构件，当连接焊缝的强度低于钢材强度时，为增加焊缝的强度，应采用与作用力方向成 45°~60°夹角的对接斜焊缝进行连接，此时，可认为焊缝强度与焊件强度相等；如采用对接正焊缝时，则必须按设计规定的强度进行计算或采取加固补强措施，以保证设计规定的结构强度。

c. 对简支组合工字梁的翼缘和腹板，当拼接位置放在跨中的 1/3 范围内时，一般应采用 45°的对接斜焊缝拼接，在其他部位可采用对接正焊缝拼接；如采用对接正焊缝时，在焊接后应在工字梁翼缘板外的两侧，腹板的两侧，采用板件焊接或高强螺栓连接加固。

d. 组合工字形柱、梁的翼缘板和腹板拼接时，在保证连接的焊缝强度与钢材强度相等的条件下，应采用正焊缝等强度对接；拼接前应将两连接端的截面铣平或磨平，保证对口间隙一致，以满足焊接质量达到结构受力要求。

e. 拼接连接焊缝（正、斜焊缝）的位置应放在受力较小的部位，焊接时宜采用与构件同材料、同厚度的引弧板及引出板施焊，以消除弧坑、裂纹等质量缺陷。

B. 角钢的拼接

a. 拼接时一般采用角钢，并应将角钢的背棱作截角处理，使其紧贴于被拼接角钢的内侧（图 6-3-1）。

b. 拼接角钢用同型号的角钢，竖肢切去的高度一般为 $(h_f + d + 5)$ mm（h_f 为角钢肢内圆弧半径，d 为角钢肢厚），以便布置连接焊缝，切去后的截面削弱由垫板补强。拼

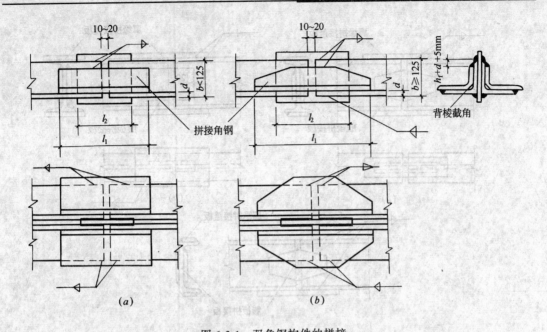

图 6-3-1 双角钢构件的拼接
(a) 角钢肢宽＜125mm 时的拼接；(b) 角钢肢宽≥125mm 时的拼接

接角钢的长度根据连接焊缝的计算长度确定；当拼接角钢肢宽≥125mm 时，宜将其水平肢和垂直肢的两端均切去一角，以布置斜焊缝，使其传力平顺（图 6-3-1b）。

c．拼接用的垫板长度根据发挥该垫板强度所需的焊缝长度来确定，此时、垫板的宽度取等于被拼接角钢的连接肢宽加上 20～30mm，垫板厚度一般取与构件所用的节点板厚度相同。

d．单角钢构件的拼接可采用角钢拼接外，也可采用钢板在被拼接角钢的外侧拼接（图 6-3-2），所采用的拼接角钢或钢板应与被拼接的角钢等强度。

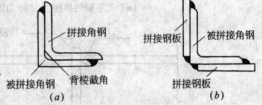

图 6-3-2 单角钢构件的拼接
(a) 采用角钢拼接；
(b) 采用拼接钢板被拼

C．轧制工字钢或槽钢的拼接

a．轧制工字钢或槽钢的拼接，一般按等强度条件采用拼接盖板焊接拼接（图 6-3-3）；

b．当为受压构件时，工字钢的拼接也可采用顶板连接的接头形式（图 6-3-4）；

c．单轨吊车梁的接长，常采用图 6-3-5 所示的接头形式，其腹板采用对接正焊缝连接，翼缘采用拼接盖板连接。

(4) 号料

A．核对钢材的材质、规格、型号，符合要求后方可号料；若钢材变形超标，应矫正后下料；

B．号料时应标出零件的基准轴线、加工位置、加工符号、零部件编号、孔眼位置等。

C．根据工艺要求，号料线预放切割余量如下：

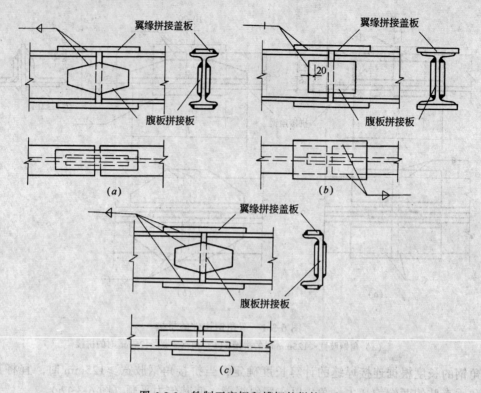

图 6-3-3 轧制工字钢和槽钢的拼接
(a) 工字钢的拼接 1；(b) 工字钢的拼接 2；(c) 槽钢的拼接

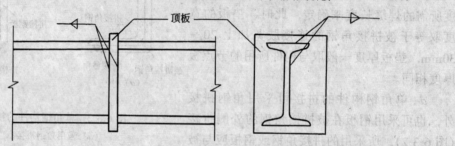

图 6-3-4 采用顶板的工字钢拼接

a. 画线号料样板、内卡样板 -0.5mm、外卡样板 0.5mm。

b. 手工切割：钢材厚度 < 14mm 为 2mm，厚度 16~26mm 为 2.5mm，厚度 28~50mm 为 3mm；自动或半自动切割：3mm。

c. 锯割缝宽量：砂轮锯切割缝宽量为锯片厚度再加 1mm；圆盘齿锯切割缝宽量为齿厚加齿的倾斜量。

d. 刨边、铣端：3~4mm。

e. 焊接收缩量：沿焊缝长度：纵向收缩

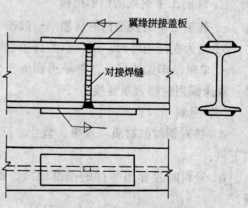

图 6-3-5 单轨吊车梁的拼接

0.03%～0.2%；沿焊缝宽度：横向收缩 0.03%～0.75%。

(5) 切割

切割的方法较多，有氧乙炔切割、剪切、锯切、冲模落料等。

A．切割前钢材表面切割区域内应清除铁锈、油污等杂质。

B．切割后断口上不得有裂纹和大于 1.0mm 的缺棱，并应清除边缘上的熔瘤和飞溅物。

C．切割截面与钢材表面不垂直度应≤钢材厚度的 10%，且不大于 20mm。

D．精密切割零件，其表面粗糙度不得大于 0.03mm。

E．机械剪切的零件断口处的截面上不得有裂纹和大于 1.0mm 的缺棱，并应清除毛刺。

(6) 矫正

钢材拼接下料后，要认真检查其直线度和平面度，若有变形，直线度宜用火焰矫正，允许偏差为≤$L/1000$，且不大于 3mm；平面度可用油压机等机械矫正，允许偏差为≤1/1000。

(7) 弯曲加工

A．折弯可采用油压机、折弯机、或分离式千斤顶进行，当板厚较厚且折弯半径 R 值较小时，宜采用火焰加热后进行，以免产生折弯裂纹；

B．卷曲：当板厚≤19mm 时宜采用三辊卷板机弯制，当板厚＞19mm 时宜采用四辊卷板机弯制；

C．加工弯曲的零件，其弦长大于 1500mm，应用弦长不小于 1500mm 的弧形样板检查，弯曲零件弦长小于 1500mm 时，样板的弦长应与零件相等，其间距不得大于 2.0mm。

(8) 刨边

长尺寸的刨边可采用刨边机或半自动切割机，短尺寸的刨边可采用刨床，施工现场构件的刨边可采用手提式坡口机。

(9) 制孔

钢结构制作中，孔的加工精度可根据紧固件的种类而定，铆钉和精制螺栓连接孔的精度要求高，应铰孔；高强度螺栓及普通螺栓连接孔的精度要求较低，可采用钻孔。

A．不定型结构件应结合放实样法确定零件的边缘尺寸和孔的各项尺寸；批量零件画线时应用统一样板进行；

B．相同对称零件钻孔时，应使用统一的钻孔模具，以达到互换性；

C．钻孔前的零件变形应认真矫正，钻孔及焊接后的变形在矫正时均应避开孔位及其边缘；

D．构件每端至少应有 2 个安装孔，以便穿入临时螺栓，构件安装时，应用锥形撬杠或钢冲穿入连接板孔内定位，在上下迭板孔重合后，再穿入所有螺栓；

E．螺栓孔位移，无法穿过螺栓时，可用机械扩钻孔法（禁止用气割扩孔）调整位移。

2．钢结构焊接

(1) 焊接方法的选择

应根据钢结构的设计要求，材料品种、材料厚度、结构形式、生产批量和具有的焊接设备等来选择。

A. 各种焊接H型钢中的腹板、翼缘板的拼接焊缝,宜采用CO_2气体保护焊施焊;腹板与翼缘板之间的角焊缝宜采用埋弧自动焊施焊;

B. 吊车梁、屋盖梁、檩条等板结构的焊接,宜采用CO_2气体保护焊施焊;

C. 钢柱等厚板结构,因焊接电流较大,焊缝较长,尽可能采用机械化和自动化方式生产,宜选用埋弧自动焊施焊;

D. 支撑系统、墙皮结构及其他零星焊接、短焊缝、小直径焊缝等,宜选用手工电弧焊施焊。

(2) 焊材选用

钢结构焊接应按施工质量验收规范的规定及连接计算要求,合理选择相匹配的焊接材料,钢结构常用焊接材料宜按"6.2 钢结构焊接"中表6-2-8~表6-2-10的要求匹配选用。

(3) 焊接工艺及焊接质量检验

钢结构制作的焊接工艺及焊接质量检验,按"6.2 钢结构焊接"中的有关规定执行。

3. 钢零件及钢部件的加工检验

(1) 切割

A. 主控项目

钢材切割面或剪切面应无裂纹、夹渣、分层和大于1mm的缺棱。

检查数量:全数检查。

检验方法:观察或用放大镜及百分尺检查,有疑义时做渗透、磁粉或超声波探伤检查。

B. 一般项目

a. 气割的允许偏差应符合表6-3-2的规定。

检查数量:按切割面数抽查10%,且不应少于3个。

检验方法:观察检查或用钢尺、塞尺检查。

气割的允许偏差 (mm) 表6-3-2

项　目	允　许　偏　差
零件宽度、长度	±3.0
切割面平面度	$0.05t$,且不应大于2.0
割纹深度	0.3
局部缺口深度	1.0

注:t为切割面厚度。

b. 机械剪切的允许偏差应符合表6-3-3的规定。

检查数量:按切割面数抽查10%,且不应少于3个。

检验方法:观察检查或用钢尺、塞尺检查。

机械剪切的允许偏差（mm）　　　　　表 6-3-3

项　　目	允　许　偏　差
零件宽度、长度	±3.0
边缘缺棱	1.0
型钢端部垂直度	2.0

(2) 矫正和成型

A. 主控项目

a. 碳素结构钢在环境温度低于 -16℃、低合金结构钢在环境温度低于 -12℃ 时，不应进行冷矫正和冷弯曲；碳素结构钢和低合金结构钢在加热矫正时，加热温度不应超过 900℃；低合金结构钢在加热矫正后应自然冷却。

检查数量：全数检查。

检验方法：检查制作工艺报告和施工记录。

b. 当零件采用热加工成型时，加热温度应控制在 900~1000℃；碳素结构钢和低合金结构钢在温度分别下降到 700℃ 和 800℃ 之前，应结束加工；低合金结构钢应自然冷却。

检查数量：全数检查。

检验方法：检查制作工艺报告和施工记录。

B. 一般项目

a. 矫正后的钢材表面，不应有明显的凹面或损伤，划痕深度不得大于 0.5mm，且不应大于该钢材厚度负允许偏差的 1/2。

检查数量：全数检查。

检验方法：观察检查和实测检查。

b. 冷矫正和冷弯曲的最小曲率半径和最大弯曲矢高应符合表 6-3-4 的规定。

检查数量：按冷矫正和冷弯曲的件数抽查 10%，且不应少于 3 个。

检验方法：观察检查或实测检查。

冷矫正和冷弯曲的最小曲率半径和最大弯曲矢高（mm）　　　　　表 6-3-4

钢材类别	图例	对应轴	矫正		弯曲	
			r	f	r	f
钢板扁钢		$x-x$	$50t$	$\dfrac{l^2}{400t}$	$25t$	$\dfrac{l^2}{200t}$
		$y-y$（仅对扁钢轴线）	$100b$	$\dfrac{l^2}{800b}$	$50b$	$\dfrac{l^2}{400b}$
角钢		$x-x$	$90b$	$\dfrac{l^2}{720b}$	$45b$	$\dfrac{l^2}{360b}$

续表

钢材类别	图例	对应轴	矫正		弯曲	
			r	f	r	f
槽钢		$x-x$	$50h$	$\dfrac{l^2}{400h}$	$25h$	$\dfrac{l^2}{200h}$
		$y-y$	$90b$	$\dfrac{l^2}{720b}$	$45b$	$\dfrac{l^2}{360b}$
工字钢		$x-x$	$50h$	$\dfrac{l^2}{400h}$	$25h$	$\dfrac{l^2}{200h}$
		$y-y$	$50b$	$\dfrac{l^2}{400b}$	$25b$	$\dfrac{l^2}{200b}$

注：r 为曲率半径；f 为弯曲矢高；l 为弯曲弦长；t 为钢板厚度。

c. 钢材矫正后的允许偏差，应符合表 6-3-5 的规定。

检查数量：按矫正件数抽查 10%，且不应少于 3 个。

检验方法：观察检查或实测检查。

钢材矫正后的允许偏差（mm） 表 6-3-5

项 目		允许偏差	图 例
钢板的局部平面度	$t \leqslant 14$	1.5	
	$t > 14$	1.0	
型钢弯曲矢高		$l/1000$ 且不应大于 5.0	
角钢肢的垂直度		$b/100$ 双肢栓接角钢的角度不得大于 90°	
槽钢翼缘对腹板的垂直度		$b/80$	

续表

项　目	允许偏差	图　例
工字钢、H型钢翼缘对腹板的垂直度	$b/100$ 且不大于2.0	

(3) 边缘加工

A. 主控项目

气割或机械剪切的零件，需要进行边缘加工时，其刨削量不应大于2.0mm。

检查数量：全数检查。

检验方法：检查工艺报告和施工记录。

B. 一般项目

边缘加工允许偏差应符合表6-3-6的规定。

检查数量：按加工面数抽查10%，且不应少于3件。

检验方法：观察检查或实测检查。

边缘加工的允许偏差（mm）　　　　表6-3-6

项　目	允许偏差
零件宽度、长度	±1.0
加工边直线度	$L/3000$，且不应大于2.0
相邻两边夹角	±6
加工面垂直度	$0.025t$，且不应大于0.5
加工面表面粗糙度	▽50

(4) 制孔

A. 主控项目

A、B级螺栓孔（Ⅰ类孔）应具有H12的精度，孔壁表面粗糙度R_a不应大于12.5μm；其孔径的允许偏差应符合表6-3-7的规定。

A、B级螺栓孔径的允许偏差（mm）　　　　表6-3-7

螺栓公称直径、螺栓孔直径	螺栓公称直径允许偏差		螺栓孔直径允许偏差	
10～18	0.00	−0.21	+0.18	0.00
18～30	0.00	−0.21	+0.21	0.00
30～50	0.00	−0.25	+0.25	0.00

C级螺栓孔（Ⅱ类孔），孔壁表面粗糙度R_a不应大于25μm；其允许偏差应符合表6-3-8的规定。

检查数量：按钢构件数量抽查10%，且不应少于3件。
检验方法：用游标卡尺或孔径量规检查。

C级螺栓孔径的允许偏差（mm） 表6-3-8

项 目	允 许 偏 差
直 径	+1.0 0.0
圆 度	2.0
垂 直 度	$0.03t$，且不应大于2.0

B．一般项目

a．螺栓孔孔距的允许偏差应符合表6-3-9的规定。

检查数量：按钢构件数量抽查10%，且不应少于3件。

检验方法：用钢尺检查。

螺栓孔孔距允许偏差（mm） 表6-3-9

螺栓孔孔距范围	≤500	501~1200	1201~3000	>3000
同一组内任意两孔间距离	±1.0	±1.5	—	—
相邻两组的端孔间距离	±1.5	±2.0	±2.5	±3.0

注：1．在节点中连接板与一根杆件相连的所有螺栓孔为一组；
　　2．对接接头在拼接板一侧的螺栓孔为一组；
　　3．在两相邻节点或接头间的螺栓孔为一组，但不包括上述两款所规定的螺栓孔；
　　4．受弯构件翼缘上的连接螺栓孔，每米长度范围内的螺栓孔为一组。

b．螺栓孔孔距的允许偏差超过表6-3-8规定的允许偏差时，应采用与母材材质相匹配的焊条补焊后重新制孔。

检查数量：全数检查。

检验方法：观察检查。

6.3.3 钢构件组装及预拼装

1．组装工艺

（1）部件装配

在钢结构制作中有一些零件：如格构式钢柱的柱身、屋架梁的端部接头、桁架式吊车梁的上下弦等，需进行一定范围的装配和焊接，在装配中应注意：

A．基准必须与放样、下料及最后的总装配保持一致；组装前，连接表面及沿焊缝每边30~50mm范围内的铁锈、毛刺和油污等必须清除干净。

B．在放大样的钢平台上，设置胎具和工装夹具，布置拼装胎具时，应在拼装用的底样或底模上，在各构件所在位置的两侧及端部用档铁定位，定位必须考虑预放出焊接收缩量及端头的加工余量；将合格的构件按实样靠模组装点焊，使结构的焊缝尽量处于平焊位置，对称翻身焊接，从而减少变形，装配好的首件应经检验合格后方能成批进行装配。

C．当结构有隐蔽焊缝时，应先施焊，检验合格后再覆盖；当特殊部位结构复杂时，可先分解成小范围的零配件装配焊接，再进行部件装配和焊接。

D．装配好的构件应标明部位编号、图号、构件号和件数；经检验、矫正合格后方能进入总装配工序。

(2) 总装配

总装配是钢结构制作中的最后一道工序，总装配质量直接关系到产品制作的最终质量，它同钢结构零部件的加工精度、焊接工艺、总装配的精度和工艺有关。

A．总装配的基准选择应合理、统一，且易检测和控制。

B．总装配应在专门设置的胎具上进行，胎具根据设计图纸按实样放置，在胎具上应分别标出各个方向的轴线，与部件装配相同，其定位也须考虑预放出焊接收缩量及端头的加工余量，首件也应经复检合格后，方能批量进行总装配。

C．为了尽量减少总装配焊接后的应力，参与总装配的零部件应尽可能地分别焊接，矫正后再进入总装配工序。

D．有部分零部件的孔，由于位置的特殊性，总装配后再钻孔困难很大，如吊车梁的端部连接板，焊接在钢柱上的连接板孔等，可在零件成型后用钻模钻孔，但装配时一定要控制好精度。

E．吊车梁、立柱等本体的孔眼，应待总装配、焊接、矫正后再进行钻孔。

F．总装配后的构件应标明构件编号、图号和位号。

2．预拼装

预拼装是指分段构件预拼装或构件与构件的总体预拼装，对于钢结构节点较复杂，制造过程影响因素较多，变形不易控制，设计有要求或在合同中已明确指出的某些构件要进行预拼装，这有利于现场安装的顺利进行。预拼装可起到下列作用：

(1) 可检查钢结构设计尺寸是否有误，同时也检查制作过程的各个工序、工艺是否合理；

(2) 通过预拼装来确定某些尺寸；检查螺栓及连接件的正确性；

(3) 达到起拱的目的；

(4) 通过预拼装把问题消灭在萌芽状态，在制作现场发现问题，易于解决；若在安装时才发现问题，施工现场由于条件有限，整改问题困难，质量不易保证。

3．钢构件组装的检验

(1) 焊接 H 型钢

一般项目：

A．焊接 H 型钢的翼缘板拼接缝和腹板拼接缝的间距不应小于 200mm；翼缘板拼接长度不应小于 2 倍板宽，腹板拼接宽度不应小于 300mm，长度不应小于 600mm。

检查数量：全数检查。

检验方法：观察和用钢尺检查。

B．焊接 H 型钢的允许偏差应符合 GB 50205—2001《钢结构工程施工质量验收规范》附录 C 中表 C.0.1 的规定。

检查数量：按钢构件数抽查 10%，且不应少于 3 件。

检验方法：用钢尺、角尺、塞尺等检查。

(2) 组装

A．主控项目

吊车梁和吊车桁架不应下挠。

检查数量：全数检查。

检验方法：构件直立，在两端支承后，用水准仪和钢尺检查。

B．一般项目

a．焊接连接组装的允许偏差应符合 GB 50205—2001《钢结构工程施工质量验收规范》附录 C 中表 C.0.2 的规定。

检查数量：按钢构件数抽查 10%，且不应少于 3 个。

检验方法：用钢尺检验。

b．顶紧接触面应有 75% 的面积紧贴。

检查数量：按接触面的数量抽查 10%，且不应少于 10 个。

检验方法：用 0.3mm 塞尺检查，其塞入面积应小于 25%，边缘间隙不应大于 0.8mm。

c．桁架结构杆件轴线交点错位的允许偏差不得大于 3.0mm。

检查数量：按构件数抽查 10%，且不应少于 3 个，每个抽查构件按节点数抽查 10%，且不应少于 3 个节点。

检验方法：尺量检查。

(3) 端部铣平及安装焊缝坡口

A．主控项目

端部铣平的允许偏差应符合表 6-3-10 的规定。

检查数量：按铣平面数量抽查 10%，且不应少于 3 个。

检验方法：用钢尺、角尺、塞尺等检查。

端部铣平的允许偏差（mm）　　　　　　　　　表 6-3-10

项　目	允许偏差	项　目	允许偏差
两端铣平时构件长度	±2.0	铣平面的平面度	0.3
两端铣平时零件长度	±0.5	铣平面对轴线的垂直度	$L/1500$

B．一般项目

a．安装焊缝坡口的允许偏差应符合表 6-3-11 的规定。

检查数量：按坡口数量抽查 10%，且不应少于 3 条。

检检验方法：用焊缝量规检查。

安装焊缝坡口的允许偏差　　　　　　　　　表 6-3-11

项　目	允许偏差
坡口角度	±5°
钝边	±1.0（mm）

b．外露铣平面应防锈保护。

检查数量：全数检查。

检验方法：观察检查。

(4) 钢构件外形尺寸

A．主控项目

钢构件外形尺寸主控项目的允许偏差应符合表 6-3-12 的规定。

检查数量：全数检查。

检验方法：用钢尺检查。

钢构件外形尺寸主控项目的允许偏差（mm） 表 6-3-12

项 目	允 许 偏 差
单层柱、梁、桁架受力支托（支承面）表面至第一个安装孔距离	±1.0
多节柱铣平面至第一个安装孔距离	±1.0
实腹梁两端最外侧安装孔距离	±3.0
构件连接处的截面几何尺寸	±3.0
柱、梁连接处的腹板中心线偏移	2.0
受压构件（杆件）弯曲矢高	$L/1000$，且不应大于 10.0

B．一般项目

钢构件外形尺寸一般项目的允许偏差应符合 GB 50205—2001《钢结构工程施工质量验收规范》附录 C 中表 C.0.3～C.0.9 的规定。

检查数量：按构件数抽查 10%，且不应少于 3 件。

检验方法：见附录 C 中表 C.0.3～C.0.9。

4．钢构件预拼装的检验

(1) 一般规定

A．预拼装所用的支承凳或平台应测量找平，检查时应拆除全部临时固定和拉紧装置。

B．进行预拼装的钢构件，其质量应符合设计要求和 GB 50205—2001《钢结构工程施工质量验收规范》合格质量标准的规定。

(2) 预拼装

A．主控项目

高强度螺栓和普通螺栓连接的多层板叠，应采用试孔器进行检查，并应符合下列规定：

a．当采用比孔公称直径小 1.0mm 的试孔器检查时，每组孔的通过率不应小于 85%；

b．当采用比螺栓公称直径大 0.3mm 的试孔器检查时，通过率应为 100%。

检查数量：按拼装单元全数检查。

检验方法：采用试孔器检查。

B．一般项目

预拼装的允许偏差应符合 GB 50205—2001《钢结构工程施工质量验收规范》附录 D 表 D 的规定。

检查数量：按拼装单元全数检查。

检验方法：见附录 D 表 D。

钢结构制作工艺流程图见图 6-3-6。

图 6-3-6 钢结构制作工艺流程框图

6.4 焊接 H 型钢自动生产线

6.4.1 主要设备及工艺过程

1. 焊接 H 型钢生产线的主要设备

H 型钢是建筑钢结构中作为梁、柱的重要承重构件，焊接 H 型钢生产线的自动化程度高，方便矫正焊接变形，产品质量稳定。其主要设备有：多头直条火焰切割机；H 型钢组装点固焊机；门式自动埋弧焊接机；H 型钢翼缘矫正机；H 型钢抛丸清理机。

2. 焊接 H 型钢的工艺流程

焊接 H 型钢由上下各一块翼板与其连接的腹板拼焊而成，其工艺流程如下：

板条切割下料→组装点固焊→第一面角焊缝埋弧焊→180℃翻转→第二面角焊缝埋弧焊→翼缘矫正→抛丸除锈→涂装。

3. 焊接 H 型钢的工艺过程

(1) 原材料钢板由车间桥式吊车吊至切割机处，根据材距进行合理排版后再进行放样、画线，由多头直条火焰切割机将钢板切割成不同规格的翼缘板和腹板；翼缘宽度方向不留裕量，长度方向根据贴角焊缝的不同按 0.3%～0.8%加放裕量。

A. 凡 H 型钢长度超过板长的，需先拼板，即进行画线、下料、坡口、拼接、焊接、检验（100%超声波探伤）工序，再用多头直条火焰切割机下料。

B. H 型钢腹板、翼板的拼接，应避免在跨中 1/3 范围内拼接；

C. 腹板、翼板的拼接焊缝应错开 200mm 以上，且拼接料的长度和宽度宜不小于 300mm；

D. T 形接头的坡口形式：腹板板厚≤18mm 的采用单边 V 形坡口；腹板厚度≥20mm 的采用不对称的 K 形坡口。

(2) 将一块翼缘板和腹板吊至 H 型钢组装点固焊机（即 H 型钢组立机）的输入辊道，将工件送入 H 型钢组装点固焊机，将工件精确定位对中并按预定程序进行自动点固焊；将点固成形的 T 型钢翻转，用吊车将另一块翼板和 T 型钢吊到输入轨道，重复相同程序，将组装件点固焊成 H 型钢。

(3) 用吊车将点固焊成的 H 型钢吊至埋弧焊接机的船形胎架上，工件转动 45℃，使接缝处于船形位置，由自动埋弧焊机焊接第一条角焊缝，翻转工件，依次焊接第 2、3、4 条角焊缝。

(4) 用吊车将焊接好后的 H 型钢吊至 H 型钢翼缘矫正机的传动滚轮，送入 H 型钢翼缘矫正机连续矫正，直到达到规定的尺寸允许偏差为止（若有扭曲、弯曲变形可用火焰进行校正）。

(5) 焊接 H 型钢的尺寸允许偏差应符合表 6-4-1 和图 6-4-1 的规定。

焊接 H 型钢尺寸允许偏差（mm）　　　　　　表 6-4-1

宽度 B	高度 H		腹板偏心度 S		翼缘斜度 p	
	$H \leqslant 400$	$H > 400$	$B \leqslant 200$	$B > 200$	$B \leqslant 200$	$B > 200$
±3	±2		±B/100	±2	±B/100	±2
					轨道接触范围不超过 ±1	

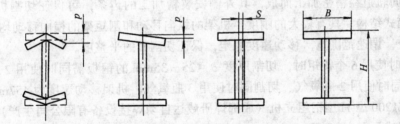

图 6-4-1　焊接 H 型钢尺寸允许偏差

(6) 焊接 H 型钢的焊缝经超声波检查发现的缺陷要进行返修，一般采用碳弧气刨或角向磨光机消除缺陷，采用 CO_2 气体保护焊进行补焊。

6.4.2　配置实例

以下是某安装公司的焊接 H 型钢自动生产线的配置实例。

1. CG1—4000 直条火焰切割机

(1) 组成

由 T 形机架、纵向轨道、纵向和横向移动驱动机构、供气系统、电气控制系统、割矩架及调节结构和割矩等组成。

A．直条火焰切割矩安装在机架主梁正面割矩安装架上，割矩可在架上左右移动，使用时由人工调整后锁定，割矩高低亦由人工手动调正；

B．横向切割割矩安装在机架主梁背面的电动横向割矩架上，升降由手动调节，操作方便；

C．气体供应系统由气源调节控制板及管排组成，燃气和氧气的开关由电磁阀控制，方便操作；

D. 方形的电气操作控制箱，箱体和箱盖可以对开，方便维修。

（2）主要技术参数

A. 轨距 4m、轨长 15m，割矩数量：纵向 9 支、横向 1 支，割矩手动升程 150mm；

B. 有效切割宽度 2.3m、有效切割长度 12.5m、有效切割板厚 6~100mm（板厚 ≥40mm 时，应少于 5 组割矩同时使用）、切割速度 0.1~1m/min，切割精度 ±1mm，机架最高移动速度 2.5m/min；

C. 氧气压力应 ≤1.2MPa、乙炔压力应 ≤0.1MPa；电压 220/380V，功率 1kW。

（3）工作原理及操作程序

A. 供气系统完成燃气和氧气压力的调节和分配，燃气和氧气分别经过两个球阀进入切割机气体控制盘（气源箱），经过相应的减压器输出压力后，分别送到切割氧气、加热氧气和加热燃气管排中，再由管排分配到各割矩，为方便操作，切割氧预热氧和乙炔分别由电磁阀控制其开通。

B. 切割机纵向和横向不需要联动，纵向和横向的驱动电机共用一套调速控制器，由开关选择纵向和横向的驱动；运动的进退和停止用接触器控制，为准确对车，设有点动运行方式，由手动点动选择开关控制；速度调节电位器可由零调到最大，用快慢速选择开关控制实际运转速度的快慢。

C. 纵向轨道经精密加工而成，其外侧安装精加工的齿条，可保证切割机的精度；T 形机架系箱式结构，具有较大的刚度，机架的纵向移动和割矩架的横向移动均采用电子无极调速系统，调速范围宽，移动速度稳定，保证切割面的平整度。

D. 同时使用 6 个割矩时，切割厚度 $\delta = 25~35$mm 的钢板需同时使用 2 瓶燃气（乙炔）、预热同时使用 2 瓶氧气、切割同时使用 3 瓶氧气，机架移动速度为 457mm/min。

2．HZZ1200 型 H 型钢组立机（成都焊研威达自动焊接设备有限公司生产）

（1）组成

由门架及定位压紧机构、拉杆夹紧机构、主传动系统、输入辊道、输出辊道、液压系统、电控系统和 CO_2 气体保护自动点固焊机等 8 大部分组成。

（2）主要技术参数

适用翼板宽度 200~600mm、翼板厚度 6~40mm；适用腹板高度 350~1200mm、腹板厚度 6~32mm；组立速度 0.5~2m/min，输送辊道长度 2m×10m，装机总功率 16kW，CO_2 气体保护焊机 NB-315 型×2，液压系统最大压力 10MPa，正常工作压力 6~8MPa。

（3）操作程序

组立拼装 H 型钢之板坯，必须平直无旁弯，如因拼装、切割产生不平或明显旁弯，必须事先经矫直平整后，方可进行组立拼装。

A. 先将翼板坯吊至输入辊道上，点动拉杆系统的"翼板夹紧"按钮，使其摇臂上的支撑轮与板坯接触后，再松开按钮。

B. 腹板坯吊至输入辊道上，点动拉杆系统的"腹板夹紧"按钮，使其摇臂上的支撑轮与板坯接触后，再松开按钮。

C. 按下"输入前进"或"主辊前进"按钮，使翼板、腹板同时前进至定位装置。

D. 翼板和腹板的定位对中采用液压传动，左右两侧机械同步夹紧对中，定位对中速度的快慢，压紧力大小等由电控按钮台集中操作，组立速度采用变拼调速，可在 $0.5 \sim 2\text{m/min}$ 范围内任选，保证不同宽度的翼板和腹板自动准确定位对中。

E. 门架端部设有液压自动升降档料架，能确保组装时翼板和腹板端部对齐；上压梁由左右 4 根导轨导向，确保其顶压的稳定性。

F. 组立完毕，用 CO_2 气体保护焊机进行点焊，焊点长度、焊接速度、间隔距离和两点固焊之间空程移动速度可预先设定（一般点焊长度 $L \geqslant 30\text{mm}$，间隔 $400 \sim 500\text{mm}$）。

对变截面 H 型钢组装，应在组装点固焊机工作台上设置可调斜面的工装。

3. MZ8—2×1000 门架式自动埋弧焊接机（无锡威华电焊机制造有限公司生产）

(1) 组成

由门架、行走结构、横向滑架机构、导弧装置、焊剂回收系统、电控系统、焊接电源等组成。

(2) 主要技术参数

A. 使用电源：50Hz、380V，焊接电流 1250A×2、适用焊丝规格 Φ3.2~5、焊接速度 100~900mm/min、回程速度 10000mm/min，焊接倾角±45°，供气压力 0.4~0.8MPa；

B. 导轨轨距 5000mm、机头横向调节范围 4500mm、机头上下调节范围 >800mm，机身重量 3000kg，驱动电机总功率 4kW。

(3) 焊机的部件设置

A. 将工件置于胎架上，由门架走动进行焊接，通过交流变频电动机驱动，无级调速，能极方便地调节焊接速度和空返回程速度，还能通过点动按钮微调，使焊机机头准确地对准焊接位置。

B. 在门架横梁上安装有两台单丝（或双丝）埋弧自动焊接机头，在横梁机头上装有两台（或 4 台）送丝装置和两台焊剂回收系统。

C. 在机头部分装有气动装置，能快速实现机头的上下和左右调节，还装有气动锁紧机构，使机头可以在任何位置上固定，在机头下部还装有气压自动导弧装置，能保证焊接电弧的精确定位。

D. 从焊接电源输出的焊接电缆、电气控制电缆和压缩空气管路等均有能随走动的台车式放线架输送。

E. 操作箱悬挂在门架上，焊接需要的操作按钮、动作信号指示灯、焊接速度设定和显示器等都布置在面板上集中控制，只需要一个焊接操作者就能完成所有的操作。

F. 所有的控制程序都由可编程序控制器控制，线路简单，维护方便，工作可靠。

(4) 焊接过程

通过机械操纵使焊丝送下与焊件接触引燃电弧（焊丝与焊件距离及焊丝移动速度是一定的常数），在焊剂层下，电弧燃烧在焊丝端部与焊件之间，使焊剂熔化并产生气体，在电弧周围形成一个封闭空腔，电弧在其内稳定燃烧，电弧热将焊件局部熔化形成熔池，同时焊丝也被熔化以熔滴方式过渡到熔池中，熔化的焊剂与熔化金属进行冶金反应，起到还原、净化和合金化作用，并且熔化的焊剂较轻，浮到熔池表面具有保护作用，当电弧向前移动后，熔池冷凝形成焊缝，熔渣冷凝形成渣壳保护焊缝金属。

由于自动埋弧焊系机械操作，受焊工操作技能影响较小，焊接效率高，焊接规范稳定，焊接质量可靠；自动埋弧焊系自动方向送丝，故只适用在水平位置平焊；角焊缝大多采用船形位置。

(5) 操作程序

龙门式埋弧焊接机的门架下部有行走轮，通过直流电机驱动按所需焊速沿轨道运行；将组立好的 H 型钢放置于埋弧焊接机的船形胎架上，工件转动 45℃，使 T 形接头的接缝处于水平位置，焊接位置为平焊船形焊，焊丝沿垂直方向送丝，始终对准接缝中心线，一般系非全熔透焊接，焊角高度 $K=0.7t$（t 为腹板厚度），形成外形均整的优质焊缝。

A. 使用的焊丝及焊剂如下：

Q235 钢使用 $\phi4$、H08A 焊丝、HJ431 焊剂；

Q345 钢使用 $\phi4$、H08MnA 焊丝、HJ431 焊剂。

B. 为降低焊接残余应力，应掌握好焊接顺序和方向：H 型钢四条角焊缝应保证同一翼板两侧的两条焊缝按同一方向施焊，而另一块翼板的两条焊缝按相反的方向施焊；H 型钢四条角焊缝应按内错角的顺序焊接，见图 6-4-2。

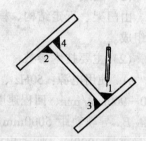

图 6-4-2 H 型钢四条角焊缝的焊接顺序

若为全熔透焊缝，腹板应开 K 型坡口，正面的对角焊缝 1、2 应用二氧化碳气保焊打底，背面的焊缝 3、4 先用碳弧气刨和电动砂轮机清根，再用二氧化碳气保焊填满焊根；最后还是按照 1、2、3、4 顺序采用埋弧自动焊进行盖面焊接；为了增加熔透深度，可将坡口由 45°变为 30°，可使焊丝刚好插入角焊缝的坡口中心。

C. 为保证焊接质量，在 H 型钢前端与末端应加引弧板和收弧板，引弧、收弧板长度应大于 50mm，焊接完毕用气割切除，严禁用锤击落，之后用角向磨光机打磨平整。

4. H 型钢翼缘矫正机（无锡市阳通机械设备有限公司生产）

(1) 组成：由机座、机架、传动辊轮、电机驱动机构（控制柜）、上棍轮组、下压机构和导向棍轮等组成（图 6-4-3）。

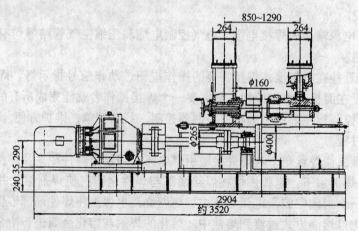

图 6-4-3 H 型钢翼缘矫正机结构外形示意图

(2) 主要技术参数

A. 矫正翼板宽度 200～800mm、翼缘最大厚度 40mm、腹板最小高度 350mm、矫正速度 18m/min、电机功率 22kW，适用材质 Q235、Q345。

B. 设备总重 9500kg，主机外形尺寸 3500mm×1500mm×1100mm。

C. 材质为 Q235 其翼板的厚度与宽度必须符合表 6-4-2 的对应关系。

Q235 材质的翼板厚度与宽度的对应关系（mm）　　　表 6-4-2

翼板厚度	0～25	25～28	30～35	35～40
翼板宽度	200～800	350～800	500～800	600～800

D. 当腹板高度＞700mm 时，需要采取措施，防止工件在垂直方向摇动。

E. 当工件材质为 Q345 时，其矫正板厚为 Q235 的 70%。

(3) 矫正原理

利用上辊装置和传动辊构成杠杆原理的孔型，使被矫翼缘通过该孔型，产生反方向的过弯曲变形，经过弹性恢复达到所要求的矫正形状，从而实现对 H 型钢的钢翼缘进行连续的矫正。

(4) 操作步骤

A. 根据待矫正 H 型钢翼缘宽度和厚度调整好机架的位置，使上辊轮和传动辊轮构成的矫正孔型符合矫正要求。

B. 将型钢头部伸入矫正孔，根据腹板的厚度及纵向变形量，调整左右升降电机，将导向辊轮调整到正确位置，使导向辊轮不受过大的轴向力。

C. 矫正孔型调整好后，启动主电机带动传动棍轮，使被矫 H 型钢送入矫正机进行翼缘的连续矫正；厚度 25mm 以下的 H 型钢翼板矫正一次即可达到要求；当翼缘厚度超过 25mm 时，通常需要往返矫正多次，才能达到标准要求。

D. 本机只能矫正翼缘焊接弯曲变形，不能矫正腹板与翼板的垂直度和 H 型钢直线度。

5. H 型钢抛丸清理机（无锡市宏林机械制造公司生产）

是一种通过式自动抛丸清理设备，可用于金属结构件、H 型钢、钢板以及其他型材的表面处理、强化；通过抛丸清理，不但可以除去工件表面的锈蚀、氧化皮，清理掉结构件上的焊渣，还可以消除工件的焊接应力，提高工件的抗疲劳强度，增加工件喷漆的漆膜附着力，并最终达到提高整个表面及内在质量的目的。

(1) 组成

由床身、抛丸机、提升机、丸砂分离器、除尘器、螺旋推进器、小车部件、清丸系统、电气柜、维护检修平台等组成（图 6-4-4）。

(2) 主要技术参数

工件最大断面长×宽×高，型钢：15000mm×800mm×1800mm、板材：15000mm×2000mm×30mm，工件输送速度为 0.7～7m/min，最佳输送速度 1.5～2m/min，最大抛丸量 8×250kg/min，钢丸直径 0.8～1.7mm，钢丸消耗量 5kg/t 工件，电机功率 8×11kW。

(3) 操作步骤

A. 将待除锈的工件置于抛丸机的运行辊道或小车上，以设定速度通过抛丸清理室（针对不同规格、不同形状的型钢，辊道运行速度可利用变频器进行在线调节），当工件进入抛射区域前，开启供抛装置，这时抛丸器开始负载运行。

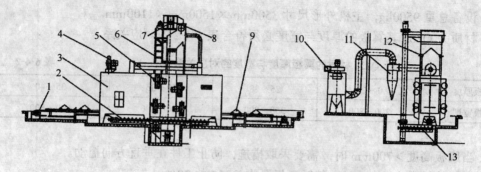

图 6-4-4 H型钢抛丸清理机结构外形示意图
1—小车驱动系统；2—纵向螺旋输送机；3—抛丸室体；4—清丸系统；5—抛丸器；
6—维护平台；7—斗式提升机；8—丸砂分离器；9—小车；10—脉冲反吹滤芯除尘器；
11—旋风除尘器；12—丸阀；13—横向螺旋输送机

B. 钢丸通过抛丸器加速后，经定向套窗口以 0~80m/s 的速度，从 8 个喷嘴在工件两侧的上下以不同角度进行抛击、喷射，打击工件表面；定向套的窗口可转动，随意改变弹丸的抛出方向，以保证弹丸流能完全覆盖工件表面。

C. 工件表面经高速弹丸冲击后，其表面的氧化皮、污物以及其他附着物迅速被清理干净；工作循环进行，直至没有工件进入时关闭弹丸控制阀，抛丸器停止工作。

D. 在抛丸室工件出口端设置有清丸装置，能自动吹扫工件表面残留的积丸，减少弹丸的损耗；对于较复杂构件清丸不彻底时，可在清理室出口进行人工清丸；吹落的弹丸经弹丸循环系统进行回收利用。

E. 工件表面清洁度可达到 GB 8923—88《涂装前钢材表面锈蚀等级和除锈等级》规定的 Sa2.5 级，并达到一定的粗糙度，为高质量的底层防腐提供良好的基面，使工件底层防腐后附着牢固。

6.5 箱形柱制作

6.5.1 制作工艺

箱型柱由四块钢板（2 块翼缘板和 2 块腹板）组成，由于其截面小，强度高，刚性大，被广泛应用于高层建筑钢结构；工业厂房钢结构为了节省空间，更合理的安排设备布局，也常使用箱形柱。

1. 工艺流程

切割下料→坡口加工→电渣焊工艺孔配钻→内隔板组对→U 形组立→柱身合装→焊接→端面加工。

2. 电渣焊工艺孔的加工

（1）箱型柱的截面是矩形封闭式，沿长度方向每隔 1500mm 左右设一内隔板，但在有连接梁的部位，短梁翼缘板处都设有内隔板，内外位置对应。

（2）内隔板均采用四周焊的形式，以增强柱身的整体性，提高柱身的强度；但内隔板总有两道焊缝要在柱身成形后才能施焊，这类焊缝一般采用熔嘴电渣焊来完成。

(3) 电渣焊要设置焊接引入（引弧）板和引出（熄弧）板，并要在柱身上加工工艺孔；若当柱身成形后再钻孔，一是定位麻烦、容易偏移，二是柱身翻倒次数增多，故宜预先在柱翼板上定位钻孔，并将上下两块翼缘板叠放在一起进行配钻。

6.5.2 焊接

1. 主角焊缝的焊接

根据焊接设备的特性，二氧化碳气体保护焊适用于要求较高的薄钢板结构的焊接；埋弧自动焊适用于钢结构中的梁、柱一类较长的对接或贴角焊缝的焊接。

(1) 箱形柱的四条主角焊缝，在连接梁的区域要求全熔透，其他区域不要求全熔透，若用自动埋弧焊打底，一是易焊穿、二是会产生漏焊；而用 CO_2 气体保护焊打低，其熔深也能确保焊透。

(2) 中间层焊接若用自动埋弧焊，因根部清渣困难，难于保证焊接质量；故中间层焊接宜仍采用 CO_2 气体保护焊（无需清渣）。

(3) 表面层焊接采用自动埋弧焊，确保焊缝成形美观。

2. 隔板电渣焊

(1) 熔嘴电渣焊可采用 DX—1000 电渣焊机，电渣焊机主要由焊接电源、控制箱、机头、水冷系统、成形滑块、焊丝盘等部分组成；机头上有操作盘、机头升降移动机构、焊丝送进机构以及它们的速度调节装置等；焊丝送进是等速式，成形滑块由铜制成，通水强制冷却。

(2) 电渣焊时焊件一般处于立焊位置，焊件不开坡口但应留有一定间隙，电渣焊容易出现漏焊，其原因是间隙过大，为了保证焊接质量，隔板与柱翼缘、腹板的接触面的断面宜采用刨铣加工，并在隔板组对时采用胎具控制尺寸，把坡口组对间隙控制在 0.5mm 之内。

(3) 焊接引入（引弧）板和引出（熄弧）板宜采用铜板制作，组对时定位要准，间隙要小；在焊接过程中尽量使熔嘴电极居中，确保焊缝熔透。

(4) 焊接开始时，电极与引弧板之间引燃电弧，使其周围的焊剂熔化成液态熔渣，当其达到一定深度形成渣池后，渣池导电，电弧熄灭，由电弧焊过程转为电渣焊过程。高温渣池产生大量电阻热，将电极及焊件边缘熔化形成熔池，位于渣池下，电极不断熔化，熔池和渣池逐渐上升，水冷成形滑块也同时上升，下面的熔池金属逐渐冷凝形成焊缝。

6.5.3 工程实例

以下是某钢铁总公司钢结构办公楼的箱形柱制作的工程实例。

箱形柱截面尺寸为 400×400、300×300，翼缘板及腹板的厚度分别为 25mm、20mm、16mm 及 12mm，共 211.8t；钢材为 Q345（16Mn），要求符合 GB/T 1591—94《低合金高强度结构钢》标准的有关要求。

1. 箱形柱制作工艺流程

施工准备 → 材料检验 → 画线 → 坡口 → 拼板 → 焊接 → 下料 → 矫正 → 坡口 → 组装 → 焊接 → 整形 → 制孔 → 电渣焊 → 外观修磨 → 编号移植 → 抛丸除锈 → 防腐 → 最终检验

(1) 号料、切割、矫正

A．箱形柱的直条板料采用多矩火焰切割机进行下料，在宽度方向加 3mm 的切割量，长度方向加 1‰ 的焊接收缩量，切割完后应清除氧化铁，下料允许偏差为 ±1.0mm；

B．对于箱形柱长度大于供料长度的需要拼板，刨边、机械坡口及焊接，其双面焊缝进行 100% 的超声波探伤；

C．箱形柱长度小于供料长度的长板条按排板直接进行下料；

D．对于拼接和不拼接的板料，若发现有弯曲变形应进行矫正，窄板可采用机械矫正，宽板可采用火焰矫正，加热温度不宜超过 800℃，严禁用水冷却，应以风冷或自然冷却为宜。

(2) 边缘及坡口加工：对接板坡口、箱形柱腹板边缘、节点区域全熔透焊部分边缘及坡口，可采用 12m 刨边机或半自动切割机进行加工，其他部位切割均用直条火焰多矩切割机进行作业，并用角向磨光机修磨，边缘加工精度详见表 6-5-1。

边缘加工精度表（mm） 表 6-5-1

允许偏差	弯曲矢高	粗 糙 度	缺 口	坡 度
±0.1	$L/3000$ 且 ≤2.0	0.02	2.0	±2.5

(3) 隔板与柱翼缘板、腹板的接触面应采用铣削加工控制尺寸。

(4) 组装

A．先将一块侧板（腹板）与上下底板（翼板）吊在胎模上进行组对，以一边的翼板靠紧基准面，另一边的翼板采用斜铁垫紧，进行组对时腹板与翼板的边缘必须处于一个平面上，并将两端头对齐，端头无隔板的采用三角铁块将腹板与翼板点焊起来，用方钢把腹板与翼板连接起来。

B．按预先画好线的位置进行隔板装配，钢板夹条应紧贴隔板；待内隔板的筋板焊接好后，把第 2 块腹板盖在已焊好的定位方钢上，合拢成箱型柱；应使腹板与翼板的端头平齐，每隔 500mm，对称点焊 30mm。

C．组装要求：长度允许偏差 ±3.0mm；宽度及高度允许偏差 ±2.0mm。

2．主角焊缝的焊接

(1) 在连接梁的区域（梁高和上下各 500mm 范围之内）要求全熔透，其他区域不要求全熔透；翼板边缘焊透区域的垫板可使用 $-30 \times 4 \sim 6$mm 的扁钢，以保证全熔透的焊接质量。

(2) 全熔透焊口处的无钝边坡口为 55°±5°，腹板和翼板均开坡口，采用半自动切割机加工，板之间留 3～4mm 间隙；不要求全熔透的焊口处，板厚方向按 $t/2$（$\delta \leq 20$mm）或 $t/3$（$\delta > 20$mm）做钝边处理，坡口为 45°±1.5°。只在腹板上开坡口，采用刨边机加工，板之间留 0～1mm 间隙（图 6-5-1）；两种坡口的交界处应进行过渡，过渡长度宜取 40mm；

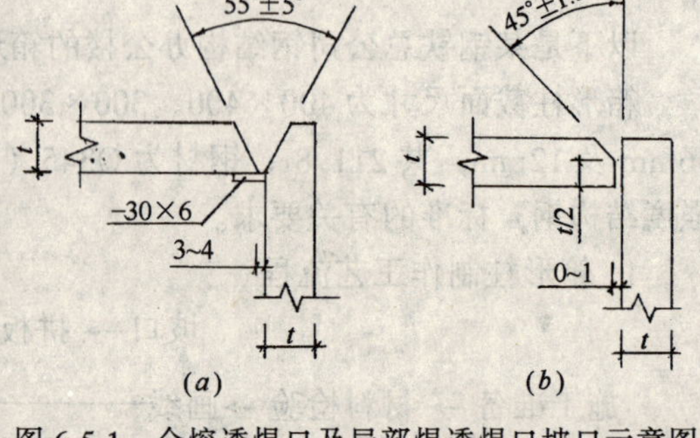

图 6-5-1 全熔透焊口及局部焊透焊口坡口示意图
(a) 全熔透焊口；(b) 局部焊透焊口

(3) 采用单面焊，多层焊接，先用 CO_2 气体保护焊打底，确保焊透，填充层也采用 CO_2 气体保护焊，一般焊接 2~7 道，应连续施焊，焊层之间的接头应错开，发现影响焊接质量的缺陷时，应清除后方可再焊；填充焊缝高度距离柱身外表面大约 6~8mm 时即可，焊接电压 20~24V，电流 90~150A，焊条 H08Mn2SiA，直径 $\phi1.2$，焊接速度 300~350mm/min。

(4) 为减少构件的焊接变形，用两台埋弧自动焊机对称施焊盖面，在埋弧自动焊焊接时，为托住熔渣，在柱边缘处要焊接一条与柱身成一定角度的薄钢板，否则熔渣会流淌，使焊接失败；焊接电压 38~40V，电流 750~800A，焊丝 H08MnA，直径 $\phi5.0$，焊剂牌号 HJ431，焊接速度 200~250mm/min。

(5) 焊接时由于坡口大一段小一段，大坡口系熔透焊，小坡口系非熔透焊，容易使焊缝成形不好，因焊接收缩不均匀造成边缘呈波浪形状，全熔透焊缝区域的填充层应比半熔透焊缝区域的略高一些，但很难做到全部焊缝成形美观。

若能取得设计单位同意将主角焊缝全部改为全熔透，统一坡口形式及间隙，先用 CO_2 气体保护焊打底，确保焊透，再用埋弧自动焊盖面，虽然增加了焊丝用量，但坡口加工和焊接效率大大提高，且能使焊缝成形美观，焊缝强度提高。

3. 隔板电渣焊

(1) 制造工艺

A. 焊接设备：箱形柱与横梁连接处要设置横隔板，箱形柱成形后，隔板采用小孔熔嘴电渣焊，除采用专用电渣焊机焊接外，也可利用现有的设备进行改装后施焊。该工程焊接设备选用 ZD5—1250 多功能弧焊整流器做电源，其电流及电压为：250A/30V~1250A/44V；选择气保焊与自动埋弧焊输出档之间作为电渣焊的输出挡，配 MZ（D）型自动焊接小车。

B. 焊接材料：可采用专用熔嘴电渣焊条 $L=500mm$（外径 $\phi12$、内径 $\phi5$），也可用 15 号钢冷拔 $\phi12\times3$（用于隔板厚度≥20mm）或 $\phi10\times2$（用于隔板厚度＜20mm）高压无缝钢管为本体，外敷 $\delta=0.3~0.8mm$ 的弱酸性造渣剂和铁合金药皮，自制熔嘴管状电渣焊焊条。

为保证箱型柱与横梁之间水平方向的传力效果，箱形柱内隔板的厚度应与横梁的翼板厚度相同，办公楼箱形柱隔板的厚度有 14mm、16mm、18mm、22mm 及 25mm 几种，焊接电压 28~36V、电流 280~320A、焊丝 H08MnA、直径 $\phi3.0~\phi3.2$，焊剂牌号 HJ431。

C. 箱型柱的横隔板组对时，要用小挡条间断性地点焊在腹板上，防止焊接时翼板收缩；翼板内表面与横隔板的距离一般与横隔板厚度相等，以便装置熔嘴管状电渣焊焊条，横隔板通过 2 块 50×28 的钢板夹条与柱的翼缘板焊接，横隔板与两块腹板直接焊接，在电渣焊处形成一个横截面为边长 14~25mm 的正方形槽体，其设置部位见图 6-5-2。

D. 在上下翼板上要进行电渣焊处钻 $\phi16$ 的孔，在箱型柱焊接横隔板处的底部设置引入板（因铜板在引弧时易烧穿，故改为钢板）；为防止弧坑及裂纹，在顶部设置 $\phi100\times25mm$ 的空心圆铜套筒作为引出板，将焊条设置好后固定不动。

(2) 电渣焊焊接过程

A. 将熔嘴电渣焊条放入垂直布置的槽体中，将焊丝先通过 MZ（D）型自动焊接小车上的导轮（可自动送丝并能调节电压及电流），再穿入熔嘴电渣焊条的管孔内，其端部置于引入板上，熔嘴电渣焊条要保持在焊道中心，焊条因外包药皮，除发挥药皮的作用外，还起绝缘作用防止短路（若发生短路将破坏渣池，使焊接失败）。

B. 为便于引弧及使渣池迅速形成，开始时应先加入少许长 10～20mm 左右的焊丝短节，添加少量焊剂，先由焊丝和熔嘴电渣焊条与引入板之间引燃电弧形成熔池，使其周围的焊剂熔化成液态熔渣，当其在槽体中达到一定深度（大约为 40～60mm）形成渣池后，渣池导电，电弧熄灭，由电弧焊过程转变为电渣焊过程。

C. 焊接过程中焊条不断被熔化，高温渣池产生大量电阻热，将焊丝（电极）及槽体边缘熔化形成熔池，位于渣池下，焊丝由自动焊接小车送入不断熔化，熔池和渣池逐渐上升，下面的熔池金属逐渐冷凝形成焊缝。

D. 电弧处于渣池与熔池之间；焊接正常时看不到弧光，焊接过程中要逐渐添加焊剂，每次大约 4～6g，焊接中若出现弧光，表明渣池深度不够，应补加少许焊剂。

焊接时注意调整电压，以保持焊件的赤热状态，只看见焊缝处一段红色在不断向上移动，有少许烟气从引出板的孔中冒出；若内隔板的厚度≤8mm，为防止烧穿或熔化金属溢流，在焊接部位的外侧要设置水冷却装置降温。

E. 因焊接电流大，热量高，焊接时应在箱型柱一块横隔板的两条焊缝处同时焊接，或两条焊缝先后连续焊接，并一次焊接成形，以防止其变形；焊接结束后稍停片刻，即可将在顶部设置的引出板（$\phi 100 \times 25$ 的空心圆铜套）移开，待焊缝完全冷却后（约 1～2h），割去引入板，将焊接处打磨光滑。

（3）焊接检验

A. 在做电渣焊工艺试验时，可将被焊工件剖开，进行外观检查，熔嘴电渣焊系圆柱形的全熔透焊接，其横断面为圆形，并做切片检查及弯曲试验；

B. 在正式施焊时，对焊缝进行外观检查，焊缝成形应光滑，不得有未熔合、裂纹等缺陷；外观检查合格后，根据设计要求，按Ⅱ级焊缝进行 20% 的超声波探伤检查，其合格标准为现行国标《钢焊缝手工超声波探伤方法及质量分级法》（GB 11345）B 级检验的Ⅲ级及Ⅲ级以上。

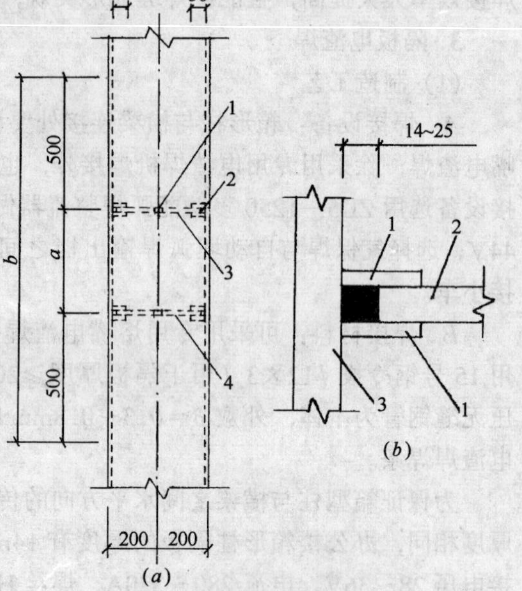

图 6-5-2　箱型柱横隔板设置
(a) 主梁高度
1—透气孔 $d=18$，位于横隔板中央；2—熔嘴电渣焊；
3—横隔板，与较厚梁上翼缘板同厚；
4—横隔板，与较厚梁下翼缘板同厚；
(b) 完全熔透焊范围
1—钢板夹条；2—横隔板；3—翼缘板

（4）整形及防腐

A. 焊接好的箱型柱若发生变形，可采用火焰矫正处理，加热温度应控制在 700～800℃，操作时应先矫正主要变形，后矫正次要变形；先矫正下部变形，后矫正上部变形。

B. 采用 H 型钢抛丸处理机（详见"6.4 H 型钢自动生产线"的有关内容）对箱型柱进行喷丸除锈，质量等级可达到国家标准 GB 8923—88《涂装前钢材表面锈蚀等级和除锈等级》规定的 Sa2.5 级标准，之后按设计要求进行涂装。

6.6 钢结构安装

6.6.1 钢结构安装的前期工作

1. 钢结构的主要构件

钢框架结构的主要构件为钢柱和钢梁

(1) 钢柱一般有箱形柱、H型钢柱、钢管柱及劲性钢柱等，从基础承台面直伸厂房（楼）顶。

(2) 梁系结构一般分为：楼层结构、屋盖结构、吊车梁结构、工艺平台结构等：

A．楼层结构由框架梁、主梁及次梁组成；

B．屋盖结构分为屋架结构和屋面梁结构；

C．吊车梁系统由吊车梁、制动桁架，制动梁和辅助桁架组成；

D．工艺平台大都通过平台柱支承在楼层梁上。

2. 钢结构的常用连接方式

(1) 柱与柱的连接多采用翼缘板加盖板定位，腹板和翼缘板等强度坡口焊缝对接方式（端部接合面必须保证刨平顶紧）。

(2) 主梁与钢柱、主梁与主梁、主梁与次梁的连接一般采用螺栓连接和焊接方式。

3. 钢结构的运输、清理、分类堆放

(1) 除在施工现场制作的钢结构构件外，在工厂（制作场地）加工好的构件，宜用平板拖车运输至施工现场；装运构件的下部应垫枕木防护，构件之间用木板隔离，钢丝绳捆扎部位也应用木板隔离，摩擦面应用软包装保护。

(2) 大、中型钢结构工程，应将轻型或较短构件与大、中型或较长构件分类散开，按种类、型号及安装顺序堆放，相同型号的构件叠放时，各层钢构件支点应在同一垂直线上，以防止构件被压坏或变形。使用的起吊设备一般有塔吊、龙门吊及汽车吊等，堆场至预组装现场的水平运输设备，宜采用安设在地轨上由卷扬机牵引的运输平车等。

(3) 根据设计图纸和设计转换图纸对构件的数量、规格、基础轴线标志及编号进行检查，并将构件按所属类别分别摆放平稳，防止变形。

4. 钢结构的预检

钢结构的预检是安装前必须进行的一项重要工作，应根据设计图纸及GB 50205—2001《钢结构工程施工质量验收规范》的要求进行。

(1) 外观检查：先检查构件有无变形、焊缝的外观质量、涂装质量等，其次检查构件的几何尺寸及形位公差。

A．构件厚度使用游标卡尺检查，长度计量使用经校核合格的钢卷尺，构件长度在10m以下时，可不加拉力计，但钢卷尺要拉紧，构件长度超过10m时，量度时要加管形拉力计，拉力为0.5MPa。

B．构件的形位公差可在专设的标准平台上进行：柱和梁挠曲度，可采用拉紧钢丝的方法检查，梁的歪扭可用吊线方法和水平仪检查等。

C．构件防腐应使用测厚仪测定厚度，同时检查有无剥离、漏刷、流淌、起皱等缺陷。

(2) 合格构件用油漆标注"已检合格"的字样，并标上名称、图号、轴列和轴线位置；不合格构件应做记录，另行堆放和标识，并通知制作单位进行返修和处理，之后应再次进行检验，合格后方能验收。

5. 钢结构预组装

(1) 为充分利用施工现场的起吊能力，减少高空作业，加快施工进度，成品吊装的构件必须在地面组装，除施工方案已明确的构件采用单件吊装外，应尽可能地将构件在地面组装成大件；可根据吊装的先后顺序，将构件从堆场运往预组装场地。

(2) 按需要组装构件的外形尺寸在组装位置用型钢搭设组装平台，并设置支承点，各支承点标高尺寸用水准仪找平；按照吊装方案的规定对构件进行预装配，调整、焊接、矫正、防腐、检验合格后再进行吊装。

A. 可将每相邻两根框架柱连同柱间所有梁系支撑，组合成单片"Π"形框架，作为吊装单元构件。

B. 钢屋架可每两榀组合成一个单元，并装上相应的垂直支撑和上、下弦水平支撑，焊接并检验后吊装上位。

C. 可将平台的全部梁、柱组合成整块平台后一起吊装，也可将平台与框架梁组合成整块随框架梁吊装。

6. 钢结构测量

(1) 测量基准点的设置

根据业主提供的测量网基准控制体系，使用全站仪将其引入施工现场，设置现场控制基准点。

A. 坐标点设置可用长度≥2m 的 DN50 钢管或 L 50×5 的角钢打桩，顶部焊一块 200mm×200mm×10mm 的钢板，周边浇注 600mm×600mm 深 800mm 以上的混凝土与钢板平齐，做成永久性的控制点；在钢板上用划针画出十字线，其交点即为基准点，用红三角标注，坐标点应设置 2～3 个。

B. 标高点设置方法与坐标点设置基本相同，需在钢板上加焊一个半圆头栓钉，混凝土浇注平半圆头平面，其圆头顶部即为标高控制点，标高点只需设置一组。

C. 采取一定的措施（如砌筑砖井）对测量基准点进行围护，并记录所设置的测量基准点数值。

(2) 基础表面质量检查及处理

A. 基础检查验收：土建基础施工完毕，应由建设单位组织，土建和安装单位参加，共同进行基础检查验收；目测基础外露部分应平整光滑，混凝土不应有蜂窝、裂纹、缺角缺边等现象，且混凝土不宜高于预埋板；用水平尺测量预埋板水平度，并做记录。

B. 对不符合要求的基础应进行处理，其方法为：

a. 对直接支承面应将基础上部打掉大约 200mm，调整预埋件或预埋螺栓后再进行浇注；

b. 对于安装后才进行二次浇灌的基础，仅需要调整垫板位置或标高即可；

c. 轴线偏差不是很大的，可通过修改柱脚螺孔的方法进行调整；基础负偏差超差，也可通过柱子安装时加钢垫板、铜皮等方式进行调整。

(3) 测量控制及测量准备

A. 测量控制：根据设计图纸资料确定基准轴线和设计标高，为了保证钢结构的安装精度，施工前必须绘制测量控制图，在图中给出各轴列、轴线的测量控制点、高程控制点、沉降观察点等。

B. 仪器及计量器具的检定。经纬仪、水准仪应送有资格的试验单位进行检验，合格后方能使用，钢卷尺、拉力计等均应检验，并以省质量技术监督局核定的钢卷尺作为标准尺，度量时应加拉力计、温度（标准温度为20℃）和尺寸修正值，上述仪器及计量器具均应处于检定有效期内。

C. 测量标记：钢结构的框架柱，应按轴线位置标记三角符号，每节立柱的上、中、下四面都应有轴线三角标记；主横梁或平台柱按一定标高标注三角符号，并注明标高读数；钢结构上的标记用划针刻画，三角符号用白色或红色油漆标涂。

(4) 钢结构的安装测量

A. 基础标高、轴线位置坐标测量

a. 基础轴线测量。根据基础、柱布置图，利用现场的2~3个坐标点，使用T2级以上的经纬仪（当长度超过100m时应使用全站仪）进行轴线测量，轴线测量时仪器对中允许偏差不得超过±1mm，轴线投点时应采用正倒镜各一次，取其中数。

将各轴列的轴线应引至钢结构外侧埋设的控制桩点或标板上，作为以后测量轴线的基准。在每个基础前后两点测量先用铅笔标注，再用画针、直尺将两点画线连接，标出纵横中心线，直至全部完成。对基础编号，用钢直尺逐一检查每个基础的预埋板（或预埋螺栓）与轴线的偏差，并做好记录。

b. 标高测量。使用N3水准仪架设在标高基准点上，引测高程控制点（允许偏差为±2mm）；按设计要求实测所有基础承台面的标高，并注明测点编号和高程，按编号记录测量结果。

B. 框架柱和框架梁的安装测量

a. 钢柱安装采用仪器测量时，仪器距钢柱不宜小于柱高的1.5倍；钢柱上应标出轴线和标高线，轴线标志用来监测钢柱安装中的垂直度，标高线用来控制钢柱安装时的柱顶标高，轴线和标高线应在钢柱四面设置；为了消除阳光的影响，钢柱垂直度观测时间，原则上应在早晚或阴天等温度恒定或变化不大的时间内进行。

b. 框架梁、吊车梁的测量，应根据钢结构测量控制网，投测于牛腿上钢柱旁，标高测量采用悬垂吊钢尺的方法（拉力应恒定），把标高引测高出框架梁面大约300~500mm处的钢柱上，并标记三角符号和标注标高，作为安装高程的依据。

(5) 钢结构的沉降观测

钢结构安装施工中，必须进行沉降观测，至少设置2~3个永久性固定水准点，沉降观察点的高程要利用基准控制点进行复核检查；沉降观测从钢结构安装一开始就进行，原则上每15天观测一次，并按下列规定进行：

A. 每根钢柱选一个基准点，并编号，与起算基点组成水准环线，往返各测一次，每次环线含差应不超过$\pm n^{1/2}$mm（n测站数），并进行平差。

B. 其他基准点的标高，应根据相邻两个已测基准点进行观测，比差应在2mm以内，并用其平均值。

C. 全部基准点的测量工作应连续进行,以免受基础下沉的影响;应选择临近永久性固定水准点的测点为起算基点。

　　D. 编制沉降观测成果图(高度变化曲线表,其中以纵轴线为高度方向)。

　　(6) 钢结构安装测量资料

　　钢结构安装竣工时,应将基准轴线或标高移植于钢结构面上,以满足以后工艺设备、管道等安装工程的需要,并提交下列测量资料:

　　A. 钢结构安装基础放线平面图;

　　B. 框架柱垂直度观测资料;框架梁标高测量资料;

　　C. 钢结构安装沉降观测资料。

6.6.2　钢结构安装与调整

　　1. 基层钢柱安装

　　(1) 在柱基础承台面上按柱列坐标将柱底垫铁组的位置画出,并进行水平测量,正确配置垫铁组。

　　A. 垫铁应设置在钢柱中心及两侧受力集中部位或靠近地脚螺栓的两侧,每组垫铁的块数不宜超过三块,厚垫铁放在下面、薄垫铁放在最上面、最薄的垫铁宜放在中间;在不影响灌浆的前提下,相邻两垫铁组之间的距离愈近愈好,使底座、垫铁和基础共同均匀的受力。

　　B. 垫铁在垫放前,应清除其表面的铁锈、油污和加工面的毛刺,使其在灌浆时能与混凝土牢固结合;垫铁组找平后露出底座边缘外侧的长度宜为10～30mm,并在层间两侧用电焊点焊牢固。

　　C. 垫铁的高度应合理,过高会影响受力的稳定,过低则影响灌浆的填充。

　　同时参照测量结果,在确保轴线精度的前提下,对钢柱底板地脚螺栓孔进行修孔,以便钢柱吊装能顺利进行。

　　(2) 钢柱吊装就位

　　吊装设备可选用塔吊或汽车吊,要合理安排钢柱的吊装顺序,即先安装边柱,后安装中柱,在同一轴线上跳装的方法以消除轴线误差,提高钢柱的安装精度。吊装钢柱时应正确选择吊点,起吊钢绳的捆绑点应选择在钢柱重心以上全长的2/3处,即柱头下1/3范围内,以防止构件变形。

　　A. 单根柱重量在10t以内时,可利用柱端部的螺栓孔作吊装孔,用数只M20的高强度螺栓将吊耳板紧固在柱端,吊耳的另一端通过平衡梁挂在吊钩上;单根柱重量在10～25t范围内时,可在靠柱端部的位置设置轴销吊耳进行吊装。

　　B. 组合成"Ⅱ"形的框架柱,为避免吊绳对结构水平拉力过大引起变形,也为便于就位时调整柱的高度,吊具宜选用平衡梁,平衡梁两端下部的吊耳用钢丝绳与两钢柱上顶端吊耳想连接,平衡梁两端上部吊耳通过千斤绳与吊钩连接。

　　C. 单根柱或组合成"Ⅱ"形的框架柱,吊装时应将柱底座板上面的纵横轴线对准基础轴线(一般由地脚螺栓与螺孔来控制),当柱脚离基础300～400mm时扶正钢柱,缓慢落钩,将柱垂直插入基础,以便套进已预埋的地脚螺栓,并注意保护好地脚螺栓,就位时要求慢、准,先穿入1～2颗定位螺栓;地脚螺栓全部穿入后进行初拧以免位移,再使用

8P以上大锤敲击、撬棍或千斤顶拨正平移钢柱,使其中心线与纵横轴线重合。

D.在柱顶的纵横方向绑扎好两组对称的缆风绳,将四根缆风绳分别固定在相应的临时地锚上,吊装就位后吊车暂不松钩,按照先调标高,再调钮转,最后调垂直度的顺序进行校正。用水准仪校正标高,在纵横轴线两个方向上架设经纬仪,用经纬仪校正垂直度,在初步调好轴线位置后,通过放松或收紧四个方向的缆风绳来校正钢柱的垂直度;将4根临时缆风绳系住稳固后再松吊钩。再次测量和调整钢柱的坐标位置、标高和垂直度(标高及垂直度的调整是一个二合一的过程,两个数值应同时监控),出现偏差时可用薄钢板和斜垫铁进行调整,达到精度后拧紧地脚螺栓,点焊垫铁组,并将螺母下面的压板与柱支座进行焊接。

E.成排钢柱垂直度的校正应以纵横轴线为准,先找正固定两端角柱为样板柱,依样板柱为基准来校正其余各柱;校正钢柱应注意防止日照温差的影响,钢柱向阳面膨胀大,使钢柱靠上部分向阴面弯曲就大,故校正钢柱宜在早晨或阳光照射温度较低的时间及环境内进行。

F.未经设计允许,不许利用已安装好的钢柱及与其相连的其他构件,作水平曳拉或垂直吊装较重的构件和设备。

(3) 钢柱的固定及钢柱脚底二次浇灌

A.钢柱的固定常用两种方法,即预埋钢板焊接和地脚螺栓连接,标高调整时架设水准仪进行测量,对于预埋钢板为支承面的柱,使用薄钢板或铜皮调整标高;对于地脚螺栓连接需二次浇灌混凝土的基础,则通过调整螺母以调节支承板的高度来保证柱标高。

B.在钢柱就位,形成刚度单元并校正合格后,且柱底垫铁及限位卡板已焊接的条件下,应及时对柱底板和基础顶面的空隙进行细石混凝土、灌浆料等二次浇灌;浇灌前应清扫基础表面,用清水将基础表面湿润,周围支好模板;浇注的混凝土搅拌好后,从基础一侧倒入,用钢筋等物品捣实,使浇注料从另一侧挤出,排空内部气体,浇注高度应与底板上顶面平齐。

2. 框架梁安装

(1) 框架梁的安装是在相关钢柱已安装且调整定位的前提下进行,测量两柱间的孔距,并与梁的孔位相比较,如孔距超标,应修整梁的孔位。

(2) 分段的钢梁应在地面组装,吊装时吊点位置应设在距重心等距离的两点,使重心在中间,吊力的作用点通过重心;单重在5t以内的框架梁和次梁一般采用带夹具的平衡梁进行吊装;单重在5t以上的框架梁,采用设置轴销吊耳的方法进行吊装,将梁水平地吊至就位位置,注意不要让梁与钢柱相撞,孔眼先打入过眼冲,然后再换为安装螺栓,待所有螺栓装入后,并初步拧紧才能松钩,检测梁的标高和水平度,符合要求后拧紧螺栓。

(3) 顺序吊装框架梁,形成封闭框架后,再次复测钢柱的轴距和垂直度,以及梁标高、水平、相对应梁的跨度等数据,达到精度要求后将梁节点处的零件安装完并点焊固定。

3. 吊车梁系统安装

(1) 先将吊车梁的轴线移植在钢柱牛腿面上,并复核牛腿面的标高;吊车梁采用设置轴销吊耳的方法进行吊装,吊装就位后调整轴线位置和标高,合格后紧定安装螺栓。梁与钢柱承台间、梁与梁间一般采用高强度螺栓连接,先初拧至规定扭矩值的50%。

(2) 在吊车梁已调整固定的情况下，依次安装辅助桁架、下弦制动桁架，上弦制动桁架（或制动板）；上弦制动桁架与吊车梁一般采用高强度螺栓连接（制动板与吊车梁一般采用点焊固定），其余构件与吊车梁一般采用普通螺栓连接。

(3) 将高强度螺栓拧至设计或施工验收规程规定的扭矩值，再次复测吊车梁的轴线、标高，符合精度要求后，将余下的焊缝全部焊完，并在上弦制动桁架上安装上走道板。

4. 屋架组合件安装

(1) 因钢屋架中一般上下弦水平撑、垂直支撑设置较少，为确保组合体的刚度和稳定性，防止构件吊装时失稳变形，在吊装设备的起重量、起吊高度等性能有保证时，一般两榀屋架组合为一个单元，并装上相应的垂直支撑和上下弦水平支撑，在预装配平台上组合时，跨中和两侧都应适当加临时支撑，待吊装就位调整完毕后再拆除。

(2) 首先进行钢屋（托）架的底座安装，屋架端部底座板的基准轴线必须与钢柱的柱头板的轴线及基础轴线位置一致，将组合体两屋架一端的上、下弦连接支座与屋架焊牢，另一端支座与屋架按可伸缩的方式进行装配，这样屋架组合体吊装时可将支座往内移动50mm左右，便于插入两柱间就位。

(3) 吊装就位时，将活动端的支座移出并与钢柱端的螺孔相连，在梁、柱连接板的对称位置各打入2颗定位销钉，柱顶板孔位与屋架支座不一致时，不宜采用外力强制入位，应利用椭圆孔或扩孔法调整入位，采用厚钢板垫圈覆盖焊接，并将螺栓紧固；焊完屋架与钢柱间的连接焊缝后可拆去临时加固件。

(4) 一个单元的屋架组合件安装好后，就可将檩条及支撑装上，调整好后焊接固定或螺栓紧固，形成稳定的单元后，再进行相邻单元的屋架组合件安装。

5. 层间框架安装

对于多层框架柱，层间钢柱安装主要系接头的处理和定位，其余同基层钢柱安装。

(1) 层间钢柱安装是在下一层框架柱、梁已全部安装定位，且框架主要节点已焊接完成的条件下进行的；首先对已安装的基层柱柱端进行检验和复测，各翼缘和腹板端面应在同一水平面上，定位板上端面至柱端的尺寸应符合设计精度要求，连接处的孔位尺寸准确，待吊装的层间柱，其下端部也应在同一水平面上，相关的孔位及端部尺寸应满足安装的精度要求，腹板端部坡口按设计要求加工，且打磨光滑。

(2) 吊装时钢柱应保持垂直以便接头部位的调整和定位，安装就位时应自然连接，不允许强拉强顶，先按定位板的位置初步定位，装上翼缘板上的辅助盖板，并将所有螺栓装上和初步拧紧；系牢钢柱上端的缆风绳，松钩后可进行柱的调整，先调整钢柱的垂直度，再进行接头处间隙和错位的调整，张紧缆风绳，复侧柱的垂直度，达到精度要求后将接头进行点焊，并拧紧螺栓。

(3) 层间柱柱接头处的焊接，应待上部框架封闭后进行。

(4) 可在楼层上设置若干台起重量为 2~5t 的摇臂抱杆，用支托架临时固定在框架柱、梁上，用以吊装各楼层间的小次梁、平台、支撑、走道等。

6. 工艺设备平台安装

钢结构中的工艺设备平台的支承方式多种多样，比较有代表性的是平台梁的一端利用框架柱、框架梁为依托，平台梁的另一端利用平台小柱支承。

(1) 安装时先进行平台基础测量放线和标高测定，在此基础上配置小柱的垫铁，安装时先吊装平台小柱，调整后固定，再安装平台连系梁和小次梁，有一些影响设备就位的小次梁可暂不安装，待设备吊装就位后再补装。

(2) 平台小柱及梁焊接完成后，再铺设平台板及安装梯子、栏杆。

7. 屋面、墙面安装

(1) 在钢梁上安装屋面檩条、拉杆、隅撑及檐口檩条，根据设计要求可采用螺栓连接或焊接；然后（有的在檩条上铺设钢丝网）进行隔热阻燃材料（岩棉、玻璃棉等）的铺设，隔热阻燃材料要铺满、铺实、铺平。

(2) 墙面安装要配合门柱，横梁及窗口进行安装，墙面一般先安装底部低棱板，用专用螺栓紧固枪和自攻螺栓进行固定；低棱板安装后，安装墙面檩条，檩条要紧贴檩托板并可靠紧固；檩条安装的同时进行拉杆的安装，拉杆安装以檩条的直线度为准。

(3) 屋面、墙面安装：压型钢板的安装详见"6.9 压型钢板施工与螺柱焊接"的有关内容；在安装檐口板和系统带的同时，对其上口缝隙用胶枪打密封胶，密封胶要打足、打实，其他部分如认为密封不可靠时，也要配合打胶。

(4) 天沟宜在工厂（加工场地）进行预制，一般 6m 长组成一段，运往施工现场组焊；在屋面的檩条及拉杆安装完毕后，便可进行天沟的吊装。

6.6.3 钢结构安装现场施焊

1. 焊接方法及焊材选用

(1) 钢结构安装现场焊接位置大部分均为高空作业，在确保焊接质量的前提下，从简便、实用出发，一般选择手工电弧焊，在地面进行构件预组装时，除手工电弧焊外，也可选择 CO_2 气体保护焊。

(2) 电焊机的选用应保证焊接电流、电压的稳定及负荷用量，并适应不同结构和各种位置焊缝的焊接要求。其中：

A. 交流焊机适用焊接普通钢结构；

B. 直流焊机适用焊接要求较高的钢结构；

C. 二氧化碳气体保护焊适用于要求较高的薄钢板结构的焊缝焊接。

(3) 钢结构常用的钢材一般为 Q235 及 Q345 钢，应按规范规定及连接计算要求，合理选择相匹配的焊接材料，一般焊接材料的强度与被焊母材的强度应等强或略高于母材的强度；钢结构常用焊接材料应按第二章"钢结构焊接"中表 6-2-8～6-2-10 的要求匹配选用。

(4) 使用的低氢焊条或其他牌号的焊条应按规定进行烘干，以达到消氢、干燥的要求，防止在焊接中产生气孔、熔合性飞溅，在焊后产生冷裂纹等缺陷。

2. 主要焊接工艺

(1) 层间柱接头焊接

A. 按照设计规定，层间柱柱接头的安装焊缝质量一般要求为一级，焊缝检验评定等级为Ⅱ级，射线探伤检验等级为 AB 级、超声波探伤检验等级为 B 级。为确保接头处的焊接质量，翼缘板应采用单 V 形坡口加垫板全焊透焊缝，腹板宜采用 K 形坡口双面焊接。

B. 当层间柱的上端已形成封闭框架、且经测量复核，柱的各向垂直度和标高都在精度允许范围内，接头位置已点焊固定，翼缘辅助盖板螺栓已紧定的情况下，即可进行柱头的焊接。

C．先焊接翼缘的辅助盖板与翼缘间的搭接焊缝，视翼缘板的数量由若干名焊工对称同时施焊，再焊接翼缘板的对接焊缝，仍采用对称焊接的方法施焊。

D．腹板的焊接放在最后进行，先焊完一侧的封底焊和过渡层间焊，留盖面焊缝暂不焊，反面进行挑根，宜采用角向磨光机仔细打磨，再焊完反面全部焊缝，并将原留下的盖面焊缝焊完。

(2) 框架梁安装节点焊接

A．腹板厚度大于 20mm 时，宜采用 X 形坡口反面清根双面焊；腹板厚度不大于 20mm 时，宜根据焊接位置采用 V 形坡口单面焊并反面清根后封焊，或采用 V 形坡口加垫板单面焊；

B．焊接前腹板盖板的螺栓应紧固，所焊梁接点的框架已封闭且已检测合格，焊接时先焊腹板盖板的水平缝，接着焊立缝，再焊接上部翼缘盖板的焊缝，最后焊接支座托板与梁下翼缘间的焊缝。

(3) 次梁、檩条焊接

次梁与主梁，次梁与次梁相交点焊接，一般采用单 V 形坡口，单面焊双面成型，主要分为立角焊、仰角焊及平焊。

檩条焊接：主檩与梁的焊接为平角焊，主檩与次檩的焊接分为平焊、立角焊及仰角焊。

3．预热、焊后热处理、焊接工艺及焊接质量检验

(1) 预热及焊后热处理

A．在正常情况下（工作地点温度不低于零摄氏度）普通碳素结构钢厚度大于 50mm，低合金结构钢厚度大于 36mm 时，需在焊接坡口两侧，每侧宽度均大于焊件厚度的 1.5 倍以上，且不应小于 100mm 范围内进行预热，焊接预热可防止延迟裂纹的产生，焊接预热温度宜控制在 60～140℃（工作地点温度低于零摄氏度时，预热温度根据试验确定）；

B．焊接后热处理的目的是对焊缝进行脱氢处理，以防止冷裂纹的发生，后热处理应在焊后立即进行，后热温度应为 200～250℃，保温时间根据板厚按每 25mm 板厚不小于 0.5h，且总保温时间不得小于 1h 确定，达到保温时间后应缓冷至常温；

(2) 钢结构安装现场施焊的焊接工艺及焊接质量检验按"6.2 钢结构焊接"中的有关规定执行。

6.6.4 钢结构安装工程的质量验收

1．单层钢结构安装

(1) 一般规定

A．单层钢结构安装的测量校正、高强度螺栓安装、负温度下施工及焊接工艺等，应在安装前进行工艺试验或评定，并应在此基础上制定相应的施工工艺或方案。

B．安装偏差的检测，应在结构形成空间刚度单元并连接固定后进行。

C．安装时，必须控制屋面、楼面、平台等的施工荷载，施工荷载和冰雪荷载等严禁超过梁、桁架、楼面板、平台铺板等的承载能力。

D. 在形成空间刚度单元后,应及时对柱底板和基础顶面的空隙进行细石混凝土、灌浆料等二次浇灌。

E. 吊车梁或直接承受动力荷载的梁其受拉翼缘、吊车桁架或直接承受动力荷载的桁架其受拉弦杆上不得焊接悬挂物和卡具等。

(2) 基础和支承面

A. 主控项目

a. 建筑物的定位轴线、基础轴线和标高、地脚螺栓的规格及其紧固应符合设计要求。

检查数量:按柱基数抽查10%,且不应少于3个。

检验方法:用经纬仪、水准仪、全站仪和钢尺现场实测。

b. 基础顶面直接作为柱的支承面和基础顶面预埋钢板或支座作为柱的支承面时,其支承面、地脚螺栓(锚栓)位置的允许偏差应符合表6-6-1的规定。

检查数量:按柱基数抽查10%,且不应少于3个。

检验方法:用经纬仪、水准仪、全站仪、水平尺和钢尺实测。

支承面、地脚螺栓(锚栓)位置的允许偏差(mm) 表6-6-1

项 目		允 许 偏 差
支承面	标 高	±3.0
	水平度	$L/1000$
地脚螺栓(锚栓)	螺栓中心偏移	5.0
预留孔中心偏移		10.0

c. 采用座浆垫板时,座浆垫板的允许偏差应符合表6-6-2的规定。

检查数量:资料全数检查,按柱基数抽查10%,且不应少于3个。

检验方法:用水准仪、全站仪、水平尺和钢尺现场实测。

座浆垫板的允许偏差(mm) 表6-6-2

项 目	允 许 偏 差
顶面标高	0.0 −3.0
水平度	$L/1000$
位 置	20.0

d. 采用杯口基础时,杯口尺寸的允许偏差应符合表6-6-3的规定。

检查数量:按基础抽查10%,且不应少于4处。

检验方法:观察及尺量检查。

杯口尺寸的允许偏差(mm) 表6-6-3

项 目	允 许 偏 差
底面标高	0.0 −5.0
杯口深度 H	±5.0
杯口垂直度	$H/100$,且不应大于10.0
位 置	10.0

B. 一般项目

地脚螺栓（锚栓）尺寸的偏差应符合表6-6-4的规定；地脚螺栓（锚栓）的螺纹应受到保护。

检查数量：按柱基数抽查10%，且不应少于3个。

检验方法：用钢尺现场实测。

地脚螺栓（锚栓）尺寸的允许偏差（mm）　　　表6-6-4

项　　目	允　许　偏　差
地脚螺栓（锚栓）露出长度	+30.0　　0.0
螺纹长度	+30.0　　0.0

(3) 安装和校正

A. 主控项目

a. 钢构件应符合设计要求和GB 50205—2001《钢结构工程施工质量验收规范》的规定。运输、堆放和吊装等造成的钢构件变形及涂层脱落，应进行矫正和修补。

检查数量：按柱基数抽查10%，且不应少于3个。

检验方法：用拉线、钢尺实测或观察。

b. 设计要求顶紧的节点，接触面不应少于70%紧贴，且边缘最大间隙不应大于0.8mm。

检查数量：按节点数抽查10%，且不应少于3个。

检验方法：用钢尺及0.3mm和0.8mm的塞尺现场实测。

c. 钢屋（托）架、桁架、梁及受压杆件垂直度和侧向弯曲矢高的允许偏差应符合表6-6-5的规定。

检查数量：按同类构件数抽查10%，且不应少于3个。

检验方法：用吊线、拉线、经纬仪和钢尺现场实测。

d. 单层钢结构主体结构的整体垂直度和整体平面弯曲的允许偏差应符合表6-6-6的规定。

检查数量：对主要立面全部检查。对每个所检查的立面，除两列角柱外，尚应至少选取一列中间柱。

检验方法：采用经纬仪、全站仪等测量。

B. 一般项目

a. 钢柱等主要构件的中心线及标高基准点等标记应齐全。

检查数量：按同类构件数抽查10%，且不应少于3件。

检验方法：观察检查。

b. 当钢桁架（或梁）安装在混凝土柱上时，其支座中心对定位轴线的偏差不应大于10mm；当采用大型混凝土屋面板时，钢桁架（或梁）间距的偏差不应大于10mm。

检查数量：按同类构件数抽查10%，且不应少于3榀。

检验方法：用拉线和钢尺现场实测。

c. 钢柱安装的允许偏差应符合GB 50205—2001《钢结构工程施工质量验收规范》附

录 E 中表 E.0.1 的规定。

检查数量：按钢柱数抽查 10%，且不应少于 3 件。

检验方法：见附录 E 中表 E.0.1。

钢屋（托）架、桁架、梁及受压杆件的垂直度和侧向弯曲矢高的允许偏差（mm）　　表 6-6-5

项　目		允　许　偏　差	图　例
跨中的垂直度		$h/250$，且不应大于 15.0	
侧向弯曲矢高 f	$l \leqslant 30$m	$l/1000$，且不应大于 10.0	
	$30\text{m} < l \leqslant 60\text{m}$	$l/1000$，且不应大于 30.0	
	$l > 60$m	$l/1000$，且不应大于 50.0	

d．钢吊车梁或直接承受动力荷载的类似构件，其安装的允许偏差应符合 GB 50205—2001《钢结构工程施工质量验收规范》附录 E 中表 E.0.2 的规定。

检查数量：按钢吊车梁数抽查 10%，且不应少于 3 榀。

检验方法：见附录 E 中表 E.0.2。

e．檩条、墙架等次要构件安装的允许偏差应符合 GB 50205—2001《钢结构工程施工质量验收规范》附录 E 中表 E.0.3 的规定。

检查数量：按同类构件数抽查 10%，且不应少于 3 件。

检验方法：见附录 E 中表 E.0.3。

f．钢平台、钢梯、栏杆安装应符合现行标准《固定式钢直梯》GB 4053.1、《固定式钢斜梯》GB 4053.2、《固定式防护栏杆》GB 4053.3 和《固定式钢平台》GB 4053.4 的规定。钢平台、钢梯和防护栏杆安装的允许偏差应符合 GB 50205—2001《钢结构工程施工质量验收规范》附录 E 中表 E.0.4 的规定。

检查数量：按钢平台总数抽查 10%，栏杆、钢梯按总长度各抽查 10%，但钢平台不应少于 1 个，栏杆不应少于 5m，钢梯不应少于 1 跑。

检验方法：见附录E中表E.0.4。

整体垂直度和整体平面弯曲的允许偏差（mm）　　表 6-6-6

项　目	允　许　偏　差	图　例
主体结构的整体垂直度	$H/1000$，且不应大于 25.0	
主体结构的整体平面弯曲	$L/1500$，且不应大于 25.0	

g. 现场焊缝组对间隙的允许偏差应符合表 6-6-7 的规定。

检查数量：按同类节点数抽查 10%，且不应少于 3 榀。

检验方法：尺量检查。

现场焊接组对间隙的允许偏差（mm）　　表 6-6-7

项　目	允　许　偏　差
无垫板间隙	+3.0　　0.0
有垫板间隙	+3.0　　−2.0

h. 钢结构表面应干净，结构主要表面不应有疤痕、泥沙等污垢。

检查数量：按同类构件数抽查 10%，且不应少于 3 件。

检验方法：观察检查。

2. 多层及高层钢结构安装工程

(1) 一般规定

A. 柱、梁、支撑等构件的长度尺寸应包括焊接收缩余量等变形值。

B. 安装柱时，每节柱的定位轴线应从地面控制轴线直接引上，不得从下层柱的轴线引上。

C. 结构的楼层标高可按相对标高或设计标高进行控制。

D. 钢结构安装检验批应在进场验收和焊接连接、紧固件连接、制作等分项工程验收合格的基础上进行验收。

E．多层及高层钢结构安装应遵守本章 4.1 单层钢柱安装 (1) 一般规定中的第 A、B、C、D、E 条的规定。

（2）基础和支撑面

A．主控项目

a．建筑物的定位轴线、基础上柱的定位轴线和标高、地脚螺栓（锚栓）的规格和位置、地脚螺栓（锚栓）紧固应符合设计要求；当设计无要求时，应符合表 6-6-8 的规定。

检查数量：按柱基数抽查 10%，且不应少于 3 个。

检验方法：用经纬仪、水准仪、全站仪和钢尺实测。

建筑物的定位轴线、基础上柱的定位轴线和标高、地脚螺栓（锚栓）的允许偏差（mm） 表 6-6-8

项　目	允　许　偏　差	图　例
建筑物定位轴线	$L/20000$，且不应大于 3.0	
基础上柱的定位轴线	1.0	
基础上柱底标高	±2.0	基准点
地脚螺栓（锚栓）位移	2.0	

b．多层建筑以基础顶面直接作为柱的支承面，或以基础顶面预埋钢板或支座作为柱的支承面时，其支承面、地脚螺栓（锚栓）位置的允许偏差应符合表 6-6-1 的规定。

检查数量：按柱基数抽查 10%，且不应少于 3 个。

检验方法：用经纬仪、水准仪、全站仪、水平尺和钢尺实测。

c．多层建筑采用座浆垫板时，座浆垫板的允许偏差应符合表 6-6-2 的规定。

检查数量：资料全数检查，按柱基数抽查 10%，且不应少于 3 个。

检验方法：用水准仪、全站仪、水平尺和钢尺实测。

d. 当采用杯形基础时，杯口尺寸的允许偏差应符合表 6-6-3 的规定。

检查数量：按基础数抽查 10%，且不应少于 4 处。

检验方法：观察及尺量检查。

B．一般项目

地脚螺栓（锚栓）尺寸的允许偏差应符合表 6-6-4 的规定；地脚螺栓（锚栓）的螺纹应受到保护。

检查数量：按基础数抽查 10%，且不应少于 3 处。

检验方法：观察及尺量检查。

(3) 安装和校正

A．主控项目

a. 钢构件应符合设计要求和 GB 50205—2001《钢结构工程施工质量验收规范》的规定；运输、堆放和吊装等造成的钢构件变形及涂层脱落，应进行矫正和修补。

检查数量：按构件数抽查 10%，且不应少于 3 个。

检验方法：用拉线、钢尺现场实测或观察。

b. 柱子安装的允许偏差应符合表 6-6-9 的规定。

检查数量：标准柱全数检查；非标准柱抽查 10%，且不应少于 3 根。

检验方法：用全站仪或激光经纬仪和钢尺实测。

柱子安装的允许偏差（mm）　　　　表 6-6-9

项　目	允许偏差	图　例
底层柱柱底轴线对定位轴线偏移	3.0	
柱子定位轴线	1.0	
单节柱的垂直度	$h/1000$，且不应大于 10.0	

c. 设计要求顶紧的节点，接触面不应少于 70% 紧贴，且边缘最大间隙不应大于 0.8mm。

检查数量：按节点数抽查10%，且不应少于3个。

检验方法：用钢尺及0.3mm和0.8mm厚的塞尺现场实测。

d．钢主梁、次梁及受压杆件的垂直度和侧向弯曲矢高的允许偏差应符合表6-6-5中有关钢屋（托）架允许偏差的规定。

检查数量：按同类构件数抽查10%，且不应少于3个。

检验方法：用吊线、拉线、经纬仪和钢尺现场实测。

e．多层及高层钢结构主体结构的整体垂直度和整体平面弯曲的允许偏差应符合表6-6-10的规定。

检查数量：对主要立面全部检查；对每个所检查的立面，除两列角柱外，尚应至少选取一列中间柱。

检验方法：对于整体垂直度，可采用激光经纬仪、全站仪测量，也可根据各节柱的垂直度允许偏差累计（代数和）计算。对于整体平面弯曲，可按产生的允许偏差累计（代数和）计算。

B．一般项目

a．钢结构表面应干净，结构主要表面不应有疤痕、泥沙等污垢。

检查数量：按同类构件数抽查10%，且不应少于3件。

检验方法：观察检查。

b．钢柱等主要构件的中心线及标高基准点等标记应齐全。

检查数量：按同类构件数抽查10%，且不应少于3件。

检验方法：观察检查。

整体垂直度和整体平面弯曲的允许偏差（mm） 表6-6-10

项 目	允 许 偏 差	图 例
主体结构的整体垂直度	$(H/2500+10.0)$，且不应大于50.0	
主体结构的整体平面弯曲	$L/1500$，且不应大于25.0	

c．钢构件安装的允许偏差应符合GB 50205—2001《钢结构工程施工质量验收规范》附录E中表E.0.5的规定。

检查数量：按同类构件或节点数抽查10%，其中柱和梁各不应少于3件，主梁与次梁连接节点不应少于3个，支承压型金属板的钢梁长度不应少于5m。

检验方法：见附录 E 中表 E.0.5。

d. 主体结构高度的允许偏差应符合 GB 50205—2001《钢结构工程施工质量验收规范》附录 E 中表 E.0.6 的规定。

检查数量：按标准柱列数抽查 10%，且不应少于 4 列。

检验方法：用全站仪、水准仪和钢尺实测。

e. 当钢构件安装在混凝土柱上时，其支座中心对定位轴线的偏差不应大于 10mm；当采用大型混凝土屋面板时，钢梁（或桁架）间距的偏差不应大于 10mm。

检查数量：按同类构件数抽查 10%，且不应少于 3 榀。

检验方法：用拉线和钢尺现场实测。

f. 多层及高层钢结构中钢吊车梁或直接承受动力荷载的类似构件，其安装的允许偏差应符合 GB 50205—2001《钢结构工程施工质量验收规范》附录 E 中表 E.0.2 的规定。

检查数量：按钢吊车梁数抽查 10%，且不应少于 3 榀。

检验方法：见附录 E 中表 E.0.2。

g. 多层及高层钢结构中檩条、墙架等次要构件安装的允许偏差应符合 GB 50205—2001《钢结构工程施工质量验收规范》附录 E 中表 E.0.3 的规定。

检查数量：按同类构件数抽查 10%，且不应少于 3 件。

检验方法：见附录 E 中表 E.0.3。

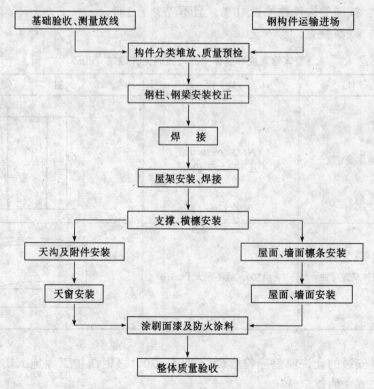

图 6-6-1 钢结构安装工艺流程框图

h. 多层及高层钢结构中钢平台、钢梯、栏杆安装应符合现行国家标准《固定式钢直梯》GB 4053.1、《固定式钢斜梯》GB 4053.2、《固定式防护栏杆》GB 4053.3 和《固定式钢平台》GB 4053.4 的规定。钢平台、钢梯和防护栏杆安装的允许偏差应符合 GB 50205—2001《钢结构工程施工质量验收规范》附录 E 中表 E.0.4 的规定。

检查数量：按钢平台总数抽查 10%，栏杆、钢梯按总长度各抽查 10%，但钢平台不应少于 1 个，栏杆不应少于 5m，钢梯不应少于 1 跑。

检验方法：见附录 E 中表 E.0.4。

i. 多层及高层钢结构中现场焊缝组对间隙的允许偏差应符合表 6-6-7 的规定。

检查数量：按同类节点数抽查 10%，且不应少于 3 个。

检验方法：尺量检查。

钢结构安装工艺流程图见图 6-6-1。

6.7 钢结构高强度螺栓连接

6.7.1 一般规定

(1) 在钢结构工程的设计施工图中，应注明所用高强度螺栓连接副的性能等级、规格、连接型式、预拉力、摩擦面抗滑移系数以及连接后的防锈要求。当设计中选用两种或两种以上直径的高强度螺栓时，还应注明所选定的需进行抗滑移系数检验的螺栓直径。

(2) 高强度螺栓连接应按其不同类型分别考虑下列极限状态：

A. 摩擦型连接：在荷载设计值下，连接件之间产生相对滑移作为其承载能力极限状态。

a. 摩擦型连接是依靠对高强度螺栓施加强大的预拉力，将被连接的板束夹紧，以利用接头板层的接触面间的摩擦力来传递构件的内力；如构件接触表面的加工达不到连接结构的强度时，在外力的作用下，在连接强度弱的部位产生应力集中，减薄的摩擦阻力转变为滑动剪力，将使螺栓被剪断。

b. 为使构件的连接接头板层的接触面间具有足够的摩擦力，应提高构件接头板层的夹紧力，增加构件接头板层接触面的摩擦系数。

B. 承压型连接：在荷载设计值下，螺栓或连接件达到最大承载能力，作为其承载能力极限状态；在荷载标准值下，连接件间产生相对滑移，作为其正常使用极限状态。

高强度螺栓承压型连接不得用于下列各种构件连接中：

a. 直接承受动力荷载的构件连接；

b. 承受反复荷载作用的构件连接；

c. 冷弯薄壁型钢构件连接。

(3) 对壁厚小于 4mm 的冷弯薄壁型钢，其连接摩擦面的处理宜只采用清除油垢或钢丝刷清除浮锈的方法。

(4) 在同一设计项目中，所选用的高强度螺栓直径不宜多于两种；用于冷弯薄壁型钢连接的高强度螺栓直径不宜大于 16mm。

(5) 高强度螺栓连接的环境温度高于 150℃ 时，应采取隔热措施予以保护；摩擦型连接的环境温度为 100~150℃ 时，其设计承载力应降低 10%。

(6) 高强度螺栓的性能等级及制造材料

A. 性能等级

目前我国使用的高强度螺栓只有 8.8 级和 10.9 级，可以写为 8.8S 和 10.9S。

a. 8.8 级：小数点前的数字 8 表示该螺栓材料热处理后的抗拉强度为 800MPa，小数点后的数字 8 则表示该材料的屈强比（屈服强度与抗拉强度比值）为 0.8；

b. 10.9 级：则表示该螺栓材料热处理后的抗拉强度为 1000MPa，该材料的屈强比为 0.9。

B. 制造材料

a. 8.8 级用 45 号钢制造；10.9 级用 40B 钢制造；

b. M22、M24 用 20MnTiB 钢制造；M27、M30 用 35VB 钢制造。

C. 高强度螺栓连接副应按保证扭矩系数供货

6.7.2 接头构造要求

1. 接头要求

(1) 在同一接头同一受力部位上，不得采用高强度螺栓摩擦型连接与承压型连接混用的连接；亦不得采用高强度螺栓与普通螺栓混用的连接。在改建、扩建或加固工程中以静载为主的结构，其同一接头同一受力部位上，允许采用高强度螺栓摩擦型连接与侧角焊缝或铆钉混用连接，并考虑其共同工作。

在同一接头中，允许按不同受力部位分别采用不同性质连接所组成的并用连接（如梁柱刚接点中，梁翼缘与柱焊接，梁腹板与柱高强度螺栓连接），并考虑其共同工作。

(2) 在不同板厚的连接处应设置垫板，垫板两面均应作与母材相同的表面处理；当板厚差小于或等于 3mm 时，可参照表 6-7-9 所列方法处理。

(3) 在下列情况的连接中，高强度螺栓的数目应予以增加：

A. 一个构件借助垫板或其他中间板件与另一个构件连接的承压高强度螺栓数，应按计算增加 10%；

B. 搭接或用拼接板的单面连接的承压高强度螺栓数，应按计算增加 10%；

C. 在构件的端部连接中，当利用短角钢连接型钢（角钢或槽钢）的外伸肢以缩短连接长度时，在短角钢两肢中的一肢上，所用的高强度螺栓数，应按计算增加 50%。

(4) 组合 I 字梁翼缘采用高强度螺栓连接时，宜采用高强度螺栓摩擦型连接（图 6-7-1）。

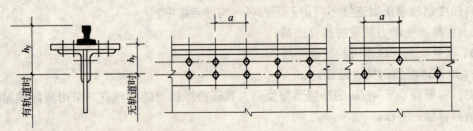

图 6-7-1 组合 I 字梁翼缘连接示意图

2．连接构造要求

(1) 每一杆件接头的一端，高强度螺栓数不宜少于 2 个。

(2) 高强度螺栓孔应采用钻孔，孔径应按表 6-7-1 采用。

高强度螺栓孔径选配表（mm） 表 6-7-1

螺栓公称直径	12	16	20	22	24	27	30
螺栓孔直径	13.5	17.5	22	24	26	30	33

注：承压型连接中高强度螺栓孔径可按表中值减小 0.5~1.0mm。

(3) 高强度螺栓的孔距和边距应按表 6-7-2 的规定采用。

高强度螺栓的孔距和边距值 表 6-7-2

名　　称	位置和方向		最大值（取两者的较小值）	最　小　值
中心间距	外　排		$8d_0$ 或 $12t$	$3d_0$
	中间排	构件受压力	$12d_0$ 或 $18t$	
		构件受拉力	$16d_0$ 或 $24t$	
中心至构件边缘距离	顺内力方向		$4d_0$ 或 $8t$	$2d_0$
	垂直内力方向	切割边		$1.5d_0$
		轧制边		$1.2d_0$

注：1. d_0 为高强度螺栓的孔径；t 为外层较薄板件的厚度；
2. 钢板边缘与刚性构件（如角钢、槽钢等）相连的高强度螺栓的最大间距，可按中间排数值采用。

(4) 用高强度螺栓连接的梁，其翼缘板不宜超过三层；翼缘角钢面积不宜少于整个翼缘面积的 30%；当所采用的大型角钢仍不能满足此要求时，可加腋板（图 6-7-2），此时、角钢与腋板面积之和不应少于翼缘面积的 30%。

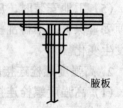

图 6-7-2　高强度螺栓连接梁的翼缘示意图

(5) 当型钢构件的拼接采用高强度螺栓时，其拼接件宜采用钢板、型钢斜面应加垫板。

(6) 高强度螺栓连接处摩擦面，当搁置时间较长时应注意保护，高强度螺栓连接处施工完毕后，应按构件防锈要求涂刷防锈涂料，螺栓及连接处周边用涂料封闭。

(7) 高强度螺栓连接处应考虑专用施工机具的可操作空间（图 6-7-3），其最小尺寸见表 6-7-3。

可操作空间尺寸 表 6-7-3

扳手种类	最小尺寸（mm）	
	a	b
手动定扭矩扳手	45	$140+c$
扭剪型电动扳手	65	$530+c$
大六角电动扳手	60	

6.7.3 施工及验收

1．高强度螺栓连接副的储运和保管

(1) 大六角头高强度螺栓连接副由一个大六角头螺栓、一个螺母和两个垫圈组成，使用组合应按表6-7-4的规定；扭剪型高强度螺栓连接副由一个螺栓、一个螺母和一个垫圈组成；高强度螺栓连接副应在同批配套使用。

(2) 高强度螺栓连接副应由制造厂按批配套供货，必须具有出厂质量保证书；并随箱带有大六角头高强度螺栓连接副的扭矩系数和扭剪型高强度螺栓连接副的紧固轴力（预拉力）的检验报告。

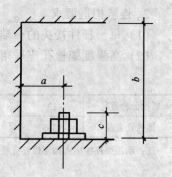

图 6-7-3 施工机具操作空间示意图

大六角头高强度螺栓连接副组合　　　　表 6-7-4

螺 栓	螺 母	垫 圈
10.9S	10H	HRC35—45
8.8S	8H	HRC35—45

(3) 高强度螺栓连接副在运输、保管过程中应轻装、轻卸，防止损伤螺纹。

(4) 高强度螺栓连接副应按包装箱上注明的批号、规格分类保管，室内存放，堆放不宜过高，防止生锈和沾染赃物；高强度螺栓连接副在安装使用前严禁任意开箱。

(5) 工地安装时，应按当天高强度螺栓连接副需要使用的数量领取，当天安装剩余的必须妥善保管，不得乱扔、乱放；在安装过程中，不得碰伤螺纹及占染赃物，以防扭矩系数发生变化。

2．高强度螺栓连接副构件的制作

(1) 高强度螺栓连接构件的栓孔孔径应符合设计要求，孔径允许偏差应符合表6-7-5的规定。

高强度螺栓连接构件制孔允许偏差　　　　表 6-7-5

名 称		直径及允许偏差（mm）						
螺栓	直 径	12	16	20	22	24	27	30
	允许偏差	±0.43		±0.52			±0.84	
螺栓孔	直 径	13.5	17.5	22	(24)	26	(30)	33
	允许偏差	+0.43　0		+0.52　0			+0.84　0	
圆度（最大和最小直径之差）		1.00			1.50			
中心线倾斜度		应不大于板厚的3%，且单层板不得大于2.0mm，多层板迭组合不得大于3.0mm						

(2) 高强度螺栓连接构件栓孔孔距的允许偏差应符合表6-7-6的规定。

高强度螺栓连接构件的孔距允许偏差　　　　表 6-7-6

项　　目		螺栓孔距 (mm)			
		<500	500~1200	1200~3000	>3000
同一组内任意两孔间	允许偏差	±1.0	±1.2	—	—
相邻两组的端孔间		±1.2	±1.5	±2.0	±3.0

注：孔的分组规定：
1．在节点中连接板与一根杆件相连的所有连接孔划为一组；
2．接头处的孔：通用接头——半拼接板上的孔为一组；阶梯接头——两接头之间的孔为一组；
3．在两相邻节点或接头间的连接孔为一组，但不包括1、2所指的孔；
4．受弯构件翼缘上，每1m长度内的孔为一组。

(3) 高强度螺栓的栓孔应采用钻孔成型，孔边应无飞边、毛刺。

(4) 高强度螺栓连接处板迭上所有的螺栓孔，均应采用量规检查，其通过率为：

用比孔的公称直径小1.0mm的量规检查，每组至少应通过85%；用比螺栓公称直径大0.2~0.3mm的量规检查，应全部通过。

(5) 按上条检查时，凡量规不能通过的孔，必须经施工图编制单位同意后，方可扩钻或补焊后重新钻孔。扩孔后的孔径不得大于原设计孔径2.0mm，补焊时，应用与母材力学性能相当的焊条补焊，严禁用钢块填塞。每组孔中经补焊重新钻孔的数量不得超过20%，处理后的孔应做出记录。

(6) 加工后的构件，在高强度螺栓连接处的钢板表面应平整、无焊接飞溅、无毛刺、无油污，其表面处理方法应与原设计图中所要求的一致。

(7) 应根据工程施工的具体条件，尽量采用能得到较大摩擦系数的接触面处理方法，以提高高强度螺栓连接的性能。

A．经处理后的高强度螺栓连接处摩擦面，应采取保护措施，防止沾染赃物和油污；严禁在高强度螺栓连接处摩擦面上作任何标记。

B．经处理后高强度螺栓连接处摩擦面的抗滑移系数应符合设计要求。

3．高强度螺栓连接副和摩擦面的抗滑移系数检验

(1) 高强度螺栓连接副连接应进行以下检验：

A．运到工地的大六角头高强度螺栓连接副应及时检验其螺栓楔负载、螺母保证载荷、螺母及垫圈硬度、连接副的扭矩系数平均值和标准偏差；检验结果应符合 GB 1231《钢结构用高强度大六角头螺栓、大六角头螺母、垫圈技术条件》的规定，合格后方准使用。

B．运到工地的扭剪型高强度螺栓连接副应及时检验其螺栓楔负载、螺母保证载荷、螺母及垫圈硬度、连接副的紧固轴力平均值和变异系数；检验结果应符合 GB 3633《钢结构用扭剪型高强度螺栓连接副技术条件》的规定，合格后方准使用。

(2) 摩擦面的抗滑移系数应按以下规定进行检验：

A．抗滑移系数检验应以钢结构制造批为单位，由制造厂和安装单位分别进行，每批三组。以单项工程每2000t为一制造批，不足2000t者视为一批，单项工程的构件摩擦面选用两种及两种以上表面处理工艺时，则每种表面处理工艺均需检验。

B．抗滑移系数检验用的试件由制造厂加工，试件与所代表的构件应为同一材质、同一摩擦面处理工艺、同批制作、使用同一性能等级、同一直径的高强度螺栓连接副，并在

相同条件下同时发运。

C. 抗滑移系数试件宜采用图 6-7-4 所示的型式，抗滑移系数在拉力试验机上进行并测出其滑动荷载，试验时，试件的轴线应与试验机夹具中心严格对中。

大六角头高强度螺栓预拉力（或紧固轴力）应准确控制在 $0.95 \sim 1.05P$ 范围之内。

扭剪型高强度螺栓：先抽检 5 套（与试件组装螺栓同批），5 套螺栓的紧固轴力平均值和变异系数均符合 6.7.3 中 "4. 高强度螺栓连接副" 第 (14) 条的规定时，即以该平均值作为高强度螺栓预拉力（或紧固轴力）。

D. 抗滑移系数检验的最小值必须≥设计规定值，当不符合规定时，构件摩擦面应重新处理；处理后的构件摩擦面应按规定重新检验。摩擦面的抗滑移系数可按表 6-7-7 的规定选取。

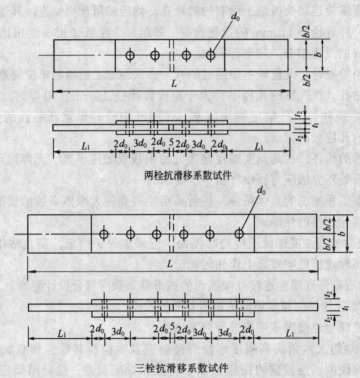

图 6-7-4 抗滑移系数试件

摩擦面抗滑移系数值　　　　　　表 6-7-7

连接处构件摩擦面的处理方法		构件的钢号		
		Q235	Q345	Q390
普通钢结构	喷砂（丸）	0.45	0.55	0.55
	喷砂（丸）后涂无机富锌漆	0.35	0.40	0.40
	喷砂（丸）后生赤锈	0.45	0.55	0.55
	钢丝刷清除浮锈或未经处理的干净轧制表面	0.30	0.35	0.35
冷弯薄壁型钢结构	喷　砂	0.40	0.45	—
	热轧钢材轧制表面清除浮锈	0.30	0.35	—
	冷轧钢材轧制表面清除浮锈	0.25	—	—
	镀锌表面	0.17	—	—

注：当连接构件采用不同钢号时，摩擦面抗滑移系数值应按相应的较低值取用。

(3) 未进行抗滑移系数试验，不得进行摩擦型高强度螺栓连接副的安装，否则认为严重违反强制性条文。施工单位复检项目为：

A．扭剪型连接副：抗滑移系数、预拉力；

B．大六角头连接副：抗滑移系数、扭矩系数。

4．高强度螺栓连接副的安装

(1) 高强度螺栓长度 L 应按下式计算

$$L = L' + \Delta L$$

式中　L'——连接板层总厚度

ΔL——附加长度，当高强度螺栓公称直径确定之后，附加长度可按表6-7-8选取。

高强度螺栓附加长度表（mm）　　　　　表6-7-8

螺栓直径	12	16	20	22	24	27	30
大六角高强度螺栓	25	30	35	40	45	50	55
扭剪型高强度螺栓		25	30	35	40		

(2) 高强度螺栓连接处摩擦面如采用生锈处理方法时，安装前应以细钢丝刷除去摩擦面上的浮锈。

(3) 对因板厚公差、制造偏差或安装偏差等产生的接触面间隙，应按表6-7-9的规定进行处理。

接触面间隙处理　　　　　表6-7-9

项目	示意图	处理方法
1		$t < 1.0$mm 时不予处理
2	磨斜面	$t = 1.0 \sim 3.0$mm 时将厚板一侧磨成 1:10 的缓坡，使间隙小于 1.0mm
3		$t > 3.0$mm 时加垫板，垫板厚度不小于 3mm，最多不超过三层，垫板材质和摩擦面处理方法应与构件相同

(4) 高强度螺栓连接安装时，在每个节点上应穿入的临时螺栓和冲钉数量，由安装时可能承担的荷载计算确定，并应符合下列规定：

A．不得少于安装总数的 1/3；

B．不得少于两个临时螺栓；

C．冲钉穿入数量不宜多于临时螺栓的 30%。

(5) 不得用高强度螺栓兼做临时螺栓，以防损伤螺纹引起扭矩系数的变化。

(6) 高强度螺栓的安装应在结构构件中心位置调整后进行，其穿入方向以施工方便为准，并力求一致。高强度螺栓连接副组装时，螺母带圆台面的一侧应朝向垫圈有倒角的一侧；对于大六角头高强度螺栓连接副组装时，螺栓头下垫圈有倒角的一侧应朝向螺栓头。

(7) 安装高强度螺栓时，严禁强行穿入螺栓（如用锤敲打）；如不能自由穿入时，该孔应用铰刀进行修整，修整后孔的最大直径应小于 1.2 倍螺栓直径；修孔时为了防止铁屑落入板迭缝中，铰孔前应将四周螺栓全部拧紧，使板迭密贴后再进行，严禁气割扩孔。

(8) 安装高强度螺栓时，构件的摩擦面应保持干燥，不得在雨中作业。

(9) 大六角头高强度螺栓施工前，应按出厂批复验高强度螺栓连接副的扭矩系数，每批复验 5 套；5 套扭矩系数的平均值应在 0.110～0.150 范围之内，其标准偏差应 ≤0.010。

(10) 大六角头高强度螺栓的施工扭矩由下式计算确定：

$$T_c = k \cdot P_c \cdot d$$

式中　T_c——施工扭矩（N·m）；
　　　k——高强度螺栓连接副的扭矩系数平均值，按 (9) 条的规定测得；
　　　P_c——高强度螺栓施工预拉力（kN），见表 6-7-10；
　　　d——高强度螺栓螺杆直径（mm）。

大六角头高强度螺栓的施工预拉力 (kN)　　　　表 6-7-10

螺栓性能等级	螺栓公称直径 (mm)						
	M12	M16	M20	(M22)	M24	(M27)	M30
8.8S	45	75	120	150	170	225	275
10.9S	60	110	170	210	250	320	390

(11) 大六角头高强度螺栓施工所用的扭矩扳手，班前必须校正，其扭矩误差不得大于 ±5%，合格后方准使用；校正用的扭矩扳手，其扭矩误差不得大于 ±3%。

(12) 大六角头高强度螺栓的拧紧分为初拧、终拧；对于大型节点应分为初拧、复拧、终拧。初拧扭矩为施工扭矩的 50% 左右，复拧扭矩等于初拧扭矩，初拧或复拧后的高强度螺栓应用颜色在螺母上涂上标记，然后按 (10) 条规定的施工扭矩值进行终拧；终拧后的高强度螺栓应用另一种颜色在螺母上涂上标记。

(13) 大六角头高强度螺栓的拧紧时，只准在螺母上施加扭矩。

(14) 扭剪型高强度螺栓施工前，应按出厂批复验高强度螺栓连接副的紧固轴力，每批复验 5 套；5 套紧固轴力的平均值和变异系数应符合表 6-7-11 的规定。

变异系数 =（标准偏差/紧固轴力的平均值）×100%

扭剪型高强度螺栓紧固轴力 (kN)　　　　表 6-7-11

螺栓直径 d (mm)		16	20	(22)	24
每批紧固轴力的平均值	公称	109	170	211	245
	最大	120	186	231	270
	最小	99	154	191	222
紧固轴力变异系数		≤10%			

(15) 扭剪型高强度螺栓的拧紧分为初拧、终拧；对于大型节点应分为初拧、复拧、

终拧。初拧扭矩值为 $0.13\times P_c \times d$ 的 50% 左右，可参照表 6-7-12 选用。复拧扭矩值等于初拧扭矩值。初拧或复拧后的高强度螺栓应用颜色在螺母上涂上标记，然后用专用扳手进行终拧，直至拧掉螺栓尾部梅花头。对于个别不能用专用扳手进行终拧的扭剪型高强度螺栓，可按第（12）条规定的方法进行终拧（扭矩系数取 0.13）。

初 拧 扭 矩 值   表 6-7-12

螺栓直径 d（mm）	16	20	(22)	24
初拧扭矩（N·m）	115	220	300	390

（16）高强度螺栓在初拧、复拧和终拧时，连接处的螺栓应按一定顺序施拧。

A．当一个接头的螺栓数量较多时，已拧好的螺栓将受到它周围螺栓在施拧时的影响，为使所有螺栓受力均匀，应从节点中刚度大的部位向不受约束的边缘（自由端）进行；大面积的节点中，应从节点螺栓群中央沿杆件向外侧边缘进行。

B．在施拧吊车梁上翼缘与制动板连接螺栓时，应从跨中向两端顺序进行；工字钢或槽钢的连接紧固顺序应依次先紧两侧翼缘板，后紧腹板。

（17）高强度螺栓的初拧、复拧、终拧应在同一天完成。

5．高强度螺栓连接副的施工质量检查和验收

（1）大六角头高强度螺栓检查

A．用小锤（0.3kg）敲击法（敲击螺母一侧）对高强度螺栓进行普查，以防漏拧。

B．对每个节点螺栓数的 10%，但不少于 2 个进行扭矩检查；检查时先在螺杆端面和螺母上划一直线，然后将螺母拧松约 60°，再用扭矩扳手重新拧紧，使两线重合，测得此时的扭矩应在 $0.9T_{ch} \sim 1.1T_{ch}$ 范围内。T_{ch} 按下式计算：

$$T_{ch} = k \times P \times d$$

式中　T_{ch}——检查扭矩（N·m）；

　　　k——高强度螺栓连接副的扭矩系数平均值，按 6.7.3 中"4.高强度螺柱连接副的安装"第（9）条的规定测得；

　　　P——高强度螺栓预拉力设计值（kN）；

　　　d——高强度螺栓螺杆直径（mm）。

如发现有不符合规定的，应再扩大检查 10%，如仍有不合格者，则整个节点的高强度螺栓应重新拧紧。

扭矩检查在螺栓终拧 1h 之后、24h 之前完成。

（2）大六角头高强度螺栓施工质量应有下列原始检查验收记录：高强度螺栓连接副复验数据、抗滑移系数试验数据、初拧扭矩、终拧扭矩、扭矩扳手检查数据和施工质量检查验收记录等。

（3）扭剪型高强度螺栓的终拧检查，以目测尾部梅花头拧断为合格；对于不能用专用扳手拧紧的扭剪型高强度螺栓，应按大六角头高强度螺栓的检查方法处理。

（4）扭剪型高强度螺栓施工质量应有下列原始检查验收记录：高强度螺栓连接副复验数据、抗滑移系数试验数据、初拧扭矩、扭矩扳手检查数据和施工质量检查验收记录等。

6．油漆

（1）对于露天使用或接触腐蚀性气体的钢结构，在高强度螺栓拧紧检查验收合格后，连接处板缝应及时用腻子封闭。

（2）经检查合格后的高强度螺栓连接处，应按设计要求涂漆防锈。

6.8 钢网架制作、安装

6.8.1 钢网架制作

1. 钢网架制作工艺

（1）焊接空心球加工

A. 焊接空心球宜采用现行国标《碳素结构钢》GB 700 规定的 Q235B 号钢或《低合金高强度结构钢》GB/T 1591 规定的 Q345 钢分两半球进行冲压成型，根据受力大小分为不加肋（适用于连接单层网架的钢管杆件）及加肋（适用于连接双层网架的钢管杆件）两种。

B. 无肋空心球和有肋空心球的成型对接焊缝，应分别满足图 6-8-1 及图 6-8-2 的要求；加肋空心球的肋板可用平台或凸台，采用凸台时，其高度不得大于 1mm。

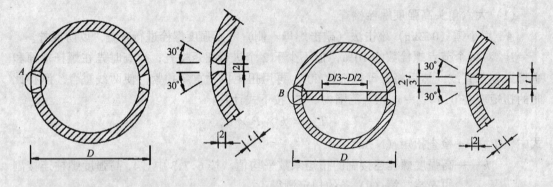

图 6-8-1 不加肋的空心球　　　　图 6-8-2 加肋的空心球
D—空心球的外径（mm）；t—空心球壁厚（mm）　　　D—空心球的外径（mm）；t—空心球壁厚（mm）

C. 钢管杆件与空心球连接，钢管应开坡口；在钢管与空心球之间应留有一定缝隙予以焊透，以实现焊缝与钢管等强。为保证焊缝质量，钢管端头可加套管与空心球焊接，见图 6-8-3。

D. 当空心球外径 D 不小于 300mm 且杆件内力较大时，可在内力较大杆件的轴线平面内设加劲环肋，以提高其承载力，环肋的厚度不应小于球壁的厚度。

（2）螺栓钢球加工

螺栓钢球加工工序包括：钢球进货检验 → 工艺孔制备 → 端面铣平 → 钻孔 → 攻丝

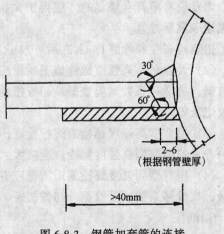

图 6-8-3 钢管加套管的连接

→产品检验及标识→装箱发运。

A．钢球采用现行国家标准《优质碳素结构钢技术条件》GB 699 规定的 45 号钢分两半球进行锻造成型，成型后找出半圆球尺寸进行坡口，坡口尺寸按焊接工艺、焊接采用 CO_2 气体保护焊，焊缝应保证二级，并进行 20% 的超声波探伤检验。钢球球坯一般可在钢球制造厂购买，厂方提供材质证明书及合格证。

B．制备工艺孔：在钢球任意位置采用 Z40 钻床钻轴线过球心的基准孔，根据螺栓球的大小，选择合适的车床进行螺孔加工，每一孔先车削球缺部分，再钻孔、攻丝；加工出第一孔后须确认其方位，检查无误后并作首孔标记，然后逐孔加工，球径 $d<200mm$、工艺孔为 M16，球径 $d\geqslant 200mm$，工艺孔为 M20。

C．待所有孔加工完毕后，在首孔球缺位置用钢印打上钢球编号进行标识。

(3) 高强度螺栓

A．螺栓球网架所用的高强度螺栓，螺纹规格 M12～M36 的其强度等级为 10.9S、螺纹规格 M39～M64 的其强度等级为 8.8S，螺栓的形式及尺寸应符合国标 GB/T 16939《钢网架螺栓球节点用高强度螺栓》的要求；一般均按设计要求向专业定点厂家订货，到货后检查产品合格证、检验报告、并对其外观质量作全数检查，表面不得有裂纹或损伤；

B．对建筑结构安全等级为一级，跨度 40m 及以上的螺栓球节点钢网架结构，其连接高强度螺栓应进行表面硬度试验，对 8.8 级的高强度螺栓其硬度应为 HRC21～HRC29；10.9 级的高强度螺栓其硬度应为 HRC32～HRC36，且不得有裂纹或损伤；

C．高强度螺栓安装施工详见"6.7 钢结构高强度螺栓连接"。

(4) 锥头、封板、套筒及止头螺钉加工

A．锥头：当钢管管件直径 $\phi\geqslant 76mm$ 时采用锥头，其材质为 Q235B 或 Q345（钢号宜与杆件一致），模锻后加工螺孔，螺孔的两端面需保证与管件连接的大端面同轴；锥头表面不得有过烧、裂纹等缺陷。

B．封板：当钢管管件直径 $\phi<76mm$ 时采用封板，其材质为 Q235B 或 Q345（钢号宜与杆件一致），用钢板或圆钢加工，经基准设置、钻孔、车削等工序后完成，要保证封板内外圆同心，两端平行；封板及锥头底部厚度可按表 6-8-1 选用。

封板及锥头底部厚度 (mm)　　　　　　　　　表 6-8-1

螺纹规格	封板/锥底厚度	螺纹规格	锥底厚度
M12、M14	14	M36～M42	35
M16	16	M45～M52	38
M20～M24	18	M56～M60	45
M27～M33	23	M64	48

C．六角螺母：又称无纹螺套、套筒等。套筒内孔径为 $\phi 13\sim \phi 34$ 的材质为 Q235、套筒内孔径为 $\phi 37\sim \phi 65$ 的材质为 Q345 或 45 号钢，可选用六角钢（无六角钢时需锻造成型）进行加工，要保证两端面平行，注意止头螺钉孔的位置。

D．止头螺钉：又称销子。为避免在旋紧螺栓的过程中剪断或变形，需采用高强度钢材加工，其直径为 M5～M10，一般在专业高强度螺栓制造厂家购买。

(5) 杆件加工

A. 网架杆件的长度，设计图纸一般均已给出，但不能按照此尺寸下料，还要加上焊缝收缩余量（工艺试验的结果每条焊缝约为1mm）来确定杆件下料长度，长度允许偏差为±1.0mm。

B. 杆件采用高频焊管或无缝钢管，杆件用的钢管不宜小于 $\phi45 \times 3mm$，直径 $\phi<76mm$ 的管件，一般采用砂轮切割机下料，批量下料应制作胎具，定位板使钢管垂直于砂轮片，保证管端垂直于管轴线；直径 $\phi89\sim\phi140$ 的管件采用专用管子车床下料；直径 $\phi\geqslant140mm$ 的管件用半自动气割方式下料，采用可调速的动力头夹紧带动管子转动，由气割枪定位切割。

C. 管口按焊接工艺要求的形式采用坡口机或管子车床加工坡口，经检验合格的管件进行编号标识和分类堆放，以便移交后续的组装工艺。

(6) 螺栓球节点杆件组装

螺栓球节点（见图6-8-4）适用与连接双层网架的钢管杆件，杆件组装工序包括：杆件零件清点→高强度螺栓穿入锥头或封板→无纹螺套的装配→锥头或封板与杆件焊接→检验→除锈涂装→产品标识堆放。

A. 组装前按杆件号清点零件，即管件、锥头或封板、高强度螺栓、套筒、止头螺钉等均应有合格标识，杆件组装在组装平台上采用专门的胎具进行，组装台定位板间距即为杆件长度，组装应保证锥头（封板）端面与管子轴线垂直，确认端面紧贴组装台定位夹板后对称点焊。

B. 杆件与锥头或封板的焊接应在专用焊接台上进行，按照已评定合格的焊接工艺，采用CO_2气体保护焊滚动焊接，即杆件旋转、焊枪定位焊接，焊缝需经外观检查和按设计要求的比例进行无损检测合格后方能转序。

C. 对杆件表面进行处理，清除毛刺、焊渣、铁锈后，杆件涂刷第一道防锈漆，并用油漆编号标识，按安装顺序堆放。

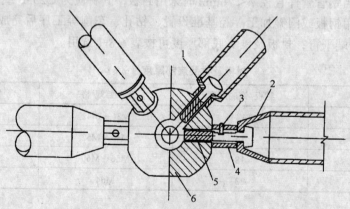

图 6-8-4 螺栓球节点
1—封板；2—锥头；3—销子；4—套筒；5—螺栓；6—钢球

2. 钢网架制作质量检验

(1) 焊接球

A．主控项目

a．焊接球及制造焊接球所采用的原材料,其品种、规格、性能等应符合现行国家产品标准和设计要求。

检查数量：全数检查。

检验方法：检查产品的质量合格证明文件、中文标志及检验报告等。

b．钢板压成半圆球后,表面不应有裂纹、褶皱；焊接球其对接坡口应采用机械加工,对接焊缝表面应打磨平整。

检查数量：每种规格抽查10%,且不应少于5个。

检验方法：10倍放大镜观察检查或表面探伤。

c．焊接球焊缝应进行无损检验,其质量应符合设计要求,当设计无要求时应符合GB 50205—2001《钢结构工程施工质量验收规范》中规定的二级质量标准。

检查数量：每一规格按数量抽查5%,且不应少于3个。

检验方法：超声波探伤或检查检验报告。

B．一般项目

a．焊接球直径、圆度、壁厚减薄量等尺寸及允许偏差应符合表6-8-2的规定。

检查数量：每一规格按数量抽查5%,且不应少于3个。

检验方法：用卡尺和测厚仪检查。

焊接球加工的允许偏差（mm）　　　　　　　　表6-8-2

项　目	允　许　偏　差	检　验　方　法
直　径	±0.005d　　±2.5	用卡尺和游标卡尺检查
圆　度	2.5	用卡尺和游标卡尺检查
壁厚减薄量	0.13t,且不应大于1.5	用卡尺和测厚仪检查
两半球对口错边	1.0	用套膜和游标卡尺检查

b．焊接球表面应无明显的波纹及局部凹凸不平不大于1.5mm。

检查数量：每一规格按数量抽查5%,且不应少于3个。

检验方法：用弧形套模、卡尺和观察检查。

(2) 螺栓球

A．主孔项目

a．螺栓球及制造螺栓球节点所采用的原材料,其品种、规格、性能等应符合现行国家产品标准和设计要求。

检查数量：全数检查。

检验方法：检查产品的质量合格证明文件、中文标志及检验报告等。

b．螺栓球成型后不得有过烧、裂纹及褶皱。

检查数量：每种规格抽查5%,且不应少于5只。

检验方法：用10倍放大镜观察和表面探伤。

B．一般项目

a．螺栓球螺纹尺寸应符合现行国家标准《普通螺纹基本尺寸》GB 196中粗牙螺纹的规定,螺纹公差必须符合现行国家标准《普通螺纹公差与配合》GB 197中6H级精度的规定。

检查数量：每种规格抽查5%，且不应少于5只。

检验方法：用标准螺纹规。

b．螺栓球直径、圆度、相邻两螺栓孔中心线夹角等尺寸及允许偏差应符合表6-8-3的规定。

检查数量：每一规格按数量抽查10%，且不应少于5个。

检验方法：用卡尺和分度头仪检查。

螺栓球加工的允许偏差（mm） 表6-8-3

项 目		允 许 偏 差	检 验 方 法
圆 度	$d \leq 120$	1.5	用卡尺和游标卡尺检查
	$d > 120$	2.5	
同一轴线上两铣平面平行度	$d \leq 120$	0.2	用百分表V形块检查
	$d > 120$	0.3	
铣平面距球中心距离		±0.2	用游标卡尺检查
相邻两螺栓孔中心线夹角		±30′	用分度头检查
两铣平面与螺栓孔轴线垂直度		0.005r	用百分表检查
球毛坯直径	$d \leq 120$	+2.0 -1.0	用卡尺和游标卡尺检查
	$d > 120$	+3.0 -1.5	

(3) 封板、锥头、套筒及杆件

A．主控项目

a．封板、锥头和套筒及制造封板、锥头和套筒所采用的原材料，其品种、规格、性能等应符合现行国家产品标准和设计要求。

检查数量：全数检查。

检验方法：检查产品的质量合格证明文件、中文标志及检验报告等。

b．封板、锥头和套筒外观不得有裂纹、过烧及氧化皮。

检查数量：每种抽查5%，且不应少于10只。

检验方法：用放大镜观察检查和表面探伤。

B．一般项目

钢网架（桁架）用钢管杆件加工的允许偏差应符合表6-8-4的规定。

检查数量：每种抽查10%，且不应少于5根。

检验方法：用钢尺、百分表和游标卡尺检查。

钢网架（桁架）用钢管杆件加工的允许偏差 表6-8-4

项 目	允 许 偏 差	检 验 方 法
长 度	±1.0	用钢尺和百分表检查
端面对管轴的垂直度	0.005r	用百分表V形块检查
管口曲线	1.0	用套膜和游标卡尺检查

6.8.2 钢网架安装

1. 钢网架安装方法

应根据网架的类型、受力和构造特点，在满足质量、安全、进度和经济效益的前提下，结合当地的施工技术条件综合确定。网架的安装方法及适用范围应符合下列规定：

(1) 高空散装法：是指网架的杆件和节点直接总拼，或预先拼成小拼单元在高空的设计位置进行总拼的一种方法，拼装时一般要搭设满堂脚手架，适用于采用全支架拼装的各种类型的网架，并可根据结构特点选用移动或滑动支架拼装及少支架的悬挑拼装的施工方法，以尽量减少脚手架。

(2) 分条或分块安装法：是将整个网架的平面分割成若干条状或块装单元，吊装就位后再在高空拼成整体，分条一般是在网架的长向跨上分割，适用于分割后刚度和受力状况改变较小的网架；分条或分块的大小应根据起重能力而定。

(3) 滑移法：是将网架条状单元进行水平滑移的一种方法，它比分条安装具有网架安装与室内土建施工平行作业的优点，因而缩短工期、节约拼装支架，起重设备也容易解决；适用于两边平行的网架，在现场狭窄、运输不便的情况下，尤为适用；滑移时滑移单元应保证为几何不变体系。

(4) 综合安装法：是结合某些网架几何形状外低中高的特点分别采用不同的安装方法；如圆球面网架可分为若干环带，沿外围几圈可采用小拼单元在地面预制后，吊到空中拼装；而距地面较高的中心部分则在地面拼装，采用整体吊装到位，在高空与外圈连成整体；适用于大跨度球面网架以及中间高外圈低的双曲面网架。

在安装前应进行局部或整体试拼装，当确有把握时方可进行正式安装。

2. 钢网架安装的通用施工工艺

(1) 预埋件检查放线

网架安装前应根据土建提供的定位轴线和标高基准点，复核和验收土建施工单位设置的网架支座预埋件或预埋螺栓的平面位置和标高，按设计要求放出各支座的十字中心线、标高位置应做出明显标记。

(2) 网架地面拼装

先铺设安装临时平台，根据网架拼装单元的刚度及独立性，分成若干片进行拼装；网架应在专门的拼装模架上按照钢球及杆件的编号、方位，先进行小拼单元部件的拼装，然后进行矫正，再拼装成中拼单元；拼装时不宜采用较大外力强制组对，以减少构件的内应力。拼装的具体操作过程如下：

A. 以第一片中拼单元的角部支承球为拼装起点，将此支承座定位为原点，钢球上沿各汇交杆件的轴向设有相应的螺栓孔，当分别拧入杆件中的高强度螺栓后即形成网架整体，先装配其 X、Y 轴线方向的下弦球及腹杆，至拼装单元的另两角部支承球，下弦球应用枕木或型钢支垫平整，并保持水平，收紧上述的下弦杆件，螺栓不宜拧紧，但应使其与下弦连接端带上劲；装配上弦，开始不要将螺栓拧紧，待安装好三行上弦球后，可将两行操平并调整中轴线。

B. 调整临时支承标高，支承座外下弦球的临时支承标高应低于设计标高 $10\sim20$mm 左右，使之达到设计起拱值，核实 X、Y 坐标无误后进行紧固。

C. 检测中拼单元支承球座 X、Y 两轴线间距（即单元长度与跨度），并与设计值相比较，若偏差大于 10mm 则应调整已固定的支承座，使其长度与跨度的偏差值均匀的分布在轴线两侧。

D. 由处于原点位置的支承球向 X、Y 轴两边逐次拼装小拼单元，应把该单元的所有球、杆件装配完毕才能收紧杆件，并检测其装配尺寸，在收紧过程中若发现小拼单元球与杆件的间隙过大、杆件弯曲等，应进行调整或更换配件，绝不允许强行装配。

E. 中拼单元完成后，由专职质量检查员对其进行认真检查，合格后方能以中拼单元跨度边及支承球座为基础，拼出另一中拼单元；并依次完成整个网架的拼装。

(3) 总拼装

A. 网架结构在总拼前应精确放线，总拼所用的支承点应防止下沉，总拼时应选择合理的焊接工艺顺序，以减少焊接变形和焊接应力；拼装与焊接顺序为从中间向两端或四周发展。总拼完成后应检查网架曲面形状的安装偏差，其允许偏差不应大于跨度的 1/1500 或 40mm；网架的任何部位与支承件的净距不应小于 100mm。

B. 焊接球节点网架所有焊接均须进行外观检查，并做记录；拉杆与球的对接焊缝应作无损探伤检验，其抽样数不少于焊口总数的 20%，取样部位由设计单位与施工单位协商解决，但应首先检验应力最大以及支座附近的杆件。

C. 网架用高强度螺栓连接时，按有关规定拧紧螺栓后，为防止接头与大气相通，造成高强度螺栓及钢管、锥头等内壁锈蚀，应用油腻子将所有接缝处填嵌严密，并按钢结构防腐蚀要求进行处理。

3. 几种钢网架安装方法的具体操作

(1) 高空散装法

A. 需分片搭设脚手架或搭设满堂脚手架，作为杆件或小拼单元吊装上位的支撑及空间定位的支托，同时作为钢网架防腐的工作平台；脚手架搭设应符合 JGJ 130—2001《建筑施工扣件式钢管脚手架安全技术规范》的规定，脚手架的高度应留足网架安装高度（包括铺板厚度），脚手架搭设完毕需经验收合格方可投入使用。

B. 采用小拼单元或杆件直接在高空拼装时，其顺序应能保证拼装精度，减少积累误差；一般以同侧两根柱作为基准，安装好托座，在同一侧安装基准网架条块并固定好后再拧紧螺栓，之后再进行下一网格的组装。

C. 采用悬挑法施工时，应先拼成可承受自重的结构体系，然后逐步扩展；网架在拼装过程中应随时检查基准轴线位置、标高及垂直偏差，若发现超差应及时纠正。

D. 将已组装好的网架条块在空中拼装成整体，待全部网架组装完毕并紧固好后，方可将网架托座与预埋钢板焊牢。

E. 搭设拼装支架时，支架上支承点的位置应设在节点处；支架应验算其承载能力，对于重大工程或当缺乏经验时可进行试压，以确保安全可靠。支架支座下应采取措施，防止支座下沉。

F. 在拆除支架过程中应防止个别支承点集中受力，宜根据各支承点的结构自重挠度值，采用分区分阶段按比例下降或用每步不大于 10mm 的等步下降法拆除支承点。

(2) 分条或分块安装法

A. 将网架分成条状单元或块状单元在高空连成整体时，网架单元应具有足够刚度并保证自身的几何不变性，否则应采取临时加固措施。各种加固杆件在网架形成整体后即可拆除。

　　B．为保证网架顺利拼装，在条与条或块与块合拢处，可采用安装螺栓等措施；设置独立的支承点或拼装支架时，支架上支承点的位置应设在节点处；支架应验算其承载能力，必要时可进行试压，以确保安全可靠。支架支座下应采取措施，防止支座下沉。合拢时可用千斤顶将网架单元顶到设计标高，然后进行总拼连接。

　　C．网架单元宜减少中间运输，如需运输时，应采取措施防止变形。

　　(3) 滑移法

　　A．滑移可采用下列两种方法：

　　a．单条滑移法：分条的网架单元在事先设置的滑轨上单条滑移到设计位置拼装；

　　b．逐条积累滑移法：分条的网架单元在滑轨上逐条积累拼接后滑移到设计位置。

　　滑移法可利用已建结构物作为拼装平台，如无建筑物可利用，可在滑移时开始端设置宽度约大于两个节间的拼装平台。

　　有条件时，可以在地面拼成条状或块状单元至拼装平台上进行拼装。

　　B．为防止滑轨接头处因承受重量而下陷，在滑移中发生"卡轨"现象，滑轨的接头处应垫实，滑轨的构造应能抵抗网架支座的水平推力，滑轨可固定于钢筋砼梁顶面的预埋件上，轨面标高应高于或等于网架支座设计标高；摩擦表面应涂润滑油。

　　C．当网架跨度较大时，宜在跨中增设滑轨，滑轨下支撑架上支承点的位置应设在节点处；支架应验算其承载能力，必要时可进行试压，以确保安全可靠。支架支座下应采取措施，防止支座下沉。当网架滑移单元由于增设中间滑轨引起杆件内力变化时，应采取临时加固措施以防失稳。

　　D．当设置水平导向轮时，宜设在滑轨的内侧，导向轮与滑道的间隙应在 10～20mm 之间。

　　E．网架滑移可用卷扬机或手板葫芦牵引，根据牵引力大小及网架支座之间的系杆承载力，可采用一点或多点牵引，牵引速度不宜大于 1.0m/min；当网架滑移时，两端不同步值不应大于 50mm。

　　F．在滑移和拼装过程中，应根据滑移方案对网架的杆件内力、节点变位及支座反力进行验算。

　　(4) 综合安装法

　　平面网架在施工现场条件许可时，可采用地面拼装、整体起吊就位的方法，曲面网架结构由于其部分低部分高的外形，往往使安装平面网架结构时所采用的行之有效的地面拼装、整体起吊就位方法难以实现；故根据曲面网架结构的特点，在不同部位采用不同的安装方法，即综合安装法是切实可行的，且效果良好。

　　A．采用综合安装法应将网架划分为若干个环带，外围部分以小拼单元或杆件逐圈由外向内在空中拼装，中心部分在地面拼装后可采用整体吊装就位，最后在高空将外围部分与中心部分连接成整体。

　　B．网架中心部分与外围部分安装区段的划分可根据起吊能力和现场条件确定中心部分的大小，网架中心部分可取跨度的 1/2～1/3。

　　中心部分的尺寸确定后，可将剩余的外围部分根据吊装高度和吊车能力划分为若干个环带，每个环带应为网架径向网格的倍数；在吊装能力容许的条件下，应采取大尺寸的小拼单元以减少高空拼装工作量。

C. 在中心部分网架整体吊装前所有杆件均应安装完毕，且螺栓已全部紧固；吊装时应加平衡梁，以保证网架受力均匀和避免产生变形，吊装时应保证各吊点起升的同步性，相邻两吊点间相对高差容许值可取吊点间距离的1/400，且不宜大于100mm，或通过验算确定。

当网架提升至下弦高度超过柱顶高度200mm时，对正后徐徐放下网架，中心部分起吊到位后，应采取临时措施加以固定，然后进行与外围部分的拼接。

4. 钢网架结构安装工程质量检验

(1) 支承面顶板和支承垫块

A. 主控项目

a. 钢网架结构支座定位轴线的位置、支座锚栓的规格应符合设计要求。

检查数量：按支座数抽查10%，且不应少于4处。

检验方法：用经纬仪和钢尺实测。

b. 支承面顶板的位置、标高、水平度以及支座锚栓位置的允许偏差应符合表6-8-5的规定。

检查数量：按支座数抽查10%，且不应少于4处。

检验方法：用经纬仪、水准仪、水平尺和钢尺实测。

支承面顶板、支座锚栓位置的允许偏差（mm） 表6-8-5

项	目	允 许 偏 差
支承面顶板	位置	15.0
	顶面标高	0 −3.0
	顶面水平度	L/1000
支座锚栓	中心偏移	±5.0

c. 支承垫块的种类、规格、摆放位置和朝向，必须符合设计要求和国家现行有关标准的规定；橡胶垫块与刚性垫块之间或不同类型刚性垫块之间不得互换使用。

检查数量：按支座数抽查10%，且不应少于4处。

检验方法：观察和用钢尺实测。

d. 网架支座锚栓的紧固应符合设计要求。

检查数量：按支座数抽查10%，且不应少于4处。

检验方法：观察检查。

B. 一般项目

支座锚栓尺寸的允许偏差应符合表6-8-6的规定，支座锚栓的螺纹应受到保护。

检查数量：按支座数抽查10%，且不应少于4处。

检验方法：用钢尺实测。

地脚螺栓（锚栓）尺寸的允许偏差（mm） 表6-8-6

项 目	允 许 偏 差
地脚螺栓（锚栓）露出长度	+30.0 0.0
螺纹长度	+30.0 0.0

(2) 总拼与安装

A. 主控项目

a. 小拼单元的允许偏差应符合表 6-8-7 的规定。

小拼单元的允许偏差 (mm) 表 6-8-7

项 目		允 许 偏 差
节点中心偏移		2.0
焊接球节点与钢管中心的偏移		1.0
杆线轴线的弯曲矢高		$L_1/1000$，且不应大于 5.0
锥形体小拼单元	弦杆长度	±2.0
	锥体高度	±2.0
	上弦杆对角线长度	±3.0
平面桁架型小拼单元	跨长 ≤24m	+3.0 −7.0
	跨长 >24m	+5.0 −10.0
	跨中高度	±3.0
	跨中拱度 设计要求起拱	±$L/5000$
	跨中拱度 设计未要求起拱	±10.0

注：L_1 为杆件长度；L 为跨长。

b. 中拼单元的允许偏差应符合表 6-8-8 的规定。

检查数量：全数检查。

检验方法：用钢尺和辅助量具实测。

中拼单元的允许偏差 (mm) 表 6-8-8

项 目		允 许 偏 差
单元长度≤20m，拼接长度	单 跨	±10.0
	多跨连接	±5.0
单元长度>20m，拼接长度	单 跨	±20.0
	多跨连接	±10.0

c. 对建筑结构安全等级为一级，跨度 40m 及以上的公共建筑网架结构，且设计有要求时，应按下列项目进行节点承载力试验，其结果应符合下列规定：

(a) 焊接球节点应按设计指定规格的球及其匹配的钢管焊接成试件，进行轴心拉、压承载力试验，其试验破坏荷载值大于或等于 1.6 倍设计承载力为合格。

(b) 螺栓球节点应按设计指定规格的球最大螺栓孔螺纹进行抗拉强度保证荷载试验，当达到螺栓的设计承载力时，螺孔、螺纹及封板仍完好无损为合格。

检查数量：每项试验做 3 个试件。

检验方法：在万能试验机上进行检验，检查试验报告。

d. 钢网架结构总拼完成后及屋面工程完成后应分别测量其挠度值，且所测的挠度值不应超过相应设计值的 1.15 倍。

检查数量：跨度24m及以下钢网架结构测量下弦中央一点，跨度24m以上钢网架结构测量下弦中央一点及各向下弦跨度的四等分点。

检验方法：用钢尺和水准仪实测。

B．一般项目

a．钢网架结构安装完成后，其节点及杆件表面应干净，不应有明显的疤痕、泥沙和污垢；螺栓球节点应将所有接缝用油腻子填嵌严密，并应将多余螺孔封口。

检查数量：按节点及杆件数抽查5%，且不应少于10个节点。

检验方法：观察检查。

b．钢网架结构安装完成后，其安装的允许偏差应符合表6-8-9的规定。

检查数量：除杆件弯曲矢高按杆件数抽查5%外，其余全数检查。

检验方法：用钢尺、经纬仪及水准仪实测。

钢网架结构安装的允许偏差（mm） 表6-8-9

项 目	允 许 偏 差	检 验 方 法
纵向、横向长度	$L/2000$，且不应大于30.0 $-L/2000$，且不应小于-30.0	用钢尺实测
支座中心偏移	$L/3000$，且不应大于30.0	用钢尺和经纬仪实测
周边支承网架相邻支座高差	$L/400$，且不应大于15.0	
支座最大高差	30.0	用钢尺和水准仪实测
多点支承网架相邻支座高差	$L_1/800$，且不应大于30.0	

注：L为纵向、横向长度；L_1为相邻支座间距。

6.9 压型钢板施工与螺柱焊接

6.9.1 压型钢板的连接与施工

1．简介

建筑用压型钢板（简称压型钢板）：系薄钢板经辊压冷弯，其截面成V形、U型、梯形或类似这几种形状的波形，在建筑上用作屋面板、楼板、墙板及装饰板，也可被选为其他用途的钢板。

(1) 代号

压型钢板YX；波高H；波距S；板厚t；有效覆盖宽度B。

(2) 原板材及牌号

可以使用冷轧板、镀锌板、彩色涂层板等不同类别的薄钢板。

(3) 尺寸

压型钢板有效宽度系列的尺寸为：300、450、600、750、900、1000，定尺寸长度为1.5~12m，板厚0.6~1.2mm。

(4) 表面质量

压型钢板因成型所造成的表面缺陷，其深度（高度）不得超过原板材标准所规定的厚度公差之半,不允许有用 10 倍放大镜所观察到的裂纹存在;用镀锌钢板及彩色涂层钢板制成的压型钢板不得有镀层,涂层脱落以及影响使用性能的擦伤。

(5) 验收

压型钢板应按批验收,每批应由同一原板材牌号、同一规格的压型钢板组成,每批重量不大于 50t,每批交货的压型钢板必须附有证明该批压型钢板符合标准要求的质量证明书。

2. 屋面压型钢板

(1) 原材料

屋面压型钢板的原材料即通常所说的彩钢板,是指由保护性和装饰性的有机涂料或薄膜连续涂覆于钢板表面而制成的预涂层冶金产品。国内建筑市场上最常见的主要有热镀锌钢板和热镀铝锌合金钢板(常称镀铝锌钢板)。我国现可以自行生产的镀层钢板有四种,即热镀锌板、热镀锌合金化板、热镀铝板和电镀锌板(见表 6-9-1)。

国内板材生产情况表　　　表 6-9-1

镀层类型	生产厂家	镀层重量 (g/m²)
热镀锌	宝 钢	双面 90、180、275、350、450、600、700
	武 钢	双面 100、200、270、350、450、600
热镀锌合金化	武 钢	
热镀铝	黄 石	
电镀锌	宝 钢	单面 10、20、30、40、50(平均锌层重量 17.6g/m²,锌层厚度 2.5μm)

(2) 屋面压型钢板的板型

常见的屋面压型钢板按板肋划分有以下几类:

A. 波浪肋板型:这种板型常常称为瓦楞板,现已基本被淘汰;

B. 等高肋板型:这种板型是目前使用最多的板型之一,其中 V125 型在轻钢结构建筑中应用广泛,V135 型常被用在屋面做下层板;

C. 一高一低肋板型:这类板型已在国内大面积的使用;

D. 一高二低肋板型:这类板型外观美观,强度较高,目前国内已大面积推广;

E. 豪华肋板型:目前国内还无工程实例,只有在特殊的,要求外观美观的场合才会使用。

(3) 屋面压型钢板的连接方式

屋面压型钢板的连接分为长向连接和侧向连接:长向连接只有搭接一种形式,即上坡板压下坡板,搭接部位设置防水密封胶带;侧向连接主要有以下五种形式:

A. 搭接式连接

连接简单、易操作、成本低,在不太高的工程中大都采用这种方式;由于板材变形、温差变化等因素,这种连接往往产生漏水现象。

B. 咬边式连接

这种连接方式有利于防水和增强屋面的整体性,但施工技术要求较高,需要专用工具,一旦出现漏水,维修也不太方便。

C. 扣盖式连接

扣盖式连接是近两年来开发的一种新式连接方法，克服了咬边式连接难度较大和维修困难的不足，防水性能亦好。

上述三种连接方式最大的问题是都没有很好地解决板材的热膨胀问题，因而温差变化对屋面板有较大的影响，轻则有金属爆裂声，重则使屋面板发生变形或漏水。

D. 暗扣式连接

彻底解决了屋面板外露螺钉及引起漏水的问题，同时也较好地解决了热膨胀的问题，但其侧向仍是搭接，因而仍有漏雨的可能性。

E. 机械锁缝式连接

较好地解决防水和热膨胀问题，施工也比较方便，但需用专用的施工工具，其连接件数量较大，故成本略高。

(4) 屋面压型钢板的施工程序

施工时根据设计图纸要求确定供货尺寸，按业主（监理工程师）指定的优质产品定货，货到后经检验合格方可使用，以确保安装质量。其施工程序为：

在钢架上按设计安装支托和轻钢檩条→首片屋面压型钢板下料、定位→屋面压型钢板固定→脊瓦安装固定→打胶。

A. 压型钢板制孔：单块板上的孔按设计尺寸画线后，可几块叠在一起，在地面用摇臂钻床制孔；对于两块压型钢板搭接部位的栓钉孔，采用安装就位后用磁力钻或手提电钻带铣刀头制孔；

B. 定位调整好后的压型钢板根据连接形式分别采用专用连接件、固定支架及自攻螺钉等固定。

(5) 施工时的注意事项

A. 屋面压型钢板的连接是屋面系统中最为重要的环节，必须连接在波峰上，以保证良好的防水性能。

B. 确定第一片屋面压型钢板的安装位置和宽度尺寸，瓦的纵向（长方向）必须和天沟、檩条垂直；所有屋面压型钢板正面朝上，所有搭接边朝向安装的屋面方向。

C. 沿檐口板或端墙横向安放时，注意泛水板的型号或盖板的安装方式；沿天沟、屋脊、檐口板、女儿墙安放时，屋面板应伸入覆盖大约50mm。

D. 吊装压型钢板应使用软吊索，安装屋面压型钢板注意不要划伤或脚踏屋面板的波谷；安装完毕，应打好胶缝，不得漏胶。

3. 轻钢围护结构压型钢板的连接形式

压型钢板的连接主要是通过连接件、固定支撑件等将压型钢板连接固定在檩条、墙梁及其他结构件上，墙板可以连接于波谷，使其牢固而美观。

(1) 搭接

搭接方式是把压型钢板相互重叠，并使用专门的连接件将其连成一体。

自攻螺丝连接简便、高效，是目前使用最多的连接件，适用于低波板，具有上下两段螺纹的自攻螺丝（双牙螺丝）用于中波板的连接；当檩条或墙梁为厚壁钢材时，自攻螺丝不易穿透，不宜使用。

(2) 咬边

咬边方式是把压型钢板搭接部位通过咬边机或人工加工，使钢板产生屈服（塑性）变形而咬合相连。

(3) 卡扣

卡扣方式是利用钢板弹性，在向下和向左（或向右）的力作用下，通过卡扣固定并形成连接。

4. 钢结构组合楼板

(1) 组合楼板中压型钢板的作用

组合楼板系指压型钢板与混凝土通过各种不同剪力连接形式的组合，其中压型钢板有两个作用：一是与混凝土组合在一起，压型钢板部分或全部起受拉钢筋的作用；二是压型钢板仅作为浇注混凝土永久性模板用。压型钢板尚应符合防火、防锈、抗震要求，绝大多数采用镀锌卷板，镀锌层荷载两面计 $2.75N/m^2$，基板厚度为 $0.5\sim2.0mm$。

为了使组合楼板中压型钢板能够传递钢板与混凝土叠合面上的纵向剪力，通常要采取如下方法：

A. 在压型钢板上翼焊有剪力钢筋。

B. 采用无痕或有痕闭合式压型钢板，混凝土在压型钢板槽内形成楔状混凝土块，为叠合面提供有效抗剪能力。

C. 采用带压痕、加劲肋、冲孔的压型钢板，其中压痕、肋、冲孔为叠合面提供有效抗剪能力。

D. 组合楼板与钢梁（组合梁）之间的连接采用抗剪连接件，如焊钉、槽钢及弯筋等。

(2) 施工程序

钢结构吊装验收完毕，铺设压型钢板，进行抗剪件连接（如实施栓钉焊），铺设楼板钢筋，并设临时支撑；浇注楼面混凝土，进行楼面装修。

A. 首先应在铺板区弹出钢梁的中心线，主梁的中心线是铺设压型钢板固定位置的控制线，由主梁的中心线控制压型钢板与钢梁的搭接宽度，并决定压型钢板与钢梁熔透焊接的焊点位置，次梁的中心线将决定熔透焊栓钉的焊接位置。

B. 压型钢板铺设与钢梁连接，板端头与钢梁熔透点焊，中间采用剪力栓钉穿透压型钢板熔透焊接；压型钢板与压型钢板之间采用专用夹紧钳咬合压孔连接；堵头采用专用镀锌堵头板，与压型钢板及钢梁点焊；弧形区压型钢板异型裁剪采用等离子切割机切割，其切口光滑，表面镀锌层完整。

C. 压型钢板采用熔透点焊连接时，一般采用手工电弧焊，焊条为E4303，直径ϕ为3.2mm，熔透焊接点为$\phi16$，焊点间距一般为150mm左右。

压型钢板采用栓钉焊接时，宜使用螺柱焊机焊接栓钉，焊前应将构件焊接面上的水、锈、油等有害杂质清除干净，并按规定烘烤瓷环；栓钉焊接部位的外观，四周的熔化金属应形成一均匀小圈而无缺陷。

5. 压型钢板安装质量检验

(1) 主控项目

A. 压型钢板、泛水板和包角板等应固定可靠、牢固，防腐涂料涂刷和密封材料敷设应完好，连接件数量、间距应符合设计要求和国家现行有关标准规定。

检查数量：全数检查。

检验方法：观察检查及尺量。

B．压型钢板应在支承构件上可靠搭接，搭接长度应符合设计要求，且不应小于表6-9-2的规定。

检查数量：按搭接部位总长度抽查10%，且不应少于10m。

检验方法：观察和用钢尺检查。

压型钢板在支承构件上的搭接长度（mm） 表6-9-2

项	目	搭 接 长 度
截面高度>70		375
截面高度≤70	屋面坡度<1/10	250
	屋面坡度≥1/10	200
墙	面	120

C．组合楼板中压型钢板与主体结构（梁）的锚固支承长度应符合设计要求，且不应小于50mm，端部锚固件连接应可靠，设置位置应符合设计要求。

检查数量：沿连接纵向长度抽查10%，且不应少于10m。

检验方法：观察和用钢尺检查。

(2) 一般项目

A．压型钢板安装应平整、顺直，板面不应有施工残留物和污物；檐口和墙面下端应呈直线，不应有未经处理的错钻孔洞。

检查数量：按面积抽查10%，且不应少于10m²。

检验方法：观察检查。

B．压型钢板安装的允许偏差应符合表6-9-3的规定。

检查数量：檐口与屋脊的平行度：按长度抽查10%，且不应少于10m。其他项目：每20m长度应抽查1处，不应少于2处。

检验方法：用拉线、吊线和钢尺检查。

压型钢板安装的允许偏差（mm） 表6-9-3

项	目	允 许 偏 差
屋 面	檐口与屋脊的平行度	12.0
	压型金属板波纹线对屋脊的垂直度	$L/800$，且不应大于25.0
	檐口相邻两块压型金属板端部错位	6.0
	压型金属板卷边板件最大波浪高	4.0
墙 面	墙板波纹线的垂直度	$H/800$，且不应大于25.0
	墙板包角板的垂直度	$H/800$，且不应大于25.0
	相邻两块压型金属板的下端错位	6.0

注：L为屋面半坡或单坡长度；H为墙面高度。

6.9.2 螺柱焊接技术

1．螺柱焊接技术的应用

(1) 锚栓的作用

在建筑工程的钢—混凝土组合结构中，两种不同材性的物质组合充分发挥了钢的抗拉特性和混凝土的抗压特性，作为两者组合的连接件—锚栓起着两个重要的作用。

A. 防止钢—混凝土水平位移的抗剪切作用；

B. 防止钢—混凝土垂直剥离的抗掀起作用。

(2) 螺柱焊接技术在建筑钢结构中的应用

A. 抗剪连接件：主要用于钢骨—钢筋混凝土组合柱、梁及组合楼板的抗剪连接件。

B. 栓钉墙体的固定件：做轻型保温、隔音墙体的固定件等。

2. 螺柱焊焊机及焊接材料

(1) 由于建筑施工的特殊性和复杂性，在建筑钢结构上大多采用手动瓷环保护电弧螺柱焊机。

(2) 国标 GB 10432—89《无头焊钉》、GB 10433—89《园柱头焊钉》规定焊钉材质为 Q235，钢号为 ML15 低碳镇静钢，其化学成分和机械力学性能详见表 6-9-4 及表 6-9-5，主要用于钢结构抗剪件、锚固件，规格为 $\phi 13$、$\phi 16$、$\phi 19$、$\phi 22$、$\phi 25$ 五种。

焊钉化学成分　　　　　表 6-9-4

材料	化学成分（%）				
	C	Si	Mn	P	S
ML15	≤0.20	≤0.10	0.3~0.2	≤0.04	≤0.04

焊钉机械性能　　　　　表 6-9-5

屈服强度 σ_b (min) /MPa	伸长率 δ_5 (min) /%	抗拉强度 δ_5/MPa	
		min	man
240	14	400	550

3. 螺柱焊接工艺

(1) 非穿透焊工艺

在待焊母材表面直接起弧而将栓钉焊于母材上的螺柱焊接工艺称为非穿透焊工艺。其焊接过程包括调节螺柱伸出长度、预压缩使螺柱引弧端部与母材表面紧密接触，提升起弧、稳定燃烧、焊后螺柱下送插入熔池、冷却形成接头等过程。

(2) 穿透焊焊接工艺

A. 在高层钢结构组合楼板施工中，经常是先安装钢结构柱、梁，再铺设压型钢板，最后进行栓钉焊施工。由于压型板铺设时为提高其支撑刚度通常是采取多跨连续布置方式，因此，大量的栓钉须在压型板上起焊，要求穿透压型板而焊于钢梁上，这种焊接方式称为穿透焊焊接工艺。

B. 穿透焊与非穿透焊的区别就在于在钢梁与螺柱端部之间增加了压型板隔离层，使得螺柱端部无法与钢梁表面直接接触。该压型板隔离层的存在，使得螺柱端部与钢梁之间的影响因素是多变的而且是无法预知的，如钢梁表面状况、钢梁与压型板的间隙大小和杂质分布等。如果以非穿透焊焊接参数施焊往往无法保证焊接质量，一般而言，穿透焊焊接参数都要比非穿透焊时偏大，如加大焊接电流、增加焊接时间、增加伸出长度，以确保增加焊接能量用于补偿穿透损失：熔化压型板、烧损杂质、非溅损失等。

4．栓钉焊接施工质量验收

(1) 外观检查焊钉根部焊脚应均匀，焊脚立面的局部未熔合或不足360℃焊脚应进行修补；采用电弧焊所焊的焊钉接头，按外观质量和外形尺寸检查应合格。

(2) 采用专用的栓钉焊机焊接的焊钉接头，进行外观检查合格后，对栓钉进行1%的抽样打弯检验，弯曲角度为30°，若焊缝和热影响区无肉眼可见的裂纹，则认为合格；否则应再从同批工件中抽样2%进行弯曲检验，若全部通过则认为合格；否则应对整批栓钉进行逐根检验。

6.10 钢结构防腐涂料及防火涂料

6.10.1 钢结构防腐涂料

在钢结构制作安装施工中，应根据钢结构形式和所处的不同环境、不同用途及施工的可行性，选定不同防腐涂料来满足钢结构防腐保护技术特性的要求。

1．涂料选择与施工

(1) 红丹漆

普通钢结构常用油性红丹防锈漆 Y53 型（铁红防锈漆其防腐性能略差）作为防腐底漆，醇酸磁漆为面漆；这两种漆都具有耐候性好，坚硬耐水、可内用与外用、表面处理要求低、涂刷性好、附着力强、价廉等优点；每 kg 漆平均涂刷钢结构面为 $6\sim7m^2$（每吨型钢展开面积按 $72.52m^2$ 计）；因其为油基性涂料，在重要钢结构上不宜采用。

(2) 无机富锌漆

具有与镀锌层相同的阴极保护作用，耐候性及耐老化性能良好，能耐 450℃ 以下的温度，但耐酸碱度差，可带漆焊接不影响焊接强度，对钢结构表面处理要求较高，一般规定应达到 Sa2.5 级标准，将其用于钢结构出厂前的防腐底漆涂刷，当湿漆膜厚 $60\mu m$ 时，用量为 $100g/m^2$，湿漆膜厚 $180\sim230\mu m$ 时，用量为 $360\sim450g/m^2$，在低温、高湿度下不可施工。

(3) 环氧重防腐涂料

属化学固化型漆，主要成膜物质是环氧树脂，具有极好的附着力、机械强度及耐化学腐蚀性能，但耐候性差；一般分两组分或三组分包装，在施工前必须按规定的比例称量配比，混合均匀，按规定的时间熟化后才能施工，经熟化后的涂料应在规定的时间内用完，逾时则渐胶结；施工时气温宜在 10~35℃ 之间，雨、雾、雪天不宜施工涂刷；环氧漆可作为底漆、中层漆和无暴晒情况下的面漆。

A．环氧富锌底漆，主要用于钢结构的重防腐涂装体系作长效通用底漆，也可用作镀锌件的防锈漆；

B．环氧煤沥青漆多用于输气钢管，煤气储柜等。

(4) 氯化聚乙烯涂料

致密性好，具有良好的耐大气老化、耐水性能、机械性能及对化学品介质的稳定性，是一种经久耐用的涂层；该涂料以 A、B 双组分包装，使用时先将 B 组分用硬棒搅匀，然后按 A∶B = 10∶1 的比例混合搅匀，混合后的涂料必须在 12h 内用完（有些厂家将此涂料分为底漆、中间漆、面漆三种规格包装，涂刷时不可混淆），对钢构件基材表面除锈处理一般要求达到 Sa2.5 级标准，每遍需涂料 $0.1\sim0.2kg/m^2$，一般情况可涂 4~5 层，在腐蚀环境严重的区域，可涂 8 层左右，每隔 30~40min 涂一遍，涂完于常温固化 5~7d 后方可使用，此涂料不得与其他漆料混配使用。

(5) 聚氨酯涂料

具有耐磨性好，耐油、耐水、耐酸、碱、盐类腐蚀和化工大气腐蚀，有优异的抗静电屏蔽性和防锈性、干燥快等特点，耐热温度为 155℃；S52 型可用于钢结构防腐。

(6) 含氟防腐涂料

常温下耐酸、碱、盐性能良好，耐各种油类，只要对钢结构表面处理后涂刷得当，有良好的附着力，使用最高温度不超过 90℃，一般情况下钢结构涂刷用量为 $1kg/m^2$，能在常温下自然固化干燥，不必特殊护理，自然干燥 2d 左右即可使用。

(7) 耐高温漆

有醇酸耐热漆、有机硅耐热漆等，耐高温范围在 200~800℃ 之间，对于冶金行业处于高温环境中的钢结构尤为适用。

2. 钢材表面的锈蚀及除锈

国家标准 GB 8923—88《涂装前钢材表面锈蚀等级和除锈等级》规定：

(1) 锈蚀等级

未涂装过的钢材表面原始锈蚀程度分为四个锈蚀等级，分别以 A、B、C 和 D 表示：

A. 全面地覆盖着氧化皮而几乎没有铁锈的钢材表面；

B. 已发生锈蚀，并且部分氧化皮已经剥落的钢材表面；

C. 氧化皮已因锈蚀而剥落，或者可以刮除，并且有少量点蚀的钢材表面；

D. 氧化皮已因锈蚀而全面剥离，并且已普遍发生点蚀的钢材表面。

(2) 除锈等级

A. 喷射或抛射除锈以字母"Sa"表示，喷射或抛射除锈前，厚的锈层应铲除，可见的油脂和污垢也应清除，喷射或抛射除锈后，钢材表面应清除浮灰和碎屑。对于喷射或抛射除锈过的钢材表面，规定有四个等级：

Sa1 轻度的喷射或抛射除锈：钢材表面应无可见的油脂和污垢，并且没有附着不牢的氧化皮、铁锈和油漆涂层等附着物。

Sa2 彻底的喷射或抛射除锈：钢材表面应无可见的油脂和污垢，并且氧化皮、铁锈和油漆涂层等附着物已基本清除，其残留物应是牢固附着的。

Sa2.5 非常彻底的喷射或抛射除锈：钢材表面应无可见的油脂、污垢、氧化皮、铁锈和油漆涂层等附着物，任何残留的痕迹应仅是点状或条纹状的轻微色斑。

Sa3 使钢材表面洁净的喷射或抛射除锈：钢材表面应无可见的油脂、污垢，氧化皮、铁锈和油漆涂层等附着物，该表面应显示均匀的金属色泽。

B. 手工和动力工具除锈：用手工或动力工具，如用砂布、铲刀、手工或动力钢丝刷、动力砂纸盘或砂轮等工具除锈，以字母"St"表示；手工和动力工具除锈前，厚的锈层应铲除，可见的油脂和污垢也应清除，手工和动力工具除锈后，钢材表面应清除浮灰和碎屑；对于手工和动力工具除锈过的钢材表面，规定有两个等级：

St2 彻底的手工和动力工具除锈：钢材表面应无可见的油脂和污垢，并且没有附着不牢的氧化皮、铁锈和油漆涂层等附着物。

St3 非常彻底的手工和动力工具除锈：钢材表面应无可见的油脂和污垢，并且没有附着不牢的氧化皮、铁锈和油漆涂层等附着物；除锈应比 St2 更为彻底，底材显露部分的表面应具有金属光泽。

C．火焰除锈：火焰除锈以字母"F1"表示；火焰除锈前，厚的锈层应铲除，火焰除锈应包括在火焰加热作业后以动力钢丝刷清加热后附着在钢材表面的产物；火焰除锈后钢材表面应无氧化皮、铁锈和油漆涂层等附着物，任何残留的痕迹应仅为表面变色（不同颜色的暗影）。

(3) 除锈施工

为避免金属表面除锈不彻底，致使防腐涂料附着不牢，造成短时间内脱落等问题，钢结构构件制作完后，其表面必须进行除锈，除锈等级按设计要求执行。

3．钢结构防腐涂料的施工

钢材容易锈蚀是长期使用过程中不可避免的一种自然现象，钢铁的腐蚀主要是电化学腐蚀，为防止钢结构过早腐蚀，提高其使用寿命，在钢结构表面涂装防腐涂层，是目前防止腐蚀的主要手段。

(1) 钢结构防腐涂层一般分底漆、中间漆、面漆，油漆的种类、型号、颜色、涂装遍数及漆膜厚度由设计确定；油漆的配制应按产品说明书的规定进行，不得随意添加稀释剂，且当天配制当天使用。

(2) 钢结构表面质量对防腐涂装效果影响很大，应优先采用喷砂、抛丸清理钢铁表面，将表面的污物、锈层及氧化皮清理干净；当漆种对钢结构表面处理要求不高时，或施工现场的零星构件也可采用人工除锈，除锈后的金属表面与涂装底漆的间隔时间不应超过6h，涂层与涂层之间的间隔时间以涂料产品说明书为准，无规定时应以先涂装的涂层达到表干后再进行上一层的涂装为标准，一般涂层的间隔时间不少于 4h。

(3) 涂装完成后，全面观察检查，构件的标志、标记和编号应清晰完整。

4．钢结构防腐涂料的施工质量检验

(1) 一般规定

A．钢结构涂装工程可按钢结构制作或钢结构安装工程检验批的划分原则分成一个或若干个检验批；

B．钢结构普通涂料涂装工程应在钢结构构件组装、预拼装或钢结构安装工程检验批的施工质量验收合格后进行；

C．涂装时的环境温度和相对湿度应符合涂料产品说明书的要求，当产品说明书无要求时，环境温度宜在 5~38℃ 之间，相对湿度不应大于 85%；涂装时构件表面不应结露，涂装后 4h 内应保护免受雨淋。

(2) 主控项目

A．涂装前钢材表面除锈应符合设计要求和国家现行有关标准的规定；处理后的钢材表面不应有焊渣、焊疤、灰尘、油污、水和毛刺等；当设计无要求时，钢材表面除锈等级应符合表 6-10-1 的规定。

检查数量：按构件数抽查10%，且同类构件不应少于3件；

检验方法：用铲刀检查和用现行国家标准《涂装前钢材表面锈蚀等级和除锈等级》GB 8923规定的图片对照观察检查。

各种底漆或防锈漆要求最低的除锈等级　　　　　　表6-10-1

涂 料 品 种	除 锈 等 级
油性酚醛、醇酸等底漆或防锈漆	St2
高氯化聚乙烯、氯化橡胶、氯磺化聚乙烯、环氧树脂、聚氨酯等底漆或防锈漆	Sa2
无机富锌、有机硅、过氧乙烯等底漆	Sa2.5

B. 涂料、涂装遍数、涂层厚度均应符合设计要求，当设计对涂层厚度无要求时，涂层干漆膜总厚度：室外应为150μm，室内应为125μm，其允许偏差为$-25\mu m$，每遍涂层干漆膜厚度的允许偏差为$-5\mu m$（当涂装由制造厂和安装单位分别承担时，才进行单层干漆膜厚度的检测）。

检查数量：按构件数抽查10%，且同类构件不应少于3件；

检验方法：用干漆膜测厚仪检查，每个构件检测5处，每处的数值为3个相距50mm测点涂层干漆膜厚度的平均值。

(3) 一般项目

A. 构件表面不应误涂、漏涂，涂层不应脱皮和返锈等；涂层应均匀、无明显皱皮、流坠、针眼和气泡等；

检查数量：全数检查；

检验方法：观察检查。

B. 当钢结构处在有腐蚀介质环境或外露且设计有要求时，应进行涂层附着力测试，在检测处范围内，当涂层完整程度达到70%以上时，涂层附着力达到合格质量标准的要求。

检查数量：按构件数抽查1%，且不应少于3件，每件测3处；

检验方法：按现行国家标准《漆膜附着力测定法》GB 1720或《色漆和清漆、漆膜的划格试验》GB 9286执行。

C. 涂装完成后，构件的标志、标记和编号应清晰完整。

检查数量：全数检查；

检验方法：观察检查。

6.10.2 钢结构防火涂料

1. 简介

(1) 建筑物构件的防火要求

A. 建筑物构件的燃烧性能和耐火极限

国家标准 GBJ 16—87《建筑设计防火规范》对建筑物的耐火等级分为四级、其构件的燃烧性能和耐火极限不应低于表6-10-2的规定。

B. 钢的耐火性能

钢虽是非燃烧材料，但耐火性能很差，受热后强度下降很快，钢材在20℃时的强度为450MPa，而到614℃时的强度只有70MPa，几乎失去承载能力；钢材受热后，由于强度下降和热应力的作用很快出现塑性变形，在火烧15min左右，钢构件就会变软踏落下来，随着局部的损坏，造成整体失去稳定而破坏。

C. 建筑物中承重钢结构需做防火保护

无防护保护的钢结构在火灾中容易破坏，为使钢结构构件的实际耐火时间≥规范规定的耐火极限，国家标准 GB 50017《钢结构设计规范》规定：当结构表面长期受辐射热达150℃以上或在短时间内可能受到火焰作用时，应采取有效防护措施；以保证钢结构使用的安全可靠。

建筑物构件的燃烧性能和耐火极限 表6-10-2

构件名称	耐火等级、燃烧性能和耐火极限（h）			
	一级	二级	三级	四级
防火墙	非燃烧体4.00	非燃烧体4.00	非燃烧体4.00	非燃烧体4.00
承重墙、楼梯间、电梯井墙	非燃烧体3.00	非燃烧体2.50	非燃烧体2.50	难燃烧体0.50
非承重外墙、疏散走道两侧的隔墙	非燃烧体1.00	非燃烧体0.50	非燃烧体0.50	难燃烧体0.25
房间隔墙	非燃烧体0.75	非燃烧体0.50	难燃烧体0.50	难燃烧体0.25
支承多层的柱	非燃烧体3.00	非燃烧体2.50	非燃烧体2.50	难燃烧体0.50
支承单层的柱	非燃烧体2.50	非燃烧体2.00	非燃烧体2.00	燃烧体
梁	非燃烧体2.00	非燃烧体1.50	非燃烧体1.00	难燃烧体0.50
楼板	非燃烧体1.50	非燃烧体1.00	非燃烧体0.50	难燃烧体0.25
屋顶承重构件	非燃烧体1.50	非燃烧体0.50	燃烧体	燃烧体
疏散楼梯	非燃烧体1.50	非燃烧体1.00	非燃烧体1.00	燃烧体
吊顶（包括吊顶隔栅）	非燃烧体0.25	难燃烧体0.25	难燃烧体0.15	燃烧体

(2) 钢结构防火涂料的防火原理

钢结构防火涂料是钢结构防火保护中最常用和最方便的方法，其防火机理如下：

A. 涂层对钢基材起屏蔽作用，隔离了火焰，使钢构件不直接暴露在火焰或高温之中。

B. 涂层吸热后部分物质分解放出水蒸气或其他不燃气体，起到消耗热量、降低火焰温度和燃烧速度，稀释氧气的作用。

C. 涂层本身多孔轻质或受热膨胀后形成炭化泡沫层，热导率在 0.233W/(m·K) 以下，阻止了热量迅速向钢基材传递，推迟了钢基材受热温升到极限温度的时间，从而提高了钢结构的耐火极限。

2. 钢结构防火涂料的定义与分类

钢结构防火涂料是指施涂于建筑物及构筑物钢结构表面，能形成耐火隔热保护层，以提高钢结构耐火极限的涂料。

(1) 钢结构防火涂料按使用场所可分为：

A. 室内钢结构防火涂料：用于建筑物室内或隐蔽工程的钢结构表面；

B. 室外钢结构防火涂料：用于建筑物室外或露天工程的钢结构表面。

（2）钢结构防火涂料按使用厚度可分为：

A. 超薄型钢结构防火涂料：涂层厚度小于或等于 3mm；

B. 薄型钢结构防火涂料：涂层厚度大于 3mm 且小于或等于 7mm；

C. 厚型钢结构防火涂料：涂层厚度大于 7mm 且小于或等于 45mm。

（3）产品命名：以汉语拼音字母的缩写作为代号，各类涂料名称与代号对应关系如下：

室内超薄型钢结构防火涂料—NCB

室外超薄型钢结构防火涂料—WCB

室内薄型钢结构防火涂料—NB

室外薄型钢结构防火涂料—WB

室内厚型钢结构防火涂料—NH

室外厚型钢结构防火涂料—WH

3. 用防火涂料保护钢结构的依据与优点

（1）技术标准

国家标准 GB 14907—2002《钢结构防火涂料》规定了室内和室外钢结构防火涂料的技术性能指标及试验方法。

（2）采用防火涂料保护钢结构的依据

GBJ 16—87《建筑设计防火规范》和 GB 50045—95《高层民用建筑设计防火规范》等均规定，耐火等级为一、二级的建筑物，其柱（支撑多层的柱，支撑单层的柱，）梁、楼板和屋顶承重构件均应采用非燃烧体；钢结构虽是公认的非燃烧体，但未加防火保护的钢柱、钢梁、钢楼板和钢屋架的耐火极限仅为 0.25h，需采用喷涂保护等防火措施，才能使其耐火极限满足规范规定 1~3h 的要求。

（3）采用防火涂料保护钢结构的优点

具有防火隔热性能好，施工不受钢结构几何形体限制，涂层重量轻，还有一定的美观装饰作用，施工与维修方便等优点，往往成为首选的防火保护措施。

4. 钢结构防火涂料的选用

（1）钢结构防火涂料必须具有国家检测机构检测合格的耐火性能和理化性能检测报告，必须是消防监督机关认可的合格产品，产品包装上应注明企业名称、产品名称、规格型号、生产日期或批号、保质贮存期等；并附有合格证和产品说明书，明确产品的使用场所、施工工艺、产品主要性能等。

（2）室内裸露的钢结构，钢网架、轻型屋盖钢结构、非工业用有装饰要求的钢结构，当规定其耐火极限在 2h 及以下时，宜选用符合室内钢结构防火涂料产品标准规定的薄型钢结构防火涂料。

（3）室内钢结构，高层钢结构及多层厂房钢结构，当规定其耐火极限在 3.0h 及其以下时，应选用符合室内钢结构防火涂料产品标准规定的厚型钢结构防火涂料。

（4）露天钢结构，如石油化工企业，油（汽）罐支撑等结构，应选用符合室外钢结构防火涂料产品标准规定的厚（薄）型钢结构防火涂料。

5. 使用中应注意的问题

（1）不要把饰面型防火涂料使用于保护钢结构。因为饰面型防火涂料是用于保护木结构等可燃基材的阻燃涂料，薄薄的涂膜对可燃材料能起到有效的阻燃和防止火焰蔓延的作用，但远远达不到提高钢结构耐火极限的目的；钢结构防火涂料和饰面型防火涂料在配方构成、制造工艺、质量标准、检验方法和使用技术等方面，均有明显的不同，是两种不同类型的产品，不能混淆使用。

（2）不应把薄型钢结构防火涂料使用于保护耐火极限要求在2h以上的钢结构。通常的薄型钢结构防火涂料，其耐火极限在2h以内，这类涂料的组成中含较多的有机组分，涂层在高温下发生物理、化学变化，形成炭质泡沫后起隔热作用，膨胀泡沫强度有限，有时会发生开裂脱落，炭质在1000℃高温会逐渐灰化掉；要求耐火极限在2h以上的钢结构，必须选用厚型钢结构防火涂料。

（3）不要把技术性能仅满足室内钢结构防火涂料标准要求的产品，未加改进和采取防水措施，直接用于室外钢结构。因为露天钢结构日晒雨淋、风吹雪覆，环境条件比室内苛刻得多，露天钢结构应该选用耐火、耐冻融、循环性更好，并能经受酸、碱、盐腐蚀的室外钢结构防火涂料进行防火保护；另外，对于半露天或某些潮湿环境的钢结构，也宜使用室外钢结构防火涂料来保护。

（4）钢结构防火涂料的耐火极限与涂层厚度有一定的对应关系。经检测绝大多数产品能达到GB 14907钢结构防火涂料的规定，选用时应多加分析论证，查证其性能指标的真实性，必要时应进行复检。

（5）厚型钢结构防火涂料基本上是由非膨胀型的无机物质组成，涂层更稳定，老化速度更慢，只要涂层不脱落，防火性能就有保障；所以，从耐久性和防火性考虑，宜优先选用厚型钢结构防火涂料。

6．钢结构防火涂料的施工

（1）薄型防火涂料的底涂层（或主涂层）宜采用重力式喷枪喷涂，其压力宜为0.4MPa；面涂层装饰涂料可刷涂、喷涂或滚涂。

（2）双组分装薄型防火涂料，现场调配应按说明书的规定进行，单组分装的薄型防火涂料应充分搅拌均匀。

（3）厚型防火涂料宜采用压送式喷涂机喷涂，空气压力宜为0.4~0.6MPa，喷枪口直径宜为6~10mm。

（4）厚型防火涂料配料时应严格按配合比加料或加稀释剂，并使稠度适宜，当班使用的涂料应当班配制。

（5）防火涂料施工应分遍喷涂，必须在前一遍基本干燥或固化后，再喷涂后一遍，节点部位宜适当加厚。

7．钢结构防火涂料施工质量检验

（1）一般规定

A．钢结构防火涂料涂装工程应在钢结构安装工程检验批和钢结构普通涂料涂装检验批的施工质量验收合格后进行。

B．检验批的划分、涂装时环境温度和相对湿度的要求与钢结构防腐涂料的规定相同。

（2）主控项目

A. 防火涂料涂装前钢材表面除锈及防锈底漆涂装应符合设计要求和现行有关标准的规定。

检查数量：按构件数抽查10%，且同类构件不应少于3件。

检验方法：表面除锈用铲刀检查和用现行国标 GB 8923《涂装前钢材表面锈蚀等级和除锈等级》规定的图片对照观察检查；底漆涂装用干漆膜测厚仪检查，每个构件检测5处，每处的数值为3个相距50mm测点涂层干漆膜厚度的平均值。

B. 钢结构防火涂料的粘结强度、抗拉强度应符合国家现行标准 CECS24：90《钢结构防火涂料应用技术规程》的规定；检验方法应符合现行国标 GB 9978《建筑构件防火喷涂材料性能试验方法》的规定。

检查数量：每使用100t或不足100t薄型防火涂料应抽检一次粘结强度；每使用500t或不足500t厚型防火涂料应抽检一次粘结强度和抗压强度。

检验方法：检查复检报告。

C. 薄型防火涂料的涂层厚度应符合有关耐火极限的设计要求；厚型防火涂料涂层的厚度，80%及以上面积应符合有关耐火极限的设计要求，且最薄处厚度不应低于设计要求的85%。

检查数量：按同类构件数抽查10%，且均不应少于3件。

检验方法：用涂层厚度测量仪、测针和钢尺检查；测量方法应符合国家现行标准 CECS24：90《钢结构防火涂料应用技术规程》的规定及 GB 50205—2001《钢结构工程施工质量验收规范》附录F的要求。

D. 薄型防火涂料涂层表面裂纹宽度不应大于0.5mm；厚型防火涂料涂层表面裂纹宽度不应大于1mm。

检查数量：按同类构件数抽查10%，且均不应少于3件。

检验方法：观察和用尺量检查。

(3) 一般项目

A. 防火涂料涂装基层不应有油污、灰尘和泥砂等污垢。

检查数量：全数检查。

检验方法：观察检查。

B. 防火涂料不应有误涂、漏涂，涂层应闭合无脱层、空鼓、明显凹陷、粉化松散和浮浆等外观缺陷，乳突已剔除。

检查数量：全数检查。

检验方法：观察检查。

主要参考资料

1　梁　华等编.宾馆酒店设计手册.北京:中国建筑工业出版社,1995
2　张闻民等编.暖卫安装工程施工手册.北京:中国建筑工业出版社,1997
3　顾顺符等编.管道工程安装手册.北京:中国建筑工业出版社,1987
4　黄军强等编.管道安装工程.北京:化学工业出版社,1986
5　康文甲等编.管道工.上海:上海科学技术出版社,1989
6　刘　展等编.压力管道焊接.北京:学苑出版社,2002
7　李东明主编.自动消防系统设计安装手册.北京:中国计划出版社,1996
8　陈沛霖等编.空调与制冷技术手册.上海:同济大学出版社,1990
9　钱以明等编.高层建筑空调与节能.上海:同济大学出版社,1990
10　龚崇实等编.通风空调工程安装手册.北京:中国建筑工业出版社,1989
11　王玉元等编.安全工程师手册.成都:四川人民出版社,1995
12　关　密等编.设备与管道保温.北京:劳动人民出版社,1990
13　杨光臣主编.建筑电气工程施工.重庆:重庆大学出版社,1996
14　陆荣华等编.建筑电气工长手册.北京:中国建筑工业出版社,1998
15　陈一才主编.高层建筑电气设计手册.北京:中国建筑工业出版社,1992
16　刘福仁等编.锅炉基础知识.北京:中国劳动出版社,1991
17　宋文锦等编.工业锅炉安全技术基础.北京:劳动人事出版社,1983
18　李同德等编.工业锅炉安装.北京:劳动人事出版社,1990
19　李正华等编.工业锅炉检验.北京:劳动部锅炉压力容器安全杂志社,1986
20　王春莲等编.燃气燃油锅炉培训教材.北京:航空工业出版社,1999
21　樊　利主编.燃油锅炉安全技术.北京:原子能出版社,1999
22　李和华,陈祥云.钢结构设计手册.北京:中国建筑工业出版社,1982
23　龚崇实,陈忠恕.安装工程质量通病防治手册.北京:中国建筑工业出版社,1991
24　邱玉瑞,杜　群.建筑物内水暖钢管、管件浅谈.管道技术与设备,1999(2)
25　邱少良.不锈钢卫生管道安全卫生的要求及分析.管道技术与设备,1999(6)
26　钟风标,许　成.薄壁不锈钢管道焊接.安装,1987(3)
27　吴　军.EP管的焊接简述.安装,1998(5)
28　陈梅琴.304材料焊接工艺评定抗晶间腐蚀的措施.化工建设工程,2002(6)
29　潘子祥.316L不锈钢管道焊接工艺.焊接,2002(12)
30　王学义.高层建筑热水系统铜管安装工艺.安装,1999(6)
31　周顺翘.薄壁铜管的装配与施焊.安装,1987(3)
32　陈婵英,方启文.小管径紫铜管钎焊工艺.安装,1997(2)
33　钱本树.承插铸铁管的橡胶圈柔性接口.安装,1985(3)
34　董永堂,闫晓辉.柔性抗震承插式铸铁排水管道的施工.安装,2002(6)
35　蔡尔辅.蝶阀的应用.管道技术与设备,1999(1)
36　李广智.热水供暖系统的积气和排气.暖通空调,1999(4)
37　王　平.用离心泵代替活塞泵进行中低压管道和设备的试压.安装,1998(2)
38　程延宏.高层建筑管道试压的几个问题.安装,1992(5)
39　袁培琪.高级民用工程管道井试压技术.安装,2002(1)

40	成纯赞.建筑物室内排水系统的灌水试验问题.安装, 1999(4)	
41	朱国梁.高层建筑中防火门的设置和施工要点.建筑安全, 1999(11)	
42	倪照鹏.浅谈防火墙.消防科学与技术, 1999(1)	
43	刘意芬.防火隔离幕的分析.消防科学与技术, 1999(1)	
44	周白霞.钢结构的防火保护及防火涂料的选用.云南建工, 2002(1)	
45	郝京海,赵克伟.自动喷水灭火系统的设计、施工中存在的问题及对策.消防技术与产品信息, 1990(2)	
46	吴纯清.预作用自动喷水灭火系统浅谈.安装, 2000(3)	
47	简尚康.水流指示器在安装及调试中应注意的问题.安装, 1999(3)	
48	谢德隆.二氧化碳灭火系统的设计与计算.消防技术与产品信息, 1993(增)	
49	马 勋.现代建筑中固定式气体灭火系统的设计与施工问题初探.云南消防, 1999(4)	
50	原继增.低倍数泡沫固定灭火系统.消防技术与产品信息, 1993(增)	
51	栾 培,王万钢.高倍数泡沫灭火系统.消防技术与产品信息, 1993(增)	
52	詹 红,陈启扬.高层建筑自备发电机组应急电源的选用.安装, 2002(2)	
53	王萍萍.高层建筑电器火灾的防范及火灾自动报警系统浅析.建筑安全, 1999(11)	
54	赵克伟.消防给水系统的验收与管理.消防技术与产品信息, 1990(3)	
55	勇俊宝.高层建筑消防给水设计中几个问题的探讨.中国建设科技文库,建筑卷	
56	朱卫平.消防定压给水的探讨.中国建设科技文库,建筑卷	
57	汤福南.自动喷水灭火系统中的压力平衡.中国建设科技文库,建筑卷	
58	李章栓.高层建筑室内消防系统增压方式的探讨.中国建设科技文库,建筑卷	
59	张 禾,丑国珍.高层建筑避难空间简析.建筑安全, 1999(3)	
60	蔡天才.暗配管工程中常见质量通病及其预防.安装, 1995(3)	
61	杨 经.配合钢模板的电线管施工方法.安装, 1985(3)	
62	姜培亮,韩玉刚.电气施工预埋中的问题及解决方法.中国建设科技文库,建筑卷	
63	叶 青.PVC塑料管在建筑电气中的应用.安装, 1992(3)	
64	姜晓东.防雷系统的施工方法.安装, 1998(3)	
65	张永义.浅谈防雷击装置安全技术检测.劳动保护, 1997(7)	
66	李格超.高层建筑通信设备的防雷问题.中国建设科技文库,建筑卷	
67	姜培亮,韩玉刚.电气施工预埋中的问题及解决方法.中国建设科技文库,建筑卷	
68	魏敬荣.浅谈暗装笼式壁雷网.建筑安全, 1999(11)	
69	魏敬荣.高层建筑防雷接地施工工艺改进措施.建筑安全, 1998(9)	
70	梅妙庭,蔡天才.关于吊顶层内的电气安装.安装, 1995(6)	
71	原毅伟.对室内装饰工程中电气施工若干问题的探讨.安装, 1997(3)	
72	马龙华,楼尚层.密集型插接母线槽的安装.安装, 1999(1)	
73	金力学.封闭式母线槽安装工艺.安装, 1996(1)	
74	余荣煜.超高层建筑电缆垂直敷设方法.安装, 1997(5)	
75	朱长城,刘瑞平.电缆施工质量与安全运行.安装, 1998(2)	
76	侯星萍.电缆桥架的选择与安装.安装, 1999(4)	
77	杨仁光.电缆桥架保护接地(零)的形式与做法.安装, 1999(2)	
78	邹月琴.我国空调机组质量现状分析.暖通空调, 1998(2)	
79	李 彤.高层建筑新风竖井设计问题.暖通空调, 1997(4)	
80	陈焕新,张 俊.宾馆空调新风系统设计的几点改进.暖通空调, 2000(3)	
81	陈珈宁.关于客房排气的热回收系统.暖通空调, 2001(2)	
82	杨坤丽.高层建筑中的防排烟设计.中国建设科技文库,建筑卷	
83	黄崇国,龚惠民.SCF—1型保温外护层材料及其推广运用.安装, 2000(6)	
84	汪周清.空调系统的噪声分析及控制.安装, 1999(4)	
85	花汉兵,贲道贵.空调系统的噪声超标与施工处治.安装, 1994(6)	

86 陈永芳.演播厅空调施工及噪声控制.安装,1993(6)
87 智乃刚,方培增.消声器的设计与应用.劳动保护,1989(5)
88 项瑞祈.空调制冷设备隔振的标准化设计.建筑设备,1988(1)
89 陈晓进,马荣生.高层建筑空调工程施工中应注意的几个问题.安装,1998(3)
90 万秀江,徐完红.空调系统柔性短管结露分析与预防措施.安装,2000(4)
91 张耀良.有关"风管系统漏风量"的规定与测试.安装,2000(4)
92 胡　俊.中央空调水系统的水处理问题.安装,2000(4)
93 陈兴质.中央空调工程系统的调试.安装,1995(2)
94 李先瑞,朱立文.KPAF平衡风阀及专用智能仪表.安装,2000(3)
95 何广钊.空调新技术在上海的应用概况.安装,2000(3)
96 何广钊.低温送风系统的应用.安装,1995(6)
97 叶大法,杨国荣.上海地区变风量空调系统工程调研与展望.暖通空调,2000(6)
98 王金虎,郭沈志.北京嘉里中心冰蓄冷系统的组成及施工技术.安装,2000(4)
99 苑晓明.低温地板采暖.安装,2000(2)
100 焦晗韶.PEX管低温地板辐射供暖施工工艺.安装,2001(3)
101 俞小志,吕　健.长城饭店变风量空调系统及其施工简介.安装,1984(2)
102 魏艳萍,郭庆斌.国家电力调度中心低温送风空调系统施工安装技术.暖通空调,2002(6)
103 华锦映.整装锅炉安装中的注意事项.安装,1993(3)
104 刘福仁.进口燃油(气)锅炉几个问题的综述.中国锅炉压力容器安全,1994(6)
105 龚铃珠.进口燃油蒸汽锅炉检验中的常见问题.中国锅炉压力容器安全,1996(4)
106 顾伯平,姜金成.燃油燃气锅炉炉膛爆炸事故与预防.中国锅炉压力容器安全,1994(1)
107 盖大可,陈允荣.燃油锅炉的给油系统.中国锅炉压力容器安全,2002(6)
108 柴　昶.我国建筑钢结构用钢材的现状与展望.钢结构,2001(1)
109 柴　昶.在钢结构工程设计中正确合理地选用钢材.钢结构,2001(1)
110 罗文辉,朱雄伟.中轻型焊接H型钢自动生产线的设计和制造.焊接技术,2001(5)
111 张新峰.工业厂房箱形柱制作探讨.安装,2002(5)
112 刘旭东,顾嘉群.钢结构组合楼板配套技术的新发展.钢结构,1999(4)
113 焦德贵.钢结构工程压型钢板设计与施工.钢结构,1999(2)
114 李克让.压型钢板的连接形式.钢结构,2002(4)
115 宿明彬,周魏松.轻钢结构房屋屋面系统概述.钢结构,1999(2)
116 张友权,马德志.建筑工程中的螺柱焊接技术.钢结构,2002(1)
117 朱　明,王志强.钢结构常用防腐涂料选择与施工.钢结构,2001(4)